일반 물리학

6판

PRINCIPLES OF
PHYSICS

저자 소개

신규승, 이석준, 임헌화, 정해양, 최석호, 최정우
경희대학교 응용물리학과 명예교수

손종역, 이민철, 이종수, 이호선, 임대영
경희대학교 응용물리학과 교수

일반 물리학 6판

6판 1쇄 발행 2024년 3월 4일

지은이 손종역, 신규승, 이민철, 이석준, 이종수, 이호선, 임대영, 임헌화, 정해양, 최석호, 최정우
펴낸이 류원식
펴낸곳 교문사

편집팀장 성혜진 | **책임진행** 윤지희 | **디자인** 김도희 | **본문편집** 디자인이투이

주소 10881, 경기도 파주시 문발로 116
대표전화 031-955-6111 | **팩스** 031-955-0955
홈페이지 www.gyomoon.com | **이메일** genie@gyomoon.com
등록번호 1968.10.28. 제406-2006-000035호

ISBN 978-89-363-2552-7 (93420)
정가 47,000원

저자와의 협의하에 인지를 생략합니다.
잘못된 책은 바꿔 드립니다.

일반 물리학

6판

PRINCIPLES OF PHYSICS

손종역 · 신규승 · 이민철 · 이석준 · 이종수 · 이호선
임대영 · 임헌화 · 정해양 · 최석호 · 최정우 지음

교문사

물리학은 우리가 살고 있는 세계를 이해하고, 과학적 사고방식을 개발하며, 공학 등 여러 학문 분야와 접목되면서 기술혁신의 기초를 이루고 있다. 현재 진행되고 있는 4차 산업시대에는 창의적인 사고력의 중요성이 강조되고 있다. 물리학은 복잡한 문제를 분석하고 문제의 핵심을 다루면서 근본적인 원리의 탐구를 목적으로 하기 때문에, 창의력뿐만 아니라 분석적 사고력과 응용력도 향상시킨다.

일반 물리학 6판을 내면서 오류를 바로잡고, 최신 출판 경향에 맞추어 가독성이 높은 편집으로 학생들이 공부하기 쉽게 정리하였다. 일반 물리학은 많은 학문의 뼈대를 구성하는 학문이기 때문에 그 내용이 시대에 따라 크게 변화하지는 않는다. 많은 학문이 지식을 수집하는 학문이라면, 수학과 물리학은 지식을 쌓아올리는 학문이다. 수학에서 더하기가 안 되면 곱하기가 되지 않고, 곱하기가 안 되면 나누기가 되지 않듯이 물리학도 선행 기초가 탄탄하지 않으면 그 이후에 배우는 것들에 문제가 생길 수 있다. 일반 물리학은 모든 물리학과 공학의 토대가 되는 과목이므로, 일반 물리학을 잘 학습해 놓아야만 이후에 배울 물리학의 전공과목들과 공학의 연계과목들을 잘 학습할 수 있게 된다.

일반 물리학 학습에 중요한 것은 기본적인 법칙의 물리적 의미를 깨닫고, 상황에 맞게 공식을 이용할 줄 아는 능력과 문제를 해결하는 데 필요한 창의적인 접근방법을 순차적으로 개발하는 것이다. 그러기 위해서는 단순한 암기보다는 깊이 있는 사고를 통해 의미를 완전히 깨닫는 것이 중요하다. 위대한 물리학자는 물리를 연구할 때 자신만의 이해방식을 개발하는 것을 볼 수 있다. 이에 따라 우리도 문제를 한 가지 방식으로만 바라볼 것이 아니라 다양한 각도로 생각해 볼 줄 알아야 한다.

아무쪼록 이 교과서를 통해 일반 물리학의 기초를 탄탄히 하고, 이어지는 공부에도 잘 활용함으로써 이 책이 공부하는 많은 학생들의 든든한 주춧돌이 되기를 바란다.

2024년 봄
저자 일동

차례

CHAPTER 24   Maxwell의 방정식과 전자기파

CHAPTER 25   기하광학

CHAPTER 26   빛의 간섭과 회절

CHAPTER 27   특수상대성 이론

CHAPTER 28   입자와 파동의 이중성과 양자역학

CHAPTER 01

물리량

1-1 물리량과 물리적 차원

물리학 용어나 **물리량**은 국제적으로 약속된 엄밀한 형식상의 규약에 바탕을 두고 있다. 아울러 우리가 앞으로 다룰 물리학 용어와 물리량은 물리학 분야뿐 아니라 모든 과학기술 분야에서 공통적으로 사용하게 된다. 용어 및 단위계의 명확하고 엄밀하고 공통된 정의와 표준은 사회 경제적으로 필요할 뿐 아니라 과학 및 공학 분야의 학문적 체계를 위해서도 매우 중요하다.

모든 물리량들은 **물리적 차원(dimension)**을 가지며 이 차원으로 물리량의 성질을 가늠할 수 있다. 물리적 차원은 길이 L, 질량 M, 시간 T의 세 가지를 기본으로 하여 $[L^a M^b T^c]$의 형태로 나타내는데, 그 예로 속도의 차원은 $[LT^{-1}]$, 가속도의 차원은 $[LT^{-2}]$이며, 힘의 차원은 $[LMT^{-2}]$이다. 이러한 물리적 차원은 물리량의 크기와는 관계가 없으며 그 성질만을 나타내는 것이다. 물리적 수식에서 물리적 차원이 다른 물리량들 사이의 덧셈과 뺄셈은 합당하지 않으며, 하나의 물리적인 등식에서 각 항과 각 변은 동일한 차원을 가져야 한다.

예제 1. 아래 식이 물리적 차원에서 타당함을 보여라.

$$x = v_0 t + \frac{1}{2}at^2$$

풀이 여기서 x는 위치이므로 차원이 $[L]$, v_0는 속도이므로 차원이 $[LT^{-1}]$, a는 가속도로 $[LT^{-2}]$, t는 시간으로 $[T]$의 차원을 가진다. $v_0 t$의 차원은 $[LT^{-1}T]$로 $[L]$로 정리되고, $(1/2)at^2$의 차원은 $[LT^{-2}T^2]$로 역시 $[L]$로 정리된다. 따라서 모든 항의 차원이 일치하므로 이 등식은 물리적 차원의 고려에 있어서 타당하다.

1-2 국제단위계

국제단위계는 SI 단위계(국제단위계)라 하여 국제적 회의를 거쳐 이를 정립하고 있다. 이는 MKS 단위계를 바탕으로 하고 있으며, 사용되는 여러 기본 물리량들의 단위는 다음과 같다.

① 길이 : m ② 질량 : kg
③ 시간 : s ④ 전류 : A(Ampere)
⑤ 온도 : K(Kelvin) ⑥ 물질의 양 : mole
⑦ 광도 : cd(candela)

다루는 대상에 따라 국제단위계의 기본단위량과 그 크기에 있어서 큰 차이가 있을 수 있다. 그런 경우에는 다음과 같은 십진수적 표현이나 접두어를 기본단위 앞에 붙여 사용한다.

$$1e(\text{전자의 전하량}) = 1.602 \times 10^{-19}\,C$$

1971년 제14차 도량형총회에서 추천한 국제단위계의 접두어는 **표 1-1**과 같다.

표 1-1 국제단위계의 접두어

인자	접두어	기호	인자	접두어	기호
10^{18}	exa-	E	10^{-18}	atto-	a
10^{15}	peta-	P	10^{-15}	femto-	f
10^{12}	tera-	T	10^{-12}	pico-	p
10^{9}	giga-	G	10^{-9}	nano-	n
10^{6}	mega-	M	10^{-6}	micro-	μ
10^{3}	kilo-	k	10^{-3}	milli-	m
10^{2}	hecto-	h	10^{-2}	centi-	c
10^{1}	deka-	da	10^{-1}	deci-	d

μ-중간자(muon)의 반감기는 대략 2×10^{-6} s인데, 2 μs로도 나타낼 수 있다.

국제단위계 외에도 나라에 따라 가우스단위계와 영국단위계 등을 사용하기도 한다.

1-3 국제단위계의 기본단위 재정의

2018년 11월에 국제도량형총회에서 4개의 기본단위(킬로그램, 암페어, 켈빈, 몰)가 4개의 기본물리상수(플랑크 상수, 기본 전하, 볼츠만 상수, 아보가드로 상수)에 의해 재정의되었다. 이는 과학기술의 발전에 따라 기존의 인공물이나 자연현상에 기반한 단위 정의가 불안정하고 부정확하게 되었기 때문이다. 재정의된 단위들은 자연의 법칙에서 나오는 불변의 기본물리상수들을 바탕으로 하므로 변하지 않고, 정밀한 측정과 실험을 가능하게 한다. SI 개정은 새로운 과학기술을 창출할 수 있는 기회이며, 다양하고 정확한 단위 구현 방법을 제공한다. 또한 SI 개정사항은 과학기술계, 산업계, 교육계 및 관련된 사람들에게 널리 알려져야 하며, 이를 위해 국제적으로 협력하여 홍보하고 있다.

미터(m)는 1799년에 지구의 북극에서 적도까지 거리의 1천만분의 1로 정의되었으나, 이후에 크립톤-86 원자의 복사선 파장과 진공에서의 빛의 속력에 의해 재정의되었다. 이는 미터를 구현하는 인공물인 미터원기가 온도나 시간에 따라 변화하거나 파손되거나 분실될 수 있기 때문이다. 빛의 속력은 불변의 기본물리상수이므로 미터를 재정의하는 데 적합하다. 현재 1미터의 정확한 정의는 다음과 같다.

"1 meter는 진공 중의 빛이 1초간 간 거리의 299,729,458분의 1의 길이이다."

킬로그램(kg)은 1799년에 4℃에서 물 1리터의 질량으로 정의되었으나, 이후에 백금-이리듐 합금으로 만든 국제킬로그램원기에 의해 재정의되었다. 이는 물의 밀도가 온도나 압력에 따라 변화하고, 물 1리터의 질량을 정확하게 측정하기 어렵기 때문이다. 국제킬로그램원기는 인공물이므로 사용하면 닳거나 변화하며, 다른 원기들과의 비교에서 질량 차이가 발생한다. 이에 따라 2018년 킬로그램은 플랑크 상수에 의해 재정의되었으며, 키블 저울과 XRCD 실험을 통해 플랑크 상수의 값을 측정하였다.

키블 저울은 전자기력과 중력을 비교하여 질량을 측정하는 장치이다. 전자기력은 전압과 저항을 측정하여 얻으며, 전압과 저항은 조셉슨 효과와 양자홀 효과를 이용하여 플랑크 상수와 주파수로부터 소급된다. 키블 저울은 웨잉 모드와 무빙 모드로 구성되어 있으며, 두 모드에서 얻은 값들을 이용하여 측정 물체의 질량을 계산한다.

초(s)는 절대 영도에서 세슘 원자시계로 정의된다. 세슘 133 원자의 바닥상태로부터 두 초미세 에너지준위 사이의 주파수인 9,192,631,700Hz의 역수를 1초로 정의한다.

1-4 벡터와 스칼라

키, 몸무게, 나이 등은 크기만으로 명확히 기술된다. 하지만 물체가 움직인 변위, 물체가 움직이는 속도, 물체에 작용하는 힘 등은 크기만으로 나타낼 수 없는데, 이는 이들이 크기와 아울러 방향을 가지는 물리량이기 때문이다.

전자의 경우처럼 크기만으로 나타낼 수 있는 것을 **스칼라(scalar)**라고 하며, 크기와 방향을 함께 포함하는 후자를 **벡터(vector)**라고 한다. 가장 대표적인 벡터로서 위치의 이동을 나타내는 변위 벡터를 들 수 있다.

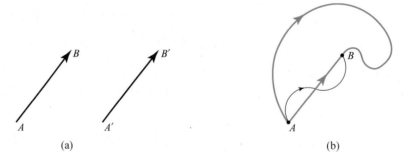

그림 1-1 (a) $\overrightarrow{AB}$와 $\overrightarrow{A'B'}$는 동일한 변위 벡터이다.
(b) A에서 B까지의 세 경로를 통한 이동은 같은 변위 벡터로 주어진다.

그림 1-1(a)에서 위치 A에서 위치 B로 움직인 변위 벡터 $\overrightarrow{AB}$와 위치 A'에서 위치 B'로 움직인 변위 벡터 $\overrightarrow{A'B'}$에서 이들의 크기와 방향이 같으므로 두 벡터는 동일한 벡터이다. **그림 1-1(b)**에서는 점 A에서 점 B로 이동하는 세 가지 경우의 경로를 볼 수 있는데, 경로에 상관없이 변위는 벡터 $\overrightarrow{AB}$로 나타낼 수 있다.

변위, 속도, 힘 외에도 가속도, 운동량, 각운동량, 토크, 전장, 자장 등도 방향과 크기를 가지는 물리량이므로 벡터로 나타내어지며, 같은 물리량들끼리는 벡터의 덧셈의 법칙을 따른다.

벡터는 크기와 방향을 가지므로 도형적으로 **그림 1-1**에서 보듯이 화살형태로 나타낸다. 벡터의 표기는 $\mathbf{F}$, $\mathbf{v}$와 같이 굵은 글씨체로 나타내거나 $\vec{F}$, $\vec{v}$와 같이 위에 화살기호로 나타내며, 벡터의 크기만을 나타내려면 F, v 또는 $|\vec{F}|$, $|\vec{v}|$와 같이 표기한다.

1-5 벡터의 덧셈, 기하학적인 방법

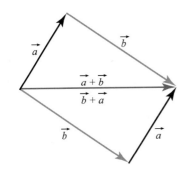

그림 1-2 벡터 덧셈의 교환법칙

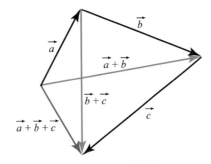

그림 1-3 벡터 덧셈의 결합법칙

벡터 $\vec{a}$에 벡터 $\vec{b}$가 가해질 때 벡터의 덧셈의 식은

$$\vec{a} + \vec{b} = \vec{r} \tag{1-1}$$

로 나타낼 수 있으며, **그림 1-2**에서 벡터 $\vec{b}$에 벡터 $\vec{a}$를 가한 것과 같다. 따라서 벡터의 덧셈에는 교환법칙이 성립한다.

$$\vec{a} + \vec{b} = \vec{b} + \vec{a} \; (\text{교환법칙}) \tag{1-2}$$

그림 1-3에서 보듯이 세 변위 벡터 $\vec{a}$, $\vec{b}$, $\vec{c}$의 덧셈에서 다음의 결합법칙이 성립한다.

$$\vec{a} + (\vec{b} + \vec{c}) = (\vec{a} + \vec{b}) + \vec{c} \; (\text{결합법칙}) \tag{1-3}$$

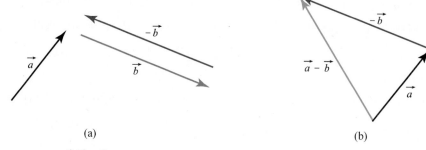

(a)   (b)

그림 1-4 (a) 벡터 $\vec{a}$, $\vec{b}$, $-\vec{b}$
　　　　　　(b) 벡터 $\vec{a}$에서 벡터 $\vec{b}$를 빼는 것은 벡터 $-\vec{b}$를 더하는 것과 동일하다.

　벡터 $\vec{a}$에서 벡터 $\vec{b}$를 뺀다는 것은 **그림 1-4**에서 보듯이 벡터 $\vec{a}$에 벡터 $\vec{b}$의 반대방향 벡터인 $-\vec{b}$를 더한 것이다.

$$\vec{r} = \vec{a} - \vec{b} = \vec{a} + (-\vec{b}) \tag{1-4}$$

1-6 벡터의 덧셈, 해석적인 방법

벡터는 공간에 설정된 좌표계의 각 축에 투영된 크기, 즉 성분으로 나타낼 수 있다.

　그림 1-5에서 평면상의 벡터 $\vec{a}$의 x축과 y축에 투영된 크기 a_x, a_y는 벡터 $\vec{a}$의 성분들로서

$$a_x = a \cos\theta$$
$$a_y = a \sin\theta \tag{1-5}$$

와 같다. 여기서 a는 벡터 $\vec{a}$의 크기이며, θ는 벡터 $\vec{a}$가 x축과 시계반대방향으로 이루는 각이다. a와 θ는 다음과 같이 a_x와 a_y로 표현할 수 있다.

$$a = \sqrt{a_x^2 + a_y^2}, \quad \tan\theta = \frac{a_y}{a_x} \tag{1-6}$$

　다음으로 벡터의 계산에서 필요한 **단위벡터**(unit vector)를 소개하기로 한다. 단위벡터란 크기가 1인 벡터이다. 직교좌표계(xyz좌표계)에서 x축, y축, z축 방향의 단위벡터를 $\hat{i}$, $\hat{j}$, $\hat{k}$로 나타낸다.

　xy평면상의 두 벡터 $\vec{a}$, $\vec{b}$를 그 성분들과 단위벡터를 이용하여 다음과 같이 나타낼 수 있다.

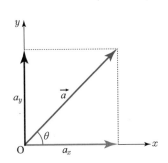

그림 1-5 벡터 a의 성분 a_x, a_y

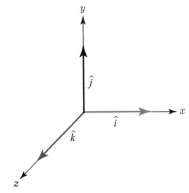

그림 1-6 직교좌표계에서의 단위벡터 $\hat{i}$, $\hat{j}$, $\hat{k}$

$$\vec{a} = \hat{i}\,a_x + \hat{j}\,a_y, \quad \vec{b} = \hat{i}\,b_x + \hat{j}\,b_y \tag{1-7}$$

이 두 벡터의 합 벡터 $\vec{r}$을

$$\vec{r} = \vec{a} + \vec{b}$$

로 표현할 때, 이 벡터의 등식은 양변 벡터의 각 성분도 등식의 관계가 성립함을 의미하는 것이다.

$$r_x = a_x + b_x, \quad r_y = a_y + b_y \tag{1-8}$$

예제 2. xy 평면 내에서 크기가 2이며 x축과 각기 $30°$, $150°$, $180°$의 각을 이루는 세 벡터 $\vec{a}$, $\vec{b}$, $\vec{c}$의 합 벡터의 크기와 방향을 구하라.

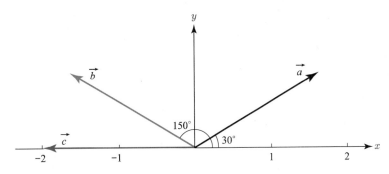

풀이 세 벡터의 크기는

$$a = b = c = 2$$

이며 방향은 각기 $30°$, $150°$, $180°$이므로 이들의 x 성분은 각각

$$a_x = 2\cos(30°) = \sqrt{3}$$

(계속)

$$b_x = 2\cos(150°) = -\sqrt{3}$$
$$c_x = 2\cos(180°) = -2$$

이며 y 성분은 각각 다음과 같다.

$$a_y = 2\sin(30°) = 1$$
$$b_y = 2\sin(150°) = 1$$
$$c_y = 2\sin(180°) = 0$$

주어진 세 벡터의 합 벡터 $\vec{r}$은

$$\vec{r} = \vec{a} + \vec{b} + \vec{c}$$

이며 성분은 다음과 같다.

$$r_x = a_x + b_x + c_x = \sqrt{3} - \sqrt{3} - 2 = -2$$
$$r_y = a_y + b_y + c_y = 1 + 1 + 0 = 2$$

따라서 벡터 $\vec{r}$의 크기와 방향은 다음과 같다.

$$r = \sqrt{r_x^2 + r_y^2} = \sqrt{(-2)^2 + 2^2} = 2\sqrt{2}$$
$$\theta = \tan^{-1}(r_y/r_x) = \tan^{-1}(-1) = 135°$$

1-7 벡터의 곱셈

벡터의 곱셈으로 스칼라와 벡터 사이의 곱과 벡터들 간의 곱이 있고, 벡터끼리의 곱에는 **스칼라 곱**과 **벡터 곱**이 있다.

1. 스칼라 곱과 벡터 곱

벡터량인 가속도에 스칼라량인 질량이 곱해지면 벡터량인 힘이 된다. 이때 힘의 방향은 가속도의 방향과 같은 방향이며, 둘의 곱과 같다. 이는 다른 스칼라와 벡터 사이의 곱의 경우에도 마찬가지이며, 스칼라량이 음의 값을 가지는 경우에는 방향이 반전된다.

2. 스칼라 곱

스칼라 곱의 예로 물체에 일정한 힘 $\vec{F}$를 가하면서 직선변위 $\vec{s}$만큼 움직였을 때 물체에 가해준 일은 $\vec{F} \cdot \vec{s}$로 표현되며, 이는 스칼라량이다. 이러한 벡터 사이의 곱을 스칼라 곱 또는 내적이라 하며, 그 크기는 $Fs\cos\phi$이다.

여기서 ϕ는 두 벡터 사이의 각이다. **그림 1-7**에서와 같이 벡터 $\vec{a}$, $\vec{b}$의 스칼라 곱은 한 벡터의 다른 벡터에 수직으로 투영한 크기에다 다른 벡터의 크기를 곱한 양이다.

3. 벡터 곱

벡터 곱의 예로 일정한 자장 B의 공간에서 속도 v로 움직이는 전하 q에 가해지는 자기력은 $q\vec{v} \times \vec{B}$로 표현되며, 이것은 벡터량이다. 이러한 벡터 사이의 곱을 벡터 곱 또는 외적이라고 한다. **그림 1-8**에서 $a \times b$의 곱에서 그 방향은 오른손 법칙으로 정해지며, 그 크기는 $ab \sin \phi$로 주어진다.

여기서 $\vec{a} \times \vec{b} = \vec{b} \times \vec{a}$는 다음과 같은 관계가 있음을 알 수 있다.

$$\vec{a} \times \vec{b} = -\vec{b} \times \vec{a}$$

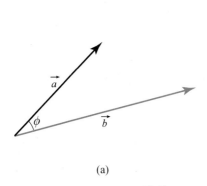
(a)

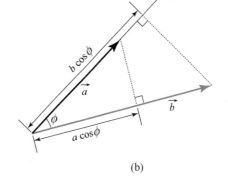
(b)

그림 1-7 (a) 각 ϕ를 이루는 벡터 $\vec{a}, \vec{b}$
(b) 벡터 $\vec{a}, \vec{b}$의 서로 다른 방향의 성분

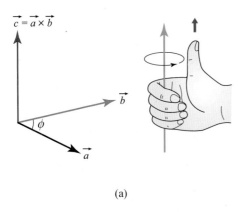
(a)

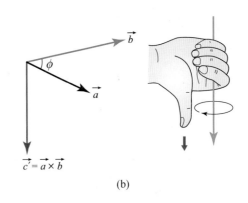
(b)

그림 1-8 (a) 벡터 곱의 방향은 오른손의 엄지 방향이다.
(b) $\vec{b} \times \vec{a} = -\vec{a} \times \vec{b}$ 와 같다.

두 벡터 $\vec{a}$, $\vec{b}$가 다음과 같을 때

$$\vec{a} = \hat{i}a_x + \hat{j}a_y + \hat{k}a_z$$

$$\vec{b} = \hat{i}b_x + \hat{j}b_y + \hat{k}b_z$$

스칼라 곱이 다음과 같음을 해석적으로 보여라.

$$\vec{a} \cdot \vec{b} = a_xb_x + a_yb_y + a_zb_z$$

풀이 xyz 좌표계의 각 축의 방향의 단위벡터들 사이의 스칼라 곱이 다음과 같다.

$$\hat{i} \cdot \hat{i} = \hat{j} \cdot \hat{j} = \hat{k} \cdot \hat{k} = 1$$
$$\hat{i} \cdot \hat{j} = \hat{j} \cdot \hat{k} = \hat{k} \cdot \hat{i} = 0$$

스칼라 곱 $\vec{a} \cdot \vec{b}$ 는

$$\vec{a} \cdot \vec{b} = (\hat{i}a_x + \hat{j}a_y + \hat{k}a_z) \cdot (\hat{i}b_x + \hat{j}a_y + \hat{k}b_z)$$
$$= \hat{i} \cdot \hat{i}a_xb_x + \hat{i} \cdot \hat{j}a_xb_y + \hat{i} \cdot \hat{k}a_xb_z + \hat{j} \cdot \hat{i}a_yb_x + \hat{j} \cdot \hat{j}a_yb_y + \hat{j} \cdot \hat{k}a_yb_z$$
$$+ \hat{k} \cdot \hat{i}a_zb_x + \hat{k} \cdot \hat{j}a_zb_y + \hat{k} \cdot \hat{k}a_zb_z$$
$$= a_xb_x + a_yb_y + a_zb_z$$

임을 보일 수 있다.

예제 4. 예제 3의 두 벡터 사이의 벡터 곱 $\hat{a} \times \hat{b}$이 다음과 같음을 해석적으로 보여라.

$$\vec{a} \times \vec{b} = \hat{i}(a_yb_z - a_zb_y) + \hat{j}(a_zb_x - a_xb_z) + \hat{k}(a_xb_y - a_yb_x)$$

풀이 오른손 법칙에 의하여 xyz좌표계에서 단위벡터들 사이의 벡터 곱은 다음과 같다.

$$\hat{i} \times \hat{i} = \hat{j} \times \hat{j} = \hat{k} \times \hat{k} = 0$$
$$\hat{i} \times \hat{j} = \hat{k}, \quad \hat{k} \times \hat{i} = \hat{j}, \quad \hat{j} \times \hat{k} = \hat{i}$$

벡터 곱 $\vec{a} \times \vec{b}$는

$$\vec{a} \times \vec{b} = (\hat{i}a_x + \hat{j}a_y + \hat{k}a_z) \times (\hat{i}b_x + \hat{j}b_y + \hat{k}b_z)$$
$$= \hat{i} \times \hat{i}a_xb_x + \hat{i} \times \hat{j}a_xb_y + \hat{i} \times \hat{k}a_xb_z + \hat{j} \times \hat{i}a_yb_x + \hat{j} \times \hat{j}a_yb_y + \hat{j} \times \hat{k}a_yb_z$$
$$+ \hat{k} \times \hat{i}a_zb_x + \hat{k} \times \hat{j}a_zb_y + \hat{k} \times \hat{k}a_zb_z$$
$$= \hat{i}(a_yb_z - a_zb_y) + \hat{j}(a_zb_x - a_xb_z) + \hat{k}(a_xb_y - a_yb_x)$$

임을 보일 수 있다.

연습문제

01 물리량의 물리적 차원을 $[L^a M^b T^c]$ 형식으로 나타낸다면 다음 물리량들의 물리적 차원에서 a, b, c값들은 얼마인가?

(a) 일 W (b) 운동량 p

(c) 일률 P (d) 용수철상수 k

(e) 마찰계수 μ (f) 만유인력상수 G

02 하루에 3분씩 느리게 가는 시계가 있다. 시간을 맞춘 후 이 시계가 다시 정확한 시각을 가리킬 때까지 얼마를 기다려야 하는가? (이 시계는 통상 12시간 일주의 시계이다.)

03 물 1 g의 체적은 각 변이 1 cm인 입방체와 같다. 물 안에서 물 분자 1개가 차지하는 체적을 입방체의 크기로 구하라. (물의 분자량은 18이며, 1 mole의 분자수는 6.02×10^{23}이다.)

04 사람의 몸을 이루는 원자들의 평균질량이 10 u라 할 때, 체중이 70 kg인 사람의 몸은 몇 개의 원자로 이루어졌다고 볼 수 있는가?

05 태양의 질량은 대략 2.0×10^{30} kg이다. 태양이 모두 수소원자로 이루어져 있다고 가정한다면 태양의 소수분자 개수는 얼마인가?

06 지구를 반경 6,000 km의 구로 간주하고 지구의 바다 표면 비율이 60%, 평균 수심이 500 m이고 바닷물의 소금 농도를 5%라 가정할 때 바닷물 속의 나트륨 원자의 개수는 대략 얼마인가?

07 벡터 $\vec{A}$의 세 성분이 (5, 3, 4)일 때 이 벡터의 크기를 구하라. 또 이 벡터가 x, y, z축과 이루는 각을 구하라.

08 두 벡터 $\vec{A}, \vec{B}$의 성분이 각각 (1, 3, 2), (4, 2, 3)일 때 두 벡터가 이루는 각을 구하라.

09 두 벡터 $\vec{a} = 4\hat{i} - 3\hat{j} + \hat{k}, \vec{b} = -2\hat{i} + 2\hat{j} - 3\hat{k}$에 대해 (a) 스칼라 곱과 (b) 벡터 곱을 구하라.

10 두 벡터 $\vec{a} = \hat{i} - 3\hat{j} + 2\hat{k}, \vec{b} = 4\hat{i} + 2\hat{j} - \hat{k}$에 대해 스칼라 곱과 벡터 곱을 각각 구하고, 벡터 곱으로 얻어진 새 벡터 $\vec{a} \times \vec{b}$가 $\vec{a}, \vec{b}$에 대하여 각각 수직임을 보여라.

11 $\vec{a} = -\hat{i} + 3\hat{j} - 4\hat{k}, \vec{b} = 3\hat{i} + 3\hat{j} - 2\hat{k}$ 두 벡터가 있다.

(a) 각 벡터의 크기를 구하라.

(b) 두 벡터의 차이 $\vec{a} - \vec{b}$를 구하고, 그 크기를 구하라.

12 다음과 같은 두 벡터로부터

$$\vec{a} = -6\hat{i} + 10\hat{j}, \ \vec{b} = 4\hat{i} - 8\hat{j}$$

(a) $\vec{a} \cdot \vec{b}$, (b) $\vec{a} \times \vec{b}$, (c) $(\vec{a} - \vec{b}) \cdot \vec{a}$를 구하라.

13 세 벡터 $\vec{a}, \vec{b}, \vec{c}$가 다음과 같을 때

$$\vec{a} = -6\hat{i} + 4\hat{j} + 5\hat{k}$$
$$\vec{b} = 3\hat{i} + 2\hat{j} + 2\hat{k}$$
$$\vec{c} = 2\hat{i} + 3\hat{j} + 4\hat{k}$$

벡터 $\vec{r} = \vec{a} - \vec{b} + \vec{c}$의 성분들과 크기를 구하라.

14 세 벡터 $\vec{a}, \vec{b}, \vec{c}$가 다음과 같을 때

$$\vec{a} = 3\hat{i} + 3\hat{j} - 2\hat{k}$$
$$\vec{b} = -\hat{i} + 4\hat{j} + 2\hat{k}$$
$$\vec{c} = 2\hat{i} + 2\hat{j} + \hat{k}$$

$\vec{a} \cdot (\vec{b} + \vec{c}), \ \vec{a} \cdot (\vec{b} \times \vec{c}), \ \vec{a} \times (\vec{b} + \vec{c})$를 구하라.

15 세 벡터 $\vec{a}, \vec{b}, \vec{c}$가 다음과 같을 때

$$\vec{a} = \hat{i} + 4\hat{j} + 3\hat{k}$$
$$\vec{b} = -2\hat{i} + 3\hat{j} - 2\hat{k}$$
$$\vec{c} = 5\hat{i} - 2\hat{j} + 2\hat{k}$$

$\vec{a} \cdot (\vec{b} + \vec{c}), \ \vec{a} \cdot (\vec{b} \times \vec{c}), \ \vec{a} \times (\vec{b} + \vec{c})$를 구하라.

16 세 벡터 $\vec{a}, \vec{b}, \vec{c}$가 다음과 같을 때

$$\vec{a} = 4\hat{i} + 2\hat{j} - 3\hat{k}$$
$$\vec{b} = -3\hat{i} + \hat{j} - 2\hat{k}$$
$$\vec{c} = \hat{i} - 2\hat{j} + \hat{k}$$

$\vec{r} = \vec{a} + 2\vec{b} - \vec{c}$로 주어진 벡터 $\vec{r}$과 x축의 양의 방향이 이루는 각을 계산하라.

17 두 벡터 $\vec{a}, \vec{b}$가 서로 θ의 각을 이루고 있다.

(a) 두 벡터의 합의 크기가 $\sqrt{a^2 + b^2 + 2\,a\,b\cos\theta}$ 와 같음을 보여라.

(b) 두 벡터의 크기가 같다고 할 때, 이들 벡터의 합 역시 같은 크기가 되는 것은 어떤 경우인가?

18 (a) 스칼라 곱과 벡터 곱에서 각기 교환법칙이 성립하는지 판정하라.

(b) 다음과 같은 분배법칙이 성립하는지 판정하라.

$$\vec{a} \cdot (\vec{b} + \vec{c}) = \vec{a} \cdot \vec{b} + \vec{a} \cdot \vec{c}$$
$$\vec{a} \times (\vec{b} + \vec{c}) = \vec{a} \times \vec{b} + \vec{a} \times \vec{c}$$

(c) 두 벡터 $\vec{a}, \vec{b}$의 합 벡터 $\vec{a} + \vec{b}$와 두 벡터의 차이 벡터 $\vec{a} - \vec{b}$가 각각 벡터 곱 $\vec{a} \times \vec{b}$와 직교함을 보여라.

19 두 변이 벡터 $\vec{a}, \vec{b}$로 주어지는 삼각형의 면적이 $|\vec{a} \times \vec{b}| / 2$임을 보여라.

20 세 변이 벡터 $\vec{a}, \vec{b}, \vec{c}$로 주어진 평행육면체의 체적이 $\vec{a} \cdot (\vec{b} \times \vec{c})$임을 보여라.

CHAPTER 02

병진운동

2-1 운동

모든 물체의 운동은 **병진운동**, **회전운동**, **진동운동**의 세 가지로 구분할 수 있는데, 병진운동이란 물체의 모든 부분의 시간에 따른 변위가 동일한 운동으로 대표되는 한 점의 운동으로 나타낼 수가 있다. 그 예로 여름 밤하늘에 날아다니는 반딧불의 움직임은 반디벌레의 병진운동을 나타낸다고 볼 수 있으며, 반딧불의 시간에 따른 위치변화로부터 이 벌레의 속도, 가속도를 알 수 있는 것이다. 이 장에서는 속도와 가속도를 설명하고 등가속도운동, 자유낙하운동, 포물체운동, 등속원운동 등을 다루어 보기로 한다.

2-2 변위, 속도와 가속도

움직이는 물체의 위치를 위치벡터 $r(t)$로 나타낸다. $r(t)$는 **그림 2-1(a)**에서 볼 수 있듯이 주어진 기준틀의 원점 0에서 시간 t에서의 물체의 위치 P에 이르는 벡터이다. 이때 **물체의 속도는 시간에 따른 위치의 변화율**로 정의하고, 속도벡터 $\vec{v}$는 다음의 벡터 등식으로 주어진다.

$$\vec{v} = \frac{d\vec{r}}{dt} \tag{2-1}$$

위치벡터 $\vec{r}$을 1장에서 소개한 단위벡터를 이용하여 나타내어 보기로 한다.

$$\vec{r} = \hat{i}x + \hat{i}y + \hat{k}z \tag{2-2}$$

여기서 $\hat{i}$, $\hat{j}$, $\hat{k}$는 x축, y축, z축 방향의 단위벡터로서 시간에 따라 변하지 않는 일정벡터이므로 속도 $\vec{v}$는 다음과 같이 나타낼 수 있다.

$$\vec{v} = \frac{d}{dt}(\hat{i}x + \hat{j}y + \hat{k}z)$$

$$= \hat{i}\frac{dx}{dt} + \hat{j}\frac{dy}{dt} + \hat{k}\frac{dz}{dt}$$

$$= \hat{i}v_x + \hat{j}v_y + \hat{k}v_z \tag{2-3}$$

따라서 속도벡터의 성분들은 다음과 같다.

$$v_x = \frac{dx}{dt}, \ v_y = \frac{dy}{dt}, \ v_z = \frac{dz}{dt} \tag{2-4}$$

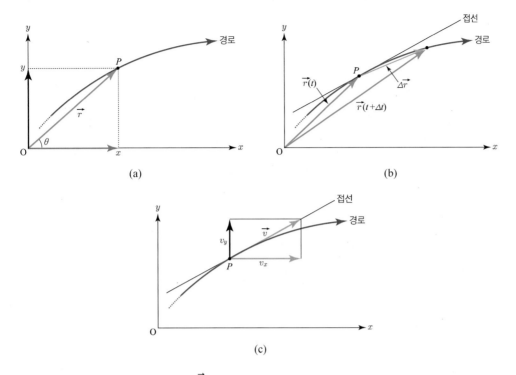

그림 2-1 (a) xy 평면 내에서 위치벡터 $\vec{r}$의 성분

(b) 시간 t와 $t+\Delta t$ 동안의 위치의 변화 $\Delta \vec{r}$. Δt가 0으로 접근할 때 벡터 $\Delta \vec{r}$은 접선방향을 향한다.

(c) 속도벡터 $\vec{v}$의 성분

그러면 여기서 속도의 방향에 대해서 생각해 보기로 하자. **그림 2-1(b)**는 시간 t에 점 P에 위치하던 물체의 시간 Δt 이후의 변위 $\Delta \vec{r} = \vec{r}(t+\Delta t) - \vec{r}(t)$를 보인 것이다. 이 시간 동안 평균속도(average velocity) $\Delta \vec{r}/\Delta t$의 방향은 $\Delta \vec{r}$과 일치하며, 그 크기는 $|\Delta \vec{r}/\Delta t|$이다. 이 평균속도로부터는 시간 t와 $t+\Delta t$ 사이의 운동에 대해서는 정확히 알 수 없다. 여기서 시간간격 Δt를 점차 줄여감에 따라 Δt가 0으로 접근할 때의 $\Delta \vec{r}/\Delta t$의 극한을 **순간속도**(instantaneous velocity)라고 정의한다. 앞으로 다루게 될 **속도**(velocity)는 특별한 언급이 없는 한 이 순간속도를 의미한다.

$$\vec{v} = \lim_{\Delta t \to 0} \frac{\Delta \vec{r}}{\Delta t} = \frac{d\vec{r}}{dt} \tag{2-5}$$

순간속도, 즉 속도의 방향은 **그림 2-1(c)**에서처럼 물체의 움직이는 경로의 접선방향이다. 속도의 차원은 $[LT^{-1}]$이며, 속도의 크기 $v = \vec{v}$를 **속력**(speed)이라고 한다.

속력은 속도와 물리적인 차원은 같지만, 벡터량인 속도와는 달리 스칼라량이며 항상 양의 값을 가진다. 위치가 시간에 따라 변하듯 속도의 방향과 크기도 시간에 따라 변할 수 있다. 이때 **가속도는 시간에 대한 속도의 변화율**로 정의된다.

$$\vec{a} = \frac{d\vec{v}}{dt} = \frac{d}{dt}(\hat{i}v_x + \hat{j}v_y + \hat{k}v_z)$$

$$= \hat{i}\frac{dv_x}{dt} + \hat{j}\frac{dv_y}{dt} + \hat{k}\frac{dv_z}{dt}$$

$$= \hat{i}a_x + \hat{j}a_y + \hat{k}a_z \qquad (2-6)$$

따라서 가속도의 성분들은 다음과 같이 나타낼 수 있다.

$$a_x = \frac{dv_x}{dt}, \ a_y = \frac{dv_y}{dt}, \ a_z = \frac{dv_z}{dt} \qquad (2-7)$$

시간간격 Δt 동안의 속도의 변화 $\vec{v}\,[=\vec{v}+\Delta t - \vec{v}(t)]$로부터 **평균가속도**는 $\Delta\vec{v}/\Delta t$로 정의되며, 방향은 $\Delta\vec{v}$의 방향이고 크기는 $|\Delta\vec{v}/\Delta t|$로 주어진다. Δt가 0으로 접근할 때의 극한을 **순간가속도**(instantaneous acceleration)라고 하는데, 앞으로 언급하는 **가속도**(acceleration)는 이 순간가속도를 의미한다. 가속도의 차원은 $[LT^{-2}]$이다.

$$\vec{a} = \lim_{\Delta t \to 0} \frac{\Delta\vec{v}}{\Delta t} = \frac{d\vec{v}}{dt} \qquad (2-8)$$

예제 1. 입자의 위치가 시간에 대한 함수로서 국제단위계로 다음과 같이 주어졌다. 여기서 속도와 가속도를 구하라.

$$\vec{r}(t) = \hat{i} + 5t^2\hat{j} + 3t\hat{k}$$

풀이 속도 $\vec{v}(t)$와 가속도 $\vec{a}(t)$는 다음과 같다.

$$\vec{v}(t) = \frac{d\vec{r}}{dt} = \frac{d}{dt}(\hat{i} + 5t^2\hat{j} + 3t\hat{k})$$

$$= (10t\hat{j} + 3\hat{k})\,\mathrm{m/s^2}$$

$$\vec{a}(t) = \frac{d\vec{v}}{dt} = \frac{d}{dt}(10t\hat{j} + 3\hat{k})$$

$$= (10\hat{j})\,\mathrm{m/s^2}$$

2-3 1차원 등가속도운동

1차원 운동의 예로 연직방향으로 낙하하는 물체나 곧은 레일 위를 움직이는 기차처럼 직선상을 움직이는 물체의 운동 등을 들 수 있다. 그리고 지표면 근처에서 자유낙하하는 물체나 일정하게 제동이 걸린 자동차 등이 등가속도의 좋은 예인데, 1차원 등가속도운동을 다루기 위해 x축의 양의 방향으로 등가속도로 운동하는 물체를 취급해 보기로 하자. 여기서는 1차원 운동이므로 벡터를 무시한다. 또한 등가속도운동에서는 가속도가 평균가속도와 같으므로 다음과 같이 나타낼 수 있다.

$$a = \frac{v - v_0}{t - 0} \tag{2-9}$$

여기서 v_0는 $t = 0$에서의 초기속도이며, v는 시간 t에서의 속도인데 이를 재정리하면 다음과 같이 나타낼 수 있다.

$$v = v_0 + at \tag{2-10}$$

그리고 시간 t에서의 위치 x를 다음과 같이 나타낸다.

$$x = x_0 + \bar{v}t \tag{2-11}$$

여기서 x_0는 초기의 위치이며, $\bar{v}$는 시간 0와 t 사이의 평균속도로서 등가속도운동에서는 다음과 같이 나타낼 수 있다.

$$\bar{v} = \frac{1}{2}(v_0 + v) = v_0 + \frac{1}{2}at \tag{2-12}$$

따라서 시간 t에서의 위치 x는 다음처럼 주어진다.

$$x = x_0 + v_0 t + \frac{1}{2}at^2 \tag{2-13}$$

그림 2-2는 등가속도운동에서의 위치, 속도, 가속도의 시간에 따른 변화를 나타낸다.

한편 식 $(2-9)$, $(2-11)$, $(2-12)$로부터 시간 t를 소거하면 다음의 관계를 얻을 수 있다.

$$v^2 - v_0^2 = 2a(x - x_0) \tag{2-14}$$

1차원 등가속도 운동에서 지금까지 구한 속도, 위치, 가속도와의 관계를 다음과 같이 정리한다.

$$v = v_0 + at$$
$$x = x_0 + v_0 t + \frac{1}{2}at^2$$
$$v^2 - v_0^2 = 2a(x - x_0)$$

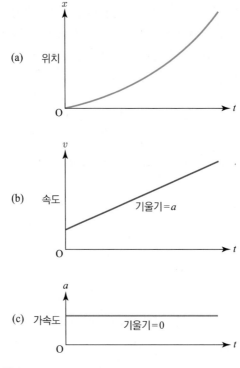

그림 2-2 1차원 등가속도운동
(a) 위치 $x(t)$, (b) 속도 $v(t)$, (c) 가속도 $a(t)$

예제 2. 20 m/s의 속력으로 움직이던 자동차가 정지신호를 보고 제동을 걸어 100 m의 거리를 일정하게 감속한 후 정지하였다.

(a) 제동에 의한 가속도를 구하라.

(b) 제동이 시작된 후 5초 후까지 움직인 거리를 구하라.

풀이 (a) 초기 속도는 20 m/s 이고, 최종 속도는 0이다.
움직인 거리가 100 m 이므로
$v^2 - v_0^2 = 2a(x - x_0)$ 는 다음과 같다.

$$a = \frac{v^2 - v_0^2}{2(x - x_0)} = \frac{-400\,(\mathrm{m}^2/\mathrm{s}^2)}{200\,(\mathrm{m})} = -2\,\mathrm{m/s}^2$$

(b) $t = 5\,s$ 에서의 자동차의 위치는 다음과 같다.

$$x = v_0 t + \frac{1}{2} a t^2 = (20 \times 5 - 0.5 \times 2 \times 25) = 75\,\mathrm{m}$$

즉, 제동이 시작된 후 5초 후까지 움직인 거리는 75 m 이다.

앞에서 언급하였듯이 지구와의 만유인력에 의해 지표면 근처에서 수직으로 낙하하는 물체는 1차원 등가속도운동의 좋은 예이다. 낙하체의 위치를 측정하는 1차원 직선좌표계에서 연직방향을 $(+)\,y$ 방향으로 설정하면 중력가속도 $-g$의 방향은 $(-)\,y$ 방향을 향하게 된다.

이는 등가속도운동에서 가속도 a를 $-g$로, x는 y로 바꾼 것으로 다음과 같다.

$$v = v_0 - gt \tag{2-15}$$

$$y = y_0 + v_0 t - \frac{1}{2}gt^2 \tag{2-16}$$

$$v^2 - v_0^2 = -2g(y - y_0) \tag{2-17}$$

지표면에서의 중력가속도의 크기는 지구의 자전운동, 지각의 불균일 등 여러 가지 요인에 의하여 조금씩 차이가 날 수 있지만 9.8 m/s^2으로 잘 근사할 수 있다.

예제 3. **98 m 높이의 탑에서 29.4 m/s의 속도로 공을 위로 던져 올렸다.**

(a) 공이 정점에 이르는 데 걸리는 시간을 구하라.

(b) 정점의 높이를 구하라.

(c) 5초 후의 속도와 위치를 구하라.

(d) 지면에 이르는 데 걸리는 시간을 구하라.

풀이 (a) 정점에 이르렀을 때 속도의 크기가 0이므로

$$v = v_0 - gt = 0$$

으로부터 그 시간을 구할 수 있다. 따라서 그 시간 t는 다음과 같다.

$$t = \frac{-(v - v_0)}{g} = \frac{29.4(\text{m/s})}{9.8(\text{m/s}^2)} = 3 \text{ s}$$

(b) $t = 3$에서의 위치 y를 계산하면 다음과 같다.

$$y = y_0 + v_0 t - \frac{1}{2}gt^2$$

$$= 98 + 29.4 \times 3 - 0.5 \times 9.8 \times 9 = 142.1 \text{ m}$$

(c) $t = 5$에서의 속도 v와 위치 y를 구하면 다음과 같다.

$$v = v_0 - gt$$

$$= 29.4 - 9.8 \times 5 = -19.6 \text{ m/s}$$

$$y = y_0 + v_0 t - \frac{1}{2}gt^2$$

$$= 98 + 29.4 \times 5 - 0.5 \times 9.8 \times 25 = 122.5 \text{ m}$$

즉, $t = 5$에서의 순간에 19.6 m/s의 크기의 속도로 낙하하며 지표로부터 122.5 m의 높이를 지난다.

(d) 지표면에 도달하는 시간 t는 다음 방정식의 해이다.

$$y = y_0 + v_0 t - \frac{1}{2}gt^2 = 0$$

이 식, 즉 $t^2 - 6t - 20 = 0$의 근을 구하면 다음과 같고

$$t = -(-6) \pm \frac{\sqrt{(-6)^2 - 4 \times (-20)}}{2} = \frac{6 \pm \sqrt{116}}{2} = \frac{6 \pm 10.8}{2} \text{s}$$

여기서 (+) 부호의 근만이 의미가 있으므로 그 시간 t는 다음과 같다.

$$t = 8.4 \text{ s}$$

2-4 포물체 운동

투수가 던지거나 야구 방망이에 맞아 날아가는 야구공이나 대포가 발사한 포탄의 운동을 **포물체 운동**(projectile motion)이라고 하며, 이는 수평방향의 등속도운동과 연직방향의 중력에 의한 등가속도운동이 동시에 나타나는 것이다(실제 상황에서는 공기의 마찰에 의해 궤적이 달라지지만 문제를 간단히 하기 위하여 이를 무시하기로 한다).

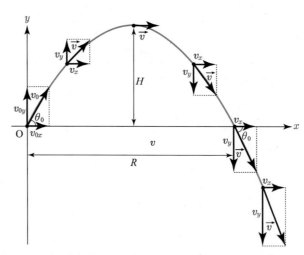

그림 2-3 수평방향으로는 등속도운동을, 연직방향으로는 자유낙하운동을 보인다.

그림 2-3과 같이 수평면과 각 θ_0의 방향을 이루면서 속력 v_0로 투사된 물체의 초기속도의 x 및 y 성분은 다음과 같다.

$$v_{0x} = v_0 \cos \theta_0$$
$$v_{0y} = v_0 \sin \theta_0 \qquad (2-18)$$

x 방향으로는 등속도운동을 하게 되므로 t초 후의 x 좌표는

$$x = (v_0 \cos \theta_0) t \qquad (2-19)$$

이며 y 방향으로는 자유낙하운동이므로 다음과 같다.

$$y = (v_0 \sin \theta_0)t - \frac{1}{2} g t^2 \qquad (2-20)$$

이들 식에서 시간 t를 소거하면

$$y = (\tan \theta_0)x - \left(\frac{g}{2(v_0 \cos \theta_0)^2} \right)x^2 \qquad (2-21)$$

와 같이 포물체 운동의 궤적을 구할 수 있다.

그러면 포물체 운동의 수평도달거리 R과 최대도달높이 H를 구해보기로 하자.

수평도달거리 R은

$$R = (\text{수평속도 성분}) \times (\text{수평도달시간})$$

과 같으며 수평도달시간 t는 식 $(2-20)$에서 $y=0$을 만족시키는 식으로부터 이를 구하면 $t=0,\ t=2v_0 \sin\theta_0/g$를 구할 수 있는데, $t=0$은 초기 투척순간으로 제외하고 $t=2v_0\sin\theta_0/g$ 로부터 수평도달거리 R은 다음과 같이 구할 수 있다.

$$R = \frac{2v_0^2}{g}\sin\theta_0\cos\theta_0$$

여기서 등식 $\sin 2\theta_0 = 2\sin\theta_0\cos\theta_0$을 이용하여

$$R = \frac{v_0^2}{g}\sin 2\theta_0 \tag{2-22}$$

와 같이 나타낼 수 있다. 여기서 $\theta_0 = \pi/4$, 즉 $45°$ 방향으로 투사하였을 때 $R = v_0^2/g$로 가장 멀리 도달함을 알 수 있다. 또 최대높이에 도달하는 시간은

$$v_y = v_0\sin\theta_0 - gt = 0$$

을 만족하는 순간이므로 이 시간의 y 좌표, 즉 최대높이 H는 다음과 같이 구할 수 있다.

$$H = \frac{v_0^2\sin^2\theta_0}{2g} \tag{2-23}$$

우리가 구한 이 결과들을 포탄의 궤적을 다루는 실제의 문제에 적용할 수 있을까? 앞에서 언급한 바와 같이 이 결과는 진공 속에서 일정 중력 가속도하의 운동을 다룬 것이다. 물체에 작용하는 공기의 마찰에 의한 영향은 상당히 커서 대기 중에서 발사된 포탄의 경우 이처럼 간단하게 취급할 수가 없다.

예제 4. **지평면과 $30°$의 각도 및 $12\mathrm{m/s}$ 크기의 속도로 돌을 던졌다.**

(a) **돌이 땅에 떨어지는 시간을 구하라.**

(b) **수평도달거리를 구하라.**

(c) **땅에 떨어질 때의 속도를 구하라.**

풀이 (a) 초기속도의 수직성분과 수평선분은 다음과 같다.

$$v_{0x} = v_0\cos 30° = 12 \times 0.87 = 10.44\ \mathrm{m/s}$$
$$v_{0y} = v_0\sin 30° = 12 \times 0.5 = 6\ \mathrm{m/s}$$

수평도달시간은 $y = v_{0y}t - \dfrac{1}{2}gt^2$에서 $y = 0$을 만족하는 시간이다.

$$6t - \frac{1}{2} \times 9.8t^2 = 0$$

의 해는 $t = 0$ 또는 $t = 1.22$인데 $t = 0$은 투척될 때의 시간으로 의미가 없으므로 수평도달시간은 $t = 1.22\,\text{s}$이다.

(b) 수평도달거리＝(수평속도 성분)×(수평도달시간)이므로 다음과 같이 구한다.
$$R = (10.44\,\text{m/s}) \times (1.22\,\text{s}) = 12.74\,\text{m}$$

(c) 수평속도 성분은 변함없이 $10.44\,\text{m/s}$이며, 연직 성분은 $v_y = v_{0y} - gt$로 주어지므로
$$v_y = 6(\text{m/s}) - 9.8(\text{m/s}^2) \times 1.22(\text{s}) = -6\,\text{m/s}$$
이며 수평도달 시 속도의 크기와 방향은
$$v = \sqrt{v_x^2 + v_y^2} = \sqrt{(10.44)^2 + 6^2} \simeq 12.0413\,\text{m/s}$$
$$\theta = \tan^{-1}\left(\frac{-6}{10.44}\right) \doteqdot \sim -29.8865°$$
로 수평면 아래로 $30°$의 각을 이루며 크기 $12\,\text{m/s}$의 속도이다.

2-5 등속원운동

앞에서 가속도는 시간에 따른 속도의 변화율로 정의하였다. 2-3절의 1차원 등가속도운동에서는 속도의 방향은 변치 않고 그 크기만 변화하였다. 이와 대비되는 운동이 원궤도를 움직이는 등속원운동이다. 등속원운동에서는 속도의 크기는 변하지 않지만 매 순간 속도의 방향이 변한다. 등속원운동의 가속도에 대하여 살펴보기로 하자.

그림 2-4에서 매우 근접한 두 물체의 원궤도상의 순간 위치를 A, B라 하면 그때의 속도 $\vec{v}_A$, $\vec{v}_B$는 각기 위치에서 접선방향을 향한다.

속도의 변화량 $\Delta\vec{v} = (\vec{v}_B - \vec{v}_A)$를 **그림 2-4(b)**처럼 나타낼 수 있다. 두 이등변 삼각형 OAB와 $O'A'B'$는 닮은꼴이며 두 관계식은 다음과 같다.

$$\frac{A'B'}{O'A'} = \frac{AB}{OA}$$

매우 짧은 순간 원주상의 움직인 길이 Δs는 직선 AB로 근사할 수 있으므로 $|\vec{v}_A| = |\vec{v}_B| = \vec{v}$라고 할 때 다음의 근사식으로 표현할 수 있다.

$$\frac{\Delta\vec{v}}{v} = \frac{\Delta\vec{s}}{R}$$

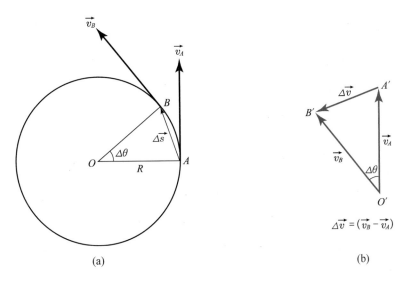

(a)   (b)

그림 2-4 (a) 등속원운동

(b) 속도의 변화 $\vec{\Delta v}(= \vec{v}_B - \vec{v}_A)$. OAB와 $O'A'B'$는 닮은꼴 삼각형이다.

여기서 $\vec{\Delta s} = \vec{v}\Delta t$이므로

$$\frac{\vec{\Delta v}}{v} \simeq \frac{\vec{v}\Delta t}{R}$$

와 같고 A, B 사이의 속도의 변화율, 즉 평균가속도는

$$\frac{\Delta v}{\Delta t} \simeq \frac{v^2}{R}$$

으로 $\Delta t \to 0$의 극한에서 가속도의 방향은 원궤도의 중심을 향함을 알 수 있다. 그래서 이를 **구심가속도(centripetal acceleration)**라고 한다.

$$a_r = \frac{v^2}{R} \ (구심가속도) \tag{2-24}$$

등속원운동에서 가속도는 매 순간 속도의 방향에 수직한 중심방향을 향한다. 따라서 속도의 크기는 변화가 없으며 방향만 변하게 된다.

2-6 상대운동

움직이는 차에 탄 사람과 땅 위에 서 있는 사람이 날아가는 새의 운동을 볼 때 서로 달리 관측될 것이다. 어떤 **기준틀(reference frame)**에서 관측하느냐에 따라 물체의 운동의 속도가

달라진다. 여기에서는 **상대운동(relative motion)**을 다루어 보기로 한다.

우선 운동방향들이 직선상에 존재하는 1차원 상대운동을 다루어 본다.

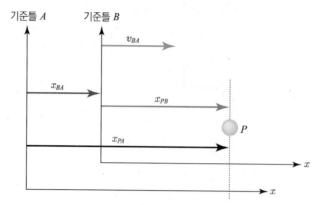

그림 2-5 상대적으로 운동하는 두 관측계 A, B에 대한 물체 P의 위치

그림 2-5에서 관측자 A, 관측자 B가 물체 P의 위치를 관측할 때 측정한 위치들의 관계는 다음과 같다.

$$x_{PA} = x_{PB} + x_{BA} \qquad (2-25)$$

즉, A에 의해 관측된 물체 P의 위치는 B에 의해 관측된 P의 위치와 A에 의해 관측된 B의 위치의 합과 같다.

식 $(2-25)$를 시간에 대해 미분하면

$$\frac{d}{dt}(x_{PA}) = \frac{d}{dt}(x_{PB}) + \frac{d}{dt}(x_{BA})$$

로 다음과 같이 나타낼 수 있다.

$$v_{PA} = v_{PB} + v_{BA} \qquad (2-26)$$

즉, A가 관측한 물체 P의 속도는 B가 관측한 P의 속도와 A가 관측한 B의 속도의 합과 같다는 것이다.

A에 대한 B의 운동이 등속운동일 경우 A, B에 의해 관측된 P의 가속도는 식 $(2-26)$의 시간에 대한 미분으로부터 서로 같음을 알 수 있다.

$$a_{PA} = a_{PB} \qquad (2-27)$$

식 $(2-26)$에서 상대운동을 하는 관측자들에 의해 관측된 속도들은 간단한 덧셈의 관계로 주어졌다. 하지만 이 관계는 일반적으로 통용되는 것이 아니며, 속도의 크기가 빛의 속도 $c(=299{,}792{,}458\,\mathrm{m/s})$에 비해 무시할 수 없을 때는 상대론적인 취급이 필요하다. 등속일 때 특수 상대론에서는

$$v_{PA} = \frac{v_{PB} + v_{BA}}{1 + v_{PB}v_{BA}/c^2} \qquad (2-28)$$

와 같으며, 식 $(2-26)$은 식 $(2-28)$을 v_{PA}, $v_{PB} \ll c$의 경우에서 근사한 식인 것이다.

2, 3차원에서의 상대운동에서는 식 $(2-25)$, $(2-26)$과 $(2-27)$ 대신 다음의 벡터 관계식으로 나타낼 수 있다.

$$\overrightarrow{r_{PA}} = \overrightarrow{r_{PB}} + \overrightarrow{r_{BA}} \qquad (2-29)$$

$$\overrightarrow{v_{PA}} = \overrightarrow{v_{PB}} + \overrightarrow{v_{BA}} \qquad (2-30)$$

$$\overrightarrow{a_{PA}} = \overrightarrow{a_{PB}} \qquad (2-31)$$

연습문제

01 x축 위를 움직이는 입자가 시간에 따라 다음과 같이 위치가 변한다.

$$x = at^2 - bt^3$$

여기서 MKS 단위로 나타냈다고 할 때

(a) a와 b의 차원을 알아보라.

(b) a와 b를 각기 3, 1이라 할 때 (+) x축 방향으로 최대거리에 도달하는 시간은 얼마인가?

(c) $t = 4$까지 움직인 거리는 얼마인가? 그 변위는 얼마인가?

(d) $t = 4$에서의 속도와 가속도를 구하라.

02 타자가 $100\,\mathrm{km/h}$의 크기의 속도로 던져진 야구공을 야구 방망이로 맞춰 반대방향으로 같은 속력으로 날려 보냈다. 방망이와 공이 접촉하는 시간이 0.005초였다면 그동안의 평균가속도는 얼마인가?

03 $72\,\mathrm{km/h}$의 빠르기로 달리던 자동차가 $50\,\mathrm{m}$ 앞의 신호등을 보고 일정하게 감속하여 정지하였다.

(a) 가속도는 몇 $\mathrm{m/s^2}$인가?

(b) 정지하기까지 걸린 시간을 구하라.

04 영철이 $100\,\mathrm{m}$ 경주에서 출발 신호를 듣고 $50\,\mathrm{m}$의 구간 동안 일정하게 가속하여 $10\,\mathrm{m/s}$의 속도에 이르렀다.

(a) 이 시간 동안의 가속도의 크기를 구하라.

(b) 남은 $50\,\mathrm{m}$ 구간을 등속으로 달렸다면 $100\,\mathrm{m}$를 달리는 동안의 평균속력은 얼마인가?

05 시속 $200\,\mathrm{km}$로 달리던 기차가 $1\,\mathrm{km}$ 전방의 역에 정지하기 위해 일정하게 감속하였다.

(a) 이 시간 동안 가속도는 얼마인가?

(b) 소요된 시간은 얼마인가?

06 영철이 $125\,\mathrm{m}$ 거리의 홈런을 쳤다. 중력가속도가 $9.8\,\mathrm{m/s^2}$이라면 영철이 공을 맞힌 순간 공의 속도의 크기는 최소한 몇 $\mathrm{m/s}$가 되어야 하는가?

07 물체가 높이 h로부터 자유낙하하고 있다. 낙하길이의 뒷 절반을 2초 동안 낙하했다면

(a) 총 낙하시간은 얼마인가?

(b) 총 낙하높이 h는 얼마인가?

08 두 물체를 2초 간격을 두고 자유낙하시켰다. 두 물체의 거리가 $40\,\mathrm{m}$가 될 때는 첫 번째 물체를 낙하시킨 후 몇 초 후인가? (단, 중력가속도 g는 $9.8\,\mathrm{m/s^2}$이다.)

09 입자의 위치가 MKS 단위로 다음과 같이 주어졌다면

$$\vec{r}(t) = (8t^3 - 5t)\,\hat{i} + (7 - 5t^4)\,\hat{j} + 4t^2\hat{k}$$

$t = 5\,\mathrm{s}$일 때 위치, 속도, 가속도를 구하라.

10 수평방향에서 $45°$의 각도로 속도 $600\,\mathrm{m/s}$의 크기로 발사된 대포알의 최대도달높이 H와 수평도달거리 R을 구하라.

11 바다에서 200 m의 높이에 있는 절벽 위에서 대포를 40°의 각으로 발사하여 1 km 떨어진 해적선을 명중시켰다.

(a) 발사속도는 얼마인가?
(b) 발사 몇 초 후 명중하였을까?

12 바닷가(높이 0)에서 45° 방향으로 대포를 발사하여 2 km 거리의 바다 위의 해적선을 명중시켰다.

(a) 발사속도는 얼마인가?
(b) 최대도달높이는 얼마인가?

13 다음과 같은 속도로 공을 투척하였다.

$$\vec{v} = 8\hat{i} + 6\hat{j}$$

여기서 $\hat{i}$, $\hat{j}$는 x, y 방향의 단위벡터이며 MKS 단위로 나타내었다면

(a) 수평도달거리 R과 최대도달높이 H는 얼마인가?
(b) 수평도달시간은 얼마인가? 그때의 속도의 크기는 얼마인가?

14 자전거 선수가 원궤도의 트랙을 60 m/s의 속력으로 돌고 있다. 이 선수의 구심가속도가 72 m/s²라면 궤도반경은 얼마인가? 또 한 바퀴 도는 데 걸리는 시간은 얼마인가?

15 영철이가 반경 125 m의 원형 자전거 경주로를 29.43 m/s의 속도로 돌고 있다. 이때 경주로의 가장 적절한 경사각은 얼마인가?

16 경주용 차가 반경 1,000 m의 원형주로를 시속 200 km의 빠르기로 달리고 있다. 구심가속도의 크기는 얼마인가?

17 달리는 자동차 안에서 동전을 바로 위로 던지면 동전은 손에 돌아올까? 앞에 떨어질까? 아니면 뒤에 떨어질까? (a) 일정 속도로 움직일 때, (b) 앞으로 가속할 때, (c) 감속할 때를 각각 구분하여 답하여라.

18 땅 위에 정지한 사람이 볼 때 연직방향과 30°의 각도로 빗방울이 떨어지고 있다.

(a) 5 m/s의 속도로 서행하는 기차 안의 승객이 볼 때 빗방울이 수직으로 낙하하는 것으로 보였다. 빗방울의 속력은 얼마인가?
(b) 기차가 같은 방향으로 가속하여 속력을 크게 하였을 때 승객이 본 빗방울은 80°의 각도로 기울어진 방향으로 떨어지고 있었다. 그때 기차의 속도는 얼마인가?

19 빛의 속도를 c라고 할 때 서로 반대방향에서 지구를 향하여 0.8 c, 0.6 c로 접근하는 두 비행체 A, B가 있다. 비행체 B에 대한 비행체 A의 속도의 크기는 얼마인가?

20 빛의 속도를 c라고 할 때, 지구 바깥쪽으로 0.5 c로 움직이는 비행체에서 전방으로 0.5 c로 물체를 발사하였을 때 지구에서 관측한 물체의 속력은 얼마인가?

CHAPTER 03

힘과 운동

3-1 힘과 운동

앞서 다룬 내용에서 속도와 가속도는 각기 위치와 속도의 시간에 대한 변화율로 정의하였다. 그렇다면 물체의 속도가 변화되도록 하는 원인은 무엇일까?

물체와 주위 환경과의 어떠한 작용이 이러한 변화를 가져오게 하는 것이며, 이를 **힘**이라고 부른다. 이 장에서는 힘의 법칙들을 살펴보기로 하자. 힘과 운동에 관한 이론적인 체계를 확립한 사람은 Isaac Newton(1642~1727)으로 1686년에 저술한 '자연철학의 수학적 원리(Philosophiae Naturalis Principia Mathematica)'에서 이를 발표하였다. 우리는 마찰력을 매우 일상적이고 당연하게 받아들이고 있어서 만일 마찰력이 사라진다고 하면 여러분들은 모든 일상사에서 매끄러운 얼음판에 서 있는 것처럼 매우 당황하게 될 것이다. 3장의 후반부에서는 마찰력, 끌림항력에 대해서도 정리해 보기로 한다.

3-2 Newton의 제1법칙

Galilei 이전의 시대에서는 운동의 본래의 상태는 정지상태이며 일정 속도의 운동을 하기 위해서는 지속적인 힘의 존재가 필요하다고 생각하였다. 이 관점은 운동과 작용하는 힘들과의 관계를 바르게 이해하지 못해 생긴 옳지 않은 관점이다. Galilei와 Newton에 의해 힘과 운동에 관한 관점이 Newton의 제1법칙으로 다음과 같이 바르게 정립되었다.

어떤 물체에 작용하는 합력이 0이면 정지한 물체는 정지해 있고 운동하는 물체는 등속운동을 계속한다.

이 법칙을 '관성의 법칙'이라고 부르며, 합력이 0인 물체가 가속도를 가지지 않는 기준계(reference frame)를 **관성기준계**(inertial reference frame)라 한다. 즉, Newton의 힘의 법칙들이 성립하는 기준계를 관성기준계라고 할 수 있다.

작용하는 합력이 0인 물체의 속도는 관측하는 관성계에 따라 다를 수 있지만 어느 경우나 가속도는 0이며, 물체가 등속운동을 하지 않는 경우에는 모든 관성계에 대해서 동일한 가속도를 가진다. **그림 3-1**의 매달린 공과 같이 관측대상인 물체를 정지시켜 놓고 작용하는 합력이 0이 되도록 하였을 때 계속 정지상태로 머물러 있으면 관측하고 있는 기준계는 관성기준계이다. 또한 관성기준계에 대해서 등속운동을 하는 모든 기준계들 역시 관성기준계이다.

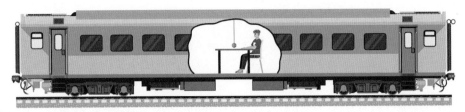

그림 3-1 전차의 천장에 매달린 공이 연직 아래 방향을 향하여 정지해 있으면 이 전차는 관성기준계이다.

3-3 Newton의 제2법칙

앞에서 다룬 Newton의 제1법칙에서 물체에 작용하는 합력이 0일 때 물체는 등속도운동을 한다. 물체의 속도가 변화하는 경우에는 그 물체에 작용하는 힘에 그 원인이 있나.

여기서 힘의 정의에 대해 알아보도록 한다. 힘은 질량을 가진 물체에 가속도가 나타나게 하는 원인이며, 벡터량인 힘은 그 방향이 가속도의 방향과 같다.

물체에 여러 개의 힘이 작용할 경우 물체의 가속도의 원인은 이들의 합으로 다음과 같이 벡터합으로 나타내고, 이를 **합력(resultant)** 또는 알짜힘이라고 한다.

$$\vec{F}_{total} = \sum \vec{F}$$

앞서 1장에서 질량과 그 단위에 대하여 기술한 바 있다. 여기서는 힘과 운동의 관계에서 이를 살펴보기로 하자. 기준질량 m_0의 물체와 또 다른 질량 m의 물체가 있다고 할 때, 이 두 물체에 같은 힘을 가하였을 때 나타나는 가속도 a_0, a는

$$m = m_0 \frac{a_0}{a} \tag{3-1}$$

의 관계를 가진다. 즉, 일정한 힘에 대하여 질량과 가속도는 서로 반비례한다.

Newton은 질량 m에 작용하는 힘과 운동의 가속도 관계를 다음과 같은 벡터 등식으로 나타내었다.

$$\sum \vec{F} = m \vec{a} \tag{3-2}$$

물체에 작용하는 합력, 즉 작용하는 모든 외력의 벡터합은 물체의 질량과 가속도의 곱과 같다는 것이다. 앞서 1장의 벡터에서 언급하였다시피 하나의 벡터 등식은 다음과 같은 성분별 등식으로 나타낼 수 있다.

$$\sum F_x = ma_x$$

$$\sum F_y = ma_y$$

$$\sum F_z = ma_z \qquad\qquad (3-3)$$

통용되는 힘의 단위로 국제단위계에서는 N(newton), CGS 단위계로는 dyne을 사용하고 있으며, 이들은 다음과 같이 정의되었다.

$$1\,\mathrm{N} = 1\,\mathrm{kg\,m/s^2}$$

$$1\,\mathrm{dyne} = 1\,\mathrm{g\,cm/s^2}$$

따라서 두 단위는 다음과 같이 환산된다.

$$1\,\mathrm{N} = 10^5\,\mathrm{dyne}$$

예제 1. 그림에서 정지상태의 $20\,\mathrm{kg}$의 썰매를 10초 동안 일정한 힘을 가하면서 밀어 속력 $10\,\mathrm{km/h}$로 움직이게 하였다. 썰매와 얼음 사이의 마찰을 무시하였을 때 가해진 힘을 구하라.

풀이 우선 가속도를 구하면

$$a = \frac{(v-v_0)}{t-t_0} = \frac{(10-0)(\mathrm{km/h})}{10\,\mathrm{s}} = \frac{1{,}000\,\mathrm{m}}{3{,}600\,\mathrm{s^2}} = 0.278\,\mathrm{m/s^2}$$

와 같으므로 썰매에 가해진 일정한 힘은 다음과 같다.

$$F = ma = (20\,\mathrm{kg})(0.278\,\mathrm{m/s^2}) = 5.74\,\mathrm{N}$$

3-4 Newton의 제3법칙

탁자에 놓인 책은 중력에 의하여 자유낙하하지 않도록 탁자가 받쳐주는 힘이 작용하고 있다. 이때 탁자 역시 책에 의해 힘이 가해져 아래로 눌리게 된다. 두 물체 사이에 작용하는 힘들 사이에 상호 간 관련이 있다. 책과 지구 사이에 작용하는 중력의 경우 등에도 마찬가지이며, Newton은 이를 다음과 같이 기술하였다.

서로 힘이 작용하는 두 물체 A, B가 있을 때 A가 B에 작용하는 힘 $\overrightarrow{F_{BA}}$와 B가 A에 작용하는 힘 $\overrightarrow{F_{AB}}$는 서로 크기는 같고 방향은 반대이다.

$$\overrightarrow{F_{AB}} = -\overrightarrow{F_{BA}} \tag{3-4}$$

이것은 Newton 제3법칙으로서 **작용 – 반작용의 법칙(action–reaction law)**이라고도 한다.

그림 3-2에서 책에 작용하는 지구의 중력과 탁자가 책을 받쳐주는 힘도 서로 크기가 같고 방향은 반대이지만, 이 경우는 서로 다른 두 물체가 한 물체에 작용하여 서로 평형을 이루는 힘이지 두 물체 사이에 작용하는 힘들이 아니므로 작용 – 반작용의 관계는 아니다.

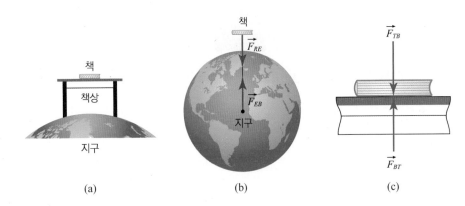

그림 3-2 (a) 책, 탁자 그리고 지구
(b) 책과 지구 사이의 작용 – 반작용
(c) 책과 탁자 사이의 작용 – 반작용

3-5 무게

일상적으로 어떤 물체의 질량을 측정하기 위해서 저울을 사용하고 있다. 엄밀히 이야기하자면 같은 저울을 사용하여 측정하더라도 위치에 따라 차이가 있다고 보아야 할 것이다. 더욱이 지표면과 지구 바깥의 공간에서의 측정은 큰 차이를 보일 것이다. 이는 저울로 측정한 것이 물체에 작용하는 중력이지, 질량 그 자체가 아니기 때문이다.

지구에 의한 중력가속도는 지표면 어디서나 근사적으로 일정하다고 볼 수 있어 중력이 질량에 비례하므로 이 중력으로부터 질량을 측정할 수 있는 것이다.

물체의 질량은 kg 등의 단위로 나타내는 스칼라량이지만 무게는 N(newton) 등의 힘의 단위로 주어지는 벡터량이며, 다음과 같이 나타낼 수 있다.

$$\overrightarrow{W} = \overrightarrow{mg} \tag{3-5}$$

2장에서 논의된 바와 같이 g는 측정하는 위치의 중력가속도로서 지표면에서는 그 크기가 대략 $9.8 \, \mathrm{m/s^2}$로 주어진다.

예제 2. 길이가 $70 \, \mathrm{cm}$인 끈에 그림처럼 질량 $5 \, \mathrm{kg}$의 물체를 매달았다. 줄 A와 B가 각기 $30 \, \mathrm{cm}$, $40 \, \mathrm{cm}$이고 서로 직교하고 있다면 줄 A, B에 가해지는 장력들은 얼마인가?

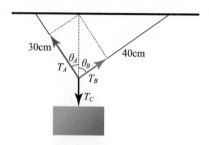

풀이 줄 A와 연직 상향이 이루는 각을 θ_A, B가 이루는 각을 $\theta_B (= 90° - \theta_A)$라 하면 그림에서

$$\sum \vec{F} = \vec{T}_A + \vec{T}_B + \vec{T}_C = 0$$

이 벡터식을 성분별로 나타내면

$$\sum F_x = T_A \sin\theta_A + T_B \sin\theta_B$$
$$= T_A \sin\theta_A + T_B \cos\theta_A = 0$$
$$\sum F_y = T_A \cos\theta_A + T_B \cos\theta_B - T_C$$
$$= T_A \cos\theta_A + T_B \sin\theta_A - T_C = 0$$

여기서 $T_C = 49 \, \mathrm{N}$이고, $\sin\theta_A = 0.6$이고, $\cos\theta_A = 0.8$이므로 T_A와 T_B를 구하면 다음과 같다.

$$T_A = 0.8 \, T_C = 39.2 \, \mathrm{N}$$
$$T_B = 0.6 \, T_C = 29.4 \, \mathrm{N}$$

3-6 마찰력과 끌림항력

Galilei 이전 시대에 운동의 본래 모습은 정지상태라고 파악한 것은 힘껏 찬 축구공이 지표면을 어느 정도 굴러가다 멈추게 되는 것처럼 실제 어느 운동이나 경과시간이 길든 짧든 간에 시간이 지남에 따라 정지상태에 이르기 때문이었다. 이는 운동과정 동안에 공과 지표면 간에 작용하는 마찰력을 간과하였기 때문이다. 주위에 일상적으로 관측되는 모든 물체의 운동에는 마찰력이 개입하고 있다.

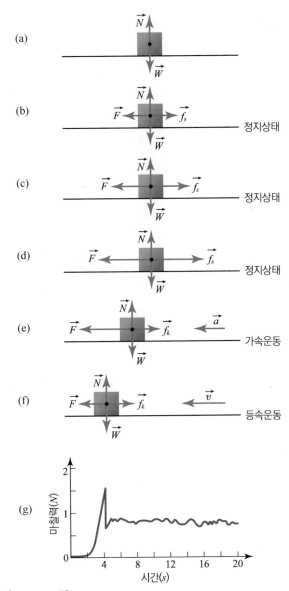

그림 3-3 (a) 중력 $\vec{W}$와 법선력 $\vec{N}$

(b), (c) 힘 $\vec{F}$를 증가시킬 때 반대방향으로 정지마찰력 $\vec{f_s}$가 작용하여 움직이지 않는다.

(d) 최대정지마찰력 $\vec{f_S}$

(e) 운동마찰력 $\vec{f_k}$ 때문에 가속도 $\vec{a}$를 가져오는 힘은 $\vec{F} - \vec{f_k}$이다.

(f) 힘 $\vec{F}$와 $\vec{f_k}$가 평형을 이룰 때 등속운동을 보인다.

(g) 운동마찰력은 최대정지마찰력보다 작다.

이러한 종류의 힘으로 물체 표면 간의 접촉에 의한 **마찰력(frictional force)**과 유체 내의 운동에서 나타나는 **끌림항력(drag force)**이 있다. 책상 위에 얹힌 책을 수평으로 움직일 때 마찰력이 작용하고, 이 마찰력은 책의 무게와 아울러 책과 책상 간의 접촉면의 성질에 좌우된다. 액체나 기체 내에서 운동하는 물체에는 운동의 반대방향으로 항력이 작용하게 되며,

이는 유체의 밀도와 점성에 의존한다.

정지한 물체에 작용하는 힘은 항상 이 힘과 반대방향으로 작용하는 **정지마찰력(static frictional force)**과 상쇄되어 (최대정지마찰력보다 작을 때) 물체는 움직이지 않게 되며, 운동하는 물체에 작용하는 **운동마찰력(kinetic frictional force)**은 운동의 반대방향으로 향하여 속력을 줄이는 작용을 한다.

그림 3-3(a)에서 바닥면 위에 놓인 물체에는 중력 W가 작용하고, 책상으로부터는 이와 반대되는 법선력 N이 가해진다. (b)에서 수평으로 힘을 가할 때 이 힘은 반대방향으로 작용하는 마찰력과 상쇄되어 움직이지 않는다. (c)에서는 이 힘을 점점 증가시킬 때 이와 상응하는 마찰력도 점점 증가하면서 계속 평형을 이룬다. (d) 이 힘을 계속 증가시킨다면 어느 순간 정지마찰력의 최대치에 이르게 되고, (e)에서 이를 넘어 물체는 움직이기 시작하게 되는데 이때 운동의 반대방향으로 (감속시키는 방향으로) 운동마찰력이 작용하며, 이 운동마찰력은 최대정지마찰력보다 작다. (f)에서 일정한 속도로 움직이는 경우 움직이도록 하는 힘과 운동마찰력은 서로 평형을 이루고 있는 것이다. (g)는 이 과정 동안 마찰력 크기의 변화를 보여주는 것으로 운동마찰력이 최대정지마찰력보다 작음을 보여준다.

그러면 마찰력의 원인은 무엇일까? 이것의 원인은 모든 물질에서 화학적인 결합력의 원인인 전자기적인 힘이다. 실제 접촉하고 있는 두 물체의 표면의 원자들은 화학결합을 하게 된다. 육안으로 물체의 표면이 매끈하게 보일지라도 이를 현미경으로 확대시켜보면 **그림 3-4**처럼 매우 거칠다는 것을 알 수 있다. 두 물체의 거친 표면에서 서로 접촉하는 미세한 부분에서 화학결합으로 엉겨 붙게 되는 것이다. 이를 **냉용접(cold welding)**이라 하며, 운동하는 물체의 접촉면에서는 이 냉용접의 형성과 파괴가 계속적으로 나타나게 된다. 이 과정을 통하여 물체의 접촉면은 마모가 되고, 역학적 에너지는 열로 전환된다. 물체 사이의 접촉면에 윤활유를 사용하면 두 물체 간의 접촉에서 이러한 미시적인 결합들을 크게 줄일 수 있으므로 마찰이 줄어들게 될 것이다.

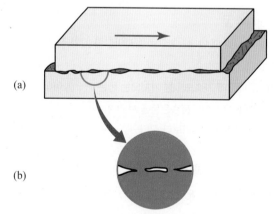

그림 3-4 (a) 두 물체의 거친 표면 사이의 접촉
(b) 닿는 부분에서 냉용접이 발생한다.

정지하거나 운동하고 있는 물체에 작용하는 마찰력은 다음과 같이 나타낸다.

$$정지마찰력 \quad f_s \leq \mu_s N \qquad\qquad (3-6)$$

$$운동마찰력 \quad f_k \leq \mu_k N \qquad\qquad (3-7)$$

여기서 N은 두 물체가 접촉면에서 수직으로 작용하는 법선력이며, μ_s와 μ_k는 각각 정지마찰계수와 운동마찰계수이다.

이들 마찰계수는 물리적인 차원이 없고 오직 물체들 사이의 접촉면의 성질에만 의존하며, 물체의 속도나 모양, 크기 등에는 무관하다고 보고 근사적으로 일정한 값으로 취급한다.

예제 3. 그림처럼 책 위에 동전을 얹어 책과 수평면과의 각 θ를 이루게 하고 있다. 각 θ를 점점 증가시켜 θ가 45°일 때 동전이 미끄러지기 시작하였다. 책과 동전의 접촉면에서 최대정지마찰계수를 구하라.

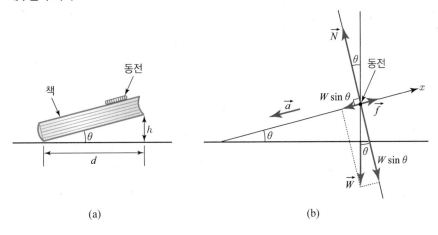

(a)　　　　　　　　　　(b)

풀이 기울어진 책 위에서 마찰에 의해 정지하고 있는 동전은 그림에서 동전에 작용하는 중력 W, 책이 동전에 작용하는 법선력 W, 그리고 마찰력 f가 평형을 이루고 있는 것이다. 그림에 설정된 x축과 y축 성분으로 분리하여 나타내면

$$f - W\cos\theta = 0$$
$$N - W\cos\theta = 0$$

식 (3-6)에서 정지마찰계수 μ_s는 다음과 같이 구할 수 있다.

$$\mu_s = \frac{f}{N} = \frac{W\sin\theta}{W\cos\theta} = \tan\theta$$

$\theta = 45°$에서 미끄러지기 시작하였으므로 최대정지마찰계수는 다음과 같다.

$$\mu_s = \tan45° = 1$$

공기나 물과 같은 유체 속을 움직이는 물체는 운동의 반대방향으로 끌림항력을 받게 된다. 예를 들어 물이 반쯤 차 있는 수영장 속을 걸어서 움직일 때 밖에서 움직일 때보다 매우 힘들다는 것을 느낄 수 있는데, 이것의 주된 원인은 물의 항력이 공기의 항력보다 크기 때문이다.

공기 중을 움직이는 물체에 작용하는 항력 D는 다음과 같이 근사적으로 주어진다.

$$D = \frac{1}{2} C\rho A v^2 \tag{3-8}$$

여기서 A는 물체의 유효단면적이고, ρ는 공기밀도, C는 물체의 모양에 따라 결정되는 항력계수로, 물리적인 차원은 없으며 대개 그 크기가 0.5와 1.0의 범위에 있다. 유체 내에서 움직여야 하는 비행기나 배는 이 항력을 최소화할 필요가 있으므로 대개 모양이 물고기와 같은 유선형을 하고 있다. 반면 낙하산의 경우는 공기의 항력을 이용하는 예가 되겠다.

만일 높은 구름에서 떨어지는 빗방울이나 우박이 지표면까지 계속 자유낙하를 한다면 지상의 생물들에게는 매우 위험한 상황이 되겠지만 실제로는 그렇지 않다. 정지상태로부터 물체가 낙하를 시작하면 속도가 증가함에 따라 항력도 증가하게 될 것이고 어느 속도에 이르면 항력과 중력가속도가 상쇄되게 되는데, 그 순간부터 이 물체는 등속낙하운동을 하게 되며 이 등속도를 **종단속도**(terminal velocity)라고 한다. 종단속도로 낙하하는 경우 이에 대한 항력은 중력과 상쇄되므로

$$D = mg$$

와 같고 이로부터 종단속도 v_t는 다음과 같이 구할 수 있다.

$$v_t = \sqrt{\frac{2mg}{C\rho A}} \tag{3-9}$$

3-7 등속원운동

앞서 2장에서 다룬 등속원운동에서 구심가속도는 다음과 같이 구하였다.

$$a = \frac{v^2}{r} \tag{3-10}$$

이 구심가속도는 원의 중심을 향하는 다음과 같은 구심력에 의한 것이다.

$$F = ma = \frac{mv^2}{r} \tag{3-11}$$

여기서는 힘의 크기만을 나타낸 것으로 구심력의 방향은 항상 원운동의 중심을 향한다.

여러 원운동에서 나타나는 구심력의 원인은 다양하다. 회전목마의 경우는 목마의 중력과 줄의 장력의 합력이 구심력이 되며, 지구 주위를 원궤도로 등속 공전하는 인공위성의 경우는 만유인력이 구심력이 된다. 평지 위에서 원궤도를 움직이는 자전거의 경우는 마찰력이 구심력의 역할을 한다.

예제 4. 고속도로나 자동차의 경주로 등에서 굽어지는 부분에서 노면이 옆으로 사면을 이루고 있음을 볼 수 있다. 이 경사는 어느 정도가 적당한가?

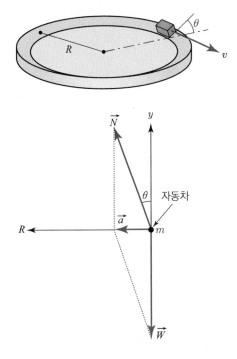

풀이 도로의 곡률이 R이고, 규정 속도가 v라 하면 이 경우 필요한 구심력은 $F = \dfrac{Mv^2}{R}$ 이고, 이는 그림에서 다음과 같이 주어지는 힘이다.

$$F = N \sin \theta = Mg \tan \theta$$

따라서 적당한 노면의 횡경사는 다음과 같다.

$$\tan \theta = \frac{v^2}{gR}$$

3-8 물리적인 힘들

우리 주위에서 일상적으로 관측되는 힘들은 두 가지 범주로 구분할 수 있다. 하나는 질량 사이에 작용하는 만유인력이며, 다른 하나는 전자기력이다. 만유인력은 지구와 달이나 지구와 사과 사이처럼 적어도 두 물체 중 하나가 거대한 질량을 가지는 경우에서만 감지할 수 있다. 천체들의 상호작용에는 만유인력이 지배적이다. 그 외의 경우 항력, 마찰력, 용수철의 복원력, 정전기력, 자기력 등 모든 일상적으로 볼 수 있는 힘들은 근원적으로 전자기적인 힘들이다. 일상적으로 볼 수 있는 두 힘과 아울러 핵자 간에 근거리에서 강한 결합력으로 작용하여 핵을 구성하게 하는 **핵력**(nuclear force)과 방사능과정 등에 관련된 **약력**(weak force) 등은 물리적으로 근원적인 네 가지 힘으로 알려져 있다.

연습문제

01 얼음판 위의 질량 10 kg의 썰매를 일정한 힘 5 N 을 가하여 밀고 있다. 얼음판과 썰매 사이에 마찰이 없다고 가정할 때

(a) 썰매의 가속도는 얼마인가?

(b) 썰매의 속력이 5 m/s에 도달하는 데 걸리는 시간은 얼마인가?

(c) 그때까지 움직인 거리는 얼마인가?

02 정지상태의 질량 1 ton의 자동차가 일정한 추진력을 받아 10초 동안 150 m를 움직였다.

(a) 그 추진력은 얼마인가?

(b) 그때의 속도는 얼마인가?

03 사과나무의 가지가 사과의 무게로 인하여 아래로 처져있다. 이 상황에서 힘들의 작용 – 반작용의 관계들을 설명하라.

04 마찰이 없는 얼음판 위에서 체중 60 kg의 영철이 체중 75 kg의 영자를 미는 순간 영자의 가속도가 2 m/s^{2}였다면

(a) 영철의 가속도는 얼마인가?

(b) 영철이 미는 힘은 얼마인가?

05 우주여행을 위해 우주선이 열흘 동안 가속하여 광속 c의 절반에 이르렀다면

(a) 이때 우주선에 탄 체중 70 kg의 사람에게 가해지는 힘을 구하라.

(b) 같은 크기의 가속도로 속력 100 km/h의 자동차를 정지시킨다면 얼마의 시간이 소요되는가? 승무원이 겪는 상황이 어떠할지 생각해 보라.

06 질량 2 ton의 견인차가 1 ton의 승용차를 견인하여야 한다. 200 m의 직선로에서 25 m/s가 되도록 가속하여 고속도로로 진입하여야 할 때

(a) 필요한 가속력은 얼마인가?

(b) 견인 로프에 가해지는 장력은 얼마인가?

07 (a) 질량이 1 ton, 시속 36 km로 움직이던 차가 100 m의 신호등을 보고 일정하게 감속하여 정지했다. 이때 제동력은 몇 N인가?

(b) 이 차가 정지상태에서 시속 108 km까지 이르는 데 3초가 소요된다면 추진력은 몇 N인가? 그동안 움직인 거리는 몇 m인가?

08 30°의 ㄴ경사면에서 질량 m의 물체가 정지상태에서부터 미끄러지기 시작하여 거리 2 m를 내려온 후 용수철을 만나 5 cm 압축하여 정지한 순간 복원력이 490N이었다. 질량 m은 얼마인가? (단, 마찰력은 무시한다.)

09 자전거 선수가 반경 $50\,\mathrm{m}$ 원궤도의 경주로를 $20\,\mathrm{m/s}$의 속도로 달리고 있다.

(a) 사람과 자전거의 질량의 합이 $70\,\mathrm{kg}$이라고 할 때 수평의 경주로에 의한 마찰력은 얼마인가?

(b) 마찰력 없이 달릴 수 있도록 경주로가 횡경사를 가질 때 경사각은 얼마로 해야 하는가?

10 질량 m의 물체가 수평면과 각 θ를 이루는 경사면에 얹혀 있고, 힘 F가 오르막 쪽의 수평방향으로 이 물체에 가해진다. 질량 m과 경사면 사이의 운동마찰계수가 μ_k라 할 때, 힘 F가 $\mathrm{mg}\tan\theta$보다 클 경우 질량 m의 오르막 방향의 가속도를 구하라.

11 두 물체 A, B가 그림과 같이 놓여 있다. 두 물체 사이의 접촉면의 정지마찰계수가 0.5이고, B가 미끄러져 떨어지지 않게 A에 수평으로 힘을 가해 일정가속도운동을 시킨다고 할 때 10초 동안 움직일 수 있는 최소거리는 얼마인가?

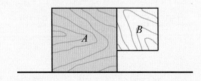

12 마찰이 없는 탁자 위에 놓인 질량 $0.5\,\mathrm{kg}$의 물체 m이 질량 $2\,\mathrm{kg}$의 물체 M과 그림처럼 탁자의 구멍을 통해 끈으로 연결되어 있다. 물체 m이 반경 $0.5\,\mathrm{m}$의 등속원운동을 하고 물체 M이 정지해 있다고 할 때 물체 m의 속력을 구하라.

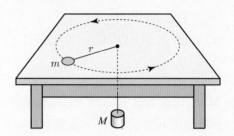

13 각각 질량이 $20\,\mathrm{kg}$, $100\,\mathrm{kg}$인 두 물체 A, B가 아래 그림과 같이 움직인다고 할 때 두 물체 사이의 접촉면의 정지마찰계수는 0.4이고, 물체 B와 바닥면과는 마찰이 없다. 힘 F가 얼마 이상이 되어야 물체 A가 B와의 접촉면에서 미끄러지지 않는가?

14 반경 R인 원형의 평지 위에 모래를 쌓고자 한다. 쌓을 수 있는 모래의 최대 체적이 $\pi\mu_s R^3/3$임을 보여라.

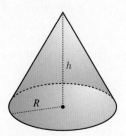

15 질량이 $20\,\mathrm{kg}$인 물체 A가 질량이 $15\,\mathrm{kg}$인 물체 B와 아래 그림과 같이 도르래를 통해 줄로 연결되어 있다. A와 바닥면과의 정지마찰계수가 0.2라고 할 때

(a) A 위에 얹은 물체 C의 질량이 얼마 이상이 되어야 이들이 미끄러지지 않고 머물러 있을까?

(b) C를 A로부터 갑자기 들어 올렸다. 이때 A와 바닥면과의 운동마찰계수가 0.15라 할 때 물체 A의 가속도를 구하라.

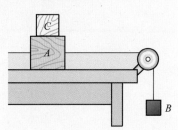

16 타이어와 도로 노면의 정지마찰력이 0.3이라면 반경 $50\,\mathrm{m}$의 주행로를 미끄러지지 않고 달릴 수 있는 최대속도는 얼마인가?

17 공기의 밀도가 $1.2\,\mathrm{kg/m^3}$이고, $C=1.5$라고 할 때 $10\,\mathrm{m/s}$로 낙하하는 반경 $1\,\mathrm{cm}$ 우박알갱이의 끌림항력은 얼마인가?

18 반경 $2\,\mathrm{km}$의 커브 길에서 $1{,}000\,\mathrm{kg}$의 자동차가 규정 속도 $35\,\mathrm{m/s}$로 주행하고 있다.

(a) 필요한 구심력의 크기는 몇 N인가?

(b) 마찰력에 의존하지 않고 커브 길을 주행하려면 도로 횡경사의 $\tan\theta$는 얼마여야 하는가?

19 버스가 $10\,\mathrm{m}$ 반경의 커브 길을 $10\,\mathrm{m/s}$의 속력으로 움직이고 있다. 이때 버스 천장에 매달린 손잡이가 연직선과 이루는 각을 구하라.

20 $1\,\mathrm{kg}$의 질량이 매달린 줄의 길이가 $2\,\mathrm{m}$인 원추형 진자가 있다. 이 질량이 반경 $50\,\mathrm{cm}$의 수평면상의 원궤도를 돌고 있을 때

(a) 이 물체의 속력은 얼마인가?

(b) 줄의 장력은 얼마인가?

CHAPTER 04

일과 에너지

에너지는 물리학에서 보존되는 것으로 알려진 물리량 중 하나로, '에너지보존법칙'은 불변의 만유법칙으로 **에너지는 물체 간의 상호작용을 통하여 이동할 수가 있으며 형태를 바꿀 수는 있지만 생성되거나 소멸됨이 없이 그 총합은 일정하다**는 것이다.

이 장에서는 주로 역학적인 에너지의 범주 안에서 일, 즉 에너지의 이동과 운동에너지, 위치에너지를 다룬다.

힘을 받으며 움직이는 동안 물체는 운동에너지와 위치에너지가 변하게 되는데, 그 한 예를 들자면 위로 던져 올린 공의 운동에너지가 감소하면서 위치에너지는 증가하고 공이 다시 내려오는 동안 위치에너지는 줄면서 운동에너지가 증가하게 된다.

그동안 운동에너지와 위치에너지는 변하지만 그들의 합은 일정하게 유지된다. 이들의 합을 **역학적 에너지**라고 하고, 이를 보존시키는 힘을 **보존력**이라고 한다.

이 장의 뒷부분에서는 보다 넓은 의미의 에너지보존에 대하여 정리해 보기로 한다. 어느 경우나 예외 없이 고립계에서의 에너지는 보존된다는 것을 확인할 수 있다.

비보존력에 의하여 역학적 에너지는 감소하지만, 이는 내부에너지로 전환이 된다. 화학반응이나 핵반응에서는 질량의 변화가 에너지 보존의 고려에 포함된다.

결론적으로 에너지는 여러 작용에 의해 형태가 바뀔 수 있지만, 그 전체적인 양은 보존되는 것이다.

4-1 일

그림 4-1에서 힘이 일정하고 방향이 변위와 일치하고 직선상을 움직이는 경우 힘에 의한 일 (work) W는 다음과 같이 정의된다.

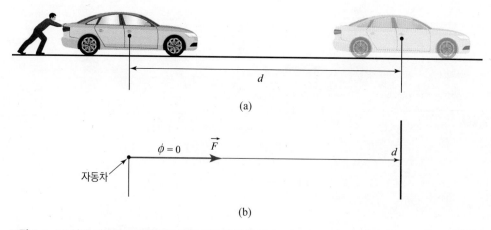

(a)

(b)

그림 4-1 (a) 차가 이동하는 방향으로 힘을 가하여 차를 민다.
(b) 가해 주는 힘 F와 변위 d

$$W = Fd \qquad (4-1)$$

여기서 F는 힘의 크기이며, d는 변위의 크기이다.

그림 4-2처럼 힘과 변위의 방향이 일치하지 않고 각을 이루고 있는 경우는 다음과 같이 정의된다.

$$W = Fd\cos\phi \qquad (4-2)$$

$\phi = 90°$이거나 $270°$인 경우, 즉 힘과 변위가 직교하는 경우로 일 W는 0이 된다. 또 $\phi = 180°$인 경우, 일 W는 $-Fd$로 이는 외부로부터 일 Fd를 받는다고도 할 수 있다.

식 $(4-2)$를 앞서 벡터 형식으로 표현하면 다음과 같다.

$$W = \vec{F} \cdot \vec{d} \qquad (4-3)$$

일 W는 스칼라량이며 국제단위계에서 그 단위는 Nm로 이를 J(joule)이라 한다.

$$1\text{J} = 1\text{Nm} = 1\text{kgm}^2/\text{s}^2$$

원자나 분자의 에너지인 경우 단위 J은 너무 크므로 다음과 같은 eV라는 단위를 사용한다.

$$1\text{eV} = 1.6 \times 10^{-19}\,\text{J}$$

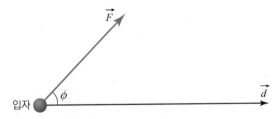

그림 4-2 힘 F의 방향과 변위 d의 방향이 서로 각 ϕ를 이룬다.

4-2 1차원 운동에서 변화하는 힘에 의한 일

보다 일반적인 경우로 힘이 위치의 함수로 주어지는 1차원 운동을 살펴보기로 하자. **그림 4-4(a)**에서 움직인 변위를 여러 구간으로 분할할 때 위치 x에서 $x + \Delta x$ 사이 구간의 일 ΔW는 다음과 같이 나타낼 수 있다.

$$\Delta W = \vec{F} \Delta x \qquad (4-4)$$

여기서 $\vec{F}$는 이 구간에서의 평균 힘이며, 위치 x_i에서 x_f로 이동하는 동안의 일 W는 이들 구간의 일 ΔW들의 합으로 주어진다.

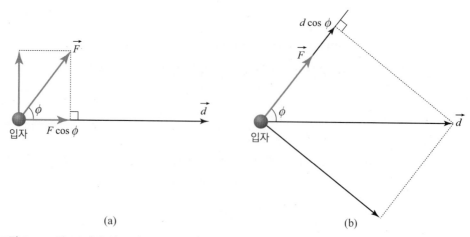

(a)   (b)

그림 4-3 그림 4-2에서 일 W는 (a) $W = d(F\cos\phi)$, (b) $W = F(d\cos\phi)$로 나타낼 수 있고 이는 동일하게 $W = Fd\cos\phi$이다.

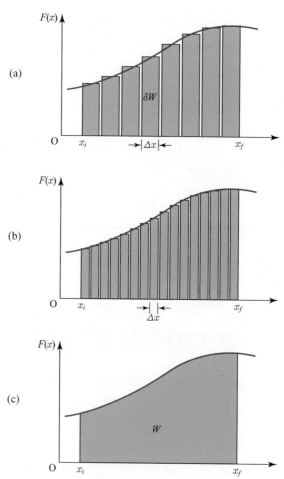

그림 4-4 위치에 따라 변화하는 1차원 힘에 의한 일
(a) 근사적으로 띠의 면적의 합으로 나타내어지며, (b) 좀 더 좁은 띠의 면적의 합에서 보다 잘 근사되며, (c) 이의 극한은 적분이 된다.

$$W = \sum \Delta W = \sum \vec{F} \Delta x \qquad (4-5)$$

그림 4-4(c)처럼 무한 미소구간에 대한 합은 다음의 적분이 된다.

$$W = \int F(dx) \ (\text{변하는 힘의 일}) \qquad (4-6)$$

3차원 운동의 경우 식 (4-6)은 다음과 같이 벡터 형식으로 나타낸다.

$$W = \int \vec{F}(r) \cdot d\vec{r} \qquad (4-7)$$

예제 1. 위치에 대해 $F = 5x^3$과 같이 변하는 힘이 가하여져 $x = 5$ m에서부터 $x = 0$ m까지 물체를 이동하는 동안 한 일은 MKS 단위로 얼마인가?

풀이 이동하는 물체에 한 일은 다음과 같이 구할 수 있다.

$$
\begin{aligned}
W &= \int_5^0 \vec{F}(r) \cdot d\vec{r} = \int_5^0 5x^3 dx \\
&= \frac{5}{4} x^4 |_5^0 = 1.25 \times (0 - 625) \\
&= -781.25 \, \text{J}
\end{aligned}
$$

예제 2. 각기 질량 1 kg의 두 물체가 거리 x만큼 떨어져 있을 때 이들 사이에 작용하는 만유인력이 다음과 같이 주어진다.

$$F = -\frac{a}{x^2}$$

SI 단위계로 나타낼 때 상수 a는 $a = 6.67 \times 10^{-11} \text{N m}^2$이다. 거리를 $x = 5$ m에서 $x = 10$ m로 변화시키는 데 필요한 일을 구하라.

풀이 1차원 운동에서 위치에 따라 변화하는 힘 $F(x)$에 의한 일 W는 식 (4-6)으로부터 구할 수 있으므로 다음과 같다.

$$
\begin{aligned}
W &= \int_5^{10} F(x) dx = -a \int_5^{10} \frac{dx}{x^2} = -\frac{a}{x} |_5^{10} \\
&= 6.77 \times 10^{-11} (0.2 - 0.1) \text{J} \\
&= 6.7 \times 10^{-12} \text{J}
\end{aligned}
$$

4-3 용수철의 복원력에 의한 일

용수철의 복원력 $F(x) = -kx$는 다음과 같이 변위의 크기에 비례하는 관계를 보인다.

$$F(x) = -kx \text{ (Hooke의 법칙)} \tag{4-8}$$

여기서 k는 용수철의 힘상수이고, x는 평형점으로부터의 변위이다. 용수철이 위치 x_i에서 위치 x_f로 움직이는 동안 복원력에 의한 일 W는

$$W = \int_{x_1}^{x_f} F(x)dx = \int_{x_1}^{x_f} (-kx)dx = \frac{1}{2}k(x_i^2 - x_f^2) \tag{4-9}$$

로 다음과 같이 정리된다.

$$W = \frac{1}{2}kx_i^2 - \frac{1}{2}kx_f^2 \tag{4-10}$$

초기위치 $x_i = 0$를 평형점으로 할 때 일 W는

$$W = -\frac{1}{2}kx^2 \tag{4-11}$$

와 같이 나타낼 수 있다.

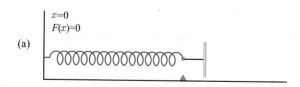

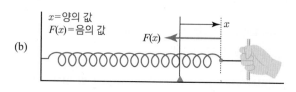

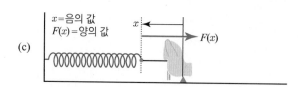

그림 4-5 (a) 힘이 가해지지 않는 용수철
(b) 길이를 x만큼 늘이면 반대방향으로 복원력이 작용한다.
(c) 길이를 x만큼 줄이면 반대방향으로 복원력이 작용한다.

4-4 운동에너지

Newton의 제2법칙으로부터 일 W를 다음과 같이 나타낼 수 있다.

$$W = \int F(x)\, dx = \int ma\, dx \tag{4-12}$$

이 적분을 다음의 관계를 이용하여

$$ma\, dx = m\frac{dv}{dt}dx = m\frac{dx}{dt}dv = mv\, dv \tag{4-13}$$

다음과 같이 나타낼 수 있다.

$$W = \int_{v_i}^{v_f} mv\, dv = \frac{1}{2}mv_f^2 - \frac{1}{2}mv_i^2 \tag{4-14}$$

여기서 입자에 가해진 총합력 $F(x)$에 의한 일은 입자의 $\frac{1}{2}mv^2$란 양을 변화시켰음을 알 수 있다. 여기서 입자의 **운동에너지(kinetic energy)**를 다음과 같이 정의한다.

$$K = \frac{1}{2}mv^2 \ (운동에너지의 \ 정의) \tag{4-15}$$

이 운동에너지는 운동하는 입자의 질량과 속도로부터 구할 수 있는 물리량이며, 일과 마찬가지로 스칼라량으로 식 (4 – 14)로부터 일과 동일한 물리적 차원을 가짐을 알 수 있다.

식 (4 – 14)를 다음과 같이 일반적인 형태로 나타내고, 이를 **일 – 에너지 정리**라고 한다.

$$W = K_f - K_i = \Delta K \ (일 - 에너지 \ 정리) \tag{4-16}$$

이는 다음과 같이 기술할 수 있다.

입자의 운동에너지의 변화는 입자에 가해지는 모든 힘에 의한 일의 총합과 같다.

예제 3. 힘상수 k가 $100\,\text{N/m}$인 용수철에 $1\,\text{kg}$의 질량이 달려 있고, 이 질량을 평형점에서 $x = 10\,\text{cm}$까지 늘였다가 놓았다.

(a) 평형점으로 다시 돌아가는 동안 용수철이 한 일은 얼마인가?

(b) 평형점에서의 속도는 얼마인가?

풀이 (a) 용수철이 물체에 한 일은 다음과 같다.

$$W = \int_{0.1}^{0} (-kx)dx$$
$$= -\frac{1}{2}kx^2 \,\big|_{0.1}^{0} = -0.5 \times 100 \times (0 - 0.01)\,\text{J}$$
$$= 0.5\,\text{J}$$

(b) 일 – 에너지 정리로부터의 다음 등식에서

$$W = \Delta K = \frac{1}{2}mv^2$$

속도 v를 구할 수 있다.

$$v = \sqrt{\frac{2W}{m}} = 1 \text{ m/s}$$

4-5 일률

정지한 야구공이 같은 속도를 가지게 하는 방법으로는 손으로 공을 던지거나 방망이로 치는 방법이 있다. 손으로 던지는 경우에 비해 방망이로 치는 경우는 힘이 가해지는 접촉시간이 짧으므로 단위시간에 해준 일의 양이 훨씬 크다고 볼 수 있다. 이들의 예는 서로 구분되는 상황이므로 이에 대하여 정리해 보기로 한다. 단위시간에 해준 일은 **일률(power)**이라고 한다.

일 ΔW가 시간간격 Δt 동안에 행해졌다고 하면 그동안의 **평균일률** $\overline{P}$(average power)는 다음과 같이 정의된다.

$$\overline{P} = \frac{\Delta W}{\Delta t} \text{(평균일률)} \tag{4-17}$$

일률로 통용되는 **순간일률(instantaneous power)**은 평균일률의 $\Delta t \to 0$의 극한치로 다음과 같이 주어진다.

$$P = \lim_{\Delta t \to 0} \frac{\Delta W}{\Delta t} = \frac{dW}{dt} \tag{4-18}$$

이 일률을 다음과 같이 나타낼 수도 있다.

$$P = \frac{dW}{dt} = \frac{F\,dx}{dt} = Fv \tag{4-19}$$

이는 1차원 운동에 대한 표현이고, 3차원 운동의 경우는 보다 일반적인 벡터 표현식으로 나타낸다.

$$P = \vec{F} \cdot \vec{v} \tag{4-20}$$

국제단위계에서 일률의 단위로 **watt(W)**를 사용한다.

$$1 \, \text{watt}(\text{W}) = 1 \, \text{J/s}$$

통용되고 있는 일률의 단위로 마력(hp : horse power)은 다음과 같이 환산된다.

$$1 \, \text{hp} = 746 \, \text{W}$$

일률의 단위로부터 거꾸로 다음과 같은 일의 단위를 정하여 사용하기도 한다.

$$1 \, \text{kWh} = 10^3 \times 3{,}600 \, \text{Ws} = 3.6 \times 10^6 \, \text{J}$$

예제 4. 질량 $1{,}000 \, \text{kg}$의 자동차가 정지상태에서부터 20초 후 초속 $30 \, \text{m/s}$에 이르렀다. 이 시간 동안의 평균일률을 구하라.

풀이 일-에너지 정리로부터 20초 동안 한 일을 구하면

$$W = \frac{1}{2} mv^2 = 0.5 \times 1{,}000 \times 900 \, \text{J} = 450{,}000 \, \text{J}$$

와 같으므로 평균일률 P는 다음과 같다.

$$P = \frac{450{,}000}{20} \, \text{J/s} = 22{,}500 \, \text{watt}$$

4-6 위치에너지(퍼텐셜 에너지)

이 절에서는 **위치에너지**(또는 **퍼텐셜 에너지**)에 대하여 살펴본다. 위치에너지란 표현은 이것이 물체의 위치 함수로 결정되는 에너지라는 의미이며, **퍼텐셜 에너지**(potential energy)란 표현은 이것이 위치에 따라 잠재적으로 감춰져 있다가 가시적인 운동에너지로 표출될 수 있는 에너지라는 의미이다.

여기서 몇 가지 힘을 예로 들어 살펴보기로 하자. **그림 4-6**에서 변형된 용수철은 복원력에 의해 주기적인 운동을 보인다. (a) → (b) → (c) → (d) → (e)를 거치는 동안 운동에너지는 점차 줄어들다가 0의 값이 되고 다시 증가하면서 같은 위치에서 원래의 크기를 회복하게 된다. 이 과정 동안 운동에너지는 변화하지만 어느 위치에서나 같은 위치에서는 원래의 운동에너지의 크기를 회복한다는 것을 볼 수 있다.

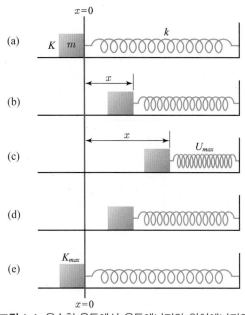

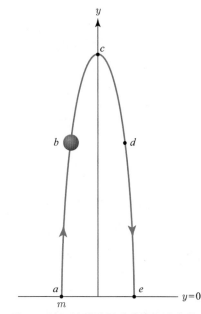

그림 4-6 용수철 운동에서 운동에너지와 위치에너지의 변화

(a) 운동에너지는 용수철의 변위 x가 증가함에 따라 감소하며 (c) 최대변위에서 모두 위치에너지로 전환되며 (e) 원래 위치에서는 운동에너지를 회복한다.

그림 4-7 위로 던져진 물체의 운동에너지는 감소하여 정점 c에서 위치에너지가 최대가 되며 원래의 높이에서 운동에너지를 회복한다.

그 예로 **그림 4-7**처럼 연직 상향으로 던져 올린 물체가 중력에 의한 자유낙하운동을 하게 되는데, 이를 살펴보면 (b) 올라가면서 점차 운동에너지가 줄어들다가 (c) 0이 되었다가 (d) 다시 낙하하면서 점점 그 크기가 증가하여 원래 위치에서는 같은 크기의 운동에너지를 회복한다.

용수철의 복원력에 의한 운동이나 중력에 의한 자유낙하운동에서 변화된 운동에너지는 위치에너지로 전환되었다가 다시 운동에너지로 전환되는 것으로, 이 과정 동안의 이들의 변화를 다음과 같이 표현할 수 있다.

$$\Delta U + \Delta K = 0 \tag{4-21}$$

운동에너지와 위치에너지의 합 E를 **역학적 에너지**(mechanical energy)라 하고, 이 과정 동안 에너지는 항상 일정하다.

$$E = U + K = 일정 \tag{4-22}$$

중력이나 용수철의 복원력과 같은 범주의 힘들과 마찰력을 뒤에 구분하여 정리하고, 여기서는 위치에너지에 대하여 정의하자. 많은 예가 있지만 중력이나 용수철의 복원력과 같은 힘에 의한 일이 W라고 할 때 위치에너지는 다음과 같이 정의된다.

$$\Delta U = - W \, (\Delta U \text{의 정의}) \qquad (4-23)$$

일에 대한 정의로부터

$$\Delta U = - W = - \int_{x_0}^{x} F(x)dx \qquad (4-24)$$

와 같이 나타낸다. 여기서 x_0는 임의의 기준점을 나타낸 것이다. 식 (4-24)를 다음과 같이 고쳐 쓸 수 있다.

$$\Delta U = U(x) - U(x_0) = - \int_{x_0}^{x} F(x)dx \qquad (4-25)$$

$U(x_0)$는 기준점에서의 위치에너지이다. 식 (4-25)가 의미하는 또 하나는 위치에너지의 절대적인 양은 의미가 없으며, 단지 위치의 변화에 따른 위치에너지의 변화 ΔU만이 물리적인 의미를 가진다는 것이다.

용수철에 달린 질량 m이 복원력에 의하여 운동을 하고 있는 경우에 대해 위치에너지를 구해보면 다음과 같다.

$$U(x) = - \int_{0}^{x} (-kx)dx = \frac{1}{2}kx^2 \qquad (4-26)$$

여기서 기준점을 $x=0$으로 두고 그 위치에서의 위치에너지를 $U=0$으로 두었다. 이 계의 역학적 에너지 E는 다음과 같이 표현될 수 있다.

$$E = \frac{1}{2}kx^2 + \frac{1}{2}mv^2 \qquad (4-27)$$

그림 4-8에서 용수철에 달려 마찰이 없는 수평면 위를 용수철의 신축에 따라 운동하는 물체는 운동에너지와 위치에너지가 각기 변화하지만 역학적 에너지 E는 변하지 않는다. 역학적 에너지 E는 한 주기 동안 각각 두 번씩 운동에너지 K나 위치에너지 U로 완전히 전환됨을 볼 수 있다.

앞서 논의한 연직 상향으로 던져 올려져 자유낙하하는 공의 경우 지구의 중력에 의한 위치에너지는 다음과 같이 주어진다.

$$U(y) = - \int_{0}^{y} (-mg)dy = mgy \qquad (4-28)$$

여기서도 기준위치 $y=0$에서의 위치에너지를 0으로 두었다.

이 경우의 역학적 에너지 E는 다음과 같다.

$$E = mgy + \frac{1}{2}mv^2 \qquad (4-29)$$

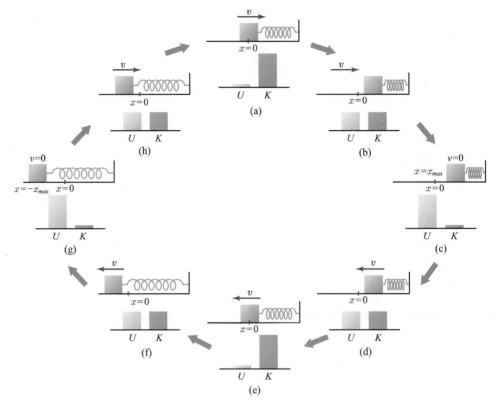

그림 4-8 용수철에 매달린 질량의 진동운동에서 운동에너지 K와 위치에너지 U의 변화. 운동에너지와 위치에너지의 합은 일정하다.

지금까지 힘으로부터 위치에너지를 구하였으니, 이제는 반대로 위치에너지 U로부터 힘 F를 구해보자. 앞의 4-2절에서 다룬 1차원 운동에서 x와 $x + \Delta x$ 구간에서 위치에너지의 변화 ΔU는

$$\Delta U = -W = -F(x)\,\Delta x \tag{4-30}$$

이므로 구간을 아주 작게 하는 극한에서 힘 $F(x)$는

$$F(x) = -\frac{dU}{dx} \tag{4-31}$$

와 같이 위치에너지의 위치에 대한 미분으로 주어진다.

예제 5. (a) 용수철상수 $500\,\mathrm{N/m}$ 의 용수철에 달린 질량 $5\,\mathrm{kg}$ 물체의 평형점에서의 초기속도가 $2\,\mathrm{m/s}$ 라면 이 용수철은 얼마나 늘어날 수 있는가?

(b) 운동에너지와 위치에너지가 동등하게 되는 변위 x를 구하라.

풀이 (a) 역학적 에너지는 일정하므로 초기의 운동에너지와 최대변위점에서의 위치에너지는 같다.

$$\frac{1}{2}mv^2 = \frac{1}{2}kx^2$$

따라서 최대변위 x는 다음과 같이 구한다.

$$x = v\sqrt{\frac{m}{k}} = (2\,\text{m/s})\sqrt{\frac{5\,\text{kg}}{500\,\text{N/m}}} = 0.2\,\text{m}$$

(b) 역학적 에너지를 구하면

$$E = \frac{1}{2}mv^2 = 0.5 \times 5\,\text{kg} \times (2\,\text{m/s})^2 = 10\,\text{J}$$

와 같으므로 변위 x에서의 위치에너지가 다음과 같다.

$$U = \frac{1}{2}kx^2 = 5\,\text{J}$$

따라서 변위 x는 다음과 같다.

$$x = \sqrt{\frac{10\,\text{J}}{500\,\text{N/m}}} ≒ \sim 0.14\,\text{m}$$

4-7 보존력과 비보존력

앞서 다룬 내용에서 힘이 두 가지로 구분되었다. 첫째로는 이미 예로 들었던 중력이나 용수철의 복원력처럼 힘에 의해 위치에너지가 정의되고 역학적 에너지를 일정하게 보존시키는 것이며, 둘째로 마찰력처럼 위치에너지가 정의되지 않으며 역학적 에너지도 보존되지 않는 것이다. 전자를 **보존력**(conservative force)이라고 하고, 후자를 **비보존력**(nonconservative force)이라고 한다. 이들의 구분을 여러 측면으로 재정리해 보기로 하자.

어떤 입자가 보존력하에서 일주운동 후 원래의 위치로 돌아왔을 때 위치에너지의 변화 ΔU는 0이다. 다시 말해서 일주운동 동안 힘에 의해 해준 일이 0이 된다. 이를 다음과 같이 정리한다.

한 입자가 일주운동하는 동안 어떤 힘이 해준 일이 0이면 그 힘은 보존력이고, 그렇지 않으면 비보존력이다.

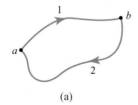 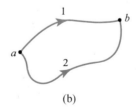

(a)	(b)

그림 4-9 (a) 점 a와 b를 연결하는 경로 1, 2를 통한 일주 경로
(b) 점 a에서 점 b로 도달하는 두 경로 1, 2

용수철에서 일주운동 동안 복원력에 의한 일은 한쪽 방향으로 움직이는 동안의 일과 반대방향으로 움직이는 동안의 일을 비교할 때 어느 위치에서나 서로 반대부호이고 크기가 같음을 볼 수 있다. 따라서 일주운동 동안 일의 합은 0이 된다.

하지만 마찰력의 경우는 운동방향의 반대방향을 향하므로 어느 순간이나 그에 의한 일은 음의 값이 되므로 일주운동 동안 일의 합이 0이 되지 않는다.

이에 대한 두 번째 기술을 위하여 **그림 4-9**를 보기로 한다. **그림 4-9(a)**에서 입자가 점 a, b를 포함한 경로 1, 2로 일주운동을 한다고 할 때, 앞의 기술에서 일주운동 동안 해준 일이 0이라고 하였으므로

$$W_{ab,1} + W_{ba,2} = 0 \qquad (4-32)$$

로 나타낼 수 있다. 그런데 **그림 4-9(b)**에서 경로 2를 a에서 b로 거꾸로 이동할 때의 일은 이 경로를 b에서 a로 이동하는 동안의 일과 크기는 같고 부호는 반대라고 할 수 있다. 그래서 이를 다음과 같이 표현하면

$$W_{ab,2} = - W_{ba,2} \qquad (4-33)$$

와 같고, 아울러 식 $(4-32)$로부터 다음과 같은 결과를 얻을 수 있다.

$$W_{ab,1} = W_{ab,2} \qquad (4-34)$$

이 결과는 보존력에 의한 일이 경로에 상관없이 같다는 것을 의미하므로 이를 다음과 같이 정리한다.

입자가 두 점 사이를 움직이는 동안 힘이 해준 일이 두 점을 잇는 경로에 관계없이 모두 같으면 보존력이고, 그렇지 않으면 비보존력이다.

그림 4-10(a)에서 점 i에서 점 f로 옮아가는 두 경로 1, 2에서 중력에 의한 일을 생각해 보도록 하자. 경로 ia에서는 중력과 변위의 방향이 서로 직교하므로 일이 0이며, 경로 af에서의 일은 $-mgh$이므로 경로 1을 통한 일의 총량은 $-mgh$이다. 그러면 경로 2를 통한 일을 살펴보기로 한다. **그림 4-10(a)**에서 중력벡터와 i에서 f까지의 변위 벡터 사이의 각은 $180° - \phi$이다. 따라서 경로 2를 통한 일은

$$W = Fd\cos(180° - \phi) = - Fd\cos\phi = - mgh$$

로 경로 1과 동일하다. **그림 4-10(b)**에서 임의의 경로의 경우에 대해서 이를 많은 수의 작은 경로로 나누었을 때 이들은 각기 수평과 연직방향의 경로로 대응시킬 수가 있으므로 역시 마찬가지로 중력에 의한 일이 $-mgh$임을 알 수 있다. 따라서 중력의 예에서 앞서 말한 보존력에 대한 기술을 만족함을 볼 수 있다.

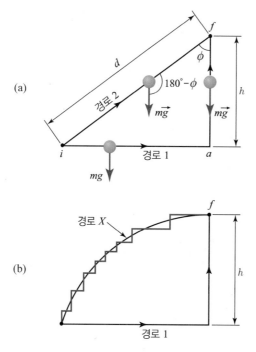

그림 4-10 (a) 위치 i에서 위치 f로 이르는 두 경로 1, 2에서 중력에 의한 일은 동일하다.
(b) 임의의 경로 x에 대해서도 수직, 수평들로 대치할 때 중력에 의한 일은 동일하다.

4-8 위치에너지 곡선

물체에 가해지는 보존력으로부터 위치에너지를 정의할 수 있었으며, 또한 위치에 대한 함수인 위치에너지로부터 그 힘을 구할 수도 있다. 1차원 운동의 경우에서 이를 살펴보기로한다. 1차원에서 위치 x에 대한 위치에너지의 함수 $U(x)$가 **그림 4-11(a)**처럼 주어졌다고 하자. 마찰력과 같은 비보존력이 작용하지 않는다고 가정하면 역학적 에너지는 일정하게 유지된다.

$$E = U(x) + \frac{1}{2}mv^2 = 일정 \tag{4-35}$$

그림 4-11에서 여러 역학적 에너지가 E_0, E_1, E_2, E_3, E의 여러 크기를 가지는 경우에 대하여 살펴보도록 하자. 식 (4-35)에서 운동에너지는 음의 값이 될 수 없으므로 입자의 운동범위는 $E-U$가 0보다 작지 않은 범위에 한정되므로 역학적 에너지가 최솟값인 E_0인 경우물체는 퍼텐셜 함수의 최소위치인 x_0에 정지해 있게 된다. E_1의 경우는 x_1, x_2에서 운동에너지 K가 0이므로 x_1, x_2는 운동방향이 역전되는 **회귀점**(turning point)이 되며, 이 구간 사이

에서 왕복운동을 보이게 된다. E_2의 경우에는 **그림 4-11(a)**의 두 구간 중 어느 하나에서 왕복운동을 하게 된다. 역학적 에너지가 E_3인 경우는 단 하나의 회귀점 x_3을 보이는 운동을 하게 되고, E_4의 경우 위치에 따라 속도의 크기는 변하지만 회귀점 없이 통과하게 될 것이다. 위치에너지곡선이 극값을 가지는 위치인 x_0, x_4, x_6를 **평형점(equilibrium points)**이라고 하는데 x_0, x_6에서는 위치변화에 대해 복원력이 작용하여 x_0, x_6으로 되돌아오게 하므로 이를 **안정 평형(stable equilibrium)**이라고 하고, x_4에서는 조금의 위치변화에도 더 멀어지도록 힘이 작용하므로 이를 **불안정 평형(unstable equilibrium)**이라고 한다. 이러한 1차원 운동에서 위치에너지 함수에 대응되는 보존력 $F(x)$를 나타내 보면 **그림 4-11(b)**와 같다.

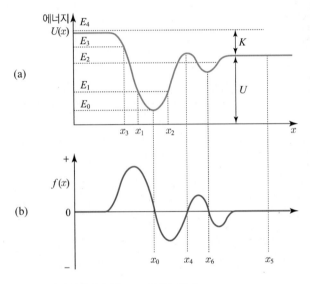

그림 4-11 1차원 운동의 (a) 위치에너지 곡선, (b) 보존력 $F(x)$

4-9 비보존력과 에너지보존

실제로 모든 일상적인 운동에서 마찰력이 작용하고 있으며, 이는 운동이 진행됨에 따라 역학적 에너지의 감소를 초래하게 한다. 위로 높이 던져 올린 공의 운동에는 지구와의 중력과 아울러 공기와의 마찰력이 작용하므로 원래의 위치로 되돌아올 때 원래의 운동에너지를 회복하지 못한다. 이 경우에 일 – 에너지 정리로부터 다음과 같이 나타낼 수 있다.

$$W = W_c + W_f = \Delta K \tag{4-36}$$

이 관계식에서 W_c는 중력, 용수철의 복원력과 같은 보존력들에 의한 일을 나타낸 것이고, W_f는 마찰력에 의한 일이다. 보존력에 의한 일 W_c과 위치에너지의 관계는 다음과 같으므로

$$W_c = \Delta U(x) \tag{4-37}$$

식 (4-36)으로부터

$$W_f = \Delta K + \Delta U(x) = \Delta E \tag{4-38}$$

임을 볼 수 있다. 즉, 마찰력에 의한 음의 값의 일로 인해 역학적 에너지는 감소하게 된다. 그러면 감소된 역학적 에너지는 사라져 버린 것인가? 사실 이것은 나중에 다루게 될 **내부 에너지**(internal energy)로 전환된 것이다.

$$\Delta U_{내부} = -W_f \tag{4-39}$$

따라서 식 (4-38)은 다음과 같이 나타낼 수 있다.

$$\Delta K + \Delta U + \Delta U_{내부} = 0 \tag{4-40}$$

이는 식 (4-22)보다 더 넓은 의미에서의 에너지보존법칙을 나타낸 식으로, 마찰력이 작용하는 경우에도 역학적 에너지와 내부에너지의 합은 보존된다는 것이다. 보존력이 작용할 때 역학적인 에너지가 보존되는 상황보다 광범위한 관점에서의 에너지보존법칙인 것이다. 그러면 이 논의를 더 확장하여 일반화시켜 보도록 하자. 지금까지의 논의를 일반적인 형태의 식으로

$$\Delta K + \sum \Delta U + \sum \Delta U_{내부} + (다른 형태의 에너지의 변화) = 0 \tag{4-41}$$

와 같이 나타낼 수 있으며, 일반적인 에너지보존법칙을 다음과 같이 기술한다.

고립된 계에서 에너지는 형태가 바뀔 수 있지만 생성되거나 소멸될 수는 없다. 즉, 그 계의 총 에너지는 일정하다.

연습문제

01 어떤 사람이 깊이 $10\,\mathrm{m}$의 우물에서 물을 긷는다. 물통의 질량은 $1\,\mathrm{kg}$이고 긷는 물의 양은 $5\,\mathrm{kg}$이다.

(a) 물을 길어 올리는 데 필요한 일을 구하라.

(b) 빈 물통을 아래로 $4.9\,\mathrm{m/s}^2$의 일정가속도로 내려보낼 때 사람에 의한 일을 구하라.

(c) 이때 중력에 의한 일을 구하라.

02 어떤 용수철의 힘상수가 $10\,\mathrm{N/m}$이다.

(a) 이 용수철을 평형점으로부터 $5.0\,\mathrm{mm}$ 늘일 때 필요한 일을 구하라.

(b) 여기서 $5.0\,\mathrm{mm}$ 더 늘일 때 필요한 일을 구하라.

03 $80\,\mathrm{kg}$의 훈아와 $50\,\mathrm{kg}$의 미자가 마찰 없는 얼음판 위에서 서로 $40\,\mathrm{N}$의 힘으로 1초 동안 밀었다.

(a) 훈아와 미자의 속도를 구하라.

(b) 훈아와 미자의 운동에너지의 비를 구하라.

04 그림 4−8과 같이 용수철에 질량이 $2\,\mathrm{kg}$의 물체가 달려있다. 이때 용수철상수는 $8\,\mathrm{N/m}$이다. 역학적 에너지가 $64\,\mathrm{J}$이라고 할 때 속도의 최대크기는 얼마인가? 또 최대변위는 얼마인가? (단, 물체와 바닥 사이의 마찰은 무시한다.)

05 $1\,\mathrm{kg}$의 물체에 힘이 작용하여 물체의 위치가 시간에 따라 국제단위계로 다음과 같이 변화한다.

$$x = 2t - 3t^2 + t^3$$

$t = 0$에서 $t = 5\mathrm{s}$까지 운동에너지의 변화는 얼마인가?

06 자체 중량이 $200\,\mathrm{kg}$이고, $75\,\mathrm{kg}$의 사람이 최대 8명까지 탑승할 수 있는 엘리베이터가 $1\,\mathrm{m/s}$의 속도로 상승할 때 이 엘리베이터의 최대일률을 구하라.

07 질량 $1{,}200\,\mathrm{kg}$의 자동차가 정지상태에서 출발하여 15초 동안 $100\,\mathrm{km/h}$로 속력이 증가하였다.

(a) 그동안 평균일률을 구하라.

(b) 그동안 등가속운동을 하였다면 마지막 순간의 순간일률은 얼마인가?

08 각기 질량 m_1, m_2인 물체 사이의 만유인력은 다음과 같이 주어진다.

$$F_x = -G\,\frac{m_1 m_2}{x^2}$$

여기서 G는 만유인력상수이고 x는 두 질량 간의 거리이다.

(a) 기준점 $x = \infty$에서 위치에너지 $U(\infty)$가 0이라고 할 때 위치에너지 $U(x)$를 구하라.

(b) 두 질량의 거리를 $x = x_1$에서 $x = x_1 + d$로 증가시키는 데 필요한 일을 구하라.

09 질량이 없는 길이 L의 막대 끝에 질량 m의 추를 달아 단진자를 만들어 이 막대를 거꾸로 세웠다가 놓았다.

(a) 추가 가장 낮은 위치에 왔을 때 속도를 구하라.

(b) 그때 막대의 장력을 구하라.

(c) 이 진자를 수평으로 두었다가 놓았을 때 중력과 장력의 크기가 일치하는 각도를 구하라.

10 두 입자 사이의 위치에너지 $U(r)$이 다음과 같이 주어졌다.

$$U(r) = \frac{a}{r^{12}} - \frac{b}{r^6}$$

(a) 위치에너지로부터 보존력을 구하라.
(b) 평형을 이루는 입자 간 거리를 구하라.

11 x 방향으로 1차원 운동을 하는 입자의 위치에너지가 다음과 같다.

$$U(x) = ax^4 + bx^2$$

상수가 각기 $a = 5.0\,\mathrm{J/m^4}$, b$= -10.0\,\mathrm{J/m^2}$와 같을 때 평형점들을 구하고 안정, 불안정 여부를 판정하라.

12 (a) 그림처럼 길이가 $1.5\,\mathrm{m}$인 끈에 달린 추를 수평의 위치에서 놓았을 때, 이 추가 가장 낮은 위치를 통과할 때의 속력은 얼마인가?

(b) 이 진자의 고정점 $1\,\mathrm{m}$ 아래 그림처럼 걸이 P가 위치해 있을 때 줄이 걸이에 걸린 후 추가 가장 높은 위치에 이를 때의 빠르기는 얼마인가?

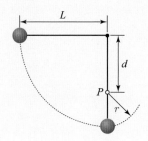

13 $30°$의 경사면에서 $10\,\mathrm{kg}$의 물체가 정지상태에서부터 미끄러지기 시작하여 거리 d를 내려온 후 그림처럼 질량이 없는 용수철을 만나 $15\,\mathrm{cm}$를 더 움직여 정지한 순간 용수철의 복원력이 $800\,\mathrm{N}$이었다. 용수철이 압축되는 동안 Hooke의 법칙이 성립한다고 할 때 거리 d는 얼마인가?

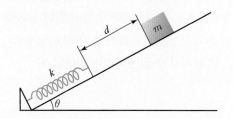

14 질량 $10\,\mathrm{kg}$의 물체가 그림처럼 수평한 면 위에서 힘상수 $200\,\mathrm{N/m}$인 용수철과 닿기 시작하여 정지하는 순간까지 $10\,\mathrm{cm}$를 움직였다. 물체와 수평한 면 사이의 운동마찰계수가 0.25라 할 때

(a) 그동안 용수철이 물체에 한 일은 얼마인가?
(b) 그동안 마찰력에 의한 일은 얼마인가?
(c) 물체가 용수철과 닿는 순간 속력은 얼마인가?

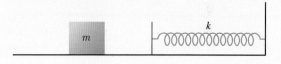

15 질량 $2\,\mathrm{kg}$의 물체가 $F(x) = 4.0x - 2.0x^2$으로 주어지는 보존력을 받는다. F의 단위는 N(newton), x의 단위는 m이다.

(a) $x = 3.0\,\mathrm{m}$일 때 물체 위치에너지를 구하라.
(b) $x = 5.0\,\mathrm{m}$일 때 물체의 속도가 $-4.0\,\mathrm{m/s}$이면 물체가 원점을 통과할 때의 속력은 얼마인가?

16 (a) 위치에너지 함수가 $U(x) = x^3 - 4x^2 + 4x$와 같을 때 위치에너지 곡선을 그려라.

(b) 보존력 $F(x)$를 구하라.

(c) 평형점들을 구하고 안정, 불안정을 판별하라.

17 2 kg 질량의 물체가 $30°$의 경사면을 256 J의 운동에너지로 출발했다면 마찰이 없이 올라갈 수 있는 거리는 얼마인가? 경사면의 마찰계수가 0.5라면 올라갈 수 있는 거리는 얼마인가?

18 5 kg의 낙하체가 종단속도 90 m/s로 낙하하고 있다. 역학적 에너지의 감소율은 얼마인가?

19 물레방아에서 매초 5 kg의 물이 2 m 아래로 낙하하고 있다. 이 물레방아로 발전기를 가동하는 데 50%의 효율을 가진다면 발전기의 일률은 얼마인가?

CHAPTER 05

다체계의 운동

5-1 소개

자연과학에서 관찰하는 대상을 일반적으로 계라 하며, 두 개 이상의 입자로 구성된 계를 **다체계**라 한다. 이 장에서는 이런 다체계에 대한 고찰을 한다. 다체계를 구성하는 입자들은 입자 상호 간에 서로 힘을 주고받으며, 또 계에 속하지 않은 외부로부터도 힘을 받는다. 이 구성입자들은 질점이라 가정한다. 따라서 다체계의 운동은 질점들이 여러 개 모인 계의 운동을 말한다.

5-2 2체계

그림 5-1에서와 같이 2개의 입자로 구성된 계에서 각각의 질량을 m_1, m_2라 하면 이들은 서로 힘을 주고받고 또 외부로부터도 힘을 받으므로 m_1이 받는 힘 $\vec{F_1}$은 다음과 같이 표시할 수 있다.

$$\vec{F_1} = \vec{F_1}^i + \vec{F_1}^e \tag{5-1}$$

여기서 첨자 i와 e는 각기 내부(internal)와 외부(external)를 표시하며, $\vec{F_1}^i$는 계의 내부에 있는 m_2가 준 힘, $\vec{F_1}^e$는 외부로부터의 힘을 가리킨다.

그러면 Newton의 제2법칙으로부터

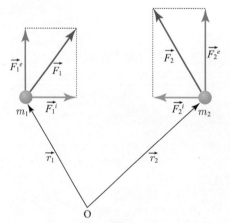

그림 5-1 m_1과 m_2 두 개의 입자로 구성된 계. 각 입자의 위치는 $\vec{r_1}$과 $\vec{r_2}$로 표시하였으며, 이 두 물체는 $\vec{F_1}^i$와 $\vec{F_2}^i$라는 크기는 같고 방향은 반대인 힘을 서로 주고받는다. 이외에도 이들에는 외부로부터 $\vec{F_1}^e$와 $\vec{F_2}^e$라는 힘이 각기 작용하며, 따라서 m_1과 m_2가 받는 전체 힘의 합 $\vec{F_1} + \vec{F_2}$와 $\vec{F_1}^e + \vec{F_2}^e$과 같다.

$$\overrightarrow{F_1} = \overrightarrow{F_1^i} + \overrightarrow{F_1^e} = m_1 \overrightarrow{a_1} \tag{5-2}$$

이 성립하며 m_2에 대해서도 마찬가지로 다음 식이 성립한다.

$$\overrightarrow{F_2} = \overrightarrow{F_2^i} + \overrightarrow{F_2^e} = m_2 \overrightarrow{a_2} \tag{5-3}$$

여기서 $\overrightarrow{a_1}$, $\overrightarrow{a_2}$는 m_1, m_2의 가속도를 가리킨다. 위 두 식의 좌우변을 각기 더하면

$$\overrightarrow{F_1} + \overrightarrow{F_2} = \overrightarrow{F_1^e} + \overrightarrow{F_2^e} = m_1 \overrightarrow{a_1} + m_2 \overrightarrow{a_2} \tag{5-4}$$

이다. 위 식에서 $\overrightarrow{F_1^i}$와 $\overrightarrow{F_2^i}$는 크기는 같고 방향은 서로 반대이므로 합산 과정에서 상쇄되었다.

즉, 2체계에서 계의 구성입자 각각에 작용한 힘의 총합은 각 구성입자에 작용한 외력만의 총합과 같다. 따라서 식 (5-4)의 우변은 다음과 같이 고쳐서 표시할 수 있다.

$$m_1 \overrightarrow{a_1} + m_2 \overrightarrow{a_2} = \frac{d}{dt}(m_1 \overrightarrow{v_1} + m_2 \overrightarrow{v_2}) = \frac{d\overrightarrow{P}}{dt} \tag{5-5}$$

이때 m_1과 m_2는 시간에 따라 변하지 않는다고 가정하였으며, $\overrightarrow{P}$는 계의 **총운동량**으로 $\overrightarrow{P} \equiv \sum m_i \overrightarrow{v_i}$이다. 그러면 식 (5-4)와 (5-5)로부터 다음과 같은 결론을 얻는다.

$$\sum \overrightarrow{F}_{ext} = \frac{d\overrightarrow{P}}{dt} \tag{5-6}$$

여기서 $\sum \overrightarrow{F}_{ext} = \overrightarrow{F_1^e} + \overrightarrow{F_2^e}$를 의미한다. 그러므로 2체계에서 계에 작용한 외력의 총합은 계의 총운동량의 시간변화율과 같다. 다음으로 $\overrightarrow{P}$를 다음과 같이 표시하자.

$$\overrightarrow{P} = m_1 \overrightarrow{v_1} + m_2 \overrightarrow{v_2} = \frac{d}{dt}(m_1 \overrightarrow{r_1} + m_2 \overrightarrow{r_2}) = \frac{d}{dt}(M\overrightarrow{R}) \tag{5-7}$$

여기서 $\overrightarrow{R}$은

$$\overrightarrow{R} \equiv \frac{m_1 \overrightarrow{r_1} + m_1 \overrightarrow{r_2}}{M} \tag{5-8}$$

이고 $\overrightarrow{r_1}$, $\overrightarrow{r_2}$는 m_1, m_2의 위치벡터, $M = m_1 + m_2$는 계의 **총질량**이다. $\overrightarrow{P}$는 **그림 5-2**에서 보인 바와 같이 $\overrightarrow{r_1}$과 $\overrightarrow{r_2}$를 연결하는 선분을 $m_2 : m_1$로 내분하는 점을 가리키고, 따라서 $\overrightarrow{R}$은 m_1이 클수록 $\overrightarrow{r_1}$에 가까워진다. 즉, $\overrightarrow{R}$은 $\overrightarrow{r_1}$과 $\overrightarrow{r_2}$를 m_1과 m_2의 질량을 고려하여 평균한 가중평균값이다. 이 내분점을 m_1, m_2의 **질량중심(center of mass)**이라 부르고 cm로 표시한다.

이를 사용하면 위의 식들을 간단히 쓸 수 있다.

$$\overrightarrow{P} = M\frac{d\overrightarrow{R}}{dt} = M\overrightarrow{V}_{cm} \tag{5-9}$$

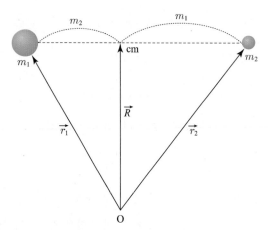

그림 5-2 두 질점의 질량중심은 두 질점을 연결하는 선분을 질량의 역비로 내분하는 점이다.

또 식 (5−6)으로부터 다음과 같이 나타낼 수 있다.

$$\sum \vec{F}_{ext} = \frac{d\vec{P}}{dt} = M\frac{d^2\vec{R}}{dt^2} = M\frac{d\vec{V}_{cm}}{dt} = M\vec{a}_{cm} \qquad (5-10)$$

위에서 $\vec{V}_{cm}$과 $\vec{a}_{cm}$은 각기 질량중심(cm)의 속도와 가속도이다. 식 (5−10)은 $\vec{R}$에 있는 질량 M이 $\sum \vec{F}_{ext}$이라는 힘을 받을 때의 운동방정식과 같으므로 계의 질량중심의 운동은 계의 총질량 m이 $\vec{R}$에 위치하여 $\sum \vec{F}_{ext}$의 힘을 받을 때의 운동과 같다.

한 예로 태양 주위를 공전하는 지구와 달의 운동을 생각해 보자. 지구와 달은 태양의 영향 아래에서 서로 인력을 주고받으며 움직이고 있으므로 지구와 달을 하나의 계로 볼 때 태양의 힘은 외력이고, 따라서 지구와 달의 질량중심은 태양을 초점으로 하는 타원을 그린다.

5-3 질량중심

앞에서 두 질점이 있을 때 $\vec{R} = (m_1\vec{r}_1 + m_2\vec{r}_2)/M$으로 주어지는 점이 여러 특별한 성질을 가지는 것을 알았다. 어느 계에 질점이 여러 개 있을 때

$$\vec{R} = \frac{m_1\vec{r}_1 + m_2\vec{r}_2 + \cdots + m_N\vec{r}_N}{M} \qquad (5-11)$$

이 가리키는 점을 그 계의 **질량중심**이라 한다. 여기서 $\vec{r}_1, \vec{r}_2 \cdots \vec{r}_N$은 각 질점의 위치벡터이다. 이 질량중심은 각 질점의 위치를 그 위치에 놓인 질점의 질량을 가중하여 평균한 값이며, 위에서와 같이 한 번에 평균을 구할 수도 있고 몇 개의 질량들로 무리를 지어 각각의 가중평균을 구한 다음 이 무리들의 가중평균을 나중에 구하여도 늘 같은 점으로 된다.

이는 질량중심을 구할 때 부분의 질량중심을 먼저 구하고 이를 이용하여 전체 질량중심을 나중에 구할 수도 있음을 의미한다. 이 질량중심을 좌표 성분별로 풀어 표시하면 다음과 같다.

$$X = \frac{m_1 x_1 + m_2 x_2 + \cdots + m_N x_N}{M}$$

$$Y = \frac{m_1 y_1 + m_2 y_2 + \cdots + m_N y_N}{M}$$

$$Z = \frac{m_1 z_1 + m_2 z_2 + \cdots + m_N z_N}{M} \tag{5-12}$$

예제 1. 다음 그림과 같이 위치한 두 물체의 질량중심의 위치를 구하라.

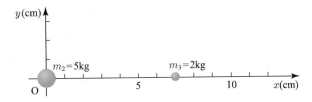

풀이 두 물체의 질량중심은 두 물체의 위치를 연결하는 선분을 $2:5$로 내분하는 점이므로 $R = (2\,\mathrm{cm},\ 0\,\mathrm{cm})$이 된다. 또는 식 (5-12)로부터 다음과 같이 구한다.

$$X = \frac{(5\mathrm{kg})(0\mathrm{cm}) + (2\mathrm{kg})(7\mathrm{cm})}{5\mathrm{kg} + 2\mathrm{kg}} = 2\mathrm{cm}$$

$$Y = \frac{(5\mathrm{kg})(0\mathrm{cm}) + (2\mathrm{kg})(0\mathrm{cm})}{5\mathrm{kg} + 2\mathrm{kg}} = 0\mathrm{cm}$$

예제 2. 다음 물체들의 질량중심을 구하라.

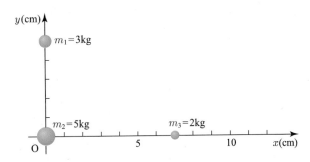

풀이 위의 예제 1로부터 m_2와 m_3의 질량중심은 이미 구해졌으므로 이를 이용하여 전체 질량중심을 구하기로 한다. m_2와 m_3로 이루어진 무리의 질량중심은 $(2\,\mathrm{cm},\ 0\,\mathrm{cm})$이고, 또 $m_2 + m_3 = 7\mathrm{kg}$이므로 이 무리와 m_1의 질량중심을 구하면 다음과 같다.

$$X = \frac{(3\text{kg})(0\text{cm}) + (7\text{kg})(2\text{cm})}{3\text{kg} + 7\text{kg}} = 1.4\text{cm}$$

$$Y = \frac{(3\text{kg})(5\text{cm}) + (7\text{kg})(0\text{cm})}{3\text{kg} + 7\text{kg}} = 1.5\text{cm}$$

5-4 연속물체의 질량중심

연속물체의 질량중심은 이 연속물체를 미세하게 부분 부분으로 나누어 각 미세부분의 질량 중심이 이 미세부분의 어느 한 점에 있다고 가정하고 이 점을 이용하여 전체 질량중심을 구한다. 이 미세부분은 부피를 아주 작게 하여 이 부분의 어느 한 점을 택하더라도 전체 결과가 변하지 않도록 하여야 한다(궁극적으로는 모든 조각이 아주 작아져 부피가 거의 0이 되게 한다). 이 무수한 조각들의 질량중심을 사용하여 전체 질량중심을 표시하면 다음과 같다.

$$\vec{R} \simeq \frac{\sum m_i \vec{r}_i}{M} \tag{5-13}$$

여기서 m_i는 i번째 조각의 질량이고, $\vec{r}_i$는 이 조각의 질량중심으로 가정한 점이며, M은 총질량이다. 식 (5-13)의 우변을 계산한 값이 각 조각들을 작게 할 때 어느 한 값으로 수렴해 가면 이 수렴값을 이 **연속물체의 질량중심**이라 하고 다음과 같이 표시한다.

$$\vec{R} = \frac{1}{M} \int dm \vec{r} \tag{5-14}$$

연속물체의 질량중심은 질점들로 이루어진 다체계에서와 마찬가지로 좌표 성분별로 다음과 같이 풀어서 표시할 수도 있다.

$$X = \frac{1}{M} \int dm \, x$$

$$Y = \frac{1}{M} \int dm \, y$$

$$Z = \frac{1}{M} \int dm \, z \tag{5-15}$$

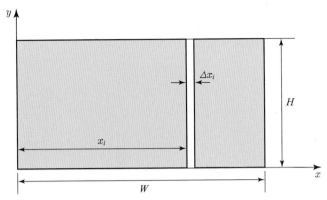

그림 5-3 직사각형 물체의 질량중심 계산

한 예로 **그림 5-3**에서 보인 바와 같이 너비가 W이고 높이가 H인 균일한 직사각형 판의 질량중심을 구해본다. 먼저 질량중심의 x좌표를 구하기 위해 이 판을 **그림 5-3**에서와 같이 y축에 평행하게 얇게 나눈다. 그러면 나누어진 한 조각 내의 모든 점의 x좌표는 거의 같기 때문에 이 부분의 질량중심의 x좌표는 x_i라고 근사할 수 있다. 또 이 부분의 질량은 이 부분의 면적 $H\Delta x_i$에 비례하므로, 판의 밀도를 σ라 할 때 i번째 조각의 질량은

$$m_i = \sigma H \Delta x_i \tag{5-16}$$

이다. 따라서 전체 질량중심의 x좌표는

$$X \simeq \frac{\sum_i m_i x_i}{M} = \frac{\sigma H \sum_i x_i \Delta x_i}{M} \tag{5-17}$$

이고, 여기서 $M = \sigma WH$이므로

$$X \simeq \frac{1}{W} \sum_i x_i \Delta x_i$$

이다. 조각을 얇게 하면 얇게 할수록 이 값은

$$\frac{1}{W} \int_0^W x\,dx = \frac{1}{W} \cdot \frac{W^2}{2} = \frac{W}{2} \tag{5-18}$$

에 수렴해 가므로, 따라서 직사각형 판의 질량중심의 x 좌표는 우리가 직관적으로 쉽게 예측할 수 있는 값 $W/2$임을 알 수 있다. 비슷한 방법으로 질량중심의 y 좌표는 $H/2$임도 쉽게 구할 수 있다.

예제 3. 다음 그림과 같이 x축과 $x = W$, 그리고 $y = x^2$으로 둘러싸인 모양의 균질인 판이 있다. 이 판의 질량중심의 x좌표를 구하라.

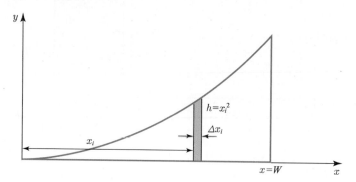

풀이 이 경우도 이 판을 잘랐을 때 각 조각 내부점들의 x좌표가 같아지도록 그림과 같이 y축에 평행하게 자른다. 그러면 i번째 조각의 높이는

$$y_i = x^2_i$$

이 된다. 따라서 이 부분의 넓이는 $x^2_i \Delta x_i$, 질량은 판의 밀도를 σ라 할 때

$$m_i \simeq \sigma x_i^2 \Delta x_i$$

가 된다. 따라서

$$X \simeq \frac{\sum\limits_i m_i x_i}{M} \simeq \frac{\sum\limits_i \sigma x_i^2 \Delta x_i \cdot x_i}{M} \simeq \frac{\sigma \sum\limits_i x_i^3 \Delta x_i}{M}$$

이 되고, 조각의 너비 길이 Δx_i를 0에 가깝게 하면

$$X = \frac{\sigma}{M} \int_0^W x^3 dx = \frac{\sigma W^4}{4M} \tag{5-19}$$

이다. 그런데 전체 판의 넓이는

$$A = \int_0^W x^2 dx = \frac{1}{3} W^3 \tag{5-20}$$

이므로 $M = \sigma A = \sigma W^3/3$이 되어, 이를 식 $(5-19)$에 대입하면 다음과 같다.

$$X = \frac{3}{4} W$$

5-5 운동량

5-2절에서 배운 운동량을 이 절에서 좀 더 자세히 살펴보기로 한다. 한 입자의 경우 운동량은 다음과 같이 정의된다.

$$\vec{p} = m\vec{v} \tag{5-21}$$

Newton은 이 운동량을 사용하여 그의 운동 제2법칙을 다음과 같이 표시하였다.

$$\vec{F}\Delta t = \Delta \vec{p} \tag{5-22}$$

즉, 힘 $\vec{F}$가 Δt 동안 작용하면 $\vec{F}\Delta t$라는 운동량의 변화가 생긴다. 이 표현은 질량의 일부가 떨어져 나가거나 또는 첨가되는 경우에도 성립한다.

$\Delta t \to 0$인 경우에는 미분 형태로 다음과 같이 표시할 수 있다.

$$\vec{F} = \frac{d\vec{p}}{dt} \tag{5-23}$$

질량이 일정한 경우 이 식은

$$\vec{F} = \frac{d\vec{p}}{dt} = \frac{d}{dt}(m\vec{v}) = m\frac{d\vec{v}}{dt} = m\vec{a}$$

로 되어 식 (3−2)와 같다. 계에 N개의 입자가 있을 때는 각 입자의 운동량 $\vec{p_i}$의 벡터합을 계의 **총운동량**이라 한다. 즉, 총운동량을 $\vec{P}$라 하면

$$\vec{P} = \sum_{i=1}^{N}\vec{p_i} \tag{5-24}$$

이다. 이 총운동량을 질량중심을 사용하여 표시하면 다음과 같다.

$$\vec{P} = \sum_{i=1}^{N}m_i\vec{v_i} = \sum_{i=1}^{N}m_i\frac{d\vec{r_i}}{dt} = \frac{d}{dt}\left(\sum_{i=1}^{N}m_i \cdot \vec{r_i}\right)$$

$$= \frac{d}{dt}(M\vec{R}) = M\frac{d\vec{R}}{dt} = M\vec{V_{cm}}$$

여기서 계의 각 질량들은 시간에 따라 변하지 않는다고 가정하였으며, M은 계의 총질량이다. 따라서

$$\vec{P} = M\vec{V_{cm}} \tag{5-25}$$

이다. 즉, 계의 총운동량은 계의 총질량과 질량중심의 속도의 곱과 같다. 이제 식 (5−24)를 시간에 대해 미분하면

$$\frac{d\vec{P}}{dt} = \sum_{i=1}^{N} \frac{d\vec{p_i}}{dt} = \sum_{i=1}^{N} \vec{F_i} = \sum_{i=1}^{N} \vec{F_i^e} \equiv \sum \vec{F}_{ext}$$

이 된다. 즉,

$$\sum \vec{F}_{ext} = \frac{d\vec{P}}{dt} \tag{5-26}$$

가 성립한다. 위 식에서 $\vec{F_i^e}$는 계의 i번째 입자에 작용하는 힘들 중에서 계의 외부에서 온 부분만을 가리킨다. 유도과정에서 우리는 계의 입자 하나하나마다 Newton 법칙이 적용되고, 또 계 내부의 입자들 간에 작용하는 힘은 2체계의 경우에서와 마찬가지로 서로 상쇄됨을 이용하였다. 또한 식 (5-25)를 시간에 대해 미분하면

$$\frac{d\vec{P}}{dt} = M\frac{d\vec{V}_{cm}}{dt} = M\vec{a}_{cm} \tag{5-27}$$

이 되어, 식 (5-26)은

$$\sum \vec{F}_{ext} = M\vec{a}_{cm} \tag{5-28}$$

과 같다. 즉, 다체계의 경우에도 2체계의 경우에서와 마찬가지로 계의 질량중심의 운동은 질량 M인 단일입자가 외력 $\sum \vec{F}_{ext} = \sum \vec{F_i^e}$를 받으며 움직이는 운동과 같다. 한 가지 예로 포탄이 중력장 내에서 포물선을 그리며 날아가다 폭발한 경우 화약에 의한 폭발력은 계 내부의 힘이고 외부로부터의 힘은 중력밖에 없으므로 포탄이 폭발한 후에도 포탄 파편들의 질량중심은 폭발이 일어나기 전의 운동궤적인 포물선을 따라 움직인다. 이를 **그림 5-4**에 표시하였다.

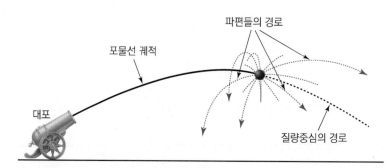

그림 5-4 포탄이 폭발한 후에도 포탄 파편들의 질량중심은 폭발이 일어나기 전의 궤적인 포물선을 따라 이동한다.

5-6 운동량보존

어느 계에 작용하는 외력의 합이 0인 경우 식 (5−26)은

$$\frac{d\vec{P}}{dt}=0$$

이 된다. 따라서

$$\vec{P}=\text{일정}$$

이 성립한다. 즉, 계의 총운동량은 보존된다. 이것을 **운동량보존법칙**이라 하며, 에너지보존법칙과 함께 자연계에 존재하는 중요한 보존법칙 중의 하나이다. 이 법칙은 Newton 역학이 적용되지 않는 원자단위의 운동에서나 또는 물체의 속도가 아주 빨라 상대론적 운동법칙을 적용해야 하는 영역에서도 성립하는 아주 일반적인 법칙이며, 다음 예제에서와 같이 문제를 푸는 방법으로서도 매우 유용하다.

예제 4. 그림과 같이 1,200 kg의 대포로부터 60 kg의 포탄이 수평방향으로 발사된다. 대포에는 바퀴가 달려 있어 쉽게 움직일 수 있고, 발사 후 대포에서 보았을 때 포탄이 날아가는 속도는 50 m/s 이다. 이때 지면을 기준으로, 포탄 발사 후 대포가 뒤로 밀리는 속도를 구하라.

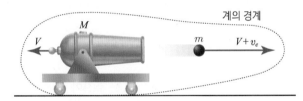

풀이 대포와 포탄으로 이루어진 계에 작용하는 수평외력은 없으므로 이 방향의 운동량은 보존된다. 포탄이 날아가는 방향을 x 방향이라 하고 지표면에 고정된 좌표계를 설정하면 포탄 발사 전 x 방향의 계의 총운동량은 0이다. 포탄 발사 후 포탄이 대포에 대해 가지는 속도를 v_e라 하고, 또 대포가 지면에 대해 가지는 속도를 V라 하면 포탄이 지면에 대해 가지는 속도는 $V+v_e$가 되므로 운동량보존법칙을 지표면 좌표계에 적용할 때

$$MV+m(v_e + V)=0 \tag{5-29}$$

이 된다. 여기서 M은 대포의 질량, m은 포탄의 질량을 가리킨다. 따라서

$$V=-\frac{mv_e}{M+m}=-\frac{60\text{kg}\cdot50\text{m/s}}{1,200\text{kg}+60\text{kg}}\simeq-2.4\text{m/s} \tag{5-30}$$

이다. 즉, 대포는 지면에서 보아 뒤로 약 2.4 m/s의 속도로 밀린다.

5-7 로켓운동

외력이 거의 없는 우주공간에서 추진력을 얻기 위해서는 연료를 태워 빠른 속도로 분사시켜야 한다. 즉, 전체 질량의 일부를 뒤로 분출시켜야만 본체가 가속을 얻는다. 이 문제를 연료 분사 전 로켓과 같은 속도로 움직이던 계에서 바라보면 앞의 예제 4에서와 같은 상황임을 알 수 있다. 즉, 이 계에서 볼 때 질량 ΔM의 연료가 로켓 기준으로 v_e라는 속도로 뒤로 분사되고 로켓은 정지해 있다가 앞으로 Δv만큼의 속도를 새로 얻는다. 분사 직후의 로켓의 질량을 M이라 하면 이때 로켓이 얻은 속도는 식 (5-30)으로부터

$$\Delta v = -\frac{\Delta M v_e}{M + \Delta M}$$

가 된다. 여기서 (−) 부호는 식 (5-30)에서와 같이 새로 얻은 속도 Δv와 분사속도 v_e가 서로 반대방향임을 의미한다. 이때 ΔM이 M에 비하여 미량이라면 이 식은 다음과 같이 미분형으로 쓸 수 있다.

$$dv = +\frac{v_e dM}{M} \tag{5-31}$$

여기서 시간이 지날수록 로켓의 질량은 줄어들기 때문에 ΔM은 $-dM$으로 표시하였으며, v_e는 (−)의 값이므로 식 (5-31)의 전체 값은 (+)가 된다. 여기서 $u = |v_e| = -v_e$라 정의하면

$$dv = -u\frac{dM}{M} \tag{5-32}$$

이 되고, 이 식의 양변을 적분하면 일정 시간 로켓 추진이 된 후의 속도 변화를 다음과 같이 쓸 수 있다.

$$\int_{v_i}^{v_f} dv = -u \int_{M_i}^{M_f} \frac{dM}{M}$$

즉,

$$v_f - v_i = u\ln\frac{M_i}{M_f} \tag{5-33}$$

이다. 여기서 v_i, v_f는 처음과 나중의 로켓 속도, M_i, M_f는 처음과 나중의 로켓 질량을 나타낸다. 또 u는 로켓에서 보았을 때 연료가 뒤로 분출되는 속도의 크기를 나타내며, 이는 **배기속도**라 한다.

예제 5. 초기질량 $M_i = 850\,\mathrm{kg}$이고, 연료 배기속도 $u = 2,800\,\mathrm{m/s}$인 로켓이 정지상태에서 출발하여 연료를 다 태웠을 때 최종질량이 $M_f = 180\,\mathrm{kg}$이 되었다. 로켓의 최종속도는 얼마인가?

풀이 식 (5−33)으로부터 로켓의 최종속도는 다음과 같다.

$$v_f = u\ln\frac{M_i}{M_f} = (2,800\,\mathrm{m/s})\ln\frac{850\,\mathrm{kg}}{180\,\mathrm{kg}}$$
$$= (2,800\,\mathrm{m/s})\ln 4.7 \simeq 4,300\,\mathrm{m/s}$$

01 기술이 좋은 높이뛰기 선수가 막대를 아슬아슬하게 뛰어넘을 때 그의 무게중심은 막대 아래를 지나간다는 말이 있다. 이것은 가능한가? 그 이유를 설명하라.

02 질량과 좌표가 다음과 같은 세 물체의 질량중심을 구하라.

$$3 \text{ kg} : (2 \text{ m}, 5 \text{ m}, -4 \text{ m})$$
$$5 \text{ kg} : (2 \text{ m}, 1 \text{ m}, 1\text{m})$$
$$2 \text{ kg} : (-5 \text{ m}, 2 \text{ m}, 1 \text{ m})$$

03 길이가 L인 세 개의 가느다란 막대가 아래의 그림과 같은 형태로 놓여있다. 여기서 중앙에 위치한 막대의 질량은 $3M$이고, 양옆에 위치한 막대의 질량은 각기 M이라 할 때 이 막대조합의 질량중심은 어디에 있는가?

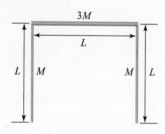

04 다음과 같은 이등변 삼각형의 질량중심의 위치를 구하라.

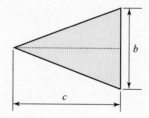

05 선밀도가 일정한 πR길이만큼의 철사를 반지름 R인 원호를 따라 구부려 반원 모양으로 하였다. 이 철사의 질량중심을 구하라.

06 반지름이 R인 반원 모양 물체의 질량중심의 위치를 구하라.

07 질량 2 kg의 물체가 y축 양의 방향으로 $v_y = 3 \text{ m/s}$의 속도로 움직이고, 질량 3 kg의 물체는 x축 음의 방향으로 $v_x = -4 \text{ m/s}$의 속도로 움직이고 있을 때 이 두 물체의 질량중심 속도의 크기와 방향을 구하라.

08 마찰이 없는 빙판 위에서 질량이 60 kg인 사람이 150 g의 돌을 발로 걷어차 돌이 40 m/s의 속도로 앞으로 날아갔을 때 이 사람이 얻게 되는 속도를 구하라.

09 질량이 2 kg인 물체 B가 x축 위 $x = 9 \text{ m}$인 지점에 정지해 있다. 이 순간 다른 물체 A는 원점을 지나고 있었으며, 두 물체의 질량중심의 위치는 x축 위 $x = 3 \text{ m}$인 지점이고, 속도는 $+x$축 방향으로 2 m/s이었다. 이때 물체 A의 속도를 구하라.

10 질량이 $1\,\text{kg}$인 물체 A와 $3\,\text{kg}$인 물체 B를, 마찰이 없는 수평면 위에 두 물체 사이의 거리가 $2\,\text{m}$가 되도록 하여 가만히 올려놓았다. 두 물체 사이에는 크기가 $2\,\text{N}$인 일정한 인력이 계속 작용한다면, 두 물체는 처음에 물체 A를 올려놓은 지점으로부터 거리가 얼마 되는 지점에서 서로 부딪치는가?

11 그림과 같이 철로 위에 위치한 기차 안에서 맞은 편을 향하여 대포를 쏘고 있다. 대포를 쏘면 포탄은 오른쪽으로 움직이고 대포와 기차는 왼쪽으로 밀리게 된다. 이렇게 발사된 포탄이 모두 맞은 편 벽을 맞고 기차 안으로 떨어진다면 포탄을 모두 발사하고 난 후 기차의 속도는 얼마가 되겠는가? 또 이렇게 해서 기차가 움직일 수 있는 최대거리는 얼마인가?

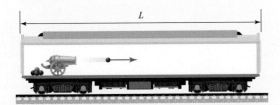

12 수면 위에 떠있는 질량 $40\,\text{kg}$의 뗏목 위에 질량 $10\,\text{kg}$인 강아지가 뭍으로부터 $20\,\text{m}$ 떨어져 위치하고 있다가 뗏목 위에서 뭍을 향하여 $8\,\text{m}$를 걷는다면 강아지의 나중위치는 뭍으로부터 얼마나 떨어지겠는가? (단, 물과 뗏목 사이에는 마찰이 없다고 가정한다.)

13 (a) 질량 m인 물체의 운동량이 $p = mv$일 때 이 물체의 운동에너지 K를 운동량 p를 사용하여 표시하여라.

(b) 질량 $50\,\text{g}$인 테니스공과 $150\,\text{g}$인 야구공의 운동에너지가 서로 같을 때, 이 두 공의 운동량 비는 얼마인가?

14 질량이 $50\,\text{g}$인 공을 지면과 $30°$의 각도를 이루게 하여 속도 $16\,\text{m/s}$로 공중으로 던져 올렸을 때

(a) 던진 직후와 땅에 떨어지기 직전의 공의 운동에너지를 구하라.

(b) 또 각 경우 운동량의 크기와 방향을 구하라.

(c) 이때 운동량의 변화량은 공의 무게에 체공시간을 곱한 것과 같음을 보여라.

15 초기속도 $20\,\text{m/s}$로 수평면과 $45°$의 각을 이루며 발사된 $3\,\text{kg}$의 포사체가 최고점에 이르렀을 때, $1.5\,\text{kg}$씩 두 조각으로 나누어져, 이 중 한 조각은 그 점에서 자유낙하하여 아래로 떨어졌다. 이때 나머지 한 조각이 처음 발사지점으로부터 날아간 거리는 얼마인가?

16 질량 $2.5 \times 10^6\,\text{kg}$의 로켓이 $1.6 \times 10^4\,\text{kg/s}$의 비율로 2분 동안 연료를 태웠다. 로켓은 정지상태에서 출발하고 배기속도는 $3\,\text{km/s}$라 할 때 로켓의 최종속도를 구하라.

17 어느 로켓이 연소를 시작한 후 처음 2초 동안 초기 질량의 $\frac{1}{100}$을 배기속도 2,500 m/s로 분출하였다. 이 시간 동안의 로켓 평균가속도는 얼마인가?

18 질량 5,000 kg의 로켓을 연직방향으로 쏘아 올리려 한다. 배기속도가 1,000 m/s일 때, 중력을 이기고 올라가기 위해서는 1초당 얼마만큼 이상의 연료를 분출해야 하는가?

CHAPTER 06

충돌

6-1 충돌이란

충돌은 엄밀하게는 힘을 받는 모든 물체운동을 일컫는 말이나 일반적으로는 짧은 시간 동안 큰 힘을 받는 물체운동을 의미한다. 보통 충돌에서는 충돌 전과 충돌 후를 명확히 구분할 수 있다고 생각한다.

예를 들어 야구선수가 방망이로 공을 쳐내는 경우를 보면 공이 방망이에 맞기 전과 후를 뚜렷이 구별할 수 있다. 따라서 충돌은 아래 **그림 6-1**에서처럼 **충돌 전 상태, 충돌과정, 충돌 후 상태**로 구분한다.

충돌은 물리학의 이론을 검증하기 위한 실험적 도구로 물리학의 여러 분야에서 널리 쓰이고 있는데, 국내에서 일부 이용 중인 입자가속기는 이의 한 가지 좋은 예라 하겠다.

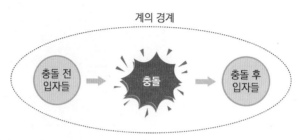

그림 6-1 충돌의 표현

6-2 충격량

일반적으로 충돌에서는 급격하게 변하는 힘이 아주 짧은 시간 동안만 작용하기 때문에 충돌과정 순간순간의 운동변화를 추적하는 것은 큰 의미가 없다. 바꾸어 말하면 충돌에서는 충돌 전과 충돌 후는 쉽고 명확하게 운동 상태를 표시할 수 있는 반면, 충돌과정은 너무 복잡해서 운동변화를 추적하기도 어렵고 또 그렇게 추적할 의미도 없는 경우가 많다.

예를 들면 야구선수가 공을 치는 경우 공이 어떻게 던져졌고, 공이 방망이에 맞은 후 어느 쪽으로 날아갔느냐 하는 것이 관심의 대상이지, 공이 방망이에 맞는 순간부터 시작해서 공이 방망이로부터 떨어져 나오기까지의 과정은 보통 관심의 대상이 아니다.

따라서 충돌과정 순간순간에서의 운동 상태 변화보다는 충돌 과정 전체에서의 운동변화가 표시하기도 쉽고 더 의미 있는 물리량이 된다. 이런 뜻에서 순간적인 운동량의 변화량

$$d\vec{P} = \vec{F}(t)dt \tag{6-1}$$

를 충돌과정 동안 적분한 값

$$\int_{p_i}^{p_f} \vec{dp} = \int_{t_i}^{t_f} \vec{F}(t)dt \tag{6-2}$$

를 다음과 같이 정의하여 사용한다. 먼저 좌변은 충돌과정 중의 운동량변화 $\Delta\vec{p} = \vec{p_f} - \vec{p_i}$ 이고, 우변은 힘을 충돌시간 동안 적분한 값으로서 **충격량**이라 하며 J로 표시한다. 즉,

$$\vec{J} \equiv \int_{t_i}^{t_f} \vec{F}(t)dt \tag{6-3}$$

이다. 힘의 방향이 일정한 경우 충격량의 크기 $\vec{J}$는 **그림 6-2**와 같이 $F-t$ 그래프의 곡선 아래 면적에 해당한다. 이 정의로부터

$$\vec{J} = \vec{p_f} - \vec{p_i} = \Delta\vec{p} \tag{6-4}$$

이며 이를 **충격량 – 운동량 정리**라고 한다. 충격량 $\vec{J}$를 전체 충돌시간 Δt로 나누어준 값을 충돌과정에서의 평균력 $\overline{F}$라고 한다.

$$\overline{F} = \vec{J}/\Delta t \tag{6-5}$$

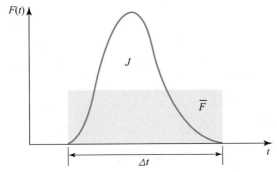

그림 6-2 힘의 방향이 일정한 경우 $F-t$ 그래프를 그리면 그래프 아래의 면적이 충격량이 된다.

힘의 방향이 일정한 경우 평균력의 크기 $\overline{F}$는 **그림 6-2**에 표시한 바와 같이 $\overline{F}\Delta t$로 이루어지는 직사각형의 넓이가 원래 곡선과 t축으로 이루어지는 도형의 넓이와 같게 되는 값이다.

예제 1. **질량 $140\,\mathrm{g}$의 야구공이 $40\,\mathrm{m/s}$의 속도로 직선으로 날아와 타자에 의해 타격된 후, 오던 방향으로 도로 $40\,\mathrm{m/s}$의 속도로 날아갔다. 이때 타자가 공에 준 충격량을 구하라.**

풀이 공의 운동량 변화로부터 충격량을 구하면 다음과 같다.

$$J = p_f - p_i = m(v_f - v_i) = 0.14\,\mathrm{kg} \cdot 80\,\mathrm{m/s} = 11.2\,\mathrm{kgm/s}$$

앞에서 지적하였듯이 충돌이 큰 운동량의 순간적인 전달이라는 개념을 포함하기는 하지만, 엄밀한 정의에는 시간이 짧다는 조건이 들어 있지 않다. 따라서 식 $(6-3)$의 충격량 정의는 모든 경우의 힘에 적용될 수 있으며, 이런 예를 다음 예제에서 살펴보자.

예제 2. 1 kg의 공을 1 m 높이에서 자유낙하시켰더니 아래로 떨어지다 바닥에 부딪친 후 원래의 높이까지 다시 튀어 올라왔다. 이때 바닥으로부터 받은 충격량을 구하라.

풀이 공을 자유낙하시킨 순간 t_i부터 공이 원래의 높이까지 다시 튀어 올라오는 순간 t_f까지의 운동량 변화량은

$$J = p_f - p_i = 0 - 0 = 0$$

이다. 그러므로 이 동안에 공에 작용한 모든 힘들에 의한 충격량은 0인데, 이 시간 동안 공에 작용된 힘은 바닥과 중력에 의한 힘뿐이므로

$$J_f = -J_g$$

이다. 여기서 J_f, J_g는 각기 바닥(floor)과 중력(gravity)에 의한 충격량을 가리킨다. 그런데

$$J_g = \int_{t_i}^{t_f} (-mg)\,dt = -mg(t_f - t_i)$$

이므로 $J_f = mg(t_f - t_i)$이다. 여기서는 연직 위 방향을 $(+)$로 하였다.

또 $t_f - t_i$는 자유 낙하 시간의 2배이므로

$$t_f - t_i = 2\sqrt{\frac{2\text{ m}}{9.8\text{ m} \cdot \text{s}^2}} \simeq 0.9\text{ s}$$

따라서 바닥으로부터 받은 충격량은 다음과 같다.

$$J_f = (1\text{ kg}) \cdot (9.8\text{ m/s}^2) \cdot (0.9\text{ s}) = 8.8\text{ kgm/s}$$

6-3 1차원 충돌

충돌 문제에 있어 보존법칙은 충돌 후 결과를 예측하는 데 큰 실마리를 제공한다. 어떤 양들이 충돌과정에서 보존되는지 먼저 살펴보기로 한다.

충돌과정에서 작용하는 힘들이 Newton의 제3법칙을 만족할 때 계의 운동량은 보존된다 (5-5절, 5-6절 참조). 또한 다음 장에서부터 다룰 계의 각운동량도 보존이 되며(7-11절 참조), 계의 에너지 또한 보존력인 경우 보존이 된다(4-7절 참조). 보존력이 아닌 경우에도 우리가 충돌과정에서 생기는 물체의 변형 또는 열의 발생들과 같은 역학적 에너지의 소모를

내부에너지로 포함시키면 총체적인 에너지보존은 늘 성립한다(4-9절 참조). 이러한 보존법칙들은 실험적으로 엄밀하게 검증되었으며 또한 공간의 등질성 등과 같은 자연의 기본성질과도 밀접하게 관련되어 있다. 그런데 역학적 에너지(운동에너지 + 위치에너지)만을 따로 고려할 때 이것이 보존되는 경우와 그렇지 않은 경우를 구별할 수 있는데, Newton은 두 물체가 정면충돌 할때 충돌 전과 충돌 후의 **상대속도비**는 주어진 물체에 대해서 일정하며, 이 값이 역학적 에너지가 보존되는 경우 1이 됨을 알아내었다. 여기서 상대속도라 함은 한 물체에서 본 다른 물체의 속도이다. 이 사실을 수식으로 표현하면

$$v_{2f} - v_{1f} = e(v_{1i} - v_{2i}) \tag{6-6}$$

인데, 여기서 i와 f는 충돌 전과 후를 가리키며 상수 e는 상대속도의 비 값으로서 두 물체 사이의 **반발계수**라 한다. 위 식의 좌우변에서 1, 2의 순서가 바뀐 것은 e를 양의 값으로 하기 위함이다. 이 정의하에서 e는 0과 1 사이의 값이 되며 $e = 1$일 때 상대속도의 크기가 변하지 않으므로 **탄성충돌**이라 하고, 이 경우 역학적 에너지가 보존된다. $e = 0$인 경우는 **완전 비탄성충돌**이라 하며, 이 경우 $v_{2f} = v_{1f}$ 이므로 두 물체는 하나로 합쳐져서 움직이고 운동에너지의 손실이 최대가 된다. 이제 $e = 1$인 경우 역학적 에너지가 보존됨을 증명해 보기로 한다. 두 물체의 질량을 각기 m_1, m_2라 할 때 운동량은 늘 보존되므로

$$m_1 v_{1i} + m_2 v_{2i} = m_1 v_{1f} + m_2 v_{2f} \tag{6-7}$$

이고, 이 식은 다음과 같이 고쳐 표현할 수 있다.

$$m_2(v_{2f} - v_{2i}) = -m_1(v_{1f} - v_{1i}) \tag{6-8}$$

다음에 $e = 1$이므로 식 (6-6)으로부터

$$v_{2f} - v_{1f} = v_{1i} - v_{2i}$$

즉,

$$v_{1f} + v_{1i} = v_{2f} + v_{2i} \tag{6-9}$$

이다. 이제

$$E_f - E_i = \left(\frac{1}{2} m_1 v_{1f}^2 + \frac{1}{2} m_2 v_{2f}^2\right) - \left(\frac{1}{2} m_1 v_{1i}^2 + \frac{1}{2} m_2 v_{2i}^2\right)$$

$$= \frac{1}{2} m_1 (v_{1f} - v_{1i})(v_{1f} + v_{1i}) + \frac{1}{2} m_2 (v_{2f} - v_{2i})(v_{2f} + v_{2i})$$

에서 식 (6-8)을 이용한 후 같은 인자를 묶어내면

$$E_f - E_i = \frac{1}{2} m_1 (v_{1f} - v_{1i})[(v_{1f} + v_{1i}) - (v_{2f} + v_{2i})] \tag{6-10}$$

가 되는데, 식 (6−9)에 의하여 대괄호 안의 값은 0이 되므로 $E_f = E_i$이다. 즉, 탄성충돌의 경우 역학적 에너지는 보존이 된다. 이 유도과정에서 두 물체의 충돌은 한 점에서 일어나므로 충돌할 때 위치에너지의 변화는 없다고 가정하여 고려하지 않았다. 일반적인 e값의 경우에는 식 (6−6)과 (6−7)로부터 v_{1f}와 v_{2f}를 각기 v_{1i}, v_{2i}의 식으로 표시할 수 있는데 이를 이용하여 식 (6−10)을 다시 표현하면

$$E_f - E_i = -\frac{m_1 m_2}{2(m_1 + m_2)}(1 - e^2)(v_{1i} - v_{2i})^2 \tag{6−11}$$

이 된다. 이로부터 E_f는 E_i보다 늘 같거나 작으며 역학적 에너지의 감소량 $|E_f - E_i|$는 $e = 1$일 때 0이고, $e = 0$일 때 최대가 됨을 알 수 있다.

예제 3. 정지해 있는 $80\,\mathrm{g}$의 물체 m_2에 $40\,\mathrm{g}$의 물체 m_1이 $2\,\mathrm{m/s}$의 속도로 날아와 1차원 탄성충돌을 하였다. 충돌 후 각 입자의 속도를 구하라.

풀이 탄성충돌이므로

$$v_{1f} - v_{2f} = -v_{1i} + v_{2i} \tag{6−12}$$

이고, 운동량보존법칙으로부터

$$m_1 v_{1f} + m_2 v_{2f} = m_1 v_{1i} + m_2 v_{2i} \tag{6−13}$$

이므로 이 두 식을 v_{1f}, v_{2f}에 대하여 연립하여 풀면

$$v_{1f} = \frac{(m_1 - m_2)v_{1i} + 2m_2 v_{2i}}{m_1 + m_2} \tag{6−14}$$

$$v_{2f} = \frac{2m_1 v_{1i} + (m_2 - m_1)v_{2i}}{m_1 + m_2} \tag{6−15}$$

이다. 여기에 값들을 대입하면

$$v_{1f} = -\frac{0.04\,\mathrm{kg}}{0.12\,\mathrm{kg}} \times 2\,\mathrm{m/s} = -0.67\,\mathrm{m/s}$$

$$v_{2f} = \frac{0.08\,\mathrm{kg}}{0.12\,\mathrm{kg}} \times 2\,\mathrm{m/s} = 1.33\,\mathrm{m/s}$$

이다. 여기서 (−)부호는 원래의 진행방향과 반대로 진행함을 의미한다.

예제 4. 다음 그림과 같이 나무로 된 탄동흔들이에 총알이 날아와 박혀 흔들이가 $h = 6\,\text{cm}$ 만큼 상승하였다가 내려왔다. 나무토막의 질량이 $5\,\text{kg}$, 총알의 질량은 $10\,\text{g}$ 이라 할 때 날아온 총알의 속력을 구하라.

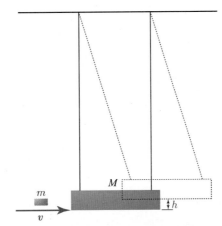

총알의 속력을 구하기 위한 탄동흔들이

풀이 총알의 질량과 처음 속도를 각기 $m,\ v$ 라 하고 흔들이의 질량을 M, 총알이 박힌 직후 흔들이와 총알의 속도를 V 라 하면 운동량보존법칙으로부터

$$mv = (m + M)\,V \tag{6-16}$$

즉,

$$V = \frac{m}{M+m}v \tag{6-17}$$

이다. 흔들이의 상승운동에서 에너지는 보존이 되므로

$$\frac{1}{2}(M+m)\,V^2 = (M+m)gh \tag{6-18}$$

즉,

$$V = \sqrt{2gh} \tag{6-19}$$

이다. 식 $(6-17)$, $(6-19)$로부터

$$v = \frac{M+m}{m}\sqrt{2gh} \tag{6-20}$$

이므로, 값들을 대입하면 다음과 같다.

$$v = \frac{5.01\,\text{kg}}{0.01\,\text{kg}}\sqrt{2 \times 9.5\,\text{m/s}^2 \times 0.06\,\text{m}} \fallingdotseq\, \simeq 543.302\,\text{m/s}$$

6-4 2차원 충돌

이 절에서는 간단한 경우의 2차원 충돌을 살펴보기로 한다. **그림 6-3**에서와 같이 서 있는 물체 m_2에 물체 m_1이 v_{1i}의 속도로 날아와 충돌을 하여 m_1은 v_{1f}의 속도로 원래 방향과 θ의 각도를 이루고 움직이고, m_2는 v_{2f}의 속도로 m_1이 움직이던 방향과 ϕ의 각도를 이루고 움직인다면 운동량보존으로부터 다음 식을 얻는다.

$$x방향 : m_1 v_{1i} = m_1 v_{1f} \cos\theta + m_2 v_{2f} \cos\phi \tag{6-21}$$

$$y방향 : 0 = m_1 v_{1f} \sin\theta - m_2 v_{2f} \sin\phi \tag{6-22}$$

이 충돌이 탄성충돌이라면 운동에너지의 보존에서

$$\frac{1}{2} m_1 v_{1i}^2 = \frac{1}{2} m_1 v_{1f}^2 + \frac{1}{2} m_2 v_{2f}^2 \tag{6-23}$$

이다. 일반적으로 위의 식들에서 m_1, m_2, v_{1i}는 초기 조건으로 주어지며, 따라서 미지수는 v_{1f}, v_{2f}, θ, ϕ가 되는데, 식은 3개밖에 없으므로 이들 중 한 값을 측정하면 나머지 세 값을 알 수 있다. 보통은 입사입자 m_1이 충돌에 비해 비껴지는 각도 θ가 측정된다. 한 가지 특별한 경우로 $m_1 = m_2$인 경우는 운동량과 에너지보존법칙을 다음과 같이 쓸 수 있다.

$$v_{1i} = v_{1f} + v_{2f} \tag{6-24}$$

$$v_{1i}^2 = v_{1f}^2 + v_{2f}^2 \tag{6-25}$$

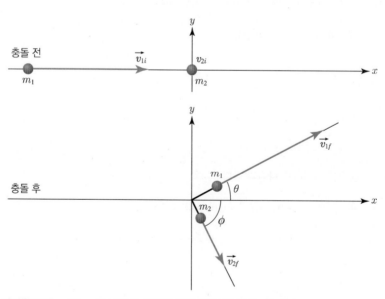

그림 6-3 정지한 물체 m_2에 m_1이 날아와 충돌할 때의 충돌 전과 충돌 후 모습

식 (6-24)는 v_{1i}, v_{1f}, v_{2f}가 하나의 삼각형을 이룬다고 생각할 수 있고 또 식 (6-25)로 부터 이 삼각형은 v_{1i}를 빗변으로 하는 직각삼각형이 됨을 알 수 있다. 따라서 질량이 같은 두 물체가, 한 물체가 서 있는 상태에서 다른 물체가 날아와 탄성충돌을 하면 두 물체의 나중속도 v_{1f}, v_{2f}는 서로 직각을 이룬다. 두 당구공의 충돌은 이의 한 예라 할 수 있다.

예제 5. 아래 그림에서와 같이 질량이 같은 두 물체가 x축을 따라 하나는 오른쪽으로 $7\,\mathrm{m/s}$의 속도로 움직이고, 하나는 왼쪽으로 $3\,\mathrm{m/s}$의 속도로 움직여서 탄성충돌한 후, 그중 하나가 y축 방향으로 움직여 갔다. 충돌 후의 각 물체의 속도 v_{1f}, v_{2f}를 구하라.

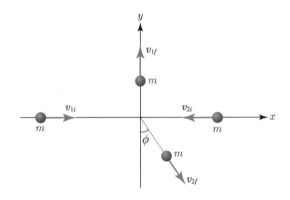

풀이 질량이 같으므로 운동량보존법칙은 다음과 같이 쓸 수 있다.

$$\vec{v}_{1i} + \vec{v}_{2i} = \vec{v}_{1f} + \vec{v}_{2f} \tag{6-26}$$

이 중 v_{1f}가 y축 방향이라고 가정하면 이 벡터의 x성분은 없으므로 x방향으로

$$v_{1i} - v_{2i} = v_{2f}\cos\phi \tag{6-27}$$

이고, y방향으로는

$$v_{1f} = v_{2f}\sin\phi \tag{6-28}$$

이다. 여기서 v_{1i}, v_{2i}는 각 벡터들의 크기를 나타낸다. 이제 식 (6-27), (6-28)의 좌우변을 각기 제곱하여 더하면

$$(v_{1i} - v_{2i})^2 + v_{1f}^2 = v_{2f}^2 \tag{6-29}$$

이고, 탄성충돌에서는 운동에너지가 보존되므로

$$v_{1i}^2 + v_{2i}^2 = v_{1f}^2 + v_{2f}^2$$

즉,

$$v_{2f}^2 = v_{1i}^2 + v_{2i}^2 - v_{1f}^2 \tag{6-30}$$

이다. 이 식을 식 (6-29)에 대입하여 간단히 하면

$$v_{1f}^2 = v_{1i}v_{2i} \tag{6-31}$$

이다. 이를 식 (6–30)에 대입하면

$$v_{2f}^2 = v_{1i}^2 + v_{2i}^2 - v_{1i}v_{2i} = (v_{1i} - v_{2i})^2 + v_{1i}v_{2i} \tag{6-32}$$

이다. 한편 식 (6–28)을 식 (6–27)로 나누면

$$\tan\phi = \frac{v_{1f}}{v_{1i} - v_{2i}} = \frac{\sqrt{v_{1i}v_{2i}}}{v_{1i} - v_{2i}} \tag{6-33}$$

이다. 그런데 주어진 값들로부터

$$v_{1i} - v_{2i} = 7\,\mathrm{m/s} - 3\,\mathrm{m/s} = 4\,\mathrm{m/s}$$
$$v_{1i}v_{2i} = 21\,\mathrm{m^2/s^2}$$

이므로 각 물체의 속도는 다음과 같다.

$$v_{1f} = \sqrt{v_{1i}v_{2i}} = \sqrt{21}\,\mathrm{m/s} \cong 4.6\,\mathrm{m/s}$$
$$v_{2f} = \sqrt{(v_{1i} - v_{2i})^2 + v_{1i}v_{2i}} = \sqrt{16\,\mathrm{m^2/s^2} + 21\,\mathrm{m^2/s^2}} = \sqrt{37}\,\mathrm{m/s} \cong 6.1\,\mathrm{m/s}$$

연습문제

01 50 g의 테니스공이 벽에 맞고 튀어나온다. 이 공이 30 m/s의 속력으로 수평으로 날아와 벽에 맞은 후 정반대 방향으로 20 m/s의 속력으로 튀어나왔다면, 이때 벽이 이 공에 준 충격량의 크기는 얼마인가?

02 50 g의 공을 1 m의 높이에서 가만히 바닥으로 떨어뜨렸다. 바닥에 떨어진 공은 수직으로 75 cm 높이까지 튀어 올랐다. 이때 바닥에 의한 충격량을 구하라.

03 어느 선수가 자신을 향해 10 m/s 속력으로 굴러오는 질량 400 g의 축구공을, 오던 방향과 반대쪽으로 운동장 바닥과 30° 각도를 이루며 20 m/s의 속력으로 날아가도록 발로 차올렸다. 이때 선수가 축구공에 가한 충격량의 크기는 얼마인가?

04 정지해 있는 질량 20 kg의 물체에 4초 동안 0부터 150 N까지 일정하게 변하는 힘이 가해졌다면 이 물체의 최종 속력은 얼마인가?

05 질량 0.045 kg의 정지한 골프공을 골프채로 쳤다. 작용한 힘이 그림과 같을 때 공의 최종속도가 100 m/s가 되었다면 F_{max}는 얼마인가?

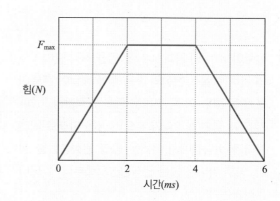

06 얼음판 위에서 2 kg의 물체 A와 1 kg의 물체 B가 각각 2 m/s의 속도로 서로 마주 보며 다가와, 정면충돌 후 물체 B의 속도가 진행방향과 반대방향으로 1 m/s가 되었다. 이 과정에서 물체 A와 물체 B의 운동량 변화를 각각 구하라.

07 질량이 3 kg인 물체 A가 정지해 있는 물체 B와 탄성충돌 후, 속력이 처음의 $\frac{1}{5}$로 줄어 본래의 진행방향으로 계속 진행한다면, 물체 B의 질량은 얼마인가?

08 각각의 속도가 v_{1i}과 v_{2i}인 질량 m_1과 m_2는 1차원 탄성충돌 후 각각의 속도가 식 (6 – 14)와 (6 – 15)에 보인 바와 같이 된다. 이 식들을 이용하여 충돌 후 질량중심의 속도를 m_1, m_2, v_{1i}, v_{2i}로 표시하여라.

09 질량 $4\,\mathrm{u}$인 α 입자가 정지해 있는 질량 $197\,\mathrm{u}$의 금 원자와 정면으로 탄성충돌을 하였다. 이때 α 입자는 원래 운동에너지의 몇 %를 잃는가?

10 질량이 $400\,\mathrm{g}$인 공과 $600\,\mathrm{g}$인 공을 각각 길이 $1\,\mathrm{m}$의 가벼운 실로 천장의 같은 점에 매달아 흔들이를 만들었다. 이 중 가벼운 공을 연직방향과 $70°$가 되게 당겨 올렸다가 놓으면 공은 아래로 내려가다가 바닥점에서 무거운 공과 탄성충돌을 한다. 이후 가벼운 공은 연직방향으로부터 몇 도나 올라가는가?

11 높이 h인 곳에서 질량 m인 야구공을 질량 M인 농구공 바로 위에 조금만 사이를 띄어 놓은 후 두 공을 동시에 자유낙하시켰다(이때 공의 반경은 h에 비해 무시할 수 있다고 한다). 농구공은 아래로 떨어지다 바닥과 탄성충돌을 한 후 연이어 야구공과 탄성충돌을 하고 속도가 0이 되었다.

(a) 이때 야구공과 농구공의 질량비를 구하라.
(b) 야구공은 어느 높이까지 튀어 오르겠는가?

12 질량 $2\,\mathrm{kg}$의 나무토막이 용수철상수 $500\,\mathrm{N/m}$인 용수철에 달려 마찰이 없는 평면 위에 놓여 있고, 용수철의 다른 끝은 움직이지 않게 고정되어 있다. 이 나무토막에 질량 $10\,\mathrm{g}$인 탄환이 용수철 방향으로 $300\,\mathrm{m/s}$의 속도로 날아와 박힌다면 이 용수철의 길이는 최대 얼마까지 줄어드는가?

13 마찰이 없는 수평면 위에 가만히 놓인 $1\,\mathrm{kg}$의 나무토막에 질량 $5\,\mathrm{g}$인 탄환이 $400\,\mathrm{m/s}$의 속도로 수평하게 날아와 박혔다. 이때 충돌 후와 충돌 전의 운동에너지의 비를 구하라.

14 질량 $5\,\mathrm{g}$인 총알이 $400\,\mathrm{m/s}$의 속도로 수평하게 날아와 평평한 책상 위에 가만히 놓인 $1\,\mathrm{kg}$의 나무토막을 관통하고 지나간다. 나무토막을 빠져나온 총알의 속도는 $100\,\mathrm{m/s}$이고, 이 나무토막은 움직이다가 처음 위치에서 $50\,\mathrm{cm}$ 떨어진 곳에 멈추어 선다. 이때 나무토막과 책상 사이의 운동마찰계수를 구하라(여기서 총알이 나무토막을 관통하는 시간은 나무토막이 움직인 시간에 비해 아주 짧다).

15 질량 $m_2 = 5\,\mathrm{kg}$인 물체가 $5\,\mathrm{m/s}$의 속도로 마찰이 없는 평면 위를 움직이고 있고, 그 뒤에 질량 $m_1 = 2\,\mathrm{kg}$인 물체가 $12\,\mathrm{m/s}$로 이 물체를 뒤쫓아 가고 있다. m_2 뒤편에는 질량을 무시할 수 있는 용수철상수 $k = 1{,}120\,\mathrm{N/m}$인 용수철이 그림과 같이 매달려 있을 때, 두 물체가 충돌할 때 용수철이 최대로 압축되는 길이는 얼마인가? (힌트 : 용수철이 최대로 압축되는 순간 두 물체의 속도는 같아지므로 이를 완전 비탄성충돌로 생각하여 속도를 구할 수 있다.)

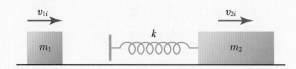

16 질량이 $40\,\text{kg}$으로 같은 철이와 준이가 얼음판 위에서 질량이 $2\,\text{kg}$인 공을 서로 주고받으며 놀고 있다. 처음에 둘 다 정지한 상태에서 먼저 철이가 자신이 보기에 $1\,\text{m/s}$의 속도로 공을 준이에게 던졌다. 공을 받은 준이는 다시 자신이 보기에 $1\,\text{m/s}$의 속도로 공을 철이에게 던졌다. 이 공을 다시 받은 철이의 속도를 구하라. 또 이런 식으로 반복할 때 이 경기는 끝까지 계속될 수 있는가? 즉, 한쪽에서 던진 공의 속도가 상대방의 속도보다 작게 되는 경우가 생기는가?

17 질량이 m인 양성자가 $300\,\text{m/s}$의 속도로 날아와 정지해 있던 다른 양성자와 탄성충돌한 후, 원래 방향으로부터 $30°$만큼 비껴져서 날아갔다. 이때 다른 양성자가 진행하는 방향을 구하고, 또 이 두 양성자의 속력을 구하라.

18 질량이 $0.3\,\text{kg}$인 공이 $(3\,\text{m/s})\hat{i}-(5\,\text{m/s})\hat{i}$의 속도로 마찰이 없는 책상 위를 진행하다 $(-7\,\text{m/s})\hat{i}$의 속도로 진행하는 질량 $0.5\,\text{kg}$인 공과 충돌하여 정지하였다. 충돌 후 $0.5\,\text{kg}$인 공의 운동에너지는 얼마인가?

19 질량이 같은 두 물체가 같은 속력을 가지고 날아와 완전 비탄성충돌을 한 후 둘이 합쳐져 속력이 반이 되어 날아갔다. 충돌 전 두 물체의 진행방향 사이의 각도를 구하라.

20 피겨 스케이트 선수 A, B가 얼음을 지치지 않고 미끄러지며 서로 접근한다. 스케이트 선수 A의 질량은 $m_A = 60\,\text{kg}$이며 $2\,\text{m/s}$의 속도로 (+) x축 방향으로 이동하고 있고, 스케이트 선수 B의 질량은 $m_B = 80\,\text{kg}$이며 $1.5\,\text{m/s}$의 속도로 (+) y축 방향으로 이동하고 있다. 이들은 얼마 후 서로 만나 같이 붙잡고 미끄러진다.

(a) 이들이 같이 움직이는 속도를 구하라.
(b) 이때 운동에너지의 변화($\Delta K/K$)를 구하라.

CHAPTER 07

회전운동

7-1 소개

이 장에서는 부피가 있는 물체의 운동을 다룬다. 이는 이제까지 다룬 질점의 운동을 좀 더 일반적인 형태로 확장한 것이다. 물체는 일반적으로 충격을 받으면 휘어지거나 쪼개지는데, 이를 다루기 위해서는 물체를 이루는 내부 힘을 알아야 하므로 이는 이후에 취급하기로 하고, 지금은 물체의 변형이 없는 경우만을 다루기로 한다. 이렇게 외부에서 힘을 받아도 모양이 변하지 않는 물체를 강체라고 한다. 강체가 공간에서 방위(orientation)를 바꾸지 않고 움직인다면 강체의 운동은 질량중심의 운동을 기술하는 것만으로 충분하다. 이런 운동을 병진운동(translational motion)이라고 한다. 그러나 일반적으로 강체는 중심이동과 방위변화를 함께하며, 이를 다루기 위해 물체의 방위변화, 즉 회전에 대하여 학습한다.

7-2 회전과 라디안

강체가 공간상에 놓인 모습은 여러 가지 방법으로 기술할 수 있겠지만, 한 가지 편리한 방법은 물체 내에 기준축을 설정하고 이 기준축이 공간상에 어느 방향으로 놓였는지를 이야기한 다음, 이 축에 대하여 물체가 어떤 각도만큼 돌아가 있는지를 표시하는 것이다. 예를 들면 팽이의 방위를 표시하기 위해서는 팽이축이 어느 방향으로 놓였는지를 이야기한 다음, 이 축에 대하여 팽이가 얼마만큼 돌아가 있는지를 설명하면 된다.

　어느 한 점이 원주 위에 놓인 방위를 표시할 때에도 여러 가지 방법이 있을 수 있다. 예를 들면 원주 전체를 360등분한 다음 그 한 단위에 해당하는 각도를 1°라고 정의하여 쓸 수 있다. 그러나 앞으로는 라디안(radian)이라는 양을 다음과 같이 정의하여 쓰기로 한다. 원주각이 같을 때 원호의 길이 S를 반지름 r로 나누어준 값은 반지름의 크기에 상관없이 늘 일정하다는 것에 착안하여 이 값을 **라디안**이라 부르고 각을 표시하는 데 쓰기로 한다(**그림 7-1** 참조). 이 양의 물리적 차원은 길이를 길이로 나누어준 값이므로 단순한 수이다. 이를 θ로 표시하면

$$\theta = \frac{S}{r} \tag{7-1}$$

가 된다. 90° 각도를 라디안으로 표시하면, 반지름 r인 90° 각도의 원호의 길이는 $\pi r/2$이므로 이를 r로 나누어주면 $\theta = \pi/2$이다.

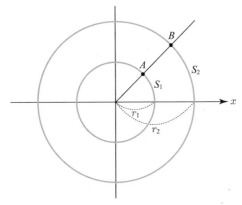

그림 7-1 원점에서 볼 때 같은 방향에 놓인 두 점 A, B까지 x축으로부터 잰 원호의 길이 S_1, S_2를 각각의 반경 r_1, r_2로 나누어준 값은 반경에 상관없이 늘 일정하다. 따라서 이 값으로 이 방향의 방위를 표시하기로 하며, 라디안이라고 부른다.

7-3 각속도와 각가속도

물체가 회전축을 중심으로 회전할 때 어느 한 점의 방위는 시간에 따라 늘 바뀌므로 변위를 다룰 때와 같이 방위각의 시간변화율을 생각할 수 있다. 즉, 주어진 시간 Δt 동안에 방위각이 $\Delta\theta$만큼 변한다면 이 시간 동안의 **평균각속도** $\bar\omega$를 다음과 같이 정의한다.

$$\bar\omega = \frac{\Delta\theta}{\Delta t} \tag{7-2}$$

변위를 다룰 때와 마찬가지로, 시간 Δt가 아주 작을 때 위 $\bar\omega$의 수렴 값을 **순간각속도**라고 부른다. 즉,

$$\omega = \lim_{\Delta t \to 0} \frac{\Delta\theta}{\Delta t} = \frac{d\theta}{dt} \tag{7-3}$$

이다. 순간각속도를 일반적으로 그냥 **각속도**라 한다. 각속도의 물리적 차원은 θ의 차원이 단순한 수이므로 식 (7-3)으로부터 시간의 역수가 됨을 알 수 있다. 강체가 회전할 때 강체 내부 모든 점의 각속도는 같다. 각속도 ω 또한 시간에 따라 달라질 수 있는데 (물체의 회전이 빨라지거나 혹은 느려지는 경우), ω가 시간에 따라 바뀌는 변화율을 **각가속도**라 부르고 α로 표시한다. 즉,

$$\alpha = \lim_{\Delta t \to 0} \frac{\Delta\omega}{\Delta t} = \frac{d\omega}{dt} \tag{7-4}$$

이다. 각가속도의 물리적 차원은 시간 역수의 제곱이다. 위 정의들로부터 알 수 있듯이 고정

축 주위의 회전운동은 1차원 병진운동과 다음과 같은 유사점을 지닌다.

회전운동학	1차원 운동학	회전운동학	1차원 운동학
$\omega = \dfrac{d\theta}{dt}$	$v = \dfrac{dx}{dt}$	$\Delta\omega = \displaystyle\int_{t_1}^{t_2} \alpha\, dt$	$\Delta v = \displaystyle\int_{t_1}^{t_2} a\, dt$
$\alpha = \dfrac{d\omega}{dt}$	$a = \dfrac{dv}{dt}$	$\Delta\theta = \displaystyle\int_{t_1}^{t_2} \omega\, dt$	$\Delta x = \displaystyle\int_{t_1}^{t_2} v\, dt$

특히 가속도가 일정한 경우에는

회전운동학	1차원 운동학	회전운동학	1차원 운동학
$\theta = \theta_0 + \omega_0 t + \dfrac{1}{2}\alpha t^2$	$x = x_0 + v_0 t + \dfrac{1}{2}a t^2$	$\omega^2 = \omega_0^2 + 2\alpha\theta$	$v^2 = v_0^2 + 2a\Delta x$
$\omega = \omega_0 + \alpha t$	$v = v_0 + at$		

이다.

따라서 다음과 같은 예제를 1차원 변위운동과 유사하게 풀 수 있다.

예제 1. 1분에 2,000바퀴씩 돌고 있는 어느 바퀴에 일정한 제동을 걸어 주어 2분 만에 멈추게 하였다. 이때 작용한 각가속도의 크기와, 또 이 시간 동안 바퀴가 돌아간 각도를 구하라.

풀이 $\omega_0 = \dfrac{2{,}000\,바퀴}{1\,분} = \dfrac{2{,}000 \times 2\pi\ \text{rad}}{60\ \text{s}} \simeq 209\ \text{rad/s}$

이다. 이 값이 일정한 α가 작용한 후 0이 되므로

$\alpha = \dfrac{\Delta\omega}{\Delta t} = \dfrac{-209\ \text{rad/s}}{120\ \text{s}} \simeq -1.74\ \text{rad/s}^2$

이다. 이 시간 동안 바퀴가 돌아간 각도 $\Delta\theta$는 다음과 같다.

$\Delta\theta = \omega_0 t + \dfrac{1}{2}\alpha t^2$

$\quad = 209\ \text{rad/s} \cdot 120\ \text{s} + \dfrac{1}{2}(-1.74\ \text{rad/s}^2)(120\ \text{s})^2$

$\quad \simeq 1.26 \times 10^4 \text{rad} \simeq 2{,}000\,바퀴$

7-4 각변위의 벡터 표기

이 절에서는 회전을 벡터로 볼 수 있는지 알아본다. 어느 양이 벡터가 되기 위해서는 벡터의 성질을 모두 가져야 한다. 예를 들면 한 벡터에 어느 스칼라량을 곱한 경우나 또는 두 벡터를 더한 경우 결과가 다시 벡터가 되어야 한다. 그런데 벡터가 만족해야 할 조건들을 하나하나씩 시험하다 보면 회전은 다른 조건들은 다 만족을 하나, 교환법칙은 만족하지 않는다는 것을 발견할 수 있다. 즉, 두 개의 서로 다른 회전을 순서를 바꾸어서 실행했을 때 그 결과가 일반적으로 같지 않다. 이는 **그림 7-2**에 보인 것과 같은 예로 쉽게 확인할 수 있다. 따라서 일반적인 회전은 벡터가 아니다. 그런데 회전각의 크기를 조금씩 줄여보면, 순서를 바꾸어서 행한 두 회전의 결과의 차이가 점점 줄어드는 것을 확인할 수 있는데, 이로부터 회전각들이 아주 작은 경우에는 교환법칙이 성립한다고 할 수 있다. 따라서 미소회전은 교환법칙을 포함하여 벡터가 만족해야 할 모든 조건을 다 만족하므로 하나의 벡터이다.

이 **미소회전벡터**를 $d\vec{\theta}$로 표시하기로 한다. 미소회전 $d\vec{\theta}$가 짧은 시간 dt동안에 일어났을 때의 변화율 $\dfrac{d\vec{\theta}}{dt}$는 벡터량 $d\vec{\theta}$를 스칼라 량 dt로 나눈 값이므로 이 역시 벡터이다. 즉, 각속도

$$\vec{\omega} = \frac{d\vec{\theta}}{dt} \tag{7-5}$$

는 벡터이다. 마찬가지로 각가속도

$$\vec{\alpha} = \frac{d\vec{\omega}}{dt} \tag{7-6}$$

도 벡터 ω를 시간에 대해 미분한 값이므로 벡터이다.

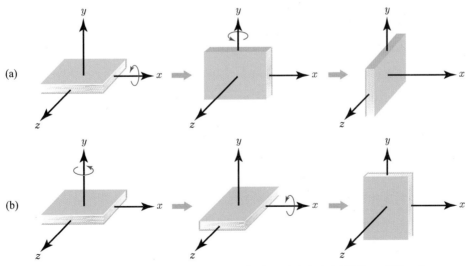

그림 7-2 서로 다른 두 회전을 순서를 바꾸어서 실행했을 때 그 결과가 같지 않음을 보여주는 예

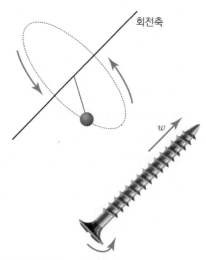

그림 7-3 회전과 화살표를 일대일 대응시키는 방법의 예시

　이제 회전과 관련된 벡터량들을 변위의 경우에서처럼 화살표를 사용해서 표시하는 방법을 생각해 본다. 강체의 회전은 순간적으로 어느 축을 중심으로 일어나므로, 이 회전축을 화살표 방향으로 하기로 정하면, 회전과 관련된 벡터량들을 화살표를 사용하여 표시할 수 있다. 회전축의 위, 아래 방향 중에서는 회전에 의해 오른나사가 진행하는 쪽을 택하기로 한다. 화살표 크기는 그 벡터의 크기와 같게 한다. 이런 대응관계를 **그림 7-3**에 표시하였다. 화살표 방향을 달리 설명하면 오른손을 쥐고 엄지손가락만 폈을 때 네 손가락 방향으로 회전이 나타나면 이때 편 엄지손가락 방향이 회전벡터의 방향이다.

7-5 선형운동학과 각운동학

각속도와 각가속도가 일반 변위에서의 속도·가속도와 유사하게 정의되었으므로 그 운동학에 있어서도 유사한 점이 발견되리라는 것은 짐작할 수 있다. 그러나 그 운동을 푸는 데 있어 큰 차이가 있으리라는 것도 또 한편 예측할 수 있는데, 그것은 앞 절에서 보았듯이 일반 변위와는 달리 일반적인 각변위는 벡터가 아니라는 사실이다. 따라서 병진운동에서 운동방정식 $\vec{F} = m\vec{a}$를 풀 때 이 식을 x, y, z 성분별로 완전히 분리해서 모든 방향을 독립적으로 취급했던 방식을 회전운동에서는 적용할 수 없다. 따라서 강체의 일반적인 회전운동을 다루기 위해서는 특별한 방법이 고안되어야 하는데, 이는 이 책의 범주를 벗어나므로 여기서는 강체가 회전축 주위로 회전하는 경우만을 다루기로 한다. 이때는 축이 변하지 않으므로 강체의 회전은 강체가 회전축 주위로 얼마나 회전하였는가 하는 것만을 표시하면 된다. 이와 같이 회전축 주위로 회전하는 어느 강체의 모습을 **그림 7-4**에 보였다. 이제 강체의 어느 한 부분의 운동을 살펴보기로 하자. 축으로부터 거리가 r인, 강체의 어느 미소부분 P는 강체가 축 주위로 θ만큼 회전할 때, 거리

$$S = r\theta \qquad (7-7)$$

만큼 이동하게 된다. 이 식의 양변을 시간에 대하여 미분하면, 반지름 r은 변하지 않으므로 이 미소부분의 속도의 크기 v는

$$v = r\omega \qquad (7-8)$$

로 주어진다. 이 식을 다시 한번 미분하면

$$\frac{dv}{dt} = r\frac{d\omega}{dt} = r\alpha \qquad (7-9)$$

이다. 따라서 미소부분의 속력이 변하기 위해서는 $r\alpha$에 해당하는 가속도가 필요하다. 그런데 우리는 2-5절에서 등속원운동을 할 때에도 중심방향으로 가속도가 필요하다는 것을 알았다. 이때의 가속도는 물체속도의 방향을 바꾸어주기 위하여 물체의 속도에 수직으로 작용하므로 **법선가속도**라 부른다.

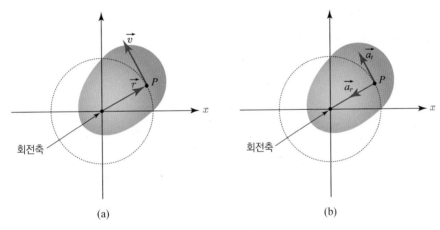

그림 7-4 (a) 회전축 주위로 회전하는 강체의 한 점의 속도와
(b) 또 이 점의 접선가속도와 법선가속도

반면 식 (7-9)에 표시된 가속도는 물체의 속력을 변화시키기 위하여 물체의 운동방향, 즉 접선방향으로 작용하므로 **접선가속도**라 한다. 접선가속도를 a_t, 법선가속도를 a_r이라 할 때 식 (7-9)와 (2-24)로부터

$$a_t = r\alpha \qquad (7-10)$$

$$a_r = \frac{v^2}{r} = r\omega^2 \qquad (7-11)$$

이다. 식 $(7-11)$의 뒷부분을 유도하기 위해서는 식 $(7-8)$을 이용하였다. 이를 이용하여 다음과 같은 예제를 다루어 보자.

예제 2. 작은 물체가 반경 $10\,\mathrm{cm}$로 축 주위를 돌고 있다. 어느 순간 물체의 각속도 ω는 $2\,\mathrm{rad/s}$, 각가속도 α는 $5\,\mathrm{rad/s^2}$이었다. 이때 물체의 속도와 가속도의 크기를 구하라.

풀이 물체의 속도 $v = r\omega = 0.1\,\mathrm{m} \times 2\,\mathrm{rad/s} = 0.2\,\mathrm{m/s}$

접선가속도 $a_t = r\alpha = 0.1\,\mathrm{m} \times 5\,\mathrm{rad/s^2} = 0.5\,\mathrm{m/s^2}$

법선가속도 $a_r = r\omega^2 = 0.1\,\mathrm{m} \times (2\,\mathrm{rad/s})^2 = 0.4\,\mathrm{m/s^2}$

이므로 가속도의 크기는 다음과 같다.

$$a = \sqrt{a_t^2 + a_r^2} = \sqrt{(0.5\,\mathrm{m/s^2})^2 + (0.4\,\mathrm{m/s^2})^2} \simeq 0.64\,\mathrm{m/s^2}$$

7-6 관성모멘트

앞 절에서 강체가 회전축을 중심으로 회전할 때 회전각속도 ω와 강체의 어느 미소부분의 속도 v를 다음과 같이 연결시킬 수 있었다.

$$v = r\omega \tag{7-12}$$

여기서 r은 미소부분이 축으로부터 떨어진 거리이다. 따라서 미소부분의 질량을 dm이라 할 때 이 미소부분의 운동에너지는 다음과 같다.

$$dK = \frac{1}{2} \cdot dm \cdot v^2 = \frac{1}{2} \cdot dm \cdot r^2 \omega^2 \tag{7-13}$$

여기서 dK는 미소부분의 운동에너지이므로 운동에너지를 나타내는 K 앞에 d를 붙여 표시한 것이다. 물체가 여럿 있을 때 전체운동에너지는 각각의 물체가 가지는 운동에너지를 더해 주면 되므로 강체가 회전할 때 전체운동에너지는 각 미소부분의 운동에너지를 더하면 된다. 그런데 회전각속도 ω는 강체의 어느 부분에서나 일정하므로 식 $(7-13)$을 각 미소부분에 대하여 더할 때 $\frac{1}{2}$과 ω^2은 상수이고 $dm \cdot r^2$을 전체 강체에 대하여 더하는 것만이 남는다. 이 값을 강체의 **관성모멘트**라 부르고 I로 표시한다.

$$I = \int r^2 dm \tag{7-14}$$

이 I를 사용하면 전체운동에너지 K는 다음과 같다.

$$K = \int dK = \frac{1}{2}\left(\int r^2 dm\right)\omega^2$$

즉,

$$K = \frac{1}{2}I\omega^2 \qquad\qquad (7-15)$$

예로써 균일한 막대가 **그림 7-5**와 같이 한쪽 끝을 중심으로 회전하는 경우 막대가 이 축에 대하여 가지는 관성모멘트를 구해 보자.

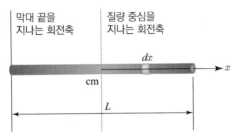

그림 7-5 균일한 막대가 한쪽 끝을 축으로 회전할 때와 질량중심을 축으로 회전할 때의 관성모멘트 계산

막대의 전체 질량을 M, 길이를 L이라 할 때, 막대가 균일하므로 단위길이당의 질량 $\lambda = M/L$이고, 길이 dx인 미소부분의 질량은

$$dm = \lambda dx = \frac{M}{L}dx \qquad\qquad (7-16)$$

이다. 이 미소부분이 축으로부터 떨어진 거리를 x라 하면 관성모멘트는

$$I = \int x^2 dm = \int_0^L x^2 \cdot \frac{M}{L}dx = \frac{M}{L}\cdot\frac{1}{3}L^3 = \frac{1}{3}ML^2 \qquad\qquad (7-17)$$

이다. 다음에 축이 한쪽 끝이 아니고 막대의 중심을 지나는 경우를 생각해 본다. 이 경우는 질량 $M/2$, 길이 $L/2$인 막대를 축의 좌우에 놓은 것과 같으므로 식 $(7-17)$을 이용하여

$$I = 2\cdot\frac{1}{3}\left(\frac{M}{2}\right)\left(\frac{L}{2}\right)^2 = \frac{1}{12}ML^2 \qquad\qquad (7-18)$$

을 얻는다. 이는 식 $(7-17)$의 계산에서 적분구간을 0에서 $L/2$까지로 하고, 그 결과를 2배 해준 것과 같다. 즉,

$$I = 2\cdot\int_0^{L/2} x^2\cdot\frac{M}{L}dx = \frac{2M}{L}\cdot\frac{1}{3}x^3 \mid_0^{L/2} = \frac{2M}{3L}\left(\frac{L}{2}\right)^3 = \frac{1}{12}ML^2 \qquad (7-19)$$

식 $(7-17)$과 식 $(7-18)$을 비교해 보면 같은 막대라 할지라도 축이 달라짐에 따라 관성

모멘트가 달라짐을 알 수 있는데, 축이 중심에 있을 때의 관성모멘트가 축이 한쪽 끝에 있을 때의 관성모멘트보다 작다. 따라서 이 두 경우 막대가 같은 각속도 ω로 회전한다면, 운동에 너지는 식 (7−15)로부터 축이 중심에 있는 경우가 축이 한쪽 끝에 있는 경우보다 더 작다. 이를 바꾸어 표현하면 정지된 두 막대를, 한 경우는 한쪽 끝을 축으로 하여, 또 한 경우는 중심을 축으로 하여 각속도 ω로 돌리려면 한쪽 끝을 축으로 돌리는 경우 일을 더 많이 해주어야 한다. 따라서 관성모멘트가 큰 경우 물체를 회전시키기 더 어렵다.

비슷한 방법으로 실린더형 물체 또는 구형 물체 등의 관성모멘트를 계산할 수 있는데 이 결과를 **그림 7-6**에 표시하였다.

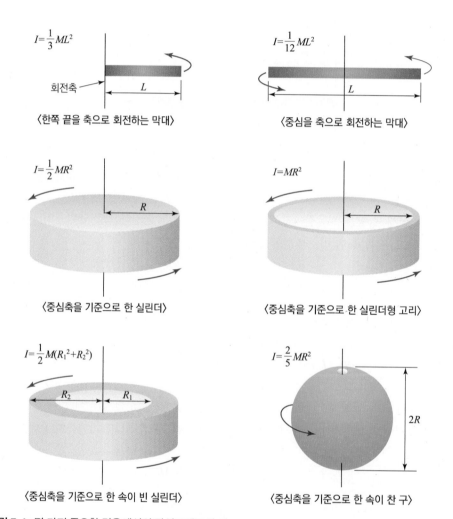

$I = \dfrac{1}{3}ML^2$

회전축 → L

〈한쪽 끝을 축으로 회전하는 막대〉

$I = \dfrac{1}{12}ML^2$

L

〈중심을 축으로 회전하는 막대〉

$I = \dfrac{1}{2}MR^2$

R

〈중심축을 기준으로 한 실린더〉

$I = MR^2$

R

〈중심축을 기준으로 한 실린더형 고리〉

$I = \dfrac{1}{2}M(R_1{}^2 + R_2{}^2)$

R_2 R_1

〈중심축을 기준으로 한 속이 빈 실린더〉

$I = \dfrac{2}{5}MR^2$

$2R$

〈중심축을 기준으로 한 속이 찬 구〉

그림 7-6 몇 가지 중요한 경우에서의 관성모멘트의 예

예제 3. 질량 m인 두 물체가 아래 그림에서와 같이 가볍고 단단한 길이 L의 나무막대 양 끝에 매달려 강체를 형성하고 있다. 중심을 지나고 막대에 수직인 축에 대한 강체의 관성모멘트를 구하라.

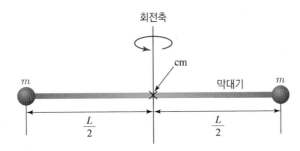

풀이 두 물체는 수직축으로부터 각기 거리 $L/2$되는 곳에 있으므로 관성모멘트는 다음과 같다.

$$I = \sum m_i r_i^2 = m(L/2)^2 + m(L/2)^2 = mL^2/2$$

예제 4. 아래 그림에서와 같이 전체 질량이 M이고, 가로 a, 세로 b인 직사각형 모양의 얇고 균일한 판이 있다. 판의 한 모서리를 지나며 판에 수직인 축에 대하여 이 판의 관성모멘트를 구하라.

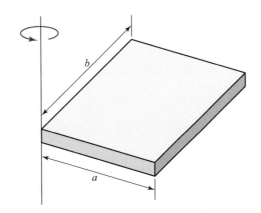

풀이 먼저 수직축을 z축, 가로축을 x축, 세로축을 y축이라 하자. 판이 균일하므로 단위 면적당 질량은

$$\sigma = \frac{M}{ab}$$

이다. 이 좌표계의 점 (x, y)에 위치하고 가로 dx, 세로 dy인 미소부분의 질량은

$$dm = \sigma dx dy = \frac{M}{ab} dx dy$$

이고, 이 부분과 수직축 사이의 거리의 제곱은 $r^2 = x^2 + y^2$이므로 관성모멘트는 다음과 같다.

$$I = \int_0^a \int_0^b (x^2 + y^2) \cdot \frac{M}{ab} dx dy$$
$$= \frac{M}{ab} \int_0^a \left(x^2 b + \frac{1}{3} b^3 \right) dx = \frac{M}{ab} \left(\frac{1}{3} a^3 b + \frac{1}{3} ab^3 \right) = \frac{M}{3} (a^2 + b^2)$$

7-7 평행축 정리

앞에서 보았듯이 같은 물체라 하더라도 관성모멘트는 회전축에 따라 달라진다. 그런데 물체의 질량중심을 지나는 어느 회전축에 대한 관성모멘트 I_{cm}과 이 회전축으로부터 거리 h만큼 떨어진 평행한 다른 회전축에 대한, 같은 물체의 관성모멘트 I 사이에는 다음 식이 성립함을 쉽게 증명할 수 있는데, 이를 **평행축 정리**라 한다.

$$I = I_{cm} + Mh^2 \tag{7-20}$$

여기서 M은 물체의 질량이다. 다음 예제는 위 식이 성립함을 보여주는 하나의 예이다.

예제 5. 질량 M, 길이 L인 균일한 막대의 질량중심을 지나는 수직축에 대한 관성모멘트를 안다고 할 때, 평행축 정리를 이용하여 한쪽 끝을 지나며 이 수직축에 평행한 축에 대한 관성모멘트를 구하라.

풀이 질량중심을 지나고 이 막대에 수직인 축의 관성모멘트는 $1/12ML^2$이다. 한쪽 끝을 지나는 축에 대한 관성모멘트는 평행축 정리에 의해

$$I = I_{cm} + Mh^2 = \frac{1}{12}ML^2 + M\left(\frac{L}{2}\right)^2 = \frac{1}{3}ML^2$$

이다. 이는 앞 절의 결과와 일치한다.

7-8 굴림운동

이 절에서는 병진운동과 회전운동이 함께 나타나는 운동의 예로 반경 R인 바퀴가 지면에서 미끄러지지 않고 일정한 속도로 굴러가는 운동을 다룬다. 이 운동은 바퀴와 지면과의 마찰이 0이 아닌 경우에만 가능하며, 미끄러짐이 없으므로 지면과 접한 바퀴 부분은 지면에서 관측하여 아무 움직임이 없어야 한다. 따라서 이 운동은 순간적으로 지면과의 접점을 축으로 한 회전운동이 된다. 이 상황을 **그림 7-7**에 표시하였다. 이때 바퀴의 중심은 일정한 속도로 늘 앞으로만 움직이는데, 이를 v_{cm}이라 하고 지면과의 접점 P를 중심으로 바퀴가 회전하는 각속도를 ω라 할 때 식 (7-8)로부터

$$v_{cm} = R\omega \tag{7-21}$$

가 성립한다. 따라서 이 관측자가 관측한 바퀴 맨 윗부분 T점의 속도는

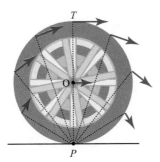

그림 7-7 바퀴가 미끄러짐 없이 굴러갈 때 지면에서 관측한 바퀴 각 부분의 속도

$$v_T = 2R \cdot \omega = 2v_{cm} \qquad (7-22)$$

이 된다. 이 운동에서 바퀴의 한 특정한 점의 운동을 추적해 보면 **그림 7-8**과 같은 궤적을 그리는데, 이를 사이클로이드(cycloid)라 한다.

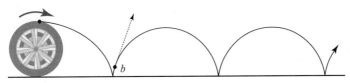

그림 7-8 지면을 미끄러짐 없이 굴러가는 바퀴의 임의의 한 점이 그리는 궤적, 점선은 점 b가 그 순간에 움직이는 속도의 방향을 보여 주고 있다.

예제 6. 질량 $M = 3\,\mathrm{kg}$이고 반경 $R = 10\,\mathrm{cm}$인 속이 꽉 찬 공이 평평한 면을 미끄러짐 없이 속도 $v = 0.9\,\mathrm{m/s}$로 굴러가고 있다. 이때 물체의 운동에너지를 구하라.

풀이 이 운동은 지면과의 접점에서 보았을 때 순전한 회전운동이다. 접점을 지나는 회전축에 대한 관성모멘트는 **그림 7-6**과 평행축 정리로부터

$$I = I_{cm} + MR^2 = \frac{2}{5}MR^2 + MR^2 = \frac{7}{5}MR^2$$

이므로

$$K = \frac{1}{2}I\omega^2 = \frac{7}{10}MR^2\omega^2$$

인데, $v_{cm} = R\omega$이므로 운동에너지는 다음과 같다.

$$K = \frac{7}{10}Mv_{cm}^2 = 0.7(3\,\mathrm{kg})(0.9\,\mathrm{m/s})^2 \simeq 1.7\,\mathrm{J}$$

7-9 돌림힘과 각운동량

여닫이문을 열고 닫을 때 회전방향으로 힘을 주면 문이 열리고 닫힌다. 하지만 문의 축을 향하는 방향이나 또는 연직 위아래 방향으로 힘을 주면 문이 움직이지 않는다. 또 문을 열 때 필요한 힘이 문을 미는 위치에 따라서 다르다는 것도 알 수 있는데, 축으로부터 먼 위치를 밀수록 힘이 덜 든다. 우리가 문의 손잡이를 회전축으로부터 멀리 떨어뜨려 만드는 이유가 여기에 있으며 이런 역학관계를 이 절에서 취급한다.

먼저 간단한 경우로 질량 m인 물체가 **그림 7-9**에서와 같이 가볍고 단단한 길이 r의 막대에 묶여 z축 주위로 움직이는 경우를 생각해본다. 이때 힘 F가 그림과 같이 작용한다면, 이 힘의 성분 중 법선성분 F_r은 축에 의한 반발력에 의해 상쇄되고 회전방향으로의 접선성분 bF_t만이 물체에 가속을 준다. 즉,

$$F_t = ma_t \qquad\qquad (7-23)$$

이다. 그런데 식 $(7-10)$으로부터 $a_t = r\alpha$이므로

$$F_t = mr\alpha$$

이고, 이 양변에 거리 r을 곱한 후 그 결과를 관성모멘트 I를 사용하여 표시하면

$$rF_t = (mr^2)\alpha = I\alpha$$

이다. 여기서 rF_t를 τ로 표시하기로 하면

$$\tau = I\alpha \qquad\qquad (7-24)$$

가 된다. 이 τ를 **힘의 능률** 또는 **돌림힘**(torque : 토크)이라 하며 어느 물체를 회전운동시킬 수 있는 능력을 표시하는 양이 된다. 이는 **그림 7-10**에서와 같이 스패너로 나사를 돌릴 때 나

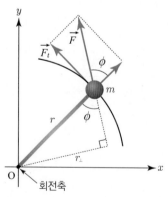

그림 7-9 물체 m이 막대에 묶여 회전운동 하는 예. 물체에 작용한 힘 F 중 법선성분 F_r은 막대의 장력에 의하여 상쇄되고, 접선방향 성분 F_t만이 물체에 가속을 준다. 막대는 회전운동에 필요한 구심력을 공급한다.

사를 돌리는 능률이, 힘을 주는 부분과 나사 사이의 거리 r에 가해준 힘 F를 곱한 양이 됨을 의미한다. 따라서 나사를 돌릴 때 스패너의 끝을 잡고 돌려야 능률이 더 크다. 돌림힘은 다음과 같이 표시할 수도 있다. **그림 7-9**에서와 같이 원점으로부터 물체까지의 위치 벡터 r과 힘 F가 이루는 각을 ϕ라 하면

$$\tau = rF_t = rF\sin\phi$$

이다. 여기서 $r\sin\phi$는 원점에서부터 힘 F를 포함하는 직선까지의 수직거리라 할 수 있으므로 이를 $r_\perp$이라 쓰면

$$\tau = r_\perp F \tag{7-25}$$

이다. $r_\perp$을 힘 F의 회전축 O에 대한 팔의 길이라고 한다. 따라서 돌림힘은 회전축으로부터의 팔의 길이에 힘 F를 곱한 양이라고도 할 수 있다. 또 1장에서 배운 벡터곱을 이용하여

$$\vec{\tau} \equiv \vec{r} \times \vec{F}$$

라 하면 위의 사실은 모두 이 정의에 부합된다. 돌림힘의 이런 일반적인 정의는 7-10절에서 다룬다.

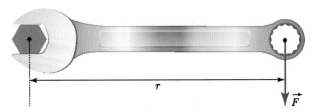

그림 7-10 나사를 돌려주는 능률은 스패너의 끝을 잡고 돌릴 때 스패너 길이 r과 가한 힘 F의 곱에 비례한다.

예제 7. 그림에서와 같이 가볍고 단단하며 길이 $L = 0.75\,\text{cm}$인 막대 양 끝에 질량 $m = 0.25\,\text{kg}$인 쇠공을 각각 하나씩 달아 아령 모양의 강체를 만들었다. 이 강체는 막대중심을 지나며 막대에 수직인 z축을 중심으로만 회전할 수 있다고 할 때, 하나의 공에 그림에서와 같이 원주방향으로 힘 $F = 9.0\,\text{N}$을 가하면 강체의 각가속도가 얼마가 되는가?

풀이 계의 z축에 대한 관성모멘트는

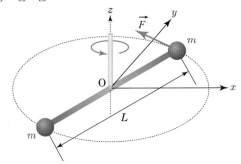

$$I = m\left(\frac{L}{2}\right)^2 + m\left(\frac{L}{2}\right)^2 = \frac{mL^2}{2}$$

이다. 작용한 돌림힘의 크기는

$$\tau = \frac{L}{2}F$$

이므로 각가속도는 다음과 같다.

$$\alpha = \frac{\tau}{I} = \frac{\dfrac{L}{2}F}{\dfrac{mL^2}{2}} = \frac{F}{mL}$$

$$= \frac{9.0\,N}{(0.25\,\text{kg})(0.75\,\text{m})} = 48\,\text{rad/s}^2$$

예제 8. 그림에서와 같이 질량 $M = 2.5\,\text{kg}$, 반경 $R = 20\,\text{cm}$인 원판 모양의 도르래에 줄이 감겨져 있고, 줄 끝에는 질량 $m = 1.2\,\text{kg}$인 물통이 달려 있다. 물통은 도르래가 돌아 감긴 줄이 풀리면서 아래로 떨어지게 되는데 이때 물통이 떨어지는 가속도, 도르래의 각가속도, 줄의 장력을 구하라.

풀이 그림에서와 같이 줄에는 장력 T가 작용하고 있다. 도르래의 축으로부터는 항력 N이 작용하여 도르래가 이동하는 것을 억제한다. 따라서

$$T + Mg - N = 0$$

이 성립한다. 여기서는 물통이 떨어지는 방향, 즉 연직 아래방향을 (+)방향으로 택하였다.

도르래의 회전에 대해서는 원판의 중심축에 대한 관성모멘트가 $I = MR^2/2$이므로

$$\tau = I\alpha$$

로부터

$$RT = \left(\frac{1}{2}MR^2\right)\alpha \qquad (7-26)$$

이다. 또한 도르래에 감긴 줄이 미끄러지지 않는다면 물통이 떨어진 거리 S와 도르래가 돌아간 각도 θ 사이에는

$$S = R\theta$$

가 성립한다. 이 식을 시간에 대해 미분하면

$$v = R\omega$$

이고, 이것을 한 번 더 미분하면 도르래의 각가속도 α와 물통의 가속도 a 사이에는 다음 식이 성립함을 알 수 있다.

$$a = R\alpha \qquad (7-27)$$

식 (7-27)을 식 (7-26)에 대입하면

$$T = \frac{1}{2}Ma \tag{7-28}$$

를 얻는다. 물통에 대해서는

$$mg - T = ma \tag{7-29}$$

가 성립하므로 식 (7-28)을 식 (7-29)에 대입하면

$$a = \frac{mg}{m + \dfrac{M}{2}}$$

이다. 문제에서 주어진 값들을 대입하면

$$a = \frac{1.2}{1.2 + \dfrac{2.5}{2}}(9.8\,\mathrm{m/s^2}) = 4.8\,\mathrm{m/s^2}$$

이다. 또한 식 (7-27), (7-28)로부터 α와 T는 다음과 같다.

$$\alpha = \frac{a}{R} = \frac{4.8\,\mathrm{m/s^2}}{0.2\,\mathrm{m}} = 24\,\mathrm{rad/s^2}$$

$$T = \frac{1}{2}Ma = \frac{1}{2}(2.5\,\mathrm{kg})(4.8\,\mathrm{m/s^2}) = 6\,\mathrm{N}$$

또한 병진운동에서의 힘 F에 대응하는 회전운동에서의 양으로 돌림힘 τ를 정의하였듯이, 운동량 p에 대응하는 양인 각운동량 l을 정의할 수 있다.

그림 7-9에서와 같이 물체가 움직일 때 회전축으로부터의 거리 r에 운동량 p를 곱한 값을 각운동량 l이라 한다.

$$l = rp = rmv \tag{7-30}$$

식 (7-8) $v = r\omega$를 이용하고 관성모멘트를 사용하여 표시하면

$$l = mrv = (mr^2)\omega = I\omega \tag{7-31}$$

이다. 이 식은 병진운동에서의 식 $p = mv$에 대응된다. 벡터곱을 이용하여 각운동량을 표시하면

$$\vec{l} = \vec{r} \times \vec{p} = m\vec{r} \times \vec{v}$$

이다. 이 표현은 다음 절에서 좀 더 자세히 다루기로 한다.

7-10 회전운동역학

앞 절에서는 돌림힘과 각운동량의 개념에 대해서 알아보았다. 여기서는 이들을 일반적인 경우로 확장하여 정의하고 Newton의 제2법칙을 써서 그들의 관계식을 알아본다.

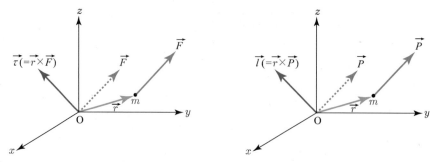

그림 7-11 (a) 돌림힘과 (b) 각운동량의 기준점 O에 대한 일반적인 정의

그림 7-11에서와 같이 물체 m이 O를 원점으로 하는 어느 xyz 고정 좌표계에서 v의 속도로 움직이고 있고, 이 순간에 물체에 $\vec{F}$라는 전체 외력이 작용하고 있다면, 벡터곱을 사용해서 돌림힘과 각운동량을 각각 다음과 같이 정의한다. 힘의 1차 모멘트를 **돌림힘**이라 부르고 $\vec{\tau}$로 표시한다.

$$\vec{\tau} = \vec{r} \times \vec{F} \tag{7-32}$$

운동량 p의 1차 모멘트를 **각운동량**이라 하고 $\vec{l}$이라 표시한다.

$$\vec{l} = \vec{r} \times \vec{p} \tag{7-33}$$

그러면 이들 두 1차 모멘트들 간에는 Newton의 제2법칙 $\vec{F} = d\vec{p}/dt$로부터 다음과 같은 관계식이 성립함을 쉽게 유도할 수 있다.

$$\vec{\tau} = \frac{d\vec{l}}{dt} \tag{7-34}$$

이의 증명은 다음과 같다.

$$\frac{d\vec{l}}{dt} = \frac{d}{dt}(\vec{r} \times \vec{p}) = \frac{d\vec{r}}{dt} \times \vec{p} + \vec{r} \times \frac{d\vec{p}}{dt} \tag{7-35}$$

인데, 여기서 첫째항은 $\vec{v} \times (m\vec{v})$이므로 벡터곱의 정의에 의하여 0이 되고, 둘째항에 $\frac{d\vec{p}}{dt} = \vec{F}$를 대입하면 원하는 식 (7-34)를 바로 얻는다. 여러 개의 서로 다른 질량을 포함하는 물체계에 대해서도 비슷한 식을 유도할 수 있는데, 자세한 유도는 생략하고 그 결과만 표시하면 아래와 같다.

$$\sum \vec{\tau}_{ext} = \frac{d\vec{L}}{dt} \text{ (다체계)} \qquad (7-36)$$

여기서

$$\sum \vec{\tau}_{ext} \equiv \vec{r}_1 \times \vec{F}_1^e + \vec{r}_2 \times \vec{F}_2^e + \cdots + \vec{r}_n \times \vec{F}_n^e \qquad (7-37)$$

이며

$$\vec{L} = \sum \vec{l}_i = \vec{l}_1 + \vec{l}_2 + \cdots + \vec{l}_n \qquad (7-38)$$

이다. 식 $(7-36)$과 5장의 식 $(5-26)$

$$\sum \vec{F}_{ext} = \frac{d\vec{P}}{dt} \text{ (다체계)} \qquad (7-39)$$

를 함께 사용하면 강체의 운동을 정확히 결정할 수 있다.

예제 9. 물체 m이 P점으로부터 자유낙하되었다. P점으로부터 수평거리 d만큼 떨어진 점 O를 기준으로 물체에 작용하는 중력에 의한 돌림힘은 얼마인가? 또 물체의 점 O에 대한 각운동량은 시간에 따라 어떻게 달라지는가?

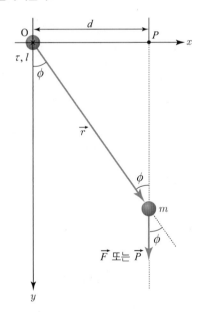

풀이 점 O와 P가 그림과 같을 때 중력에 의한 돌림힘 $\vec{\tau} = \vec{r} \times \vec{F}$는 책의 지면으로 들어가는 방향을 향하게 된다. 그 크기는

$\qquad \tau = rF\sin\phi$

이고 $r\sin\phi = d$, $F = mg$이므로

$\qquad \tau = mgd =$상수

이다. 물체의 각운동량 $\vec{l} = \vec{r} \times \vec{p}$도 $\vec{p}$가 항상 연직 아래 방향이므로 늘 책의 지면으로 들어가는 방향을 향한다. 그 크기는

$$l = rp \sin \phi$$

에서 $r \sin \phi = d$, $p = mv = mgt$이므로

$$l = mgdt$$

이다. t는 자유낙하된 이후의 시간을 가리키며, l이 항상 책의 지면으로 들어가는 방향이므로 그 변화율 또한 이 방향이고 그 크기는

$$\frac{dl}{dt} = mgd$$

이므로 이 경우 $\vec{\tau} = d\vec{l}/dt$가 성립함을 확인할 수 있다.

식 (7–36)은 기준점 O가 움직이지 않을 때 성립한다. 그런데 움직이는 질량중심(cm)에 대해서도 비슷한 모양의 운동방정식이 성립함을 증명할 수 있다. 이의 증명은 생략하고 그 결과만 표시하면 다음과 같다.

$$\sum \vec{\tau}_{ext,\,cm} = \frac{d\vec{L}_{cm}}{dt} \tag{7-40}$$

여기서 $\vec{L}_{cm}$은 질량중심을 기준점으로 하여 구한 계의 각운동량이며, $\sum \vec{\tau}_{ext,\,cm}$은 각각의 외력들이 질량중심에 대해 가지는 돌림힘들의 합이다.

다음 예제는 이 식이 성립함을 보여주는 한 예이다.

예제 10. 그림과 같이 경사각 θ인 비탈면을 질량 M, 반경 R인 원판이 미끄러짐 없이 굴러 내려오고 있다. 이 원판 중심의 가속도를 구하라.

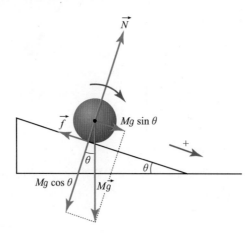

풀이 1 원판에는 그림에서 보인 바와 같이 중력, 빗면으로부터의 항력과 마찰력이 작용하고 있으므로 비탈방향으로의 원판 중심의 병진운동에 대해 다음 식이 성립한다.

$$Mg \sin \theta - f = Ma \tag{7-41}$$

이 판의 회전운동을 질량중심을 기준으로 하여 기술하면 식 (7-40)으로부터

$$Rf = I\alpha = \left(\frac{1}{2}MR^2\right)\alpha \tag{7-42}$$

이다. 위에서는 원판의 중심축에 대한 관성모멘트는 $MR^2/2$이라는 것과 수직항력 N과 중력 Mg의 중심에 대한 팔의 길이는 각각 0이므로 이들의 돌림힘은 0이라는 것을 이용하였다. 원판이 미끄러지지 않고 구를 때 7-8절로부터

$$a = R\alpha \tag{7-43}$$

이므로, 식 (7-43)을 식 (7-42)에 대입하면

$$f = \frac{1}{2}Ma \tag{7-44}$$

가 된다. 이를 식 (7-41)에 대입하면

$$a = \frac{2}{3}g \sin \theta \tag{7-45}$$

이다. 따라서 다음과 같다.

$$\alpha = \frac{a}{R} = \frac{2g \sin \theta}{3R}$$

$$f = \frac{1}{2}Ma = \frac{1}{3}Mg \sin \theta$$

풀이 2 이 운동을 비탈면과의 접점에서 보면 접점은 움직이지 않으므로 이 운동은 이 점을 기준으로 한 순전한 회전운동이다. 따라서 접점을 기준으로 식 (7-36)을 적용하면 마찰력 f와 수직항력 N에 의한 돌림힘은 0이므로

$$(Mg \sin \theta)R = I'\alpha \tag{7-46}$$

이다. 여기서 I'은 접점을 지나는 회전축에 대한 관성모멘트이므로 평행축 정리에 의해

$$I' = I_{cm} + MR^2 = \frac{1}{2}MR^2 + MR^2 = \frac{3}{2}MR^2 \tag{7-47}$$

이다. 따라서

$$(Mg \sin \theta)R = \frac{3}{2}MR^2 \cdot \alpha \tag{7-48}$$

이고, 이 경우에도

$$a = R\alpha$$

가 성립하므로 식 (7-48)로부터

$$a = \frac{2}{3}g \sin \theta$$

를 얻는다. 이는 풀이 1의 결과와 일치한다.

7-11 각운동량의 보존

어느 물체계에 작용하는 외부 돌림힘의 합이 0이라면 식 (7−36)으로부터 $\dfrac{d\vec{L}}{dt}=0$이므로

$$\vec{L} = \text{일정} \ \ (\sum \vec{\tau}_{ext} = 0 \text{인 경우}) \tag{7−49}$$

이다. 즉, 계의 각운동량이 보존된다. 이 법칙은 병진운동에서의 운동량 보존법칙에 대응되는 법칙이며, 계의 관성모멘트는 계의 질량과 달리 물체의 모양이 바뀌거나 기준축이 달라지면 변하므로 쓰임새가 더 많은 법칙이다.

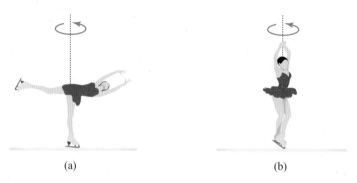

그림 7-12 피겨 스케이트 선수가 얼음 위에서 연기할 때 (a) 상체를 굽혀 회전하다가 (b) 상체를 펴면 회전 각속도가 더 빨라진다.

한 예로 **그림 7-12**에서와 같이 어느 피겨 스케이트 선수가 얼음 위에서 연기하는 과정의 두 장면을 생각해 보자.

얼음과 스케이트 사이의 마찰은 거의 없으므로 외부로부터 선수에게 주어지는 돌림힘의 연직방향성분은 0이다. 따라서 식 (7−31)로부터 선수의 질량중심을 지나는 연직축에 대하여 $I_0\omega_0 = I\omega$가 성립한다. 그런데 그림 (a) 상황에서의 선수의 중심축에 대한 관성모멘트가 (b) 상황에서보다 크므로 (b) 상황에서의 회전이 (a) 상황에서보다 빨라진다.

또 하나의 예는 우주에서 다수 발견되는 맥동성(pulsar)이다. 별의 진화과정에서 에너지가 거의 모두 소멸되면 별은 중력 때문에 순식간에 수축하는데, 이때 온도가 크게 상승하여 초신성(supernova) 폭발을 일으킨다. 이 폭발로 별의 일부 바깥층은 반지름 방향으로 흩어지며 나머지 무거운 원자핵들은 서로 닿을 정도까지 응축하여 중성자별을 이룬다. 별은 고립계이므로 이 과정에서 각운동량이 보존되는데, 수십만 km에 이르던 별이 수 km로 응축하여 관성모멘트가 크게 줄어들었으므로 회전각속도가 크게 증가한다. 예를 들면 며칠 만에 한 번씩 자전하던 별이 1초에 수백 번씩 자전하게 된다. 이런 별들은 보통 빠른 주기로 라디오파나 빛을 내므로 맥동성이라고 한다.

7-12 강체의 운동에너지

앞에서 강체는 병진운동과 회전운동을 함께 할 수 있음을 알았다. 이 경우 총 운동에너지를 어떻게 표시할 수 있는지 알아보자.

물체가 작은 미소부분 Δm_i들로 구성되어 있다고 생각할 때 미소부분 Δm_i의 속도는

$$\vec{v_i} = \frac{d\vec{r_i}}{dt} = \frac{d\vec{R}}{dt} + \frac{d\vec{r_i}'}{dt} = \vec{v}_{cm} + \vec{v_i}' \qquad (7-50)$$

이다. 여기서 $\vec{v_i}'$은 질량중심(cm)에서 본 Δm_i의 속도이다. 따라서 전체운동에너지 K는 다음과 같이 표시된다.

$$K = \sum_i \frac{1}{2} \Delta m_i v_i^2 = \sum_i \frac{1}{2} \Delta m_i \left| \vec{v}_{cm} + \vec{v_i}' \right|^2$$

$$= \frac{1}{2} \sum_i \Delta m_i v_{cm}^2 + \sum_i \frac{1}{2} \Delta m_i v_i'^2 + \vec{v}_{cm} \cdot \sum_i \Delta m_i \vec{v_i}'$$

여기서 마지막 항은 질량중심의 정의에 의해 0이다. 따라서

$$K = \frac{1}{2} M v_{cm}^2 + \sum_i \frac{1}{2} \Delta m_i v_i'^2 \qquad (7-51)$$

이다. 즉, 총 운동에너지는 총 질량 M이 v_{cm}으로 움직일 때 갖는 운동에너지에다 질량중심에서 본 물체의 운동에너지를 더하면 된다. 강체의 경우 질량중심에서 본 에너지는 질량중심을 지나는 어떤 축에 대한 회전운동에너지이므로 이 축에 대한 관성모멘트를 I_{cm}, 회전각속도를 ω라 하면 총 운동에너지는

$$K = \frac{1}{2} M v_{cm}^2 + \frac{1}{2} I_{cm} \omega^2 \qquad (7-52)$$

이 된다.

예제 11. 다음 그림과 같이 질량 M인 도르래형 물체에 줄이 감겨져 있고, 이 줄이 풀리면서 물체가 아래로 떨어진다. 도르래의 반경이 R이고 중심축에 대한 관성모멘트가 I라 할 때, 도르래가 떨어지기 시작하여 줄이 h만큼 풀린 순간 도르래의 질량중심 속도를 에너지보존을 이용해서 구하라.

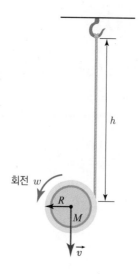

회전 w

R

M

$\vec{v}$

h

풀이 줄이 h만큼 풀렸을 때 질량중심의 속도를 v라고 하면 이 운동은 7-8절의 미끄러짐이 없이 구르는 운동과 같으므로 회전각속도 ω와 v 사이에 $v = R\omega$인 관계가 성립한다. 따라서 운동에너지는

$$K = \frac{1}{2}Mv^2 + \frac{1}{2}I\omega^2 = \frac{1}{2}(MR^2 + I)\omega^2$$

이다. 이 운동에너지는 중력 위치에너지로부터 나와야 하므로

$$\frac{1}{2}(MR^2 + I)\omega^2 = Mgh$$

이다. 따라서

$$\omega = \sqrt{\frac{2Mgh}{MR^2 + I}}$$

이고, 속도는 다음과 같다.

$$v = R\omega = R\sqrt{\frac{2Mgh}{MR^2 + I}} \tag{7-53}$$

연습문제

01 100원짜리 동전을 책상 위에 고정시키고 다른 100원짜리 동전을 고정시킨 동전 주위로 미끄러지지 않게 돌린다. 고정된 동전 주위를 한 바퀴 돌아 제자리로 오는 동안 이 동전은 몇 번이나 회전하는가?

02 (a) 반경 $1.4\,\mathrm{m}$인 원에서 원호 $2.1\,\mathrm{m}$에 해당하는 각을 라디안으로 표시하여라.
(b) 이 각을 각도로 표시하면 얼마인가?

03 하루의 길이는 1세기에 $1\,\mathrm{ms}$만큼 증가한다. 지구의 각가속도를 $\mathrm{rad/s^2}$의 단위로 구하라.

04 각가속도가 $2\,\mathrm{rad/s^2}$로 일정한 바퀴를 어느 순간부터 시작해서 5초 간 돌아간 각도를 재보니 $95\,\mathrm{rad}$이었다. 측정을 시작한 시간은 바퀴가 정지했었던 때로부터 얼마나 경과한 후인가?

05 어느 바퀴의 각가속도가 $\alpha = at^2 + bt^3$이다. 여기서 $a = 30\,\mathrm{rad/s^4}$, $b = -20\,\mathrm{rad/s^5}$이다.

(a) $t = 0$일 때 바퀴가 정지해 있었다면, $t = 3$초일 때의 각속도의 크기를 구하라.
(b) $t = 0$ 이후 바퀴는 언제 다시 한번 정지했다 움직이는가?

06 반경 $100\,\mathrm{m}$인 원형 트랙을 자동차가 돌고 있다. 자동차가 일정하게 가속하여 2초 동안에 속도가 $52\,\mathrm{km/h}$에서 $70\,\mathrm{km/h}$로 되었다면 이 동안의 각가속도는 얼마인가?

07 세 질점의 질량과 좌표가 다음과 같을 때 (a) x축, (b) y축, (c) z축에 대한 이 조합의 관성모멘트를 구하라. (d) 문항 (a)의 답을 I_x, 문항 (b)의 답을 I_y라 할 때 문항 (c)의 답을 I_x, I_y로 표시하여라.

$5\,\mathrm{kg}: (2\,\mathrm{m},\ 3\,\mathrm{m},\ 0)$
$3\,\mathrm{kg}: (-2\,\mathrm{m},\ 1\,\mathrm{m},\ 0)$
$2\,\mathrm{kg}: (0,\ -3\,\mathrm{m},\ 0)$

08 질량이 M이고, 밑면의 반지름이 R, 높이가 H인 원뿔의 대칭축에 대한 관성모멘트를 구하라.

09 지구의 자전방향과 공전방향은 같다. 태양을 중심으로 한 관성좌표계에서 정원에 심어져 있는 나무의 속력은 낮과 밤 중 언제가 더 빠른가?

10 속이 찬 공이 정지상태로부터 그림과 같은 트랙을 왼쪽 위 끝부분부터 미끄러짐 없이 굴러 내려오기 시작하여 오른쪽 끝에서 바닥으로 떨어졌다. 왼쪽 끝의 높이는 $H = 90\,\mathrm{m}$이고, 오른쪽 끝의 높이는 $h = 20\,\mathrm{m}$이며 오른쪽 끝부분은 평평하다고 한다. 이 공은 그림의 A점으로부터 수평방향으로 얼마만 한 거리에 떨어지겠는가?

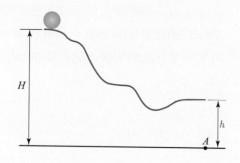

11 길이 $1.4\,\mathrm{m}$, 질량 $1.5\,\mathrm{kg}$인 균일한 막대를 한쪽 끝을 축으로 하여 자유롭게 회전하게 하였다. 막대가 연직축으로부터 30°만큼 기울어졌을 때 중력이 축을 중심으로 하여 막대에 미치는 돌림힘의 크기를 구하라.

12 총 길이 $2\,\mathrm{m}$의 가벼운 시소가 중앙점을 기준으로 위아래로 자유롭게 움직일 수 있다. 시소가 수평인 상태에서 한쪽 끝에 $20\,\mathrm{kg}$, 다른 쪽 끝에는 $30\,\mathrm{kg}$의 어린이가 동시에 앉았다. 시소가 무거운 어린이 쪽으로 기울기 시작하는 순간의 각가속도의 크기를 구하라.

13 질량 m인 물체가 $y = ax + b$인 직선상을 속력 v로 움직일 때 원점에 대한 각운동량의 크기를 구하라.

14 지구를 균일한 공 모양의 물체로 가정하고 자전축에 대한 각운동량을 구하라. 지구의 질량은 $6 \times 10^{24}\,\mathrm{kg}$이며 반지름은 $6.4 \times 10^{6}\,\mathrm{m}$이다.

15 축에 대한 관성모멘트가 $2 \times 10^{-3}\,\mathrm{kg \cdot m^2}$인 원반형 숫돌에 전동기로부터 $15\,\mathrm{N \cdot m}$의 돌림힘이 가해진다. 전동기의 전원을 켠 후 $20\,\mathrm{ms}$ 후에 숫돌이 갖는 각운동량과 각속도를 각각 구하라.

16 $r = (0,\ 1.2\,\mathrm{m},\ -2\,\mathrm{m})$에 위치한 물체에 힘 $F = (3\,\mathrm{N},\ 0,\ -4\,\mathrm{N})$이 작용하였다. (a) 원점과 (b) 점$(3\,\mathrm{m},\ 0,\ -4\,\mathrm{m})$에 대하여 물체에 작용한 돌림힘을 각각 구하라.

17 질량 m인 물체의 위치가 $r = \left(\dfrac{1}{2}at^2\right)\hat{i} + (bt)\hat{j} + \left(\dfrac{1}{2}ct^2 - dt\right)\hat{k}$로 주어질 때 원점에 대한 각운동량을 시간의 함수로 구하라. 여기서 $a,\ b,\ c,\ d$는 상수이다.

18 질량 m인 공을 수평면과 θ_0의 각도를 이루도록 하여 v_0의 속력으로 공중으로 던졌다.

(a) 공을 던진 점을 기준으로 하여 공의 각운동량을 시간의 함수로 구하라.

(b) 각운동량의 시간에 대한 변화율을 구하라.

(c) 물체에 작용한 중력이 원점에 대하여 가지는 돌림힘을 $\vec{r} \times \vec{F}$로부터 직접 계산하고 이 결과를 (b) 문항의 결과와 비교하라.

19 질량 M, 길이 L인 균일한 막대가 마찰이 없는 평면 위에 가만히 놓여 있다. 이 막대의 한쪽 끝으로부터 $L/3$ 되는 곳에 수직으로 $F\Delta t$라는 충격을 가했더니 막대는 돌며 앞으로 나아갔다. 막대가 한 바퀴 도는 동안 질량중심이 이동하는 거리를 구하라.

20 질량 $0.4\,\mathrm{kg}$의 물체를 마찰이 없는 비탈면 위에 지표로부터의 높이가 $1.5\,\mathrm{m}$ 되도록 하여 가만히 놓았다. 물체는 미끄러져 내려와 평평한 바닥에 도착한 후, 질량 $2\,\mathrm{kg}$, 길이 $0.8\,\mathrm{m}$이며 중심이 고정되어 연직으로 놓여 있는 막대의 끝에 충돌했다. 충돌 후 물체가 막대에 붙어 움직인다고 할 때 막대가 중심을 기준으로 회전하기 시작한 순간의 각속도를 구하라.

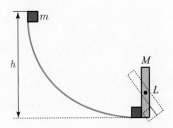

21 축이 고정되어 있는 반지름이 $50\,\mathrm{cm}$인 바퀴의 원주부분에 2초 동안 접선방향으로 $100\,\mathrm{N}$의 힘을 가했더니 정지해 있던 바퀴의 각속도가 $8\,\mathrm{rad/s}$가 되었다.

(a) 바퀴의 관성모멘트는 얼마인가?

(b) 힘이 가해지는 동안 각운동량은 얼마나 변화하는가?

(c) 이 동안 바퀴가 회전한 각은 얼마인가?

(d) 바퀴의 최종 운동에너지는 얼마인가?

22 길이 $1.2\,\mathrm{m}$, 질량 $1\,\mathrm{kg}$인 가는 막대가 한쪽 끝을 중심으로 회전할 수 있다. 이 막대를 연직위치로부터 어느 각도만큼 당겼다가 놓았더니 최하점을 지날 때 각속도가 $3\,\mathrm{rad/s}$가 되었다.

(a) 최하점에서의 운동에너지를 구하라.

(b) 막대의 질량중심은 최하점을 지난 후 얼마나 더 높이 올라가는가?

23 정지해 있던 속이 찬 원통형 물체가 경사각 $30°$의 평평한 비탈면을 따라 미끄러짐 없이 굴러 내려온다. 중심이 출발점으로부터 $25\,\mathrm{cm}$만큼 이동했을 때 갖게 되는 속력을 에너지보존을 이용해서 구하라.

CHAPTER 08

정역학

8-1 소개

정역학은 앞 장까지 우리가 배웠던 운동역학의 한 특수한 부문으로, 일반적으로 병진운동과 회전운동을 함께 할 수 있는 고체가 움직이지 않는 경우를 다룬다. 이러한 계산은 건물을 설계하거나 혹은 다리를 놓는 경우에서와 같이 건축 또는 토목공학에서 많이 쓰이며, 또 이의 응용은 동물 근육이 힘을 주는 과정의 연구에서와 같이 생체계 연구에서도 많이 볼 수 있다.

8-2 평형

어느 물체가 움직임이 없는 상태에 있을 때 그 물체는 **평형상태**에 있다고 한다. 평형상태의 조건으로는 다음과 같이 외부로부터 물체에 주어지는 힘과 돌림힘이 모두 균형을 이루어야 한다. 즉,

$$\sum \vec{F}_{ext} = 0 \tag{8-1}$$

$$\sum \vec{\tau}_{ext} = 0 \tag{8-2}$$

예를 들어 **그림 8-1**에서와 같이 세모꼴의 받침대 위에 나무막대를 올려놓은 경우, 막대가 움직이지 않으려면 이 막대에 외부로부터 주어진 힘, 즉 중력과 받침대가 받쳐 주는 힘이 균형을 이루어야 하며, 또 임의의 점을 기준으로 할 때 이들이 주는 돌림힘도 균형을 이루어야 한다. 이를 이용하여 받침대가 나무막대에 주는 힘을 계산할 수 있다. **그림 8-1(b)**와 같이 좌표를 설정하고 식 (8-1), (8-2)를 적용하면

$$F_1 + F_2 - mg = 0 \tag{8-3}$$

$$2lF_2 - lmg = 0 \tag{8-4}$$

이다. 여기서는 연직방향을 힘의 (+)방향, 반시계방향을 돌림힘의 (+)방향으로 잡았다. 그러면 식 (8-3), (8-4)로부터

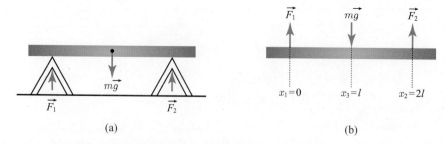

그림 8-1 (a) 균일한 막대를 받침대 위에 올려놓았을 때 작용하는 힘들과
(b) 좌표계의 설정

$$F_1 = F_2 = \frac{mg}{2} \tag{8-5}$$

이다. 이 계산은 아래와 같이 돌림힘의 기준점을 바꾸어도 같은 결과를 얻는다. 막대의 중심에 돌림힘의 기준점을 잡으면 식 (8-4)는 다음과 같이 바뀐다.

$$-F_1 \cdot l + F_2 \cdot l = 0 \tag{8-6}$$

여기서도 반시계방향을 (+)방향으로 하였다. 그러면 식 (8-3)과 식 (8-6)으로부터도 똑같이

$$F_1 = F_2 = \frac{mg}{2} \tag{8-7}$$

를 얻는다.

예제 1. 다이빙 선수가 아래 그림 (a)와 같이 다이빙대 끝에 서 있다. 다이빙대가 그림과 같이 간격 a 인 두 개의 파이프로 지탱되고 있다면 이 두 파이프에 의해서 주어지는 힘의 방향과 크기를 각각 구하라. 이때 다이빙대의 무게는 W, 질량중심은 왼쪽 파이프로부터 거리 b에 있고, 선수의 무게는 B이며 위치는 왼쪽 파이프로부터 거리 c가 되는 곳이다.

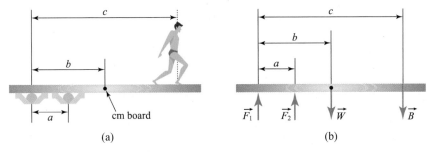

(a)   (b)

(a) 다이빙 선수가 다이빙대 위에 올라섰을 때의 형상과
(b) 이때 작용한다고 생각되는 힘들에 대한 가정

풀이 그림 (b)에서 표시한 바와 같이 $\vec{F_1}$, $\vec{F_2}$가 모두 위 방향으로 작용한다고 생각하면 힘의 평형으로부터

$$F_1 + F_2 - W - B = 0 \tag{8-8}$$

이다. 왼쪽 파이프를 기준점으로 할 때 돌림힘의 평형조건으로부터

$$F_2 a - Wb - Bc = 0 \tag{8-9}$$

이다. 여기서도 반시계방향을 (+)방향으로 하였다. 식 (8-9)로부터

$$F_2 = \frac{b}{a} W + \frac{c}{a} B \tag{8-10}$$

이고 식 (8-8)로부터

$$F_1 = \left(1 - \frac{b}{a}\right)W + \left(1 - \frac{c}{a}\right)B \tag{8-11}$$

이다. 그림에서와 같이 $b > a$, $c > a$인 경우에 식 (8-11)은 (-)의 값이 되고, 따라서 F_1은 아래로 당기는 힘이 된다. 예로써 다이빙대의 무게가 50 kg중, 선수의 무게가 70 kg중, 그리고 $a = 1.2$ m, $b = 1.8$ m, $c = 3.0$ m일 때

$$F_1 = \left(1 - \frac{1.8}{1.2}\right)50 \text{ kg중} + \left(1 - \frac{3}{1.2}\right)70 \text{ kg중} = -130 \text{ kg중}$$

$$F_2 = \frac{1.8}{1.2} \, 50 \text{ kg중} + \frac{3}{1.2} \, 70 \text{ kg중} = 250 \text{ kg중}$$

이 된다. 따라서 F_1은 아래 방향으로 작용하는 130 kg중의 힘, F_2는 위 방향으로 작용하는 250 kg중의 힘이다.

8-3 무게중심

앞에서 강체에 작용하는 중력에 의한 돌림힘을 계산할 때, 마치 물체에 작용하는 전체 중력이 질량중심 한 점에 모여서 작용하는 것처럼 생각하여 계산하였다.

이의 근거를 살펴보기로 한다.

물체가 중력장 내에 놓인 경우 중력은 **그림 8-2**에서와 같이 물체의 각 부분에 골고루 작용한다. 따라서 임의의 점 O에 대한 중력의 돌림힘은 **그림 8-2**로부터 다음과 같다.

$$\vec{\tau} = \sum \vec{r_i} \times (\Delta m_i \vec{g}) = \sum (\Delta m_i \vec{r_i}) \times \vec{g} = M\vec{R} \times \vec{g} = \vec{R} \times (M\vec{g}) \tag{8-12}$$

여기서 R은 물체의 질량중심이다. 즉, 임의의 기준점 O에 대하여 물체에 미치는 중력에

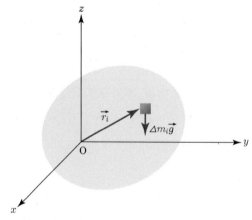

그림 8-2 물체 각 부분에 미치는 중력의 영향

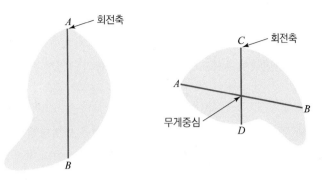

그림 8-3 실험적으로 무게중심을 구하는 방법

의한 돌림힘은 전체 중력이 질량중심에 모여 작용하는 것과 같다. 이렇게 물체에 작용한 전체 중력이 한 점에 모여 작용한 것으로 취급할 수 있을 때 이 점을 이 물체의 **무게중심**이라한다. 일정한 중력장의 경우에는 무게중심과 질량중심이 일치한다. 또 무게중심은 실험적으로 다음과 같이 구할 수도 있다.

물체의 한 끝에, 앞의 **그림 8-3**과 같이 고정점 A를 잡고 물체가 이 점 주위로 자유롭게 회전할 수 있게 한 후 중력장 내에 놓으면 물체는 어느 한 방향으로 자리 잡아 평형을 유지한다. 이때 이 물체는 평형상태에 있으므로 A에 대한 중력의 의한 돌림힘은 0이다.

따라서 무게중심에 작용하는 중력과 A점 사이의 팔의 길이가 0이 되어야 하므로 무게중심은 A점을 지나는 연직선 AB 위에 있어야 한다. 마찬가지로 이런 실험을 다른 고정점 C에 대하여 되풀이하면 무게중심은 또한 C를 지나는 연직선 CD 위에 있으므로 두 직선 AB와 CD의 교차점이 바로 무게중심이다.

8-4 변형력과 변형

고체 내부에 임의의 가상 단면을 생각해 보면 물체의 한쪽 부분은 다른 쪽 부분으로부터 어떤 힘을 받고 있음을 알 수 있다. 이렇게 고체 내부에서 임의로 가상된 면을 지나 한쪽에서 다른 쪽으로 작용하는 힘을 **변형력(stress)**이라 한다. 정확한 정의는 물체의 어느 주어진 면을 통해 한 부분에서 다른 부분으로 미치는 단위 면적당 힘이다. 이때 힘의 단면 방향 성분을 **층밀리기 힘**이라 하며, 면에 수직인 성분은 힘이 면을 통해 미는 힘일 경우는 **압축력**, 당기는 힘일 경우는 **장력**이라 한다. 변형력이 작용하면 강체가 아닌 일반적인 물체는 **변형(deformation)**을 하는데 이에 대한 정의는 각각의 변형력에 대해서 다음과 같다. 철사와 같이 긴 물체에 대해서는 변형을 길이의 상대적 변화율로 정의한다. 즉, 길이 l인 물체의 양단을 당겨 Δl만큼 길이가 늘어나면

$$변형 = \frac{\Delta l}{l} \tag{8-13}$$

이다. 이때 이 철사의 단면적이 A이고 양단에 작용하는 힘의 크기가 F라면

$$변형력 = F/A \tag{8-14}$$

이고, 실험으로부터 변형력이 너무 크지 않은 경우에 변형은 변형력에 비례하는 것이 알려져 있다. 이것을 Hooke의 법칙이라 한다. 이때 변형력과 변형 사이의 비례상수

$$E = 변형력/변형 = \frac{Fl}{A \Delta l} \tag{8-15}$$

을 물질의 **Young률**이라 부른다.

어느 물질로 이루어진 물체의 한쪽 면에 가해진 압력이 ΔP만큼 증가할 때 물체의 체적 V가 $V + \Delta V$로 ΔV만큼 변한다면, 이때의 변형은

$$변형 = \frac{\Delta V}{V} \tag{8-16}$$

이다. 이 경우 변형력과 변형 사이의 비율을 **체적탄성률**이라 부르고 B로 표시한다. 즉,

$$B = -\frac{\Delta P V}{\Delta V} \tag{8-17}$$

이다. 여기서 $(-)$부호는 압력이 증가하면 체적이 줄어들므로 B를 $(+)$로 하기 위하여 도입하였다.

그림 8-4에서와 같이 물체의 윗면, 아랫면에 층밀리기 힘 F가 작용한 경우 **층밀리기 변형** $\Delta L / L$은, 이 값이 작을 때 **층밀리기 각** ϕ와 같다.

$$\phi = \frac{\Delta L}{L} \tag{8-18}$$

층밀리기율 S는 다음과 같이 표시한다.

$$S = \frac{FL}{A \Delta L} \tag{8-19}$$

여기서 A는 위 또는 아랫면의 면적이다.

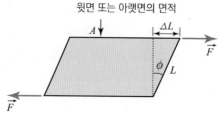

그림 8-4 층밀리기 힘에 의한 변형

몇 가지 주요 물질에 대한 이 탄성계수를 **표 8-1**에 표시하였다.

표 8-1 몇 가지 주요 물질의 탄성 계수

물질	$E(10^{10}\ \text{N/m}^2)$	$S(10^{10}\ \text{N/m}^2)$	$B(10^{10}\ \text{N/m}^2)$
알루미늄	7	2.4	7
황동	9	3.5	6.1
철	20	8.1	16
유리	7	3	5

예제 2. 지름 $1\ \text{mm}$, 길이가 $1\ \text{m}$인 금속선에 $3\ \text{kg}$의 질량을 매달았더니 $0.5\ \text{mm}$가 늘어났다. 이 물질의 Young률을 구하라.

풀이 철사의 단면적 $A = \pi\left(\dfrac{d}{2}\right)^2 = 7.85 \times 10^{-7}\ \text{m}^2$이고, 단면적에 작용하는 힘 $F = mg = 29.4\ \text{N}$이다. 이때 변형은

$$\frac{\Delta L}{L} = \frac{0.5\ \text{mm}}{1,000\ \text{mm}} = 5 \times 10^{-4}$$

이므로 물질의 Young률은 다음과 같다.

$$E = \frac{F/A}{\Delta L/L} = \frac{29.4}{(7.9 \times 10^{-7})(5 \times 10^{-4})}\ \text{N/m}^2$$
$$= 7.4 \times 10^{10}\ \text{N/m}^2$$

연습문제

01 어느 강체에 세 힘이 작용하여 평형을 이룬다면, 이 세 힘은 모두 같은 평면 위에 있다는 것과 이 세 힘을 포함하는 직선은 모두 한 점에서 만나거나, 모두 평행임을 보여라.

02 가파른 산을 등산할 때는 몸을 산 쪽으로 굽히는 것보다 꼿꼿이 세우는 것이 더 좋다고 한다. 가파른 산에 서 있는 사람에게 작용하는 힘과 돌림힘을 생각하여 이 이유를 설명하라.

03 수평하게 맨 빨랫줄의 중앙에 15 kg의 옷을 걸었더니 그림과 같이 $\theta = 10°$만큼 처졌다. 이때 줄의 장력을 구하라.

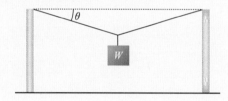

04 길이 4 m, 질량 30 kg인 나무판을 수평하게 양쪽 벽에 지지대로 고정시켜 선반을 만들었다. 이 선반의 한쪽 끝으로부터 1 m 되는 곳에 50 kg의 물건을 올려놓았을 때 양쪽 지지대가 주는 힘을 구하라.

05 길이 10 m의 폭이 좁고 긴 알루미늄판을 두 개의 받침대 위에 올려놓아 평균대 모양을 만들고, 이 위에 무게 50 kg중인 체조선수가 올라서서 걷는다. 두 받침대는 판의 중심으로부터 같은 거리에 있으며, 알루미늄판은 균일하고 무게는 25 kg중이다. 이 선수가 알루미늄판의 한쪽 끝부분까지 걸어가도 이 알루미늄판이 위로 들리지 않게 하려 할 때, 받침대를 알루미늄판의 한쪽 끝으로부터 얼마나 멀리 떨어뜨려 놓을 수 있는가?

06 수평면과의 각이 각각 θ_1, θ_2인 두 개의 매끄러운 유리판 사이에, 재질이 균일하며 질량이 M인 공이 그림과 같이 놓였다. 마찰이 없다고 가정하고, 두 유리판이 공에 주는 힘을 각각 구하라.

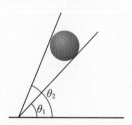

07 길이 5 m의 가볍고 단단한 막대를 그림과 같이 한쪽 끝은 경첩을 사용하여 벽의 4 m 높이에 고정시키고, 다른 쪽 끝은 마찰이 없는 바닥에 늘어뜨려 놓았다. 바닥에 닿아 있는 막대 끝부분에 수평하게 150 N의 힘을 가할 때, 막대가 경첩에 주는 힘의 수평과 수직 성분은 각각 얼마인가?

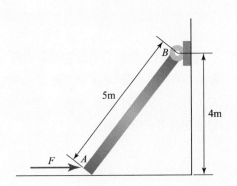

08 질량 20 kg, 한쪽 변의 길이 1.5 m인 정사각형 모양 판의 한쪽 끝을 꺾쇠로 이어 붙여 어느 짐승우리의 문을 만들었다. 이 문의 다른 쪽 끝에 줄을 매달아 수직으로 당겨 문을 45° 만큼 열었다.

(a) 이때 줄의 장력을 구하라.

(b) 꺾쇠가 문에 주는 힘을 구하라.

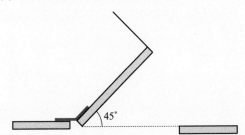

09 균일한 미터자의 한쪽 끝을 벽에 대고, 다른 쪽 끝은 가볍고 튼튼한 줄로 그림과 같이 당겨 이 자가 움직이지 않게 하였다. 미터자와 벽 사이의 정지마찰계수가 0.45일 때, 미터자와 줄 사이의 각도 θ는 얼마까지 크게 할 수 있는가?

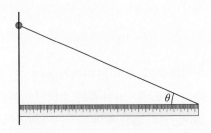

10 길이 2 m, 질량 16 kg의 사다리를 마찰이 없는 벽에 기대어 연직과 30°의 각을 이루도록 바닥에 세워놓았다. 이때 사다리의 질량중심은 중앙에 있다.

(a) 벽과 바닥이 주는 힘을 각각 구하라.

(b) 바닥과 사다리 사이의 정지마찰계수가 0.5라면 사다리는 연직으로부터 최대 몇 도까지 기울여 세워 놓을 수 있는가?

11 세로 길이가 L인 직사각형 모양의 책을 가로 부분이 책상 끝 선과 평행하게 놓고 바깥쪽으로 조금씩 밀었다. 이때 책이 떨어지지 않고 끝부분이 책상 밖으로 얼마까지 나갈 수 있는가?

12 1 m 자를 칼날 위에 올려놓고 균형을 잡아보았다. 1 m 자를 올려놓고는 50 cm 되는 곳에서 균형을 잡을 수 있었는데, 자의 11 cm 되는 지점에 질량 10 g인 동전을 올려놓으니 45 cm 되는 곳에서 균형을 잡을 수 있었다. 이 자의 질량은 얼마인가?

13 반지름 R, 무게 W인 바퀴가 높이 h인 턱을 넘어가기 위해서는 바퀴 축에 수평인 방향으로 최소 얼마만큼의 힘을 주어야 하는가? (여기서 $R > h$ 이다.)

14 크기는 5 N으로 같고 방향은 서로 반대인 두 힘 F_1과 F_2가, 그림과 같이 어느 막대의 서로 다른 점에 수직으로 작용하고 있다. 이때 두 힘 사이의 거리는 1.5 m 이다.

(a) 막대의 한쪽 끝점 O를 기준으로 두 힘에 의한 알짜 돌림힘의 크기는 얼마인가?

(b) 이 점을 기준으로 두 힘에 의한 회전은 시계방향인가? 아니면 반시계방향인가?

(c) F_2가 작용하는 점을 기준으로 (a)와 (b)의 문제를 반복하여라.

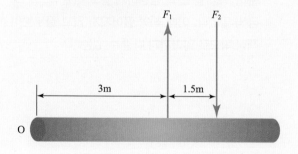

15 막대가 장력 또는 수축력을 받으면 탄성한계 내에서는 $F = -kx$라는 Hooke의 법칙에 따라 늘어나거나 줄어든다. **표 8-1**의 Young률을 이용하여 길이 2 m, 지름 1 cm인 알루미늄 막대의 탄성계수 k를 N/m의 단위로 구하라. 이때 지름이 0.5 cm였다면 이 결과는 어떻게 달라지는가?

16 길이가 2 m인, 원형 단면의 강철로 만든 철사 양 끝에 500 N의 힘을 가해 당겼을 때 늘어난 길이가 0.25 cm 이하가 되게 하려면, 철사의 지름은 얼마 이상이 되어야 하는가?

17 한 변의 길이가 1 cm인 황동 정육면체 양쪽 면에 500 N의 층밀리기 힘을 가했을 때 층밀리기 각은 얼마인가?

18 부피 5 cm³인 유리구슬이 바다 밑에 빠진다면 그 부피는 얼마나 변하겠는가? (바다 밑에서의 압력은 5×10^6 N/m²이다.)

CHAPTER 09

진동

9-1 진동계

일상생활에서 여러 종류의 진동현상을 쉽게 경험할 수가 있는데 벽시계의 시계추, 진동하는 기타줄 등의 거시적인 규모로부터 손목시계의 수정진동자, 음파를 전송하는 공기분자의 진동과 같은 미시적인 규모에 이르기까지 매우 다양하다. 이러한 현상들은 각각 개별적인 특성의 차이를 나타내지만 주기함수인 사인(sine) 또는 코사인(cosine) 함수로 표시할 수 있다는 공통점이 있다. 벽시계의 시계추 또는 용수철에 달려 있는 물체와 같이 진동이 있는 장치를 진동계(oscillating system)라고 하며 이러한 진동을 일으키는 힘의 특성은 무엇인지 살펴보기로 하자.

단진자를 평형점에서 한쪽 방향으로 움직인 후에 놓으면 중력에 의해 평형점으로 되돌아가며 반대방향으로 움직이더라도 마찬가지 현상이 일어난다. 즉, "어느 방향의 변위가 있더라도 힘은 항상 진동계가 평형점으로 복원되는 방향으로 작용한다." 이러한 힘을 복원력(restoring force)이라고 한다. 예를 들어 x 방향으로만 운동이 가능한 물체에 일정한 크기의 힘 F_m이 **그림 9-1(a)**에서와 같이 x가 음수일 때는 양의 방향으로 작용하고 x가 양수일 때는 음의 방향으로 작용한다고 가정하자. 좌표 $x = +x_m$에서 질량 m인 물체에 작용하는 힘의 x 성분은 $-F_m$이며 가속도의 x 성분은 $-a_m = -F_m/m$이다. 물체는 $x=0$, 즉 원점인 평형점을 향해서 운동하여 평형점에 도달할 때 속도 $v=v_m$이 되며 원점을 통과하여 x가 음의 위치로 들어서자마자 힘은 $+F_m$, 가속도는 $+a_m$이 된다. 물체의 속도는 점차 줄어들어서

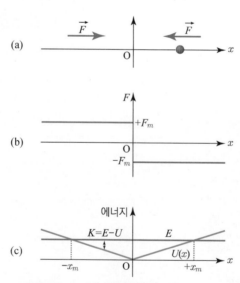

그림 9-1 (a) 입자에 작용하는 일정한 힘 F는 항상 원점을 향한다.

(b) 힘의 크기는 $x < 0$에서 $+F_m$, $x > 0$에서 $-F_m$이다.

(c) 힘에 상응하는 퍼텐셜 에너지

$x = -x_m$인 위치에서 일시적으로 멈춘 후에 정반대 방향으로 운동하여 원점을 지나 $x = +x_m$인 위치로 되돌아가게 된다.

그림 9-2는 위의 내용을 요약한 그림으로서 위치 $x(t)$는 등가속도운동의 운동곡선인 포물선이 연속적으로 연결되어 있는 형태를 하고 있다. 물체는 $x = +x_m$과 $x = -x_m$ 사이에서 반복하여 진동하는데 평형점에서의 최대변위, 즉 x_m을 진폭(amplitude)이라고 한다. **그림 9-2(a)**에 표시된 바와 같이 한 번의 완전한 순환과정(cycle)에 걸리는 시간을 주기(period) T, 단위시간에 반복된 순환과정의 수를 진동수(frequency) ν라고 하는데 진동수와 주기는 다음과 같이 역수의 관계를 가지고 있다.

$$\nu = \frac{1}{T} \tag{9-1}$$

주기는 시간의 단위(예 : 초)로, 진동수는 SI 단위계에서 헤르츠(hertz, Hz)로 각각 측정되는데 $1\,\mathrm{Hz} = 1\,\mathrm{cycle/s}$로 표시할 수 있으므로, 예를 들어 주기 T가 5초인 진동의 진동수 ν는 $0.2\,\mathrm{Hz}$이다.

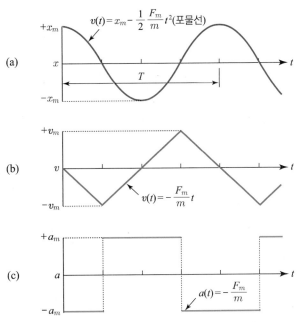

그림 9-2 그림 9-1의 질점에 대한 위치, 속도, 가속도가 시간의 함수로 표시되어 있다.

9-2 단조화 진동자

복잡한 형태의 진동이라고 할지라도 일련의 조화운동이 중첩되어 있는 것으로 보면 그 운동을 쉽게 분석할 수가 있는데 이는 조화운동이 사인 또는 코사인 함수로 간단히 표시되기 때문이다.

임의의 진동계에서 질점에 4장에서 다룬 용수철의 복원력, 즉

$$F(x) = -kx \tag{9-2}$$

가 작용한다고 하자. 여기서 k는 상수이며 x는 평형점을 기준으로 한 질점의 변위이다. 이와 같은 진동계를 단조화 진동자(simple harmonic oscillator), 그리고 그러한 운동을 단조화 운동(simple harmonic motion)이라고 한다. 이러한 힘에 상응하는 퍼텐셜 에너지는 식 (4 − 11)로부터 다음과 같다.

$$U(x) = \frac{1}{2}kx^2 \tag{9-3}$$

위의 힘과 퍼텐셜 에너지는 물론 $F(x) = -dU/dx$의 관계식을 만족하고 있으며 식 (9−2)와 **그림 9-4(a)**에서 알 수 있듯이 질점에 작용하는 힘의 크기는 변위의 크기에 비례하나 힘의 방향은 변위의 방향과 반대이다. 식 (9−3)과 **그림 9-3(b)**는 퍼텐셜 에너지가 변위의 제곱에 비례함을 보여준다. 식 (9−2)와 (9−3)은 용수철상수가 k인 이상적인 용수철이 거리 x만큼 줄어들거나 늘어났을 때의 힘과 퍼텐셜 에너지를 나타낸다. 따라서 "용수철상수가 k인 이상적인 용수철에 부착되어 마찰이 없는 수평면을 자유로이 움직이는 질량 m의 물체는 일종의 단조화 운동자이다(**그림 9-4**)."

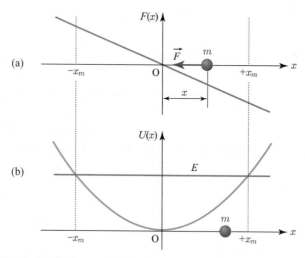

그림 9-3 (a) 단조화 진동자의 힘 및 (b) 그에 상응하는 퍼텐셜 에너지

그림 9-4(b)에서 보듯이 물체에 전혀 힘이 작용하지 않는 점, 즉 평형점이 존재하며 이 평형점으로부터 물체가 오른쪽으로 움직이면[**그림 9-4(a)**] 용수철에 의한 힘은 왼쪽으로 작용하고 물체가 왼쪽으로 움직이면 오른쪽으로 힘이 작용한다. 각각의 경우에 작용하는 힘이 바로 복원력이다[이 경우에 복원력은 x의 1차에 비례하는 선형(linear) 복원력이다].

그림 9-4의 용수철운동에 Newton의 제2법칙, 즉 $F = ma$의 식을 적용하여 F에 $-kx$, a에 $\dfrac{d^2x}{dt^2}\left(=\dfrac{dv}{dt}\right)$를 각각 대입하면

$$-kx = m\frac{d^2x}{dt^2}$$

다시 쓰면

$$\frac{d^2x}{dt^2} + \frac{k}{m}x = 0 \tag{9-4}$$

여기서 식 (9-4)를 단조화 진동자의 '운동방정식'이라고 하며 이 식을 풀면 진동자의 위치를 시간의 함수로 표시하는 함수인 $x(t)$를 구할 수 있다.

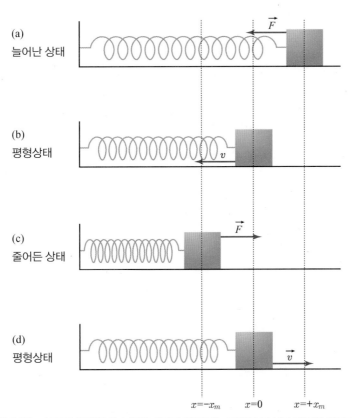

그림 9-4 마찰이 없는 수평면 위에서 용수철에 매달려 움직이는 물체로 구성된 단조화 진동자

단조화 진동은 두 가지 점에서 매우 중요하다. 첫째로 진폭이 작은 역학적 진동과 관련된 여러 문제들이 한 개 또는 조합된 여러 개의 진동자로 근사화 될 수 있다는 점이며 두 번째로는 식 (9−4)와 유사한 방정식은 음향학, 광학, 역학, 전기회로, 원자물리와 같은 여러 물리분야의 문제에 나오기 때문에 단조화 진동자는 여러 물리계의 공통적인 특성을 나타내고 있다고 볼 수 있다.

9-3 단조화운동

식 (9−4)는 시간의 함수인 $x(t)$와 그 이차미분인 d^2x/dt^2의 관계식을 나타내는데 해를 구하기 위해서 다음과 같이 바꿔 쓸 수 있다.

$$\frac{d^2x}{dt^2} = -\left(\frac{k}{m}\right)x \tag{9−5}$$

식 (9−5)는 함수 $x(t)$에 상수 k/m을 곱한 값과 그 함수의 이차미분은 서로 음수관계에 있다는 것을 의미하는데 이러한 특성을 가진 대표적인 함수로서 사인 또는 코사인 함수가 있다. 예를 들면

$$\frac{d}{dt}\cos wt = -w\sin wt$$

또한

$$\frac{d^2}{dt^2}\cos wt = \frac{d}{dt}(-w\sin wt) = -w^2\cos wt$$

코사인(또는 사인) 함수의 이차미분은 그 함수에 음의 상수 $-w^2$을 곱한 값과 같게 되는데 이러한 성질은 각 함수에 임의의 상수를 곱해도 변하지 않는다. 따라서 사인 또는 코사인 함수에 상수 x_m을 곱하여 식 (9−5)의 해인 x로 택하면 x_m은 x의 최대치(운동의 진폭)가 된다. 식 (9−5)의 해를 다음과 같이 나타낼 수 있다.

$$x = x_m\cos(wt+\phi) \tag{9−6}$$

그런데

$$x_m\cos(wt+\phi) = x_m\cos\phi\cos wt - x_m\sin\phi\sin wt$$
$$= a\cos wt + b\sin wt$$

와 같이 풀어 쓸 수 있으므로 상수 ϕ는 식 (9−5)의 해인 x를 사인과 코사인 함수가 조합된 형태로 표시되게 하는 역할을 한다.

식 (9－6)에서 미지의 상수 x_m, w, ϕ 등을 식 (9－5)로부터 결정할 수 있다. 이를 위해 식 (9－6)의 2차 미분을 구하면

$$\frac{dx}{dt} = -wx_m\sin(wt+\phi)$$

즉,

$$\frac{d^2x}{dt^2} = -w^2x_m\cos(wt+\phi)$$

이것을 식 (9－5)에 대입하면 다음의 관계식을 얻는다.

$$-w^2x_m\cos(wt+\phi) = -\frac{k}{m}x_m\cos(wt+\phi)$$

따라서

$$w^2 = \frac{k}{m} \qquad\qquad (9-7)$$

이상으로부터 식 (9－7)의 관계식을 만족하면 식 (9－6)은 단조화진동방정식의 해가 됨을 알 수 있다. 그러나 상수 x_m, ϕ 등은 위의 계산과정에 의해서도 결정되지 않고 미지의 상수로 남는다. 따라서 식 (9－6)의 해는 상수 x_m, ϕ가 어떤 값을 갖더라도 식 (9－5)를 만족하는데 이는 w가 같은 여러 종류의 운동이 가능하다는 것을 의미한다. x_m과 ϕ는 운동의 초기 조건에 의해 개별적으로 결정된다.

상수 w의 물리적 의미를 파악하기 위하여 식 (9－6)에서 시간 t를 $2\pi/w$만큼 증가시켜 보면 함수 x는 다음과 같이 된다.

$$x = x_m\cos[w(t+2\pi/w)+\phi]$$
$$= x_m\cos(wt+2\pi+\phi)$$
$$= x_m\cos(wt+\phi)$$

즉, $2\pi/w$의 시간이 지날 때마다 x값이 반복되므로 $2\pi/w$는 운동의 주기, 즉 T가 되며 $w^2 = k/m$의 관계식으로부터

$$T = \frac{2\pi}{w} = 2\pi\sqrt{\frac{m}{k}} \qquad\qquad (9-8)$$

따라서 식 (9－5)에 의해 표현되는 모든 운동은 같은 진동주기를 가지고 있으며 그 주기는 진동하는 질점의 질량 m과 용수철상수 k에 의해 결정된다. 진동자의 진동수 ν는 단위시간당 진동(complete vibration)의 개수로서 다음과 같이 주어진다.

$$\nu = \frac{1}{T} = \frac{1}{2\pi}\sqrt{\frac{k}{m}} \qquad\qquad (9-9)$$

따라서

$$\omega = 2\pi\nu = \frac{2\pi}{T} \qquad\qquad (9-10)$$

여기서 ω는 '각진동수(angular frequency)'라고 하며 진동수 ν와 2π만큼의 인수(factor) 차이가 있다. ω의 차원은 시간의 역수로서 각속도의 차원과 같다.

상수 x_m은 다음과 같은 물리적인 의미를 가지고 있다. 코사인 함수의 값이 -1에서 $+1$까지이므로 평형점($x=0$)으로부터의 변위인 x의 최대치는 식 ($9-6$)에서 알 수 있듯이 x_m이 된다.

따라서 x_m을 그 운동의 진폭(amplitude)이라고 하며 식 ($9-4$)에 의해서는 그 값이 고정되지 않으므로 진동수와 주기가 같더라도 진폭이 다른 여러 종류의 운동이 가능하다.

즉, "단조화운동의 진동수는 진폭에 의존하지 않는다." 식 ($9-6$)에서 $(wt+\phi)$는 위상(phase), ϕ는 위상상수(phase constant)로 불린다. 두 종류의 운동이 서로 진폭과 진동수가 같을지라도 위상이 다를 수 있다. 예를 들어 $\phi = -\pi/2 = -90°$라고 하면

$$x = x_m\cos(wt+\phi) = x_m\cos(wt-90°)$$
$$= x_m\sin wt$$

가 되므로 $t=0$에서 변위가 0이 된다. 또한 $\phi=0$이라면 변위 $x = x_m\cos wt$는 $t=0$에서 최대치 x_m을 갖는다. 따라서 위상의 값이 달라지면 변위의 초기치도 달라짐을 알 수 있는데 예제 3에 변위와 속도의 초기치로부터 x_m과 ϕ를 구하는 방법이 설명되어 있다. 두 개의 초기조건으로부터 x_m과 ϕ를 정확히 구할 수 있다(다만 ϕ의 값은 2π의 임의의 배수만큼 커지거나 줄어들 수 있으나 운동을 전혀 변화시키지는 않는다.).

진동하는 질점의 변위, 속도 및 가속도가 서로 상관관계를 가지고 있다는 점도 단조화운동의 주요 특성 중의 하나이다. 세 종류의 물리량을 비교하기 위해서 시간 t에 대한 변위 x, 속도 $v = dx/dt$ 및 가속도 $a = dv/dt = d^2x/dt^2$의 변화곡선이 **그림 9-5**에 각각 그려져 있다. 이 곡선들의 관계식은 다음과 같다.

$$x = x_m\cos(wt+\phi)$$
$$v = \frac{dx}{dt} = -wx_m\sin(wt+\phi)$$
$$a = \frac{dv}{dt} = -w^2x_m\cos(wt+\phi) \qquad\qquad (9-11)$$

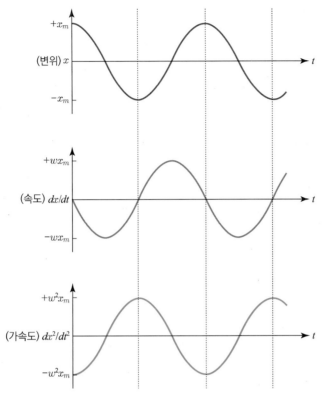

그림 9-5 식 (9 − 11)에 의한 단조화 운동자의 변위, 속도 및 가속도

그림 **9-5**에서는 단순한 비교를 위해서 단위가 생략되어 있으며 $\phi = 0$일 때의 곡선이 그려져 있다. 변위, 속도 및 가속도가 모두 단조화진동의 형태를 보이고 있으며 최대변위(진폭)는 x_m, 최대속도(속도진폭)는 wx_m, 최대가속도(가속도진폭)는 $w^2 x_m$임을 확인할 수 있다. 변위가 양의 방향에서 최대일 때 속도의 방향이 바뀌어야 하므로 속력은 0이다. 바로 이 점에서 가속도의 크기는 복원력과 마찬가지로 최댓값을 가지나 그 방향은 변위와 정반대이다. 변위가 0일 때 질점의 속력은 최대이고 가속도는 0이 되는데 이는 복원력이 0이라는 점과 일치한다. 속력은 질점이 평형점으로 움직임에 따라 증가하며 반대로 최대변위 쪽으로 움직임에 따라 감소한다. **그림 9-2**와 **그림 9-5**를 비교하면 유사점과 차이점을 확인할 수가 있다.

예제 1. 수직으로 매달려 있는 임의의 용수철에 질량 $M = 1.65\,\text{kg}$인 물체를 달면 용수철의 길이가 $7.33\,\text{cm}$ 늘어난다. 다음엔 용수철을 수평면 위에 설치하고 질량 $m = 2.43\,\text{kg}$인 블록(block)을 용수철에 달아 놓았다. 블록은 그림 **9-4**에서 보는 바와 같이 마찰이 없는 수평면을 자유로이 움직일 수 있다. (a) 용수철상수 k, (b) 용수철을 $11.6\,\text{cm}$ 늘리는 데 필요한 수평력(horizontal force), (c) 블록을 $11.6\,\text{cm}$ 만큼 움직인 후 놓았을 때 진동하는 물체의 주기를 각각 계산하라.

풀이 (a) 매달려 있는 물체가 평형상태에 있을 때 용수철의 힘 kx와 물체의 무게 Mg가 균형을 이루므로

$$kx = Mg$$
$$k = Mg/x = (1.65\ \text{kg})(9.80\ \text{m/s}^2)/(0.0733\ \text{m}) \simeq 221\ \text{N/m}$$

(b) 식 (9−2)의 Hooke의 법칙과 (a)의 결과로부터

$$F = kx = (221\ \text{N/m})(0.116\ \text{m}) \simeq 25.6\ \text{N}$$

(c) 식 (9−8)로부터

$$T = 2\pi\sqrt{\frac{m}{k}} = 2\pi\sqrt{\frac{2.43\ \text{kg}}{221\ \text{N/m}}} = 0.6589\ \text{s} \simeq 659\ \text{ms}$$

9-4 단조화진동에서의 에너지보존

마찰력과 같은 에너지 소모성(dissipative) 힘이 전혀 작용하지 않는 조화운동(단조화운동 포함)에 대해서 총 역학적에너지 $E(=K+U)$는 보존된다(일정하다). 단조화운동에 대해서 에너지보존법칙을 자세히 검토하기 위해서 식 (9−6)의 변위 x로부터 퍼텐셜 에너지 U를 구하면 다음과 같다.

$$U = \frac{1}{2}kx^2 = \frac{1}{2}kx_m^2\cos^2(wt+\phi) \tag{9-12}$$

따라서 퍼텐셜 에너지는 시간에 따라 진동하며 최대치인 $\frac{1}{2}kx_m^2$과 0 사이에서 그 크기가 변한다(**그림 9-6**). 운동에너지 K는 $\frac{1}{2}mv^2$이므로 식 (9−11)로부터 v를 대입하고 w^2에 대한 식 (9−7)의 관계식을 이용하면

$$K = \frac{1}{2}mv^2$$
$$= \frac{1}{2}m\,w^2x_m^2\sin^2(wt+\phi)$$
$$= \frac{1}{2}kx_m^2\sin^2(wt+\phi) \tag{9-13}$$

즉, 퍼텐셜 에너지와 마찬가지로 운동에너지도 시간에 따라 진동하며 **그림 9-6**에서 보는 바와 같이 최대치인 $\frac{1}{2}kx_m^2$과 0 사이에서 그 크기가 변한다. 운동에너지와 퍼텐셜 에너지의 진동수는 변위 또는 속도 진동수의 두 배임을 유의하라.

총 역학적에너지는 식 (9-12), (9-13)으로부터

$$E = K + U = \frac{1}{2}kx_m^2\sin^2(wt+\phi) + \frac{1}{2}kx_m^2\cos^2(wt+\phi)$$

$$= \frac{1}{2}kx_m^2 \tag{9-14}$$

따라서 다른 보존력의 경우와 마찬가지로 총 역학적에너지는 일정하며 그 값은 $\frac{1}{2}kx_m^2$ 임을 알 수 있다. 최대변위점에서 운동에너지는 0이나 퍼텐셜 에너지는 $\frac{1}{2}kx_m^2$이며 반대로 평형점에서는 퍼텐셜 에너지가 0이고 운동에너지는 $\frac{1}{2}kx_m^2$이다. 그 외 다른 점에서는 퍼텐셜 에너지와 운동에너지가 각각 임의의 값을 가지게 되지만 그 합은 항상 $\frac{1}{2}kx_m^2$이다. 총 에너지상수 E는 **그림 9-6**에 표시되어 있으며 단조화운동을 수행하는 질점에 대한 E값은 진폭의 제곱에 비례함을 알 수 있다. 한 주기 동안의 평균 운동에너지는 정확히 평균 퍼텐셜 에너지와 같으며 그 값은 총 에너지의 $\frac{1}{2}$, 즉 $\frac{1}{4}kx_m^2$이 된다(연습문제 11).

식 (9-14)를 일반적으로 다음과 같이 쓸 수 있다.

$$K + U = \frac{1}{2}mv^2 + \frac{1}{2}kx^2 = \frac{1}{2}kx_m^2 \tag{9-15}$$

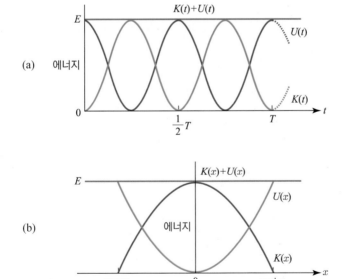

그림 9-6 단조화운동을 하는 질점의 퍼텐셜 에너지 U, 운동에너지 K 및 총 역학적에너지 E가 (a) 시간 (b) 변위의 함수로 표시되어 있다.

이 관계식으로부터 $v^2 = (k/m)(x_m^2 - x^2)$의 식을 얻을 수 있으며 다음과 같이 바꿔 쓸 수 있다.

$$v = \frac{dx}{dt} = \pm \sqrt{\frac{k}{m}(x_m^2 - x^2)} \qquad (9-16)$$

따라서 속력은 평형점($x = 0$)에서 최대이고 최대변위점($x = \pm x_m$)에서 0임을 알 수 있다. 또한 에너지보존법칙인 식 (9-15) $\left(\frac{1}{2}kx_m^2 = E\right)$에서 출발하여 식 (9-16)을 적분함으로써 변위 x를 시간의 함수로 구할 수 있는데, 그 결과는 운동방정식인 식 (9-4)로부터 찾아낸 식 (9-6)과 동일하게 된다(연습문제 10).

예제 2. 예제 1에서 블록을 x의 양의 방향으로 평형점에서 11.6 cm만큼 이동시킨 후 놓았을 때 (a) 블록-용수철 계에 저장된 총에너지, (b) 블록의 최대속도, (c) 최대가속도, (d) 블록을 $t = 0$에서 놓았다고 할 때 $t = 0.215$초에서의 위치, 속도 및 가속도를 각각 계산하라.

풀이 (a) 진폭 $x_m = 0.116$ m이므로 식 (9-14)로부터 에너지는

$$E = \frac{1}{2}kx_m^2 = \frac{1}{2}(221\,\text{N/m})(0.116\,\text{m})^2 = 1.49\,\text{J}$$

(b) 최대 운동에너지는 총 에너지와 같다. 즉, $U = 0$일 때 $K = K_{max} = E$, 따라서 최대속도는

$$v_{max} = \sqrt{\frac{2K_{max}}{m}} = \sqrt{\frac{2(1.49\,\text{J})}{2.43\,\text{kg}}} = 1.11\,\text{m/s}$$

(c) 최대가속도는 놓는 순간, 즉 힘이 최대일 때의 값이므로

$$a_{max} = \frac{F_{max}}{m} = \frac{kx_m}{m} = \frac{(221\,\text{N/m})(0.116\,\text{m})}{2.43\,\text{kg}} = 10.6\,\text{m/s}^2$$

(d) 예제 1의 주기로부터 각진동수는

$$w = \frac{2\pi}{T} = \frac{2\pi}{0.6589\,\text{s}} = 9.536\,\text{rad/s}$$

$t = 0$에서 최대변위 $x_m = 0.116$ m이므로 x는 식 (9-6)에 $\phi = 0$을 대입하여 다음과 같이 나타낼 수 있다.

$$x(t) = x_m \cos wt$$

$t = 0.215$초에서는

$$x = (0.1161\,\text{m})\cos[(9.536\,\text{rad/s})(0.215\,\text{s})] = -0.0535\,\text{m}$$

식 (9-11)로부터 $\phi = 0$일 때 $v(t) = -wx_m \sin wt$가 되므로 $t = 0.215$초에서 속도는 다음과 같이 구할 수 있다.

$$v = -(9.536\,\text{rad/s})(0.116\,\text{m})\sin(9.536\,\text{rad/s})(0.215\,\text{s})$$
$$= -0.981\,\text{m/s}$$

가속도는 식 $(9-11)$로부터 항상 $a = -w^2 x$의 관계식을 만족하므로

$$a = -(9.536\,\text{rad/s})^2(-0.0535\,\text{m}) = +4.87\,\text{m/s}^2$$

여기서 구한 결과가 합당한지를 검토해 보도록 하자. $t = 0.25$초는 $T/4 = 0.165$초와 $T/2 = 0.330$초 사이의 값이므로 블록이 $x = +0.116\,\text{m}$에서 출발한다면 $T/4$에서 평형점을 통과하므로 $t = 0.215$초에서 x값이 음수인 것으로 계산된 것은 타당하다. 또한 그 시점에서 $x = -x_m$인 점으로 움직이고 있으므로 속도는 음의 값이다. 또한 속도가 이미 최대 음의 값을 갖는 점을 지났으므로 가속도는 양의 값임에 틀림없다. 따라서 위에서 구한 결과는 합당한 결과임을 알 수 있다.

예제 3. 예제 1의 블록-용수철 계에서 블록이 평형점에서 x의 양의 방향으로 움직이도록 외부로부터 블록에 힘을 작용시킨다. $t = 0$에서 블록의 변위가 $x = +0.0624\,\text{m}$이고 속도가 $v = +0.847\,\text{m/s}$일 때 외부의 힘이 제거되고 블록은 진동운동을 시작한다. 블록이 진동하는 동안 함수 $x(t)$의 관계식을 구하라.

풀이 예제 2로부터 각진동수 $w = 9.536\,\text{rad/s}$이며 식 $(9-6)$에서 $x(t)$에 대한 일반해는

$$x(t) = x_m \cos(wt + \phi)$$

여기서 x_m과 ϕ를 구하면 문제를 완전히 푸는 셈이다. x_m을 구하기 위해 총 에너지를 구하면 $t = 0$에서

$$E = K + U = \frac{1}{2}mv^2 + \frac{1}{2}kx^2$$

$$= \frac{1}{2}(2.43\,\text{kg})(0.847\,\text{m/s})^2 + \frac{1}{2}(221\,\text{N/m})(0.0624\,\text{m})^2$$

$$= 0.872\,\text{J} + 0.430\,\text{J} = 1.302\,\text{J}$$

식 $(9-15)$에 의해서 위의 값을 $\frac{1}{2}kx_m^2$과 같게 놓으면

$$x_m = \sqrt{\frac{2E}{k}} = \sqrt{\frac{2(1.302\,\text{J})}{221\,\text{N/m}}} = 0.1085\,\text{m}$$

위상을 구하기 위해서 $t = 0$을 $x(t)$에 대입하면

$$x(0) = x_m \cos\phi$$

$$\cos\phi = \frac{x(0)}{x_m} = \frac{+0.0624\,\text{m}}{0.1085\,\text{m}} = +0.5751$$

0에서 2π 범위 내에서 $\cos\phi$의 값이 $+0.5751$이 될 때 ϕ값은 $\phi = 54.9°$ 또는 $305.1°$의 두 가지 값이 가능하다. 이 두 값은 모두 위치의 초기 조건은 만족하지만 다음 계산에서 알 수 있듯이 둘 중 한 값만이 속도의 초기 조건을 만족한다. 즉,

$$v(0) = -wx_m\sin\phi = -(9.536\,\text{rad/s})(0.1085\,\text{m})\sin\phi$$

$$= -(1.035\,\text{m/s})\sin\phi$$

$$= -0.847\,\text{m/s} \ \ \text{for} \ \phi = 54.9°$$

$$= +0.847\,\text{m/s} \ \ \text{for} \ \phi = 305.1°$$

따라서 $\phi = 305.1° = 5.33 \, \text{rad}$가 맞는 위상값임을 알 수 있다. 이상으로부터

$$x(t) = 0.109 \cos(9.54t + 5.33)$$

여기서 x와 t의 단위는 각각 미터와 초이다.

9-5 단조화운동의 응용

1. 비틀림진자(torsional oscillator)

그림 9-7은 비틀림진자의 일종으로서 원판의 중심에 연결된 끈 또는 고정된 클램프에 매달린 형태를 하고 있다. 원판이 평형상태에 있을 때 중심 O점으로부터 원주상의 한 점인 P점까지 반경이 그어져 있다. 기준선 OP가 OQ지점까지 움직이도록 원판을 회전시키면 끈은 비틀리게 된다.

비틀린 끈은 기준선이 처음의 평형점으로 되돌아가도록 원판에 복원의 토크(restoring torque)를 발생시킨다. 비틀림이 작은 경우에는 복원의 토크가 각변위에 비례한다는 사실이 발견되어 있다(Hooke의 법칙). 즉,

$$\tau = -\kappa\theta \tag{9-17}$$

여기서 κ(로마자 kappa)는 끈의 성질에 의존하는 상수로서 비틀림상수(torsional constant)라고 부르며, 음의 부호는 토크와 각변위 θ가 서로 반대 방향임을 의미한다. 식 (9-17)은 '단조화각운동'의 조건을 나타낸다.

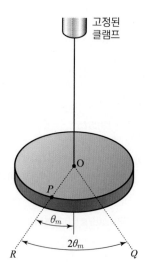

그림 9-7 비틀림진자

위와 같은 물리계에 대한 운동방정식은 각운동에 대한 Newton의 제2법칙에 기초를 두고 있다. 즉,

$$\tau = I\alpha = I\frac{d^2\theta}{dt^2} \qquad (9-18)$$

따라서 식 (9 – 17)로부터

$$-\kappa\theta = I\frac{d^2\theta}{dt^2}$$

또는

$$\frac{d^2\theta}{dt^2} = -\left(\frac{\kappa}{I}\right)\theta \qquad (9-19)$$

단조화각운동의 관계식인 식 (9 – 19)는 단조화선형운동의 관계식인 식 (9 – 5)와 매우 유사한 형태를 가지고 있음을 알 수 있는데 수학적으로는 동일한 방정식이다. 따라서 각변위 θ를 선형변위 x에, 관성모멘트 I를 질량 m에, 그리고 비틀림상수 κ를 용수철상수 k에 각각 대응시키면 식 (9 – 19)의 해를 다음과 같이 구할 수 있다.

$$\theta = \theta_m \cos(wt + \phi) \qquad (9-20)$$

여기서 θ_m은 최대각변위, 즉 각진동의 진폭이며 w는 각속도가 아니라 각진동수를 의미한다. 즉, 식 (9 – 20)에서 $w \neq d\theta/dt$이다. **그림 9-7**에서 원판은 $\theta = 0$인 평형점을 중심으로 진동하므로 총 각변위는 $2\theta_m(OQ$에서 OR까지)이며 주기는 식 (9 – 8)과 마찬가지로 다음과 같이 나타낼 수 있다.

$$T = 2\pi\sqrt{\frac{I}{\kappa}} \qquad (9-21)$$

T, I, κ의 세 변수 중 어느 두 변수를 실험적으로 또는 이론적으로 구하면 나머지 변수의 물리량은 식 (9 – 21)에 의해 쉽게 계산된다. 비틀림진자를 응용한 예로서 만유인력상수 G값을 측정하는 데 사용된 Cavendish 저울(10장)과 가는 나선형 용수철에 의해 복원의 토크가 공급되는 손목시계 등이 있으며, κ값이 알려진 끈은 검류계 등의 전기기구에 사용된다.

2. 단진자(Simple pendulum)

단진자는 이상적으로 단순화된 기구로서 가볍고 늘어나지 않는 줄에 질점이 매달려 있는 형태를 하고 있다. 평형점에서 한쪽으로 질점을 잡아당긴 후 놓으면 진자는 중력에 의해서 수직평면상에서 주기적인 진동을 하게 된다.

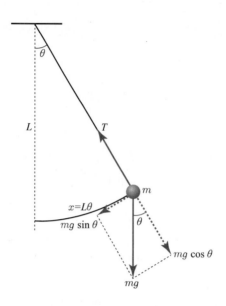

그림 9-8 단진자

그림 9-8은 줄의 길이가 L, 질점이 m인 단진자의 줄이 임의의 순간에 수직기준선과 θ의 각을 이루고 있음을 보여 준다. 두 종류의 힘, 즉 질점의 무게 mg와 줄의 장력 T가 질점에 작용하고 있으며 반경이 L인 원주상에서 반복운동이 이루어지고 있으므로 원의 접선과 반지름을 서로 수직인 두 개의 좌표축으로 선택하면 무게 mg는 반지름 방향의 성분 $mg\cos\theta$, 접선 방향의 성분 $mg\sin\theta$로 분해된다. 반지름 방향의 힘성분은 줄의 장력에 의해서 상쇄되고 접선 방향의 힘성분은 복원력으로서 질점이 평형점으로 되돌아 가도록 작용한다. 즉, 복원력은

$$F = -mg\sin\theta \tag{9-22}$$

여기서 음의 부호는 F의 방향이 θ가 증가하는 방향과 반대임을 의미한다.

식 (9-22)에서 복원력이 변위 θ에 비례하지 않고 $\sin\theta$에 비례하기 때문에 단진자는 엄밀히 말해서 단조화운동을 하는 것은 아니다. 그러나 θ가 매우 작을 경우 $\sin\theta$는 θ의 단위가 라디안일 때 근사적으로 θ와 같게 되는데, 예를 들면 $\theta = 5°(0.0873\,\text{rad})$일 때 $\sin\theta = 0.0872$로서 단지 0.1% 정도의 차이가 날 뿐이다. 원주상에서의 변위 $x = L\theta$이며 매우 작은 각에 대해 $\sin\theta \fallingdotseq \theta$라고 가정할 수 있으므로 다음의 관계식을 구할 수 있다.

$$F = -mg\theta = -mg\frac{x}{L} = -\left(\frac{mg}{L}\right)x \tag{9-23}$$

위 식에서 보는 바와 같이 변위가 작을 때 복원력은 $F = -kx$의 형태로서 단조화운동의 필수조건을 만족한다. 따라서 상수 k는 mg/L이 되므로 식 (9-8)에 $k = mg/L$을 대입함으로써 다음과 같이 주기를 구할 수 있다.

$$T = 2\pi \sqrt{\frac{m}{k}} = 2\pi \sqrt{\frac{m}{mg/L}}$$

즉,

$$T = 2\pi \sqrt{\frac{L}{g}} \qquad\qquad (9-24)$$

여기서 주기는 질점의 질량에 의존하지 않는다는 사실에 유의할 필요가 있다.

단진자 시계가 정확하게 작동하려면 마찰에 의한 에너지 감소에도 불구하고 진자운동의 진폭이 항상 일정하게 유지되어야 한다. 따라서 시계 내부에는 마찰에 의한 진폭 감소를 보상할 수 있는 장치가 내장되어 있다. 식 (9−24)에서 T와 L을 측정하면 g를 계산할 수 있기 때문에 단진자는 중력가속도를 측정하는 실험장치로도 사용되는데 보통 0.001% 오차한도까지 측정이 가능하다.

3. 물리진자(physical pendulum)

임의의 강체(rigid body)가 축에 매달려 그 축에 수직인 평면상에서 왕복운동을 하는 형태의 진자를 물리진자라고 한다. 물리진자는 모든 형태의 진자를 포함하는데 무게가 없는 줄에 질점이 매달려 있는 단진자는 물리진자의 특수한 형태로 볼 수 있다.

그림 9-9는 P점을 통과하며 마찰이 없는 수평 회전축을 중심으로 평형점으로부터 θ만큼 회전되어 있는 강체를 나타낸다. 평형점에서는 강체의 무게중심인 C점이 P점으로부터 아래쪽으로 그은 수직선상에 위치하게 된다.

거리 PC를 d, 회전축을 기준으로 한 관성모멘트를 I라고 하면 각변위 θ에 대한 복원의 토크는 무게의 접선성분으로부터 다음과 같이 구할 수 있다.

$$\tau = -Mgd\sin\theta \qquad\qquad (9-25)$$

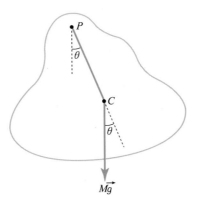

그림 9-9 물리진자

단진자의 경우와 마찬가지로 각변위가 작을 때는 $\sin\theta \fallingdotseq \theta$이므로

$$\tau = -Mgd\theta \tag{9-26}$$

식 (9-17)과 비교하면 $\kappa = Mgd$에 해당하므로 주기는 식 (9-21)로부터

$$T = 2\pi\sqrt{\frac{I}{Mgd}} \tag{9-27}$$

식 (9-27)을 관성모멘트 I에 대해서 풀면

$$I = \frac{T^2 Mgd}{4\pi^2}$$

여기서 우변의 모든 물리량은 측정이 가능하기 때문에 임의의 형태를 가진 강체를 무게중심을 통과하지 않는 임의의 회전축에 매달아 물리진자를 만들면 그 축에 대한 관성모멘트를 구할 수 있다. 단진자는 물리진자의 특수한 형태이므로 이를 확인하기 위해 물체가 회전축에서 멀리 떨어져 길이가 L이고 무게가 없는 줄에 매달려 있다고 가정하면 $I = ML^2$ 그리고 $d = L$이 되므로

$$T = 2\pi\sqrt{\frac{I}{Mgd}} = 2\pi\sqrt{\frac{ML^2}{MgL}} = 2\pi\sqrt{\frac{L}{g}}$$

로 계산되어 단진자의 주기가 됨을 알 수 있다.

예제 4. 질량 $M = 0.112\,\text{kg}$이고 길이 $L = 0.096\,\text{m}$인 얇고 균일한 막대가 그 중심을 수직으로 지나는 줄에 매달려 있다. 줄을 비틀어서 막대가 비틀림진동을 하게 한 후 측정한 주기 값은 2.14초이다. 또한 정삼각형 모양의 납작한 물체를 그 중심을 지나는 줄에 매달아 마찬가지로 측정한 주기 값은 5.83초이다. 삼각형 물체의 관성모멘트를 구하라.

풀이 막대의 관성모멘트는 $ML^2/12$이므로

$$I_{\text{rod}} = \frac{(0.112\,\text{kg})(0.096\,\text{m})^2}{12} = 8.60 \times 10^{-5}\,\text{kg}\cdot\text{m}^2$$

식 (9-21)로부터

$$\frac{T_{\text{rod}}}{T_{\text{triangle}}} = \left(\frac{I_{\text{rod}}}{I_{\text{triangle}}}\right)^{\frac{1}{2}} \quad \text{또는} \quad I_{\text{triangle}} = I_{\text{rod}}\left(\frac{T_{\text{triangle}}}{T_{\text{rod}}}\right)^2$$

따라서 관성모멘트는 다음과 같다.

$$I_{\text{triangle}} = (8.60 \times 10^{-5}\,\text{kg}\cdot\text{m}^2)\left(\frac{5.83\,\text{s}}{2.14\,\text{s}}\right)^2 = 6.38 \times 10^{-4}\,\text{kg}\cdot\text{m}^2$$

예제 5. (a) 다음 그림에서 보는 바와 같이 균일한 원판이 그 가장자리를 통과하는 축에 수직으로 매달려 진폭이 작은 진동을 할 때 그 주기를 구하라.

(b) 축으로부터 일정한 거리만큼 떨어진 점에 원판의 모든 질량이 모여서 줄에 매달려 원판형 물리진자와 같은 주기의 단진자를 이룰 때 단진자의 길이를 구하라.

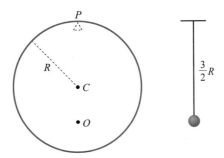

원판이 원주상의 한 점을 지나는 축을 중심으로 진동하는 물리진자와 같은 주기를 갖는 단진자

풀이 (a) 무게중심을 통과하는 축에 대한 원판의 관성모멘트는 반경이 R이고 질량이 M일 때 $\frac{1}{2}MR^2$으로 주어진다. 평행축의 정리를 이용하여 가장자리축에 대한 관성모멘트는 다음과 같이 구할 수 있다.

$$I = \frac{1}{2}MR^2 + MR^2 = \frac{3}{2}MR^2$$

물리진자에 대한 주기를 구하기 위해 식 (9−27)에서 $d = R$을 대입하면

$$T = 2\pi\sqrt{\frac{I}{MgR}} = 2\pi\sqrt{\frac{3}{2}\frac{MR^2}{MgR}} = 2\pi\sqrt{\frac{3}{2}\frac{R}{g}}$$

여기서 T는 원판의 질량에 의존하지 않음을 알 수 있다.

(b) 물리진자에 상응하는 단진자의 길이를 구하기 위해 주기를 서로 같게 하면

$$T = 2\pi\sqrt{\frac{L}{g}} = 2\pi\sqrt{\frac{I}{MgR}}$$

즉,

$$L = \frac{I}{MR} = \frac{3}{2}R$$

따라서 원판형 물리진자에 상응하는 단진자의 길이는 원판 반경의 $\frac{3}{2}$이다.

9-6 단조화운동과 등속원운동

그림 9-10은 질점 A가 w의 각속도로 반경이 R인 원주상에서 균일한 원운동을 하고 있음을 나타낸다. $t = 0$일 때 **그림 9-10(a)** 반경 OA는 x축과 ϕ의 각을 이루고 있다.

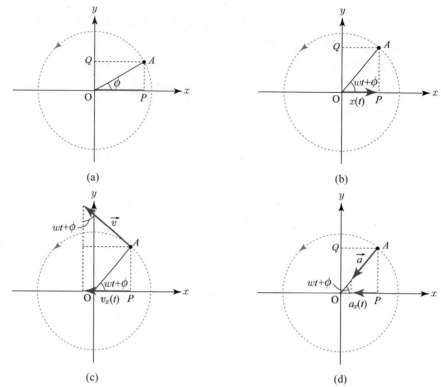

그림 9-10 반경이 R인 원주상에서 등속원운동을 하는 점 A와 단조화운동을 하는 A의 x축 투영점 P

임의의 시간 t에서[**그림 9-10(b)**] 반경 OA는 x축과 $wt+\phi$의 각을 이루고 있으며 OA가 x축상에 투영된 길이인 OP(달리 표현하면 OA에 상당하는 반지름 벡터의 x성분)는 다음과 같다.

$$x(t) = R\cos(wt+\phi) \qquad (9-28)$$

이 식은 물론 단조화운동의 관계식인 식 $(9-6)$에서 x_m에 R을 대입한 경우와 동일하다.

P를 A가 x축상에 투영된 점이라고 하면 P는 x축에서 단조화운동을 한다. **그림 9-10(c)**에 표시된 임의의 시간 t에서의 순간속도 v의 크기는 등속원운동에서의 접선속도인 wR이므로 P의 x방향 속도를 나타내는 v의 x성분은 다음과 같다.

$$v_x(t) = -wR\sin(wt+\phi) \qquad (9-29)$$

구심가속도의 크기는 w^2R이므로 A의 가속도 x성분은 **그림 9-10(d)**에 표시한 바와 같이

$$a_x(t) = -w^2R\cos(wt+\phi) \qquad (9-30)$$

식 $(9-29)$, $(9-30)$은 단조화운동에 대한 관련식인 식 $(9-11)$에서 x_m 대신에 R을 대입한 결과와 동일하다. 따라서 등속원운동을 투영시킨 운동과 단조화운동에 대한 변위, 속도 및 가속도는 각각 서로 같다는 것을 알 수 있다.

위에서의 논리전개 과정을 역으로 하여 단조화운동자의 변위에 관한 식인 식 (9−28)을 벡터의 끝이 원주상을 일정한 속도로 움직이는 임의의 벡터에 대한 x성분이라고 할 수 있으므로 벡터의 y성분을 구하면 벡터를 완전히 표시하게 된다. **그림 9-10(a)**와 **9-10(b)**에 표시되어 있듯이 OA가 y축상에 투영된 길이인 OQ가 y성분이므로

$$y(t) = R\sin(wt+\phi) \qquad\qquad (9-31)$$

따라서 등속원운동을 y방향에 따라 투영시킨 운동도 역시 단조화운동을 하며 이러한 결과는 어느 방향에 따라 투영시켜도 변하지 않는다. 식 (9−28), (9−31)로부터 $x^2+y^2=R^2$의 관계식을 만족하므로 예상한 대로 원운동을 만족하고 있다는 것을 확인할 수 있다. 뿐만 아니라 속도와 가속도의 y성분을 각각 구하면 $v_x^2+v_y^2=(wR)^2$과 $a_x^2+a_y^2=(w^2R)^2$의 관계식을 쉽게 얻을 수 있다. 삼각함수의 관계식인 $\sin\theta=\cos(\theta-\pi/2)$로부터 식 (9−31)은 다음과 같이 바꿔 쓸 수 있다.

$$y(t) = R\cos(wt+\phi-\pi/2) \qquad\qquad (9-32)$$

따라서 원운동을 서로 수직이며 진폭과 진동수는 같으나 위상이 90° 차이가 나는 두 개의 단조화운동이 조합된 운동으로 간주할 수 있다.

예제 6. 수평방향의 단조화운동을 하는 물체가 다음의 운동방정식을 만족한다.

$$x = 0.35\cos(8.3t)$$

여기서 x와 t의 단위는 각각 미터와 초이다. 이 식은 등속원운동이 수평축상의 직경을 따라서 투영된 운동을 표시하는 식이기도 하다.

(a) 이 운동에 상응하는 등속원운동의 성질을 규명하라.

(b) 물체가 시작점으로부터 운동의 중심방향으로 움직여서 그 양 지점의 중간에 도달하는 데 걸리는 시간을 기준점의 운동을 고려하여 구하라.

풀이 (a) 원운동의 x성분은

$$x = R\cos(wt+\phi)$$

이므로 이 식과 문제에서 주어진 식을 비교하면 $R=0.35\,\mathrm{m}$, $\phi=0$, $w=8.3\,\mathrm{rad/s}$ 임을 쉽게 알 수 있다.

(b) 물체가 중간지점에 이르면 기준점 A는 **그림 9-10**에서 보듯이 $wt=\pi/3=60°$가 되는 점에 도달하게 된다. 각속도가 8.3 rad/s 이므로 걸리는 시간은 다음과 같다.

$$t = \frac{60°}{w} = \frac{\pi/3\ \mathrm{rad}}{8.3\ \mathrm{rad/s}} \simeq 0.13\ \mathrm{s}$$

운동방정식으로부터도 시간을 계산할 수가 있는데

$$x = 0.35 \cos\left(8.3t\right) \text{ 이고 } x = \frac{1}{2}R = \frac{1}{2}(0.35)$$

이므로

$$\frac{1}{2} = \cos\left(8.3t\right)$$

즉,

$$8.3t = \cos^{-1}\left(\frac{1}{2}\right) = \frac{\pi}{3}\text{rad}$$

따라서 걸리는 시간은 다음과 같다.

$$t = \frac{\pi/3 \text{ rad}}{8.3 \text{ rad/s}} \simeq 0.13 \text{ s}$$

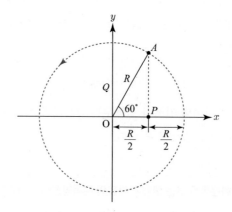

연습문제

01 확성기의 진동판을 이용하여 음악소리를 낼 때 진폭을 $1 \times 10^{-3} \, \text{mm}$ 이하로 제한한다면 진동판의 가속도가 g를 넘을 때 진동수는 얼마인가?

02 물체가 다음 식에 의해 단조화운동을 한다.

$$x(t) = (6 \, \text{m}) \cos\left[(3\pi \, \text{rad/s})t + \pi/3 \, \text{rad}\right]$$

$t = 2 \, \text{s}$일 때 (a) 변위, (b) 속도, (c) 가속도, (d) 위상, (e) 진동수, (f) 주기를 각각 구하라.

03 두 블록($m = 1 \, \text{kg}, \ M = 10 \, \text{kg}$)과 용수철이 그림과 같은 형태로 마찰이 없는 수평면 위에 구성되어 있다. 두 블록 사이에 전혀 미끄러짐이 없으며 마찰계수가 0.4라고 할 때 단조화운동의 최대진폭은 얼마까지 가능한가? ($k = 200 \, \text{N/m}$)

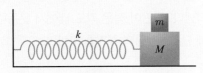

04 수직방향으로 주기 1초의 단조화운동을 하는 피스톤 위에 블록이 있다.

(a) 운동의 진폭이 얼마일 때 블록과 피스톤이 분리되는가?

(b) 피스톤의 진폭이 $5 \, \text{cm}$일 때 블록과 피스톤이 계속 붙은 상태로 운동하기 위한 최대진동수는 얼마인가?

05 단조화진자가 질량이 $2 \, \text{kg}$인 블록과 용수철상수가 $100 \, \text{N/m}$인 스프링으로 구성되어 있다. $t = 1 \, \text{s}$일 때 블록의 위치와 속도가 각각 $x = 0.129 \, \text{m}$, $v = 3.415 \, \text{m/s}$이다. (a) 이때 진폭은 얼마인가? $t = 0$일 때 (b) 위치와 (c) 속도를 구하라.

06 두 입자가 근접한 평행선들을 따라 동일한 진폭과 진동수로 단조화운동을 하고 있다. 각각의 변위가 진폭의 반이 될 때마다 서로 반대방향으로 움직이면서 마주친다고 하면 위상차는 얼마인가?

07 동일한 두 개의 용수철이 질량이 m인 블록과 고정된 지지대에 각각 부착되어 있다. 마찰이 없는 평면에서 진동수는 $\nu = \dfrac{1}{2\pi}\sqrt{\dfrac{2k}{m}}$가 된다는 것을 보여라.

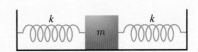

08 조합된 두 개의 용수철(용수철상수는 k)이 질량 m의 블록에 연결되어 있다. 바닥면의 마찰을 무시할 때 m의 진동수는 다음과 같다는 것을 증명하라.

$$\nu = \frac{1}{2\pi}\sqrt{\frac{k}{m}}$$

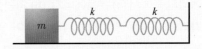

09 5 kg의 물체가 마찰이 없는 수평면 위에서 용수철 상수가 1,000 N/m인 용수철에 붙어 있다. 물체가 평형점에서 수평방향으로 50 cm 늘어나 있다가 10 m/s의 초속도로 평형점으로 되돌아 간다면 (a) 진동수, 블록−용수철 계의 (b) 초기 퍼텐셜 에너지, (c) 초기 운동에너지, (d) 진폭은 각각 얼마인가?

10 식 (9−16)을 dt에 관해서 풀고 그 결과를 적분하여 $t=0$에서 $x=x_m$이라고 가정하면 변위를 시간의 함수로 나타낸 식인 식 (9−6)($\phi=0$인 경우)이 얻어진다는 것을 보여라.

11 (a) 단조화운동에서 운동의 한 주기 동안 시간에 대해서 평균을 취할 때 평균퍼텐셜 에너지는 평균운동에너지와 같으며 그 값이 $\frac{1}{4}kx_m^2$임을 증명하라.

(b) 한 주기 동안 위치에 대해서 평균을 취하면 평균퍼텐셜 에너지는 $\frac{1}{6}kx_m^2$이 되고 평균운동에너지는 $\frac{1}{3}kx_m^2$이 됨을 증명하라.

(c) (a)와 (b)의 결과가 다른 이유를 물리적으로 설명하라.

12 단조화운동에서 변위가 진폭, x_m의 반일 때 총 에너지 중에서 (a) 운동에너지, (b) 퍼텐셜 에너지 각각의 비율은 얼마인가? (c) 변위가 얼마일 때 운동에너지, 위치에너지가 각각 총 에너지의 반반씩이 되는지 진폭의 함수로 나타내라.

13 시계의 평형바퀴가 π rad의 각진폭과 0.5 s의 주기로 진동할 때 (a) 바퀴의 최대 각속력, (b) 변위가 $\pi/2$ rad일 때 바퀴의 각속력, (c) 변위가 $\pi/4$ rad일 때 바퀴의 각가속력의 크기를 각각 구하라.

14 공중그네에 앉아 있는 곡예사가 8.85 s의 주기로 왕복운동을 하고 있다. 곡예사가 일어나면서 그네＋곡예사 계의 질량중심이 35 cm만큼 높아지게 된다면 그 계의 주기는 어떻게 변하는가? (여기서 그네＋곡예사 계를 단진자로 간주한다.)

15 다음 그림은 균일한 원판(질량 M, 반경 R)이 그 중심에서 거리 d만큼 떨어진 지점에 위치한 축에 매달려 수직평면상에서 진동하는 물리진자를 나타낸다. 원판이 작은 각도 내에서 운동한다고 할 때 단조화진동의 주기를 구하라.

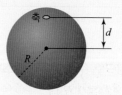

16 진자가 반경이 10 cm이며 질량이 500 g인 균일한 원판과 길이가 50 cm이며 질량이 270 g인 균일한 막대로 구성되어 있다.

(a) 축을 중심으로 운동하는 진자의 관성모멘트는 얼마인가?

(b) 축에서 진자의 질량중심까지의 거리는 얼마인가?

(c) 작은 각도 내에서 운동하는 진동의 주기를 계산하라.

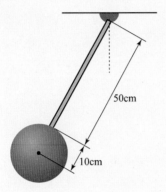

17 길이가 L인 막대가 물리진자로서 O점을 기준으로 진동한다.

(a) 진동축에서 진자의 중력중심까지의 거리인 x와 L을 이용하여 진자의 주기를 나타내는 식을 구하라.

(b) $L = 1\,\mathrm{m}$라고 하면 주기가 $x = 28.87\,\mathrm{cm}$일 때 최솟값을 갖는다는 것을 보여라.

(c) $g = 9.8\,\mathrm{m/s^2}$인 지점에서 최소주기값은 $1.525\,\mathrm{s}$가 된다는 것을 보여라.

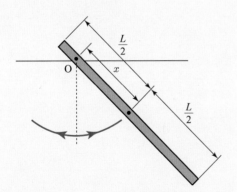

18 길이 L, 질량 m인 단진자가 반경 R인 원형 도로를 v의 등속력으로 회전하는 자동차 안에 매달려 있다. 단진자가 평형점을 기준으로 반지름 방향으로 작은 진동운동을 한다면 진동수는 얼마인가?

19 길이가 R인 단진자에 매달려 있는 추가 원주상을 움직인다. 추가 평형점을 통과할 때 등속원운동(mv^2/R)에 의해 가속된다는 점을 고려하여 평형점에서 줄에 미치는 장력은 각진폭 θ_m이 작을 때 $mg(1+\theta_m^2)$가 됨을 보여라. 다른 지점에서는 장력이 평형점에 비해서 커지는지 또는 작아지는지, 아니면 같은지를 밝혀라.

20 약하게 감쇄되는 진동자의 진폭이 주기마다 3%씩 줄어든다면 각 한 주기 동안 진동하면서 잃는 진동자의 역학적 에너지 비율은 얼마인가?

CHAPTER 10

중력

10-1 중력의 역사

고대 그리스 시대에서부터 과학자들이 해결하려고 노력해 온 주요 과제로서 중력에 관련된 두 가지 문제가 있다. 첫 번째 문제는 지상에서 돌과 같은 물체를 놓으면 땅으로 떨어지려고 한다는 사실이며 두 번째 문제는 당시에 행성으로 분류되었던 태양과 달의 운동과 같은 행성운동을 규명하는 일인데 초기에는 이러한 문제들이 완전히 별개의 문제로 취급되었다. Newton의 위대한 업적 중의 하나는 그 두 문제가 별개의 문제가 아니라 동일한 물리법칙으로 설명된다고 밝힌 점이다.

태양계의 행성운동에 대한 설명을 처음으로 시도한 Ptolemy(Claudius Ptolemaeus, 기원후 2세기경)는 태양계에 대한 지심계(또는 천동설) (geocentric 또는 earth-centered scheme)를 제안했는데 이것은 지구가 중심에 있으며 태양, 달 등의 행성이 지구 주위를 회전한다는 것을 의미한다. 그러나 당시에 지구는 보통 사람들에게도 당연히 중심체로 여겨지고 있었기 때문에 Ptolemy의 설명은 그리 대단한 것이 못되었다.

16세기에 Nicolaus Copernicus(1473~1543)는 천심계(또는 지동설)(heliocentric 또는 sun-centered scheme)를 제안했는데 이것은 지구가 다른 행성과 더불어 태양 주위를 회전한다는 것을 의미한다. 천심계가 지심계에 비해 훨씬 단순해 보였을지라도 그 당시에 즉시 채택되지는 못했다. 그러나 Copernicus에 의해 확립된 태양을 중심으로 한 기준계는 태양계에 관한 현대천문학의 발전을 가져올 수 있었다. Tycho Brahe(1546~1601)의 조수였던 Johannes Kepler(1571~1630)는 Brahe의 관측 결과를 분석하여 행성운동의 규칙성을 발견함으로써 행성운동의 3가지 법칙을 수립하였다(10-6절에서 설명).

Kepler의 법칙은 행성의 운동을 규명하는 데 큰 기여를 하였으나 힘의 작용을 바탕으로 한 이론적인 기초가 없이 관측된 행성의 운동을 단순히 요약한 것으로 경험적인 법칙이다. 따라서 Newton이 자신이 이룩한 운동의 법칙과 행성과 태양 사이에 작용하는 만유인력의 법칙으로부터 Kepler의 법칙을 유도한 것은 매우 위대한 업적이었다. 마찬가지로 Newton은 태양계에서의 행성의 운동과 물체가 지구표면으로 떨어지는 현상을 같은 개념으로 설명함으로써 이전에 개념학문이었던 지구역학과 천체역학을 하나의 이론으로 통일하였다. Copernicus가 세운 업적의 진정한 과학적 의미는 천심계에 의해서 두 개의 개별학문이 하나로 합성되는 길이 열렸다는 점이다. 그 결과, 지심이론으로 설명할 수 없었던 별의 운동, 무역풍현상 등의 여러 가지 물리현상을 지구가 태양 주위를 회전한다는 가정하에서 설명할 수 있게 되었다.

10-2 Newton과 만유인력의 법칙

1665년경 Newton은 적용범위가 달의 궤도까지 확장된 중력의 개념을 도입하기 시작하여 달의 회전이 일정한 궤도상에 있게 하는 데 필요한 힘과 지구표면상에서의 중력을 비교함으로써 두 힘이 매우 유사하다는 것을 발견하였다. **그림 10-1**에서 달과 사과가 각각 지구중력을 받고 있다는 점은 같지만 달은 원궤도를 따라 회전할 수 있는 충분한 크기의 접선속도를 가지고 있다는 점이 다르다. 달의 공전주기와 공전궤도의 반지름으로부터 달의 지구 쪽 방향 가속도는 0.0027 m/s²으로 계산되는데 이 값은 지표면에서의 중력가속도인 g값의 3,600분의 1에 불과하다. Newton은 이와 같은 차이를 설명하기 위해 Kepler의 제3법칙을 응용하여(연습문제 17) 낙하하는 물체의 가속도는 지표면으로부터의 거리제곱에 반비례한다고 가정하였다. 그러나 '지구로부터의 거리'가 지구의 어느 점으로부터의 거리를 의미하는지를 정해야 하는 문제가 발생하게 되었다. Newton은 지구를 구성하는 모든 입자들이 중력에 기여한다고 생각하여 지구의 질량이 모두 그 중심에 모여 있는 것처럼 중력이 작용한다고 과감한 가정을 하였다(이 절의 끝에 요약되어 있음).

이러한 가정을 고려하면 지구표면 근처에서 낙하하는 물체는 지구중심으로부터 지구반지름(6,400 km) 크기 정도의 유효거리만큼 떨어져 있는 셈이 된다. 달은 약 380,000 km 정도 떨어져 있으므로 두 거리의 역제곱의 비는 $(6,400/380,000)^2 \approx 1/3,600$로 계산되어 달과 사과에 대한 상대적인 가속도의 비율과 일치하게 된다.

Newton의 만유인력의 법칙을 다음과 같이 표현할 수 있다.

"우주의 어느 두 입자 사이에도 작용하는 인력의 크기는 그 두 입자의 질량의 곱에 비례하며 그 사이의 거리제곱에 반비례한다. 힘의 방향은 두 입자를 연결하는 직선의 방향과 같다."

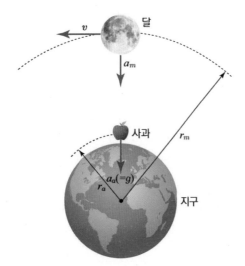

그림 10-1 달과 사과가 지구중심을 향하여 가속되고 있다.

따라서 두 질점 m_1, m_2가 거리 r만큼 떨어져 있을 때 각 질점에 작용하는 중력의 크기 F는

$$F = G\frac{m_1 m_2}{r^2} \tag{10-1}$$

여기서 G를 중력상수(gravitational constant)라고 부르는데 모든 쌍의 입자에 대해 같은 값을 갖는 보편상수(universal constant)이다. 만유인력상수 G는 L^3/MT^2의 차원을 가진 스칼라로서 벡터이며 L/T^2의 차원을 가지고 있는 중력가속도 g와 혼동하지 말아야 한다. 임의의 두 물체에 대한 G값을 실험적으로 결정하면 식 (10-1)에서 같은 G값을 사용하여 다른 어떤 두 물체 사이에 작용하는 중력의 크기를 구할 수 있다. 만유인력의 법칙은 일종의 벡터등식이며 두 물체에 작용하는 중력은 작용-반작용의 쌍을 이루어 Newton의 제3법칙을 만족하게 된다.

이미 앞에서 이용한 바와 같이 구체(solid sphere)에 대한 중력효과는 다음과 같이 요약할 수 있는데 여기서는 증명을 생략하기로 한다. 즉,

"밀도가 균일한 구면껍질(spherical shell)은 그 질량이 모두 중심에 모여 있는 것처럼 외부의 질점에 인력을 미친다."

구체는 매우 많은 수의 구면껍질로 구성되어 있다고 볼 수 있으므로 각각의 구면껍질의 밀도는 서로 다를지라도 한 개의 구면껍질 내에서 밀도가 균일하다면 구체에도 같은 결과를 적용시킬 수 있다. 따라서 지구, 달, 태양과 같은 천체들을 구체로 보는 한 한 개의 질점으로 간주하여 외부 물체에 미치는 중력을 계산할 수 있다. 또한

"균일한 구면껍질은 그 안에 있는 질점에 대해서 전혀 중력을 미치지 못한다."

이것은 질점 m이 구면껍질 안에서 오른쪽에 치우쳐 있다고 가정하면 오른쪽과 왼쪽에 있는 구면껍질상의 질점들에 의해서 m에 작용하는 힘이 서로 반대방향이라는 사실로부터 정성적인 예측이 가능하다. 구면껍질상에서 m을 오른쪽으로 잡아당기는 질점의 양에 비해 더 많은 질점들이 m을 왼쪽으로 잡아당기지만 오른쪽의 질점들은 m에 더욱 가까이에 위치해 있다. 따라서 두 질점 간의 힘이 거리제곱에 반비례한다는 사실로부터 양쪽의 효과가 정확히 상쇄된다.

또한 위의 결과로부터 지구의 밀도가 일정하다고 가정하면 지구가 임의의 질점에 미치는 중력은 그 질점이 지구 안으로 깊이 들어갈수록 지구의 더 많은 부분이 질점의 외부에 위치한 구면껍질들에 있게 되고 이러한 구면껍질이 질점에 미치는 알짜힘은 0이므로 지구중심에서의 중력은 0이 된다. 따라서 g는 지표면에서 최대가 되고 지구밀도가 일정할 때 지표면의 바깥쪽 또는 안쪽으로 갈수록 그 크기가 줄어들게 된다.

예제 1. 다음 그림에서 보는 바와 같이 지구의 지름을 따라서 한쪽 끝에서 다른 쪽 끝까지 터널이 뚫려 있다고 가정할 때 (a) 터널에 물체를 떨어뜨리면 단조화운동을 한다는 것을 보여라. (b) 이 통로를 통해서 우편물을 보낸다면 한쪽 끝에서 다른 쪽 끝까지 도달하는 데 걸리는 시간은 얼마인가?

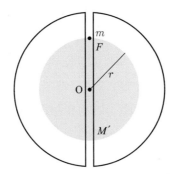

질점이 지구를 관통하는 터널에서 운동한다.

풀이 (a) 지구중심으로부터 r만큼 떨어진 질점에 작용하는 지구중력은 질점의 위치를 기준으로 그 안쪽 지구부분에 의해서만 발생하며 바깥부분은 질점에 전혀 힘을 미치지 못한다. 지구의 밀도가 균일하다고 가정하고 그 값을 ρ라고 하면 지름이 r이고 부피가 V'인 구면체 안쪽의 질량 M'은

$$M' = \rho V' = \rho \frac{4\pi r^3}{3}$$

이 질량이 지구중심에 모여 있는 것으로 간주하여 힘을 구할 수 있으므로 질점 m에 작용하는 힘의 지름성분(radial component)은 다음과 같다.

$$F = -\frac{GM'm}{r^2}$$

여기서 음의 부호는 인력을 의미하며 따라서 지구중심을 향해서 작용한다. M'을 대입하면

$$F = -G\frac{\rho 4\pi r^3 m}{3r^2} = -\left(G\rho \frac{4\pi m}{3}\right)r = -kr$$

여기서 $G\rho 4\pi m/3$은 상수로서 이 값을 k라고 하자. 이 힘은 변위 r에 비례하고 그 반대방향으로 작용하므로 단조화운동의 조건을 정확히 만족하고 있다.

(b) 단조화운동의 주기는 다음과 같다.

$$T = 2\pi \sqrt{\frac{m}{k}} = 2\pi \sqrt{\frac{3m}{G\rho 4\pi m}} = \sqrt{\frac{3\pi}{G\rho}}$$

$\rho = 5.51 \times 10^3 \, \text{kg/m}^3$으로 놓으면

$$T = \sqrt{\frac{3\pi}{G\rho}} = \sqrt{\frac{3\pi}{(6.67 \times 10^{-11} \text{N} \cdot \text{m}^2/\text{kg}^2)(5.51 \times 10^3 \, \text{kg/m}^3)}}$$
$$\simeq 5,060 \, \text{s} \simeq 84.4 \, \text{min}$$

우편전달시간은 반주기에 해당하므로 약 42 min 정도이다. 이 값은 우편량에 관계없이 일정한 값이다.

10-3 만유인력상수 G

식 (10−1)에서 각각의 질량 m_1, m_2와 그 사이의 거리 r이 알려져 있는 물체 사이에 작용하는 힘의 크기를 측정하면 G값을 계산할 수 있다. 그러나 행성이나 항성에 대해 이 식을 적용하려면 각 천체의 질량을 독립적으로 측정할 수 있어야 하기 때문에 불가능하다.

1798년 Henry Cavendish가 매우 가까이 떨어져 있는 두 개의 구 사이에 작용하는 힘을 비틀림진자를 이용하여 측정함으로써 G값을 처음으로 결정하였다. **그림 10-2**에서 보는 바와 같이 각각의 질량이 m인 두 개의 작은 구가 가벼운 막대의 양 끝에 부착되어 있으며 막대의 중심이 막대축에 수직인, 가는 석영섬유줄(fiber)에 매달려 있다. 질량이 M인 두 개의 큰 구가 각각 막대를 사이에 두고 반대쪽의 작은 구와 매우 가까운 위치에 놓여 있다. 큰 구가 A 지점에 있을 때 중력에 의해 작은 구를 끌어당기게 되고 그 결과로 발생한 토오크에 의해 막대가 위에서 볼 때 시계 반대방향으로 회전하여 중력에 의한 토오크와 섬유줄에 의한 복원의 토오크가 균형을 이루는 지점, 즉 평형점에 도달하게 된다. 큰 구가 B 지점에 있을 때는 막대가 시계방향으로 회전하여 새로운 평형점에 도달하게 된다. (AA) 지점으로부터 (BB) 지점까지 섬유줄이 비틀린 각도인 2θ는 섬유줄에 부착되어 있는 작은 거울에서 반사된 빛의 편향 정도를 관찰함으로써 측정할 수 있다. θ값과 섬유줄의 비틀림상수[진동주기를 측정하여 구한다(9-5절)]로부터 토오크를 계산하여 중력을 얻을 수 있으며 두 질점 m, M의 크기 및 각각의 중심 사이의 거리를 측정하면 G를 계산할 수 있다(예제 2). Cavendish가 실험적으로 구한 G값은 원래 $6.75 \times 10^{-11}\,\text{N} \cdot \text{m}^2/\text{kg}^2$이었으나 그 후 약 200년 동안 보다 정밀한 실험이 반복된 결과 현재 인정받고 있는 G값은

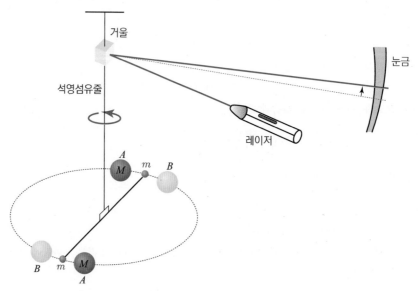

그림 10-2 Henry Cavendish가 구성한 중력상수 G의 측정장치

$$G = 6.67259 \times 10^{-11}\,\text{N} \cdot \text{m}^2/\text{kg}^2$$

이며 오차는 약 1.3% 정도이다.

지구가 지표면의 모든 물체에 강한 중력을 미치고 있는 것은 지구의 질량이 크기 때문인데 지구의 질량은 만유인력의 법칙과 Cavendish의 실험에서 결정된 G값으로부터 구할 수 있다. 지구의 질량을 M_E, 지표면 위에 있는 임의의 물체의 질량을 m이라고 하면 인력은 다음의 두 식으로 주어진다.

$$F = mg \text{와 } F = \frac{Gm\,M_E}{R_E^2}$$

여기서 R_E는 지구의 반경으로서 두 물체 사이의 거리를 나타내며 g는 지표면에서의 중력가속도이다. 이 두 식을 결합하면

$$M_E = g\frac{R_E^2}{G} = \frac{(9.8\,\text{m/s}^2)(6.37 \times 10^6\,\text{m})^2}{6.67 \times 10^{-11}\,\text{N} \cdot \text{m}^2/\text{kg}^2}$$
$$\simeq 5.97 \times 10^{24}\,\text{kg}$$

지구의 질량을 구의 체적으로 나누면 지구의 평균밀도를 구할 수 있는데 그 값은 대략 $5.5\,\text{g/cm}^3$로 계산된다. 지표면에서 암석의 평균밀도는 이 값보다 훨씬 작으므로 지구 내부는 밀도가 $5.5\,\text{g/cm}^3$보다 훨씬 큰 물질들로 구성되어 있다는 것을 알 수 있다. 이상으로부터 Cavendish의 실험은 지구의 질량에 관한 것뿐만 아니라 지구 내부에 대한 정보도 제공해 준 셈이 된다.

예제 2. 그림 **10-2**의 Cavendish 실험장치에서 $M = 12.7\,\text{kg}$, $m = 9.85\,\text{g}$ 그리고 막대의 길이 $L = 52.4\,\text{cm}$ 라고 하자. 막대와 섬유줄은 일종의 비틀림진자를 형성하며 그 관성모멘트 $I \approx 1.25 \times 10^{-3}\,\text{kg} \cdot \text{m}^2$이고, 주기 $T = 769\,\text{s}$ 이다. 두 평형점 사이의 각 $2\theta = 0.516°$이고, 큰 구와 작은 구의 중심 사이의 거리 $R = 10.8\,\text{cm}$ 이다. 이상의 주어진 데이터로부터 G값을 구하라.

풀이 κ를 섬유줄의 비틀림상수라고 하면 식 $(9-21)$로부터

$$T = 2\pi\sqrt{\frac{I}{\kappa}}$$

따라서 κ에 대해 풀면

$$\kappa = \frac{4\pi^2 I}{T^2} = \frac{(4\pi^2)(1.25 \times 10^{-3}\,\text{kg} \cdot \text{m}^2)}{(769\,\text{s})^2} \simeq 8.34 \times 10^{-8}\,\text{N} \cdot \text{m}$$

평형상태에서 섬유줄에 의한 복원 토크의 크기는 식 $(9-17)$에 의해서

$$\tau = \kappa\theta = (8.34 \times 10^{-8}\,\text{Nm})\left(\frac{0.516°}{2} \times \frac{2\pi\,\text{rad}}{360°}\right) \simeq 3.75 \times 10^{-10}\,\text{Nm}$$

이 토크는 각각의 큰 구가 작은 구에 작용한 중력에 의한 총 토크와 균형을 이룬다. 각 작은 구에 작용한 힘 F는 GMm/R^2이며, 모멘트의 팔은 막대길이의 반이므로

$$\tau = (2F)(L/2) = FL = \frac{GMmL}{R^2}$$

따라서 G값은 다음과 같다.

$$G = \frac{\tau R^2}{MmL} = \frac{(3.75 \times 10^{-10}\,\text{N} \cdot \text{m})(0.108\,\text{m})^2}{(12.7\,\text{kg})(0.00985\,\text{kg})(0.524\,\text{m})}$$

$$\simeq 6.67 \times 10^{-11}\,\text{N} \cdot \text{m}^2/\text{kg}^2$$

10-4 지표면 근처에서의 중력의 변화

당분간 지구는 완전한 구이며 그 밀도가 단지 중심으로부터의 거리에만 의존한다고 가정하자. 지구중심으로부터 거리 r만큼 떨어진 지구의 바깥지점에 위치한 질량이 m인 질점에 작용하는 중력의 크기는 식 $(10-1)$로부터

$$F = G\frac{M_\text{E}m}{r^2}$$

여기서 M_E는 지구의 질량이다. 이러한 중력은 Newton의 제2법칙으로부터 다음과 같이도 나타낼 수 있다.

$$F = mg_0$$

여기서 g_0는 지구중력에만 의존하는 중력가속도이다. 위의 두 식을 결합하면

$$g_0 = \frac{GM_\text{E}}{r^2} \tag{10-2}$$

표 **10-1** 고도에 따른 g_0의 변화

(km)	$g_0\,(\text{m/s}^2)$	(km)	$g_0\,(\text{m/s}^2)$
0	9.83	100	9.53
5	9.81	400[a]	8.70
10	9.80	35,700[b]	0.225
50	9.68	380,000[c]	0.0027

a : 전형적인 우주왕복선의 고도   b : 통신위성의 고도
c : 달까지의 고도

표 10-1은 식 (10−2)를 사용하여 지표면 위 여러 고도에서 계산한 g_0의 값을 표시하고 있다.

실제의 지구는 위에서 가정한 이상적인 지구와는 다음의 세 가지 점이 다르다.

1. 지각은 균일하지 않다

지역에 따라 지구의 밀도가 다르기 때문에 중력가속도의 크기도 위치에 따라 변한다. 따라서 중력가속도를 위치에 따라서 정밀측정하는 것은 매우 중요하며 특히 유전탐사 등에 유용한 정보를 제공해 준다. 보통 중력분포를 조사하여 중력가속도의 값이 같은 지점을 연결한 곡선으로 나타내는데 기준값에 대한 차이값만이 표시되어 있다. 단위는 Galileo를 기념하는 milligal로서 $1 \, \text{gal} = 10^3 \, \text{mgal} = 1 \, \text{cm/s}^2$의 관계를 가지고 있다.

2. 지구는 구가 아니다

지구는 근사적으로 타원체로서 양극 쪽의 직경이 적도 쪽의 직경에 비해 21 km 정도 작은 형태를 하고 있다. 따라서 극점은 적도 근처에 비해 고밀도의 지구핵(core)에 더 가까이 있으므로 적도지방에서 극점으로 움직임에 따라 중력가속도가 증가할 것이라는 것을 예상할 수 있다(**그림 10-3**).

그림 10-3의 g값은 지구타원체의 효과와 더불어 지구회전의 효과를 포함하고 있다.

3. 지구는 회전한다

그림 10-4(a)는 북극상공의 한 지점으로부터 내려다본 지구의 모습으로서 질량 m인 상자가 적도상의 수평저울 위에 놓여 있다.

상자는 등속원운동을 하며 지구중심방향으로 가속되고 있다. 따라서 힘도 같은 방향으로 작용한다.

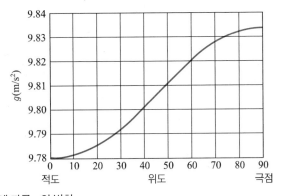

그림 10-3 해발고도에 따른 g의 변화

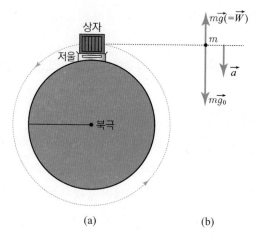

(a)   (b)

그림 10-4 (a) 회전하는 지구의 적도상에 위치한 저울 위에 상자가 놓여 있다.
(b) 상자의 자유체도

그림 10-4(b)는 상자의 자유체도(free-body diagram)로써 지구는 아래쪽 방향으로 mg_0의 중력을 가하여 상자를 끌어당기며 저울의 수평판은 상자를 mg의 힘으로 밀어 올린다. 두 힘은 균형을 이루지 않으므로 Newton의 제2법칙으로부터

$$F = mg_0 - mg = ma$$

또는

$$g_0 - g = a$$

여기서 a는 상자의 가속도로서 ω를 지구의 각속도, R_E를 지구의 반경이라고 할 때 $\omega^2 R_E$로 주어진다. 즉,

$$g_0 - g = \omega^2 R_E = \left(\frac{2\pi}{T}\right)^2 R_E \tag{10-3}$$

여기서 $T = 24$시간, 즉 지구의 회전주기이다. 식 $(10-3)$에 수치값을 대입하면

$$g_0 - g = 0.034 \text{ m/s}^2$$

따라서 적도에서의 가속도 측정치인 g는 지구가 회전하지 않는다고 가정할 때의 예상치 g_0보다 0.034/9.8, 즉 0.35% 정도 작다. 이러한 효과는 위도가 높아짐에 따라 줄어들어서 극점에서는 없어지게 된다.

10-5 중력퍼텐셜 에너지

4절에서 질점(질량 m)이 지구(질량 M)에 매우 가까이 있어서 질점에 작용하는 중력이 mg로써 일정한 경우에 대해서 중력퍼텐셜 에너지를 논의했으나 본 절에서는 이러한 제약조건을 버리고 질점－지구의 거리가 지구반경보다도 큰 경우를 포함하여 일반적으로 논의하기로 한다.

식 (4－23)으로부터 다음과 같이 나타낼 수 있다.

$$\Delta U = U_b - U_a = \quad W_{ab}$$

여기서 ΔU는 보존력(중력)이 작용하는 임의의 계가 a배위(configuration)에서 b배위로 변할 때 생기는 퍼텐셜 에너지의 변화를 의미한다. 임의의 b배위에 있는 계의 퍼텐셜 에너지는

$$U_b = - W_{ab} + U_a \tag{10-4}$$

U_b의 값을 정의하기 위해서 a배위를 기준배위로 정하여 U_a의 값을 기준값인 0으로 둔다. 예를 들어 지표면 근처에서 mg의 중력을 받는 질점에 대한 높이 y에서의 퍼텐셜 에너지는 $U(y) = mgy$가 되는데, 이는 기준점인 $y = 0$에서 퍼텐셜 에너지의 기준값을 $U = 0$으로 둘 경우이다.

다음엔 일반적인 경우로서 거리가 r만큼 떨어져 있고 질량이 각각 m, M인 두 질점에 대해서 퍼텐셜 에너지를 구하도록 하자. 처음에 r_a인 두 질점의 거리가 r_b로 변할 때 그에 상응하는 퍼텐셜 에너지의 변화인 ΔU는 식 (10－4)로부터 W_{ab}를 계산하여 구할 수 있다. **그림 10-5**의 위치도에서 M을 좌표기준점으로 하여 m이 M쪽 방향으로 움직인다고 할 때 $\vec{r}$과 $\vec{ds}$(변위벡터)는 방향이 서로 반대이므로 $\vec{ds} = -\vec{dr}$이다. 질점이 a에서 b로 움직일 때 $\vec{F}$에 의한 일은

$$W_{ab} = \int_a^b \vec{F} \cdot \vec{ds} = - \int_a^b F dr$$

$$= - \int_{r_a}^{r_b} \frac{GmM}{r^2} dr = - GmM \int_{r_a}^{r_b} \frac{dr}{r^2}$$

$$= - GmM \left(-\frac{1}{r} \right) \Big|_{r_a}^{r_b} = GmM \left(\frac{1}{r_b} - \frac{1}{r_a} \right) \tag{10-5}$$

따라서

$$\Delta U = - W_{ab} = GmM \left(\frac{1}{r_a} - \frac{1}{r_b} \right) \tag{10-6}$$

그림 10-5 질점 M이 중력 F를 거리 r만큼 떨어진 질점 m에 작용하여 질점 m이 미소거리 ds만큼 이동한다.

두 질점 사이의 거리가 무한대($r_a \rightarrow \infty$)일 때를 기준배위로 삼아서 $U(\infty)$를 0으로 정의하면 임의의 거리 r에서 퍼텐셜 에너지는

$$U(r) = -W_{\infty r} + 0 \tag{10-7}$$

즉,

$$U(r) = -\frac{GMm}{r} \tag{10-8}$$

여기서 음의 부호는 퍼텐셜 에너지가 임의의 유한거리에서 음의 값임을 의미한다. 즉, 무한대의 거리에서 퍼텐셜 에너지는 0이 되며 거리가 줄어들수록 그 크기가 줄어든다. 이것은 M에 의해 m에 미치는 중력이 인력이라는 사실에 부합한다. 질점이 무한대에서 움직여 옴에 따라 이 힘이 질점에 한 일 $W_{\infty r}$은 양의 값이므로 식 (10-7)에 의해 $U(r)$은 음의 값이 된다.

식 (10-8)은 입자가 무한대에서 r까지 움직일 때 어떤 경로를 통하든지 성립하는데 이를 증명하기 위해서 임의의 경로를 반지름방향과 그 수직방향으로 번갈아 가면서 여러 단계로 나눈다(**그림 10-6**). AB와 같은 수직방향의 경로부분을 따라서 한 일은 0이 되는데 이는 힘의 방향이 변위에 수직이기 때문이다. 따라서 반지름 방향의 부분경로(예 : BC)에서 한 일만을 합산한 전체 일은 그에 상응하는 반지름경로(예 : AE)만을 직접 따라서 한 일과 같다. 즉, "임의의 두 지점 사이를 질점이 움직일 때 중력에 의한 일은 두 점을 연결하는 실제 경로에 의존하지 않는다. 따라서 중력은 보존력이다."

앞의 계산을 역으로 하여 퍼텐셜 에너지로부터 중력을 유도할 수 있다. 구형대칭형 퍼텐셜 에너지 함수에 대하여 $F = -dU/dr$의 관계식을 이용하면 힘의 반지름성분을 구할 수 있다. 식 (10-8)의 퍼텐셜 에너지로부터

$$F = -\frac{dU}{dr} = -\frac{d}{dr}\left(-\frac{GMm}{r}\right) = -\frac{GMm}{r^2} \tag{10-9}$$

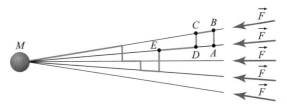

그림 10-6 질점을 A에서 E까지 움직이는 데 들어간 일은 경로에 의존하지 않는다.

여기서 음의 부호는 힘이 반지름을 따라서 안쪽 방향으로 작용하는 인력임을 의미한다.

두 개 이상의 질점으로 구성된 계에서는 중첩원리가 적용된다. 식 (10−8)을 각 쌍에 차례로 적용하여 퍼텐셜 에너지를 구하고 합산하면 전체 퍼텐셜 에너지를 구할 수 있다. 다만 한 쌍에 대한 퍼텐셜 에너지를 고려할 때 다른 쌍은 존재하지 않는 것으로 간주한다. 예를 들어 **그림 10-7**에 식 (10−8)을 적용하면

$$U = -\left(\frac{Gm_1m_2}{r_{12}} + \frac{Gm_1m_3}{r_{13}} + \frac{Gm_2m_3}{r_{23}} \right) \tag{10-10}$$

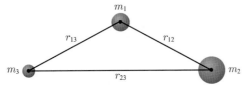

그림 10-7 무한대로부터 이동된 3개의 질점들

예제 3. **포물체(projectile)가 지구로부터 벗어나기 위해서 필요한 최소 초기속도는 얼마인가? 단, 공기마찰력과 지구자전에 의한 효과는 무시하라.**

풀이 공중으로 쏘아 올린 포물체는 위로 올라갈수록 속도가 점점 줄어들어서 일시적으로 정지한 후 지구로 떨어지게 된다. 그러나 특별한 값의 초기속도에 대해서는 포물체가 멈추지 않고 계속해서 지구로부터 멀어지게 된다. 지표면을 임계초기속도 v의 크기로 떠나는 질량 m의 포물체가 있을 때 운동에너지 K는 $\frac{1}{2}mv^2$이며 퍼텐셜 에너지 U는 식 (10−8)에 의해 다음과 같이 나타낼 수 있다.

$$U(R_{\mathrm{E}}) = -\frac{GM_{\mathrm{E}}m}{R_{\mathrm{E}}}$$

여기서 M_{E}는 지구의 질량이며, R_{E}는 지구의 반경이다. 포물체가 무한대에 도달하면 운동에너지가 0이 될 뿐만 아니라(이것은 최소이탈속도를 구하기 때문이다.) 퍼텐셜 에너지도 0이 된다(이것은 무한대가 퍼텐셜 에너지의 기준배위이기 때문이다. 따라서 무한대에서 총에너지는 0이 된다). 에너지보존법칙에 의해 지표면에서도 총에너지가 0이 되어야 하므로

　　$K + U = 0$

즉,

$$\frac{1}{2}mv^2 + \left(\frac{-GM_\mathrm{E}m}{R_\mathrm{E}}\right) = 0$$

이를 정리하면

$$v = \sqrt{\frac{2GM_\mathrm{E}}{R_\mathrm{E}}} \tag{10-11}$$

식 (10 − 11)에 값을 대입하면 최소 초기속도는 다음과 같다.

$$v = \sqrt{\frac{2GM_\mathrm{E}}{R_\mathrm{E}}} = \sqrt{\frac{2(6.67 \times 10^{-11}\,\mathrm{N \cdot m^2/kg^2})(5.98 \times 10^{24}\,\mathrm{kg})}{6.37 \times 10^6\,\mathrm{m}}}$$

$$\simeq 1.12 \times 10^4\,\mathrm{m/s} \simeq 11.2\,\mathrm{km/s} \simeq 25{,}000\,\mathrm{mile/h}$$

이탈속도는 포물체가 발사된 방향에 의존하지는 않으나 위에서 무시한 지구자전에는 크게 의존한다. 동쪽으로 발사할 경우에는 식 (10 − 11)에서 구한 값에서 표면접선속도(Cape Canaveral에서 $0.46\,\mathrm{km/s}$)를 빼야 정확한 이탈속도를 구할 수 있다. **표 10-2**는 지구를 비롯한 여러 천체들의 이탈속도를 나타낸다.

표 10-2 주요 천체에 대한 이탈속도

천체	질량(kg)	반경(m)	이탈속도(km/s)
Ceres[a]	1.17×10^{21}	3.8×10^5	0.64
달	7.36×10^{22}	1.74×10^6	2.38
지구	5.98×10^{24}	6.37×10^6	11.2
목성	1.90×10^{27}	7.15×10^7	59.5
태양	1.99×10^{30}	6.96×10^8	618
Sirius B[b]	2×10^{30}	1×10^7	5,200
중성자별	2×10^{30}	1×10^4	2×10^5

a : 질량이 가장 큰 소혹성
b : 백색왜성

10-6 행성 및 위성의 운동

Newton의 운동법칙과 만유인력의 법칙을 이용하면 태양계에 있는 모든 천체의 운동, 즉 태양을 중심으로 회전하는 행성과 혜성의 공전궤도와 행성을 중심으로 한 자연 및 인공위성의 공전궤도를 분석할 수 있다. 이러한 분석을 단순화하기 위해 두 가지의 가정을 세운다 : (1) 궤도상의 물체(orbiting body)(예 : 지구)와 중심체(예 : 태양) 사이에 작용하는 중력만을 고려하고 다른 물체(다른 행성과 같은)의 중력에 의한 섭동효과(perturbing effect)는 무시한다. (2) 중심체는 궤도상의 물체에 비해 질량이 매우 커서 상호작용에 의한 운동을 무시할 수 있다.

사실상 두 물체는 공통의 질량중심을 정점으로 공전하지만 한 물체가 다른 물체에 비해 질량이 훨씬 크면 공통의 질량중심은 질량이 더 큰 물체의 중심과 거의 일치한다. 두 번째 가정의 예외에 대해서는 나중에 논의한다.

행성의 운동을 이해하는 데 경험적 기초가 되는 Kepler의 세 가지 법칙이 Newton 법칙에 의한 분석결과와 어떻게 관련되는지 살펴보도록 하자.

1. Kepler의 제1법칙

모든 행성은 태양을 한 초점으로 하는 타원궤도를 따라 공전한다. Newton은 역제곱$(1/r^2)$ 힘과 타원궤도 사이에 직접적인 수학적 관계가 있음을 처음으로 밝혔다. **그림 10-8**은 전형적인 타원궤도로서 좌표계의 원점은 중심체이며 궤도상의 물체는 극좌표 (r, θ)의 위치에 놓여 있다. 궤도는 두 개의 매개변수(parameter)인 장반경 a와 이심률 e로 나타낼 수 있는데 타원중심으로부터 각 초점까지의 거리는 ea로 표시한다. 원궤도는 $e = 0$인 타원궤도의 특수형태로서 이 경우엔 타원의 두 초점이 한 점으로 모여 원의 중심이 된다. 태양계의 행성들은 이심률이 작아서 공전궤도가 거의 원형에 가깝다.

태양에 가장 가까운 행성의 위치 R_p와 가장 먼 위치 R_a를 각각 근일점(perihelion), 원일점(aphelion)이라고 하며 지구의 위성에 대해서는 각각 근지점(perigee), 원지점(apogee)이라고 부른다.

그림 10-8에서 알 수 있듯이 $R_a = a(1+e)$, $R_p = a(1-e)$이며 원궤도에 대해서는 $R_a = R_p = a$이다.

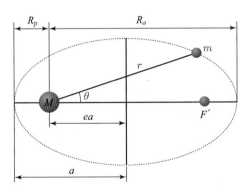

그림 10-8 태양 주위의 타원궤도를 따라 움직이는 질량 m의 행성

2. Kepler의 제2법칙

태양과 행성을 잇는 직선에 의해 단위시간당 그려지는 면적은 일정하다[그림 10-9(a)]. 달리 표현하면 궤도상의 물체는 중심체에서 멀리 떨어져 있을 때보다 가까이에 있을 때 더욱 빨리 움직인다는 것을 의미한다. Kepler의 제2법칙은 각운동량 보존법칙과 동일하다는 것을 다음과 같이 증명할 수 있다. 그림 10-9(b)에서 Δt 시간 동안 그려진 면적 ΔA는 근사적으로 삼각형의 면적, 즉 밑변 $r\Delta\theta$에 높이 r을 곱한 값의 $\dfrac{1}{2}$에 해당하며 면적이 그려진 속도는 $\Delta A/\Delta t = \dfrac{1}{2}(r\Delta\theta)(r)/\Delta t$이다. 따라서 순간속도는

$$\frac{dA}{dt} = \lim_{\Delta t \to 0} \frac{\Delta A}{\Delta t} = \lim_{\Delta t \to 0} \frac{1}{2}r^2\frac{\Delta\theta}{\Delta t} = \frac{1}{2}r^2\omega$$

행성의 순간 각운동량은 $L = mr^2w$이므로

$$\frac{dA}{dt} = \frac{L}{2m} \tag{10-12}$$

두 물체가 고립계로 취급될 수 있는 한도 내에서 L, 즉 dA/dt는 상수이다. 따라서 혜성이 태양 근처로 다가옴에 따라서 속도가 증가하는 것은 각운동량 보존법칙이 성립하는 하나의 증거임을 알 수 있다.

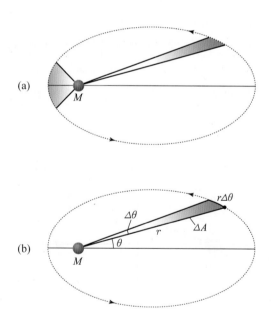

그림 10-9 Kepler의 제2법칙

3. Kepler의 제3법칙

태양 주위를 공전하는 행성의 주기 제곱은 태양으로부터 행성까지의 평균거리 세제곱에 비례한다. 이것을 원형궤도에 대해 증명하면 다음과 같다. 즉, 원운동의 구심력에 필요한 힘은 중력에 의해 발생하므로

$$\frac{GMm}{r^2} = m\omega^2 r \tag{10-13}$$

ω를 $2\pi/T$로 치환하면

$$T^2 = \left(\frac{4\pi^2}{GM}\right) r^3 \tag{10-14}$$

타원궤도에 대해서는 반지름 r을 장반경 a로 치환함으로써 비슷한 결과를 얻을 수 있다. T^2과 a^3의 관계식은 $4\pi^2/GM$에 의해 결정되며 태양 주위의 모든 행성에 대해서 T^2/a^3은 같은 값을 갖는데 **표 10-3**은 이 같은 사실을 잘 반영하고 있다. 임의의 행성에 대해 T와 a를 측정함으로써 중심체의 질량을 구할 수 있다.

표 10-3 태양계에 대한 Kepler의 제3법칙

행성	장반경 $a(10^{10}\text{m})$	주기 $T(\text{y})$	$T^2/a^3(10^{-34}\,\text{y}^2/\text{m}^3)$
수성	5.79	0.241	2.99
금성	10.8	0.615	3
지구	15	1	2.96
화성	22.8	1.88	2.98
목성	77.8	11.9	3.01
토성	143	29.5	2.98
천왕성	287	84	2.98
해왕성	450	165	2.99
명왕성	590	248	2.99

예제 4. 핼리혜성은 주기가 76년이며, 1986년에 태양에 가장 가깝게 접근한 거리(근일점)는 8.9×10^{10}m(수성궤도와 금성궤도 사이)이다. 원일점, 즉 태양에서 가장 멀리 떨어진 거리와 궤도의 이심률을 구하라.

풀이 식 (10-14)로부터 장반경은

$$a = \left(\frac{GT^2M}{4\pi^2}\right)^{1/3}$$

$$= \left(\frac{(6.67\times10^{-11}\,\text{N}\cdot\text{m}^2/\text{kg}^2)(2.4\times10^9\,\text{s})^2(2\times10^{30}\,\text{kg})}{4\pi^2}\right)^{1/3} \simeq 2.7\times10^{12}\,\text{m}$$

그림 10-8로부터 $R_p = a - ae$, $R_a = a + ae$ 이므로

$$R_p + R_a = 2a$$
$$R_a = 2a - R_p = 2(2.7 \times 10^{12}\,\mathrm{m}) - 8.9 \times 10^{10}\,\mathrm{m}$$
$$\simeq 5.3 \times 10^{12}\,\mathrm{m}$$

이것은 해왕성과 명왕성 사이의 거리에 해당하며, 이심률은 다음과 같다.

$$e = \frac{R_a - R_p}{2a} = \frac{5.3 \times 10^{12}\,\mathrm{m} - 8.9 \times 10^{10}\,\mathrm{m}}{2(2.7 \times 10^{12}\,\mathrm{m})} \simeq 0.97$$

이심률이 (가능한 최대 이심률은 1) 크기 때문에 길고 가느다란 타원형태임을 알 수 있다.

연습문제

01 우주선이 지구와 달 사이의 일직선상을 따라 이동할 때 우주선에 미치는 알짜 중력이 0이 되는 지점은 지구에서 얼마나 떨어져 있는가?

02 세 구의 질량 및 좌표는 다음과 같다 : $20\,\mathrm{kg}$, $x=0.5\,\mathrm{m}$, $y=1\,\mathrm{m}$; $40\,\mathrm{kg}$, $x=-1\,\mathrm{m}$, $y=-1\,\mathrm{m}$; $60\,\mathrm{kg}$, $x=0\,\mathrm{m}$, $y=-0.5\,\mathrm{m}$. 이 세 구에 의해서 원점에 있는 $20\,\mathrm{kg}$의 구에 미치는 중력의 크기는 얼마인가?

03 당신의 몸무게가 뉴욕 세계 무역센터 건물 밖 도로상에서 $530\,\mathrm{N}$이라고 하자. 지상 $410\,\mathrm{m}$에 있는 이 건물 꼭대기까지 올라간다고 가정할 때 당신의 몸무게는 얼마나 줄어드는지 계산하라. (단, 지구 자전은 무시하라.)

04 밀도가 균일하며 중심이 일치하는 두 개의 구면껍질(질량이 각각 M_1, M_2)이 놓여 있다. 질량이 m인 질점이 (a) $r=a$, (b) $r=b$, (c) $r=c$인 지점에 각각 있을 때 질점에 미치는 힘을 구하라. (여기서 r은 중심으로부터의 거리를 나타낸다.)

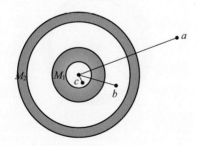

05 균일한 두께와 밀도를 가진 구면껍질 안에서 임의의 지점 P에 질점이 있다. 구면껍질상에서 면적이 각각 dA_1, dA_2의 크기로 교차하고 P지점에 꼭짓점을 가지며 모양이 길쭉한 이중원뿔을 그림과 같이 구성할 수 있다.

(a) 교차된 이중원뿔 모양의 질량성분에 의해서 P지점의 질점에 미치는 중력을 구하면 0이 된다는 것을 보여라.

(b) 전체 구면껍질에 의해서 그 내부에 있는 질점에 작용하는 중력은 0이 된다는 것을 증명하라. (대칭성 이용)

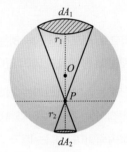

06 적도상에 있는 물체에 작용하는 중력이 회전운동에 필요한 구심력으로만 작용할 때 행성은 가장 빠른 회전율로 회전하게 된다.

(a) 이에 상응하는 최소 회전주기는 $T=\sqrt{\dfrac{3\pi}{G\rho}}$ 가 된다는 것을 보여라. (여기서 ρ는 행성의 밀도가 균일하다고 가정할 때의 밀도값을 의미한다.)

(b) 밀도가 행성의 전형적인 값인 $3\,\mathrm{g/cm^3}$일 때 주기를 구하라. (여기서 구한 주기보다 짧은 주기로 회전하는 물체는 없다.)

07 반지름이 R인 균일한 고체구 표면에서의 중력가속도가 a_g라고 할 때 중력가속도가 $a_g/3$가 되는 두 지점이 구 중심에서 각각 얼마만큼 떨어져 있는지 구하라. (힌트 : 구의 안쪽과 바깥에서의 위치를 각각 고려하라.)

08 고밀도의 중성자별이 1 rev/s의 속도로 회전하고 있을 때 별의 반경이 20 km라고 하면 별 표면에 있는 물체가 고속회전에 의해서도 별에서 떨어지지 않고 붙어 있을 수 있는 최소질량은 얼마인가?

09 v의 속력으로 적도상을 항해하는 배 안에 설치된 용수철저울에 물체가 매달려 있다.

(a) 저울의 눈금이 가리키는 값이 $W_0(1 \pm 2\omega v g)$에 가깝다는 것을 보여라. (여기서 ω는 지구의 각속력이며, W_0는 배가 정지해 있을 때의 저울눈금이다.)

(b) 양의 부호 및 음의 부호를 설명하라.

10 (a) 지구의 달과 (b) 목성으로부터 벗어나기 위해 필요한 에너지를 각각 구하되, 지구로부터 벗어나기 위해 필요한 에너지에 상대적인 값으로 나타내라.

11 질량이 $7 \times 10^{24} \text{ kg}$이고 반경이 $1,600 \text{ km}$인 로톤 행성이 거의 무한대의 위치에서 행성에 상대적으로 멈춰 있는 운석을 중력에 의해 끌어 당겨서 운석이 행성을 향해 떨어진다고 할 때 행성에 공기가 없다고 가정한다면 행성의 표면에 도달할 때 운석의 속력은 얼마인가?

12 포물체가 초속 10 km/s의 속력으로 지구표면에 수직으로 발사될 경우 공기저항을 무시하면 지구표면에서 얼마나 멀리 올라가게 되는가?

13 지구와 달의 중력장에 있는 질량 m의 물체에 대한 퍼텐셜 에너지를 나타내라. (단, M_e를 지구의 질량, M_m을 달의 질량, R을 지구중심으로부터의 거리, 그리고 r을 달의 중심으로부터의 거리로 각각 표시한다.)

14 질량이 M이고 반경이 a인 구체의 내부에 그림과 같이 반경이 b인 구형이며 중심이 구체와 같은 빈 공간이 있다.

(a) 구체중심으로부터 r만큼 떨어진 위치에 있는 질량 m의 질점에 구체가 미치는 중력 F를 r의 함수로 $0 \le r \le \infty$의 범위에서 그림을 그려라.

(b) 이에 상응하는 퍼텐셜 에너지 $U(r)$를 그려라.

(c) 이러한 그래프로부터 구체에 의한 중력장의 크기와 중력퍼텐셜을 어떻게 구할 수 있는지 설명하라.

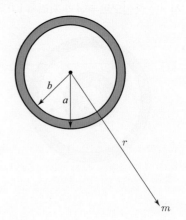

15 인공위성이 자전하는 지구 적도상의 한 점을 지나간다면 그 궤도의 고도는 얼마인가? (이를 정지궤도라고 한다.)

16 임의의 이중별자리(binary star system)에서 태양의 질량과 같은 각각의 별이 두 별의 질량중심을 원점으로 회전하며 두 별 사이의 거리가 지구와 태양 사이의 거리와 같다고 할 때, 회전주기는 몇 년인가?

17 Kepler의 법칙을 이용해서 달을 지구궤도(원궤도를 가정)에 묶어 두는 힘이 지구중심으로부터의 거리 역제곱에 비례한다는 사실을 Newton이 어떻게 유도했는지를 밝혀라.

18 태양의 중심이 지구궤도의 한쪽 중심에 있을 때 다른 쪽 중심으로부터 얼마나 떨어져 있는지를 태양의 반경($= 6.96 \times 10^8$ m)으로 나타내라. (지구궤도의 이심률은 0.0167이며, 장반경은 1.5×10^{11} m 이다. **그림 10-8**을 참고하라.)

19 임의의 삼중별자리(triple star system)가 질량 M의 중심별과 그와 같은 궤도를 따라서 주위를 회전하는 질량이 각각 m인 두 개의 별로 구성되어 있다. 회전하는 두 개의 별은 원궤도의 지름 양 끝에 위치해 있다. 궤도반경을 r이라고 할 때 별의 회전주기를 나타내는 식을 구하라.

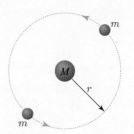

20 어떤 물체가 질량이 M인 행성을 중심으로 장축반경이 a인 타원궤도상에 있을 때 행성으로부터의 거리 r과 속력 v가 다음의 관계식을 가짐을 증명하라. (힌트 : 타원궤도에 대해서 역학적에너지보존법칙을 적용하라.)

$$v^2 = GM \left(\frac{2}{r} - \frac{1}{a} \right)$$

CHAPTER 11

유체

11-1 유체와 고체

대부분의 물질은 세 가지 상, 즉 고체, 액체 및 기체로 분류할 수 있다. 이들의 역학적인 성질을 종합해 보면 고체와 액체[응집물질(condensed matter)로도 불림]는 거의 비압축성(incompressible)일 뿐만 아니라 온도변화(압력 등의 다른 매개변수는 일정할 때)에 의해 밀도가 거의 변하지 않는다는 공통된 특성을 가지고 있다. 반면에 기체는 압축성(compressible)이며 밀도가 온도에 따라 매우 심하게 변한다. 이와는 다른 관점에서 기체와 액체를 유체(fluid)라는 하나의 명칭으로 분류할 수 있는데 유체의 어원은 '흐른다(flow)'는 뜻을 가진 라틴어에서 비롯된다. 예를 들어 유체는 어떠한 용기에 담아도 그 용기의 형태와 같은 모양을 유지할 수 있으나 고체는 그러한 특성을 갖지 못한다. 왜냐하면 고체 내에서는 원자들이 비교적 고정적으로 배열되어 있는 반면, 유체 내에서는 원자들의 상대적 이동이 가능하기 때문이다. 자연계에서는 세 가지 상 중의 하나로써 쉽게 분류하기 어려운 물질이 존재하는데 예를 들어 유리는 형태를 가지고 있으나 흐르며(비록 시간은 오래 걸릴지라도) 플라스틱은 압력에 의해 그 형태를 변형시킬 수 있는 특성을 가진다.

미시적으로 물질의 세 가지 상은 서로 어떻게 다른가? 고체는 장력(tension), 압축력(compression), 층밀리기 힘(shearing force) 등을 포함한 여러 종류의 변형력(stress)을 견딜 뿐만 아니라 전달할 수 있는데 그 이유는 고체를 구성하는 분자들 사이에 강력한 인력이 작용하며 분자들이 '장거리 질서(long-range order)'(분자들이 규칙적으로 배열되어 있음)를 가지고 있어서 하나의 원자를 움직이려면 그 나머지 원자들도 움직여야 하기 때문이다.

액체 내에서 분자 간의 거리는 일반적으로 고체에 비해 크기 때문에 거리의 함수인 분자 상호 간의 힘은 고체 내에서보다 액체 내에서 더 약하게 작용한다. 고체와 마찬가지로 액체도 비압축성일 뿐만 아니라 경우에 따라서는 압축력을 견디며 전달한다. 그러나 액체는 일정한 한도 내에서 장력을 견딜 수는 있으나 액체의 분자층이 서로 미끄러지기 쉽기 때문에 전단응력을 견디지는 못한다. 기체 내에서는 분자들이 약하게 끌어당기기 때문에 장력이나 층밀리기 힘을 견디지 못하며 일반적으로 고체나 액체에 비해 훨씬 압축성이 심하다. 본 장에서는 유체의 특성 및 법칙과 운동을 다루고자 한다.

11-2 압력과 밀도

1. 압력

고체의 표면에 대해 일정한 각도로 힘을 작용하면 고체는 층밀리기 힘을 받을 수 있으나 액체는 평행한 힘을 지탱할 수 없기 때문에 정지상태에서 액체에 작용하는 힘은 그 표면에 수

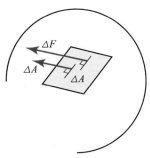

그림 11-1 유체를 둘러싸고 있는 닫힌 표면의 성분인 ΔA에 표면에 수직인 힘 ΔF가 작용한다(ΔF와 ΔA는 평행이다).

직인 성분만이 의미를 갖는다. 단위면적당 수직력의 크기를 압력이라고 부른다. 압력은 스칼라로서 방향성이 없기 때문에 물속에 있는 물체는 모든 방향으로부터 압력을 받는다.

압력을 받고 있는 유체는 접하고 있는 어떠한 표면에 대해서도 밖으로 작용하는 힘을 미친다. **그림 11-1**에서 유체를 둘러싸고 있는 닫힌 표면을 생각할 때 표면 안에 있는 유체는 그 주변을 밀어 내는 힘을 작용하게 된다. 유체가 표면에 수직인 면적벡터성분 ΔA에 작용하는 힘 ΔF는 다음과 같이 압력 p에 의존한다.

$$\Delta F = p\Delta A \tag{11-1}$$

힘과 면적벡터의 방향이 서로 평행할 때 압력을 스칼라식으로 표시하면

$$p = \frac{\Delta F}{\Delta A} \tag{11-2}$$

여기서 ΔA는 압력 p가 ΔA의 크기에 상관없을 정도로 충분히 작으며 일반적으로 압력은 표면상의 위치에 따라 변한다.

압력의 SI 단위는 N/m^2로서 파스칼(Pascal, Pa)이라고 부른다. 보통 타이어 압력은 kPa로 고정되어 있다. 파스칼은 비 SI 압력단위와 다음의 관계식을 갖는다.

$$1\,\text{atm} = 1.013 \times 10^5\,\text{Pa} = 760\,\text{mmHg(torr)} = 14.7\,\text{lb/in}^2 = 1.013\,\text{bar}$$

$$= 1{,}013\,\text{m bar}$$

기압(atm으로 표시)은 이름이 암시하는 바와 같이 해면상에서의 평균 대기압을 의미하며 torr(수직압력계를 발명한 Torricelli의 이름을 본떠서 표시)는 1 mm의 수은주 높이에 해당하는 압력이다(mmHg로 표시). **표 11-1**은 몇 가지 대표적인 압력을 나타낸다.

표 11-1 대표적인 압력의 크기

계	압력(Pa)	계	압력(Pa)
태양 중심	2×10^{16}	해면상의 대기압	1.0×10^5
지구 중심	4×10^{11}	정상 혈압	1.6×10^4
실험실에서 가능한 최대압력	1.5×10^{10}	최대 가청음 (Loudest tolerable sound)	30
제일 깊은 해저	1.1×10^8	최소 가청음 (Faintest detectable sound)	3×10^{-5}
자동차 타이어	2×10^5	실험실에서 가능한 최상 진공도	10^{-12}

2. 밀도

미소부피 ΔV의 질량이 Δm인 물질의 밀도 ρ는

$$\rho = \frac{\Delta m}{\Delta V} \tag{11-3}$$

임의의 한 점에서 물질의 밀도는 식 $(11-3)$에서 ΔV를 점점 축소하여 극한값을 구함으로써 찾을 수 있다. 물체와 밀도가 모든 점에서 일정하다면 물체의 밀도는 전체 질량을 전체적으로 나눈 값과 같다. 즉,

$$\rho = \frac{m}{V} \tag{11-4}$$

밀도는 압력과 온도 등의 여러 환경요소에 의존하지만 액체와 고체의 경우엔 거의 변하지 않으므로 상수로 간주할 수 있다. 밀도의 SI 단위는 $\mathrm{kg/m^3}$이며 **표 11-2**는 대표적인 밀도 값을 나타낸다.

표 11-2 대표적인 밀도의 크기

물체	밀도(kg/m³)	물체	밀도(kg/m³)
별과 별 사이의 우주 공간	10^{-20}	지구 : 평균	5.5×10^3
실험실에서 가능한 최상진공도	10^{-17}	핵	9.5×10^3
공기 : 20℃, 1기압	1.21	지각	2.8×10^3
얼음	0.917×10^3	태양 : 평균	1.4×10^3
물 : 20℃, 1기압	0.998×10^3	핵	1.6×10^5
철	7.8×10^3	블랙홀(1태양질량)	10^{19}
수은	13.6×10^3		

11-3 정지해 있는 유체의 압력변화

유체가 평형상태에 있으면 모든 부분이 평형을 이루기 때문에 알짜힘과 알짜토크는 유체의 모든 점에서 0이 되어야 한다. **그림 11-2**의 유체 속에서 기준점으로부터 거리 y의 위치에 얇은 원판형태의 미소체적성분을 설정하고 그 두께를 dy, 단면적을 A라고 하면 미소 유체성분의 질량은 $dm = \rho dV = \rho A\,dy$이며 무게는 $(dm)g = \rho gA\,dy$이다. 주변의 유체에 의한 힘은 각점에서 표면에 수직으로 작용한다[**그림 11-2(b)**].

체적성분은 수평 방향의 가속도가 없으므로 수평력 성분의 합성력은 0이 된다. 수평력은 유체 압력에 의해 발생하며 대칭성에 의해 y점의 수평면상에 있는 모든 점에서 압력값은 동일하다. 수직 방향의 가속도도 없으므로 수직 성분의 합성력 역시 0이 된다.

그림 11-2(c)에서 수직력은 주위의 유체에 의한 압력 및 유체성분의 무게에 의해 발생한다. 유체성분 아랫면의 압력을 p, 윗면의 압력을 $p+dp$라고 하면 상승력(upward force)은 pA, 하강력(downward force)은 $(p+dp)A$이며, 유체성분의 무게는 $(dm)g = \rho gA\,dy$이다. 따라서 수직 성분의 평형조건은

$$\sum F_y = pA - (p+dp)A - \rho gA\,dy = 0$$

즉,

$$\frac{dp}{dy} = -\rho g \qquad\qquad (11-5)$$

식 $(11-5)$는 평형상태의 유체 내에서 임의의 기준점 위로 상승함에 따라 압력이 어떻게 변하는지를 보여준다. 높이가 증가하면(dy는 양수) 압력이 떨어진다(dp는 음수). 이것은 두 점 간의 압력 차이가 두 점 사이에 존재하는 유체의 단위면적당 무게에 의해 비롯되기 때문이다. ρg를 흔히 무게밀도라고 하는데 이는 유체의 단위부피당 무게를 나타내며, 물의 경우 무게밀도는 $9,800\ \text{N/m}^3 = 62.4\ \text{lb/ft}^3$이다.

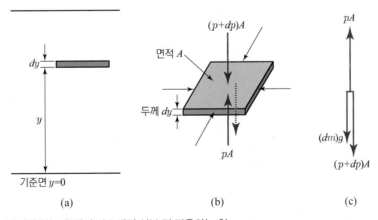

그림 11-2 정지해 있는 유체의 미소체적 성분 및 작용하는 힘

p_1을 높이 y_1에서의 압력, p_2를 높이 y_2에서의 압력이라고 하고, 식 (11 − 5)를 적분하면

$$\int_{p_1}^{p_2} dp = -\int_{y_1}^{y_2} \rho g dy$$

또는

$$p_2 - p_1 = -\int_{y_1}^{y_2} \rho g dy \tag{11-6}$$

비압축성 유체에서는 ρ가 거의 일정하며 높이 차이가 크지 않을 경우엔 g의 변화를 고려할 필요가 없으므로 ρ, g를 상수라고 하면 균질한 유체에 대해

$$p_2 - p_1 = -\rho g (y_2 - y_1) \tag{11-7}$$

자유표면(free surface)이 있는 유체에서는 자연준위(natural level)인 자유표면을 기준으로 거리를 측정한다(**그림 11-3**). y_2를 표면의 높이라고 할 때 이 점에서 유체에 작용하는 압력 p_2는 바로 대기압 p_0가 된다. 유체 속에서 임의의 준위를 y_1, 그 준위에서의 압력을 p라고 하면

$$p_0 - p = -\rho g (y_2 - y_1)$$

식 (11 − 7)은 유체 내에서 임의의 두 점 간의 압력에 대한 관계식으로서 용기의 형태에 관계없이 성립한다.

여기서 $y_2 - y_1$은 표면 아래쪽으로 깊이가 h인 지점을 의미하며 그 지점에서의 압력은 p이므로

$$p = p_0 + \rho g h \tag{11-8}$$

식 (11 − 8)은 유체의 압력이 깊이에 따라 커지며 같은 깊이의 모든 점에서 그 값이 일정하다는 것을 나타낸다. 식 (11 − 8)에서 두 번째 항은 압력의 측정점 위쪽으로 길이 h인 유체의 무게에 의해서 전달되는 압력을 의미한다.

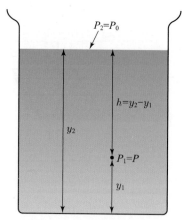

그림 11-3 용기에 담겨 있는 액체의 표면이 대기에 노출되어 있다.

예제 1. 그림과 같이 끝이 대기에 노출되어 있는 U자관에 물을 부분적으로 채우고 물과 섞이지 않는 기름을 한쪽에 넣으면 기름의 준위는 다른 쪽의 물 준위보다 거리 $d = 12.3\,\mathrm{mm}$ 만큼 위에 위치하게 된다. 한편 물의 준위는 기름을 넣기 전보다 거리 $a = 67.5\,\mathrm{mm}$ 만큼 상승한 셈이 된다. 이때 기름의 밀도를 구하라.

풀이 그림에서 양쪽의 C점은 같은 압력을 유지하며 위쪽으로 올라갈수록 압력이 떨어진다. C점 위로 길이 $2a$인 물기둥에서는 C점에서 표면까지 $\rho_w g 2a$만큼 압력이 떨어지며, 기름기둥에서는 $\rho g(2a+d)$만큼 압력이 떨어진다. 여기서 ρ_w, ρ는 각각 물과 기름의 밀도를 나타낸다. 양쪽의 C점에서 압력을 같게 놓으면

$$p_0 + \rho_w g 2a = p_0 + \rho g(2a+d)$$

따라서

$$\begin{aligned}
\rho &= \rho_w \frac{2a}{2a+d} \\
&= (1 \times 10^3 \mathrm{kg/m^3}) \frac{2(67.5\,\mathrm{mm})}{2(67.5\,\mathrm{mm}) + 12.3\,\mathrm{mm}} \\
&\simeq 916\ \mathrm{kg/m^3}
\end{aligned}$$

여기서 기름의 밀도가 대기압 p_0 또는 중력가속도 g에 의존하지 않음을 유의하라.

11-4 파스칼의 원리

파스칼의 원리는 다음과 같이 요약할 수 있다.

"밀폐된 유체에 인가된 압력은 유체의 모든 부분과 유체를 담고 있는 용기의 벽에 약화됨이 없이 그대로 전달된다."

다시 말해서 임의의 위치에서 유체에 작용된 압력을 Δp만큼 증가시키면 유체 내 모든 곳에서의 압력도 Δp만큼 증가한다. 파스칼의 원리는 흙 운반 장치나 자동차의 브레이크 등과 같은 수압 전달 장치의 작용에 기초가 된다. 또한 작은 힘으로 큰 중량의 물체(자동차리프트 또는 치과용의자)를 들거나 접근하기에 너무 먼 위치에 힘을 전달(비행기 보조날개 제어장치)할 때도 이 원리가 적용된다.

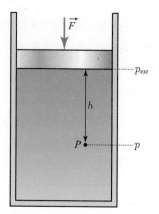

그림 11-4 피스톤실린더에 채워진 액체

비압축성 유체에 대하여 파스칼의 원리를 증명하기 위해 유체가 담겨있는 피스톤실린더를 생각하자(**그림 11-4**). 피스톤 위에 물체를 올려놓으면 피스톤에 힘이 작용하여 피스톤 밑의 유체에 외압 p_{ext}가 걸리게 된다. 유체의 밀도를 ρ라고 하면 식 $(11-8)$로부터 유체 표면 밑으로 h만큼 떨어진 임의의 점 P에서의 압력을 다음과 같이 나타낼 수 있다.

$$p = p_{ext} + \rho g h \tag{11-9}$$

외압을 Δp_{ext}만큼 증가시키면 유체의 압력 증가분 Δp는 식 $(11-9)$로부터

$$\Delta p = \Delta p_{ext} + \Delta(\rho g h) \tag{11-10}$$

비압축성 유체의 밀도는 일정하므로 식 $(11-10)$의 두 번째 항은 0이 된다. 따라서

$$\Delta p = \Delta p_{ext} \tag{11-11}$$

결과적으로 외압의 변화와 같은 양의 압력변화가 유체 내의 모든 점에 일어난다. 이것이 바로 파스칼의 원리이다. 위에서는 비압축성 유체에 대해서만 증명했지만 실제로 파스칼의 원리는 압축성 기체 또는 액체에 대해서도 일반적으로 성립한다.

1. 수압기

그림 11-5는 자동차와 같은 무거운 물체를 들어 올리는 데 사용되는 일종의 수압기이다. 면적이 A_i인 피스톤에 F_i의 힘을 가하면 면적 $A_0(>A_i)$인 피스톤 위에 있는 물체(무게 Mg)를 들게 된다. 평형상태에서 유체에 의해 큰 피스톤에 작용하는 상승력 F_0는 물체의 무게에 의한 하강력 Mg와 같아야 한다(피스톤 자체의 무게는 무시). 외력 F_i와 장치를 통해서 큰 피스톤에 전달되는 '출력(output force)' F_0의 관계를 구하면 다음과 같다.

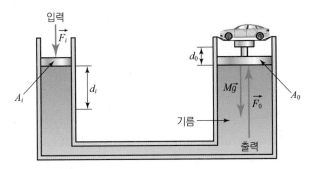

그림 11-5 수압기

외력에 의해 작은 피스톤에 전달되는 유체의 압력은 $p_i = F_i/A_i$이며 파스칼의 원리에 의해 이 '입력(input)' 압력은 큰 피스톤에 전달되는 '출력' 압력 $p_0 = F_0/A_0$와 같아야 한다. 따라서

$$\frac{F_i}{A_i} = \frac{F_0}{A_0}$$

또는

$$F_i = F_0 \frac{A_i}{A_0} = Mg \frac{A_i}{A_0} \tag{11-12}$$

비율 A_i/A_0는 1보다 훨씬 작으므로 무게 Mg보다 훨씬 작은 외력으로 물체를 들어 올릴 수 있다. 작은 피스톤이 거리 d_i만큼 하강함으로써 유체의 부피 $V = d_i A_i$를 이동시키게 되며 비압축성 유체의 경우 이 부피는 큰 피스톤의 상승에 의해 이동된 부피와 같아야 하므로

$$V = d_i A_i = d_0 A_0$$

또는

$$d_0 = d_i \frac{A_i}{A_0} \tag{11-13}$$

A_i/A_0는 작은 숫자이므로 큰 피스톤이 움직인 거리는 외력에 의해 작은 피스톤이 움직인 거리보다 훨씬 작다. 식 (11-12), (11-13)으로부터 $F_i d_i = F_0 d_0$가 성립하게 되는데 이것은 외력이 작은 피스톤에 한 일과 유체가 큰 피스톤에 한 일이 서로 같다는 것을 의미하기 때문에 마찰력을 무시할 경우 수압기에서 에너지의 이득(또는 손실)은 없다는 것을 알 수 있다.

11-5 아르키메데스의 원리

그림 11-6(a)에서 보는 바와 같이 물이 채워진, 두께가 매우 얇은 비닐통을 물속에 넣으면 통 속의 물은 정적평형상태를 이루기 때문에 그 무게와 동일한 크기의 상승력이 작용해야만 한다. 이 상승력은 **그림 11-6(a)**에서 화살표로 표시된 바와 같이 통을 둘러싸고 있는 유체압에 의해 통에 작용하는 모든 외력의 벡터 합이다. 깊이에 따라 압력이 커지므로 통의 밑바닥에 작용하는 상승력은 통의 꼭대기에 작용하는 하강력보다 크다. 이와 같이 압력 차이에 의한 알짜상승력을 부력(buoyant force 또는 buoyancy)이라고 부른다.

주변 유체에 의해 물체에 작용하는 압력은 물체를 구성하는 물질의 종류에 의존하지 않으므로 플라스틱 통을 같은 크기, 같은 모양의 나뭇조각으로 바꿀지라도 변하지 않는다. 따라서 상승력은 통과 같은 부피의 물 무게와 같게 된다. 이것이 아르키메데스의 원리이다. 즉,

"유체 속에 전부 또는 부분적으로 잠겨 있는 물체는 그 물체가 밀어낸 유체의 무게만큼 부력을 받는다."

물보다 밀도가 큰 물체[**그림 11-6(b)**]가 밀어낸 물체와 같은 부피의 물의 무게는 물체의 무게보다 작다. 따라서 부력이 물체의 무게보다 작으므로 물체는 가라앉게 된다. 물속에 가라앉은 물체를 들어 올릴 때는 물체의 실제 무게보다 작은 힘을 주면 되는데 그 차이가 바로 부력이다. 우주비행사들이 거대한 물탱크 속에서 항해연습을 하는 것은 물속에서 가벼워지는 원리를 이용하여 우주공간의 무중력상태를 경험하기 위해서이다.

물보다 밀도가 낮은 물체[**그림 11-6(c)**]는 완전히 잠길 경우 그 물체가 밀어낸 물의 무게가 물체의 무게보다 크기 때문에 알짜상승력을 받게 되어 물 위로 상승하게 된다. 물체가 물 위로 상승함에 따라 물속에 잠긴 부분이 줄어들면서 부력이 점점 작아지게 되고 물체에 의해 밀어내진 물의 무게가 물체의 무게와 같게 되는 지점에서 물체가 멈추게 된다. 즉, 떠 있는 상태에서 평형을 이루는 것이다.

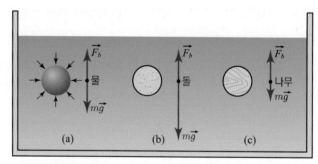

그림 11-6 아르키메데스의 원리

부력은 떠 있는 물체의 잠긴 부분에 의해 밀어내진 유체의 중력중심에 작용한다고 볼 수 있는데 이 중심을 부력중심(center of buoyancy)이라고 한다. 또한 무게는 물체 전체의 중력 중심에 작용하는데 이 두 점은 일반적으로 일치하지 않는다[**그림 11-7(a)**]. 이 두 점이 같은 수직선상에 있으면 물체는 평형상태로 떠 있게 되어 알짜힘과 알짜토크는 0이 된다. 떠 있는 물체가 평형점에서 약간 기울어지게 되면 일반적으로 물체에 의해 밀어내진 유체의 형태가 변하게 되어 부력중심이 물체의 중력중심을 기준으로 이동하게 된다. 따라서 물체에 토크가 작용하여 물체를 원래의 평형점으로 되돌리거나[**그림 11-7(b)**] 반대로 물체를 완전히 넘어지게 한다[**그림 11-7(c)**].

예제 2. 빙산의 전체 부피 중 수면 위에 나와 있는 부분은 몇 %인가?

풀이 V_i를 빙산의 부피라고 할 때 그 무게는

$$W_i = \rho_i V_i g$$

빙산에 의해 밀려난 바닷물의 무게는 부력을 의미하는데, 그 크기는

$$F_b = \rho_w V_w g$$

평형상태에서 F_b와 W_i가 서로 같으므로

$$\rho_w V_w g = \rho_i V_i g$$

표 11-2의 밀도값을 사용하여

$$\frac{V_w}{V_i} = \frac{\rho_i}{\rho_w} = \frac{917\,\mathrm{kg/m^3}}{1{,}024\,\mathrm{kg/m^3}} \simeq 0.896 \simeq 89.6\%$$

따라서 수면 위에 나와 있는 부피는 빙산 전체 부피의 약 10.4%에 해당한다.

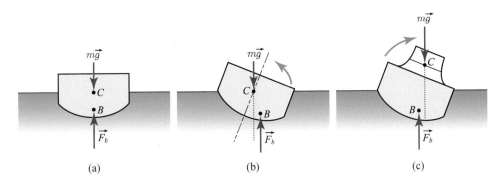

(a) (b) (c)

그림 11-7 부력중심과 무게중심

11-6 압력측정

유체의 압력은 정적 또는 동적방법에 의해 측정할 수 있는데 동적방법은 본 장의 뒷부분에서 논의하고 여기서는 정적방법을 다루기로 하자. 대부분의 압력계는 대기압을 기준으로 측정압력과 대기압의 차이, 즉 계기압력(gauge pressure)을 측정한다.

유체 내의 한 점에서 측정한 압력 '절대압(absolute pressure)'이라고 부르는데 이것은 대기압에 계기압력을 더한 값에 해당한다. 따라서 계기압력은 대기압보다 높거나 낮음에 따라 음수 또는 양수가 될 수 있으나 절대압은 항상 양수이다.

수은압력계는 수은이 채워진 긴 유리관이 수은이 담긴 용기에 거꾸로 놓여져 있는 형태를 하고 있다(그림 11-8). 수은주의 위쪽 빈 공간은 수은증기를 조금 포함하고 있는 진공상태가 되는데 이 공간의 압력 p_2는 상온에서 매우 작기 때문에 무시할 수 있다. 수은용기의 표면에서 압력 p_1을 식 $(11-7)$에서 구하고자 하는 압력 p로 두면

$$p_2 - p_1 = 0 - p = -\rho g (y_2 - y_1) = -\rho g h$$

또는

$$p = \rho g h$$

즉, 수은용기의 표면으로부터 수은주의 높이를 측정하면 압력을 계산할 수 있다.

수은압력계는 대기의 압력을 측정하는 데도 사용할 수 있는데 해면에서 길이가 $760\,\mathrm{mm}$인 수은주는 기압이 변함에 따라 그 길이가 달라진다. 즉, 1기압(atm)의 압력은 표준중력

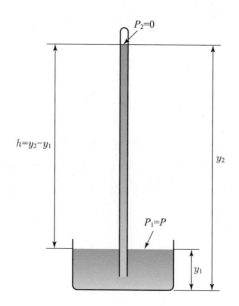

그림 11-8 수은압력계

$(g = 9.80665\,\mathrm{m/s^2})$하에서 0℃일 때 길이가 760 mm인 수은주에 의한 압력에 해당한다. 0℃ 에서 수은의 밀도는 $1.35955 \times 10^4\,\mathrm{kg/m^3}$이므로 1기압은 다음과 같다.

$$1\,\mathrm{atm} = (1.35955 \times 10^4\,\mathrm{kg/m^3})(9.80665\,\mathrm{m/s^2})(0.76\,\mathrm{m})$$
$$= 1.013 \times 10^5\,\mathrm{N/m^2}\,(\equiv 1.013 \times 10^5\,\mathrm{Pa})$$

흔히 사용되고 있는 압력단위인 Torr는 다음과 같이 정의된다.

$$1\,\mathrm{Torr} = (1.35955 \times 10^4\,\mathrm{kg/m^3})(9.80665\,\mathrm{m/s^2})(0.001\,\mathrm{m})$$
$$= 133.326\,\mathrm{Pa}$$

열린관 압력계(**그림 11-9**)는 계기압력을 측정하는 장치로서 액체(예 : 수은)가 담긴 U자관 의 형태를 하고 있는데 한쪽 끝은 대기에 노출되어 있고 다른 쪽 끝은 측정하고자 하는 유체 를 담고 있는 용기에 연결되어 있다. 측정하고자 하는 압력을 p라고 하면 식 (11−8)로부터

$$p - p_0 = \rho g h$$

가 되므로 계기압력 $p - p_0$는 U자관의 양 수은주 높이의 차이에 비례한다. 고압의 기체압력 을 측정할 때는 U자관에 수은주와 같이 밀도가 높은 액체를, 저압의 기체압력을 측정할 때 는 물을 각각 사용한다.

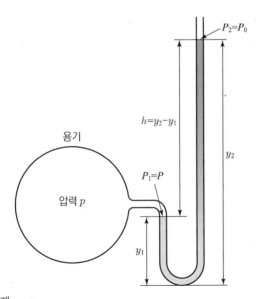

그림 11-9 열린관 압력계

예제 3. 수은압력계에서 수은주의 높이 h가 740.35 mm이고 온도가 $-5℃$일 때 대기압을 구하라. (단, $-5℃$에서 수은의 밀도는 $1.3608 \times 10^4 \text{ kg/m}^3$이며, 압력계가 있는 지점의 중력가속도 g는 9.7835 m/s^2이다.)

풀이 식 (11 − 7)로부터

$$p_0 = \rho g h$$
$$= (1.3608 \times 10^4 \text{ kg/m}^3)(9.7835 \text{ m/s}^2)(0.7403 \text{ m})$$
$$= 9.8559 \times 10^4 \text{ Pa} = 739.233 \text{ Torr}$$

여기서 Torr의 단위로 나타낸 압력값 739.29 Torr는 mm의 단위로 나타낸 수은주의 높이 740.35 mm와 매우 유사한 값을 갖는다. 이것은 g가 표준값을 갖는 위치에 압력계가 놓여 있고 온도가 0℃에 가까울 때만 성립하는 사실이다.

11-7 유체의 흐름

역학문제를 취급함에 있어서 흔히 '마찰력은 무시하라'는 문구를 보게 되는데 이것은 마찰력을 포함할 경우 문제를 풀기가 매우 어려워지기 때문이다. 마찬가지로 실제의 유체운동은 너무 복잡해서 완전히 이해할 수 없기 때문에 여기서는 수학적으로 해결하기 쉽도록 규정된 이상유체(ideal fluid)를 가정하여 유체의 운동을 논의한다. 그렇게 함으로써 유체의 실제운동과 완전히 같지는 않을지라도 실제운동에 매우 근접한 결과를 얻어낼 수 있다. 이상유체는 다음의 4가지 가정으로 정의된다.

① **정상흐름(steady flow)** : 유체가 정상흐름일 때는 흐르는 유체의 속도가 임의의 점에서 시간이 지남에 따라 그 크기 및 방향이 변하지 않는다. 이 조건은 보통 유체흐름의 속도가 작을 때 성립하는데 조수(tidal bore)와 같은 경우는 속도가 시간의 함수이므로 비정상흐름이다. 폭포수나 담배연기와 같은 난류(turbulent flow)는 속도가 시간의 함수일 뿐만 아니라 위치의 함수이기도 하다.

② **비압축성 흐름** : 정지유체에서 가정한 바와 같이 이상유체도 비압축성이어서 밀도가 일정하다.

③ **비점성 흐름** : 유체의 점성은 고체에서의 마찰력에 해당하는데 둘 다 운동에너지가 열에너지로 변환되는 과정과 관련되어 있다. 마찰이 없으면 물체가 수평면에서 일정한 속도로 움직이는 것과 마찬가지로 비점성 유체 내에서 물체가 움직이면 전혀 점성 저항력을 받지 않는다.

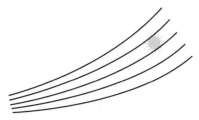

그림 11-10   흐르는 유체에 작은 방사형바퀴가 자유로이 떠 있다.

④ **비회전성흐름** : 흐르는 유체 중에서 임의의 미소부분이 그 자체의 질량중심을 지나는 축을 기점으로 회전하지 않으면 그 유체는 비회전성이라고 말한다. 방사형바퀴 (paddle wheel)가 흐르는 유체에 빠져 있다고 상상할 때(**그림 11-10**) 바퀴가 회전하지 않고 이동하면 유체의 흐름은 비회전성흐름이며 그 반대이면 회전성흐름이다.

11-8   유선과 연속 방정식

정상흐름인 유체 내의 한 점 P에서(**그림 11-11**) 속도 V는 시간에 따라 변하지 않으므로 P에 도달하는 모든 유체입자들은 같은 크기, 같은 방향의 속도로 진행한다. P를 통과하는 모든 입자는 같은 경로를 따라 운동하는데 이 경로를 유선(streamline)이라고 한다. P점을 통과한 유체입자들은 유선을 따라 더 진행하여 Q, R과 같은 점들을 지나게 된다. 유체입자의 속도벡터는 입자가 유선을 따라 진행하면서 그 크기가 변하며 속도벡터의 방향은 유선상의 어느 점에서도 유선에 대한 접선의 방향과 같다. 만약 두 개의 유선이 교차한다면 유체입자가 두 유선방향으로 움직일 수 있기 때문에 정상흐름의 가정에 어긋나게 되므로 그런 경우는 생길 수 없다.

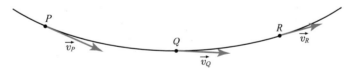

그림 11-11   정상류에서 유체입자가 유선을 따라 움직인다.

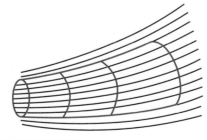

그림 11-12   한 묶음의 유선이 유관을 형성한다.

원칙적으로 유체 내의 모든 점에서 무한개의 유선을 그릴 수 있으나 정상흐름의 가정하에서는 **그림 11-12**와 같이 한 묶음을 형성하는 유한개의 유선을 선택하여 유체의 운동을 분석하는데 이러한 통모양의 영역을 유관(stream tube)이라고 한다. 유관의 경계는 그 접선방향이 유체입자의 속도방향과 같은 유선들로 구성되어 있으므로 어떤 유체도 그 경계를 교차하여 진행할 수 없다. 즉, 유관은 마치 같은 형태의 파이프와 같아서 한쪽 끝에서 들어간 유체는 반드시 다른 쪽 끝으로 나와야 한다.

그림 11-13과 같이 유관을 통해서 유체가 흐를 때 P, Q점에서 유체의 단면적을 각각 A_1, A_2라고 하고 유체입자의 속도를 각각 v_1, v_2라고 하자. Δt 시간 동안에 유체입자가 움직인 거리는 대략 $v\Delta t$가 되므로 같은 시간에 A_1을 지나는 유체의 체적은 대략 $A_1 v_1 \Delta t$가 된다. 같은 지점에서의 밀도를 ρ_1이라고 하면 A_1을 지나는 유체의 질량 Δm_1은 대략 다음과 같다.

$$\Delta m_1 = \rho_1 A_1 v_1 \Delta t$$

따라서 단위시간당 임의의 단면적을 지나는 유체의 질량, 즉 질량선속(mass flux)은 P점에서 대략 $\Delta m_1 / \Delta t = \rho_1 A_1 v_1$가 된다. $\Delta t \to 0$으로 보냄으로써 각점에서의 질량선속을 다음과 같이 정확히 구할 수 있다.

$$P점의 \ 질량선속 = \rho_1 A_1 v_1$$

마찬가지로

$$Q점의 \ 질량선속 = \rho_2 A_2 v_2$$

여기서 ρ_2, A_2, v_2는 각각 Q점에서의 밀도, 단면적, 유체속도 등을 의미한다.

위에서 유체를 단지 P점과 Q점을 통해서만 유관에 입출이 가능한 것으로 가정하였는데 이것은 P점과 Q점 사이에 다른 어떤 유체의 원천(source)이나 배출구(sink)가 없다는 것을 의미한다.

또한 P점과 Q점 사이에 있는 유체는 정상흐름의 경우 그 밀도가 시간에 따라 변하지 않는다(위치에 따라 변할 수는 있다). 이상으로부터 P와 Q에서의 질량선속은 서로 같아야 한다.

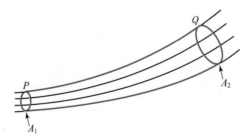

그림 11-13 양 끝에서 단면적이 각각 A_1, A_2인 유관

$$\rho_1 A_1 v_1 = \rho_2 A_2 v_2 \qquad\qquad (11-14)$$

이것을 일반적으로 나타내면 유관의 임의의 점에서

$$\rho A v = 일정 \qquad\qquad (11-15)$$

이러한 결과를 유체역학에서는 '질량보존의 법칙'이라고 한다. 유체가 비압축성이면 $\rho_1 = \rho_2$로 둘 수 있으므로 식 $(11-14)$로부터

$$A_1 v_1 = A_2 v_2 \qquad\qquad (11-16)$$

또한 R을 부피선속(volume flux)이라고 하면

$$R = A v = 일정 \qquad\qquad (11-17)$$

R의 SI 단위는 $\mathrm{m^3/s}$이다. 식 $(11-16)$은 비압축성 정상흐름에서 유체의 속도는 단면적에 반비례한다는 것을 나타낸다.

예제 4. 아래 그림은 수도꼭지를 통해 흐르는 물줄기가 떨어지면서 그 굵기가 줄어드는 것을 보여 주고 있다. 단면적 A_0는 $1.2\ \mathrm{cm^2}$이면 A는 $0.35\ \mathrm{cm^2}$이다. 두 지점의 수직거리 h가 $45\ \mathrm{mm}$일 때 물이 떨어지는 부피선속을 구하라.

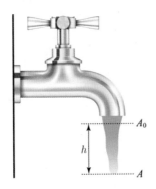

풀이 식 $(11-16)$으로부터

$$A_0 v_0 = A v$$

여기서 v_0, v는 각각 A_0, A에서의 속도를 나타낸다. 물이 중력하에서 자유낙하하고 있으므로

$$v^2 = v_0^2 + 2gh$$

두 식으로부터 v를 소거하여 v_0를 구하면

$$v_0 = \sqrt{\frac{2ghA^2}{A_0^2 - A^2}} = \sqrt{\frac{(2)(9.8\ \mathrm{m/s^2})(0.045\ \mathrm{m})(0.35\ \mathrm{cm^2})^2}{(1.2\ \mathrm{cm^2})^2 - (0.35\ \mathrm{cm^2})^2}}$$
$$\simeq 0.286\ \mathrm{m/s} \simeq 28.6\ \mathrm{cm/s}$$

부피선속 R은

$$R = A_0 v_0 = (1.2\ \text{cm}^2)(28.6\ \text{cm/s}) \simeq 34.32\ \text{cm}^3/\text{s}$$

이 값은 100 mL 비커를 채우는 데 3초 걸리는 속도에 해당한다.

11-9 베르누이 방정식

유체역학의 기초인 베르누이 방정식은 새로운 원리가 아니라 Newton 역학의 기본법칙으로부터 유도되는 관계식이다. 즉, 베르누이 방정식은 유체흐름에 대한 일−에너지 정리라고 할 수 있는데 이를 증명하기 위해 7절에서 정의한 바와 같은 이상유체가 흐르는 유관을 생각하자(그림 11-14). 유관의 왼쪽 끝부분은 단면적이 A_1으로 균일하며 기준점으로부터 높이가 y_1인 위치에 기준면과 평행하게 놓여 있다. 유관은 오른쪽으로 갈수록 그 굵기와 높이가 점점 증가하지만 오른쪽 끝에서는 왼쪽과 마찬가지로 단면적이 A_2, 높이가 y_2인 균일한 부분을 갖는다. 유체의 빗금 친 부분을 '계'라고 하고 이 계가 그림 11-14(a)의 위치에서 그림 11-14(b)의 위치로 어떻게 운동하는지 살펴보자. 좁은 관과 넓은 관의 각 부분에서 압력은 각각 p_1, p_2, 속도는 각각 v_1, v_2이다.

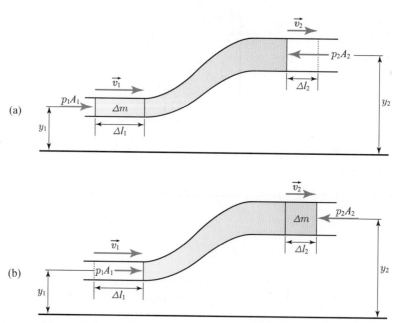

그림 11-14 유체가 일정한 속도로 관을 통해 흐른다.

일-에너지 정리에 의하면 임의의 계에 작용하는 합성력에 의한 일은 그 계의 운동에너지 변화와 같다. **그림 11-14**에서 계에 일을 하는 힘은 점성을 무시할 경우 압력에 의한 힘인 $p_1 A_1$과 $p_2 A_2$로서 이들을 각각 계의 왼쪽 끝과 오른쪽 끝에 작용한다. 유체가 파이프를 통해 흘러감에 따라 발생하는 알짜효과는 **그림 11-14(a)**에서 실선으로 구획된 빗금부분이 **그림 11-14(b)**에 표시된 위치로 이동하며 그 외의 빗금부분은 변하지 않는다는 것이다.

합성력이 계에 한 일은 다음과 같이 구할 수 있다.

① 압력에 의한 힘 $p_1 A_1$이 이 계에 한 일은 $p_1 A_1 \Delta l_1$이다.
② 압력에 의한 힘 $p_2 A_2$가 계에 한 일은 $-p_2 A_2 \Delta l_2$로서 음수인데 이것은 힘과 수평변위가 서로 반대방향이기 때문이다.
③ 중력이 계에 한 일은 실선으로 구획된 유체부분을 y_1에서 y_2로 올리는 데 기여하며 그 값은 $-\Delta mg(y_2 - y_1)$이 된다. 여기서 Δm은 관의 양 끝에서 구획된 부분의 질량을 의미하며, 일이 음수값을 띠는 것은 중력과 수직변위가 서로 반대방향이기 때문이다.

전체 알짜일은 위의 세 항을 더하면 되므로

$$W = p_1 A_1 \Delta l_1 - p_2 A_2 \Delta l_2 - \Delta mg(y_2 - y_1)$$

여기서 $A_1 \Delta l_1 (= A_2 \Delta l_2)$은 구획된 부분의 체적 ΔV이므로 ρ를 유체의 밀도(상수)라고 할 때 $\Delta m/\rho$로 바꾸어 쓸 수 있다. 따라서 유체가 비압축성이라는 가정을 이용하면

$$W = (p_1 - p_2)(\Delta m/\rho) - \Delta mg(y_2 - y_1) \tag{11-18}$$

또한 질량이 Δm인 유체의 미소부분에 생기는 운동에너지 변화는

$$\Delta K = \frac{1}{2}\Delta m v_2^2 - \frac{1}{2}\Delta m v_1^2$$

이므로 일-에너지 정리, 즉 $W = \Delta K$로부터

$$(p_1 - p_2)(\Delta m/\rho) - \Delta mg(y_2 - y_1)$$
$$= \frac{1}{2}\Delta m v_2^2 - \frac{1}{2}\Delta m v_1^2 \tag{11-19}$$

여기서 공통상수 Δm을 소거하여 정리하면

$$p_1 + \frac{1}{2}\rho v_1^2 + \rho gh = p_2 + \frac{1}{2}\rho v_2^2 + \rho gh \tag{11-20}$$

식 (11-20)에서 첨자 1, 2는 임의의 두 지점을 나타내므로 첨자의 표시가 없이 다음과 같이 나타낼 수 있다.

$$p + \frac{1}{2}\rho v^2 + \rho gh = \text{일정} \qquad (11-21)$$

식 (11−21)을 비압축성, 비회전성, 비점성의 정상흐름에 대한 '베르누이 방정식'이라고 부르는데 Hydrodynamica라는 베르누이의 저서에 처음으로 소개된 바 있다.

동역학의 특수한 형태가 정역학이듯이 유체동역학의 특수한 경우가 유체정역학이므로 정지 유체 내에서 압력의 위치의존법칙이 베르누이 방정식 안에 특수한 형태로 마땅히 포함되어 있어야 한다. 이것을 증명하기 위해 식 (11−20)에서 $v_1 = v_2 = 0$으로 두면

$$p_1 + \rho gh = p_2 + \rho gh$$

또는

$$p_2 - p_1 = -\rho g(y_2 - y_1)$$

이 식은 식 (11−7)과 동일하다.

식 (11−20)의 또 다른 특수한 형태를 얻기 위해 $y_1 = y_2$로 두면(유관이 수평이므로 중력 효과가 없다)

$$p_1 + \frac{1}{2}\rho v_1^2 = p_2 + \frac{1}{2}\rho v_2^2 \qquad (11-22)$$

따라서 속도가 크면 압력이 작으며 반대로 속도가 작으면 압력이 크다. 이것은 식 (11−17) 다음에 논의한 사항을 수학적으로 입증한 결과이다.

식 (11−21)에서 각 항은 압력의 차원을 가지고 있는데 유체의 흐름이 없을 때($v = 0$)의 압력인 $p + \rho gh$를 '정압'이라고 하며 $\frac{1}{2}\rho v^2$을 '동압'이라고 한다.

11-10 베르누이 방정식과 연속 방정식의 응용

1. 벤튜리 유속계(venturi Meter)

이 장치(그림 11-15)는 파이프 내에서 유체의 유속을 측정하는 계기이다. 밀도가 ρ인 유체가 파이프를 통해서 흐르며 단면적의 크기가 각각 A와 a로서 서로 다른 두 지점 1, 2에서 U자관과 연결되어 있다. U자관 내의 유체를 수은이라고 하고 그 밀도를 ρ'이라고 하면 위치 1, 2에서 베르누이 방정식과 연속방정식을 적용하여 위치 1에서의 유속을 다음과 같이 유도할 수 있다(연습문제 15).

$$v = a\sqrt{\frac{2(\rho')gh}{\rho(A^2 - a^2)}} \qquad (11-23)$$

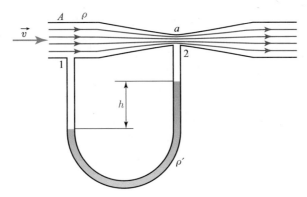

그림 11-15 벤튜리 유속계

2. 동역학적 떠올림(dynamic lift)

동역학적 떠올림은 비행기 날개, 헬리콥터 회전자 등과 같은 물체가 유체 속에서 운동하기 때문에 받게 되는 힘으로서 아르키메데스의 원리에 의해 떠 있는 풍선 또는 빙산이 받게 되는 정역학적 떠올림인 부력과는 다르다.

볼이 회전하면서 날아갈 때 발생하는 동역학적 떠올림은 공이 곡선을 그리며 날아가거나 상승 또는 하강하게 하는 힘을 미친다. 유체가(이 경우엔 공기) 다소 점성을 띠고 있기 때문에 진행하는 공은 마찰력을 받게 되어 경계층(boundary layer)이라고 불리는 얇은 유체층을 끌고 가게 된다. 회전 하지 않는 볼의 정지좌표계에서 볼 때 유체의 속도는 경계층으로부터

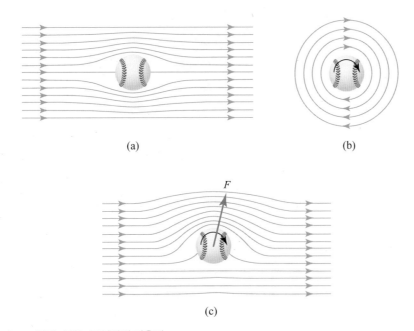

그림 11-16 공에 미치는 동역학적 떠올림

그 크기가 줄어들기 시작해서 볼 표면에서 0이 된다. **그림 11-16(a)**는 볼의 정지좌표계에서 난류가 발생하지 않을 정도로 작은 속도로 비회전 공을 지나쳐 가는 공기의 정상흐름에 대한 유선을 보여 주고 있다. **그림 11-16(b)**는 빨리 회전하는 공에 의해 끌려서 회전하는 공기에 대한 유선을 나타내는데 만약 점성과 경계층이 없다면 그러한 공기의 회전은 존재하지 않을 것이다. **그림 11-16(c)**는 공기의 회전[**그림 11-16(b)**]과 정상흐름[**그림 11-16(a)**]의 효과를 합성한 결과로, 공의 위쪽에서는 공기속도가 증가하며 아래쪽에서는 감소한다. 합성된 유선의 간격으로부터 공의 위쪽보다 아래쪽에서 공기의 속도가 더 작다는 것을 알 수 있다. 따라서 베르누이 방정식으로부터 볼의 아래쪽이 위쪽보다 공기의 압력이 크기 때문에 볼은 동역학적 떠올림을 받게 된다.

비행기 날개에 작용하는 떠올림은 **그림 11-17**에 표시한 바와 같이 날개의 단면 주변에 그려진 유선으로 설명할 수 있다. 비행기를 기준좌표계로 하여 공기가 왼쪽에서 오른쪽으로 움직인다고 가정하면 **그림 11-17**은 그림 11-16(c)와 매우 유사하다는 것을 알 수 있다. 비행기 날개의 공격각(angle of attack)에 의해 공기가 아래쪽으로 휘어지게 되는데 날개가 공기에 작용하는 이 하강력에 의해 Newton의 제3법칙으로부터 공기는 날개에 상승력, 즉 떠올림인 반작용을 일으키게 된다. 날개 위에서(위치 1) 유선의 간격이 더 좁기 때문에 $v_1 > v_2$가 되며 따라서 베르누이 방정식으로부터 $p_1 < p_2$가 되므로 떠올림이 발생한다.

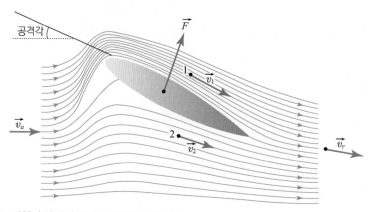

그림 11-17 비행기 날개에 미치는 동역학적 떠올림

연습문제

01 크기가 $24\,\mathrm{m} \times 9\,\mathrm{m} \times 2.5\,\mathrm{m}$인 수영장이 물로 가득 차 있을 때 물에 의해서만 (a) 바닥에, (b) 길이가 짧은 양 옆면에, (c) 길이가 긴 양 옆면에 각각 미치는 힘을 구하라. (d) 만약 콘크리트 벽과 바닥이 붕괴될 가능성을 조사한다면 공기의 압력을 고려하는 것이 적절하겠는가? 그렇다면 그 이유는 무엇인가?

02 선원들이 깊이 $100\,\mathrm{m}$에서 파손된 잠수함으로부터 탈출하려고 한다. 가로 $1.2\,\mathrm{m}$, 세로 $0.6\,\mathrm{m}$의 잠수함 문(hatch)을 열고자 할 때 얼마의 힘으로 밀어야 하는가? (단, 바닷물의 밀도는 $1{,}025\,\mathrm{kg/m^3}$으로 가정한다.)

03 두 개의 동일한 원통형 그릇들의 밑바닥(밑면의 면적은 A로 동일)이 동일한 준위에 있고, 안에 담긴 유체의 밀도가 ρ이며, 유체의 높이는 각각 h_1, h_2이다. 두 용기를 연결하여 유체의 높이가 서로 같게 하는 데 중력이 한 일은 얼마인가?

04 만약 공기의 밀도가 (a) 균일한 경우와 (b) 높이에 따라 선형적으로 줄어들어 지상에서 0이 되는 경우에 대해 각각 공기층의 높이를 구하라. (단, 해면에서의 공기압은 $1\,\mathrm{atm}$, 공기의 밀도는 $1.3\,\mathrm{kg/m^3}$이다.)

05 (a) 수직상승가속도 a의 영향을 받는 유체가 담긴 용기가 있을 때 유체 내에서 깊이에 따른 압력의 변화가 다음과 같이 주어짐을 보여라. (여기서 h는 깊이이고, ρ는 밀도이다.)

$$p = \rho h(g+a)$$

(b) 유체가 수직하강가속도 a의 영향을 받는다면 깊이 h에서 압력이 다음과 같이 주어짐을 보여라.

$$p = \rho h(g-a)$$

(c) 자유낙하할 경우에는 어떻게 되는가?

06 한 변 $L = 2\,\mathrm{ft}$이고 무게 $W = 1{,}000\,\mathrm{lb}$인 정육면체 모양의 물체가 줄에 매달린 채 뚜껑이 없는 용기에 담겨 있는 밀도 $\rho = 2\,\mathrm{slugs/ft^3}$의 액체 속에 잠겨 있다.

(a) 물체의 꼭대기에 유체와 대기에 의해 미치는 전체 하강력을 구하라.

(b) 물체의 바닥에 미치는 전체 상승력을 구하라.

(c) 줄의 장력을 구하라.

(d) 아르키메데스의 원리를 이용하여 물체에 작용하는 부력을 구하라. 이 모든 물리량들 사이에는 어떠한 관계가 있는가?

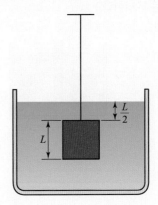

07 나무 블록이 순수한 물속에서 2/3의 부피가 잠긴 채 뜬다. 기름 속에서는 잠긴 부피의 비율이 0.9 이다. 이때 (a) 나무와 (b) 기름의 밀도를 구하라.

08 사해(Dead Sea)에서는 사람 몸의 1/3이 표면 위로 나온 채 떠 있을 것이다. 사람 몸의 밀도를 $0.98 \, \text{g/cm}^3$로 가정하고 사해 물의 밀도를 구하라. (왜 이것은 $1 \, \text{g/cm}^3$보다 커야 하는가?)

09 많은 빈 공간(cavity)을 포함하면서 주조되는 철의 무게가 공기 중에서는 $6{,}000 \, \text{N}$, 물속에서는 $4{,}000 \, \text{N}$이다. 그 주철에 포함된 모든 빈 공간들의 총부피는 얼마인가? [철(빈 공간이 전혀 없는)의 밀도는 $7.89 \, \text{g/cm}^3$이다.]

10 원통형 나무막대 한쪽 끝에 납이 달린 채 그림과 같이 물속에 수직으로 떠 있다. 물에 잠긴 부분의 길이 $l = 2.5 \, \text{m}$이며, 막대는 수직진동을 한다.

(a) 진동이 단조화운동임을 보여라.
(b) 진동주기를 구하라. (단, 물에 의한 감쇄효과는 무시한다.)

공기

l

물

11 유체 속에 고체블록을 매달고 있는 줄의 장력은 용기가 멈추어 있을 때 T_0이다(유체의 밀도가 고체보다 높다). 용기가 수직상승가속도 a를 가질 때 장력 T는 $T_0(1+a/g)$로 주어짐을 증명하라.

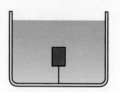

12 내부 직경이 $1.9 \, \text{cm}$인 정원 물 호스가 고정되어 있는 잔디 스프링클러에 연결되어 있다. 이 스프링클러는 직경이 $0.13 \, \text{cm}$인 24개의 구멍이 나 있는 용기의 형태를 하고 있다. 물의 속력이 호스에서 $0.91 \, \text{m/s}$라고 하면 스프링클러 구멍에서 나올 때의 물의 속력은 얼마인가?

13 물이 차 있는 지하로부터 직경 $1 \, \text{cm}$의 균일한 관을 통하여 $5 \, \text{m/s}$의 일정한 속도로 물을 빼내고 있다. 관이 $3 \, \text{m}$ 높이의 창문을 넘어서 바깥으로 통한다고 할 때 펌프는 얼마만큼의 일률을 공급해야 하는가?

14 내부 직경이 $2.5 \, \text{cm}$인 물 파이프가 지하실로 $0.9 \, \text{m/s}$의 속력과 $170 \, \text{kPa}$의 압력으로 물을 보내고 있다. 파이프의 내부 직경을 $1.2 \, \text{cm}$로 줄여서 입구를 기준으로 $7.6 \, \text{m}$ 높이의 2층으로 올린다면 2층에서의 물의 속력과 압력은 얼마가 되는가?

15 그림 11-15의 벤튜리 유속계의 점 1, 2에 베르누이 방정식과 연속방정식을 적용하여 식 (11 − 23)을 유도하라.

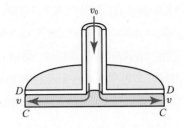

16 큰 면적의 물탱크에 물이 깊이 D = 0.3 m까지 채워져 있고, 바닥에 있는 단면적 A = 6.5 cm²인 구멍으로 물을 배수하고 있다.

(a) 물이 흘러 나가는 속력이 cm³/s 의 단위로 얼마인가?

(b) 탱크 바닥 아래 어떤 위치에서 물줄기의 단면적이 구멍 면적의 1/2과 같게 되는지 구하라.

17 공기가 면적이 A인 비행기 날개의 위를 v_t의 속력으로, 날개의 아래(같은 면적, A)를 v_u의 속력으로 지난다고 할 때 베르누이 방정식을 이용하여 날개의 상승력 L이 다음과 같이 유도됨을 증명하라. (여기서 $L = \frac{1}{2}\rho A(V_t^2 - V_u^2)$는 공기의 밀도이다.)

18 속이 텅 빈 원통의 끝에 원판 DD가 붙어 있다. 통 속으로 공기를 불어 넣으면 원판의 카드 CC를 끌어당긴다. 카드의 면적을 A, 그리고 v를 카드와 원판 사이의 평균 공기속력이라고 할 때 CC의 상승력을 구하라. (단, 카드의 무게는 무시하고 $v_0 \ll v$라고 가정한다. 여기서 v_0는 빈 원통 속에서의 공기속력이다.)

19 물탱크에 깊이 H까지 물이 채워져 있으며 물 표면으로부터 깊이가 h인 지점의 한쪽 벽에 구멍이 뚫려 있다.

(a) 물이 분출되어 떨어진 바닥의 위치로부터 벽까지의 거리 x가 $x = 2\sqrt{h(H-h)}$로 주어짐을 보여라.

(b) 깊이가 다른 지점에 구멍을 뚫어도 (a)와 같은 거리만큼 물이 분출되는가? 그렇다면 그 깊이는 얼마인가?

(c) 구멍이 어느 위치에 뚫려 있을 때 물이 가장 멀리까지 분출되는가?

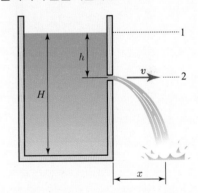

20 사이펀(siphon)은 담긴 액체를 기울여 버리기 어려운 형태의 용기로부터 액체를 제거하는 장치이다. 관은 처음에 액체로 채워져 있어야 하지만 일단 가동이 되면 액체의 준위가 관의 열린 끝, 즉 A 지점까지 내려갈 때까지는 액체가 계속 흐른다.

(a) 액체가 관의 C점으로 나올 때의 속력을 구하라.

(b) 최고점 B에서 액체의 압력은 얼마인가?

(c) 사이펀이 물을 들어 올릴 수 있는 최대높이 h_1은 얼마인가? (여기서 액체의 밀도는 ρ이며 점성은 무시한다.)

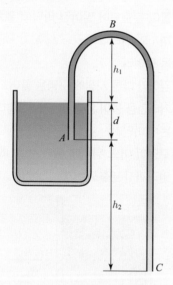

CHAPTER 12

파동

12-1 파동이란 무엇인가?

멀리 떨어져 있는 친구에게 소식을 전하는 데는 여러 방법이 있다. 그중의 한 방법은 편지를 보내는 방법이고 또 다른 방법은 전화를 걸어 소식을 전하는 것이다.

여기서 첫째 방법은 편지라는 물질적인 실체가 한 장소에서 다른 장소로 이동하여 소식(정보나 에너지)이 전달되므로 입자(particle)에 비유된다고 할 수 있다. 한편 전화를 거는 둘째 방법은 실제로 아무런 물질적인 이동이 없이 소식(정보나 에너지)이 전달되는 셈이므로 파동(wave)에 비유할 수 있다. 전화를 거는 경우, 우리의 성대에서 나온 정보를 담은 음파가 전화의 송화기를 통하여 전자기파로 바뀌어 광섬유나 구리도선을 통하여 상대방 전화의 수화기에서 다시 음파로 바뀌어 상대방의 귀로 전달된다.

입자(particle)와 **파동**(wave)은 물질의 이동 여부에 따라 서로 구별되는 개념으로 고전 물리학에서 다루는 모든 자연현상은 이 중 하나의 개념으로 설명된다.

입자는 좁은 공간에 집중되어 있는 물질의 집합이며 파동은 시간과 공간에 비교적 넓게 분포되어 있는 복합적인 진동으로 각각 에너지를 전파시킬 수 있다. 우리 주위에는 위에서 언급한 음파와 전자기파를 비롯하여 다음과 같이 많은 종류의 파동현상이 있다.

1. 역학적 파동

음파, 파도, 지진파, 팽팽한 줄의 파동 등은 모두 탄성이 있는 매질 내에서 존재하는 파동으로 매질 내에서 Newton의 운동법칙으로 기술될 수 있으므로 역학적 파동(mechanical wave) 또는 탄성매질 내에서 전달되므로 **탄성파**(elastic wave)라 한다. 탄성체(탄성매질)는 앞에서 공부한 강체와는 상반되는 개념으로 매질을 구성하는 각 질점이 서로 용수철로 연결되어 있다고 가정하는 **그림 12-1**과 같은 단순한 모델로 설명될 수 있다.

매질 내의 한 점에 외부로부터 충격이 가해지면 그 질점은 앞장에서 공부한 것과 같이 평형점을 중심으로 진동을 하게 된다. 이 경우 옆의 질점과 용수철로 연결되어 있으므로 그 진동이 옆에 있는 질점에 전달되어 역시 진동을 하게 된다. 이러한 방식으로 탄성체 한 점의 충격이 주위의 여러 점에 진동의 형태로 전파되어 파동이 형성된다. 그러므로 역학적 파동은 탄성체 내의 여러 질점의 진동이 용수철에 의해 서로 연관되어 **조직적으로 일어나는 복합적인 진동**으로 이해할 수 있다. 매질 내에서 파동의 특성(속도, 파장, 주파수 등)은 매질의 성질에 따라 결정된다(12-4절 참조).

그림 12-1 탄성체의 단순한 모형

2. 전자기파

전자기파(electromagnetic wave)는 빛과 같이 매질이 없이도 전파하는 파동으로 나중에 배울 Maxwell의 전자기파 법칙에 따른다. 전자기파는 빛 외에도 파장(또는 주파수)에 따라 라디오 전파, 마이크로파, X선 등으로 나누어진다. 모든 전자기파는 자유공간(진공)을 광속도 c로 전파해 나간다. 참고로 광속도는

$$c = 299,792,458 \text{ m/s} \text{ (광속도)}$$

로 주어진다.

3. 물질파

어떤 실험조건에서는 전자선속(electron beam flux) 등의 입자선속이 파동적인 성질을 갖는다. 물질파(matter wave)는 이러한 실험사실을 설명하기 위해 현대 물리학에서 다루는 파동으로 입자가 발견될 확률 진폭을 나타내며 물질파의 주파수는 입자의 에너지와 관련되고 파장은 입자의 운동량을 나타낸다. 이에 대해서는 다음 28장에서 좀 더 자세히 다루게 될 것이다. 이 장에서는 위에서 설명한 여러 종류의 파동이 갖는 공통적인 성질을 주로 역학적 파동을 예로 들어 고찰한다.

12-2 파동의 구분

1. 횡파와 종파

팽팽한 줄과 같은 탄성 매질의 한 부분에 충격을 주면 탄성에 의해 매질의 다른 부분으로 진동이 전달되면서 조직화되어 파동이 형성된다. 파동은 진동의 방향에 따라 **횡파**(transverse wave)와 **종파**(longitudinal wave)로 구분된다.

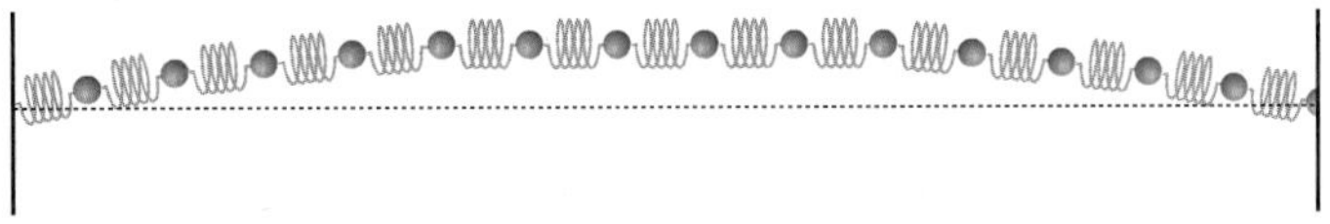

(a) 횡파

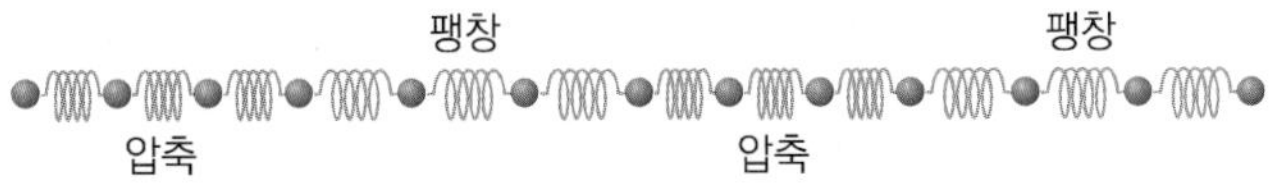

팽창   팽창

압축   압축

(b) 종파

그림 12-2 팽팽한 줄에서 발행하는 (a) 횡파와 (b) 종파

횡파에서는 **그림 12-2(a)**와 같이 각 질점이 원래 줄이 놓인 방향, 즉 파동의 전파방향과 수직으로 진동하는 파동으로 전자기파가 여기에 속한다.

종파에서는 **그림 12-2(b)**와 같이 줄의 방향(또는 파동의 전파방향)과 평행한 방향으로 진동한다. 종파의 대표적인 예로 음파가 있다. 일반적으로 지진파와 같은 탄성파는 횡파의 성분과 종파의 성분 모두를 포함한다.

2. 정상파와 진행파

기타 줄에서의 진동과 같이 양 끝이 고정되어 있는 경우 형성되는 파동은 **그림 12-3**에서와 같이 위치에 따라 최대 진폭은 다르지만 줄의 모든 부분이 시간에 따라 같은 양식으로 진동한다. 이러한 파동을 **정상파**(standing wave)라 한다.

반면에 팽팽한 줄을 퉁기면 **그림 12-4**와 같이 파동이 줄을 따라 왼쪽에서 오른쪽으로 진행한다. 한쪽에서 줄을 퉁기면 작용된 힘이 질점을 변위시키고 이 질점의 진동이 용수철로 연결된 다른 질점으로 전달된다.

이렇게 한 질점의 진동이 다른 질점에 전달되는 데는 일정한 시간이 걸린다. **진행파**(traveling wave)는 이렇게 에너지가 일정한 속도와 일정한 방향으로 전달되는 파동을 말한다.

12-3 정상파의 방정식

기타 줄 등에서 볼 수 있는 정상파를 수학적으로 표현하기 위하여 **그림 12-3**과 같이 x축을 따라 놓여 있는 줄을 고려해 보자. 줄의 한쪽이 $x=0$에 고정되어 있고 다른 한쪽은 $x=L$에

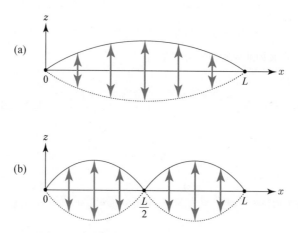

그림 12-3 양 끝이 고정된 줄에서의 정상파 (a) $n=1$, (b) $n=2$

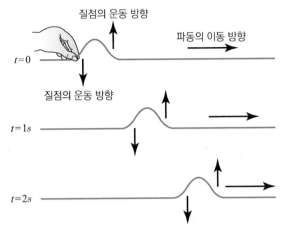

그림 12-4 팽팽한 줄을 $t=0$에서 손으로 퉁겼을 때 발생된 진행파가 줄을 따라 전파하는 모습

고정되어 있다. 줄의 변위를 z축 방향으로 가정하면 줄의 위치 x에서의 수직변위는 $z(x,t)$라 표시할 수 있다. 정상파는 모든 점에서 시간에 대해서는 같은 함수 꼴을 가지므로 다음과 같이 위치 x의 함수 $f(x)$와 시간 t의 함수 $g(t)$의 곱으로 표시할 수 있다.

$$z(x,t)=f(x)g(t) \tag{12-1}$$

앞에서 설명한 것과 같이 줄을 구성하는 각 질점은 단진동운동을 하므로 시간의 함수는

$$g(t)=\cos(\omega t+\phi) \tag{12-2}$$

로 표현되며 여기서 ω는 단진동운동의 **각주파수(angular frequency)**이고 ϕ는 위상각이다. **그림 12-3**에서 위치의 함수는

$$f(x)=z_0\sin(kx+\delta) \tag{12-3}$$

와 같은 사인 함수로 나타난다. 여기서 z_0는 최대 변위, 즉 진폭이고 δ는 또 다른 위상각을 나타내며 k는 양의 상수로 ω에 대응하는 양이다. 사인 함수는 인수 kx가 차원(dimension)이 없는 상수가 되도록 k는 m^{-1}의 단위를 갖는다. $f(x)$와 $g(t)$를 대입하면 정상파는

$$z(x,t)=z_0\sin(kx+\delta)\cos(\omega t+\phi) \tag{12-4}$$

로 표시되며 이렇게 사인 또는 코사인 함수로 표시되는 정상파를 특히 **조화 정상파(harmonic standing wave)**라 한다. 위치 x의 함수 $\sin(kx+\delta)$는 $kx=2\pi$가 되는 조건, 즉 $x=2\pi/k$가 되는 거리마다 반복된다. 이렇게 반복이 되는 최소거리를 **파장(wavelength)** λ라 한다. 그러므로

$$\lambda=\frac{2\pi}{k}$$

또한

$$k = \frac{2\pi}{\lambda} \tag{12-5}$$

k를 **각파수(angular wave number)**라 한다.

1. 정상파의 파장

정상파의 파장은 경계조건에 의해 결정된다. **그림 12-3**에서의 경계조건은 $x = 0$ 및 $x = L$인 줄의 양 끝이 고정되어 있으므로, $x = 0$에서 $z = 0$ 및 $x = L$에서 $z = 0$이다. 이 조건을 동시에 만족시키려면 식 $(12-3)$에서 $\delta = 0$이 되어야 한다. 또한 $x = L$에서 $z = 0$이 되기 위해서는

$$\sin(kL) = 0 \tag{12-6}$$

식 $(12-6)$은 kL이 π의 양의 정수배가 되면 만족하므로 각파수는 다음과 같이 불연속적인 값을 갖는다.

$$k_n = \frac{n\pi}{L} \ (n = 1, 2, 3 \cdots 일 \ 때) \tag{12-7}$$

여기서 $n = 0$일 때는 줄이 퉁겨지지 않은 경우에 해당하므로 제외하였다. 따라서 식 $(12-5)$에 의해 허용되는 파장은

$$\lambda_n = \frac{2\pi}{k_n} = \frac{2}{n}L \ (n = 1, 2, 3 \cdots) \tag{12-8}$$

위 식을 다시 쓰면 $L = n\lambda_n/2$이므로, 줄의 길이 L은 정상파의 반파장의 정수배가 됨을 알 수 있다.

예제 1. 길이 $L = 1\,\mathrm{m}$ 의 양쪽을 팽팽히 고정시킨 줄을 퉁겨서 형성되는 정상파 중 각파수가 가장 작은 두 경우(파장이 가장 긴 두 경우)를 계산하라.

풀이 가능한 각파수 k_n은 정수 n에 비례하고 가능한 파장 λ_n은 n^{-1}에 비례하므로 각파수가 가장 작은 두 경우와 파장이 가장 긴 두 경우는 공히 $n = 1$, $n = 2$인 경우이다.

그러므로 $k_1 = \pi/L = 3.14\,\mathrm{m}^{-1}$, $k_2 = 2\pi/L = 6.28\,\mathrm{m}^{-1}$
또한 $\lambda_1 = 2L = 2\mathrm{m}$, $\lambda_2 = 2L/2 = 1\mathrm{m}$

그림 12-3은 $n = 1$과 $n = 2$일 때 정상파를 나타낸 것이다. 줄의 양쪽 끝이 고정되어 있어 횡축 방향의 진동이 없으므로 이 점을 정상파의 마디(node)라 한다. $n > 1$인 경우에는 고정되어 있지 않은 줄의 중간에도 마디가 형성되는 것을 알 수 있다. 파장 λ가 주어지면 마디가 되는 위치는 진폭이 0이 되는 조건, 즉 $kx = 0, \pi, 2\pi, 3\pi \cdots$가 되는 점이므로 $k = 2\pi/\lambda$에서 $x = n\lambda/2$, $n = 0, 1, 2, 3 \cdots$인 점이 마디가 된다.

12-4 파동방정식

앞에서는 경제조건으로부터 각파수 k를 결정하였다. 그러나 시간적인 변화를 결정하는 각주파수 ω에 대해서는 아무런 정보를 얻을 수 없다. 이 장의 서두에서 역학적 파동은 Newton의 운동법칙을 따른다고 설명한 바 있다. 줄을 구성하는 각 질점에 대해 Newton의 운동방정식을 적용하면 파동방정식이 유도되고, 바로 이 파동방정식으로부터 ω를 구할 수 있다. 먼저 횡파에 대한 파동방정식을 유도해 보자.

그림 12-5와 같이 위치 x_1에서 횡파에 의해 변형된 팽팽한 줄의 작은 토막을 생각해 보자. 이 토막의 질량을 Δm, 길이를 Δx라 할 때, 이 줄에 작용하는 힘은 장력뿐이므로 왼쪽으로 작용하는 장력을 T_l, 오른쪽의 장력을 T_r이라 할 때 x, z 각 방향으로 작용하는 힘은

$$x \text{ 방향}: T_r \cos\theta_r - T_l \cos\theta_l = (\Delta m)a_x \qquad (12-9)$$

$$z \text{ 방향}: T_r \sin\theta_r - T_l \sin\theta_l = (\Delta m)a_z \qquad (12-10)$$

이다. 여기서

$$\theta_r = \theta_l + \Delta\theta \equiv \theta + \Delta\theta \qquad (12-11)$$

로 놓자. 줄의 변형이 크지 않다고 가정하면 $\Delta\theta \ll \theta \ll 1$, 따라서 $\theta_r \simeq \theta_l$이므로 편의상 $\theta_l \equiv \theta$로 놓았다. 또한 $\theta \ll 1$이므로, $\cos\theta \simeq 1$, $\sin\theta \simeq \theta$의 근사식을 이용하여 식 (12-9)와 식 (12-10)을 다시 쓰면

$$x \text{ 방향}: T_r - T_l = (\Delta m)a_x \qquad (12-12)$$

$$z \text{ 방향}: T_r(\theta + \Delta\theta) - T_l\theta = (\Delta m)a_z \qquad (12-13)$$

이다. 여기서는 횡파만 존재하므로 x방향으로는 힘이 작용하지 않는다. 따라서 $a_x = 0$이므로 $T_l = T_r = T$로 정의하면 식 (12-13)은 다음과 같이 간단히 정리된다.

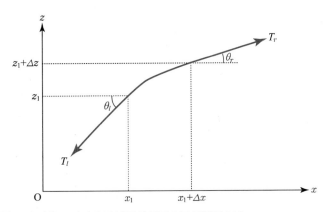

그림 12-5 팽팽한 줄의 작은 토막이 수직 방향의 진동으로 변형된 모습

$$T\Delta\theta = (\Delta m)a_z \qquad (12-14)$$

위 식에서 시간적 변화는 z방향의 가속도, 즉 a_z에 포함되어 있고 공간적(x에 대한) 변화는 θ에 담겨 있다. 점 x_1에서의 줄의 기울기는 $\tan\theta = \Delta z/\Delta x$로 주어지고 $\tan\theta \simeq \theta$로 근사되므로

$$\theta = \Delta z/\Delta x$$

이다. $\Delta x \to 0$인 극한에서 위 식은 미분으로 표시된다. 이때 줄의 변위 z는 x와 t 두 변수에 의존하므로 편미분을 사용하여야 한다. 따라서

$$\theta = \frac{\partial z}{\partial x}$$

이다. 기호 ∂는 편미분을 나타내는 것으로 이 경우 t를 고정시키고 x에 대한 미분만을 택한다는 표시다. 다시 한번 x에 대한 편미분을 취하면

$$\frac{\partial\theta}{\partial x} = \frac{\partial^2 z}{\partial x^2} \qquad (12-15)$$

이다. Δm 대신 선밀도 μ를 이용하면, 즉 $\Delta m = \mu\Delta x$라 쓸 수 있고 식 $(12-14)$를 다시 쓰면

$$T\Delta\theta = \mu\Delta x a_z$$

따라서

$$T\Delta\theta/\Delta x = \mu a_z$$

이다. $\Delta\theta$와 Δx가 0에 가까운 극한에서 $\Delta\theta/\Delta x = \partial\theta/\partial x = \partial^2 z/\partial x^2$ 또한 $a_z = \partial z^2/\partial t^2$이므로 다음과 같은 파동방정식을 얻는다.

$$T\frac{\partial^2 z}{\partial x^2} = \mu\frac{\partial^2 z}{\partial t^2} \quad \textbf{(파동방정식)} \qquad (12-16)$$

여기서는 횡파에 대해 이 파동방정식을 유도하였으나 종파에 대해서도 같은 방정식이 성립되며 탄성파뿐 아니라 전자기파에 대해서도 같은 형태의 파동방정식이 성립된다.

1. 주파수 계산

먼저 식 $(12-4)$의 정상파 방정식이 방금 유도한 파동방정식을 만족하는지 확인해 보자. 또한 이 과정을 통하여 각주파수 w를 결정할 수 있다. 파동방정식 우변에 대입하기 위해 식 $(12-4)$를 시간에 대해 편미분하면

$$\frac{\partial z}{\partial t} = z_0 \sin(kx + \delta)(-w)\sin(wt + \phi)$$

$$\frac{\partial^2 z}{\partial t^2} = z_0 \sin(kx + \delta)(-w^2)\cos(wt + \phi) \tag{12-17}$$

식 (12-4)를 x에 대해 편미분하면 $\cos(wt + \phi)$항은 변화가 없으므로 식 (12-17)의 $\cos(wt + \phi)$와 상쇄되어 파동방정식은 다음과 같이 된다.

$$T\frac{\partial^2[z_0\sin(kx + \delta)]}{\partial x^2} = -\mu w^2 z_0 \sin(kx + \delta)$$

$$-Tk^2 z_0 \sin(kx + \delta) = -\mu w^2 z_0 \sin(kx + \delta) \tag{12-18}$$

그러므로

$$Tk^2 = \mu w^2 \tag{12-19}$$

또한 $k = 2\pi/\lambda$이므로 각주파수 w는

$$w = \frac{2\pi}{\lambda}\sqrt{\frac{T}{\mu}}$$

이고, 주파수는

$$f = \frac{1}{\lambda}\sqrt{\frac{T}{\mu}} \tag{12-20}$$

로 주어진다. 파동방정식으로부터 유도된 식 (12-20)을 통하여 정상파의 다음과 같은 성질을 알 수 있다.

① 정상파의 파장이 길어지면 주파수는 감소한다.
② 선밀도가 적은 줄이 더 높은 주파수를 갖는다.
③ 선의 장력이 강할수록 높은 주파수를 갖는다.

앞에서 정상파의 파장은 경계조건에 의해 $\lambda_n = 2L/n$로 불연속적인 값을 갖는다는 사실을 공부하였다. 위 식의 (12-20)을 이용하면 주파수 역시 불연속적인 값을 갖는다.

$$f_n = \frac{n}{2L}\sqrt{\frac{T}{\mu}}$$

이때 최소 주파수 $f_1 = \frac{1}{2L}\sqrt{\frac{T}{\mu}}$ 을 **기본주파수**(fundamental frequency)라 하고 $f_n = nf_1$ 을 줄의 n**번째 배음**(nth harmonics)이라 한다.

예제 2. 길이가 $2\,\text{m}$, 질량이 $25\,\text{g}$인 피아노 현의 기본 주파수가 $200\,\text{Hz}$라 할 때 이 피아노 현에 작용하는 장력을 구하라. 또한 기본 주파수가 주어진 값의 3배가 되기 위해서는 처음 장력의 몇 배가 되어야 하는지 구하라.

풀이 $f_1 = \dfrac{1}{2L}\sqrt{\dfrac{T}{\mu}}$ 을 장력 T에 대하여 풀면

$$T = 4L^2\mu f_1^2$$

$L = 2\,\text{m}$, 선밀도 $\mu = 0.025\,\text{kg}/2\,\text{m} = 0.0125\,\text{kg/m}$를 대입하면

$$T = 4(4\,\text{m}^2)(0.125\,\text{kg/m})(200/\text{s})^2 = 8{,}000\,\text{N}$$

또한 식 (12-20)에서 주파수가 주어진 값의 3배가 되기 위해서는 장력 T는 처음 장력의 9배가 되어야 한다.

12-5 진행파의 방정식

길이가 긴 팽팽한 줄의 한쪽 끝을 퉁기면 횡파가 줄의 일부분에 형성되어 줄을 따라 파동 전체가 이동한다. 이렇게 좁은 공간(또는 시간)에 국한된 파동을 **펄스(pulse)**라 한다. 이 경우 펄스는 줄을 따라 이동하므로 진행파이다. 진행파는 파동 전체가 속도 v로 이동하므로 일반적으로 $x - vt$의 함수로 표현된다. 즉,

$$z(x,\ t) = f(x - vt) \tag{12-21}$$

여기서 함수 f는 파동의 형태를 나타낸다.

먼저 식 (12-21)이 속도 v인 진행파를 나타내는지 확인해 보기 위해 **그림 12-6**과 같은 파동을 고려해 보자. 시간 t_1에서 최고점의 위치가 x_1이었다면 얼마 후의 시간 t_2에서의 같은 최고치의 위치 x_2는 다음과 같은 관계식을 만족한다.

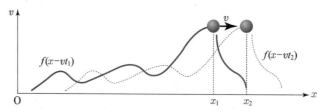

그림 12-6 변수 $x - vt$의 임의의 함수 $f(x - vt)$를 나타내는 곡선으로 시간에 따라 속도 v로 오른쪽으로 이동한다.

$$x_2 - vt_2 = x_1 - vt_1$$

$$x_2 = vt_2 + x_1 - vt_1 = x_1 + v(t_2 - t_1) \tag{12-22}$$

식 (12-22)는 최고점이 속도 v로 오른쪽으로 이동하는 것을 나타낸다. 이 진행 펄스의 어떤 점을 택해도 같은 관계식을 얻을 수 있으므로 $f(x-vt)$는 이 펄스의 모양이 전체적으로 속도 v로 오른쪽으로 이동하는 것을 나타낸다. 마찬가지로 $f(x+vt)$는 파동이 왼쪽으로 속도 v로 이동하는 것을 나타낸다.

진행파의 특수한 경우로 줄의 한쪽 끝에 단진동하는 물체를 연결하면 연속적인 진행파를 얻을 수 있다. 이때 진행파의 함수 꼴은 사인이 된다. 그러나 $\sin(x-vt)$와 같이 단순한 형태는 사인 함수의 인수(argument)의 차원이 없어야 하므로 불가능하고, 정상파 방정식과 비교하여 파장 λ의 정의에 맞도록 각파수 k를 곱한 $\sin[k(x-vt)]$의 형태가 되어야 한다. 그러므로

$$z(x,\ t) = z_0 \sin[k(x-vt)] = z_0 \sin(kx - kvt) \tag{12-23}$$

로 표현한다. 식 (12-23)으로 표시되는 파동을 조화진행파(harmonic traveling wave) 또는 사인 함수로 표현된 진행파이므로 줄여서 사인파(sine wave)라 부른다.

그림 12-7(a)는 어느 한순간에 줄의 위치 x에 있는 질점의 변위 z를 나타낸 것이고 **그림 12-7(b)**는 어느 한 위치 x에서의 질점의 변위를 시간에 따라 나타낸 것이다.

그림 12-7의 곡선에서 + 변위가 최대인 점은 **마루(crest)**라 하고, - 변위가 최대인 점을 **골(trough)**이라 한다.

파장 λ는 **그림 12-7(a)**에서와 같이 잇따른 골과 골 또는 마루와 마루 같이 같은 위상을 갖는 잇닿은 두 점 사이의 거리로 정의된다.

한편 **그림 12-7(b)**에서 주기 T는 위상이 같은 잇닿은 두 점 사이의 시간 차이로 정의되며 주파수 f는 $T = 1/f$의 관계식으로 정의된다.

그림 12-7(b)에서 한 주기 T가 지나면 같은 곡선이 반복되므로 식 (12-23)에서

$$kvT = 2\pi$$

$$T = \frac{2\pi}{kv} = \frac{1}{f} \tag{12-24}$$

이다. 식 (12-24)와 각주파수의 정의 $w = 2\pi f$ 및 각파수의 정의 $k = 2\pi/\lambda$를 이용하면 진행파의 속도 v는

$$v = \frac{w}{k} = \lambda f \tag{12-25}$$

이다. 식 (12-25)는 다음과 같은 비유로 이해할 수 있다.

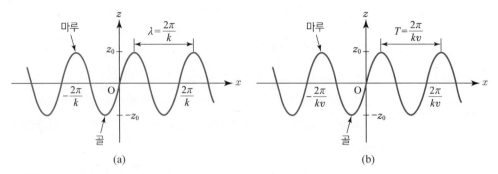

그림 12-7 사인파의 파장 λ와 주기 T

진행파를 지나가는 열차로 비유하면 열차의 속도는 열차에 달려 있는 차량의 길이와 단위시간당 통과한 차량의 숫자를 곱한 것이므로 진행파의 파장은 차량의 길이에 해당하고 주파수는 단위시간당 통과한 차량의 수에 해당한다.

식 $(12-25)$를 이용하여 식 $(12-23)$을 다시 쓰면

$$z(x,\ t) = z_0 \sin(kx - wt) \qquad\qquad (12-26)$$

$$= z_0 \sin 2\pi\left(\frac{x}{\lambda} - \frac{t}{T}\right) \qquad\qquad (12-27)$$

한 점 x_0에서 사인파의 운동을 식 $(12-26)$을 이용하여 표현하면 kx_0항은 상수이므로 위상각과 같은 역할을 한다. 따라서 점 x_0에서 z방향의 운동은 시간에 따라 단진동을 하는 것을 알 수 있다.

예제 3. 어떤 사람이 항구에 정박해 있는 길이 $3\ \mathrm{m}$인 보트에서 사인 형태의 물결파가 항구를 향해서 진행하는 것을 관측하였다. 파동의 마루와 마루 사이의 거리가 보트의 길이와 정확히 일치하고, 1분에 50개의 마루가 통과하였다. 이 물결파의 파장, 주파수, 각주파수, 속도를 구하라.

풀이 파동의 마루와 마루 사이의 거리는 곧 파장이므로 파장 $\lambda = 3\ \mathrm{m}$

각파수 $k = 2\pi/\lambda = (2\pi/3)\ \mathrm{m}^{-1} \simeq 2.1\ \mathrm{m}^{-1}$

주파수 f는 단위시간당 지나간 마루의 수이므로 $f = 50\ \mathrm{min}^{-1} \simeq 0.83\ \mathrm{s}^{-1}$

각주파수 $w = 2\pi f = (2\pi\ \mathrm{rad})(0.83\ \mathrm{s}^{-1}) \simeq 5.2\ \mathrm{rad/s}$

마지막으로 속도 $v = \lambda f = (3\ \mathrm{m})(0.83\ \mathrm{s}^{-1}) \simeq 2.5\ \mathrm{m/s}$

진행파의 방정식 $(12-26)$도 역시 파동방정식을 만족한다는 것을 쉽게 증명할 수 있다 (연습문제 5 참조). 따라서 진행파의 경우에도

$$Tk^2 = \mu w^2 \qquad\qquad (12-28)$$

이 성립한다. 식 $(12-28)$은 정상파에서의 관계식 $(12-19)$와 완전히 일치한다. 단지 진행

파의 경우 속도는 $v = w/k$로 주어지나 정상파의 경우에는 w/k를 속도로 정의하지 않는다. 진행파의 경우 식 (12−28)을 속도 $v = w/k$ 관계식을 이용하여 다시 쓰면

$$v = \sqrt{\frac{T}{\mu}} \qquad (12-29)$$

이므로, 진행파의 속도는 매질의 특성, 즉 줄의 장력과 줄의 선밀도에만 관계된다.

여기서 장력 T는 탄성력, 즉 평형상태로 돌아가려는 복원력을 나타내고 선밀도 μ는 이 복원력에 대항하는 관성(줄의 질량)에 관계되는 양이므로 모든 역학적인 파동에 대하여 일반화하면 파동의 전파속도 v를 다음과 같이 표현할 수 있다.

$$v = \sqrt{\frac{\text{탄성인자}}{\text{관성인자}}} \qquad (12-30)$$

고체 매질 속을 전파하는 파동, 즉 예를 들면 기차 레일과 같은 긴 금속막대를 따라 전파하는 파동의 경우 **영률(Young's module)**이 압축과 팽창에 대항하는 탄성의 척도이므로 영률 Y를 탄성인자로 놓고 관성인자를 밀도 ρ로 놓으면 된다. 이 경우에는

$$v = \sqrt{\frac{Y}{\rho}} \text{ (고체)} \qquad (12-31)$$

이 성립한다. 한편 유체의 경우에는 탄성인자를 체적탄성률 B로 대치하는 식으로 주어진다.

$$v = \sqrt{\frac{B}{\rho}} \text{ (유체)} \qquad (12-32)$$

식 (12−29)를 이용하여 다음과 같이 파동방정식을 고쳐 쓸 수 있다.

$$\frac{\partial^2 z}{\partial x^2} = \frac{1}{v^2} \frac{\partial^2 z}{\partial t^2} \qquad (12-33)$$

이 파동방정식은 진행파뿐만 아니라 정상파에서도 사용할 수 있는 일반적인 형태이다. 정상파의 경우 v를 단지 w/k 또는 $f\lambda$를 나타내는 매개변수로 생각하면 된다. 또한 이 방정식은 종파 및 전자기파와 같은 횡파에 대해서도 성립한다.

12-6 공기 중에서의 음파의 속도

일반적으로 음파는 임의의 매질 속에서 압축과 팽창과정으로 전파되는 종파를 일컫는다. 특히 사람의 청각과 연관하여서는 공기와 접촉되는 물체에 의해 생성되는 종파를 의미한다.

공기의 경우 구성하는 분자와 분자 상호 간의 거리가 고체나 액체보다 크기 때문에 분자

그림 12-8 공기가 채워져 있는 파이프에서 피스톤에 의한 압축

사이의 작용하는 힘이 거의 0이다. 따라서 각 분자와 분자가 용수철로 연결되어 있다는 탄성 매질의 모형이 적용되지는 않는다. 그러면 어떻게 공기 중에서 음파가 전달되는가?

먼저 **그림 12-8**과 같이 x축 방향으로 놓인 단면적 A인 파이프 내에 공기가 채워져 있고 한쪽 끝에 피스톤이 있는 경우를 생각해 보자.

피스톤이 $+x$방향으로 압축이 되면 공기분자들은 $+x$방향으로 힘을 받아 그 방향의 운동량이 증가하게 된다. 따라서 피스톤 벽 근처의 두께가 Δx인 얇은 공기층이 순간적으로 오른쪽으로 이동하여 바로 오른쪽에 있는 층의 공기분자의 수가 상대적으로 많은, 즉 밀(密)한 층이 형성된다. 한 지점의 밀도와 압력이 다른 지점보다 높으면 공기분자들은 곧 밀도와 압력이 낮은 지점으로 이동하게 되어 밀한 공기층이 전파하여 나간다. 반면에 피스톤이 왼쪽으로 이동하게 되면 피스톤 근처에 공기분자의 수가 감소하여 피스톤의 오른쪽에 있던 공기분자들이 진공 상태를 메우기 위해 왼쪽으로 이동하고 또 다시 더 오른쪽에 있는 공기층이 다시 새로 생긴 희박한, 즉 소(疎)한 층으로 이동하게 된다.

피스톤이 팽창과 수축을 주기적으로 반복하면 **그림 12-9(a)**와 같이 종파가 일정한 속도로 $+x$방향으로 전파해 나간다. 이때 공기의 분자 운동을 고려하면 공기분자가 다른 분자와 충돌하기까지 이동하는 거리, 즉 **평균자유행로(mean free path)**가 종파의 파장보다 훨씬 짧아야 음파가 형성된다. 그렇지 않을 경우에는 공기 분자가 충돌에 의해 밀한 부분에서 소한 부분으로 자유롭게 넘나들게 되어 음파가 지속되지 않고 소멸된다.

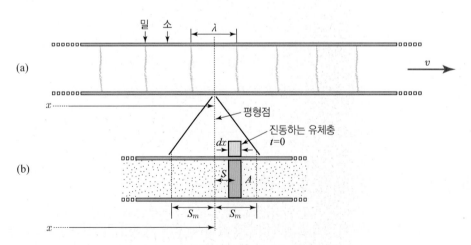

그림 12-9 (a) $t = 0$에서 음파가 관 속의 공기를 통하여 속도 v로 진행한다.
(b) 위치 x 근처에 확대한 그림. 두께 dx의 공기층이 평형점을 중심으로 좌우로 진동한다.

한편 음파의 전파에 따른 공기분자의 실제적인 이동은 없다는 사실을 주지하여야 한다. 공기분자의 평균적인 위치는 피스톤의 진동에 따라 **그림 12-9(b)**와 같이 좌우로 반복해서 이동할 뿐이다. 이때 좌우로 주기운동을 하는 두께 Δx의 공기층의 변위를 $s(x,\ t)$라 하면

$$s = s_m \cos(kx - wt) \tag{12-34}$$

으로, 여기서 s_m은 최대 변위를 나타내며 일반적으로 파장보다 훨씬 작다.

식 (12-32)에서 소개된 체적탄성률 B는 다음과 같이 정의된다.

$$B = -\frac{\Delta P}{\Delta V / V} \tag{12-35}$$

여기서 ΔP는 압력변화, $\dfrac{\Delta V}{V}$는 체적변화율이다. 이것을 다시 쓰면

$$\Delta P = -B\frac{\Delta V}{V} \tag{12-36}$$

인데, 여기서 V는 두께 Δx 내의 체적요소이므로 $V = A\Delta x$, 또한 ΔV는 변위 Δs에 의해 변화된 체적요소이므로 $\Delta V = A\Delta s$이므로

$$\Delta P = -B\frac{A\Delta s}{A\Delta x} = -B\frac{\partial s}{\partial x} \tag{12-37}$$

가 된다. 여기서 s는 x와 t 모두의 함수이므로 편미분을 사용하였다. 식 (12-34)를 x에 대해 편미분하여 식 (12-37)에 대입하면

$$\Delta P = Bks_m \sin(kx - wt) = \Delta P_m \sin(kx - wt) \tag{12-38}$$

이므로, 종파가 진행함에 따라 압력의 변화 역시 파동의 형태를 보인다.

이때 $\Delta P_m = Bks_m$은 최대압력으로 식 (12-32)를 이용하면

$$\Delta P_m = \rho v^2 ks_m$$

이다. 따라서 최대압력 ΔP_m은 최대 변위와 비례하며 일반적으로 파동이 없을 때의 압력 P보다 작은 양이다.

피스톤이 오른쪽으로 이동하면 피스톤에 작용되는 공기의 압력(단위 면적당의 힘)이 증가하므로 피스톤은 왼쪽으로 힘을 받게 된다. 따라서 공기압력의 변화가 이 경우에는 평형상태로의 복원력이 된다.

이런 관점에서 보면 압력에 의한 복원력은 용수철의 경우와 같이 피스톤이 이동한 거리에 비례하므로 파이프 내의 공기 전체를 하나의 용수철로 생각할 수 있고 공기 내의 음파의 전달은 12-1절에서 본 용수철 내의 종파에 대응한다. 한 가지 약간 다른 점은 용기 내에서 공기에 의한 압력은 항상 0이 아니므로 이는 용수철이 압축되어 있는 상태와 같다라는 점이

다. 그러므로 기체 내의 음파의 경우 기체의 압력이 복원력 역할을 한다. 따라서 음파의 속도를 구하는 식 (12−30)에 필요한 탄성인자는 압력임을 알 수 있다. 한편 관성인자는 당연히 기체의 밀도가 된다. 따라서 기체 내의 음파의 속도는

$$v = \sqrt{\frac{P}{\rho}} \qquad (12-39)$$

로 주어진다. 식 (12−39)는 Newton에 의해 처음 유도되어 **Newton의 공식**이라 부른다.

그러나 이 공식으로 계산된 소리의 속도는 실제보다 약 15% 작다. 기체의 압축팽창을 통하여 음파가 전달되는 과정은 너무 빠르게 일어나므로 열교환이 이를 따르지 못한다. 따라서 좀 더 정확한 결과를 얻기 위해서는 단열과정(15-3절 참조)에 의한 효과를 고려해야 한다. 단열과정에서는

$$PV^\gamma = 일정 \qquad (12-40)$$

가 성립한다. 여기서 γ는 정압비열의 정적 비열에 대한 비이다.

식 (12−40)을 V에 대해 미분하면

$$\frac{dP}{dV}V^\gamma + P\gamma V^{\gamma-1} = 0$$

$$\frac{dP}{dV}V + P\gamma = 0 \qquad (12-41)$$

인데, 탄성체적률은 $B = -V(dP/dV)$로 정의되므로 식 (12−41)에서 $B = \gamma P$를 얻는다. 이를 공기 유체에 대한 식 (12−32)에 대입하면

$$v = \sqrt{\frac{\gamma P}{\rho_0}} \qquad (12-42)$$

을 얻는다. 관심 있는 학생들을 위하여 이후에 식 (12−32)를 유도하는 과정을 소개한다. 원래 압력을 P, 종파의 전파에 의한 압력의 변화를 ΔP라 하면 단면적 A에 작용하는 힘은

$$F = \Delta PA = \Delta ma$$

이다. 여기서 질량 Δm과 압축에 의한 가속도 a는

$$\Delta m = \rho A \Delta x = \rho A v \Delta t$$

$$a = \frac{\Delta v}{\Delta t}$$

로 쓸 수 있으므로

$$\Delta PA = \rho A v \Delta t \frac{\Delta v}{\Delta t} = \rho A v \Delta v \qquad (12-43)$$

가 된다. 또한 체적은 $V = Av\Delta t$이므로, 압축에 의한 체적의 변화는

$$\Delta V = A\Delta v\Delta t$$

이다. 따라서

$$\frac{\Delta V}{V} = \frac{\Delta v}{v} \qquad (12-44)$$

가 된다. 식 $(12-43)$과 식 $(12-44)$에서

$$\rho v^2 = \frac{\Delta P}{\Delta V / V}$$

$$= \frac{\Delta P}{\Delta V / V} = B \qquad (12-45)$$

가 되고, 이를 다시 정리하면 $v = \sqrt{\dfrac{B}{\rho}}$, 즉 식 $(12-32)$를 얻는다. 앞에서 구한 바와 같이 $B = \gamma P$이므로 공기의 경우 $\gamma = 1.4$, $0\,℃$일 때의 P와 ρ를 대입하면

$$v = \sqrt{\frac{(1.4)(1.013 \times 10^5 \,\text{N/m}^2)}{1.3 \,\text{kg/m}^3}} = 330\,\text{m/s}$$

이고, 이것은 실험치와 잘 맞는다.

예제 4. 대기 중에서 사람의 귀가 감당할 수 있는 소리에 의한 최대 압력변화 ΔP는 주파수 $1\,\text{kHz}$에서 $28\,\text{Pa}$이다. 이때의 최대변위 s_m을 계산하라.

풀이 식 $(12-38)$에서

$$s_m = \frac{\Delta P}{v\rho w} = \frac{\Delta P_m}{v\rho 2\pi f}$$

$$= \frac{28\,\text{Pa}}{(343\,\text{m/s})(1.21\,\text{kg/m}^3)(2\pi)(1{,}000\,\text{Hz})}$$

$$\simeq 1.1 \times 10^{-5}\,\text{m} = 11\,\mu\text{m}$$

이 주파수에서 최소감청 압력변화는 $\Delta P_m = 2.8 \times 10^{-5}\,\text{Pa}$이다.

이는 위에서 구한대로 $s_m = 1.1 \times 10^{-5}\,\text{m}$에 해당하며, 원자 크기의 10^6배이다. 따라서 사람의 귀는 매우 민감한 음파감지기이며, 감청범위가 10^6에 달한다.

12-7 파동의 에너지

앞서 파동은 실제 물질(질량)의 이동 없이도 에너지를 전파시킬 수 있다고 설명한 바 있다. 선밀도가 μ인 줄에 장력 T가 작용되어 팽팽한 줄을 따라 진행하는 횡파를 고려해 보자. 줄을 구성하는 질점이 용수철에서와 같은 탄성력을 받으면서 진동하므로 운동에너지와 퍼텐셜 에너지가 모두 파동에 수반된다. 점 x에서의 변위가 $z(x, t) = z_0\sin(kx - wt)$로 표현되는 진행파가 있을 때 작은 길이 Δx 내에 있는 질점의 운동에너지는

$$\Delta K = \frac{1}{2}\Delta m v_z^2 = \frac{1}{2}\mu\Delta x\left(\frac{\partial z}{\partial t}\right)^2 \tag{12-46}$$

이므로, 운동에너지 밀도, 즉 단위 길이당 운동에너지는

$$\frac{dK}{dx} = \frac{1}{2}\mu\left(\frac{\partial z}{\partial t}\right)^2$$

이고, $z(x, t)$를 미분하여 대입하면

$$\frac{dK}{dx} = \frac{1}{2}\mu\omega^2 z_0^2\cos^2(kx - wt)$$

이다. 한편 퍼텐셜 에너지 밀도는 운동에너지 밀도와 같은 표현을 갖는다. 이에 대한 증명은 생략한다. 따라서 총에너지 밀도는 운동에너지 밀도의 2배가 된다.

$$\frac{dE}{dx} = \mu\omega^2 z_0^2\cos^2(kx - wt) \tag{12-47}$$

총에너지 밀도의 시간적 평균은

$$\left\langle\frac{dE}{dx}\right\rangle = \mu\omega^2 z_0^2 <\cos^2(kx - wt)> = \frac{1}{2}\mu\omega^2 z_0^2 \tag{12-48}$$

이 된다.

식 (12-47)은 $kx - wt$의 함수이므로 진행파를 나타내는 식이다. 따라서 진행파의 총에너지 밀도 역시 속도 $v = w/k$를 갖는 진행파이고 진폭과 주파수 각각의 제곱에 비례한다. 정상파의 에너지 밀도도 같은 식으로 표시되나 에너지는 전파되지 않는다. 한편 줄의 한 점을 통해서 단위시간당 전파되는 에너지평균, 즉 일률 P는

$$P = v\left\langle\frac{dE}{dx}\right\rangle = \frac{1}{2}\mu\omega^2 z_0^2 v \tag{12-49}$$

인데, 이 식은 진폭이 z_0, 각주파수가 w인 진행파의 세기를 나타내고, 또한 이 진행파를 보내기 위해 외부에서 해주어야 하는 일률을 나타낸다.

예제 5. 선밀도가 $450\,\text{g/m}$이고 장력이 $95\,\text{N}$인 줄에 주파수가 $1\,\text{Hz}$이고 진폭이 $5\,\text{cm}$인 사인파를 줄 한쪽 방향으로 보내는 데 필요한 일률을 계산하라.

풀이 식 $(12-49)$를 이용하기 위해 먼저 속도 v와 각주파수 w를 계산하면

$$v = \sqrt{\frac{T}{\mu}} = \sqrt{\frac{95\,\text{N}}{0.45\,\text{kg/m}}} \simeq 14.5\,\text{m/s}$$

$$f = 1\text{s}^{-1}$$

$$\omega = 2\pi f = 6.28\,\text{rad/s}$$

그러므로 일률은 다음과 같다.

$$P = \frac{1}{2}(0.45\,\text{kg/m})(6.28\,\text{s}^{-1})^2(0.05\,\text{m})^2(14.5\,\text{m/s}) \simeq 0.32\,\text{W}$$

12-8 소리의 세기

종파의 경우에도 식 $(12-34)$로부터 횡파와 똑같은 과정을 통하여 식 $(12-49)$에 대응하는 파동의 세기(또는 일률)를 구할 수 있다.

$$I = \frac{1}{2}\rho\omega^2 s_m^2 v \tag{12-50}$$

여기서 소리의 세기는 W/m^2의 단위로 나타낼 수 있다.

예제 4에서 계산한 것과 같이 사람의 귀로 들을 수 있는 진폭의 비가 10^6이므로 식 $(12-50)$에서 소리의 세기의 비는 10^{12}에 달한다. 소리의 세기를 W/m^2로 나타내는 것은 불편하고 귀의 청각반응과도 맞지 않게 되므로 대수(logarithm)를 사용하는 단위 **데시벨(decibel, dB**라고 표시함)을 다음과 같이 정의한다.

$$\beta \equiv 10\log_{10}\left(\frac{I}{I_0}\right) \tag{12-51}$$

여기서 $I_0 = 10^{-12}\,\text{W/m}^2$로 가청한계가 되는 소리의 세기이다. 따라서 가청한계에 대한 비율의 대수적인 척도로서 $\beta(\text{dB})$를 정한다. $I = I_0$인 경우 $\beta = 0\,\text{dB}$로 겨우 들을 수 있는 소리의 세기를 나타내고, $I = 1\text{W/m}^2$는 $120\,\text{dB}$이 되어 견딜 수 없을 정도로 큰 소리의 세기이다. dB로 나타낸 여러 가지 소리의 세기를 **표 12-1**에 정리하였다.

한편 사람의 청각능력은 주파수에 따라 크게 달라져 가청 주파수 $20 \sim 20,000\,\text{Hz}$의 범위 중 $2,000 \sim 3,000\,\text{Hz}$ 영역에서 가장 민감하다. **그림 12-10**에 사람의 주파수에 따른 청각감도를 표시하였다. 물리적인 소리의 세기와 달리 사람이 느끼는 청각적인 소리의 크기는 주파

표 12-1   여러 가지 소리의 세기

음원	세기(W/m^2)	(dB)	귀가 느끼는 정도
벼락치는 소리	1	120	고통스럽다
대포	10^{-1}	110	귀청이 터질 것 같다
비행기	10^{-2}	100	고막이 울린다
기차	10^{-3}	90	굉음이 울려 퍼진다
번잡한 도로	10^{-4}	80	대단히 시끄럽다
대화	10^{-6}	60	소리가 크다
사무실이나 가정	10^{-8}	40	평균
속삭임	10^{-10}	20	가냘프다
가청한계	10^{-12}	0	거의 들리지 않는다

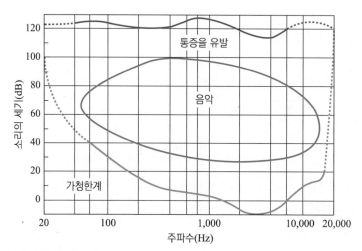

그림 12-10   사람의 청각반응곡선

수에 따라 청각감도곡선에 의해 결정되므로 청각적인 소리의 크기를 나타내는데 phon이라는 단위를 별도로 사용한다. 어떤 소리의 phon값은 그 소리의 크기와 동일하게 느껴지는 1,000 Hz 주파수를 갖는 소리의 dB값으로 표시한다.

12-9 중첩의 원리

우리 주위에서 흔히 볼 수 있는 여러 형태의 파동은 지금까지 주로 다루었던 사인파보다 훨씬 복잡한 형태이다. 그러나 아무리 복잡한 형태의 파동이라도 여러 사인파로부터 합성할 수 있다.

용수철에 적용되는 Hooke의 법칙과 같이 여러 탄성매질의 변위가 적은 경우 복원력은 변위에 직선적으로 비례하게 되어 **선형성(linearity)**이라는 중요한 성질을 갖는다. 선형성이란 어떤 매질에 두 파동이 전파될 수 있다면 이 두 파동의 합으로 표현되는 세 번째 파동도 역시 전파될 수 있다는 것을 말한다.

매질의 선형성으로 인하여 파동방정식 또한 선형방정식으로 표현되며 선형성을 수학적으로 기술하면 어떤 방정식이 여러 개의 해(解)를 갖는 경우, 이 방정식의 두 해의 합은 방정식의 또 다른 해가 된다는 것이다. 여러 해의 합도 또한 같은 파동방정식의 해가 된다. 이러한 사실을 **중첩의 원리(superposition principle)**라고 한다.

또한 파동방정식의 해에 상수를 곱한 것도 역시 해가 된다. 만약 $z_1(x,\ t)$, $z_2(x,\ t)$가 파동방정식을 만족하면

$$z_3(x,\ t) = C_1 z_1(x,\ t) + C_2 z_2(x,\ t) \tag{12-52}$$

도 역시 파동방정식을 만족한다는 것을 파동방정식

$$\frac{\partial^2 z}{\partial x^2} = \frac{1}{v^2}\frac{\partial^2 z}{\partial t^2} \tag{12-53}$$

에 대입하면 쉽게 알 수 있다.

따라서 여러 개의 해가 존재할 때 각 해를 $z_i(x,\ t)$라 표시하면

$$z(x,\ t) = \sum_{i=1}^{n} C_i z_i(x,\ t)$$

도 파동방정식을 만족한다. 이때 C_i는 각각 상수이다.

위 식은 만약 z_i가 사인파라면 여러 사인파를 중첩하여 임의의 복잡한 파동 $z(x,\ t)$를 합성할 수 있다는 것을 의미한다.

1. 간섭

중첩의 원리에 의해 파장, 진폭, 주파수 및 진행방향이 각각 다른 여러 사인파가 중첩되어 새로운 파동이 형성된다. 한 예로 진폭이 같고 위상이 180° 다른 두 파동이 같은 방향으로 진행하는 경우에 두 파동은

$$z_1(x,\ t) = z_0 \sin(kx - wt)$$
$$z_2(x,\ t) = z_0 \sin(kx - wt + \pi) = -z_0 \sin(kx - wt)$$

로 기술되고, 따라서 두 파동의 중첩에 의한 변위는 $z_1 + z_2 = 0$이 된다. 이러한 경우를 **상쇄간섭(destructive interference)**이라 한다. 만약 두 파동의 진폭이 다른 경우는 완전히 상쇄

되지 못한다. 또한 두 파동의 위상이 같은(위상차가 없는) 경우에는 $z_1 + z_2 = 2z_0 \sin(kx - wt)$이 되어 진폭이 2배가 되는 **보강간섭(constructive interference)**이 발생한다.

2. 정상파

앞에서 다룬 정상파는 서로 반대방향으로 진행하는 파동의 중첩으로 볼 수 있다.

$$\text{왼쪽으로 진행하는 파동} : z_l(x,\ t) = z_0 \sin(kx + wt)$$
$$\text{오른쪽으로 진행하는 파동} : z_r(x,\ t) = z_0 \sin(kx - \omega t)$$

중첩의 원리에서 위의 두 진행파에 의한 합성파는

$$
\begin{aligned}
z(x,\ t) &= z_r(x,\ t) + z_l(x,\ t) \\
&= z_0 [\sin(kx - wt) + \sin(kx + wt)] \\
&= 2z_0 \sin\left[\frac{(kx - wt) + (kx + wt)}{2}\right] \cos\left[\frac{(kx - wt) - (kx + wt)}{2}\right] \\
&= 2z_0 \sin kx \cos wt \qquad\qquad\qquad\qquad\qquad (12-54)
\end{aligned}
$$

이 된다. 위 과정에서 $\sin\alpha + \sin\beta = 2\sin\left[\dfrac{1}{2}(\alpha+\beta)\right]\cos\left[\dfrac{1}{2}(\alpha-\beta)\right]$의 삼각 함수 항등식을 이용하였다. 식 $(12-54)$는 진폭에서 상수 2와 여기서는 별 의미가 없는 위상각을 제외하면 정상파의 식 $(12-4)$와 일치한다.

예제 6. **두 파동 $z_1 = A_1 \sin(kx - wt)$와 $z_2 = A_2 \sin(kx - wt + \pi/4)$가 중첩될 때 나타나는 합성파를 $kx - wt$의 함수로 그려라. (단, $kx - wt$의 범위를 0에서 4π까지로 하고 $A_1 = 2\ \mathrm{cm}$, $A_2 = 1\ \mathrm{cm}$로 가정한다.)**

풀이 z_1과 z_2의 파장이 같으므로 $z_3 = z_1 + z_2$의 파장도 같다. 여기서 z_1과 z_2의 위상차가 $\pi/4$이므로 z_3의 진폭이 $A_1 + A_2$가 아님을 주시하여야 한다.

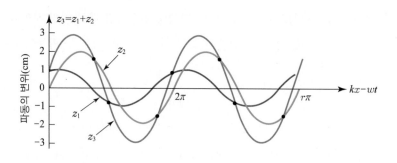

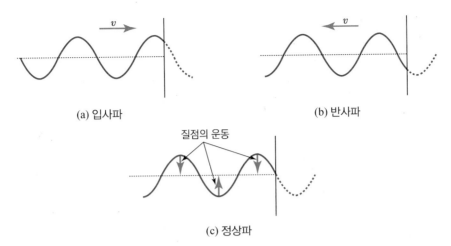

(a) 입사파　　　　　　　　　(b) 반사파

질점의 운동

(c) 정상파

그림 12-11　진행파인 입사파와 반사파가 중첩되어 정상파를 형성한다. 줄에 있는 질점은 화살표로 나타낸 것과 같이 상하로만 운동한다.

　양쪽 벽에 고정된 줄에서 서로 반대방향으로 진행하는 입사파와 반사파가 중첩되어 정상파를 형성하는 과정을 좀 더 자세히 살펴보기로 하자. **그림 12-11**과 같이 입사파가 벽에 도달하면 반사되어 반대방향으로 진행하게 되는데 반사파의 주파수 f와 속도 v는 각각 외력과 줄의 특성에만 의존하므로 입사파와 같다. 한편 입사파가 벽에 도달하면 **그림 12-11(b)**와 같은 반사파가 형성된다. 따라서 두 파동이 중첩되어 **그림 12-11(c)**와 같은 정상파를 형성한다. 이때 벽에 고정된 점이 움직이지 않기 위해서는 그 점에서 입사파와 반사파가 서로 상쇄간섭을 일으켜야 하므로 입사파와 반사파는 180°의 위상차가 있어야 한다. 그러기 위해서는 반사파의 부호가 입사파와 반대가 되어야 한다. 따라서 반사파는 입사파의 뒤집힌 형태라는 사실을 유의하여야 한다.

12-10 파동의 반사와 투과

펄스(pulse)란 연속적인 사인파와는 달리 시작과 끝이 있는 파동이다. **그림 12-12**는 형태는 같고 부호만 반대인 두 펄스가 반대방향으로 진행하는 경우의 중첩을 나타낸다. **그림 12-12**에서 ' • '로 표시된 대칭점에 두 펄스가 도달하는 순간($t = 0$)에는 줄의 진동이 없다. 그러나 이 순간에 작용하는 가속도는 0이 아니다. 이것은 마치 공을 연직 상방으로 던졌을 때 최고점에서 속도는 0이나 중력에 의한 가속도는 일정한 것과 같다.

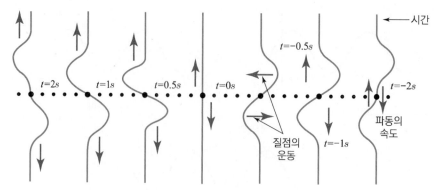

시간

$t=2s$　　$t=1s$　　$t=0.5s$　　$t=0s$　　$t=-0.5s$　　$t=-2s$

질점의
운동

$t=-1s$

파동의
속도

그림 12-12　　서로 반대방향으로 진행하는 펄스의 중첩

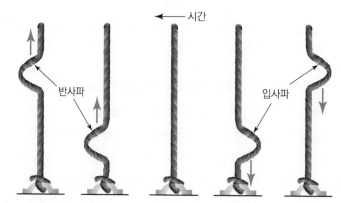

시간

반사파

입사파

그림 12-13　　펄스의 반사

$t > 0$일 때 펄스가 엇갈려 계속 진행한다. 이때에도 '•'으로 표시된 대칭점은 움직이지 않는다. 대칭점의 위쪽만 관찰하면 이 현상은 **그림 12-13**에 표시한 펄스의 반사와 정확히 일치한다. 따라서 파동의 반사를 부호가 반대인 파동이 진행하여 생기는 중첩으로 해석할 수 있다.

한편 줄의 한쪽이 고정되어 있지 않은 경우의 반사를 고려해 보자. **그림 12-14**와 같이 입사파에 의해 줄의 끝이 위아래로 자유 이동하게 되므로 마치 반사가 일어나는 지점에서 줄을 위아래로 흔드는 것과 같이 되며 이 과정에서 반사파가 반대방향으로 진행한다. 이것은 **그림 12-13**에서와는 달리 서로 뒤집히지 않은 두 펄스가 반대방향으로 진행하는 것과 같고 따라서 이 경우 반사파는 뒤집히지 않은(입사파와 위상차가 없는) 바른 형태로 반대방향으로 진행한다. 이것은 **그림 12-13**에서와는 달리 서로 뒤집히지 않은 두 펄스가 반대방향으로 진행하는 것과 같고 따라서 두 펄스가 만나는 경우 보강간섭이 되어 진폭이 2배가 된다.

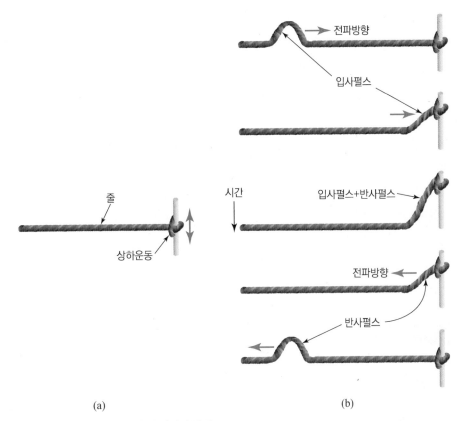

(a)

(b)

그림 12-14 고정되어 있지 않은 줄에서의 반사

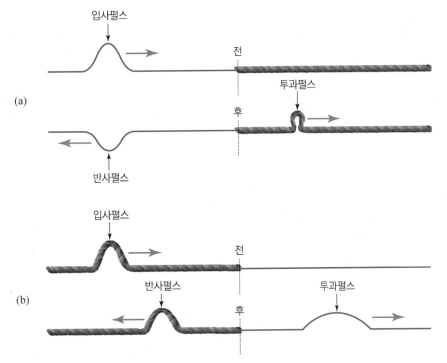

(a)

(b)

그림 12-15 서로 다른 매질의 경계에서 파동의 투과와 반사

파동의 매질이 서로 다른 경계면에 도달하면 일부는 반사되고 일부는 투과된다. **그림 12-15**는 가벼운 줄과 무거운 줄의 경계면에서 나타나는 파동의 반사, 투과를 나타낸다.

먼저 **그림 12-15(a)**와 같이 가벼운 줄에서 무거운 줄로 파동이 입사하게 되면 반사파는 뒤집힌 형태가 된다. 이것을 앞에서 설명한 벽면에서의 반사를 생각하면 쉽게 이해할 수 있다. 만약 무거운 줄의 질량이 무한하다고 하면 바로 벽면에서의 반사가 되어 뒤집힌 반사파만 존재할 것이고 왼쪽과 오른쪽의 줄이 같다면 투과파만 존재한다. 따라서 **그림 12-15(a)**는 두 경우의 중간이 된다.

마찬가지로 **그림 12-15(b)**도 같은 줄로 되어 있는 경우인 **그림 12-14**와 비교하면 쉽게 이해할 수 있다. 한편 각 매질에서의 속도는 선밀도에 반비례하므로 무거운 줄에서는 속도가 감소하여 펄스의 폭이 압축되고 반면에 가벼운 줄에서는 확대된다.

12-11 맥놀이

주파수가 약간 다른 두 진행파가 중첩될 때 주어진 위치에서의 합성 진폭이 주기적으로 커졌다 작아졌다 하는 것을 **맥놀이(beats) 현상**이라 한다. 음악가들은 이 맥놀이 현상을 이용하여 기준 주파수에 맞추어서 악기를 조율한다. 또한 이 현상을 이용하여 기준 주파수에 대한 미지의 파동 주파수의 차이를 측정하여 주파수를 결정한다.

이 현상을 수학적으로 다루기 위해 주파수가 약간 다른 두 파동 z_1과 z_2가 중첩된다고 하자.

$$z_1(x, t) = z_0 \sin(k_1 x - w_1 t)$$
$$z_2(x, t) = z_0 \sin(k_2 x - w_2 t)$$

중첩에 의한 합성파는

$$
\begin{aligned}
z(x, t) &= z_1(x, t) + z_2(x, t) \\
&= z_0 \sin(k_1 x - w_1 t) + z_0 \sin(k_2 x - w_2 t) \\
&= 2z_0 \cos\left(\frac{k_1 - k_2}{2} x - \frac{w_1 - w_2}{2} t\right) \\
&\quad \sin\left(\frac{k_1 + k_2}{2} x - \frac{w_1 + w_2}{2} t\right)
\end{aligned}
\tag{12-55}
$$

식 $(12-55)$에서 $\Delta k \equiv k_1 - k_2$, $\Delta w \equiv w_1 - w_2$ 및 $k \equiv (k_1 + k_2)/2$, $w \equiv (w_1 + w_2)/2$라 놓으면

$$z(x, t) = \left[2z_0 \cos\left(\frac{\Delta k}{2} x - \frac{\Delta w}{2} t\right)\right] \sin(kx - wt) \tag{12-56}$$

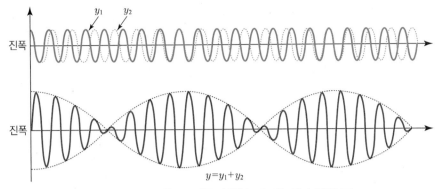

그림 12-16 서로 약간 다른 진동수를 갖는 두 파동의 중첩으로 맥놀이가 일어난다.

가 된다. 여기서 $w_1 \approx w_2$이므로 $\Delta\omega \ll \omega$이다. 식 $(12-56)$은 두 진행파의 합이 평균주파수 w로 빠르게 진동하는 파동과 $\Delta w/2$의 주파수로 느리게 진동하는 파동의 곱으로 이해할 수 있음을 보여준다. 대괄호 안의 식은 $\Delta\omega/2$로 서서히 변화하는 진폭으로 볼 수 있으므로 식 $(12-56)$은 **진폭변조(amplitude modulation)**의 한 예가 된다.

그림 12-16은 주어진 위치에서의 합성파를 나타낸 것으로 주파수 $\Delta w/2$인 파동과 w의 파동의 곱으로 나타난다. 사람의 귀는 소리의 세기, 즉 음파의 진폭의 제곱을 감지한다. 따라서 소리의 세기가 커졌다 작아졌다 하는 맥놀이의 주기는 진폭변조의 주기 1/2이며 맥놀이 각주파수 w_{beat}는 진폭변조 각주파수 $\Delta w/2$의 2배인 Δw이다.

$$w_{beat} = \Delta w = w_1 - w_2$$
$$f_{beat} = f_1 - f_2$$

12-12 Doppler 효과

음원의 관측자 사이에 상대적인 운동이 있을 때 관측자가 듣는 주파수는 서로 정지해 있는 경우와 다르다. 이 현상을 **Doppler 효과**라 하며 흔히 기차여행을 할 때 기적을 울리며 마주오는 기차의 기적소리가 지나친 후 낮은 소리로 변하는 현상으로 경험할 수 있다.

Doppler 효과는 음파뿐 아니라 전자기파를 비롯한 모든 파동에서 나타난다. Doppler 효과를 이용하면 움직이는 물체의 속도를 측정할 수 있어 과속차량 단속이나 야구 경기에서 투구의 속도를 측정하는 데 응용된다. 여기서 음파에서 나타나는 Doppler 효과를 음원과 관측자 및 매질이 일직선상에서 이동하는 경우로 다루어보자.

1. 관측자는 정지해 있고 음원이 운동할 때

음원 S가 주파수 f의 진행파를 방출하는 경우 음파의 매질에 대한 속도를 v라 하면 파장 $\lambda = v/f$가 된다. 파동의 전파속도는 매질의 특성에만 관계되므로 음원이 관측자를 향하여 V_S의 속도로 접근해 가는 경우의 음파의 속도 역시 v이다.

이때 음원 앞에 있는 관측자는 파장이 수축된 것을 느끼는데 이것은 **그림 12-17**과 같이 음원이 관측자를 향해 전파되어 가는 음파를 뒤따라가기 때문이다. 음원이 정지해 있는 경우 파장이 $\lambda = v/f$이지만 진동주기마다 음원이 $V_S T = V_S/f$의 거리를 이동하므로 이 거리만큼 파장이 짧아진다. 따라서 관측자가 듣는 음파의 파장은

$$\lambda' = \frac{v}{f} - \frac{V_S}{f} = \frac{v - V_S}{f}$$

가 되고 주파수는 증가하여

$$f' = \frac{v}{\lambda'} = f \frac{v}{v - V_S}$$

가 된다. 만약 음원이 관측자로부터 멀어져 간다면 파장은 V_S/f만큼 길어지므로 주파수는 감소한다. 이 경우를 포함하면

$$f' = \frac{v}{\lambda'} = f \frac{v}{v \mp V_S} \tag{12-57}$$

이고, 위 식에서 $-$ 부호는 접근할 때이고 $+$ 부호는 멀어질 때이다.

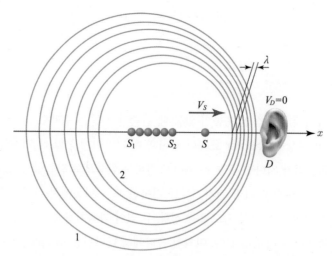

그림 12-17 음원이 정지되어 있는 관측자를 향하여 이동하는 경우 음원이 전파하는 파동을 추격하므로 파장이 수축되어 정지해 있는 경우보다 더 높은 주파수를 관측한다.

2. 음원은 정지해 있고 관측자가 운동할 때

그림 12-18과 같이 관측자가 V_R의 속도로 음원에 접근할 때 파장은 관측자가 정지해 있는 경우와 같이 $\lambda = v/f$이나 정지해 있을 때보다 더 자주 마주 오는 소리의 진동을 접하게 된다. 더 듣게 되는 주파수는 단위시간당 접근한 거리/파장이므로 V_R/λ가 되어서 관측자가 듣는 음파의 진동수는

$$f' = \frac{v}{\lambda} + \frac{V_R}{\lambda} = \frac{v + V_R}{\lambda} = f\frac{v + V_R}{v}$$

이 된다. 또 다른 방법으로 이를 유도하면 관측자가 느끼는 음파의 상대적인 속도가 $v' = v + V_R$이므로

$$f' = \frac{v'}{\lambda} = \frac{v + V_R}{\lambda} = f\frac{v + V_R}{v}$$

이다. 관측자가 멀어져 가는 경우에는 주파수가 감소하므로 두 경우를 포함하면

$$f' = f\frac{v \pm V_R}{v} \tag{12-58}$$

로 표현할 수 있다.

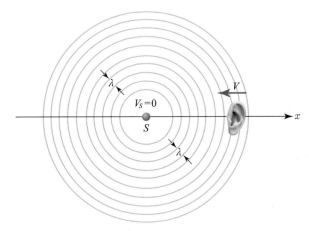

그림 12-18 정지해 있는 음원을 향해 접근하는 관측자는 단위 시간당 더 많은 진동을 경험하게 되므로 정지해 있는 경우보다 더 높은 주파수를 관측한다.

3. 음원도 운동하고 관측자도 운동할 때

앞에서 기술한 것과 같이 음원이 운동하면 파장이 변하고 관측자가 운동하면 음파의 속도가 변하므로 음원과 관측자가 동시에 운동할 때의 주파수 f'은

$$f' = \frac{v'}{\lambda'} = f\frac{v \pm V_R}{v \mp V_S} \qquad (12-59)$$

이다. 위 식에서 쌍부호의 위쪽 부호(분자의 +, 분모의 −)는 음원과 관측자가 서로 접근할 때이고 아래 부호들은 서로 멀어질 때에 해당된다.

식 (12−57)과 (12−58)을 보면 관측자가 운동할 때와 음원이 운동할 때 설사 각각의 운동속도가 같더라도 Doppler 효과의 의한 주파수는 서로 다르게 나타난다. 따라서 만약 음원과 관측자의 상대속도를 알고 정지한 경우의 주파수와 Doppler 효과에 의한 주파수를 알면 음원과 관측자 중 어떤 것이 이동하는지를 알 수 있다. 다만 V_S와 V_R이 v보다 훨씬 작을 때 $(v \gg V_S,\ v \gg V_R)$는 식 (12−57)과 (12−58)의 표현이 같아져 음원의 운동과 관측자의 운동 각각에 의한 주파수는 다음과 같은 식으로 표현된다. 즉,

$$f' \simeq f\left(1 \pm \frac{V}{v}\right) \qquad (12-60)$$

이 된다. 여기서 $V = |V_S \pm V_R|$는 음원과 관측자 사이의 상대속도이며 + 부호는 접근할 때 − 부호는 멀어질 때에 해당한다.

예제 7. $20\,\mathrm{m/s}$로 달리는 자동차에 탄 사람이 마주 오는 소방차의 사이렌 소리를 측정하였더니 접근할 때는 $910\,\mathrm{Hz}$였으나 엇갈려 멀어질 때에는 $680\,\mathrm{Hz}$로 관측되었다. 음파의 속도를 $330\,\mathrm{m/s}$로 가정했을 때 소방차의 속도와 정지했을 때 사이렌의 주파수를 구하라.

풀이 자동차의 속도가 음파의 속도보다 훨씬 작으므로 식 (12−60)을 이용하면

$$f'_{before} = f_0\left(1 + \frac{V_S + V_R}{v}\right)$$

$$f'_{after} = f_0\left(1 - \frac{V_S + V_R}{v}\right)$$

두 식을 더하고 빼면

$$f'_{before} + f'_{after} = 2f_0 \qquad (12-61)$$

$$f'_{before} - f'_{after} = f_0\frac{2(V_S + V_R)}{v} \qquad (12-62)$$

식 (12−61)에서 $f_0 = 1/2(910\,\mathrm{Hz} + 680\,\mathrm{Hz}) = 795\,\mathrm{Hz}$를 얻고

식 (12−62)를 V_S에 대하여 풀면

$$V_S = \frac{f'_{before} - f'_{after}}{2f_0}v - V_R$$

$$= 330\,\mathrm{m/s} \cdot \frac{910\,\mathrm{Hz} - 680\,\mathrm{Hz}}{2 \cdot (795\,\mathrm{Hz})} - 20\,\mathrm{m/s} \simeq 28\,\mathrm{m/s}$$

4. 매질이 이동할 때

또 다른 경우는 매질이 어떤 고정틀에 대해 일정한 속도 V_m으로 이동할 때, 예를 들면 바람이 불 때의 소리의 Doppler 효과를 고려해 보자. **그림 12-19**와 같이 매질이 관측자 방향으로 속도 V_m으로 이동하는 경우에는 다음과 같은 두 가지의 효과를 고려해야 한다. 먼저 관측자가 느끼는 파동의 속도가 $v' = v + V_m$으로 증가한다. 또한 **그림 12-19**에서 파장이 $\lambda' = \lambda(1 + V_m/v)$로 증가한다는 것을 쉽게 알 수 있다. 따라서 주파수 f'은

$$f' = \frac{v'}{\lambda'} = \frac{v + V_m}{\lambda(1 + V_m/v)} = \frac{v}{\lambda} = f$$

이다. 마찬가지로 매질이 반대방향으로 이동할 때는 속도와 파장이 같은 비율로 감소하므로 같은 결과를 얻는다. 따라서 음파의 주파수는 매질의 운동과 관계없이 일정하다는 사실을 알 수 있다. 이 같은 이유로 바람 부는 날 야외 음악회에서 연주되는 음악이 바람에 따라 음의 크기는 변할 수 있어도 그 음의 높낮이는 변하지 않는다.

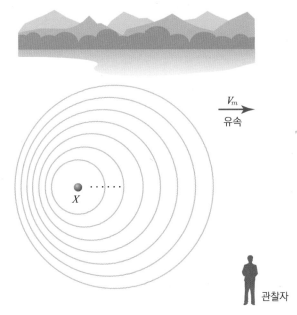

그림 12-19 매질이 이동하는 경우

12-13 충격파

앞에서 공부한 Doppler 효과는 식 $(12-57)$에서 음원이 음속으로 관측자에 접근하면 음파의 주파수 f'이 무한대가 되어 음원의 속도가 음속보다 큰 초음속에서는 적용되지 않는다.

이 경우 음원이 파동보다 앞서 나가므로 파동의 동일 위상점을 연결한 파면(wave front)은 뒤에서 겹겹으로 겹치게 되고 파동의 에너지는 파면의 공통 접선을 이은 접면(envelope)에 집중된다. 이 접면은 **그림 12-20**과 같이 음원을 꼭짓점으로 하는 원추형태가 된다. 그림에서 원추의 각 θ는

$$\sin\theta = \frac{v}{V_S}$$

로 주어지며 파면들이 겹치는 원추접면은 파동의 에너지가 집중되어 대단한 압력 차이를 발생시키므로 충격파라 부르며 이 충격파는 접면의 수직 방향으로 원래의 음속 v로 전파해 나간다. 여기서 물체의 속도에 대한 음속의 비, 즉 V_S/v를 Mach수(Mach Number)라 부른다.

전자기파에 있어서도 이러한 충격파가 발생한다. 전하를 띤 입자가 투명한 매질을 그 매질 속에서의 광속(c/굴절률)보다 빠르게 진행하면 **그림 12-20**과 같이 충격파가 발생한다. 이것을 Cerenkov 효과라 하며 이때 나오는 푸른 빛의 원추각(cone angle)을 측정하면 그 입자의 속도를 측정할 수 있다.

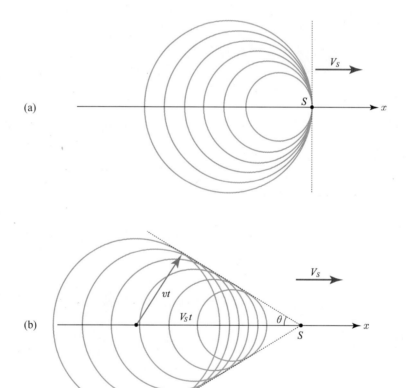

그림 12-20   (a) 파원이 파동의 전파속도와 같은 속도로 이동할 때
(b) 파원의 속도가 파동의 속도보다 큰 경우에 나타나는 충격파

연습문제

01 $x = \pm 80\,\mathrm{cm}$에서 양쪽 끝이 고정되어 있는 줄에서 횡파인 정상파가 기본 주파수로 진동하고 있다. 이 정상파의 주기가 $10\,\mathrm{s}$이고 $x = 0\,\mathrm{cm}$인 지점에서 관측해 보니 $t = 0\,\mathrm{s}$일 때의 변위가 $4\,\mathrm{m}$, $t = 2\,\mathrm{s}$일 때의 변위가 $6\,\mathrm{cm}$였다. 이 정상파의 변위를 나타내는 식, 즉 $z(x,\,t)$를 구하라.

02 피아노 조율은 피아노 현의 장력을 조절하는 것이다. 어떤 피아노의 현이 주파수 $231\,\mathrm{Hz}$의 음을 내야 하는데 실제로는 $224\,\mathrm{Hz}$의 음을 낸다. 현재 이 피아노 현의 장력이 $723\,\mathrm{N}$이라면 현의 장력을 얼마로 조절해야 하는가?

03 직경이 $1\,\mathrm{cm}$인 원형 단면적을 갖는 길이 $75\,\mathrm{cm}$의 구리선의 양쪽을 고정시킨 후 퉁겼더니 2배 주파수($n = 2$)가 $640\,\mathrm{Hz}$인 진동이 생겼다. 구리의 밀도를 $8.92 \times 10^3\,\mathrm{kg/m^3}$라고 할 때 이 구리선의 장력을 구하라.

04 $z(x,\,t) = A\sin(kx + \omega t)$로 기술되는 어떤 파동이 있다.

   (a) 이 파동의 파장, 주파수, 최대진폭, 주기, 각파수를 각각 구하라. (단, $A = 0.4\,\mathrm{m}$, $k = 3\,\mathrm{m^{-1}}$, $\omega = 2\,\mathrm{s^{-1}}$이다.)

   (b) 이 파동을 파동방정식에 대입하여 $Tk^2 = \mu\omega^2$의 관계식을 유도하라.

05 진행파의 일반식 $f(x - vt)$가 파동방정식을 만족하는 것을 증명하라.

06 선밀도가 μ_1인 줄이 선밀도가 μ_2인 다른 줄과 연결되어 있다. 첫 번째 줄에서 진행파의 속도가 v_1이라 하면 두 번째 줄에서의 속도는 얼마인가?

07 파동 $z_1(x,\,t)$와 $z_2(x,\,t)$가 파동방정식을 만족하면 $z(x,\,t) = az_1(x,\,t) + bz_2(x,\,t)$로 표현되는 파동이 존재함을 증명하라. (단 a, b는 상수이다.)

08 어느 팽팽한 줄에 $z(x,\,t) = A\sin(kx - \omega t)$로 표시되는 횡파가 있다. $x = x_0$에 있는 질점의 속도와 가속도를 구하라.

09 어떤 사람이 외치는 소리를 $2\,\mathrm{m}$ 거리에서 측정해 보니 $60\,\mathrm{dB}$이었다. 점파원으로 가정하는 경우 이 사람이 같은 세기로 5분간 외치는 데 필요한 에너지는 얼마인가?

10 어느 해저에서 시속 $35\,\mathrm{km}$의 조류가 북쪽으로 흐르고 있다. 이 해역을 해저를 기준으로 시속 $75\,\mathrm{km}$의 속력으로 북쪽으로 항진하는 잠수함에서 $1{,}000\,\mathrm{Hz}$의 소나 음파를 발신하였다. 이때 이 잠수함의 북쪽에서 엔진을 정지한 채 숨어 있는 다른 잠수함이 관측한 음파의 진동수는 얼마인가? (단, 수중 음파의 속도를 $1{,}519\,\mathrm{m/s}$로 가정한다.)

11 양 끝이 고정된 길이 $15\,\text{cm}$의 현악기 줄이 기본 진동수로 떨고 있다. 이 줄에서의 음파의 진행속도는 $250\,\text{m/s}$, 공기 중 음파의 속도는 $348\,\text{m/s}$라 할 때 공기로 방출된 소리의 진동수와 파장은 얼마인가?

12 $z_1 = z_0 \sin(kx - \omega t - \phi_1), z_2 = z_0 \sin(kx + \omega t - \phi_2)$의 두 파동이 중첩되었다. 이 중첩의 결과 정상파가 형성됨을 보여라.

13 우리는 음파에 대한 Doppler 효과를 다루었으나, 빛에서도 Doppler 효과가 관측된다. 빛의 경우에도 파원 또는 관측자의 이동속도 V가 광속 c에 비해 무시할 수 있는 경우($V \ll c$)에는 식 (12-60)이 성립한다.

(a) $V \ll c$인 경우 빛의 Doppler 효과에 의한 파장은 $\lambda' \simeq \lambda(1 \mp V/c)$로 주어짐을 증명하라.

(b) 정지된 경우 파장 $513\,\text{nm}$의 산소 스펙트럼이 어느 은하계에서 방출되는 빛에서는 $12\,\text{nm}$만큼 파장이 증가된 것으로 관측되었다. 이 은하계의 이동속도와 방향은 얼마인가?

14 $z(x,\,t) = (2.3\,\text{mm})\cos\left[(6.98\,\text{rad/m})\,x - (742\,\text{rad /s})t\right]$로 표시되는 파동이 길이 $1.35\,\text{m}$, 질량 $0.00338\,\text{kg}$의 팽팽한 줄에서 관측되었다. 이 파동에 대하여 다음을 각각 구하라.

(a) 진폭 (b) 진동수

(c) 파장 (d) 파동의 속도와 방향

(e) 장력 (f) 평균 일률(전파 에너지/시간)

15 14번 문제의 줄과 파동에서 줄의 한쪽 끝을 고정시키는 경우 (a) 생성되는 정상파의 방정식은 얼마인가? (b) 이 진동은 몇 번째 배음인가? (c) 기본 진동수는 얼마인가?

16 $5 \times 10^{-3}\,\text{cm}^2$의 같은 원형 단면적을 갖는 길이 $60\,\text{cm}$의 알루미늄 선과 길이 $86.6\,\text{cm}$인 강철선을 용접하고 $100\,\text{N}$의 장력하에 양쪽 끝을 고정하였다. 이 줄을 퉁겨 두 금속의 접합점이 마디가 되도록 한 경우 (a) 관측할 수 있는 가장 낮은 진동수는 얼마인가? (b) 이 경우 관측되는 배의 수는 얼마인가? (여기서 알루미늄과 강철의 밀도는 각각 $2.6\,\text{g/cm}^3$, $7.8\,\text{g/cm}^3$이다.)

17 입사파가 경계면에서 일부만 반사하는 경우 형성되는 정상파의 싸개선(envelop)을 다음 그림에 표시하였다. 이때 정상파비(Standing Wave Ratio, SWR)는 다음과 같이 정의한다.

$$SWR = \frac{\text{입사파의 진폭} + \text{반사파의 진폭}}{\text{입사파의 진폭} - \text{반사파의 진폭}} = \frac{A_{\max}}{A_{\min}}$$

또한 반사율은 반사파의 평균 일률과 입사파의 평균 일률의 비로 정의된다.

(a) 반사율이 1이면 $SWR = \infty$, 반사율이 0이면 $SWR = 1$이 됨을 증명하라.

(b) 경계면에서의 반사율 R은 $R = \dfrac{(SWR-1)^2}{(SWR+1)^2}$로 주어짐을 증명하라.

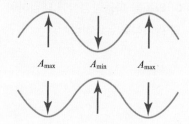

18 나트륨 방전관에서 파장이 약 $600\,\mathrm{nm}$ 의 단색광을 방출한다. 나트륨 방전 스펙트럼은 완벽한 단색광은 아니고 약 $0.002\,\mathrm{nm}$ 의 파장 선폭을 갖는 것으로 알려져 있다. 만약 이 선폭이 Doppler 효과에 의한 것이라 가정하면 방전관 내의 나트륨 원자의 온도는 얼마인가?

19 길이 $1\,\mathrm{m}$, 지름이 $1\,\mathrm{mm}$ 인 강철선으로 된 피아노선의 기본 진동수는 $440\,\mathrm{Hz}$ 이다. 이 선에서의 음파의 속도와 장력은 얼마인가?

20 선밀도가 $0.1\,\mathrm{g/cm}$ 인 아주 긴 줄에 $450\,\mathrm{N}$ 의 장력이 가해지고 있다. 이 줄의 한쪽 끝에서 진폭이 $1\,\mathrm{cm}$, 진동수가 $100\,\mathrm{Hz}$ 의 진행파를 발생시키는데 필요한 일률은 얼마인가?

CHAPTER 13

열, 일 및
열역학 제1법칙

13-1 거시적인 기술과 미시적인 기술

지금까지 공부해온 역학에서는 질서 있고 특정 방향을 갖는 운동을 취급해 왔으며, 이들의 운동에너지와 위치에너지를 다루었다. 그러나 미시적 관점에서 볼 때, 모든 물질은 많은 수의 입자들로 구성되어 있으며 이들은 어떤 특정 방향을 갖지 않고 끊임없이 불규칙적인 운동을 하고 있다. 이러한 불규칙적인 운동은 열에 의한 많은 입자들의 운동에서 나타나는 현상으로서, 이러한 무질서한 운동은 기체의 경우에서 그 예를 쉽게 찾아볼 수 있다. 어떤 물질 내의 미시적 입자들이 갖는 이러한 불규칙적인 열운동과 관련되는 운동에너지와 위치에너지를 그 물질의 열에너지 또는 내부에너지라고 부른다. 이러한 많은 수, 예를 들어 상온 1기압 하에 있는 $1 \, m^3$의 기체는 10^{25}개 정도의 입자를 갖고 있는데, 이들 미시적 입자들의 무질서한 운동을 연구하는 것을 열학(熱學)이라고 하며 이는 흔히 열과 일 사이, 즉 열에너지와 역학적 에너지 사이의 관계를 다루는 학문이다. 이 열학은 물체의 거시적 변수, 즉 압력, 체적, 온도, 엔트로피 및 내부에너지 등과 같은 열역학적 변수 사이의 관계를 다루는 경험과학인 열역학(thermodynamics)과 이들 거시적 변수에 반영되는 미시적 영역에서 일어나는 운동, 즉 원자나 분자의 속력, 에너지, 질량, 각운동량, 충돌 등을 고려하는 운동론(kinetic theory)과 이러한 운동을 확률론을 바탕으로 통계적 기술을 하는 통계역학(statistical mechanics)으로 나뉜다. 실제로 열의 거시적 성질이 확립된 후 미시적 무질서 운동과 거시적 성질 사이의 관계를 추론하기 시작했으며 운동론에서는 미시적 입자들의 운동을 단순화시킨 기본적인 가정을 도입하고 이에 Newton의 운동법칙을 적용시킴으로써 측정 가능한 거시적 변수들을 도출하며, 통계역학은 분자들의 개별적 행동은 완전히 무시하고 확률론과 양자역학을 바탕으로 한 통계적 방법을 이용하여 거시적 특성을 기술하는 이론적 체계이다. 그러나 각종 열현상을 다루어 나가는 데 있어서 미시적 기술과 거시적 기술방법을 병행하여 검토함으로써 이 현상들을 더욱더 깊이 이해할 수 있게 될 것이다.

13-2 열에너지

열에너지는 에너지의 일종, 특히 무질서에 대응되는 에너지이다. 우리는 역학에서 마찰에너지를 생각했었다. 마찰에너지의 특징적인 점은 이 에너지가 바로 열에너지의 형태이고, 이 열에너지는 미시적 분자들의 무질서한 운동에너지의 형태임을 알았다. 따라서 임의의 어떤 계에 열을 공급하면 여러 가지 현상들이 나타난다. 내부에너지의 증가, 즉 분자들의 병진, 회전, 진동운동 등을 일으켜 들뜬 상태로 되든지 또는 이온화 현상들이 일어난다. 또한 계가 팽창하여 외부에 일을 하게 되며 화학변화가 진행되어 화학적 퍼텐셜의 증가를 가져오든지 또는 계가 가속되므로 운동에너지나 위치에너지의 변화로 인한 역학적 에너지 등이 생겨나게 된다. 따라서 열이 에너지의 일종이라면 열과 기타 형태의 에너지 사이에는 어떤 관계가 있어야 한다. 아울러 이 관계는 에너지를 지배하고 있는 두 가지 기본법칙에 의해 최종적인 지배를 받게 된다. 그 첫째는 에너지를 절대로 만들 수 없고, 없애 버릴 수도 없다는, 즉 생성(creation)과 소멸(annihilation)을 부정하는 것이다. 사실 에너지는 빛, 전기, 열, 역학적 에너지, 생물학적 및 화학적 에너지 등 그 형태를 다양하게 변해가지만 그 절대량은 전체적으로 일정하게 유지된다고 본다. 그러므로 열도 에너지의 일종이기 때문에 필연적으로 좀 더 포괄적인 에너지보존 법칙을 따라야 한다. 이것은 열물리에서는 보통 열역학 제1법칙으로 나타난다. 열역학에서는 흔히 세 가지 유형의 에너지과정을 생각한다. 즉 열적과정($T \cdot S$), 역학적과정($P \cdot V$), 화학적과정($U \cdot N$)에 따른 에너지이다. 여기서 U는 입자당 에너지이고, N은 입자수이다.

다른 하나는 앞에서도 언급하였듯이 열에너지 고유의 본질적인 특성인 '무질서'에 해당하는 법칙이다. 따라서 이 무질서의 개념을 정량화(定量化)한 것이 엔트로피(entropy)이고 열물리의 또 다른 법칙인 엔트로피 법칙이라고 불리는 것이다. 이 법칙이 이야기하고 있는 것은 에너지란 형태를 바꾸어 갈 수 있거나 변화시킬 수 있지만 그에 따라 반드시 어떤 대가를 지불하지 않으면 안 된다는 것을 말한다. 즉, 에너지 흐름의 방향이며 이에 대해서는 다음 장에서 좀 더 자세히 다루기로 한다.

13-3 열역학적 평형

열의 개념도 힘의 경우와 마찬가지로 사람의 감각작용을 근원으로 하고 있다. 우리가 흔히 열(heat)이라고 하는 것은 따뜻한 느낌을 주는 '그 무엇'이라는 감각적 대상으로 인식하고 있으며 그 따뜻함의 정도를 나타내는 양이 온도라고 이해하고 있다. 그러나 이러한 촉감에 의한 원시적 개념을 벗어나서 이를 객관적이며 정량적으로 표현할 필요성이 생기게 된다.

온도를 정의하기에 앞서, 열역학적 계(系)와 이들이 상호작용을 기술하는 데 사용되는 여러 가지 용어들을 정의하는 것이 편리하다. 먼저 열역학적 계(system)란 어떤 폐곡면으로 둘러싸인 내부 물질의 일정량을 의미한다. 이 폐곡면 또는 경계면은 모양이나 체적이 반드시 일정할 필요는 없고, 단지 우리가 연구하려는 물리적 대상을 지칭할 수도 있으며 상황분석을 위해 필요에 따라 우리들 마음속에서 설정한 물질의 어떤 한 부분일 수도 있다. 이러한 부분을 계(system)라고 하며, 주어진 계에 대해 영향을 미칠 수 있는 계의 외부가 되는 모든 것을 환경(environment) 또는 외계(surroundings)라고 한다. 우리가 대상으로 하는 계가 외계와 물질 및 에너지(energy)의 교환이 일어나지 않을 때 이 계를 고립계(isolated system)라고 부른다. 우리의 계가 외계와 물질교환은 없으나 에너지 교환이 가능한 경우를 닫힌계 (closed system), 물질 및 에너지 교환이 존재할 경우 이 계를 열린계(open system)라고 부른다. 고립계 내부에는 어떤 변화가 생기게 되고 이 계의 전체에 걸친 모든 점에서 어떤 물리적 양의 측정값이 다르게 나타날 수도 있다. 그러나 시간이 경과함에 따라 이들의 변화율은 차차 줄어들어 결국은 무 변화 상태에 도달하게 될 것이다.

이러한 과정을 열역학적 진화(進化) 또는 변화(變化)라고 말한다. 고립계의 열역학적 진화에 의한 최종의 거시적 정상상태, 즉 더 이상 계에 변화가 없는 상태를 열역학적 평형 (thermodynamic equilibrium)이라고 부른다. 물론 열적 평형 외에 화학적 변화가 일어나지 않는 화학적 평형 및 역학적 평형 등이 있다. 계가 일단 평형상태에 도달하면 이 계의 상태를 압력, 체적, 온도 등의 거시적 물리량으로 기술할 수 있으며, 이들을 열역학적 변수 (thermodynamic variables), 열역학적 좌표(thermodynamic coordinates) 또는 상태변수 (state variables)라고 하며, 이들의 상호 종속 관계를 나타내는 수학적함수를 상태함수라고 부른다. 상태함수가 알려지면 말 그대로 물질의 열적상태를 알 수 있게 된다. 열역학적 변수는 계의 평형상태에서만이 정의될 수 있음에 유의하라. 비평형상태에 있게 되면, 열역학적 상태는 변화를 계속하게 되고, 따라서 계에 대한 열역학적 변수를 정의하는 것이 의미가 없게 된다.

우리는 열적 평형상태를 정의하는 열역학 제0법칙이라고 하는 경험법칙으로부터 보다 합리적으로 온도를 정의할 수 있다. 임의의 두 계(system) A와 B가 서로 접촉되었을 때 두 계의 상태변수가 변화하지 않는다면, A와 B는 서로 열평형(thermal equilibrium)상태에 있다고 한다. 열적 평형상태에 대한 논리적이고 실험적 검증은 온도계와 같은 도구를 이용하고 있다. 즉, A와 B가 제3의 물체 C(예: 온도계)와 각각 열평형상태에 있다면 A와 B는 서로 열평형상태에 있다. 이것은 흔히 열역학 제0법칙으로 알려져 있다. 이것은 바꾸어 말하면 제3의 계와 같은 온도에 있는 두 계는 서로 같은 온도에 있다고 할 수 있다. 이것은 온도의 특성에서 기본적인 가정으로 되어 있다. 실제로 우리가 온도라고 부르는 양은 계와 다른 계와 열평형 상태에 있는지를 결정하는 계의 특성이다. 두 계가 평형상태에 있으면 온도는 같다.

따라서 열역학 제0법칙은 온도의 정의를 가능하게 하기 때문에 중요하다. 열역학 제0법칙이 성립되지 않는다고 가정해 보자. 그러면 A와 C가 평형상태에 있고, B와 C도 평형상태에 있지만, A와 B는 평형상태에 있지 않다. 이것은 $T_A = T_C$이고, $T_B = T_C$이지만, $T_A \neq T_B$라는 것을 의미한다. 이것은 모순이며 그렇다면 온도란 별로 의미가 없는 양이 될 것이다.

13-4 열역학적 온도

이제 온도의 척도를 정하는 문제, 즉 주어진 물체의 온도수치를 정하는 문제를 생각해 보자. 이 온도계는 여러 가지 종류가 있지만 물질의 성질이 온도에 따라 변한다는 사실을 이용하여 만들었다는 점은 같다. 오늘날의 일반적인 온도계는 수은이나 알코올을 채운 유리관으로 되어 있다. 온도가 올라가면 알코올은 유리보다 더 크게 팽창하여 유리관 내의 액체의 높이가 올라가게 된다. 따라서 온도를 수치로 나타낼 눈금을 정할 필요가 있게 된다. 현재는 섭씨(Celsius), 화씨(Fahrenheit)의 눈금을 많이 사용하고 있으며, 그 외에 자연과학에서 사용되는 절대온도 눈금 등이 있다. 온도눈금을 정하는 한 가지 방법은, 특정한 두 가지 기준온도에 적당한 값은 주는 것이다. 섭씨온도는 물이 어는점(ice point)을 0℃, 끓는점(boiling point)을 100℃로 하여 그 사이를 100등분한다. 화씨온도는 물이 어는점을 32°F, 끓는점을 212°F로 정하고 그 사이를 180등분한다. 그러나 이러한 온도의 눈금들은 온도계를 만든 구성 물질이나 기준온도의 설정 등에 따라 다르기 때문에 특정 물질이나 눈금에 의해 영향을 받지 않는 보편타당한 온도눈금을 정의해야 할 필요가 있게 된다.

그림 13-1에 표시된 정적기체온도계를 사용하면 이러한 결점을 제거할 수 있다. 그림에서 둥근 통 안의 기체의 부피를 일정하게 유지할 경우, 기체의 압력은 온도의 함수가 되며, 온도가 올라가면 압력이 올라가게 되고 이 압력은 관이 열린 수은 압력계를 이용해서 측정할 수 있다. 기체의 압력은 $P = P_0 + \rho gh$가 된다.

여기서 P_0는 대기압이고, h는 압력계 수은주의 높이의 차이다. 둥근 통 내의 기체의 온도 T를 변화시키면서 이에 대응하는 P의 변화를 측정하면 온도 T는 압력 P에 비례한다.

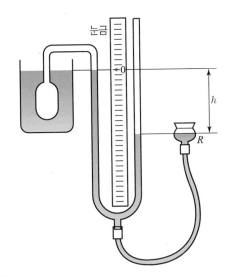

그림 13-1 정적기체온도계

$$T = aP \tag{13-1}$$

다음에 모든 온도계에 대하여 기준점이 될 표준 고정점을 규정할 필요가 있다. 이 표준 고정점은 물의 3중점(triple point)을 선택한다. 즉 물이 고체(얼음), 액체(물), 기체(수증기)로 공존하면서 평형을 이루고 있을 때의 온도를 표준이라고 한다. 얼음의 녹는점이나 물의 끓는점이 대기압에 따라 변화하는 데 반하여 물의 3중점은 하나의 압력(4.58 mmHg)에서만 존재하고 그때의 온도를 표준으로 한다.

다음 식은 정적기체온도계에서 온도와 P_3(물의 3중점 압력)사이에 관계를 서로 다른 기체에 대해서 측정한 결과이다. 즉,

$$\frac{T_S}{T_i} = \left(\frac{P_S}{P_i}\right)_v \tag{13-2}$$

여기서 첨자 S는 증기점(steam point, 순수한 물의 끓는점), i는 어는점(ice point)을 의미하며, 괄호의 첨자 v는 일정체적을 의미한다. 어는점과 증기점 사이의 온도를 100등분하면

$$T_S - T_i = 100 \tag{13-3}$$

따라서 위 두 식에서

$$T_i = \frac{100}{P_S/P_i - 1} \tag{13-4}$$

또는

$$T_3 = \frac{100}{P_S/P_3 - 1} \tag{13-5}$$

이 된다.

식 (13-5)는 물의 어는점 대신에 3중점을 취했을 경우의 결과이다. 실험에 따르면 $\frac{P_S}{P_3} = 1.366085$, $\frac{P_S}{P_i} = 1.366099$로 주어지며 이 값을 식 (13-4), (13-5)에 각각 대입하면

$$T_i = 273.15$$
$$T_3 = 273.16$$

을 얻는다. 따라서 식 (13-1)로부터 표준 고정점에 대하여 비례상수는

$$a = \frac{273.16}{P_3}$$

을 얻고, 매우 낮은 압력의 극한에서 정의되는 온도눈금, 즉 이상기체 온도눈금을 정의할 수 있다.

$$T = (273.16K)\lim_{P_3 \to 0} \frac{P}{P_3} \quad (V \text{는 일정}) \tag{13-6a}$$

이와 마찬가지로 정압온도계에 대하여 이상기체 온도눈금은

$$T = (273.16K)\lim_{V_3 \to 0} \frac{V}{V_3} \quad (P \text{는 일정}) \tag{13-6b}$$

과 같이 정의된다. 따라서 이와 같은 방법으로 정해진 온도는 어떤 특정 기체의 성질과는 관계가 없어진다. 만약 그렇지 않으면 특정 물질의 성질과는 전적으로 독립적일 수 없다. 이렇게 정의된 온도를 열역학적 온도, 또는 절대온도라고 하며 K(kelvin의 약자)로 표시하고 열역학에서 물질의 열적 변수 중의 하나인 온도에 대한 변수가 된다. 섭씨온도 t_c는 물의 빙점을 표준 고정점으로 하여

$$t_c = T - T_i = T - 273.15$$

가 된다. 따라서 절대온도의 표준 고정점인 물의 3중점은 섭씨온도 눈금으로 0.01℃가 된다.

예제 1. 정적기체온도계가 물의 3중점에서 평형을 이루고 있을 때의 압력은 0.4 atm 로 나타났다. 이 온도계가 끓는 물과 평형일 때의 압력은 얼마인가?

풀이 $\dfrac{T_S}{T_3} = \dfrac{P_S}{P_3}$

따라서 압력은 다음과 같다.

$$P_S = \frac{T_S}{T_3} P_3 = \frac{373.15K}{273.16K}(0.4\text{기압}) = 0.546\text{기압}$$

13-5 물질의 열적 성질

1. 열팽창

온도가 올라가면 대부분의 물질의 부피는 팽창한다. 물질의 이러한 열팽창은 분자 간 상호 퍼텐셜 에너지(potential energy)로 설명이 가능하다. 흔히 규칙적으로 배열된 원자 또는 분자의 3차원 입방격자는 **그림 13-2**와 같이 입자들 사이가 용수철에 의해 연결된 것으로 간주한다. 이는 결정 내의 분자와 분자 사이의 퍼텐셜 에너지 곡선이 조화 진동자의 퍼텐셜 에너지 곡선과 유사한 데서 비롯된다. 결정 내의 퍼텐셜 에너지 곡선은 낮은 에너지영역에서 근

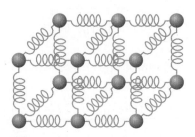

그림 13-2 용수철에 의해 서로 연결된 원자들로 구성되어 있는 3차원 격자

사적으로 조화진동자의 퍼텐셜 에너지 곡선과 동일하게 나타난다. 따라서 낮은 온도에서는 분자와 분자 사이 또는 원자와 원자 사이가 용수철에 의해 연결된 것으로 간주할 수 있다. 그러므로 주어진 임의의 온도에서 격사 내의 모든 원자는 낮은 온도 T_0(낮은 에너지)에서는 평형위치에서 단순진동하는 데 반해, 온도가 높아지면 Hooke의 탄성한계 내에서 진동의 진폭은 더 커지게 된다. 이후 온도(T_2)가 더 올라가면 퍼텐셜 에너지 곡선이 좌우 대칭인 단순진동에서 벗어나게 되고, 물질은 변화 상태($r_2 - r_0$)를 갖게 된다.

진동격자 내에서 가장 가까이 이웃한 두 개의 원자(또는 분자) 사이의 거리를 r이라고 하자.

그림 13-3은 원자 사이에 작용하는 힘과 관련된 퍼텐셜 에너지를 입자 간의 거리로 나타낸 것이다. 평형위치, 즉 $r = r_0$에 대해서 대칭이 되며, 따라서 그들의 시간 평균치는 r_0(그림에서 점선)가 된다.

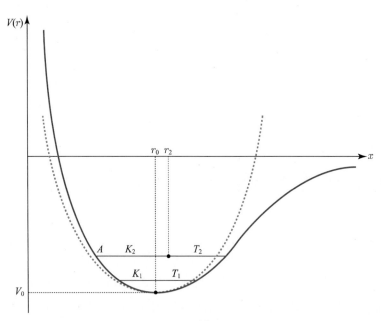

그림 13-3 두 원자 사이의 상호작용 퍼텐셜 에너지 $V(r)$을 그들 사이의 거리 r의 함수(실선)로 표시한 그래프

그러나 외부에서 열을 받아 운동에너지가 커지면 진동하는 원자들의 위치의 시간 평균치는 r_0가 되지 않는다. 이는 그림에서 실선으로 표시된 퍼텐셜이 극소점 r_0에 대해서 좌우 대칭이 아닌 데서 비롯된다. 온도가 증가할수록 평균변위가 r_0에서 벗어나는 양(그림에서 $r_2 - r_0$)은 증가하게 되어 물질의 팽창을 가져오게 한다. 만일 퍼텐셜 에너지 곡선이 그림 내의 점선곡선과 같이 대칭이었다면 온도상승에 따라 진폭은 증가하지만 평균변위는 불변이고 따라서 팽창은 일시적으로 나타났다가 사라질 것이다. 그러나 온도가 더 높아 탄성한계를 벗어나 퍼텐셜 에너지가 평형위치의 좌우 비대칭이 형성된 영역 이상으로 올라가면 온도를 내린 이후에도 팽창(변형)은 남게 된다. 먼저 온도 T_0에서 길이 l_0인 막대가 온도변화 $T = T_0 + \Delta T$에 따른 길이의 변화 $l = l_0 + \Delta l$을 생각해 보자. 온도차 ΔT가 충분히 작은 경우 단위길이당의 변화 $\dfrac{\Delta l}{l_0}$는 온도의 변화 ΔT에 비례한다는 사실이 밝혀졌고, 따라서 평균 선팽창계수는 압력이 일정할 때

$$\alpha = \frac{1}{\Delta T} \frac{\Delta l}{l_0} \tag{13-7}$$

로 정의한다. 즉, $\Delta l = \bar{\alpha} l_0 \Delta T$가 된다.

온도 T_0에서 선팽창계수는 ΔT가 0에 접근할 경우, 즉 식 (13 − 7)의 극한값이다.

$$\alpha = \lim_{\Delta T \to 0} \frac{\Delta l / l_0}{\Delta T} \tag{13-8}$$

온도구간이 작아 α와 α의 평균값 $\bar{\alpha}$의 차이가 그다지 크지 않을 경우에는 근사적으로

$$\Delta l = \alpha l_0 \Delta T \tag{13-9}$$

로 $\bar{\alpha}$ 대신에 α로 대체한다.

한편 면팽창계수와 체팽창계수는 이들 선팽창계수를 2차원 및 3차원으로 확장하면 쉽게 구할 수 있다.

2. 열용량과 비열

열은 온도차로 인하여 한 물질에서 다른 물질로 이동하는 에너지의 일종이기 때문에 열의 단위는 joule(J)로 표시한다. 관례적으로 칼로리(calorie)를 열의 단위로 사용했었고 현재도 사용하고 있다. 1킬로칼로리(kcal)는 정량적으로 물 1 kg 의 온도를 14.5℃에서 15.5℃까지 높이는 데 필요한 열량이라고 규정하고 있다. 공업용 단위로서 열의 단위는 Btu(British thermal unit)인데 물 1파운드의 온도를 63 ℉에서 64 ℉로 상승시키는 데 요하는 열이라고 정의한다(1 Btu = 252 cal).

어떤 물체가 열을 흡수하여 내부의 무질서한 운동에너지가 증가하고 따라서 온도가 상승한다고 가정하자. 온도를 일정량 상승시키는 데 요하는 열량은 물질에 따라 서로 다르게 마련이다. 어떤 물체가 열을 흡수하여 그 온도가 ΔT이고, 공급하게 되는 열에너지의 양을 ΔQ라 할 때 그 물체의 열용량(heat capacity) C는

$$C = 열용량 = \frac{\Delta Q}{\Delta T} \qquad (13-10)$$

로 정의한다.

물질의 단위 질량당의 열용량을 비열용량 또는 비열(specific heat)이라고 하는데, 이는 물질을 구성하는 재료의 열적 특성을 나타내는 하나의 양이다.

$$c = \frac{1}{m}\frac{\Delta Q}{\Delta T} \qquad (13-11)$$

c의 단위로는 $\mathrm{kcal/kg \cdot \mathbb{C}}$, $\mathrm{cal/g \cdot \mathbb{C}}$, $\mathrm{J/kg \cdot \mathbb{C}}$ 또는 $\mathrm{Btu/lb \cdot °F}$ 등이다.

다른 하나의 유용한 비열은 몰비열(molar specific heat) 또는 몰열용량(molar heat capacity)이다. 즉, 1몰의 물질을 $1\mathbb{C}$ 높이는 데 필요한 열량이다.

$$c_n = \frac{1}{n}\frac{\Delta Q}{\Delta T} \qquad (13-12)$$

여기서 n은 mole수이고, $n = \dfrac{m}{M}$의 관계를 이용하면

$$c_n = Mc \qquad (13-13)$$

M은 분자량을 표시하며, c_n의 단위는 $\mathrm{cal/mol \cdot \mathbb{C}}$ 이다.

다음 장에서 논의하겠으나, 열 ΔQ는 그것을 시료에 가해 주는 조건 또는 과정에 따라 다르기 때문에 이를 명시하지 않으면 안 된다. 따라서 비열은 열을 공급할 때의 조건에 따라 값이 달라지므로 압력을 일정하게 유지하는 조건하에서는 정압 비열(c_p)을, 체적을 일정하게 유지하는 조건하에서는 정적 비열(c_v)을 각각 정의하게 된다.

예제 2. 새로운 합금의 비열을 결정하고자 한다. 150 g의 새로운 물질을 540 ℃ 까지 가열하여 10 ℃, 400 g의 물이 담긴 열량계에 재빨리 넣었다. 이때 물은 200 g의 알루미늄 열량계 컵에 담겨져 있다. 최종온도가 30.5 ℃ 였다면 이 물질의 비열을 구하라. (여기서 알루미늄 비열은 0.22 kcal/kg · ℃ 이다.)

풀이 얻은 열과 잃은 열은 같으므로

(시료가 잃은 열) = (물이 얻은 열) + (열량계 컵이 얻은 열)

$$M_x c_x \Delta T_x = M_\omega c_\omega \Delta T_\omega + M_{cal} c_{cal} \Delta T_{cal}$$

따라서

$$(0.15 \text{ kg})c_x(540 \text{ ℃} - 30.5 \text{ ℃})$$
$$= (0.4 \text{ kg})(1 \text{ kcal/kg} \cdot \text{℃})(30.5 \text{ ℃} - 10 \text{ ℃})$$
$$+ (0.2 \text{ kg})(0.22 \text{ kcal/kg} \cdot \text{℃})(30.5 \text{ ℃} - 10 \text{ ℃})$$

즉, 비열은 다음과 같다.

$$c_x = 0.12 \text{ kcal/kg} \cdot \text{℃}$$

일정한 압력하에 있는 물체에 열의 이동이 있을 때 물체의 온도는 변한다. 그러나 때로는 열의 이동에 따른 물체 온도의 변화없이 열량을 흡수하는 경우가 있다. 이러한 경우에는 물체가 액체에서 기체로, 고체에서 액체로 또는 한 결정상태에서 다른 상태로 변할 때와 같이 한 상(phase)에서 다른 상으로 상변화(phase transition)가 일어날 때이다. 이러한 과정에서 상이 변할 때 이동해야 할 단위질량당의 열량을 변환열(heat of transformation) 또는 잠열이라고 하며 이를 L로 표시한다. 따라서 질량이 m인 시료가 상변화를 일으킬 때 이동하는 총 열량은

$$Q = Lm \tag{13-14}$$

이다. 물의 경우 기화열 또는 증발열(heat of vaporization)은

$$L_v = 539 \text{ cal/g} = 40.7 \text{ kJ/mol} = 2,260 \text{ kJ/kg}$$

액화열 또는 융해열(heat of fusion)은 다음과 같다.

$$L_f = 79.5 \text{ cal/g} = 6 \text{ kJ/mol} = 333 \text{ kJ/kg}$$

3. 열의 전달

두 개의 물체 사이에 온도차가 있으면 고온에서 저온으로 열이 이동하는데 그 방법은 전도(conduction), 대류(convection), 복사(radiation) 등이 있다. 실제로는 둘 또는 세 가지 현상이 동시에 일어난다. 전도과정은 어떤 물질의 매체 내부에서 일어난다. 이 현상은 분자충돌현상으로 쉽게 설명될 수 있다. 물체의 끝이 가열되면 구성분자는 높은 운동에너지를 얻게 되고 빠른 속도로 움직인다. 이 빠른 속도의 분자는 이웃하고 있는 느린 속도의 분자와 충돌하여 느린 분자가 속도를 얻게 된다. 이러한 과정이 계속적으로 반복되어 높은 병진 운동에너지를 가진 분자로부터 낮은 에너지의 인접분자로 열이 전달되며 물체 자체의 이동은 없다.

그림 13-4에서 막대의 단면을 통해서 이동하는 열량을 계산하자. 단면적이 A이고 두께가 Δx인 양면이 상이한 온도로 유지되는 원형판을 생각해 보자. Δt 시간 동안에 양면에 수직인 방향으로 흐르게 되는 열 ΔQ는 온도차 ΔT와 A 및 Δt에 비례하고 두께 Δx에 대해서는

반비례한다.

$$\Delta Q \propto \frac{A \Delta T}{\Delta x} \Delta t$$

또는

$$H = \frac{\Delta Q}{\Delta t} = -\kappa A \frac{\Delta T}{\Delta x}$$

인데, 여기서 κ는 열전도도(thermal conductivity)라는 상수이고 단위는 $\mathrm{cal/sec \cdot cm \cdot ℃}$, $\mathrm{kcal/sec \cdot m \cdot ℃}$, 또는 $\mathrm{Btu/sec \cdot ft \cdot °F}$ 등이다. 여기서 음의 부호는 열이 온도 증가의 반대방향으로 흐르기 때문에 포함된 것이다.

그림 13-4에서 만일 열흐름률이 시간에 대해 일정하면 $\Delta T = T_2 - T_1$, $\Delta x = L$이므로 열흐름률 H는 다음과 같이 주어진다.

$$H = \frac{\Delta Q}{\Delta T} = \frac{kA(T_1 - T_2)}{L} \tag{13-15}$$

대류는 매질 속의 낮은 온도를 가진 부분이 높은 온도 부분으로 물체 자체가 직접 이동하며 전달되고 기체나 액체에서 일어난다. 더운 곳과 찬 곳의 유체의 밀도차에 의하여 순환되는 것을 자유(free)대류 또는 자연(natural)대류라고 한다.

가정집의 난방을 위해서 난로에 부착된 송풍기는 강제(forced) 대류현상을 이용한 것이다.

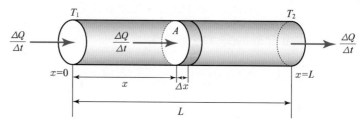

그림 13-4 단면적이 A인 막대에 흐르는 열량

예제 3. 건물에서 열이 유출되는 부분은 주로 창문이다. 크기가 $2\,\mathrm{m} \times 1.5\,\mathrm{m}$이고, 두께가 $3.2\,\mathrm{mm}$인 유리창이 있는 집의 실내온도가 $15\,℃$이다. 외부 온도가 $14\,℃$라면 이 창문을 통하여 유출되는 열흐름률을 계산하라. (여기서 유리의 열전도도는 $0.84\,\mathrm{J/sec \cdot m \cdot ℃}$이다.)

풀이 열흐름률은 다음과 같이 구한다.

$$H = \frac{\Delta Q}{\Delta t} = -kA\frac{\Delta T}{\Delta x} \text{에서}$$

$$A = (2\,\mathrm{m})(1.5\,\mathrm{m}) = 3\,\mathrm{m}^2, \ \Delta x = 3.2 \times 10^{-3}\mathrm{m} \text{이므로}$$

$$H = \frac{(0.84\,\mathrm{J/sec \cdot m \cdot ℃})(3\,\mathrm{m}^2)(15\,℃ - 14\,℃)}{3.2 \times 10^{-3}\mathrm{m}}$$

$$\simeq 790\,\mathrm{J/sec}$$

끝으로 복사는 전자기파의 형태로 열이 전달되는 과정이다. 이때는 아무 매체도 필요치 않다는 특징적인 점이 있다. 사실상 모든 물체는 항상 복사를 방출하고 있으면 동시에 흡수하고 있다. 주위 환경보다 높은 온도의 물체는 흡수되는 것보다 많은 복사를 방출하며 에너지를 복사하는 율은 Stefan-Boltzmann 법칙으로 설명된다. 즉,

$$P = \frac{\Delta Q}{\Delta t} = e\rho A T^4 \tag{13-16}$$

여기서 P는 단위면적당 방출되는 일률이며, 단위는 watt/m^2로 주어진다. ρ는 Stefan-Boltzmann 상수다. 즉,

$$\rho = 5.6699 \times 10^{-8} W/\mathrm{m}^2 \cdot K^4$$

이다. e는 복사율(emissivity)로서 물체 표면의 고유한 성질이며, 0과 1 사이의 값을 가진다.

13-6 열과 일

앞에서 언급한 대로 열은 에너지의 일종이고 따라서 역학에서 일−에너지 정리에 의거 열과 일 사이의 상관관계를 유추해낼 수 있다.

그림 13-5에서처럼 열원으로부터 열을 받을 경우 실린더 내의 기체는 팽창을 하게 된다. 따라서 기체가 피스톤을 움직이게 함으로써 외부에 일을 하게 된다.

이 과정이 충분히 완만하게 일어나서, 즉 준정적과정(quasi-static process)의 형태를 취한다고 하자(열학적 과정에 대해서는 다음 절에서 다루기로 한다). 이 과정을 부피를 x축으로, 압력을 y축으로 표시하면 작업물질이 이상기체인 경우 **그림 13-5**의 형태가 된다.

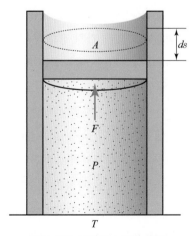

온도 T를 조절할 수 있는 열원

그림 13-5 기체의 압력변화에 따라 피스톤이 이동함으로써 일을 하게 된다.

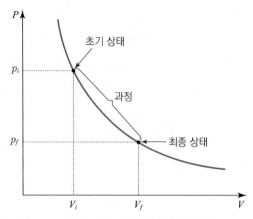

그림 13-6 기체의 팽창에 따른 $P-V$ 곡선. 일은 곡선 아래 면적이 된다.

이제 피스톤에 의해 한 일을 계산해 보기로 하자. 피스톤의 위치를 무한소의 거리 ds만큼 옮기는데 (팽창) 기체가 한 일은 준정적과정이므로 미분과정으로 환원될 수 있다. 즉,

$$dW = \vec{F} \cdot \vec{ds} = pAds = pdV \qquad (13-17)$$

여기서 압력은 면에 수직으로 작용하기 때문에 면적 벡터와 압력은 동일 방향이 된다. 따라서

$$W = \int dW = \int_{S_i}^{S_f} \vec{F} \cdot \vec{ds} = \int_{v_i}^{v_f} pdV$$

이 적분은 $p-V$ 평면상의 곡선 아래의 면적이다. 따라서 고전역학에서 역학적 일은 힘 (F)과 변위(s)로 표현되지만, 열역학에서 역학적 일은 압력(p)과 체적(V)의 곱으로 표현된다. 즉, 압력은 단위 면적당 힘이고, 면적(A)은 벡터이므로 $\vec{F} \cdot \vec{ds} = p\vec{A} \cdot \vec{ds} = pdV$으로 된다. 열역학적 계가 한 일, 즉 면적은 초기상태와 종말상태를 연결한 경로에 따라 다를 수가 있다. 즉, 계가 한 일은 초기와 종말상태에만 관계되는 것이 아니고 중간의 세부과정에서도 의존하게 된다. 예를 들어 **그림 13-7**에서 보인 세 가지 경로에 대해서 생각해 보자. $i \rightarrow a \rightarrow f$ 과정은 초기 상태 i에서 등압 ($i \rightarrow a$)과 등적 ($a \rightarrow f$) 과정을 거쳐 최종 상태로 경로를 취한 경우이고, $i \rightarrow b \rightarrow f$ 과정은 등적과 등압과정을 따라, $i \rightarrow f$는 가역등온과정을 따라서 최종 상태로 도달된 과정을 의미한다.

그림에서 볼 수 있듯이 세 경로에 따라 한 일($p-V$도표상에서 각 경로 하단의 면적)은 모두 다르다는 것을 알 수 있다. 여기서는 세 가지의 대표적인 경로만을 생각하였으나 그 외에도 가능한 경로가 무수히 있을 수 있다. 이것은 과정이 일어나는 동안 열이 흐르는 것과 관련지어 생각할 수도 있다. 상태 i는 온도 T_i로 특정 지어졌고, 또 상태 f는 T_f로 특정 지어졌다고 할 때 계에 유입해 오는 열은 계를 어떻게 가열하느냐에 따라, 즉 가열하는 방법에 따라 달라진다. 다시 말해 과정 $i \rightarrow a \rightarrow f$, $i \rightarrow b \rightarrow f$, $i \rightarrow f$는 각각의 경로에 따라 계에 유입

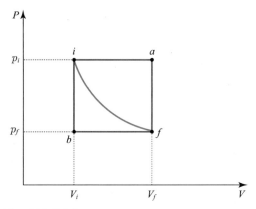

그림 13-7 계가 한 일은 경로에 관계된다.

또는, 유출하는 열이 달라진다. 이것은 실험사실이다.

열과 일 모두가 취한 경로에 상호 관련되며 어느 한쪽의 양이 경로에 독립이거나 또는 어느 한쪽 양만 보존될 수는 없다. 그러나 이 두 양의 차 $Q-W$는 계에 남아 있는 에너지로서 보존되어야 하고, 이것이 열역학 제1법칙의 내용이다.

13-7 열역학 제1법칙

우리는 4장에서 마찰이나 소모력이 존재하거나 하지 않거나 간에 계의 총에너지는 일정하다는 것을 알았다. 이와 유사하게 열역학계에서 열 Q와 한 일 W의 차, 즉 $Q-W$는 앞에서 생각한 어떠한 상이한 경로에 대해서도 동일하다는 것을 발견하게 된다. 다시 말해서 열역학에서 계의 상태를 상태 i로부터 상태 f까지 변경시켜 줄 때 $Q-W$라는 양이 초기좌표와 최종좌표에만 의존하고 이들 초기점과 종말점 사이에 취한 경로에는 전혀 무관하다.

즉, 열역학적 계가 그 주변과 상호작용을 통하여 에너지의 상태가 변화(ΔE_{system} 또는 ΔU)되는 경우 열적 상호작용(E_{therm})과 역학적 상호작용(E_{mech})에 의해 다음과 같이 표현된다.

$$\begin{aligned} \Delta E_{system} &= \Delta U \\ &= E_{therm} + E_{mech} \\ &= Q - W \end{aligned}$$

이는 상호작용 전·후의 에너지의 상태의 변화를 표시할 뿐 그 절댓값을 주지는 않는다. 이를 달리 표현하면 내부에너지의 변화는 열역학적 좌표(미분 가능한 변수)로 표현이 가능하고 이를 내부에너지 함수(internal energy function)라고 한다.

이를 이용해서 에너지법칙을 일반화한 열역학 제1법칙을 수식화하면 다음과 같다.

그림 13-8에서처럼 상태 1에 있는 계의 내부에너지가 U_1이고, 여기에 외계의 열 Q를 흡수하고 외계에 일 W를 했다면 에너지보존법칙으로부터

$$U_2 - U_1 = Q - W$$

와 같이 된다.

앞에서도 언급하였듯이 $Q - W$는 경로에 무관하므로 계의 미소변화에 대해서는

$$dU = \bar{d}Q - \bar{d}W \qquad\qquad (13-18)$$

로 표현된다. 여기서 $\bar{d}Q$와 $\bar{d}W$는 경로에 관계되기 때문에 불완전 미분(inexact differentials)이고 그를 표시하기 위해서 바(bar)로 표시하였으나, 그 차 dU는 계의 에너지의 변화량으로서 완전 미분이 된다. 달리 표현하면 계의 변화에 개입하는 과정에 의존하는 물리적 양은 Q와 W이고, 그들의 변화(과정)를 기술하는 변수 P, V, T 등은 상태변수이다. 만일 계가 어떤 열역학적 경로를 거쳐 본래의 초기상태로 되돌아오는 순환과정을 이루었다면 순환과정 중에 계는 일 W를 외부에 하였지만 같은 양의 에너지 Q가 계에 흘러들어왔기 때문에 내부에너지는 변하지 않는다. 즉,

$$Q = W, \quad U_2 = U_1 \qquad\qquad (13-19)$$

한편 고립계에서는 외부에 일도 하지 않고 유입하는 열도 없다. 따라서

$$Q = W = 0, \quad U_2 = U_1 \qquad\qquad (13-20)$$

즉, 고립계의 내부에너지는 일정하다는 것을 의미하며 식 (13-20)과 더불어 에너지는 생기지도 소멸되지도 않는다는 에너지보존원리의 가장 보편적 기술이 된다.

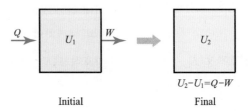

Initial   Final

그림 13-8 열역학 제1법칙

예제 4. 부피가 $1 \, cm^3$인 물 $1 \, g$을 대기압하에서 끓이면 $1,671 \, cm^3$의 수증기로 된다. 1기압에서 물의 증발열이 $539 \, cal/g$일 때, 이 과정에서 일과 내부에너지를 구하라.

풀이 $Q = mL_v = 539 \, cal \, (m = 1 \, g$에 대해$)$

이 열량이 외부로부터 계에 가해진 열을 나타내며, 양의 값이 된다. 계가 외부에 대해 한 일은

$$W = p(V_v - V_l) = (1.013 \times 10^5 \, N/m^2)(1,671 - 1) \times 10^{-6} m^3$$
$$\simeq 169.2 \, J$$

이고, 양의 값이다.

$1 \, cal = 4.186 \, J$이므로 $W \simeq 40 \, cal$가 되고 따라서

$$\Delta U = Q - W = mL_v - p(V_v - V_l)$$
$$= (539 - 40) \, cal = 499 \, cal$$

가 된다. 이 값은 양의 값이다. 계의 내부에너지가 이 과정 동안 증가한다. 그러므로 (1기압 $100 \, ℃$에서) 물 $1 \, g$을 끓이는 데 필요로 하는 $539 \, cal$ 중에서 $40 \, cal$는 팽창할 때 물이 한 일로 소모되고, $499 \, cal$는 계의 내부에너지의 증가로 소모된다. 이 에너지는 액체상태에서 상호 간의 H_2O분자 사이에 작용하는 강한 인력(引力)을 이겨내는 데 필요할 일을 나타낸다.

13-8 열역학 제1법칙의 응용

1. 단열과정(adiabatic process)

열의 출입이 없는 과정, 즉 $Q = 0$인 과정이므로 열역학 제1법칙으로부터

$$U_2 - U_1 = -W$$

가 얻어진다. 따라서 단열과정에서 일어나는 계가 단열팽창할 경우 W는 양이 되므로 내부에너지는 감소하며 일반적으로 계의 온도는 떨어진다. 반대로 계가 단열압축을 하면 W는 음이 되고 내부에너지는 증가하며 계의 온도는 올라간다.

2. 등적과정(isochoric process)

임의의 등적과정에서는 계가 한 일이 명백히 0이다. 그것은 이와 같은 과정에서는 $V = $일정 이기 때문이다. 제1법칙은

$$U_2 - U_1 = Q$$

가 되며, 가한 열은 모두 내부에너지를 증가시키는 데 쓰인다.

3. 순환과정(cyclic process)

앞에서 언급한 대로 계가 최종적으로 초기상태로 되돌아오는 순환과정에서는 내부에너지의 변화는 없으므로 0, 즉 $\oint dU = 0$이므로 열역학 제1법칙으로부터

$$Q = W$$

가 된다. 즉, 계가 한 일과 계로 전달된 열은 같다. Q나 W는 경로에 관계되고 불완전 미분이므로 임의의 순환과정에서 일반적으로 0이 되지 않는다.

4. 자유팽창(free expansion)

계에 어떤 일이 행해지거나 혹은 계가 일을 하지 않는 단열팽창과정을 자유팽창과정이라고 한다. 이때의 팽창은 준정적과정(qusi-static process)은 아니다. 따라서 $W = 0$, $Q = 0$이므로 열역학 제1법칙으로부터

$$U_1 = U_2$$

로 된다. 즉, 자유팽창에서 내부에너지는 일정하다. **그림 13-9**에 Joule의 실험을 표시하였다. 정지콕을 풀면 기체는 진공 속으로 급속히 팽창한다.

　이때, 한 일이 없고 계가 단열적으로 절연되고 있으므로 기체의 최종 내부에너지는 처음 에너지와 같다. 최종온도가 처음 온도와 같다면 내부에너지는 체적에 의존하지 않고 온도에만 의존한다. 실제로 Joule의 실험은 최종 상태의 온도와 처음 상태의 온도가 같은지를 결정하기 위한 노력이었다. 온도가 변하지 않는다면 내부에너지는 체적이나 압력에 의존하지 않고 온도에만 의존하여야 한다. 여기서 두 통의 체적을 합한 새로운 체적 V_2에서 평형상태에 도달했음을 주목하라. 미시적 입장에서 볼 때 이상기체의 분자들 사이에는 상호작용이 없어 내부퍼텐셜 에너지가 없고 운동에너지만 존재한다. 따라서 내부에너지(운동에너지)는 온도만의 함수라는 것을 알 수 있다. 그러나 Joule의 실험 후에 행한 이런 형태의 실험에서 처음 압력이 아주 높으면 자유팽창을 하고 난 후 온도는 팽창하기 이전보다 약간 낮아진다는 것을 알았다. 이것은 높은 압력하에서는 실체기체(real gas)는 분자 사이에 어떤 인력(상호작용)이 있다는 것을 말하여 준다. 자유팽창에서와 같이 분자 간의 평균거리가 증가할 때 퍼텐셜 에너지는 증가하고 총에너지는 불변이므로 운동에너지(온도)는 감소되어야 함을 의미한다.

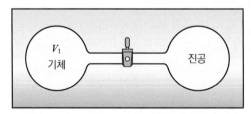

그림 13-9 기체의 단열자유 팽창

연습문제

01 온도를 측정하기 위해서 물리학자와 천문학자는 물체가 방출하는 전자기복사선(電磁氣輻射線)의 세기 변화를 사용하는 일이 흔하다. 전자기복사선의 세기가 가장 클 때의 파장은 방정식

$$\lambda_{max} T = 0.2898 \text{ cm} \cdot \text{K}$$

으로 주어진다. 여기서 λ_{max}는 가장 큰 세기를 가진 파장이고, T는 그 물체의 절대온도이다. 1965년 마이크로파(microwave) 복사선이 우주 공간의 모든 방향으로부터 입사해 오는데, 그 꼭지 파장이 $\lambda_{max} = 0.107$ cm라는 것을 발견하였다. 이는 어떤 온도에 해당하겠는가? [이 배후복사선(background radiation)은 대우주가 급격히 팽창하고 식어 가기 시작할 때인 150억 년 전의 대폭발(The Big Bang)로부터의 잔재이다.]

02 저항온도계(resistance thermometer)란 온도를 측정하는 데 물질의 전기저항을 이용하는 온도계이다. 켈빈(kelvins) 단위로 그와 같은 온도계가 측정하는 온도는 옴(ohms) 단위로 측정하는 저항 R에 직접 비례한다고 정의하고 있다. 이 온도계용 기구를 3중점 온도(273.16 K)에서 물에 넣었을 때, 90.35옴(Ω)의 저항 R을 갖는다는 것이 알려진 저항온도계가 하나 있다. 이 온도계용 기구를 주변 환경 내에 놓아 그 저항의 값이 96.28옴이 될 경우에 이 온도계가 가리키는 온도는 몇 도인가?

03 증기점에서 이상기체온도가 373.17 K이라면, 기체를 정적으로 유지했을 때, 증기점에서의 기체의 압력과 3중점에서의 압력과의 비의 극한치는 얼마인가?

04 두 개의 정적기체온도계를 조립했다. 동작기체(working gas)로서 하나는 산소를 쓰고 다른 쪽은 수소를 썼다. 양쪽 다 충분한 기체가 들어 있어서 P_{tr}이 80 mmHg이다. 양쪽 기체온도계를 물의 끓는점에서 수조에 삽입할 경우에, 두 온도계 내의 압력차는 얼마인가? 그리고 둘 중에서 어느 쪽의 압력이 더 높은가?

05 화씨온도의 눈금이 섭씨온도 눈금의 (a) 두 배가 되는 온도는 몇 도인가? (b) 절반이 되는 온도는 몇 도인가?

06 0 ℃와 700 ℃ 사이의 온도간격에서는 특정 규격을 갖춘 백금 저항온도계가 사용되어 국제실용온도척도로 온도를 내삽하게 된다. 온도 T_c에 따른 저항의 변화는 공식

$$R = R_0(1 + AT_c + BT_c^2)$$

으로 주어진다. 그리고는 각 얼음점, 증기점, 그리고 아연점(zinc point)에서 측정에 의해 결정되는 상수이다.

(a) R이 얼음점에서 10옴, 증기점에서 13.946옴, 아연점에서 24.172옴이었다고 할 때 R_0, A, B를 구하라.

(b) 0 ℃로부터 700 ℃의 온도영역에서 T_c를 가로축으로, R을 세로축으로 하는 그래프를 그려라.

07 실온(20 ℃)에서 강철 자를 써서 막대의 길이가 정확하게 20 cm 라고 측정되었다. 그 막대와 자를 모두 270 ℃ 되는 로(爐)에 넣었다. 그 안에서 막대의 길이는 같은 자를 썼더니 20.1 cm 라고 측정되었다. 이때 이 막대의 재료물질의 열팽창계수는 얼마인가?

08 강철봉의 지름은 25 ℃ 에서 3 cm 이고, 놋쇠(brass)로 된 고리(ring)의 내경은 25 ℃ 에서 2.992 cm 이다. 어떤 공통의 온도에서 강철봉은 이 막대 고리를 겨우 빠져나가겠는가?

09 극히 작은 양을 무시한다면, 온도상승 ΔT를 통한 팽창에서 두께를 무시할 수 있는 고체 넓이의 변화량은 $\Delta T = 2aA\Delta T$로 주어진다는 것을 증명하라. (여기서 α는 선팽창계수이다.)

10 동전의 온도를 100 ℃ 만큼 상승시켜주면, 그 동전의 지름은 0.18 % 증가한다. 두 자리의 유효숫자까지 (a) 면의 면적, (b) 두께, (c) 부피, (d) 이 동전의 질량의 퍼센트 증가, (e) 선팽창계수를 구하라.

11 분자량이 50 g/몰인 물질이 있다. 이 물질 재료의 시료 30 g에 75칼로리의 열을 가해 주었더니 이 시료의 온도가 25 ℃ 로부터 45 ℃ 로 상승했다.

(a) 이 물질의 비열은 얼마인가?

(b) 이 물질의 열용량은 얼마인가?

12 구리로 된 300 g의 물체를 20 ℃ 의 220 g의 물을 담고 있는 150 g의 구리 열량계에 떨어뜨렸다. 이것이 물을 끓게 하여 5 g이 증기로 전환되었고, 물의 증발열은 539 cal/g일 때 이 구리 물체의 시초의 온도는 얼마였겠는가?

13 태양열 주택에서는 태양으로부터 오는 에너지를 물을 채워 둔 통 안에 저장한다. 특히 겨울철에 5일 동안 계속 구름이 낀 날에 집안을 22 ℃ 로 유지시키는 데 필요한 열량은 1.6×10^6 kcal 이다. 초기온도 50 ℃ 부터 물이 공급되기 시작한다고 가정한다면 물의 부피는 얼마나 커야 하는가?

14 (a) 신체 표면적은 18 m^{2}이며, 옷의 두께는 1 cm 이다. 피부의 표면온도는 33 ℃ 인 반면에, 옷의 외피의 온도는 −5 ℃ 이며, 옷의 열전도도는 0.04 W/m·K이다. 이 데이터를 기초로 해서, 스키를 타는 사람의 옷을 통해서 체열이 흘러나오는 율을 계산하라.

(b) 만일 스키를 타는 사람이 넘어져서 그 옷이 물에 젖게 된다면, 이 해답은 어떻게 변하겠는가? (물의 열전도도는 0.6 W/m·K이라고 가정하고, 얼음이 언다는 사실을 무시하라.)

15 높이가 2 m 이고, 폭이 0.75 m 인 두 가지의 바람막이 덧문을 통해서 열이 흐르는 율을 계산하라.

(a) 바람막이 덧문 하나는 그 덧문 표면의 75 %를 덮게 되는데 1.5 mm 두께의 알루미늄 평판과 3 mm 두께의 유리 평판으로 되어 있다. (구조를 지탱하는 틀의 면적은 무시할 수 있다고 본다.)

(b) 또 하나의 바람막이 덧문은 평균두께가 2.5 cm 인 나무로 되어 있다. (이 두 덧문 안팎의 온도차는 60 °F (33 ℃)이다.)

16 깊이가 얕은 연못에 얼음이 얼었고, −5 ℃ 인 얼음 위의 공기와 4 ℃ 인 연못의 밑바닥이 평형상태가 이루어졌다. 얼음+물의 총두께는 1 m 일 때 이 얼음의 두께는 얼마인가? (얼음과 물의 열전도도는 각각 0.4와 0.12 cal/m · ℃ · s 라고 가정하라.)

17 체중이 160 lb 인 사람이 해발고도가 29,000 ft 인 에베레스트산의 정상에 올라가는 데 필요한 에너지를 공급하려면 얼마만큼의 버터(6,000 cal/g)가 필요하겠는가?

18 질량이 2,200 kg 인 소형 트럭이 65 mi/h의 속력으로 고속도로상에서 질주하고 있다.

(a) 이 운동에너지를 모두 써서, 100 ℃ 의 온도에 있는 물을 끓인다면, 얼마나 많은 물을 끓일 수 있는가?

(b) 이 에너지양을 12원/kW · h의 값으로 지방 전기회사에서 사야 한다고 하자. 그 값은 얼마나 되겠는가? 계산하기 이전에 답을 추측해 보라. 답을 얻은 후에 비교하여 보면 놀라게 될 것이다.

19 한 계에서 200 J의 일을 해주고, 70 cal의 열을 이 계로부터 빼냈다. 열역학 제1법칙이 갖는 의미에서 (a) W, (b) Q, (c) ΔU의 값(대수적인 부호까지 포함)은 각각 얼마인가?

20 계에 2,000 cal (7.936 Btu)의 열을 공급했다. 그 기간 동안에 이 계는 3,350 J (2,471 ft · lb)의 외부 일을 한다. 이 과정에서의 내부에너지의 증가는 5,030 J (3,710 ft · lb)일 때 열의 일해당량 J의 값을 결정하라.

CHAPTER 14

기체운동론

14-1 기체분자 운동론

열역학적 계가 갖고 있는 거시적 성질은 미시적 관점에서 출발하여 연구할 수 있다. 앞에서도 언급하였듯이 기체분자운동론과 통계역학이 그것이다. 분자운동론의 경우에는 계의 개개의 분자에다 Newton의 역학법칙을 적용하여 그 기체의 운동에 대한 어떤 평균치를 결정하고, 이들로부터 열역학적·거시적 변수들을 표현할 수 있다는 사실에 기초하고 있다.

이 책에서는 운동론을 기체에만 적용할 것이다. 왜냐하면 기체 내의 원자나 분자 사이의 상호작용이 액체나 고체 내에서의 상호작용에 비해 훨씬 약하고 따라서 수학적 어려움이 크게 줄어들기 때문이다. 좀 더 일반성을 가진 통계역학의 방법은 분자 개개에 대한 자세한 고찰을 하지 않고, 물체를 구성하고 있는 대단히 많은 수의 분자에다가 확률을 적용하여 열역학적 거시적 변수들을 표현하고 있다.

분자운동론이나 통계역학의 경우 미시적 입자의 운동에 거시적 역학법칙(Newton 역학)을 그대로 적용할 수 있다는 가정에서 출발하였으나, 미시적 입자계에서 성립하는 양자역학적 법칙의 적용이 실험 사실을 설명하는 데 더 적합하다는 사실이 판명되었다. 실제로 통계역학은 이 양자역학적 개념과 긴밀한 관계를 갖고 있다.

우리는 먼저, 역학적 성질을 사용하여 기체의 압력을 계산하고, 이 결과로부터 기체분자들의 평균운동에너지와 절대온도 사이의 중요한 관계식을 얻게 된다.

그 외에도 우리는 기체운동론을 이용하여 기체의 여러 가지 일반적 성질을 얻게 된다.

14-2 이상기체

실험을 통해서 충분히 낮은 밀도에서 모든 기체는 열역학적 변수인 p, V 및 T 사이에 어떤 단순한 상관관계가 있다는 것이 알려져 있다.

즉, 온도(T)를 일정히 유지하면서 기체를 압축하게 되면, 압력(p)은 체적(V)에 반비례하고(보일 : Boyle의 법칙, 1660), 일정한 압력으로 유지된 기체의 주어진 질량에 대해 부피는 온도에 비례한다(샤를 : Charles의 법칙, 1760).

이 두 가지의 실험법칙으로부터 기체의 정해진 질량에 대해 다음 식이 성립한다.

$$\frac{pV}{T} = 일정 \qquad (14-1)$$

그런데 주어진 압력과 온도에 있는 기체의 체적은 기체의 질량 또는 기체의 분자수에 비례한다. 따라서 식 (14-1)에 비례상수는

$$\frac{pV}{T} = kN \qquad (14-2)$$

으로 표현할 수 있다. 여기서 N은 주어진 체적 내의 전체의 분자수이고, k는 Boltzmann상수로써 실험적으로 기체의 종류나 양에 관계없이 같은 값을 갖는 상수이다. 때로는 기체의 양을 mole수 $\left(n = \dfrac{N}{N_A}\right)$로 표시하는 경우가 많다. 즉, 식 $(14-2)$는

$$pV = nkN_AT = nRT \qquad (14-3)$$

로 쓸 수 있다. 여기서 N_A는 아보가드로수이고,

$$R = kN_A \qquad (14-4)$$

이며, $R = 8.314$ J/mol·K로써 보편기체상수(universal gas constant)로 알려져 있다.

어떠한 조건이든지 이러한 관계를 따르는 기체를 이상기체(ideal gas)라고 하며 식 $(14-2)$, $(14-3)$은 이상기체의 상태방정식(equation of state)이라고 한다.

예제 1. 원통 내에 산소기체 64.06×10^{-3} kg이 들어 있는데 온도는 $0\ ^{\circ}\text{C}$, 압력은 1 atm이다. 체적이 반이 되도록 압축할 때 온도가 $500\ ^{\circ}\text{C}$로 상승하면 최초의 체적 및 최종압력은 얼마인가? (단, 산소분자의 질량은 5.32×10^{-26} kg이다.)

풀이 $p = 1$ atm $= 1.013 \times 10^5$ N/m^2, $T = 0\ ^{\circ}\text{C} = 273\ K$, $R = 8.3134$ J/mol·K 그리고

$$n = \frac{\text{전체분자수}}{\text{아보가드로수}}$$

여기서

$$\text{전체분자수} = \frac{\text{기체 전체 질량}}{\text{각 분자의 질량}}$$

$$= \frac{64.06 \times 10^{-3}\ \text{kg}}{5.32 \times 10^{-26}\ \text{kg}} \simeq 12.04 \times 10^{23}\text{분자}$$

따라서

$$n = \frac{12.04 \times 10^{23}\text{분자}}{6.022 \times 10^{23}\text{분자/mol}} = 2\,(\text{mols})$$

이에 따라

$$V = \frac{nRT}{P} = \frac{(2\ \text{mol})(8.314\ \text{J/mol·K})(273\ \text{K})}{1.013 \times 10^5\ \text{N/m}^2} \simeq 44.81 \times 10^{-3}\,\text{m}^3$$

다음에는 $\dfrac{p_1V_1}{T_1} = \dfrac{p_2V_2}{T_2}$인 관계식에서

$$V_1 = 44.81 \times 10^{-3}\,\text{m}^3$$

$$V_2 = \frac{1}{2}\,V_1 = 22.4 \times 10^{-3}\,\text{m}^3$$

$$T_1 = 273 \ K$$
$$T_2 = (273 + 500) = 773 \ K$$
$$p_1 = 1.013 \times 10^5 \ \text{N/m}^2$$

을 각각 대입하여 다음을 얻는다.

$$p_2 = 5.67 \ \text{atm}$$

온도와 열의 개념을 좀 더 명확히 이해하고 이상기체의 압력과 체적 사이의 관계를 이해하기 위해서 기체의 미시적 구조를 고려하여 원자, 분자 등의 운동을 조사하여 기체의 압력을 계산하기로 한다. 그 결과로써 우리는 기체분자들의 평균운동에너지와 절대온도 사이의 관계를 얻고 이로부터 기체의 상태방정식을 유도할 수 있다. 기체분자의 운동을 논의하기에 앞서 우리는 몇 가지의 기본가정이 필요하다.

첫째, 기체는 분자라는 입자로 구성되어 있으며 기체의 어떠한 유한한 체적에도 대단히 많은 수의 분자가 들어있다.

둘째, 분자는 그들의 크기에 비하여 매우 긴 거리를 두고 떨어져 있으며 끊임없이 무질서한 운동을 하고 있다. 이것은 분자 자체만의 체적이 기체가 차지한 전체의 체적에 비하여 무시할 수 있음을 의미한다.

셋째, 분자들은 고전역학의 법칙을 따르며 충돌할 때를 제외하고는 서로 힘을 작용하지 않는다.

넷째, 분자 상호 간의 충돌, 벽과의 충돌은 완전히 탄성적이다. 또 충돌 중의 시간은 무시할 수 있다.

다섯째, 외부에서 힘을 받지 않을 때에 분자들은 체적 전체에 똑같이 분포되어 있다.

이러한 가정들을 만족하는 기체를 이상기체라고 부른다.

14-3 압력의 운동론적 계산

그림 14-1과 같이 무질서하게 운동하는 분자를 다수 갖고 있는 입방체의 한 변의 길이를 L이라고 하자.

이제 어떤 특정한 한 개의 분자를 생각하자. 그의 질량은 m, 속도는 v_1이고 그 성분은 (v_{1x}, v_{1y}, v_{1z})라고 하자. **그림 14-1**에서 표시한 대로 우선 x축 방향의 운동만을 고찰해보자. 분자는 $x = 0$에 위치하는 입방체의 면과 $x = L$에 있는 A면 사이를 왕복하며 충돌하고 있다.

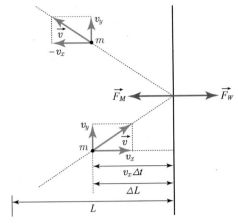

그림 14-1 분자와 x축에 수직인 면과의 탄성충돌

시간 Δt에 분자가 진행하는 x축 상의 거리는 $\Delta L = v_{1x}\Delta t$이며 A에 충돌한 후 다시 A에 돌아오는 거리는 $2L$이니까 Δt 시간 동안에 A면에 충돌하는 횟수는

$$f = \frac{v_{1x}\Delta t}{2L} \tag{14-5}$$

이고 탄성충돌이기 때문에 v_{1y}, v_{1z}는 변하지 않는다. 충돌 전후의 운동량의 변화는

$$-mv_{1x} - (mv_{1x}) = -2mv_{1x}$$

이고, 벽에 전달된 운동량은 $2mv_{1x}$이다. Δt 시간 동안에 벽에 전달된 운동량은 f회의 충돌이 있으므로

$$\Delta p_{1x} = f \cdot 2mv_{1x} = \frac{mv_{1x}^2}{L}\Delta t \tag{14-6}$$

이고 분자가 벽에 미친 힘 F_{1x}는 다음과 같이 주어진다.

$$F_{1x} = \frac{\Delta p_{1x}}{\Delta t} = \frac{mv_{1x}^2}{L} \tag{14-7}$$

입방체 속에는 N개의 분자가 있고 각각의 속도를 $v_1, v_2 \cdots v_N$이라고 하면 전체의 분자에 의해 오른쪽 벽면에 작용하는 힘은

$$F_x = \frac{m}{L}(v_{1x}^2 + v_{2x}^2 + \cdots + v_{Nx}^2)$$

$$= \frac{m}{L}\sum_{i=1}^{N} v_{ix}^2 \tag{14-8}$$

따라서 압력은 다음과 같다.

$$p = \frac{F_x}{A} = \frac{F_x}{L^2} = \frac{m}{L^3}\sum_{i=1}^{N} v_{ix}^2 \tag{14-9}$$

분자는 어떤 특정 방향으로만 움직이지 않고 끊임없이 불규칙적인 운동을 하기 때문에 각속도성분의 평균치는 0이다. 따라서 제곱$-$평균$-$제곱근(root$-$mean$-$square$=$rms) 속력$(v_x)_{rms}$을 다음과 같이 정의한다. 즉,

$$\langle v_x^2 \rangle = \frac{v_{1x}^2 + v_{2x}^2 + \cdots + v_{Nx}^2}{N} = \frac{\sum v_{ix}^2}{N} \qquad (14-10)$$

여기서

$$(v_x)_{rms} = \sqrt{\langle v_x^2 \rangle} = \sqrt{\frac{\sum v_{ix}^2}{N}} \qquad (14-11)$$

따라서 식 (14$-$9)는

$$p = m \frac{N}{L^3} \langle v_x^2 \rangle \qquad (14-12)$$

속도의 모든 성분은 평형상태에서 동일한 확률로 나타날 것이므로, 즉

$$\langle v_x^2 \rangle = \langle v_y^2 \rangle = \langle v_z^2 \rangle$$

$$\langle v^2 \rangle = \langle v_x^2 \rangle + \langle v_y^2 \rangle + \langle v_z^2 \rangle = 3 \langle v_x^2 \rangle$$

따라서

$$\langle v_x^2 \rangle = \frac{1}{3} \langle v^2 \rangle$$

이 관계를 식 (14$-$12)에 대입하면 다음과 같다.

$$p = \frac{mN}{L^3} \frac{1}{3} \langle v^2 \rangle \qquad (14-13)$$

여기서 mN은 기체의 총질량이고, L^3은 입방체의 체적이므로 $\dfrac{mN}{L^3}$은 단위부피당의 질량, 즉 밀도를 나타낸다.

$$p = \frac{1}{3} \rho \langle v^2 \rangle \qquad (14-14)$$

또는

$$v_{rms} = \sqrt{\frac{3p}{\rho}} \qquad (14-15)$$

인 관계, 즉 거시적인 양 P와 미시적인 양 v_{rms}의 관계를 얻는다. 식 (14$-$13)은 다시

$$pV = \frac{2}{3}N\left\langle \frac{1}{2}mv^2 \right\rangle = \frac{1}{3}Nmv_{rms}^2 \qquad (14-16)$$

또는

$$p = \frac{2}{3}\frac{N}{V}\left(\frac{1}{2}mv^2\right) = \frac{2}{3}\frac{N}{V}\langle K \rangle \qquad (14-17)$$

로 된다. 여기서 K는 운동에너지이다.

예제 2. 수소를 이상기체로 가정하고, 0 ℃와 1기압에서 수소분자의 제곱 – 평균 – 제곱근 속력을 계산하라. (수소의 밀도 ρ는 8.99×10^{-2} kg·m^{3}로 계산하라.)

풀이 $v_{rms} = \sqrt{\dfrac{3P}{\rho}} = \sqrt{\dfrac{3 \times 1.013 \times 10^5 \, \text{N/m}^2}{8.99 \times 10^{-2} \, \text{kg/m}^3}} = 1{,}840 \, \text{m/s}$

따라서 기체의 압력은 분자들의 평균운동에너지에 직접 비례한다. 이 운동에너지는 분자 중심의 병진운동에너지만을 고려하였음에 유의해야 한다. 분자의 회전운동이나 진동에 의한 에너지는 포함되어 있지 않은 것이다. 끝으로 벽에 충돌하는 분자의 수는 시간에 따라 변동하는 요동(fluctuation)이 존재할 수도 있으나, 계의 입자 수가 충분히 큰 경우에는 요동을 무시할 수 있다.

예제 3. 표준상태의 질소기체가 용기 속에 있다.

(a) 질소분자의 제곱 – 평균 – 제곱근 속력,

(b) 각 분자의 평균운동에너지,

(c) 속도 v가 벽면에 수직이라고 가정하여 분자의 운동량 변화를 각각 계산하라.

풀이 표준상태($1 \, \text{atm} = 1.013 \times 10^5 \, \text{N/m}^2$, $0℃ = 273\text{K}$)의 기체의 mol당 체적은 $22.4\ell = 22.4 \times 10^{-3}\text{m}^3$이며, 이 속의 분자수는 아보가드로수, 즉 분자 $N_A = 6.02 \times 10^{23}$분자/mol, 분자량 $M = 28$ g 이다. 따라서 분자 1개의 질량은

$$m = \frac{M}{N_A} = \frac{28 \, \text{g/mol}}{6.02 \times 10^{23}\text{분자/mol}} = 4.65 \times 10^{-26} \, \text{kg}$$

(a) $pV = \dfrac{1}{3}Nmv_{rms}^2$에서

$$v_{rms} = \sqrt{\frac{3(1.013 \times 10^5 \, \text{N/m}^2)(22.4 \times 10^{-3}\text{m}^3)}{28 \times 10^{-3} \, \text{kg}}} \simeq 493 \, \text{m/s}$$

(b) $\langle K \rangle = \dfrac{1}{2}mv_{rms}^2 = \dfrac{1}{2}(4.65 \times 10^{-26} \, \text{kg})(24.3 \times 10^4 \, \text{m}^2/\text{s}^2)$

$\qquad = 5.65 \times 10^{-21} \, \text{J}$

(c) $\Delta p = 2mv = 2(4.65 \times 10^{-26} \, \text{kg})(493 \, \text{m/s}) = 4.58 \times 10^{-23} \, \text{kg·m/s}$

14-4 온도 및 열개념의 운동론적 해석

운동론에 의하여 압력 p와 체적 V 사이에는

$$pV = \frac{2}{3} N \left\langle \frac{1}{2} mv^2 \right\rangle$$

이 성립함을 알았다. 이 관계식과 이상기체의 상태방정식, 즉 식 (14-3)을 결합하면

$$nRT = \frac{2}{3} N \left\langle \frac{1}{2} mv^2 \right\rangle$$

또는

$$\frac{R}{N_a} T = kT = \frac{2}{3} \left\langle \frac{1}{2} mv^2 \right\rangle \qquad (14-18)$$

을 얻는다.

여기서 k는 분자당 기체상수, 즉 Boltzmann상수이다. 식 (14-18)은

$$\langle K \rangle = \left\langle \frac{1}{2} mv^2 \right\rangle = \frac{3}{2} kT \qquad (14-19)$$

로 쓸 수 있다. 따라서 기체의 온도는 분자들의 평균 병진운동에너지에 정비례한다. 다시 말하면 절대온도 0도에서는 이상기체의 분자의 평균 에너지는 0이 된다는 뜻이다. 그러나 $T = 0$에서 $\langle K \rangle = 0$이 된다 하여 전체 내부에너지가 0이 되는 것은 아니다. 분자는 회전, 진동 등에 의한 운동에너지를 갖고 있기 때문이다. 게다가 평균운동에너지는 온도에만 관계하고 압력이나 체적, 분자의 종류에 관계하지 않는다. 즉 H_2, He, O_2, Hg 등의 평균운동에너지는 같은 온도에서 그들의 질량에 차이가 있는데도 불구하고 모두 같다. 식 (14-19)로부터 우리는 다음과 같은 관계를 얻는다.

$$v_{rms} = \sqrt{\overline{v^2}} = \sqrt{\frac{3}{m} kT}$$

즉,

$$v_{rms} \propto \sqrt{T} \qquad (14-20)$$

또한 기체가 2개의 다른 질량 m_1 및 m_2의 분자를 갖고 있는 경우에는 그들이 동일 온도에 있을 때

$$\frac{1}{2} m_1 v_1^2 = \frac{1}{2} m_2 v_2^2$$

이므로

$$\frac{(v_1)_{rms}}{(v_2)_{rms}} = \sqrt{\frac{m_2}{m_1}} \qquad (14-21)$$

의 관계를 얻게 된다.

이 관계식에 의하면 기체의 속도는 질량의 제곱근에 반비례하기 때문에 가벼운 분자는 무거운 분자보다 속도가 크다. 이를 이용하여 기체가 담긴 용기를 진공함 속에 넣으면 용기의 벽에 있는 미세한 구멍을 통한 확산과정을 통해 두 개의 동위원소를 분리할 수 있다. 운동론을 도입하면 온도와 열 및 내부에너지(또는 열에너지)의 구분이 명확하게 된다. 즉, 온도란 각각의 분자의 평균운동에너지를 나타내는 척도(상태변수)이며 열은 물체가 가진 특정 에너지라기보다는 더운 곳에서 찬 곳으로 이동하는 에너지의 양으로 보아야 한다. 따라서 계의 상태변수가 아니다.

열에너지는 물체의 모든 분자 또는 원자들의 운동에너지의 합이다. 열은 온도차에 의하여 다른 물체로 옮겨가는 에너지의 전달이고 흐르는 방향은 온도차에 의한 것이며 내부에너지의 크기의 차에 의한 것은 아니다.

예를 들어 50℃, 20 g의 물과 45℃, 300 g의 물이 접촉하고 있을 때, 열은 50℃에서 45℃ 쪽으로 흐른다. 물론 45℃ 물의 내부에너지가 훨씬 크다.

14-5 에너지의 등분배원리

지금까지의 분자모형에서는 분자는 단단한 탄성구(彈性球)이며 분자의 운동에너지는 순수하게 병진운동에너지만으로 되어 있다는 가정을 해왔다.

이러한 가정은 비열의 계산에서 단원자 분자에 대해서만 만족스러운 결과를 준다. 그러나 2원자 분자나 3원자 분자 등 다원자 분자로 된 기체의 비열을 원자수의 증가에 따라 역시 증가한다. 그것은 이러한 기체의 내부에너지가 병진운동 이외에 다른 형태의 운동에너지도 포함하기 때문이다. 예를 들어 단원자 기체의 병진운동에너지는, 식 (14-19)에 의거하여

$$\langle K_{trans} \rangle = \langle K_x \rangle + \langle K_y \rangle + \langle K_z \rangle$$
$$= \frac{1}{2}m[\langle v_x^2 \rangle + \langle v_y^2 \rangle + \langle v_z^2 \rangle]$$
$$= \frac{3}{2}kT$$

로 표현된다. 그런데 앞에서 언급한 대로 속도의 모든 성분은 같은 확률로 나타날 것이므로

$$\langle v_x^2 \rangle = \langle v_y^2 \rangle = \langle v_z^2 \rangle$$

따라서

$$\langle v^2 \rangle = 3\langle v_x^2 \rangle = 3\langle v_y^2 \rangle = 3\langle v_z^2 \rangle$$

가 되며, 이로부터

$$\frac{1}{2}m\langle v_x^2 \rangle = \frac{1}{6}m\langle v^2 \rangle = \frac{1}{2}kT$$

로 된다. 마찬가지로

$$\frac{1}{2}m\langle v_y^2 \rangle = \frac{1}{2}kT , \quad \frac{1}{2}m\langle v_z^2 \rangle = \frac{1}{2}kT$$

이고, 이것은 병진운동에너지를 결정하는 좌표축에 따라 동일하게 에너지가 분배됨을 보인다. 다시 말하면 분자는 자유도(degree of freedom)가 3이고, 각 자유도에 $\frac{1}{2}kT$만큼의 에너지가 똑같이 배정되어 있다고 말할 수 있다. 여기서 자유도라고 하는 것은 한 분자의 에너지를 결정하기 위하여 도입되는 독립적인 물리량(또는 좌표)을 말한다.

Boltzmann과 Maxwell이 일반화시킨 에너지 등분배 원리를 증명 없이 기술하면 다음과 같다. 즉, 다수분자로 된 어떤 계에 에너지를 공급하면 이 에너지는 평균적으로 분자들의 모든 자유도에 똑같이 분배된다. 더욱이 자유도에 분배되는 에너지가 자유도를 나타내는 독립변수 제곱에 비례하면 각각의 자유도에 분배되는 에너지의 평균치는 $\frac{1}{2}kT$가 된다. 따라서 N개의 분자로 구성된 계에서 각 분자의 자유도를 f라고 하면 각 분자에 분배되는 평균에너지는

$$\langle E \rangle = \frac{f}{2}kT \tag{14-22}$$

이며, 계의 전체 에너지는

$$E_{tot} = N\langle E \rangle = \frac{f}{2}NkT = \frac{f}{2}nRT \tag{14-23}$$

로 주어진다.

14-6 이상기체의 비열

단원자 및 다원자 분자로 된 이상기체의 비열을 에너지 등분배 원리에 의하여 구하여 보도록 하자. 앞에서 언급한 대로 비열이란 단위질량당 열용량으로서

$$c = \frac{1}{m}\frac{\Delta Q}{\Delta T}$$

로 정의된다. 한편 몰비열(molar specific heat)은

$$c_n = \frac{1}{n}\frac{\Delta Q}{\Delta T}$$

로 정의된다. 여기서 n은 기체의 mole수이다.

ΔQ가 경로에 관계되므로 가열조건에 따라 흔히 정압비열 c_p, 정적비열 c_v가 사용된다. N개의 분자를 갖고 있는 n몰의 기체가 온도 T에서 열평형에 있다고 하자. 이 계의 총 내부 에너지는 식 $(14-23)$에 의거하여

$$U = E_{tot} = \frac{f}{2}NkT = \frac{f}{2}nRT \tag{14-24}$$

로 주어지며, 여기서 f는 자유도이다. 체적을 일정하게 유지시킨 채로 ΔQ의 열을 공급하여 온도가 T에서 $T+\Delta T$로 변했다고 하자. 열역학 제1법칙에 의하면

$$\Delta U = \Delta Q - \Delta W$$

이고, c_v의 정의로부터 $\Delta Q = nc_v\Delta T$이므로

$$\Delta U = \Delta Q$$
$$= nc_v\Delta T \tag{14-25}$$

따라서 정적 몰비열 c_v는

$$c_v = \frac{1}{n}\frac{\Delta Q}{\Delta T} = \frac{1}{n}\frac{\Delta U}{\Delta T} \tag{14-26}$$

로 주어지며 미소변화의 극한에서

$$c_v = \frac{1}{n}\frac{dU}{dT} \tag{14-27}$$

로 주어진다. 정압 몰비열의 경우는 체적이 ΔV만큼 증가하면 한 일은

$$\Delta W = p\Delta V$$

이 되고, 이상기체의 상태방정식에서

$$p\Delta V = nR\Delta T \,(\text{압력일정})$$

의 관계를 얻는다.

따라서 열역학 제1법칙은

$$\Delta U = \Delta Q - \Delta W$$
$$= \Delta Q - nR\Delta T$$

또는

$$\Delta Q = \Delta U + nR\Delta T$$

이 된다. 그러므로 정압 몰비열은

$$c_p = \frac{1}{n}\frac{\Delta Q}{\Delta T} = \frac{1}{n}\frac{1}{\Delta T}(\Delta U + nR\Delta T)$$
$$= \frac{1}{n}\frac{\Delta U}{\Delta T} + R$$
$$= c_v + R$$

즉,

$$c_p - c_v = R \tag{14-28}$$

로 주어진다. 에너지 등분배 원리, 즉 식 (14-24)와 (14-27)에 의거하여

$$c_v = \frac{1}{n}\frac{d}{dT}\left(\frac{f}{2}nRT\right)$$
$$= \frac{f}{2}R$$

마찬가지로 식 (14-28)에서

$$c_p = \left(\frac{f}{2}+1\right)R$$

로 주어지며, 두 비열의 비를 γ라 할 때

$$\gamma = \frac{c_p}{c_v} = \frac{\left(\frac{f}{2}+1\right)R}{\left(\frac{f}{2}\right)R} = \frac{f+2}{f}$$

를 얻는다. 단원자 기체에 대해서는 분자의 어떠한 내부구조도 없다고 가정하고 있기 때문에 단지 병진운동만 할 뿐이므로, 자유도는 $f=3$이 되며

$$c_v = \frac{f}{2}R = 1.5\,R$$
$$c_p = \frac{f+2}{2}R = 2.5\,R$$

표 14-1 실온에 가까운 온도에서 여러 가지 기체의 몰당 비열

Gas	γ	$\dfrac{c_p}{R}$	$\dfrac{c_v}{R}$	$\dfrac{c_p - c_v}{R}$
He	1.66	2.50	1.506	0.991
Ne	1.64	2.50	1.52	0.975
A	1.67	2.51	1.507	1.005
Kr	1.69	2.49	1.48	1.01
Xe	1.67	2.50	1.50	1.00
H_2	1.40	3.47	2.47	1.00
O_2	1.40	3.53	2.52	1.01
N_2	1.40	3.50	2.51	1.00
CO	1.52	3.50	2.50	1.00
NO	1.43	3.59	2.52	1.07
Cl_2	1.36	4.07	3.00	1.07
CO_2	1.29	4.47	3.47	1.00
NH_3	1.33	4.41	3.32	1.00
CH_4	1.30	4.30	3.30	1.00
Air	1.40	3.50	2.50	1.00

그리고

$$\gamma = \frac{c_p}{c_v} = \frac{5}{3} = 1.67$$

이 결과 **표 14-1**에 표시된 단원자 기체에 대한 값들과 잘 일치하고 있다.

2원자 기체에 대해서는 **그림 14-2**와 같이 아령형 구조의 분자를 생각하여 보자.

분자가 강체구조를 갖는다면 강체의 운동은 3개의 병진운동 자유도와 2개의 회전운동 자유도를 갖는다. 끝으로 원자의 결합력이 완전강체가 될 만큼 세지 못하여 두 원자를 연결하는 선상에서 진동할 수 있다고 생각해 보자.

즉, $E_{진동} = \dfrac{p_x^2}{2m} + \dfrac{1}{2}kx^2$이다. 여기서 p_x는 축에 따른 상대적 운동량을 나타내며 x는 상대적 위치를 나타낸다. 따라서 2원자 분자에 대해서 7개의 자유도(병진 3, 회전 2, 진동 2)를 기대할 수 있다. 즉, $f = 7$일 때 기체분자 운동론의 결과에 따르면

$$c_v = \frac{7}{2}R = 3.5\,R$$

$$c_p = \frac{7+2}{2}\,R = 4.5\,R$$

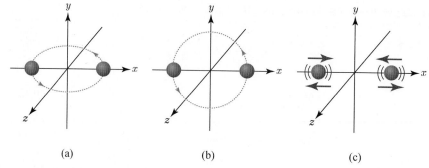

(a)   (b)   (c)

그림 14-2 2원자 분자의 회전, 진동운동

$$\gamma = \frac{9}{7} = 1.29$$

가 될 것으로 예측할 수 있다. 그러나 실제 측정한 값과는 일치하지 않는다. 이것은 비열의 온도와 따른 변화를 나타낸 **그림 14-3**에서 이해할 수 있다.

이 그림을 살펴보면, 수소의 c_v는 약 50 K 이하의 저온에서는 일정치 $\frac{3}{2}R$을 갖고 있음을 알 수 있다. 이 사실은 자유도가 3개만 있음을 뜻한다. 따라서 이 정도의 저온에서는 회전 및 진동운동이 일어나지 않는다고 보면 실험과 일치하게 된다. 온도가 상승하여 300 K에서 700 K 사이에서는 c_v는 다시 일정치 $\frac{5}{2}R$을 갖게 된다. 이때에는 저온에서 얼어붙었던 회전운동이 자유도 2개만이 녹아 풀려나온다고 보면 역시 실험과 이론이 잘 맞는다는 것을 볼 수 있다. 더욱 고온이 되어 수소분자가 분리되지 않을 때, 진동운동이 참여함으로써 자유도는 7이 되어 $c_v = \frac{7}{2}R$을 갖게 되는 것을 알 수 있다. 다원자 이상기체의 비열인 경우에도 마

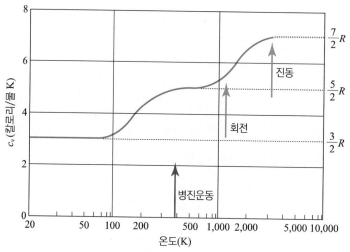

그림 14-3 수소의 몰 열용량 c_v의 온도에 따른 변화

찬가지로 가능한 자유도의 수를 제한함으로써, 즉 진동운동의 자유도를 제외시킴으로써, 잘 맞는다는 것을 알 수 있다. 분자가 3개 또는 3개 이상의 원자는 회전운동에 대한 자유도가 3으로 되고, 따라서 총 자유도는 $f = 6$(병진 3, 회전 3)이 된다. 이 경우

$$c_v = \frac{6}{2}R = 3R$$

$$c_p = 4R$$

$$\gamma = \frac{c_p}{c_v} = 1.33$$

을 얻음으로써 **표 14-1**에 있는 다원자 기체에 대한 결과와 꽤 가까운 결과를 얻는다.

연습문제

01 $1\,cm^3$의 부피 내에 포함된 $1 \times 10^{-3}\,Hg$의 압력과 $200\,K$의 온도에서 기체 내부의 분자수를 구하라.

02 실험실에서 달성할 수 있는 최저의 진공은 약 10^{-18} 기압의 압력, 즉 약 $10^{-14}\,mm\,Hg$이다. 실온에서 그와 같은 진공에서는 cm^3당 얼마나 많은 분자가 존재하겠는가?

03 어떤 물질에 대한 상태방정식이

$$p = \frac{AT - BT^2}{V}$$

으로 주어졌다. 기압은 $p = p_0$로 일정하게 유지한 채로 온도가 T_1에서 T_2로 변했다고 한다. 이 경우에 이 물질이 한 일에 대한 표현식을 구하라.

04 대기압에서 $212.4\,l$ 부피의 $1\,mol$의 산소를 압축하여 동일한 온도에서 $16.8\,l$가 되도록 했다. 이때 한 일을 계산하라.

05 H_2 분자의 질량은 $3.3 \times 10^{-24}\,g$이다. 초당 10^{23}개의 수소분자가 $1 \times 10^5\,cm/s$의 속력으로 운동하면서 법선과 $55°$의 각으로 $2\,cm^2$의 벽을 때린다고 가정하자. 이 경우에 분자들이 벽에 작용하는 압력은 얼마인가?

06 $1,000\,K$에서 헬륨 원자의 제곱 – 평균 – 제곱근 속력을 구하라.

07 $1,500\,K$에서 개개의 질소분자의 평균운동에너지는 줄(joule) 단위로는 얼마인가? 전자볼트(electron volts, eV)의 단위로는 얼마인가?

08 어떤 온도에서 분자 하나의 평균 병진운동에너지가 정지상태로부터 1볼트의 전위차를 통해서 가속된 전자 하나의 운동에너지(1 eV의 에너지)와 같겠는가?

09 (a) 1몰의 이상기체가 $273\,K$에서 가지는 내부에너지는 얼마인가?

　　(b) 내부에너지는 부피나 압력에 의존하는가? 내부에너지는 기체의 성질과 관계가 있는가?

10 이상기체가 부피 V_1에서 부피 V_2까지 단열팽창을 할 때, 초기온도 T_1과 최종온도 T_2 사이에 다음 관계가 있음을 증명하라.

$$T_2 = T_1 \left(\frac{V_1}{V_2} \right)^{r-1}$$

11 1몰의 산소를 $0℃$에서 시작하여 정압으로 가열했다. 그 부피를 2배로 팽창시키려면 얼마나 많은 열에너지를 가해 주어야 하는가?

CHAPTER 15

엔트로피와
열역학 제2법칙

15-1 가역과정과 비가역과정

어떤 계가 상태변화를 일으켜 열역학적 변수가 변화하는 것을 열역학적 과정이라고 한다. 이때 변화가 일어나는 모든 순간에 있어서 변화가 지극히 서서히 진행됨에 따라 계의 각 부분의 압력, 온도 및 밀도 등이 균일하게 이루어져 열역학적 평형상태가 유지되면서 이루어지는 과정을 가역과정(reversible process)이라고 말한다.

다시 말해서 이 과정은 평형상태의 연속 또는 평형상태에서 무한소만큼씩 변화하는 과정이라고도 말할 수 있다. 이것은 수학의 극한 과정에 대응된다. 반면에 계의 균일성이 깨지면서 진행되는 과정, 즉 변화하는 과정 중에 비평형상태가 존재하는 과정을 비가역과정(irreversible process)이라고 하며 수학적 극한과정으로 환원시킬 수가 없다.

실제로 역학적 변수나 함수의 미소량은 완전미분꼴로 표현될 수 있는데 이들은 역학적계가 상태변화를 할 때 변화량이 과정에 무관하기 때문이다. 그러나 열이나 일의 경우 미소량은 완전미분꼴로 표현하는 것이 언제나 가능한 것은 아니다. 왜냐하면 그들의 변화량은 앞에서도 언급하였듯이 열역학적 변화상태에 따른 과정에 의존하기 때문이다.

수학적으로 말할 때 전자의 경우는 점함수(point function)로, 후자는 경로함수(path function)로 알려져 있다. 수학적으로 볼 때 가역과정은 변화과정을 무한소의 단계로 분할하여 한 단계에서 다음 단계로의 아주 미소한 변화만을 생각하여 순간마다 평형상태가 유지되므로 변화는 어느 쪽으로도 진행이 가능하여 가역현상이 된다. 다시 말해서 실존하느냐 하지 않느냐 하는 문제는 별도로 하고 가역과정은 미분변화를 일으켜서 과정경로의 재추적이 가능하도록 하는 과정이다.

그림 15-1과 같이 고온의 열원과 저온의 열원 사이에서 한 쌍의 등온과정과 한 쌍의 단열과정으로 작동되는 이상적인 가역과정을 생각하자. 실제로 열역학적 과정은 가역적일 수도 비가역적일 수도 있다.

15-2 카르노 순환과정

열역학적 계가 어떤 변화를 하고 다시 초기상태로 돌아가는 순환과정(cycle)에서, 관련된 모든 과정이 가역과정일 경우에는 가역순환과정이라고 한다.

여기서 작업물질(working substance)을 이상기체로 한 가역순환과정이 1824년에 카르노(Sadi Carnot)가 기술한 카르노 순환과정(Carnot cycle)이다. 카르노 순환과정은 다음과 같이 4가지 단계로 구성되어 있다.

① **1단계** : 기체는 **그림 15-1**의 초기상태 a에서 온도 T_H로 유지되는 열저장원에서 서서히 열(Q_H)을 흡수하여 상태 b로 팽창한다. 온도 T_H에서의 등온팽창에 의해 외부에 일을 하게 된다.

② **2단계** : 기체를 열원으로부터 차단시켜서 상태 b에서 상태 c까지 가역단열팽창시킨다. 이때 기체는 일을 하고 온도는 T_C로 떨어진다.

③ **3단계** : 기체를 온도 T_C인 저온의 열원에 접촉시키면서 상태 c에서 d로 가역등온압축을 시키는데, 이 과정에서 기체는 외부로부터 일을 받으며 T_C의 저온열원에 열 Q_C를 방출한다.

④ **4단계** : 이 과정에서는 기체가 상태 d(온도 T_C)에서 상태 a(온도 T_H)로 가역단열압축이 되면서 외부로부터 일을 받는다.

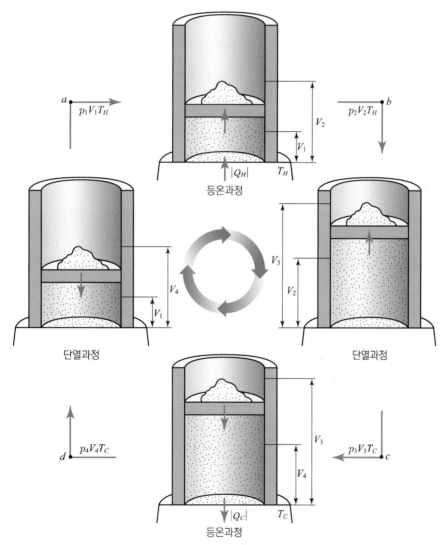

그림 15-1 카르노 순환과정

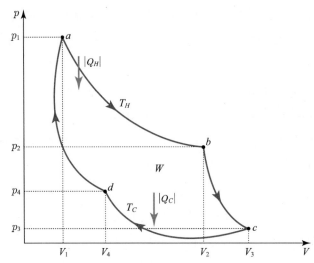

그림 15-2 이상기체를 사용한 카르노 순환과정에 대한 $p-V$ 도표

　기체가 한 순환과정을 거쳐 원래의 상태에 되돌아오면 내부에너지는 상태함수이므로 변화가 없다. 따라서 순환과정에서 한 일 $|W|$는 **그림 15-2**에서 경로 $abcd$로 둘러싸인 면적으로 주어진다.

　열역학 제1법칙에 의해

$$|W| = |Q_H| - |Q_C| \qquad\qquad (15-1)$$

로 주어진다.

　즉, 순환과정의 결과로 열이 계가 한 일로 전환되었다. 이러한 순환과정을 열기관(heat engine)이라고 하며 만일 **그림 15-2**에서 그림의 화살표가 표시하는 방향과 반대방향으로 각각 과정이 이루어졌다고 한다면 그것은 T_C인 저온의 열원으로부터 열(Q_C)을 흡수하여 고온인 열원 T_H에 Q_H의 열을 배출하는 열펌프(heat pump)를 의미한다. 물론 이때 일 $|W|$는 외부가 계에 해주어야 한다. 이런 경우 계가 냉장고 같은 구실을 하며 외부 대행자는 외부에서 공급하는 전기적 입력이 된다.

15-3 카르노 기관의 효율

이상기체와 관계되는 준정적과정(quasi-static process)들은 열역학, 특히 카르노 열기관에서 효율을 계산하는 데 있어서 중요한 역할을 한다. 우리는 먼저 여러 가지 과정에 대해 $p-V$ 도표상에서 곡선을 찾게 될 것이고, 기체의 팽창 또는 압축을 하는 동안 행한 일을 계산한다. 이들로부터 카르노 순환과정의 효율을 생각하여 보도록 하자.

먼저 가역등온과정(reversible isothermal process)은 변화가 지극히 서서히 진행되며, 계 (system)는 열원과 계속 평형을 이룬다. 여기서 열원(heat reservoir)이란 열용량이 대단히 크기 때문에 감지할 만한 온도변화가 전혀 없이 기체에 열을 공급하거나 기체로부터 열을 받을 수 있는 열저장체를 말한다. 일반적으로 가역등온과정에서 온도 T를 제외한 모든 변수는 변한다. 따라서 이상기체의 상태방정식, 즉 $pV = nRT$로부터 온도가 일정하므로 $pV =$ 일정이 되고, $p-V$ 곡선은 **그림 15-3(a)** 및 **그림 15-3(b)**에서처럼 쌍곡선이 된다. 기체가 등온 팽창 중에 한 일은,

$$dW = pdV = n\frac{RT}{V}dV$$

로부터 계산할 수 있다. 기체가 최초 부피 V_A에서 최종 부피 V_B로 변한다면

$$W_{AB} = \int_{V_A}^{V_B} pdV = nRT\int_{V_A}^{V_B}\frac{dV}{V} = nRT\ln\frac{V_B}{V_A} \qquad (15-2)$$

여기서 T는 일정하므로 적분에서 제외된다. 이 일은 **그림 15-3(a)**나 **그림 15-3(b)**에서 $p-V$ 곡선 아래의 면적과 같다. $V_B > V_A$의 경우, 즉 등온팽창에서 한 일은 양수이고, $V_A < V_B$인 경우 등온압축에서의 일은 음수가 된다. 즉,

$$W_{AB} = -W_{BA}$$

이다. 열역학 제1법칙에 의해 이상기체가 등온변화를 할 경우 내부에너지는 일정하므로 $Q = W$, 즉 등온과정에서 기체에 의해 흡수 또는 방출되는 열은 기체가 한 일 또는 기체에 가해 준 일과 같고 그 일은 식 (15-2)로 주어진다.

가역단열과정은 계에서 열의 출입이 없는 과정을 말하며 변화의 속도는 충분히 완만하여 작업물질은 계속 평형상태를 유지한다고 생각한다. 일을 계산하기 위해서는 $p-V$ 도표상에서 p와 V 사이의 관계를 알아야 한다. 이상기체의 상태방정식 $pV = nRT$가 그대로 적용

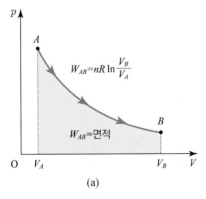
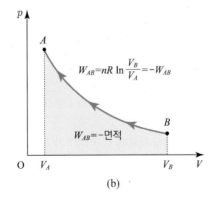

(a)   (b)

그림 15-3 (a) 등온팽창과정에서 계가 한 일
(b) 등온압축과정에서 계에 가해준 일

되지만 팽창하는 동안 온도 T가 변하기 때문에 $p-V$ 곡선을 결정하는 데는 불충분하다. 즉, 단열과정에서는 3개의 변수 p, V, T가 전부 변화하며 따라서 상태방정식은 별로 쓸모가 없게 된다. 열역학 제1법칙으로부터 $dW=pdV$인 계만을 생각한다면 p와 V 사이의 관계는

$$dQ = dU + pdV = 0 \qquad (15-3)$$

이다. 정적비열에 관한 관계식 $(14-25)$에서

$$dU = nc_v dT$$

이 성립하는데, 이 결과는 일정한 체적과정을 고려함으로써 얻어지지만 상태변수 V와 T를 관계짓는 것이며 임의의 과정에 대해서도 성립한다. 따라서 식 $(15-3)$은

$$nc_v dT + pdV = 0 \qquad (15-4)$$

이 된다. 한편 상태방정식을 미분함으로써 온도를 포함한 두 번째 관계식을 얻는다. 즉,

$$pdV + Vdp = nRdT \qquad (15-5)$$

식 $(15-4)$와 식 $(15-5)$에서 온도 dT를 소거하면

$$(c_v + R)pdV + c_v Vdp = 0$$

이고, $c_v + R = c_p$임을 이용하여

$$\frac{c_p}{c_v}\frac{dV}{V} + \frac{dp}{p} = 0$$

즉,

$$\gamma\frac{dV}{V} + \frac{dp}{p} = 0 \qquad (15-6)$$

을 얻는다. 여기서

$$\gamma = \frac{c_p}{c_v}$$

이다. 식 $(15-6)$의 각 항을 적분함으로써

$$pV^\gamma = \text{일정} \qquad (15-7)$$

을 얻는다. 이상기체의 단열과정과 등온과정에 대한 곡선을 **그림 15-4**에 도시하였다. 단열곡선이 더욱 가파름을 알 수 있다.

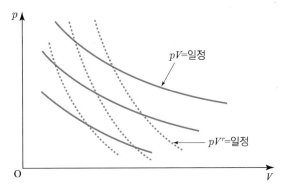

그림 15-4 이상기체의 단열과정(점선)과 등온과정(실선)

식 (15−7)은 다시 상태방정식을 이용하여

$$\frac{nRT}{V} V^{\gamma} = 일정$$

또는

$$TV^{\gamma-1} = 일정 \qquad\qquad (15-8)$$

의 관계식을 얻을 수 있다. 등압과정에서는 압력을 일정히 유지하게 되며 제1법칙은

$$dU = dQ - pdV \qquad\qquad (15-9)$$

로 된다. 등적과정에서는 체적이 일정히 유지되므로 일을 하지 않는다. **그림 15-5**에 이상의 각종 과정을 $p-V$ 도표상에 그려놓았다. 열 Q와 일 W는 변화하는 경로에 따라 다름에 유의하라. 그러나 U는 경로에 무관하다.

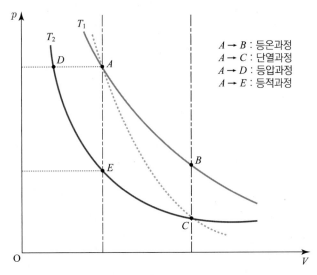

$A \to B$: 등온과정
$A \to C$: 단열과정
$A \to D$: 등압과정
$A \to E$: 등적과정

그림 15-5 $p-V$ 도표상에 그려진 각종 열역학적 과정

예제 1. 단원자 이상기체가 서서히 팽창하여 압력이 처음 압력의 반이 되었다. 이때 부피의 변화는 (a) 단열과정일 때, (b) 등온과정일 때 각각 얼마인가?

풀이 (a) 관계식 $p_1 V_1^\gamma = p_2 V_2^\gamma$로부터

$$\frac{V_2}{V_1} = \left(\frac{p_1}{p_2}\right)^{1/\gamma} = (2)^{3/5} = 1.52$$

여기서 다음을 이용하였다.

$$\gamma = \frac{c_p}{c_v} = \frac{\dfrac{5}{2}}{\dfrac{3}{2}} = \frac{5}{3}$$

(b) 온도가 일정하면 $p_1 V_1 = p_2 V_2$이다. 따라서

$$\frac{V_2}{V_1} = \frac{p_1}{p_2} = 2$$

예제 2. 실온(20 ℃)에서 일정량의 공기가 처음에 2 atm 의 압력과 체적 $2l$에서 원래 체적의 2배가 될 때까지 준정적 단열팽창을 한다. 최종 압력과 온도는 얼마가 되겠는가?

풀이 공기에 대해서 $\gamma = 1.4$이다. 따라서

$$p_2 V_2^\gamma = p_1 V_1^{\ \gamma} \quad \text{또는} \quad p_2 = p_1\left(\frac{V_1}{V_2}\right)^\gamma \text{에 의거해}$$

$$p_2 = (2\ \text{atm})\left(\frac{1l}{2l}\right)^{1.4} = 0.750\ \text{atm}$$

온도의 변화는

$$T_1 V_1^{\gamma-1} = T_2 V_2^{\ \gamma-1} \text{에 의거해}$$

$$T_2 = T_1\left(\frac{V_1}{V_2}\right)^{\gamma-1} = 293K\left(\frac{1}{2}\right)^{0.4} = 222K$$

즉, -51℃ 로 주어진다.

열기관의 효율(efficiency) e는 한 순환과정에서 그 기관이 한 순일(net work)과 그 기관이 고원 열원에서 받아들인 열(heat)의 비로 정의한다. 즉,

$$e = \frac{|W|}{|Q_H|} = \frac{|Q_H| - |Q_C|}{|Q_H|} = 1 - \left|\frac{Q_C}{Q_H}\right| \tag{15-10}$$

카르노 기관의 경우 식 $(15-10)$은 열원의 온도 T_H와 T_C 만의 함수로 표현됨을 보일 수 있다. **그림 15-3(a)** 또는 **그림 15-3(b)**에서 첫 번째 등온과정 $a \to b$에서 한 일은 식 $(15-2)$

와 같이 주어진다. 이 과정에서 온도가 일정하므로 이상기체의 내부에너지는 변하지 않는다. 따라서 기체에 공급된 열은 모두 일로 쓰인다. 열역학 제1법칙으로부터

$$W_{AB} = |Q_H| = nRT_H \ln \frac{V_B}{V_A} \tag{15-11}$$

마찬가지로 등온과정 $c \rightarrow d$ 동안에 기체가 잃은 열은

$$W_{CD} = |Q_C| = nRT_C \ln \frac{V_C}{V_D} \tag{15-12}$$

한편 경로 $b \rightarrow c$ 및 $d \rightarrow a$는 단열과정이므로 식 (15−8)에서

$$T_H V_B^{\gamma-1} = T_C V_C^{\gamma-1}$$

$$T_C V_D^{\gamma-1} = T_H V_A^{\gamma-1}$$

을 각각 얻는다. 이 두 식을 서로 나누면

$$\frac{V_B}{V_A} = \frac{V_C}{V_D} \tag{15-13}$$

로 되고 식 (15−11), (15−12), (15−13)에서

$$\left| \frac{Q_C}{Q_H} \right| = \frac{T_C}{T_H} \tag{15-14}$$

을 얻는다. 이것은 열효율이 온도만의 함수로 표현될 수 있음을 의미한다. 온도는 열역학적 변수이고 따라서 고온 열원(T_H)과 저온 열원(T_C)에만 관계되기 때문에 동일한 열원(T_H, T_C)에서 작동하는 모든 카르노 기관의 열효율은 동일하다.

따라서 $\left| \dfrac{Q_C}{Q_H} \right|$는 같은 온도 사이에 동작하는 모든 가역기관에 대해서 같으므로, 이 사실을 이용하여 절대온도 눈금을 정의할 수 있다는 것을 Kelvin이 제안하였다. 실제로 식 (15−14)는 Kelvin 또는 열역학적 온도눈금(thermodynamic temperature scale)이라는 새로운 눈금을 정하는 근거가 되기도 한다.

식 (15−10)과 (15−14)에 의해

$$e = 1 - \left| \frac{Q_C}{Q_H} \right|$$

$$= 1 - \frac{T_C}{T_H} \tag{15-15}$$

이 된다. 두 온도차가 충분히 클 경우 효율은 거의 1에 가까워진다. 카르노는 가역기관과 가역순환기관에 대한 개념을 발전시켜 실용적으로 중요한 카르노의 정리(Carnot's theorem)

를 제시하였다. 즉, 두 온도 사이에서 작동하는 모든 가역기관은 같은 효율을 가진다. 또한 두 온도 사이에 작동하는 어떤 비가역기관도 가역기관보다 큰 효율을 가질 수 없다. Clausius와 Kelvin은 이 정리가 열역학 제2법칙의 필연적 결과임을 보였다.

여기서는 작업물질을 기체로 써서 카르노 기관을 작동시켰으나 가역기관의 효율은 작업 물질과 관계없고 다만 온도에만 의존한다. 더욱이 가역기관은 두 온도 사이에서 작동하는 여하한 열기관 중에서도 최대의 효율을 가진다.

예제 3. 증기기관이 500 ℃와 200 ℃ 사이에서 작동하고 있다. 이 증기기관이 가질 수 있는 최대 효율을 구하라.

풀이 먼저 온도를 절대온도로 고치면, $T_H = 773$ K이고, $T_C = 473$ K이다.
따라서 최대 효율은 다음과 같다.

$$e = 1 - \frac{473}{773} \simeq 0.39$$

15-4 열기관의 효율과 열역학 제2법칙

앞에서 언급한 대로 열기관은 고온의 열원에서 Q_H의 열을 흡수하여 일 W를 한 다음 낮은 온도의 열원에 Q_C만큼의 열을 방출한다. 이때 작업물질은 처음 상태로 되돌아간다. 이 순환 과정에서 열기관의 효율은 식 (15 − 10)에 의거하여

$$e = 1 - \left| \frac{Q_C}{Q_H} \right|$$

로 주어진다. 만일 열을 방출하지 않을 때, 즉 열원에서 흡수한 열 Q_H를 완전히 역학적 일로 바꿀 경우 그 열기관은 $e = 1$인 완전열기관(perfect heat engine)이 된다. 이러한 완전열기관이 실현 불가능하다는 것이 Kelvin Planck에 의한 열역학 제2법칙의 기술이다. 즉, 한 열원에서 열을 흡수하여 같은 양의 일($W = Q$)을 하는 것 외에 아무런 영향을 남기지 않는 순환기관은 불가능하다. 만일 이 법칙이 성립하지 않는다면 이상한 일이 많이 일어날 것이다. 예를 들어 배의 기관이 열의 배출을 위한 저온의 열원이 필요하지 않다면 배의 기관은 바닷물을 열의 공급원으로 사용할 수 있을 것이며, 따라서 연료문제는 영원히 해결될 것이다. 완전 열기관의 제작이 불가능한 것과 같이 완전냉동기관을 제작하는 것도 불가능하다. 완전냉동기관이란 아무런 일을 하지 않고 저온으로부터 고온으로 열을 이동시킬 수 있는 장치를 말

한다. 이 결과가 열역학 제2법칙에 관한 Clausius의 표현이다. 즉, 찬물에서 뜨거운 물체로 열을 전달하는 효과 이외에 아무런 결과도 남기지 않는 순환기관을 만드는 것은 불가능하다. 다시 말해서 열이 자연적으로 찬물에서 뜨거운 물체로 흐르지 않는다. 실제로 효율이 100%의 열기관을 만드는 것은 불가능하며 제2법칙에 위배되는 기관을 제2종 영구기관(perpetual motion machine of the second kind)이라고 한다. 다시 말하면 제2법칙은 제2종 영구기관의 건조는 불가능하다로 표현된다. 이에 대응하는 제1종 영구기관(perpetual motion machine of the first kind)은 열역학 제1법칙을 위배하는 기관, 즉 공급된 열보다 많은 일을 할 수 있는 기관을 뜻한다. 주어진 열역학 법칙에 관한 두 표현 중 어느 하나가 옳다면 다른 것도 역시 옳아야 한다.

15-5 엔트로피와 열역학 제2법칙

앞에서 열도 에너지의 일종이며 동시에 무질서가 그 특징이라고 밝혔다. 열은 무질서한 에너지이지만 무질서한 정도의 척도는 물론 아니다. 우리는 일상생활의 경험에 의하여 열역학 제1법칙, 즉 에너지보존법칙이 허용된다고 해서 이를 만족하는 모든 과정이 일어날 수 있는 것만은 아니라는 것을 알고 있다. 예를 들어 온도가 다른 두 물체가 접촉하면 열은 온도가 높은 물체에서 낮은 물체로 이동하며 결국은 동일 온도가 된다. 이때 고온물체에서 유출한 열량은 저온물체에서 유입한 열량과 같다. 그러나 이의 역과정은 설혹 에너지 보존에 저촉은 되지 않더라도 일어나지 않는다. 마찬가지로 서로 다른 기체는 혼합되지만 스스로 혼합상태에서 원상태로 분리되는 일은 없다.

땅바닥을 굴러가는 공은 마찰에 의해 역학적 에너지가 열로 변화하면서 정지한다. 그러나 정지한 공이 운동 중에 잃었던 열을 다시 모아서 역학적 에너지로 변화시켜 스스로 운동하는 일은 없다. 그렇다면 왜 이러한 역과정은 일어나지 않는 것일까? 이 역과정(inverse process)에 있어서 각 계(system)의 총 에너지는 원래의 과정에서와 마찬가지로 일정히 유지되며, 따라서 제1법칙에 저촉되지 않는다. 그러므로 제1법칙에서 도출될 수 없는 새로운 자연법칙, 즉 고립계에서 일어날 수 있는 과정의 방향성을 제시하는 어떤 법칙이 있어야 한다. 실제로 이러한 현상들은 우리들의 경험을 일반화해서 얻어진 것이므로 그것을 증명할 수는 없다.

위의 예에서 초기상태와 종말상태에서 값을 달리하는 것은 무엇일까? 우리가 이것을 찾아내면 즉, 변화 전과 변화 후에 값을 달리하는 물리적인 양, 다시 말해 계의 상태의 어떤 상태변수 또는 함수가 있다고 한다면 분석이 가능할 것이다. 이것이 Clausius에 의해 처음으로 고안된 엔트로피(entropy)라는 양이다. 실제로 위의 예에서 변화의 전, 후에서의 차이는 분자적 규모에서 무질서의 차이이다. 즉, 변화 후에 계는 변화 전의 계보다 더 무질서한 상태가 되었다. 따라서 어떤 계의 엔트로피는 그 계의 무질서의 척도(amount of disorder/randomness)라고 생각할 수 있으며, 자연적인 과정에서 총 에너지는 항상 보존되지만 계는 항상 더 무질서한 상태로 변화된다고 할 수 있다. 이 개념을 좀 더 명확히 하기 위해서 앞의 예를 생각하여 보자. 뜨거운 물체가 찬 물체와 접촉하면 열의 이동 때문에 두 물체는 결국 같은 온도를 갖게 되어 온도차가 사라진다. 이 과정의 초기에는 평균적으로 큰 운동에너지를 가진 분자들과 낮은 운동에너지를 가진 분자들은 구분할 수 있다. 그러나 최종 상태에서는 모든 분자들은 똑같은 평균운동에너지를 갖게 되어(열평형) 더 이상 구분할 수 없다. 즉, 두 종류의 구분이 사라졌으며 질서는 무질서로 바뀌게 된 것이다. 수학적 표현은 계에 대칭성이 증가했다고 말한다.

기체의 혼합과정에서도 마찬가지로 두 기체가 분리되어 있을 경우가 임의로 섞여 있는 것보다 질서 정연하며, 분자들의 평균운동에너지의 크기를 구분할 수 있는 경우(분리된 상태)가 전혀 그 크기를 구분할 수 없는 경우(혼합된 상태)보다 더 큰 질서의 정도를 지니고 있다. 실제로 집중도는 무질서도의 척도가 된다. 끝으로 바닥을 굴러가는 공에서 땅과의 마찰에 의해 공의 역학적 에너지(방향성을 갖는 질서의 에너지)가 공과 땅에서는 내부에너지(방향성을 잃은 무질서의 열에너지)로 전환된다.

역학적 에너지는 일을 하는 데 쓰일 수 있으므로 질서가 있는 에너지로 생각할 수 있다. 그러나 내부에너지는 분자들의 무질서한 에너지이다. 따라서 역학적 에너지가 내부에너지로 바뀔 때 무질서가 증가하여 엔트로피도 증가한다. 일반적으로 무질서는 균일성 및 임의성과 연관 지을 수 있으며 위의 예들로부터 우리는 엔트로피의 증가가 무질서의 증가에 해당한다는 것을 알 수 있다.

그렇다면 에너지와 엔트로피는 어떠한 상관관계를 갖고 있는가? 고온의 물체와 저온의 물체가 존재하면 열기관을 만들어 일을 만들어 낼 수 있다. 그러나 고온의 물체와 저온의 물체를 오래 접촉시켜 같은 온도를 갖게 되면 더 이상 일을 얻어낼 수 없다. 여기서 열역학적 과정, 즉 가역과정과 비가역과정을 엔트로피로 재조명해 보자. 가역과정이란 경로 중에 무질서도가 일정히 유지되는 과정을 의미한다. 왜냐하면 앞에서 가역과정은 평형상태의 연속이기 때문에 무질서도에 변화를 가져올 수 없다. 따라서 엔트로피는 일정하다. 그러나 비가역과정에서는 무질서도의 일정성이 깨지는 비평형 상태를 거치는 과정이고, 무질서도의 변화가 올 때는 엔트로피는 증가하지 않으면 안 된다.

무질서도의 증가, 즉 엔트로피가 증가할 때마다 에너지의 유용성이 사라지므로 비가역과정이 일어날 때마다 그 과정이 일어나기 전에 쓸 수 있었던 에너지 중의 일부($T\Delta S$)가 일로 쓰이지 못하게 된다. 그러나 어떠한 과정에서도 에너지는 소멸되지 않는다. 이와 같은 맥락에서 열역학 제2법칙은 다음과 같이 기술할 수 있다. 즉, 고립계에서 일어나는 모든 과정에서 계의 엔트로피는 증가하거나(비가역) 일정히 유지된다(가역).

열역학 제2법칙은 시간이 지나면 우주가 최대의 무질서 상태, 즉 완벽한 무질서(total chaos)상태로 가리라고 예측한다. 물질은 균일한 혼합물이 될 것이며, 온 우주의 온도는 균일해진다. 그러면 아무런 일도 할 수 없으며 아무런 변화나 과정도 발생하지 않는다. 이러한 완벽한 무질서, 즉 고립계(우주계)의 열역학적 진화의 최종 상태는 열죽음(heat death, entropy death, symmetry death)이라고 부르며 우주의 최종 상태가 그러하리라고 예견하기도 한다.

15-6 엔트로피

이제 열역학 제2법칙에 관련된 새로운 열역학적 상태함수인 엔트로피 S를 정량적으로 생각하자. 이 상태함수가 존재한다는 것은 온도 T와 내부에너지 U가 존재한다는 것보다 분명하지 않다. 다시 말해서 T와 U가 각각 열역학 제0법칙과 제1법칙에 관련되어 있는 것에 비하여 S는 쉽게 제2법칙과 관련지어지지 않는다. 왜냐하면 제2법칙은 일어날 수 없는 과정을 표현하는 것으로써 제0법칙이나 제1법칙보다 더욱 추상적이기 때문이다.

앞 절의 카르노 순환과정으로부터

$$\frac{|Q_H|}{T_H} = \frac{|Q_C|}{T_C}$$

의 관계를 얻었다. 이 관계식에서 $|Q_H|$와 $|Q_C|$의 절댓값의 부호를 없애고 계로 유입되는 열(Q_H)은 양의 값, 유출되는 열(Q_C)은 음의 값을 갖도록 하면

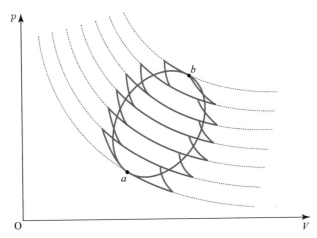

그림 15-6 임의의 가역과정은 카르노 순환과정의 복합으로 근사될 수 있다(점선들은 등온곡선이다).

$$\frac{Q_H}{T_H} + \frac{Q_C}{T_C} = 0 \qquad\qquad (15-16)$$

의 식을 얻는다.

여기서 **그림 15-6**에 타원형으로 표시되어 있는 경로와 같은 임의의 가역순환과정을 생각하여 보자. 그림에 도시한 것처럼 임의의 가역순환과정은 여러 개의 카르노 순환과정을 복합으로 근사할 수 있다. 이러한 근사는 카르노 순환과정의 개수를 무한히 늘림으로써 점점 더 타원형의 경로에 접근하고 그 근사는 더욱 정확해진다.

식 (15 − 16)을 모든 카르노 순환과정들에 적용하면

$$\sum \frac{Q}{T} = 0 \qquad\qquad (15-17)$$

을 얻는다. 여기서 한 카르노 순환과정과 열유출량 Q_C는 바로 다음의 순환과정의 열유입량 Q_H와 대략적으로 같다(무한히 많은 카르노 순환과정을 가정한다면 정확히 같아진다). 따라서 타원 내부 경로에서의 열량의 흐름은 모두 상쇄되어 없어지고 열량의 순흐름과 한 일은 원래의 순환과정(타원경로)에서의 값과 같아진다. 따라서 식 (15 − 17)의 미분형 극한으로

$$\oint \frac{dQ}{T} = 0 \qquad\qquad (15-18)$$

으로 쓸 수 있다.

이 결과는 임의의 가역과정에 대해서도 성립한다. 경로를 **그림 15-7**에서처럼 두 부분으로 나누면 $\oint \rightarrow \int_{\mathrm{I}} + \int_{\mathrm{II}}$ 로 되고,

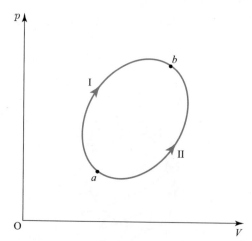

그림 15-7 가역순환과정의 엔트로피 적분 $\oint dS$는 0이다. 따라서 상태 a와 상태 b의 엔트로피의 차이 $S_b - S_a = \int_a^b dS$는 경로 Ⅰ 또는 경로 Ⅱ를 취하여도 동일하다.

$$\int_{a,\,\mathrm{I}}^{b} \frac{\mathchar'26\mkern-12mu d Q}{T} + \int_{b,\,\mathrm{II}}^{a} \frac{\mathchar'26\mkern-12mu d Q}{T} = 0$$

$$\int_{a,\,\mathrm{I}}^{b} \frac{\mathchar'26\mkern-12mu d Q}{T} = -\int_{b,\,\mathrm{II}}^{a} \frac{\mathchar'26\mkern-12mu d Q}{T} = 0$$

즉,

$$\int_{a,\,\mathrm{I}}^{b} \frac{\mathchar'26\mkern-12mu d Q}{T} = -\int_{b,\,\mathrm{II}}^{a} \frac{\mathchar'26\mkern-12mu d Q}{T} = \int_{a,\,\mathrm{II}}^{b} \frac{\mathchar'26\mkern-12mu d Q}{T} \qquad (15-19)$$

로 표현된다. 따라서 이 결과는 임의의 가역순환과정에서 성립하므로 두 평형상태 a와 b 사이의 $\dfrac{dQ}{T}$ 의 적분값은 경로에 무관하다는 것을 뜻한다. 이것은 비록 dQ는 경로에 의존하며 열역학적 변수가 될 수 없을지라도 $\dfrac{dQ}{T}$ 는 또 하나의 상태변수가 됨을 의미한다.

사실 열역학 제1법칙은 두 개의 경로함수 Q와 W의 차가 점함수(상태함수)가 될 수 있음을 의미하고 열역학 제2법칙은 경로함수의 미소변화 $\mathchar'26\mkern-12mu d Q$가 점함수($TdS$)로 표현될 수 있음을 의미한다. 즉,

$$dS = \frac{\mathchar'26\mkern-12mu d Q}{T} \qquad (15-20)$$

이라 저의하면, 식 (15-19)로부터 두 점 사이의 엔트로피의 차이는

$$\Delta S = S_b - S_a = \int_{a}^{b} dS = \int_{a}^{b} \frac{\mathchar'26\mkern-12mu d Q}{T} \qquad (15-21)$$

로 주어지며 두 점 간의 경로에 무관하다.

예제 4. 200 K의 얼음을 400 K의 수증기로 압력을 일정히 하고 가열할 때의 물의 비엔트로피(단위질량당의 엔트로피)를 계산하라. (여기서 비열의 온도에 따른 변화는 무시하고 얼음, 물, 수증기의 비열은 각각

$$c_p\,(\text{얼음}) = 2.09 \times 10^3 \text{ J/kg} \cdot \text{K}$$

$$c_p\,(\text{물}) = 4.18 \times 10^3 \text{ J/kg} \cdot \text{K}$$

$$c_p\,(\text{수증기}) = 2.09 \times 10^3 \text{ J/kg} \cdot \text{K}$$

로 계산하고, 얼음의 융해열은 80 cal/g, 기화열은 540 cal/g으로 계산하라.)

풀이 먼저 얼음을 200 K에서 융해점인 273 K까지 온도를 상승시키는 과정에서 엔트로피의 증가는

$$S_b - S_a = \int_{T_a}^{T_b} c_p \frac{dT}{T}$$

$$= c_p \ln \frac{T_b}{T_a} = 2.09 \times 10^3 \times \ln \frac{273}{200} \simeq 650.3$$

얼음이 녹을 때의 엔트로피 증가는

$$S_c - S_b = \frac{L_f}{T}$$

$$= \frac{80}{273} \text{ cal/g} = 1.230 \text{ J/kg} \cdot \text{K}$$

다음 물을 273 K에서 373 K까지 가열할 때의 물의 엔트로피 증가는

$$S_d - S_c = c_p \ln \frac{T_d}{T_c}$$

$$= 4.18 \times 10^3 \times \ln \frac{373}{273} \simeq 1,305 \text{ J/kg} \cdot \text{K}$$

373 K에서 물이 증발하는 과정에서의 엔트로피의 변화는

$$S_e - S_d = \frac{L_v}{T}$$

$$= \frac{540}{373} \text{ cal/g} = 6,060 \text{ J/kg} \cdot \text{K}$$

끝으로 수증기를 400 K로 가열할 때의 엔트로피 증가는 다음과 같다.

$$S_f - S_e = c_p \ln \frac{T_f}{T_e}$$

$$= 2.09 \times 10^3 \times \ln \frac{400}{373} \simeq 146 \text{ J/kg} \cdot \text{K}$$

15-7 절대 영도 및 열역학 제3법칙

우리는 지금까지 열역학 제0법칙에서 온도(T)라는 열역학적 변수를 정의하였다. 그리고 제1법칙에서는 내부에너지, 즉 열과 행한 일의 차가 열역학적 변수로 표현됨을 보았다.

$$dU = đQ - đW \tag{15-22}$$

그런데 가역과정이나 준정적(quasi-static)체적 변화과정에서 $đW = pdV$로 쓸 수 있다. 이는 불완전미분 $đW$가 완전미분으로 표현될 수 있음을 의미하고 p와 V의 관계로부터 일의 계산이 가능함을 보인다. 그렇다면 식 (15-22)에서 나머지 하나, 즉 $đQ$는 어떻게 될까? 이것은 열역학 제2법칙에서 엔트로피라는 열역학적 변수로 표현될 수 있음을 말한다. 즉,

$$đQ = TdS$$

따라서 열역학 제1법칙 및 제2법칙이 결합된 형식은 열 및 역학적 상호 작용만 고려할 때 식 (15-22)에 의거

$$dU = TdS - pdV \qquad (15-23)$$

로 주어지며, 이로부터 두 상호작용에 대한 계의 많은 정보를 얻을 수 있다.

한편 열역학적계의 질량이 변하여 입자수가 변하는 과정, 예를 들어 입자수가 변하는 화학적 과정 등을 포함할 경우에는 식 (15−23)에 μdN의 항이 추가되어야 한다. 여기서 μ는 단위입자당의 에너지를 정의하는 화학퍼텐셜(chemical potential)이다. 즉,

$$dU = Tds - pdV + \mu dN \qquad (15-24)$$

앞에서 카르노 기관의 효율은 식 (15−15)와 같이 주어진다는 것을 알았다. 여기서 Q_H는 고온 열원에서 공급되는 열이고, Q_C는 저온 열원에 버리는 열이다. 내부에너지는 불변이므로 열역학 제1법칙에 의해 역학적인 일 W는 열원에서 흡수한 순수열, 즉

$$W = Q_H - Q_C \qquad (15-25)$$

로 주어진다.

식 (15−15)에서 $T_C = 0 (Q_C = 0)$일 때 효율은 100%가 될 수 있다. 즉, 이는 절대 영도를 의미한다. 만약 T_C가 음의 온도가 되면 효율은 100%를 넘게 되어 에너지보존법칙에 위배된다. 그렇다면 절대 영도 자체는 어떠한가?

열효율이 1일 때는, 즉 Q_C는 0이 되어 저온 열원에 버리는 열이 하나도 없다. 바꾸어 말하면 식 (15−14)에서

$$Q_C = Q_H \frac{T_C}{T_H}$$

로 주어지므로 이를 식 (15−25)에 대입하면

$$T_C = T_H \left(1 - \frac{W}{Q_H} \right) \qquad (15-26)$$

를 얻는다. 여기서 $T_C = 0$이 되기 위해서는 $W = Q_H$, 즉 흡수한 열을 전부 일로 바꿀 수 있어야 한다. 이는 열역학 제2법칙에 위배된다. 사실 $Q_C = 0$이라면 열전달이 전혀 없음을 의미하고, 따라서 이때는 엔트로피는 변하지 않는다. 그러므로 절대 영도는 완전한 가역과정에서만 일어날 수 있음을 의미하지만 물리적으로 그러한 가역변화는 존재하지 않는다.

따라서 열역학 제3법칙은 절대 영도에 무한히 가까이 갈 수는 있으나 절대 영도에 결코 도달할 수 없음을 말한다.

연습문제

01 이상기체의 열기관이 227 ℃와 127 ℃ 사이에서 카르노 순환과정으로 작동한다. 이 기관은 고온 쪽에서 사이클당 6×10^4 cal의 열을 흡수한다. 이 기관이 매 사이클당 할 수 있는 일과 이 기관의 효율은 얼마인가?

02 (a) 카르노 순환과정을 쓰는 냉장고를 사용해서 7 ℃의 열저장원으로부터 1 J의 열을 빼내서 27 ℃의 열저장원에 그 열을 전달하는 데는 얼마나 많은 일을 해야 되겠는가?

(b) −73 ℃의 열저장원으로부터 27 ℃의 열저장원까지라면?

(c) −173 ℃의 열저장원으로부터 27 ℃의 열저장원까지라면?

(d) −223 ℃의 열저장원으로부터 27 ℃의 열저장원까지라면?

03 카르노 순환과정을 역으로 작동시켰을 경우에는 이상적인 냉장고가 된다. 저온인 T_C쪽에서 열량 Q_C를 받아들이고 고온 T_H쪽에서 열량 Q_H만큼 배출하게 된다. 그 차는 이 냉장고를 작동시키는 데 공급해야 할 일 W이다.

(a) $|W| = |Q_C| \dfrac{T_H - T_C}{T_C}$임을 증명하라.

(b) 냉장고의 운행계수(coefficient of performance)는 저온 열원에서 빼내온 열과 이 순환과정을 작동시키는 데 필요한 일과의 비라고 정의된다. 이상적으로

$$K = \frac{T_C}{T_H - T_C}$$

가 됨을 증명하라. (실제의 냉장고에서 K의 값은 5 또는 6이다.)

(c) 열역학적 냉장고에서 저온의 코일은 −13 ℃의 온도에 있고, 응축기(condenser) 내의 압축된 기체는 27 ℃의 온도에 있다. 이론적인 운행계수는 얼마인가?

04 카르노 열기관의 효율은 22 %이다. 온도차가 75 ℃인 두 열저장원 사이에서 이 기관이 작동한다. 이 두 열저장원의 온도는 얼마인가?

05 온도가 각각 400 K과 300 K인 두 열저장원 사이에서 작동하는 네 개의 열기관을 발명해냈다고 주장하는 발명가 한 분이 있다. 작동의 순환과정당의 각각의 열기관에 관한 데이터는 다음과 같다.

열기관(a): $Q_H = 200$J, $Q_C = -175$J, $W = 40$J

열기관(b): $Q_H = 500$J, $Q_C = -200$J, $W = 400$J

열기관(c): $Q_H = 600$J, $Q_C = -200$J, $W = 400$J

열기관(d): $Q_H = 100$J, $Q_C = -90$J, $W = 10$J

각각의 열기관이 (만일 범한다면) 열역학의 제1법칙과 제2법칙 중의 어느 쪽을 범하겠는가?

06 카르노 열기관이 500 W의 일률 출력을 갖고, 100 ℃와 60 ℃의 두 열저장원 사이에서 작동한다. kcal/s의 단위로 (a) 열입력의 율과 (b) 배기 열출력의 율을 계산하라.

07 온도를 25 ℃로부터 100 ℃까지 가역적으로 증가시켜 준 1 kg의 구리토막에 (a) 흡수된 열과 (b) 엔트로피의 변화를 구하라.

08 비열측정의 실험에서 온도가 100 ℃인 알루미늄 ($c_p = 0.215 \text{ cal/g} \cdot ℃$) 200 g을 온도가 20 ℃인 물 50 g과 혼합했다. 혼합 이전의 계의 엔트로피와 마지막에서의 계의 엔트로피와의 차를 구하라.

09 −10 ℃의 얼음 입방체(cube) 10 g을 온도가 15 ℃인 호수 안에 넣었다. 이 얼음덩이가 호수와 열평형 상태를 이루게 될 때의 전체 계의 엔트로피의 변화를 계산하라. (얼음의 비열은 0.5 cal/g · ℃이다.)

10 −10 ℃의 얼음 입방체 8 g을 20 ℃ 물 100 cm³가 담겨있는 보온병에 떨어뜨렸다. 최종 평형상태에 도달했을 때 계가 가지는 엔트로피의 변화를 계산하라. (얼음의 비열은 0.5 cal/g · ℃이다.)

11 일정한 비열 c를 가지는 질량이 m인 물질을 T_1으로부터 T_2까지 가열할 때

(a) 엔트로피의 변화가 다음과 같음을 증명하라.

$$S_2 - S_1 = mc \ln \frac{T_2}{T_1}$$

(b) 냉각 시에는 이 물질의 엔트로피가 감소하는가?

(c) 그렇다면 그와 같은 과정에서는 대우주의 총 엔트로피가 감소하는가?

12 4몰의 이상기체를 부피 V_1으로부터 $V_2 = 2V_1$까지 팽창하도록 했다.

(a) 온도 $T = 400 \text{ K}$에서 등온팽창을 시켰다고 한다면, 팽창하는 기체가 한 일을 구하라.

(b) 만일 엔트로피의 변화가 있다면 구하라.

(c) 등온과정 대신에 가역단열팽창 과정이었다면 엔트로피의 변화는 양, 음, 0 중 어느 것인가?

13 지름이 1 cm이고, 길이가 15 cm인 둥그런 은막대의 양단에 60 ℃와 20 ℃의 열저장원이 각각 접촉되고 있어서 정상상태로 열이 흐르고 있다. (a) 고온 쪽의 끝단율 60 ℃의 열저장원으로부터 갑자기 절연할 경우와 (b) 막대 전체를 갑자기 절연할 경우에, 이 은막대의 엔트로피의 초기 변화율은 얼마인가?

CHAPTER 16

전하와 전기장

16-1 전하

전하와 그들 사이에 작용하는 힘을 논하기 전에 전기학과 자기학의 발전에 대해 간단히 알아보자. 고대 그리스의 자연철학자들은 호박(amber)을 문지르면 지푸라기 조각을 끌어당긴다는 것을 알았다. 현재 전자(electron)라는 말은 호박에 대한 그리스어에서 유래된 것이다. 또한 학자들은 오늘날 자철광이라 부르는 자연산 돌이 쇳조각을 끌어당긴다는 것도 발견하였다. 위의 기원으로 비롯된 전기학과 자기학은 1820년까지는 아주 다른 별개의 학문으로 발전해 왔다.

1820년에 Hans Christian Oersted는 도선의 전류가 자침(磁針)을 움직일 수 있다는 관측으로부터 전기학과 자기학 사이에 하나의 관련성을 발견하였다. 그 후 전기학이라는 새로운 학문은 여러 사람들에 의해서 더욱 발전해 왔다. 그 가운데 가장 중요한 공헌을 한 사람은 전자기유도법칙을 발견한 Michael Faraday이다. James Clerk Maxwell은 Faraday의 발견을 수학적 공식으로 표현했을 뿐 아니라, 그 자신이 많은 아이디어를 내어 전자기학을 체계 있게 이론적 토대 위에 통합해 놓았다. 그래서 전자기학의 기초법칙들은 Maxwell의 방정식들로 묶어 표현할 수 있게 되었다. 이들 방정식은 역학에서 Newton 운동방정식이 담당하고 있는 것과 동일한 역할을 전자기학에서 담당하고 있는 것이다. Maxwell은 이들 방정식을 사용하여 빛의 성질이 전자기적이며 광속을 순전히 전자기적 측정을 통해 구할 수 있다는 사실을 보여주었다. 이 발견을 통해 Maxwell은 광학과 전자기학을 연결해 놓았다.

Heinrich Hertz는 Maxwell의 이론을 더욱 발전시킨 사람인데 현재 단파 라디오파라고 하는 전자기파를 실험실에서 만들었다. 위 발견의 실제 응용을 추구하는 데는 Marconi 및 기타 여러 사람들에 의해 이루어졌다. 오늘날 Maxwell의 방정식들은 광범위한 실제의 공학문제를 해결하는 데 있어서 항상 보편적으로 사용되고 있다. 그러면 전하에 관해서 논하여 보자.

건조한 날 양탄자 위를 걸으면서 금속으로 된 문의 손잡이를 만지면 불꽃이 튀는 것을 볼 수 있다. 좀 더 큰 현상을 말하자면 번개가 치는 경우이다. 이런 현상들은 우리 몸은 물론 우리를 둘러싸고 있는 많은 물체들이 음의 전하보다 더 많은 양의 전하를 갖고 있다는 것을 보여주는 것이다. 물체가 보통 중성적인 상태에 있을 때는 같은 양의 양전하(positive charge)와 음전하(negative charge)를 갖고 있다. 그런데 유리막대와 비단과 같은 두 물질을 서로 문지르게 되면 소량의 전하가 한 물질에서 다른 물질로 옮겨가게 되어, 각각의 전기적인 중립성이 깨어지는 것이다. 이런 경우에 유리는 양전기를 띠고 비단은 음전기를 띠게 된다. 이렇게 대전된 물체들 사이에는 정전기력이라는 힘이 작용한다. 다시 말해서 같은 종류의 전하는 서로 반발하고 다른 종류의 전하는 서로 잡아당긴다. 이러한 내용은 Coulomb의 힘의 법칙에 의하여 정량적으로 표현할 수 있다.

전하에 대한 양과 음의 이름은 Benjamin Franklin에 의해서 명명(命名)되었다. 만약에 손가락으로 대전된 구리막대를 만진다면 전하들은 구리막대로부터 우리 몸을 통해 빨리 움직일 것이다. 금속, 사람의 몸 등은 전기의 도체이며 도체 내에서는 전하가 물질을 통해 자유롭게 움직일 수 있기 때문이다. 반면에 유리, 플라스틱과 같은 절연체(insulator) 내에서는 전하가 자유롭게 움직일 수 없다. 금속에서는 Hall 효과라는 실험에서 음전하만이 자유롭게 움직인다는 것이 증명되었다. 구리 원자들이 고체를 형성하기 위해 결합할 때, 원자의 외각 전자들은 개별적인 원자에 부착된 채로 남아 있지 않고 격자 구조 내에서 자유롭게 움직일 수 있게 된다. 이렇게 움직이는 전자들을 전도전자(conduction electron)라 부른다.

반도체(semiconductors)는 전기 전도도에 있어서 도체와 절연체 사이의 중간쯤에 있다. 반도체로는 규소(silicon)와 게르마늄(germanium) 등이 있는데 그 내부에 소량의 다른 원소를 첨가해 주면 전기 전도도를 크게 증가시킬 수 있다.

예를 들면 규소에 비소(As)나 붕소(B)를 조금 첨가해 주는 일이다. 반도체에 관한 자세한 이론은 양자물리학(quantum physics)을 사용하지 않고서는 충분히 이해할 수 없다. 다음으로는 초전도체(superconductor)가 있다. 전자들은 초전도체에서 거의 0(零)의 저항을 갖는다. 1986년도까지는 초전도성이 온도가 20 K 아래라는 저온 현상으로 제한되었지만 요즘은 그 이상의 온도에서 초전도성을 보여주는 물질이 개발되고 있다.

16-2 Coulomb 법칙

두 입자의 전하들 사이에 작용하는 정전기력을 기술하는 법칙은 두 입자의 질량들 사이에 작용하는 중력을 기술하는 법칙과 같은 현상이다. 두 법칙은 다음과 같다.

$$F_{grav} = G\frac{m_1 m_2}{r^2} \text{ (Newton의 법칙 – 중력)} \qquad (16-1)$$

$$F_{elec} = C\frac{q_1 q_2}{r^2} \text{ (Coulomb의 법칙 – 정전기력)} \qquad (16-2)$$

여기서 G와 C는 상수이다. Coulomb 법칙은 원자핵과 전자들 사이에 작용하는 힘을 기술하며 또한 원자들이 모여서 분자들을 형성하는 힘과 원자들이 모여서 고체나 액체 등을 이루는 힘을 잘 설명한다. F는 두 전하 사이에 작용하는 힘의 크기이며 q_1과 q_2는 두 입자의 전하량이고, r은 두 전하 사이의 거리이다.

중력은 항상 인력(引力)이지만 정전기력은 두 전하의 부호(sign)에 따라 인력 또는 척력(斥力)이 될 수 있다. 전하의 국제단위(SI unit)는 coulomb(약호 C)이다. 도선 내에 1 ampere (A)의 정상전류가 흐를 경우에 도선의 임의의 단면적을 통해서 1초 동안 흐르는 전하량을

1 coulomb이라고 정의한다. 일반적으로 다음과 같다.

$$dq = idt \qquad (16-3)$$

여기서 dq는 시간 간격 dt 동안에 전류 i에 의해서 전달된 전하량이다. 정전기 상수 C는 매질이 진공일 때 아래와 같은 값을 가진다.

$$C = \frac{1}{4\pi\epsilon_0}$$
$$= 8.99 \times 10^9 \, \mathrm{N \cdot m^2/C^2} \qquad (16-4)$$

유전상수(permittivity constant) ϵ_0값은

$$\epsilon_0 = 8.85 \times 10^{-12} \, \mathrm{C^2/N \cdot m^2} \qquad (16-5)$$

이다. 그래서 Coulomb 법칙은 다음과 같다.

$$F = \frac{1}{4\pi\epsilon_0} \frac{q_1 q_2}{r^2} \qquad (16-6)$$

정전기력은 중력과 마찬가지로 중첩원리(the principle of superposition)를 따르게 된다. 즉, 두 개 이상의 점전하(point charge)가 있다면 정전기력이 각각의 전하쌍들마다 성립하고, n개의 전하가 있다면 임의의 전하(가령 q_1이라고 하자)에 작용하는 힘은 벡터 합성

$$\vec{F_1} = \vec{F_{12}} + \vec{F_{13}} + \cdots + \vec{F_{1n}} \qquad (16-7)$$

으로 계산한다. 여기서 $\vec{F_{12}}$는 입자 2에 의해서 입자 1에 작용하는 힘을 말한다. 힘의 방향은 두 전하들을 연결하는 선상에 존재한다. 정전기력은 중력과 마찬가지로 다음과 같은 **구각정리**(shell theorem)를 따르게 된다.

정리 1. 전하밀도가 균일한 구각(spherical shell)은 구각 외부 전하들에 대해 마치 구각의 전하 전체가 구각의 중심점에 집중되어 있는 것처럼 작용한다.

정리 2. 전하의 밀도가 균일한 구각은 구가 내부에 있는 전하에 정전기력을 작용하지 아니한다.

예제 1. 다음 그림은 q_1, q_2와 q_3라는 고정된 세 전하를 나타낸다. q_1에는 어떤 정전기력이 작용하는가? (단, $q_1 = -1.2\mu C$, $q_2 = +3.7\mu C$, $q_3 = -2.3\mu C$, $r_{12} = 15$ cm, $r_{13} = 10$ cm, $\theta = 32°$이다.)

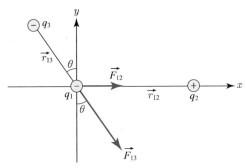

q_2와 q_3가 q_1에 작용하는 두 힘을 나타낸 것이다.

풀이 중첩의 원리를 사용하여 이 문제를 풀려면 먼저 q_2와 q_3가 q_1에 작용하는 힘의 크기를 Coulomb 법칙에 의해서 구해야 한다. 식 $(16-6)$에서 전하의 부호를 무시하고 힘의 크기를 계산하면

$$F_{12} = \frac{1}{4\pi\epsilon_0}\frac{q_1 q_2}{r^2}$$

$$= \frac{(8.99\times10^9\,\text{N}\cdot\text{m}^2/\text{C}^2)(1.2\times10^{-6}\text{C})(3.7\times10^{-6}\text{C})}{(0.15\,\text{m})^2} \simeq 1.77\,\text{N}$$

전하 q_1과 q_2는 반대 부호를 가지므로 그들 사이의 힘은 인력이다. 그래서 $\vec{F}_{12}$은 위의 그림에서 오른쪽으로 향한다. 또한

$$F_{13} = \frac{(8.99\times10^9\,\text{N}\cdot\text{m}^2/\text{C}^2)(1.2\times10^{-6}\text{C})(3.7\times10^{-6}\text{C})}{(0.1\,\text{m})^2}$$

$$\simeq 3.99\,\text{N}$$

이들 전하는 같은 부호를 가지므로 그들 사이에 힘은 척력이고, $\vec{F}_{13}$은 위의 그림에서 보여준 바와 같다. q_1에 작용하는 합력 $\vec{F}_1$의 성분은

$$F_{1x} = F_{12x} + F_{13x} = F_{12} + F_{13}\sin\theta$$
$$= 1.77\,\text{N} + (3.99\,\text{N})(\sin32°)$$
$$\simeq 3.88\,\text{N}$$
$$F_{1y} = F_{12y} + F_{13y} = 0 - F_{13}\cos\theta$$
$$= -(3.99\,\text{N})(\cos32°)$$
$$\simeq -3.38\,\text{N}$$

이 된다. q_1에 작용하는 힘의 크기는 5.14 N이고, 그 방향은 $\tan^{-1}\left[\dfrac{-3.38\,\text{N}}{3.88\,\text{N}}\right]$이며, x축과 $-41.1°$를 이룬다.

물질의 원자론은 액체나 기체 같은 유체 자체가 연속적이 아니라 원자나 분자로 이루어졌다는 것을 밝혔다. '전기유체'도 연속적이 아니라 어떤 기본전하의 정수배로 구성되었다는 사실이 실험결과로 알려졌다. 즉, 자연에서 존재하는 어떤 전하 q는 다음과 같이 양자화되어 있다.

$$q = ne \qquad (n = 0, \pm 1, \pm 2 \cdots) \tag{16-8}$$

여기서 e는 기본전하(elementary charge)를 나타내고, 그 값은

$$e = 1.602 \times 10^{-19} C \tag{16-9}$$

이다. 전하의 양자(量子) e는 매우 작다. 예를 들면 보통 100 W, 120 V 전구 내부에서는 초당 약 10^9개의 기본전하가 전구로 들어가서 빠져나온다. 보통 물질은 원자들로 되어 있고 원자들은 양성자와 중성자로 된 원자핵과 전자들로 구성되어 있다.

표 16-1은 위의 3가지 입자들의 질량, 전하 및 고유 스핀 각운동량값을 나타낸 것이다. 마찰력, 유체의 압력, 고체 표면 사이의 접촉력, 그리고 탄성력과 같은 보통 취급하는 힘의 대부분은 원자를 구성하는 대전입자 사이의 전기적 상호작용으로부터 설명할 수 있다.

수소원자의 바닥상태에서 양성자와 전자 사이의 평균거리는 0.53×10^{-10} m이다. 전기력과 중력이 양성자와 전자 사이에 동시에 작용하는데 전기력이 중력보다 약 10^{39}배만큼이나 크다는 것을 다음과 같이 알 수 있다.

두 입자 사이의 거리가 r에 대해서 두 인력 사이의 힘의 비는

$$\begin{aligned}
\frac{F_e}{F_g} &= \frac{e^2}{4\pi\epsilon_0 G m_p m_e} \\
&= \frac{(9 \times 10^9 \,\mathrm{N \cdot m^2/C^2})(1.6 \times 10^{-19}\,\mathrm{C})^2}{(6.67 \times 10^{-11}\,\mathrm{N \cdot m^2/kg^2})(1.67 \times 10^{-27}\,\mathrm{kg})(9.1 \times 10^{-31}\,\mathrm{kg})} \\
&= 2.273 \times 10^{39} \\
&\simeq 10^{39}
\end{aligned} \tag{16-10}$$

표 16-1 세 가지 입자의 구성

입자	기호	전하[a](e)	질량[b](m_e)	각운동량[c]($h/2\pi$)
전자	e	-1	1	1/2
양성자	p	$+1$	1,836.15	1/2
중성자	n	0	1,838.68	1/2

a) 기본전하 e의 단위로 함.
b) 전자질량 m_e의 단위로 함.
c) 고유스핀 각운동량값으로 $h/2\pi$ 단위로 함.

또한 수소원자의 바닥상태에서 전기력의 크기는 8.2×10^{-8}N 정도라는 것을 계산해 낼 수 있다.

다음에는 거리가 fermi(10^{-15}m) 정도가 도는 원자핵 내에서 전기력의 크기를 생각해 보자. 철의 원자핵 안에는 26개의 양성자들이 있다. 양성자들 사이의 거리가 원자핵의 반경인 4×10^{-15}m 정도라 가정하면 Coulomb 법칙으로부터 두 양성자 사이에 작용하는 정전기적 반발력은

$$F = \frac{1}{4\pi\epsilon_0} \frac{q_1 q_2}{r^2}$$
$$= (9 \times 10^9 \,\text{N} \cdot \text{m}^2/\text{C}^2)(1.6 \times 10^{-19}\text{C})^2/(4 \times 10^{-15}\,\text{m})^2$$
$$\simeq 14\,\text{N} \simeq 14.4\,\text{N} \tag{16-11}$$

이다. 이 엄청난 전기적 반발력에 의해 원자핵은 결합상태에 있을 수 없음을 알 수 있다. 그러므로 안정된 원자핵이 존재하는 것을 설명하려면 아주 짧은 거리에 작용하는 핵자(양성자와 중성자) 사이에 강한 인력이 있어야 한다는 것을 알 수 있다. 이 힘은 우리는 핵력(또는 강한 힘)이라고 부른다.

다음에는 전하가 보존된다는 내용을 알아보기로 하자. 비단을 가지고 유리막대를 문지르면 유리막대에는 양전하가 나타나고 비단에는 음전하가 나타난다. 이것은 마찰과정이 전하를 만드는 것이 아니라 각 물체의 전기적 중성이 교란되어 전하들이 한 물체에서 다른 물체로 이동하기 때문이다. 이것이 Benjamin Franklin이 처음으로 말한 전하보존의 가설이다. 이 가설은 거시적 수준과 원자핵적 수준에서도 잘 증명되었다.

전하보존의 예를 방사능 붕괴에서 알아보자. 잘 알려진 과정이 우라늄 핵붕괴에서 붕괴 전에 있던 전하량($+92e$)은 붕괴 후에 ^{234}Th의 전하량($+90e$)과 α 입자의 전하량($+2e$)의 합과 같다.

$$^{238}U \rightarrow {}^{234}Th + {}^{4}He \tag{16-12}$$

16-3 전기장

장(場, field)의 개념을 써서 많은 물리현상을 편리하게 기술하고 설명할 수 있다. 우리는 우선 여기서 전하들에 의한 전기장의 개념을 공부하고 앞으로 있을 전류에 의한 자기장의 개념을 배운 다음에 빛을 전자기장의 개념으로 설명할 것이다. 우리는 방의 공간의 각점에서 온도를 잴 수가 있다. 이때 공간의 온도분포를 온도 장(temperature field)이라 부른다. 지구

주위에 질량이 m인 물체 하나가 있다고 하자. 지구에 의해 그 물체에 작용하는 중력을 F라 하면 자유낙하 시 각각의 점에서 물체의 중력가속도 g는

$$g = \frac{F}{m} \tag{16-13}$$

이다. 지구 주위의 각각의 점에서 주어진 g를 중력장(gravitational field)이라고 한다. 대전된 막대 주위에 전하 q가 있다고 하자. 그 전하에 작용하는 정전기력을 F라 하면 막대 주위 각 점에서 다음과 같이 정의되는 전기장 E(electric field)를 생각할 수 있다.

$$E = \frac{F}{q} \tag{16-14}$$

E의 방향은 F의 방향과 같다. 즉, 정지 양전하 q가 움직이려는 방향인 것이다. E에 대한 단위는 N/C이다. 전기장 E의 모양을 구체적으로 생각하는 데에 있어 역선(力線, lines of force)이라는 방법이 있다. 장의 개념을 소개한 Michael Faraday는 대전된 물체의 주위 공간에 역선들이 차 있다고 했다. 우리는 이제 더 이상 Faraday처럼 역선을 사용하지 않지만 전기장의 모양을 생각하는 편리한 방법으로 이 역선을 사용하겠다. 전기장 벡터와 역선 사이에는 다음과 같은 관계가 있다.

① 임의의 점에서 역선의 접선은 그 점에서의 E의 방향을 준다.
② 역선에 수직인 평면 안에 단위면적당 역선의 수가 E의 크기에 비례하도록 역선을 그린다.

그림 16-1은 음전하로 대전된 구에 대한 역선을 보인다. 역선은 반지름 방향에 따라 안쪽으로 향한다. 이것은 한 개의 양전하가 그 방향으로 가속되기 때문이다. Coulomb 법칙으로부터 알 수 있듯이 전기장 E는 전하로부터 거리가 증가할수록 감소한다. 따라서 역선도 거리가 증가할수록 더욱 분리되어 나간다.

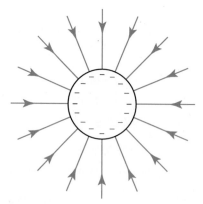

그림 16-1 음전하로 대전된 구에 대한 역선

다음으로 주어진 전하분포 근처의 각점에 대한 전기장 E를 어떻게 계산할 수 있는지 알아보자. 먼저 한 개의 점전하 q로부터 거리가 r인 곳에 전기장 E를 구해보도록 하자. 전기장 E를 구하기 위해 점전하로부터 거리가 r인 곳에 시험전하 q_0를 놓으면 Coulomb 법칙으로부터 이 시험전하에 작용하는 힘의 크기는

$$F = \frac{1}{4\pi\epsilon_0}\frac{qq_0}{r^2}$$

이다. 식 $(16-14)$로부터 점전하로부터 거리가 r인 곳에 전기장의 크기는

$$E = \frac{F}{q_0} = \frac{1}{4\pi\epsilon_0}\frac{q}{r^2} \qquad (16-15)$$

가 된다. E의 방향은 q가 양전하이면 반지름 방향에 따라 바깥쪽으로 향하고 q가 음전하이면 반지름 방향에 따라 안쪽으로 향한다. 다음에는 N개의 점전하 군에 대한 E를 구해보자. 주어진 점에서 각 전하에 의한 E_i를 계산하고 중첩 원리에 의해 E_i들의 값을 벡터 합성하면 주어진 점에서의 전기장 $\vec{E}$는

$$\vec{E} = \vec{E_1} + \vec{E_2} + \cdots + \vec{E_n} = \sum_{i=1}^{n}\vec{E_i} \qquad (16-16)$$

로 주어진다. 간단한 예로 **그림 16-2**의 전기 쌍극자(electric dipole)에 의한 전기장 E를 구해보기로 하자. 전기 쌍극자는 그림과 같이 전하량 q는 같으나 부호가 반대인 두 개의 전하를 말한다. 전하 사이의 거리를 d라 할 때 그 두 전하를 연결하는 선분을 수직 2등분하는 점을 지나고, 또 직교점에서 거리가 x인 곳 P점에서 전기장 E를 구해보자.

식 $(16-16)$으로부터 전기장 E는 다음과 같다.

$$E = E_1 = E_2$$

여기서 식 $(16-15)$로부터 E_1과 E_2의 크기는

$$E_1 = E_2 = \frac{1}{4\pi\epsilon_0}\frac{q}{(d/2)^2 + x^2}$$

E_1과 E_2의 벡터 합인 E의 크기는 **그림 16-2**로부터 $E = 2E_1\cos\theta$이다. **그림 16-2**에서

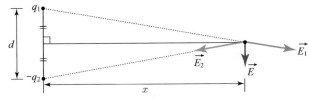

그림 16-2 전기 쌍극자

$$\cos\theta = \frac{\dfrac{d}{2}}{\sqrt{\left(\dfrac{d}{2}\right)^2 + x^2}}$$

이므로

$$E = \frac{1}{4\pi\epsilon_0} \frac{qd}{\left[\left(\dfrac{d}{2}\right)^2 + x^2\right]^{3/2}}$$

E의 방향은 그림에서 보인 수직하향이다. 물리적으로 쌍극자의 크기 d에 비해 아주 먼 거리 x에서 전기적 효과에 관심이 있다면 $\dfrac{d}{2} \ll x$이므로 분모의 $\dfrac{d}{2}$를 무시할 수 있으므로

$$E \approx \frac{1}{4\pi\epsilon_0} \frac{p}{x^3} \tag{16-17}$$

이다. 여기서 $p = qd$는 전기 쌍극자 모멘트 p의 크기이고, p의 방향은 쌍극자의 음전하로부터 양전하로 향하는 방향이다. 그러므로 점전하에서 먼 거리 x에서의 E는 식 (16-15)에 의해 q/x^2에 비례하고, 전기 쌍극자에서 먼 거리 x에서의 E는 식 (16-17)에 의해 q/x^3에 비례한다. 즉, 쌍극자 분리 거리 d가 0(零)이 아니므로 원거리 점에서 각 전하에 의한 개별적인 장은 거의 상쇄되나 완전히 상쇄되어 없어지지 않으므로 E가 p/x^3에 비례한다는 것을 위의 분석에 따라 이해할 수 있다. 또한 전하분포가 연속적이라면 전하를 미분요소 dq로 분할하고 dq를 마치 점전하처럼 다루어서, 임의의 점 P에서 전하요소 dq에 의한 전기장 dE의 크기는 식 (16-15)에 의해서

$$dE = \frac{1}{4\pi\epsilon_0} \frac{dq}{r^2} \tag{16-18}$$

로 주어진다. 여기서 r은 전하요소 dq로부터 전기장의 값을 알려는 점 P까지의 거리이다. 그러면 관측 점 P에서, 모든 전하요소들에 의한 전기장 E는 중첩원리에 의해 식 (16-16)으로 주어지며 연속적 분포에서는 적분에 의하여

$$E = \int dE \tag{16-19}$$

이 된다. 여기서 적분 계산도 벡터 연산으로 해야 된다. 만일 전하분포가 선전하밀도 λ에 따라 정해지면 전하요소는 $dq = \lambda dl$이 되고 dl은 길이의 미분요소이다. 또한 전하분포가 표면전하밀도 σ에 따라 주어지면 $dq = \sigma ds$가 되고 ds는 면적의 미분요소이며, 전하분포가 부피전하밀도 ρ에 따라 결정되면 $dq = \rho dv$가 되며 dv는 부피의 미분요소이다. 전하분포가 선 전하밀도에 따라 주어지는 다음과 같은 간단한 예를 들어보자.

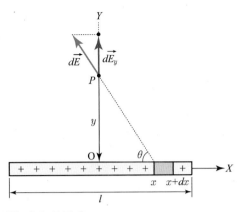

그림 16-3 전하분포가 균일한 길이 *l*인 막대

그림 16-3과 같이 유한한 길이 l을 가진 가느다란 부도체인 막대에 총 전하 q가 균일하게 퍼져 있다고 하자. 막대의 수직 2등분선상의 점 P에서 전기장 E를 구해보도록 하자.

먼저 x점에 있는 선분요소 dx에 있는 전하요소 $dq = \lambda dx$를 생각하자. 여기서 전하가 균일하게 분포되어 있으므로 λ는 x의 위치에 관계없이 일정하다. 선분요소 dx로부터 r만큼 떨어진 곳 P점에서 전하요소 dq에 의한 전기장 dE의 크기는

$$dE = \frac{1}{4\pi\epsilon_0} \frac{dq}{r^2} = \frac{1}{4\pi\epsilon_0} \frac{\lambda dx}{x^2 + y^2}$$

이다. 여기서 y는 막대에서 점 P까지의 거리이다. 식 (16 – 19)에 의해 P점에서의 전기장 $\vec{E}$는

$$\vec{E} = \int d\vec{E}$$
$$= \int dE_x \hat{i} + dE_y \hat{j}$$
$$= \int dE_y \hat{j}$$

이다. 여기서 대칭성에 의해 축에 평행한 성분, 즉 x방향의 성분은 모두 합성하면 서로 상쇄되어 쉽게 0이 됨을 알 수 있고, dE의 y방향의 성분 dE_y는

$$dE_y = dE\sin\theta = \frac{1}{4\pi\epsilon_0} \frac{\lambda dx}{x^2 + y^2} \frac{y}{(x^2 + y^2)^{1/2}}$$

$$= \frac{1}{4\pi\epsilon_0} \frac{ydx}{(x^2 + y^2)^{3/2}}$$

점 P가 수직 이등분선상에 있으므로 적분구간은 $-l/2$에서 $+l/2$까지이다. 그러므로 점 P에서의 전기장 E의 크기는

$$E = \int dE_y$$

$$= \frac{\lambda y}{4\rho\pi\epsilon_0} \int_{-l/2}^{l/2} \frac{dx}{(x^2+y^2)^{3/2}}$$

$$= \frac{\lambda y}{4\rho\pi\epsilon_0} \left[\frac{x}{y^2(x^2+y^2)^{1/2}} \right]_{l=-l/2}^{l=l/2}$$

$$= \frac{1}{2\pi\epsilon_0} \frac{\lambda}{y} \frac{l}{(l^2+4y^2)^{1/2}} \qquad (16-20)$$

이다. 만약에 전하분포가 무한히 긴 막대 위에 주어졌다면, 즉 $l \gg y$인 경우로 생각하여 분모의 $4y^2$을 무시할 수 있으므로 전기장 E는

$$E = \frac{1}{2\pi\epsilon_0} \frac{\lambda}{y} \hat{j} \qquad (16-21)$$

가 된다. 이 값은 또한 적분에서 $l \to \infty$로 취한 경우가 됨을 쉽게 알 수 있다. 흥미롭게도 무한대의 전하량을 가진 무한히 긴 막대의 전기장의 값이 유한하다는 것을 알 수 있다.

예제 2. 전하분포가 균일하고 양전하로 대전된 무한히 긴 도선이 있다. 이 도선에 수직인 평면에서 아래의 그림과 같이 전자가 일정한 속력으로 원운동을 할 때 전자의 속력을 구하라.

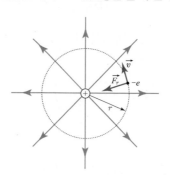

도선에 수직인 평면에서 원운동을 하는 전자

풀이 그림에서와 같이 전자는 원운동을 하면서 도선으로 향하는 크기가 F인 전기력을 받게 된다.

$$F = eE = \frac{e}{2\pi\epsilon_0} \frac{\lambda}{R}$$

여기서 R은 원운동의 반지름이다. Newton의 운동방정식으로부터 전자가 일정한 구심가속도 $a = v^2/R$인 원운동을 하므로

$$\frac{e}{2\pi\epsilon_0} \frac{\lambda}{R} = m\frac{v^2}{R}$$

$$v = \sqrt{\frac{e\lambda}{2\pi\epsilon_0 m}} \qquad (16-22)$$

이다. 따라서 전자의 속력이 반지름 R에 무관함을 알 수 있다.

16-4 전하를 가진 무한대의 평판

그림 16-4는 대전된 얇고 무한한 평판의 일부분을 그린 것이다. 표면의 단위면적당의 전하량인 전하밀도 σ는 일정하다. 이 평판 앞에서 거리가 r인 곳 P점에서의 전기장 E를 식 (16−21)의 결과를 사용하여 구해보자. 양전하를 가진 무한한 평판을 폭이 dx인 무한히 긴 도선들로서 이루어졌다고 생각하자. 주어진 점 P 바로 밑 C에서 x만큼 떨어진 곳에 폭이 dx인 무한히 긴 도선에 의한 P점에서의 전기장 dE의 세기는 식 (16−21)의 결과로부터

$$dE = \frac{1}{2\pi\epsilon_0} \frac{\sigma dx}{(x^2 + y^2)^{1/2}} \qquad (16-23)$$

를 얻는다. 여기서 폭이 dx인 도선들의 선전하밀도는 $\lambda = \sigma dx$로 주어짐을 사용하였다. 평판에 평행한 dE의 성분은 점 C의 반대편 거리 x에 놓여 있는 폭 dx인 도선에 의한 반대방향 평행성분에 의해 상쇄된다.

그러므로 전기장 $\vec{E}$의 크기는 dE의 평판에 수직인 성분의 크기 $dE\cos\theta = dE\dfrac{r}{(x^2 + y^2)^{1/2}}$ 의 합이 된다. 즉,

$$E = \int dE\cos\theta$$
$$= \frac{\sigma}{2\pi\epsilon_0} \int_{-\infty}^{\infty} \frac{rdx}{x^2 + y^2} = \frac{\sigma}{2\epsilon} \qquad (16-24)$$

이다. 여기서 $\arctan(\infty) = \dfrac{\pi}{2}$, $\arctan(-\infty) = -\dfrac{\pi}{2}$를 이용하였다. 전기장의 크기는 표면으로부터 거리에 무관하게 일정하며 방향은 대칭성에 의해 직접 표면으로부터 수직으로 밖으로 향함을 알 수 있다. 표면전하가 음전하이면 전기장의 방향이 표면을 향하여 수직이 될 것이다.

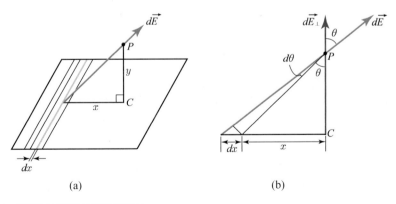

(a)   (b)

그림 16-4 양전하를 가진 무한대의 평판

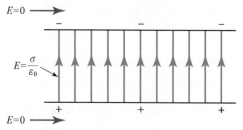

그림 16-5 전하가 서로 반대인 평행한 무한 평판에 의한 전기장

다음에는 **그림 16-5**에서처럼 표면전하밀도 σ가 같고 서로 반대부호인 평행한 무한대의 평면을 생각해 보자. 평행한 무한대 평판 사이에는 두 개의 표면으로부터 크기와 방향이 같은 전기장이 합성되어 크기가

$$E = \frac{\sigma}{\epsilon_0} \ (\text{평판 사이})$$

인 총 전기장이 주어지고 평행한 두 평판 바깥쪽에는 두 표면으로부터 크기가 같고 방향이 반대인 전기장이 합해져서 총 전기장의 크기가

$$E = 0 \ (\text{평판 밖})$$

이 된다. 다음에는 대전된 도체를 생각해 보자.

만약에 도체 내부에 있는 자유전자가 0인 전기력을 갖는다면 도체 내부에 전기장은 $E = 0$ 이어야 한다.

도체의 표면에서는 어디서나 표면의 아주 작은 부분들을 납작한 평판으로 근사해 볼 수 있다.

그러면 식 $(16-24)$ 밑에 주어진 설명과 비슷하게 전기장 E는 항상 표면에 수직임을 알 수가 있다. 그런데 $E \propto \sigma$이므로 E가 큰 곳에서 표면전하의 밀도가 클 것이다.

16-5 전기장 내의 전기 쌍극자

식 $(16-17)$에서 논한 바와 같이 전기 쌍극자 모멘트를 벡터 $\vec{p}$라고 할 수 있다.

$$\vec{p} = q\vec{d} \tag{16-25}$$

여기서 q는 전기 쌍극자의 어느 한쪽의 전하 크기이고 $\vec{d}$는 벡터로서 크기가 전하 사이의 거리 d이고 방향은 쌍극자의 음전하로부터 양전하로 향하는 방향이다. 이 쌍극자를 균일한 외부 전기장 E에 넣었다. 쌍극자 모멘트 p는 이 외부 전기장과 각 θ를 이룬다.

그림 16-6 전기 쌍극자

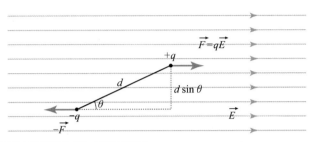

그림 16-7 균일한 외부 전기장에 있는 전기 쌍극자

그림 16-7과 같이 크기는 같으나 방향이 반대인 두 힘 $\vec{F}$와 $-\vec{F}$가 작용하는데, 여기서 $\vec{F} = q\vec{E}$이고 쌍극자에 작용하는 총 힘은 분명히 0이 되어 균일한 전기장 내에서 병진적으로는 움직이지 않는다. 그러나 전기 쌍극자는 전기장 방향에 평행하려고 회전하면서 토크를 받게 된다.

전하 $-q$를 중심으로 한 축에 의한 순 토크는 크기가

$$\tau = (d\sin\theta)F$$
$$= pE\sin\theta \qquad (16-26)$$

이고, 토크의 방향이 쌍극자가 전기장과 평행하기 위해 회전하는 방향이므로 토크를 벡터로 쓰면

$$\vec{\tau} = \vec{p} \times \vec{E} \qquad (16-27)$$

이다. 토크는 쌍극자가 전기장과 평행일 때 0이 되고 전기장과 수직일 때 최대가 된다. 쌍극자가 처음에 전기장과 평행일 때 쌍극자를 돌리려면 사람이 일을 해야만 된다. 그러므로 외부 전기장 E 안에 있는 쌍극자의 전기적 위치에너지 U를 생각할 수 있다. 이 위치에너지 U는 쌍극자를 θ의 초기치 θ_0에서 θ까지 회전시키는 데 요하는 일 W, 즉

$$W = \int_{\theta_0}^{\theta} \tau d\theta = U$$

와 같다. 여기서 τ는 일해야 하는 사람이 작용하는 토크로 식 (16-26)으로 주어진다. 위치에너지를 정하는 데 있어서 우리는 임의로 위치에너지가 0이 되는 곳을 정할 수가 있다. 이 것은 오직 위치에너지의 변화량만이 물리적 의미를 갖기 때문이다. 쌍극자의 위치에너지는

일반적으로 $\theta_0 = \dfrac{\pi}{2}$일 때 0이 되도록 θ_0를 정한다. 그러므로 어느 각도에서든 쌍극자의 위치에너지는

$$U(\theta) = \int_{\pi/2}^{\theta} pE\sin\theta d\theta = -pE\cos\theta \qquad (16-28)$$

이 된다. 즉, $U(\theta)$는 외부 사람이 쌍극자를 기준방향 $\theta_0 = \pi/2$에서 임의의 각 θ까지 돌리는데 행한 일이다.

여기서 우리는 식 (16-28)을 벡터형으로 일반화하면 쌍극자의 위치에너지는

$$U(\theta) = -\vec{p} \cdot \vec{E} \qquad (16-29)$$

이다. 이렇게 해서 쌍극자의 모멘트가 p가 외부 전기장 E와 평행이면 $U(\theta) = -pE$로 최솟값이고, p가 E와 반대방향이면 $U(\theta) = pE$로 최댓값이 됨을 알 수 있다.

16-6 Gauss 법칙

16-3절에서 전하분포를 알 경우 Coulomb 법칙으로부터 여러 가지 점에서 전기장 E를 계산하는 공부를 하였다. 이 절에서는 전하와 전기장 사이의 상호관계를 기술하는 또 다른 방법인 Gauss 법칙을 논하겠다. 즉, Coulomb 법칙을 Gauss 법칙이라는 다른 하나의 형식으로 표현할 수 있다. 우리는 어느 정도 전기장이 대칭성을 가지고 있는 문제에 대해 Gauss 법칙이 간단히 전기장의 해를 제공하여 준다는 것을 알게 될 것이다. Gauss 법칙은 전기장 E의 플럭스(Flux)에 관한 법칙이므로 먼저 플럭스를 정의한다. 균일하지 않은 전기장 내에 임의의 폐곡면을 생각하자. 이런 폐곡면을 Gauss면이라고 부른다. 이 폐곡면을 면적이 $d\vec{S}$인 아주 작은 사각형으로 나누자. 이 사각형은 아주 작기 때문에 하나의 평면으로 생각할 수 있다. 우리는 이런 작은 면적요소들을 벡터 $d\vec{S}$로 표현할 수 있다. $d\vec{S}$의 크기는 면적 $d\vec{S}$이고 방향은 표면에서 바깥쪽으로 나가는 법선방향으로 정한다. 이 작은 사각형 표면에서 전기장이 주어진다고 하면 그 전기장은 표면이 아주 작기 때문에 면적 $d\vec{S}$ 내의, 모든 점에서 일정하다고 생각할 수 있다. 이때 전기장 $\vec{E}$와 표면요소 $d\vec{S}$ 사이의 각을 θ라 하고, 표면요소를 지나는 전기 플럭스를 $d\Phi_E$라 하면 다음과 같이 정의한다.

$$d\Phi_E = E\cos\theta dS$$

즉, 전기 플럭스는 **그림 16-8**에서처럼 $d\vec{S}$의 방향에 평행한 전기장의 성분 $E\cos\theta$ 에 면적요소 $d\vec{S}$를 곱한 양(量)이다. 우리는 이 양을 아래와 같이 벡터로써 표시할 수 있다.

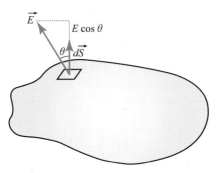

그림 16-8 표면요소 dS를 지나는 전기 플럭스 $d\Phi_E$

$$dΦ_E = \vec{E} \cdot d\vec{S} \qquad\qquad (16-30)$$

특히 $\vec{E}$가 $d\vec{S}$와 평행이면 플럭스 $dΦ_E = EdS$이고 $\vec{E}$가 $d\vec{S}$와 수직이면 플럭스 $dΦ_E = 0$이 된다. 하나의 폐곡면 전체에 걸쳐 총 전기 플럭스 $Φ_E$를 구하자면 모든 표면요소들에 대해 $\vec{E} \cdot d\vec{S}$를 계산하고 또 전체 표면에 대해 적분하면 된다. 이때 우리는 각 표면에서 $\vec{E}$의 크기와 방향을 고려하면서 적분하면

$$Φ_E = \oint dΦ_E = \oint \vec{E} \cdot d\vec{S} \qquad\qquad (16-31)$$

이다. 플럭스는 표면이 폐곡면이든, 열려 있는 곡면이든 관계없이 위의 방법으로 정의할 수 있다. 폐곡면일 때는 이 사실을 강조하기 위해서 적분기호에 동그라미를 더 그려 놓는다. 그러므로 플럭스는 모든 폐곡면에 걸친 E의 표면적분이다.

다음에는 Coulomb 법칙으로부터 임의의 폐곡면 전체에 걸쳐 계산한 전기 플럭스 $Φ_E$가 그 폐곡면 안에 있는 총 순전하 q와 비례함을 보이겠다. 이것을 Gauss의 법칙이라 한다.

우선 간단하게 하나의 양전하 q를 둘러싸고 있는 반경 r_1인 구형의 폐곡면을 **그림 16-9**와 같이 상상해 보자. 반경이 r_1인 폐곡선상의 임의의 점에서 E_1과 dS는 서로 평행하므로 $dΦ_E = \vec{E_1} \cdot d\vec{S} = E_1 dS$이고, 반경이 r_1인 모든 점에서 전기장의 크기 E_1은 일정하다. 즉,

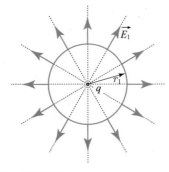

그림 16-9 점전하 q로부터 반경이 r_1인 폐곡면

$$E_1 = \frac{1}{4\pi\epsilon_0} \frac{q_1}{r_1^2}$$

그러므로 반경이 r_1인 폐곡면에 걸쳐 전기 플럭스 Φ_E는

$$\begin{aligned}
\Phi_E &= \oint \vec{E_1} \cdot d\vec{S} \\
&= \left(\frac{1}{4\pi\epsilon_0} \frac{q_1}{r_1^2} \right)(4\pi r_1^2) \\
&= \frac{q}{\epsilon_0}
\end{aligned} \tag{16-32}$$

이다. 구면의 반경 r_1이 증가할수록 전기장의 세기는 Coulomb의 법칙에 따라서 $1/r_1^2$에 비례하고 구면의 면적은 r_1^2에 비례하므로 r_1^2은 서로 상쇄된다. 그러므로 점전하 q를 둘러싸고 있는 임의의 구형 폐곡면에 걸친 전기 플럭스 Φ_E는 간단히 폐곡면 안에 있는 총 전하 q를 유전상수 ϵ_0로 나눈 것과 같다. 이 간단한 관계식은 일반적으로 성립한다. 즉, 어느 임의의 폐곡면에 걸친 총 전기 플럭스 Φ_E는 q/ϵ_0와 같다. 여기서 q는 그 폐곡면 내부에 있는 총 순전하(net charge)이다. 이것이 Gauss 법칙이다. 우리는 이 법칙을 일반적인 경우에 대해 설명하기로 하자. 이번에는 점전하 q를 둘러싸고 있는 임의 모양의 폐곡면을 **그림 16-10**과 같이 상상해 보자.

이 폐곡면 상에서 점전하로부터 거리가 r_2만큼 떨어진 곳에 있는 표면요소 dS_2를 통과하는 전기 플럭스를 생각하자. dS_2는 이 표면요소 반경 r_1인 구형의 폐곡면에 있는 표면요소 dS_1과 같은 입체각은 이루고 있는 표면요소이다. 즉, 점전하 q를 꼭짓점으로 해서 단일 원추가 표면요소 dS_1과 dS_2를 만나고 있다. 이제 이 두 표면요소를 통과하는 전기 플럭스 $d\Phi_{E_1}$과 $d\Phi_{E_2}$가 같음을 밝힌다.

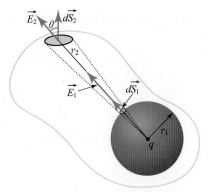

그림 16-10 2개의 표면요소 $d\vec{S_1}$과 $d\vec{S_2}$를 지나는 전기 플럭스는 똑같다.

먼저 표면요소 dS_2를 지나는 전기 플럭스 $d\Phi_{E_2}$는

$$d\Phi_{E_2} = \overrightarrow{E_2} \cdot \overrightarrow{dS_2}$$
$$= E_2 \cos\theta dS_2$$

이고, 여기서 θ는 $\overrightarrow{E_2}$와 $\overrightarrow{dS_2}$ 사이의 각도이고 거리 r_2에서 전기장 E_2는

$$E_2 = \frac{1}{4\pi\epsilon_0} \frac{q_1}{r_2^2}$$

이다. 그런데 두 표면요소가 이루는 입체각이 같으므로

$$\frac{dS_2 \cos\theta}{r_2^2} = \frac{dS_1}{r_1^2}$$

이다. 그러므로

$$d\Phi_{E_2} = \frac{1}{4\pi\epsilon_0} \frac{q}{r_1^2} dS_1$$
$$= E_1 dS_1$$
$$= d\Phi_{E_1} \tag{16-33}$$

이다. 즉, 두 개의 짝진 표면요소를 통과하는 전기 플럭스는 같다. 그러면 폐곡면에 걸쳐서 짝진 표면요소마다 위와 같은 분석과 식 (16−33)을 적용하면 점전하를 둘러싸고 있는 반경 r_1인 구면의 전 폐곡면을 통과하는 전기 플럭스는 임의 모양의 폐곡면 전체에 걸친 전기 플럭스와 같게 되므로 식 (16−32)가 성립됨을 알 수 있다. 만약에 점전하가 폐곡면 밖에 놓여 있으면 표면을 뚫고 들어가는 전기역선수가 표면으로부터 나오는 전기력선수와 같으므로 전 폐곡면을 통과하는 총 플럭스는 0이다. 이제는 임의 모양의 폐곡면 안에 q_1, q_2 ⋯ q_N 등 N개의 점전하가 있는 경우를 생각하자. 각각의 전하들로부터 폐곡면을 지나는 전기 플럭스를 계산하면

$$\oint \overrightarrow{E_1} \cdot \overrightarrow{dS} = \frac{q_1}{\epsilon_0}$$

$$\cdots$$

$$\oint \overrightarrow{E_N} \cdot \overrightarrow{dS} = \frac{q_N}{\epsilon_0}$$

이 된다. 위 식의 좌변과 우변끼리 서로 합치면

$$\oint \overrightarrow{E} \cdot \overrightarrow{dS} = \frac{q}{\epsilon_0} \tag{16-34}$$

이 된다. 여기서 중첩원리에 의해

$$E = E_1 + E_2 + \cdots + E_N$$

이고

$$q = q_1 + q_2 + \cdots + q_N$$

로 임의의 폐곡면 안에 있는 총 전하이다. 그러므로 임의 모양의 폐곡면을 지나는 전기 플럭스 Φ_E는 폐곡면 안에 있는 총 순전하 q를 유전상수 ϵ_0로 나눈 것과 같다. 이러한 Gauss의 법칙 식 (16−34)를 설명하기 위해서 우리는 식 (16−32)에서처럼 전기력이 $1/r^2$에 비례함과 식 (16−7)과 식 (16−16)에서와 같이 중첩의 원리가 적용됨을 사용하였다. Gauss 법칙인 식 (16−34)를 응용하기 위해서는 주어진 전하분포에 따라 표면적분을 해야 됨을 알 수 있다.

그런데 다음에 주어지는 예들처럼 폐곡면 안에 전하분포의 대칭성에 맞게끔 임의 모양의 폐곡면을 선택하면 간단히 표면적분이 될 수 있음을 알게 된다.

예제 3. Gauss 법칙을 사용하여 전하분포가 균일하고 양전하로 대전된 무한히 긴 플라스틱 막대 주위의 전기장을 구하라.

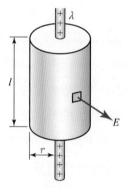

무한히 긴 선전하로부터 전기장을 구하기 위해 사용된 원통의 Gauss면

풀이 이 문제의 해답인 식 (16−21)은 모든 전하요소들에 의한 전기장들을 중첩원리인 식 (16−19)에 의해서 구했다. 이번에는 Gauss 법칙을 통해서 동일한 결과를 얻을 수 있음을 알 수 있다. Gauss 법칙을 사용하기 위해 균일한 선전하에 의한 E는 막대에 수직이고 반지름 방향으로 향함을 알아야 한다. 우리는 전기 플럭스를 간단히 계산하기 위해 폐곡면으로서 반지름이 r이고 길이가 l인 원통을 선택한다. 그러면 원통의 상하단면에서는 E의 방향이 표면의 방향과 수직이므로 플럭스의 값이 0이 되고, 원통의 측면에서 표면과 E의 방향이 평행하므로 플럭스의 값은 막대에서 거리 r인 점에서 일정한 전기장의 값 E와 표면의 면적 $2\pi rl$을 곱하여 $2\pi rl E$가 되므로 선택한 폐곡면 전체에 걸친 전기 플럭스는

$$\Phi_E = \oint \vec{E} \cdot d\vec{S} = 2\pi rl E$$

이고, 폐곡면 내에 있는 총 전하 q는 일정한 선전하밀도 λ로 된 길이 l의 막대에 대해

$$q = \int dq = \int \lambda dl = \lambda l$$

이므로 Gauss 법칙 식 $(16-34)$에 의해

$$2\pi r l E = \frac{\lambda l}{\epsilon_0}$$

이다. 그러므로 막대로부터 거리가 r인 점에서의 전기장 값은

$$E = \frac{1}{2\pi\epsilon_0} \frac{\lambda}{r}$$

가 되어 식 $(16-21)$과 일치함을 알 수 있다.

다음은 구면 대칭을 가진 전하분포에 대하여 전기장을 구해보도록 하자. 먼저 16-2절에 주어진 구각정리를 증명하기 위해 구각(spherical shell)으로 된 전하분포로부터 전기장을 구해보자.

그림 16-11에서와 같이 양전하 q가 반경 R인 구각 전 표면에 걸쳐 균일하게 분포되어 있다고 하자. 구각 바깥쪽($r > R$)의 전기장을 구하기 위해 반경 r인 구면의 폐곡면을 생각하자.

대칭성에 의해 폐곡면에서 전기장의 값은 일정하므로 반경 r인 구면에 따라 전기 플럭스 Φ_E를 구하면

$$\Phi_E = \oint \vec{E} \cdot d\vec{S} = E(4\pi r^2)$$

폐곡면 내에 있는 총 전하는 q이므로 Gauss 법칙에 따라

$$E(4\pi r^2) = \frac{q}{\epsilon_0}$$

그러므로 구각 바깥쪽인 곳에서 전기장 값은

$$E = \frac{1}{4\pi\epsilon_0} \frac{q}{r^2} \quad (r > R인\ 구각\ 바깥쪽)$$

이므로 16-2절의 구각 정리 1이 증명되었다. 다음에 구각 안쪽 $r < R$인 곳에 **그림 16-11(b)**와 같이 반경 r인 구면의 폐곡면을 생각하면 이 폐곡면 안에 총 전하가 0이므로 Gauss 법칙에 따라

$$E(4\pi r^2) = 0$$

그러므로 구각 안의 모든 점에서

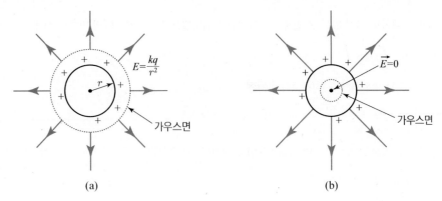

|(a)|(b)|

그림 16-11 전하가 구각에 따라 균일하게 분포되어 있을 때 전기장을 구하기 위한 폐곡면을 점선으로 나타내었다.

$$E = 0 \, (r < R \text{인 구각안})$$

이 되므로 16-2절의 구각 정리 2가 증명되었다. 그러면 **그림 16-12**와 같은 구대칭 전하분포는 여러 개의 동심의 구각으로 구성되어 있다고 생각할 수 있다. 각 구각마다 균일한 밀도를 가졌고 그 값이 다르다면 전하밀도가 반경의 함수가 될 것이다. 그럴 경우 구 바깥쪽의 전기장을 구하면 반경 $r > R$인 구면의 폐곡면을 생각하면 Gauss 법칙으로부터 반경이 $r > R$인 곳의 전기장은 마치 총 전하 q가 구의 중심에 있을 때 주어지는 전기장 값 식 $(16-15)$와 같으며 반경 $r < R$인 구 안쪽의 모든 점에서 전기장을 구하려면 반경 r인 구면의 폐곡면을 구 안에 선택하여 **그림 16-12**에서처럼 Gauss 법칙을 사용하면 플럭스는

$$\oint \vec{E} \cdot d\vec{S} = E(4\pi r^2) = \frac{q'}{\epsilon_0}$$

이 되고, 여기서 반경 r인 폐곡면 안의 총 전하 q'는

$$q' = \int_0^r \rho(r) 4\pi r^2 dr$$

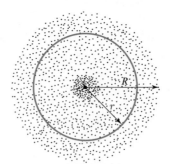

그림 16-12 구대칭 전하분포 전기장을 구하기 위한 폐곡면

으로 $\rho(r)$은 반경 r의 함수인 전하밀도이며 $4\pi r^2 dr = dV$로 부피요소이다. 즉, 반경 $r < R$인 곳의 전기장은

$$E = \frac{1}{4\pi\epsilon_0}\frac{q'}{r^2} \ (r < R \text{인 구의 안}) \tag{16-35}$$

그러므로 반경 r인 구 안에 있는 전하 q'에 의한 전기장은 구각 정리 1에 의해 마치 구 중심에 총 전하 q'가 있는 것처럼 생각할 수 있고, 반경 r인 구 바깥쪽에 있는 전하들에 의한 전기장은 구각 정리 2에 의해 0이 되는 것이다.

예제 4. 총 전하가 q이고 전하분포가 균일한 반경 R인 구 안의 전기장을 구하라.

풀이 전하분포가 일정하므로

$$\rho(r) = \frac{q}{\frac{4}{3}\pi R^3} = \text{상수}$$

이다. 반경 $r < R$인 곳의 전기장을 구하기 위해 **그림 16-12**에서처럼 반경 r인 구면의 폐곡면을 취하면 대칭성과 Gauss 법칙으로부터 전기장은 식 (16-35)로 주어진다. 여기서 q'는 구 안에 있는 총 전하이므로

$$q' = \int_r^0 \rho 4\pi r^2 dr$$
$$= q\frac{\frac{4}{3}\pi r^3}{\frac{4}{3}\pi R^3}$$
$$= q\frac{r^3}{R^3}$$

그러므로 식 (16-35)로부터 반경 r인 곳의 전기장은

$$E = \frac{1}{4\pi\epsilon_0}\frac{q'}{r^2}$$
$$= \left(\frac{q}{4\pi\epsilon_0 R^3}\right)r$$

이 된다. 따라서 $r = 0$인 구의 중심에선 $E = 0$이 되며 구각 정리 2에 의한 결과가 같게 되고, $r = R$인 곳에서는 구각 정리 1에 의한 결과인 총 전하 q가 마치 구 중심에 있을 때의 전기장 값과 같게 됨을 쉽게 알 수 있다.

풀이 도체의 내부에서는 $E = 0$이므로 Gauss 법칙을 사용하여 도체 내부에는 전하가 존재하지 않고 전하는 모두 도체 표면에만 존재함을 알 수 있다. 이 전하들의 표면전하밀도를 σ라 하자. 그리고 다음 그림에 보인 것처럼 임의의 모양의 대전된 도체 표면을 생각하자.

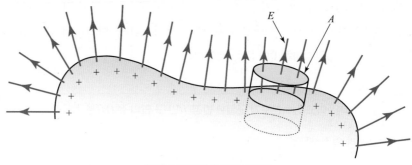

대전된 도체와 원통인 폐곡면

표면 바깥의 전기장 E는 그림에서와 같이 표면에 수직이므로 표면 가까이에서 전기장을 구하기 위해 도체의 안과 밖을 관통하는 밑면적이 ΔS인 아주 작은 원통 폐곡면을 생각해야 한다. 도체의 내부에서는 $E = 0$이고, 도체 밖 원통 측면에서는 전기장의 방향과 원통 표면의 방향이 수직이므로 전기 플럭스는 없게 되고, 따라서 원통이 폐곡면을 통하는 전기 플럭스는 원통 위쪽 단면에 의해서 결정되므로

$$\Phi_E = \int \vec{E} \cdot d\vec{S} = E\Delta S$$

이다. 여기서 E는 아주 작은 ΔS와 방향이 같고 그 작은 표면 전체에 걸쳐 일정하다고 본다. 작은 표면 ΔS 안의 표면전하밀도 σ가 일정하다고 보면 원통형 폐곡면에 총 전하 q는

$$q = \int \sigma dS = \sigma \Delta S$$

이므로 Gauss 법칙 $\Phi_E = q/\epsilon_0$에 따라 $E = \sigma/\epsilon_0$가 된다. 도체 표면 밖의 전기장은 표면에 수직이므로 전기장은 표면전하밀도에 비례한다. 즉, 전하가 많이 모여 있는 표면에서 전기장 값이 커짐을 알 수 있다.

연습문제

01 각 변의 길이가 a인 정사각형의 모서리에 전하 q가 놓여 있다고 하자. 나머지 세 전하로부터 받는 각 전하에 작용하는 힘의 크기는 얼마인가?

02 소금의 결정에서 단일가의 나트륨이온과 이웃한 염소이온 사이의 거리가 2.82×10^{-10} m일 경우 (결정 내 이온을 점전하로 가정) 이들 이온 사이에 작용하는 전기력의 크기는 얼마인가?

03 수소 원소에서 전자가 양성자 주위에 따라 반경이 0.53×10^{-10} m인 원 운동을 하고 있다. 전자에 작용하는 전기력의 크기와 전자의 속력을 구하라.

04 두 개의 자유 점전하 $+q$와 $+9q$가 거리 d만큼 서로 떨어져 있다. 세 번째 전하를 배치시켜서 전체계가 평형상태를 이루었을 때 이 세 번째 전하의 위치, 크기 부호를 구하라.

05 총 전하가 q이고 반경이 r인 전하분포가 균일한 고리(ring)가 있다. 고리의 중심으로부터 거리 x에 있는 고리의 축상의 점에서의 전기장의 크기가 다음과 같음을 보여라.

$$E = \frac{q}{4\pi\epsilon_0} \frac{x}{(r^2 + x^2)^{3/2}}$$

06 다음의 그림은 전형적인 전기 2중극자(Electric quadarpole)를 나타낸 것이다. 이것은 두 개의 쌍극자로 되어 있으며, 외부점에서 두 개의 쌍극자의 효과가 아주 다 상쇄되지 않은 것이다. 4중극자 축상에 따라 4중극자 중심에서 x만큼 떨어진 곳에서 E값이 ($x \gg d$를 가정하여) 다음과 같이 주어짐을 보여라. (여기서 $Q = 2qd^2$은 주어진 전하분포에 대한 4중극자의 모멘트라고 한다.)

$$E = \frac{3}{4\pi\epsilon_0} \frac{Q}{x^4}$$

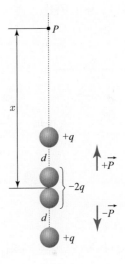

07 반지름이 R이고 길이가 무한대인 전하분포가 균일한 원통이 있다. 이 원통의 일정한 부피전하밀도는 ρ이다. 원통축으로부터 거리 r이 (a) $r < R$인 곳과 (b) $r > R$인 곳에서 전기장의 크기 E를 구하라.

08 반경이 R이고 부피전하밀도 ρ가 일정한 구가 있다. 이 구의 지름에 따라서 작은 터널이 뚫려 있고, 질량이 m이고 전하가 $-q$인 입자가 터널에 따라 운동할 때 이 운동이 단순조화운동임을 보이고, 그 진동수를 구하라.

09 무게 $2\,g$의 작은 플라스틱 공이 천장의 길이 $10\,cm$의 실에 매달려 수평 방향으로 $2 \times 10^5\,N/C$인 균일한 전기장 속에 놓여 있다. 실의 각도가 연직 방향과 $30°$가 될 때 공이 균형을 이루어 정지한다면, 공의 순 전하는 얼마인가?

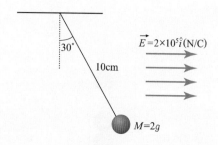

10 반지름이 $10\,cm$인 얇은 구의 표면에 총 전하 $32\,mC$이 균일하게 분포되어 있다. 전하분포의 중심에서 $10\,cm$ 떨어진 곳에서의 전기장을 구하라.

11 전기장의 세기가 일정하게 $1.4 \times 10^6\,N/C$인 공간에 전자가 놓여 있다. 이 전자가 처음에 정지해 있다가 가속되어 빛의 속도의 1/10을 얻었다면 그동안 지나간 거리를 구하라.

12 $4q$인 전하와 q인 전하가 거리 r만큼 떨어져 있다. 이때 전기장이 0인 지점은 어디에 있는가?

13 헬륨 원자에서 전자가 원자핵 주위를 따라 반경 $1 \times 10^{-10}\,m$인 원운동을 하고 있다. 전자에 작용하는 전기력의 크기와 전자의 속력을 구하라. (헬륨 원자핵은 2개의 양성자와 2개의 중성자로 이루어져 있고, 전자와 전자 사이의 힘은 무시한다.)

14 다음 그림은 두 개의 평행한 부도체의 평면 종이이며, 같은 양의 양전하로 고르게 대전되어 있다. 이때 전기장의 세기와 방향을 (a) 두 종이 사이, (b) 왼쪽, (c) 오른쪽일 때 각각을 역선으로 표시하라.

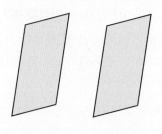

15 다음 그림과 같이 양전하 $+2q$로 대전된 반지름이 a인 도체 구가, $-q$로 대전된 안쪽 반지름이 b이고 바깥 반지름이 c인 도체 구각의 중심에 위치하고 있다. Gauss 법칙을 이용하여 그림에 표기된 1, 2, 3, 4 영역에서의 전기장을 구하고, 구각의 전하분포에 대해서 설명하라. (힌트 : 도체 안의 전기장은 0이며, 전하는 도체 표면으로 모두 이동한다.)

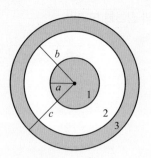

16 두 개의 양전하가 있는데 두 전하의 합은 5×10^{-5} C이다. 만약에 두 전하가 2 m만큼 떨어져 있을 때 받는 힘이 1 N이라면 각 전하의 전하량은 얼마인가?

17 네 개의 양성자와 네 개의 중성자로 구성되어 있는 ^{8}Be핵은 매우 불안정하여, 자발적으로 두 개의 알파입자(두 개의 양성자와 두 개의 중성자로 구성되어 있는 헬륨핵)로 쪼개어진다. 두 개의 알파입자가 서로 2 fm $(1 \, \text{fm} = 10^{-15} \, \text{m})$만큼 떨어져 있는 경우에 둘 사이의 전기력과 그에 따른 가속도를 구하라.

18 전자가 2×10^{-16} J의 운동에너지를 갖고 있다. 이러한 전자들을 1 m 거리에서 정지하게 할 수 있는 최소의 균일한 전기장을 구하라. 이때 전자들이 정지하는 데 걸리는 시간은 얼마인가?

19 헬륨 원자핵은 $+2e$의 전하를 가지고 있다. 이때 원자핵을 중심으로 반경 1 Å 의 구를 지나는 전기 플럭스의 양을 구하라.

20 지표면에 있는 전자가 느끼는 중력을 상쇄하기 위해서 얼마만큼의 전기장이 필요한가? 만일 이러한 전기장이 다른 전자에 의해서 만들어진다고 하면 이때 두 전자 사이의 거리는 얼마인가?

CHAPTER 17

전위와 전기용량

17-1 전위

주어진 전하분포에 대하여 전기장을 구하는 문제는 Coulomb 법칙이나 Gauss 법칙을 사용하여 벡터량인 전기장을 직접 구할 수 있음을 논의했고, 이 장에서는 스칼라량인 전위(electric potential) V에 대해서 기술하고 이것으로부터 전기장을 구할 수 있음을 공부하게 된다. 그러면 전위는 어떻게 정의되는지 알아보자. 전위를 정의하기 위해서는 전위차가 무엇인가를 알 필요가 있다. 주어진 전하분포에 의한 전기장에 대하여 양전하인 시험전하 q_0를 임의의 점 a에서 또 다른 임의의 점 b까지 항상 평형을 유지하면서 움직인다면 전기장이 시험전하에 한 일을 생각할 수 있다. 이 일을 W_{ab}라 하고 점 a에서 전위를 V_a라 하면 a와 b 사이의 전위차는

$$V_b - V_a = -\frac{W_{ab}}{q_0} \tag{17-1}$$

이다. 그러므로 $-W_{ab}$는 시험전하를 점 a에서 점 b까지 움직이는 데 외부에서 해준 일과 같다. 이제 한 점에서의 전위 V를 정의할 수 있는데, 이때 점 a를 주어진 전하분포로부터 무한히 먼 위치에 잡고 $V_a = 0$이라 하면

$$V = -\frac{W}{q_0}$$

가 된다. $-W$는 전기장에 의해 q_0에 작용하는 힘 q_0E에 거슬러 시험 전하 q_0를 무한원으로부터 전위를 구하려는 점까지 이동시켜 오는 데 한 일이다. 전위차의 국제단위(SI unit)는 주울/쿨롱이다. 이 단위를 특별히 볼트라고 부른다. 즉, 1 volt = 1 J/C 이다. 여기서 우리는 원자 물리학, 원자핵물리학 등에서 많이 쓰는 전자볼트를 정의할 수 있다. 1전자볼트(electron volt, 약호 eV)는 전자나 양성자가 지니는 기본 전하 e를 전위차가 1볼트인 두 점 사이를 움직이는 데 한 일과 같다. 즉,

$$1\,eV = (1.6 \times 10^{-19}\,C)(1\,J/C)$$
$$= 1.6 \times 10^{-19}\,J$$

이다. 동일한 전위를 가지는 점의 궤적면이 등전위면이다. 그러면 식 (17-1)로부터 하나의 등전위면에서 다른 등전위면으로의 시험전하를 운반하는 데 한 일은 등전위면을 잇는 운동경로와는 무관하다. **그림 17-1**에서와 같이 전기장이 균일하지 않고 또 직선이 아닌 경로에 따라서 시험전하 q_0를 점 a로부터 점 b까지 이동시키기로 하자.

시험전하에 전기장이 힘 $+q_0\vec{E}$를 가하므로 시험전하가 가속되지 않으려면 외부에서 $-q_0\vec{E}$의 힘으로 평형을 유지시키면서 일을 한다. 시험전하가 운동경로에 따라서 변위 $\vec{dl}$ 만

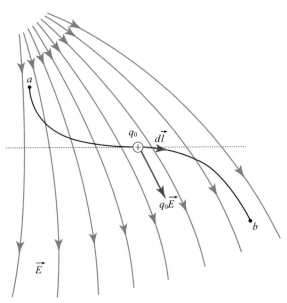

그림 17-1 시험전하 q_0를 균일하지 않은 전기장 내에서 점 a로부터 점 b까지 움직인다.

큼 움직인다면 전기장에 의한 일은 $q_0\vec{E}\cdot\vec{dl}$ 이 된다. 시험전하가 점 a로부터 점 b까지 이동하는 동안 한 총 일 W_{ab}를 구하려고 운동경로의 모든 미분요소에 따라 선적분을 행하면

$$W_{ab} = \int_a^b q_0\vec{E}\cdot\vec{dl}$$

이 된다. 그러면 식 $(17-1)$에 의해

$$V_b - V_a = -\int_a^b \vec{E}\cdot\vec{dl} \qquad (17-2)$$

이 된다. 점 a를 주어진 전하분포로부터 무한히 먼 거리에 있다고 하고 $V_a = 0$이라 놓으면 점 b에서 전위 $V_b = V$라 하면

$$V = -\int_\infty^b \vec{E}\cdot\vec{dl} \qquad (17-3)$$

이 되어 전기장 $\vec{E}$를 모든 점에서 알면 주어진 점에서 전위 V를 구할 수 있다. 그러면 먼저 점전하로 인한 전위를 구해보자. **그림 17-2**처럼 고정된 양의 점전하 q 부근에 두 점 a와 b를 생각하자. 시험전하 q_0를 외부에서 힘을 가해 두 점과 점전하 q를 연결한 직선에 따라 a에서 b로 이동시키기로 하자.

E의 방향과 dl의 방향이 반대이므로 $\vec{E}\cdot\vec{dl} = -Edl$이 되고, 거리가 dl만큼 이동하면 r이 감소하는 방향으로 운동하므로 r의 원점을 점전하 q가 있는 곳으로 하면 $dl = -dr$이 되어 $\vec{E}\cdot\vec{dl} = Edr$이 된다. r의 모든 점에서 전기장의 세기 E가

그림 17-2 시험전하 q_0를 외부에서 힘을 가해 점 a로부터 점 b까지 이동시킨다.

$$E = \frac{1}{4\pi\epsilon_0}\frac{q}{r^2}$$

이므로 식 (17 − 2)에 의해

$$V_b - V_a = -\frac{q}{4\pi\epsilon_0}\int_{r_a}^{r_b}\frac{dr}{r^2}$$

$$= \frac{q}{4\pi\epsilon_0}\left(\frac{1}{r_b} - \frac{1}{r_a}\right)$$

이 된다. 여기서 전위의 기준위치 a를 전하분포로부터 무한히 먼 위치에 잡고, 즉 $r_a \rightarrow \infty$로 하고 $V_a = 0$이라고 하면 하부 첨자 b를 일반적으로 생각하여 떼어버리면

$$V = \frac{1}{4\pi\epsilon_0}\frac{q}{r} \tag{17-4}$$

가 된다. 이 식이 고정된 점전하에 대한 모든 점 r에서 전위값으로 r이 일정하면 전위가 같아 등전위면이 점전하 q를 중심으로 한 동심원들이라는 것을 알 수 있을 것이다. 다음에는 여러 개의 점전하가 있는 경우를 생각해 보자. 전위의 값을 알려는 점에서 각기 거리가 $r_1, r_2, r_3 \cdots$인 점에 전하 $q_1, q_2, q_3 \cdots$가 있다면 총 전위값 V는 식 (17 − 4)로부터 주어지는 각 전위값의 합이므로

$$V = V_1 + V_2 + \cdots$$

$$= \frac{1}{4\pi\epsilon_0}\left(\frac{q_1}{r_1} + \frac{q_2}{r_2} + \cdots\right)$$

$$= \frac{1}{4\pi\epsilon_0}\sum_i\frac{q_i}{r_i} \tag{17-5}$$

이 된다. 총 전기장을 구할 때는 16장의 식 (16 − 16)처럼 벡터 합산이지만 총 전위를 구할 때는 위의 식처럼 대수 합산이므로 전기장보다는 전위의 개념을 쓰는 것이 간단하다는 것을 알 수 있다. 전하분포가 연속이라면 식 (17 − 5)에서 합산은 적분으로 대치된다. 즉,

$$V = \frac{1}{4\pi\epsilon_0}\int\frac{dq}{r} \tag{17-6}$$

이다. 여기서 dq는 총 전위 V를 알려는 점에서 r만큼 떨어진 위치에 있는 전하의 미분요소이다. 식 (17 − 5)의 응용 예로 부호가 서로 다르고 크기가 같은 두 개의 $\pm q$가 거리 d만큼 분리되어 있는 전기 쌍극자를 생각하자.

그림 17-3처럼 이 전기 쌍극자로 인한 공간의 임의의 점에서 전위 V에 대한 식을 구해보자. 임의의 점 P는 r과 θ라는 양으로 표시된다. r과 θ를 고정시켜 놓고 z축 주위로 점 P를 회전시켜도 대칭성에 의해 전위가 같음을 알 수 있다. 따라서 이 z축을 포함하는 임의의 평면에서 $V(r, \theta)$만 구하면 된다. 식 $(17-5)$로부터

$$V = V_1 + V_2$$

$$= \frac{1}{4\pi\epsilon_0}\left(\frac{q}{r_1} - \frac{q}{r_2}\right) = \frac{q}{4\pi\epsilon_0}\frac{r_2 - r_1}{r_1 r_2}$$

이 된다. 위 식은 정확한 관계식인데, 이제 $r \gg d$인 경우를 국한해서 고려하면 근사적으로

$$r_2 - r_1 \simeq d\cos\theta$$

$$r_2 r_1 = r^2$$

이므로 점 P에서 전위는

$$V(r, \theta) = \frac{1}{4\pi\epsilon_0}\frac{p\cos\theta}{r^2} \quad (r \gg d)$$

가 된다. 여기서 $p = qd$는 쌍극자 모멘트의 크기이다. 그러므로 전위는 q와 d에 따로따로 의존하는 것이 아니며 오직 그 두 양의 곱인 p의 함수가 된다는 사실을 유의해야 한다. 그리고 $\theta = 90°$인 모든 곳에서 V가 0이 되고 $\theta = 0°$일 때 V가 가장 큰 양의 값을 가지며 $\theta = 180°$일 때 V가 가장 큰 음의 값을 갖는다.

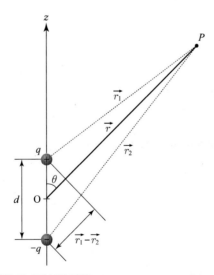

그림 17-3 전기 쌍극자에 대한 점 P에서의 전위

풀이 전하분포가 연속이므로 식 $(17-6)$을 사용하자. z축상의 점 P로부터 r만큼 떨어진 곳의 전하 요소 dq를 아래의 그림과 같이 생각해 보자.

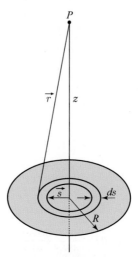

반경이 R인 균일하게 대전된 원판의 축상에서의 점 P

반지름이 s이고 폭이 ds인 원형 고리로 구성되는 전하요소 dq는 $dq = \sigma(2\pi s)ds$이다. 여기서 $(2\pi s)ds$는 평면조각의 면적이다. 이 전하요소 dq의 모든 부분은 z축상의 점 P로부터 동일한 거리 $r = \sqrt{z^2 + s^2}$에 있다. 총 전위 V는 모든 평면조각에 대한 전위의 합이므로

$$V = \frac{1}{4\pi\epsilon_0}\int_0^R \frac{\sigma 2\pi s\, ds}{\sqrt{z^2 + s^2}}$$

$$= \frac{\sigma}{2\epsilon_0}(\sqrt{z^2 + R^2} - z)$$

이다. 위 식은 모든 값에 대해 성립한다. 이제 $z \gg R$이라는 특별한 경우에 대해 적용하면

$$\sqrt{z^2 + R^2} = z\left(1 + \frac{R^2}{z^2}\right)^{1/2}$$

$$= z\left(1 + \frac{1}{2}\cdot\frac{R^2}{z^2} + \cdots\right)$$

$$\simeq z + \frac{R^2}{2z}$$

이므로 $z \gg R$인 곳의 전위는

$$V = \frac{\sigma R^2}{4\epsilon_0 z} = \frac{1}{4\pi\epsilon_0}\frac{q}{z}$$

이다. 여기서 $q \equiv \sigma(\pi R^2)$은 원판상의 총 전하이다. 그러므로 $z \gg R$에 대해서는 원판을 총 전하 q를 가진 점전하인 것처럼 생각할 수 있다.

17-2 전기 퍼텐셜 에너지

분리거리가 r인 두 전하 q_1과 q_2를 생각하자. 두 전하 사이의 분리거리가 증가하였을 때 전하분포가 서로 반대이면 양의 일을 외부에서 해야 되고 전하분포가 서로 같으면 음의 일을 외부에서 해야 된다. 이때 두 전하 사이의 분리거리가 r인 때의 전기 퍼텐셜 에너지 U는 두 전하가 무한대의 분리거리로부터 분리거리가 r이 되도록 외부에서 해준 일로 정의한다. 두 전하가 초기 위치에서나 최종 위치에서 모두 정지해 있다고(운동에너지가 없다고) 가정한다. **그림 17-4**는 분리거리가 r인 두 전하 q_1과 q_2를 나타낸다. 전하 q_1을 정지시킨 상태에서 전하 q_2를 무한대에서부터 분리거리가 r인 곳에 위치하도록 할 때 외부에서 한 일은 전위의 정의인 식 (17−1)로부터

$$U = q_2 V$$

가 된다. 여기서 V는 전하 q_1에 의한 분리거리가 r인 점에서의 전위이다. 즉,

$$V = \frac{1}{4\pi\epsilon_0} \frac{q_1}{r} \qquad (17-7)$$

이다. 그러므로 두 전하의 분리거리가 r일 때의 전기 퍼텐셜 에너지는 U는 다음과 같다.

$$U = \frac{1}{4\pi\epsilon_0} \frac{q_1 q_2}{r} \qquad (17-8)$$

그러면 점전하들로 된 계의 전기 퍼텐셜 에너지는 전하들을 무한원의 거리로부터 주어진 분리거리들에 있게끔 계를 만들어주는 데 있어 외부에서 해준 일과 같다. 그러므로 두 개 이상의 전하를 포함하는 계의 총 전기 퍼텐셜 에너지 U는 개별적으로 모든 전하쌍에 대한 전기 퍼텐셜 에너지를 계산한 다음 결과를 대수적으로 합산한다. 예를 들어보면 세 개의 전하 q_1, q_2, q_3가 **그림 17-5**처럼 하나의 계를 이룰 때 총 전기 퍼텐셜 에너지 U는

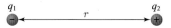

그림 17-4 두 점전하 사이의 퍼텐셜 에너지 U

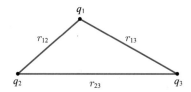

그림 17-5 세 개의 전하로 된 계의 전기 퍼텐셜 에너지

$$U = U_{12} + U_{13} + U_{23}$$

$$= \frac{1}{4\pi\epsilon_0}\frac{q_1 q_2}{r_{12}} + \frac{1}{4\pi\epsilon_0}\frac{q_1 q_3}{r_{13}} + \frac{1}{4\pi\epsilon_0}\frac{q_2 q_3}{r_{23}}$$

가 된다. 여기서 U_{ij}는 전하 q_j가 전하 q_i로부터 분리거리 r_{ij}일 때의 전기 퍼텐셜 에너지이다.

17-3 전위와 전기장

식 (17−3)에서 모든 점에서 전기장 E를 알면 전위 V를 어떻게 구하는가를 보였다. 이 절에서는 반대로 모든 점에서 전위 $V(r)$을 안다면 어떻게 전기장 $E(r)$을 구하는가를 논하겠다. 만약에 주어진 전하분포에 대하여 모든 점에서 전위 V를 안다면 등전위면의 군을 그릴 수 있다. 이 등전위면에 직각으로 그려진 역선들이 전기장 E의 변화를 기술한다. **그림 17-6**은 전위차가 dV만큼 되는 등전위면의 군을 나타낸 것이다. 임의의 점 P에서의 E는 P를 통한 등전위면에 직각이다. 만약에 시험전하 q_0를 점 P로부터 표시된 운동경로에 따라 하나의 등전위면에서 전위차가 dV가 되는 다른 등전위면으로 움직인다면 식 (17−1)로부터 전기장이 시험전하에 한 일은 $-q_0 dV$가 된다.

또 다른 관점으로부터 전기장이 한 일은

$$(q_0\vec{E}) \cdot \vec{dl} = q_0 E dl \cos\theta$$

이므로

$$-q_0 dV = q_0 E dl \cos\theta \text{ 또는 } E\cos\theta = -\frac{dV}{dl}$$

이다. 그러나 $E\cos\theta$는 **그림 17-6**에서 l 방향의 E 성분이다. 그 양을 E_l이라 표시하면

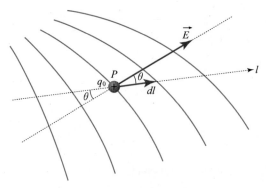

그림 17-6　시험전하 q_0가 하나의 등전위면에서 다른 등전위면으로 거리 dl만큼 움직인다.

$$E_l = -\frac{dV}{dl} \qquad (17-9)$$

이다. 위 방정식은 식 (17−3)의 역이라 할 수 있는데 어느 방향에 있는 직선에 따라 전위의 변화율에 부호를 바꾸어주면 그 방향의 전기장 성분이 됨을 말한다. 이번에는 l의 방향을 x, y, z축의 방향으로 하면 각 방향의 전기장의 성분은

$$E_x = -\frac{\partial V}{\partial x}, \quad E_y = -\frac{\partial V}{\partial y}, \quad E_z = -\frac{\partial V}{\partial z}$$

이다. 그러므로 전위 $V(x, y, z)$를 안다면 우리는 전기장 $E(x, y, z)$를 구할 수 있다.

예제 2. 예제 1에서 대전된 원판의 z축상의 점에서의 전기장을 구하라.

풀이 대전된 원판의 z축상의 모든 점에서 전위값은

$$V(z) = \frac{\sigma}{2\epsilon_0}(\sqrt{z^2 + R^2} - z)$$

이다. 대칭성에 따라 z축상의 전기장 E는 z축을 향한다. 즉,

$$E = E_z \hat{z}$$

식 (17−9)로부터 l 방향을 z축으로 한다면

$$E_z = -\frac{dV}{dz}$$
$$= \frac{\sigma}{2\epsilon_0}\left(1 - \frac{z}{\sqrt{z^2 + R^2}}\right)$$

가 된다. 다음에는 양전하인 점전하로부터 거리 r만큼 떨어진 곳의 전위가 식 (17−4)로부터

$$V(r) = \frac{1}{4\pi\epsilon_0}\frac{q}{r}$$

로 주어지는데 전기장 E를 알려면 대칭성에 따라 E방향을 r의 방향으로 하면

$$\vec{E} = E_r \hat{r}$$

이며 식 (17−9)에서 l 방향을 r의 방향으로 하면

$$E_r = -\frac{dV}{dr}$$
$$= \frac{1}{4\pi\epsilon_0}\frac{q}{r^2}$$

가 되며 16장의 식 (16−15)가 됨을 쉽게 알 수 있다.

17-4 전기용량

이 절에서는 축전기의 전기용량을 정의하고 몇 개의 간단한 모양의 축전기에 대해 전기용량을 계산할 것이다. 그리고 축전지에 저장된 에너지와 전기장의 에너지 밀도를 공부할 것이다.

그림 17-7은 전하량이 같고 부호가 반대인 전하 $+q$와 $-q$를 가진 두 도체가 전위차 V를 가지고 있음을 보여 준다. 위와 같이 대전된 한 쌍의 도체는 축전기를 이룬다고 한다.

하나의 축전기에 있어서 전하 q와 전위차 V는 서로 비례한다. 즉,

$$q = CV \qquad (17-10)$$

이다. 여기서 비례상수 C를 이 축전기의 전기용량(Capacitance)이라고 한다. C는 도체의 모양이나 도체가 잠겨있는 매질의 성질에도 관련된다. 축전기의 전기용량은 축전지가 주어진 전위차에 대해 얼마만큼 전하를 저장할 수 있는가의 능력을 측정하는 양이라 할 수 있다. 식 (17-10)으로부터 전기용량의 국제단위가 쿨롱/볼트임을 알 수 있다. 그런데 Faraday가 전기용량의 개념을 발전시켰기 때문에 이 단위를 특별히 패럿이라고 한다. 즉,

1패럿 = 1쿨롱/볼트

1패럿은 상당히 큰 양이므로 실제로 우리는 마이크로 패럿($1\mu F = 10^{-6}F$)과 피코패럿($1pF = 10^{-12}F$)을 사용한다.

이제 여러 가지 모양의 축전기의 전기용량은 어떻게 계산할 수 있는지 생각해 보자. 먼저 축전기 극판의 전하 q에 대해 16장의 식 (16-34)인 Gauss 법칙

$$\oint \vec{E} \cdot d\vec{S} = \frac{q}{\epsilon_0}$$

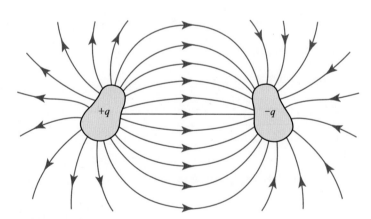

그림 17-7 일반적인 형태의 축전기

을 사용하여 극판 사이의 전기장 E를 구하고 전기장으로부터 식 $(17-2)$를 사용하여 극판 사이에 전위차 V

$$V = V_b - V_a$$
$$= -\int_a^b \vec{E} \cdot \vec{dl}$$

을 구하고, 식 $(17-10)$에 의해 전기용량 $C = q/V$를 구한다. 간단한 예로 평행판 축전기의 전기용량을 구해보자.

그림 17-8은 극판 사이의 거리가 d이고 면적이 A인 평행판 축전기를 그린 것이다. 축전기가 상당히 크고 거리 d가 충분히 작다면 극판의 가장자리에 나타나는 전기장의 휘어짐(fringing)을 무시할 수 있다. **그림 17-8**처럼 폐곡면을 택하면 Gauss 법칙으로부터

$$EA = q/\epsilon_0$$
$$E = \frac{q}{\epsilon_0 A}$$

인 세기의 E가 극판 사이에 주어지며, 전위차 V는 음극판을 a로 정하고 양극판을 b로 하면 E와 dl은 서로 반대방향이므로

$$V = \int_0^d E dl = Ed$$

가 되고 위에서 구한 E를 대입하면

$$V = \frac{d}{\epsilon_0 A} q$$

가 되므로 전기용량 $C = q/V$는

$$C = \frac{\epsilon_0 A}{d}$$

로 주어진다. 실제로 전기용량은 기하학적 인자인 극판의 면적 A와 극판 사이의 거리 d에만 관계하고 있음을 알 수 있다.

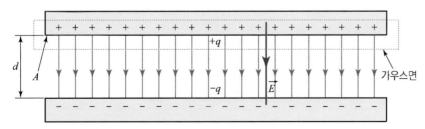

그림 17-8 대전된 평행판 축전기

예제 3. 반지름이 각각 a와 b이고 길이가 l인 두 개의 동축 원통으로 되어 있는 아래의 그림과 같은 원통형 축전기가 있다. 이 축전기의 전기용량을 구하라.

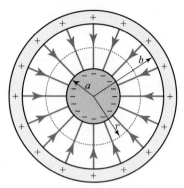

반지름이 r이고 길이가 l인 폐쇄된 원통인 폐곡면을 점선으로 나타냄

풀이 극판 사이의 전기장 E를 구하기 위해 위의 그림과 같은 평면의 덮개를 가진 반지름이 r이고 길이가 l인 폐곡면에 대해 Gauss 법칙

$$\oint \vec{E} \cdot d\vec{s} = \frac{q}{\epsilon_0}$$

로부터 윗면과 아랫면에서는 전기장 E와 면의 방향이 수직이므로 플럭스는 0이고 측면에서의 플럭스는

$$E(2\pi r)(l) = \frac{q}{\epsilon_0}$$

가 된다. 여기서 q는 반경이 a인 원통에 있는 전하이다. 그러므로

$$E = \frac{1}{2\pi\epsilon_0 l}\frac{q}{r}$$

가 된다. 다음에 극판 사이의 전위차는 $\vec{E} \cdot d\vec{l} = -Edr$이므로

$$V = -\int_a^b \vec{E} \cdot d\vec{l}$$
$$= \int_a^b \frac{1}{2\pi\epsilon_0 l}\frac{q}{r}dr$$
$$= \frac{q}{2\pi\epsilon_0 l}\ln\frac{b}{a}$$

가 된다. 그러면 전기용량의 정의식으로부터

$$C = \frac{q}{V} = \frac{2\pi\epsilon_0 l}{\ln\left(\dfrac{b}{a}\right)}$$

로 주어진다. 즉, 전기용량 C는 축전기의 모양에 해당하는 기하학적 인자 a, b, l에만 관계하고 있다.

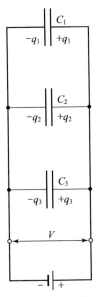

그림 17-9 세 개의 축전기가 같은 전압으로 연결된 병렬연결

다음에는 전기회로에서 축전기가 여러 가지 모양으로 결합되어 있을 때 이 결합과 등가인 단일의 전기용량 C_{eq}를 구하는 문제를 생각해 보자. 가장 간단한 결합으로 직렬연결과 병렬연결이 있다. 등가전기용량 C_{eq}를 간단히 이해하기 위해 먼저 병렬로 연결된 축전기들에 대해서 논의하자. **그림 17-9**와 같이 축전기들이 같은 전압을 갖도록 연결되어 있을 때 우리는 병렬로 연결되어 있다고 한다. 이와 같은 병렬연결에서 동등한 단일의 전기용량 C_{eq}를 구해보자. 각 축전기에 대해 식 (17−10)으로부터 다음과 같이 주어진다.

$$q_1 = C_1 V, \quad q_2 = C_2 V, \quad q_3 = C_3 V$$

병렬연결에 주어진 총 전하 q는

$$q = q_1 + q_2 + q_3$$
$$= (C_1 + C_2 + C_3) V \tag{17−11}$$

으로 주어지고 식 (17−10)으로부터 등가전기용량 C_{eq}는

$$C_{eq} = \frac{q}{V}$$
$$= C_1 + C_2 + C_3 \tag{17−12}$$

이 된다. 병렬연결의 등가전기용량은 각 축전기의 전기용량들의 합과 같음을 알 수 있다. 다음은 직렬연결의 등가전기용량 C_{eq}를 구해보자. **그림 17-10**과 같이 회로의 총 전압 V가 각 축전기의 전압들 V_1, V_2, V_3의 합과 같을 때 축전기가 직렬로 연결되어 있다고 한다. 점선으로 둘러싸인 부분에 전하가 유입하거나 유출하는 길이 없다면 점선으로 둘러싼 회로 부분에

순 전하는 0이어야 한다. 그러므로 직렬로 연결된 축전기의 각 극판에 있는 전하의 크기는 q 로 다 같다. 각각의 축전기에 식 (17 – 10)을 적용하면

$$V_1 = \frac{q}{C_1}, \quad V_2 = \frac{q}{C_2}, \quad V_3 = \frac{q}{C_3}$$

이 되고, 총 전압 V는

$$V = V_1 + V_2 + V_3$$
$$= q\left(\frac{1}{C_1} + \frac{1}{C_2} + \frac{1}{C_3} \right)$$

이 되므로 등가전기용량 C_{eq}는

$$C_{eq} = \frac{q}{V} = \frac{1}{\dfrac{1}{C_1} + \dfrac{1}{C_2} + \dfrac{1}{C_3}}$$

이 된다. 또는

$$\frac{1}{C_{eq}} = \frac{1}{C_1} + \frac{1}{C_2} + \frac{1}{C_3} \tag{17 – 13}$$

으로 쓸 수 있다. 식 (17 – 13)으로부터 등가전기용량 C_{eq}는 축전기들 가운데 가장 작은 전기용량보다 항상 작음을 알 수 있다. 다음은 축전기를 대전시키는 데 한 일 W와 축전기 극판 사이 공간의 전기적 에너지 밀도 u와의 관계를 알아보자. 어느 시각에 전하 q'가 축전기의 한 극판에서 다른 극판에 옮겨져 있다면 두 극판 사이의 전위차 V'는 q'/C일 것이다. 여기에 미소전하량 dq'를 옮겨 놓으면 외부에서 해야 할 일의 양 dW는 전위의 정의인 식 (17 – 1)로부터

$$dW = V' dq'$$
$$= \frac{q'}{C} dq'$$

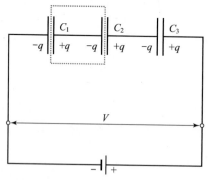

그림 17-10 직렬로 연결된 세 개의 축전기

이다. 움직인 총 전하량이 q일 때, 외부에서 한 총 일 W는

$$W = \int dW = \int_0^q \frac{q'}{C} dq' = \frac{1}{2} \frac{q^2}{C}$$

이다. 이 일은 축전기의 전하분포에 대한 전기 퍼텐셜 에너지 U와 같은 것이다. 그러므로 관계식 $q = CV$에서

$$U = \frac{1}{2} CV^2 \qquad\qquad (17-14)$$

이 전기 퍼텐셜 에너지 U가 축전기 극판 사이의 공간에 저장되는 것이다. 평행판 축전기 사이의 공간의 각 점에서 E의 값은 동일하다. 그러므로 에너지 밀도 u, 즉 단위 부피당의 퍼텐셜 에너지도 균일할 것이다. 그러므로 그 판의 면적을 A라 하고 극판 사이의 거리가 d라면 극판 사이의 부피가 Ad이므로 전기적 에너지 밀도 u는

$$u = \frac{U}{Ad}$$

$$= \frac{CV^2}{2Ad}$$

가 되고 $C = \dfrac{\epsilon_0 A}{d}$이고 극판 사이의 전기장 $E = \dfrac{V}{d}$이므로

$$u = \frac{1}{2} \epsilon_0 E^2 \qquad\qquad (17-15)$$

이 된다. 에너지 밀도가 주어진 점에서의 전기장의 제곱에 비례한다. 위의 식은 아주 간단한 경우인 평행판 축전기의 예로부터 구했지만 일반적으로 성립된다. 즉, 위의 식은 모든 전기장에 대한 전기적 에너지 밀도식이 된다. 주어진 전하분포에 대해 공간상의 모든 점에서 전기장 E와 $\frac{1}{2}\epsilon_0 E^2$으로 주어지는 에너지 밀도들로 분포되어 있다.

예제 4. 진공 안에 반경이 R이고 총 전하가 q인 대전된 구 주위의 전기장에 의한 총 전기적 에너지 U를 구하라.

풀이 구의 중심으로부터 거리가 $r(r \gg R)$인 곳의 전기장의 크기는

$$E = \frac{1}{4\pi\epsilon_0} \frac{q}{r^2}$$

이고, 그곳에서 전기적 에너지 밀도 u는

$$u = \frac{1}{2} \epsilon_0 E^2 = \frac{q^2}{32\pi^2\epsilon_0} \frac{1}{r^4}$$

이다. 반경이 r과 $r+dr$ 사이의 구각에 대한 에너지 dU는

$$dU = u(4\pi r^2 dr)$$

이다. 여기서 $4\pi r^2 dr$은 구각의 부피이다. 따라서 반경이 R보다 큰 공간에 대한 총 전기적 에너지 U는 다음과 같다.

$$
\begin{aligned}
U &= \int dU \\
&= \int_R^\infty \frac{q}{32\pi^2 \epsilon_0} \frac{1}{r^4} 4\pi r^2 dr \\
&= \frac{1}{8\pi\epsilon_0} \frac{q^2}{R}
\end{aligned}
$$

앞에서는 대전된 평행판 축전기에서 극판 사이가 진공인 경우 전기용량이 $C = \dfrac{\epsilon_0 A}{d}$임을 보았다. 그런데 Faraday는 극판 사이에 **표 17-1**에 있는 것과 같은 유전체를 극판 사이에 채우면 전기용량이 유전상수 K만큼 증가하는 것을 발견했다.

유전체를 평행판 축전기 극판 사이에 채우면 극판 가까이에 있는 유전체 분자들이 극판 전하의 전기력에 의해 극판전하와 반대부호를 띤 유도표면전하(induced surface charge)를 형성하게 된다. 그러므로 이 유도표면전하에 의한 전기장 E_0'은 극판 전하에 의한 전기장 E_0와 반대방향이므로 총 전기장 $E = E_0 + E_0'$의 세기는 작게 되는 것이다. 즉,

$$E = \frac{E_0}{K} \quad (K > 1) \tag{17-16}$$

가 된다. 그런데 $V = Ed$이고 $C = \dfrac{q}{V}$이므로 전기용량 C는 K라는 인자만큼 증가한다. 그러므로 유전체가 있을 때의 전기용량 C는

$$
\begin{aligned}
C &= K\frac{\epsilon_0 A}{d} \\
&= KC_0
\end{aligned}
\tag{17-17}
$$

표 17-1 유전체(dielectrics)의 성질

재료	유전상수	유전강도(kV/mm)
공기	1.00054	3
자기	6.5	4
종이	3.5	16
물(20℃)	80.4	
파이렉스	4.7	14

로 주어진다. 여기서 C_0는 극판 사이가 진공인 경우의 전기용량이다. 또한 평행판 축전기 안에 유전상수가 K인 유전체가 있으면 전기적 에너지 밀도 u는 식 (17 − 15)에서와 같이

$$u = \frac{U}{Ad}$$

$$= \frac{1}{Ad} \left(\frac{1}{2} CV^2 \right)$$

$$= \frac{1}{2} K\epsilon_0 E^2 \qquad (17-18)$$

이 된다. 위 관계식은 유전상수가 K인 유전체가 있는 곳에서 일반적으로 성립된다. 다음에는 유전상수가 K인 유전체를 가진 영역에서 Gauss 법칙에 관해 논의해 보자. 진공상태에서 도입된 Gauss 법칙인 16장의 식 (16 − 34)와 비교하기 위해 평행판 축전기의 예를 설명하기로 한다. **그림 17-11**은 유전체가 없는 경우와 있는 경우에 대한 평행판 축전기를 나타낸 것이다. 두 경우 모두 극판에 있는 전하 q는 동일하다. 유전체가 없다면 Gauss 법칙은 주어진 폐곡면에 대해

$$\oint \vec{E} \cdot d\vec{S} = E_0 A = \frac{q}{\epsilon_0}$$

즉,

$$E_0 = \frac{q}{\epsilon_0 A}$$

가 되고, 유전체가 있다면 유도표면전하 $-q'$가 생기므로 유전체 안에서 전기장 E는 Gauss 법칙에 의해

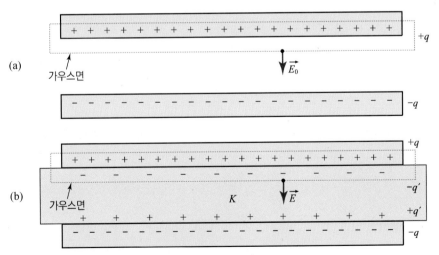

그림 17-11 (a) 유전체가 없는 경우의 평행판 축전기
(b) 유전체가 있는 경우의 평행판 축전기

$$\oint \vec{E} \cdot d\vec{S} = EA = \frac{q - q'}{\epsilon_0}$$

즉,

$$E = \frac{q - q'}{\epsilon_0 A}$$

유전체가 있는 곳에서는 전기장이 식 (17 – 16)으로 주어지므로

$$E = \frac{E_0}{K} = \frac{q}{K\epsilon_0 A}$$

가 된다. 따라서 폐곡면 안에 있는 총 전하는

$$q - q' = \frac{q}{K}$$

가 되어 유전체가 있을 경우 폐곡면 안에 있는 총 전하는 $\frac{q}{K}$가 됨을 알 수 있다. 그러므로 유전체가 있을 경우 Gauss 법칙은

$$\oint \vec{E} \cdot d\vec{S} = \frac{q}{K\epsilon_0} \qquad (17 - 19)$$

가 된다. 따라서 유전상수가 K인 유전체가 있는 곳에서는 진공 중에 있을 때의 유전율 ϵ_0를 $K\epsilon_0$로 대치하면 모든 정전기학 문제를 풀 수 있다. 어떤 물질의 유전상수를 ϵ이라 하면 진공에 대한 상대 유전상수는 $\epsilon/\epsilon_0 (= K)$이며, 본문에서는 줄여서 K를 유전상수라 불렀다.

연습문제

01 전위가 $100\ \mathrm{V}$ 이고 반경이 $0.1\ \mathrm{m}$ 인 도체구의 표면에서의 전하밀도 σ 를 구하라.

02 전자선을 멈추게 하는 전위차가 $100\ \mathrm{V}$ 였다면 초기속력은 얼마인가?

03 총 전하가 q 이고 반경이 r 인 전하분포가 균일한 고리가 있다. 고리의 중심으로부터 거리 z 에 있는 고리의 축 위의 점에서의 전위가 다음 식과 같음을 보이고 전기장을 구하여 16장의 연습문제 5의 답과 일치함을 보여라.

$$V = \frac{q}{4\pi\epsilon_0} \frac{1}{\sqrt{r^2 + x^2}}$$

04 두 개의 양성자의 거리가 $1 \times 10^{-10}\ \mathrm{m}$ 와 $1 \times 10^{-15}\ \mathrm{m}$ 일 때 전기 퍼텐셜 에너지 크기를 비교하라.

05 반지름이 각각 r_1 과 r_2 인 두 동심 구각으로 되어 있는 구면 축전기의 전기용량이 다음 식과 같음을 보여라.

$$C = 4\pi\epsilon_0 \frac{r_1 r_2}{r_2 - r_1}\ (r_2 > r_1)$$

06 전자가 원점에서 초속 $4 \times 10^6\ \mathrm{m/s}$ 의 속도로 x 축 방향으로 이동하고 있다. 전자의 속력은 $x = 4\ \mathrm{cm}$ 위치에서 $2 \times 10^5\ \mathrm{m/s}$ 로 감소되었다. 이 점과 원점 사이의 전위차를 계산하라.

07 처음에 중성이던 반지름 $0.3\ \mathrm{m}$ 의 구형의 도체 표면에 $7.5\ \mathrm{kV}$ 의 전위를 산출하려면 얼마나 많은 전자들이 제거되어야 하는가?

08 축전기 안의 전기장은 $1,000\ \mathrm{V/m}$ 이다. 이 축전기의 크기가 $1\ \mathrm{m} \times 1\ \mathrm{m} \times 0.1\ \mathrm{m}$ 일 때 축전기 안에 저장된 전기 에너지는 얼마인가?

09 어떤 RAM(Random Access Memory) chip의 전기용량이 $55\ \mathrm{fF}\,(55 \times 10^{-15}\ \mathrm{farad})$ 이다. 만약에 전위차가 $5.3\ \mathrm{V}$ 이면 몇 개의 초과 전자가 음극판에 있는가?

10 전자가 한 금속판(음극)으로부터 다른 금속판(양극)으로 $1,000\ \mathrm{V}$ 의 전위 차이를 지나 움직인다.

(a) 전자가 양극에 충돌하는 순간의 속력을 구하라.

(b) 양극으로부터 음극으로 움직이는 양성자에 대하여 같은 계산을 하라.

11 러더포드의 유명한 입자 산란 실험에서 알파입자 ($+2e$의 전하와 6.6×10^{-27} kg의 질량을 가짐)가 3×10^7 m/s의 속도로 전하 $+79\,e$를 가지고 있는 고정된 금의 핵을 향해 일직선으로 발사되었다. 알파입자가 되튕겨 나오기 전에 금의 핵에 가까이 접근할 수 있는 최소거리는 얼마인가?

12 (a) 10 V 전지에 연결되어 있는 $4\,\mu\text{F}$ 축전기의 각 판에 얼마만큼의 전하가 충전되어 있는가?

　　(b) 똑같은 축전기를 2 V의 전지에 연결하면 저장된 전하는 얼마가 되겠는가?

13 반대로 대전된 한 쌍의 평행판 사이의 전위차가 200 V이다.

　　(a) 판들의 전하는 그대로 유지하고 판 사이 간격을 두 배로 했을 때 판 사이의 새로운 전위차를 구하라.

　　(b) 판 사이의 간격은 두 배이지만 전위차를 처음과 같이 일정하게 유지할 때, 판 하나에 충전된 최종 전하와 원래 전하에 대한 비는 어떻게 되는가?

14 다음 그림에서 (a) 축전기들의 등가 전기용량과 (b) 각 축전기에 충전된 전하를 구하라.

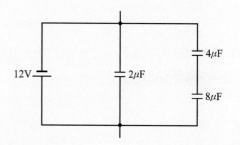

15 $10\,\mu\text{F}$ 축전기와 $20\,\mu\text{F}$ 축전기가 각각 40 V의 전지와 연결되어 충전되었다.

　　(a) 각 축전기의 전하를 구하라.

　　(b) 각 축전기와 전지의 연결을 끊고, $10\,\mu\text{F}$ 축전기의 음의 판을 $20\,\mu\text{F}$ 축전기의 양의 판과 연결하는 방법으로 축전기들을 직렬로 연결하였다. 따라서 건전지도 직렬로 연결되었다. 이때 각 축전기의 최종 전하와 $10\,\mu\text{F}$ 축전기 양단의 전위차를 구하라.

16 두 축전기 $C_1 = 20\,\mu\text{F}$와 $C_2 = 40\,\mu\text{F}$가 병렬연결되어 200 V의 전원에 의해 충전되었다.

　　(a) 두 축전기에 저장된 총 에너지를 구하라.

　　(b) 두 축전지를 직렬로 연결하였을 때, (a)의 경우와 똑같은 총 에너지를 저장하려면 전위차를 얼마로 해야 하는가?

17 0.025 C의 전하를 점 P에서 점 Q로 옮길 때 5 J의 일이 필요하다. 이때 두 점 사이의 전위차는 얼마인가?

18 반지름 $5\,cm$의 금속구 A가 $10^{-6}\,C$의 초기 전하를 가지고 있다. 다른 금속구는 반지름 15 cm이며 초기 전하가 $10^{-5}\,C$이다. 만약에 두 금속구를 접촉시킨 다음에 떨어뜨리면 각각의 저장된 전하량은 얼마인가?

19 아주 넓은 금속성 판이 표면전하밀도 $\sigma = 10^{-2}$ C/m^2의 전하분포를 가지고 있다. 이러한 전하분포에 의한 전기장 에너지 밀도의 값은 얼마인가?

20 수소원자의 Bohr 모델에서 전자는 양성자 주위를 반지름 $0.53\,\text{Å}$의 원형궤도를 그리며 돌고 있는 것으로 생각된다. 이때 전자가 느끼는 전기장과 전위는 각각 얼마인가?

CHAPTER 18

전류와 저항

18-1 전류와 전류밀도

임의의 도선 한 단면을 지나는 전하의 흐름률을 전류(current)라 한다. 즉, 시간 Δt가 경과하는 동안에 임의의 단면적을 통과하는 순전하량으로 정의한다.

$$i = \frac{\Delta Q}{\Delta t} \qquad (18-1)$$

여기서 i의 단위는 암페어(Ampere, 약호는 A), ΔQ는 쿨롱(Coulomb, 약호는 C)이다. 전류의 방향은 양전하(positive charge) 흐름의 방향으로 정한다. 시간에 따라 전하가 흐르는 율(率)이 일정하지 않을 경우 전류는 시간에 따라 변하게 된다. 이 경우에는 식 (18-1)의 극한으로 주어진다. 즉,

$$i = \lim_{\Delta t \to 0} \frac{\Delta Q}{\Delta t} = \frac{dQ}{dt} \qquad (18-2)$$

로 순간전류를 정의한다. 도체 전체로서의 양이 아닌, 도체 내부의 한 점의 특성적인 양으로 전류밀도(current density) 벡터 J를 정의한다. J는 공간 내의 어떤 점에서 단위면적당 흐르는 전류로 정의한다. 즉, 단면적이 A인 도체상의 전류가 균일하게 분포되어 있다고 할 때 그 면적상의 모든 점에 대한 전류밀도 벡터의 크기는

$$J = \frac{i}{A} \qquad (18-3)$$

또는

$$i = \vec{J} \cdot \vec{A} = J_n A \qquad (18-4)$$

이다. 여기서 $\vec{A}$는 면적 A인 평면에 수직인 벡터이며, J_n는 $\vec{A}$에 평행한 방향의 전류밀도 성분이다. 전류밀도가 일정하지 않을 경우 평면 A를 지나는 전류는 적분에 의하여

$$i = \int_s \vec{J} \cdot d\vec{A} \qquad (18-5)$$

가 되며 전류 i는 전류밀도벡터 J의 그 평면 전체에 대한 선속(flux)이 된다. 전류밀도벡터 J로부터 도체 내부에서 전하운반자의 평균속도, 즉 유동속도(drift velocity) V_d를 계산할 수 있다. 실제로 전하는 외부에서 힘을 받은 직후(전지가 연결된 직후)를 제외하고는 여러 원인에 의한 충돌 때문에 가속이 되지 않는다. 충돌로 인해서 속력이 줄어들게 하는 힘이 전기력과 똑같으므로, 전하는 곧 일정한 속도인 유동속도에 도달한다. 이것은 공중에서 작용하는 가벼운 물체가 일정한 최종속도를 갖는 것과 비슷하다. **그림 18-1**은 일정한 유동속력 v_d로 오른쪽으로 운동하고 있는 도선 내부의 전도전하를 나타낸다. 단위체적당의 전하운반자의 밀

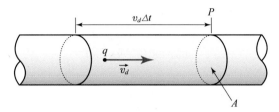

그림 18-1 점 P에서 면적 A를 통하여 흐르는 전류는 그 면적을 통과하는 전하의 흐름률과 같다.

도를 n, 운반자의 전하를 e, 도선의 체적을 Al로 나타낼 때 체적 속에 있는 총 입자수는 nAl이 되고 총 전하는

$$Q = nAle \qquad (18-6)$$

로 표현된다. 또한 전하가 도선의 한쪽에서 다른 쪽 끝까지 규정된 체적을 통과할 때 걸리는 시간은

$$t = \frac{l}{v_d}$$

이다. 따라서

$$i = \frac{Q}{t} = \frac{nAle}{l/v_d} = nAev_d \qquad (18-7)$$

로 주어지고 전류밀도는

$$j = \frac{i}{A} = nev_d \qquad (18-8)$$

이며

$$J = nev_d$$
$$V_d = \frac{j}{ne} \qquad (18-9)$$

로 주어진다.

예제 1. $3\,\mathrm{mm}^2$의 단면적을 갖고 있는 동선에 $6\,\mathrm{A}$의 전류가 흐르고 있다. 다음 양을 계산하라. (여기서 구리의 밀도 $\rho = 8.93 \times 10^3\,\mathrm{kg/m^3}$이고, 원자질량 $A = 63.54\,u$이다.)

(a) 단위체적당(m^3) 자유전자의 수

(b) 1시간 사이에 임의의 단면적을 통과하는 전하의 양

(c) 전류밀도

(d) 전자의 유동속도

풀이 (a) 각각의 원자에 한 개씩의 자유전자가 배당된다고 할 때 단위체적당 전자의 수는

$$n = \rho \frac{n_A}{A} = 8.93 \times 10^3 \,\text{kg/m}^3 \frac{6.022 \times 10^{23}/ \text{mol}}{63.54 \times 10^{-3}\,\text{kg/mol}}$$

$$\simeq 0.85 \times 10^{29}/\text{m}^3$$

(b) $Q = 6A \times 1h = 6C/\text{s} \times 3{,}600\text{s} = 2.16 \times 10^4 \,\text{C}$

(c) $j = \dfrac{i}{A}$ 에서

$$j = \frac{i}{A} = \frac{6A}{3\,\text{mm}^2} = \frac{6A}{3 \times 10^{-6}\,\text{m}^2} = 2 \times 10^6 \,\text{A/m}^2$$

(d) $j = nqv$ 이므로

$$j = \frac{j}{ne} = \frac{2 \times 10^6 \,\text{A/m}^2}{(0.85 \times 10^{29}/\text{m}^3)(1.6 \times 10^{-19}\text{C})} \simeq 1.47 \times 10^{-4} \,\text{m/s}$$

이다. 즉, 유동속도는 작다는 것을 알 수 있다.

18-2 전하의 보존

전류는 전하의 흐름이므로 그들 사이의 상관관계에 대한 유용한 관계식을 도출할 수 있다. 먼저 임의의 체적 V를 생각하자. 이 체적에 유입(流入)되는 전류, 즉 전류의 순 흐름은 V 내에 전하의 증가를 가져온다. 이것을 수학적으로 표현하면 다음과 같다.

$$-\int_s \vec{J} \cdot d\vec{A} = \frac{\partial}{\partial t} \int_V \rho dV \tag{18-10}$$

여기서 좌변은 체적 내로 유입하는 전체 유입량(coulomb/s)을 표시하고, 우변은 체적 내의 전체 전하의 시간에 따른 순증가율(coulomb/s)을 표시한다. 이 식의 A는 체적 V의 표면적이다.

발산정리

$$\int_V \nabla \cdot \vec{J} dV = \int_s \vec{J} \cdot d\vec{A} \tag{18-11}$$

를 이용하면 식 (18-10)은

$$\int_V \left(\nabla \cdot \vec{J} + \frac{\partial \rho}{\partial t} \right) dV = 0 \tag{18-12}$$

으로 된다. 식 (18-12)는 체적 V에 상관없이 성립하여야 하므로 전하보존법칙에 대한 미분형을 유도할 수 있다. 즉,

$$\nabla \cdot \vec{J} + \frac{\partial \rho}{\partial t} = 0 \qquad (18-13)$$

이다. 이 식은 보통 연속방정식으로 알려져 있고 전하밀도가 시간에 따라 일정한 경우, 즉 정상전류인 경우는

$$\nabla \cdot \vec{J} = 0 \qquad (18-14)$$

이 성립한다. 이 식은 회로 안에서 어떤 집합점에 유입 또는 유출되는 전류의 총합이 0이라는 Kirchhoff의 제1법칙에 귀착한다.

18-3 비저항과 저항

물체가 점성매질 속에서 수직 낙하할 때는 중력이 존재함에도 불구하고 매질에 의한 저항 때문에 물체는 종단속도에 도달한 후 더 이상 가속되지 않는다. 이와 비슷하게 도체 내에 전기장 E가 걸리면 전하는 qE의 힘으로 가속되게 된다. 그러나 전하의 흐름에 대한 매질의 저항 때문에(충돌에 의해서) 전하는 평균 종단속도에 도달하는데 우리는 앞에서 이를 유동속도라고 하였다. 여기서 우리는 전하의 흐름이 도체의 성질이나 가해진 전기장에 어떠한 연관이 있나 살펴보자. 전류밀도 J는 전기장의 크기 E와 도체의 종류에 의해 결정된다. 즉,

$$J \propto E$$

이고 비례상수가 그 물질의 특성을 나타내는 전도도(conductivity)이다. 따라서 등방성 물질에 대해서

$$J = \sigma E \qquad (18-15)$$

또는 저항에 관련된 비저항(resistivity)을 이용하여 Ohm의 법칙의 또 다른 형태인

$$E = \rho J \qquad (18-16)$$

로 된다. 여기서 두 양, 즉 σ와 ρ는 서로 역수관계를 가지므로

$$\sigma = \frac{1}{\rho} \qquad (18-17)$$

이고 σ의 단위는 $(\Omega \cdot m)^{-1}$이다. 단면적이 A이고 길이가 l인, 정상전류 i를 통과시키는 원통형의 도체를 생각하자. 이 도체의 양단 간에 전위차 V가 걸리면 도체 내에는 전기장 E가 생성되며 이에 따라 전류가 흐를 것이다.

E와 J의 정의로부터

$$E = \frac{V}{l}, \quad J = \frac{i}{A} \tag{18-18}$$

이므로 식 (18-15)로부터

$$\rho = \frac{E}{J} = \frac{V/l}{i/A}$$

라고 쓸 수 있다. 그러나 전위차 V와 전류 i의 비를 저항(resistance) R이라고 하며, 위 식으로부터

$$R = \frac{V}{i} = \rho\frac{l}{A} \tag{18-19}$$

이 된다. V를 volt, 전류 i를 ampere로 할 때 R은 ohm(Ω)으로 표시한다. 실제로 미시적인 양 E, ρ, J는 직접 측정할 수 없는 양이지만, 이에 해당하는 세 거시적인 양 V, R, i는 측정이 가능하며 $V = RI$의 관계를 갖는다.

예제 2. 비저항이 $5.5 \times 10^{-8}\,\Omega\mathrm{m}$ 의 재료로 만들어진 길이가 $20\,\mathrm{m}$이고 단면의 반지름이 $2\,\mathrm{mm}$ 인 도선의 저항은 얼마인가? 또 도선의 양 끝이 $24\,\mathrm{V}$의 전원이 연결된다면 이때 i, J, E의 값은 각각 얼마인가?

풀이 도선의 단면적은 $A = \pi r^2 = \pi(2 \times 10^{-3}\,\mathrm{m})^2 = 4\pi \times 10^{-6}\,\mathrm{m}^2$이므로

$$R = \rho\frac{L}{A} = 5.5 \times 10^{-8}\,\Omega\mathrm{m}\,\frac{20\,\mathrm{m}}{4\pi \times 10^{-6}\,\mathrm{m}^2} \simeq 8.75 \times 10^{-2}\,\Omega$$

$$i = \frac{V}{R} = \frac{24\,\mathrm{V}}{8.75 \times 10^{-2}\,\Omega} \simeq 274\,\mathrm{A}$$

$$J = \frac{i}{A} = \frac{274\,\mathrm{A}}{4\pi \times 10^{-6}\,\mathrm{m}^2} \simeq 21.8 \times 10^6\,\mathrm{A/m}^2$$

$$E = \rho J = 5.5 \times 10^{-8}\,\Omega m \times 2.18 \times 10^6\,\mathrm{A/m}^2 \simeq 1.2\,\mathrm{V/m}$$

물질의 비저항은 온도에 따라 다른 값을 갖는다. 일반적으로 금속의 저항은 온도가 증가함에 따라 그 값이 커진다. 이것은 놀라운 사실이 아니다. 왜냐하면 온도가 증가하면 원자들의 불규칙한 진동운동이 활발하게 되어 전자의 흐름을 더욱 방해하게 되기 때문이다.

만일 온도의 변화가 그리 크지 않다면 금속의 비저항은 온도에 따라 다음과 같이 일차적으로 변화한다.

$$\rho = \rho_0[1 + \alpha(T - T_0)] \tag{18-20}$$

여기서 ρ_0는 기준온도 T_0에서의 그 물질의 비저항이며, α는 문제가 되는 온도의 특정 영역에서 비저항의 평균온도계수이다.

그림 18-2에 온도에 따른 비저항 값의 변화를 물질에 따라 그려 놓았다. 금속도체의 비저항 값은 온도에 따라 약간 증가하나 **그림 18-2(a)**와 같이 비선형적이다.

그러나 수백도 정도의 좁은 범위 내에서는 식 (18-18)에서 알 수 있듯이 T에 따른 ρ의 변화를 선형적으로 볼 수 있으며, 이를 **그림 18-3**에 도시하였다.

Ohm의 법칙을 따르는 저항을 ohm 회로요소라 부른다. ohm 회로요소는 선형회로요소(linear circuit elements)라 불리기도 한다. 그러나 Ohm의 법칙은 근사적으로 성립하는 특수한 경우이고 상당수의 도체들은 Ohm의 법칙을 따르지 않는다. 이는 가해준 전압에 대해 비선형적으로 전류가 변함을 의미한다.

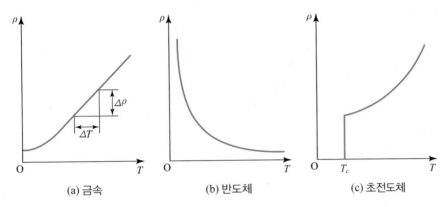

(a) 금속   (b) 반도체   (c) 초전도체

그림 18-2 여러 물질의 온도에 따른 비저항의 변화

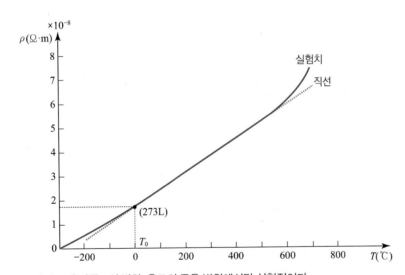

그림 18-3 구리의 T에 따른 ρ의 변화. 온도의 좁은 범위에서만 선형적이다.

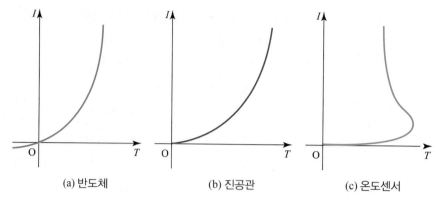

(a) 반도체   (b) 진공관   (c) 온도센서

그림 18-4 여러 가지 비선형 회로요소

    그림 18-4는 Ohm의 법칙을 따르지 않는 세 종류의 회로요소들을 보여주는데 V대 i의 그래프가 비선형임을 알 수 있다. 이렇게 Ohm의 법칙을 따르지 않는 회로요소를 비선형회로요소(nonlinear circuit elements)라 한다.

18-4 Ohm의 법칙의 미시적인 관점

우리는 먼저 자유전자모형(free electron model)으로 알려진 자유전자로 구성된 기체에 대한 전기장의 효과를 생각하자. 여기서 자유전자 모형이란 금속 내의 체적 안의 어미원자로부터 벗어난 전도전자가 마치 그 체적 내부에 가두어 둔 기체처럼 주위를 자유로이 운동하고 다닌다고 유추하는 모형이다. 따라서 단위체적 안에 n개의 전자가 있다고 가정할 때 기체분자운동론에서 다루었던 것처럼 이 전자들이 온도 T에서 열평형상태에 놓여 있다고 가정하자. 만일 외부에서 가해준 전기장이 없을 경우 평균속도, 즉 유동속도(drift velocity)는 0이 될 것이다.

$$v_d = \frac{1}{n}\sum_{i=1}^{n}v_i \qquad\qquad (18-21)$$

    그것은 평형상태에서 한 방향으로 움직인 전자수와 똑같은 수의 전자가 반대방향으로 움직이고 있기 때문이다. 따라서 전체적으로는 전류가 흐르지 않는다. 여기서 우리는 완화시간(relaxation time)의 개념을 도입하는 것이 편리하다. 이것은 전도전자가 경험하게 되는 잇따른 두 충돌 사이의 평균시간 간격이다.

    앞에서 언급한 대로 전자들은 처음에는 무질서한 열운동을 하고 있다. 이때 금속 중의 전자들의 평균속도는 보통 0이다. 이 전자들은 금속원자 및 다른 전자들과 끊임없이 충돌하며 **그림 18-5(a)**와 같이 방향을 바꾸어 간다. 그러나 외부에서 전장을 가해 줄 경우 전자들의 무질서한 마구잡이 운동은 외부 힘에 의해서 수정을 받게 되고 전기장의 방향과 반대되는 방향으로 평균유동속도로 이동한다.

질량 m인 전자에 전기장 E가 작용할 때 힘 eE를 받게 된다. 이 힘으로 Newton의 제2법칙에 의해

$$a = \frac{eE}{m}$$

의 가속도를 받는다.

한번 충돌을 겪은 전자는 다음의 충돌까지의 평균시간 간격 τ가 경과하는 동안 전자는 $-E$방향으로 전자의 속도가 $a\tau$라는 양만큼 변화를 받게 된다. 따라서 전자들은 본래의 무질서한 운동의 궤도(실선)에서 약간 왼쪽으로 쏠려 **그림 18-5(b)**의 점선에 따라 움직이게 된다.

전자가 전기장이 없을 때에는 무질서한 운동에 의해 7번의 충돌을 거친 후 X라는 위치에 도달하게 되지만, 전기장이 걸릴 경우에는 그 최종 도달점이 X'이 된다.

따라서 순유동거리는 단지 XX'일 뿐이다. 이는 왜 유동속도 V_d가 단지 $1\,\mathrm{cm/s}$ 정도에 머무는지를 설명해 주며, 이 유동속도는 실제 전류의 크기를 결정한다. 전자가 한 번 충돌한 후 다음 충돌까지 평균시간 간격 τ가 경과하는 사이에 전자의 속도변화량, 즉 유동속력은

$$v_d = a\tau = \frac{eE}{m}\tau \tag{18-22}$$

로 된다. 전류밀도를 써서 이를 표현할 수 있는데

$$v_d = \frac{J}{ne} = \frac{eE}{m}\tau$$

이며,

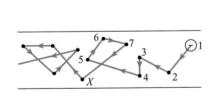

(a)

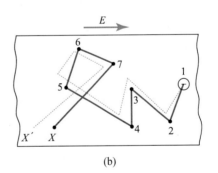

(b)

그림 18-5 도체 내에 전자의 무질서한 운동
(a) 전기장이 없을 때
(b) 외부에서 전기장을 가할 때

$$J = \frac{ne^2\tau}{m}E \qquad (18-23)$$

를 얻게 된다. 따라서

$$\sigma = \frac{ne^{=2}\tau}{m}$$

또는

$$\rho = \frac{m}{ne^{=2}\tau} \qquad (18-24)$$

으로 주어진다. 또한 식 (18-22)에서 식 (18-18)을 이용하면

$$v_d = \frac{eE}{m}\tau = \frac{eV}{ml}\tau \qquad (18-25)$$

이 된다. 이 식을 식 (18-8), 즉

$$i = neAv_d$$

에 대입하면

$$i = \frac{V}{\left(\dfrac{m}{e^2n\tau}\right)\dfrac{l}{A}} = \frac{V}{\rho\dfrac{l}{A}} = \frac{V}{R} \qquad (18-26)$$

인 Ohm의 법칙이 성립함을 알 수 있다. 끝으로 완화시간 τ가 가해 준 전기장 E와 관계가 없다는 것을 보이면, 금속이 Ohm의 법칙을 따른다는 것을 식 (18-23)에서 알 수 있다. 이 무관성, 즉 τ와 E의 무관성은 Ohm의 법칙을 따르는지 또는 따르지 않는지를 판별할 수 있는 기준으로 볼 수 있다. 평균자유시간 τ는 전도전자의 속력분포와 관련이 있다. **그림 18-5(b)**에 의하면 비교적 큰 전기장을 가해도 속도에 미치는 효과는 아주 미미하다. 실제로 $10^4\,\mathrm{m/s}$에 대응되는 유효속력의 값에 유동속도 $1\,\mathrm{cm/s}$의 속도를 더해주는 셈이 된다. 따라서 평균유효속력은 그 값이 실질적으로 불변한다는 것을 의미하므로 금속의 저항은 가한 전기장의 세기 E에 무관하게 일정하다는 Ohm의 법칙이 만족함을 알 수 있다.

18-5 전기회로 내의 에너지와 전력

그림 18-6에서처럼 전원 B가 부하 ab(black box)에 저항이 거의 없는 도선을 통해서 연결되어 있다. 회로 내에는 a에서 b 방향으로 정상전류 i가 있게 되고, a단자와 b단자 사이에는

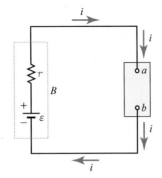

그림 18-6 전지 B가 부하(black box)에 저항이 없는 도선으로 연결되어 있다.

V_{ab}의 전위차가 걸리게 된다. 이제 dt 시간간격 사이에 양의 전하 $dq = idt$가 a극에서 들어가고 b극을 통하여 같은 양의 전하가 흘러나올 때, 이 전하 dq는 다음과 같은 퍼텐셜 에너지의 변화 dU를 받는다. 즉,

$$dU = V_{ab}\,dq = V_{ab}idt \tag{18-27}$$

에너지보존원리에 의해 검은 상자 내부에서 이 에너지가 전기 퍼텐셜 에너지의 형태로부터 다른 형태의 에너지로 옮겨지게 된다는 것을 알 수 있다. 다른 형태의 에너지가 무엇인가는 검은 상자 내부에 들어있는 것이 무엇인가에 의존한다. 검은 상자가 전동기라고 하면 이 에너지는 전동기가 하는 역학적인 일로, 그 장치가 충전 중의 축전기인 경우에 에너지는 이 축전지에 저장되는 화학적 에너지로 저장된다. 이 장치가 저항기(resistor)인 경우에는 이 에너지가 저항기 내부에서 열에너지로 나타난다. 에너지의 전이율, 즉 단위시간당 에너지 전달의 크기 P를 일률 또는 전력(power)이라고 하며, 식 (18-27)을 시간 dt로 나누어준 값이다.

$$P = \frac{dU}{dt} = iV_{ab} \tag{18-28}$$

여기서 i가 ampere, V가 volt 단위이면 전력의 단위는 watt 또는 joule/sec가 된다. 즉,

$$volt \cdot ampere = \left(\frac{joule}{coulomb}\right)\left(\frac{coulomb}{second}\right) = \left(\frac{joule}{second}\right) = watt$$

위에서 언급한 바와 같이 검은 상자가 저항일 때 전하가 a에서 b로 이동함에 따라 잃게 되는 퍼텐셜 에너지는 저항에 공급해 주는 에너지와 저항이 외부로 발산하는 열에너지가 같을 때까지 저항의 온도가 증가하게 된다. 이것을 퍼텐셜 에너지가 저항기에서 소모되었다고 일컬으며, 이는 Joule 가열과정으로 알려져 있다. Joule 가열과정을 미시적 관점에서 살펴보자. 원자 또는 이온과 충돌하기 직전까지 가속된 전자는 충돌을 거치면서 일정한 유동속도로 이동하게 된다. 이는 곧 운동에너지가 증가하지 않게 된다는 것을 의미한다. 따라서 전자의 퍼텐셜 에너지의 감소는 전자의 운동에너지로 나타나지 않고, 대신에 충돌과정을 통해

원자 또는 이온으로 전달되어 결정격자의 열진동의 진폭을 상승시킨다. 이로써 저항기의 온도가 오르게 된다. Ohm의 법칙을 만족시키는 저항기에서는 $V_{ab} = iR$의 관계가 성립하므로

$$P = i^2 R \qquad (18-29)$$

이 되며, 이를 Joule의 법칙이라고 한다.

연습문제

01 전형적인 비디오 전시용 단자의 전자선속 (electron beam) 내의 전류는 $200 \, \mu A$이다. 초당 몇 개의 전자가 스크린(영상막)을 때리겠는가?

02 입방센티미터당 2×10^8개의 2가로 대전된 양이온이 $1 \times 10^5 \, m/s$의 속력을 가지고 모두 북쪽으로 운동하고 있다.

(a) 전류밀도 J의 크기와 방향은 무엇인가?

(b) 이 이온 선속 내의 총 전류 i를 계산할 수 있는가? 못한다면 그 이유는 무엇인가?

03 지름이 $2.5 \, mm$인 구리 도선 내에 작으나 측정이 가능한 $1 \times 10^{-10} \, A$의 전류가 흐른다. 이때 전자의 유동속력을 구하라.

04 강철로 된 전차 궤도의 단면적이 $7.1 \, in.^2$일 때 길이가 10마일(miles)인 단일 궤도의 저항은 얼마인가? (강철의 비저항 $= 3 \times 10^{-7} \, \Omega m$, 1 inch $=$ 2.54 cm, 1 mile $=$ 1.609 km이다.)

05 지름이 $1 \, mm$, 길이가 $2 \, m$, 저항이 $50 \, \Omega m$인 도체 도선이 있다. 이 물질의 비저항은 얼마인가?

06 길이가 l, 지름이 d인 9개의 구리 도선을 병렬로 연결하여 저항이 R인 단일의 합성도체를 형성했다. 저항이 동일하고 길이가 l인 한 개의 구리 도선을 만들려면 이 도선의 지름 D는 얼마여야 하는가?

07 (a) 구리 도체의 저항이 0℃에서의 구리의 저항의 2배가 되는 온도는 몇 도인가?

(b) 모양이나 크기에 상관없이 모든 구리 도체에 대해 이 같은 온도가 성립하는가?

08 $50 \, mA$ 정도의 작은 전류를 심장 근처로 통과시키면 인간은 죽게 된다. 땀으로 흠뻑 젖은 두 손으로 일하는 전기기사는 붙잡고 있는 두 도체와 전기 접촉을 잘하게 된다. 이 기사의 저항이 $2,000 \, \Omega$이라고 한다면 치명적인 전압은 얼마인가?

09 도체를 따라서 전하가 흐른다. 수평도관을 따라서 물이 흐른다. 평판을 통해서 열이 전도된다. 이 세 가지의 현상 사이에서 유사성과 차이점을 표를 만들어 적어라. 흐름의 원인이 되는 양은 무엇이며, 흐름을 방해하는 원인은 무엇인가? 또 어떤 입자가 (있다면) 참여하는지, 또 이 흐름을 측정할 수 있는 단위 등을 고려하라.

10 X선관이 $7 \, mA$의 전류를 받아들이며 $80 \, kV$의 전위차에서 작동한다. 이때 소모되는 일률은 와트 (W)의 단위로 얼마인가?

11 전류가 3 A일 때 열에너지가 저항기 내에서 100 W의 율로 나오게 된다. 옴(Ω)의 단위로 이 저항은 얼마인가?

12 120 V 선으로부터 500 W의 공간 가열기가 작동한다.

(a) 이 가열기의 고온의 저항은 얼마인가?

(b) 가열선의 임의의 단면적을 통해서 전자가 흐르는 율은 얼마인가?

13 길이가 100 ft인 18번 도선(지름=0.04 inch에 1 V의 전위차를 가해 주었다. (a) 전류, (b) 전류밀도, (c) 전기장, (d) 도선에 발생하는 열에너지의 율을 계산하라(1 inch = 2.54 cm, 1 ft = 0.305 m).

14 비저항이 5.5×10^{-8} ohm의 재료로 만들어진 길이가 10 m이고 반지름이 2 mm인 도선의 저항은 얼마인가? 또 도선의 양 끝에 12 V의 전원이 연결된다면 이때 i와 j와 E의 값은 얼마인가?

15 길이 L인 구리선의 전기저항은 R이다. 이 도선을 똑같이 두 조각으로 절단하고, 이 조각들을 점 P와 점 Q 사이에 서로 평행하게 연결하였을 때, $L/2$ 길이로 된 새 도선의 점 P와 점 Q 사이의 전기저항은 얼마인가?

16 한 전구가 실내 온도(20 ℃)에서 꺼져있을 때의 전기저항은 20 ohm이고, 켜져 있을 때의 전기저항은 150 ohm인 텅스텐 필라멘트를 가지고 있다. 식 (18-20)을 이용하여 켜져 있을 때의 온도를 구하라. (단, 비저항의 온도계수 a는 $4.5 \times 10^{-3} (℃)^{-1}$ 이다.)

17 10 W의 에너지 절약 전등은 40 W의 재래식 전등과 같은 밝기를 내도록 만들어졌다. 이 에너지 절약 전등을 300시간 사용할 때 절약되는 비용은 얼마인가? (전기에너지 사용요금은 1 kWh당 100원이다.)

18 어느 구리 도선이 2,500 cm의 길이와 0.09 cm의 지름을 가지고 있으며, 20 ℃에서 저항이 0.7 Ω 이다. 이 온도에서 비저항은 얼마인가?

19 1 C의 전하가 220 V 전원으로부터 100 W의 전구를 통하여 매초 흐른다. 이 전원에 의해서 초당 행해지는 일의 양은 얼마인가?

20 220 V의 전원에서 5분 동안 5 A의 전류가 전기다리미를 흐른다면 얼마만큼의 열이 발생하는가?

CHAPTER 19

기전력과 회로

19-1 기전력

기전력원은 비전기적인 에너지를 전기 퍼텐셜 에너지로 바꾸는 역할을 한다. 이렇게 전기 퍼텐셜 에너지로 바꾸는 정도를 전원의 전력(electric power)이라고 한다. **그림 19-1**에서 전하$dq(=idt)$가 시간 dt가 경과하는 사이에 회로의 한 단면을 통해서 이동하고 있다. 특히 이 전하는 기전력 ε의 자리에서 낮은 전위의 끝단에서 들어가 높은 전위의 끝단에서 나가게 된다. 즉, 기전력은 양전하를 낮은 전위에서 높은 전위로 이동시키는 역할을 맡는다.

이것은 마치 펌프가 중력 퍼텐셜이 낮은 위치로부터 높은 위치로 물을 이동시키는(품어 올리는) 역할을 하는 것과 같다. 기전력(electromotive force : emf) ε은 단위전하당 품어 올리는 데 한 일로 정의된다. 엄밀하게는 힘의 원천이 아니고 에너지의 원천이어야 마땅하다. 그러나 실제 통용되는 emf를 그냥 사용하기로 하고, emf의 크기를 ε로 표시하기로 한다. 전원이 dt 시간 사이에 dq의 전하량을 낮은 퍼텐셜의 극에서 높은 퍼텐셜의 극으로 끌어올리는 데 dW라는 일을 해주어야 한다고 한다면 기전력은 $\varepsilon = \dfrac{dW}{dq}$, 즉

$$dW = \varepsilon dq \tag{19-1}$$

가 된다. 전원이 하는 일률 또는 전력 P는

$$P = \frac{dW}{dt} = \varepsilon \frac{dq}{dt} = \varepsilon i \tag{19-2}$$

이다. 이만큼의 전력이 회로에서 필요에 따라 다른 형태의 에너지로 변환되게 된다. 일의 단위는 joule, 전하의 단위는 coulomb이므로 기전력의 단위는 volt이다. 예를 들어 $\varepsilon = 1.5\,\mathrm{V}$라고 하는 것은 1 coulomb의 전하를 기전력원을 통과시키는 데 1.5 J의 일이 필요하다는 것을 의미한다. 기전력원으로는 여러 가지 종류가 있다. 예를 들면 전지는 화학에너지를 전기에너지로 바꾸며, 전기발전기는 역학적에너지를 전기에너지로 바꾼다. 열전기쌍(thermocouple)의 경우는 열에너지를 전기에너지로 바꾸며, 광전지(photoelectric cell)는 태양의 복사에너지를 전기에너지로 바꾼다.

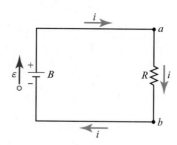

그림 19-1 저항만 있는 간단한 회로

예제 1. 12 V의 자동차 축전지는 내부저항이 $0.012\,\Omega$이다. 시동기(starter)의 동작이 순간적이나마 100 A의 전류를 흐르게 한다면, 축전지의 단자전압은 얼마인가?

풀이 $\varepsilon = 12$ V이므로 r을 내부저항이라고 할 때, 단자전압 V_t는

$$V_t = iR = \varepsilon - ir$$
$$= 12\,\text{V} - (100\,\text{A})(0.012\,\Omega) = 10.8\,\text{V}$$

따라서

$$R = \frac{\varepsilon - ir}{i} = \frac{10.8\,\text{V}}{100\,\text{A}} = 0.108\,\Omega$$

이다. 전력은

$$P_r = i^2 r = (100\,\text{A})^2 (0.012\,\Omega) = 120\,\text{W}$$
$$P_R = i^2 R = (100\,\text{A})^2 (0.108\,\Omega) = 1,080\,\text{W}$$
$$P_s = \varepsilon i = (12\,\text{V})(100\,\text{A}) = 1,200\,\text{W}$$

실제로 $P_s = P_R + P_r$이라는 것을 확인할 수 있다.

19-2 전류의 계산법

그림 19-1과 같이 먼저 단일루프회로(single loop circuit)를 생각하고 전류, 전압강하 및 기전력 사이의 관계를 도출하기로 한다. 에너지보존법칙에 따르면, 전원에서 공급되는 에너지는 회로에서 소비되는 에너지와 동일해야 함을 요구한다. 즉, 회로를 통하여 흐르는 전류를 i라고 하면 기전력 자리에서는

$$dW = \varepsilon dq = \varepsilon i dt \tag{19-3}$$

저항기에서 소모되는 열에너지는

$$dW = V_{ab} dq = iR dq = i^2 R dt \tag{19-4}$$

따라서 두 에너지는 같아야 하므로

$$\varepsilon i dt = i^2 R dt$$

즉,

$$i = \frac{\varepsilon}{R} \tag{19-5}$$

을 얻는다. 에너지보존법칙의 회로에서의 응용은 위에서처럼 항상 간단한 것만은 아니다.

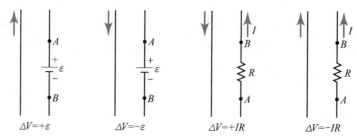

그림 19-2 회로에 따른 전위차에 대한 부호의 약속

그것은 대체할 수 있는 방법이 있다. 즉, 회로의 전위의 합을 생각하는 것이다. 바꾸어 말하면 한 회로를 어느 한쪽으로 돌아가면서 도중에 만나는 전위차를 모두 대수적으로 더한 것은 0이 되어야 한다는 것이다. 이것은 사실상 Kirchhoff의 제2법칙으로 알려져 있는 내용이다. 이 법칙을 적용하기 위해서는 먼저 **그림 19-2**에서 보인 것처럼 전위차에 대한 부호 약속을 결정해야 한다.

① 전류가 흐르는 방향으로 저항기를 건너갈 경우에 전위의 변화는 $-iR$이 되고, 그 반대 방향으로 건너갈 경우에는 $+iR$이 된다.
② 기전력의 자리를 기전력의 방향으로 건너갈 경우에는 전위의 변화는 $+\varepsilon$이 되고, 그 반대방향으로 건너갈 경우에는 $-\varepsilon$이 된다.

실제로 위에서 언급한 대로 단일루프회로 내의 전류를 구하는 법에는 에너지보존에 기초를 둔 방법과 전위의 개념에 기초를 둔 두 가지 방법이 있으나, 이들 두 가지 방법은 모두 전위차가 일과 에너지를 써서 정의되므로 동등하다.

19-3 단일루프회로

그림 19-3(a), (b)에서처럼 전원은 아무리 작더라도 그 안에 약간의 내부저항(internal resistance) r을 갖고 있으며, 이 저항 r에서도 약간의 전력이 열로 소모된다. 먼저 루프의 점 b로부터 출발하여 시계방향으로 따라가며 폐회로정리(loop theorem)를 적용시켜 보자.

$$V_b + \varepsilon - ir - iR = V_b$$

또는

$$i = \frac{\varepsilon}{R+r} \tag{19-6}$$

을 얻게 된다.

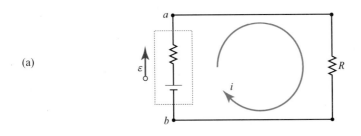

(a)

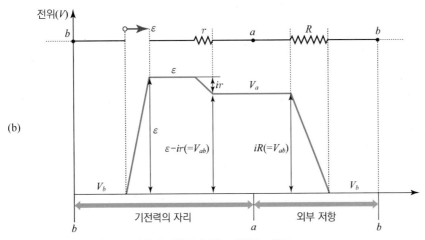

(b)

그림 19-3 (a) 내부저항 r을 가진 전원과 저항기가 있는 단일루프회로

(b) (a)의 회로를 직선으로 펴서 도시하였고 대응되는 각 요소의 전위의 변화를 표시하였다.

다음은 전기저항과 전원이 직렬이나 병렬로 연결되어 있는 회로들을 분석하여 보자. 먼저 **그림 19-4(a), (b)**처럼 세 저항 R_1, R_2, R_3가 연달아 연결되어 있는 직렬연결회로를 생각하여 보자. 점 A와 B 사이의 전위차를 V라고 하고 저항 R_1, R_2, R_3 양단의 전압강하를 각각 V_1, V_2, V_3라 한다면

$$V = V_1 + V_2 + V_3 \tag{19-7}$$

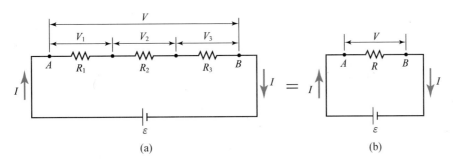

그림 19-4 (a) 직렬로 연결된 저항

(b) 대응되는 등가합성저항

에서 $V_1 = iR_1$, $V_2 = iR_2$, $V_3 = iR_3$를 대입하면

$$R = R_1 + R_2 + R_3 \qquad (19-8)$$

로 주어지는 등가저항을 얻게 된다. 따라서 직렬로 연결된 3개 이상의 저항에 대해서는

$$R = R_1 + R_2 + R_3 + \cdots \qquad (19-9)$$

이다.

기전력의 원천, 즉 전원을 직렬로 연결하려면 **그림 19-5**에서 보인 바와 같이 한 전지의 양극(+극)을 다음 전지의 음극(−극)에 연결하는 식으로 연결한다. 몇 개의 기전력의 원천을 직렬로 연결한 결과의 단일등가기전력의 크기는

$$\varepsilon = \varepsilon_1 + \varepsilon_2 + \varepsilon_3 + \cdots \qquad (19-10)$$

이 되어야 한다는 것을 에너지보존법칙은 요구하고 있다. 위 식의 ε는 직렬로 연결된 모든 기전력의 원천을 통해서 단위 양전하를 이동시키는 데 필요한 총 일의 크기와 동일하다.

끝으로 **그림 19-6**은 3개의 저항 R_1, R_2, R_3가 병렬로 연결되어 있는 것을 보여 준다. 병렬로 연결되어 있는 저항들의 특성은 각각의 저항 양단에 걸리는 전압이 모두 동일한 V라는 것이다. 이 회로를 통하는 전류 I는 3개의 전기저항을 통하는 전류 I_1, I_2, I_3를 합친 크기이어야 한다. 따라서

$$I = I_1 + I_2 + I_3 \qquad (19-11)$$

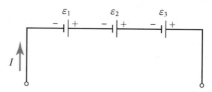

그림 19-5 직렬로 연결된 전원

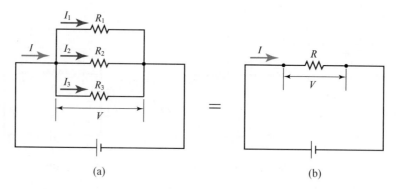

그림 19-6 (a) 병렬로 연결된 저항
(b) 합성등가저항제

여기서 $I_1 = \dfrac{V}{R_1}$, $I_2 = \dfrac{V}{R_2}$, $I_3 = \dfrac{V}{R_3}$ 이다. R을 병렬로 연결된 3개의 전기저항의 합성능가

저항이라고 하면 $I = \dfrac{V}{R}$이 되므로 식 $(19-11)$은

$$\frac{V}{R} = \frac{V}{R_1} + \frac{V}{R_2} + \frac{V}{R_3}$$

즉,

$$\frac{1}{R} = \frac{1}{R_1} + \frac{1}{R_2} + \frac{1}{R_3} \qquad (19-12)$$

로 된다. 일반적으로 3개 이상의 저항이 병렬로 연결되어 있는 경우에는 다음과 같다.

$$\frac{1}{R} = \frac{1}{R_1} + \frac{1}{R_2} + \frac{1}{R_3} + \cdots \qquad (19-13)$$

그림 19-7은 기전력의 원천을 병렬로 연결함을 보이고 있다. 즉, 기전력의 양극은 양극대로, 또한 음극은 음극대로 모두 같이 연결한다. 병렬로 연결되는 기전력의 원천은 모두가 동일한 전압을 가진 것이라야 한다. 그렇지 않을 경우 어떤 기전력의 원천은 원천으로 행동하고 기전력이 작은 것은 에너지 소비자로 행동하게 된다.

그림 19-7에 도시하는 것처럼 총 전류는 각 전원을 통하는 전류의 합, 즉

$$I = I_1 + I_2 + I_3 \text{ 이며 } \varepsilon = \varepsilon_1 = \varepsilon_2 = \varepsilon_3$$

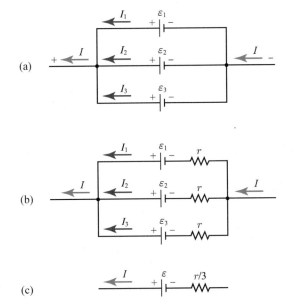

그림 19-7 병렬로 연결된 전원

이다. 이때 각각의 전원의 내부저항이 모두 동일한 크기 r이라면 그림과 같이 합성내부저항의 크기는 $\frac{r}{3}$이다. 그러므로 n개의 동일한 전지를 병렬로 연결하면 그 단자전합은 변하지 않으나, 흐르는 전류는 한 개의 전지일 때보다 n배가 되며, 합성 내부저항은 $\frac{r}{n}$이 됨을 알 수 있다. 따라서 높은 전압, 작은 전류가 필요하면 직렬, 동일 전압, 많은 전류가 필요하면 병렬로 연결하여 사용하게 된다.

19-4 다중루프회로

지금까지 취급한 단순한 회로보다 복잡한 회로들을 취급하여야 할 경우 전위차, 전류 및 저항 사이의 관계식은 Kirchhoff의 법칙을 써서 분석할 수 있다.

1. 분기점 정리(junction therem) : Kirchhoff의 제1법칙

전기회로의 어느 분기점에서나, 그 분기점에서의 전류의 대수합은 0이다. 즉,

$$\sum i = 0 \qquad (19-14)$$

이 법칙은 전하의 보존법칙의 결과로서, 정상전류의 경우에는 분기점에서 전하의 생성이나 소멸이 있을 수 없다는 사실을 말한다. 바꾸어 말하면 분기점에 들어가는 전류의 합은 나오는 전류의 합과 동일해야 한다는 것을 말한다. 식 (19-14)로부터

$$\sum_{in} i = \sum_{out} i \qquad (19-15)$$

2. 고리 정리(loop theorem) : Kirchhoff의 제2법칙

회로망에서, 어느 한 폐회로(고리)를 따라 도는 데 일어나는 전위차의 대수합은 0이다.

$$\sum \varepsilon + \sum iR = 0 \qquad (19-16)$$

따라서 제1법칙은 전하보존법칙의 결과에 의하여 나타나며, 제2법칙은 에너지보존법칙의 직접적인 결과에 의해서 나온 것이다.

이제 **그림 19-8**에서 주어진 다중고리에 위의 법칙을 적용하여 회로에 흐르는 전류 i_1, i_2, i_3를 구해보도록 하자. 그림의 분기점 d에 제1법칙을 적용하면

$$i_1 + i_3 - i_2 = 0 \qquad (19-17)$$

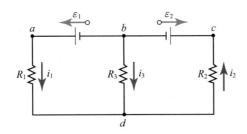

그림 19-8 다중루프회로

이다. **그림 19-8**의 왼쪽의 폐회로를 반시계 방향으로 건니면 제2법칙으로부터

$$\varepsilon_1 - i_1 R_1 + i_3 R_3 = 0 \tag{19-18}$$

이고, 또 오른쪽의 고리에 대해서는

$$-i_3 R_3 - i_2 R_2 - \varepsilon_2 = 0 \tag{19-19}$$

을 얻는다. 이 세 개의 연립방정식으로부터 i_1, i_2, i_3를 각각 구하여보면

$$i_1 = \frac{\varepsilon_1 (R_2 + R_3) - \varepsilon_2 R_3}{R_1 R_2 + R_2 R_3 + R_1 R_3} \tag{19-20a}$$

$$i_2 = \frac{\varepsilon_1 R_3 - \varepsilon_2 (R_1 + R_3)}{R_1 R_2 + R_2 R_3 + R_1 R_3} \tag{19-20b}$$

$$i_3 = -\frac{\varepsilon_1 R_2 + \varepsilon_2 R_1}{R_1 R_2 + R_2 R_3 + R_1 R_3} \tag{19-20c}$$

이 된다.

19-5 전기측정기기

전류, 전압, 기전력 및 저항을 측정하는 데는 전류계(ammeter), 전압계(voltmeter), 전위차계(potentiometer) 및 휘트스톤 브리지(Wheatstone bridge) 등을 이용한다. 여기서는 그들의 동작원리, 구조 등을 간략히 살펴보기로 한다.

1. 전류계(ammeter)

그림 19-9에서 보는 것처럼 전류를 측정하기 위해서 전류계 A를 측정하려는 회로의 도선을 절단, 삽입 연결할 필요가 있다. 전류계의 저항 R_A는 측정하려는 회로의 전류에 영향을 주지 않게 하기 위하여 가능한 회로 내의 다른 저항에 비해서 필수적으로 작아야 한다. 이상적

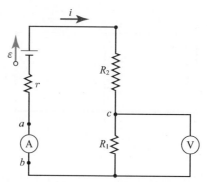

그림 19-9 전류계(A)와 전압계(V)의 연결

인 전류계란 자체 내부저항(R_A)이 0이고 일률의 소모가 0이어야 한다. **그림 19-9**에서 전압계가 없다면 $R_A \ll r+R_1+R_2$이어야 할 것이 요구된다.

따라서 전류계는 전류를 측정하려고 하는 회로에 직렬로 연결하여야 한다. 만약 전류계가 본래 회로에 병렬로 연결될 때에는 내부저항이 적어 대단히 큰 전류가 흐르게 되고, 순간적으로 탈 수도 있다.

2. 전압계(voltmeter)

그림 19-9에서처럼 전압계 V는 전압을 측정하려는 회로소자에 대해서 병렬이 되게 연결하는 것이다. 즉, 회로 내의 두 점 사이의 전위차를 알기 위해서는 회로를 단절하지 않고 각각의 회로점에 전압계의 단자를 연결하여야 한다. 이와 같이 전압계가 병렬로 연결되면 회로에 흐르는 전류가 전압계를 통과하게 됨으로써 측정하려는 회로에 영향을 줄 수 있으므로 이를 피하기 위하여 이상적인 전압계는 무한대의 저항(R_V)을 가져야 하며, 또 전압계 내부에서 일률소모가 0이어야 한다. 즉, $R_V \gg R_1$일 것을 요구한다.

3. 전위차계(potentiometer)

그림 19-10은 전위차계를 나타낸 회로이다. 미지의 기전력 ε_x를 구하기 위한 전위차계의 동작원리는 미지의 기전력 ε_x를 표준기전력 ε_s와 비교하는 것에 기초를 두고 있다. 먼저 **그림 19-10**의 폐회로 $abcd$에 회로정리를 적용하면

$$-\varepsilon-ir+(i_0-i)R=0 \tag{19-21}$$

즉,

$$i=\frac{i_0R-\varepsilon}{R+r} \tag{19-22}$$

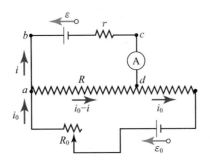

그림 19-10 전위차계

이 된다. 만약 가변저항기 R을 조절하여 $R = \dfrac{\varepsilon}{i_0}$라는 값이 되면 식 $(19-22)$에 의거해 고리 $abcd$에 흐르는 전류 i는 0이 된다. 이는 검류계 A를 통해서 알 수 있다. 이와 같은 과정을 회로의 ε 대신에 ε_x 및 ε_s로 바꿔줌으로써 두 번 되풀이한다. 즉, ε_s에 대해서

$$R_s = \frac{\varepsilon_s}{i_0} \qquad\qquad (19-23)$$

ε_x에 대해서

$$R_x = \frac{\varepsilon_x}{i_0} \qquad\qquad (19-24)$$

따라서 식 $(19-23)$, $(19-24)$에 의거

$$\varepsilon_x = \varepsilon_s \frac{R_x}{R_s} \qquad\qquad (19-25)$$

로 구할 수 있다. 이와 같이 미지의 기전력이 정밀 저항기의 두 번의 조작에 의해서 얻어질 수 있다. 여기서 ε_s는 표준기전력이고 대응되는 전류가 0일 때의 저항을 R_s로 표시하였다.

4. Wheatstone bridge 방법

전기저항을 측정하는 방법 중 가장 정확한 방법 중의 하나는 1843년에 영국의 과학자 Charles Wheatstone이 고안한 것으로 Wheatstone bridge 방법이라는 것이 있다. **그림 19-11**에서 보는 것처럼 Wheatstone bridge는 2가지 고정저항 R_1, R_2 및 가변저항 R로 되어 있고 제4의 회로 AB에 측정하려는 미지저항 R_x가 연결되도록 되어 있다. B, C 단자에 걸쳐서는 검류계 G를 연결하고 A, D 단자에 걸쳐서는 스위치가 달린 전원전지를 연결한다. 저항 R을 조절함으로써 스위치 K를 닫았을 때 검류계를 통하는 전류가 없도록 조작한다. 따라서 B와 C는 전위가 동일하고, 고리 $ABCA$와 $BDCB$에 고리 정리를 적용하면

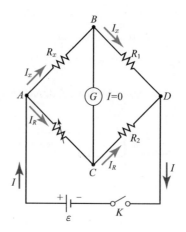

그림 19-11 Wheatstone bridge

$$-i_x R_x + i_R R = 0$$

$$-i_x R_1 + i_R R_2 = 0$$

을 얻고 이로부터

$$R_x = R\frac{R_1}{R_2} \tag{19-26}$$

을 얻는다. R_x의 정확도는 가변저항 R과 검류계 G에 의존한다.

19-6 *RC* 회로

그림 19-12에 도시한 것처럼 축전기와 저항기 그리고 전원으로 구성된 간단한 회로에서 전류와 전압이 시간에 따라 변하는 전류가 흐르는 경우를 생각하여 보자. 그림에서 스위치 S를 a에 연결할 경우 형성된 단일폐회로에서의 전류를 에너지 보존원리를 적용하여 생각한다. 시간 dt가 경과하는 사이에 전하 dq는 회로의 임의의 단면적을 통과해 간다. 회로에 대한 에너지방정식은

$$\varepsilon dq = i^2 R dt + d\left(\frac{q^2}{2C}\right)$$

또는

$$\varepsilon dq = i^2 R dt + \frac{q}{C} dq \tag{19-27}$$

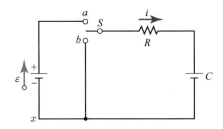

그림 19-12 RC 회로

가 된다. 좌변은 기전력이 하는 일, 우변의 첫 항은 저항기 내에서의 열에 의한 에너지 손실, 그리고 끝 항은 축전기 내에 저장되는 에너지양의 증가분을 각각 표시한다.

위 식을 시간 dt로 나누어주고 정리하면

$$\varepsilon\frac{dq}{dt} = i^2 R + \frac{q}{C}\frac{dq}{dt} \quad \text{또는} \quad \varepsilon = iR + \frac{q}{C} \tag{19-28}$$

이다. 이 방정식은 물론 회로정리에 의해서도 도출할 수 있다. 식 (19-28)을 다시 쓰면

$$R\frac{dq}{dt} + \frac{1}{C}q = \varepsilon \tag{19-29}$$

인 소위 충전방식으로 알려진 미분방정식을 얻게 된다. 이 미분방정식은 변수분리에 의하여 풀 수 있으며, 즉

$$\frac{dq}{q - C\varepsilon} = -\frac{dt}{RC}$$

을 얻고 양변을 적분하면

$$\int \frac{dq}{C\varepsilon - q} = \frac{1}{RC}\int dt$$

$$-\ln(C\varepsilon - q) = \frac{t}{RC} + K$$

이다. 여기서 K는 적분상수이다. $t = 0$일 때, $q = 0$이므로 K는 다음 값을 갖는다.

$$K = -\ln C\varepsilon$$

이 값을 위 식에 대입하면

$$-\ln(C\varepsilon - q) = \frac{t}{RC} - \ln C\varepsilon$$

즉,

$$\ln\left(1 - \frac{q}{C\varepsilon}\right) = -\frac{t}{RC}$$

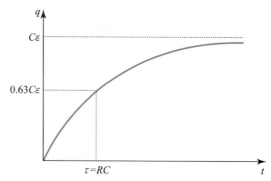

그림 19-13 축전기가 충전되는 동안 축전기 극판상의 전하(q)와 시간(t)의 관계

를 얻고 양변을 지수함수로 쓰면 q를 다음과 같이 시간의 함수로 나타낼 수 있다.

$$q = C\varepsilon(1 - e^{-t/RC})$$
$$= C\varepsilon(1 - e^{-t/\tau})$$
$$\tau = RC \qquad\qquad (19-30)$$

이다. 위 식, 즉 시간에 따른 q의 행동은 **그림 19-13**과 같다. 시간이 충분히 지났을 때, 즉 $t \to \infty$일 때 축전기에 충전되는 최대 전하량은 $C\varepsilon$이 되며, 이는 축전기를 기전력 ε에 직접 연결하여 평형을 이룰 때 축적되는 전하량과 같음을 알 수 있다.

식 (19-30)을 시간 t에 관해 미분하면

$$i = \frac{\varepsilon}{R}e^{-t/RC} = \frac{\varepsilon}{R}e^{-t/\tau} \qquad\qquad (19-31)$$

로 주어지고 시간에 따른 이 i의 변화는 **그림 19-14**와 같다. 위의 두 그래프에서 다음의 대표적인 세 가지 경우를 나누어 생각하여 보자.

① $t = 0$이면 $i = \dfrac{\varepsilon}{R}$이고 $q = 0$이 된다.

② $t = \infty$이면 $i = 0$이 되고 $q = q_0$이 된다. 즉, 축전지가 완전히 충전되어 q가 정확히 $q_0(= C\varepsilon)$가 되고 전류 i가 정확히 0이 되기까지는 시간이 대단히 오래 걸리게 된다.

③ 식 (19-30) 및 (19-31)에 따르면 RC는 시간의 차원을 가지는 양이며, 이를 이 회로의 시간상수(time constant) 또는 용량성 시간상수(capacitive time constant)라고 하고, 흔히 τ로 표시된다.

만약 $t = \tau = RC$이면 $e^{-1} = 0.37$이고 $(1 - e^{-1}) = 0.63$이며, 따라서 $q = q_0(1 - e^{-1}) = 0.63q_0$, $i = \dfrac{i_0}{e} = 0.37i_0$로 각각 변한다. 여기서 τ의 값은 R와 C의 각각의 값에 따라 달라지므로 원하는 대로 크기를 조절할 수 있다.

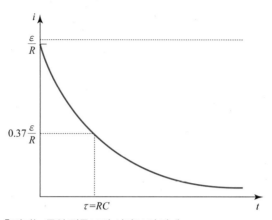

그림 19-14 축전기가 충전되는 동안 전류(i)와 시간(t)의 관계

이제부터 축전기의 방전과정에 대해서 생각하여 보자. **그림 19-12**에서 축전기가 완전히 충전된 다음에는 스위치를 b에 연결하여 전지 ε가 회로에서 제거될 때 전류는 어떻게 되는가를 살펴보자. 방정식 $(19-28)$에서 $\varepsilon = 0$이면 다음과 같은 단순한 형태가 된다. 즉,

$$iR + \frac{q}{C} = 0 \qquad\qquad (19-32)$$

또는

$$R\frac{dq}{dt} + \frac{q}{C} = 0, \ \ \text{즉} \ \ \frac{dq}{dt} = -\frac{q}{RC} \qquad\qquad (19-33)$$

이 식을 다시 정리하면

$$\frac{dq}{q} = -\frac{dt}{RC}$$

이므로 적분하면 다음과 같다.

$$\ln q = -\frac{t}{RC} + K$$

적분상수 K는 $t = 0$일 때 $q = q_0$라는 초기 조건으로부터 구할 수 있다. 따라서 $K = \ln q_0$가 되므로

$$\ln q - \ln q_0 = \ln\frac{q}{q_0} = -\frac{t}{RC}$$

즉,

$$q = q_0 e^{-t/RC} = q_0 e^{-t/\tau} \qquad\qquad (19-34)$$

가 되고 전류는

$$i = \frac{dq}{dt} = -\frac{q_0}{RC} e^{-t/RC} = -\frac{\varepsilon}{R} e^{-t/RC} \qquad (19-35)$$

가 된다. 여기서 $\frac{\varepsilon}{R}$는 $t=0$에 해당하는 초기 전류치(i_0)이며, 이는 완전히 충전된 축전기의 초기 전위차가 ε일 때 흐르는 전류이다. 한편 $t \to \infty$이면 전류는 0이 되며, 이는 완전히 방전된 후엔 더 이상 방전될 전하가 없음을 뜻한다. 여기서 $t = \tau = RC$는 앞에서 언급한 대로 시간상수로서 전하나 전류가 초깃값의 $\frac{1}{e}$로 감소하는 데 걸리는 시간이다.

시간 $t = \tau$에서 전하는 $q = e^{-1} q_0 = 0.37 q_0$이다. 시간 $t = 2\tau$에서 전하는 $q = e^{-2} q_0 = 0.135 q_0$가 된다. 따라서 시간상수는 다음과 같이 해석할 수 있다. 축전기의 전하는 초기에 q_0이고 그 변화율은 식 (19-33)에서와 같이 $-\frac{q}{RC}$인데, 만약 이 변화율이 일정하다면 전하는 **그림 19-15**에 점선으로 표시한 것과 같이 $t = \tau$ 시간 동안에 0으로 감소할 것이다. 그러나 전하의 변화율이 일정하지 않고 그 전하 자체에 비례하므로 전하가 감소함에 따라 변화율의 크기도 감소한다.

따라서 $q(t)$는 **그림 19-15**에서 실선으로 표시한 것과 같으며 충분히 시간이 경과하면 q의 값과, q의 값에 비례하는 그 기울기도 0으로 접근한다. 마찬가지로 방전과정에 대한 이러한 논의는 충전과정에 대해서도 유사하게 적용된다.

표 19-1은 **그림 19-12**의 RC 회로에 대하여 지금까지 논의된 내용을 정리한 것이다.

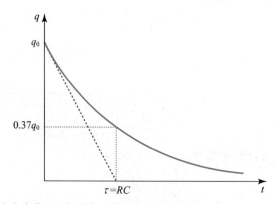

그림 19-15 축전기가 방전되는 동안 전하(q)와 시간(t)과의 관계

표 19-1 RC 회로에 대한 충전 및 방전과정

구분	충전과정	방전과정
미분방정식	$\varepsilon = R\dfrac{dq}{dt} + \dfrac{q}{C}$	$0 = R\dfrac{dq}{dt} + \dfrac{q}{C}$
축전기 내의 전하 $q(t)$	$q = C\varepsilon(1 - e^{-t/RC})$	$q = C\varepsilon e^{-t/RC}$
저항기 내의 전류 $i(t)$	$i = \dfrac{\varepsilon}{R} e^{-t/RC}$	$i = -\dfrac{\varepsilon}{R} e^{-t/RC}$

예제 2. RC **직렬회로에서** $R = 5 \times 10^6\ \Omega$, $C = 0.1\mu F$, $\varepsilon = 10\ V$**이다.** τ, q **그리고** $t = \tau$**에서** i, q **를 각각 계산하라. 또한** q**의 90%가 충전되는 시간을 구하라.**

풀이 $\tau = RC = (5 \times 10^6\ \Omega)(0.1 \times ^{-6}\ F) = 0.5\ s$ 또한

$$i_0 = \frac{\varepsilon}{R} = \frac{10\ V}{5 \times 10^6\ \Omega} = 2 \times 10^{-6}\ A$$

$$q_0 = C\varepsilon = (0.1 \times 10^{-6}\ F)(10\ V) = 10^{-6}\ C$$

이고, 따라서 $t = \tau$에서

$$i = i_0 e^{-t/\tau} = i_0 e^{-1} = (2 \times 10^{-6}\ A)(0.37) = 0.74\mu A$$

$$q = q_0(1 - e^{-t/\tau}) = q_0(1 - e^{-1}) = 10^{-6}\ C(0.63) = 0.63\mu C$$

이다. 90%가 충전되는 시간은 전하 q가 $0.9q_0$ 만큼 충전되는 시간을 의미한다. 따라서

$$0.9q_0 = q_0(1 - e^{-t/\tau})$$

즉,

$$0.9 = 1 - e^{-t/\tau}$$

이다. 여기서

$$e^{-t/\tau} = 0.1$$

이므로 양변에 대수를 취하면

$$\ln e^{-t/\tau} = \ln 0.1 = -2.3$$

이다. 따라서 충전되는 시간은 다음과 같다.

$$t = 2.3\tau = 2.3\ RC = (2.3)(0.5\ s) = 1.15\ s$$

연습문제

01 (a) 전자가 양극의 단자로부터 음극의 단자까지 통과할 때, 12 V의 기전력의 자리가 하는 일은 얼마인가?

(b) 초당 3.4×10^{18}개의 전자가 통과한다면, 이 기전력의 자리의 일률출력은 얼마인가?

02 6 V의 축전지를 써서 외부 회로 내에 6분 동안 5 A의 전류를 흐르게 했다. 이 전지의 화학에너지는 얼마만큼 줄겠는가?

03 $120 \text{ A} \cdot h$의 초기 전하를 간직하는 12 V의 자동차 전지가 있다. 이 단자에 걸친 전위가 이 전지를 완전히 방전시킬 때까지는 일정한 채로 유지된다고 가정하자. 그러면 100 W의 율로 이 전지는 얼마나 많은 시간 동안 에너지를 공급할 수 있는가?

04 기전력(emf)이 $\varepsilon(2 \text{ V})$이고, 내부저항이 $r(=0.5 \, \Omega)$인 전지가 전동기를 돌린다. 이 전동기는 일정한 속력 $v(=0.5 \text{ m/s})$로 0.2 kg의 질량을 끌어 올린다. 일률의 손실이 없다고 가정하고, (a) 이 회로 내의 전류 i와 (b) 전동기의 두 단자 사이의 전위차 V를 구하라. 그리고 이 문제에 대해 두 가지의 해답이 있다는 사실에 대해 논의하라.

05 단일루프회로 내에 5 A의 전류가 흐르고 있고, 부가적으로 2 Ω의 저항을 삽입하였더니 전류가 4 A로 떨어졌다. 원래 회로 내에 있었던 저항은 얼마인가?

06 기전력(emf) ε이 2 V이고, 내부저항이 1 Ω인 전지에 저항이 5 Ω인 도선을 연결했다.

(a) 2분 동안에 화학에너지의 형태로부터 전기에너지의 형태로 전이된 에너지는 얼마인가?

(b) 2분 동안에 얼마나 많은 에너지가 도선 내의 열에너지로서 나타나겠는가?

(c) (a)와 (b) 사이의 차를 설명하라.

07 **그림 19-3(a)**에서 $\varepsilon = 2 \text{ V}$, $r = 100 \, \Omega$이라고 할 때 (a) R 내의 전류와 (b) R에 걸린 전위차를 세로축으로, R을 0 Ω으로부터 500 Ω까지의 영역에 걸쳐 가로축으로 하는 그래프를 그려라. (c) 각각의 R의 값에 대해 그려진 두 값을 곱해서 제3의 그래프를 그려라. 이 그래프의 물리적인 의의는 무엇인가?

08 각각 1 W의 소모에만 견딜 수 있는 다수의 10 Ω의 저항기가 있다. 그와 같은 저항기들을 직렬이나 병렬로 연결해서 최소한 5 W의 소모에 견딜 수 있게 하기 위해서는 최소 몇 개의 저항기가 필요한가?

09 기전력(emf)이 1.5 V인 전지에 0.1 Ω의 저항기를 연결한 바, 10 W의 율로 그 저항기 내에서 열에너지가 발생한다고 한다.

(a) 이 전지의 내부저항은 얼마인가?

(b) 저항기에 걸려있는 전위차는 얼마인가?

10 동일한 기전력 ε을 가지지만, 상이한 내부저항 r_1과 r_2를 가진 두 전지를 직렬로 외부저항 R과 연결시켰다. 첫 번째 전지의 두 단자 사이의 전위차를 0으로 하는 R의 값을 구하라.

11 두 개의 저항을 한 개로, 직렬로 혹은 병렬로 연결해서 3, 4, 12, 16 Ω의 저항을 얻을 수가 있었다. 이들 두 저항의 크기는 각각 얼마인가?

12 저항이 각각 R_1과 $R_2(< R_1)$인 두 전구를 병렬로, 또 직렬로 연결했다. 각각의 경우에 어떤 전구 쪽이 더 밝겠는가?

13 RC 직렬회로에서 저항 $R = 5 \times 10^6$ Ω, 축전용량 $C = 0.1\,\mu\text{F}$, 기전력 $\varepsilon = 10\,\text{V}$이다. 시간상수를 τ라 할 때 $t = \tau$에서의 충전전류를 구하라.

14 RC 직렬회로에서 $R = 1 \times 10^6$ Ω, $C = 0.1\mu\text{F}$, $\varepsilon = 10\,\text{V}$이다. 시간상수 τ를 구하고, $t = \tau$일 때 전하 q와 전류 i를 구하라. 또한 q가 90% 충전되는 데 걸리는 시간을 구하라. ($t = 0$일 때 $q = 0$이었다.)

15 그림에서 두 점 a, b 사이의 저항들의 결합의 등가 저항은 얼마인가? (c점에는 아무 것도 연결되어 있지 않다.)

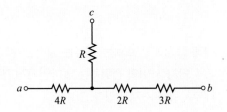

16 1.5 V 전지 두 개를 +극을 같은 방향으로 해서 플래시 라이트 통에 넣었다. 한 전지는 내부저항이 0.2 Ω이고, 다른 전지는 내부저항이 0.1 Ω이다. 스위치를 키면 전구에 0.5 A의 전류가 흐른다.

(a) 전구의 저항은 얼마인가?
(b) 소모되는 전력의 몇 %가 전지에서 소모되는가?

17 다음의 회로에서 a, b 단자 사이의 전위차를 구하라.

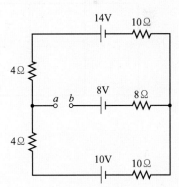

18 어떤 기계 소자를 이용하여 1.5 C의 전하를 20 cm만큼 2,000 N/C의 일정한 전기장을 뚫고 이동시킨다. 이 소자가 한 일은 얼마인가?

19 아래 그림에서 흐르는 전류는 얼마인가? 그리고 a, b 단자 사이의 전위차는 얼마인가? (건전지는 내부저항을 가지고 있다.)

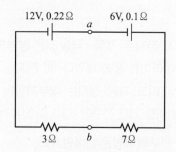

20 아래 회로에서 각각의 저항에 흐르는 전류와 전지가 제공하는 총 전류의 양은 얼마인가?

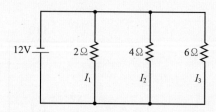

CHAPTER 20

자기장과 자기력

20-1 자기장

자기 현상은 이미 오래 전부터 알려져 온 현상이다. 중국에서는 이미 기원전 13세기에 나침반을 사용한 것으로 믿어지며, 고대 그리스에서도 기원전 8세기에 쇳조각을 잡아당기는 자철광에 대한 기록이 발견된다. 이후의 자기력에 대한 모든 실험에서는 모든 자석이 두 극, 즉 N극과 S극으로 구성되며 이들 사이에 작용하는 힘은 거리의 제곱에 반비례한다는 것이 발견되었다. 한편 자하－자기홀극(magnetic monopole)을 찾으려는 모든 시도는 실패하였는데 이는 자극은 항상 쌍, 즉 쌍극자(dipole)의 형태로 존재한다는 것을 의미한다. 자기장과 자기력을 학습함에 있어서 전기와 다른 중요한 점은 자기홀극－자하가 존재하지 않는다는 사실이다. 따라서 자기장을 정의하는 데 있어서 전기장에서처럼 Coulomb 법칙과 같은 형식을 이용할 수가 없다. 이 사실은 자기가 전기와는 본질적으로 다른 성질을 가지고 있다는 것을 의미한다.

1819년에 외르스테드(Hans Oersted)는 도선에 흐르는 전류가 나침반에 힘을 작용한다는 것을 처음으로 발견하였다. 이 실험에서 처음으로 자기장과 전하의 연관이 알려졌으며, 이후 자기현상에 대한 실험적, 이론적 연구가 진행되었다.

운동하는 전하들 간의 자기적 상호작용은 먼저 운동하는 전하가 주변 공간에 자기장을 만들어내고 이 자기장이 다른 운동하는 전하에 자기력을 가하는 것으로 표현될 수 있다. 이 장에서는 먼저 자기장이 주어져있을 때 이 자기장이 운동하는 전하에 어떻게 힘을 가하는지 살펴보자. 자기장도 전기장과 마찬가지로 벡터장의 성질을 지니고 있으므로 이것을 벡터 $\vec{B}$로 표기한다. 다시 말하면 전기장 $\vec{E}$가 위치함수이듯이 자기장 $\vec{B}$도 위치함수로서, 고찰하고 있는 모든 점에서 위치의 함수로써 $\vec{B} = \vec{B}(r)$을 정해줌으로써 그 크기와 방향을 알 수 있다.

1. 자기장 $\vec{B}$의 정의

자기장 $\vec{B}$는 다음과 같이 자기장 $\vec{B}$가 있는 곳에서 움직이는 전하에 가하는 힘을 이용하여 정의한다. 즉, 자기력은

$$\vec{F} = q\vec{v} \times \vec{B} \tag{20-1}$$

이다. 자기력은 전기력과 다른 형태를 띤다. 먼저 정지($v = 0$)하고 있는 전하 q는 힘을 받지 않고, 움직이는 전하는 전하량 및 속도의 크기에 비례하여 힘을 받는다. 자기력의 크기는

$$F = |q|\,vB\sin\phi \tag{20-2}$$

로 표현되며 전하량 q, 자기장의 크기 B, 대전체의 속력 v, 대전체의 속도와 자기장 간의 사잇각 ϕ의 sine값에 비례한다. 한편 자기력의 방향은 대전체의 속도와 자기장에 모두 수직인 방

향, 즉 벡터곱의 방향을 결정하는 오른손 법칙에 의해 결정된다. 속도 $\vec{v}$에서 자기장 $\vec{B}$로 오른손의 네 손가락을 감아올리면 엄지손가락이 $\vec{v} \times \vec{B}$의 방향을 가리킨다. 이때 자기력 $\vec{F}$는 전하가 양이면 $\vec{v} \times \vec{B}$의 방향이며, 전하가 음이면 $-\vec{v} \times \vec{B}$의 방향이다. 자기장 $\vec{B}$의 SI 단위는 식 (20-2)에서 $(N/C)(m/s)^{-1}$이고 이것을 1 tesla(T)라고 하며 1 tesla $= 1 \, N/Am = 10^4 \, gauss$ 가 된다. 1 gauss(G)란 자기장의 $\vec{B}$의 C.G.S 단위이다.

2. 로렌츠 힘

하나의 대전입자가 자기장뿐만 아니라 전기장이 함께 존재하는 영역에서 운동을 하면 전기장 $\vec{E}$에서 받는 힘 $q\vec{E}$와 자기장에서 받는 힘인 자기력 $q\vec{v} \times \vec{B}$의 합성력

$$\vec{F} = q\vec{E} + q\vec{v} \times \vec{B} = q(\vec{E} + \vec{v} \times \vec{B}) \tag{20-3}$$

를 받는다. 이 힘을 로렌츠(Lorentz) 힘이라 부른다. 자기장이 전기장과 다른 또 하나의 특징은 자기력은 전하의 운동에너지를 변화시키지 않는다는 점이다. 즉, 자기력은 항상 전하의 속도에 수직으로 작용하므로 자기력에 의한 일률은

$$P = \vec{F} \cdot \vec{v} = q\vec{v} \times \vec{B} \cdot \vec{v} = 0 \tag{20-4}$$

으로 전하의 운동에너지는 일정하다.

예제 1. 일정한 속도로 움직이는 전하를 선택하기 위해서 전하 빔의 방향에 대해 수직으로 전기장, 자기장을 가할 수 있다. 전하들이 $+z$ 방향으로 움직인다고 하고 크기 1 T의 균일한 자기장이 $+x$ 방향으로 주어질 때, 속도 $1{,}000 \, m/s$ 속도의 전하에 속도 변화가 없었다면 가해진 균일한 전기장의 크기와 방향을 구하라.

풀이 $\vec{F} = q\vec{E} + q\vec{v} \times \vec{B} = q(\vec{E} + \vec{v} \times \vec{B}) = 0$에서 $\vec{E} = -\vec{v} \times \vec{B}$
따라서 전기장의 크기는 $|E| = vB = 1{,}000 \, m/s \cdot 1T = 1{,}000 \, V/m$ 이고, 방향은 $-y$ 방향이다.

20-2 자기력선과 자기선속

정전기장에서 전하가 존재할 때에 그것이 그 주위에 미치는 영향을 전기력선을 이용하여 나타내는 것과 마찬가지로, 자기장도 자기력선으로 나타내면 자기장의 형상을 알 수 있어서 대단히 편리하다. 자기력선의 분포와 그 모습의 실례를 **그림 20-1**이 보여주고 있다. 자기력

선이란 가상의 선으로서 그 선의 한 점에 그은 접선이 항상 그 점의 자기장 $\vec{B}$의 방향과 일치하는 선이다. 그리고 자기력선의 밀도는 자기장 $\vec{B}$의 크기 $|\vec{B}|$와 비례한다.

1. 자기선속 Φ_B

전기장에 있어 Gauss 법칙을 정의하기 위하여 전기선속 Φ_E이란 양을 도입하였다. 자기장의 경우도 전기장과 마찬가지로, 하나의 곡면(표면)을 지나는 자기선속 Φ_E을 정의할 수 있다.

즉, 자기 미분선속 $d\Phi_B$을 면적요소 $d\vec{A}$를 수직으로 지나는 자기력선수로 정의한다.

$$d\Phi_B = B_\perp dA = B\cos\phi dA = \vec{B} \cdot d\vec{A} \qquad (20-5)$$

임의의 주어진 곡면에 대한 총 자기선속 Φ_B은 그 표면을 이루는 모든 면적요소에서의 선속을 모두 합산한 $\vec{B}$의 곡면(S)에 걸친 스칼라 면적분으로 다음과 같이 주어진다.

$$\Phi_B = \int_s B_\perp dA = \int_s BdA_\perp = \int_s B\cos\phi dA = \int_s \vec{B} \cdot d\vec{A} \qquad (20-6)$$

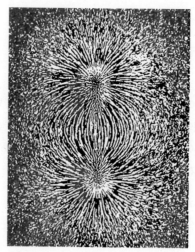

그림 20-1 쇳가루를 뿌린 종이 뒤에 말굽자석을 댔을 때에 쇳가루의 분포

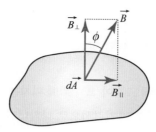

그림 20-2 임의의 곡면에서의 자기선속

2. 전기장과 자기장과의 근본적 차이

정전기장에 있어서는 폐곡면에서의 총 전기선속 Φ_E는 그 폐곡면 내부에 존재하는 전하량에 비례한다는 사실을 학습하였다. 따라서 오직 하나의 전기쌍극자만이 폐곡면 속에 존재한다면 그 총 전하량이 0이므로 그 전기선속은 0이다. 한편 자기장이 전기장과 다른 가장 큰 특징 중의 하나는 자기홀극이 존재하지 않는다는 것이다. 자석을 자르면 잘 알려진 바와 같이 각각의 부분에 N극 및 S극이 새로이 생겨서 자기선속은 항상 상쇄되고, 자기홀극, 즉 자하란 존재하지 않는다는 사실을 알게 된다. 따라서 폐곡면에 대한 자기선속은 항상 0이 된다.

$$\oint_s \vec{B} \cdot d\vec{A} = 0 \ (S는 \ 폐곡선) \tag{20-7}$$

자기선속의 SI 단위는 Weber(1 Wb)이며, $1\text{Wb} = 1\text{T} \cdot \text{m}^2 = 1\text{N} \cdot \text{m}/\text{A}$이다. 식 (20-6)에서 $d\Phi_B = BdA_\perp$이므로, $B = \dfrac{d\Phi_B}{dA_\perp}$임을 알 수 있는데, 여기서 B는 단위면적당의 자기선속을 뜻하며, 자기선속밀도 또는 자기유도벡터(magnetic induction vector)라고 부른다.

20-3 자기장 내에서의 하전입자의 운동

전하를 띤 입자가 자기장 내에서 운동하는 경우, 자기력을 받아 Newton의 법칙에 따라 운동하게 될 것이다. **그림 20-3**에서처럼 양전하 q의 한 입자가 속도 $\vec{v}$로, 균일 자기장 $\vec{B}$ 속으로 그림과 같이 자기장에 수직하게 진입하는 경우를 생각하여 보자. 벡터 $\vec{B}$와 $\vec{v}$는 서로 수직이므로, 자기력의 크기는 $F = qvB$이며, 그 방향은 그림에서 표시한 것과 같이 운동방향에 항상 수직이다. 따라서 자기력은 속도의 크기는 변화시킬 수 없고, 다만 그 방향만을 바꾸도록 작용한다. 따라서 자기력 $\vec{F}$와 속도 $\vec{v}$의 크기는 변하지 아니한다.

이와 같이 힘이 운동방향에 항상 수직으로 작용하는 경우 입자가 그리는 궤도는 원임을 알 수 있다. 원운동을 하는 입자의 구심가속도는 $\dfrac{v^2}{R}$이므로 입자의 질량이 m이라 할 때 Newton의 운동법칙으로부터,

$$F = qvB = m\frac{v^2}{R} \tag{20-8}$$

이 성립하므로, 원궤도의 반지름 R은 다음과 같이 된다.

$$R = \frac{mv}{|q|B} \tag{20-9}$$

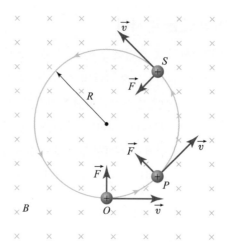

그림 20-3 지면으로 들어가는 방향인 균일 자기장 $\vec{B}$ 안으로 양전하 q를 가진 한 입자가 지면에 나란한 방향으로 속도 $\vec{v}$로 진입할 때에 그리게 되는 입자의 궤도는 원이 된다.

회전반경은 입자의 질량 및 속도에 비례하고, 자기장의 크기 및 전하량에 반비례한다. 또한 입자의 각속도 ω는 $\omega = \dfrac{v}{R}$이므로, 위 식에서

$$\omega = \frac{v}{R} = \frac{|q|B}{m} \tag{20-10}$$

로 주어진다. 이 각속도로부터 진동수 $f = \dfrac{\omega}{2\pi}$가 주어지는데, 이를 사이클로트론 진동수라고 부른다. 각속도는 입자궤도의 반경 R의 크기와는 무관하다는 사실은 입자가속기에서 중요한 의미를 지닌다. 즉, 사이클로트론이라 불리는 입자가속기에서는 일정한 진동수로, 움직이는 입자를 회전당 2회 가속을 시켜줌으로써 입자의 에너지를 증가시킬 수 있다.

예제 2. TV튜브의 전자선속(electron beam)의 각 전자는 $6.7 \times 10^{-23}\,\text{kg} \cdot \text{m/s}$의 운동량을 갖고 있다. 이 선속이 지구자기장(0.71 G)에 수직으로 진입한다면 그 궤도의 반경은 얼마인가?

풀이 $R = \dfrac{mv}{|q|B}$

$$= \frac{6.7 \times 10^{-23}\,\text{kg} \cdot \text{m/s}}{1.6 \times 10^{-19}\,\text{C} \times 0.71 \times 10^{-4}\,\text{T}}$$

$$= \frac{6.7 \times 10^{-23}}{1.6 \times 0.71 \times 10^{-23}}\,\text{m} = 5.88\,\text{m}$$

20-4 전류가 흐르는 도체에 작용하는 자기력

도체 또는 도선을 따라 전류가 흐르는 경우 전류란 전하의 흐름이므로 자기장이 움직이는 전하에 자기력을 가할 것이다. 여기서는 자기장이 움직이는 전하에 가하는 힘으로부터 자기장이 전류가 흐르는 도선에 미치는 힘을 유도하여 본다.

그림 20-4와 같이 도선에 자기장 $\vec{B}$가 주어진 경우, 먼저 개개의 하전입자에 자기장이 미치는 힘은 $\vec{F}=q\vec{v}\times\vec{B}$로 주어진다. 이때 $\vec{v}$는 하전입자의 속도이다. 전류 I가 흐르는 단위 부피당 하전입자의 수가 n이며, 단면적 A인 도선의 미분소 dl에 자기장이 가하는 힘은 개개의 하전입자에 가하는 힘에 하전입자의 수를 곱한 것과 같다. 미소길이 dl 당 하전입자 수는 $nAdl$이므로,

$$d\vec{F}=(nAdl)(q\vec{v}\times\vec{B})=(nqv)(A)d\vec{l}\times\vec{B} \tag{20-11}$$

여기서 전하의 평균속도의 방향과 도선의 방향이 같음을 이용하였다. 그런데 전류밀도가 $J=nqv$이고, $JA=I$이므로 미소자기력은

$$d\vec{F}=Id\vec{l}\times\vec{B} \tag{20-12}$$

이 되고, 도선이 직선인 경우 자기력은

$$\vec{F}=I\vec{l}\times\vec{B} \tag{20-13}$$

로 기술된다. 단, 길이 벡터 $\vec{l}$의 방향은 하전입자의 운동방향이다. 만일 도선이 직선이 아니고, 임의의 곡선 모양을 하고 있을 때는 미소자기력을 적분하여 힘은

$$\vec{F}=\int_C Id\vec{l}\times\vec{B} \tag{20-14}$$

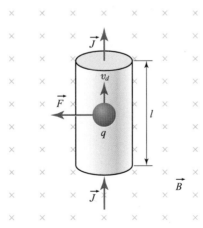

그림 20-4 전류가 있는 도선 속의 움직이는 전하가 받는 힘

이다. 이와 같이 곡선 모양의 도선에 미치는 자기력은 선분곡선에 따라 선적분하여 계산할 수 있다. 자기장이 전류도선에 힘을 가하는 것을 이용한 것이 전기모터로 자기장을 만들어 주는 N, S의 양 자극 사이에 위치하고 있는 도선에 전류를 흐르게 함으로써 자기력을 받아서 회전하도록 고안한 것이다.

예제 3. 아래 그림처럼 같은 평면 내에서 1.5 T인 자기장에 45°의 방향으로 30 A의 전류가 흐르는 전선의 1 m에 작용하는 힘 F를 구하라.

풀이 전류와 자기장 사이의 각이 $45° = \dfrac{\pi}{4}$ 이므로

$$F = IlB\sin\theta = (30\ \text{A})(1\ \text{m})(1.5\ \text{T})\sin\frac{\pi}{4} = 32.5\ \text{N}$$

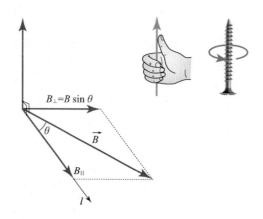

예제 4. 다음 그림에서처럼 거리가 $d = 1\ \text{m}$만큼 떨어져 있는 평행한 두 도선에 각각 1 A의 전류가 흐를 때, 단위길이당 두 도선 간에 작용하는 힘을 구하라.

풀이 도선 b는 도선 a의 전류가 만드는 장기장 속에 놓여 있으므로, 자기력을 받게 될 것이다. 도선 a의 전류가 만드는 자기장 B_a의 크기는

$$B_a = \frac{\mu_0 i_a}{2\pi d}$$

이며, 오른손 법칙으로 도선 b에서의 B_a의 방향은 그림에서처럼 아래를 향한다. 전류 i_b가 흐르는 도선 b는 위의 B_a 속에 있으므로 길이가 l이 되는 도선 b가 받는 자기력 F_b는 $i\vec{l} \times \vec{B_a}$에 따라, 그 크기는

$$F_b = i_b l B_a = \frac{\mu_0 l i_a i_b}{2\pi d}$$

이며, 방향은 도선 a쪽을 향한다. 즉, 인력이다. 따라서 각 값을 대입하면 다음의 값을 얻을 수 있다.

$$\frac{F}{l} = \frac{\mu_0 i^2}{2\pi d} = \frac{(4\pi \times 10^{-7}\,\text{T} \cdot \text{m/A})(1\,\text{A})^2}{(2\pi)(1\,\text{m})} = 2 \times 10^{-7}\,\text{N/m}$$

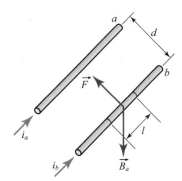

평행한 두 도선에 같은 전류가 흐를 때 받는 힘

20-5 전류루프에 미치는 자기력과 토크

그림 20-5와 같이 전류 i가 흐르고 있는 각 변의 길이가 a와 b인 네모꼴의 루프에 루프 평면의 법선에 각 ϕ을 이루며 자기장 $\vec{B}$가 주어진다고 하자. 루프의 윗변에서 전류의 방향은 반시계 방향이며, 자기장 $\vec{B}$와는 수직이므로, 윗면에 미치는 힘 F의 크기는 $F = iaB$이며, 그 방향은 그림의 x축 방향이다. 또한 아랫변에 미치는 자기력은 그 크기는 같고, 방향은 $-x$축의 방향이므로 윗변에의 자기력 $\vec{F}$와는 반대방향 $-\vec{F}$가 된다. 한편 루프의 남은 두 변은 자기장 $\vec{B}$와 크기 $\frac{\pi}{2} - \phi$의 각을 이룬다. 이들에 작용하는 힘들은 그림에서와 같이 $\vec{F}'$와 $-\vec{F}'$로서, 그 크기 F'는

$$F' = IbB \sin\left(\frac{\pi}{2} - \phi\right) = IbB \cos\phi$$

이고 동일선상에 작용하는 상쇄되는 벡터들이다. 따라서 각 부분에 가해지는 자기력은 서로 상쇄되어 총 자기력은 0이 되는 것을 알 수 있다. 반면 루프에 가해지는 토크의 크기는 그들 간의 거리가 $b\sin\phi$임을 고려하여,

$$\tau = (IBa)b\sin\phi \tag{20-15}$$

가 된다. 토크 τ가 $\sin\phi$, 즉 각에 의존하고 있으며 각 $\phi = 90°$일 때 토크가 가장 크다.

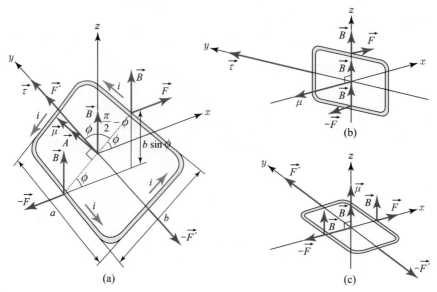

그림 20-5 전류루프에 미치는 자기력에 의한 토크

$\phi = 0$이거나 $\phi = 180°$일 때 토크 $\vec{\tau}$는 0이 되며, $\phi = 0$일 때는 안정된 평형상태를 이룬다. 이 경우에는 이 코일이 이 상태에서 조금 회전시켜 놓으면 곧 $\phi = 0$의 원위치로 되돌아가는 것을 볼 수 있으나, $\phi = 180°$일 때는 불안정한 평형상태를 이루게 된다.

이 단계에서 앞으로 학습에 있어서 중요한 구실을 하게 되는 몇 가지 양들을 도입하기로 한다.

1. 면적 벡터

물리학에서는 루프의 면적을 벡터로 표시하여 관계를 알기 쉽게 표현하고 있는데, 그 크기는 면적의 크기로 정하고, 그 방향은 루프를 반시계 방향으로 전류가 흐르게 되는 면에서 나오는 법선방향으로 잡는다. **그림 20-5(a)**에서 벡터 $\vec{A}$를 나타내었다.

2. 자기모멘트(자기 쌍극자 모멘트) 벡터 $\vec{\mu}$

자기모멘트의 크기는 $\mu = iA$, 즉 루프에 흐르는 전류의 값에 면적의 크기를 곱한 값이며, 그 방향은

$$\vec{\mu} = i\vec{A} \tag{20-16}$$

에 의해 면적 벡터 $\vec{A}$의 방향으로 정한다. **그림 20-5(a)**에서 코일을 회전시키는 원인으로서의 토크를 **그림 20-5**로부터 벡터로 표시할 수 있다. 즉,

$$\vec{\tau} = \vec{\mu} \times \vec{B} \tag{20-17}$$

위 식에서 자기모멘트 $\vec{\mu}$가 자기장 안에서 그 방향을 변화시키면 자기장 $\vec{B}$는 그것에 일을 하게 되는데, 각변위 $d\phi$가 있을 때 자기장은 $dW = \tau d\phi$의 일을 하게 된다. 따라서 이 각변위에 따른 위치에너지의 변화가 발생한다. 위치에너지는 $\vec{\mu}$와 $\vec{B}$가 평행일 때 가장 작고, 반평행일 때, 즉 불안정 평형상태일 때 가장 크다. 위치에너지 U가 $\vec{\mu}$와 $\vec{B}$에 어떻게 관련되는지는 전기 쌍극자와 자기 쌍극자 사이에 존재하는 유사성을 이용하여 구할 수 있다. 앞서 우리는 전기장 $\vec{E}$ 안의 전기 쌍극자 $\vec{p}$에 작용하는 토크 $\vec{\tau}$는 $\vec{\tau} = \vec{p} \times \vec{E}$이며, 쌍극자 $\vec{p}$가 $\vec{E}$ 안에 가지는 위치에너지 U는 $U = -\vec{p} \cdot \vec{E}$임을 밝혔다.

유사하게 자기장 $\vec{B}$ 안의 자기 쌍극자 $\vec{\mu}$에 작용하는 토크는 $\vec{\tau} = \vec{\mu} \times \vec{B}$가 되며, 따라서 곧 이에 해당하는 위치에너지 U는 다음과 같다.

$$U = -\vec{\mu} \cdot \vec{B} = -\mu B \cos\phi \qquad (20-18)$$

지금까지의 관계식은 네모꼴 루프에 대해 유도한 것이지만, 임의의 형태의 루프에 대해서도 성립한다. 왜냐하면 임의의 평면루프는 대단히 많은 수의 네모꼴 루프들의 합으로 근사시킬 수 있는데, 이들 각 루프에 모두 같은 값의 전류가 동일 방향으로 흐르고 있다면, 서로 인접한 두 루프의 변에 작용하는 힘들은 서로 상쇄되고, 다만 바깥의 경계상에서만 힘들이 상쇄되지 아니한다. 따라서 형태에 무관하게 평면루프에 대하여 위의 관계식이 유효한 것이다. 이때 이 루프의 자기모멘트 $\vec{\mu}$는 $\vec{\mu} = i\vec{A}$이다.

이들 관계식은 평면루프 모양으로 N번 감은 코일에 대해서도 그대로 적용할 수 있으며, 그런 모습으로 감은 효과는 힘 $\vec{F}$, 자기모멘트 $\vec{\mu}$, 토크 $\vec{\tau}$, 그리고 위치에너지 U에 단지 N을 곱하여주는 것과 같다.

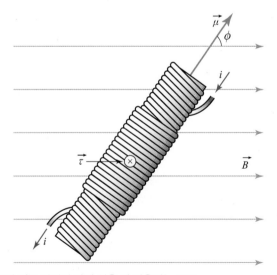

그림 20-6 솔레노이드가 외부 자기장 안에 있을 때 작용하는 토크

솔레노이드(solenoid)는 **그림 20-6**에서처럼 원통에 코일을 감은 것이다. 코일을 촘촘히 감은 솔레노이드는 원통 축에 수직이 되는 평면 위에 놓인 많은 수의 루프로 근사시킬 수 있을 것이다. 자기장 안에 있는 솔레노이드에 작용하는 토크는, 각기 루프에 작용하는 토크의 합으로서, 균일 자기장 $\vec{B}$ 속에 감은 수 N을 가진 솔레노이드에는

$$\tau = NIAB\sin\phi$$

인 토크가 작용한다. 여기서 ϕ는 $\vec{B}$와 솔레노이드의 축이 이루는 각이다. 토크는 솔레노이드 축이 $\vec{B}$에 수직일 때 가장 크고, 평행일 때 0이 된다. 따라서 토크는 이 솔레노이드를 그 축이 $\vec{B}$와 평행이 되게끔 회전시키려고 한다. 이처럼 자기장 안에서 솔레노이드의 행위는 막대자석이나 또는 나침반의 자침이 하는 행위와 유사하다.

예제 5. 반경 $0.04 \, \text{m}$, 감음 수 30인 원형 코일이 평면 위에 놓여 있다. 위에서 볼 때 $5 \, \text{A}$의 전류가 반시계 방향으로 흐르고 있다. 이 코일에 평면과 나란히 오른쪽으로 향한 $1.5 \, \text{T}$의 자기장을 가할 때, 그 자기모멘트와 코일에의 토크를 구하라.

풀이 코일의 넓이는

$$A = \pi r^2 = \pi (0.04 \, \text{m})^2 = 5.02 \times 10^{-3} \, \text{m}^2$$

따라서 코일 한 바퀴의 자기모멘트는

$$\mu_0 = (5 \, \text{A}) \times (5.02 \times 10^{-3} \, \text{m}^2) = 2.51 \times 10^{-2} \, \text{A} \cdot \text{m}^2$$

이므로 코일의 전체 자기모멘트는

$$\mu = 30\mu_0 = 75.3 \, \text{A} \cdot \text{m}^2$$

한편, 자기장 $\vec{B}$와 코일의 면적 벡터 $\vec{A}$와는 $\dfrac{\pi}{2}$의 각을 이룬다.

따라서 각 코일의 토크는

$$\tau_0 = IBA\sin\theta = (5 \, \text{A})(1.5 \, \text{T})(5.02 \times 10^{-3} \, \text{m}^2)\left(\sin\frac{\pi}{2}\right)$$

$$= 37.65 \times 10^{-3} \, \text{N} \cdot \text{m} = 0.0377 \, \text{N} \cdot \text{m}$$

이다. 전체 토크는

$$\tau = 30\tau_0 = 1.13 \, \text{N} \cdot \text{m}$$

이다. $\vec{\tau} = \vec{\mu} \times \vec{B}$에 의하여 이 토크는 코일의 오른쪽을 아래로, 그리고 왼쪽 부분을 위로 향하게 하는 회전력으로 작용하여 코일의 면의 법선, 즉 면적 벡터 $\vec{A}$와 $\vec{B}$가 평행하게 한다.

예제 6. 예제 5에 있는 코일이 처음 위치에서 그 자기모멘트 $\vec{\mu}$가 $\vec{B}$와 평행하게 되는 위치로 회전할 때, 그 위치에너지의 변화량은 얼마인가?

풀이 처음 위치에너지는

$$U_i = -\tau B \cos\phi_i = -(75.3 \times 10^{-2}\,\text{A}\cdot\text{m}^2)(1.5\,\text{T})\left(\cos\frac{\pi}{2}\right) = 0$$

이며, 최종 위치에너지는

$$U_f = -\tau B \cos\phi_f = -(72.3 \times 10^{-2}\,\text{A}\cdot\text{m}^2)(1.5\,\text{T})(\cos 0) = -1.13\,\text{J}$$

이다. 따라서 위치에너지의 변화량은 다음과 같다.

$$-1.13\,\text{J} - 0 = -1.13\,\text{J}$$

01 x축 방향으로 $B = 3\,\text{G}$의 균일자기장 속을 $q = +e$인 한 양성자(proton)가 $5 \times 10^6\,\text{m/s}$의 속력으로 $+y$축 방향으로 통과한다.

  (a) 양성자에 미치는 힘의 크기와 방향을 구하라.

  (b) 양성자 대신에 전자로 대치시키면 어떤 힘을 받는가?

02 음극선(전자선속이며, $m = 9.1 \times 10^{-31}\,\text{kg}$, $q = -e = -1.6 \times 10^{-19}\,\text{C}$)이 균일자기장 $B = 4.5 \times 10^{-2}\,\text{T}$에 의해서 반경 $2\,\text{cm}$의 원형 궤도를 그리면서 운동을 하고 있다. 이때 전자들의 속도는 얼마인가?

03 한 양성자($m = 1.67 \times 10^{-27}\,\text{kg}$, $q = +e$)가 속력 $v = 5 \times 10^6\,\text{m/s}$로 지면에서 나오는 방향의 균일 자기장 $B = 60\,\text{G}$를 수직으로 통과하고 있다. 양성자가 그리는 궤도는 어떤 것인가?

04 다음의 그림은 자기장 $B = 0.2\,\text{T}$ 내에 50 - 루프 코일에 $2\,\text{A}$의 전류가 흐르고 있는 것을 나타내고 있다. 이때 코일이 받는 토크는 얼마이며, 어떤 회전을 하는가? (θ는 $30°$이고, 반지름은 $5\,\text{cm}$이다.)

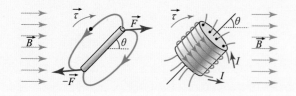

05 한 전자가 정지 상태에서 전위차 $800\,\text{V}$에 의하여 가속된다. 그리고는 $60\,\text{G}$의 자기장에 수직으로 진입한다. 이때 (a) 전자의 궤도반경과 (b) 그 궤도진동수를 계산하라.

06 x축을 따라 길이 $1\,\text{m}$의 도선이 T 단위의 자기장 $\vec{B} = 0.02\hat{j} + 0.01\hat{k}$ 속에 놓여 있다. 이 도선에 $+x$축 방향으로 $0.4\,\text{A}$의 전류를 흐르게 할 때, 도선에 작용하는 힘의 성분들을 계산하라.

07 반경이 $4\,\text{cm}$인 원형 루프의 도선에 $0.2\,\text{A}$의 전류가 있다. 이 루프의 자기 쌍극자 모멘트 $\vec{\mu}$에 나란한 벡터는 $0.3\hat{i} - 0.5\hat{j}$이다. 이 루프가 tesla 단위의 자기장 $\vec{B} = 0.2\hat{i} + 0.3\hat{k}$ 속에 놓여 있을 때 (a) 이 루프가 받는 토크의 크기와 방향, (b) 이 루프의 자기적 위치에너지를 구하라.

08 가로×세로 $10\,\text{cm} \times 5\,\text{cm}$인 장방형의 25 - 루프 도선이 균일한 자기장 속에 있다. 이 도선에는 $0.2\,\text{A}$의 전류가 흐르고 있고, 한 변을 축으로 하여 회전할 수 있다. 루프 평면이 $0.5\,\text{T}$인 균일자기장과 $30°$의 각을 이루고 있을 때, 회전축 둘레에 작용하는 토크는 얼마인가?

09 아래 그림은 이온의 질량을 측정하는 데 쓰이는 질량분석계(mass spectrometer)이다. 가스방전이 일어나는 이온원(source) S 안에서 만들어진 질량과 전하가 m, q인 이온은 전위차 V로 가속된 후 자기장 B 속에 진입하여 반원을 그리는 운동 끝에 진입한 후, 슬릿에서 거리 x가 되는 곳에 장치된 사진검판과 충돌한다. 이온의 질량 m이 다음 식으로 계산됨을 증명하라.

$$m = \frac{B^2 q}{8 V x^2}$$

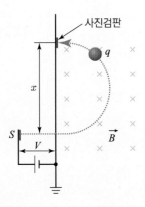

10 사이클로트론(cyclotrons)과 싱크로트론(synchrotrons)이 어떤 용도에 쓰이며, 그 원리는 각각 무엇인지 조사하라.

11 균일한 전기장($10\ \mathrm{V/m}$), 자기장($100\ \mathrm{Gauss}$)이 주어진 공간에 전자가 자기장에 수직인 방향으로 주입되었다고 하자. 만일 전자가 등속운동을 한다면 전자의 속도의 크기는 얼마인가?

12 균일한 자기장하에서 움직이는 전하의 운동에너지는 일정함을 보여라.

13 주어진 정전기장, 정자기장하에서 운동하던 전하가 시간 T가 경과한 후 원래의 위치로 돌아왔다고 하자. 이때 전자가 제자리로 돌아오기까지 Lorentz 힘에 의해 전하에 가해진 일은 얼마인가? (Lorentz 힘 이외는 무시한다.)

14 사이클로트론은 디(dees)라고 하는 두 개의 반원 용기에 전자석으로 일정한 자기장이 수직으로 가해져 이 속에서 운동하는 대전입자를 빠른 속도로 가속시키는 장치이다. 사이클로트론의 반경이 R, 자기장의 크기가 B, 이온의 질량이 m, 전하가 q라 할 때, 방출되는 이온의 운동에너지를 구하라.

15 이온화된 수소 이온이 $1{,}000\ \mathrm{V}$의 전위차에 의해 가속된 후 $1\ \mathrm{T}$의 자기장 속으로 주입되었다고 하자. 자기장의 방향을 바꾸어가며 회전반경을 측정할 때, 그 최대 반경은 얼마인가?

16 일정한 자기장하에서 존재하는 전류가 흐르는 루프에 대해, 자기장에 의해 가해지는 총 자기력은 루프의 형상과 관계없이 0임을 보여라.

17 진공 중에 놓인 질량 1 g, 반지름 1 cm의 비전도
성 링에 2 mC의 전하가 균일하게 대전되어 있다.
이 링이 그림과 같이 진동수 100 Hz로 회전한다.

(a) 이 링의 자기 쌍극자 모멘트의 크기를 구하라.

(b) 1 T의 외부 자기장이 링에 평행한 방향으로
순간적으로 가해지는 경우, 돌림힘의 최댓값
을 구하라.

(c) 자기장이 가해진 후, 링의 회전운동에너지의
최댓값을 구하라.

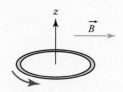

18 1 T의 균일자기장하에서 반경 1 m로 운동하고
있는 전자의 운동에너지를 구하라.

19 어느 실험실 안에 일정한 거리 d를 두고 정지해
있는 전하량 q의 두 전하에 의한 전기력과 자기
력이 측정되었다. 한편 우주선을 타고 날아가던
우주인들이 두 전하에 의한 전기력과 자기력을
측정한다면 이것은 실험실에서 측정된 값과 같을
까? 그 이유를 설명하라.

20 일정한 자기장 $\vec{B} = 1(\mathrm{T})\hat{k}$ 하에서 전자가 xy평
면상을 움직이고 있으며, 전자가 원점을 지나는
순간 $+x$축 방향으로 1×10^5 m/s의 속력으로 움
직이고 있었다.

(a) 이 순간 전자의 가속도는 얼마인가?

(b) 전자가 다시 y축을 만나는 순간, 그 y 좌푯
값은 얼마인가?

(c) (b)에서 전자가 원점에서 출발하여 다시 y축
에 도달하기까지 걸리는 시간은 얼마인가?

CHAPTER 21

Ampere의 법칙

1819년 외르스테드(Hans Oersted)에 의해 자기장과 전류와의 연관이 처음으로 알려지게 되었다. 이로부터 Biot와 Savart는 전류가 흐르는 도선에 의해 자기장이 형성되는 관계를 밝혀냈고 이후 Ampere에 의해 전하와 자기장에 대한 이론이 더 발전되었다. 즉, 움직이는 전하에 의해 자기장이 만들어지는 것으로써 이 장에서는 움직이는 전하 q가 만드는 자기장에 대해 살펴본다.

21-1 움직이는 전하가 만드는 자기장

먼저 전하의 위치를 원천점(source point), 그리고 자기장을 계산하려는 위치를 고찰점(field point)이라고 부르자. 전기장의 경우 점전하 q가 이 전하에서 위치벡터 $\vec{r}$인 위치에 만드는 전기장 $\vec{E}$는 그 크기가 전하량 q와 $1/r^2$비례하고 그 방향은 원천점에서 고찰점으로 그은 직선과 평행하다는 것을 알았다. 자기장의 경우 속도 $\vec{v}$로 움직이는 한 점전하 q가 만드는 자기장 $\vec{B}$의 크기 $|\vec{B}|$는 전하량 q와 $1/r^2$에 비례하고 전하의 속도 $\vec{v}$에 비례할 뿐 아니라 직선 $\vec{r}$과 운동하고 있는 전하 q의 속도 $\vec{v}$ 간의 사잇각 ϕ의 사인값에 비례한다. 한편 자기장 $\vec{B}$의 방향은 원천점에서 고찰점으로 그은 직선방향 $\vec{r}$이 아니고, 이 위치벡터 $\vec{r}$과 운동하고 있는 전하 q의 속도 $\vec{v}$를 포함하고 있는 평면에 수직이다. 자기장 $\vec{B}$의 크기와 방향을 수식으로 정리하면 먼저 고찰점 P에서 자기장의 크기 B는

$$B = \frac{\mu_0}{4\pi} \frac{qv\sin\phi}{r^2} \tag{21-1}$$

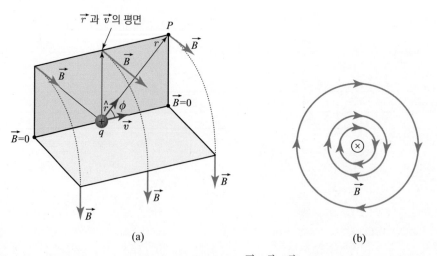

(a) (b)

그림 21-1 움직이는 점전하 q가 만드는 벡터들, 각 점에서 $\vec{B}$는 $\vec{r}$과 $\vec{v}$로 형성되는 평면에 수직이며 그 크기는 그들 간의 각의 정현(sine)에 비례한다.

으로 주어진다. 여기서 $\mu_0/4\pi$는 비례상수이다.

한편 자기장의 방향은 전하의 속도 및 원천점에서 고찰점 P로 향한 방향의 벡터 $\vec{r}$에 모두 수직이므로 $\vec{v}\times\vec{r}$에 평행하다. 따라서 원천점에서 고찰점 P로 향한 방향의 단위벡터를 $\hat{r}=\vec{r}/r$라 하면 움직이는 하나의 점전하가 만드는 자기장 $\vec{B}$는 하나의 벡터로 다음과 같이 나타낼 수 있다.

$$\vec{B}(r) = \frac{\mu_0}{4\pi}\frac{q\vec{v}\times\hat{r}}{r^2} \tag{21-2}$$

하나의 점전하 q가 만드는 전기력선은 그 전하에서 방사하는 형태인데 자기장의 자력선은 완전히 다른 모습을 하게 된다. 속도 $\vec{v}$로 움직이는 전하가 만드는 자기장의 자기력선들은 $\vec{v}$를 중심축으로 하는 원통형 표면 상에 놓여 있다. 앞에서 언급한 바와 같이 $\vec{B}$의 단위는 **tesla(T)**이고 비례 상수 μ_0의 단위는 $1\,\text{N}\cdot\text{s}^2/\text{C}^2 = 1\,\text{N}/\text{A}^2 = 1\,\text{Wb}/\text{A}\cdot\text{m} = 1\,\text{T}\cdot\text{m}/\text{A}$이 된다. SI 단위에서 μ_0는

$$\mu_0 = 4\pi\times10^{-7}\,\text{Wb}/\text{A}\cdot\text{m} \tag{21-3}$$

으로 μ_0는 자유공간의 투자율(permeability)이라 불린다. 물질의 자기적 성질을 고려할 경우, 물질의 투자율을 일반적으로 μ로 나타내고 이는 물질의 자기적 성질을 나타낸다.

21-2 전류에 의한 자기장

임의의 모양을 하고 있는 도선에 전류가 흐를 때에 도선 근방의 임의의 한 점 P에서의 자기장 $\vec{B}$를 구하기로 하자. 전류는 하나의 전하가 아니라 많은 전하가 동시에 움직이는 경우로 총 자기장은 중첩의 원리를 이용하여 각각의 전하에 의한 자기장의 벡터합으로 구할 수 있다. 우선 **그림 21-2**에서처럼 전류 i가 흐르는 도선의 미소구간 dl 내에서 움직이는 전하, 즉 전류요소에 의해 발생하는 자기장을 구하여 보자. 먼저 도선의 단면적을 A라고 하자. 이때 미소구간 dl에 존재하는 전하의 수는 단위체적당 전하의 수 n에 도선의 부피 Adl을 곱한 것과 같고 총 전하량은 이에 전하량 q를 곱한 것과 같다. 즉, 총 전하량 dQ는

$$dQ = nqAdl$$

이다. 전류요소의 경우 단일 전하량 dQ가 표류속도 $\vec{v}$로 움직이는 것과 동등하게 취급할 수 있으므로 식 $(21-1)$을 적용하여 거리 r되는 임의의 점에 전류요소에 의해 형성된 미소 자기장 $d\vec{B}$의 크기는

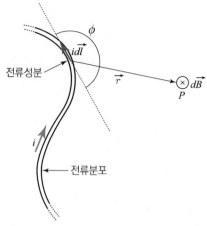

그림 21-2 전류요소 dl이 만드는 자기장 벡터들

$$dB = \frac{\mu_0}{4\pi} \frac{dQ v \sin\phi}{r^2} = \frac{\mu_0}{4\pi} \frac{nqvA\,dl}{r^2} \sin\phi \qquad (21-4)$$

이다. 이때, $nqvA$는 전류 i이므로 미소 자기장은

$$dB = \frac{\mu_0}{4\pi} \frac{idl \sin\phi}{r^2} \qquad (21-5)$$

이 된다. 이를 벡터식으로 표현하면 도체 내의 전류의 방향이 벡터 $\vec{dl}$과 같으므로

$$\vec{dB} = \frac{\mu_0}{4\pi} \frac{\vec{idl} \times \hat{r}}{r^2} \text{ (Biot-Savart의 법칙)} \qquad (21-6)$$

으로 나타내어진다.

식 (21-6)을 Biot-Savart의 법칙이라 부른다. 도선에 흐르는 전류에 의해 임의의 점에 발생하는 자기장 $\vec{B}$를 얻으려면 모든 각 전류 요소에 기인하는 미소 자기장 $\vec{dB}$의 벡터합을 구하여야 하며 이것은 곧 도선의 경로에 따른 선적분

$$\vec{B} = \frac{\mu_0}{4\pi} \int_C \frac{\vec{idl} \times \hat{r}}{r^2} \qquad (21-7)$$

으로 계산된다. 이 적분은 아주 단순한 도선 형태를 제외하고는 일반적으로 매우 복잡하다. 여기서는 단순한 형태로 주어지는 도선들을 통하여 이 적분을 어떻게 수행하는가를 먼저 살펴본다.

1. 직선전류가 만드는 자기장

그림 21-3에서처럼 무한히 긴 직선 도선에 전류 i가 흐르는 경우 도선에서 거리 R의 위치에 만들어지는 자기장 $\vec{B}$를 Biot-Savart의 법칙을 써서 계산한다. 직선 도선이 y축상에 놓이도

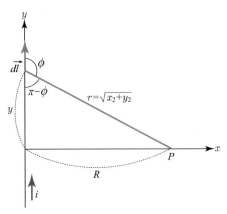

그림 21-3 직선 도선의 직류가 만드는 자기장

록 좌표축을 잡으면 전류요소 $dl = dy$로 주어지고 원천점과 고찰점 간의 거리, 사잇각의 사인값은 각각 $r = \sqrt{R^2 + y^2}$, $\sin\phi = \sin(\pi - \phi) = R/\sqrt{R^2 + y^2}$로 주어진다. 전류요소에 의한 자기장은 벡터곱 $\vec{dl} \times \hat{r}$에 의해 $\vec{dB}$의 방향이 그림이 있는 지면으로 들어가는 방향이다. 직선 도선의 모든 전류요소들이 만드는 미소 자기장 $\vec{dB}$의 방향이 모두 같으므로 식 $(21-7)$의 적분에 있어서는 $\vec{dB}$의 크기들을 단순히 더하기만 하여도 충분하다. 즉, $\vec{B}$의 크기 B는 적분에 의해 다음과 같이 주어진다.

$$B = \frac{\mu_0 i}{4\pi} \int_{-\infty}^{+\infty} dy \frac{R}{(R^2 + y^2)^{3/2}} = \frac{\mu_0 i}{4\pi R} \frac{y}{(R^2 + y^2)^{1/2}} \Bigg|_{y = -\infty}^{y = +\infty}$$

$$= \frac{\mu_0}{2\pi} \frac{i}{R} \tag{21-8}$$

이와 같이 하여 도선으로부터 반경 R만큼 떨어진 원주상의 각 지점에서의 자기장의 크기 B는 도선에서 멀어질수록 거리에 반비례하여 감소하며 그 방향은 고찰점 P에서는 지면 속으로 향하고 있다.

2. 원형전류가 만드는 자기장

그림 21-4는 원형전류가 흐르고 있는 반경 a의 도선을 나타내고 있다. 여기서도 Biot-Savart의 법칙을 써서 루프의 중심 O을 지나는 축상의 점으로서 O에서 거리 R인 점 P에서의 자기장을 계산한다. 그림에서 알 수 있듯이 xy면에 수직인 성분 dl과 xy면상의 단위벡터 $\hat{r}$과는 서로 수직이므로 이 미소부분의 전류가 P에 만드는 자기장 $\vec{dB}$는 xy면상에 있고 또 $\vec{dl}$과 $\vec{r}$이 만드는 평면에 수직이므로 그림이 보여주듯이 x성분 dB_x와 y성분 dB_y을 가지고 있다. 요소 $\vec{dl}$가 만드는 미소 자기장 $\vec{dB}$의 크기는

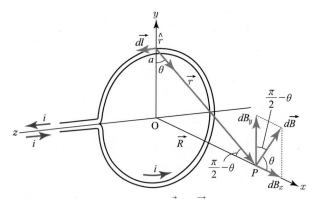

그림 21-4 원형루프 전류가 만드는 자기장 전류요소 $\vec{dl}$은 $\vec{dB}$만큼의 기여분을 $x-y$ 평면상에 가지고 있다. 여타의 $\vec{dB}$ 요소들은 x축에의 수직성분들을 가지나 모두 합치면 0이 되고 x성분들은 합쳐서 점 P에서 전 자기장 B를 갖게 된다.

$$dB = \frac{\mu_0 i}{4\pi} \frac{dl}{a^2 + R^2} \qquad (21-9)$$

이며 벡터 $\vec{dB}$의 각 성분은 다음과 같이 주어진다.

$$dB_x = dB\sin\theta = \mu_0 \frac{i}{4\pi} \frac{dl}{(a^2+R^2)} \frac{a}{(a^2+R^2)^{1/2}} \qquad (21-10)$$

$$dB_y = dB\sin\theta = \mu_0 \frac{i}{4\pi} \frac{dl}{(a^2+R^2)} \frac{R}{(a^2+R^2)^{1/2}} \qquad (21-11)$$

x축에 관하여 원형전류는 회전 대칭성을 갖게 되므로 x축에 수직인 $\vec{B}$의 성분은 있을 수 없다. 즉, 각 요소 $\vec{dl}$에 대하여 루프의 맞은편에 반대방향의 요소 $\vec{dl}$이 대응하고 있어 이 두 요소들에 따라 자기장의 x성분은 같은 기여를 하나 x축에 수직인 성분 dB_y는 서로 상쇄되어 자기장의 x성분만 남는다. 도선의 모든 전류요소가 만드는 자기장은 따라서 자기장의 x 성분을 루프에 따라 선적분하는 것과 같다. 이 식에서 dl을 제외하고는 상수이므로 적분기호 밖으로 내고 적분하여

$$B_x = \frac{\mu_0}{4\pi} \frac{ia}{(a^2+R^2)^{3/2}} \int_{loop} dl \text{ 이고 } \int_{loop} dl = 2\pi a \text{이므로}$$

$$B_x = \frac{\mu_0 ia^2}{2(a^2+R^2)^{3/2}} \text{ (원형전류)} \qquad (21-12)$$

따라서 단일 루프의 전류가 i인 원의 중심축상에서 중심으로부터 거리 R되는 점에서의 자기장은 루프의 면적이 πa^2이므로 자기모멘트 μ로 나타내면

$$B = \frac{\mu_0 ia^2}{2(a^2+R^2)^{3/2}} = \frac{\mu_0}{2\pi} \frac{\mu}{(a^2+R^2)^{3/2}} \left(i = \frac{\mu}{\pi a^2} \right) \qquad (21-13)$$

이다. 동일 반경을 가지고 촘촘히 N번 감은 루프로 형성된 코일이 만드는 자기장은 각 루프 전류가 같고 면적이 같아 같은 크기로 자기장에 기여하게 되므로 결국 자기장은

$$B = \mu_0 Ni \frac{a^2}{2(a^2 + R^2)^{3/2}} = \frac{\mu_0 N\mu}{2\pi(a^2 + R^2)^{3/2}} \qquad (21-14)$$

이다. 또 루프의 중심 (R = 0)에서는 식 (27 − 13), 식 (27 − 14)의 값은 각각

$$B = \frac{\mu_0 i}{2a} \text{ (단일 루프)} \qquad (21-15)$$

$$B = \frac{\mu_0 Ni}{2a} \text{ (N번 감은 코일)} \qquad (21-16)$$

이 됨을 알 수 있다.

예제 1. 무한히 긴 직선 도선에 100 A의 전류가 흐르고 있다. 이 도체의 축에서 축으로 20 m 떨어진 점에서의 자기장의 세기를 구하라.

풀이 $B = \dfrac{\mu_0}{2\pi}\dfrac{i}{R} = \dfrac{\mu_0}{2\pi}\dfrac{100\text{ A}}{20\text{ m}} = \dfrac{4\pi \times 10^{-7}\text{ T} \cdot \text{m/A}}{2\pi}\dfrac{100\text{ A}}{20\text{ m}}$

$\qquad = \dfrac{200}{20} \times 10^{-7}\text{T} = 10 \times 10^{-7}\text{T} = 10^{-6}\text{T}$

21-3 Ampere의 법칙

전기장의 경우 전하의 분포가 대칭성을 갖으면 Gauss의 법칙을 이용하여 전기장을 쉽게 계산할 수 있음을 앞에서 살펴보았다. 마찬가지로 전류의 흐름이 대칭성을 가지고 있는 경우 손쉽게 자기장 $\vec{B}(r)$을 구할 수 있는 방법이 Ampere의 법칙이다. 전류분포가 대칭성을 갖고 있을 때 자기장 $\vec{B}(r)$을 구하거나 또는 역으로 특별한 모양의 자기장을 만드는 전류분포를 알고자 할 경우 이 Ampere의 법칙을 이용할 수 있다. Ampere의 법칙은 다음 식으로 표현된다.

$$\oint \vec{B} \cdot d\vec{l} = \mu_0 i \text{ (Ampere의 법칙)} \qquad (21-17)$$

적분기호 위의 동그라미는 Ampere의 법칙이 임의의 모양을 한 폐곡선(이것을 Ampere 루프라 부른다)에 적용된다는 것을 의미한다. 우변의 전류는 이 폐곡선 내부를 흐르는 알짜

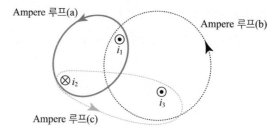

그림 21-5 Ampere 루프

전류이다. 따라서 어떤 폐곡선에 대한 자기장의 선적분은 폐곡선의 모양과 관계없이 단지 그 폐곡선의 내부를 관통하여 흐르는 총 전류량에만 관련된다. 예를 들어 **그림 21-5**에서는 전류 i_1와 i_3가 지면에서 나오는 방향으로 도선에 흐르고 있고, 지면에 들어가는 방향으로 도선에 전류 i_2가 흐른다. Ampere 루프 (a)에 흐르는 알짜 전류는 $i_1 - i_2$이고, Ampere 루프 (b)에 흐르는 알짜 전류는 $i_1 + i_3$이다. 직선 전류가 주위 공간에 만드는 자기장의 방향은, 전류방향으로 오른손의 엄지손가락이 향하게 할 때, 남은 다른 손가락들을 오므려 줄 때 손가락 끝이 향하는 방향이 자기장 $\vec{B}$의 방향이다(오른손 법칙).

하나의 특성 Ampere 루프에서 화살표로 자기장의 방향을 정하여 놓으면 오른손 법칙에 따라서 각 전류들의 양과 음의 값으로 정하여 식 (21 − 17)에서 그 대수적 합을 계산함으로써 알짜 전류값을 정하는 것이다. Ampere 법칙의 좌변에서 $\vec{B} \cdot \vec{dl}$의 경우 자기장 $\vec{B}$는 Ampere 루프상의 위치에 따라 변하며, 또 루프의 선분요소 $\vec{dl}$도 그 방향이 각 선분요소의 위치에 따라 달라지므로 $\vec{B} \cdot \vec{dl} = Bdl\cos\theta$의 값도 Ampere 루프의 각 요소마다 상이한 값들을 가진다. 이들 값들을 Ampere 루프를 따라 합산, 즉 선적분한 값이 Ampere 법칙의 좌변이다.

다음으로 Ampere 법칙을 이용하여 자기장을 구하는 것을 생각하여 보자. 여기서는 먼저 **그림 21-6**과 같이 직선전류 i가 지면에서 나오는 방향으로 흐르고 있을 때, 도선으로부터 거리 r에 있는 점 P에서 자기장들을 계산하여 보자.

반경이 r이 되는 원형의 한 Ampere의 루프를 선택한다. 그 이유는 대칭성에 의하여 루프상의 어느 점에서나 자기장의 크기는 동일한 값을 가지며, 자기장의 방향은 루프에의 접선

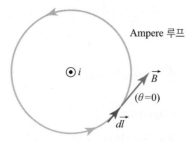

그림 21-6 Ampere 법칙을 긴 직선 도선에 전류 i가 흐를 때 만들어지는 자기장 $\vec{B}$를 구하는 데 적용한다.

방향이 되어, 즉 $\theta = 0$이 되어 좌변의 적분은 다음과 같이 미지의 자기장의 함수로 간단히 주어지기 때문이다. 즉, Ampere 법칙의 좌변은

$$\oint \vec{B} \cdot \vec{dl} = \oint B\cos\theta dl = B\oint dl = B(2\pi r)$$

이고, 우변은 이 루프 내부를 흐르는 총 전류량이 $+i$이므로, 그 값이 $\mu_0 i$가 되어 다음과 같은 식이 얻어진다.

$$B(2\pi r) = \mu_0 i$$

이로부터 구하고자 하는 자기장 B는

$$B = \frac{\mu_0}{2\pi}\frac{i}{r} \qquad (21-18)$$

로 주어진다. 이는 Biot-Savart 법칙을 이용하여 얻은 식 (21−8)과 일치한다.

예제 2. 다음 그림 (a)와 같이 반경 R의 긴 원기둥형 도선의 그 축에서 거리 r이 되는 위치에서 자기장 $\vec{B}(r)$을 계산하라. (단, 도선에는 균일하게 전류 i가 흐르고 있다.)

풀이 적분경로로서 반경 r인 원을 택한다. 대칭성에 의하여 이 원 위의 모든 점에서 $\vec{B}$의 크기는 같으며, 그 방향은 이 원의 접선이다. 선적분의 값은 $B(2\pi r)$이다. 이 적분경로 안에 흐르는 전류 $I_{내부}$는 전류 밀도 $J = \dfrac{i}{\pi R^2}$를 써서

$$i_{내부} = J(\pi r^2) = i\frac{r^2}{R^2}$$

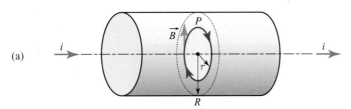

(a)

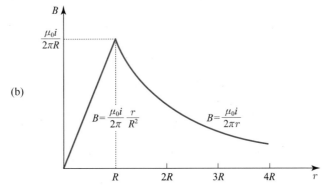

(b)

이므로, Ampere의 법칙에 의하여

$$2\pi r B = \mu_0 i \frac{r^2}{R^2}$$

따라서 구하는 B는

$$B = \frac{\mu_0 i}{2\pi} \frac{r}{R^2}$$

이다. 특히 $r = R$이 되는 곳, 즉 도선의 표면에서는 $r > R$인 경우를 계산한 $B = \frac{\mu_0 i}{2\pi r}$와, $r < R$인 경우를 계산한 $B = \frac{\mu_0 i}{2\pi} \frac{r}{R^2}$이 같을 때이다. 그림 (b)는 도선 안 밖에 있어서 r의 함수로서 B를 나타낸 것이다.

21-4 솔레노이드가 만드는 자기장

솔레노이드는 원형의 단면을 가진 원통(cylinder)에 가는 도선을 나선형으로 촘촘히 감은 코일이다. 여기서는 근사를 위해 솔레노이드의 원통의 길이가 그 반경에 비하여 대단히 크다고 가정한다. 이 촘촘히 감은 솔레노이드에 전류가 흐를 때 그 내부의 중심축 근처에서 자기장 $\vec{B}$를 계산하는 데 Ampere 법칙을 이용하여 보자. 이 경우 내부에서 자기장의 크기가 일정하므로 **그림 21-7**에 표시한 바와 같이 Ampere 루프(적분로)로서 네모꼴의 경로 $abcd$를 택한다.

솔레노이드 내부에서 자기장의 방향은 오른손 법칙으로 정할 수 있고, 솔레노이드의 구조로 봐서 내부에 자기장이 존재한다면, 선분 ab의 모든 점에서 그 경로에 접선방향이 되고 그 크기 B는 같다. 따라서, $abcd$에 따른 선적분은

$$\oint_{abcd} \vec{B} \cdot d\vec{l} = \int_a^b \vec{B} \cdot d\vec{l} + \int_b^c \vec{B} \cdot d\vec{l} + \int_c^d \vec{B} \cdot d\vec{l} + \int_d^a \vec{B} \cdot d\vec{l}$$

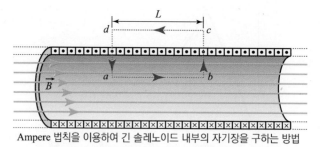

Ampere 법칙을 이용하여 긴 솔레노이드 내부의 자기장을 구하는 방법

그림 21-7 촘촘히 긴 솔레노이드의 중심축 부근에서 자기장 $\vec{B}$를 Ampere 법칙으로 구한다.

의 각 부위별 선적분의 합으로 표시된다. 선분 cd로 표시된 영역에서 $\vec{B}$는 무시할 수 있을 정도로 미미하여 적분은 0이 되고, 옆 변 ad와 bc에서는 자기장 $\vec{B}$가 이 적분 경로에 수직이므로

$$\vec{B} \cdot \vec{dl} = Bdl\cos\theta = Bdl\cos\frac{\pi}{2} = 0$$

즉, 피적분 함숫값이 0이 되므로 우변 제2항, 제4항은 0이 된다. 따라서 $\int_a^b \vec{B} \cdot \vec{dl}$만 남게 되는데, 이것 또한 자기장이 일정하므로 간단히 $B\int_a^b dl = BL$가 되어 결국 전체 선적분의 값은 BL이다. 한편 솔레노이드의 단위길이당 코일이 감긴 수가 n이라고 하면, Ampere 루프의 길이 L에 대해 전류 i가 nL번 관통하므로 총 전류 inL가 흐른다. 따라서 Ampere의 법칙은

$$BL = \mu_0 inL$$

이 되어, 솔레노이드 내부에서의 자기장은 다음과 같이 주어진다.

$$B = \mu_0 in \text{(솔레노이드)} \tag{21-19}$$

예제 3. 다음 그림 (a)처럼 원형으로 휘게 하여 도넛 모양으로 만든 솔레노이드를 토로이드라고 한다. 그림 (b)에 토로이드 각 영역의 자기장을 Ampere 법칙으로 계산할 수 있도록 루프(적분 경로)를 각 영역 속에 그었다. 각 경로에 대한 자기장의 세기를 구하라.

풀이 경로 1이 있는 영역은 자기장이 존재한다면, 토로이드의 구조적 대칭성으로 하여 루프의 각점에서 접선방향을 가지고 $\vec{B}$의 크기는 어디서나 같을 것이며, 따라서 선적분의 값은 B와 둘레의 길이 $l = 2\pi r$과의 곱이 된다. 그러나 그 경로를 통과하는 전류는 없으므로 이 영역의 도처에서 $B = 0$이다.

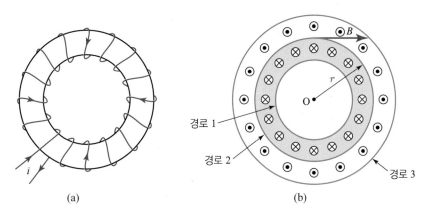

(a)　　　　　　　　　(b)

토로이드가 만드는 자기장

경로 3이 있는 영역에서도 마찬가지로 경로 3에 따라서 $\vec{B}$가 존재한다면 대칭성에 의하여 접선방향을 가지나, 이 경로 3을 통과하는 전류가 없으므로 역시 토로이드 바깥 영역에서 $B=0$이다.

끝으로 경로 2를 생각해 보자. 이것은 반경이 r이다. 여기서도 대칭성으로 하여 $\vec{B}$가 경로에 접하는 방향임을 알 수 있고, $\oint \vec{B} \cdot d\vec{l}$은 $2\pi r B$이며, 이 루프를 통과하는 총 전류는 감긴 수 N과 도선 하나의 전류값 i와의 곱이므로 Ni이다. 따라서 Ampere 법칙에서

$$2\pi r B = \mu_0 Ni$$

$$B = \frac{\mu_0 Ni}{2\pi r} \text{ (토로이드 솔레노이드)} \tag{21-20}$$

이렇게 되어 토로이드 내부의 자기장은 $\frac{1}{r}$에 비례하여 변한다. 그러나 토로이드의 단면적이 r에 견주어 대단히 작을 때는, r에 따르는 변화는 무시할 수 있다. $2\pi r$을 토로이드의 원주길이로 보면, $\frac{N}{2\pi r}$은 단위길이당의 감은 수 n이다. 이때 식 (21-20)은 $B = \mu_0 ni$가 되어, 이것은 긴 솔레노이드의 중심부의 자기장의 세기와 같은 값임을 알 수 있다.

21-5 자성체

지금까지는 전하의 흐름과 관련된 전도전류(conduction current)만이 자기장을 발생시키는 경우를 고찰하였는데, 이는 도체들이 진공 중에 있다고 가정하여 자기장을 계산한 것과 동일하다. 그러나 자석과 같이 전도전류가 흐르지 않는 경우에도 자기장이 형성되는 것을 볼 수 있는데 이는 물질의 자기적 성질에 의해 주어진다. 물질의 자기적 성질은 물질을 구성하는 원자 내부에서 움직이는 전자들과 관련이 있다. 전자들이 형성하는 전류 루프들은 앞에서 논의한 것과 같은 자기쌍극자를 형성하고 그 주위에 자기장을 만들 것이다. 일반적인 경우 이 쌍극자는 임의의 방향을 가지고 있어서, 알짜 자기장은 서로 상쇄되어 소멸된다. 외부 자기장이 주어진 경우 이 쌍극자들이 자기장의 방향으로 일부 정렬될 수 있는데 이와 같은 성질을 상자성(paramagnetic)이라 부른다. 자석과 같이 일부 물질들은 외부 자기장 없이도 쌍극자들이 서로 평행하게 정렬하여 자기장을 발생시키는데 이를 강자성(ferromagnetic)이라 부른다. 이러한 물질의 자기적 특성은 여러 가지 용도로 쓰일 수 있는데, 변압기(transformer), 발전기(generator), 모터 전자석(eletromagnet) 등에서는 철심(ion core)을 코일 속에 넣어서 원하는 영역에 자기장을 더욱 증가시켜 사용하고 있다. 영구자석, 자기기록 테이프, 컴퓨터 디스크, 광자기 디스크 등의 성능은 그 구성 물질의 자기적 성질에 따라 달리 나타난다.

1. Bohr의 마그네톤(magneton)

이제 이 미시적 전류들이 어떻게 발생되는가를 살펴보기로 한다. **그림 21-8**은 원자 내에서 움직이는 전자의 고전적 모델이다. 즉 질량 m, 전하량 e인 전자가 속도 $\vec{v}$로 반경 r의 원운동을 하고 있다. 이 움직이는 전자는 면적이 $A = \pi r^2$이며, 전류가 i인 원형루프를 이루고 있다.

전류 i의 값을 구하면, 속력 v를 $2\pi r$로 나눈 값 $\dfrac{v}{2\pi r}$는 단위시간당의 회전수이다. 따라서 단위시간당 원주의 한 점을 지나는 총 전하량은, 이 회전수에 전자의 전하량의 크기 e를 곱한 것과 같다. 즉,

$$i = \frac{v}{2\pi r}e$$

이다. 이로부터 자기모멘트 $\mu = iA$는

$$\mu = e\frac{v}{2\pi r}(\pi r^2) = \frac{evr}{2} \qquad (21-21)$$

이다. 이 자기모멘트를 전자가 가진 각운동량 L로 나타내는 것이 앞으로의 학습에 도움이 된다. 원형 궤도운동을 하는 입자의 각운동량은 $L = mvr$이므로, 위의 식은

$$\mu = \frac{e}{2m}L \qquad (21-22)$$

로 표시된다.

식 $(21-22)$에서 μ를 L로 표시한 이점(利點)은 바로 원자적 각운동량 L이 양자화(quantized)되어 있기 때문이다. 즉, 각운동은 하나의 특별한 방향의 성분이 항상 $\dfrac{h}{2\pi}$의 정수배이다. 여기서 h는 Planck 상수라고 불리며

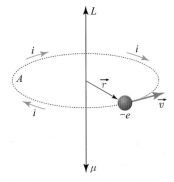

그림 21-8 속도 v로 반경 r의 원형궤도를 움직이고 있는 전자는 각운동량 L과 그에 반대방향의 자기모멘트 μ을 가지고 있다. 전자는 또 이에 더하여 spin 각운동량과 그것에 반대 방향의 spin 자기모멘트를 소유하고 있다.

$$h = 6.626 \times 10^{-34}\,\text{J}\cdot\text{s} \tag{21-23}$$

이다. e가 전하량의 기본단위이듯이 물리량 $h/2\pi$는 원자적인 계에서 각운동량의 기본적인 단위이다.

앞으로의 학습에서 우리가 '자기모멘트'의 '크기'라고 표현을 하면 그것은 곧 하나의 특정 방향에서 가지는 최대의 성분을 가리키는 것이다. 마찬가지로 '자기모멘트 $\vec{\mu}$가 자기장 $\vec{B}$와 평행이다'라는 것은 $\vec{\mu}$가 그 최대의 성분을 $\vec{B}$방향에서 갖는다는 뜻이다. 즉, $\vec{\mu}$의 성분은 항상 양자화되고 있는 것이다. 식 (21-22)는 자기모멘트의 기본적인 단위가 바로 각운동량 L의 기본적 단위와의 관계를 나타내고 있는 것이다.

$$\mu_B = \frac{e}{2m}\left(\frac{h}{2\pi}\right) = \frac{e}{2m}h \tag{21-24}$$

이 양을 Bohr Magneton이라 부르고 μ_B로 표기한다. 그 크기는

$$\mu_B = 9.274 \times 10^{-24}\,\text{Am}^2 = 9.274 \times 10^{-24}\,\text{J/T}$$

전자는 또한 spin이라고 부르는 그 고유의 각운동량을 지니고 있다. 이것은 전자의 원자 내부에서의 궤도운동과는 관련이 없는 각운동량이다. 이 각운동량 역시 그에 수반하여 자기모멘트를 가지고 있다. 그 크기는 거의 1 Bohr Magneton과 같다는 것이 밝혀지고 있다. $(1.001\mu_B)$

연습문제

01 직경이 32 cm인 원형 코일이 40회의 감김수를 가지고 있다. 중심에 4×10^{-4} T의 자기장을 얻으려면 이 코일에 얼마의 전류를 흘려야 하는가?

02 감김수 2,000인 솔레노이드의 길이가 50 cm, 그 직경이 2 cm이다. 5 A의 전류를 이 솔레노이드에 흐르게 한다면 그 속의 자속 밀도는 얼마인가?

03 수소 원자의 Bohr 모형에서는 전자가 핵 주위를 회전 반경 5.3×10^{-11} m, 속력 2.2×10^6 m/s로 운동하고 있다. 이 전자의 운동으로 핵의 위치에 발생시키는 B의 값을 계산하라.

04 전하량이 $+q$인 점전하가 전류 i가 흐르는 긴 직선 도선의 중심축에서 d가 되는 위치에서 도선축에 수직으로 운동을 하고 있다. (a) 도선을 향하여 운동할 때와 (b) 도선에서 멀어져 갈 때의 각 경우에 전하에 미치는 힘의 크기와 방향을 구하라.

05 간격이 d인 두 평행도선에 크기가 같고 서로 반대방향의 전류 i가 흐르고 있다. 그림의 P점에서의 $\vec{B}$의 크기와 방향을 구하라.

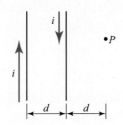

06 간격이 d인 두 긴 직선 평행도선에 전류 i가 흐른다. 도선 단위길이당 미치는 힘을 구하라.

07 속이 빈 원통 도체(내경 a, 외경 b)에 균일한 전류밀도로서 전류 i가 흐르고 있다. 내부 공간, 도체부 그리고 외부 공간에서의 자기장 크기 B를 계산하라.

08 자기장의 세기가 $B = 250$ G이고, 직선 도선에 흐르는 전류 $i = 15$ A이다. 자기장이 전류에 30°의 각으로 가해질 때 50 cm 길이의 도선에 미치는 힘의 크기를 구하라.

09 중심축을 공유하는 반지름 a의 속이 찬 실린더형의 내부 도선과 반지름 b의 속이 빈 실린너형 외부 도선으로 구성된 무한히 긴 도선이 있다. 내부 도선에 $+z$ 방향으로 전류 I, 외부 도선에 $-z$ 방향으로 전류 I가 흐를 때,

(a) 모든 지점에서의 자기장을 구하라.
(b) 두 도선 간에 단위길이당 작용하는 힘을 구하라. (단, 빈 도선 내부를 모두 비자성체로 채웠다고 가정한다.)

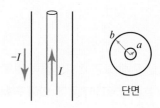

단면

10 d만큼 거리가 떨어진 평행한 두 무한 직선 도선에 같은 방향으로 전류 I가 각각 흐른다.

(a) 두 도선의 중간 지점에서의 자기장 $\vec{B}$의 크기는 얼마인가?

(b) 두 도선 간에 단위길이당 작용하는 힘은 얼마인가?

11 일정한 전류의 전류원에 연결된 솔레노이드를 전체 감은 횟수와 단면적을 일정하게 유지하면서 길이를 두 배로 늘렸다. 이때 솔레노이드 내부의 자기장과 저장된 자기에너지는 어떻게 변하는가? (23-5절 참조)

12 단위길이당 감은 수 $n = 1{,}000/\mathrm{m}$, 길이 $50\,\mathrm{cm}$, 단면적 $1\,\mathrm{cm}^2$의 솔레노이드가 있다. 이 솔레노이드에 $1\,\mathrm{A}$의 전류가 흐를 때, 자속 밀도의 크기 B를 계산하라.

13 간격이 $1\,\mathrm{mm}$, 반경이 $10\,\mathrm{cm}$인 원형의 평행판 축전기에 $1\,\mathrm{mA}$의 전류가 흘러들어갈 때, 두 판 사이에서의 자기장을 각 위치의 함수로 구하라. (22-5절 참조. 단, 두 평행판 사이는 비어 있다고 가정한다.)

14 평행판 도체 표면에 표면전류 밀도 $1\,\mathrm{A/m}$의 전류가 흐른다. 표면전류에 의해 평행판 근처에 형성되는 자기장의 크기를 구하라.

15 진공 중에 놓인 반지름 $1\,\mathrm{cm}$의 비전도성 링에 $2\,\mathrm{mC}$의 전하가 균일하게 대전되어 있다. 이 링이 중심점을 지나는 중심축 둘레를 진동수 $100\,\mathrm{Hz}$로 회전할 때, 원의 중심에서의 자기장을 구하라.

16 전하량 q의 두 전하가 어느 순간 거리 d를 두고 나란히 각각 속력 v로 운동하고 있다. 이 순간 두 전하 간에 작용하는 힘을 구하라.

17 전류가 균일하게 흐르는 원형 단면을 갖는 직선 도선에 대해 도선의 표면에서 자기장이 가장 강함을 보여라. 도선의 중심에서의 자기장이 가장 강해지려면 어떠한 전류분포가 되어야 하는가?

18 진공 중에 놓인 길이 $1\,\mathrm{m}$, 반경 $1\,\mathrm{cm}$, 감은 수 $5{,}000$회의 솔레노이드에 $10\,\mathrm{A}$의 전류가 흐르고 있다. 솔레노이드의 중심축에 $1°$의 각을 가지고 입사한 $1\,\mathrm{mC}$, $1\,\mathrm{mg}$의 입자가 솔레노이드를 관통하는 동안 1회전의 원운동을 하였다면 이 입자의 속도는 얼마인가?

19 진공 중에 놓인 반경 a, 반경 b의 동축상의 무한히 길고 속이 빈 실린더형의 도선에 전류 I가 흐른다. 이때, 모든 영역에서의 자기장을 구하라.

20 무한히 긴 솔레노이드 내부의 자기장이 위치에 무관하게 일정함을 논하라.

CHAPTER 22

전자기유도와
변위전류

22-1 전자기유도

지금까지는 전기장과 자기장이 시간에 따라 변하지 않는 특별한 경우만을 다루었다. 만일 전기장 또는 자기장이 시간에 따라 변하면 어떤 현상이 발생할까? 앞에서 설명한 전기장에 대한 Gauss의 법칙과 자기장에 대한 Ampere의 법칙으로 여전히 시간에 따라 변하는 전기장과 자기장을 모두 설명할 수 있을까? 아니면 시간에 따라 변하는 전기장과 자기장 사이에 새로운 법칙이 존재할까? 본 장에서는, 시간에 따라 변하는 자기장이 전기장을 발생시키는 전자기유도(electromagnetic induction) 현상과, 그 반대로 시간에 따라 변하는 전기장이 자기장을 발생시키는 변위전류 현상을 다루고자 한다. 먼저, 전자기유도 현상을 알아보기 위해 다음의 실험을 살펴보자.

먼저 검류계에 코일 도선을 연결한다. **그림 22-1(a)**와 같은 실험장치에서 코일 부근에서 자석이 정지하고 있을 때에는 검류계의 바늘이 움직이지 않으나 자석을 가까이 또는 멀리 움직이면 검류계의 바늘이 움직이는 것을 관측할 수 있다. 또한 자석이 가까워지냐 멀어지냐에 따라 전류의 방향이 달라진다.

반대로 자석을 정지시키고 코일을 움직여도 코일이 운동하는 동안 전류가 발생한나. **그림 22-1(b)**에서처럼 자석을 전지에 연결된 코일로 바꿔서 위에서와 같은 실험을 하면 두 코일이 상대적으로 운동을 하는 동안 검류계에 전류가 발생함을 관측할 수 있다.

마지막으로 **그림 22-1(c)**처럼 코일 안에 다른 코일을 집어넣고 스위치를 조작하여 이 중 한 코일에 흐르는 전류를 바꿔주는 경우에도 다른 코일에 전류가 발생한다.

이와 같이 발생되는 전류를 유도전류(induced current)라고 부르며, 이 유도전류를 발생시키는 기전력(emf)을 유도기전력(induced electromotive force)이라고 한다.

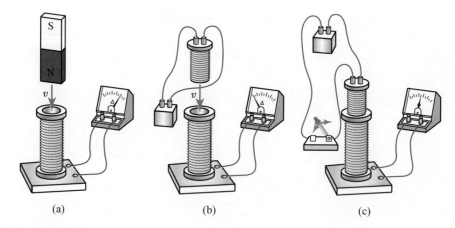

(a) (b) (c)

그림 22-1 전자기유도실험

22-2 Faraday의 유도법칙

1830년대에 Faraday는 위와 같은 실험을 통해 전자기유도 법칙을 발견하였다. 앞의 일련의 실험에서 기전력을 발생시키는 공통 원인은 회로루프를 관통하는 자기선속의 시간에 따른 변화이다. 20-2절에서 학습한 바와 같이, 하나의 폐곡면 S(여기서는 코일이 만드는 면)를 지나는 자기선속은

$$\Phi_B = \int_S \vec{B} \cdot d\vec{A} \tag{22-1}$$

로 주어진다. 실험 결과는 회로에 유도되는 유도기전력 ε의 크기가 그 회로루프를 지나는 자기선속 Φ_B의 시간 변화율과 같음을 보여준다. 따라서 자기선속의 변화와 유도기전력의 관계는

$$\epsilon = -\frac{d\Phi_B}{dt} \tag{22-2}$$

로 주어지고 이를 Faraday의 유도법칙이라 한다.

1. 유도기전력(emf)의 방향, Lenz의 법칙

Faraday 법칙에서 음의 부호를 붙인 이유는 유도기전력 ϵ의 방향과 관련이 있다. 즉, 자기유도효과(유도전류)는 항상 그것을 발생시키는 원인에 반대하는 방향으로 나타난다. 원인은 자기장 내에서의 회로의 운동일 수도, 정지한 회로를 지나는 자기선속의 변화일 수도 있고, 또는 두 경우가 함께 일어날 수도 있다. 처음 경우에, 운동 중인 도선 내에 발생하는 유도전류의 방향은, 도선에 작용하는 자기력 $\vec{F}$의 방향이, 도선의 운동방향에 반대되는 방향으로 작용하게끔 발생한다. 둘째의 경우에서도 유도전류는 유도전류의 원인이 되는 자기선속이 증가(감소)하는 것을 반대하는(상쇄하는) 방향으로 흐른다. 즉, 유도전류는 회로루프를 통과하는 자기선속의 변화에 반대하는 방향으로 발생한다. 이를 Lenz의 법칙이라 한다.

예제 1. 감김수가 200인 원형 코일의 반경이 $3\ \text{cm}$이다. 이 코일의 루프면에 수직으로 자기력선이 통과하고 있다. 자기장 $\vec{B}$가 $0.1\ \text{T}$에서 $0.35\ \text{T}$로 증가하는 데 $2 \times 10^{-3}\ \text{s}$의 시간이 걸린다면, 이 코일에 유도되는 평균 유도기전력은 얼마인가?

풀이 $\Delta\Phi = B_f A = B_i A = (0.25\ \text{T})(\pi r^2)$

$\qquad\qquad = (0.25\ \text{T})\pi(0.03\ \text{m})^2 = 7.1 \times 10^{-4}\ \text{Wb}$

$\qquad |\epsilon| = N\left|\dfrac{\Delta\Phi}{\Delta t}\right| = (200)\left(\dfrac{7.1 \times 10^{-4}\ \text{Wb}}{2 \times 10^{-3}\ \text{s}}\right) = 71\ \text{V}$

22-3 유도기전력

여기서는 먼저 자기장 내에서 도선이 운동하여 유도기전력이 발생하는 경우를 살펴보기로 한다. **그림 22-2**에서와 같이 균일한 자기장 $\vec{B}$가 지면 안으로 향하는 방향으로 주어지고 길이 L의 도선막대가 우측으로 일정 속도 $\vec{v}$로 움직인다고 하자. 도선막대의 움직임으로 인해 막대 내 속박되지 않고 자유롭게 움직일 수 있는 전하 $q(>0)$에 자기력 $\vec{F}=q\vec{v}\times\vec{B}$이 도선을 따라 a쪽으로 작용한다. 이 결과 상단 a에는 양전하가, 하단 b에서는 음전하들이 모인다. 한편 축적된 전하는 도선 내에 a에서 b로 향하는 전기장 $\vec{E}$를 형성하고 이 전기장 $\vec{E}$가 $q\vec{E}$의 힘을 전하q에 b쪽으로 작용하여 전하가 모임을 방해한다. 막대의 양 끝에 전하들이 모이는 현상은 전기력(qE)이 자기력(qvB)과 정확히 평형을 이루게 될 때까지 지속된다. 평형에 도달한 경우 전기력의 크기는 자기력의 크기와 같아지고, $qE=qvB$에서부터 $E=vB$가 성립한다. 이때, 전위차 V_{ab}는 전기장의 세기 E와 막대의 길이 L의 곱과 같으므로

$$V_{ab}=EL=vBL \tag{22-3}$$

임을 알 수 있다.

만일 **그림 22-2(b)**에서와 같이 막대가 U자 모양의 도선을 따라 오른쪽으로 이동하면서 폐회로를 형성한다고 하자. 이때, U자 모양의 도선부분은 정지하고 있으므로 그 내부의 전하에 작용하는 자기력은 없다.

그러나 a와 b의 위치에 전하가 축적되면 전기장이 형성되면서 이 폐회로를 따라 반시계 방향으로 전류가 흐른다. 이때, 움직이는 막대는 기전력으로 작용하여 그 속에서는 전하가 낮은 전위에서 높은 전위로 이동한다.

반면, U자 모양의 나머지 회로에서는 전하가 높은 전위에서 낮은 전위로 움직인다. 이같이 발생 유도기전력 ε은

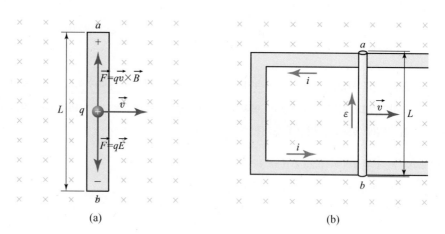

(a)   (b)

그림 22-2 자기장 내의 운동으로 도선에 유도되는 기전력

$$|\varepsilon| = Vab = vBL = B\frac{dA}{dt} = \frac{d\Phi_B}{dt} \qquad (22-4)$$

로 주어진다. 여기서 A는 폐회로 내 자기장이 통과하는 영역의 넓이이다.

이 결과는 Faraday의 법칙과 일치한다.

예제 2. 그림 22-2에서 길이 L이 0.1 m, 그 속도 v가 5 m/s, 그리고 그 루프 전체의 저항 R이 0.025 Ω이며, 자기장 B가 0.5 T일 때, 유도기전력 ε, 유도전류 i, 막대에 작용하는 힘, 그리고 막대를 움직이는 데 필요한 일률을 구하라.

풀이 발생한 유도기전력 ε은 식 $(22-4)$에서 $\varepsilon = vBL = (5\,\text{m/s})(0.5\,\text{T})(0.1\,\text{m}) = 0.25\,V$이고, 유도전류 i는

$$i = \frac{\varepsilon}{R} = \frac{0.25\,\text{V}}{0.025\,\Omega} = 10\,\text{A}$$

이다. 도선에 미치는 자기력은 식 $(20-13)$에 따라서

$$F = iLB = (10\,\text{A})(0.1\,\text{m})(0.5\,\text{T}) = 0.5\,\text{N}$$

이며, 이 힘은 막대의 운동방향과 반대방향으로 작용한다.

운동을 저지하는 방향으로 작용하는 자기력에도 불구하고, 막대의 등속도 운동을 유지하려면, 크기가 같고 방향이 반대인 외력을 가해야 한다. 따라서 이 외력이 행하는 일률 P는

$$P = Fv = (0.5\,\text{N})(5\,\text{m/s}) = 2.5\,\text{W}$$

이다. 한편 유도기전력 ε이 회로에 공급하는 전기 에너지의 전력 P는 εi이므로

$$P = \varepsilon i = (0.25\,\text{V})(10\,\text{A}) = 2.5\,\text{W}$$

이다. 에너지보존법칙으로부터 기대한 바와 같이 이는 일률 Fv와 같은 값이다. 따라서 이 계는 바로 역학적 에너지를 전기 에너지로 변환하고 있다.

22-4 유도전기장

앞 절에서는 자기장 속에서 도선이 움직일 때 발생기는 유도기전력 $\varepsilon = vBL$과 또 정지하고 있는 도선회로를 통과하는 자기선속의 변화로 생기는 유도기전력 $\varepsilon = -\dfrac{d\Phi_B}{dt}$에 관하여 학습하였다. 특히 둘째 경우와 같이 자기선속의 시간적인 변화가 있을 경우에 어떤 일이 일어나고 있는지를 좀 더 자세히 살펴보자. 고정된 회로도선에서 자기선속이 변화하고 있을 때 무엇이 전하들을 움직이게 하는가? 이를 위하여, **그림 22-3(a)**와 같은 경우를 생각해 보자. 즉, 단면적이 A이고 단위길이당 감김수 n인 길고 가느다란 솔레노이드를 원형도선(루프)이

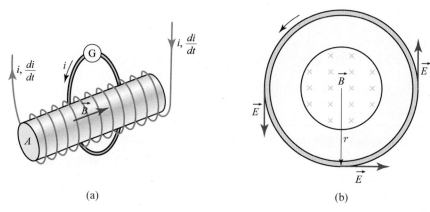

(a)   (b)

그림 22-3 솔레노이드의 기전력

에워싸고 있다. 이 원형도선 내의 전류를 검류계 G로 잰다. 솔레노이드의 도선에 전류 i가 흐르면 그 내부에서의 자기장은 $B = \mu_0 nI$ 이다. 따라서 루프를 통과하는 자기선속 Φ_B는

$$\Phi_B = BA = \mu_0 nIA \qquad (22-5)$$

이다. 만일 솔레노이드에 흐르는 전류 I의 값이 시간에 따라 변하면 Φ_B도 변하며 Faraday의 법칙에 의하여 루프 내에 유도기전력

$$\epsilon = -\frac{d\Phi_B}{dt} = \mu_0 nA \frac{dI}{dt} \qquad (22-6)$$

을 발생시킨다. 이때, 루프의 저항이 R이라면, 유도전류 I_F는

$$I_F = \frac{\epsilon}{R} \qquad (22-7)$$

의 값을 가진다.

예제 3. 그림 22-3(a)의 긴 솔레노이드는 1 m당의 감김수가 10,000이고, 그 전선에 전류가 시간 변화율 10 A/s로 증가하고 있다. 원형루프의 단면적이 8×10^{-4} m^{2}일 때 유도기전력 ϵ의 크기를 구하라.

풀이 $\epsilon = -\dfrac{d\Phi_B}{dt} = -\mu_0 nA \dfrac{di}{dt}$ 를 써서

$\epsilon = (-4\pi \times 10^{-7}\,\text{Wb/Am})(10,000\,\text{turns/m})(8 \times 10^{-4}\,\text{m}^2)(10\,\text{A/s})$

$\simeq -100 \times 10^{-6}\,\text{Wb/s} = -100 \times 10^{-6}\,\text{V} = -100\,\mu\text{V}$

이 원형도선(루프) 내에서 과연 어떤 힘이 과연 전하들을 움직이게 하는 것일까? 이 원형도선은 자기장 안에서 움직이는 것도 아니기에 자기력일 수도 없고, 이 원형도선에서는 자기장은 존재하지도 않는다. 그러므로 "변화하는 자기선속은 도선 안에 전기장 $\vec{E}$을 유지시키고 있다"고 결론짓지 않을 수밖에 없다.

지금까지 전기장 $\vec{E}$는 전기를 띤 전하들만이 만들어내는 것으로 생각하여 왔지만, 이제는 변화하는 자기장도 전기장을 만들어내는 원인이 되고 있음을 볼 수 있다. 더욱이 이 전기장은 비보존장의 특성을 갖는다. 즉, 전하 q가 루프를 한 바퀴 돌 때 전기장 $\vec{E}$가 그것에 행한 일은 q와 기전력 ϵ의 곱이다. 이 경우 도선 내의 전기장 $\vec{E}$의 폐회로(폐곡선)에 걸친 선적분 값이 0이 아니기 때문에 전기장은 비보존적인 성질을 갖는다. 즉, 유도전기장(induced electric fields) $\vec{E}$의 폐곡선 경로에 대한 선적분 값은

$$\oint \vec{E} \cdot d\vec{l} = \epsilon \tag{22-8}$$

이고 Faraday의 법칙에 따라 이 기전력 ϵ은 원형루프를 통과하는 자기선속의 시간적 변화율에 음의 부호를 붙인 것과 같다. 따라서 Faraday의 법칙은 다음과 같이 기술된다.

$$\oint \vec{E} \cdot d\vec{l} = -\frac{d\Phi_B}{dt} \tag{22-9}$$

이것이 Faraday의 법칙의 적분형식이다.

예를 들어 **그림 22-3(b)**에서 반지름 r 되는 원형루프(도선)를 고찰하여 보자. 원의 모든 점에서 전기장 $\vec{E}$의 크기는 축 대칭성으로 말미암아 같고 그 방향은 각 점에서 원에 접하는 접선 방향과 같다. 대칭성은 반지름 방향으로의 전기장도 허용할 것이지만 원형 도선 내부에 전하량이 존재하지 않으므로 Gauss의 법칙에 의해 그 같은 전기장은 존재하지 않는다.

Faraday의 법칙의 적분형식의 선적분의 값은 $\oint \vec{E} \cdot d\vec{l} = 2\pi r E$가 되고, 따라서

$$E = \frac{1}{2\pi r} \left| \frac{d\Phi_B}{dt} \right| \tag{22-10}$$

이다. **그림 22-3(b)**에 $\vec{E}$의 방향을 표시하였는데, $\frac{d\Phi_B}{dt}$가 양의 값일 때, $\oint \vec{E} \cdot d\vec{l}$는 음이어야 하기 때문에 그림에 나타낸 방향으로 전기장이 발생한다.

지금까지의 논의를 정리하면 Faraday의 법칙은 첫째, 자기장 내에서 도선이 운동할 때 작용하는 자기력이 그 속에 기전력을 유발시키거나, 둘째, 고정된 전기회로(도선) 루프가 만드는 곡면을 통과하는 자기장이 시간에 따라 변화하여 도선 내에 기전력을 유발할 때의 관계식이다. 만일 도선이 실제로 존재하지 않을 때도 전기장 $\vec{E}$가 유도된다. 이 유도전기장은 정전기장에서의 전기장과는 달리 비보존력장이다. 즉, 폐곡선에 따른 선적분은 $\oint \vec{E} \cdot d\vec{l} \neq 0$

이고, 전하가 폐곡선을 일주하는 동안 전기장은 전하에 0이 아닌 일을 한다. 따라서 이와 같은 장에 대해서는 전위라고 하는 개념을 정의할 수 없어, 비정전장(non-electrostatic field)라고 부른다. 정전기장 편에서 학습하였듯이, 정전기장은 보존장이며, 항상 그에 관련된 전위함수(potential function)를 정의할 수 있다. 이 전기장 $\vec{E}$가 전하분포에 의하여 형성되는 보존력장이든 변화하는 자기선속으로 형성되는 비보존력장이든 전하 q에는 $\vec{F} = q\vec{E}$란 전기력이 작용하는 기본적 성질에는 변함이 없다. 이같이 시간에 따라 변화하는 자기장은 정전기분포로는 생기게 할 수 없는 전기장 $\vec{E}$을 일으키게 하는 원인이 된다.

22-5 변위전류

이제는 전자기유도와 반대로 시간에 따라 변하는 전기장이 자기장을 유도하는 현상을 알아보자. 흥미롭게도 대부분의 전자기현상에 관련된 법칙은 실험 관측으로부터 물리량 사이의 연관성을 찾아 발견되었으나, 앞으로 설명할 변위(變位)전류는 실험으로 관측하기 전에 순수히 이론적 고찰로 예측이 되었고 그 후에 실험으로 판명되었다.

먼저, Maxwell은 21장에 설명한 Ampere의 법칙이 정전기장, 정자기장의 경우에만 성립하는 불완전한 형태라는 사실을 증명하였다. 즉, 전기장 또는 자기장이 시간에 따라 변하는 경우 Ampere의 법칙은 수정되어야 하는데 이를 이해하기 위해 **그림 22-4**와 같은 하나의 축전기를 충전하는 과정을 고찰하자. 전도전류(conduction current) i_C가 축전기의 왼쪽 판으로 흘러들어가고 오른쪽 판에서 나오는 과정에서 축전기에 대전된 전하량 Q는 차츰 증가하고, 두 판 사이의 전기장 $\vec{E}$도 따라서 시간에 따라 커진다. 즉, 시간에 따라 변하는 전기장이 발생한다. **그림 22-4**에서 표시한 원형루프를 따라서, Ampere의 법칙을 적용하면

$$\oint \vec{B} \cdot d\vec{l} = \mu_0 i_C \qquad (22-11)$$

이다. 그런데 오른쪽으로 부풀어 있는 곡면을 고려하여 Ampere의 법칙을 적용하면, 폐곡면을 통과하는 전도전류는 0이므로

$$\oint \vec{B} \cdot d\vec{l} = 0 \qquad (22-12)$$

이 되어 서로 모순되는 결과가 발생한다. 즉, 21장에서 설명한 Ampere의 법칙이 이 경우 성립하지 않는다. 따라서 Ampere의 법칙이 그 형태 그대로 성립하려면 자기장의 형성과 관련된 다른 형태의 전류가 존재하여야만 한다. 이와 관련하여 곡면상에서 축전기의 충전과 함께 전기장 $\vec{E}$가 시간에 따라 증가하고, 따라서 이 곡면을 통과하는 전기력선속 Φ_E도 증가하는 것에 주목하자.

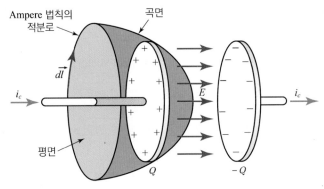

그림 22-4 일반화된 Ampere 법칙의 유도

먼저 이 전기선속의 시간 변화율을 계산하여 보자. 축전기에 충전된 순간 전하량 Q는 $Q = CV$로 주어진다. 이때, 평형판 콘덴서의 전기용량 C는 단면적 A와 극판거리 d를 써서 $C = \epsilon A / d$으로 주어지며, 극판 간의 전위차 V는 $V = Ed$이다. 여기서 극판 사이 영역이 유전율 ϵ인 물질로 메워져 있다고 하자. 따라서 전하량은

$$Q = CV = \frac{\epsilon A}{d}(EA) = \epsilon EA = \epsilon \Phi_E \qquad (22-13)$$

이다. 여기서 $\Phi_E = EA$는 면을 지나는 전기선속이다. 전하량 Q의 시간 변화율이 곧 전도전류 $i_C = \dfrac{dQ}{dt}$이므로 전도전류와 전기선속의 시간변화율 사이에는 다음과 같은 관계가 성립한다.

$$i_C = \frac{dQ}{dt} = \epsilon \frac{d\Phi_E}{dt} \qquad (22-14)$$

즉, 양 극판 사이의 매질에서도 가상적인 전류가 흐르고 있는 것으로 생각할 수 있는데, 이 가상 전류는

$$\epsilon \frac{d\Phi_E}{dt} = i_D \qquad (22-15)$$

인 관계식으로 결정되고 Ampere의 법칙 속에 실재하는 전도전류 i_C와 함께 이 가상전류 i_D를 포함시켜주면 일반화된 Ampere의 법칙, 또는 Ampere-Maxwell의 법칙을 다음과 같이 얻는다.

$$\oint \vec{B} \cdot \vec{dl} = \mu_0(i_C + i_D) \qquad (22-16)$$

새로운 전류 i_D는 1865년에 James Clerk Maxwell(1831~1879)이 처음으로 도입하였고, 변위전류(displacement current)라고 불린다. 위의 일반화된 Ampere의 법칙은 **그림 22-4**에서 곡면이 어떤 형태이든 상관없이 성립한다. 한편 변위전류밀도 $j_D = i_D / A$는 식 (22-15)로부터 다음과 같이 주어진다.

$$j_D = \epsilon \frac{dE}{dt} = \frac{dD}{dt} \qquad (22-17)$$

여기서 벡터 $\vec{D}$를 전기변위벡터(electric displacement vector)라고 부르며

$$\vec{D} = \epsilon \vec{E} \qquad (22-18)$$

인 관계가 있다. 따라서 전기변위벡터 $\vec{D}$의 시간에 따른 변화율은 변위전류 밀도로서 전도전류와 같이 자기장을 유도할 수 있다.

전자기유도 현상은 변위전류를 가진 일반화된 Ampere의 법칙과 대칭성을 보인다. 즉, 변화하는 전기장은 자기장을 유발하는 원인이 되고, 변화하는 자기장은 전기장을 유발하는 원인이 된다. 전기장과 자기장 간의 이 대칭성에 관해서는 이후 Maxwell 방정식과 전자기파에 관한 24장에서 보다 더 상세하게 다루게 될 것이다.

예제 4. 면적이 4 cm^2이고 3 mm의 간격을 가진 축전기가 있다. 두 극판은 진공 중에 놓여 있으며, 충전전류 i_C는 일정한 2 mA로 가해준다. 처음($t=0$)에 극판에는 전하가 대전되지 않았다고 하자.

(a) $t = 5 \, \mu s$일 때의 극판의 전하량, 극판 간의 전기장 그리고 그 전위차는 얼마인가?

(b) (1) 두 극판 간의 전기장의 시간 변화율 $\dfrac{dE}{dt}$를 구하라.

 (2) 시간 변동이 있는가?

(c) 두 극판 간의 변위전류 밀도 j_D를 구하여 총 변위전류 i_D를 구하라. 그리고 i_C와 i_D를 비교하라.

풀이 (a) $Q = i_C t = (2 \text{ mA})(5 \times 10^{-6} \text{ s}) = 1 \times 10^{-8} \text{ C}$

$$E = \frac{\sigma}{\epsilon_0} = \frac{1}{\epsilon_0} \frac{Q}{A} = \frac{1 \times 10^{-8} \text{ C}}{(8.85 \times 10^{-12} \text{ F/m})(4 \times 10^{-4} \text{ m}^2)}$$

$$\simeq 2.83 \times 10^6 \frac{\text{V}}{\text{m}}$$

$$V = Ed = (2.82 \times 10^6 \text{ V/m})(3 \times 10^{-3} \text{ m}) = 8.49 \times 10^3 \text{ V}$$

(b) (1) $\dfrac{dE}{dt} = \dfrac{1}{\epsilon_0 A} \dfrac{dQ}{dt} = \dfrac{1}{\epsilon_0 A} \times i_C = \dfrac{2 \times 10^{-3} \text{ A}}{(8.85 \times 10^{-12} \text{ F/m})(4 \times 10^{-4} \text{ m}^2)}$

$$\simeq 5.65 \times 10^{11} \text{ V/ms}$$

 (2) 없다.

(c) $j_D = \dfrac{1}{A} \epsilon_0 \dfrac{d(EA)}{dt} = \dfrac{1}{A} \epsilon_0 A \dfrac{dE}{dt}$

$$= 8.85 \times 10^{-12} \frac{\text{C}^2}{\text{Nm}^2} \times 5.65 \times 10^{11} \frac{\text{V}}{\text{ms}} \simeq 5 \text{ A/m}^2$$

$$i_D = j_D A = (5 \text{ A/m}^2)(4 \times 10^{-4} \text{ m}^2) = 2 \text{ mA}$$

따라서 $i_C = i_D$이다.

연습문제

01 아래 그림은 면적이 $20\,\text{cm}^2$인 사분원 루프(the quarter-circle loop)를 나타낸 것이다. $+x$축 방향으로 $B = 0.15\,\text{T}$의 자기장이 걸려 있다. 각 경우에서 이 루프를 지나는 자기선속을 구하라.

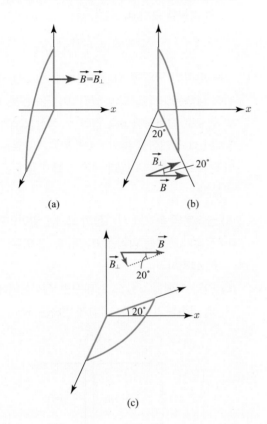

(a)

(b)

(c)

02 감김수 50의 원형 코일의 반경이 $5\,\text{cm}$이다. 자기장의 자기선속이 이 코일의 루프 면적에 수직이 되도록 가해지고 있다. 시간 $2 \times 10^{-3}\,\text{s}$ 안에 자기장이 $0.1\,\text{T}$에서 $0.5\,\text{T}$로 증가한다면, 이 코일 내에 유도되는 평균 기전력은 얼마인가?

03 금속막대가 그림처럼 나란한 도선에 걸쳐서 회로를 구성하고 있다. 이 회로가 자기장 $B = 0.25\,\text{T}$와 직교하고 있을 때,

(a) 일정한 속력 $2\,\text{m/s}$으로 이 봉을 움직이는 데 필요한 힘을 계산하라. (단, 회로의 저항은 $5\,\Omega$이다.)

(b) 저항기에서 손실되는 에너지율은 얼마인가?

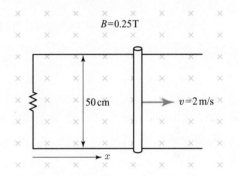

04 솔레노이드의 철심(iron core) 내에 발생한 자기선속은 $7.5 \times 10^{-4}\,\text{Wb}$이고, 이 철심을 제거하고 공기일 때 같은 솔레노이드에서 같은 전류가 흐를 때의 자기선속은 $5 \times 10^{-7}\,\text{Wb}$이다. 이 철의 상대 투자율은 얼마인가?

05 작은 교류발전기가 감김수 200의 코일로 이루어져 있고, 단면적이 $40\,\text{cm}^2$인 이 코일이 $B = 0.25\,\text{T}$의 자기장 속에서 $60\,\text{Hz}$의 진동수로 회전하고 있다. 이 발전기가 공급하는 교류전압은 어떤 값 사이에서 변동하고 있는가?

06 단면적이 0.75 cm^2인 감김수 150의 코일이 외부 자기장 속에 놓여 있다. 이 외부 자기장은 0에서 0.5 T까지 일정하게 증가하는 데 0.25 s가 필요하다. 이 코일에 유도되는 기전력과 저항이 $5 \text{ }\Omega$일 때 이 코일 내의 전류를 구하라.

07 자기장에 수직으로 운동하는 길이 70 cm인 직선 도선의 양단에 걸리는 전위차는 얼마인가? (이 도선의 속력은 30 m/s이며, 자기장은 0.25 T이다.)

08 변압기(transformer)의 용도와 그 원리는 무엇인지 설명하라.

09 어떤 TV에서는 110 V, 60 Hz 교류전선에서 20,000 V 까지 승압될 필요가 있다. 이 TV는 어떤 형태의 변압기가 필요한가?

10 단면적 1 cm^2의 저항 $5 \text{ }\Omega$의 고정된 원형 도선에 $30°$의 각도로 자기장이 걸려 있다. 이때, 자기장이 0.1 s 동안 0.5 T에서 1 T로 일정하게 증가한다면

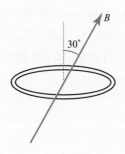

(a) 원형도선에 유도되는 기전력을 구하라.

(b) 이때 흐르는 전류의 크기를 구하고, 전류의 방향을 그려라.

(c) 자기장에 의해 도선에 가해지는 토크의 크기와 방향을 구하라.

11 그림과 같이 균일한 자기장하에서, 전도성 레일 위에 금속봉이 연결되어 있다. 이 금속봉을 1 N 의 힘으로 잡아당겼더니 얼마 후 정상상태에 도달해 $1 \text{ }\Omega$의 저항을 통해 1 A의 전류가 흐르는 것이 관측되었다. 금속봉과 레일 간의 마찰 등은 무시할 때,

(a) 금속봉의 속도와 자기장의 크기는 얼마인가?

(b) 전류가 흐르는 방향을 표시하고, 그 이유에 대해 설명하라.

(c) 만일 저항을 $2 \text{ }\Omega$으로 바꾸면 정상상태에서의 금속봉의 속도는 어떻게 변하는가?

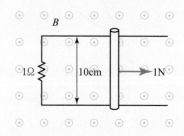

12 반지름 1 cm, 길이 20 cm, 감김수 1,000회의 솔레노이드에 흐르는 전류가 1 A/s의 일정한 비율로 증가한다고 할 때 솔레노이드에 형성되는 유도기전력은 얼마인가?

13 반지름 a의 원형루프가 일정 자기장 B하에서 일정한 각속도 w로 회전하고 있다. 루프의 저항이 R이라 할 때, 루프에 흐르는 최대 전류는 얼마인가?

14 얇은 금속판을 자기장에 평행한 방향으로 속도 $10\,\mathrm{m/s}$로 잡아당긴다고 하자. 자기장의 크기가 $1\,\mathrm{T}$일 때 금속 표면에 유도된 전하밀도를 구하라.

15 단위길이당 감은 수 $2{,}000/\mathrm{m}$, 길이 $1\,\mathrm{m}$, 단면적 $2\,\mathrm{cm}^2$의 솔레노이드가 있다. 이때 솔레노이드 내부에 감김수 10, 단면적 $1\,\mathrm{cm}^2$의 코일을 그 단면이 솔레노이드 단면에 평행하게 넣었다. 외부 솔레노이드에 흐르는 전류가 $0.1\,\mathrm{s}$ 동안 일정한 비율로 $1\,\mathrm{A}$가 증가할 때, 내부 코일에 유도되는 기전력은 얼마인가?

16 균일한 자기장 B하에서 자기장에 수직 방향으로 길이 L의 금속봉을 일정한 속도 v로 잡아당기기 위해 필요한 힘은 얼마인가?

17 원형도선에 수직으로 막대자석이 N극, S극 순으로 관통한다고 할 때 원형도선에 흐르는 전류의 개형을 그려라.

18 $1\,\mathrm{T}$의 일정한 자기장하에서 반지름 $10\,\mathrm{cm}$, 감김수 100의 코일이 주파수 $60\,\mathrm{Hz}$로 최대, 최소의 자기선속을 갖도록 회전하고 있다. 이때 코일에 유도되는 유도기전력을 구하라.

19 반지름 $10\,\mathrm{cm}$, 간격 $1\,\mathrm{mm}$의 두 원형 도체판으로 이루어진 평행판 축전기의 양단에 전류원을 연결하였다. $t=0\,\mathrm{s}$부터 $1\,\mathrm{mA}$의 전류가 흐르기 시작한다면, 이 두 평행판 사이에서의 전기장과 변위전류 밀도를 시간의 함수로 구하라.

20 (a) 평행판 축전기 내의 변위전류를 $i_D = C\dfrac{dV}{dt}$라고 기술할 수 있음을 증명하라.

(b) 전기용량이 $1\,\mu\mathrm{F}$인 평행판 축전기가 있다. 그 축전기의 양 극판 사이에 있는 공간 내에 $1\,\mathrm{A}$의 순간적인 변위전류를 어떻게 발생시킬 수 있는가?

21 한 변의 길이가 $1\,\mathrm{cm}$인 두 정사각형 판으로 만들어진 축전기 내의 전기장이 $3\times10^6\,\mathrm{V/m\cdot s}$의 비율로 변화될 때 축전기 내 변위전류 i_D를 구하라.

22 그림과 같이 반지름 $R = 20$ cm의 원판으로 이루어진 평행판 축전기가 교류 전원 $\varepsilon = \varepsilon_m \sin \omega t$에 연결되어 회로를 이루고 있다. 여기서 $\varepsilon_m = 220$ V, $\omega = 120$ rad/s 이고, 축전기판 사이 변위전류의 최댓값이 $i_D = 8 \, \mu$A로 측정되었다고 하자.

(a) 회로에 흐르는 전류의 최댓값은 얼마인가?

(b) 축전기판 사이 전기선속의 시간 변화율 $d\Phi_E / dt$의 최댓값은 얼마인가?

(c) 두 원형 평행판 사이의 거리 d는 얼마인가?

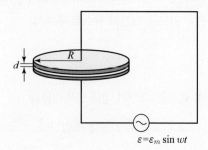

$\varepsilon = \varepsilon_m \sin wt$

CHAPTER 23

인덕턴스와
교류회로

23-1 인덕턴스

17장에서는 특정 영역에 일정 크기의 전기장을 발생시키는 전기장치로서 축전기를 살펴보았다. **그림 23-1(a)**는 평행판 축전기를 써서, 균일 전기장을 형성하는 예를 보여준다. 반대로 그 크기를 조절할 수 있는 자기장을 발생시키는 전기장치는 어떻게 가능할까? 이와 같은 전기소자를 인덕터라 하며 그 대표적인 예로 **그림 23-1(b)**와 같은 코일을 들 수 있다.

인덕터는 감은 코일도선에 전류 i를 흐르게 하여 발생한 자기선속 Φ_B가 각 코일도선과 쇄교(link)토록 하는 전기장치이다. 인덕터의 용량은 인덕턴스(inductance) L로 나타낼 수 있는데 이는 다음 식으로 정의한다.

$$L = \frac{N\Phi_B}{i} \qquad (23-1)$$

여기서 N은 코일의 감김수이다. 자기선속에 감은 코일 수를 곱한 양을 자속쇄교수(鎖交數)라고 부르고 흔히 $\lambda = N\Phi_B$로 나타낸다. 자력선속의 SI단위는 $T \cdot m^2$이므로, 인덕턴스 L의 SI 단위는 $T \cdot m^2/A$로서 이것을 henry(약자 H)라고 부른다. 즉,

$$1 \text{ henry} = 1H = 1T \cdot m^2/A \qquad (23-2)$$

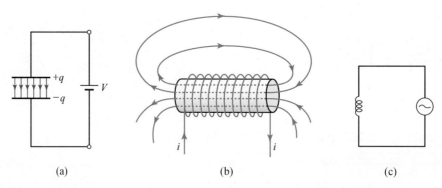

(a)　　　　　　　(b)　　　　　　　(c)

그림 23-1 축전기와 인덕터

예제 1. **솔레노이드의 인덕턴스를 구하라.**

풀이 솔레노이드의 길이가 l, 그 단면적이 A, 그리고 솔레노이드에 흐르는 전류를 i라고 하자. 솔레노이드 내부 자기장은 $B = \mu_0 \in$ [식 (21-19) 참조]이다. 솔레노이드 전류의 자속쇄교수 $N\Phi_B$는

$$N\Phi_B = (nl)(BA)$$

(단, n은 솔레노이드 단위길이당 코일 감김수이다.)

따라서 인덕턴스 정의에 의하여

$$L = \frac{N\Phi_B}{i} = \frac{(nl)(BA)}{i} = \frac{nl\mu_0 niA}{i} = \mu_0 n^2 lA \qquad (23-3)$$

이고, 긴 솔레노이드 중심부에서의 단위길이당 인덕턴스는 다음과 같이 주어진다.

$$\frac{L}{l} = \mu_0 n^2 A \qquad (23-4)$$

23-2 자체 인덕턴스

코일에 흐르는 전류가 시간에 따라 변하면 코일 자체를 지나는 자기선속이 변한다. Faraday 의 법칙에 따르면 자기선속의 시간에 따른 변화는 코일에 기전력을 유도시킨다. 즉, 코일에 흐르는 전류가 시간에 따라 변하면 코일은 자체 내에 기전력을 유도한다. 이는 코일의 자체 인덕턴스(self-inductance)와 다음과 같은 관계를 가진다. 이때 생기는 기전력을 자체유도기 전력이라 하고, 인덕턴스 값이 L인 인덕터는 그 정의로부터

$$N\Phi_B = Li \qquad (23-5)$$

이므로 Faraday의 법칙

$$\epsilon = -\frac{d(N\Phi_B)}{dt} \qquad (23-6)$$

로부터 기전력을 구하면 다음과 같다.

$$\epsilon = -L\frac{di}{dt} \qquad (23-7)$$

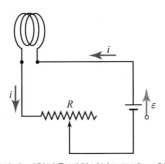

그림 23-2 코일 L의 전류 i이 변화하면(저항값을 변화시킴으로써) 코일 속에 자체유도기전력이 발생한다.

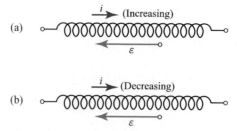

(a) _i_→ (Increasing) ε

(b) _i_→ (Decreasing) ε

그림 23-3 자체유도 때 나타나는 기전력의 방향. (a) 전류가 증가할 때는 증가를 억제하는 방향으로 (b) 전류가 감소할 때는 감소를 억제하는 방향으로 기전력이 유도된다.

즉, 인덕터에 유도되는 기전력은 인덕턴스 값 L에 전류의 시간에 대한 변화율을 곱한 것과 같다. 이때, Lenz의 법칙으로부터 자체유도기전력의 방향을 정할 수 있는데, 이 기전력은 일어난 변화에 반대(억제)하는 방향으로 유도된다. 인덕터의 경우 전류의 변화에 대해 반대되는 방향으로 기전력이 발생한다. 즉, **그림 23-3**의 코일 (a)에서처럼 오른쪽으로 전류 i가 증가하면 발생하는 기전력은 왼쪽으로 유도되어, 전류의 값을 감소시키려 하고, (b)에서처럼 오른쪽으로 흐르는 전류의 값이 감소하면 기전력은 감소를 억제하는 방향, 즉 오른쪽으로 향하게 된다.

23-3 R-L 회로의 전류

이 절에서는 회로소자 내에서 인덕터의 역할에 대해 알아본다. 앞에서는 $R-C$ 회로의 특성이 회로가 갖는 저항 R과 전기용량 C의 곱인 시간상수 $t_c = RC$에 의하여 결정됨을 보았다. 이번에는 인덕터 L과 저항 R이 직렬로 연결된 $R-L$회로를 분석하여 인덕터가 어떤 일을 하는지를 알아보도록 하자.

1. R-L 회로의 전류증가

그림 23-4와 같이 구성된 회로의 스위치 S를 닫으면 $R-L$ 회로에 기전력 ϵ의 전지가 연결된다. 만일 순간적으로 전류가 증가한다고 하면 무한대에 가까운 유도기전력이 생기는 모순이 발생하므로 시간 $t = 0$에서 전류는 0에서 급격하게 최종치에 도달하지 않고 회로 속의 L의 값에 따른 변화율로 증가하기 시작한다.

스위치 S를 닫고 난 후 시각 t 때 전류값을 i라고 하자. 그리고 전류의 시간변화율을 $\dfrac{di}{dt}$ 이라고 하면 시간 t에 인덕터에 걸리는 전위차 V_{bc}는

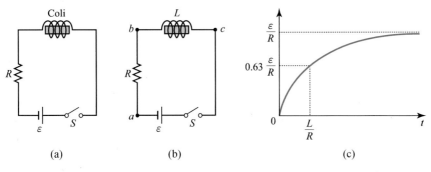

(a)   (b)   (c)

그림 23-4 $R-L$ 회로

$$V_{bc} = L\frac{di}{dt}$$

이고 저항 R에 전위차 V_{ab}

$$V_{ab} = iR$$

가 걸린다. 이제 Kirchhoff의 루프법칙을 루프 abc에 적용하여

$$\epsilon - iR - L\frac{di}{dt} = 0 \qquad\qquad (23-8)$$

전류의 시간변화율 $\dfrac{di}{dt}$를 구하면

$$\frac{di}{dt} = \frac{\epsilon - iR}{L} = \frac{\epsilon}{L} - \frac{R}{L}i \qquad\qquad (23-9)$$

이 된다. 스위치 S가 닫히는 순간 $i=0$이므로 저항 R에 전위차가 없어 초기의 전류 시간변화율은

$$\left(\frac{di}{dt}\right)_{초기} = \frac{\epsilon}{L}$$

가 되어 인덕턴스 L이 클수록 전류가 점점 더 느리게 증가함을 알 수 있다.

시간이 지나 전류가 증가함에 따라 식 $(23-9)$의 둘째 항 $\dfrac{R}{L}i$ 값도 역시 증가하므로 전류 증가율은 점점 작아진다. 전류가 최종정상값 I에 도달할 때 전류변화율이 0임을 이용하면

$$\left(\frac{di}{dt}\right)_{최종} = 0 = \frac{\epsilon}{L} - \frac{R}{L}I$$

로부터 최종전류값 I는 $I = \epsilon/R$이 되어 회로의 인덕턴스 L의 값과는 무관하게 회로의 저항 R만으로 결정된다.

전류 i가 시간의 함수 $i(t)$로 어떻게 변하는가를 계산하자. 식 $(23-9)$를 변수 분리하여

다음 꼴로 바꾼다.

$$\frac{di}{i-(\epsilon/R)} = -\frac{R}{L}dt$$

이를 적분하면

$$\int_0^i \frac{di'}{i'-(\epsilon/R)} = -\int_0^t \frac{R}{L}dt'$$

$$\ln\left(\frac{i-\epsilon/R}{-\epsilon/R}\right) = -\frac{R}{L}t$$

가 되고 이를 i에 대하여 풀면

$$i = \frac{\epsilon}{R}(1-e^{-(R/L)t}) \tag{23-10}$$

이다. 이를 이용하여 전류를 시간의 함수로 그리면 **그림 23-4(c)**와 같다. 특히 식 $(23-10)$의 미분계수를 구하면

$$\frac{di}{dt} = \frac{\epsilon}{L}e^{-(R/L)t} \tag{23-11}$$

이 되어 시각 $t=0$일 때 우리가 예상한 바와 같이 $\frac{di}{dt}=\frac{\epsilon}{L}$이 되고 $t \to \infty$에서는 $i \to \frac{\epsilon}{R}$와 $\frac{di}{dt} \to 0$로 수렴한다. **그림 23-4(c)**를 보면 순간전류 i는 처음에는 급격히 증가하나 점점 증가율이 감소하여 최종치 $I=\frac{\epsilon}{R}$에 점근적으로 접근한다. 시각 $\tau=\frac{L}{R}$에서는 전류는 $1-\frac{1}{e}$, 즉 최종치의 63% 정도까지 증가한다. 이때

$$\tau = \frac{L}{R} \tag{23-12}$$

을 $R-L$ 회로의 시간상수라 부른다.

2. $R-L$ 회로의 전류감쇠

그림 23-5(a)의 $R-L$ 회로에서 스위치 S_1을 닫고 전류의 최종값인 정상전류 $I_0=\frac{\epsilon}{R}$에 도달한 후에 스위치 S_1을 열고 스위치 S_2를 닫아 닫힌 회로에서 전지 ϵ를 제거한다. 이 시각 $(t=0)$ 이후 전류가 시간에 따라 어떻게 변화하는가를 식 $(23-9)$의 미분방정식에서 $\epsilon=0$로 놓음으로써 구할 수 있다. 즉, 미분방정식

$$L\frac{di}{dt}+iR=0$$

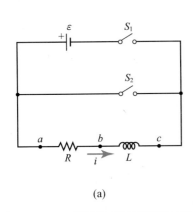
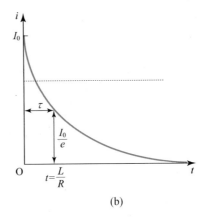

(a)   (b)

그림 23-5 $R-L$ 직렬회로에서 전류감쇠 모습

에 대해 초기 조건 $i(t=0)=I_0=\dfrac{\epsilon}{R}$ 을 만족하는 해를 구한다. 앞에서와 같이 변수분리법을 적용하여 전류를 구하면, 전류는

$$i=\frac{\epsilon}{R}e^{-(R/L)t}=I_0 e^{-t/\tau} \tag{23-13}$$

에 따라 감쇠함을 알 수 있다. 여기서 $\tau=\dfrac{R}{L}$ 이고 전류가 감쇠되어 가는 그래프를 **그림 23-5(b)** 에 그렸다.

예제 2. 인덕턴스가 $33\,\mathrm{mH}$ 이고, 저항이 $150\,\Omega$ 인 솔레노이드가 있다. 이 솔레노이드에 축전지를 연결할 때, 최종 정상전류값의 $\dfrac{1}{2}$ 에 도달하는 데 걸리는 시간은 얼마인가?

풀이 식 $(23-10)$에서 $t\to\infty$ 일 때 전류의 최종 정상전류에 도달한다. 따라서 정상전류 값은 $I_0=\dfrac{\epsilon}{R}$ 이다.

시간 t_0가 경과하고 난 후에, 전류값이 $I_0=\dfrac{\epsilon}{R}$ 의 $\dfrac{1}{2}$ 이 되었다고 하자. 그러면 식 $(23-10)$에서

$$\frac{1}{2}\frac{\epsilon}{R}=\frac{\epsilon}{R}\left(1-e^{-t_0/\tau}\right)$$

이 성립한다. 이 식을 t_0에 관하여 풀면 다음과 같다.

$$t_0=\tau\ln2=\frac{L}{R}\ln2=\frac{33\times10^{-3}\,\mathrm{H}}{150\,\Omega}\ln2=0.22\times10^{-3}\ln2\,\sec$$
$$\simeq0.152\times10^{-3}\,\sec$$

23-4 자기장의 에너지

인덕터에 전류가 흐르면 그 내부에 자기장이 형성되어 자기장의 형태로 에너지가 저장된다. 저장된 자기에너지를 인덕턴스를 이용하여 나타내보자. 먼저 인덕터 L에 어떤 순간전류 i가 흐르고 그 변화율을 di/dt라고 하면 이 순간 인덕터 양단에 걸리는 전압은

$$V = L\frac{di}{dt} \qquad\qquad (23-14)$$

이다. 이때, 인덕터에 전달되는 전력(power)은 $P = vi = Li\frac{di}{dt}$이다. 이 에너지는 인덕터에 자기장의 형태로 저장되는데, 이 자기장의 에너지를 U_B라고 하면 단위시간당 자기에너지 U_B의 증가는

$$\frac{dU_B}{dt} = Li\frac{di}{dt} \qquad\qquad (23-15)$$

인 관계가 성립되어야 한다. 양변에 dt를 곱하여 적분하면 인덕터에 저장된 에너지는 다음과 같이 주어진다.

$$U_B = \int dU_B = \int_0^i Li\,di$$

따라서

$$U_B = \frac{1}{2}Li^2 \qquad\qquad (23-16)$$

이 된다. 식 (23-16)은 인덕터 L에 전류 i가 흐를 때 그 속에 자기 에너지로 저장된 총 에너지를 나타낸다.

예제 3. 인덕턴스가 $33\,\mathrm{mH}$이고, 저항 R이 $150\,\Omega$인 코일이 있다. 코일에 $12\,\mathrm{V}$의 전지를 연결하여 전류가 그 최종 정상전류치에 도달할 때에 자기장 속에 비축되는 에너지는 얼마인가?

풀이 최종전류치 $I = \dfrac{\epsilon}{R}$에서

$$I = \frac{12\,\mathrm{V}}{0.15\,\Omega} = 80\,\mathrm{A}$$

따라서 인덕터의 자기장이 갖는 총 자기 에너지는 다음과 같다.

$$U_B = \frac{1}{2} \times (33 \times 10^{-3}\,\mathrm{H}) \times (80\,\mathrm{A})^2 = 105.6\,\mathrm{J}$$

[참고] $1\ \mathrm{henry} = 1\dfrac{\mathrm{N \cdot m}}{\mathrm{A}^2}$이므로 $1\ \mathrm{henry} \cdot \mathrm{A}^2 = 1\ \mathrm{Joule}$이다.

예제 4. 인덕턴스가 2 H, 저항값이 6 Ω인 인덕터를 12 V의 축전지에 연결한다.

(a) 회로의 전류값의 초기 증가율은 얼마인가?

(b) 전류가 1 A인 순간의 전류증가율은 얼마인가?

풀이 (a) $\left(\dfrac{di}{dt}\right)_{초기} = \dfrac{\epsilon}{L} = \dfrac{12\,\text{V}}{2\,\text{H}} = 6\,\text{A/s}$

(b) $\left(\dfrac{di}{dt}\right) = \dfrac{\epsilon}{L} - \dfrac{R}{L}i = \dfrac{12\,\text{V}}{2\,\text{H}} - \dfrac{6\,\Omega}{2\,\text{H}}1\text{A} = (6-3)\,\text{A/s} = 3\,\text{A/s}$

23-5 자기장의 에너지 밀도

앞에서 인덕터에 전류가 흐를 때 발생한 자기장 속에 저장된 자기적 에너지가 $U_B = \dfrac{1}{2}Li^2$로 표시됨을 보였다. 이번에는 자기장 자체에 주목하여 단위체적당 자기에너지, 즉 자기에너지 밀도 u_B를 나타내는 식을 구해보자. 여러 가지 방법으로 계산이 가능하나, 여기서는 솔레노이드를 이용하여 계산하기로 한다. 길이 l, 단면적 A, 단위길이당 감김수 n인 솔레노이드에 전류 i가 흐를 때, 코일의 인덕턴스 L은 식 (23 − 3)에서

$$L = \mu_0 n^2 Al$$

이므로, 솔레노이드가 만드는 자기장의 총 에너지 U_B는 식 (23 − 16)에 의하여

$$U_B = \frac{1}{2}\mu_0 n^2 Ai^2$$

이며, Al는 부피이므로, 단위체적당의 에너지는

$$u_B = \frac{U_B}{Al} = \frac{1}{2}\mu_0 n^2 i^2$$

이다. 솔레노이드 내부 자기장은 $B = \mu_0 in$이므로 자기 에너지 밀도를 B를 써서 표시하면

$$u_B = \frac{B^2}{2\mu_0} \qquad\qquad (23-17)$$

로 주어진다.

표 23-1 중요 물리량의 전기장과 자기장에서의 비교

구분	전기장	자기장
정의	$C = q/V$	$L = N\Phi/i$
차원	$C = \epsilon_0 \times$길이	$L = \mu_0 \times$길이
상수	$\epsilon_0 = 8.85\ pF/m$	$\mu_0 = 1.26\ \mu H/m$
저장에너지	$U_E = \dfrac{1}{2}CV^2 = \dfrac{q^2}{2C}$	$U_B = \dfrac{1}{2}Li^2 = \dfrac{(N\Phi)^2}{2L}$
에너지 밀도	$u_E = (\epsilon_0/2)E^2$	$u_B = (1/2\mu_0)B^2$
시간상수	$\tau_C = RC$	$\tau_L = \dfrac{L}{R}$

23-6 L-C 회로

저항 없이 인덕터와 축전기만으로 이루어진 전기회로는, R-C회로나 R-L 회로에서 전류나 전하량이 시간에 지수적으로 변하는 것과 달리 전류와 전하량이 시간에 따라 진동을 하는 전혀 다른 종류의 현상을 보인다. **그림 23-6(a)**에서처럼 축전기에 초기 전하량 $Q = CV_m$을 대전하여, 축전기에 걸린 전위차가 V_m이 되게 한 후 스위치를 닫아 R-C 회로를 형성시키면 어떤 일이 일어나는가를 살펴보자.

스위치를 닫은 후 축전기는 방전하기 시작하여 인덕터에 흐르는 전류가 0에서부터 차츰 증가하므로 인덕터 내에는 역기전력 $\left(\epsilon \propto -\dfrac{di}{dt} \right)$이 유도되고, 결국에는 축전기의 전하량 Q가 0이 되고 따라서 전위차가 없어질 때, 인덕터의 전류값은 최댓값 I_m에 도달하게 된다. 이때의 상황을 **그림 23-6(b)**를 나타내었다. 한편 인덕터에 흐르는 전류가 증가하면서 인덕터 내 자기장 또한 그 크기가 증가한다. 처음 축전기 내의 회로 내에서 에너지 손실이 없는 경우, 축전기의 전하는 일정한 주기로 끊임없이 진동하며, 이 과정을 전기진동(electric oscillation)이라고 부른다. 진동의 주기를 에너지보존법칙을 이용하여 구해 보자. 어느 일정한 시간 t에, 축전기의 전하량이 $q = q(t)$이고, 인덕터의 전류가 $i = i(t)$일 때, 전기용량 C의 축전기에 저장된 전기에너지는

$$U_E(t) = \frac{1}{2}\frac{q^2(t)}{C} \tag{23-18}$$

이다. 인덕턴스 L의 인덕터에 저장된 자기에너지는

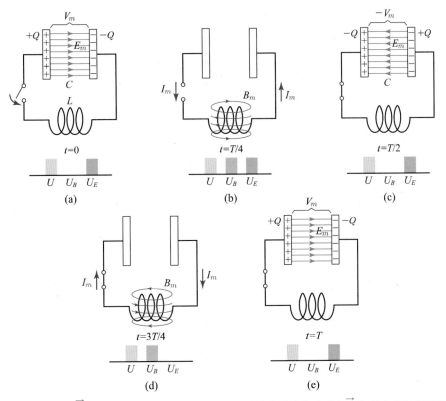

그림 23-6 전기장 $\vec{E}$에 저장된 에너지가 이제는 모두 인덕터에 형성된 자기장 $\vec{B}$의 에너지로 탈바꿈하여 저장된다. 전류가 I_m에 도달하면서 축전기의 극판에는 극성(極性)이 다른 전하가 발생하는 것과 동시에 인덕터의 전류 및 자기장의 세기도 감소하기 시작하여 결국에는 모두 0이 되며, 이때 축전기는 처음 극성과는 반대인 $-Q$의 전하와 $-V_m$의 전위차를 갖는다[**그림 23-6(c)** 참조]. 이때부터 다시 전류는 역류하기 시작하여 일정한 시간이 지나면 축전기는 다시 완전 방전되고 인덕터 내에는 반대방향의 전류가 흐른다. 이렇게 하여 축전기의 전하는 처음의 값을 다시 회복한다.

$$U_B = (t) = \frac{1}{2}Li^2 \tag{23-19}$$

이고, 따라서 시각 t에서 $L-C$ 회로의 총 에너지는

$$U = U_B + U_E = \frac{1}{2}Li^2 + \frac{1}{2}\frac{q^2}{C} \tag{23-20}$$

이다. 이 회로에서 에너지 손실이 없으면, 어느 시각에서도, 총 에너지는 같아야 하므로 일정한 값을 가지며 따라서 $\frac{dU}{dt}=0$이 성립한다.

$$\frac{dU}{dt} = Li\frac{di}{dt} + \frac{q}{C}\frac{dq}{dt} = 0 \tag{23-21}$$

이 식에서 $i = \frac{dq}{dt}$임을 고려하고 양변을 Li로 나누어주면

$$\frac{d^2 q(t)}{dt^2} + \frac{1}{LC} q(t) = 0 \qquad (23-22)$$

와 같은 전하 q가 시간에 따라 어떻게 변화하는가를 나타내는 미분방정식을 얻는다.

이것은 조화진동자의 운동방정식

$$\frac{d^2 x}{dt^2} + \frac{k}{m} x = 0$$

과 꼴이 닮은 미분방정식으로 인덕턴스 L은 질량 m과, 전기용량의 역수 $\frac{1}{C}$은 용수철상수 k와 같은 역할을 한다. 조화진동자의 각진동수 ω는 $\left(\frac{k}{m}\right)^{\frac{1}{2}}$이고, 그 위치 x는 시간 t의 함수로서

$$x = A \cos(\omega t + \phi)$$

임을 이용하면, $L-C$ 회로에서는 q가 x의 자리에 있으므로 식 $(23-22)$의 일반해는

$$q = Q \cos(\omega t + \phi) \qquad (23-23)$$

가 되며, 전기진동의 각진동수는

$$\omega = \sqrt{\frac{1}{LC}}$$

이다. 식 $(23-23)$의 Q는 전하량의 최댓값이며, 위상상수 ϕ는 이 문제의 초기 조건에 의하여 결정된다.

예컨대 $\phi = 0$이면, $t = 0$일 때, $q = Q$이고, $i = \frac{dq}{dt} = 0$이다. 따라서 **그림 23-6(a)**에 표시된 초기 조건은 $\phi = 0$으로 놓아 구할 수 있다.

예제 5. $L-C$ 회로의 전기용량 C의 값이 $0.5\ \mu\text{F}$이고, 전기진동이 있는 동안 축전에 걸리는 최대전위차가 3V, 인덕터에 흐르는 최대전류치는 $150\ \text{mA}$이다.

(a) 인덕턴스 L은 얼마인가?

(b) 전자 진동수는 얼마인가?

(c) 축전기에서 전하량이 0에서 그 최댓값 Q_m에 도달하는 데 소요되는 시간은 얼마인가?

풀이 용수철에 질량 m이 매달린 선형조화진동자와 $L-C$ 전자진동계의 비교

선형진동자	$L-C$ 회로
운동에너지 $= \frac{1}{2} mv^2$	자기에너지 $= \frac{1}{2} Li^2$

(계속)

선형진동자	$L-C$ 회로
위치에너지 $=\dfrac{1}{2}kx^2$	전기에너지 $=\dfrac{1}{2}\dfrac{q^2}{C}$
$\dfrac{1}{2}mv^2+\dfrac{1}{2}kx^2=\dfrac{1}{2}kA^2$	$\dfrac{1}{2}Li^2+\dfrac{1}{2}\dfrac{q^2}{C}=\dfrac{1}{2}\dfrac{Q_m^2}{C}$
$v=\pm\sqrt{k/m}\ \sqrt{A^2-x^2}$	$i=\pm\sqrt{1/LC}\ \sqrt{Q_m^2-q^2}$
$v=\dfrac{dx}{dt}$	$i=\dfrac{dq}{dt}$
$\omega=\sqrt{\dfrac{k}{m}}$	$\omega=\sqrt{\dfrac{1}{LC}}$
$x=A\cos(\omega t+\phi)$	$q=Q_m\cos(\omega t+\phi)$

위의 표를 이용하여 풀기로 한다.

(a) $Q_m=CV=0.5\ \mu\text{F}\times3\ \text{V}=1.5\times10^{-6}\ \text{C}$

$i_m=\sqrt{\dfrac{1}{LC}}\ Q_m$ 에서

$L=\dfrac{Q_m^2}{CI_m^2}=\dfrac{(1.5\times10^{-6\,\text{C}})}{0.5\times10^{-6}\text{F}\times(150\times10^{-3}\ \text{A})}$

$\quad=2\times10^{-4}\ \text{H}$

(b) $w=\sqrt{\dfrac{1}{LC}}=\sqrt{\dfrac{1}{2}\times10^4\ \text{H}\times\dfrac{1}{0.5}\times10^6\ \text{F}}=\sqrt{10^6\cdot10^4}$

$\quad=\sqrt{10^{10}}=10^5$

따라서 $f=\omega/2\pi=15.92\ \text{kHz}$ 이다.

(c) $t=\dfrac{1}{4}\ T=\dfrac{1}{4}\dfrac{1}{f}=\dfrac{1}{4}\dfrac{1}{15.9\times10^3}=0.0157\times10^{-3}\simeq0.0157\ \text{ms}$

23-7 교류기전력

여기서는 조화곡선(사인곡선)으로 변화하는 전압과 전류가 가해진 회로에서 저항기, 인덕터, 그리고 축전기 등의 소자들이 어떤 동작을 하는가를 살펴본다. **그림 23-7**과 같이 균일한 자기장 내에 면적 $A(=ab)$인 코일로 이루어진 닫힌 회로가 있을 때 닫힌 회로가 만드는 면을 통과하는 자기선속 Φ는 회로면에 세운 법선과 자기선속 사이의 각 θ에 따라 변하며, 코일을 지나는 최대 자기선속을 Φ_0로 하면,

$$\Phi=\Phi_0\sin\theta \qquad\qquad (23-24)$$

이다. 자기장 B가 균일하고 코일의 감김수가 N이면 최대 자기선속 $\Phi_0=NBA$로 주어진다.

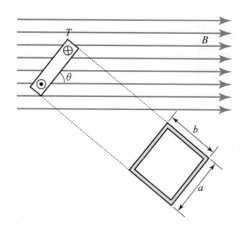

그림 23-7 교류기전력

이때, 코일(이것을 전동자— Armature라 부름)을 일정한 각속도 ω로 회전시키면, $\theta = wt$의 관계로부터 전동자에 발생되는 유도기전력 ϵ는

$$\epsilon = \frac{d\Phi}{dt} = \Phi_0 \omega \cos \omega t = \epsilon_0 \cos \omega t$$

이 되어 단자 간의 전압이 시간에 따라 단조화적으로 진동한다. 이와 같은 기전력을 교류기전력이라고 부르며, 교류기전력을 발생시키는 장치를 교류발전기라고 한다.

오늘날 전력을 공급하거나 라디오, TV 등과 같은 많은 현대적 통신장비에 교류가 널리 이용되고 있음에 비추어볼 때 교류의 기본 성질들을 학습하는 것은 의미 있는 일이다. 특히 앞으로 다룰 공진(resonance)현상에 주목할 필요가 있다.

예제 6. **감김수** $N = 200$, **면적이** $A = 40 \text{ cm}^2$**인 코일이 작은 교류발전기에 부착되어 있다. 이 코일이** $B = 0.35 \text{ T}$**인 균일자기장 안에서** 60 Hz**의 진동수로 회전한다. 이 발전기가 공급하는 교류전압은 얼마인가?**

풀이 $\epsilon = NBA(2\pi f)\cos(2\pi ft)$
$= (200)(0.35 \text{ T})(40 \times 10^{-4} \text{ m}^2)(120\pi)\cos(120\pi t)$
$\simeq (106 \ V)\cos(120\pi t)$
이 발전기는 $+106 \, V$와 $-106 \, V$ 사이에서 주기적으로 변화하는 교류전압을 공급한다.

23-8 교류와 페이서

사인함수 꼴로 변하는 전위차 v와 전류 i를 공급하는 장치를 교류전원(ac source)이라고 하는데 사인 꼴의 전압은

$$v = V\cos\omega t \qquad\qquad (23-25)$$

로 표시되며, 여기서 V는 최대전압을 나타내고 전압진폭(voltage amplitude)이라고 부른다. v는 매 순간의 전위차이며, $\omega = 2\pi f$는 각진동수이다. 마찬가지로 사인 꼴의 전류 i는

$$i = I\cos\omega t \qquad\qquad (23-26)$$

로 표시되며 I는 최대전류 또는 전류진폭(current amplitude)이다. 교류원은 기호 '∞'로서 나타내는 것이 관례로 되어 있다.

사인함수로 변화하는 전압과 전류를 표시함에 있어서 벡터를 이용하면 편리하다. 즉, 시간에 따라 사인함수로 변하고 있는 어떠한 물리량의 순간치는 그 양의 진폭과 같은 길이의 벡터를 횡축에 투영(projection)함으로써 얻을 수 있다. 교류에서는 전압과 전류 모두 크기뿐만 아니라 방향이 존재하고, 또 다음에 학습하는 바와 같이 L와 C의 영향을 받아서 전류가 전압보다 앞서거니 뒤서거니 하는 일이 일어나므로, 일반적으로 전류와 전압은 같은 방향을 갖지 않는다.

이 벡터는 반시계 방향으로 일정한 각속도 ω로 회전한다. 이 회전하는 벡터를 페이서(phasor)라고 부르며 이들이 실려 있는 도표를 페이서 도표라고 부른다. **그림 23-8(c)**에 식 $(23-26)$의 사인 꼴 전류의 페이서 도표가 실려 있다.

이 페이서의 시각 t에 있어서의 횡축에로의 투영은 $I\cos\omega t$이며, 즉 전류값 식 $(23-26)$과 같다. 페이서는 속도나 운동량 또는 전기장과 같이 공간에 있어서 방향을 가진 실재하는 물리량은 아니며, 시간과 더불어 사인함수로 변화하고 있는 물리량을 기술하고 또 분석하는 데 쓰이는 용어의 구실을 하는 기하학적 실체라고 할 수 있다. 이 장에서는 사인함수로 변동하고 있는 전압과 전류들의 가법(加法)에 이들 페이서를 이용한다. 즉, 위상차가 있는 사인함수적인 양들을 결합하는 연산을 벡터결합 문제로 바꾸어 좀 더 쉽게 해결한다.

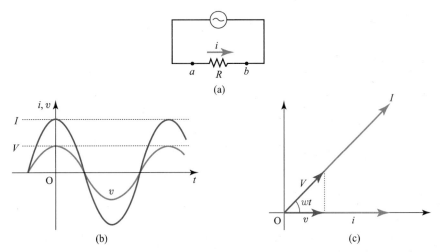

그림 23-8 교류와 페이서(phasor)

23-9 저항과 리액턴스

1. 교류회로의 저항

저항 R을 가진 회로[그림 23-9(a) 참조]에 $i = I\cos\omega t$인 교류가 교류전원에서 공급되고 있다. 옴의 법칙에 의하여 저항에 걸린 순간전압은

$$v = IR\cos\omega t \qquad (23-27)$$

이며, 따라서 최고전압은

$$V = IR \qquad (23-28)$$

이며, 따라서

$$v = V\cos\omega t \qquad (23-29)$$

가 됨을 알 수 있다.

전류 i와 전압 v 둘 다 $\cos\omega t$에 비례하므로 전류는 전압과 같은 위상(inphase)이다.

그림 23-9(b)에 i와 v를 시간의 함수로 나타내었다. 이에 대한 페이서 도표가 그림 23-9(c)이다. i와 v가 같은 위상이고 같은 진동수를 가지므로 전류와 전압의 페이서들은 함께 회전한다. 즉, 두 페이서는 매 순간 서로 평행하다. 두 페이서의 횡축으로의 투영이 각각 순간전류와 순간전압을 나타낸다.

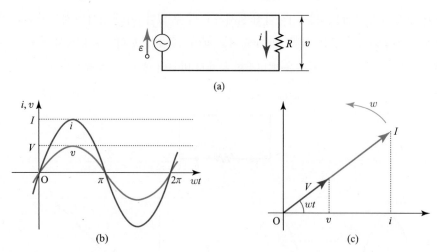

그림 23-9 교류회로의 저항

2. 교류회로의 인덕터

이번에는 인덕턴스 L인 인덕터만을 가진 회로에 교류 $i = I\cos\omega t$가 공급되는 경우를 살펴보자(**그림 23-10** 참조). 이때 인덕터에 걸린 유도기전력은 $\epsilon = -L\dfrac{di}{dt}$이며, 이것은 a에 대한 b의 전위이다. 즉, b에 대한 a의 전위는 이것의 역이며 $v = L\dfrac{di}{dt}$이다.

따라서

$$v = L\frac{di}{dt} = L\frac{d}{dt}(I\cos\omega t) = -I\omega L\sin\omega t = I\omega L\cos(\omega t + 90°) \qquad (23-30)$$

이다.

그림 23-10(b)에 전류와 전압을 시간의 함수로 그려놓았는데, 전압과 전류가 위상이 주기의 $\dfrac{1}{4}$만큼 벗어나 있으며 전압이 전류보다 $90°$만큼 위상이 앞서 있음을 알 수 있다. 이를 페이서 도표로 나타내면 **그림 23-10(c)**와 같다. 여기서 전압 페이서가 전류 페이서를 $90°$만큼 앞서고 있다.

앞으로 위상관계를 항상 전류를 기준으로 하여 전압의 위상을 나타내기로 약속하기로 한다. 그리하여 만일 회로에서 전류가 $i = I\cos\omega t$ 이고 전압이 $v = V\cos(\omega t + \phi)$로 표시되면 ϕ를 위상각이라 하고 전압의 위상이 전류의 위상에 대하여 위상각이 ϕ만큼 앞서있는 것으로 이해한다. 식 $(23-30)$의 전압진폭 V는

$$V = I\omega L \qquad (23-31)$$

이며

$$X_L = \omega L \qquad (23-32)$$

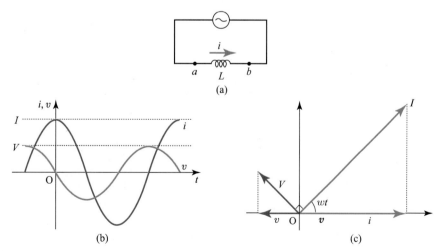

그림 23-10　교류회로의 인덕터

을 인덕터의 유도성 리액턴스(inductive reactance)라고 정의한다. 이 X_L을 이용하여 저항기에 있어서 $V = IR$와 같은 형으로 인덕터에서도 전압을

$$V = IX_L \qquad (23-33)$$

로 나타낼 수 있다. X_L의 단위는 저항과 마찬가지로 Ω이다. 인덕터에 의한 리액턴스 X_L은 교류진동수 w에 비례한다는 사실에 주목하여야 한다.

따라서, 코일은 직류($f = 0$)에 대하여서는 저항기의 구실을 하지 않는다.

3. 교류회로 속의 축전기

끝으로 교류전원에 전기용량 C인 축전기를 연결한 회로를 살펴보자(**그림 23-11** 참조). 전류 $i = I\cos wt$가 축전기를 통하여 흐르고 있다. 축전기는 두 극판이 서로 절연되어 떨어져 있어서 축전기를 통해 전하가 흐른다는 표현에 의아해 할 것이다. 사실은 각 순간에 콘덴서가 충전되고 방전함에 따라 한쪽 극판에 전류 i가 흘러들어가고 같은 크기의 전류가 다른 극판에서 흘러나오고 있으며, 또는 앞 장에서 논의한 변위전류가 극판 사이에서 형성되어 마치 전하가 축전기를 지나서 전도된다고 해석할 수 있다. 이런 까닭으로 교류전류가 축전기를 지나서 흐른다고 말한다.

축전기에 대전된 전하 q는 전류 i와의 관계에서

$$i = \frac{dq}{dt} = I\cos wt$$

이므로 적분하여

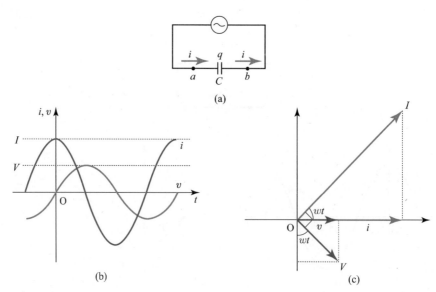

그림 23-11 교류회로 속의 축전기

$$q = \frac{1}{\omega} sin\omega t \qquad (23-34)$$

이다. 한편 b점에 대한 a점의 전압은 $q_1 = C_v$인 관계를 고려하면

$$v = \frac{I}{\omega C} \sin \omega t = \frac{I}{\omega C} \cos (\omega t - 90°) \qquad (23-35)$$

이다. 시간에 따라 전류와 전압이 변하는 모양을 **그림 23-11(b)**에 나타내었다. 이를 보면, 축전기의 전압과 전류는 위상이 주기의 $\frac{1}{4}$만큼 벗어나 있고 전압이 90°만큼 전류보다 뒤지고 (lag) 있음을 알 수 있다. **그림 23-11(c)**의 페이서 도표도 이 관계를 나타내고 있다. 즉, 전압 페이서가 $90°\left(주기의\ \frac{1}{4}\right)$만큼 전류에 뒤지고 있다. 식 $(23-35)$에서 최대전압 V는

$$V = \frac{I}{\omega C} \qquad (23-36)$$

로 주어진다. 저항에 성립하는 $V=IR$인 관계식과 비교하였을 때 $\frac{1}{\omega C}$이 저항의 구실을 하고 있음을 알 수 있다. 따라서 X_C를

$$X_C = \frac{1}{\omega C} \qquad (23-37)$$

로 정의하며 이것을 축전기의 용량성 리액턴스(capacitive reactance)라고 부른다. 이로써

$$V = IX_C \qquad (23-38)$$

가 성립하며, X_C의 단위는 Ω이다. 콘덴서의 용량성 리액턴스는 C와 ω 모두에 반비례하여 전기용량 C가 클수록 그리고 주파수가 높을수록 리액턴스 X_C는 점점 더 작아진다. 즉, 축전기는 고주파 교류를 잘 통과시키고 저주파 교류나 직류를 차단한다. 인덕터와는 정반대로 작동한다.

23-10 L-R-C 직렬회로

제 저항, 인덕터, 축전기가 직렬로 교류 전원에 연결된 회로의 전기적 성질을 밝히기로 하자. **그림 23-12**에 $L-R-C$ 직렬회로를 표시하고 있다. 여기서도 페이서 도표를 써서 분석하기로 한다. 이 회로에서도 Kirchhoff의 루프 규칙이 적용되므로 세 개의 회로소자를 내포하고 있는 회로부분의 양단 a와 b 사이의 순간전압 v_{ad}는 이 순간의 교류전원과 같다.

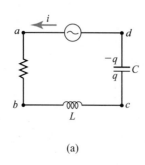

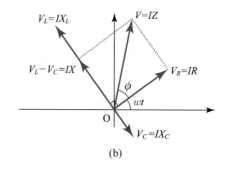

(a)   (b)

그림 23-12 $L-R-C$ 직렬회로

교류전원이 전류 $i = I\cos\omega t$ 를 공급한다고 하자. 회로의 세 소자가 직렬로 연결되어 있으므로 전류 i는 어느 점에서나 동일하다. 따라서 각 소자의 페이서를 전류 진폭 I에 비례하는 길이로 잡는다. 기호 V_R, V_L, V_C 등은 각 소자에 걸린 전위차의 최댓값이다. 저항 R에 걸린 전압은 전류와 같은 위상이며, 그 최대치 V_R은

$$V_R = IR$$

이며, **그림 23-12(b)** 속의 페이서 V_R은 전류 페이서 I와 같은 위상으로 나타난다. 따라서 순간전위차 v_R을 알고자 하면 횡축으로의 투영으로 얻을 수 있다. 인덕터에 걸린 전압은 전류에 90°만큼 앞서며, 그 전압진폭은

$$V_L = IX_L$$

이다. 축전기에 걸린 전압은 전류에 90°만큼 뒤지며, 그 전압진폭은

$$V_C = IX_C$$

이다. **그림 23-12(b)** 속의 페이서 V_L, V_C는 각각 인덕터와 축전기에 걸린 전압을 나타내고 그것의 횡축으로의 투영길이는 그 순간의 전압 v_L, v_C을 나타낸다. 단자 a와 b 사이의 순간전위차는 어느 순간에서나 전위차 v_R, v_L와 v_C의 합이다. 다르게 표현하면, v는 페이서들 V_R, V_L과 V_C의 투영길이의 합과 같다. 그러나 이들 페이서들의 투영길이는 그들 페이서들의 벡터합의 투영길이와 같다. 그 결과 벡터합은 교류전원의 전압 v, 따라서 세 소자가 포함되어 있는 회로의 양 단자 간의 총 순간전압을 표시하여 주는 페이서이다.

이 벡터합 V를 구하기로 한다. 처음에 인덕터와 축전기 페이서의 차 $V_L - V_C$를 계산한다. 이들 페이서는 항상 같은 직선상에 있으며 방향이 반대이다. 그리고 이 차는 페이서 V_R에 언제나 수직이다. 따라서 V의 크기는

$$V = [V_R^2 + (V_L - V_C)^2]^{1/2}$$
$$= [(IR)^2 + (IX_L - IX_C)^2]^{1/2} = I[R^2 + (X_L - X_C)^2]^{1/2} \tag{23-39}$$

이다. 여기서 리액턴스의 차이 $X_L - X_C = X$로 표시하며 회로의 리액턴스라고 부른다. 그리고

$$Z = [R^2 + (X_L - X_C)^2]^{1/2} = (R^2 + X^2)^{1/2} \qquad (23-40)$$

를 회로의 임피던스(impedance)라고 정의한다. 임피던스의 단위는 저항과 같이 Ω이다. 임피던스를 이용하여 최대 전압과 전류 사이의 관계로

$$V = IZ \qquad (23-41)$$

로 표시할 수 있다. 이 식을 볼 때 임피던스 Z는 직류회로에 있어서 저항 R과 같은 구실을 하고 있음을 알 수 있다. 그러나 임피던스 Z는 그 정의식을 보면 알 수 있듯이, 회로의 R, L 그리고 C뿐만 아니라 주파수 ω의 함수이다. 이를 자세히 나타내면

$$Z = \sqrt{R^2 + X^2} = \sqrt{R^2 + (X_L - X_C)^2} = \sqrt{R^2 + \left(\omega L - \frac{1}{\omega C}\right)^2} \qquad (23-42)$$

이다. 또한, 전류 i에 대한 전원전압 v의 위상각 ϕ를 구하여 보자. **그림 23-12(b)**에서

$$\tan\phi = \frac{V_L - V_C}{V_R} = \frac{I(X_L - X_C)}{IR} = \frac{X_L - X_C}{R} = \frac{X}{R} = \frac{\omega L - 1/\omega C}{R} \qquad (23-43)$$

로, 전원전압 v이 전류 i를 각 ϕ만큼 앞서므로 $i - I\cos\omega t$이면 전원전압 v는

$v = V\cos(\omega t + \phi)$

이다. 특히 이 교류 회로에서 $R = 0$인 경우를 고찰하자. 이때 위상차의 절댓값은 $90°\left(\dfrac{\pi}{2}\right)$이다. 위상의 부호는 $\omega L > \dfrac{1}{\omega C}$이면 $\phi = -90°$, $\omega L < \dfrac{1}{\omega C}$이면 $\phi = -90°$이다. $\omega L > \dfrac{1}{\omega C}$, 즉 $\omega > \dfrac{1}{(LC)^{1/2}}$인 경우는 $v = V\cos\left(\omega t + \dfrac{\pi}{2}\right)$로 잡으면 i, v_L, v_C는 다음처럼 표현된다.

$$i = \frac{V}{Z}\cos\omega t$$

$$Z = \omega L - \frac{1}{\omega C}$$

$$v_L = L\frac{di}{dt} = -L\omega\frac{V}{Z}\sin\omega t$$

$$v_C = v - v_L = -V\sin\omega t - \left(-L\omega\frac{V}{Z}\sin\omega t\right) = V\left[\frac{L\omega}{Z} - 1\right]\sin\omega t$$

$$= V\left[\frac{\omega L - \left(\omega L - \dfrac{1}{\omega C}\right)}{Z}\right]\sin\omega t = V\left(\frac{1}{Z\omega C}\right)\sin\omega t$$

또는는 $i = \dfrac{dq}{dt}$에서 $q = \displaystyle\int i\,dt$이므로, v_C는 이 q에서 얻을 수 있다. $\omega L < \dfrac{1}{\omega C}$, 즉 $\omega < \dfrac{1}{(LC)^{1/2}}$ 인 경우는 위상각의 부호가 역전되므로 i, v_L, v_C 부호도 역전된다. 어느 경우든 인덕터과 축전기의 양단의 전위차는 서로 반대방향, 즉 위상이 $180°$ 벗어나 있다.

$R \neq 0$인 경우는 $\omega = \dfrac{1}{(L/C)^{1/2}}$ 일 때, 즉 주파수 f로 표현하여

$$f = \frac{1}{2\pi(LC)^{1/2}} \tag{23-44}$$

일 때 전압과 전류 간의 위상차는 없고[식 (23−43) 참조], 임피던스가 최소가 되고 R과 같게 된다[식 (23−40) 참조]. 따라서 이 경우 $R \simeq 0$이면 $Z \simeq 0$이 되고 식 (23−41)에서 전류 I는 무한대(∞)로 된다.

그림 23-12(a)의 회로는 식 (23−44)로 정하여지는 주파수에 대하여 공명이 발생한다. 이 회로는 L과 C가 직렬로 되어 있기 때문에 직렬공진이라고 불리기도 하고, 전류에 대하여 공명하기 때문에 전류공진이라고 불리기도 한다. 소리에 대한 공명체가 음차이듯이 전하의 진동에 대한 공명체가 이 공명회로이다. L과 C의 값을 바꿔줌으로써 전하를 각기 다른 주파수로 진동시킬 수 있다. 전하가 진동하면 전자기파(전파)가 발생하게 되는데 예컨대 L이 $1\,\mu H$, C가 $1\,\mu F$이면 공명주파수는 $160\,\mathrm{kHz}$가 되며, 이것은 중파의 라디오 방송에 쓰이는 영역의 주파수이다. 마지막으로 임피던스와 그 복소표현에 관하여 간략하게 언급하고자 한다.

공명회로의 해석에는 미분방정식을 풀어야 하나 복소표현된 임피던스 개념을 쓰면 간단하게 해석할 수가 있다. 임피던스는 넓은 의미의 저항이다. 보통 저항의 경우에는 전압과 전류의 위상이 항상 같고 전력은 열에너지로 소비된다. 단위시간당 소비되는 에너지 $W(\mathrm{watt})$는 전류 i, 전압 v일 때

$$W = i \times v \tag{23-45}$$

이다. 그런데 인덕터와 축전기만을 이용한 경우에는 이미 학습한 바와 같이 전류와 전압 간에 위상차가 생겨 전력은 소비되지 않는다. 축전기에서는 전류가 전압보다 위상이 $90°$ 앞서고 인덕터에서는 뒤진다. R, L, C가 함께 있는 회로에서는 저항 R만이 있는 회로처럼 단순하지 않으며 이를 수학적으로 쉽게 사용하기 위해 고안해 낸 방법이 임피던스를 복소수로 표현하는 것이다.

여기서 j를 허수 $(-1)^{1/2}$로 쓰기로 한다(i를 허수로 쓰면 전류와 구분되지 않아서 j를 쓴다). 저항, 인덕터, 축전기 각각 임피던스를 다음처럼 정의한다.

$$Z_R = R, \;\; Z_L = j\omega L, \;\; Z_C = \frac{1}{j\omega C} \tag{23-46}$$

위 세 요소를 직렬로 연결할 때 전체의 임피던스 Z는 보통 저항의 직렬 합성과 같이

$$Z = R + j\omega L + \frac{1}{j\omega C} = R + j\left(\omega L - \frac{1}{\omega C}\right) \qquad (23-47)$$

이 된다. 실수부는 저항, 허수부는 리액턴스가 됨을 알 수 있다.

그림 23-13에서처럼 실수를 x축, 허수를 y축으로 잡고 좌표 $x = R$, $y = \omega L - 1/(\omega C)$의 점 $P(x, y)$를 표시할 때 길이 OP가 임피던스 Z의 크기이다. 전류와 전압을

$$i = I\cos \omega t$$
$$v = V\cos (\omega t + \phi)$$

로 표시할 때 전압과 전류의 위상차 ϕ는 이 그림의 X축과 직선 OP가 만드는 각이다. 따라서 R, L, C의 합성 임피던스는 식 $(23-47)$을 써서 구하는데 그것을 실수부와 허수부로 나누어 복소 평면에 나타내면 임피던스의 크기와 전류와 전압의 위상차를 알 수 있다. 최대 전류 I의 값은 Z의 절댓값 $|Z|$를 이용하여

$$I = \frac{V}{|Z|} \qquad (23-48)$$

로 구할 수 있다.

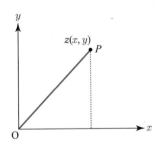

그림 23-13 임피던스의 복소표현

23-11 L-R-C 병렬공진회로

임피던스의 복소표현을 써서 **그림 23-14**의 병렬공진회로를 고찰해보자. 간단하게 하기 위해서 저항 R이 매우 크다고 가정한다. 복소표현에 의한 임피던스는 저항의 합성처럼 생각하면 되므로 병렬연결의 경우

$$\frac{1}{Z} = \frac{1}{Z_L} + \frac{1}{Z_C} \qquad\qquad \therefore Z = \frac{j\omega L}{1 - \omega^2 LC}$$

이 되고, 이때 Z는 순허수이므로 이 점은 복소평면(**그림 23-12** 참조)의 y축 상에 있다. 따라서 $1 > \omega^2 LC$이면 위상각 ϕ는 $90°$로서 전압은 전류보다 앞선다. 이 경우 전류와 전압의 위상차가 인덕터와 같으므로 '인덕터처럼 작동한다'라고 말한다. $1 < \omega^2 LC$이면, ϕ는 $90°$이며 전압은 전류보다 뒤진다. 따라서 이때는 회로가 '축전기처럼 작동한다'라고 말한다. 특히 $\omega^2 LC = 1$일 때, 즉 주파수 f로 표현하여

$$f = \frac{1}{2\pi(LC)^{1/2}} \tag{23-49}$$

일 때, 임피던스가 최대(이 경우 무한대)로 된다. 따라서 만일 이 회로에 정전류 전원

$$i = I\cos \omega t$$

를 연결하면 이 회로 양단의 전압은 식 (23−49)로 결정되는 주파수에서 최대가 된다. L과 C가 병렬로 연결되어 있어서 이 회로를 병렬공진이라고 부른다. 또 전압에 대하여 공명하므로 전압공진이라고도 부른다.

라디오 및 TV의 안테나를 이 회로에 연결하면 여러 주파수의 전자기파가 이 회로에 들어오지만 식 (23−49)로 결정되는 주파수의 전자기파만이 공명된다. 라디오의 다이얼을 돌리는 것은 회로의 인덕턴스나 전기용량을 조정하여 방송국의 주파수와 회로의 공명주파수를 맞추기 위함이다.

L을 $1\,\mu H$, C를 $1\,\mu F$로 하면 $160\,kHz$에 공명함은 앞서 언급하였다. FM 방송, TV의 경우는 주파수가 $100\,MHz$ 정도이므로 콘덴서의 용량도, 코일의 용량도 대단히 작은 것을 쓰고 있다. TV의 경우에는 채널의 수만큼의 공명회로를 부착하며, 채널 선택의 다이얼을 회전시킴으로써 공명회로를 바꿀 수 있다. 전자레인지도 공명체의 한 예이다. 전자레인지는 TV보다 높은 주파수 $2,450\,MHz$를 사용한다. 이 주파수는 물의 분자운동에 공명하므로 물을 만나면 물 분자에 마찰운동을 일으켜 열을 발생시킨다. 따라서 전자레인지는 음식의 외부에서 열을 가하는 것이 아니라 내부에서 열을 내므로 고르게 빨리 데울 수 있다.

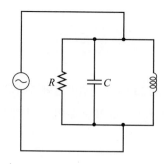

그림 23-14 병렬공진회로

연습문제

01 $1\,\mathrm{H} = 1\,\mathrm{Wb/A}$와 $1\,\mathrm{H} = 1\,\Omega \cdot \mathrm{s}$는 서로 같음을 보여라.

02 인덕턴스의 두 표현식 $-\epsilon\left(\dfrac{dt}{di}\right)$와 $N\dfrac{\Phi_B}{i}$는 같은 차원을 가지고 있음을 보여라.

03 인덕턴스 $0.9\,\mathrm{H}$인 한 인덕터에서 그림에서처럼 전류 i가 일정한 비율 $\dfrac{di}{dt} = -0.015\,\mathrm{A/s}$로 감소하고 있다. (a) 자기유도기전력은 얼마이며, (b) 인덕터의 a나 b 끝 중 어느 쪽의 전위가 더 높은가?

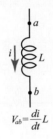

$$V_{ab} = \frac{di}{dt}L$$

04 길이 l의 길고 곧은 솔레노이드가 있다. 그 감김수는 N, 단면적은 A이다. 이 솔레노이드의 인덕턴스 L은 얼마인가? (단, 솔레노이드 내부는 균일자기장을 가지고 있으나, 외부는 0이다.)

05 어떤 인덕터가 인덕턴스 $5\,\mathrm{H}$, 저항 $40\,\Omega$이고, $0.12\,\mathrm{A}$의 전류가 흐르고 있다.

(a) 자기장 속에 저장된 에너지는 얼마인가?
(b) 어떤 비율로 전기 에너지가 저항에서 소모되는가?

06 $R-L$ 회로에서 전류가 $5\,\mathrm{s}$ 동안에 그 정상상태 값의 1/4에 도달한다. 이 회로의 시간상수는 얼마인가?

07 $L = 50\,\mathrm{mH}$, $R = 200\,\Omega$인 코일에 $110\,\mathrm{V}$의 전압이 걸렸다. 전류는 $2\,\mathrm{ms}$ 뒤에 어떤 비율로 증가하는가?

08 $L-C$ 회로에서 축전기의 최대전하량은 $1\,\mu\mathrm{C}$이고 그 총 에너지가 $140\,\mu\mathrm{J}$이라면, 이 회로에서 축전기의 전기 용량은 얼마인가?

09 $10\,\mathrm{mH}$ 인덕터 한 개와 전기용량이 $5\,\mu\mathrm{F}$인 두 개의 축전기가 있다. 이들 회로요소들을 여러 가지로 연결했을 때, 그 고유진동수는 각각 얼마인가?

10 어떤 $L-C$ 회로에서 전기용량이 $C = 4\,\mu\mathrm{F}$이며 진동이 있는 동안에 축전기에 걸리는 최대전위차는 $1.5\,\mathrm{V}$, 인덕터의 최대전류는 $50\,\mathrm{mA}$이다.

(a) L의 값은 얼마인가?
(b) 진동수는 얼마인가?
(c) 축전기에서 전하량이 0에서 최댓값에 도달하는 데 필요한 시간은 얼마인가?

11 단위길이당 감은 수 $n = 2,000/\text{m}$, 길이 1 m, 단면적 $2\,\text{cm}^2$의 솔레노이드가 있다. 이때 솔레노이드 외부에서는 자기장이 0이고, 내부의 자기장은 크기가 일정하고 솔레노이드 길이 방향이라고 할 때,

(a) 이 솔레노이드에 흐르는 전류가 0.1초 동안 1 A에서 2 A로 일정하게 증가할 때, 유도되는 기전력의 크기를 구하라.

(b) 이 솔레노이드를 3 V의 기전력원, 6 Ω의 저항으로 구성된 회로에 직렬로 연결한 경우, 정상상태에 도달했을 때 솔레노이드 내부에 저장된 자기에너지를 구하라.

12 인덕턴스 L의 동일한 솔레노이드 2개를 각각 직렬, 병렬로 연결한다고 하자. (단, 두 솔레노이드는 충분히 멀리 떨어져 서로 자기장이 영향을 미치지 못한다.) 각각의 경우 총 인덕턴스는 어떻게 주어지는가?

13 길이 L, 반지름 R_1, 감은 수 N_1인 솔레노이드 내부에 길이 L, 반지름 R_2, 감은 수 N_2인 솔레노이드를 집어넣었다.

(a) 상호인덕턴스 M을 구하라.

(b) 솔레노이드 1에 전류 $I_1 = I_0 \cos(\omega t)$가 흐를 때, 솔레노이드 2에 유도되는 기전력을 구하라.

14 일정한 전류의 전류원에 연결된 솔레노이드를 전체 감은 횟수와 단면적을 일정하게 유지하면서 길이를 두 배로 늘리면 솔레노이드 내부의 인덕턴스와 저장된 자기에너지는 어떻게 변하는가?

15 단위길이당 감은 수 $n = 1,000/\text{m}$, 길이 50 cm, 단면적 $1\,\text{cm}^2$의 솔레노이드가 있을 때 인덕턴스를 계산하라. 이 솔레노이드에 1 A의 전류가 흐를 때, 저장된 자기에너지는 얼마인가?

16 그림과 같이 인덕터를 전지, 저항과 연결하였다. 전지의 기전력이 3 V, 저항 $R_0 = R = 1\,\Omega$, 인덕터의 인덕턴스가 1 mH일 때, Kirchhoff의 법칙을 이용하여 다음을 구하라. (단, $t = 0$일 때 스위치를 연결한다.)

(a) Kirchhoff 정리를 이용하여 인덕터 및 저항들에 흐르는 전류에 대한 방정식을 구하라.

(b) 스위치를 연결한 직후($t = 0\,\text{s}$) 인덕터에 걸리는 전압을 구하라.

(c) 정상상태에 도달했을 때 인덕터 내부에 저장되는 자기에너지를 구하라.

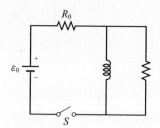

17 교류전원의 전압은 $v = V \cos \omega t$에 따른 시간변동이 있다. 전압진폭 $V = 110$ V일 때

(a) 이 교류전원의 두 단자 간의 평균전압차는 얼마인가?

(b) 그 평균 제곱근 V_{rms}는 얼마인가?

18 $R = 20\ \Omega$인 저항에 교류전압 $v = (60\ \text{V})\sin 120\pi t$를 가할 때, 이 저항기에 직렬로 연결한 교류전류계에 나타나는 수치는 얼마인가?

19 $L = 0.8\ \text{H}$인 인덕터에 110 V 교류전압을 가한다. 이 교류의 진동수가 (a) 60 Hz, (b) 60 kHz일 때 이 인덕터에 흐르는 전류는 각각 얼마이며, (c) 이 인덕터 안에서의 전력손실(power loss)은 얼마인가?

20 $R = 30\ \Omega$인 저항에 직렬로 축전기를 연결하고 220 V 교류전압을 가한다. 축전기의 리액턴스는 $40\ \Omega$이다.

(a) 이 회로의 전류값은 얼마인가?
(b) 전류와 전압의 위상각은 얼마인가?
(c) 회로의 전력손실은 얼마인가?

21 저항을 무시할 수 있는 한 전기로가 $L = 40\ \text{mH}$, $C = 600\ p\text{F}$의 인덕턴스와 전기용량을 가지고 있다. 이 회로의 공명진동수를 계산하라.

22 220 V의 교류에 직렬로 연결된 $R - L - C$ 회로가 $R = 44\ \Omega$의 저항, 유도성 리액턴스 $90\ \Omega$을 가지며, 저항값이 $36\ \Omega$인 코일과 용량성 리액턴스 $30\ \Omega$인 축전기로 구성되어 있다.

(a) 이 회로의 전류값은 얼마인가?
(b) 각 회로요소에 걸리는 전위차는 얼마인가?
(c) 이 회로의 출력률(power factor)은 얼마인가?
(d) 소모하는 전력은 얼마인가?

23 $2\ \mu\text{F}$의 축전기가 $5\ \Omega$의 용량 리액턴스를 갖고 있다.

(a) 진동수는 얼마인가?
(b) 진동수가 2배가 되면 용량 리액턴스는 얼마가 되는가?

24 $0.14\ \text{H}$의 인덕터가 $22\ \Omega$의 유도 리액턴스를 갖고 있다.

(a) 진동수는 얼마인가?
(b) 진동수가 3배가 되면 유도 리액턴스는 얼마가 되는가?

25 $R = 100\ \Omega$의 비유도성 저항과 $L = 0.1\ \text{H}$의 인덕턴스를 가지나 무시할 수 있는 저항값을 가지고 있는 코일, 그리고 $C = 20\ \mu\text{F}$의 축전기가 110 V, 60 Hz의 교류전원과 모두 직렬로 연결된 회로가 있다.

(a) 이 회로의 전류는 얼마인가?
(b) 전력손실은 얼마인가?
(c) 전류와 전압의 위상각은 얼마인가?
(d) 세 전기회로요소에 걸리는 전압강하는 각각 얼마인가?

26 병렬공진회로에 저항 R이 있는 경우, 이 회로의 임피던스와 순간전류의 값을 구하는 식을 유도하라.

CHAPTER 24

Maxwell의 방정식과 전자기파

24-1 전자기학의 기본방정식

물리학자들의 꿈을 한마디로 말한다면 '만물이론(Theory of Everything)', 또는 '대통일이론(Grand Unified Theory)'을 발견하는 것이라고 할 수 있다. 크게는 전우주 작게는 소립자까지 포함하는 모든 자연 물질 현상을 설명할 수 있는 하나의 간단한 이론 또는 법칙을 찾아내고자 하는 노력은 인간의 역사와 함께 해왔다 해도 과언이 아니다.

이런 노력의 찬란한 결실 중 하나가 바로 Maxwell의 방정식이다. 16장부터 23장까지 우리는 전기와 자기현상을 하나하나 탐색해왔다. 얼핏 보면 전기현상과 자기현상은 별개의 자연현상으로 서로 관련이 없어 보이지만, Faraday의 유도법칙에서 두 현상의 연관성이 일부 밝혀졌다. 1873년 Maxwell은 전기와 자기현상이 서로 대칭적이라는 전제하에 그동안 놓쳐진 숨겨진 항을 찾아내어 모든 전자기현상을 아우르는 전자기 통일이론, 즉 Maxwell의 방정식을 완결 지었다.

Maxwell의 방정식은 Einstein의 상대론이 나오기 전에 세워졌지만, 이 방정식들은 고전역학의 기본인 Newton의 운동법칙이 더 이상 적용되지 않는 상대론적 조건에서도 명백하게 성립한다. 사실상 Maxwell의 방정식이 Einstein의 상대론의 탄생에 의미 있는 기여를 했다고도 볼 수 있다.

표 24-1에 지금까지 배워온 전자기학의 기본방정식, 즉 전기장 벡터 E와 자기장 벡터 B, 전하, 전류 사이의 관계식을 정리하였다.

지금까지 전자기현상에 관한 모든 법칙이 이 표에 실린 네 개의 방정식으로 정리가 된다. 복잡해 보이는 전자기현상은 위 법칙들의 적절한 응용으로 다 설명이 가능하다.

앞 장에서 설명한 Coulomb의 법칙은 전기에 대한 Gauss의 법칙으로, Biot-Savart의 법칙은 Ampere의 법칙으로 대체가 된다. 사실상 후자(전기에 대한 Gauss의 법칙, Ampere의 법칙)가 전자(Coulomb의 법칙, Biot-Savart의 법칙)보다 더 일반적인 법칙이라고 할 수 있다. 전하가 빠르게 움직이는 경우 후자의 법칙은 적용시킬 수 없으나, 전자의 법칙은 항상 성립한다.

표 24-1 전자기학의 기본 방정식

법칙	방정식	내용
전기장에 대한 Gauss 법칙	$\oint \vec{E} \cdot d\vec{S} = \dfrac{q}{\epsilon_0}$	전하와 전기장 사이의 관계
자기장에 대한 Gauss 법칙	$\oint \vec{B} \cdot d\vec{S} = 0$	자기홀극은 아직 그 존재를 확인하지 못했음
Faraday의 유도법칙	$\oint \vec{E} \cdot d\vec{l} = -\dfrac{d\Phi_B}{dt}$	변하는 자기장에 의한 전기장 유도
Ampere-Maxwell 법칙	$\oint \vec{B} \cdot d\vec{l} = \mu_0 i + \mu_0 \epsilon_0 \dfrac{d\Phi_E}{dt}$	변하는 전기장과 전도전류에 의한 자기장 유도, 전자기학과 광학을 통일시킴

흥미롭게도, **표 24-1**에 나열한 방정식을 살펴보면 적어도 방정식의 왼쪽 항은 전기장과 자기장에 대해서 완전히 대칭적이다. 첫 두 법칙은 전기장과 자기장의 폐곡면에 대한 면적분이고, 나중의 두 법칙은 전기장과 자기장의 폐곡선에 따른 선적분이다. 만일 전기에 대한 Gauss의 법칙과 Ampere의 법칙을 각각 Coulomb의 법칙과 Biot-Savart의 법칙으로 표현했다면 이런 대칭성은 발견할 수 없었을 것이다.

하지만 방정식의 오른쪽 항은 대칭성이 완전하지 못하다. 여기서 우리는 두 가지 종류의 대칭성 또는 비대칭성을 살펴볼 수 있다.

24-2 자기홀극

첫째로 생각해 볼 비대칭성은 전기장을 일으키는 전하(electric charge)는 존재하는데 비해서 비슷한 방식으로 자기장을 일으키는 자하(magnetic charge) 또는 다른 이름으로 자기홀극(magnetic monople)은 자연에 존재하지 않는다는 사실이다. 이는 먼저, **표 24-1**의 첫 두 방정식을 보면, 전기에 대한 Gauss의 법칙에는 오른쪽 항에 전하 q가 나타나지만 자기에 대한 Gauss의 3법칙에는 대응되는 자하가 없음을 설명한다.

$$\oint \vec{E} \cdot d\vec{S} = \frac{q}{\epsilon_0} \text{와} \oint \vec{B} \cdot d\vec{S} = 0$$

또한, 비슷한 방식으로 나중의 두 방정식을 보면, Ampere의 법칙에는 전하의 흐름인 전류가 전기장을 일으키지만, 대응되는 Faraday의 유도법칙에는 그 대응되는 자하의 전류가 나타나지 않는다.

이 비대칭성은 이 자연계를 이루고 있는 기본입자들의 성질로부터 비롯된다. 현재까지 알려진 바에 따르면 기본입자는 중력을 일으키는 질량과 쿨롱 힘을 일으키는 전하는 가지고 있지만, 자기홀극을 가진 입자는 아직까지 발견된 바가 없다. 이러한 자기홀극이 존재하지 않음은 앞에서도 언급하였듯이 전기장과 자기장이 물리적으로 볼 때 다른 원천에서 비롯된다는 것을 의미한다. 하지만 대칭적 측면에서 볼 때는 q에 대응되는 항이 자기장에도 존재하리라는 추측이 가능하여, 전기와 자기현상의 완벽한 대칭성을 꿈꾸는 몇몇 물리학자들은 이를 이루고자 자기홀극을 발견하려 애쓰고 있다.

24-3 변위전류

둘째로 생각해 볼 대칭성은 Faraday의 유도법칙의 오른쪽 항과 Ampere-Maxwell의 법칙의 오른쪽 항을 비교하면 나타난다. Faraday의 유도법칙을 말로 표현하면 자기장이 시간에 따라 변화하면($-d\Phi_B/dt$) 전기장이 유도된다($\oint \vec{E} \cdot \vec{dl}$)고 할 수 있다. 그렇다면 순수히 대칭성에 기반해서 생각해 볼 때 전기장이 시간에 따라 변화하면($-d\Phi_E/dt$) 자기장이 유도된다($\oint \vec{B} \cdot \vec{dl}$)고도 할 수 있다. **표 24-1**의 마지막 두 법칙은 이 대칭적 관계를 그대로 잘 보여준다. 단지 차이가 있다면 시간 변화율항의 부호가 서로 반대이고, Ampere-Maxwell 법칙에는 상수 $\mu_0\epsilon_0$가 곱해져 있다는 것이다. 부호가 반대인 것은 이 또한 일종의 대칭성이고, 안정적인 전자기유도 현상을 일으키기 위해서 반드시 필요하다. 상수 $\mu_0\epsilon_0$가 붙은 이유는 사실상 우리가 일반적으로 사용하는 SI 단위계 탓이다. 보통 물리학자들이 선호하는 CGS 단위계를 사용하면 두 항 모두 앞에서 동일한 상수 $1/c$가 붙는다. 여기서 c는 빛의 속력, 광속이다.

Maxwell이 Ampere-Maxwell 관계식에서 변위전류를 도입함으로써 전자기파의 존재와 전자기파의 전파속도가 항상 빛의 속도와 같음을 이론적으로 예측할 수 있었다. 이 예언은 빛의 본성이 전자적(電磁的)이라는 명백한 결론을 가져옴으로써 광학(光學)이 전자기학의 일부로 확립되었다. 특히 자유공간에서의 광속도 c가

$$c = \frac{1}{\sqrt{\epsilon_0 \mu_0}} \qquad\qquad (24-1)$$

로 표시되어 빛이 순수히 전기적인 양과 자기적인 양과 관련됨을 밝혔다. 변위전류가 전도전류와 그 효과에 있어서 견줄 만하게 되는 것은 고주파에서뿐이므로 이 항이 Maxwell 시대(1860년대)에 실험으로 발견되지 않았음은 놀랍지 않다. 그 당시에는 높은 주파수의 전자기파(electromagnetic wave)를 일으키는 방법이 사실상 없었으며, 거의 알려지지 않고 있는 실정이었다. 하지만 전자기파의 실체는 얼마 지나지 않아 Hertz(1886년)의 눈부신 실험 업적에 의해 증명되었다.

24-4 전자기파의 발생

Maxwell에 의하면 자유공간에서 전기장이 변하면 자기장이 형성된다. 그리고 자기장의 변화는 전기장을 형성시키므로 원래의 자기장을 만들어낸 전기장 자신도 변하게 된다. 더 나아가서 이러한 전기장의 변화는 다시 자기장의 변화를 가져올 것이며, 따라서 전기장과 자

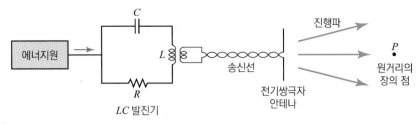

그림 24-1 전자기파 발생 배치도

기장은 서로 계속적인 상호작용을 할 것이다. 즉, 그들은 동시에 존재하다가 동시에 소멸한다. 이들 전기장과 자기장의 공간을 통한 진행, 즉 그들의 변화가 공간을 통해 전파되는 파동을 전자기파라 한다.

이 절에서는 전자기파와 그 파원(wave source)과의 관계, 즉 전자기파가 어떻게 발생하는가를 살펴보자.

그림 24-1은 이러한 전파발생기의 개략도이다. 발생기의 핵심부에는 LC 발진기(oscillator)가 있으며, 이 발생기의 각진동수는 $\omega = \dfrac{1}{\sqrt{LC}}$ 이다. 따라서 이 회로 내의 전하와 전류는 사인함수 형태로 변화한다. 외부 에너지원은 회로 내의 열적 손실 및 방출된 전자기파가 운반해가는 에너지를 보충하기 위해 필요한 에너지를 공급한다. 안테나의 위와 아래의 두 가닥의 전위는 발진기의 주기 $T = 2\pi/\omega$로 사인함수적으로 진동한다. 따라서 전하는 안테나 축을 따라 왕복운동을 한다. 그러므로 전기 쌍극자 모멘트(electric dipole moment) p가 시간에 따라서 사인함수적으로 변하게 되는 전기 쌍극자의 효과가 발생한다(**그림 24-2**).

어떤 순간의 쌍극자 모멘트는 전하의 크기에 두 전하 사이의 거리를 곱한 것과 같다. **그림 24-2**에서 보면 $t = 0$일 때 두 전하가 간격이 없이 서로 붙어 있다. 따라서 이때의 쌍극자 모멘트는 0이다. $t > 0$에서 두 전하가 서로 갈라지며 쌍극자 모멘트는 증가하여 $t = T/4$일 때 최고값에 도달한다. 여기서 $T = 2\pi/\omega$는 진동의 주기이며, ω는 LC 발진기의 각진동수이다.

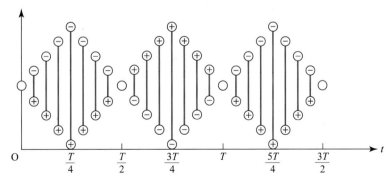

그림 24-2 진동하는 전기 쌍극자의 전하의 위치를 시간에 따라 나타낸 그림

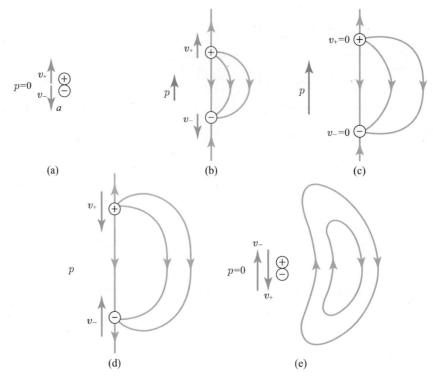

그림 24-3 진동하는 전기 쌍극자에 의해 형성되는 전기력선이 닫힌 공간을 형성하는 모양을 나타낸 그림

외부 교류 신호에 의해 안테나의 전하분포는 주기적으로 진동한다. 진동주기의 반($T/2$) 동안 전자기파가 발생하는 과정을 **그림 24-3**에 나타내었다. (a)에서 쌍극자 모멘트가 0이고, (c)에서는 두 전하 간격이 최대가 되어 쌍극자 모멘트가 최대를 이루고, (e)에서는 다시 처음 위치로 되돌아온다.

이 과정 동안 쌍극자에 의한 전기장 및 자기장들은 그림과 같이 폐곡선을 이루어 공간으로 전파되어 나간다($p = 0$일 때 E 및 B도 0이다).

안테나의 도선을 따라 흐르는 전하의 진동에 의해 형성되는 전기장과 자기장의 모양은 **그림 24-4**에 표시하였다. 여기서 전원은 개략적으로 그렸고, LC 회로도 생략하였다.

전하가 이동하면 안테나의 두 막대에는 화살표 방향의 전류가 생기고 이에 따라 자기장도 형성되는데, 이때 자력선의 방향은 도선 주위에 원을 형성하며 오른쪽에서는 지면으로 들어가고 왼쪽에서는 지면 밖으로 나온다. 다음 순간 전류의 방향은 바뀌고, 따라서 전기장과 자기장의 방향도 반대로 된다.

이와 같은 전기장과 자기장은 주어진 장소에서 역선(force lines)을 따라 진동하게 되며, 이러한 진동이 공간을 통하여 전파되어 간다. 직선형 안테나에 의해 발생된 전파세기는 방향에 따라 다르며, 안테나에 대한 각도 θ 방향으로의 전파의 세기는 $\sin^2\theta$에 비례한다. 따라서 진동하는 쌍극자 축 방향($\theta = 0°,\ 180°$)에서의 세기는 0이며, 안테나의 적도면($\theta = 90°$)에

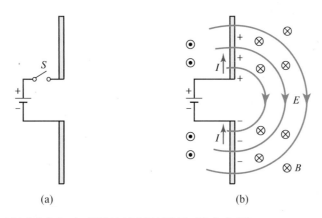

(a)　　　　　　　　(b)

그림 24-4 쌍극자 안테나에 흐르는 전하의 의해 형성된 전기장과 자기장

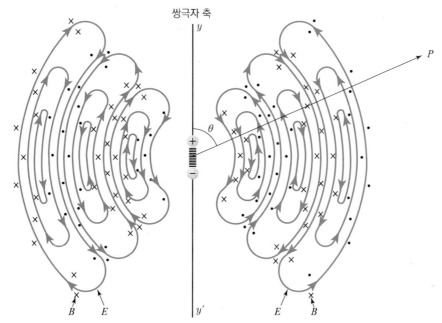

그림 24-5 진동하는 전기 쌍극자로부터 발생한 전기장 및 자기장의 순간적인 방사모양

서는 극대가 된다. 이 모양을 **그림 24-5**에 그렸다.

이 그림에서 여러 가지 현상을 알 수 있다. 첫째, 전기장과 자기장은 서로 수직이고 또한 진행방향에 대해 수직이다. 둘째, 이들 장의 방향이 수시로 바뀐다. 장의 세기도 최댓값으로부터 0까지 다시 최댓값까지 진동하며, 전기장과 자기장은 같은 위상으로 진동한다.

즉, 동일한 지점에서 동시에 0이 되고 동일한 지점에서 동시에 최댓값을 갖는다. 만일 교류전원의 기전력이 사인함수이면, 전기장과 자기장의 세기도 대체로 사인함수로 변한다. 실제로 안테나 근처에서의 전자기장의 형태는 상당히 복잡하다. 그러나 안테나는 보통 전파를 멀리 보내기 위해 사용하므로 멀리 떨어진 지점에서의 전자기장의 형태가 중요하다. 이 경우에는 전기장과 자기장의 세기가 정확히 사인함수로 변한다(**그림 24-6**). 전자기파는 횡파이

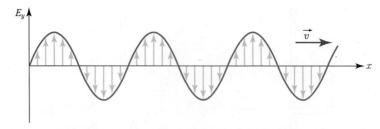

그림 24-6 쌍극자 안테나로부터 먼 거리에 있는 한 점에서 사인함수를 그리며 변하는 전기장

고 다른 종류의 파동과 유사하다.

위의 논의에서 진동전하, 즉 가속운동을 하고 있는 전하에 의해 전파가 형성됨을 알았다. 실제로 전하가 정지해 있는 경우엔 전기장을, 일정 속도로 움직이고 있는 경우(전류)엔 자기장을, 가속운동을 하는 경우에는 시간에 따라 변하는 전기장과 자기장, 즉 전자기파를 생성한다.

24-5 Maxwell의 방정식과 전자기파

12장에서 다룬 줄의 파동이나 음파에 대한 파동은 일반적으로

$$\frac{\partial^2 \Psi(x,t)}{\partial x^2} - \frac{1}{v^2}\frac{\partial^2 \Psi(x,t)}{\partial t^2} = 0 \tag{24-2}$$

꼴의 편미분방정식의 해로 주어진다.

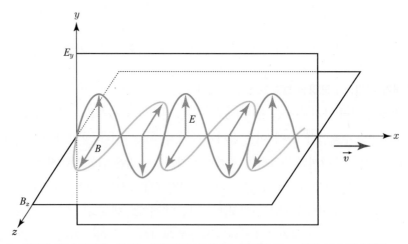

그림 24-7 전기장 및 자기장은 y축 및 z축을 따라 나타나고, 전자기파는 x축을 따라 전파된다.

$\Psi(x,t)$는 파동함수인데, 이 함수의 값은 줄을 통해 전파되는 파동의 경우 줄의 변위이고, 음파에 대해서는 평형상태에 대한 압력변화나 공기입자들의 변위일 수도 있다. v는 파동의 속도이며, 매질이 분산매질(dispersive medium)인 경우 일반적으로 매질의 종류와 파동의 진동수에 의존한다. 이 방정식의 해는 $+x$방향으로의 진행파에 대해서

$$\Psi(x,t) = f(x-vt) \tag{24-3}$$

이고, $-x$ 방향으로의 진행파에 대해서는 다음과 같다.

$$\Psi(x,t) = f(x+vt) \tag{24-4}$$

그림 24-7에서처럼 E는 y축에 평행하게, 또 B는 z축에 평행하도록 진동하고 있다고 가정하자. 파장이 λ, 진동수가 ν인 파동이 사인함수로 진동한다고 가정하면 전자기파의 전기 및 자기장은 y나 z에 무관하고, x와 t만의 함수로서 식 $(24-3)$에서

$$E \equiv E_y = E_m \sin k(x-vt) = E_m \sin(kx-\omega t)$$
$$B \equiv B_z = B_m \sin k(x-vt) = B_m \sin(kx-\omega t) \tag{24-5}$$

가 된다. $k = 2\pi/\lambda$는 파수, $\omega = 2\pi\nu$는 각진동수, $v = \omega/k$는 전파속도이다. 여기서 E와 B는 동일 위상임에 유의하라. 이제 우리는 Maxwell의 방정식을 이용하여 전기장과 자기장의 세기 사이의 관계와 전자기파의 전달속도를 유도해 보고자 한다. **그림 24-5**에서 진동하는 전기 쌍극자에 의해 형성되는 전자기파의 공간에 대한 입체적 모습을 **그림 24-8**에 표시하였다. 그리고 이 그림에 대한 xy평면에서 본 단면도를 **그림 24-9**에 나타냈다.

이제 Faraday의 유도법칙

$$\oint \vec{E} \cdot \vec{dl} = -\frac{d\Phi_B}{dt} \tag{24-6}$$

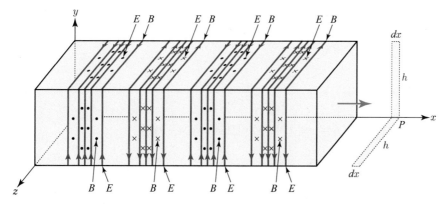

그림 24-8 진동하는 전기 쌍극자에 의해 형성되는 전자기파 **그림 24-5**의 입체적 모습

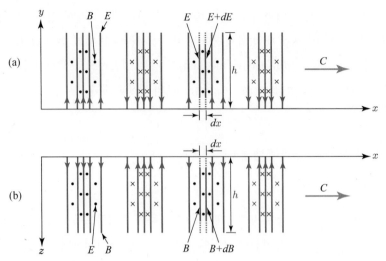

그림 24-9 전기파의 입체도에 대한 단면도 (a) xy평면도 (b) xz평면도

을 **그림 24-9(a)**의 점선으로 나타낸 직사각형에 적용하여 보자. 직사각형 주위를 반시계방향으로 선적분할 때, 상변과 하변에서의 선적분 값은 0이다. 왜냐하면 전기장 $\vec{E}$와 $d\vec{l}$이 직교하기 때문이다. 따라서 선적분은

$$\oint \vec{E} \cdot d\vec{l} = (E+dE)h - Eh = hdE$$

가 된다. 이 직사각형(면적 hdx)에 대한 자기선속은 $\Phi_B = Bhdx$이므로, 자기자속의 시간변화율은

$$\frac{d\Phi_B}{dt} = hdx\frac{dB}{dt}$$

이다. 따라서 Faraday의 법칙, 식 $(24-6)$에 의해

$$hdE = -hdx\frac{dB}{dt}$$

또는

$$\frac{dE}{dx} = -\frac{dB}{dt} \tag{24-7}$$

를 얻는다. 실제로 E와 B는 x와 t의 함수이므로 식 $(24-7)$은

$$\frac{\partial E}{\partial x} = -\frac{\partial B}{\partial t} \tag{24-8}$$

와 같이 편미분의 형태로 된다. 식 $(24-5)$으로 주어진 전기장, 자기장의 꼴을 식 $(24-8)$에 대입하면

$$kE_m \cos(kx - \omega t) = \omega B_m \cos(kx - \omega t)$$

즉, 다음과 같은 식을 얻는다.

$$\frac{E_m}{B_m} = \frac{\omega}{k} = v \tag{24-9}$$

이와 유사하게 **그림 24-9(b)**의 점선으로 표시된 직사각형에 Ampere-Maxwell 법칙

$$\oint \vec{B} \cdot \vec{dl} = \mu_0 \epsilon_0 \frac{d\Phi_E}{dt} \tag{24-10}$$

을 적용하여 보자. 파동이 자유공간에서 진행한다고 가정하였으므로 전도전류항($\mu_0 i$)은 0이 된다. 식 (24-10)의 선적분을 점선의 직사각형에 대해 반시계방향으로 계산하면

$$\oint \vec{B} \cdot \vec{dl} = -(B + dB)h + Bh = -h\,dB$$

이다. 한편 직사각형을 통한 전기선속은 $\Phi_E = Eh\,dx$가 되고, 전기선속의 시간변화율은

$$\frac{d\Phi_E}{dt} = h\,dx\frac{dE}{dt}$$

를 얻는다. 따라서 식 (24-10)에 의해서

$$\frac{dB}{dx} = -\mu_0 \epsilon_0 \frac{dE}{dt} \tag{24-11}$$

이다. 식 (24-7)과 (24-8)에서와 마찬가지로 미분을 편도미분으로 바꾸면,

$$\frac{\partial B}{\partial x} = -\mu_0 \epsilon_0 \frac{\partial E}{\partial t} \tag{24-12}$$

이다. 위 식에 식 (24-5)로 주어진 전기장, 자기장의 꼴을 대입하면

$$kB_m \cos(kx - \omega t) = \mu_0 \epsilon_0 \omega E_m \cos(kx - \omega t)$$

즉,

$$\frac{E_m}{B_m} = \frac{k}{\omega}\frac{1}{\mu_0 \epsilon_0} = \frac{1}{v}\frac{1}{\mu_0 \epsilon_0} \tag{24-13}$$

을 얻는다. 따라서 식 (24-9)와 (24-13)을 연립하여 풀면, 전기장과 자기장의 진폭의 비는

$$\frac{E_m}{B_m} = v = c = \frac{1}{\sqrt{\epsilon_0 \mu_0}} \tag{24-14}$$

으로 광속과 같고, 전자기파의 진행속도는 이미 앞에서 언급한 바와 같이 광속으로 주어진다.

24-6 전자기파의 에너지

지구의 모든 에너지는 태양으로부터 비롯된다고 이야기한다. 이 경우 태양의 복사에너지는 전자기파의 형태로 지구에 도달한다. 즉, 전자기파는 에너지를 운반한다. 사실상 전자기파는 입자와 비슷하게 에너지와 동시에 운동량도 운반한다.

전자기파에서 단위면적당 에너지 수송률, 즉 단위면적, 단위시간당 통과하는 에너지의 양을 포인팅 벡터라고 하며, $\vec{S}$로 표시한다. 포인팅 벡터의 방향은 에너지 수송방향으로 정의된다. 이 벡터의 이름은 이 벡터의 특성을 기술한 John H. Poynting의 이름에서 비롯한다. 포인팅 벡터는

$$\vec{S} = \frac{1}{\mu_0} \vec{E} \times \vec{B} \qquad (24-15)$$

로 주어지며, 임의의 점에서의 $\vec{S}$의 방향이 그 점에서의 에너지 수송방향이다. 포인팅 벡터의 단위는 watt/m^2(joule/s $\cdot$ m^2)이다. 일례로, 평면파에 대해서 포인팅 벡터의 방향은 $\vec{E}$와 $\vec{B}$에 의해 형성된 면에 수직인 방향, 즉 파의 전파방향과 같다. 벡터의 크기는 전기장과 자기장이 서로 수직이므로

$$S = \frac{1}{\mu_0} EB \qquad (24-16)$$

이다. 우리는 앞에서 단위부피당 전기장 E에 저장된 에너지는 $\epsilon_0 E^2/2$으로 주어지고, 자기장 B에 저장된 에너지는 $B^2/2\mu_0$로 각각 주어짐을 보았다.

따라서 **그림 24-10**의 오른쪽에 그려진, 두께가 dx이고 면적 A인 얇은 상자 안에 저장되어 있는 에너지는

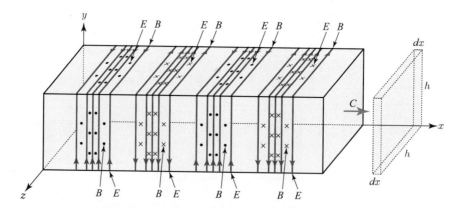

그림 24-10 평면파가 가상적인 직사각형의 상자 안의 에너지를 수송한다.

$$dU = \left(\frac{1}{2}\epsilon_0 E^2 + \frac{1}{2}\frac{B^2}{\mu_0} \right) A\,dx \tag{24-17}$$

이다. 식 (24 − 14)를 이용하면

$$dU = \left[\frac{1}{2}\epsilon_0 E(cB) + \frac{1}{2}\frac{1}{\mu_0}B\left(\frac{E}{c}\right) \right] A\,dx = \frac{1}{\mu_0 c}EBA\,dx$$

로 주어진다. 여기서 $\mu_0\epsilon_0 c^2 = 1$을 이용하였다. 이렇게 하여 단위시간당 단위면적을 지나는 에너지를 구하면, $dt = dx/c$임을 이용하여

$$S = \frac{dU}{A\,dt} = \frac{EBA\,dx}{\mu_0 cA(dx/c)} = \frac{1}{\mu_0}EB \tag{24-18}$$

와 같이 식 (24 − 16)의 관계식을 얻는다. 즉, 위 포인팅 벡터의 의미가 정의한 바와 같이 단위시간당 단위면적을 통과하는 에너지가 됨을 확인할 수 있다.

예제 1. 단색의 평면편광된 전자기파가 x축을 따라 진행하고 있다. 이 전자기파 전기장의 진폭이 $0.05\ \mathrm{V/m}$이고, 진동수가 $6\ \mathrm{MHz}$일 때, E, H, B, 포인팅 벡터 S를 계산하라.

풀이 전기장의 편광방향이 y축 방향이라고 하면, $E_x = E_z = 0$ 및 $E_y \neq 0$이다. 따라서 자기장은 z축 방향으로 제한되므로, $H_x = H_y = 0$ 및 $H_z \neq 0$이다. 또한

$$T = \frac{1}{\nu} = \frac{1}{6 \times 10^6 /\mathrm{s}} \simeq 1.67 \times 10^{-7}\ \mathrm{s}$$

파장은

$$\lambda = \frac{c}{\nu}\frac{3 \times 10^8\ \mathrm{m/s}}{6 \times 10^6 /\mathrm{s}} = 50\ \mathrm{m}$$

따라서

$$E_y = E_0 \sin(\omega t - kx)$$
$$= 0.05 \sin(3.76 \times 10^7 t - 0.126x)\ \mathrm{V/m}$$

자기장 H_0의 진폭

$$H_0 = \frac{1}{\mu_0}B_0 = \sqrt{\frac{\epsilon_0}{\mu_0}}\,E_0$$
$$= \frac{1}{376.7\,\Omega}(0.05\ \mathrm{V/m})$$
$$\simeq 1.33 \times 10^{-4}\mathrm{A/m}$$

가 된다. 그러므로

$$H_z = 1.33 \times 10^{-4}\sin(3.76 \times 10^7 t - 0.126x)\ \mathrm{A/m}$$

$B_z = \mu_0 H_z$ 또는 $B_z = \sqrt{\epsilon_0 \mu_0}\,E_y = \dfrac{E_y}{c}$에 의하여

$$B_z = 1.67 \times 10^{-10}\sin(3.76 \times 10^7 t - 0.126x)\ \mathrm{Wb/m^2}$$

가 되고, 한편

$$S_x = E_y H_z = E_0 H_0 \sin^2(\omega t - kx)$$
$$= 6.65 \times 10^{-6} \sin^2(3.76 \times 10^7 t - 0.126x) \text{ W/m}^2$$

이다. 따라서 평균값은 다음과 같다.

$$(S_x)_{av} = (E_y H_z)_{av} = \frac{1}{2} E_0 H_0$$
$$= 3.325 \times 10^{-6} \text{ W/m}^2$$

예제 2. 일률출력(power output) P_0가 $1\,\text{kW}$인 점광원으로부터 모든 방향으로 균일하게 전자기파를 방출한다. 그 점에서 $1\,\text{m}$ 떨어진 곳에서 전기장 및 자기장의 진폭 E_m과 B_m을 각각 구하라. (여기서 광원은 단색파이고, 원거리에서는 그림 **24-10**의 평면 진행파와 같이 행동한다고 가정한다.)

풀이 광원으로부터 거리 r에서 에너지는 $4\pi r^2$의 면적에 균일하게 퍼진다. 따라서 반지름이 r인 구(球)를 통과해 가는 일률은 $\overline{S} 4\pi r^2$이다. 여기서 $\overline{S}$는 구의 표면에서의 포인팅 벡터의 시간평균 값이다.

$$P_0 = \overline{S} 4\pi r^2$$

S에 대한 정의식으로부터

$$\overline{S} = \frac{1}{\mu_0} \overline{EB}$$

가 되고 관계식 $E = cB$를 이용하면

$$\overline{S} = \frac{1}{\mu_0 c} \overline{E^2}$$

이 된다. 여기서 E^2의 평균치는 $\frac{1}{2} E_m^2$이다. 왜냐하면 E가 시간에 따라 사인함수적으로 변하며 사인함수의 제곱의 시간평균은 $\frac{1}{2}$이기 때문이다. 따라서

$$P_0 = \left(\frac{E_m^2}{2\mu_0 c} \right)(4\pi r^2)$$

혹은

$$E_m = \frac{1}{r} \sqrt{\frac{P_0 \mu_0 c}{2\pi}}$$
$$= \frac{1}{1\,\text{m}} \sqrt{\frac{(1 \times 10^3 \text{ W})(4\pi \times 10^{-7} \text{ Wb/A} \cdot \text{m})(3 \times 10^8 \text{ m/s})}{2\pi}}$$
$$\simeq 245 \text{ V/m}$$
$$B_m = \frac{E_m}{c} = \frac{245 \text{ V/m}}{3 \times 10^8 \text{ m/s}} \simeq 8.17 \times 10^{-7} \text{ T}$$

24-7 편광

횡파에서 진동은 파의 진행방향과 수직이며, 따라서 이 수직인 평면 내에서 진동은 직각 성분으로 분해할 수 있다. 앞 절에서 다루었듯이 전자기파는 횡파로, 전기 및 자기장 벡터는 파의 전파방향과 직각이다. 만일 전기장 벡터나 자기장 벡터가 어떤 특정한 면 내에서만 진동하고 있다면, 즉 한 방향으로만 진동하고 있다면 그 전자기파는 직선편광(linear polarization) 또는 평면편광(plane polarization)이 되었다고 말한다. 예를 들어 x축으로 전자기파가 진행하고 있다면 E의 방향을 y축으로 취할 수 있고, 따라서 B는 z축으로 놓이게 된다. 이 경우 xy평면은 E의 진동면(plane of vibration)을, xz평면은 B의 진동면을 구성한다. 전자기파의 경우 편광면은 관습적으로 E의 진동면, 즉 xy평면으로 정의된다. 왜냐하면 눈을 포함한 대부분의 파의 검출기는 B보다는 E에 민감하기 때문이다.

일반적으로 우리 주위에서 관측되는 빛은 편광되어 있지 않다. 대체로 빛을 생성하는 발광체가 동시에 많은 평면에서 진동하여 다양한 진동면을 갖는 빛을 내기 때문이다. 예를 들어 태양이나 형광등과 같은 보통의 광원에서는 그 광원을 구성하고 있는 수많은 원자들이 기본적으로 파 발생자(radiator)이며, 이들 각자가 독립적으로 극히 무질서한 운동을 하고 있기 때문에 이들로부터 나오는 빛은 편광되어 있지 않다(**그림 24-11** 참조).

즉, x방향으로 진행하는 그 광파의 전기장은 어떤 순간에 y성분 및 z성분으로 분해될 수 있지만, 서로 다른 원자들에 의해 생긴 전기장 벡터들 사이에 상관성이 없기 때문에 이들 성분은 서로 다른 위상(phase)을 갖게 되고 시간적으로 불규칙하게 변화된다.

이러한 편광되지 않은 빛은 흡수(absorption), 반사(reflection), 산란(scattering), 복굴절(double-refracting, birefringent) 등의 현상에 의해 편광된 빛으로 바뀔 수 있다.

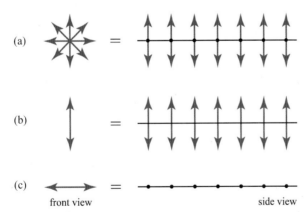

그림 24-11 편광되지 않은 빛의 전기장 벡터의 진동
(a) 비편광 선속
(b) 전기 벡터가 수직으로 진동하는 평면편광된(또는 직선편광된) 빛
(c) 전기 벡터가 수평으로 평면편광된(또는 선적편광된) 빛

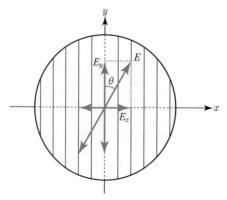

그림 24-12 전기장 E는 두 성분 E_x와 E_y 중 오직 E_y만이 편광기가 투과시킨다.

그림 24-12에서처럼 어떠한 비편광선속(unpolarized light beam)이라도 수평성분과 수직성분으로 분해할 수가 있다. 즉, 비편광광선은 서로 직교하는 두 개의 평면편광으로 분해할 수 있다.

그림 24-13에서는 편광기축과 θ의 각을 이루고 입사하는 전기장이 **그림 24-12**에 보인 수직편광기를 통과한 후의 모습을 보여주고 있다.

빛의 세기는 진폭의 제곱에 비례하므로, 편광기를 통과한 후의 빛의 세기는

$$I = I_0\cos^2\theta$$

이다. 여기서 I_0는 편광기에 입사시킨 전자기파의 세기이다.

직선편광 외에 다른 방식으로 전자기파를 편광시킬 수 있다. 예를 들어 원편광 또는 타원편광된 전자기파의 경우에는 전기장 벡터는 원 또는 타원을 따라 회전한다. 편광의 방식(직선편광, 원편광, 타원편광)은 전기장의 두 수직 성분의 크기 비와 위상차에 의해서 결정된다. 예를 들어 x축으로 진행하는 전자기파의 전기장의 경우, y 및 z성분이 각각

$$E_y = E_{my}\sin(kx - wt + \phi_1)$$
$$E_z = E_{mz}\sin(kx - wt + \phi_2) \qquad (24-19)$$

로 주어진다고 하자. 만일 두 성분의 위상차가 없다면, 즉 $\phi_1 - \phi_2 = 0$인 경우 이 전자기파는 직선편광되어 있다고 할 수 있다. 두 성분의 위상차가 $\phi_1 - \phi_2 = \pi/2$인 경우, 먼저 진폭 E_{my}와 E_{mz}가 같다고 하면, 식 (24−19)는

$$E_y = E_{my}\sin\left(kx - wt + \phi_2 + \frac{\pi}{2}\right)$$
$$= E_{my}\cos(kx - wt + \phi_2)$$
$$E_z = E_{mz}\sin(kx - wt + \phi_2)$$

그림 24-13 수직편광기는 입사하는 파동의 수직성분만을 투과시킨다.

로 되므로

$$E_y^2 + E_z^2 = E_{mz}^2$$

로, 전기장 벡터가 시간이 지남에 따라 원을 따라 돈다. 즉, 원편광되어 있다. 만일 진폭 E_{my}, E_{mz}가 각각 다르다면 타원편광이 된다.

연습문제

01 $c = 1/\sqrt{\mu_0\epsilon_0}$ 임을 알고 있다.

  (a) $\sqrt{\mu_0/\epsilon_0} = 377\,\Omega$ 임을 보여라. 이 값은 '자유공간의 임피던스(impedance)'라고 부른다.

  (b) 통상적으로 $60\,Hz$인 교류 신호의 각진동수가 $377\,rad/s$임을 보여라.

  (c) (a)와 (b)를 비교하라. 이 우연의 일치가 $60\,Hz$ 교류를 애초에 교류발전기의 진동수로 선택한 이유겠는가?

02 자기홀극(magnetic monopole)이 존재함이 증명되었다고 가정하자.

  (a) Maxwell 방정식의 네 식 중에서 무엇을 수정해야 하겠는가?

  (b) 필요한 수정사항들의 일반적인 형태는 무엇인가? (비례상수와 부호는 무시한다.)

03 막대자석 바깥에서 자기장 B의 자기력선이 현재 우리가 알고 있는 바와 반대로 S극으로부터 N극으로 가도록, 모든 자기력선의 방향을 반대방향으로 한다는 약속을 했다고 가정하자.

  (a) 로렌츠(Lorentz) 힘의 법칙, $\vec{F} = q\vec{E} + q\vec{v} \times \vec{B}$ 를 어떻게 수정해야 되겠는가?

  (b) Maxwell의 방정식을 어떻게 수정해야 되겠는가?

  (c) E, B 중에 하나 또는 양자 모두의 방향을 재정의하여 Maxwell의 방정식 내의 부호 비대칭성을 제거할 수 있는 방도가 있겠는가?

04 평면 전자기파의 전기장이 $E_x = E_0\cos(kz + wt)$, $E_y = E_z = 0$으로 주어졌다.

  (a) 자기장 B의 크기와 방향을 결정하라.

  (b) 파의 진행방향을 결정하라.

05 발전기를 이용하여 파장 $550\,nm$의 가시광선 영역의 전자기파를 발생시키려고 한다. 전기용량 $C = 17\,pF$라면, 인덕턴스 L은 얼마여야 하는가? 계산한 결과에 대해서 토의하라.

06 진동하는 쌍극자 안테나는 방향에 따라 전자기파의 세기가 다르다. 쌍극자의 적도면으로 진행하는 파의 세기의 절반의 세기를 갖는 전자기파는 안테나의 축으로부터 어떤 각도에서 관측될 수 있는가?

07 평면 전자기파의 단위시간당 단위면적으로 전달되는 평균에너지를 다음과 같이 쓸 수 있음을 보여라.

$$S_{avg} = \frac{E_m^2}{2\mu_0 c} = \frac{cB_m^2}{2\mu_0}$$

08 햇빛이 지구 대기권에 도달할 때 단위시간당 단위면적으로 전달되는 평균에너지가 $1.4\,kW/m^2$으로 관측되었다. 햇빛을 거의 평면파라 가정하고 전기장과 자기장의 크기 E_m, B_m을 구하라.

09 진공 중에서 자기장이 $B_x = B\sin(ky + \omega t)$, $B_y = B_z = 0$으로 관측되었다.

(a) 전자기파는 어느 방향으로 진행하는가?

(b) 대응되는 전기장을 구하라.

(c) 이 전자기파는 편광되었는가? 편광되었다면 어느 방향인가?

10 수직방향으로 편광된 전자기파가 수직방향에 대해서 $45°$만큼 기울어진 편광기를 통과한 후에, 수평방향으로 기울어진 둘째 편광기를 통과하였다. 처음 입사한 전자기파의 세기가 $43\,\mathrm{W/m^2}$이었다면, 두 편광기를 통과한 후의 전자기파의 세기는 얼마인가?

11 세 개의 편광기가 겹쳐져 있다. 첫째와 셋째는 편광축이 $90°$를 이루고 있고, 둘째 편광기는 첫째에 대해서 θ만큼 편광축이 기울어져 있다. 세 편광기를 통과하는 전자기파의 세기를 최대로 하려면 각도 θ가 얼마여야 하는가?

12 전자기파의 특정한 지점에서 전기장에 저장된 에너지의 시간 평균밀도는 자기장에 저장된 에너지의 시간 평균밀도와 같음을 증명하라.

13 $40\,\mathrm{cm}$의 반경을 갖고 전기용량 $100\,\mathrm{pF}$을 갖는 원형 평행판 축전기가 있다. $50\,\mathrm{Hz}$의 주파수에서 최대 전압이 $174\,\mathrm{kV}$일 때 두 평행판 사이에 최대 변위전류는 얼마인가?

14 반경 $18\,\mathrm{cm}$를 갖는 원형 평행판 축전기에 최대전압 $\epsilon_m = 220\,\mathrm{V}$, 회전 주파수 $\omega = 130\,\mathrm{rad/s}$인 외부 교류전원 $\epsilon = \epsilon_m \sin\omega t$가 연결되어 있다. 이때 축전기의 최대 변위전류는 $7.9\,\mu\mathrm{A}$ 이다. 평행판 끝부분의 전기장의 왜곡을 무시한다면

(a) 평행판 사이의 전류 최댓값은 얼마인가?

(b) 이때 평행판 사이의 간격은 얼마인가?

(c) 평행판 중심부로부터 $11\,\mathrm{cm}$ 떨어져 있는 지점에서의 최대 자기장 값은 얼마인가?

15 $3\,\mathrm{W}$짜리 회중전등에서 $10 \times 10\,\mathrm{cm^2}$의 평행 빛살이 비춰지고 있다.

(a) 이때 포인팅 벡터의 크기는 얼마인가?

(b) $\mathrm{B} = \mathrm{E}/c$와 $\mathrm{E} = \mathrm{E_0}\cos\omega t$의 관계식을 써서 $\mathrm{E_0}$ 값을 구하라.

16 x축을 중심으로 정렬된 반지름 R인 긴 원통형 막대가 있다. $x = b$ 지점에서 얇은 톱으로 원통을 잘랐다. 전류 I가 시간에 따라 $I = at$의 모양으로 증가하고 있고, $t = 0$에서는 잘려진 $x = b$ 지점에서 전하는 없다.

(a) 시간에 따라 잘려진 면에서의 전하량을 구하라.

(b) Gauss 법칙을 이용해 시간에 따라 잘려진 틈에서의 전기장 값을 구하라.

(c) 잘려진 $x = b$ 지점에서 $r < R$일 때 자기장의 값을 구하라.

17 큰 안테나로부터 10 km 정도 떨어진 거리에서 비행기가 지나가고 있을 때 비행기는 $10 \text{ } \mu\text{W/m}^2$의 신호세기를 검출하였다.

(a) 이 신호에 의해 비행기가 느끼는 전기장의 크기는 얼마인가?

(b) 이 신호에 의해 비행기가 느끼는 자기장의 크기는 얼마인가?

(c) 안테나가 신호를 사방에 균일하게 보낸다고 가정할 경우 안테나가 내는 신호의 총 전력은 얼마인가?

18 에너지 선속 12 W/cm^2을 갖는 빛살이 은으로 된 반사판에 부딪치고 있다. 빛살이 완전히 반사될 경우 에너지 U를 갖는 빛이 작용하는 운동량 p는 $p = 2U/c$가 된다. 이 반사판에 전달되는 힘은 얼마인가?

19 핵융합에서는 플라즈마를 가두는 데 레이저를 이용하고 있다. 만약 전자밀도가 충분히 크다면 플라즈마의 반사율은 1에 가깝다. 최대일률 1.5 GW를 갖는 고출력 레이저를 1 mm^2 크기의 고 전자밀도 플라즈마에 집속시킨다면 플라즈마에 작용하는 압력은 얼마인가?

20 0.01 W/m^2의 세기를 갖는 빛이 편광판에 수직으로 입사하고 있다.

(a) 투과된 빛의 최대 전기장은 얼마인가?

(b) 편광판에 작용하는 압력은 얼마인가?

CHAPTER 25

기하광학

25-1 기하광학적 근사

우리가 알고 있는 빛의 성질, 즉 빛의 직진·반사·굴절 등은 Maxwell 방정식에서 도출되는 전자기파 이론에 의해 설명된다. 앞 단원에서 소개된 바와 같이 빛은 전자기파 스펙트럼 중 좁은 범위를 차지하는 가시광선 영역에 속하는 전자기파로서 그 파장은 대략 $\lambda = 400 \sim 700\,\text{nm}$이며 $f = c/\lambda$ 관계식에서 결정되는 주파수는 $f = (7.5 \sim 4.3) \times 10^{14}\,\text{Hz}$이다. 이처럼 빛은 주파수가 $\sim 10^{15}\,\text{Hz}$ 정도로 매우 높고 파장이 $\sim 10^{-6}\,\text{m}$ 정도로 매우 짧은 파동이므로 많은 경우에 있어서 파장을 0으로 가정해도 위에서 언급한 여러 가지 빛의 성질을 정확히 기술할 수 있다.

파장이 0에 가까워지면($\lambda \to 0$) 광학법칙이 비교적 단순한 기하학적인 표현으로 나타낸다. 이와 같이 파장을 0으로 가정하여 빛의 성질을 기하학적으로 기술하는 것을 **기하광학적 근사**(geometrical optics approximation)라 부른다.

앞 단원에서 설명한 바와 같이 $+x$축으로 전파되는 어떤 전자기파의 전기장과 자기장의 시간·공간적 변화가 $\sin(kx - \omega t)$로 표시된다고 가정하자. 주어진 x좌표에서 yz평면과 평행한 평면상의 모든 점은 같은 위상을 갖게 된다. 이렇게 진동의 위상이 같은 모든 점으로 이루어진 면을 **파면**(wave front)이라 한다.

파면이 평면인 이러한 전자기파를 **평면파**(plane wave)라 한다. 이 경우 파면상의 모든 점에서 같은 크기의 전기장과 자기장을 갖게 된다. 또한 점광원(point light source)에서 나오는 빛과 같이 파면이 구면인 파동을 **구면파**(spherical wave)라 한다.

1. Huygens의 원리

파면상의 모든 점은 2차로 작은 파동을 발생시키는 파원으로 생각할 수 있다. 이들 작은 파동은 원래의 파동과 같은 속도로 앞으로 전파한다. 따라서 그 이후에 전파되는 파동의 파면은 이러한 2차 구면파동의 중첩으로 형성된 접면(envelope)으로 주어진다.

Huygens의 원리는 Maxwell 전자기파 이론으로 확인될 수 있으나 여기서는 자세한 증명 없이 이 원리를 응용하기로 하자. **그림 25-1(a)**는 자유공간 속을 광속도 c로 우측으로 진행하는 평면파(plane wave)를 나타낸다.

평면파면 AB가 시간 t초 후에는 어떻게 진행될까? Huygens의 원리에 따라 파면 AB상의 점들을 각각 2차 구면파들의 점파원들이라고 생각하면, t초 후에는 이 점들을 중심으로 하는 반지름 ct의 구면파들이 형성될 것이다.

따라서 t초 후의 파면은 이러한 2차 구면파들의 중첩에 의해 보강(또는 상쇄)간섭 조건을 만족하는 점으로 이루어지는 공통접면 $A'B'$이 된다. 결국 같은 매질 속을 진행하는 평면파는 계속 평면파면을 유지하면서 같은 속도로 전파된다.

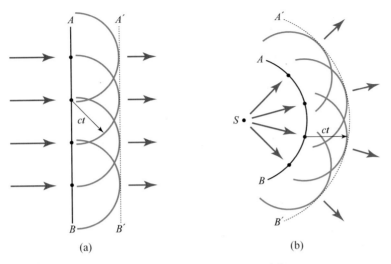

그림 25-1 Huygens의 원리로 설명한 파동의 전파. (a) 평면파 (b) 구면파

다음에는 **그림 25-1(b)**와 같이 점광원 S로부터 자유공간 속을 퍼져나가는 구면파 (spherical wave)에 Huygens의 원리를 적용해 보자. 구면파면 AB상의 점들을 각각 2차 구면파의 점파원이라고 생각하면 t초 후에는 이 점들을 중심으로 하는 반지름 ct의 2차 구면파들의 공통접면으로 주어지는 새로운 파면 $A'B'$를 얻게 된다. 결국 광속도가 모든 방향으로 동일하다면 구면파는 계속 구면파면을 유지하면서 퍼져나가게 된다.

그림 25-2에서와 같이 평면파가 벽에 난 슬릿(slit) 틈을 통과하는 경우 Huygens의 원리를 응용해 보자. 평면파가 장애물인 벽에 도달하면 그중 일부 파면만 슬릿을 통과하여 계속 전파한다. 그러나 왼쪽 모서리 근처의 한 점으로부터 발생한 2차 구면파는 더 왼쪽에서는 다른 구면파가 존재하지 않으므로 직진하지 않고 왼쪽으로 퍼져나간다. 오른쪽 모서리에서도 같은 현상이 나타난다. 이와 같이 슬릿을 통과한 파동이 직진하지 않고 퍼지는 현상을 **회절 (diffraction)**이라 한다.

만약 **그림 25-2**에서 슬릿의 크기가 파장보다 월등히 크다면 전체 파동의 에너지 중 회절에 의해 퍼지는 파동의 에너지가 차지하는 비율은 매우 적게 되므로 슬릿을 통과한 파면을 평면파로 보아도 무방하다. 반면에 슬릿의 크기가 파장과 비슷하거나 적은 경우에는 회절효과가 커진다. 여기서 우리는 기하광학의 적용한계를 추정할 수 있다. 파장이 0인 경우에는 회절이 일어나지 않는다. 파장이 0이 아닌 경우에 기하광학적인 근사가 적용 되려면 슬릿, 렌즈, 거울 등의 광학요소의 크기가 파장보다 월등히 커야 한다는 것을 의미한다.

이제 이러한 조건을 만족시켜 회절을 무시할 수 있는 경우에는 더 이상 파면을 고려할 필요 없이 빛의 진행방향 및 진행방향의 변화만을 이용하여 빛의 성질을 기술할 수 있다. 파동의 진행방향(파동에너지 전파방향)은 파면과 수직이므로 **그림 25-1**과 **그림 25-2**에 나타낸 것과 같이 몇 개의 화살표로 진행방향을 표시할 수 있다. 이렇게 파면에 수직인 화살표시로

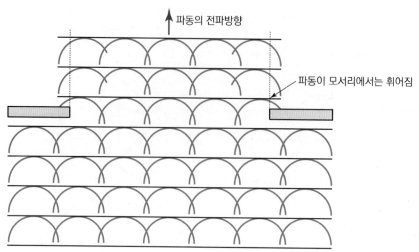

파동의 전파방향

파동이 모서리에서는 휘어짐

그림 25-2 Huygens의 원리로 설명한 슬릿에서의 회절

파동의 전파방향을 나타내는 것을 **광선(ray)**이라 하고 광선들의 묶음을 **광선속(light beam)**이라 한다.

이 장에서는 빛의 반사, 굴절현상을 빛을 광선으로 표시하는 기하광학으로 다룬다.

25-2 반사와 굴절

빛이 한 매질에서 다른 매질의 경계면에 입사할 때는 일반적으로 일부는 반사하고 나머지는 굴절하면서 투과한다. **그림 25-3**은 빛이 매질 1에서 매질 2로 입사할 때의 모습을 광선으로 표현한 것이다. 광선은 파면에 수직인 선이며 파동의 진행방향을 나타낸다.

입사각 θ_1, 반사각 θ_1', 굴절각 θ_2는 입사광선, 반사광선, 굴절광선이 각각 매질의 경계면에 수직인 법선과 이루는 각이며 입사광선과 법선을 포함하는 평면을 **입사면(plane of incidence)**이라고 한다. 반사와 굴절은 실험에 의하여 다음과 같은 법칙에 따라 일어남을 알 수 있다.

반사(reflection)의 법칙 : 반사광선은 입사면 내에 있으며,

$$\theta_1' = \theta_1 \ \textbf{(반사의 법칙)} \tag{25-1}$$

굴절(refraction)의 법칙 : 굴절광선은 입사면 내에 있으며,

$$n_1 \sin\theta_1 = n_2 \sin\theta_2 \ \textbf{(굴절법칙 또는 Snell의 법칙)} \tag{25-2}$$

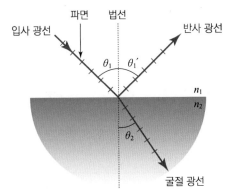

그림 25-3 광선으로 표시한 빛의 반사와 굴절

여기서 n_1과 n_2는 각각 매질 1과 매질 2의 **굴절률(index of refraction)**이며, 식 $(25-2)$를 **Snell의 법칙**이라고도 부른다. 뒤에 다시 설명하겠지만, 한 매질의 굴절률은 자유공간(진공)에서의 빛의 속도 c를 그 매질에서는 빛의 속도 v로 나눈 값, 즉 c/v로 주어진다.

빛의 속도는 매질에 따라 다르지만 주파수 f는 일정하다. 따라서 $f=v/\lambda$의 관계식이 성립되려면 파장 λ가 매질에 따라 달라져야 한다.

주파수 f_1, 파장 λ_1, 속도 v_1인 빛의 매질 1에서 매질 2로 들어가는 경우를 고려하자. 각 매질에서의 굴절률, 파장, 속도를 각각 n_1, λ_1, v_1 및 n_2, λ_2, v_2라 하면

$$n_1 = \frac{c}{v_1} \text{ 및 } n_2 = \frac{c}{v_2}$$

$$v_1 = f\lambda_1 \text{ 및 } v_2 = f\lambda_2$$

위의 두 식에서

$$\frac{\lambda_2}{\lambda_1} = \frac{v_2}{v_1} = \frac{c/n_2}{c/n_1} = \frac{n_1}{n_2}$$

이다. 따라서

$$\lambda_1 n_1 = \lambda_2 n_2 \qquad\qquad (25-3)$$

만약 매질 1이 진공이라면 $n_1 = 1$, $\lambda_1 = \lambda_0$이다. 여기서 λ_0는 진공 속에서의 파장이다. 식 $(25-3)$에서

$$\lambda = \frac{\lambda_0}{n} \qquad\qquad (25-4)$$

이 되므로 **매질 속에서의 파장은 진공에서보다 짧다**는 것을 알 수 있다.

1. 평면반사

점으로부터 발산하는 빛의 평면에서 반사한 후에도 계속 발산한다.

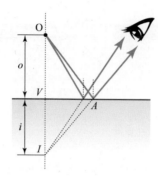

그림 25-4 평면반사에 의한 상의 형성

그림 25-4는 점 O로부터 발산하는 빛이 평면에서 반사하여 눈으로 들어가는 과정을 광선으로 나타낸 것이다. 반사광선은 마치 점 I로부터 발산하는 것처럼 보인다. 점 O를 **물체점(object point)**, 점 I를 **상점(image point)**이라고 부른다. 반사의 법칙으로부터 삼각형 OAV와 IAV는 합동이므로, 반사평면으로부터 물체까지의 거리 VO를 o, 상까지의 거리 VI를 i라고 할 때,

$$i = -o \ \text{(평면거울)}$$

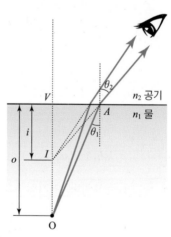

그림 25-5 굴절에 의한 상의 형성

마이너스 부호는 상이 허상임을 뜻하며, $o > 0$일 때 $i < 0$이다. 광선이 실제로는 상 I를 통과하지는 않지만 마치 그런 것처럼 보이므로 **허상(virtual image)**이라고 부른다.

2. 평면굴절

점으로부터 발산하는 빛은 평면에서 굴절한 후에도 계속 발산한다. 따라서 **그림 25-5**에서 물속에 잠겨 있는 물체 O는 마치 허상 I에 있는 것처럼 보인다. 이때 삼각형 OVA와 IVA에서, Snell의 법칙을 적용하면,

$$\frac{n_2}{n_1} = \frac{\sin\theta_1}{\sin\theta_2} = \frac{VA/OA}{VA/IA} = \frac{IA}{OA} \tag{25-5}$$

이 된다. 만일 법선 가까이에서 물체를 들여다본다면 $IA/OA \approx i/o$라고 할 수 있으므로, 식 (25-5)는 다음과 같이 된다.

$$\frac{i}{o} = -\frac{n_2}{n_1} \quad \text{(평면굴절)}$$

상이 허상이므로 마이너스 부호를 넣었으며, $o > 0$일 때 $i < 0$임을 뜻한다.

3. 반사도와 투과도

빛은 전자기파이므로 앞의 24장에서 공부한 바와 같이 전기장의 제곱에 비례하는 전자기파 에너지를 갖는다. 빛이 서로 다른 매질 사이의 경계면에 입사할 때 입사광의 에너지는 반사광의 에너지와 투과광의 에너지로 나누어지나, 전체 전자기파의 에너지는 보존된다.

전자기파의 이론에서 입사광의 굴절률이 n_1이 매질에서 n_2인 매질의 경계면에서 수직으로 입사하는 경우 입사광의 세기를 I_0, 반사광의 세기를 I_r이라 하면 반사도(reflectivity)는 다음과 같이 주어진다.

$$R = \frac{I_r}{I_0} = \frac{(n_2 - n_1)^2}{(n_2 + n_1)^2} \tag{25-6}$$

예를 들면 공기 ($n = 1.0$)에서 유리 ($n = 1.5$)로 수직으로 입사하는 경우 식 (25-6)에 의해 약 4%의 빛이 반사된다. 반사도는 입사각에 따라 달라진다.

한편 투과된 빛의 세기는 $I_0(1-R)$, 따라서 **투과도(transmitance)**는 $T = \dfrac{I_0(1-R)}{I_0}$이므로 결국 $T = 1 - R$이다.

25-3 내부 전반사

Snell의 법칙에서, 빛의 굴절률이 작은 매질에서 큰 매질로 입사할 때는 굴절각이 입사각보

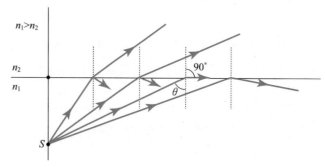

그림 25-6 내부 전반사. 입사각이 임계각보다 커지면 굴절 없이 반사만 일어난다.

다 작고, 반면에 굴절률이 큰 매질에서 작은 매질로 입사할 때는 굴절각이 입사각보다 크다. 후자의 경우를 나타낸 것이 **그림 25-6**이다.

입사각이 작을 때에는 반사와 굴절이 함께 일어나지만, 입사각이 커져서 **임계각**(critical angle) θ_c에 도달하게 되면 굴절각이 90°가 되고, 입사각이 임계각보다 더 크면 굴절은 없고 전적으로 반사만이 일어나게 된다.

이처럼 반사만 일어나는 현상을 **내부 전반사**(total internal reflection)라고 한다. 임계각 θ_c는 굴절각 90°에 해당되는 입사각이므로, 식 (25-2)에서

$$n_1\sin\theta_c = n_2\sin90°$$

따라서

$$\theta_c = \sin^{-1}\frac{n_2}{n_1} \quad (단,\ n_2 < n_1) \tag{25-7}$$

유리($n_1 = 1.5$)에서 공기($n_2 = 1$)로 입사할 때는 임계각이 $\theta_c = \sin^{-1}(1/1.5) \approx 42°$이다. 따라서 직각 프리즘을 사용하면 입사각을 45°로 유지하면서 내부 전반사를 일으켜 광선의 방향을 90° 또는 180°로 바꿀 수 있다. 이러한 프리즘은 광학기기에 많이 사용되며 금속 표면으로 된 거울을 사용하는 것보다 유리한 점이 있다. 전반사 프리즘은 빛을 완전히 반사하는 데 비하여 금속은 빛을 흡수하므로 그렇지 못하다.

1. 광섬유(Optical Fiber)

광통신, 광섬유 감지기(fiber optic sensor), 내시경(endoscope) 등에 널리 쓰이는 광섬유는 전반사의 원리를 이용한 것이다. SiO_2 또는 투명한 합성수지(예 : Lucite)로 만든 광섬유의 한쪽 끝에 빛이 들어가면 계속 내부 전반사하여 다른 한쪽 끝으로 빛을 전파한다.

그림 25-7은 광통신 등에 널리 사용되는 **단일모드**(single mode) 및 **다중모드**(multi mode) 광섬유를 나타낸 것이다. 여기서 **모드**(mode)란 광섬유 단면에 형성되는 전자기파의

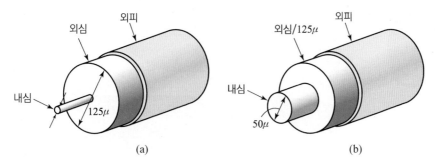

그림 25-7 (a) 단일모드와 (b) 다중모드 광섬유의 구조

정상파를 일컫는다. 단일모드 광섬유에서는 단 하나의 모드만 존재하고 다중모드의 경우 여러 개의 모드가 존재한다.

그림 25-7과 같이 광섬유는 **내심(core)**과 **외심(cladding)**, 피복(jacket)으로 되어 있고 내심의 굴절률이 외심의 굴절률보다 약 1% 크다.

그림 25-8은 광섬유의 단면을 나타낸 것이다. **그림 25-8**에서 광섬유의 입사각이 θ_a보다 작으면 내심과 외심 경계면에서 내부 전반사에 의해 빛은 광섬유를 따라 계속 전파되고 θ_a보다 크면 외심으로 빠져나와 결국은 다른 한쪽 끝에 도달하지 못한다.

공기의 굴절률을 n_0, 내심의 굴절률을 n_1, 외심의 굴절률을 n_2라 하고 경계면에 있는 점 A에서 Snell의 법칙을 적용하면

$$n_0 \sin\theta_1 = n_1 \sin\theta_1 \qquad (25-8)$$

삼각형 ABC에서 $\sin\theta_1 = \cos\theta_i$, 내심과 외심의 경계면에서 전반사가 일어나려면 $\theta_i > \theta_c = \sin^{-1}\dfrac{n_2}{n_1}$이어야 한다. 식 $(25-8)$을 다시 쓰면

$$n_0 \sin\theta_1 = n_1 \cos\theta_c = n_1 \sqrt{1 - \sin^2\theta_c}$$

이 식에 θ_c를 대입하면

$$n_0 \sin\theta_a = \sqrt{n_1^2 - n_2^2} \qquad (25-9)$$

이다. 공기의 굴절률 $n_0 \simeq 1$, $\theta_1 \ll 1$이므로 $\sin\theta_a \simeq \theta_a$, 따라서 다음과 같다.

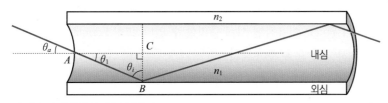

그림 25-8 광섬유 단면에서 본 내부 전반사

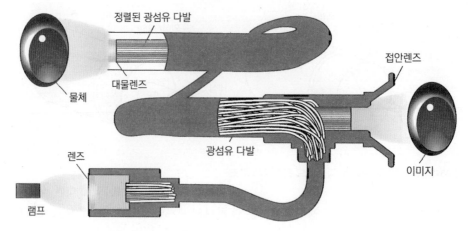

그림 25-9 광섬유를 이용한 내시경의 구조

$$\theta_a \simeq \sqrt{n_1^2 - n_2^2} \simeq n_1 \sqrt{2\Delta} \quad \left(단, \ \Delta = \frac{n_2 - n_1}{n_1} \right) \tag{25-10}$$

$n_0 \sin\theta_a \simeq \theta_a$를 광섬유의 개구수(numerical aperture, 약자로 NA)라 하고 각 θ_a보다 작은 각으로 입사하는 광선이 광섬유를 통하여 거의 손실 없이 다른 한쪽 끝으로 전파된다. 예를 들면 $n_1 = 1.45$이고 $\Delta = 0.01$인 경우 개구수 $NA = 0.21$ rad 또는 12°, 따라서 12° 이내로 입사하는 광선은 광섬유를 통하여 거의 손실 없이 다른 한쪽 끝으로 전파된다. 현재 광통신에 사용되는 광섬유의 손실률은 파장 $1.55 \ \mu m$에서 대략 $0.2 \ dB/km$ 정도로 아주 적어 매우 투명하다.

이 정도의 손실률(또는 투명도)은 지구상에서 가장 깊은 해저에 가라앉은 물체를 수면 위에서 볼 수 있을 정도이다. **그림 25-9**는 병원 등에서 소화기, 호흡기 등의 인체의 내부 기관을 관찰할 때 사용하는 내시경의 구조를 나타낸 것이다. 이 경우 직경이 약 $10 \ \mu m$ 정도인 광섬유를 약 10만 개 정도 묶은 광섬유 다발을 사용하여 상을 전송한다.

25-4 Fermat의 원리(최소시간의 원리)

앞에서 실험법칙으로 소개한 반사 및 굴절의 법칙 등 많은 광학법칙은 다음에 소개하는 Fermat(페르마)의 원리를 이용하면 쉽게 증명할 수 있다. 또한 Fermat의 원리는 기하광학을 개념적으로 이해하는 데 큰 도움이 된다.

빛이 한 점에서 다른 점으로 진행할 때 빛은 두 점 사이의 여러 가능한 경로 중 시간이 가장 짧게 걸리는 경로로 진행한다.

같은 매질 속에서의 빛의 속도는 일정하므로 같은 매질 내 두 점 사이의 최단거리가 되는 경로가 최소시간이 걸리는 경로가 된다. 두 점 사이의 최단거리의 경로는 직선이므로 같은 매질 속에서 빛은 직진한다는 것을 Fermat의 원리에서 알 수 있다. 또한 반사의 법칙도 Fermat의 원리에서 간단히 유도된다(연습문제 7).

이제 Fermat의 원리로부터 Snell의 굴절법칙을 유도해 보자. $n_1 < n_2$로 가정하면 매질 2에서의 빛의 속도는 c/n_2로 매질 1에서의 속도 c/n_1보다 느리다. 먼저 **그림 25-10**에서 점 A에서 점 B까지 경로 중 최소 시간이 걸리는 경로를 찾아야 한다.

이 문제는 마치 해변가 A지점에 있는 사람이 물속 B지점에서 물에 빠져 허우적거리는 사람을 구할 때 어떤 경로를 택해야 하는가 하는 문제와 같다. 대부분의 경우 급한 마음에 **그림 25-10**에서 점선으로 표시한 직선경로를 택할 것이나 물속에서의 수영 속도가 느리므로 생각이 깊은 사람은 실선으로 표시된 경로를 택하는 것이 가장 빨리 물에 빠진 사람에게 가는 길임을 알 수 있을 것이다.

이 문제는 수학적으로 다음과 같이 표현된다.

$$t_{AB} = t_{AP} + t_{PB} = \frac{n_1\sqrt{d^2+x^2} + n_2\sqrt{d^2+(2b-x)^2}}{c}$$

$$\frac{dt_{AB}}{dx} = 0 \qquad\qquad (25-11)$$

단, t_{AB}는 A에서 B로 가는 데 걸리는 시간이다. 식 $(25-11)$의 조건은

$$\frac{dt_{AB}}{dx} = \left(\frac{1}{c}\right) = \left[\frac{n_1 x}{\sqrt{d^2+x^2}} - \frac{n_2(2b-x)}{\sqrt{d^2+(2b-x)^2}}\right] = 0 \qquad (25-12)$$

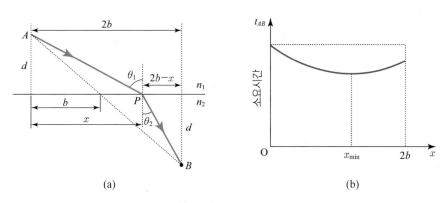

(a)   (b)

그림 25-10 Fermat의 원리를 이용한 Snell 법칙의 증명. (a) 경로 (b) x에 따른 소요시간

또한 **그림 25-10**에서

$$\frac{x}{\sqrt{d^2 + x^2}} = \sin\theta_1$$

$$\frac{2b - x}{\sqrt{d^2 + (2b - x)^2}} = \sin\theta_2$$

이를 대입하여 식 (25 − 12)를 다시 쓰면

$$n_1 \sin\theta_1 = n_2 \sin\theta_2 \quad \text{(Snell의 법칙)}$$

Fermat의 원리에서 얻어지는 몇 가지 예를 소개하면, 먼저 광학계의 **가역성의 원리 (principle of reciprocity)**를 들 수 있다. 만약 점 A에서 B까지의 최소 시간경로를 찾는다면 역으로 점 B에서 점 A로의 경로 역시 최소 시간의 경로이므로 빛이 A에서 B로 진행한다면 같은 광학적 경로를 그 역방향인 B에서 A로도 진행한다. 이것을 가역성의 원리라 한다.

사막에서의 신기루 현상도 Fermat의 원리를 통하여 다음과 같이 이해할 수 있다. 지표면의 온도가 높으므로 공기의 온도는 위로 갈수록 낮아지고, 지표면의 굴절률이 공중의 굴절률보다 낮아져 **그림 25-11**에서와 같이 1의 직선 경로보다는 가능하면 굴절률이 낮은(속도가 빠른) 지표면 구간을 최대한 길게 통과하는 것이 시간이 적게 걸린다. 그래서 광선이 2의 곡선경로를 통하여 관측자에게 도달하기 때문에 관측자는 거꾸로 된 허상을 보게 된다. 이 현상은 연속적인 굴절률 분포를 갖는 매질에서의 전반사로도 해석할 수 있다.

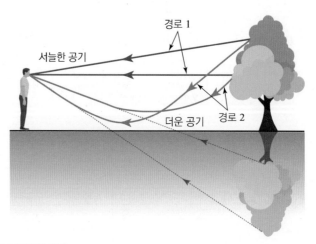

그림 25-11 신기루 현상의 설명

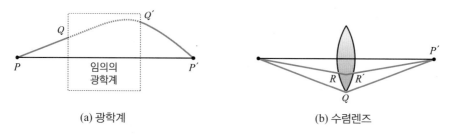

(a) 광학계	(b) 수렴렌즈

그림 25-12 Fermat의 원리를 통한 광학계의 이해

또 다른 중요한 예로 만약 **그림 25-12(a)**에서와 같이 점 P에서 나온 빛을 어떤 광학계를 통하여 점 P'에 모은다고 가정하자. 다시 말하면 P에서 나온 빛이 모두 초점 P'에 모이는 경우이다. 이때 광학계는 어떤 조건을 만족시켜야 하는가? 이 질문에 대한 해답은 모든 가능한 경로, 즉 예를 들면 직선 경로 PP'과 또 다른 경로 $PQQ'P'$을 빛이 통과하는 데 걸리는 시간이 정확히 같아야 한다.

만약 그렇지 않으면 빛은 최소시간이 소요되는 경로 외에 다른 경로로는 통과하지 않는다. 따라서 이 문제는 가능한 한 모든 경로가 똑같은 시간이 소요되도록 광학계를 설계하는 것으로 귀착된다.

이러한 조건을 만족하는 가장 간단한 예로 **그림 25-12(b)**에서는 유리로 만든 렌즈 중심이 가장 두꺼우므로 직선경로 PP'은 가장 짧은 반면에, 굴절률이 큰 유리가 통과하는 거리가 가장 길기 때문에 다른 경로 $PQQ'P'$ 또는 $PRR'P'$의 경로가 경로 PP'과 마찬가지 시간이 걸리도록 렌즈의 곡면을 만들면 된다.

이러한 렌즈를 **수렴렌즈(converging lens)** 또는 **볼록렌즈(convex lens)**라 하며 뒤에서 좀 더 자세히 다루게 될 것이다.

25-5 구면에 의한 결상

그림 25-13에서 초점이 FF'인 타원체 내면으로 이루어진 거울(ellipsoidal mirror)의 한 초점 F에 점광원이 위치해 있다고 가정하자. 타원의 정의에 의해서 F에 있는 광원에서 출발하여 거울에 반사되어 F'에 이르는 모든 광선의 길이는 같다. 따라서 반사된 모든 광선이 점 F'에서 보강간섭을 일으키므로 F에 있는 광원의 상이 F'에 형성된다.

그림 25-13에서 초점 F와 초점거리 f를 고정시키고 다른 초점 F'을 오른쪽으로 이동하면 늘어난 형태의 타원체가 되고 F'을 무한대 거리로 이동하면 타원체는 **그림 25-14**와 같은 포물체(paraboloid)가 된다. F'이 무한대에 있으므로 초점 F에서 나와 반사된 광선은 평행광선이 된다.

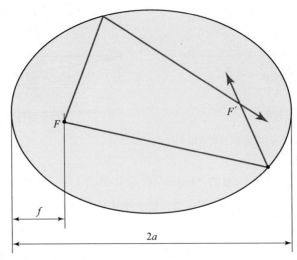

그림 25-13 타원체 거울에 의한 반사

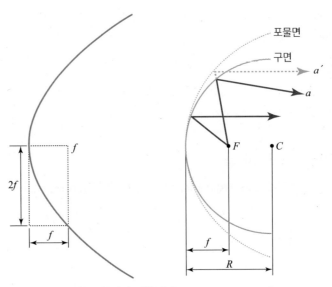

그림 25-14 포물면경과 이에 접한 구면경에 의한 반사

따라서 평행광선이 필요한 탐조등(search light), 등대 등에 쓰이는 반사경은 포물면경을 주로 사용한다.

그림 25-14에서와 같이 포물면에 접하는 구면을 생각해 보자. 여기서 접한다는 것은 포물면의 꼭짓점에서의 곡률반지름이 같고 접선이 같다는 뜻이다. 만약 구면의 곡률반지름이 초점거리보다 훨씬 작은 경우 **그림 25-14**에서와 같이 구면거울에서 반사한 광선은 평행광선에 가깝다. 그러나 구면의 크기가 커지면 초점에서 나온 빛의 평행광선이 아니므로 가역성의 원리에 의해 구면에 입사한 평행광선이 정확한 초점에 상을 맺지 못한다. 이러한 것을 **구면수차**(spherical aberration)라 한다.

그림 25-15는 오목거울(concave mirror)에 의한 결상을 나타낸다. 광원(또는 물체) S는 구면의 중심 C바깥에 있으며 S와 C를 지나는 직선이 기준축을 이룬다. S에서 나온 광선은 I를 통과한다. 따라서 I는 광원(또는 물체) S의 상이며 이 경우 광선이 실제로 수렴하여 맺는 상이므로 **실상**(real image)이다. 그림에서

$$\gamma = \beta + \alpha$$
$$\delta = \gamma + \alpha = \gamma + (\gamma - \beta) = 2\gamma - \beta \tag{25-13}$$

또한 $AB = R\gamma$, 작은 각도에서는 $AB = i\delta = s\beta$이므로 이 관계식을 이용하여 식 (25−13)을 다시 쓰면

$$\frac{AB}{i} = \frac{2AB}{R} - \frac{AB}{s}$$

AB를 소거하여 정리하면

$$\frac{1}{i} + \frac{1}{s} = \frac{2}{R} \tag{25-14}$$

이다.

광원 S가 무한히 멀리 있을 때는 거울로 입사하는 광선은 평행광선이 되고 이 평행광선이 맺는 상의 위치가 바로 초점이므로 식 (25−14)에서 $s = \infty$, $i = f$로 놓으면

$$\frac{1}{f} = \frac{2}{R} \ \text{또는} \ f = \frac{R}{2} \tag{25-15}$$

이 되므로 이를 이용하여 식 (25−14)를 다시 쓰면

$$\frac{1}{i} + \frac{1}{s} = \frac{1}{f} \tag{25-16}$$

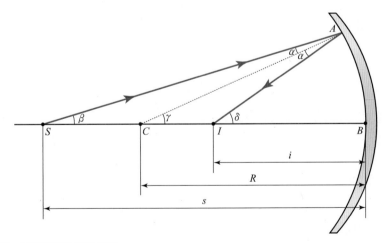

그림 25-15 오목거울에 의한 결상

이 된다.

식 (25 − 15), (25 − 16)은 오목거울에 대하여 도출되었으나 s, i, R, f 등 값에 다음과 같은 부호규약을 사용하면 평면, 볼록 거울에 대해서도 성립한다.

1. 부호규약(sign convention)

거울의 반사면을 경계로 하여 실제로 입사광선이 있는 쪽에 물체가 있으면 $s > 0$이고, 실제로 반사광선이 있는 쪽에 상, 곡률 중심, 초점이 있으면 각각 $i > 0$, $R > 0$, $f > 0$이라고 생각한다. 거울의 경우 입사광선과 반사광선이 모두 거울 앞쪽에만 있으므로 s, i, R, f는 모두 각각 거울 앞쪽에 있을 때 +가 되며, 거울 뒤쪽에 있을 때 −가 된다.

2. 광선추적(ray tracing)

이제 실제로 주어진 크기의 물체가 형성하는 상을 광선추적을 통하여 그려보자. **그림 25-16**의 보기에서 축상에 있지 않은 임의의 물체 점 S로부터의 광선이 맺는 상점 I의 위치는 다음 네 개의 특별한 광선들을 추적해 보면 쉽게 알 수 있다.

광선 1 : 축에 평행인 입사광선은 반사 후 초점 F와 연결되는 반사광선이 된다.
광선 2 : 초점 F를 향하는 입사광선은 반사 후 축에 평행인 반사광선이 된다.
광선 3 : 곡률중심 C를 향하는 입사광선은 거울에 수직으로 입사하므로 반사 후 같은 경로로 되돌아간다.
광선 4 : 거울의 꼭짓점 V(축이 거울면과 교차하는 점)로 입사하는 광선은 축에 대하여 입사각과 같은 반사각으로 반사한다.

위의 네 반사광선이 교차하는 점이 바로 상점 I이므로 넷 중 두 광선만 추적해 보면 족하다. 이러한 광선추적방법은 오목거울과 볼록거울에 다 같이 적용된다.

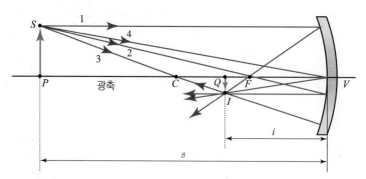

그림 25-16 구면거울의 광선추적

3. 배율(magnification)

물체의 크기에 대한 상의 크기 비를 **횡배율**(lateral magnification)이라고 한다. **그림 25-16**에서 삼각형 SVP와 IVQ는 닮은꼴이므로

$$\frac{\text{상의 크기}}{\text{물체의 크기}} = \frac{IQ}{SP} = \frac{VQ}{VP} = \frac{i}{s}$$

이며, 상이 거꾸로 도립된 경우의 배율을 마이너스 부호로 나타내면, 횡배율 M은 다음과 같이 표현된다.

$$M = \frac{i}{s} \text{ (배율)} \qquad\qquad (25-17)$$

식 $(25-17)$은 평면, 오목, 볼록 등 모든 거울에 대하여 성립한다. 또한 식 $(25-16)$을 이용하면 다음과 같다.

$$M = \frac{i}{s} = \frac{fs/(s-f)}{s} = \frac{-f}{f-s} \qquad\qquad (25-18)$$

볼록거울의 경우 부호규약에서 f는 항상 마이너스 부호를 가지므로 $f-s$도 마이너스가 되므로 $M > 0$이다. 이때 $|f-s| > |f|$이므로 볼록거울의 경우 항상 물체보다 작은 상이 생긴다.

예제 1. 곡률반지름 $R = 20\,\mathrm{cm}$인 볼록거울에 의해서 원래 물체 크기의 $1/4$인 상이 생겼다. 이때 물체와 상의 거리를 구하라.

풀이 식 $(25-15)$에서 $f = R/2 = -10\,\mathrm{cm}$, 여기서 볼록거울이므로 $-$부호를 택했다. 식 $(25-18)$을 다시 쓰면

$$s = f\left(1 - \frac{1}{M}\right)$$

문제에서 $M = 1/4$이므로 대입하면

$$s = f\left(1 - \frac{1}{1/4}\right) = -3f = 30\,\mathrm{cm}$$

거울과 상의 거리 i는 식 $(25-17)$에서

$$i = -sM = -(30\,\mathrm{cm})\left(\frac{1}{4}\right) = -7.5\,\mathrm{cm}$$

따라서 물체와 상의 거리는

$$s - i = 30\,\mathrm{cm} - (-7.5\,\mathrm{cm}) = 37.5\,\mathrm{cm}$$

---

4. 구면굴절(spherical refracting surface)

이번에는 두 매질의 경계면이 구면을 이루고 있는 경우의 굴절현상을 알아보자. **그림 25-17** 에서 물체 점 S에서 나온 광선들은 구면에서 굴절한 후 상점 I에서 교차한다. Snell 법칙 $n_1\sin\theta_1 = n_2\sin\theta_2$는 작은 각도에서는 다음과 같이 쓸 수 있다.

$$n_1\theta_1 = n_2\theta_2$$

한편 삼각형 내각의 합은 외각과 같으므로

$$\theta_1 = \beta + \gamma, \ \theta_2 = \beta - \alpha$$

그러므로 다음과 같이 된다.

$$n_1(\beta + \gamma) = n_2(\beta - \alpha) \tag{25-19}$$

그림 25-17에서 $AB = R\beta$이며 또한 축과 거의 평행한 근축 광선이므로 γ, α는 작은 각도 이다. 따라서 AB를 근사적으로 $AB = s\gamma = i\alpha$로 쓸 수 있으므로 식 (25 – 19)에 대입하면

$$n_1\left(\frac{AB}{R} + \frac{AB}{s}\right) = n_2\left(\frac{AB}{R} - \frac{AB}{i}\right)$$

이 된다. AB를 상쇄하면

$$\frac{n_1}{s} + \frac{n_2}{i} = \frac{n_2 - n_1}{R} \quad (\text{구면굴절}) \tag{25-20}$$

이 된다. 이 관계식은 올바른 부호를 사용할 때 볼록과 오목굴절면에 다 같이 적용된다.

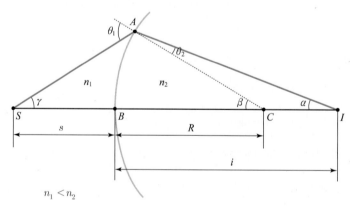

그림 25-17 구면굴절

표 25-1 반사면, 굴절면, 렌즈의 부호규약

반사면, 굴절면(렌즈 포함)에 모두 적용되는 부호규약을 요약하기 위해 먼저 A, B 두 쪽을 다음과 같이 정의한다.

- A쪽 : 광선이 실제 입사하는 쪽
- B쪽 : 광선이 반사, 굴절면을 지나 실제 진행하는 쪽

거울의 경우 B쪽은 A쪽과 동일하며 굴절면과 렌즈의 경우 A쪽과 B쪽은 서로 반대이다.

- 물체의 거리 s : 물체가 A쪽에 있으면 $+$(실물체)
  물체가 A쪽에 있지 않으면 $-$(허물체)
- 상까지의 거리 i : 상이 B쪽에 있으면 $+$(실상)
  상이 B쪽에 있지 않으면 $-$(허상)
- 곡률반지름 R : 중심이 B쪽에 있으면 $+$
  중심이 B쪽에 있지 않으면 $-$
- 초점 f : B쪽에 있으면 $+$
  B쪽에 있지 않으면 $-$

부호규약은 앞에서의 반사의 경우와 마찬가지로 광선이 입사하는 쪽에 물체가 있으면 $s > 0$이고, 굴절광선이 진행하는 쪽에 상이나 곡률 중심이 있으면 $i > 0$, $R > 0$이다. 반사의 경우는 입사광선과 반사광선이 모두 같은 쪽에 있지만, 굴절의 경우는 서로 반대쪽에 있다는 사실에 주의하라.

앞의 **표 25-1**은 부호규약을 요약 정리한 것이다.

예제 2. 그림과 같이 두 구면을 갖는 굴절률 $n = 1.6$인 원통형 유리 앞에 크기가 작은 나뭇잎이 있는 경우, 다음과 같이 각 구면에 대해 굴절상을 연속적으로 적용하여 최종 상의 위치를 구하라.

(a) 구면 1에서의 굴절에 의한 상의 위치를 구하라.

(b) 이 상을 구면 2에 대한 물체로 간주하였을 때 구면 2에 의해 생기는 상의 위치를 구하라.

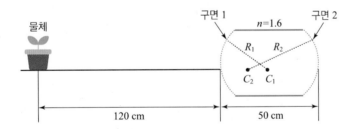

풀이 먼저 광선 추적을 통해 상의 대략적인 위치를 알아보면, 다음 그림에서와 같이 구면 1에 의한 상이 형성되기 전에 구면 2에 의해 다시 굴절되므로 구면 2에 대해서는 구면 1의 상이 허물체 역할을 한다는 것을 알 수 있다.

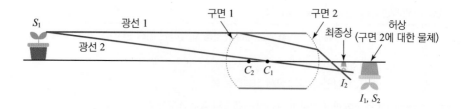

(a) 구면 1에 대해 식 (25−20)을 적용하면

$$\frac{n_1}{s} + \frac{n_2}{i} = \frac{n_2 - n_1}{R} \text{ 이므로}$$

$$\frac{1}{1.2 \text{ m}} - \frac{1.6}{i_1} = \frac{1.6 - 1}{0.2 \text{ m}}$$

따라서 $i_1 \simeq 0.74$ m, 즉 구면 1에서 오른쪽으로 약 74 cm 되는 위치에 실상이 생긴다.

(b) 앞에서 구면 1에 의한 상은 구면 2에 대해서 오른쪽 24 cm 위치에 생겼으므로 이를 구면 2에 대한 물체로 간주한다. 마찬가지로 식 (25−20)을 이용하면

$$\frac{1.6}{-0.24 \text{ m}} + \frac{1}{i_2} = \frac{1 - 1.6}{-0.4 \text{ m}}$$

따라서 $i_2 \simeq +0.12$ m 상이 구면 2의 오른쪽에 생기므로 부호는 +가 된다.

25-6 얇은 렌즈

렌즈는 보통 굴절률이 1보다 큰 유리나 플라스틱과 같은 투명물질로 되어 있으며 **그림 25-18**과 같이 여러 가지 형태가 있다. 렌즈의 굴절면은 대부분의 경우 구면으로 되어 있고 가장자리에 비하여 가운데가 두꺼운가 얇은가에 따라 볼록렌즈와 오목렌즈로 대별된다.

렌즈는 예제 2의 그림과 같이 두께가 상당히 두꺼운 경우도 있는데, 렌즈의 두께가 두꺼우면 상의 추적이 복잡해지므로 여기서는 렌즈의 두께가 굴절면의 곡률반지름보다 훨씬 작아서 곡면의 앞뒤 면에서의 변위(렌즈에 의한 변위)가 무시할 만한 **얇은 렌즈**(thin lens)의 경우만을 다루기로 한다. 얇은 렌즈의 경우 렌즈에 의한 광선의 변위를 무시하므로 광선이 렌즈 중심에서 한 번 꺾이는 것으로 광선의 경로를 표시한다. 각 구면의 반지름 R_1, R_2의 부호는 **표 25-1**의 부호규약을 따르므로 예를 들면 **그림 25-18(a)**의 경우 $R_1 > 0$, $R_2 < 0$이다.

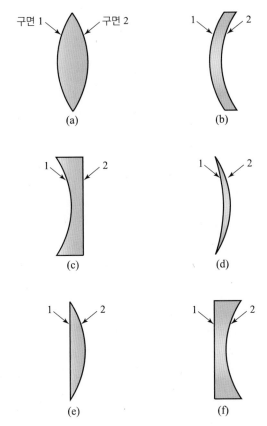

구면 1　　　구면 2

(a)

1　　　2

(b)

1　　　2

(c)

1　　　2

(d)

1　　　2

(e)

1　　　2

(f)

그림 25-18　렌즈의 종류

1. 광선추적

그림 25-19는 볼록렌즈에 의해 상이 맺어지는 과정을 광선추적으로 보여준다.

그림에서 광축은 렌즈 양면의 곡률 중심을 연결하는 선이며 얇은 렌즈의 경우 렌즈의 중심 P로 입사한 광선은 꺾이지 않고 똑바로 통과한다.

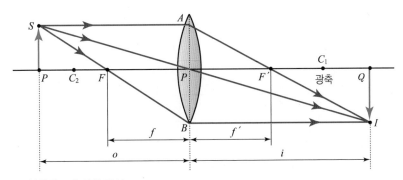

그림 25-19　볼록렌즈에 의한 결상

렌즈에는 초점이 하나뿐인 거울과는 달리 2개의 초점이 있다. 제1초점 F와 연결되는 입사광선은 렌즈에 의하여 굴절된 후 축에 평행인 광선으로 진행한다. 한편 축에 평행인 입사광선은 렌즈에 의하여 굴절된 후 제2초점 F'과 연결되는 광선으로 진행한다. 따라서 **그림 25-19**에서 물체점 S가 맺는 상점 I는 렌즈중심 P, 제1초점 F, 제2초점 F'으로 각각 주어지는 3개의 광선 중 2개만 추적해 보면 쉽게 알 수 있다. 이와 같은 광선추적은 오목렌즈에 대해서도 마찬가지로 성립한다.

2. 렌즈제작자 공식

그림 25-20과 같이 굴절률 n_1인 매질에 굴절률 n_2의 얇은 렌즈가 생각해 보자. 물체가 렌즈 왼쪽에 있으므로 곡면 1에 대해서 식 (25−20)을 적용하면

$$\frac{n_1}{s} + \frac{n_2}{i_1} = \frac{n_2 - n_1}{R_1}$$

을 얻는다. 곡면 2에서 다시 굴절하므로 i_1인 위치 점 P_1'에 상은 실제로 맺히지는 않고 곡면 2의 물체 역할을 한다. 부호규약에서 곡면 1에 의한 상은 허상이므로 −, 한편 곡면 2에 대해서 점 $P_1' S_1'$에 있는 물체는 +이므로 곡면 2에 대한 식 (25−20)은 $s_2 = -i_1$이므로

$$\frac{n_2}{s_2} + \frac{n_1}{i} = \frac{n_2}{-i_1} + \frac{n_1}{i} = \frac{n_1 - n_2}{R_2}$$

여기에 곡면 1에서 구한 i_1을 대입해서 정리하면

$$\frac{1}{s} + \frac{1}{i} = \left(\frac{n_2 - n_1}{n_1}\right)\left(\frac{1}{R_1} - \frac{1}{R_2}\right)$$

이 된다. 물체가 렌즈로부터 멀리 떨어져 있으면($s = \infty$) 상의 위치가 초점거리이므로

$$\frac{1}{f} = \left(\frac{n_2 - n_1}{n_1}\right)\left(\frac{1}{R_1} - \frac{1}{R_2}\right) \tag{25−21}$$

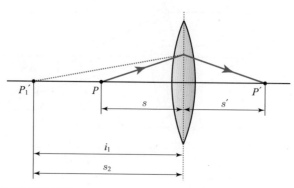

그림 25-20 얇은 렌즈에 의한 결상

가 되고 이를 **렌즈제작자 공식(lens maker's formula)**이라 한다. 렌즈가 공기 중에 있는 경우 $n_1 = 1$이므로

$$\frac{1}{f} = (n_2 - 1)\left(\frac{1}{R_1} - \frac{1}{R_2}\right) \qquad (25-22)$$

이 된다. 또한 구면에 의한 상과 같이 다음 식이 성립한다.

$$\frac{1}{s} + \frac{1}{i} = \frac{1}{f}$$

예제 3. 다음 그림과 같이 굴절률 1.5인 유리로 만들어진 곡률반지름이 각각 $10 \, \mathrm{cm}$, $15 \, \mathrm{cm}$인 양 볼록(double convex)렌즈의 초점거리를 구하라.

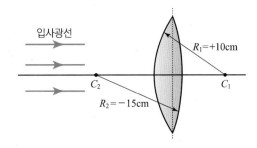

풀이 그림에서 빛이 왼쪽에서 입사하므로 부호규약에서 $R_1 = +10 \, \mathrm{cm}$, $R_2 = -15 \, \mathrm{cm}$ 이다. 렌즈제작자 공식에서

$$\frac{1}{f} = (1.5 - 1)\left(\frac{1}{+10 \, \mathrm{cm}} - \frac{1}{-15 \, \mathrm{cm}}\right)$$이므로
$$f = 12 \, \mathrm{cm}$$

예제 4. 다음 그림과 같이 굴절률 1.5인 유리로 만들어진 곡률반지름이 각각 $10 \, \mathrm{cm}$, $15 \, \mathrm{cm}$인 양 오목(double concave)렌즈의 초점거리를 구하라.

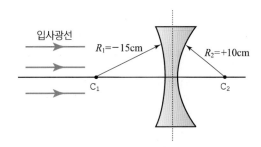

풀이 그림에서 빛이 왼쪽에서 입사하므로 부호규약에서 $R_1 = -15 \text{ cm}$, $R_2 = +10 \text{ cm}$ 이다.

렌즈제작자 공식에서

$$\frac{1}{f} = (1.5 - 1)\left(\frac{1}{-15 \text{ cm}} - \frac{1}{+10 \text{ cm}}\right) \text{이므로}$$

$$f = -12 \text{ cm}$$

25-7 광학기구

사람의 눈은 대단히 정교한 기관이지만, 눈의 시각기능을 돕기 위하여 돋보기, 안경, 영사기, 사진기, 현미경, 망원경 등과 같은 여러 가지 광학기구가 사용된다.

고급 광학기구에서는 상의 위치나 크기를 조정하는 과정에서 여러 가지 수차(aberration)로 인한 상의 결함을 보정해 주어야 한다. 경우에 따라서는 적외선 카메라 등을 사용하여 가시광선 영역 밖으로까지 시각범위를 확장하기도 한다.

여기서는 얇은 렌즈의 공식만으로 간단히 설명되는 몇 가지 기본적인 광학기구를 공부하기로 한다.

1. 돋보기

사람의 눈은 물체가 어디에 있든지 항상 망막(retina)에 선명한 도립실상이 형성되도록 수정체(crystalline lens)의 두께를 조절하여 초점거리를 맞춰 준다. 이때 망막에 형성되는 상의 크기는 **그림 25-21**에서와 같이 물체의 크기가 각으로 정해지며, 물체가 눈에 가까울수록 각이 커지므로 물체의 상도 커진다.

그러나 수정체의 **조절작용(accommodation)**에는 한계가 있으므로 물체가 너무 가까이 있으면 망막 위의 상이 흐려지게 되는데, 물체가 뚜렷하게 보이는 가장 가까운 명시거리를 **근점(near point)**이라고 한다. 근점은 사람에 따라 다르지만 정상적인 젊은이의 경우 25 cm 정도가 된다.

따라서 크기 h의 물체가 가장 크게 보이는 명시거리에 있을 때 물체가 이루는 각 θ는, **그림 25-22**에서 다음과 같이 주어진다.

$$\theta \approx \frac{h}{25 \text{ cm}} \tag{25-23}$$

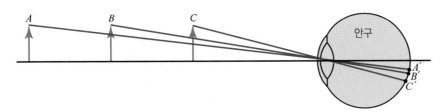

그림 25-21 물체의 거리와 망막에 형성되는 상의 크기와의 관계

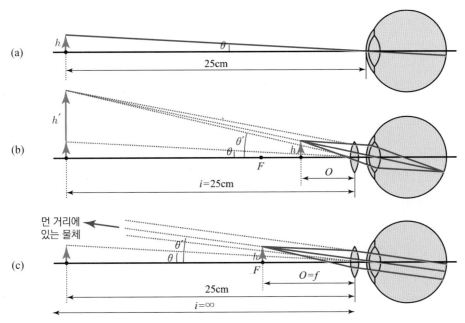

그림 25-22 돋보기

이때 **그림 25-22(b)**와 같이 수렴(볼록)렌즈를 사용하면, 물체를 근점보다 더 가까이 오게 하여 더 큰 상을 만들면서도 선명하게 볼 수 있다.

즉, 수렴렌즈의 초점거리 안에 물체 h가 놓이게 되면 확대한 허상 h'이 형성되는데, 이 허상이 명시거리에 있게 되면 망막에 선명한 상을 맺을 수 있다.

이때 수렴렌즈에 대한 물체의 거리 O는 렌즈 공식 $(25-8)$에서

$$\frac{1}{O} + \frac{1}{-25\,\text{cm}} = \frac{1}{f}, \ \text{즉} \ \frac{1}{O} = \frac{25\,\text{cm}+f}{(25\,\text{cm})f}$$

따라서 확대된 상의 크기에 해당하는 각 θ'은 다음과 같다.

$$\theta' \approx \frac{h}{O} = h\frac{25\,\text{cm}+f}{(25\,\text{cm})f} \tag{25-24}$$

이때 **각배율(angular magnification)** m_θ는 육안으로 볼 때 물체가 이루는 각 θ에 대한 확대된 상이 이루는 각 θ'의 비율로 정의된다. 즉,

$$m_\theta = \frac{\theta'}{\theta} \qquad\qquad (25-25)$$

따라서 식 (25-23)과 (25-24)를 (25-25)에 대입하면 각배율은 다음과 같이 된다.

$$m_\theta \approx \frac{25\text{ cm}}{f} + 1$$

만일 **그림 25-22(c)**에서와 같이 물체가 수렴렌즈의 초점에 있게 되면 눈은 무한히 먼 거리에 있는 상을 보게 되며

$$\theta' \approx \frac{h}{f}$$

따라서

$$m_\theta \approx \frac{25\text{ cm}}{f} \quad (\text{돋보기}) \qquad\qquad (25-26)$$

이상과 같이 사용되는 수렴렌즈를 **단순 현미경**(simple microscope) 또는 **돋보기** (magnifier)라고 하며, 초점거리가 짧을수록 각배율이 크다.

전형적인 확대경 렌즈는 초점거리가 수 cm쯤 되며, 약 4배까지의 각배율(4×라고 표기)을 얻을 수 있다. 렌즈의 초점거리를 더 줄이면 10배(10×) 가까운 배율도 얻을 수 있지만, 초점거리가 너무 짧을 경우에는 렌즈의 수차를 교정하기가 매우 어려워진다. 따라서 배율을 더 높이려면 여러 개의 렌즈를 조합한 현미경 대물렌즈와 같은 복합렌즈를 사용하여야 한다.

2. 안경

사람 눈의 초점 조절작용은 주로 수정체 주위를 둘러싸고 있는 모양근의 수축, 이완작용에 의하여 이루어지며, 어린이의 경우는 이 조절작용이 잘 되지만 나이가 들면 조절능력이 감퇴하여 가까운 물체가 잘 안 보이게 된다. 이런 눈을 노안이라고 한다.

시력에는 대체로 원시, 근시, 난시의 세 가지 결함이 있다. 원시에서는 **그림 25-23(a)**와 같이 망막 뒤에 초점이 맺는 데 반하여, 근시에서는 **그림 25-23(b)**와 같이 망막 앞에 초점이 맺는다. 원시안 앞에는 수렴(볼록)렌즈를, 근시안 앞에는 발산(오목)렌즈를 놓아서 교정할 수 있다. 난시는 수평선과 수직선을 초점에 함께 잡을 수 없는 경우를 말하며, 한쪽 선은 잘 보이나 다른 쪽 선은 흐리게 보인다.

난시의 원인은 주로 각막(눈 앞쪽에 볼록하게 나와 있는 부분)이 정확한 구면을 이루지 못하고 있기 때문이다. 난시의 일부는 원통 모양의 렌즈를 통하여 교정할 수 있다.

안경으로 사용되는 **렌즈의 도수**(power) P는 흔히 초점거리 f의 역수로 표현되는데, 초점거리를 미터 단위(m)로 놓고 도수는 **디옵터**(diopter, 단위 : D)로 주어진다.

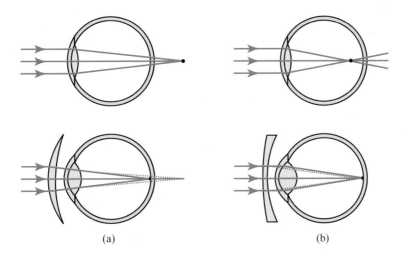

그림 25-23 (a) 원시와 (b) 근시의 교정

$$P(\text{디옵터}) = \frac{1}{f(\text{미터})} \qquad (25-27)$$

예제 5. 명시거리의 원점(far point)이 2 m이며, 이보다 멀리 있는 물체를 명확히 볼 수 없는 근시안
이 있다. 안경을 써서 무한히 먼 거리에 있는 물체를 명확히 보려면 안경의 렌즈 도수는 얼마
여야 하는가?

풀이 렌즈 공식 $(25-20)$에서 $o = \infty$이고, $i = -2$ m이므로

$$\frac{1}{f} = \frac{1}{\infty} + \frac{1}{-2\,\text{m}}$$

따라서 안경의 도수는 식 $(25-27)$에 의하여

$$P = \frac{1}{f} = -\frac{1}{2\,\text{m}} = -0.5\,\text{D}$$

즉, 마이너스 0.5디옵터이다.

3. 복합 현미경

복합 현미경(compound microscope)의 기본구조는 **그림 25-24**와 같이 아주 짧은 초점거리
F_{ob}(1 cm 이하)를 가진 **대물렌즈**(objective lens)와 수 cm의 초점거리 F_{ey}를 가진 **대안렌즈**
(eyepiece)로 구성되어 있다. 물체 h는 대물렌즈의 초점 바로 밖에 놓이게 되며, 이때 대물
렌즈의 횡배율은 식 $(25-17)$에 의하여 다음과 같이 주어진다.

$$m = -\frac{h'}{h} = -\frac{i}{o}$$

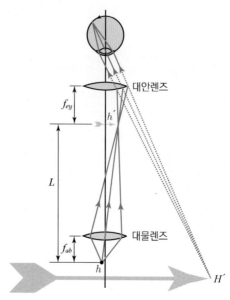

그림 25-24 복합 현미경의 기본구조

여기서 $o \approx f_{ob}$이고 i는 대략 현미경의 통의 길이 L에 가까운 값이다. 따라서

$$m \approx -\frac{L}{f_{ob}}$$

한편 이렇게 형성된 상 h'은 대안렌즈의 초점에, 또한 초점 바로 안에 놓이도록 조종되며, 대안렌즈가 확대경 역할을 하여 확대된 허상 H'이 형성된다. 이때 대안렌즈의 각 배율은 식 (25-26)에 의하여 다음과 같다.

$$m_\theta = \frac{25 \text{ cm}}{f_{ey}}$$

따라서 복합 현미경의 전체 배율 M은 다음과 같이 된다.

$$M = m m_\theta = -\frac{L}{f_{ob}} \frac{25 \text{ cm}}{f_{ey}} \quad \text{(복합 현미경)} \qquad (25-28)$$

f_{ob}와 f_{ey}가 작을수록 M이 크며, 마이너스 부호는 확대된 상이 도립상임을 뜻한다.

4. 망원경

얼핏 보면 **망원경**(telescope)도 현미경과 비슷한 렌즈 구조를 갖고 있지만, 현미경은 작은 물체를 가까이에서 관찰하는 것인데 반하여 망원경은 큰 물체를 멀리서 관찰하는 것이다.

그림 25-25는 간단한 굴절 망원경의 기본구조이다. 먼 거리에 있는 물체로부터 입사하는 평행광선은 대물렌즈의 초점거리 f_{ob}에 도립실상 h'을 형성하며, 이 상은 다시 확대경 역할

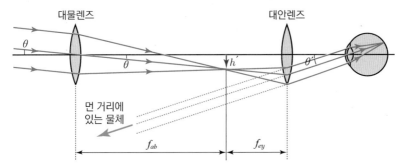

그림 25-25 굴절 망원경의 기본구조

을 하는 대안렌즈에 의하여 확대된 허상을 형성한다.

이때 대물렌즈에 의한 상 h'이 대안렌즈의 초점거리 f_{ey} 바로 안에 오도록 조정하면 적당한 명시 거리에 형성되는 확대상을 보게 되지만, 보통 천체 망원경에서는 대안렌즈의 제2초점이 대물렌즈의 제1초점과 일치하도록 조정하여, **그림 25-25**와 같이 무한히 먼 거리에 형성되는 확대상을 관찰하는 것이 표준형으로 되어 있다.

망원경의 배율은 식 (25−25)에 의하여 육안으로 볼 때 물체가 이루는 각 θ에 대한 확대상이 이루는 θ'각의 비율로 정의된다. 물체가 관측 위치에 관계없이 멀리 있을 때에는 육안으로 보는 물체의 각이 대물렌즈에 대한 물체의 각과 거의 같으며 이 각은 다음 식으로 주어진다.

$$\theta \approx \frac{h'}{f_{ob}}$$

한편 대안렌즈에 대한 확대상의 각은 다음과 같다.

$$\theta' \approx -\frac{h'}{f_{ey}}$$

따라서 망원경의 각배율은 다음과 같이 된다.

$$m_\theta = \frac{\theta'}{\theta} = -\frac{f_{ob}}{f_{ey}} \ \text{(망원경)} \tag{25−29}$$

결국 망원경의 배율은 대안렌즈의 초점거리에 대한 대물렌즈의 초점거리의 비율로 주어지며, 확대경 역할을 하는 대안렌즈의 초점거리는 짧아야 하지만 대물렌즈의 초점거리는 현미경과는 달리 될수록 길어야 큰 배율을 얻을 수 있다. 식 (25−29)에서 마이너스 부호는 확대상이 도립상임을 뜻한다. 물체를 관찰할 때는 영상이 거꾸로 보이면 불편하므로 대물렌즈 대신 오목렌즈로 바꾸어서 직립상을 만들 수 있다. 이러한 망원경을 Galilei **망원경** 또는 **오페라 망원경**이라고 한다.

천체 망원경에서는 배율만이 중요한 것이 아니고 상의 밝기도 중요하므로 외계의 어두운 별빛을 될수록 많이 집광하기 위하여 대물렌즈의 구경을 크게 만들 필요가 있다. 그러나 너무 큰 렌즈는 무겁고 유리의 제작, 표면의 연마, 색수차의 교정 등이 어렵기 때문에 대물렌즈를 제작이 용이한 오목거울로 대치하여 반사 망원경을 만들면 굴절 망원경보다 훨씬 큰 구경을 얻을 수 있다. 구경의 크기는 상의 밝기뿐만 아니라 분해능을 증대시키는 데도 중요한 역할을 한다.

연습문제

01 그림과 같이 두께 t의 얇은 유리판에 입사각 θ로 입사한 광선은 유리판을 통과하여 입사광선과 나란한 방향으로 나오지만, 옆으로 x 거리만큼 변위되어 나온다. 입사각 θ가 작을 경우 이 변위 x가 다음과 같이 됨을 보여라. (단, n은 유리판의 굴절률이고, θ는 radian으로 주어지는 값이다.)

$$x = t\ \theta \frac{n-1}{n}$$

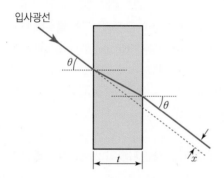

02 그림과 같이 공기 중에 놓여 있는 유리 프리즘의 한쪽 측면으로 광선이 입사하여 다른 쪽 측면으로 나온다. 이때 만일 입사각 θ가 나오는 각 θ와 같아서 광선이 프리즘을 대칭적으로 통과한다면 유리 프리즘의 굴절률 n이 다음과 같이 주어짐을 보여라. [단, ϕ는 프리즘의 두 측면이 이루는 꼭지각이며, ψ는 광선이 프리즘을 통과하여 나오면서 입사경로로부터 편차되어 벗어나는 각이다. 앞에서와 같이 입사각 θ와 나오는 각 θ가 같은 조건이라면 벗어나기 각 ψ가 최솟값이 되며, 이를 **최소 벗어나기 각**(angle of minimum deviation)이라고 한다.]

$$n = \frac{\sin\frac{1}{2}(\psi+\phi)}{\sin\frac{1}{2}\phi}$$

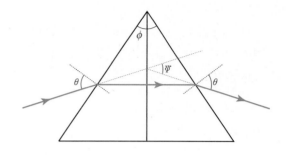

03 초점거리가 각각 f_1과 f_2인 두 얇은 렌즈가 붙어 있다.

(a) 이것이 초점거리 $f = f_1 f_2 / (f_1 + f_2)$로 주어지는 단일렌즈와 같음을 보여라.

(b) 두 렌즈의 도수를 각각 P_1과 P_2라고 한다면 붙어 있는 두 렌즈의 합성도수가 $P = P_1 + P_2$임을 보여라.

04 그림과 같이 높이 2 cm의 물체가 곡률반지름 10 cm인 볼록 거울에서 10 cm인 지점에 있다. 상의 위치와 높이를 계산하라.

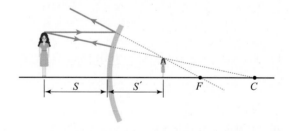

05 렌즈 양면의 곡률반지름이 각각 40 cm와 20 cm 되는 굴절률 1.52의 유리로 만든 렌즈가 있다. 두 면이 각각 다음과 같은 경우, 초점거리와 도수를 계산하라.

(a) 모두 볼록한 렌즈
(b) 모두 오목한 렌즈

06 그림과 같이 초점거리가 각각 f_1과 f_2인 두 수렴렌즈가 $f_1 + f_2$의 간격으로 놓여 있다. 이와 같은 장치를 beam expander라고 부르며, 흔히 레이저로부터 나오는 광선속의 폭을 확대시키는 데 사용된다.

(a) 입사하는 선속의 폭이 W_1이라면 나오는 선속의 폭이 $W_2 = (f_2 \div f_1) W_1$이 됨을 보여라.
(b) 수렴렌즈와 발산렌즈를 사용하여 beam expander를 만들려면 어떻게 배열하여야 할까?

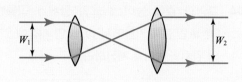

07 Fermat의 원리를 이용하여 반사법칙을 유도하라.

08 굴절률이 4/3인 물속 깊이 1 m에 있는 물고기를 물 밖 바로 위에 있는 사람이 보면 얼마의 깊이에 있는 것으로 보이는가? 즉, 겉보기 깊이는 얼마인가?

09 (a) 높이 1.2 cm인 물체가 초점거리 12 cm인 양 볼록렌즈에서 왼쪽으로 4 cm 떨어진 위치에 있다. 이 물체의 상의 위치와 높이를 계산하라.
(b) 초점거리가 6 cm인 또 다른 볼록렌즈를 첫 번째 렌즈에서 오른쪽으로 12 cm 떨어진 곳에 놓았다. 상의 위치는 어떻게 되는가?

10 굴절률 n인 어떤 얇은 렌즈의 공기 중에서 초점거리가 f이면, 굴절률 n'인 물속에서 이 렌즈의 초점거리 f'은 다음과 같이 나타남을 유도하라.

$$f' = \frac{n'(n-1)}{n-n'} \cdot f$$

11 한쪽의 곡률반지름이 20 cm인 볼록면으로 된 얇은 유리($n = 1.5$) 렌즈가 있다. 높이 1 cm인 물체를 렌즈에서 50 cm에 떨어진 지점에 놓았을 때 높이 2.15 cm의 직립 상이 형성되었다. 이 렌즈 다른 면의 곡률반지름을 구하라. 이 면은 오목인가? 아니면 볼록인가?

12 굴절률 1.6인 물질로 만들어진 다음과 같은 곡률반지름의 얇은 렌즈의 초점거리를 구하고, 렌즈 모양을 스케치하라.

(a) $R_1 = 20$ cm, $R_2 = 10$ cm
(b) $R_1 = 10$ cm, $R_2 = 20$ cm
(c) $R_1 = -10$ cm, $R_2 = -20$ cm

13 (a) 렌즈의 굴절률이 Δn 변화하면 렌즈의 초점거리의 변화 Δf 사이에는 다음과 같은 근사식이 성립함을 증명하라.

$$\frac{\Delta f}{f} = \frac{-\Delta n}{n-1}$$

(b) 어떤 렌즈가 붉은색에서 $n = 1.47$, 초점거리가 20 cm 이다. 만약 푸른색에서 $n = 1.53$이라면 이때의 렌즈 초점거리는 얼마인가?

14 어떤 사람이 곡률반지름 1.5 m의 오목 화장거울을 사용하고 있다. 이 사람의 상이 얼굴 위치에서 80 cm 떨어진 곳에 맺게 하려면 거울과 얼굴과의 거리는 얼마여야 하는가?

15 길이 L의 광섬유에서 각 모드에 따른 도착 시간차에 의해 정보 전달 용량이 제한된다. **그림 25-8**의 광섬유에서 최대 입사각 θ_α^{max}와 $\theta_\alpha = 0$, 즉 광섬유 축과 수평으로 진행하는 두 모드(광선) 사이의 시간차는 $\Delta t = \dfrac{L}{c}\dfrac{n_1}{n_2}(n_1 - n_2)$임을 유도하라.

16 **그림 25-18(e)**는 평볼록(plano-convex)렌즈를 나타낸 것이다. $n = 1.52$인 유리로 초점거리 25 cm인 평 볼록렌즈 제작에 필요한 곡률 반지름은 얼마인가?

17 얇은 렌즈에서 물체와 상과의 거리는 항상 렌즈의 초점거리의 4배가 됨을 증명하라.

18 연습문제 2를 참조하여 백색 평행광선이 60° 분산 프리즘에 최소 벗어나기 각으로 입사하였다. 붉은색(프리즘 $n = 1.525$)과 푸른색(프리즘 $n = 1.535$) 투과 광선의 벗어나기 각 분산(차이)은 얼마인가?

19 2개의 볼록렌즈를 20 cm 간격으로 배열하여 20배의 복합 현미경을 구성하려 한다. 한 렌즈의 초점거리가 4 cm 라면 다른 렌즈의 초점거리는 얼마인가?

20 초점거리가 각각 -5 cm, $+20$ cm 인 얇은 렌즈로 복합렌즈를 구성하였을 때, 다음의 경우 복합렌즈의 유효 초점거리를 구하라.

(a) 두 렌즈를 붙였을 때
(b) 간격이 10 cm 일 때

21 굴절률 1.5의 유리로 된 볼록렌즈의 초점거리는 공기 중에서 30 cm 이다. 이 렌즈를 어떤 액체에 담근 후 초점거리 180 cm 의 발산렌즈로 변하였다. 이 액체의 굴절률은 얼마인가?

CHAPTER 26

빛의 간섭과
회절

24장에서 이미 다룬 바와 같이 빛은 전자기 파동이다. 앞 장에서는 주로 기하광학을 다루었으나 이 장에서는 기하광학적인 설명이 적용되지 않는 빛의 간섭과 회절 등을 다룬다.

빛의 파동적 성질을 고려한 빛의 성질을 기술하는 학문을 **물리광학**(Physical optics)이라 하고 앞에서의 기하광학보다 훨씬 광범위한 실험적 사실을 설명할 수 있다.

26-1 이중슬릿에 의한 간섭

1801년 영국의 Thomas Young은 두 바늘구멍에서 나온 빛이 겹칠 때 일어나는 **간섭**(interference) 효과를 관찰하는 실험에 성공함으로써 빛의 파동성을 입증하는 확고한 근거를 마련하였다. 그는 이 실험을 통하여 광원으로 사용한 태양 빛의 파장을 비교적 정확히 계산할 수 있었는데 이는 빛의 파장을 측정하는 최초의 실험이었다.

오늘날에는 이러한 간섭무늬를 보다 효과적으로 관찰하기 위하여 Young의 실험에서 사용된 바늘구멍 대신에 아주 가는 틈(0.1 mm 정도)의 슬릿들을 사용하고, 여러 파장이 섞여 있는 백색광 대신에 단일파장으로 된 단색광을 광원으로 사용한다.

그림 26-1(a)는 Young의 이중슬릿에 의한 간섭실험의 기본장치이다. 슬릿 S_0로 단색광을 입사시키면 슬릿을 통과하는 빛은 Huygens의 원리에 의해 원통형 파면을 이루면서 슬릿 S_1과 S_2에 입사하게 된다. 두 슬릿을 통하여 회절하는 빛은 각각 다시 원통형 파면을 이루고 이들 파면은 서로 겹치면서 스크린에 도달하여 **그림 26-1(b)**와 같은 간섭무늬가 형성된다.

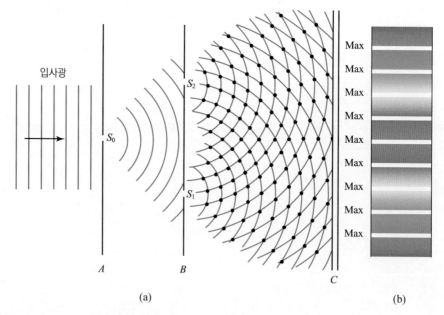

그림 26-1 (a) Young의 이중슬릿 간섭실험 (b) 스크린상의 간섭무늬

간섭현상은 이처럼 두 파동이 겹칠 때 일어난다. **그림 26-1(a)**에서 점들로 표시된 부분은 두 파동이 겹치면서 빛의 세기가 극대로 보강되는 곳이며, 이러한 극대점들은 스크린에 방사선 방향으로 밝은 무늬들을 형성하게 된다. 스크린상의 밝은 무늬들 사이에서는 상쇄간섭으로 어두운 무늬들이 형성된다.

전자기파에 대해서도 중첩의 원리가 적용된다. 따라서 12장에서 공부한 탄성파의 경우와 같이 두 파동이 만나면 공간·시간적으로 간섭을 일으킨다. 별개의 두 광원에서 나온 광파가 공간적으로 간섭무늬를 형성하기 위해서는 두 광파의 파장 및 위상은 각각 일정한 관계를 지속적으로 유지하여야 한다. 이러한 조건을 만족하는 파동을 **간섭성(coherent)** 파동이라 하며 He−Ne 레이저에서 나온 빛이 좋은 예이다. 만일 일정한 파장 및 위상관계를 지속적으로 유지하지 못하면 **비간섭성(incoherent)** 파동이라고 하며 간섭무늬를 형성하지 못한다.

태양광선이나 백열등, 방전관과 같은 보통 광선에서 나오는 빛은 수없이 많은 원자들이 제각기 멋대로 잠깐씩(약 10^{-8}초 동안) 방출하는 수 미터 길이의 **파동열(wave train)**들이 모여서 이루어지는 빛이다. 이처럼 무질서하게 방출되는 파동열들로 이루어진 파동은 두 파동이 겹치더라도 상호 간의 위상관계가 불규칙적으로 바뀌기 때문에 간섭 효과를 일으키지 못한다. 예를 들어 **그림 26-1**에서 S_1과 S_2를 두 개의 백열등으로 대치한다면 스크린 C에 도달하는 두 광파의 위상차가 불규칙적으로 바뀌기 때문에 밝거나 어두운 무늬가 지속적으로 형성되지 못하고 스크린 전체가 평균적으로 고르게 조명되는 결과를 가져온다.

그러나 비간섭성 광원이라도 독립된 두 개의 광원을 사용하는 대신 하나의 광원으로부터 나오는 빛을 두 빛으로 분할하였다가 다시 모아주면 간섭 효과를 얻을 수 있다. **그림 26-1** Young의 실험에서 하나의 슬릿 S_0에서 나오는 빛을 두 개의 슬릿 S_1과 S_2로 통과시키는 것은 바로 이 때문이다. S_0에서 나오는 빛은 위상이 제멋대로 변하는 파동열들로 이루어진 빛이지만 S_0의 슬릿 틈이 충분히 작을 경우, 이 위상변화가 S_1과 S_2에 일률적으로 전달되기 때문에 두 슬릿을 통과한 빛은 서로 일정한 위상관계를 유지하게 되고 스크린에서 다시 만날 때 간섭무늬를 형성할 수 있다.

이제 파장 λ의 단색광이 입사하는 경우 이중슬릿에 의한 간섭조건을 분석해 보기로 하자.

그림 26-2는 두 슬릿에서 나온 광선의 경로를 표시하였다. 두 슬릿 S_1과 S_2 사이의 간격 d는 수 mm 내외이고 슬릿과 스크린 사이의 거리 R은 수십 cm∼1 m 정도이다.

그림 26-2에서는 R에 비하여 d를 크게 과장해서 그렸다. 슬릿 S_1과 S_2를 통과한 빛이 θ각도 방향으로 회절하여 스크린상의 P점에 형성하는 무늬를 생각하자. 슬릿 S_1과 S_2는 광원 역할을 하는 슬릿 S_0로부터 같은 거리에 있다.

따라서 슬릿 S_1과 S_2로부터 나오는 두 파동은 서로 같은 위상으로 출발하며, P에 도달할 때의 두 파동은 각각 S_1P와 S_2P의 행로를 지나므로 두 파동 사이의 경로차는 $\Delta L = S_2P - S_1P$이다.

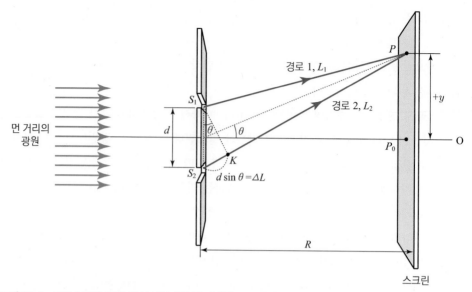

그림 26-2 이중슬릿에 의한 간섭실험에서 각 θ 방향으로 겹치는 두 광선의 경로

S_1K를 S_2P에 수직으로 그리면, $R \gg d$이므로 $S_1P \approx KP$ 및 $S_2K = d\sin\theta$로 놓을 수 있다. 그러므로 P에 도달하는 두 빛의 경로차 ΔL은 다음과 같다.

$$\Delta L = S_2P - S_1P = S_2K = d\sin\theta \tag{26-1}$$

이때 P에 밝은 무늬, 즉 빛의 세기가 극대가 되는 무늬가 형성되기 위해서는 이 경로차가 파장의 정수배가 되어야 한다. 즉,

$$d\sin\theta = m\lambda \quad (\text{단, } m = 0,\ 1,\ 2\ \cdots)\ (\text{극대조건}) \tag{26-2}$$

정수 m을 무늬의 **위수(order)**라고 한다. 중앙 위치 P_0에서는 경로차가 0이므로 $m = 0$에 해당되는 **영 위수(zeroth order)**의 밝은 무늬가 형성된다.

어두운 무늬, 즉 빛의 세기가 극소가 되는 무늬가 형성되기 위해서는 경로차가 다음과 같아야 한다.

$$d\sin\theta = \left(m + \frac{1}{2}\right)\lambda \quad (\text{단, } m = 0,\ 1,\ 2\ \cdots)\ (\text{극소조건}) \tag{26-3}$$

예제 1. 그림 26-2와 같은 이중슬릿 간섭실험에서 파장이 $\lambda = 633\ \text{nm}$인 He−Ne 레이저를 광원으로 사용하고, 슬릿의 폭이 $d = 0.2\ \text{mm}$, 슬릿과 스크린 사이의 거리 $R = 3\ \text{m}$인 경우

(a) 9번째의 극대가 생기는 위치 y를 계산하라.

(b) 임의의 두 극대 무늬 사이의 거리를 계산하라.

풀이 (a) 그림 **26-2**에서 극대가 생기는 위치 y는 $y = R\tan\theta$, $R \gg d$이므로 $\tan\theta \simeq \sin\theta$, 식 $(26-2)$를 이용하면 극대가 생기는 위치 y는

$$y = \frac{n\lambda R}{d} \qquad\qquad (26-4)$$

9번째 극대이므로 $n = 9$, $\lambda = 633\,\text{nm}$, $d = 0.2\,\text{mm}$, $R = 3\,\text{m}$를 각각 위 식에 대입하면

$$y = \frac{9(633 \times 10^{-9}\,\text{m})(3\,\text{m})}{0.2 \times 10^{-3}\,\text{m}} \simeq 8.5\,\text{cm}$$

식 $(26-4)$에서 y, R, d의 값을 알면 파장 λ를 결정할 수 있음을 주목하여라.

(b) 두 극대 사이의 간격은 다음과 같다.

$$\Delta y = y_{n+1} - y_n = (n+1)\frac{\lambda R}{d} - n\frac{\lambda R}{d} = \frac{\lambda R}{d} = 0.94\,\text{cm}$$

밝은 간섭무늬 사이의 간격 Δy는 위수 m에 무관하고 λ/d에 의존한다. 또한 λ/d가 커지면 간격(또는 각 간격) Δy(또는 $\Delta\theta$)가 증가한다는 것을 알 수 있다. 만일 다른 조건은 고정시키고 슬릿의 간격(거리)을 서서히 감소시키면 간격 Δy는 증가한다. 슬릿의 간격과 간섭무늬 사이의 간격은 서로 역비례함을 주목하라.

여기서 이중슬릿의 간섭에 의해 스크린에 나타난 간섭무늬의 세기를 계산해보자. 빛의 세기는 단위면적당, 단위시간당 빛에 의해 전달되는 에너지로 정의된다.

12장에서 역학적 파동의 에너지는 파동의 변위의 제곱에 비례한다는 것을 공부하였다. 전자기파에서는 전기장(또는 자기장)이 변위에 해당한다. **전자기파의 세기(단위시간당, 단위면적당 전달되는 전자기파의 에너지)**는 24장에서 나온 **포인팅 벡터의 시간적 평균으로 정의되고 포인팅 벡터는 전기장과 자기장의 벡터곱에 비례한다.**

자기장은 또한 전기장에 비례하므로 결국 전자기파의 세기는 전기장의 제곱에 비례한다 ($I \propto E^2$). 따라서 두 슬릿에 의해 스크린에 생기는 간섭무늬에서의 빛의 세기는 슬릿 S_1과 S_2 각각에 의한 스크린 위의 점 P에서의 전기장 $\vec{E_1}$, $\vec{E_2}$의 합의 제곱에 비례한다.

$$I \propto (E_1 + E_2)^2 = E_1^2 + 2\vec{E_1} \cdot \vec{E_2} + E_2^2 \qquad\qquad (26-5)$$

전자기파는 매우 빠른($\sim 10^{15}\,\text{Hz}$) 주파수로 진동하지만 우리가 관측하는 빛의 세기는 포인팅 벡터의 시간적인 평균이므로 식 $(26-5)$의 시간적 평균을 취하면

$$I \propto <E_1^2> + 2<E_1 \cdot E_2> + <E_2^2> \qquad\qquad (26-6)$$

여기서 $<\ >$는 시간적 평균을 의미한다.

위 식의 두 번째 항 $2<E_1 \cdot E_2>$을 주목해 보자. 비간섭성(incoherent) 광원에 대해서는 E_1, E_2 사이에 시간에 따라 매우 불규칙적인 위상관계를 가지므로 $<E_1 \cdot E_2>$항은 0이 된다. 따라서

$$I = I_1 + I_2$$

그러나 간섭성 광원에 대해서는 $< E_1 \cdot E_2 >$항은 0이 되지 않는다. (완전) 보강간섭인 경우 $E_1 = E_2$이므로

$$I \propto 4 < E_1^2 = 4I_1$$

한편 (완전)상쇄간섭인 경우 위상이 $180°$ 다르므로 $E_1 = -E_2$, 따라서 $< E_1 \cdot E_2 >$ $= -< E_1^2 > \propto I_1$이므로 식 $(26-5)$에 대입하면

$$I \propto I_1 - 2I_1 + I_1 = 0$$

간섭성 광원인 슬릿 S_1, S_2에 의해 스크린상의 임의의 점 P에 형성되는 전기장이 서로 방향은 같고 다음과 같은 크기를 갖는다고 하면

$$E_1 = E_0 \sin(\omega t)$$
$$E_1 = E_0 \sin(\omega t + \psi)$$

여기서 두 광파의 진폭은 편의상 E_0로 같다고 놓았으며, ω는 각주파수 ψ는 광로차에 의한 위상차로 광로차 ΔL에 의한 위상각(**radian**)이다. 광로차 $\Delta L = \lambda$가 위상각 2π에 해당되므로, $\psi = k \Delta L = \dfrac{2\pi}{\lambda} \Delta L$로 주어진다.

식 $(26-1)$의 ΔL을 대입하면

$$\psi = \frac{2\pi}{\lambda} d \sin\theta \qquad (26-7)$$

점 P에서의 합성 전기장 E는 중첩의 원리에서

$$E = E_1 + E_2 = E_0 [\sin(\omega t) + \sin(\omega t + \psi)]$$
$$= 2E_0 \cos\left(\frac{\psi}{2}\right) \sin\left(\omega t + \frac{\psi}{2}\right)$$

즉, 점 P에서의 진폭은 $2E_0 \cos\left(\dfrac{\psi}{2}\right)$로 주어지며 그 점에서의 위상차 ψ에 의존한다. 따라서 점 P에서의 빛의 세기는

$$I \propto \left[2E_0 \cos\left(\frac{\psi}{2}\right)\right]^2 \qquad (26-8)$$

이때 두 슬릿 중 슬릿 하나에 의한 빛의 세기를 I_0라 하면

$$I_0 \propto E_0^2 \qquad (26-9)$$

식 $(26-8)$과 $(26-9)$의 비례상수는 같다고 볼 수 있으므로

$$\frac{I}{I_0} = \frac{\left(2E_0 \cos\frac{\psi}{2}\right)^2}{E_0^2} = 4\cos^2\frac{\psi}{2}$$

또는

$$I = 4I_0 \cos^2\frac{\psi}{2} \qquad\qquad (26-10)$$

이것이 이중슬릿에 의한 간섭무늬의 세기 I를 위상차 ψ의 함수로 나타낸 식이다. 식 (26 $-$ 10)에서 세기의 극댓값은 $4I_0$이며

$$\frac{\psi}{2} = m\pi \quad (\text{단, } m = 0,\ 1,\ 2\ \cdots) \qquad\qquad (26-11)$$

즉, 위상차 ψ가 $0,\ 2\pi,\ 4\pi\ \cdots\ 2m\pi$일 때 생긴다. 이때 마루와 마루, 골과 골이 겹치게 되므로 간섭하는 두 파동은 서로 **동위상(in phase)**이며, 두 파동은 **보강간섭(constructive interference)**을 한다. 식 $(26-11)$을 $(26-7)$에 대입하면

$$d\sin\theta = m\lambda \quad (\text{단, } m = 0,\ 1,\ 2\ \cdots)$$

즉, 앞에서 구한 바 있는 식 $(26-2)$의 극대조건이 된다. 한편 식 $(26-10)$에서 무늬의 세기의 극솟값은 0이며,

$$\frac{1}{2}\psi = \left(m + \frac{1}{2}\right)\pi \quad (\text{단, } m = 0,\ 1,\ 2\ \cdots)$$

즉, 위상차 ψ가 $\pi,\ 3\pi,\ 5\pi\ \cdots\ (2m+1)\pi$일 때 생긴다. 이때 마루와 골이 겹치게 되므로 간섭하는 두 파동은 서로 **역위상(out of phase)**으로 두 파동은 **상쇄간섭(destructive interference)**을 한다. 위 식을 $(26-7)$에 대입하면

$$d\sin\theta = \left(m + \frac{1}{2}\right)\lambda \quad (\text{단, } m = 0,\ 1,\ 2\ \cdots)$$

즉, 앞에서 구한 식 $(26-3)$의 극소조건이 된다.

그림 26-3은 식 $(26-10)$을 그래프로 그린 것이다. 두 슬릿에 의한 간섭무늬의 세기가 위에서 분석한 바와 같이 극댓값 $4I_0$와 극솟값 0 사이에서 진동함을 알 수 있으며, **그림 26-1(b)**의 간섭무늬 사진과 잘 일치한다.

그림 26-3에서 실선 I_0는 두 슬릿 중 하나를 가렸을 경우에 단일슬릿에 의하여 회절한 빛이 스크린을 균일한 세기로 조명하는 것을 나타낸 것이다.

만일 이중슬릿에 의한 두 빛의 비간섭성일 때는 간섭무늬가 형성되지 않고 스크린 전체가 균일한 밝기로 조명되며 그 세기는 두 빛의 세기를 단순히 더해준 것이 된다. **그림 26-3**에서 수평으로 된 점선 $2I_0$는 이 경우를 나타낸다.

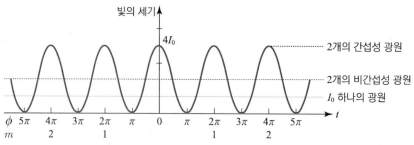

그림 26-3 위상차에 따른 간섭무늬의 밝기

이중슬릿에 의한 두 빛이 간섭무늬를 형성하든지(간섭성) 또는 형성하지 않든지(비간섭성)에 관계없이 전체 빛의 평균값은 같아야 한다. **그림 26-3**에서 간섭무늬의 세기는 0과 $4I_0$ 사이의 값으로 분포되지만 그 평균값은 $2I_0$이다. 이러한 결과는 식 (26 – 10)에서 코사인 제곱의 평균값으로 1/2을 대입하면 I의 평균값이 $2I_0$가 된다는 사실로도 쉽게 알 수 있다.

26-2 반사에 의한 간섭

그림 26-4(a)와 같이 한쪽 면만 볼록한 렌즈를 유리판 위에 놓고 위에서 빛을 비추면 **그림 26-4(b), (c)**와 같이 밝고 어두운 고리 모양의 간섭무늬가 생긴다. 이 현상을 **Newton의 원무늬(Newton's ring)**라 부르며, 18세기 Newton에 의해 알려졌다.

이러한 Newton의 원무늬는 **그림 26-4(b)**에 나타낸 바와 같이 거의 수직으로 입사한 광선이 투명한 유리로 된 렌즈와 유리판의 표면에서 일부는 투과하고 일부는 반사하여 각각 렌즈와 유리판 표면 위의 점 P_1, P_2에서 반사한 광선이 중첩되어 생기는 간섭무늬이다. 입사 광선이 거의 수직이므로 렌즈의 곡면에서 반사된 광선 1과 평면 유리판에서 반사된 광선 2와의 경로차는 $2P_1P_2$가 된다. $2P_1P_2$가 $m\lambda$가 되면 상쇄간섭이 되고 $(n+1/2)\lambda$가 되면 보강간섭이 되어 명암이 교차되는 동심고리(concentric rings) 모양의 무늬가 나타난다. 곡면렌즈와 평면 유리판의 접촉점 C에서는 경로차가 0이므로 보강간섭이 일어나 밝은 점이 되어야 하나 실제로는 **그림 26-4(b)**에서와 같이 점 C, 즉 간섭무늬의 중앙에 어두운 점이 나타난다. 따라서 경로차가 0인 경우에도 상쇄간섭이 일어나는 것을 알 수 있다. 그 이유는 $n=1$인 공기에서 $n>1$ 유리로 빛이 진행할 때 공기와 유리의 경계면에서 일어나는 반사는 위상이 $180°(\pi\ radian)$ 바뀌기 때문이다. 그러나 유리에서 공기로 진행할 때 유리와 공기의 경계면에서의 반사와 투과하는 광선의 위상변화는 없다. 그러므로 광선 1과 광선 2는 $180°$ 위상 차이가 생겨 점 C에서는 상쇄간섭이 일어난다.

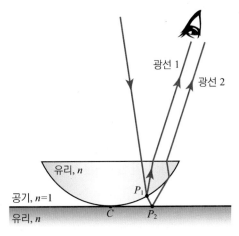

광선 1

광선 2

유리, n

공기, $n=1$

유리, n

P_1

C　P_2

(a) Newton의 원무늬 실험

(b) 반사에 의한 간섭무늬

(c) 투과에 의한 간섭무늬

그림 26-4 Newton의 원무늬

　우리는 12-10절에서 선밀도가 서로 다른 두 줄의 경계점에서 줄의 파동이 반사할 때의 위상변화를 공부한 바 있다. 가벼운 줄에서 무거운 줄로 파동이 진행할 때 그 경계점에서 반사되는 파동은 경계조건에 의해 입사한 파동의 뒤집힌 형태가 되어 180° 위상차가 생기나 그 역의 경우, 즉 무거운 줄에서 가벼운 줄로 진행하는 파동이 경계점에서 반사할 때는 위상차가 생기지 않는다. 따라서 반사파의 위상이 180° 바뀌느냐 아니냐를 결정하는 것은 경계조건, 즉 이 경우 줄의 선밀도에 따라 결정된다. 줄의 파동의 경우 전파속도는 선밀도의 제곱근에 역비례하므로 180°의 위상차는 파동의 속도가 빠른 매질에서 느린 매질로 파동이 진행할 때 그 경계점에서 나타나며 투과하는 파동의 경우에는 두 경우 모두 위상의 변화가 없다.

　빛의 경우에도 마찬가지 현상이 일어난다. 전자기파의 경우 전기장의 부호가 경계면 양쪽에서의 전파속도에 따라 결정된다. 빛의 속도가 빠른(굴절률이 작은) 매질에서 빛의 속도가 느린(굴절률이 큰) 매질로 광선이 진행할 때, 그 경계면에서 180°(π radian)의 위상차가 생긴다.

그림 26-5는 빛과 줄의 파동의 경우 굴절률이 각각 n_1, n_2인 매질의 경계면에서 일어나는 반사에 의한 위상의 변화를 나타낸 것이다. 이를 요약하면, 전자기파가 굴절률이 n_1인 매질에서 굴절률이 n_2인 매질로 입사할 때 $n_1 < n_2$인 경우에 경계면에서의 반사에 의해 180°(π radian)의 위상차가 생기고, $n_1 > n_2$인 경우에는 경계면에서 반사에 의한 위상차가 생기지 않는다.

이제 Newton의 원무늬를 이해할 수 있다. **그림 26-4(a)**의 P_2에서 반사되는 광선은 180°의 위상차, 즉 $\lambda/2$의 광로차가 생기므로 보강간섭조건은 다음과 같이 쓸 수 있다.

$$\Delta L = 2P_1P_2 = \left(m + \frac{1}{2}\right)\lambda \quad (단, \ m = 0, \ 1, \ 2 \cdots) \qquad (26-12)$$

1. Newton의 원무늬 고리의 보강간섭조건

광로차 $2P_1P_2$의 크기는 접촉점 C에서의 거리와 렌즈곡면의 기하학적인 형태에 따라 결정되며, 점 C주위에 생기는 어두운 부분은 앞에서 설명한 상쇄간섭 효과 외에 다음과 같이 간단히 설명할 수 있다. 점 C에서는 $2P_1P_2$가 0이므로 사실상 유리와 공기의 경계면이 존재하지 않는다.

따라서 점 C에서는 연속적인 매질이므로 그 점에서 반사되는 광선은 없으므로 어둡게 보이는 것뿐이다.

그림 26-4(c)는 투과에 의한 간섭무늬로 **그림 26-4(b)**의 반사의 경우와 명암이 반대이다.

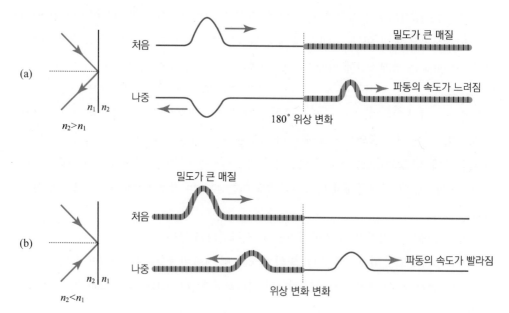

그림 26-5 경계면에서의 반사에 의한 위상의 변화

Newton의 원무늬와 같은 간섭현상을 이용하여 광학면의 평면도(flatness)를 측정할 수 있다. 평면도가 극히 좋은 기준 광학면 위에 측정하고자 하는 광학면을 올려놓고 위에서 빛을 비추는 경우 측정면이 완전한 평면이면 전체가 어두워지는 상쇄간섭으로 밝고 어두운 간섭무늬가 생기지 않는다. 그러나 측정면의 평면도가 완전하지 않으면 접촉점을 중심으로 일그러진 곡선 형태의 간섭무늬가 생긴다. 현재 정밀한 간섭계 등에는 평면도가 $\lambda/20$, 즉 25 nm 이내인 거울이 사용되며 이를 이용하면 가시광선 파장의 길이보다 훨씬 짧은 거리까지 측정할 수 있다.

예제 2. 다음 그림과 같이 한쪽 면의 길이 $L = 10$ cm인 완전한 평면도를 갖는 두 광학면의 한쪽 끝에 직경이 $d = 0.01$ mm인 원통형 선이 끼어 있다. 위에서 수직으로 파장이 $\lambda = 420$ nm인 청색 빛을 비추는 경우 반사에 의한 간섭으로 나타나는 밝은 무늬 사이의 간격을 구하라.

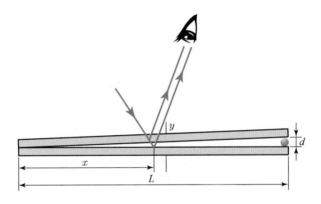

풀이 두 번째 광학면에서 반사된 광선은 $180°(\pi$ radian)의 위상차를 갖는다. 두 광학면 사이의 간격을 y라 하면 광로차는 $\Delta L = 2y$, 따라서 광로차에 의한 위상차는

$$k\Delta L = \frac{2\pi}{\lambda} 2y = \frac{4\pi y}{\lambda}$$

이다. 그러므로 총 위상차는

$$\psi = \pi + k\Delta L = \pi + \frac{4\pi y}{\lambda}$$

가 된다. 보강간섭이 되기 위해서는 총 위상차가 2π의 정수배가 되어야 한다. y에 대해 풀면

$$y = \frac{\lambda}{4}(2m - 1)$$

이 되고 또한 그림에서

$$\frac{y}{d} = \frac{x}{L}$$
$$x = \frac{L}{d}y = \frac{L}{d}\frac{\lambda}{4}(2m - 1)$$

x는 m번째 밝은 무늬가 나타나는 점의 위치이므로 밝은 무늬 사이의 간격을 구하려면 m번째의 위치에서 $m-1$번째 위치를 빼면 된다. 따라서 다음과 같다.

$$\Delta x = \frac{L}{d}\frac{\lambda}{4}\{(2m-1)-[2(m-1)-1]\} = \frac{L}{d}\frac{\lambda}{4}2$$

$$= \frac{(10\times 10^{-2}\,\text{m})(420\times 10^{-9}\,\text{m})}{(0.01\times 10^{-3}\,\text{m})4}\cdot 2 \simeq 2\,\text{mm}$$

26-3 박막에 의한 간섭

물 위에 떠 있는 기름층이나 비누거품 등에서 볼 수 있는 색 무늬는 투명한 박막(thin film)의 전면과 후면에서 반사되는 빛의 간섭효과로 인한 현상이다.

그림 26-6은 입사한 파장 λ의 단색광이 균일한 두께 t의 박막에서 반사하여 눈으로 들어오는 과정을 보여준다. 입사광선 i는 박막 앞면의 한 점 a에서 일부가 반사하여 광선 r_1으로 나오고, 나머지는 굴절 투과한다. 투과한 광선은 박막의 뒷면의 한 점 b에서 다시 일부가 반사하여 그중 일부가 앞면을 투과하여 광선 r_2로 나오게 된다. 이처럼 빛이 박막의 두 면 사이에서 투과와 반사를 되풀이 하는 것을 **다중반사(multiple reflection)**라고 하는데, 광선 r_1과 r_2는 한 광원에서 출발한 빛이 다중반사에 의하여 분할된 것이기 때문에 간섭성이며 눈의 망막에서 수렴될 때 간섭무늬를 보게 된다.

눈으로 간섭무늬를 보려면 **그림 26-6**에서 광선 r_1과 r_2 사이의 간격이 눈의 지금보다 충분히 좁아야 한다. 따라서 박막의 두께 d가 아주 얇거나 박막에 대하여 거의 수직($\theta_i \approx 0$)으로 반사된 빛을 관찰하는 것이 효과적이다. 다중반사에 의한 간섭무늬를 관찰하는 데 적절한 박막의 두께는 보통 빛의 파장 정도이다.

26-2절의 Newton의 원무늬에서와 다른 점은 광선 r_2가 굴절률이 n인 박막 속을 왕복하기 때문에 생기는 광로차에 의한 위상의 변화는 진공(또는 공기) 중에서의 파장 λ대신 굴절률이 n인 박막에서의 파장 $\lambda_n = \lambda/n$를 사용한다는 것이다. 따라서 보강간섭에 의한 극대조건과 상쇄간섭에 의한 극소조건은 박막의 두께를 d라 할 때 다음과 같다.

$$2d = \left(m+\frac{1}{2}\right)\lambda_n = \left(m+\frac{1}{2}\right)\frac{\lambda}{n}$$

즉

$$\text{극대조건}\ 2nd = \left(m+\frac{1}{2}\right)\lambda \quad (\text{단},\ m=0,\,1,\,2\,\cdots) \tag{26-13}$$

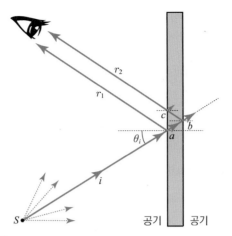

그림 26-6 박막에 의한 간섭

$$극소조건 \quad 2nd = m\lambda \quad (단, \ m = 0, 1, 2 \cdots) \quad\quad (26-14)$$

위의 식들은 박막의 굴절률이 박막 주위 매질의 굴절률보다 큰 경우나 작은 경우에 관계없이 다 같이 성립한다. 어느 경우나 두 광선 중 하나만 π의 위상변화를 일으키기 때문이다. 공기 속의 유리박막이나 유리판 사이의 공기 박막 등이 좋은 예다. 그러나 만일 박막의 굴절률이 박막 뒤쪽의 굴절률보다 작다면 위의 극대와 극소조건이 반대로 바뀌게 됨에 유의하라(예제 3 참조).

단색광 대신에 백색광으로 박막을 비추면 파장에 따라 무늬의 위치가 달라지므로 물 위에 떠 있는 기름층이나 비눗방울 등에서 흔히 볼 수 있는 무지개무늬가 형성된다.

박막에 의한 빛의 간섭무늬는 박막 앞쪽에서뿐만 아니라 뒤쪽에서도 관찰된다. **그림 26-6** 에서 박막에 입사하는 빛은 다중반사를 거치면서 앞쪽으로 나오는 광선들과 뒤쪽으로 나오는 광선들로 분할된다.

따라서 뒤쪽에서 박막을 투과하여 나오는 빛을 관찰해도 간섭무늬를 볼 수 있다. 단, 이때는 간섭무늬는 극대와 극소의 위치가 앞쪽에서 볼 때와는 반대로 뒤바뀌게 된다.

예제 3. 무반사 코팅(antireflective coating) 유리렌즈($n_3 = 1.7$)에 입사하는 빛의 반사를 줄이기 위하여 흔히 렌즈 표면에 $MgF_2(n_2 = 1.38)$와 같은 투명한 물질의 박막을 입힌다(**그림 26-7** 참조). 수직 입사를 가정하고 가시광의 중간파장($\lambda = 550nm$)에서 반사를 최소로 줄이는 데 필요한 MgF_2 박막의 두께를 계산하라.

풀이 $n_3 > n_2 > n_1$이므로 공기에서 MgF_2로 입사하다가 반사하는 경계면 Ⅰ 반사와 mgF_2에서 유리로 입사하다가 반사하는 경계면 Ⅱ 반사가 다 같이 굴절률이 작은 매질에서 큰 매질로 입사하다가 반사하는 경우이다.

결국 다 같이 π의 위상변화를 일으키므로 반사에 의한 위상변화는 상쇄되고, 간섭조건은 광로차에 의해서만 결정된다. 따라서 **그림 26-6**에서 한쪽만이 위상변화를 일으킬 때와는 반대로, 여기서는 식 (26 − 13)이 극소조건, 즉 반사를 최소로 줄이는 조건이 되며, 이를 만족시키는 가장 얇은 두께는 $m = 0$일 때이므로

$$2nd = \frac{1}{2}\lambda$$

이다. 따라서 다음과 같다.

$$d - \frac{\lambda}{4n} = \frac{550 \text{ nm}}{(4)(1.38)} \simeq 99.6377 \text{ nm}$$

예제 3에서 무반사 박막의 두께가 박막 내에서 파장의 1/4이므로 **사분파(quater-wave)코팅**이라 부른다. 무반사 박막에 의해 완전상쇄간섭(total destructive interference)이 되려면 예제 3에서 고려한 위상 조건 외에 반사되는 두 광선의 진폭이 같아야 한다. 그러기 위해서는 **그림 26-7**에서 $n_2 = \sqrt{n_1 n_3}$의 조건을 만족하여야 한다(연습문제 7 참조).

예제 3에서 550 nm의 파장에 대해서는 반사를 억제하였으나 가시광선 내의 다른 파장, 특히 가시광신 영역 중 양 끝에 해당하는 보라색과 적색 파장은 계속 반사되므로 무반사 박막은 연한 자주색으로 보인다.

넓은 파장의 영역에서의 무반사 코팅은 여러 물질로 이루어진 다중박막을 증착시킨다. 한편 레이저용 거울 등에서는 반사도를 증대시킬 필요가 있다. 이를 위해서는 두께 $d = \lambda/2n$을 갖는 여러 층의 박막이 필요하며 이 다층박막을 사용하면 99% 이상의 반사도를 얻을 수 있다.

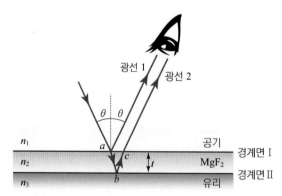

그림 26-7 사분파 무반사 박막

26-4 간섭계

간섭계는 빛의 간섭현상을 이용하여 파장, 길이, 굴절률 등을 측정하는 장치이다.

간섭계는 여러 가지 종류가 있으나 여기서는 Michelson 간섭계와 Fabry-Perot 간섭계를 소개한다.

1. Michelson 간섭계

그림 26-8은 Michelson **간섭계**의 기본구조이다. 광원에서 나온 단색광이 반투과 거울 A에 의해 반은 반사하고 반은 투과하여 각각 경로 1과 경로 2로 분할되고 거울 M과 FM에 의해 반사되어 다시 반투과 거울 A로 되돌아와 간섭무늬를 형성한다. 두 광선은 한 광원으로부터 분할된 것이므로 간섭성이며 망원경을 통하여 간섭무늬를 보게 된다. 그림에서 C는 A와 같은 두께를 갖는 유리판으로 두 경로를 같게 만들어 주기 위하여 사용하는 **보상판**(compensator)이다.

어떤 이유에 의해 경로 1과 2 사이의 광로차가 생기면 간섭무늬가 이동하게 된다. 예를 들어 거울 M이 $\lambda/2$만큼 이동하면 간섭무늬가 한 줄만큼 자리를 옮길 것이다. 따라서 거울 M을 움직이면서 줄무늬의 자리 바뀜을 헤아리면 매우 정확하게 거울 M이 이동한 길이를 측정할 수 있다.

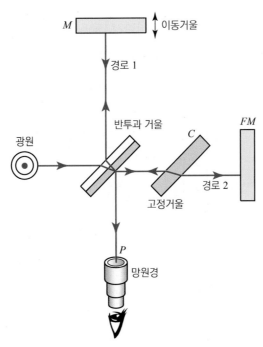

그림 26-8 Michelson 간섭계

N을 이동한 줄무늬의 수라 하고 ΔL을 M이 이동한 거리라 하면

$$N = \frac{\Delta L}{\lambda/2} = \frac{2\Delta L}{\lambda}$$

따라서 λ를 알면 ΔL을 측정할 수 있고 반대로 ΔL을 알면 λ를 결정할 수 있다.

두께 t는 알고 굴절률을 모르는 물체를 한 경로에 넣으면 미지의 굴절률을 측정할 수 있다. 미지의 굴절률을 n이라 하면 $(2\pi/\lambda)\cdot(n-1)\cdot 2t$의 위상차가 생기므로 줄무늬가 이동한다.

Michelson은 이러한 간섭계를 이용하여 미터원기의 길이를 단계적으로 측정하여 $1\,\mathrm{m}$를 Cd 원자에서 나온 단색광의 파장 단위로 결정하였다. 이를 기초로 1961년에는 길이의 단위인 $1\,\mathrm{m}$를 미터원기 대신 ^{86}Kr파장으로 정의하여 한동안 사용한 적도 있다. 현재 사용하는 $1\,\mathrm{m}$의 정의는 1장에 수록하였다.

2. Fabry—Perot 간섭계

그림 26-9는 간섭계 중 가장 널리 사용되는 **Fabry—Perot 간섭계**의 구조를 나타낸 것이다. Fabry-Perot 간섭계는 **그림 26-9**와 같이 두 개의 반사도가 높은(극히 일부만 투과) 거울을 평행하게 마주 보도록 세워놓고 그 사이의 간격을 정밀하게 조절할 수 있도록 하였다.

광원에서 나온 광선 A가 일부는 투과하고 (광선 B) 일부는 **그림 26-9**에서와 같이 두 거울 사이를 반사한 후 다시 투과되어 (광선 C) 간섭무늬를 형성한다. Fabry-Perot 간섭계에서는 반사도가 높은 거울을 사용하므로 다중반사(multiple reflection) 광선들에 의한 보강간섭이 강화되어 아주 밝은 간섭무늬가 형성된다. 따라서 Fabry-Perot 간섭계는 Michelson 간섭계보다 극대점의 위치와 간섭무늬의 이동을 훨씬 정확하게 측정할 수 있다.

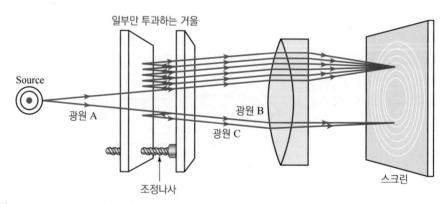

그림 26-9 Fabry – Perot 간섭계

예제 4. 단색광원을 사용하는 Michelson 간섭계에서 거울을 0.5 mm 움직였더니 200개의 간섭 줄무늬가 이동하였다. 이 간섭계 광원의 파장은 얼마인가? 만약 굴절률 1.5의 두께 0.005 mm의 유리판을 간섭계의 한쪽 팔에 삽입하면 이동하는 줄무늬의 개수는 몇 개인가?

풀이 $N = \dfrac{\Delta L}{\lambda/2}$ 에서 $\lambda = 2\Delta L/N = \dfrac{(2)(0.05)}{200} = 5 \times 10^{-4} \, \text{mm} = 500 \, \text{nm}$

유리판 삽입으로 변화된 광경로 $\Delta d = (n_{glass}\, t - n_{air}\, t)$ 이므로

$$N = \frac{\Delta d}{\lambda/2} = \frac{2(1.5-1)(0.005 \times 10^{-3})}{500 \times 10^{-9}} = 10 \text{개}$$

26-5 빛의 회절

우리는 앞의 25-1절에서 빛의 파동성 때문에 슬릿과 같은 장애물을 통과한 빛이 Huygens 원리에 의해 직진하지 않고 퍼지는 현상을 회절(diffraction)이라고 설명한 바 있다. 이때 회절된 빛은 서로 중첩되어 **회절무늬**(diffraction pattern)를 형성한다. 그러면 회절과 간섭의 차이는 무엇인가? 실제로는 둘 다 빛의 파동성에 의한 중첩 현상이므로 차이가 없다. 그러나 역사적인 이유에서 관례적으로 다음과 같이 구별한다. 크기가 무시할 만하고 유한한 개수의 간섭성 광원에 의한 중첩으로 형성되는 빛 진폭(또는 세기)의 분포를 간섭이라 하고, 연속적으로 분포된 간섭성 광원의 중첩에 의한 진폭(또는 세기)의 분포를 회절이라 한다.

그러므로 Young의 실험과 같이 폭이 좁은(0에 수렴) 이중슬릿에서 나온 파동의 중첩에 의해 스크린에 나타나는 빛의 세기분포를 **간섭무늬**라 하고, 반면에 일정한 폭이 있는 단일 슬릿에 의한 것을 **회절무늬**라 부른다. 또한 일정한 폭을 갖는 이중슬릿의 중첩에 의한 상은 두 가지를 합하여 **회절간섭무늬**라 할 수 있다. 만일 광원과 스크린이 장애물로부터 비교적 가까운 거리에 있다면 회절무늬가 서로 '**평행하지 않은**' 광선들의 중첩으로 결정되므로 위상관계를 다루는 계산이 상당히 복잡해진다. 이와 같은 회절을 Fresnel 회절(Fresnel diffraction)이라고 한다. 그러나 만일 광원과 스크린이 장애물로부터 무한히 먼 거리에 있거나, 또는 가까이 있더라도 각각 볼록렌즈의 초점위치에 있게 되면, 회절무늬가 '**평행**' 광선들의 중첩으로 결정되므로 계산이 훨씬 간단해진다. 이와 같은 회절을 Fraunhofer 회절(Fraunhofer diffraction)이라고 한다. 따라서 일반적인 경우의 회절은 Fresnel 회절이며 Fraunhofer 회절은 Fresnel 회절의 특수한 경우라고 볼 수 있다. 이 책에서는 계산이 비교적 단순한 Fraunhofer 회절만을 다룬다.

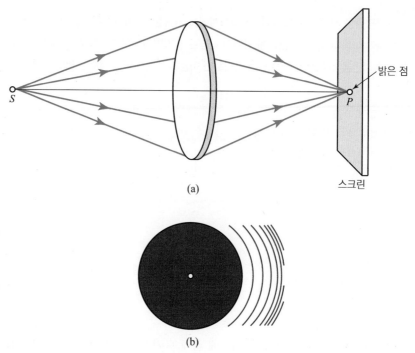

(a)

밝은 점

S

P

스크린

(b)

그림 26-10 원형 장애물에 의한 회절

여러 회절현상을 다루기 전에 먼저 1818년 Arago에 의해 발견된 회절현상에 대한 확고한 실험적 증거를 소개하고자 한다.

그림 26-10(a)와 같이 원형 장애물을 광원 앞에 놓으면 원형 장애물 둘레의 모든 점과 광원 사이의 거리가 모두 같으므로 장애물 둘레에 도달하는 빛은 동일한 위상을 갖게 된다. 또한 광원과 장애물의 중심을 지나는 축이 스크린과 만나는 점인 *P*와 장애물 둘레의 모든 점은 같은 거리에 있으므로

장애물들에 의해 회절되어 빛은 역시 동일 위상을 갖는다. 따라서 점 *P*에서는 보강간섭이 일어나 밝은 점이 형성되는 것으로 기하광학적으로 도저히 설명이 불가능한 현상이다. 이 밝은 점을 **Poisson의 점**(Poisson's spot)이라 한다. **그림 26-10(b)**는 원형 장애물에 의한 회절무늬를 나타낸 것이다.

26-6 다중슬릿에 의한 회절

우리는 26-1절에서 이중슬릿에 의한 간섭을 다룬 바 있다. 여기서는 26-1절의 논의를 좀 더 확장시켜 다중슬릿에 의한 Fraunhofer 회절을 공부하기로 하자.

그림 26-11과 같이 N개의 슬릿이 일정한 간격 d로 배열되어 있다.

슬릿의 폭을 무시하면 각 슬릿은 점광원으로 생각할 수 있고 파장 λ의 평행광선이 입사하므로 각 슬릿에서의 위상은 모두 같다. 각 θ인 스크린의 한 점에서 밝은 회절무늬가 형성되었다면 서로 이웃한 슬릿에서 나온 광선들 사이의 광로차는 $d\sin\theta$이므로(Fraunhofer 회절이므로 모든 광선이 서로 평행이다)

$$d\sin\theta = m\lambda \quad (단,\ m = 0,\ 1,\ 2\ \cdots)$$

여기서 m은 식 (26−2)에서와 같이 위수(order)를 나타내는 정수이다. 만일 단일슬릿에 의해 스크린에 나타나는 평균 빛의 세기를 I_0로 하면 간섭이 없는 경우 N개의 슬릿에 의한 평균 빛의 세기는 NI_0이다.

보강간섭이 있는 경우 스크린 위의 한 점에서 한 슬릿에 의한 전기장의 크기는 $\sqrt{I_0}$이고 각 슬릿에 의한 전기장이 동일 위상을 가지므로 N개의 슬릿에 의한 전기장의 크기는 $N\sqrt{I_0}$이다. 따라서 보강간섭인 경우 최대 세기는

$$I_{\max} = N^2 I_0 \tag{26-15}$$

식 (26−15)는 26-1절에서 다룬 이중슬릿의 경우 ($N=2$)를 대입하면 $I_{\max} = 4I_0$로 같은 결과를 얻는다. 식 (26−15)에서 N이 증가하면 $I_{\max}$은 N^2에 비례하므로 더욱 빨리 증가한다. 에너지가 보존되려면 간섭이 있는 경우나 없는 경우 모두 스크린상의 평균 빛의 세기는 NI_0이어야 하므로 극대가 되는 회절무늬의 폭이 N이 증가할수록 좁아져야 함을 알 수 있다. 극대무늬의 폭을 $\Delta\theta$라 하면

$$I_{\max} \cdot \Delta\theta = NI_0$$

위 식에 (26−15)를 대입하면

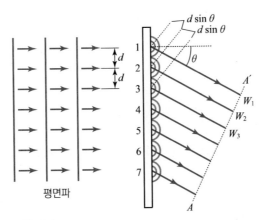

그림 26-11 다중슬릿에 의한 회절

$$\Delta\theta = \frac{NI_0}{I_{\max}} = \frac{1}{N} \tag{26-16}$$

즉, 극대무늬의 폭은 N에 반비례한다. 식 (26−15)와 (26−16)에서 얻은 결과를 요약하면 슬릿의 숫자 N이 증가할 때 회절무늬의 극댓값은 N^2에 비례하여 증가하고 그 폭은 $1/N$로 점차 좁아진다.

회절무늬를 수학적으로 표현하기 위해서 이웃한 슬릿에서 나온 광선 사이의 위상차를 2β라 하면

$$2\beta = \frac{2\pi d \sin\theta}{\lambda} \tag{26-17}$$

그림 26-11의 위에서 첫 번째 슬릿에 의한 전기장을 $E_1 = E_0 \cos(\omega t)$라 하면 각 슬릿에 의한 전기장은

$$E_2 = E_0 \cos(\omega t - 2\beta) \ ,$$
$$E_3 = E_0 \cos(\omega t - 4\beta) \ ,$$
$$\vdots \ ,$$
$$E_N = E_0 \cos[\omega t - 2(N-1)\beta]$$

로 쓸 수 있다. 따라서 N개의 슬릿에 의해 중첩된 전기장은

$$E = E_0 \sum_{n=0}^{N-1} \cos(\omega t - 2n\beta) \tag{26-18}$$

식 (26−18)의 합은 복소수를 이용하면 쉽게 구할 수 있다.

즉, $\cos\theta = Re[e^{i\theta}]$를 이용하면

$$E = E_0 \sum_{n=0}^{N-1} Re[e^{i(\omega t - 2n\beta)}]$$
$$= E_0 Re[e^{i\omega t}(1 + e^{-i2\beta} + e^{-i4\beta} + \cdots + e^{-i(N-1)2\beta})]$$
$$= E_0 Re[e^{i\omega t} S] \tag{26-19}$$

여기서

$$S \equiv 1 + e^{-i2\beta} + e^{-i4\beta} + \cdots + e^{-i(N-1)2\beta} \tag{26-20}$$

S는 첫 항이 1, 끝 항이 $e^{-i(N-1)2\beta}$, 공비가 $e^{-i2\beta}$인 등비수열(geometric series)이므로

$$S = \frac{1 - e^{-i2\beta} \cdot e^{-i(N-1)2\beta}}{1 - e^{-i2\beta}} = \frac{1 - e^{-iN2\beta}}{1 - e^{-i2\beta}}$$
$$= \frac{e^{-iN\beta}(e^{iN\beta} - e^{-iN\beta})}{e^{-i\beta}(e^{i\beta} - e^{-i\beta})} = e^{-i(N-1)\beta} \frac{\sin N\beta}{\sin\beta} \tag{26-21}$$

식 $(26-21)$을 얻는 과정에서 $\sin\theta = \dfrac{e^{+i\theta} - r^{-i\theta}}{2i}$ 의 관계식을 이용하였다.

식 $(26-21)$을 식 $(26-19)$에 대입하면

$$E = E_0 Re\left[e^{i\omega t}e^{-i(N-1)\beta} \cdot \frac{\sin N\beta}{\sin\beta} \right]$$

$$= E_0 \cos\left[\omega t - (N-1)\beta\right] \cdot \frac{\sin N\beta}{\sin\beta} \tag{26-22}$$

빛의 세기는 전기장의 제곱에 비례하고 $\cos^2$의 시간적 평균은 $1/2$이므로

$$I = I_0 \left[\frac{\sin N\beta}{\sin\beta} \right]^2 \tag{26-23}$$

여기서 I_0는 단일슬릿에 의한 빛의 세기를 표시하고 $I_0 = (1/2)E_0^2$으로 놓았다. 식 $(26-23)$에서 $\beta \to 0$이면 $\sin\beta \to \beta$, $\sin(N\beta) \to N\beta$이므로 $\beta \to 0$인 경우 식 $(26-23)$은 식 $(28-15)$와 같다.

또한 $N = 2$인 경우 식 $(26-23)$은 $\sin(2\beta) = 2\sin\beta\cos\beta$를 이용하면

$$I = I_0 \left[\frac{\sin N\beta}{\sin\beta} \right]^2 = 4I_0\cos^2\beta$$

가 되어 이중슬릿에 의한 간섭의 경우인 식 $(26-10)$과 동일하다.

1. 회절발

아주 많은 수의 슬릿들이 등간격을 나열되어 있는 것을 **회절발**(diffraction grating)이라고 한다. 처음에는 가는 쇠줄을 등간격으로 배열하여 사용했기 때문에 마치 창살발과 같다고 하여 붙여진 이름인데, 근래에 와서는 아주 가는 다이아몬드 바늘로 유리판이나 금속면에 등간격으로 줄을 그어서 회절발을 만든다. 줄이 그어진 홈에서는 빛이 산란되어 차단되는 것과 같은 효과를 나타내므로, 줄 사이에서만 빛이 투과하거나(**투과형 회절발**) 반사하여(**반사형 회절발**) 회절을 일으킨다. 정밀한 기계를 사용하면 매 cm당 수천 개의 슬릿을 그을 수 있으며, 이처럼 제작한 회절발을 사용하면 대단히 선명한 띠 회절무늬를 얻을 수 있다. 형성되는 회절무늬의 위치는 파장에 따라 달라지므로, 빛을 스펙트럼선으로 분해하여 관찰할 수 있다. 회절발을 이용하여 빛의 파장을 측정하고 스펙트럼 구조를 분석하는 장치를 **회절발 분광기**(grating spectrometer)라고 한다.

2. 각분산

두 개의 인접한 파장 λ_1, λ_2를 구분해 내기 위해서 각 파장에 의한 주극대가 서로 멀리 벌어

지는 것이 바람직하다. 따라서 $D = \dfrac{\theta_1 - \theta_2}{\lambda_1 - \lambda_2} = \dfrac{\Delta\theta}{\Delta\lambda}$ 로 정의되는 **각분산(angular dispersion)**
이 클수록 유리하다. 주극대가 생기는 조건은

$$d\sin\theta = m\lambda \tag{26-24}$$

양변을 미분하면

$$d\cos\theta\, \Delta\theta = m\,\Delta\lambda$$

따라서 각분산은

$$D = \frac{\Delta\theta}{\Delta\lambda} = \frac{m}{s\cos\theta} \tag{26-25}$$

3. 분해능

스펙트럼의 선폭은 슬릿수 N이 많을수록 좁아지며 스펙트럼선들이 더 분명하게 분리되어 보인다. 회절발의 **분해능(resolving power)**은 근접해 있는 두 단색광 $\lambda_1 - \lambda$와 $\lambda_2 = \lambda + \Delta\lambda$ 가 겨우 분리되어 보일 때의 $\lambda/\Delta\lambda$값으로 정의되는데, 이는 분해능이 클수록 $\Delta\lambda$가 작은(보다 더 근접해 있는) 두 색의 스펙트럼을 분해할 수 있다는 뜻이다. 실제로 근접해 있는 λ와 $\lambda + \Delta\lambda$의 두 스펙트럼이 겨우 분리되어 보이는 한계를 나타내는 회절발의 분해능은 빛이 입사하는 총 슬릿수 N에다 선 무늬의 위수 m을 곱한 값으로 아래와 같이 간단히 표현된다.

$$\frac{\lambda}{\Delta\lambda} = Mm \ \ (\text{회절발의 분해능}) \tag{26-26}$$

예제 5. Na 램프에서 나오는 노란 빛에는 파장이 $\lambda_1 = 589\,\text{nm}$와 $\lambda_2 = 589.5\,\text{nm}$로 서로 근접한 이중선(doublet)이 포함되어 있다.

(a) 이 이중선을 첫 번째 위수(first-order)에서 분해하는 데 필요한 슬릿의 수를 계산하라.

(b) 만일 스크린이 2,000 슬릿/cm 의 회절발에서 4 m 떨어져 있다면 스크린상에 나타나는 이중선의 위치를 계산하라. (단, Fraunhofer 회절을 가정한다.)

풀이 (a) 식 (26-26)에서 첫 번째 위수 $m = 1$, $\Delta\lambda = 589.6\,\text{nm} - 589.6\,\text{nm} = 0.6\,\text{nm}$를 대입하면

$$N = \frac{\lambda}{\Delta\lambda} = \frac{589\,\text{nm}}{0.6\,\text{nm}} \simeq 981.667$$

따라서 약 1,000개의 슬릿이 필요하다.

(b) 첫 번째 위수의 각 위치는 식 (26-24)로 구한다.
슬릿 간의 간격 $d = 1/(2{,}000/\text{cm}) = 5 \times 10^{-6}\,\text{m}$
$m = 1$을 대입하면

λ_1에 대해 $\sin\theta_1 = \dfrac{\lambda_1}{d} = \dfrac{589\ \mathrm{nm}}{5 \times 10^{-6}\ \mathrm{m}} = 0.1178$

λ_2에 대해 $\sin\theta_2 = \dfrac{\lambda_2}{d} = \dfrac{589.5\ \mathrm{nm}}{5 \times 10^{-6}\ \mathrm{m}} = 0.1179$

따라서

$\theta_1 = 0.1181\ \mathrm{rad},\quad \theta_2 = 0.1182\ \mathrm{rad}$

스크린 중심에서의 거리는 $y = L\tan\theta$이므로

$y_1 = (4\ \mathrm{m})\,\tan\,(0.1181\ \mathrm{rad}) = 0.4745\ \mathrm{m}$

$y_2 = (4\ \mathrm{m})\,\tan\,(0.1181\ \mathrm{rad}) = 0.4745\ \mathrm{m}$

따라서 이중선에 의한 회절상은 $0.4\ \mathrm{mm}$ 떨어져 있으므로 충분히 구별해낼 수 있다.

26-7 단일슬릿에 의한 회절

그림 26-12와 같이 폭이 a인 단일슬릿에 의한 Fraunhofer 회절을 분석해 보자. 단일슬릿은 앞의 26-6절에서 다룬 다중슬릿의 확장으로 생각할 수 있다. 즉, 단일슬릿을 N개의 구간으로 나누면(이때 가 구간을 별개의 슬릿으로 간주한다) $Nd = 1$이고, $N \to \infty$이면, $d \to 0$가 되어 Nd는 유일한 값을 갖는다.

식 $(26-23)$에서 $N \to \infty$인 경우가 단일슬릿에 의한 분포이므로

$$I = \lim_{N \to \infty} I_0 \left[\frac{\sin(N\beta)}{\sin\beta} \right]^2 = \lim_{N \to \infty} \left[\frac{\sin\alpha}{\sin(\alpha/N)} \right]^2 \qquad (26-27)$$

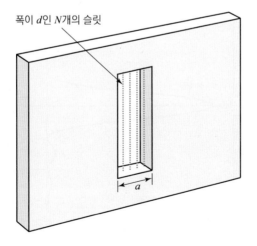

폭이 d인 N개의 슬릿

a

그림 26-12 단일슬릿

여기서 $d = a/N$이므로

$$\beta = \frac{\pi d \sin\theta}{\lambda} = \frac{\pi a \sin\theta}{\lambda} \cdot \frac{1}{N} = \frac{\alpha}{N}$$

$$\alpha \equiv \frac{\pi a \sin\theta}{\lambda} \qquad\qquad (26-28)$$

N이 커지면 α/N이 작은 값이므로 $\sin(\alpha/N) \simeq \alpha/N$, 식 $(26-27)$을 다시 쓰면

$$I = I_0 \left[\frac{\sin\alpha}{(\alpha/N)} \right]^2 = N^2 I_0 \frac{\sin^2\alpha}{\alpha^2}$$

폭이 d인 슬릿에 세기가 I_0이므로 $N^2 I_0$는 폭이 a인 단일슬릿(N개의 폭 d인 슬릿)의 최대 세기 $I_{\max}$가 된다. 따라서

$$I = I_{\max} \frac{\sin^2\alpha}{\alpha^2} \quad \text{(단일슬릿에 의한 회절)} \qquad\qquad (26-29)$$

여기서 $\alpha = \frac{\pi a \sin\theta}{\lambda}$ 이다.

그림 26-13은 단일슬릿에 의한 회절 분포곡선과 회절상을 나타낸 것이다. 중앙의 극대는 $\theta = 0$, 즉 $\alpha = 0$에 해당되는 점이며, 식 $(26-29)$에서 a가 0으로 접근할 때 $\sin\alpha/\alpha = 1$이 되므로, 무늬의 세기가 $I = I_{\max}$의 최댓값을 나타낸다. 이는 슬릿에서 회절하여 퍼져 나가는 빛 중 $\theta = 0$ 방향으로 진행하는 평행광선들이 모두 위상차 없이 같은 위상으로 중첩되는 무늬에 해당된다. 세기가 0이 되는 극소들은 식 $(26-29)$로부터 $\sin\alpha = 0$일 때 생기므로 다음과 같은 조건으로 주어진다.

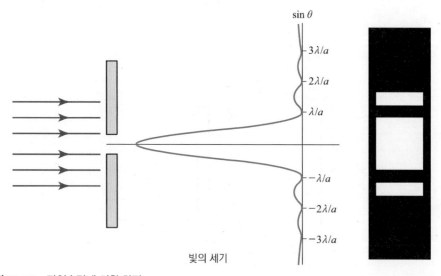

그림 26-13 단일슬릿에 의한 회절

$$\alpha = m\pi \quad (\text{단, } m = 1, 2, 3 \cdots)$$

$$a\sin\theta = m\lambda \quad (\text{단, } m = 1, 2, 3 \cdots) \tag{26-30}$$

$m = 0$은 $\sin\alpha$와 α가 다 같이 0이 되는 중앙극대에 해당되므로 극소 조건에서 제외된다.

2차 극대들은 중앙극대에 비하여 세기가 훨씬 약하다. 가령 식 (26-29)에서 첫 번째 2차 극대($\alpha = 1.43\pi$)의 상대적인 세기를 계산해 보면,

$$\frac{I}{I_m} = \left(\frac{\sin\alpha}{\alpha}\right)^2 = \left[\frac{\sin(1.43\pi)^2}{1.43\pi}\right] = 0.047$$

즉, 중앙극대의 4.7% 정도밖에 안 되며, 두 번째, 세 번째 …로 갈수록 더 약해진다. 따라서 회절한 빛의 대부분이 중앙극대에 있는 무늬가 곧 단일슬릿에 의한 실질적인 회절상이라고 할 수 있다.

중앙극대 무늬의 폭은 식 (26-30)에서 첫 번째 극소의 θ_1에 의하여 다음과 같이 규정된다.

$$\sin\theta_1 = \frac{\lambda}{a} \tag{26-31}$$

따라서 슬릿 틈 a가 좁을수록 회절하여 퍼지는 각이 넓어진다. 반대로 a가 커지면 회절폭은 좁아지며 $a \gg \lambda$일 때는 $\theta_1 \approx 0$이므로 회절효과를 무시할 수 있다. 기하광학에서 빛의 진행을 직선적으로 다룰 수 있는 것은 바로 이 경우에 해당되기 때문이다.

26-8 회절과 분해능

모든 광학기구는 분해능의 한계가 있고 그 한계는 크게 두 가지 요인에 기인한다. 25장에서 간단히 언급한 수차에 따른 한계와 빛의 회절에 의한 한계이다. 이 두 가지 한계 중 회절에 의한 한계가 보다 근본적인 것으로 빛의 파동성에 기인한다. 아주 멀리 떨어진 점광원으로부터 들어오는 파장 λ의 빛이 구경이 D인 볼록렌즈에 의해 상을 맺는 과정을 살펴보자. 기하광학에 의하면 점광원의 상은 크기가 없는 점이어야 하나 실제로는 회절에 의해 일정한 크기를 갖는 상이 생긴다.

대부분의 광학기구의 단면적은 원형이므로 원형 구멍에 의한 회절을 고려하여야 한다. 원형 구멍에 의한 회절은 **Airy 원반**(Airy Disk)을 중심으로 동심고리 형태의 회절무늬가 형성됨을 실험을 통해 볼 수 있다. 그러나 원형 구멍에 의한 Fraunhofer 회절의 분석은 간단하지가 않다. 여기서는 첫 번째 극소의 조건만을 제시하기로 한다.

$$\theta_{\min} = 1.22\frac{\lambda}{D} \quad (\text{첫 번째 극소}) \tag{26-32}$$

그림 26-14 원형구멍에 의한 Fraunhofer 회절상

D는 원형 구멍의 직경이다. $\theta_{\min}$이 곧 중앙무늬의 크기를 정해주며, D가 작을수록 큰 원반무늬가 형성되지만 $D \gg \lambda$일 때는 거의 초점으로 수렴된다.

천체 망원경을 통해 보이는 두 별 S_1, S_2를 관찰한다고 하자. 이 두 별은 각각 Airy 원반과 회절무늬를 형성한다.

두 별 사이의 각도를 θ로 하고 $\theta > \theta_{\min}$이면 **그림 26-15(a)**에서와 같이 두 개의 Airy 원반은 완전히 분리되어 보인다. 만일 $\theta = \theta_{\min}$이면 **그림 26-15(b)**에서와 같이 간신히 식별할 수 있는 정도로 겨우 분리되어 있고 $\theta < \theta_{\min}$이면 **그림 26-15(c)**의 Airy 원반이 서로 겹쳐지기 때문에 식별이 불가능하다.

회절무늬의 식별한계를 이와 같이 가늠하는 것을 Rayleigh의 기준(Rayleigh criterion)이라고 한다. 이 식별기준에 의하면, 간신히 분해되어 보이는 두 물체점 사이의 한계분리각 $\theta_{\min}$은 식 (26 − 32)와 같이

$$\theta_{\min} = 1.22 \frac{\lambda}{D} \quad \text{(Rayleigh의 기준)} \qquad (26-33)$$

이다. $\theta_{\min}$이 작을수록 회절무늬의 중앙 원반이 상대적으로 작아지며 물체의 세부구조가 보다 뚜렷하게 분해되어 보인다. 즉, $\theta_{\min}$이 작을수록 렌즈의 분해능(resolving power)이 크다. 식 (26 − 33)에 의하면 이와 같은 분해능은 렌즈의 직경 D와 빛의 파장 λ에 의하여 결정되며, 한계 분리각 $\theta_{\min}$을 넘는 회절상은 돋보기로 확대해 보아도 더 이상 선명해지지 않는다. 천체 망원경에서 대물렌즈의 직경을 될수록 크게 만드는 이유는 멀리서 오는 희미한 별빛을 보다 많이 모으는 동시에 작은 회절무늬 원반 내에 수렴시켜 줌으로써 밝고 선명한 상을 얻기 위한 것이다. 전자현미경에서는 광선 대신 전자선을 사용하므로 물질파의 매우 짧은 파

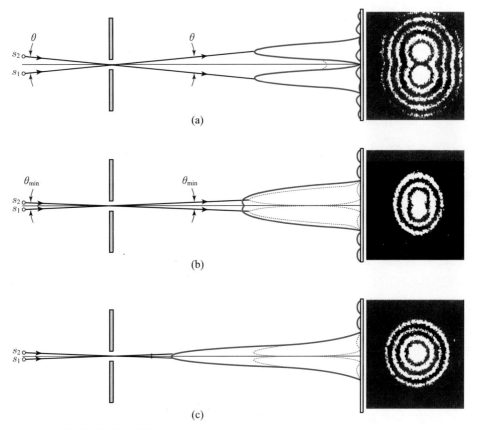

(a)

(b)

(c)

그림 26-15 분리각에 따른 회절무늬

장에 의한 회절상을 얻을 수 있다. 따라서 식 (26−33)에서 $\theta_{\min}$이 크게 작아지므로 광학현미경으로는 식별할 수 없는 아주 미세한 구조를 자세히 관찰할 수 있다.

예제 6. 사람의 눈에 있는 동공의 직경을 $2.5\,\text{mm}$ 라 할 때 명시거리인 $25\,\text{cm}$ 거리에 있는 두 점을 식별할 수 있는 최소간격을 계산하라. (단, 가시광선의 파장을 $550\,\text{nm}$ 로 한다.)

풀이 식 (26−33)에서

$$\theta_{\min} = 1.22\frac{\lambda}{D} = \frac{(1.22)(550\times10^{-9}\,\text{m})}{0.0025\,\text{m}} \simeq 2.68\times10^{-4}\,\text{rad}$$

식별할 수 있는 최소간격 $S_{\min}$ 은 다음과 같다.

$$S_{\min} = 0.25\,\text{m}\times\theta_{\min} = (0.25\,\text{m})\times(2.68\times10^{-4}\,\text{rad}) = 0.067\,\text{mm}$$

그러나 실제로는 눈의 분해능이 이보다 훨씬 못한데, 그 이유는 망막에 있는 원추 세포들의 배열 간격이 위의 회절 한계를 넘기 때문이다.

두 점이 분리되어 보이려면 각기 다른 원추 세포들을 개별적으로 자극시켜야 하는데, 인접한 두 원추 세포들 사이의 분리각은 대략 $5\times10^{-4}\,\text{rad}$ 정도이다. 따라서 보통 육안으로 명시거리에 놓인 물체를 볼 때 구별할 수 있는 두 점 사이의 간격은 $S_m = (0.25\,\text{m})(5\times10^{-4}) = 0.125\,\text{mm}$ 이다.

---

01 Young의 이중슬릿 실험에서 두 슬릿 사의의 간격은 1.2 mm이고, 두 슬릿으로부터 스크린까지의 거리는 5.4 m이다. 단색광의 파장이 500 nm일 때

(a) 3번째 위수($m = 3$)의 밝은 무늬가 형성되는 방향의 회절각은 얼마인가?

(b) 밝은 무늬들 사이의 간격은 얼마인가?

02 이중슬릿 실험에서 한쪽 슬릿을 얇은 운모($n = 1.58$) 조각으로 가렸더니, 가리기 전에는 7번째 위수의 밝은 무늬였던 것이 가린 후에는 스크린의 중앙 위치로 자리를 옮겼다. $\lambda = 500$ nm 라면 이 운모의 두께는 얼마인가?

03 공기 중에 있는 0.4 μm 두께의 박막 표면에 백색광이 수직으로 입사한다. 박막의 굴절률이 1.5일 때, 가시광의 스펙트럼 중에서 강하게 반사되어 나오는 빛의 파장을 구하라.

04 굴절률이 1.4인 얇은 필름을 Michelson 간섭계의 한쪽 팔에 놓았더니 7개의 줄무늬가 자리바꿈을 하였다. 이 필름의 두께를 계산하라. (단, 광원의 파장은 500 nm이다.)

05 단색광이 폭 0.022 mm의 슬릿에 입사하여 1.8°의 회절각에서 첫 번째 극소를 형성한다. 이 빛의 파장은 얼마인가?

06 두 전조등 사이의 거리가 1.4 m인 자동차가 멀리서 접근해 온다. 얼마의 거리까지 접근하면 헤드라이트의 불빛이 두 개로 분리되어 보이기 시작하는가? (단, 눈의 동공의 직경은 2.5 mm이고, 불빛의 파장은 500 nm이며, 눈에 의한 회절 효과만이 분해능을 제한한다고 가정한다.)

07 본문 중 **그림 26-7**의 사분파 무반사 박막에서 반사도가 0이 되려면 공기의 굴절률 n_1, 박막의 굴절률 n_2와 유리의 굴절률 n_3 사이에 $n_2 = \sqrt{n_1 n_3}$ 의 관계식을 만족해야 함을 보여라.

08 그림과 같이 반사에 의한 Newton의 원무늬 관측 실험에서 구면의 곡률반지름 R이 간섭무늬의 반지름 r보다 훨씬 큰 경우, 즉 $R \gg r$이라 가정하면 m번째 밝은 무늬의 반지름 r은 $r^2 = \left(m + \dfrac{1}{2}\right)\lambda R$ 로 주어짐을 보여라.

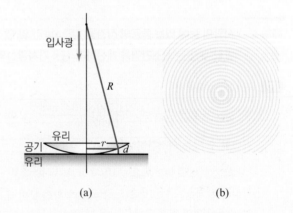

(a)   (b)

09 원형 고리 모양의 철사를 비눗물에 담근 후 수직으로 세웠다. 이 비누막에 백색광을 반사시켜 관찰하니 맨 윗부분은 검게 보였다.

(a) 검게 보이는 이유는 무엇인가?

(b) 검은 부분 아래의 색은 붉은색인가 또는 보라색인가?

(c) 반사광 대신 투과광으로 관찰하면 어떻게 보이는가?

10 사각 고리 모양의 철사를 비눗물에 담근 후 수직으로 세웠다. 이 비누막에 $632.8\,\text{nm}$ 레이저광을 수직으로 비추어 관찰하니 $15\text{개}/\text{cm}$의 균일한 간격의 간섭무늬가 보였다. 그 이유를 설명하라.

11 3개의 광원에 의한 전기장이 각각 다음과 같이 주어진다.

$$E_1 = E_0 \sin \omega t$$
$$E_2 = E_0 \sin (\omega t + \delta)$$
$$E_3 = E_0 \sin (\omega t + 2\delta)$$

다음 위상 δ에 대하여 간섭에 의한 합성파의 진폭과 위상을 각각 구하라.

(a) $\delta = 60°$

(b) $\delta = 90°$

(c) $\delta = 240°$

12 파장 $50\,\text{nm}$의 단색광으로 이중슬릿에 의한 간섭무늬를 슬릿에서 $1\,\text{m}$ 떨어진 스크린에서 관찰하였다. 관찰된 간섭무늬의 간격이 $1\,\text{mm}$일 때 슬릿의 폭은 얼마인가?

13 그림과 같이 파장 λ의 단색광이 간격 d의 이중슬릿과 ϕ의 각도로 평행하게 입사한다. 이 경우 간섭에 의해 m번째 밝은 무늬가 생기는 조건은 $\sin\theta + \sin\phi = m\lambda/d$임을 증명하라.

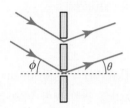

14 파장 λ, 세기가 I_0인 2개의 단색광원이 y축상의 $+\lambda/4$, $-\lambda/4$ 지점에 위치하고 있다. 각에 따른 세기의 분포 $I(\theta)$식을 구하고, 그림으로 표시하라.

15 파장 λ인 광원을 사용하는 Michelson 간섭계로 길이 L인 용기에 담긴 기체의 굴절률을 측정한다. 처음에는 진공인 기체 용기에 기체를 채우는 동안 N개의 간섭무늬에 대한 변위가 측정되었다. 기체의 굴절률 n을 N, λ, L로 표시하라.

16 쌍안경으로 $25\,\text{m}$ 앞의 무대에서 공연하는 가수의 눈썹 하나하나($0.5\,\text{mm}$ 간격)를 구별하려면 구경이 얼마인 쌍안경을 사용해야 하는가? (빛의 파장을 $550\,\text{nm}$로 가정한다.)

17 출력 $1\,kW$, 파장 $10.6\,\mu m$의 CO_2 레이저가 세기 분포가 균일한 반경 $1\,mm$의 빔을 갖고 있다. 이 레이저를 $376,000\,km$ 떨어진 달 표면에 비춘다면 달 표면에서 레이저 빔의 크기와 복사조도 (W/m^2)는 얼마인가?

18 $0.125\,D$(디옵터)의 평볼록(plano-convex) 렌즈 $(n = 1.523)$를 광학 평판 위에 볼록면을 아래로 놓아 Newton의 원무늬를 관측하였다. 광원으로 나트륨 등$(\lambda = 589.3\,nm)$을 사용했다면 10번째 검은 띠의 반지름은 얼마인가?

19 수직 입사하는 파장 $580\,nm$ 빛에 대한 반사를 없애기 위해 $MgF_2(n = 1.38)$를 유리 위에 증착하였다. $45°$로 입사하는 광선에 대해서는 어떤 파장에서 반사가 최소인가?

20 굴절률이 $n = 1.78$인 렌즈에 파장 $550\,nm$에서 사용 가능하도록 무반사 코팅을 한다. 필요한 코팅 물질의 굴절률과 두께는 얼마인가?

CHAPTER 27

특수상대성 이론

27-1 상대성 이론의 탄생

우리는 Newton의 역학체계에서 시간과 공간은 어떤 물리적 대상을 기술하기 위한 하나의 틀(형식)이라는 사실을 알았다. 즉, 물리적 대상을 기술하기 위한 기본틀을 구성한다. 그리하여 어떤 물리적 대상의 시간과 공간에 따른 변화를 운동방정식(입자)이나 파동방정식(파동)의 형태로 기술하기 위하여 먼저 시간과 공간이라는 좌표계를 도입하였다. 이를 위해 Newton은 소위 절대공간과 절대시간, 즉 공간은 시간에 의해 영향을 받지 않고, 시간도 공간에 의해 영향을 받지 않으며, 모든 관성좌표계에서 동일하게 흐르는 시간과 불변의 공간 개념으로 도입되었다. 이러한 절대공간과 절대시간에 의해 정의되는 좌표계는 관성좌표계라고 해서 완전히 정지해 있거나, 아니면 일정 속도로 움직이는 좌표계를 의미한다. Newton의 제2법칙에서 힘은 시간에 대한 속도의 일차 미분으로 정의되기 때문에 정지된 좌표계 (S')와 이에 대해 일정한 속도로 움직이는 좌표계(S')에서 힘은 이들 두 좌표계에서 동일하게 $F = F'$으로 나타나고, 따라서 모든 운동방정식은 그 형태가 동일해야 한다. 이 두 좌표계는 Newton의 법칙이 성립하는 좌표계를 의미하며, 그런 의미에서 Newton의 제1법칙은 관성좌표계를 정의하는 법칙이라고도 한다. 이 절대공간과 절대시간에서 먼저 시간은 모든 관성좌표계에서 동일하게 흐르고, 공간 역시 좌표계의 운동에 의해 전혀 변화를 받지 않고 동일하다. 그러나 실제로 이러한 공간과 시간 개념이 언제나 성립하는 것은 아니라는 사실이 20세기 초 Maxwell의 전자기파 이론 이후 나타났다. 즉, Maxwell 방정식도 모든 관성좌표계에서 성립해야 한다는 기본 가정에서 비롯되었다. 그러나 운동 중인 관성좌표계에서는 시간은 공간에 의해, 그리고 공간도 시간에 의해 변화되는 새로운 좌표계의 도입이 필요하게 되었다.

따라서 Newton의 관성좌표계(절대공간) 개념이 부정되고, 이를 특수한 경우로 하는 좀 더 일반적인 상대론적 좌표계가 도입된다. 여기서 정지된 좌표계에 대해 운동을 하는 좌표계는 그 속도가 일정한 특수한 경우와 그 속도가 일정하지 않은 일반적인 경우로 나뉜다. 속도가 일정한 경우($F = F'$)를 특수상대성 이론으로, 그리고 속도가 일정하지 않은 일반적인 경우($F \neq F'$), 즉 하나의 좌표계에 대해 가속도를 갖는 비관성좌표계의 경우는 일반상대성 이론으로 나누어 형식화된다. 그러므로 어떤 의미에서는 상대성 이론이라는 것이 전혀 새로울 것이 없는 시간과 공간에 대한 새로운 정의에 불과하다고 생각할 수 있다.

이를 위해 먼저 Newton의 관점에 따라, 정지된 좌표계(S)와 일정 속도로 움직이는 좌표계(S')에서 시간과 공간이 어떻게 정의되며, 그들이 한 계(S)에서 다른 계(S')로 어떻게 변환되는지를 살펴본 후, Newton의 시간과 공간좌표(x, y, z, t)에서 어떠한 수정을 거쳐 Einstein의 상대론적 시간과 공간좌표(x, y, z, t)가 도입되는지를 살펴보고 대응되는 변환을 알아본다.

그리하여 새로운 공간인 상대론적 좌표계에서 물리적 기본량인 길이와 시간, 그리고 질량에 대한 새로운 정의를 통하여 운동량, 에너지 등 고전역학에 대응되는 상대론적 역학체계를 세우도록 한다. 일반상대성 이론은 좀 더 고급과정에서 다룬다.

27-2 특수상대성 이론의 기본가정

1. 상대성 원리(principle of relativity)

위에서 살펴본 대로 Newton의 제1법칙에 의하면 물리법칙은 모든 관성좌표계에서 동일해야 한다. 이는 정지된 관성좌표계에 대해 일정 속도로 움직이는 특수상대성 이론에서도 반드시 동일하게 적용되어야 한다. 즉, 모든 물리법칙은 어떤 관성좌표계(inertial reference frame) 내에서 관찰하든지 똑같은 형태로 나타난다. 이를 상대성 원리(principle of relativity)라고 한다.

여기서 상대성 원리란 측정된 물리량의 값이 똑같음을 의미하는 것이 아니라 모든 관성계 간의 물리법칙의 불변성을 의미한다. 고전역학의 경우 이 가정은 Netwon의 제1법칙으로 기술되는 Galileo의 상대성 이론으로 기술된다. 즉, 일정한 속도로 상대적 운동을 하는 관측자 간에는 (고전)역학계의 모든 물리법칙들이 똑같은 수식으로 기술됨을 의미한다. Einstein의 상대성 이론에서도 동일한 원리가 적용되어야 하고, 더 나아가 역학계만이 아니라 전자기학과 빛의 경우에도 마찬가지로 관성계 간의 상대성 원리가 적용되어진다고 확장한다. 이를 통하여 상대적 등속운동으로 특징지어지는 관성계 사이의 Einstein의 특수상대성 이론이 형식화되고, 아울러 상대적 가속도 운동을 하는 비관성좌표계에서도 이 상대성 원리는 적용되며, 이를 토대로 Einstein의 일반상대성 이론이 세워진다.

2. 광속 일정의 원리(principle of invariance of the light speed)

위에서 언급한 대로, 빛의 전파방정식인 Maxwell 방정식 역시 모든 관성좌표계에서 동일한 형태를 가져야 한다. 따라서 Maxwell 방정식은 위에서 언급한 상대성 원리에 따라 빛의 속도 c는 일정한 값을 갖지 않으면 안된다. 즉, 빛의 속도가 모든 관성좌표계에서 동일하여야 할 것이 요구된다. 그러나 에테르(ether)의 가정하에서 빛의 속도는 관성좌표계에 따라 달라야 한다. 즉, 매질인 공기 내에서 소리의 속도는 공기나 소리원(sound source)의 속도에 따라 달라지듯이 빛의 속도 역시 매질인 에테르(ether)나 광원(light source)의 운동에 따라 달라져야 한다. 하지만 반복된 실험에 의해 결국 에테르설이 부정되면서 빛의 속도는 광원의 운동에 무관하게 일정한 값을 갖는다는 사실이 밝혀져 Maxwell 방정식의 상대성이 확인되었다. 따라서 물질입자에는 한계속도가 있고, 그 한계속도인 빛의 속도는 자유공간 내에서의 모든 관성계와 방향에 관계없이 일정하다. 광속도 일정성과 최대속도 간의 연관관계는 뒤에서 다시 언급된다. 즉, 빛이나 중성미자(neutrino)와 같이 정지질량($m_0 = 0$)이 없는 입자들의 속도는 c가 되며, 전자와 같이 정지질량을 가지고 있는 입자들은 c 이상의 속도를 가질 수 없다. 따라서 정보전달의 한계로 인해 우리 경험세계에 한계가 존재하게 된다. 즉, 주어진 시간 Δt에 대해 $c\Delta t$ 이상의 거리에 있는 정보는 알 수가 없다.

3. 대응성 원리(correspondence principle)

끝으로 고전역학이 적용되는 현상에 대해서는 상대론적 결과도 Newton 역학의 결과와 같아져야 한다. 이를 대응성 원리(correspondence principle)라고 하며, 이는 상대론적 결과는 물체의 속도가 빛의 속도에 비하여 무시할 정도로 작은 경우에 필연적으로 Newton 역학의 결과로 되돌아와야 함을 의미하는데, 이는 Newton 역학의 경우는 일상생활에서 접할 수 있는 현상들에 대해 반복된 실험에 의해 확증된 내용들이기 때문이며, 아울러 속도가 빠른 경우나 느린 경우에 대한 물리학적 일관성의 요구이기도 하다. 모든 관성계에서 물리적 법칙이 불변한다는 사실과 빛의 속도가 불변한다는 사실 사이에 어떤 상관관계가 없을까? 실제로 빛의 속도가 일정하다는 사실은 모든 관성계에서 물리법칙이 불변해야 한다는 사실에서 비롯되었다.

Newton의 관점에 의하면 속도 v로 운동 중인 대상에서 운동방향으로 발사한 빛의 속도는 $v+c$가 되어야 하지만, 이는 광속 c 이상이 될 수 없다. 이는 상대론적 좌표계에서 물리적 기본량인 시간과 길이 그리고 질량이 새롭게 정의되어야 함을 의미하고, 아울러 속도를 더하고 빼는 방법도 Newton의 일상적인 공간과는 달리 상대론적 공간에서는 새롭게 정의되어야 함을 의미하며, 시간과 길이 그리고 질량의 새로운 정의를 통하여 운동량, 가속도, 힘 등 고전역학적 물리적 변수들을 다시 정립하여야 함을 의미한다. 아울러 정지된 좌표계와 운동 중인 좌표계에서의 새로운 시간정의(두 좌표계에서 시간의 흐름이 다르다)에 따라 두 좌표계에서의 동시성의 문제(시간의 일치 문제)가 야기된다. 이를 위해 먼저 기본적인 물리량인 시간지연, 길이수축, 운동 중의 질량 등의 순서에 따라 이를 추적해 보자.

27-3 시간지연과 길이수축

1. 시간지연

그림 27-1과 같이 삼순이가 등속도로 움직이는 기차 안에서 수직방향으로 빛을 발사한 후 수직거리 D 높이의 천장에 있는 거울에 반사되어 되돌아온 빛을 관측한다고 하자.

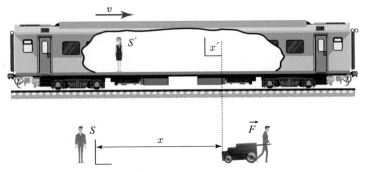

그림 27-1 기차역의 삼돌이(S)와 등속도 v인 기차 안의 삼순이(S')

이때 우리는 다음의 세 가지 사건들을 생각할 수 있다.

사건 1 : 전구 B의 점등
사건 2 : 수직거리 D 높이의 천장에 있는 거울 M에서 빛의 반사
사건 3 : 거울에서 반사된 빛이 전구 B의 위치에 도착

기차 안의 삼순이가 측정하게 되는 사건 1과 사건 3은 같은 위치인 B에서 발생한 것이므로 이 위치에 있는 동일한 하나의 시계 C로 두 사건 모두의 시간 값을 측정할 수 있다[**그림 27-2(a)**].

이와 같이 한 위치에 정지되어 있는 하나의 시계로 측정된 시간간격을 두 사건 사이의 고유시간간격(proper time interval)이라 부르며, 보통 아래첨자 0을 덧붙여 표시한다. 삼순이가 측정한 사건 1과 사건 3 사이의 시간간격 Δt_0는 속도 c의 빛(광속도 일정성의 가정)이 거리 D의 거울까지 갔다가 되돌아오는 데 걸리는 시간과 같아야 하므로

$$\Delta t_0 = \frac{2D}{c} \qquad (27-1)$$

이다. 등속도 v로 달리고 있는 기차 안의 삼순이가 이와 같은 측정을 하는 동안, 기차역에 정지해 있는 삼돌이가 이를 보았다고 하자. 전구가 켜지는 순간(사건 1), 기차(특히 전구와 천장의 거울이 있는 부분)가 삼돌이의 바로 옆을 지나고 있었다고 할 때 땅에 정지해 있는 삼돌이가 측정하게 되는 사건 1과 사건 3 사이의 시간간격을 Δt라 하자[**그림 27-2(b)**]. 이때는 빛이 거울까지 갔다가 되돌아오는 동안 기차가 움직였으므로, 삼순이의 경우처럼 하나의 시계로 두 사건 모두의 시간을 측정할 수는 없다. 이를 위하여 사건 1의 발생시간은 삼돌이의 시계 C_1으로 측정하고, 사건 3의 발생시간은 삼돌이로부터 $v\Delta t$ 거리가 떨어진 점에 있고 삼돌이의 시계 C_1과 잘 맞추어 놓은 시계 C_2를 이용하여 측정하여야 한다. 이렇게 결정되는 사건 1과 사건 3 사이의 시간간격 Δt 동안 빛은 전구 B를 출발하여 천장의 거울 M에 도달한 후 반사되어 전구 B의 위치까지 되돌아온다. 이 동안 기차가 움직이므로, 삼돌이가 볼 때

거울의 위치와 전구의 위치가 변하게 된다. 이를 감안하면 **그림 27-2(b)**와 같이 빛은 $2L$의 거리를 c의 속도(광속도 일정성의 가정)로 움직이게 된다. 여기서 식 $(27-1)$을 이용하면

$$L = \sqrt{\left(\frac{1}{2}v\Delta t\right)^2 + D^2} = \sqrt{\left(\frac{1}{2}v\Delta t\right)^2 + \left(\frac{1}{2}c\Delta t_0\right)^2}$$

이다. 따라서

$$\Delta t = \frac{2L}{c} = \frac{\Delta t_0}{\sqrt{1 - (v/c)^2}} \tag{27-2}$$

가 된다. 여기서 좌표계(기차)의 운동방향에 수직거리인 D는 두 경우 모두 동일함에 유의하기 바란다. 단위가 없는(dimensionless) 속도인자(speed parameter) β와 로렌츠인자(Lorentz Factor) γ를 다음과 같이 정의하면

$$\beta = v/c \tag{27-3}$$

$$\gamma = \frac{1}{\sqrt{1 - \beta^2}} \tag{27-4}$$

두 관성계에서의 시간간격의 관계는 다음과 같이 기술된다.

$$\Delta t = \frac{\Delta t_0}{\sqrt{1 - (v/c)^2}} = \frac{\Delta t_0}{\sqrt{1 - \beta^2}} = \gamma \Delta t_0 \tag{27-5}$$

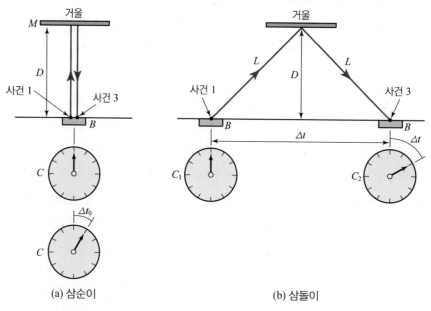

그림 27-2 수평등속도 v로 움직이는 기차 안에서 빛의 수직이동
  (a) 기차 안의 삼순이의 시계 C에 의한 사건 1과 3의 시간측정
  (b) 기차역의 삼돌이의 C_1과 C_2에 의한 사건 1과 3의 시간측정

이로부터 만약 $v > c$이면 Δt는 허수가 된다. 따라서 실수의 시간간격을 위해 $v > c$는 물리적으로 가능하지 않다. $v < c$인 경우 속도인자 β는 1보다 작고 γ는 1보다 크다. 따라서 삼돌이의 시간간격 Δt는 속도 v가 0이 아닌 이상에 v의 크기에 관계없이 항상 Δt_0보다 크다. 즉, 운동 중인 시계가 더 느리게 간다. 이와 같은 현상을 상대성 이론의 '시간지연(time dilation)' 혹은 '시간팽창효과'라 한다. 여기서 속도 v가 충분히 작아지면 γ는 1과 거의 같게 되고, 따라서 일상의 경험과 같이 Δt가 Δt_0와 실질적으로 차이가 없음을 알 수 있다.

예제 1. 불안정한 입자 중 하나인 뮤온(muons, μ)의 정지된 상태에서의 평균수명은 $2,200\ \mu s$이다. 뮤온이 정지되어 있으면 하나의 동일한 시계로 뮤온의 생성과 소멸을 측정할 수 있으며, 정지 평균수명이 고유시간간격 Δt_0가 된다. 1968년 CERN에서 뮤온을 $0.9966\ c$까지 가속할 수 있었다. 이와 같이 빠른 속도로 움직이고 있는 뮤온의 경우 우리가 측정하게 되는 로렌츠 인자와 평균수명을 구하고, 평균수명 동안 이동한 거리를 고유평균수명 동안 이동한 거리와 비교하라.

풀이 $\gamma = \dfrac{1}{\sqrt{1-\beta^2}} = \dfrac{1}{\sqrt{1-(0.9966)^2}} \simeq 12.14$

$\Delta t = \gamma \Delta t_0 = (12.14)(2.22\ \mu s) \simeq 27\ \mu s$

실제로 $26.2\ \mu s$의 평균수명이 실험적으로 측정되었다. 이 시간 동안 $0.9966\ c$의 속력으로 뮤온이 이동한 거리는

$\Delta x = v\Delta t = 0.9966(3 \times 10^5\ \mathrm{km/s})(26.7 \times 10^{-6}\ \mathrm{s}) = 7.98\ \mathrm{km}$

로 뮤온이 고유평균수명 $\Delta t_0 = 2.2\ \mu s$ 동안 빛의 속도인 c로 움직인 거리 $0.66\ \mathrm{km}$의 12.1배의 거리가 된다.

---

2. 길이수축

움직이는 막대의 길이를 측정할 때 우리는 어떤 한 순간에 막대의 양 끝의 위치를 표시한 후, 이 두 점 사이의 거리를 측정한다. 막대의 한쪽 끝의 표시와 다른 쪽 끝의 표시는 두 개의 사건으로 볼 수 있으며, 한 순간의 양 끝의 위치 표시는 이들 두 사건의 동시성을 의미한다. 사건의 동시성은 관성계의 상대적 운동에 따라 변하게 되므로 막대의 길이 측정도 관성계의 운동에 따라 달라지게 될 것이다.

측정하고자 하는 막대가 정지해 있으면 막대 양 끝의 표시는 동시에 할 필요가 없어 양 끝의 위치를 표시하는 두 사건의 동시성(시간축상의 한 점)에 대하여 걱정할 필요가 없다.

따라서 측정 대상물이 정지되어 있는 관성계는 길이 측정의 경우 특별한 의미를 가지게 된다. 이와 같이 정지된 관성계에서의 길이를 그 물체의 '고유길이(proper length)' L_0라 한

다. 시간측정의 경우 두 사건이 공간상의 한 점에서 관측된 시간간격을 '고유시간간격 (proper time interval)'이라 정의한다. 여기서 고유길이, 고유시간 등은 실제로 Newton 역학에서 생각하고 있는 길이와 시간 등을 의미한다.

고유길이 L_0와 어떤 관성계에서 측정되는 길이 L과의 관계를 보기 위하여 시간간격 측정의 경우와 마찬가지로 등속도로 움직이고 있는 기차의 경우를 다시 보자.

그림 27-1과 같이 기차역에 있는 삼돌이가 승강장의 길이를 측정하였다고 하자. 삼돌이와 승강장은 상대운동을 하지 않으므로 삼돌이가 측정한 거리가 승강장의 고유길이 L_0가 된다. 속도 v로 달리고 있는 기차 안의 삼순이가 승강장의 한 끝을 지나는 순간을 사건 1이라 하고, 다른 쪽 끝을 지나는 순간을 사건 2라 하자. 기차역의 삼돌이가 측정한 이 두 사건의 시간간격을 Δt라고 하면, 기차의 속도가 v이고 두 사건이 발생한 공간상의 거리는 L_0이므로

$$L_0 = v\Delta t$$

가 된다. 한편 기차 안의 삼순이에게는 두 사건이 같은 점, 즉 자신이 있는 공간상의 한 점에서 발생한 것이므로 두 사건의 시간간격은 고유시간 Δt_0로 측정하게 될 것이다. 이 시간 동안 기차 승강장의 한 끝이 속도 v로 지나가고 다른 쪽 끝이 자신의 위치에 왔으므로 삼순이는 승강장의 길이 L을 다음과 같이 측정하게 될 것이다.

$$L = v\Delta t_0$$

이들 두 관성계에서 측정한 승강장의 길이와 두 관성계에서 측정한 시간간격 사이의 관계식인 (27 − 5)에 의해서

$$L = L_0 \sqrt{1-\beta^2} = \frac{L_0}{\gamma} \tag{27-6}$$

의 관계가 있다. 따라서 승강장의 길이는 측정 대상물인 승강장이 정지되어 있는 관성계에서 측정한 고유길이 L_0가 가장 길며, 측정 대상물인 승강장이 등속도 v로 움직이고 있는 것으로 나타나는 관성계에서는 식 (27 − 6)에 따라 짧게 측정된다. 즉, 움직이고 있는 물체의 '길이의 수축(length contraction)'이 일어난다.

로렌츠인자는 상대속도 V가 0일 때 1이고, 그 외에는 항상 1보다 크므로 시공간 측정에서 다음과 같이 시간지연(시간팽창)과 길이수축의 현상이 일어난다.

어느 두 사건이 한 관성계의 공간상의 '동일한 한 점'에서 발생했다고 하면 이들 두 사건 사이의 시간간격은 고유시간간격이 되며, 이와 다른 모든 관성계에서는 두 사건의 시간간격이 식 (27 − 5)에 따라 길어지게 된다. 이를 '시간지연(time dilation : 시간팽창)'이라 한다.

위에서 언급한 대로 대상물이 '정지되어' 있는 관성계에서 측정한 물체의 길이(공간상의 간격)는 그 물체의 고유길이이며, 다른 모든 관성계에서 측정한 그 물체의 길이는 식 (27 −

6)에 따라 고유길이보다 항상 짧게 측정된다. 이를 Lorentz의 '길이수축'이라 한다.

이들 두 현상이 동시성 문제와 함께 Einstein의 상대성 이론이 속도가 충분히 작아서 상대론적인 효과를 거의 감지할 수 없는 우리들의 경험상의 결과나 고전역학과 매우 다르게 나타나는 중요한 요소들이다.

27-4 Galilean 변환과 Lorentz 변환

1. Galilean 변환

Newton의 제1법칙에 의하면 등속도로 움직이는 관성계 간에 물리법칙의 불변이 성립된다. 이는 등속도로 움직이는 관성계 사이에는 Newton의 제2법칙이 똑같이 적용됨을 의미한다. 삼돌이가 기차역의 승강장 한 끝에 정지해 있고, 삼순이는 일정한 속도 v로 달리고 있는 기차 안에 있다고 하고(**그림 27-1**), 기찻길의 방향을 x축으로 잡자. 삼순이가 삼돌이 옆을 지나는 순간에 두 사람의 시계를 0에 맞추어 놓았다고 하고, 시간 t에 삼돌이로부터 x거리가 떨어진 기차 승강장의 다른 끝에서 F의 힘으로 손수레를 끌고 가는 사람이 있다고 하자. 이것이 운동좌표계인 기차 안의 삼순이에게는 시간 t'에 거리 x'에서 일어나는 것으로 나타났다고 할 때 Galilean 변환은

$$x' = x - vt$$
$$y' = y$$
$$z' = z$$
$$t' = t \qquad\qquad (27-7)$$

로 주어진다. 이때 손수레의 가속도는 삼돌이나 삼순이 모두에게 똑같으며, 손수레에 작용한 힘 F를 그의 질량 m으로 나눈 값이다($d^2x'/dt'^2 = d^2x/dt^2 = F/m$). 따라서 손수레에 대한 Newton의 제2법칙이 두 사람 모두에게 똑같이 적용된다. 이때 손수레가 움직이는 속도는 물론 다르다. 삼돌이에게는 dx/dt로 나타나며, 삼순이에게는 $\dfrac{dx'}{dt'} = \dfrac{dx}{dt} - v$로 관측된다.

이와 똑같은 Galilean 변환을 빛의 경우에 적용한다면, 기차역에서 방출된 빛의 속도는 삼돌이에게 c의 속도로 측정되거나, 빠른 속도로 달리고 있는 기차 안의 삼순이에게는 $c - v$로 측정될 것이다.

그러나 위에서 언급한 대로 소리파의 경우 매질이 필요한 것과 마찬가지로 전자기파의 일종인 빛의 전달 매개체로서 에테르가 존재한다는 가정에 기초한 Michelson-Morley의 간섭실험, 빛의 Doppler 효과 등 여러 가지 방법의 빛의 속도 변환 측정실험이 모두 실패하였

고, 이들 실험 결과는 역학적 파동과는 달리 빛의 경우에는 진행방향이나 상대속도에 관계 없이 삼돌이에게나 삼순이에게나 빛의 속도가 모두 동일한 c이고 파동의 전달 매개체가 없어야 설명이 가능하다. 위에서 언급한 대로 이것은 Maxwell 이론의 상대적 불변성을 확인 하는 것이기도 하다. 이 일정한 빛의 속도가 물질입자의 최대 극한 속도임은 1964년 W. Bertozzi에 의해 전자의 최대가능속도가 c가 됨을 보임으로써 최초로 확인되었다.

전기적 힘으로 가속되어진 전자의 속도와 운동에너지를 측정한 결과가 **그림 27-3**과 같다. **그림 27-3**에서 볼 수 있듯이 빠른 전자에 가해준 힘을 증가시킴에 따라 에너지는 점점 증가 하나, 정전자의 속도는 거의 증가되지 않는다. 이 실험의 경우 전자의 최대달성 속도는 광속 도의 0.99999999995배로서 c보다 작다. 한편 빛의 속도가 모든 관성계에서 동일하다면, 일 정한 속도로 움직이고 있는 광원에서 방출되는 빛의 속도나 정지되어 있는 광원에서 방출되 는 빛의 속도는 같아야 할 것이다. 입자가속기에서의 충돌과정을 통하여 만들 수 있는 중성 의 파이온(pion : π^0)은 불안정하여 아주 짧은 시간에 두 개의 감마선(γ ray)으로 붕괴된다.

$$\pi^0 \rightarrow \gamma + \gamma$$

감마선은 파장이 아주 짧은 전자기파의 일종이며, 가시광선과 마찬가지로 광속도 일성성 의 가정에 따라야 한다.

1964년 유럽의 제네바 근처에 있는 입자물리연구소(CERN)에서 $0.99975c$의 속도로 움직이 는 파이온을 만들 수 있었다. 이 속도가 빠른 파이온의 붕괴에 의해 발생되는 감마선의 속도측 정결과는 2.9977×10^8 m/s로 정지된 광원으로부터 방출되는 빛의 속도 2.9977×10^8 m/s와 잘 일치됨으로써 광속도 일정의 법칙이 확인됐다.

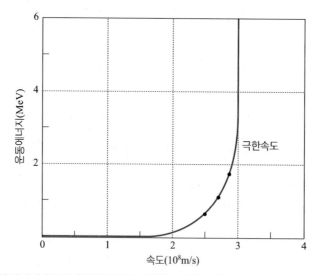

그림 27-3 가속된 전자의 속도와 운동에너지의 관계곡선, 검은 점은 측정치, 점선은 극한속도 표시

예제 2. 미국의 Stanford 대학에 있는 선형가속기로 만들 수 있는 20 GeV 에너지의 전자가 가지는 속도는 0.99999999967c이다. 이 전자가 광속(光束)과 함께 태양계 밖의 가장 가까운 별인 Proxima Centauri(지구로부터의 거리 4.3광년 $= 4 \times 10^{16}$)를 향하여 동시에 출발했다면, 광속이 얼마나 더 빨리 도착할 것인가?

풀이 별까지의 거리를 L이라 할 때, 빛과 전자의 도달시간차는

$$\Delta t = \frac{L}{v} - \frac{L}{c} = L \frac{(c-v)}{vc}$$

여기서 v가 c와 거의 같으므로 분자에서와는 달리 분모에 있는 v는 c로 바꿔줘도 된다. 따라서

$$\Delta t = \frac{L}{C}\left(1 - \frac{v}{c}\right) = \frac{4 \times 10^{16}(1 - 0.99999999967)}{3 \times 10^{8}\,\mathrm{m/s}} = 0.044\ \mathrm{s}$$

이 예제는 20 GeV짜리 전자의 속도는 궁극적 최대속도인 c에 가까우나, 광속도보다는 작음을 잘 보여주고 있다.

2. Lorentz 변환

삼돌이의 정지된 관성좌표계를 S라 부르고, 일정한 속도 v로 움직이고 있는 삼순이의 관성좌표계를 S'이라 하자. 삼돌이와 삼순이는 각자의 좌표계의 원점에 있고, 상대운동의 방향을 각자의 x축이라 하고, 두 사람의 최접근순간을 각자의 시간축의 원점($t = 0$)으로 하자. 삼돌이의 관성계 S 내의 시공간 좌표점 (x, y, z, t)에서 한 사건 E(예 : 삼순이와 함께 움직이는 전구의 점등)이 발생하였다면 동일한 이 사건에 대하여 삼순이는 자신의 관성계 S' 내의 시공간 좌표점 (x', y', z', t')에서 발생한 것으로 관측하게 될 것이다. 이때 이들 두 좌표 (x, y, z, t)와 (x', y', z', t')와의 관계는 Einstein의 상대성에 관한 가정에 의하여 Galilean 변환식과는 다를 것이다. 하지만 상대운동과 수직인 방향은 상대운동과는 무관하므로 Galilean 변환의 경우와 마찬가지로 $y' = y$와 $z' = z$가 된다. 이 사실은 시간 지연에 대한 **그림 27-2**의 경우에 적용한 것이다.

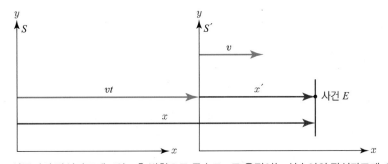

그림 27-4 삼돌이의 관성좌표계 S와 x축 방향으로 등속도 v로 움직이는 삼순이의 관성좌표계 S'

사건 E가 발생하는 순간 삼순이는 삼돌이로부터 x축 방향으로 vt만큼 떨어져 있다. 따라서 관성좌표계 S에 있는 삼돌이가 측정하게 되는 삼순이와 사건 E 사이의 x축 방향의 거리 L은 $L = x - vt$가 된다. 그러나 관성좌표계 S'에서는 거리 L은 고유간격이 아니고 앞에서 본 바와 같이 길이의 수축이 일어난 결과이다. 전구가 관성계 S'에 고정되어 있다고 하면 삼순이와 사건 E 사이의 x축 방향으로 고유간격 L_0는 삼순이가 자신의 관성좌표계 S'에서 측정한 거리이며, $x' = L_0$가 된다. 따라서 식 $(27-6)$에 의하면

$$x' = L_0 = \gamma L = \gamma(x - vt)$$

가 된다. 한편 식 $(27-5)$로 나타나는 시간지연을 이용하면 시간 t'과 t 사이의 변환식을 얻을 수 있다(연습문제 5). 여기서 결과만 보면

$$x' = \gamma(x - vt) = \gamma(x - \beta ct)$$
$$y' = y$$
$$z' = z$$
$$t' = \gamma(t - vt/c^2) = \gamma(t - \beta x/c) \qquad (27-8)$$

가 된다. 이는 Einstein의 상대성 이론에서의 정지된 좌표계(S)에서 운동좌표계(S')로의 좌표변환을 나타내며, Lorentz 변환식이라 한다. 위의 식 $(27-8)$은 삼돌이가 자신의 좌표계에서 측정하였을 때 그 사건이 관성계 S'의 삼순이에게는 어떻게 관측되어질 것인가를 나타낸다. 삼순이가 자신의 좌표계 S'에서 어떤 사건을 관측한 후 관성계 S의 삼돌이에게는 어떻게 나타날 것인가를 알기 위해서는 식 $(27-8)$에서 x와 t를 x'과 t'의 함수로 구하면 된다. 또는 삼순이가 볼 때 삼돌이가 $-v$ 속도로 움직이므로, 식 $(27-8)$에서 v를 $-v$로 바꾸고 삼돌이와 삼순이의 좌푯값을 바꾸어 주면 된다. 따라서

$$x = \gamma(x' + vt') = \gamma(x' + \beta ct')$$
$$t = \gamma(t' + vx'/c^2) = \gamma(t' + \beta x'/c) \qquad (27-9)$$

가 된다. 식 $(27-8)$이나 $(27-9)$는 하나의 사건을 두 개의 관성계에서 측정한 것이다. 두 개의 사건을 측정하였을 때, 사건 1과 사건 2 각각에 대하여 Lorentz 변환식이 성립하므로 각 좌표계에서 측정한 두 사건 사이의 공간상 거리와 시간간격은

$$\Delta x' = \gamma(\Delta x - v\Delta x) = \gamma(\Delta x - \beta c\Delta t)$$
$$\Delta t' = \gamma(\Delta t - v\Delta t) = \gamma(\Delta t - \beta \Delta x/c) \qquad (27-10)$$

의 관계가 있다. 여기서 $\Delta x = x_2 - x_1$이고 $\Delta t = t_2 - t_1$이다. 식 $(27-8)$이나 $(27-9)$는 식 $(27-10)$에서 두 좌표계의 원점이 일치하는 순간을 사건 1이라 놓은 것과 같다. 식 $(27-10)$에서 볼 수 있는 바와 같이, 어떤 두 사건이 삼돌이의 좌표계의 두 점($\Delta x \neq 0$)에서 동시에

($\Delta t = 0$) 발생하였을 때, 일정한 속도($v = \beta c \neq 0$)로 움직이는 삼순이에게는 두 사건이 동시성을 잃게 된다($\Delta t' = -\gamma\beta\Delta x/c \neq 0$). 이는 위에서 언급한 대로 정지된 좌표계와 움직이는 좌표계에서 시간의 정의가 다르기 때문이다. 이를 좀 더 구체적으로 살펴보자.

27-5 사건의 동시성

1. 동시성의 문제

서로 독립적인 두 개의 사건이 똑같은 순간에 발생했을 때, 우리는 이 두 현상이 '동시'에 일어났다고 한다. 어떤 사건이 한 관측자에게 동시에 발생한 것으로 관측되었을 때, 다른 관성계에 있는 관측자에게는 어떻게 보여질 것인가? Einstein의 상대성 이론에서의 시공의 개념은 일반 상식이나 고전역학에서와는 다르므로 두 사건의 동시성에 대한 개념도 재검토되어야 한다.

일반적으로 서로 상대적으로 움직이고 있는 두 관측자에게는 사건들의 동시성에 대한 기준이 다르다. 한 관측자에게는 동시에 발생한 두 사건이 다른 관성계의 관측자에게는 동시에 발생하지 않은 것으로 관측될 수 있다. 물론 상대성에 관한 가정(불변의 법칙)에 의하여 두 관측자 중 누가 옳고 그른지는 구별할 수 없다. 따라서 상대성 이론에서는, 사건 발생의 '동시성'이 절대적인 개념이 아니라, 관측자의 운동에 따라 달라지는 상대적인 개념인 것이다. 그러나 대응성 원리(correspondence principle)에 의해, 상대속도가 광속도에 비하여 아주 작을 때에는 두 관측자 간의 동시성에 대한 관점의 차이가 무시될 정도로 작아져 우리가 일상에서 경험하는 바와 같아지게 된다.

한편 움직이는 관성계에서는 정지된 관성계에서보다 시간이 느리게 흐른다는 시간지연 현상은 쌍둥이 역설문제를 제기한다. 삼순이가 빛의 속도에 가까운 우주선을 타고 멀리 떨어진 별에 갔다가 되돌아왔다고, 이 동안 삼순이와 쌍둥이인 삼돌이가 지구에 남아 있었다고 하자. 삼순이가 빠른 속도로 움직였으므로, 지구에 남아 있는 삼돌이는 자신의 시간이 삼순이의 시간보다 훨씬 빠르게 흐르는 것으로 측정할 것이다. 따라서 시간지연 현상에 의하여 삼순이가 지구에 돌아왔을 때에는 삼돌이가 삼순이보다 훨씬 더 늙어 있을 것이다. 한편 삼순이가 볼 때는 지구에 남아 있는 삼돌이가 빠른 속도로 자신으로부터 멀리 갔다가 되돌아왔으므로, 거꾸로 시간지연 현상에 따라 삼돌이가 자신보다 훨씬 젊게 될 것이다. 따라서 삼순이가 지구에 되돌아왔을 때 서로 모순되는 현상이 발생하게 된다.

그러나 실제로는 삼순이와 삼돌이가 똑같은 상태에 있지 않으므로 두 사람의 역할을 그대로 바꾸어줄 수는 없다. 지구의 삼돌이는 아무런 가속을 경험하지 않아 하나의 고정된 관성계를 이용할 수 있으나, 우주선의 삼순이는 이와는 다르다. 삼순이는 지구로 되돌아오기 위하여 가속운동을 하여야 하고, 멀어져 갈 때와 되돌아올 때 모두 다른 관성계를 이용하여야 한다. 따라서 실제로 가속을 경험하게 되는 삼순이가 그렇지 않은 삼돌이보다 젊게 된다.

예제 3. 어느 나무꾼이 나무하러 갔다가 신선들이 두는 바둑을 3시간 동안 구경하고 돌아왔더니 두고 갔던 도낏자루가 썩어 없어졌다. 도낏자루가 썩는 데 50년이 걸린다고 하자. 선계(仙界)가 빠르게 움직이는 우주선이었다면, 선계는 지구에 대하여 얼마의 속도로 움직인 것이 되는가? (단, 가속운동에 걸리는 시간은 무시한다.)

풀이 실제로 가속운동을 한 선계에서 머문 시간 Δt_0가 정지되어 있는 지구에서 흐른 시간 Δt보다 짧다. 이들 두 좌표계에서 흐른 시간은 식 (27−5)와 같은 관계가 있으므로, 로렌츠인자는

$$\gamma = \frac{1}{\sqrt{1-\beta^2}} = \frac{\Delta t}{\Delta t_0} = \frac{50년}{3시간} = \frac{50 \times 365 \times 24시간}{3시간} = 1.46 \times 10^5$$

이고, 상대속도 v는

$$v = \beta c = c\sqrt{1 - \frac{1}{\gamma^2}}$$
$$= c\sqrt{1 - \frac{1}{1.46 \times 10^5}} = 0.999997\, c$$

이다. 즉, 바둑을 두는 동안 선계는 거의 빛의 속도($\beta = 0.9999966$)로 지구로부터 25광년 떨어진 점까지 갔다 온 셈이 된다.

예제 4. 삼돌이의 관성계 S의 x축상의 한 점에서 붉은 전구가 켜지고, 이로부터 $+x$ 방향으로 $\Delta x = 2.45$ km 떨어진 점에서 $\Delta t = 5.35\,\mu s$ 후에 파란 전구가 켜졌다고 하자. x축 방향으로 $v = 0.855\, c$의 속도로 움직이는 좌표계 S'의 삼순이에게는 이들 두 사건 간의 거리 $\Delta x'$와 시간간격 $\Delta t'$이 얼마로 관측되어지는가?

풀이 속도상수 $\beta = v/c = 0.855$이므로, 로렌츠인자 γ는

$$\gamma = \frac{1}{\sqrt{1-\beta^2}} = \frac{1}{\sqrt{1-0.855^2}} \simeq 1.92816$$

이고, 식 (27−10)에 의해 두 전구의 점등시간의 차이는

$$\Delta t' = \gamma(\Delta t - \beta \Delta x/c)$$
$$= \frac{(5.35 \times 10^{-6}\,s) - 0.855(2.45\ \text{km})(3 \times 10^5\ \text{km/s})^{-1}}{\sqrt{1-0.855^2}}$$
$$\simeq -3.34 \times 10^6 \simeq -3.34 \mu s$$

이다. 두 사건 사이의 시간간격 $\Delta t'$ 이 음의 값을 가지는 이유는 붉은 불이 파란 불보다 먼저 보인 삼돌이의 경우와는 달리, S' 의 삼순이에게는 파란 불이 붉은 불보다 먼저 보이기 때문이다. 즉, 두 사건(붉은 불의 관측과 파란 불의 관측)의 발생 순서도 절대적인 개념이 아님을 잘 나타내고 있다. 여기서 붉은 불과 파란 불의 점등은 서로 연관되지 않은 독립적인 두 사건임에 유의하자. 이 경우 어떤 관성좌표계에서는 두 사건이 동시에($\Delta t'' = 0$) 발생한 것으로 관측될 것이다. 이러한 좌표계의 S에 대한 상대속도는

$$\Delta t'' = \gamma''(\Delta t - \beta'' \, \Delta x/c) = \frac{\Delta t - \beta'' \, \Delta x/c}{\sqrt{1 - \beta''^2}} = 0$$

에 의해

$$\beta'' = \frac{c\Delta t}{\Delta x} = \frac{(3 \times 10^5 \, \text{km/s})(5.35 \times 10^{-6} \, \text{s})}{2.45 \, \text{km}} \simeq 0.655$$

가 된다. 즉, 삼돌이의 x축 방향으로 $\beta = 0.655$ 의 속도로 움직이는 좌표계에서는

$$\Delta x'' = \frac{\Delta x - \beta'' \, c\Delta t}{\sqrt{1 - \beta''^2}}$$

$$= \frac{2.45 \, \text{km} - 0.655(3 \times 10^5 \, \text{km/s})(5.35 \times 10^{-6} \, \text{s})}{\sqrt{1 - 0.655^2}} \simeq 1.85107 \, \text{km}$$

거리가 떨어져 있는 붉은 전구와 파란 전구가 동시에 점등된 것으로 관측된다. 삼순이의 경우와 같이 상대속도가 이보다 빠른($\beta > \beta''$) 경우에는 두 사건의 순서가 뒤바뀌게 된다. 한편 두 전구 사이의 거리는 식 $(27-10)$에 의해

$$\Delta x' = \gamma(\Delta x - \beta c\Delta t)$$

$$= \frac{2.45 \, \text{km} - 0.855(3 \times 10^5 \, \text{km/s})(5.35 \times 10^{-6} \, \text{s})}{\sqrt{1 - 0.855^2}} \simeq 2.07803 \, \text{km}$$

로 좌표계 S에 대해 움직이는 S'의 삼순이가 측정하게 되는 두 전구 사이의 거리는 수축되어 짧아졌다($\Delta x' < \Delta x$). 양의 $\Delta x'$값은 좌표계 S에서와 마찬가지로 파란 전구가 붉은 전구보다 $+x$축 방향에 있음을 의미한다. 붉은 전구가 파란 전구보다 $+x$축 방향에 있는 것으로 나타나게 되는 관성계의 S에 대한 상대속도는

$$\Delta x_1 = \gamma_1(\Delta x - \beta_1 c\Delta t) = \frac{\Delta x - \beta_1 c\Delta t}{\sqrt{1 - \beta_1^2}} < 0$$

의 조건으로부터 구할 수 있다. 이에 의해

$$v_1 = \beta_1 c > \frac{\Delta x}{\Delta t} = \frac{2.45 \, \text{km}}{5.35 \times 10^{-6} \, \text{s}} \frac{c}{3 \times 10^5 \, \text{km/s}} \simeq 1.52648 \, c$$

가 되어야 한다. 광속도보다 빨리 움직일 수 없으므로, 이 경우 두 전구의 위치가 뒤바뀔 수 없다. 여기서 $|\Delta x| > |c\Delta t|$임에 유의하자. 이러한 경우 $\beta_1 = \frac{c\Delta t}{\Delta x} < 1$일 때, $\Delta x_1 = \frac{\Delta t}{\gamma_1}$로 최소가 된다(연습문제 8 참조).

이 예제의 경우와 같이 두 사건 사이의 공간거리간격과 광속도의 비율이 시간간격보다 큰 경우, 다시 말하면 공간거리간격이 시간간격 동안 빛이 간 거리보다 큰 경우, 두 사건의 발생 순서가 뒤바뀌는 관성계는 존재하나, 두 사건의 위치가 뒤바뀌는 관성계는 존재할 수 없다.

예제 5. 우주선이 시각 t_1에 (x_1, y, z)에 있는 어떤 별을 출발하여(사건 1), 시각 t_2에 (x_2, y, z)에 있는 다른 별에 도착하였다(사건 2). 두 별 사이의 거리는 $\Delta x = x_2 - x_1 > 0$이며, 사건 2(도착)는 사건 1(출발)이 발생한 지 $\Delta t = t_2 - t_1 > 0$의 시간이 지난 후 발생한다. 우주선이 출발(사건 1)하기 전에 도착(사건 2)을 먼저 한 것으로 관측되어지는 관성계가 존재하는가?

풀이 도착을 먼저 한다면 $t' = t_2' - t_1'$이 음수가 되는 경우이다. 따라서 식 $(27-10)$에 의하여

$$\Delta t' = \gamma(\Delta t - \beta \Delta x/c) = (\Delta t - \beta \Delta x/c)/\sqrt{1-\beta^2} < 0$$

이 되어야 한다. 이 관계식에서 Δx와 β의 방향이 평행이므로 두 좌표계의 상대운동은 x축 방향이 되어야 하고

$$\beta > c\Delta t/\Delta x = c/v$$

의 조건이 만족되어야 한다. 여기서 $v = \Delta x/\Delta t$는 우주선의 속도이고, 광속도 c보다 클 수 없으므로 $c/v \geqq 1$(광속도 최대)이다. 빛의 속도보다 빠른 운동은 없으므로 조건 $\beta > 1$을 만족시킬 수는 없다. 따라서 어떤 관성좌표계에 가든지 출발 전에 도착할 수는 없다. 단지 우주선이 빛의 속도로 날아간다면 역시 빛의 속도로 함께 움직이는 관성계에서는 출발과 동시에 $(\Delta t' = 0)$ 도착할 수 있을 뿐이다. 우리보다 시간이 느리게 흐르는 신선의 나라는 있을 수 있으나, 우리가 어려질 수 있는 젊음의 샘물은 존재하지 못한다. 그러나 이 우주선의 경우 $|\Delta x| = |v\Delta t| \leq |c\Delta t|$가 되어 출발과 도착이 공간상의 한 점$(\Delta x' = 0)$에서 발생하는 것으로 관측되어지는 좌표계는 존재한다.

2. 시공간의 거리

Newton의 절대시간과 절대공간에서는 시간과 공간이 서로 독립적이다. 따라서 이 시간과 공간에서는 물리적 대상의 운동상태는 필요에 따라 공간좌표에서, 또는 시간좌표계에서 분리하여 기술할 수 있다. 아울러 3차원 공간과 1차원 시간은 서로 독립되어 있어서 공간에서의 스칼라량인 거리와 1차원에서의 스칼라량인 시간간격은 운동에 관계없이 모든 관성계에서 독립적인 불변량이다. 그러나 상대성 이론에서는 시간간격과 공간간격은 더 이상 서로 독립적이지 않으므로 불변량의 형식이 달라진다. 아울러 상대성 이론에서의 운동은 3차원 운동이 아닌 4차원 공간 내의 운동으로 기술되어야 한다. 그러므로 Newton 역학에서 3차원 공간(Cartesian space)에서 운동을 기술했던 것처럼 상대론적 공간(Minkowski space)인 4차원 공간을 가시화하고, 그 공간에서 운동을 기술하는 문제로 돌아가 보자. 우선 물리적 대상의 운동방향에 대응되는 세 개의 공간차원을 수평축으로, 그리고 시간차원을 수직축으로 가정한다.

그림 27-5에서 원점은 현재를, $+t$축은 미래를, $-t$축은 과거를 나타낸다. $x = ct$로 표시된 기울기 45°의 선은 빛의 진행선이다(c는 상수로서 편의상 $c = 1$로 놓는다). 따라서 그림에서 영역 I은 시공간 간격(ΔS)이 $\Delta S > 0$ 영역으로서 $v < c$이며 시간간격이 공간간격보다 큰 영

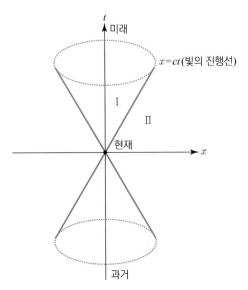

그림 27-5 2차원 광추면(a light cone)

역이다. 이를 공간형 영역이라 한다.

$x = ct$ 선상에서는 시공간 간격(ΔS)이 $\Delta S = 0$인 영역으로서 $v = c$이며, 시간간격과 공간 간격이 같다. 영역 II는 시공간 간격(ΔS)이 $\Delta S < 0$ 영역으로서 $v > c$이며, 시간간격이 공간 간격보다 작은 영역이다. 이 영역은 시간형 영역이라고 하며, 이 영역은 기울기가 45°선을 넘는 영역으로 그곳에 도달하기 위해서는 빛의 속도보다 빨리 움직여야 한다. 이렇게 정의된 공간을 세계 공간(world space)이라 하고, 이 4차원 공간 내의 하나의 점(point)은 하나의 사건(event)을 나타낸다(**그림 27-5**). 이 사건의 변화 또는 진화는 세계공간에서 점(point)들의 연속으로 나타나고, 이 점들에 의한 연속선을 세계선(world line)이라 하여 상대론적 공간에서 물리적 대상의 운동방정식의 해에 대응된다. 그러므로 위에서 언급한 대로 4차원 공간에서의 불변량은 시공간 간격(spacetime interval)이 되어야 한다. 즉, 시공간 간격(ΔS)

$$(\Delta S)^2 = (c\Delta t)^2 - (\Delta x)^2 \qquad (27-11)$$

은 불변량이 된다. 여기서 $c\Delta t$는 길이의 차원으로서 차원의 일치를 나타낸다. 여기서도 빛의 속도는 관성좌표계에서 일정하다는 사실을 이용하였다. 이를 좀 더 구체적으로 알아보기 위해 **그림 27-2**의 경우를 다시 생각하여 보자. 이동속도가 다른 두 개의 관성좌표계에서 빛의 경로를 생각하여 보자.

그림 27-6(a), 즉 관성좌표계 S'에서 피타고라스 정리를 이용하면

$$D^2 = (1/2 \, c\Delta t')^2 - (1/2 \, v'\Delta t')^2$$

이고 **그림 27-6(b)**, 즉 관성좌표계 S''에서 피타고라스 정리를 이용하면

$$D^2 = (1/2 \, c\Delta t'')^2 - (1/2 \, v''\Delta t'')^2$$

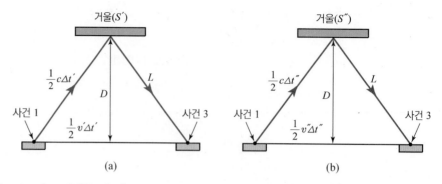

그림 27-6 속도 v'(왼쪽)과 v''(오른쪽)으로 움직이는 좌표계를 바깥에서 관찰할 때 빛의 경로. 빛은 사건 1에서 광속 c로 방출되고 거울에 반사되어 사건 3에 도달한다.

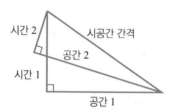

그림 27-7 공통의 시공간 간격을 갖는 두 개의 관성좌표계(다른 공간과 시간)

을 얻는다. 여기서 두 식의 좌변은 동일하고, $v'\Delta t' = \Delta x'$와 $v''\Delta t' = \Delta x''$의 관계를 이용하면

$$(1/2c\Delta t')^2 - (1/2v'\Delta t')^2 = (1/2c\Delta t'')^2 - (1/2v''\Delta t'')^2$$

또는

$$c^2\Delta t'^2 - \Delta x'^2 = c^2\Delta t''^2 - \Delta x''^2$$

의 관계를 얻는다. 따라서 공간차원이 운동방향 이외의 차원도 포함할 경우 두 사건 사이의 거리 Δs는

$$\Delta s^2 = (c\Delta t)^2 - \Delta x^2 - \Delta y^2 - \Delta z^2 \tag{27-12}$$

로 되며, 이 양은 어떤 관성계에서든지 같은 값을 갖는 불변량이 된다. 이와 같이 관성계에 관계없이 값이 같은 물리량을 Lorentz의 불변량(invariance)이라 한다. 이것을 좀 더 구체적으로 표현하면 **그림 27-7**과 같다. 즉, 4차원 공간 내의 두 점 사이의 거리, 즉 임의의 한 관성계에서의 거리(시공간 1의 관성계에서의 시공간 간격)와 다른 관성계에서의 거리(시공간 2의 관성계에서의 시공간 간격)는 동일한 불변량이 된다.

27-6 속도의 변환식 및 Doppler 효과

어느 좌표계에서 물체의 속도는 그 좌표계에서 두 점 사이의 거리 Δx를 시간간격 Δt에 움직였을 때 $v_x = \Delta x/\Delta t$로 주어진다. 이 좌표계와 상대속도 $v = \beta c$로 움직이는 관성계 S'에서의 이 물체의 속도는 식 (27 – 10)에 의하여 상대운동방향으로는

$$v'_x = \frac{\Delta x'}{\Delta t'} = \frac{\gamma(\Delta x - \beta c \Delta x)}{\gamma(\Delta t - \beta \Delta x/c)} = \frac{v_x - \beta c}{1 - \beta v_x/c} \qquad (27-13)$$

가 된다. 한편 상대운동의 수직방향으로는 길이의 변화가 없으므로

$$v'_y = \frac{\Delta y'}{\Delta t'} = \frac{\Delta y}{\gamma(\Delta t - \beta \Delta x/c)} = \frac{v_y}{\gamma(1 - \beta v_x/c)}$$

$$v'_z = \frac{\Delta z'}{\Delta t'} = \frac{v_z}{\gamma(1 - \beta v_x/c)} \qquad (27-14)$$

로 주어진다. 물론 두 좌표계 S와 S' 사이의 상대속도 $v = \beta c$가 작을 때, 즉 $\beta \ll 1$일 때에는 Galilean 변환의 경우와 같이 $v'_x = v_x - v$, $v'_y = v_y$, $v'_z = v_z$가 된다. 빛의 경우, 즉 속도 v가 c일 때 식 (27 – 10)으로부터 $v' = c$가 되어 S'에서도 좌표계 간의 상대속도 βc와 관계없이 역시 속도가 c가 됨을 알 수 있다. 즉, 빛의 속도 c는 좌표계의 상대운동에 무관하게 일정하다. 이들 속도 변환식으로부터 v와 β가 얼마이든지 이들은 c보다 클 수 없으므로 v'는 항상 광속도 c보다 작다.

전파속도가 느린 소리파(역학적 파동)의 경우, 앞의 12장에서 본 바와 같이 관측자나 발생원의 공기에 대한 상대속도에 따라 소리의 진동수가 달라진다. 그러나 빛의 경우에는 빛이 파동의 일종이기는 하나, Michelson-Morley실험에 의해 확인된 바와 같이 전자기파의 전달매질의 부재(광속도 일정성의 가정)와 시공간 개념의 변화로부터 소리파의 경우와는 달라지게 될 것이다. 매질의 부재는 발광체의 운동과 관측자의 운동을 구분할 수 없음을 의미하며, 단지 발광체와 관측자 간의 상대운동(상대속도 v)만이 의미가 있다. 따라서 매질에 대한 여러 가지 상대운동이 있는 소리파의 경우와는 달리, 단지 발광체와 관측자 간의 상대운동에 의한 하나의 Doppler 효과만 있다. 주기 T인 파동의 진동수 ν는 $\nu = \dfrac{1}{T}$이며, 시간에 대한 Lorentz 변환식은 식 (27 – 10)으로 주어진다. Einstein의 상대론에서 빛의 Doppler 효과는 $\nu' = \dfrac{1}{T'} = \dfrac{1}{\gamma(T - \beta \Delta x/c)} = \dfrac{1}{T}\dfrac{1}{\gamma}\dfrac{1}{1 - \beta(\Delta x/T)/c}$에 의해 결정된다.

여기서 Δx는 빛의 주기 T 동안 움직인 거리로 좌표계의 운동방향성분이며, 따라서 빛의 진행방향과 좌표계의 진행방향과의 사잇각을 θ(**그림 27-8**)라 하면 $\Delta x/T = c\cos\theta$가 되어

$$\nu' = \frac{\nu}{\gamma(1 - \beta\cos\theta)} = \nu\frac{\sqrt{1-\beta^2}}{1 - \beta\cos\theta}$$

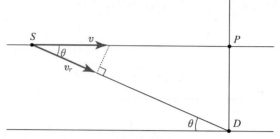

그림 27-8 등속도 v로 관측자 D를 지나가는 광원 S. P점을 지나는 순간에 발사되어 관측된 빛은 운동방향에 수직이다.

이 된다. 특히 빛이 관성계의 운동방향과 평행으로 관측자에 접근할 때($\theta = 0°$)는 $\nu' = \nu\sqrt{(1+\beta)/(1-\beta)}$ 가 되고 수직일 때($\theta = 90°$)는 $\nu' = \nu\sqrt{1-\beta^2}$ 가 된다.

우주팽창설에 의하여 지구로부터 멀어져 가는($\theta = 180°$) 별에서 발생한 빛을 지구에서 관측하면 Doppler 효과 $\nu' = \nu\sqrt{(1-\beta)/(1+\beta)}$ 에 의해 진동수가 낮은 쪽으로 편이(偏移), 즉 적색편이(red shift) 현상이 나타난다.

27-7 상대론적 역학

지금까지 Einstein의 상대성 이론의 기본 가정들과 그에 따른 새로운 개념 및 관성계 간의 변환식에 대하여 알아보았다.

실제로 물체의 운동을 기술하기 위해서는 고전역학의 경우에서와 같이 운동법칙이나 보존법칙에 대하여 알아야 한다. 고전역학의 경우 물체에 작용되는 힘을 알면 Newton의 운동법칙에 의하여 주어진 초기 조건으로부터 그 물체가 어떤 운동을 하게 될지 결정된다. 또한 작용된 힘의 대칭성 등 그 특성에 따라 Newton의 운동법칙으로부터 유도되는 여러 가지 보존법칙들이 존재하여 운동기술에 편리하게 이용할 수 있다. 본 절에서는 새롭게 정의된 시간과 공간의 개념으로 상대론적인 운동량과 에너지 방정식을 도출하고, 이들로부터 선운동량보존, 각운동량보존, 에너지보존 등이 어떻게 정의되는지 살펴보자.

1. 운동량

고전역학의 경우 질량 m_0인 물체의 운동량은 $p = m_0 v = m_0 \dfrac{\Delta x}{\Delta t}$ 로 정의된다. Einstein의 상대론에서는 x와 t의 의미가 고전역학과 다르며, 특히 시간도 운동에 따라 변하는 양이다.

식 (27 – 13)과 (27 – 14)와 같이 속도의 변환이 두 관성계의 상대운동(β)과 물체 자체의 속도(v) 모두에 따라 달라지므로 $p = m_0 v$로 정의되는 고전역학의 운동량은 좌표계의 속도에 따라 보존되지 않는다. Einstein의 상대성 이론에서 운동량보존법칙이 모든 관성계에서 동일하게(상대성에 관한 가정) 성립되도록 하기 위해서는 운동량 p를 새로이 정의하여야 한다.

x의 변환은 두 관성계 간의 상대속도에만 관계되고 물체 자체의 속도에는 무관하므로, 관성계 간의 변환과는 무관한 고유시간간격 $\Delta t_0 = \Delta t / \gamma$를 이용하여

$$p = m_0 \frac{\Delta x}{\Delta t_0} = m_0 \gamma \frac{\Delta x}{\Delta t} = m_0 \gamma v \tag{27-15}$$

로 상대론적 운동량 p를 정의할 때, 운동량은 속도와는 달리 길이 x와 마찬가지로 좌표계의 상대속도(β)에만 관계되어 변환되며, 운동량보존법칙이 모든 관성계에서 동일하게 성립된다. 여기서 고유시간 Δt_0는 물체가 정지되어 있는 좌표계 간에서의 시간이므로 로렌츠인자 $\gamma = 1/\sqrt{1-\beta^2}$ 에 나타나는 속도 βc는 이 물체의 속도이다. 물체의 속도 v가 작을 때, 즉 $\beta \ll 1$일 때 $\gamma = 1$이 되어 $m_0 v$로 고전역학에서의 운동량과 같아진다(대응성 원리).

2. 운동에너지

고전역학에서 운동에너지는 정지되어 있는 물체의 속도 v가 되도록 하는 데 필요한 일의 양으로 정의된다. Newton의 운동법칙과 마찬가지로 힘을 운동량의 시간변화율로 정의하면

$$F = \frac{dp}{dt} = \frac{d(m_0 \gamma v)}{dt} = m_0 \frac{d}{dt} \frac{v}{\sqrt{1-(v/c)^2}}$$

가 되며, 이 힘이 한 일은

$$W = \int F dx = \int \frac{dp}{dt} v dt = m_0 \int_0^v v d\left(\frac{v}{\sqrt{1-(v/c)^2}} \right)$$
$$= m_0 c^2 \int_1^\gamma d\gamma = m_0 c^2 (\gamma - 1)$$

이 된다. 따라서 상대론적 운동에너지는

$$K = m_0 c^2 (\gamma - 1) = m_0 c^2 \left(\frac{1}{\sqrt{1-(v/c)^2}} - 1 \right) \tag{27-16}$$

로 정의된다. 이때 일 – 에너지 정리가 고전역학의 경우와 마찬가지로 모든 관성계에서 똑같이 성립되며(불변의 법칙), 운동속도가 느릴 때($\beta \ll 1$)는 $K = \frac{1}{2} m_0 c^2$이 되어 고전역학의 경우와 같아진다.

식 (27 – 16)으로 정의되는 운동에너지에 상수 $m_0 c^2$을 더하면

$$E = K + m_0 c^2 = m_0 c^2 / \sqrt{1-\beta^2} = m_0 \gamma c^2 \qquad (27-17)$$

이 된다. 이를 자유공간에서 $v = \beta c$의 속도로 움직이고 있는 물체의 총(질량)에너지라 하며, 정지되어 있는 물체의 경우 $m_0 c^2$이 된다. 이는 질량 m_0에 c^2을 곱한 것이 된다. 한편 식 (27-17)로 정의되는 총 에너지 E는 $m_0 \gamma$에 c^2을 곱한 것으로, $m_0 \gamma$가 그 물체의 질량에 대응된다.

$$m = m_0 \gamma = m_0 / \sqrt{1-(v/c)^2} \qquad (27-18)$$

을 속도 $v = \beta c$로 움직이는 물체의 질량이라 한다. 이와 구분하여 m_0는 정지질량이라 한다. 따라서 운동에너지 K는 운동 중인 물체의 질량과 그 물체의 정지질량과의 차이가 된다. 식 (27-17)이 바로 유명한 Einstein의 질량-에너지 변환식 $E = mc^2$이다. 이는 질량이, 즉 에너지, 다시 말하면 질량과 에너지는 같은 존재의 두 가지 형태임을 뜻한다. 대상의 운동질량 m을 이용하면 운동량은 $p = m_0 \gamma v = mv$가 되어 고전역학의 경우와 같은 형태가 된다. 식 (27-17)이나 (27-18)에서 볼 수 있는 바와 같이 총 질량에너지 E와 운동질량 m이 유한의 실수가 되기 위해서는 β가 1보다 작아야 되며 $\beta = 1$, 즉 $v = c$일 때는 정지질량 m_0가 0이어야 됨을 알 수 있다. 따라서 속도 c인 빛의 경우 정지질량이 0이다.

3. 운동량과 에너지

고전역학의 경우 운동에너지와 운동량 사이의 관계는 $K = p^2/2m$으로 주어진다. 이와는 대조적으로 상대성 이론에서는 식 (27-15), (27-17)에 의해

$$p^2 = (K/c)^2 + 2m_0 K$$
$$E^2 = (pc)^2 + (m_0 c^2)^2 \qquad (27-19)$$

이 됨을 알 수 있다. 여기서 $E^2 - (pc)^2 = m_0 c^2$은 물체의 운동과는 무관한 상수이다. 에너지와 운동량도 좌표계에 따라 달라지게 되며, 그 변환은 식 (27-11)에서 $ct \rightarrow E$와 $x \rightarrow pc$로 바꾼 것과 같다.

예제 6. 우라늄(^{235}U)이 중성자(^{1}n)에 의하여 란타늄(^{139}La)과 모리브덴(^{95}Mo)으로 분열하고 두 개의 중성자를 발생시킨다(^{1}n + ^{235}U → ^{139}La + ^{95}M$_0$ + 2^1n). 이때 발생하게 되는 운동에너지는 얼마인가?

풀이 각 원자핵들의 정지질량 m_0는

^{235}U : 235.124 u
^{139}La : 138.955 u
^{95}Mo : 94.945 u

^{1}n　　: 1.008982 u

이다. 이때 분열 전 하나의 중성자와 우라늄의 총 정지질량은 $m_0 = 236.133$ u이고, 분열 후의 두 개의 중성자와 란타늄 및 모리브덴의 총 정지질량은 $m_0{}' = 235.198$ u이다. 따라서 총 정지질량이 분열 후 0.215 u만큼 감소하였다.

분열 전후의 에너지보존법칙에 의하여 줄어든 정지질량에 대응되는 에너지가 운동에너지로 바뀌게 된다. 즉, 분열 전의 총 에너지(m_0c^2)와 분열 후의 총 에너지($m_0{}'c^2 = m'c_0^2 + K$)는 같아야 되므로

$$K = m_0c^2 - m_0{}'c = (0.215 \text{ u})^2 (3 \times 10^8 \text{ m/s})^2$$
$$= (0.215 \text{ u})(1.661 \times 10^{-27} \text{ kg/u})(3 \times 10^8 \text{ m/s})^2 \simeq 3.21 \times 10^{-11} \text{ J}$$
$$= (3.21 \times 10^{-11} \text{ J})(6.242 \times 10^{12} \text{ MeV/J}) \simeq 200.368 \text{ MeV}$$

가 된다. 이는 대단히 작은 에너지이나, 1 g의 우라늄이 핵분열된 경우에는 우라늄 원자핵 하나의 질량이 235.124 u이므로

$$\left(\frac{10^{-3} \text{ kg}}{235.124 \times 1.661 \times 10^{-27} \text{ kg}} \right) (3.21 \times 10^{-11} \text{ J}) \simeq 8.23 \times 10^{10} \text{ J} \simeq 22.9 \text{ MWH}$$

로 막대한 에너지가 된다. 이와 같이 질량이 운동에너지로 전환되는 것을 이용한 것이 원자력 발전이다.

연습문제

01 다음 각 경우에 해당하는 속도상수 $\beta = v/c$와 로렌츠인자 γ를 구하라.

(a) 지각의 이동속도(연 $2.5\,\mathrm{cm}$)
(b) 도체 내에 전자의 이동속도($0.5\,\mathrm{mm/s}$)
(c) 자동차의 속도($100\,\mathrm{km/h}$)
(d) 실내 온도에서 산소분자의 평균속도($483\,\mathrm{m/s}$)
(e) 마하 2.5의 제트비행기의 속도($1{,}200\,\mathrm{km/h}$)
(f) 우주선의 지구로부터의 탈출속도($11.2\,\mathrm{km/s}$)
(g) 지구의 공전속도($29.8\,\mathrm{km/s}$)
(h) $10\,\mathrm{MeV}$ 양성자의 속도
(i) $10\,\mathrm{MeV}$ 전자의 속도

02 높은 에너지의 우주선(cosmic ray)이 공기 중의 원자핵과 충돌하여 $0.99\,c$의 속도를 갖는 파이온 입자를 발생시킨다. 이 파이온이 붕괴될 때까지 이동하는 평균거리는 얼마인가? (파이온이 정지되어 있을 때의 평균수명은 $26\,\mathrm{ns}$이다.)

03 고유길이 $130\,\mathrm{m}$의 우주선이 $0.75\,c$의 속도로 우주정거장 옆을 지나가고 있다.

(a) 이때 우주정거장에서는 이 우주선의 길이를 얼마로 측정하게 되는가?
(b) 우주정거장에서는 이 우주선이 통과하는 데 걸리는 시간을 얼마로 측정하게 되는가?

04 좌표계 S에 있는 관측자로부터 $720\,\mathrm{m}$의 위치에 파란 전구가 있고 같은 방향으로 $1{,}200\,\mathrm{m}$의 위치에 붉은 전구가 있다. 이 관측자가 붉은 불을 본 후 $500\,\mu\mathrm{s}$ 후에 파란 불을 보았다고 하자.

(a) 두 전구가 같은 위치에 있는 것으로 관측되어지기 위해서는 좌표계 S'의 속도 v는 어느 방향으로 얼마의 크기를 가져야 하는가?
(b) 좌표계 S'의 관측자에게는 어느 불이 먼저 보이고, 그 시간간격은 얼마인가?

05 식 $(27-6)$으로 나타나는 시간지연현상을 이용하여 식 $(27-8)$의 시간 변환식을 유도하라.

06 빛의 속도 일정성을 이용하여 식 $(27-8)$의 Lorentz 변환식을 유도하라.

07 정육면체의 물체가 그의 한 변에 평행인 방향으로 $v = \beta c$의 속도로 움직이는 좌표계에서는 어떻게 보이는가?

08 예제 4의 경우 두 사건 사이의 거리 $\varDelta x$가 최소로 나타나는 관성계의 운동속도 $v = \beta c$는 얼마인가?

09 우주선(cosmic ray) 하나가 지구의 북극 방향에서 $0.8\,c$의 속도로 지구를 향하여 날아오고 있고, 다른 우주선 하나는 $0.6\,c$의 속도로 남극 쪽에서 지구를 향하여 날아오고 있다. 이때 두 우주선 사이의 상대속도는 얼마인가?

10 인공위성이 지구를 원형의 궤도로 돌기 위하여 $25,000 \, \text{km/h}$의 속도가 필요하다. 이 원형궤도를 두 인공위성이 반대방향으로 돌고 있다.

(a) 서로 스쳐 지나갈 때의 상대속도를 Galilean 변환에 의하여 구하면 얼마가 되는가?

(b) 이때의 상대속도를 Lorentz 변환에 의하여 구하면 얼마가 되는가?

(c) 이들 두 변환에서의 차이는 어떻게 되는가? (이 차이가 비상대론적 Galilean 변환을 사용할 때의 오차가 된다.)

11 지구로부터 $104 \, \text{km/s}$로 멀어져 가고 있는 우주선에서 파장 $500 \, \text{nm}$의 빛을 발사하였다고 할 때, 지구에서 관측하게 되는 이 빛의 파장은 얼마인가?

12 (a) 고전역학에 의하면 전자를 빛의 속도로 가속하기 위하여 얼마의 전압차가 필요한가?

(b) 이와 똑같은 전압차를 이용하여 전자를 가속하면 상대론적으로 전자의 속도는 얼마인가?

13 정지된 계에서 뮤온의 평균수명이 $2.2 \, \mu\text{s}$이고, 정지질량은 전자의 정지질량의 207배이다. 입자가 속기에서 발생한 뮤온의 평균수명이 $7 \, \mu\text{s}$일 때

(a) 실험실에서의 이 속도는 얼마인가?
(b) 이 뮤온의 질량은 얼마인가?
(c) 운동에너지는 얼마인가?
(d) 운동량은 얼마인가?

14 1993년 우리나라의 1년 전기생산량이 $1.37 \times 10^3 \, \text{MWh}$이었다.

(a) 이를 충당하기 위해서는 얼마의 정지질량이 운동에너지로 변환되어야 하는가?

(b) 이 전기량을 두 개의 중수소(deuterium)로 He으로의 핵융합반응($^2d + {}^2d = {}^3He + {}^1n$)에 의해 공급한다면 얼마만큼의 바닷물이 필요한가? (바닷물 속에 있는 총 수소원자의 약 0.015%가 중수소이다.)

(c) 이를 예제 6과 같은 우라늄의 핵붕괴에 의해 공급할 때 필요한 우라늄의 양은 얼마인가?

CHAPTER 28

입자와 파동의 이중성과 양자역학

28-1 파동과 입자

고전물리에서는 자연 중의 에너지는 두 개의 서로 다른 개념인 입자와 파동 중 하나의 형태로 존재하는 것으로 믿어져 왔다. 작은 한 점에 에너지와 질량이 집중되어 있는 존재로 특징지어지는 입자는 Newton의 운동법칙에 따라 공간상에서 이동한다. 이와는 반대로 에너지가 운동모습(파형)의 전파로 이동되는 파동은 그 파동이 존재하는 전 공간에 퍼져 있는 존재이다. 줄의 진동이나 수면파 또는 소리파와 같은 역학적인 파동은 그의 전달매개체가 되는 물질이 존재하고, Newton의 운동법칙을 따르는 이들 매개물질의 운동 모습이 공간상으로 전파되는 것이다. 이때 매개물질은 파동과 함께 이동하는 것이 아니라 한 점에서 진동운동을 할 뿐이다. 이와 반하여 물질의 운동은 매개체 없이 공간상을 입자 자신이 움직여 이동한다. 17세기의 Huygens와 Fresnel의 파동이론은 간섭과 회절을 포함한 파동의 모든 특성(편광, 분산, 굴절 및 반사)을 기술할 수 있게 되었다.

빛의 반사와 굴절과 같은 기하광학적 현상은 Newton에 의하여 빛의 입자설로 설명할 수 있었으나, 간섭과 회절은 파동이론으로만 설명할 수 있는 현상이다. 1801년 Young이 두 개의 작은 바늘구멍에 의해 회절된 빛의 간섭무늬를 측정함에 따라 빛이 파동임이 실험적으로 밝혀졌다. 한편 19세기 Maxwell에 의해 전기와 자기가 통합되었으며 빛은 전자기파로서 파동의 일종임이 이론적으로 밝혀졌다. 그러나 전자기파의 경우 Michelson-Morley의 간섭실험결과는 역학적 파동과는 달리 빛의 전달매개체의 부재로 나타났다.

이는 Einstein의 상대성 원리의 기본 가정인 광속도 일정성과 연관된다. 19세기 말 빛의 파동성으로는 설명되지 않는 광전효과와 Compton 산란 등의 현상이 발견되어 빛의 근본이 입자인가 아니면 파동인가의 의문이 다시 제기되었다.

본 장에서는 전자기파인 빛의 입자성을 요구하는 실험들을 검토한 후, 입자의 파동성을 보고자 한다. 또한 이들 입자−파동의 이중성에 의해 태동된 양자역학의 기본 개념에 대해 알아보고자 한다.

28-2 흑체복사

뜨거운 물체는 전자기파를 방출한다. 이때 방출되는 전자기파가 물체의 온도에만 의존할 때 이를 이상적인 흑체복사(black-body radiation)라 한다. 벽의 온도를 일정하게 유지시킨 공동(空洞 : cavity)의 작은 구멍으로부터 방출되는 전자기파가 흑체복사의 좋은 예가 된다. 이와 같은 공동의 경우 복사선의 파장에 따른 분포(spectral radiance) $S(\lambda)$는 공동의 온도 T에만 의존함이 실험적으로 보여졌다(**그림 28-1** 참조). 공동의 구멍을 통하여 단위면적, 단위

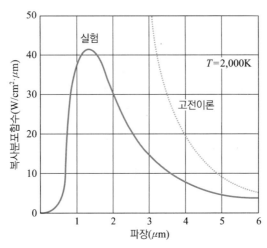

그림 28-1 2,000 K에서의 흑체복사파의 분포도(실선). 점선은 식 (28－1)의 고전적 분포함수임

시간 λ와 $\lambda + d\lambda$ 사이의 파장을 가지고 방출되는 전자기파의 에너지는 $S(\lambda)d\lambda$이다.

전자기파가 공동 내에서 정상파(standing wave)를 이루기 위한 각파수(angular wave number) $2\pi/\lambda$는 최소치(π/L)의 모든 정수배가 가능하다. 고전물리에서는 전자기파와 온도 T인 벽면 사이의 평형으로부터 이들 각각의 각파수값의 전자기파가 각기 kT의 평균에너지를 가지며 똑같은 확률로 존재한다.

여기서 Boltzmann 상수 k는 $k = 1.38 \times 10^{-23}$ J/K $= 8.62 \times 10^{-5}$ eV/K이다. 이때 복사분포함수는

$$S(\lambda) = \frac{2\pi ckT}{\lambda^4} \qquad (28-1)$$

로 주어진다. 이를 Reyleigh-Jeans 식이라 하며 c는 빛의 속도이다. 고전역학에 기초한 이 식은 **그림 28-1**에서 보는 바와 같이 실험적인 복사선 분포와 매우 다르다. 긴 파장의 경우에서만 실험 결과와 일치하며, 짧은 파장의 부재를 설명할 수 없다.

1900년 Max Planck는 뜨거운 물체는 연속적인 에너지의 복사파가 아니라 진동수 $\nu = c/\lambda$인 전자기파의 경우 에너지가

$$E_n = nh\nu \quad (단, n = 1, 2, 3 \cdots) \qquad (28-2)$$

로 주어지는 불연속 특정 값으로 양자화된(quantized) 작은 에너지 덩어리만을(양자 : quanta) 방출한다고 가정함으로써 흑체복사 실험 결과를 잘 설명할 수 있었다. 에너지 덩어리인 이들 양자는 온도 T인 벽면과의 평형으로부터 Boltzmann 분포를 보이며, 따라서 복사파의 평균에너지는 kT 대신에 $h\nu/[e^{h\nu/kT} - 1]$이 되어 복사분포함수 $S(\lambda)$는

$$S(\lambda) = \frac{2\pi c^2 h}{\lambda^5} \frac{1}{e^{hc/\lambda kT} - 1} \qquad (28-3)$$

로 된다. 여기서 h는 Planck 상수라 불리며

$$h = 6.63 \times 10^{-34}\,\text{J}\cdot\text{s} = 4.14 \times 10^{-15}\,\text{eV}\cdot\text{s} \qquad (28-4)$$

일 때 흑체복사의 복사분포와 잘 일치한다. Planck의 이 복사분포함수가 현대의 양자역학 태동의 계기가 되었으며 Planck 상수 h는 양자역학의 중요한 상수이다. 고전적 결과가 파장이 긴 경우에는 잘 맞으므로 Planck의 식 (28−3)은 긴 파장의 경우 식 (28−1)과 같아져야 한다. 이는 상대성 이론에서의 상응성의 원리(correspondence principle)와 같은 것으로, $x \ll 1$일 때

$$e^x = 1 + x + \frac{1}{2!}x^2 + \frac{1}{3!}x^3 + \cdots \approx 1 + x$$

임을 이용하여 쉽게 증명할 수 있다. 여기서 $x = hc/\lambda kT$이며 $x \ll 1$은 긴 파장, 즉 $\lambda \gg hc/kT$를 의미한다. 또한 $h \to 0$일 때도 역시 $x \ll 1$이 되어 고전적인 경우가 됨에 유의하자.

28-3 광전효과

깨끗한 금속 표면에 빛이나 다른 전자기파를 쪼일 때 금속 표면으로부터 전자가 튀어나오는 현상이 있다. 이와 같은 현상을 광전효과(photoelectric effect)라 하며 이때 방출된 전자를 광전자(photoelectron)라 한다. **그림 28-2**와 같은 장치를 이용하여 광전효과의 여러 특성을 조사할 수 있다. 진동수 ν의 단색광이 진공관 안에 있는 금속판 M에 입사하여 광전자가 발생하였다고 하자. 이 광전자는 금속판보다 전위가 V만큼 높은 집전판 C로 모이게 되어 전류 i가 흐르게 된다. 이들 전류와 전위차의 관계를 보면 **그림 28-3**과 같이 빛의 강도와는 무관하게 똑같은 모양을 이루며, 전위차가 V_0보다 작을 때는 전류가 흐르지 않는다. 전압차 V_0을 저지전압(stopping petential)이라 부르며, 금속판에서 튀어나오는 모든 전자를 감속시켜 집전판에 도달하지 못하게 하는 전위차이다. 따라서 튀어나온 전자의 최대 운동에너지를 K_m이라 하면

$$K_m = |eV_0| \geq 0 \qquad (28-5)$$

가 된다. 또한 **그림 28-3**에 보인 바와 같이 저지전압 V_0는 같은 재료의 금속판에 대해서는 진동수가 일정할 때 빛의 세기(intensity)에는 무관하게 일정하다.

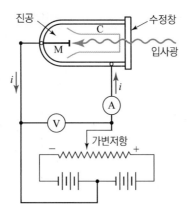

그림 28-2 광전효과 실험장치. 입사 광선에 의해 금속판 M에서 방출된 광전자 e^- 는 전위차 V에 의해 집전판 C에 모아져 전류 i가 흐른다.

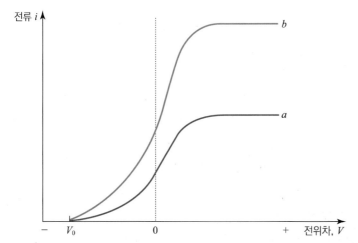

그림 28-3 광전효과 실험 그림 28-2에서의 전압에 따른 전류의 변화. 빛의 강도 I_b는 I_a의 두 배이다.

빛의 진동수 ν의 변화에 따른 최대 운동에너지 $K_m = |eV_0|$의 변화는 **그림 28-4**와 같다. 이 그림에서도 두 가지 사실을 알 수 있다. 첫째로 **진동수가 최솟값** ν_0(임계진동수 : cutoff frequency)보다 작은 빛에 의해서는 광전효과가 전혀 일어나지 않는다. 즉, 광전자의 최대 운동에너지가 $K_m = 0$이 된다. 이때 ν_0는 금속판의 모양이나 크기에는 관계없이 금속의 종류에만 관계된다. 또 한 가지의 사실은 광전효과가 있는 진동수에 대해서는 최대 운동에너지와 진동수가 **일정한 비례상수**로 비례한다는 사실이다. 즉,

$$K_m = h(\nu - \nu_0) \tag{28-6}$$

이다. 이때 비례상수 h는 금속판의 종류에는 무관하며 식 (28−4)의 Planck 상수와 같아지고, 상수 ν_0는 금속판의 구성물질에 따라 달라진다.

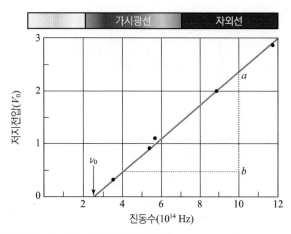

그림 28-4 입사빛의 진동수 ν에 따른 저지전압 V_0의 변화

 이상과 같이 빛에 의해 금속 표면에서 전자가 방출되는 광전효과는 **저지전압**과 **임계진동수**라는 특성의 존재를 보여준다. 이러한 광전효과를 기술할 수 있는 새로운 이론은 다음 절에서 살펴보기로 하고 여기서는 우선 빛을 파동의 일종인 전자기파로 기술하는 고전역학에서는 파동인 빛과 입자인 전자와의 상호작용에 의해 어떤 현상이 기대되고 광진현상 기술에 어떤 문제가 제기되는지 살펴보기로 하자.

 12장에서 본 바와 같이 고전역학적으로 속도 v와 진동수 ν인 파동이 단위면적당 단위시간 당 전달하는 에너지, 즉 파동의 세기는

$$I = \frac{1}{2}\rho v(2\pi\nu)^2 y_m^2$$

으로 주어진다. 여기서 ρ는 전달매질의 밀도이며 y_m은 파동의 진폭이다. 파동의 에너지는 진폭 y_m의 제곱에 비례하는 연속함수임에 유의하자. 한편 24장에서 본 바와 같이 전자기파의 세기는

$$I = \frac{1}{c\mu_0}E_m^2$$

으로 주어지며 역시 전자기파의 진폭 E_m의 제곱에 비례한다. 이와 같이 고전물리에서는 파동이 갖는 에너지는 그의 진폭의 제곱에 비례한다. 또한 파동이 물질과 반응할 때는 그의 진폭에 비례하여 입자를 움직인다. 예로서 전자기파가 전기량 q의 입자에 입사하면 전자기파는 그 입자에 qE의 힘을 작용하게 된다. 이와 같은 파동이론으로 광전효과를 기술할 때의 문제점들을 살펴보기로 하자.

 ① **저지전압과 빛의 강도의 무관성** : 파동이론에서는 어떤 진동수의 빛이던지 그에 의한 전기장 E의 진폭은 빛의 강도에 따라 증감되며, 금속판의 전자가 받는 힘(qE)도 이에

비례한다. 따라서 전자기파에 의해 전자가 얻는 에너지는 빛의 강도에 따라 달라지게 되어 금속판으로부터 튀어나올 때의 운동에너지가 빛의 세기에 따라 달라진다. 파동 이론에 의하면 실험 결과와는 반대로 저지전압 V_0 또는 최대 운동에너지 $K_m = |eV_0|$ 가 입사된 빛의 강도에 따라 달라져야 한다.

② **임계진동수의 존재** : 파동이론에 의하면 아무리 낮은 진동수의 파동이라도 그의 강도를 높이면 진폭이 커져 전자에 큰 힘을 작용시키며 큰 에너지를 전달할 수 있다. 따라서 어떠한 진동수의 전자기파라도 강도를 충분히 높이면 광전효과가 나타나야 된다. 또한 강도가 아주 낮은 경우라도 오랜 시간 쪼이면 어떠한 진동수에 의해서도 광전자가 방출되어야 한다. 이는 실험적으로 나타나는 임계진동수 ν_0의 존재와 위배된다.

28-4 광자이론

1905년 Einstein은 전자기파가 때에 따라 Planck가 흑체복사에서 가정한 것과 같은 양자의 형태로 전파된다고 가정함으로써 광전효과를 잘 설명할 수 있었다. 즉, 전자기파의 에너지가 불연속적인 작은 덩어리인(discrete bundle) 입자의 형태로 이동한다고 가정한 것이다. 이 전자기파 에너지의 작은 덩어리를 광자(photon)라 부르며 개개의 광자는 최소단위로

$$E = h\nu \tag{28-7}$$

의 에너지를 갖는다. 여기서 h는 식 (28-4)로 주어지는 Planck 상수이다. 광자는 입자와 마찬가지로 공간상의 작은 한 점에 에너지가 모여 있는 존재이며 운동할 때 입자와 마찬가지로 선운동량(linear momentum)을 가진다. 앞 장의 상대성 이론에 의하면 에너지 E와 운동량 p가 식 (27-19)와 같이

$$E^2 = (pc)^2 + (m_0 c^2)^2$$

으로 주어진다. 여기서 빛은 광속도 c로 움직이므로 식 (27-18)에 의하여 정지질량이 $m_0 = 0$이 되며 식 (28-7)과 $c = \lambda\nu$에 의하여

$$p = \frac{E}{c} = \frac{h\nu}{\lambda\nu} = \frac{h}{\lambda} \tag{28-8}$$

로 주어진다. 이 식에서 볼 수 있는 바와 같이, 운동량은 에너지를 빛의 속도로 나누어 준 것과 같다. 따라서 질량이 작은 입자의 운동량을 기술할 때 에너지 단위의 하나인 eV를 이용하여 eV/c로 운동량을 나타내기도 한다.

예제 1. 가시광선 중 나트륨에서 방출되는 노란 빛의 파장이 $589\,\text{nm}$이다. 이 광선을 이루는 광자의 에너지와 운동량은 얼마인가?

풀이 빛의 속도는 $c = \lambda\nu$이므로 식 $(28-7)$과 $(28-8)$에 의해,

$$E = h\nu = \frac{hc}{\lambda} = \frac{(4.14\times 10^{-15}\,\text{eV}\cdot\text{s})(3\times 10^{8}\,\text{m/s})}{589\times 10^{-9}\,\text{m}} \simeq 2.10866\,\text{eV}$$

$$= (2.11\,\text{eV})(1.602\times 10^{-19}\,\text{J/eV}) = 3.38\times 10^{-19}\,\text{J}$$

$$p = \frac{h}{\lambda} = \frac{4.14\times 10^{-15}\,\text{eV}\cdot\text{s}}{589\times 10^{-9}\,\text{m}} \simeq 7.03\times 10^{-9}\,\text{eV}\cdot\text{s/m}$$

$$= (7.03\times 10^{-9}\,\text{eV}\cdot\text{s/m})(1.602\times 10^{-19}\,\text{J/eV}) = 1.13\times 10^{-27}\,\text{kg}\cdot\text{m/s}$$

이 에너지는 정지질량이 $9.11\times 10^{-31}\,\text{kg}$이고 전하량이 $1e = 1.6\times 10^{-19}\,\text{C}$인 전자 하나가 $2.11\,\text{V}$의 전압에 의해 얻는 에너지와 같으며, 이 운동량에 대응되는 전자의 속도는 약 $1.2404\,\text{km/s}$가 된다.

식 $(28-7)$과 $(28-8)$에 의하여 빛의 파동설과 입자설이 연결된다. 진동수 ν와 파장 λ로 특징지어지는 파동이 있으면 이에 대응되는 광자는 식 $(28-7)$로 주어지는 에너지 E와 식 $(28-8)$로 주어지는 운동량 p로 특징지어진다. 거꾸로 에너지와 운동량이 주어진 광자에 대응되는 파동은 식 $(28-7)$과 $(28-8)$로 주어지는 진동수 ν와 파장 λ로 특징지어지며 이 파동의 전파속도는 물론 $c = \lambda\nu$로 주어진다. 따라서 특정의 빛은 그 파동의 특성인 파장과 진동수를 지정함으로써 나타낼 수도 있으며 이와 동등하게 입자의 특성인 에너지와 운동량을 지정함으로써 나타낼 수도 있다. 주어진 진동수의 파동의 진폭이나 강도로 주어지는 빛의 총 에너지는 광자설에서는 진동수에 대응되는 광자가 몇 개가 모여 있느냐로 나타난다. 즉, 단위면적을 단위시간 동안 지나가는 광자의 수를 n이라 할 때 빛의 세기는

$$I = nE = nh\nu \tag{28-9}$$

가 되어 식 $(28-2)$의 Planck의 가설과 같아진다. Planck 상수 h가 0이 되면 광자 하나가 갖는 최소단위의 에너지와 운동량이 0이 되어 주어진 세기의 빛이 갖는 광자의 수는 무한대가 되며 빛에너지가 최소단위의 정수배인 단속적 물리량이 아닌 연속적인 물리량이 된다. 따라서 $h \to 0$일 때 고전적인 파동이론과 같아진다.

광전효과 중 빛의 파동설로 설명이 안 된 문제점들은 일정한 저지전압과 빛의 강도 사이의 무관성과 임계진동수의 존재였다. 이 광자이론으로 광전효과가 어떻게 설명되는지 알아보자. 진동수 ν의 광자가 갖는 에너지는 $E = h\nu$이므로 광전자가 금속 표면으로부터 방출되기 위하여 필요한 에너지를 ϕ라 할 때 방출된 광전자가 갖는 운동에너지 K_m은 에너지보존법칙에 따라

$$h\nu = K_m + \phi \tag{28-10}$$

가 되어 실험 결과식인 식 (28 − 6)과 같다. 여기서 $\phi = h\nu_0$는 일함수(work function)라 부르며 전자가 원자에 결합되어 있는 에너지로서 금속판의 물질에 따라 달라지는 양이다. 금속 표면에서 방출된 광전자는 K_m의 전체 운동에너지를 가지나, 금속의 내부에서 발생하는 광전자는 표면 밖으로 나오는 동안 에너지를 잃게 되어 K_m보다 작은 운동에너지를 갖게 된다.

1. 저지전압과 빛의 세기의 무관성

광자 하나가 가지는 에너지는 식 (28 − 7)과 같이 $h\nu$로 주어지며 식 (28 − 10)에 의하여 하나의 광자가 하나의 광전자를 방출하게 된다. 진동수 ν의 광자가 일함수 ϕ의 금속판에 입사할 때 방출되는 모든 광전자를 정지시키기 위한 저지전압 V_0는 광전자의 최대 운동에너지와 같아야 되므로

$$| \, e V_0 \, | = K_m = h\nu - \phi$$

로서 일정한 값을 가지게 된다. 빛의 강도는 광자의 수에만 관계되어 방출되는 광전자의 숫자 결정에는 관계되나 광전자의 운동에너지와는 무관하다. 아무리 약한 빛이라도 그의 진동수가 충분히 높으면 적은 숫자이지만 광전자가 방출된다. 따라서 저지전압 V_0의 빛의 강도에 대한 무관성이 쉽게 설명된다. 광전자의 숫자는 전류의 세기 결정에 기여한다.

2. 임계진동수의 존재

식 (28 − 10)에서 볼 수 있는 바와 같이 진동수 ν인 광자의 에너지가

$$h\nu < h\nu_0 = \phi$$

와 같이 일함수 ϕ보다 작게 되면 광전자의 운동에너지가 음수가 되므로 방출이 불가능하다. 따라서 임계진동수 $\nu_0 = \phi/h$가 존재한다. 이는 금속판의 재질에만 관계되며 광자의 진동수나 강도 혹은 개수와는 무관하다.

빛이 입자와 같은 형태로 공간 중의 작은 한 점에 에너지가 모여 있는 존재로 보는 Einstein의 광자이론은 광전효과를 쉽게 설명할 수 있다. Einstein은 1921년 이 광자이론으로 노벨상을 받았다. 그러나 빛의 간섭이나 회절 같은 현상은 빛을 입자로 보아서는 설명이 되지 못하고 단지 파동으로서만 설명이 가능하게 된다. 고전물리에서는 완전히 별개의 존재로 간주된 입자와 파동의 특성이 동일한 존재인 빛이 갖는 이중성격이 된다. 지킬박사와 하이드 씨는 동일인이었다. 이와 같은 입자와 파동의 이중성이 양자역학의 근간이 된다.

28-5 Compton 효과

광전효과는 빛이 $E = h\nu$의 에너지를 갖는 입자와 같이 행동한다는 것을 잘 나타내는 실험이다. 광자가 입자와 똑같은 존재라면 에너지의 국소화만이 아니라 운동량도 입자의 경우와 마찬가지 형태로 나타나야 한다. 이의 좋은 예로서 1923년 Compton에 의해 확인된 Compton 효과가 있다. 이는 빛의 원자에 의한 산란작용으로 **그림 28-5**와 같이 전자기파의 일종인 수 keV의 에너지를 갖는 X선을 탄소 원자표적에 입사시켰을 때, 표적 내의 전자와 작용하여 X선이 산란되어 나오는 현상이다. 파장 λ의 X선이 입사하여 산란되어 나오는 X선은 그의 나오는 방향에 따라 **그림 28-6**과 같이 두 파장에서 강한 세기로 관측되어진다.

하나는 나오는 방향에 관계없이 입사한 X선과 같은 파장이고, 다른 하나는 $\Delta\lambda$만큼 길어진 파장 λ'으로 방향이 입사방향에서 멀어질수록 더 길어진다. 이 파장변화 $\Delta\lambda' - \lambda$를 Compton 천이(shift)라 한다.

고전적인 파동이론에 의하면, 전자기파의 진동은 표적 내의 전자를 자신과 같은 진동수로 진동시킨다. 한편 진동하는 전자는 자신의 진동방향에 수직인 모든 방향으로 자신과 같은 진동수의 전자기파를 방출하므로 Compton 실험 결과 중 모든 방향에서 강한 세기로 검출되는 입사된 X선과 같은 파장의 존재는 X선의 고전적 파동이론으로 설명된다. 그러나 입사선보다 길어진 파장의 존재는 고전적 파동이론으로는 설명할 수 없다.

전자기파를 입자로 취급하는 광자이론의 경우에는 Compton 현상을 입자인 광자와 전자의 충돌현상으로 보아야 된다. 탄소원자 내에는 원자핵과 강하게 결합되어 있는 전자와 약하게 결합되어 있는 전자가 있다. X선의 에너지와 비교하여 약하게 결합되어 있는 전자는 정지되어 있는 자유전자로 간주할 수 있다. 이 전자와 광자 사이의 탄성충돌(**그림 28-5** 참조)은 두 당구공 사이의 충돌의 경우와 마찬가지로 운동량과 에너지보존의 법칙이 성립된다.

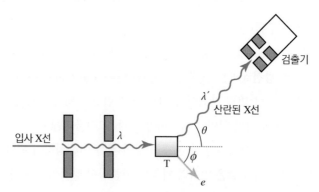

그림 28-5   파장 λ인 X선이 과녁인 탄소 원자 속의 전자 e와 충돌하여 파장 λ'으로 θ 방향에 있는 검출기 D로 산란된다. 이때 전자 e는 ϕ 방향으로 밀려나간다. (T : target)

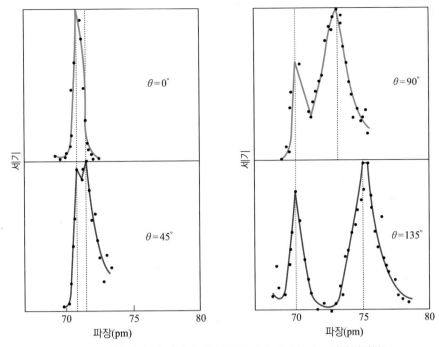

그림 28-6 Compton 산란실험 결과. 네 가지의 다른 산란각 θ에 따른 산란 X선의 파장분포

이때 방출되는 전자는 큰 속도를 얻게 되므로 앞 장의 상대론적 운동량과 운동에너지로 기술하여야 하며 광자는 앞 절의 Einstein에 의한 광자설의 운동량과 에너지로 기술하여야 한다. 방출된 전자의 속도를 $v = \beta c$라 할 때 에너지보존법칙은

$$\frac{hc}{\lambda} = \frac{hc}{\lambda}{}' + m_0 c^2 \left(\frac{1}{\sqrt{1-\beta^2}} - 1 \right) \tag{28-11}$$

로 나타낼 수 있다. 여기서 $c = \lambda\nu$를 이용하였다. 또한 운동량보존법칙은 입사선의 방향과 그에 수직인 방향 각각으로 성립되어

$$\frac{h}{\lambda} = \frac{h}{\lambda}{}'\cos\theta + \frac{m_0 \beta c}{\sqrt{1-\beta^2}}\cos\phi \tag{28-12}$$

$$0 = \frac{h}{\lambda}{}'\sin\theta - \frac{m_0 \beta c}{\sqrt{1-\beta^2}}\sin\phi \tag{28-13}$$

가 된다. 이들 세 식으로부터

$$\Delta\lambda = \lambda' - \lambda = \frac{h}{m_0 c}(1 - \cos\theta) \tag{28-14}$$

의 결과를 얻을 수 있다. 이 결과에서 광자의 산란각(scattering angle) θ가 0°(스쳐 지나는 경우)일 때는 Compton 천이가 일어나지 않으며 산란각 θ가 180°(정면충돌)일 때 Compton 천이가 최대가 된다. 여기서

$$\lambda_C = \frac{h}{m_0 c} = 2.43 \times 10^{-12} \text{ m} = 2.43 \text{ pm} \qquad (28-15)$$

를 전자의 Compton 파장이라 부르며 전자의 정지질량에 의해 결정된다. Planck 상수 h가 0 이 ($h \to 0$)되면 $\lambda_C \to 0$가 되어 식 (28-14)의 Compton 천이가 일어나지 않게 되어 고전파동이론과 같아짐에 유의하자.

이상의 X선의 광자이론으로 전자에 의한 빛의 Compton 산란에서의 긴 파장의 존재는 잘 설명되나 입사선과 같은 진동수의 빛이 모든 산란방향에서 보임은 이것으로 설명되지 않는다. 그러나 식 (28-14)와 (28-15)에서 볼 수 있는 바와 같이 질량 m_0가 아주 커지면 Compton 파장 λ_C가 아주 작아져 $\Delta\lambda$의 측정이 불가능하게 되어 입사선과 같은 파장 ($\lambda' = \lambda$)으로 나타나게 될 것이다. 광자가 표적인 탄소원자 내에 약하게 결합되어 있는 전자가 아닌 강하게 결합되어 있는 전자와 충돌할 경우에는 전자가 따로 움직이지 못하고 탄소원자 전체가 하나로 움직이게 되어 이때는 광자와 질량이 전자보다 2만 배 이상 되는 탄소원자와 충돌하는 것이 되므로 Compton 천이가 $\lambda_C \approx 10^{-16}$ m $= 10^{-4}$ pm 로 측정 불가능하다.

앞 절의 광전효과는 광자의 에너지가 입자와 마찬가지로 양자화된 것을 잘 나타내는 현상이며 Compton 산란은 광자의 운동량이 입자의 경우와 마찬가지로 작용됨을 잘 나타내는 현상이다. 이 외에도 뒤에서 자세히 볼 빠른 전자에 의해 발생되는 X선 파장의 최소치의 존재도 광자의 최소에너지 단위가 식 (28-7)로 주어짐을 나타내는 현상이다[식 (29-18) 참조]. 파동이론에서는 파동의 에너지는 진폭의 제곱에 비례하게 되어 연속적이며, 진폭을 작게 하면 최소에너지가 0으로 되어 X선의 최소파장의 존재를 설명할 수 없다.

28-6 입자의 파동성

광전효과 및 Compton 산란은 전자기파가 입자의 성질을 가짐을 잘 나타내는 현상들이다. 반면에 간섭현상 및 회절현상 등은 입자로서는 설명되지 못하고 빛을 파동으로 보아야만 설명될 수 있다. 이와 같이 동일한 빛이 때에 따라 입자의 성질이나 파동의 성질을 나타낸다. 빛의 근본이 입자나 파동 중의 하나라면 빛이 관계된 현상 중 일부밖에 설명할 수 없다. 따라서 빛은 그 근본 자체가 입자의 성질과 파동의 성질을 모두 갖는 존재가 된다. 이를 빛의 입자-파동 이중성(wave-particle duality)이라 한다.

Einstein의 상대성 이론에 의하면 질량이 에너지와 같으므로 질량으로 특징지어지는 물질 또는 에너지가 작은 공간에 모여 있는 존재로 볼 수 있다. 따라서 입자와 광자 모두 에너지가 작은 공간에 모여 있는 같은 성격의 존재가 된다.

한편 빛인 광자는 입자성만이 아니라 파동의 성질도 갖고 있어 입자의 성질만 나타내는 보통의 물질과는 달라진다. 이에 1924년, 프랑스의 물리학자 Louis de Broglie(루이 드 브로이)는 보통 물질도 광자와 마찬가지로 입자성과 파동성을 동시에 갖는다고 가정하였다.

파동을 특징지어주는 것이 파동의 파장이므로 Einstein의 광자의 파장에 대한 가정인 식 (28 − 8)과 같이 운동량 p로 움직이는 입자가 갖는 파장을

$$\lambda = \frac{h}{p} \ (\text{de Broglie의 가설}) \qquad\qquad (28-16)$$

라 가정하였다. 이를 de Broglie 파장이라 하며 이와 같이 운동하는 물체에 대응되는 파동을 물질파라 한다. 여기서 Planck 상수 h가 0이 되면($h \to 0$), de Broglie 파장도 0이 되어 ($\lambda \to 0$) 물질파가 입자와 같이 국소적인 존재가 된다. de Broglie 파장은 운동하는 입자에 대한 것으로 입자의 종류와는 관계없이 그의 운동량에 따라 결정되는 물리량이다. 한편 식 (28 − 15)로 정의되는 Compton 파장은 정지질량에 의해 결정되는 파장으로 그의 운동에는 무관하며 입자의 종류에 따라 달라지는 물리량이다.

입자가 진동수와 파장의 존재로 대표되어지는 파동성을 갖고 있다는 것을 확인하려면 입자의 성질로는 기술할 수 없는 회절이나 간섭현상의 존재를 확인해 보아야 한다. Young의 빛에 의한 간섭무늬의 경우와 같이 파동이 그의 파장에 비하여 너무 크지 않은 구멍을 통과할 때 회절현상이 일어나며, 따라서 두 개의 작은 구멍을 통과하는 파동의 간섭현상이 일어난다.

1927년 C. J. Davisson과 L. H. Germer는 수십 eV 에너지의 전자가 결정체의 표면에서 반사되어 나오는 전자의 회절무늬를 관찰함으로써 전자의 파동성을 입증하였다.

같은 해 이와는 독립적으로 G. P. Thomson은 15 keV 에너지의 전자를 작은 결정체 조각이 모여 있는 금속표적에 쪼였을 때 형성되는 회절무늬를 측정함으로써, 1906년 그의 아버지 J. J. Thomson이 입자라고 증명한 전자의 파동성을 확인하였다.

예제 2. 운동에너지 $K = 54\,\text{eV}$의 전자와 $1\,\text{cm/s}$로 움직이는 질량 $1\,\text{g}$짜리 구슬의 de Broglie 파장은 얼마인가?

풀이 전자의 정지질량이 511 keV이므로 전자의 운동을 비상대론적으로 취급할 수 있다. 이때 전자의 운동량 p는

$$p = \sqrt{2mK} = \sqrt{2mc^2K}/c = \sqrt{2(511\,\text{keV})(54\times10^{-3}\,\text{keV})}/c$$
$$= 7.2899\,\text{keV}/c$$

이고

$$\lambda = \frac{h}{p} = \frac{hc}{pc} = \frac{(4.14\times10^{-15}\,\text{eV}\cdot\text{s})(3\times10^8\,\text{m/s})}{7.43\times10^3\,\text{eV}} \simeq 1.7037\times10^{-10}\,\text{m}$$

이다. 이 파장은 수소원자의 지름과 비슷한 길이이다. 한편 1 g 짜리 구슬은

$$\lambda = \frac{h}{p} = \frac{h}{m\text{v}} = \frac{6.63\times10^{-34}\,\text{J}\cdot\text{s}}{(1\times10^{-3}\,\text{kg})(1\times10^{-2}\,\text{m/s})} = 6.63\times10^{-29}\,\text{m}$$

으로 양성자의 크기(약 10^{-15} m = 1 fm)보다도 매우 작은 값이 된다. 이와 같이 일상생활에서 볼 수 있는 물체의 경우 파동성을 고려할 필요가 없다. 전자와 같이 작은 입자의 경우에는 물론 원자 내에서 입자의 파동성이 중요하게 된다.

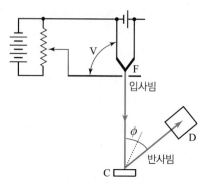

그림 28-7 Davisson-Germer의 전자 회절실험. Filament F에서 발생된 전자는 전압 V에 의해 가속되어 결정체 C의 표면에 수직으로 입사한 후 ϕ 방향의 검출기 D에 의해 전류로 바뀐다.

이들 두 실험 중 보다 간단한 Davisson과 Germer의 실험을 자세히 살펴봄으로써 입자의 파동성을 확인해 보도록 하자. 이 실험의 기본 개념은 **그림 28-7**에 보인 바와 같다.

가열된 금속으로부터 튀어나오는 열전자는 전위차 V에 의해 수십 eV의 운동에너지로 가속되어진다. 이 가속되어진 전자를 결정체 C의 표면에 수직으로 입사시켰을 때 반사되어 나오는 전자빔의 세기 I를 반사각에 따라 관측한다.

전자를 입자로 볼 때에는 운동량보존법칙에 의해 전자의 입사각과 반사각이 같아져야 되므로 수직 방향으로만 반사되어 나온다. 그러나 실험 결과는 이와는 달리 전자의 가속전위차 V에 따라 달라지는 어떤 특정한 각도 ϕ에서 강한 세기로 측정되었다.

반면에 전자가 파동이라면 규칙적으로 배열되어 있는 결정체의 원자들이 파동에 대한 격자를 이루게 되어 전자의 회절현상이 일어난다(**그림 28-8**). 이 회절된 전자들은 빛의 회절격자에 의한 간섭과 같은 간섭무늬를 형성하게 된다. 따라서 전자의 측정강도가 최대로 되는 방향이 전자 물질파의 파장에 따라 달라지게 된다. 결정체 격자 간의 간격을 d라 할 때 파장 λ의 파동이 회절격자면에 수직으로 입사할 때 반사되어 나오는 파동은

$$d\sin\phi = m\lambda \quad (단,\ m = 0,\ 1,\ 2,\ 3 \cdots)$$

로 결정되는 회절각 ϕ에서 강한 세기로 나타난다. $m = 0$일 때 회절각 ϕ가 0이 되어 입자의 반사와 같아지나 m이 0이 아닌 회절각의 존재는 파동의 경우에만 가능하다.

Davisson과 Germer가 사용한 니켈 결정체의 경우, $d = 215$ pm 이며, $V = 54$ V로 가속된 전자를 결정체 표면에 수직으로 입사시킬 때 회절각 $\phi = 50°$에서 강한 강도 I로 관측된다.

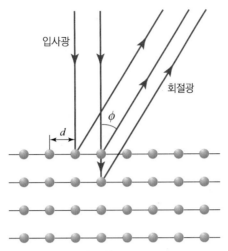

그림 28-8 전자 회절실험에서의 결정체 격자의 역할

이 전자의 경우 파장이

$$\lambda = d\sin\phi/m = (215\,\mathrm{pm})(\sin 50°)/1 = 164.7\,\mathrm{pm}$$

인 파동을 결정면에 수직으로 입사한 경우와 같아진다. 에너지가 $54\,\mathrm{eV}$인 전자의 de Broglie 파장은 $167\,\mathrm{pm}$이다(예제 2 참조). 이와 같이 운동 중인 입자의 파동성을 이용하는 것으로 전자현미경이 있다. 전자의 에너지를 높임에 따라 파장이 짧아져 분해능이 가시광선의 경우보다 좋아진다.

28-7 입자와 파동의 이중성

금속 표면에 입사된 빛에 의한 광전효과와 전자에 의한 빛의 Compton 산란현상은 전자장이 진동하는 파동의 일종인 빛의 입자적인 성질을 잘 나타내는 현상들이다. 반면에 회절과 간섭현상은 빛이 파동임을 잘 나타내는 현상이다. 앞 절에서 본 바와 같이, 입자인 전자의 경우도 그의 운동량에 따라 결정되는 de Broglie 파장을 갖는 파동의 회절 및 간섭현상과 동일한 현상을 보여줌으로써, 입자도 파동성을 가지고 있음을 잘 나타낸다. 이는 빛이나 전자나 모두 입자와 파동의 두 가지 성질을 모두 가지고 있음을 의미한다. 일반적으로, 고전물리에서는 파동과 입자가 독립적으로 완전히 별개의 존재로 알려졌으나, 실제로는 파동이나 입자가 모두 파동–입자의 두 성질 모두를 갖고 있는 존재임을 의미한다. 파동과 입자는 두 가지의 서로 다른 존재가 아니라 동일한 하나의 존재가 갖는 두 개의 서로 다른 성질일 뿐이다. 동일한 인간이 희로애락(喜怒哀樂)의 감정을 모두 갖고 있음과 같다.

파동과 입자는 상반되는 성질을 가지고 있다. 입자의 경우는 그 존재가 가지고 있는 에너지가 공간상의 작은 부분에 모여 있으며, 그의 위치가 공간상에서 이동하는 것으로 그의 운동이 기술되어진다. 반면에 파동은 전체 공간에 퍼져있는 것으로, 파형의 이동으로 그 존재가 가지고 있는 에너지가 공간 내에서 전달되는 것으로 특징지어진다. 특히 정상파의 경우 에너지가 전체 공간에 퍼져 있는 성질을 갖는다.

이와 같이 입자와 파동은 국소적이냐 전 공간에 퍼져있느냐의 정반대의 특성을 가지고 있어 하나의 실체가 파동과 입자의 두 성질을 동시에 나타낼 수는 없다.

이와 같이 공존할 수 없는 두 가지 성질이 전자의 회절 및 간섭현상이나 전자기파인 빛에 의한 광전효과 및 Compton 산란현상과 같이 동일한 하나의 존재가 갖는 상반되는 특성으로 관측되어진다. 따라서 파동－입자의 이중성은 하나의 실체가 이들 두 성질을 동시에 가지고 있는 어떤 존재임을 나타내는 것이 아니라, 때에 따라 입자의 특성이나 파동의 특성으로 나타나는 것으로 보아야 할 것이다. 회절이나 간섭현상을 보는 실험에서는 빛과 같은 파동의 경우나 전자와 같은 입자의 경우나 모두 파동의 특성을 보이게 되며, 광전효과나 Compton 산란과 같은 충돌현상의 경우 빛이나 전자나 모두 입자의 특성을 나타내게 된다.

모든 존재가 파동과 입자의 성질을 모두 가지고 있으나, 우리가 일상 대할 수 있는 세계에서는 입자와 파동이 완전히 별개인 것으로 나타난다. 이는 예제 1에서 본 바와 같이 파동의 양자 하나가 갖는 에너지와 운동량이 아주 미세하며 예제 2에서 본 바와 같이 일상 대할 수 있는 물체의 경우 de Broglie 파장이 측정 불가능한 정도로 미세하기 때문이다. 식 (28－7), (28－8), (28－16)에서 볼 수 있는 바와 같이 파장 λ의 파동이 갖는 에너지나 운동량과 운동량 p인 입자가 갖는 de Broglie 파장이 Planck 상수 h에 비례한다. 따라서 $h \to 0$ 근사를 취할 때 파동은 파동, 입자는 입자로 항상 나타나게 되어 고전물리에서와 같이 파동－입자의 이중성이 없어지게 된다.

28-8 수소원자와 스펙트럼

광전효과는 전자기파인 빛이 그의 진동수에 따라 에너지가 식 (28－7)에 의해 결정되는 특정한 값으로 양자화되어 있음을 잘 나타낸다. 반면에 흑체복사의 경우 공동의 크기에 따라 특정한 파장의 복사파만이 $E = nh\nu = nhc/\lambda$의 에너지 식 (28－2)로 방출된다. 즉, 복사파의 파장이 양자화되어 있다. 한편 독립적인 개개의 원자나 분자에서 방출되거나 흡수되는 전자기파의 경우도 **그림 28-9**에서 보는 바와 같이 모든 파장이 아니라 원자나 분자에 따라 달라지는 특정한 파장의 전자기파만 방출되거나 흡수되어진다. 이와 같은 파장의 분포를 스펙트럼(spectrum 혹은 spectral lines)이라 하며 해당 원자나 분자의 내부구조와 관련되어 있다.

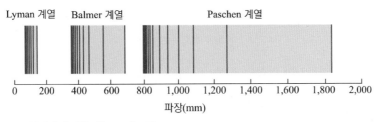

그림 28-9 수소 원자에서 방출되는 스펙트럼

가장 간단한 내부구조를 가지고 있는 수소원자의 경우 그 스펙트럼 **그림 28-9**의 불연속적인 구조를 양자역학의 완성 이전에는 어떻게 규명하려 했는지 알아보자.

모든 물질의 기본 구성체인 원자는 양의 전기를 띠고 있는 작은 덩어리 안에 음의 전기를 띤 전자들이 박혀 있는 것으로 보았으나, 1911년 Rutherford의 알파선에 의한 산란실험에 의하여, 양의 전기는 거의 원자 전체 질량을 갖고 원자핵의 아주 작은 부분, 즉 수 fm 반지름 내에만 존재하며, 전자는 수백 pm 반지름 크기의 공간에 존재한다는 것이 알려졌다. 고전이론에서는 전자기력이 작용되는 원자핵과 전자 사이의 운동이 Newton의 운동법칙에 따라, 행성의 경우와 같이 양전하를 갖는 무거운 원자핵 주위를 음전하의 전자들이 원형의 궤도로 돌고 있는 것으로 보았다. 고전 전자기에 의하면 가속 운동 중인 입자는 전자기파를 방출하게 되며 이때 전자궤도의 회전수가 원자에서 방출되는 전자기파의 진동수가 된다. 원자에서 방출되는 전자기파의 존재는 이로써 설명할 수 있으나 원자의 안정성이 큰 문제가 된다. 가속 중인 입자는 전자기파를 방출함으로써 그의 에너지를 잃는다. 따라서 전자는 결국 그의 에너지를 전자기파로 모두 잃고 원자핵으로 끌려 들어가게 되어 안정된 원자의 존재 자체가 부인된다.

1913년 Niels Bohr는 다음의 두 가지 가정을 함으로써 수소원자의 스펙트럼의 존재와 이들의 파장을 정확히 기술할 수 있었다.

1. 정상상태에 대한 가정

원자는 불연속적으로 특정한 에너지값만 갖는 정상상태(stationary states)로만 존재하며 한 정상상태에 있는 수소원자로부터는 전자기파의 방출이 없다. 이때 각 정상상태가 갖는 에너지는 Plank 상수 h에 의해

$$L = \frac{h}{2\pi} n \quad (단, \ n = 1, 2, 3 \cdots) \tag{28-17}$$

로 주어지는 각운동량을 갖도록 결정된다.

2. 진동수에 관한 가정

수소원자는 한 정상상태에서 다른 정상상태로 변할 때만 전자기파를 방출하거나 흡수한다. 이때 전자기파의 진동수는 최종 상태의 에너지 E_f와 초기 상태의 에너지 E_i의 차이로 다음

과 같이 주어진다.

$$h\nu = |E_f - E_i| \qquad (28-18)$$

이를 Einstein의 전자기파 진동수 조건이라 하며 식 (28 – 7)로 주어지는 광자의 에너지와 연관된다. 이 조건은 전자기파의 방출이나 흡수 전후의 수소원자와 광자 전체의 총 에너지 보존을 의미한다.

상대성 이론에서 적용되어야 했던 상응성 원리를 이용하여 수소원자의 정상상태의 에너지를 결정할 수 있다. 고전적 원자모형에 기초한 수소원자에 대한 Bohr의 간단한 모형은 다음과 같다. 질량 m과 전기량 $-e$인 전자가 아주 무겁고 전기량 $+e$인 양성자 주위를 원형궤도로 돌고 있을 때, Coulomb 법칙에 따라 힘을 받는 전자의 운동에 대한 Newton의 운동법칙은

$$\frac{1}{4\pi\epsilon_0}\frac{e^2}{r^2} = m\frac{v^2}{r} \qquad (28-19)$$

로 나타난다. 따라서 전자의 운동에너지와 전기적 위치에너지는

$$K = \frac{1}{2}mv^2 = \frac{e^2}{8\pi\epsilon_0 r}$$

$$U = \frac{1}{4\pi\epsilon_0}\frac{(+e)(-e)}{r} = -\frac{e^2}{4\pi\epsilon_0 r}$$

로 주어지며, 전자의 총 에너지는

$$E = K + U = -\frac{e^2}{8\pi\epsilon_0 r} \qquad (28-20)$$

이 된다. 또한 전자가 갖는 각운동량은 식 (28 – 19)에 의해

$$L = mvr = \sqrt{\frac{me^2 r}{4\pi\epsilon_0}} \qquad (28-21)$$

로 주어진다. 가정 1의 식 (28 – 17)과 식 (28 – 21)에 의해 전자궤도반지름은

$$r_n = \frac{h^2\epsilon_0}{\pi me^2}n^2 = r_B n^2 \quad (\text{단}, \ n = 1, 2, 3 \cdots) \qquad (28-22)$$

으로 나타난다. 여기서 전자궤도의 Bohr 반지름 r_B는

$$r_B = \frac{h^2\epsilon_0}{\pi me^2} = 5.292 \times 10^{-11} \text{ m} = 0.5292 \text{ Angstrom} = 0.05292 \text{ nm} \qquad (28-23)$$

이다. 따라서 가정 1에 의거하여, 전자궤도반지름 r_n인 정상상태의 수소원자의 에너지는

$$E_n = -\frac{me^4}{8\epsilon_0^2 h^2}\frac{1}{n^2} = E_1\frac{1}{n^2} \quad (\text{단}, \ n = 1, 2, 3 \cdots) \qquad (28-24)$$

이라는 특정한 값만 가진다. 즉, 수소원자 정상상태의 에너지가 양자화되어 있다(**그림 28-10** 참조). 여기서 정수 n을 양자수(quantum number)라 부르고, 최저에너지

$$E_1 = -\frac{me^4}{8\epsilon_0^2 h^2} = -13.6 \text{ eV}$$

를 갖는 $n = 1$일 때를 수소원자의 기저상태라 부른다. 에너지가 음수가 되는 것은 수소원자가 전자와 양성자의 결합되어 있는 상태임을 잘 나타내는 것이다. 즉, 전자와 양성자를 분리하기 위해서는 외부에서 수소원자에 $|E_n|$만큼의 일을 해주어야 한다.

수소원자의 정상상태가 u에서 l의 상태로 변환할 때 가정 2의 식 (28−18)에 의해

$$h\nu = \frac{hc}{\lambda} = \frac{me^4}{8\epsilon_0^2 h^2}\left(\frac{1}{l^2} - \frac{1}{u^2}\right) = R\left(\frac{1}{l^2} - \frac{1}{u^2}\right)hc$$

의 에너지를 갖는 전자기파를 방출하게 된다. 여기서 Rydberg 상수 R은

$$R = \frac{me^4}{8\epsilon_0^2 h^3 c} = 1.097 \times 10^7 \text{ m}^{-1} = 0.01097 \text{ nm}^{-1} \tag{28-25}$$

이며 이 광자의 파장은

$$\frac{1}{\lambda} = R\left(\frac{1}{l^2} - \frac{1}{u^2}\right)$$

이다. 이와 같이 수소원자의 에너지가 양자화되어 있으므로 방출되는 전자기파도 **그림 28-9**

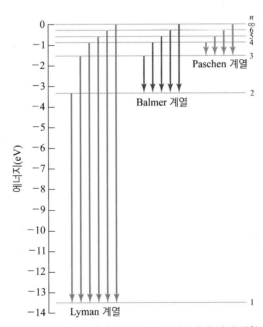

그림 28-10 수소원자의 정상상태에 대한 에너지 준위도. 각 정상상태 간의 전환에 의해 **그림 28-9**의 스펙트럼이 형성된다.

와 같이 불연속적인 스펙트럼을 나타내게 된다. $l=1$인 기저상태로 변환될 때 Lyman(라이만) 계열의 스펙트럼을 방출하게 되며, $l=2$일 때 Balmer(발머) 계열, $l=3$일 때 Paschen(파센) 계열의 스펙트럼을 이룬다.

예제 3. 수소원자 스펙트럼의 Balmer 계열에서 가장 적은 에너지를 갖는 광자의 파장과 가장 짧은 파장은 각각 얼마인가?

풀이 Balmer 계열은 $l=2$인 경우이므로 가장 적은 에너지의 광자는 $u=3$인 상태에서의 전환에 의해 방출된다. 따라서

$$\lambda = \left[R\left(\frac{1}{l^2} - \frac{1}{u^2} \right) \right]^{-1} = \left[(0.01097\text{nm}^{-1})\left(\frac{1}{2^2} - \frac{1}{3^2} \right) \right]^{-1} \simeq 656.335\text{nm}$$

가 된다. 한편 가장 짧은 파장은 u가 무한대일 때가 되어 값은 다음과 같다.

$$\lambda = \left[(0.01097\text{nm}^{-1})\left(\frac{1}{2^2} \right) \right]^{-1} \simeq 364.631\text{nm}$$

28-9 파동과 양자

앞 절들에서 고전물리의 개념으로는 이해할 수 없는 미시세계의 여러 현상들을 보았다. 이 중 중요한 특성은 자연의 모든 존재는 두 개의 서로 다른 개념인 입자와 파동의 두 성질 모두를 갖는 **파동 – 입자의 이중성**과 불연속적인 값만 갖는 에너지나 각운동량과 같은 **물리량의 양자화(quantization)**이다. 빛의 입자성을 나타내는 광전효과와 Compton 산란현상이나 전자의 파동성을 나타내는 회절·간섭현상을 이해하기 위하여 필요한 파동 – 입자 이중성은 Einstein의 빛의 양자화를 기술하는 식 (28−7)과 입자의 파동성을 나타내는 de Broglie의 물질파의 파장을 나타내는 식 (28−16)으로 잘 나타난다. 이들은 흑체복사를 설명하기 위하여 Planck가 도입한 Planck 상수 h에 비례하며 $h \to 0$의 경우 입자는 입자, 파동은 파동으로 고전물리의 경우와 같아짐을 보았다. 또한 식 (28−17)로 나타나는 Bohr의 각운동량 양자화는 수소원자에서 방출 혹은 흡수되는 전자기파의 불연속적 스펙트럼을 잘 기술할 수 있도록 수소원자의 정상상태 자체가 특정한 에너지만 갖도록 양자화되는 것으로 나타나며, 각운동량이나 에너지 역시 $h \to 0$의 경우 고전물리에서와 같이 연속적인 양이 된다. 이와 같은 미시세계의 새로운 개념의 기술을 위하여 발전된 물리이론이 양자역학이며 **Plank 상수** h가 양자역학에서 매우 중요한 물리상수이다.

양자역학의 여러 가지 기술방법 중 지금까지 배운 것과 가장 밀접하게 연관되는 것은 파동성에 기초한 파동역학(wave mechanics)이다. 따라서 여기서는 파동의 특성을 다시 검토

한 후 파동역학으로 기술되어지는 양자역학의 기본가정과 그에 따른 결과들을 고찰해 보고 자 한다. 역학적 파동이나 전자기파의 경우 진동하는 주체가 매질이나 전자장과 같이 잘 아는 존재이나, 물질파의 경우에는 진동하는 주체가 고전물리적 개념이 아니므로 이의 본질에 대해서는 뒤에서 다시 알아보기로 하자.

앞의 12장에서 본 바와 같이 파동에는 진행파(traveling wave)와 정상파(standing wave)의 두 가지가 있다. 파동이 무한히 큰 공간에 존재할 때에는 진행파가 되며 유한한 공간의 경우에는 정상파가 된다. 유한한 길이의 줄이 진동할 때, 한 방향으로 진행하는 파동은 줄의 끝에서 반사되어 되돌아오게 된다. 반사된 파동과 본래 진행하던 파동의 간섭은 그 줄의 길이에 따라 결정되는 파장의 정상파를 형성하게 된다. 무한히 긴 줄에서는 임의의 파장의 파동이 한 방향으로 진행하게 되며 유한한 줄의 경우에는 그 줄의 길이와 줄의 양 끝의 상태에 따라 결정되는 특정한 파장의 정상파만 존재하게 된다(**그림 28-11** 참조). 양 끝이 고정되어 있는 길이 L의 줄이 진동할 때 정상파의 파장은

$$\lambda_n = \frac{2L}{n} \quad (단, \ n = 1, 2, 3 \cdots) \tag{28-26}$$

으로 주어지는 특정한 값만 갖는다. 줄에서의 파동의 속도가 v일 때 파동의 진동수는

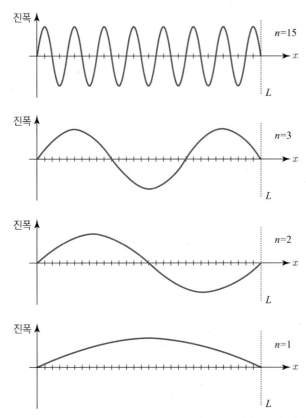

그림 28-11 줄의 진동상태. 여러 가지 진동수의 정상파로서 양자수 n의 정상상태가 된다.

$$\nu_n = \frac{v}{\lambda_{n.}} = \frac{v}{2L}n \quad (단, \ n = 1, 2, 3 \cdots) \tag{28-27}$$

로 파동의 전달매체인 줄의 특성에 의해 결정되는 $v/2L$의 정수배의 값만 갖도록 양자화되어 있다. 여기서 정수 n을 양자수라 부른다. 줄의 길이 L이 무한히 클 때는 $v/2L = 0$이 되어 진동수 ν_n이 연속적인 값을 갖게 된다.

역학적 파동의 경우만이 아니라 전자기파의 경우에도 전자기파가 존재하는 공간의 크기에 따라 그의 진동수가 양자화된다. 서로 평행인 두 개의 거울이 L의 거리만큼 떨어져 있을 때, 전자기파의 진동수는 줄의 진동과 마찬가지로 식 (28-27)로 주어지며 점 x에서의 최대 진폭 $E(x)$는 **그림 28-11**과 같이 주어진다. 파동이 갖는 에너지는 그의 진폭의 제곱에 비례한다. 전자기파의 경우 24장에서 본 바와 같이 전자기파가 존재하는 공간의 한 점에서의 전기장에 의한 에너지 밀도(energy density)는 $u(x) = \frac{1}{2}\epsilon_0 E^2(x)$으로 주어진다. Einstein의 광자이론에 의하면 진동수 ν인 전자기파의 에너지는 $h\nu$를 기본단위로 하며 이의 정수배로 나타난다. 따라서 $E^2(x)$에 비례하는 공간상의 한 점 x에서의 에너지 밀도는 그 점에서의 광자의 밀도와 비례하게 된다. 특히 전자기파의 진폭이 아주 작아 전체 공간 내의 전자기파 에너지가 단 하나의 광자가 갖는 에너지와 같을 때를 보다 자세히 살펴보자.

파동인 전자기파는 그 공간 전체에 $E(x)$의 진폭으로 퍼져 있으며 입자의 특성으로 볼 때에는 광자가 그 공간 내의 어떤 한 점에만 존재하게 된다. 이들 두 가지 사실은 다음과 같은 결론으로 상호 모순 없이 종합할 수 있다.

공간상의 임의의 점 x에서 광자 하나를 발견할 확률은 전자기파 진폭의 제곱 $E^2(x)$에 비례한다.

이는 어떤 순간에 광자가 존재하는 위치가 정확히 주어지지 못하고 단지 $E^2(x)$로 주어지는 확률분포로 결정되는 통계적 특성을 가짐을 의미한다. 파동-입자 이중성에 의하면 운동 중인 전자와 같은 물질파의 경우에도 광자와 마찬가지의 특성을 갖는다. 즉, 물질파의 경우에도 물질파의 진폭과 그 입자의 존재확률이 연계되어진다.

28-10 양자역학의 기본가정

앞 절에서 파동인 전자기파가 어떻게 불연속적인 진동수로 양자화되는지와 전자기파를 입자로 보는 광자와 파동으로 볼 때의 진폭과의 연관관계를 보았다. 운동 중인 입자에 대한 물질파를 고려하면 전자기파인 광자나 우리가 흔히 입자로 보는 전자나 모두 다 같이 파동-입자의 이중성을 갖는다. 이와 같은 미시세계의 현상들을 기술하는 이론이 **양자역학**이다. 양자역학의 기술방법에는 여러 가지가 있으나 공간상의 각 점에서의 매질이나 전자장의 진동하는 모양을 기술하는 파동의 개념에 기초한 파동역학의 입장에서 그의 기본가정들을 살펴보자.

1. 상태 파동함수(state wave function)

모든 물리계의 상태는 파동함수(wave function)로 기술된다. 줄의 진동이나 수면파, 소리파와 같은 역학계의 파동이나 전자기파는 물론 운동 중인 입자에 대한 물질파의 파동함수가 그 물리계(physical system)의 상태를 나타낸다. 따라서 어떤 물리계의 파동함수를 알면 에너지, 운동량, 파장 등 그 물리계에 대한 모든 특성을 알 수 있다.

2. 입자 분포확률(particle distribution probability)

입자가 공간상의 한 점에서 발견될 확률은 파동함수의 진폭의 제곱에 비례한다. 공간 전체에서 지정되는 파동함수는 입자의 위치를 기술하지 못하고 단지 그 입자가 어떤 한 점에서 관측되어지는 확률만을 결정할 뿐이다.

3. Schrödinger 방정식

주어진 물리계의 상태를 나타내는 파동함수는 Schrödinger 방정식에 의해 결정된다. 줄의 진동, 소리파, 전자기파 등이 그에 대응되는 파동방정식(wave equation)에 의해 결정되는 것과 마찬가지로 그 물리계에 대한 양자역학적 파동방정식인 Schrödinger 방정식에 의해 상태 파동함수가 결정된다.

4. 상응성의 원리(correspondence principle)

양자역학적인 기술은 거시세계에 대해서는 고전물리의 경우와 같아진다. Einstein의 상대성 이론의 경우와 마찬가지로, 우리가 흔히 접할 수 있는 세계에 대해서는 일반상식과 잘 일치하는 고전물리학의 개념이 적용되어야 한다. 앞 절들의 여러 현상에서 본 바와 같이 Planck 상수 h가 0이 될 때 양자역학 이론이 고전이론과 같아진다.

모든 물리계의 상태는 파동함수로 기술된다는 가정 1은 모든 물리적 존재가 **파동의 특성**을 가짐을 의미하며, 입자의 분포확률에 관한 가정 2에 의하여 **입자의 특성**이 파동함수로부터 결정됨을 나타낸다. 이들 두 가정이 파동 – 입자 이중성의 직접적인 표현이다. 물리계의 상태를 나타내는 파동함수는 가정 3에 따라 Schrödinger 방정식에 의해 결정된다.

모든 파동에 대해서는 그 물리계에 적합한 파동방정식에 의해 파동함수가 결정된다. 양자역학에서 어떤 물리계의 상태를 나타내는 상태 파동함수도 이와 마찬가지로 파동방정식의 일종인 Schrödinger 방정식에 의하여 결정된다. 또한 물리계의 운동상태도 Schrödinger 방정식에 의해 결정되는 파동함수의 시간에 따른 변화로 기술되어진다.

Schrödinger 방정식 자체에 대해서는 양자역학 과정으로 미루고 여기서는 단지 파동함수 자체의 특성에 대해서만 고찰하기로 한다.

어떤 물리계의 한 순간의 상태를 나타내는 파동함수를 보통 x의 함수 $\psi^2(x)$로 표시한다. 전자기파나 물질파의 파형(정상파 또는 진행파)에 대한 함수가 $\psi(x)$이다. 가정 2에 의하여 $\psi^2(x)$가 x점에서의 입자 존재 확률밀도(probability density)가 되기 위해서는 파동함수 $\psi(x)$가

$$\int_{-\infty}^{\infty} \psi^2(x)dx = 1 \qquad (28-28)$$

의 규격화 조건(normalization condition)에 따라야 한다. 여기서 적분구간은 파동 – 입자가 존재할 수 있는 전 구간이 되며 식 (28-28)은 그의 존재 가능구간 전체 내에 단 하나만의 입자가 존재함을 의미한다. 광자나 전자가 x점 부근에서 관측되어질 확률밀도가 $\psi^2(x)$으로 주어지며 $\psi^2(x)dx$는 그 입자가 x와 $x+dx$ 사이에 존재할 확률을 나타낸다.

확률밀도 $\psi^2(x)$의 의미를 보다 자세히 고찰해 보도록 하자. 우리가 입자의 위치를 관측할 때 하나의 입자는 단지 한 점 x에서만 관측되어지며 그 순간 다른 점에는 존재하지 않는다. 그러나 측정 전에는 우리가 입자의 위치를 전혀 알 수 없다. 측정 전에는 파동이 존재하는 전체 공간 내의 어느 점에서도 그 입자가 존재할 수 있다.

고전이론에 따르면 입자가 한 점에서 관측되었다면 그 입자는 관측과는 무관하게 관측 전후 모두 그 점에 존재한다. 따라서 똑같은 상황에서는 언제 누가 관측하든지 그 입자의 위치는 동일하게 측정될 것이다.

양자이론에서는 이와는 달리 측정 전에는 그 입자의 위치를 전혀 알 수 없으며, 관측을 통해서만 하나의 위치로 결정된다. 똑같은 상황의 물리계라 하더라도 관측할 때마다 입자의 위치가 다르게 측정된다. 우리가 알 수 있는 것은 단지 입자가 공간상의 한 점에서 관측될 확률이 $\psi^2(x)$에 의해서 결정된다는 것이다. 파동함수와 확률밀도에 의하여 파동 – 입자 이중성이 잘 기술되어지나, 주어진 물리계에서의 입자의 위치와 같은 특정 물리량이 불확정적이며 관측함에 따라 물리계의 상태 자체가 관측 전과 달라지게 되는 것이 고전이론이 적용되는 일상 경험과 매우 다르다. Einstein의 상대성 이론에 의하여 빠른 속도로 운동할 때 고전이론에서 운동과 무관하게 동일하다는 시공간의 절대성이 깨어지고 양자이론에 의하여 미시세계의 경우 고전이론에서 관측과 무관하게 동일하다는 물리량의 절대성이 깨어진다.

28-11 전자와 물질파

전자의 경우를 예로 하여 파동역학이 어떻게 나타나는지 고찰하여 보자. 원자 안에 있는 전자는 원자핵으로부터의 인력에 의해 작은 공간에 묶여 있다.

이와 같이 입자를 작은 공간에 국한시키는 형태의 위치에너지를 포텐셜우물 또는 양자우물(quantum well)이라 부른다. 전자가 상자 안에서 자유롭게 움직일 수 있으나 상자 안에 갇혀 있을 때, 이 상자를 전자에 대한 하나의 간단한 3차원 양자우물로 볼 수 있다. 이때 전자가 상자 안에서는 자유롭게 움직이나 상자 밖으로는 절대로 나가지 못한다면, 상자 면과 밖에서는 전자의 위치에너지가 무한히 크고($U=\infty$) 상자 안에서는 위치에너지가 $0(U(x)=0)$인 것으로 표현되며, 이러한 양자우물을 무한우물(infinite well)이라 부른다. 보다 간단한 형태의 양자우물은 길이 L인 1차원 공간에서 전자의 위치에너지가 $0(U(x)=0)$이 되고 양 끝에서는 위치에너지가 무한히 큰($U(0)=U(L)=\infty$) 경우이다. 길이 L인 1차원 무한우물 내에 있는 전자의 물질파는 양 끝이 고정되고 길이 L인 줄의 진동과 같이 취급할 수 있으며 정상파의 경우 그의 파동함수 $\psi(x)$는 **그림 28-11**에 보인 바와 같이 삼각함수로 나타난다. 이 경우 전자가 측정될 확률밀도 $|\psi_n|^2(x)$는 **그림 28-12**에 보인 바와 같다.

식 (28−26)으로 주어지는 파동함수 $\psi_n(x)$의 파장 λ_n이 de Broglie의 식 (28−16)으로 주어지는 전자의 물질파 파장과 같아진다. n번째 조화파(n-th order harmonic)로 기술되어지는 상태에서 전자의 운동량과 에너지는

$$p_n = \frac{h}{\lambda_n} = \frac{hn}{2L} \quad (\text{단, } n=1, 2, 3 \cdots) \tag{28-29}$$

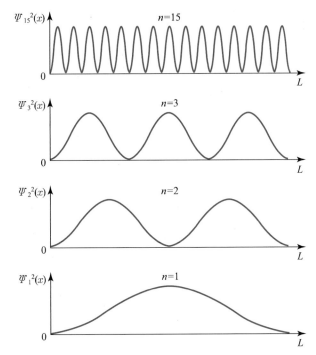

그림 28-12 여러 가지 양자수 n의 정상상태에 대한 확률 밀도 함수

$$E_n = \frac{p_n^2}{2m} = \frac{h^2}{8mL^2}n^2 \quad \text{(단, } n = 1, 2, 3 \cdots\text{)} \tag{28-30}$$

으로 주어진다. 길이 L이 유한할 때 파장 λ_n이 식 (28-26)에 따라 양자화되고 이때의 전자가 갖는 에너지와 운동량이 각각 식 (28-29)와 (28-30)의 값으로 양자화된다. n이 0일 때는 파동함수 $\psi(x)$가 0이 되어 전자가 없는 경우가 되어 무의미하게 된다.

따라서 $n = 1$일 때 전자가 갖는 에너지가 가장 낮으며, 이때를 **바닥상태(기저상태 : ground state)**라 한다. 이 경우 바닥상태의 에너지는 0이 아닌 $E_1 = h^2/(8mL^2)$이 되며 이를 영점에너지(zero point energy)라 부른다. 운동량도 마찬가지로 0이 아닌 $p_1 = h/(2L)$이 최솟값이 된다. 길이 L이 무한히 커지거나 Planck 상수 h가 0이 되는 경우, 최소에너지상태일 때의 에너지와 운동량이 모두 0이 되어 고전이론에서와 같이 정지되어 있는 상태가 된다. 길이가 무한대일 때는 전자가 연속적인 에너지값을 가지나, 유한한 길이 L의 구간 내에만 존재할 때에는 식 (28-30)으로 주어지는 불연속적인 특정의 에너지값만 가질 수 있다. 이와 같이 존재 공간의 제한에 의하여 에너지가 **불연속적인 값으로 양자화**된다.

예제 4. 대략 원자의 지름인 100 pm 길이의 1차원 무한우물과 길이 1 mm의 무한우물 안에서 바닥상태에 있는 전자의 에너지는 각각 얼마인가?

풀이 식 (28-30)에서

$$E_n = \frac{h^2}{8mL^2}n^2 = \frac{(6.63 \times 10^{-34}\text{ J} \cdot \text{s})^2}{8(9.11 \times 10^{-31}\text{ kg})L^2}n^2$$

$$\simeq 6.03141 \times 10^{-38}\text{ J} \cdot \text{m}^2 \frac{n^2}{L^2} = 3.77 \times 10^{-19}\text{ eV} \cdot \text{m}^2 \frac{n^2}{L^2}$$

길이 L이 원자 지름 정도인 $100\text{ pm} = 10^{-10}\text{ m}$일 때 바닥상태($n = 1$)의 에너지는 $6.03 \times 10^{-18}\text{ J} = 37.7\text{ eV}$이 되고, L이 거시적인 $1\text{ mm} = 10^{-2}\text{ m}$일 때는 바닥상태의 에너지가 $6.03 \times 10^{-34}\text{ J} = 3.77 \times 10^{-15}\text{ eV}$이 된다. 이와 같이 미시세계와 거시세계 사이에 최소에너지 값의 큰 차이점이 있다.

길이 1 mm의 무한우물에서의 바닥상태의 에너지는 거의 절대 영도인 $4.37 \times 10^{-11}\text{ K}$에서의 전자의 운동에너지와 같은 반면, 원자 내에서는 $4.37 \times 10^5\text{ K}$에서의 운동에너지와 같다.

실내 온도(약 300 K)인 1 mm 간격의 두 벽 사이에서 움직이는 전자(0.026 eV 에너지)의 양자수는 $n = 6.9 \times 10^6$으로 큰 수가 된다.

위와 달리 위치에너지 U가 0이 아닌 지점에 있는 입자의 총 에너지는

$$E = \frac{p^2}{2m} + U$$

가 되며 총 에너지가 E인 입자의 물질파 파장은

$$\frac{1}{\lambda} = \frac{p}{h} = \sqrt{\frac{2m(E-U)}{h^2}} \qquad (28-31)$$

로 주어진다. 입자의 에너지가 충분히 커서 $E > U$일 경우에는 물질파의 파장이 실수가 되어, $U > 0$이면 $U = 0$인 경우보다 긴 파장의 삼각함수인

$$\psi(x) = A\sin(2\pi x/\lambda + \phi) \qquad (28-32)$$

형태의 파동함수가 된다. 이는 고전역학의 경우 위치에너지가 높은 곳에서는 운동량이 작아지며 입자의 이동속도가 느려짐과 잘 일치한다. 위치에너지가 위치에 따라 변할 때는 식 (28−31)의 파장도 그 지점에 따라 변하므로, 밀도가 변하는 줄에서의 파동과 같이, 물질파의 파동함수 식 (28−32)도 위치에 따라 변하는 파장을 갖는 진동함수가 된다. 한편 $E < U$인 경우, 운동량이 허수가 되어 고전역학적으로 입자가 존재하지 못한다. 그러나 파동역학으로 기술되는 양자역학에서는 다른 현상이 일어난다. $E - U < 0$일 때 식 (28−31)에 의해 파장 λ가 허수가 되어 식 (28−32)의 삼각함수는 지수함수로 바뀌게 된다. 즉,

$$\psi(x) = Ae^{-k|x|} \qquad (28-33)$$

이 되고 감쇠상수(decay constant) k는

$$k = \frac{2\pi}{|\lambda|} = \sqrt{\frac{8\pi^2 m(U-E)}{h^2}} \qquad (28-34)$$

이다. 위치에너지 U가 무한히 큰 경우 식 (28−34)에 의해 물질파의 감쇠상수 k가 무한대로 되어 파동이 존재하지 않는다($\psi = 0$). 이것이 앞의 무한우물의 벽에서 파동함수가 0이 되는 이유이다.

상자의 벽이 유한한 위치에너지 U를 갖는 매우 두꺼운 벽으로 이루어진 양자우물을 유한우물이라 부른다. 고전역학적으로는 유한우물 안의 $E < U$인 전자가 퍼텐셜 에너지가 0인 우물의 내부에만 존재할 수 있으나 양자역학적으로는 식 (28−33)으로 주어지는 지수함수의 제곱으로 주어지는 확률밀도로 상자의 벽 속에도 존재할 수 있다.

유한한 위치에너지를 갖는 상자의 벽이 얇을 경우에는 고전적으로는 상자 안에 갇혀 있을 전자의 일부가 지수함수 식 (28−33)의 영향으로 상자 밖으로 빠져나오거나 밖의 전자가 상자 안으로 들어갈 수 있다. 이와 같은 현상을 양자역학적 장벽투과(barrier tunneling)라 한다. 장벽이 $0 \le x \le L$ 범위일 때 장벽의 좌측으로부터 입사된 전자가 장벽을 투과하여 장벽의 우측에 존재할 확률인 투과율(transmission coefficient) T와 반사될 확률인 반사율(reflection coefficient) R은

$$T = \frac{|\psi(L)|^2}{|\psi(0)|^2} = e^{-2kL}$$

$$R = 1 - T = 1 - e^{-2kL} \qquad (28-35)$$

이 된다. 반면 원자 내부에 있는 전자는 원자핵으로부터의 전기적 인력에 의하여

$$U(r) = -\frac{1}{4\pi\epsilon_0}\frac{e^2}{r} \tag{28-36}$$

으로 주어지는 위치에너지를 갖는다. 여기서 e는 전자와 양성자의 전하량 크기이며 r은 원자중심에 있는 양성자로부터 전자까지의 거리이다. 거리 r은 양의 실수값만 가지며, 식 (28−36)의 위치에너지는 구대칭성을 갖는다. 총 에너지 E인 전자가 식 (28−36)으로 주어지는 위치에너지를 갖고 운동할 때 전자의 운동량 p는

$$E = \frac{p^2}{2m} + U(r) \tag{28-37}$$

에 의해 결정되며 일정한 에너지의 전자는 위치에 따라 운동량이 달라진다. 따라서 전자의 파장도 역시 전자가 있는 위치에 따라 달라져, 밀도가 변하는 줄의 진동과 같이 단순한 삼각함수와는 다른 파동함수를 가진다. 수소원자 내에서 양자화된 전자에너지와 파동함수는 Schrödinger 방정식에 의해 결정되나 여기서는 단지 양자화의 기본적 개념과 그의 결과만을 살펴보도록 한다.

수소원자의 구대칭성은 양성자를 중심으로 한 어떤 구면을 고려하든지 그 구면상에서는 일정한 위치에너지를 가지며 파동함수의 파장이 변하지 않음을 의미한다. 또한 원주를 한 바퀴 돌아 제자리로 돌아오면 원래와 똑같은 상태가 되어야 하므로 구면상의 원주길이가 파장의 정수배, 즉 $2\pi r = n\lambda_n$이 되어야 한다. 따라서 de Broglie의 물질파이론에 의하여 원주성분 운동량은

$$p_n = \frac{h}{\lambda_n} = \frac{h}{2\pi r}n \tag{28-38}$$

이 되어 전자의 궤도반지름 r에 따라 변한다. 그러나 원주운동량 p로 반지름 r의 원궤도에 따라 원운동하는 입자의 각운동량은 $L = rp$이므로

$$L_n = rp_n = \frac{h}{2\pi}n \tag{28-39}$$

이 되어 앞에서 본 수소원자의 양자화 조건인 식 (28−17)이 된다. 이 양자화 조건 식 (28−39)는 원궤도의 반지름에 관계없이 일정한 값이 되며, 전자의 위치가 특정한 궤도를 갖지 못하고 단지 한 상태에 있는 파동함수에 의해 결정되는 확률밀도만이 양자역학에 의해 결정됨과 잘 합치한다. Bohr의 원자모형에서는 고전적 개념인 특정의 원형궤도를 설정하여 수소원자 에너지의 양자화를 이루었으나, 양자역학적으로는 식 (28−39)로 주어지는 양자화 조건과 같이 궤도와 무관한 또 하나의 다른 양자화 조건에 의하여 양자역학적 결과인

$$E_n = -\left(\frac{me^2}{8\epsilon_0^2 h^2}\right)\frac{1}{n^2} \quad (\text{단, } n = 1, 2, 3 \cdots) \tag{28-40}$$

을 얻을 수 있다. 이 결과는 Bohr의 원자모형에 의한 결과 식 (28−24)와 같으며 이 양자화 된 에너지도 역시 고전적 개념인 전자의 이동경로(반지름 r)와는 무관하다.

반지름 r에 따른 위치에너지의 변화는 위치 x에 따라 밀도가 변하는 줄의 진동과 흡사한 현상을 보이게 된다. 에너지 E인 전자는 $U(r) < E$인 r의 범위에서는 식 (28−31)과 (28−32)에 따르는 진동함수 모양이 되며 $U(r) > E$인 r의 범위에서는 식 (28−33)과 (28−34)에 따르는 지수함수로 감소하는 모양이 된다. 물론 이때의 파장 λ나 감쇠상수 k가 위치 r에 따라 변하게 된다. 보다 자세한 과정은 생략하고 결과만 보면, 수소원자의 경우, 바닥상태의 전자의 확률밀도는

$$| \psi(r) |^2 = \frac{1}{\pi r_B^3} e^{-2r/r_B} \tag{28−41}$$

로 나타난다. 여기서 $r_B = 5.29 \times 10^{-11}$ m는 앞 절에서 나온 Bohr의 반지름이다. 반지름 r에 서 $r + dr$ 사이의 구면 껍질(spherical shell)에서 전자가 발견될 확률은

$$P(r)dr = | \psi(r) |^2 dV = | \psi(r) |^2 (4\pi r^2)dr = \frac{4}{r_B^3} r^2 e^{-2r/r_B} dr$$

이다. 지름 확률 밀도(radial probability density)

$$P(r) = \frac{4}{r_B^3} r^2 e^{-2r/r_B} \tag{28−42}$$

는 전자가 $0 < r < \infty$ 의 전공간 내에 존재하여야 한다는 규격화 조건식

$$\int_0^\infty P(r)dr = 1 \tag{28−43}$$

을 만족한다.

Bohr의 원자모형에서는 전자가 원자핵 주위를 특정의 원형궤도로 돌고 있다고 보았으나, 파동역학적으로는 식 (28−42)로 주어지는 구름과 같은 형태로 나타나는 전자의 위치에 대한 확률 밀도만 알 수 있다. Bohr 반지름 r_B는 지름 확률 밀도 $P(r)$이 최대가 되는 반지름이 된다. 또한 고전역학적으로는 전자가 존재할 수 없는 회귀점(turning point) 밖에도 지수함 수 모양의 확률로 존재한다.

28-12 Heisenberg의 불확정성 원리

고전역학적 개념에서는 입자의 위치와 운동량을 동시에 정확히 측정할 수 있다. 반면에 파 동역학에서는 입자의 존재 위치에 대한 확률 밀도 $|\psi(x)|^2$만 알 수 있을 뿐이다. 앞 절에서

본 수소원자의 경우, 주어진 양자수 n의 정상상태에 있는 전자의 각운동량과 에너지는 식 (28-39)와 (28-40)과 같이 전자가 어느 곳에 있든지 일정하게 하나의 값을 갖는다. 반면 하나의 정상상태에서 전자의 위치는 확정적으로 결정되지 못하고 바닥상태에 대한 식 (28-41)과 같은 확률 분포만을 알 수 있을 뿐이다. 또한 에너지에 대한 식 (28-37)과 고전역학적 개념인 전자의 이동경로와 연관되는 식 (28-38)에 의하여 전자의 지름방향 운동량과 원주방향 운동량도 특정한 값으로 결정되지 못한다. 임의의 파동함수 $\psi(x)$는 Fourier 급수 전개에 따라 여러 다른 파장의 삼각함수들의 중첩(superposition)으로 나타낼 수 있다. 이때 각각의 삼각함수들은 de Broglie의 물질파이론에 의해 그 파장에 따른 운동량과 연관된다. 원자 내의 전자처럼 r이 커짐에 따라 지수함수로 감소하는 파동함수[식 (28-41) 참조]는 하나의 삼각함수로 표현할 수 없으며, 여러 가지 다른 파장의 삼각함수들의 중첩으로만 표현할 수 있다. 따라서 수소원자 내에 속박되어 있는 전자의 운동량은 그의 파동함수의 Fourier 급수에 의해 결정되는 여러 운동량급수 중 한 값을 가지며 그 운동량값을 가질 확률은 Fourier 급수 전개 계수에 의해 결정된다. 정상상태의 수소원자 내부에 있는 전자는 위치와 운동량 모두가 확률적으로만 결정되며 부정확성이 있다. 파동역학에서, x방향의 전자 위치의 부정확도 Δx와 x성분 운동량의 부정확도 Δp_x 사이에는

$$\Delta x \cdot \Delta p_x \gtrsim h \tag{28-44}$$

의 관계가 있다. x-축 방향만이 아니라 y-축 방향과 z-축 방향으로도 각각 식 (28-44)와 같은 형태의 조건이 성립되며, 이를 Heisenberg의 불확정성 원리(uncertainty principle)라 한다. 불확정성 원리는 위치와 운동량을 동시에 식 (28-44)보다 더 정확히 측정할 수 없음을 나타낸다. 입자의 위치를 정확하게 측정할수록 그 입자의 운동량은 더욱 부정확하게 결정되고, 거꾸로 운동량을 정확히 측정하면 위치에 대해서는 부정확도가 더욱 커짐을 의미한다. Planck 상수 h가 0이 될 때, 식 (28-44)는 $\Delta x \cdot \Delta p \geq 0$이 되어 고전개념에서와 같이 위치와 운동량 측정을 서로 무관하게 얼마든지 정확히 측정할 수 있다.

파동의 개념에서 위치를 정확하게 측정한다는 것은 위치측정에 의해 그 입자의 파동함수가 위치측정 정확도 이내의 공간 범위 내에만 국한되어 있음을 의미한다. 전자의 위치가 길이 L의 범위 내에 있는 것으로 관측될 때 그 입자가 길이 L인 무한우물 내에 있다고 근사적으로 가정할 수 있다. 이때 전자는 우물 내의 어느 지점에나 있을 수 있으므로 전자의 위치에 대한 부정확도는

$$\Delta x = L \tag{28-45}$$

이 된다. 이 무한우물 내에서 바닥 정상상태에 있는 전자의 운동량 크기는 $p = h/\lambda = nh/2L$로 정확히 결정되나 전자의 운동방향은 결정되지 않는다. 좌우측 방향 모두 똑같이 가능하므로 입자의 운동량에 대한 부정확도는 최소한

$$\Delta p \approx (+p) - (-p) = 2p = h/L \qquad (28-46)$$

가 되어 $\Delta x \cdot \Delta p \approx h$로서 Heisenberg의 불확정성 원리를 만족시킨다. 식 $(28-45)$에서 보는 바와 같이 우물의 길이 L을 작게 하면 할수록 전자의 위치는 정확하게 알 수 있으나 운동량은 식 $(28-46)$과 같이 더욱 부정확하게 된다. 운동량을 정확히 알려면 L이 무한히 커야 되며[식 $(28-46)$ 참조], 이때 위치에 대해서는 전혀 결정할 수 없게 된다[식 $(28-45)$ 참조].

$L = \infty$인 무한우물에서는 입자가 반사되는 벽이 없어 물질파가 정상파를 이루지 못하고 다만 진행파가 될 뿐이다($\Delta x = \infty$). 따라서 운동량의 방향이 좌측이나 우측 중 한 방향으로 확정된다($\Delta p = 0$).

예제 5. 2.05×10^6 m/s 의 전자(12 eV 에너지)와 35 m/s 의 45 g짜리 공의 속도를 1.5% 정확도로 측정할 수 있을 때 각각의 위치는 얼마나 정확히 측정할 수 있는가?

풀이 Heisenberg의 불확정성 원리에 의해

$$\Delta x \approx \frac{h}{\Delta p} = \frac{h}{0.015 \times mv}$$

가 된다. 따라서 전자의 경우에는

$$\Delta x = \frac{6.63 \times 10^{-34} \text{ J/s}}{0.015 (9.11 \times 10^{-31} \text{ kg})(2.05 \times 10^6 \text{ m/s})} \simeq 2.36674 \times 10^{-8} \text{ m} = 24 \text{ nm}$$

가 되며 공의 경우

$$\Delta x \approx \frac{6.63 \times 10^{-34} \text{ J/s}}{0.015 (0.045 \text{ kg})(35 \text{ m/s})} \simeq 2.80635 \times 10^{-32} \text{ m}$$

가 된다. 12 eV 에너지의 전자의 위치측정은 약 200개 원자 지름 이내로 정확히 측정할 수 없으며, 35 m/s 의 45 g짜리 공의 위치는 원자핵 크기보다도 10^{17}배나 작은 범위로 정확히 측정할 수 있다. 공과 같이 거시적 물체의 경우는 불확정성 원리가 측정 불가능하나, 전자와 같이 미시적 존재의 경우에는 불확정성 원리가 큰 역할을 한다.

전자가 **그림 28-13**과 같이 막 A에 있는 폭 Δy의 아주 좁은 틈(slit)을 지나 뒤쪽의 막 B로 진행한다고 하자. 막 B에 도달한 전자의 막 A에서의 수직방향 위치는 틈의 폭 Δy만큼의 불확정도를 가진다. 틈의 폭을 작게 하면 할수록 전자의 위치는 더욱 더 정확하게 결정된다. 한편 물질파의 파동성에 의하여, 막 B에는 전자의 회절무늬가 **그림 28-13**과 같이 나타난다. 틈의 폭이 좁아질수록 회절무늬의 폭은 더욱 넓어진다. 이 회절무늬의 첫 번째 가장 어두운 점의 위치는 파동이론에 의해 다음과 같이 주어진다.

$$\sin\theta = \frac{\lambda}{\Delta y}$$

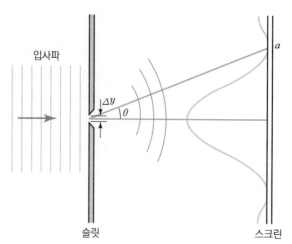

입사파

a

Δy

θ

슬릿

스크린

그림 28-13 작은 틈 하나를 통한 전자의 회절. 틈이 작을수록 회절무늬는 넓어진다.

입자적인 관점에서 볼 때, 전자가 관측될 확률분포가 파동의 회절무늬로 형성된 **그림 28-13**과 같아지기 위해서는, 전자가 수직성분의 운동량을 가져야 한다. 가장 어두운 점, 즉 전자가 관측되어질 확률이 가장 작은 점에 도달하기 위한 수직성분의 운동량 Δp_y는 수평성분 운동량 p와

$$\sin\theta \approx \frac{\Delta p_y}{p}$$

의 관계를 가진다. 따라서 de Broglie 파장조건에 의해

$$\Delta y \cdot \Delta p_y \approx h$$

와 같이 불확정성 원리가 성립된다.

식 (28−44)는 공간상에서 국부적으로 국한된 입자의 운동량은 정확히 측정할 수 없다는 위치와 운동량의 동시측정에 관한 조건이다. Einstein의 상대성 이론에 따르면 공간과 시간이 같은 성격의 물리량이다. 따라서 위치측정에 대한 불확정성 원리와 마찬가지로, 시간측정에 대한 불확정성 원리도 생각할 수 있다. 상대론에 의하면 운동량과 에너지도 역시 동격의 물리량이다. 정상파의 경우에는 그 입자의 에너지가 특정한 값으로 주어지며 시간이 흐름에 따라 변하지 않는다. 즉, 에너지가 정확히 정해진다. 그러나 시간에 따라 그 형태가 변하지 않는 정상파에 어떠한 특정의 시간을 지정할 수 없으며 이는 시간측정의 부정확도가 무한히 큼을 의미한다. 시간적으로 국한된 입자의 경우에는 그의 에너지가 정확히 결정되지 지 못하며 에너지의 부정확도 ΔE와 시간의 부정확도 Δt 사이에는

$$\Delta E \cdot \Delta t \gtrsim h \qquad\qquad (28-47)$$

라는 Heisenberg 불확정성 원리가 적용된다. 이 수식은 시간측정의 부정확도가 Δt일 때 에너지는 부정확도 $\Delta E \approx h/\Delta t$ 이하로 더 정확히 측정할 수 없음을 나타낸다. 이 불확정성 원

리에 의하여 시간측정 부정확도 Δt 동안에는 식 (28−47)에 따라 에너지가 부정확하게 되어 최대한 $\Delta E \approx h/\Delta t$ 정도로 에너지가 보존되지 않을 수 있다. 아주 짧은 순간 Δt 동안에는 질량

$$mc^2 = \Delta E \approx h/\Delta t \qquad\qquad (28-48)$$

까지의 입자가 생성되었다 소멸될 수 있다. 진공이라도 아무것도 없는 상태가 아니라 식 (28−48)에 의한 질량의 입자가 항시 생성 소멸되는 상태이다. 즉, 색즉시공 공즉시색(色卽是空 空卽是色)이다.

28-13 파동과 입자

파동과 입자의 독립적 개념은 우리의 거시세계에 대한 경험에 기초한다. 미시세계에서는 앞에서 본 바와 같이 하나의 존재가 파동과 입자의 특성 모두를 갖는다. Compton 효과는 고전적으로 파동인 빛의 입자성을 잘 나타내는 현상이며, 전자의 회절실험은 고전적으로 입자인 전자의 파동성을 잘 나타내는 현상이다. 물론 국부적 존재인 입자의 특성과 공간 전체에 퍼져 있는 존재인 파동의 특성이 동시에 나타나지는 않는다. 이와 같은 특성은 다음과 같이 표현될 수 있다.

양자역학적 존재의 완전한 기술을 위하여 입자성과 파동성의 두 특성 모두가 필요하다. 그러나 하나의 실험에서는 입자성과 파동성의 두 가지 특성 모두를 동시에 보여주지 못하고 단지 이들 중 하나의 특성만 나타난다. 이때 나타나는 특성은 실험 특성에 의해 결정된다.

이를 상보성 원리(principle of complementarity)라 한다. 회절(diffraction)이나 간섭(interference)과 같은 실험은 파동성을 나타내며, Compton 산란이나 광전 효과는 입자성을 잘 나타낸다. 그러나 파동성과 입자성이 동시에 나타나지는 못한다. 회절격자를 지나는 빛이나 전자는 회절, 간섭과 같은 파동의 특성을 보여주며, 이와 같은 현상은 입자로서는 기술할 수 없다.

그림 28-14와 같이 두 개의 틈이 있는 막 A에 입사한 전자가 막 B에 간섭무늬를 형성하는 실험을 고찰하자. 이는 각각의 틈을 지나 회절된 전자기파의 간섭현상으로 파동성을 보여주는 실험이 된다. 막 B 대신에 일련의 아주 작은 전자 검출장치를 설치하였다고 하자. 이러한 측정 장치는 입사된 전자의 입자성에 의해 작동된다. 각 입자 검출기에서 단위시간에 측정되는 횟수는 위치에 따라 간섭무늬와 똑같은 확률분포를 형성한다.

단위시간에 막 A에 입사하는 전자의 수가 아주 작아 전자를 하나씩 따로 고려할 수 있는 경우를 생각하자. 이때 전자를 입자로 보면 두 개의 틈 중 하나를 지나 막 B에 있는 하나의

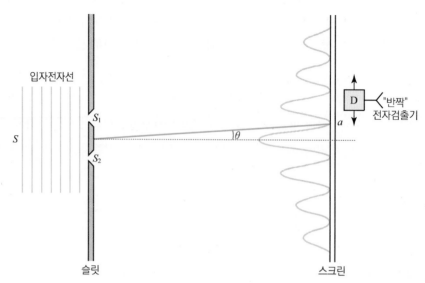

입자전자선

S

S_1

S_2

θ

a

D "반짝"
전자검출기

슬릿

스크린

그림 28-14 슬릿에 있는 두 개의 좁은 틈에 의한 전자의 간섭무늬. 스크린의 위치에 있는 아주 작은 전자 검출기 D에 의해 전자 검출

전자 검출기에서 관측되어질 것이다. 이와 같이 개개의 입자는 특정 궤도(trajectory)를 갖게 된다. 이러한 실험을 여러 번 되풀이 할 때 특정 궤도를 지나는 전자들이 막 B에서 관측되어 지는 확률분포는 간섭무늬를 형성하지 못한다. 그러나 실제 실험에서는 위의 경우와 같이 간섭무늬를 형성하게 된다. 이는 단 하나만의 전자가 막 A를 지나 B의 측정 장치에서 관측 되어질 때 전자가 어느 하나의 틈을 지난 것이 아니라 두 개의 틈 모두를 동시에 지났음을 의미한다. 즉, 두 개의 다른 길을 지나온 두 물질파가 막 B에서 동시에 만나 중첩되었음을 의미한다.

이번에는 두 개의 틈 각각의 뒤에 아주 얇은 전자 검출기를 놓았다고 하자. 이때 입사된 전자는 두 개 중 하나의 틈을 지나 전자 검출기를 작동시킨 후 더욱 진행하여 막 B에 있는 또 다른 전자 검출기를 작동시키게 된다. 이 경우 전자의 이동경로는 실제로 확정되며 이러 한 실험을 여러 번 되풀이할 때, 간섭무늬가 형성되지 못한다. 막 A의 위치에서 입자성을 이 용하여 관측할 때는 전자가 파동성을 잃고 입자의 특성, 즉 특정 궤도를 갖게 되어 막 B의 위치에서 간섭무늬를 형성하지 못한다. 반면에 막 A의 위치에서 관측하지 않을 때, 즉 어느 틈을 통과하는지 모를 경우에는 파동의 특성을 가져 막 B의 위치에서 간섭무늬와 같은 확률 분포를 형성한다.

이와 같은 결과는 고전역학과는 다른 양자역학의 새로운 관점을 제시한다. 막 A에 측정 기가 있을 때는 전자 발생기 S와 막 B의 위치에 있는 검출기 D 사이에서의 전자의 이동경로 는 $S-S_1-D$ 혹은 $S-S_2-D$ 중의 하나로 결정된다. 반면에 A에 측정기가 없을 때는 전자 의 이동경로는 $S-S_1-D$와 $S-S_2-D$ 모두가 된다. 보다 일반적으로 **그림 28-15**와 같이 빛 이나 전자가 한 점 I에서 다른 점 F로 진행할 때를 생각하자.

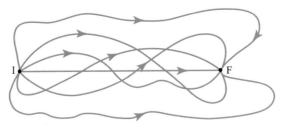

그림 28-15 점 I에서 점 F로의 전자의 이동. 파동의 입장에서는 모든 연결선이 가능한 궤도가 된다.

우선 국소적인 점 I와 점 F에서 관측되어진 것은 입자의 특성에 의한 것이다. **그림 28-15**의 경우와 같이 점 I와 점 F 사이에서는 어느 특정의 궤도(path)로 전자가 이동한 것이 아니라 이들 두 점을 연결할 수 있는 모든 가능한 궤도로 이동하게 된다.

물론 고전역학적으로는 단 하나의 궤도만이 존재한다. 양자역학적으로는 입자의 특성으로 관측되어지지 않는 동안에는 파동의 특성인 전체 공간에 퍼져 있게 되어 특정의 궤도가 결정되지 못한다.

입자는 이들 가능한 모든 궤도(path)를 똑같은 확률로 이동한다. 고전적 궤도와 다른 궤도들 모두 같은 확률을 갖는다. 이때 고전적 궤도에 가까운 궤도끼리는 서로 보완이 되나 고전적 궤도에서 먼 궤도들은 서로의 위상차가 커져 서로 상쇄하게 된다. 이에 의해 거시적으로 고전적 궤도가 형성된다.

거시계에서는 궤도에 따른 위상차가 커져 고전적 궤도 외에는 거의 모두 서로 상쇄되어 결과적으로 고전적 궤도를 따르게 된다. 이때 궤도에 따른 위상은 Planck 상수 h에 역비례한다. 따라서 $h \rightarrow 0$ 근사의 경우 위상차가 무한히 커져 고전적 궤도(classical path)만이 남게 된다. 이와 같이 모든 가능한 궤도를 통하여 기술하는 양자역학의 기술방법을 경로적분 (path integral)법이라 한다.

본 장에서는 양자역학의 기본개념에 대해 알아보았다. 다음 장들에서는 양자역학이 필요한 고체, 원자, 원자핵, 입자 세계에 대해 다룬다.

연습문제

01 Planck의 흑체복사 분포 함수 식 (28 – 3)을 이용하여 (a) 가장 강한 흑체복사선의 파장이 $\lambda_{max} T = 2898 \mu m \cdot K$가 되고, (b) 흑체 표면적 $1\,m^2$당 1초에 방출되는 에너지가 $P = (2\pi^5 k^4 / 15 h^3 c^2) T^4 = \sigma T^4$이 됨을 보여라. [(a)의 결과를 Wien의 변위 법칙(displacement law)이라 하며, (b)의 결과를 Stefan-Boltzmann의 복사 에너지 밀도 법칙이라 한다.]

02 다음 각 경우 최대 복사 강도의 파장 λ_{max}는 얼마인가? (연습문제 1의 결과를 이용하라.)

(a) 우주 공간 내의 3 K microwave 배경 복사 (background radiation)

(b) 20℃의 사람 피부에서의 복사

(c) 1,800 K의 텅스텐 전구

(d) 5,800 K의 태양 표면

(e) 10^7 K의 원자폭탄 폭발

(f) 10^{38} K의 대폭발(big bang) 직후의 우주

03 전자의 정지질량(511 keV)과 같은 에너지를 갖는 광자의 (a) 주파수, (b) 파장, (c) 운동량은 각각 얼마인가?

04 100 W의 나트륨 전구에서 파장 $\lambda = 589\,nm$의 광자가 모든 방향으로 균일하게 방출된다.

(a) 이 전구에서 단위시간당 방출되는 광자의 수, 즉 방출률(emission rate)은 얼마인가?

(b) 전구로부터 얼마 거리에서의 광자속(photon flux)이 $1\,photon/(cm^2 \cdot s)$가 되는가?

(c) 어느 거리에서 광자의 평균 밀도가 $1\,photon/cm^3$가 되는가?

(d) 전구로부터 2 m 거리에서의 광자속과 광자 밀도는 얼마인가?

05 알루미늄 표면에 파장 200 nm의 빛을 쪼인다고 하자. 알루미늄 원자에서 전자를 분리하기 위한 일함수가 4.2 eV이다. (a) 가장 빠른 광전자와 (b) 가장 느린 광전자의 운동에너지는 각각 얼마인가? (c) 저지전압과 (d) 임계 파장(cutoff wavelength)은 얼마인가?

06 식 (28 – 14)를 증명하라.

07 (a) 전자와 양성자의 Compton 파장 $\lambda_C = h/mc$는 각각 얼마인가?

(b) 이들과 같은 파장을 갖는 광자의 에너지는 각각 얼마인가?

08 광자와 자유 양성자 사이의 Compton 충돌에서 빛의 최대 파장 편이(wavelength shift)는 얼마인가?

09 비상대론적인 운동량과 운동에너지의 관계를 이용하여 전자의 de Broglie 파장이 다음 식과 같이 주어짐을 보여라. (여기서 K는 eV 단위로 나타낸 전자의 운동에너지이고, V는 전자를 운동에너지 K로 가속시키기 위한 V 단위의 전위차이다.)

$$\lambda = \frac{1.226\,\text{nm}}{\sqrt{K}} = \sqrt{\frac{1.5}{V}}$$

10 운동에너지가 $54\,\text{eV}$인 전자와 $15\,\text{keV}$인 전자의 de Broglie 파장은 각각 얼마인가? (전자의 정지질량은 $511\,\text{keV}$이다.)

11 실내 온도($T = 300\,\text{K}$)와 대기압하($1.01 \times 10^5\,\text{Pa}$)에서 He 기체가 풍선 속에 들어 있다. 온도 T에서의 원자의 평균 운동에너지는 $\frac{3}{2}kT$로 주어진다. (a) He 원자의 de Broglie 파장과 (b) 원자 간의 평균 거리는 각각 얼마인가? (c) 이 조건하에서의 분자를 입자로 취급할 수 있는가?

12 현미경의 분해능은 파장에 의해 제한된다. 약 100 pm 직경의 원자의 구조를 보기 위하여 약 10 pm 정도의 분해능이 필요하다고 하자.

(a) 전자현미경을 사용한다면 전자의 에너지는 최소한 얼마 이상이어야 하는가?

(b) 광학현미경을 사용한다면 최소한 얼마의 에너지를 갖는 광자가 필요한가?

(c) 어느 현미경이 보다 더 실현 가능한가?

13 염화칼륨(KCl) 결정체의 표면에 평행인 원자층 평면들의 거리가 0.314 nm이다. 이 결정체의 표면에 380 eV 에너지의 전자를 수직으로 입사시킬 때 강한 회절 전자속을 관측하게 되는 각도 ϕ는 얼마인가?

14 수소원자가 기저상태($n = 1$)에서 정상상태($n = 4$)로 여기되었다(excited).

(a) 이 전환을 위하여 원자가 흡수한 에너지는 얼마인가?

(b) 여기된($n = 4$) 수소원자가 다시 기저상태로 전환되는 과정에서 방출될 수 있는 광자들의 에너지는 얼마인가?

15 (a) 태양을 중심으로 한 지구의 공전운동에 의한 각운동량이 Bohr의 식 (28 – 17)에 따라 양자화되어 있다면 이에 대응되는 양자수 n의 값은 얼마인가?

(b) 지구의 각운동량에 대한 양자화 현상을 관측할 수 있는가?

16 길이가 $100\,\text{pm}$ 되는 1차원의 상자 안에 갇혀 있는 전자와 양성자의 최소 에너지는 각각 얼마인가?

17 질량 $1\,\mu\text{g}$인 먼지가 $0.1\,\text{mm}$ 떨어진 두 벽 사이에 갇혀 있을 때 바닥상태에서의 에너지는 얼마인가? 이 먼지가 100초 걸려 두 벽 사이를 왕복할 때 양자수 n은 얼마인가?

18 전자가 직경이 대략 $1.4\times10^{-14}\,\text{m}$인 원자핵 내에 묶여 있다고 할 때 이 전자의 최소에너지는 얼마인가? 양성자와 중성자가 수 MeV 에너지로 원자핵 내에 묶여 있다고 할 때, 전자는 원자핵 내에 안정하게 묶여 있을 수 있는가?

19 (a) 한 변의 길이가 $20\,\text{cm}$인 1차원의 용기 안에 있는 Ar 원자의 경우 가장 낮은 두 에너지는 얼마인가?

(b) $T=300\,\text{K}$에서의 Ar 원자의 열에너지는 얼마인가?

(c) 얼마의 온도에서 Ar 원자의 열에너지가 (a)에서 계산한 두 에너지의 차와 같아지는가? [Ar 원자의 원자량(atomic mass)은 $39.9\,\text{g/mol}$ 이다.]

20 길이 L인 정육면체의 전도체 내에 있는 전도전자 (conduction electron)는 3차원의 무한우물에 있는 전자로 간주할 수 있다. 이때 전자의 에너지는 식 $(28-30)$을 일반화한

$$E=\frac{h^2}{8mL^2}(n_1^2+n_2^2+n_3^2)$$

으로 주어진다. (여기서 양자수 n_1, n_2, n_3는 각각 $1, 2, 3\cdots$의 값을 갖는다.) $L=0.25\,\mu\text{m}$일 때 전자의 서로 다른 상태 중 가장 에너지가 낮은 네 개의 상태에 대한 양자수의 값과 에너지는 얼마인가?

21 거리 L 만큼 떨어진 두 개의 단단한 벽 사이에 있는 입자의 기저상태에서의 파동함수는 $\psi(x)=A\sin(\pi x/L)$로 주어진다. (a) 식 $(28-28)$로 나타나는 규격화 조건에 의해 $A=\sqrt{2/L}$ 이 됨을 보여라. 전자가 (b) $0\le x\le L/3$, (c) $L/3\le x\le 2L/3$, (d) $2L/3\le x\le L$ 사이에서 발견될 확률은 각각 얼마인가?

22 기저상태의 수소원자 내에서 전자의 지름 확률 밀도가 Bohr 반지름 r_B점에서 최대가 됨을 보여라.

23 기저상태의 수소원자 내에서 반지름 r인 구의 내부에서 전자가 발견될 확률이 다음과 같이 주어짐을 보여라. (여기서 $x=r/r_B$이고, r_B는 Bohr 반지름이다.)

$$p(r)=1-e^{-2x}(1+2x+2x^2)$$

24 기저상태의 수소원자에서 파동함수의 규격화조건 식 (28-43)이 성립함을 보이고, 전자가 구면의 안쪽에서 발견될 확률과 바깥쪽에서 발견될 확률이 같아지는 구의 반지름을 구하라.

25 두께 $10\,\text{fm}$, 높이 $10\,\text{MeV}$ 인 위치에너지 장벽에 양성자와 중수소(양성자와 전하량은 같고 질량은 두 배)가 각각 $3\,\text{MeV}$의 운동에너지로 입사할 때, 이들 각 입자의 투과율은 얼마인가?

26 Planck 상수의 값이 $0.6\,\text{J}\cdot\text{s}$인 우주에서 야구 시합을 한다고 하자. $20\,\text{m/s}$의 속도로 움직이는 $0.5\,\text{kg}$의 야구공의 속도에 대한 불확정도가 $1\,\text{m/s}$이다.

(a) 이 야구공의 위치에 대한 불확정도는 얼마인가? 이 야구공을 받기 힘든 이유는 무엇인가?

(b) Planck 상수가 $6.63\times10^{-34}\,\text{J}\cdot\text{s}$로 주어지는 우리의 우주에서는 이 야구공의 위치에 대한 불확정도가 얼마인가?

27 넓이 $100\,\text{pm}$인 무한우물 안에 갇혀 있는 전자가 양자수 $n=15$인 상태에 있을 때, 이 전자의 (a) 에너지, (b) 위치에 대한 불확정도, (c) 운동량에 대한 불확정도는 각각 얼마인가?

28 질량 $140\,\text{MeV}$인 π 입자가 식 (28-47)의 불확정성에 의해 생성되었다가 소멸된다고 하자.

(a) 이렇게 생성된 π 입자의 평균수명은 얼마인가?

(b) 이 입자가 빛의 속도로 움직인다면 이 시간 동안 간 거리는 얼마인가?

CHAPTER 29

원자세계

29-1 원자의 특성

앞 장에서 원자와 같은 미시세계를 기술하기 위하여 필요한 양자역학이 어떠한 것인지 알아보았다. 물질의 특성을 그대로 가지고 있는 가장 작은 존재를 분자라 하며 분자는 원자들의 결합에 의하여 형성된다. 또한 원자는 보다 작은 존재인 원자핵과 전자의 결합체이며, 원자핵은 쿼크(quark)와 글루온(gluon)으로 구성된 양성자와 중성자의 결합으로 이루어져 있다. 이 장에서는 미시세계로의 초입(初入)인 원자의 특성을 통하여 미시세계에서 새로이 도입되는 물리량과 양자역학의 실제 적용 예에 접해 보도록 하자. 우선 원자들의 여러 특성들을 알아보자.

1. 주기율표

원자들을 그의 화학적 물리적 특성에 따라 분류하면 원소의 주기율표(부록 2 참고)가 형성된다. 이는 원자번호(atomic number)나 전자의 수에 따라 주기적으로 나타나는 화학적·물리적 특성으로 결정된다. 이들 특성 중 하나로 원자에서 하나의 전자를 분리하는데 필요한 에너지, 즉 이온화 에너지(ionization energy)가 있다.

그림 29-1과 같이 원자번호에 따라 이온화 에너지가 증가하다가 갑자기 줄고 다시 증가함이 되풀이된다. 이들 각각의 집단이 주기율표의 횡선을 형성하며, 각 집단 내에서 종선의 순서는 원자가 가지고 있는 전자수의 순서에 의해 결정된다. 이들 각 횡선 집단 내에는

$$2, 8, 8, 18, 18, 32$$

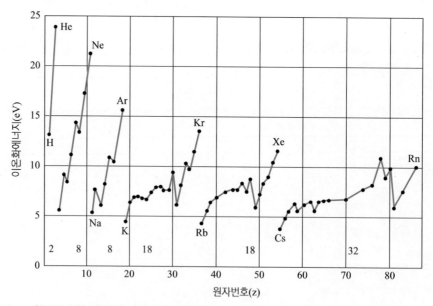

그림 29-1 원소들의 원자번호에 따른 이온화 에너지

개씩의 원소가 속해 있다. 이들 각 집단은 가장 활성적인 알칼리 금속(Li, Na, K 등)으로 시작되어 불활성 기체(Ne, Ar, Kr 등)들로 끝난다. 이와 같은 원자들의 특성이 양자역학적으로 잘 기술된다.

2. 빛의 방출

원소에 따라 특정의 주파수를 갖는 전자기파를 흡수하거나 방출한다(**그림 29-2** 참조). 앞 장에서 수소원자에 대하여 알아본 바와 같이 원자는 특정한 에너지를 갖는 상태로 존재한다. 원자의 상태가 높은 에너지상태에서 낮은 상태로 변할 때 전자기파를 방출하며 빛이 원자에 흡수될 때 원자는 낮은 상태에서 높은 상태로 변화된다. 이때 전자기파의 진동수 ν는 식 (28 − 18)로 주어지는 Einstein의 진동수 조건, 즉

$$h\nu = E_h - E_l \tag{29-1}$$

에 의해 결정된다. 여기서 E_h와 E_l는 각각 원자의 높은 상태와 낮은 상태의 에너지이며 h는 Planck 상수이다. 따라서 원자에서 방출되는 스펙트럼을 알기 위해서는 그 원자의 에너지상태를 알면 된다.

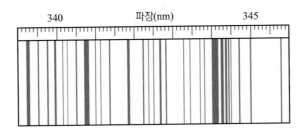

그림 29-2 철에서 방출되는 자외선 부근의 스펙트럼

3. 각운동량과 자성

원자 내의 전자는 고전적으로 볼 때 원자핵의 주위를 특정 궤도에 따라 움직인다. 이렇게 공전하는 전자는 궤도를 따라 흐르는 전류와 같아 자기능률(magnetic moment)을 형성한다. 따라서 원자는 궤도 각운동량(orbital angular momentum)과 궤도 자기능률(orbital magnetic moment)을 갖게 된다. 고전적 입자가 자전함에 따라 입자 자체의 각운동량이 있는 것과 같이 전자도 전자 자체의 고유 각운동량(intrinsic angular momentum)인 spin 각운동량이 있으며, 이에 따라 전자의 spin 자기능률(magnetic moment)도 있다. 전자는 음의 전기를 띠고 있으므로, 자기능률과 각운동량은 반대 방향이다. 궤도 각운동량과 spin 각운동량은 각각 벡터양이며, 전자들이 가지고 있는 이들의 총합이 그 원자 전체의 총 각운동량이 된다. 각 전자들이 갖는 각운동량들이 서로 상쇄되어 네온과 같이 그 원자 전체의 총 각운동

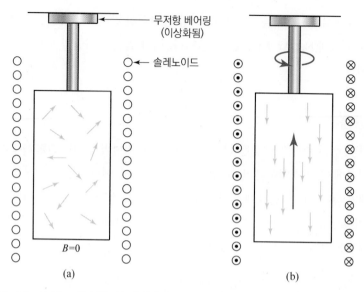

무저항 베어링
(이상화됨)

솔레노이드

$B=0$

(a)

(b)

그림 29-3 Einstein - de Haas의 실험. (a) 자기장이 0일 때 제멋대로 있는 각 원자들의 각운동량의 방향.
(b) 전류에 의한 자기장이 축 방향으로 있을 때 자기장과 반대방향으로 정렬된 원자들의 각운동량.

량과 총 자기능률이 0인 원소들이 있다. 대부분의 원자들은 전자수에 비례하지 않고 0이 아
닌 작은 각운동량과 자기능률값을 갖는다.

철과 같은 강자성체의 내부에 있는 원자의 각운동량이 평소에는 제멋대로 놓여있어 서로
상쇄되어 강자성체가 자기를 띄지 않는다. 1915년 Einstein과 W. J. De Haas는 **그림 29-3**과
같은 장치를 이용하여 자기능률과 각운동량의 연관성을 보여주었다. 솔레노이드에 전류가
흐르지 않을 때는 각 원자의 방향이 제멋대로 되어 있어 철 막대가 자기를 띄지 않고 각운동
량도 0이 되어 있다. 솔레노이드에 전류가 흐르면 이에 따른 자기장 B에 의해 원자들이 정
렬되어 철이 자기를 띄게 되고 각운동량을 갖게 된다. 각운동량 보존법칙에 의해 철 막대 전
체로서는 각운동량이 0이 되어야 하므로 철 막대 자체가 원자들에 의한 각운동량과는 반대
방향으로 원자들의 총 각운동량을 상쇄하도록 돌아가야 된다.

그림 29-3과 같은 장치에서 철 막대가 실제로 돌아가는 것을 볼 수 있으며 자기능률과 각
운동량 사이의 관계를 확인할 수 있다.

29-2 수소원자의 에너지

앞 장에서 본 바와 같이 수소원자는 하나의 전자가 구형 대칭성을 갖는 위치에너지
$U = -(1/4\pi\epsilon_0)e^2/r$에 의해 원자핵이 되는 양성자에 결합되어 있는 존재이다. 양성자는 전
자보다 약 2,000배 무거우므로 전자의 상태가 수소원자의 상태를 결정하게 된다. 전자의 상

태는 전자 물질파에 대한 파동방정식인 Schrödinger 방정식에 의해 결정된다. 전자가 수소원자 안의 작은 공간에 국한되어 있으므로 전자의 파동함수는 진행파가 아닌 정상파를 이루어야 되며, 따라서 에너지가 불연속적인 값으로 양자화되어 있다. 즉,

$$E_n = -\frac{me^4}{8\epsilon_0^2 h^2}\frac{1}{n^2} = -\frac{13.6\,\text{eV}}{n^2} \quad (\text{단},\ n = 1,\ 2,\ 3\cdots) \tag{29-2}$$

이 된다. 여기서 n을 주 양자수(principal quantum number)라 부른다. 이 주 양자수는 수소원자의 상태를 나타내는 데 필요한 양자수들 중의 하나로 수소원자 상태의 에너지를 결정한다.

29-3 수소원자의 각운동량과 공간 양자화

수소원자는 하나의 전자를 갖고 있으므로 그 전자의 각운동량이 수소원자의 각운동량이 된다. 따라서 전자의 운동 궤도에 따라 수소원자의 궤도 각운동량 L이 결정된다. 구형 대칭성의 위치에너지를 갖는 전자에 대한 Schrödinger 방정식의 해는 특정 값의 각운동량만을 허용한다. 이때 각운동량의 크기 L은

$$L = \sqrt{l(l+1)}\,\hbar \quad [\text{단},\ l = 0,\ 1,\ 2\cdots(n-1)] \tag{29-3}$$

로 주어진다. 여기서

$$\hbar = h/2\pi \tag{29-4}$$

로 정의되며, h bar로 읽는다. 정수 l은 궤도 양자수(orbital quantum number)라 부르며, 식 (29-3)과 같이 주 양자수 n에 따라 달라진다. 예로 $n = 1$일 때는 $l = 0$만이 허용되며, $n = 2$일 때는 $l = 0$과 $l = 1$이 허용된다.

　각운동량은 벡터양이므로 그의 방향도 결정되어야 한다. 고립된 수소원자의 경우, 그의 구대칭성에 의해 어느 특정 방향을 설정할 수 없어 각운동량의 방향을 정할 수 없으나, 수소원자가 아주 약하고 균일한 자기장 내에 있다고 하면 원자의 각운동량의 방향을 이 자기장을 기준으로 나타낼 수 있다. 이때 자기장의 방향을 z축으로 정하면 수소원자는 z축을 중심으로 한 회전 대칭성이 있다. 이 회전 대칭성을 갖는 파동함수의 각운동량은 임의의 방향을 갖지 못하고 각운동량의 z축 성분이

$$L_z = m_l \hbar \quad (\text{단},\ m_l = 0,\ \pm 1,\ \pm 2\cdots \pm l) \tag{29-5}$$

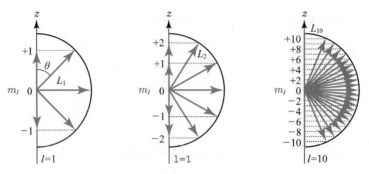

그림 29-4 궤도 양자수 $l = 1, 2, 10$에 대해 허용되는 L_z 값(자기 양자수 m_l로 표시)

로 주어지는 방향만 가질 수 있다. 여기서 정수 m_l을 자기 양자수(magnetic quantum number)라 한다. 주어진 각운동량의 크기, 즉 주어진 궤도 양자수 l에 따른 각운동량의 방향과 자기 양자수 m_l은 **그림 29-4**와 같다. 궤도 양자수(orbital quantum number)가 큰 경우 각운동량은 연속적으로 모든 방향을 가리킬 수 있음을 이 그림에서 볼 수 있다.

이와 같이 각운동량의 방향에 대한 제한조건을 공간 양자화(space quantization)라 부른다. z축에 대한 회전 대칭성은 각운동량이 **그림 29-5**와 같이 z축을 중심축으로 한 세차운동(precession)으로 나타난다. 이는 자전하는 팽이의 회전축이 수직선을 중심축으로 하여 회전하는 세차운동과 같은 형태이며, 하나의 세차운동에서 각운동량의 z축 성분 L_z가 일정하게 유지된다.

회전운동에 대한 Heisenberg의 불확정성 원리는

$$\Delta L_z \cdot \Delta\phi \approx h \qquad (29-6)$$

로 나타난다. 즉, 각운동량의 z축 성분의 불확정성은 z축을 중심으로 한 회전각도 ϕ의 불확정성 $\Delta\phi$와 연관된다. 여기서 우리가 각운동량의 z축 성분을 정확하게 알 때($\Delta L_z = 0$), $\Delta\phi$은 무한히 커진다. 즉, z축에 대한 회전각에 대해서는 전혀 모르게 된다. 이는 z축에 대한 회전 대칭성을 의미한다.

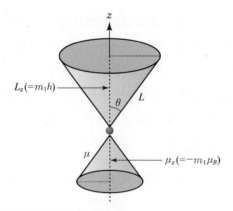

그림 29-5 공간 양자화에 따른 각운동량 L의 세차운동

원자 내에서 회전하는 전자는 전류의 흐름과 같으므로 자기능률이 나타나게 된다. 이때 자기능률은 각운동량에 비례하게 되어 궤도 자기능률의 z축 성분은

$$\mu_{lz} = -m_l \mu_B \tag{29-7}$$

로 불연속적인 특정 값만 갖게 된다. 여기서 Bohr magneton μ_B는

$$\mu_B = eh/4\pi m = e\hbar/2m = 9.274 \times 10^{-24}\,\mathrm{J/T} = 5.788 \times 10^{-5}\,\mathrm{eV/T} \tag{29-8}$$

이다. 식 (29-7)의 음의 부호는 음의 전하를 갖는 전자의 경우, 각운동량과 자기능률이 반대 방향을 향함을 나타낸다.

예제 1. $n=4$일 때 최대 궤도 양자수와 각운동량은 얼마인가? 이때 몇 가지의 L_z 값을 가질 수 있으며 최대 L_z 값은 얼마인가? 또한 궤도 각운동량이 z축과 이루는 최소각도는 얼마인가?

풀이 식 (29-3)에서 $l_{\max} = n-1$이므로 $n=4$일 때 최대 궤도 양자수는 $l_{\max} = 3$이 되며, 이때의 각운동량은

$$L = \sqrt{l(l+1)}\,\hbar = \sqrt{(3)(3+1)}\,\hbar = 2\sqrt{3}\,\hbar$$

가 된다. 주어진 궤도 양자수 $l=3$의 경우 가능한 z축 성분값의 가짓수는

$$(2l+1) = (2 \times 3 + 1) = 7$$

이 되며, 최대 z축 성분 각운동량은

$$L_{z,\max} = l\hbar = 3\hbar$$

가 된다. 각운동량이 z축과 이루는 각도의 최솟값은 각운동량의 z축 성분이 최대, 즉 $L_z = L_{z,\max} = l\hbar$ 일 때이므로

$$\cos\theta_{\min} = \frac{L_{z,\max}}{L} = \frac{l\hbar}{\sqrt{l(l+1)}\,\hbar} = \left(1 + \frac{1}{l}\right)^{-1/2}$$

로 주어진다. 따라서 최소각도는 다음과 같다.

$$\theta_{\min} = \cos^{-1}\left(\frac{L_{z,\max}}{L}\right) = \cos^{-1}\left(\frac{3\hbar}{2\sqrt{3}\,\hbar}\right) = \cos^{-1}(\sqrt{3}/2) = 30°$$

예제 2. 1 g의 질량이 반경 1 cm의 원주상에 분포되어 있는 팽이가 초당 1회전의 회전운동을 할 때 각운동량 L과 이때의 궤도 양자수 l은 얼마인가?

풀이 각운동량은 회전운동의 관성능률(moment of inertia)과 각속도에 의해

$$L = I\omega = mr^2(2\pi\nu)$$
$$= (10^{-3}\,\text{kg})(10^{-2}\,\text{m})^2(2\times\pi\times1\,\text{s}^{-1}) = 6.28\times10^{-7}\,\text{J}\cdot\text{s}$$

가 된다. l이 큰 경우, $L = \sqrt{l(l+1)}\,\hbar \approx l\hbar$ 가 되므로

$$l \approx L/\hbar = (6.28\times10^{-7}\,\text{J}\cdot\text{s})\left(\frac{2\times\pi}{6.63\times10^{-34}\,\text{J}\cdot\text{s}}\right) \approx 5.95\times10^{27}$$

이다. 거시세계의 회전운동에 대한 각운동량은 각운동량의 기본단위인 $\hbar$ 보다 매우 크고, 따라서 궤도 양자수가 굉장히 크다. 각운동량이 z축과 이루는 각도의 최솟값은 각운동량의 z축 성분이 최대, 즉 $L_z = L_{z,\text{max}} = l\hbar$ 일 때이므로

$$\cos\theta_{\text{min}} = \frac{L_{z,\text{max}}}{L} = \frac{l\hbar}{\sqrt{l(l+1)}\,\hbar} = \left(1+\frac{1}{l}\right)^{-1/2}$$

로 주어진다. 따라서 본 예제의 팽이의 경우 최소각도는

$$\theta_{\text{min}} = \cos^{-1}(1+1/l)^{-1/2}$$
$$\approx \cos^{-1}\left(1+\frac{1}{5.95\times10^{27}}\right)^{-1/2} \approx 1.3\times10^{-14}\,\text{rad}$$

가 되어 측정 불가능하게 작은 값이 된다.

29-4 spin 각운동량과 자성

앞의 29-1절에서 본 바와 같이 전자는 전자 자체가 갖는 고유 각운동량, 즉 spin 각운동량을 가지고 있다. 이는 고전 물리에서는 없는 새로운 개념으로 고전적인 개념에서의 자전에 의한 각운동량에 대응되며, 궤도 각운동량의 경우와 마찬가지로 특정 값의 z축 성분만을 갖도록 공간 양자화가 되어 있다. 즉,

$$S_z = m_s\hbar \qquad\qquad (29-9)$$

이며 m_s는 spin 자기 양자수라 한다. 여기서 궤도 각운동량 L과 구별하기 위하여 spin의 경우 S로 표시한다. 전자의 경우 $m_s = \pm\frac{1}{2}$의 두 가지 값만이 가능하다. 이는 spin 양자수가 $s = \frac{1}{2}$ 임을 의미하며, 따라서 spin 각운동량은 다음과 같다.

$$S = \sqrt{s(s+1)}\,\hbar = \sqrt{\frac{1}{2}\left(\frac{1}{2}+1\right)}\,\hbar = \frac{\sqrt{3}}{2}\,\hbar \qquad (29-10)$$

spin 각운동량에 의한 spin 자기능률은 궤도 각운동량의 경우와는 약간 달리

$$\mu_{s,z} = -2m_s\mu_B \qquad (29-11)$$

로 주어진다. 여기서 μ_B는 식 $(29-8)$로 주어지는 Bohr magneton이다. 실험적으로 필요한 식 $(29-11)$의 상수 2의 존재는 상대론적 양자이론(relativistic quantum theory)으로 잘 설명되어진다.

29-5 수소원자의 상태와 파동함수

수소원자의 상태를 기술하기 위하여 그 상태가 갖는 에너지와 각운동량은 물론, spin 각운동량도 필요함을 알았다. 물론 궤도 각운동량이나 spin 각운동량은 벡터양이므로 그의 방향도 지정되어야 한다. 따라서 수소원자의 특정 상태의 완전한 기술을 위하여 주 양자수 n, 궤도 양자수 l, 궤도 자기 양자수 m_l, spin 자기 양자수 m_s의 네 가지 양자수들이 필요하다. 이들 양자수와 그와 관련되는 사항들이 **표 29-1**에 정리되어 있다. 수소원자 기술에 spin 양자수 s가 불필요한 것은 전자의 경우 항상 $s = 1/2$이기 때문이다.

표 29-1 수소원자에 대한 양자수

이름	기호	허용값	관련 물리량 및 관계식	가능한 값의 수
주 양자수	n	1, 2, 3 …	에너지 $E_n = -13.6\text{eV}/n^2$	∞
궤도 양자수	l	0, 1, 2 … $(n-1)$	궤도 각운동량의 크기 $L = \sqrt{l(l+1)}\,\hbar$	n
궤도 자기 양자수	m_l	0, ±1, ±2 … $\pm l$	궤도 각운동량의 방향 $L_z = m_l\hbar$ $\mu_{l,z} = -m_l\mu_B$	$2l+1$
spin 자기 양자수	m_s	$\pm\dfrac{1}{2}$	spin 각운동량의 방향 $S_z = m_s\hbar$ $\mu_{s,z} = -2m_s\mu_B$	2

이상의 네 가지 양자수(n, l, m_l, m_s)가 지정되면 그에 대응되는 수소원자 상태가 완전히 결정된다. 이들 중 spin 자기 양자수 m_s는 전자 자체의 상태(intrinsic state)를 나타내는 양자수이고, 다른 양자수(n, l, m_l)들은 원자 내에서의 전자의 확률 분포와 연관된다.

따라서 공간상에서의 파동함수는 n, l, m_l의 세 양자수에 의해 결정된다. 우선 에너지가 가장 낮은 바닥상태는 $n=1$, $l=0$, $m_l=0$으로 지정되며, 이때의 파동함수와 확률밀도는 식 $(28-41)$에서 본 바와 같이 원자핵으로부터 전자까지의 거리 r만의 함수로 주어지는 구대칭성을 갖는다.

구대칭의 경우, 중심을 지나는 어떤 축을 중심으로 회전하던지 그의 상태가 변하지 않으며, 이는 회전이 없음을 의미하는 각운동량이 0인 것과 잘 일치한다. 바닥상태에서의 전자의 지름 확률 밀도는

$$P(r) = 4\pi r^2 \mid \psi(r) \mid^2 = \left(\frac{4}{r_B}\right)\left(\frac{r}{r_B}\right)^2 e^{-2r/r_B} \tag{29-12}$$

로 주어지며 **그림 29-6**과 같다.

다음으로 낮은 에너지의 상태는 $n=2$인 경우가 된다. 이때 궤도 양자수 l은 $l=0$과 $l=1$의 두 가지 경우가 가능하다. $l=0$인 경우에는 역시 구대칭성을 갖게 되어 파동함수는 r만의 함수가 되며 $n=2$에 의하여 지름 확률 밀도는

$$P(r) = \left(\frac{1}{8r_B}\right)\left(\frac{r}{r_B}\right)^2\left(2 - \frac{r}{r_B}\right)^2 e^{-r/r_B} \tag{29-13}$$

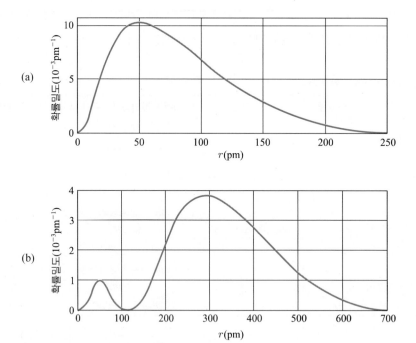

그림 29-6 수소원자에서의 전자의 지름 확률 밀도. (a) $n=1$, (b) $n=2$, $l=0$인 여기상태

가 되며 **그림 29-6**과 같다. 이는 원점($r = 0$)과 무한히 먼 거리 외에도 $r = 2r_B$에서 전자가 발견될 확률이 없음($P(r) = 0$)을 잘 보여준다.

$n = 2$이고 $l = 1$일 때는 각운동량이 0이 아니며 구대칭성을 갖지 못한다. 따라서 이때는 반경 거리 r 외에도 z축과 반경이 이루는 각도 θ에 따라서도 전자의 확률 밀도가 달라지게 된다. 이때, 즉 궤도 양자수가 $l = 1$일 때, 궤도 자기 양자수 m_l은 +1, 0, −1의 세 가지 값이 가능하다. 이들 세 경우 모두 확률밀도는 z축을 중심으로 한 회전에 대해 대칭성을 갖는다. 이중 $m_l = 0$인 경우에는 그의 파동함수도 z축에 대한 대칭성이 있다.

전자가 전기적 인력으로 원점에 있는 양성자에 묶여 있는 수소원자의 상태는 주 양자수 n, 궤도 양자수 l, 궤도 자기 양자수 m_l, spin 자기 양자수 m_s로 완전히 기술되어진다. 이들 양자수가 가질 수 있는 값은 **표 29-1**에 보인 바와 같으며 무한히 많은 구속 상태(bound state)가 존재한다.

29-6 다중 전자 원자와 주기율표

수소원자는 무거운 양성자가 원점에 고정되어 있고 가벼운 전자가 전기적 인력으로 양성자에 묶여 있는 것으로 볼 수 있다. 이는 또한 원점에 무엇이 있느냐에는 관계없이 주어진 위치에너지에 의해 전자가 공간상 원점에 묶여 있는 것으로 간주할 수도 있다. 따라서 다음과 같은 관점이 적용되어진다.

표 29-1에 나열한 수소원자의 상태를 기술하는 네 가지 양자수들은 원자 내의 전자 자체의 상태를 기술하는 양자수이다. 이들 양자수는 여러 개의 전자를 갖는 원자 내에 있는 전자들 각각의 상태 기술에도 이용될 수 있다.

다전자원자 내에 있는 전자의 상태를 기술하는 양자수들은 수소원자의 경우와 같아지나 그 상태의 에너지와 파동함수는 수소원자의 경우와는 달라진다. 수소원자는 하나의 전자가 하나의 양성자에 의한 전기적 인력을 받으나, 다른 원소의 경우에는 여러 개의 전자가 있으며 원자핵도 여러 개의 양성자로 구성되어 있다. 따라서 원자번호가 Z인 원소의 경우 원자핵에 의해 하나의 전자에 작용되어지는 위치에너지는 수소원자에서의 Z배가 되어 전자의 에너지는

$$E_n = -\frac{me^4}{8\epsilon_0^2 h^2} \frac{Z^2}{n^2} \qquad (29-14)$$

로 Z^2에 비례하여 커진다. 식 $(29-14)$는 전기량이 Ze인 원자핵에 단지 하나만의 전자가 구속되어 있을 경우 그 전자의 에너지가 된다. 실제로 원자번호 Z의 중성인 원자 내에는 Z개

의 전자가 같은 원자핵에 구속되어 있다. 따라서 개개의 전자는 원자핵에 의한 전기적 인력 외에도 다른 전자들에 의한 척력을 받게 된다. 이와 같은 다른 전자에 의한 영향은 에너지의 값을 변화시킬 뿐만 아니라, 식 (29-14)와는 달리 에너지가 그 전자의 주 양자수 n과 궤도 양자수 l 모두에 따라 변하게 한다.

1. Pauli의 배타율

여러 개의 전자로 이루어진 원자의 경우 같은 원자 내의 개개의 전자가 가질 수 있는 양자수 는 서로 독립적이 아니다. 이에 대한 조건은

"하나의 특정 양자 상태에는 단지 하나의 전자만이 있을 수 있다."

이를 Pauli의 배타율(exclusion principle)이라 하며, 두 개 이상의 전자가 n, l, m_l, m_s 네 가지 양자수 모두 같은 값을 가질 수는 없음을 의미한다. 전자에 이와 같은 배타율이 적용되어 원소들의 특성에 따른 분류로 형성되는 주기율표의 존재가 가능하게 된 것이다.

2. 궤도함수

다중 전자 원자의 경우 전자가 갖는 에너지는 주 양자수 n과 궤도 양자수 l에 의해 결정된다. 따라서 n과 l이 같으면 자기 양자수 m_l과 m_s의 값에는 관계없이 같은 에너지를 갖는다. 이와 같이 같은 에너지를 갖는 주어진 n과 l 값의 전자상태들의 모임을 궤도함수(orbitals)라 한다.

표 29-1에서 볼 수 있는 바와 같이 주어진 값의 n과 l에 대하여 $(2l+1)$가지의 m_l 값이 가능하며 또한 이들 각각에 대하여 두 가지의 m_s 값이 가능하다. 따라서 하나의 궤도함수에는 $2(2l+1)$가지의 다른 전자상태가 속하게 된다. $l=0$인 궤도함수에는 단지 두 가지의 전자상태가 소속되며, $l=1$인 궤도함수에는 여섯 개의 전자상태가 속한다.

각 궤도함수에 속하는 상태의 수는 궤도 양자수 l만에 의해 결정되며, 궤도함수의 에너지는 주 양자수 n과 궤도 양자수 l에 의해 결정된다. 각 궤도함수에 속하는 상태수(number of states)는 **표 29-2**와 같다.

표 29-2 궤도함수의 양자수와 상태수

주 양자수 n	궤도 양자수 l	궤도 자기 양자수 m_l	spin 자기 양자수 m_s	상태수 $2(2l+1)$
1	0	0	$\pm\dfrac{1}{2}$	2
2	0	0	$\pm\dfrac{1}{2}$	2
	1	0, ±1	$\pm\dfrac{1}{2}$	6

(계속)

주 양자수 n	궤도 양자수 l	궤도 자기 양자수 m_l	spin 자기 양자수 m_s	상태수 $2(2l+1)$
	0	0	$\pm\frac{1}{2}$	2
3	1	$0, \pm1$	$\pm\frac{1}{2}$	6
	2	$0, \pm1, \pm2$	$\pm\frac{1}{2}$	10
	0	0	$\pm\frac{1}{2}$	2
	1	$0, \pm1$	$\pm\frac{1}{2}$	6
4	2	$0, \pm1, \pm2$	$\pm\frac{1}{2}$	10
	3	$0, \pm1, \pm2, \pm3$	$\pm\frac{1}{2}$	14

3. 원자의 바닥상태

원자번호 Z인 중성의 원자는 Z개의 전자를 가지고 있다. 원자가 가장 안정된 바닥상태에 있기 위해서는 전자들이 에너지가 낮은 상태에 있어야 한다. 반면에 Pauli의 배타율에 의하여 모든 전자가 다 같이 에너지가 가장 낮은 $n=0$인 상태에 있을 수는 없다. 따라서 **표 29-2**에 주어진 바와 같은 각 궤도함수의 상태수만큼의 전자들이 가장 낮은 에너지의 궤도함수부터 순서대로 채워질 때 그 원자의 에너지가 가장 낮게 된다. 전자수는 똑같으나 전자들이 보다 높은 에너지의 궤도함수에 속하는 상태에 있게 되면 그 원자는 높은 에너지로 여기된 (excited) 상태가 된다.

4. Ne 원자

원자번호 10인 중성의 Ne 원자는 10개의 전자를 가지고 있다. Ne 원자가 가장 안정된 바닥 상태에 있기 위해서는 전자들이 에너지가 가장 낮은 상태에 있어야 한다. **표 29-2**에서 볼 수 있는 바와 같이 가장 에너지가 낮은 $n=1$, $l=0$인 궤도함수에 두 개의 전자가 속하고 다른 전자들은 $n=2$인 궤도함수에 속하게 된다. 이 중 두 개의 전자는 $n=2$, $l=0$인 궤도함수에 속하게 되고 나머지 여섯 개의 전자는 $n=2$, $l=1$인 궤도함수에 소속된다. Ne 원자의 경우 에너지가 낮은 세 개의 궤도함수를 10개의 전자가 완전히 채우게 된다.

이와 같이 꽉 찬 궤도함수의 경우 모든 가능한 궤도 자기 양자수 m_l과 spin 자기 양자수 m_s의 값을 가진 전자들이 존재하게 되어 각 전자들의 자기 양자수들이 서로 상쇄된다. 따라서 Ne과 같이 꽉 찬 원자의 경우, 전자들이 단단히 구속되어 있으며 원자 전체의 총 자기 양자수 m_l과 m_s가 0이 되고 구대칭이 된다. 또한 원자 전체의 궤도 양자수 l이 0이 되며 총 각운동량과 총 자기능률이 0이 된다. 이와 같이 모든 궤도함수가 꽉 찬 원자들이 불활성 원소이며, He, Ne, Ar, Kr 등이 이에 소속된다. Ne 원자에서 하나의 전자를 분리하는데 22 eV 의 큰 에너지가 필요하다.

5. Na 원자

원자번호 11인 Na 원자의 경우에는 11개의 전자가 있다. 이 경우 10개의 전자는 Ne 원자의 경우와 마찬가지로 $n = 1$과 $n = 2$의 세 궤도함수의 가능한 모든 상태를 꽉 채우게 되고 하나의 전자가 남게 된다. 10개의 전자는 Ne의 경우와 같이 총 궤도 양자수가 0이 되어 구대칭을 이룬다. 따라서 +11e의 전하를 갖는 원자핵과 $-10e$의 전하를 갖는 $n = 1$과 $n = 2$의 세 궤도함수 내의 10개 전자가 전체로서 나머지 하나의 전자에 대하여 +1e의 원자핵과 같은 역할을 하게 된다. 즉, Na 원자는 11개의 양성자와 11개의 중성자 외에 10개의 전자가 함께 이루는 총 전하량 +1e의 원자핵을 갖는 수소원자로 근사할 수 있다. 수소원자의 경우와 마찬가지로 Na 원자 전체의 상태는 마지막 전자의 상태에 의해 결정된다. 이러한 전자를 원자가 전자 (valence electron)라 한다. Pauli의 배타율에 의하여 이 원자가 전자는 다른 10개의 전자와는 다른 $n = 3$, $l = 0$인 궤도함수에 속하게 된다. Na 원자 전체의 각운동량과 자기능률은 $n = 3$, $l = 0$의 상태에 있는 원자가 전자의 고유 spin에 의해 결정되어진다.

원자가 전자의 존재가 Na 원자를 화학적으로 활성적이도록 한다. 불활성 원소인 Ne의 경우와는 달리, 5 eV의 에너지만 있으면 Na 원자의 원자가 전자를 분리할 수 있다. 이와 같이 꽉 찬 원자보다 하나의 전자(원자가 전자)가 더 있는 원자들이 매우 활성적인 제1족 원소이며, H, Na, K, Rb 등이 이에 속한다.

6. 주기율표

원자핵이 전자와 결합되어 원자가 된다. 안정된 기저상태의 원자 내에서 전자들은 에너지가 낮은 상태로부터 차곡차곡 채우게 된다. 앞에서 본 바와 같이 전자의 에너지는 주 양자수만이 아니라 궤도 양자수에 따라서도 달라지게 된다. 표 29-2와 같이 $n = 1$인 궤도함수의 두 개의 전자상태가 수소원자와 He 원자로 이루어지는 1주기 원소들을 이룬다. 제2주기는 $n = 2$인 두 개의 궤도함수 $l = 0$과 $l = 1$의 2 + 6의 8개의 전자상태로 이루어진다. 제3주기는 $n = 3$인 세 개의 궤도함수 중 $l = 0$과 $l = 1$의 8개의 전자 상태에 의해 결정된다.

$(n, l) = (3, 2)$로 주어지는 궤도함수는 큰 각운동량값($l = 2$)에 의하여 $(n, l) = (4, 0)$인 궤도함수보다 높은 에너지를 갖는다. 이와 같이 양자수가 높아짐에 따라 에너지가 양자수의 순서와는 다른 순서를 갖는다. 이와 같은 에너지 순서를 고려함으로써 제4주기는 $(n, l) = $

$(4, 0)$과 $(n, l) = (4, 1)$인 상태와 $(n, l) = (3, 2)$인 상태의 세 궤도함수로 이루어지며, $2+6$ $+10$의 18개의 전자상태가 소속된다. 제5주기는 $(n, l) = (5, 0)$, $(5, 1)$, $(4, 2)$의 $2+6+10$ $=18$개의 전자상태가 소속되고, 제6주기에는 $(n, l) = (6, 0)$, $(6, 1)$, $(5, 2)$, $(4, 3)$의 $2+6$ $+10+14=32$개의 전자상태가 소속된다. 이는 각 주기별로 2, 8, 8, 18, 18, 32의 원소가 소속되는 주기율표를 잘 기술한다.

29-7 공간 양자화와 Stern - Gerlach 실험

29-3절에서 본 바와 같이 방향성을 갖는 각운동량과 자기능률이 불연속적으로 특정한 방향만을 갖는다. 이와 같은 공간 양자화에 의해 이들의 z축 성분이 불연속적인 값으로 양자화되어 있다.

1922년 Otto Stern과 Walter Gerlach은 **그림 29-7**과 같은 장치로 공간 양자화 현상을 확인하였다. 오븐에서 전기가열로 증발되어 시준기에 의해 가늘게 모아진 은(Ag) 원자가 자기장을 통과하여 유리 측정판에서 관측되어진다. 은 원자는 전기적으로는 중성이나, 원자가 전자의 spin에 의해 0이 아닌 자기능률을 갖는다.

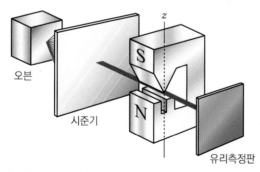

그림 29-7 Stern - Gerlach(스턴-겔락) 실험 장치

1. 비균질 자장 내에서의 자기 쌍극자

실험 자체를 보기 전에 비균질의 자기장(nonuniform magnetic field) 내에서 자기 쌍극자(magnetic dipole)가 어떻게 움직이는지 먼저 알아보자. **그림 29-8(a)**와 같이 균일한 자기장 내에 있는 자기 쌍극자는 쌍극자의 N극과 S극이 크기는 같고 반대방향으로 힘을 받게 된다. 따라서 자기 쌍극자가 자기장 내에서 받는 총 힘은 그의 방향에 관계없이 항상 0이 되어 회전운동만 가능하게 된다.

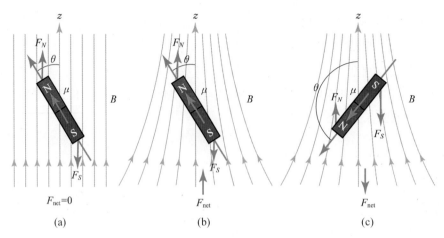

그림 29-8 자기장 내에서의 자기 쌍극자의 운동. (a) 균일한 자기장에서의 자기 쌍극자 (b) 및 (c) 비균질 자기장에서의 자기 쌍극자의 방향에 따른 영향 비교.

반면에 비균질의 자기장 내에서는 N극과 S극이 서로 다른 힘을 받게 되어 쌍극자의 총 힘이 0이 아닌 값을 갖는다. 따라서 **그림 29-8(b)** 및 **그림 29-8(c)**와 같이 쌍극자의 방향에 따라 자기장으로부터 받는 총 힘이 달라져 쌍극자의 운동 방향이 달라진다. 자기 쌍극자의 방향과 자기장의 방향 사이의 각도를 θ라 할 때 자기장 B 내에 있는 자기능률 μ의 쌍극자가 갖는 위치에너지는

$$U = -\boldsymbol{\mu} \cdot \boldsymbol{B} = -\mu B \cos\theta \tag{29-15}$$

로 주어지며, 비균질의 자기장 내에서 받는 힘의 z축 성분은

$$F_z = -(dU/dz) = \mu(dB/dz)\cos\theta = \mu_z(dB/dz) \tag{29-16}$$

가 된다. 따라서 자기장이 z축의 위치에 따라 변할 때 힘을 받으며, **그림 29-8**의 경우 $\theta < 90°$일 때 자기 이중극자는 위쪽으로 힘을 받고 $\theta > 90°$일 때 아래 방향으로 움직이게 된다. 즉, 주어진 자기 쌍극자 μ가 주어진 자기장 B 내에서 받는 힘이 자기 쌍극자의 방향에 따라 달라진다. 자기 쌍극자가 특정 방향만을 향할 수 있는 경우에는 쌍극자가 받는 힘도 특정 값만 갖게 된다.

예제 3. Stern-Gerlach 실험에서 기울기 dB/dz가 1.4 T/mm인 자기장이 $w = 3.5$ cm 폭에 걸쳐 작용된다. 은 원자의 속도는 $v = 750$ m/s이고, 은 원자의 질량은 $M = 1.8 \times 10^{-25}$ kg이다. 자석의 끝에서 1 m 떨어진 곳에 측정판이 있다. 원자의 자기능률이 $\mu_z = \pm\mu_B = \pm 9.27 \times 10^{-24}$ J/T일 때 측정판에서 이들 두 자기능률 값의 은 원자 사이의 떨어진 거리 d는 얼마인가?

풀이 은 원자의 가속은 식 (29-16)에 의해 z축 방향으로

$$a = \frac{F_z}{M} = \frac{(\mu\cos\theta)(dB/dz)}{M} = \frac{\mu_z(dB/dz)}{M}$$

의 크기로 주어진다. 이 힘에 의하여 원자가 자기장을 통과하는 동안 z축 방향으로 움직인 거리 $d_1/2$는

$$\frac{1}{2}d_1 = \frac{1}{2}at^2 = \frac{1}{2}\frac{\mu_z(dB/dz)}{M}\left(\frac{w}{v}\right)^2$$

이 된다. 따라서

$$d_1 = \frac{\mu_z(dB/dz)w^2}{Mv^2} = \frac{(9.27\times10^{-24}\,\text{J/T})(1.4\times10^3\,\text{T/m})(3.5\times10^{-2}\,\text{m})^2}{(1.8\times10^{-25}\,\text{kg})(750\,\text{m/s})^2}$$

$$\simeq 1.57018\times10^{-4}\,\text{m} = 0.16\,\text{mm}$$

로 작은 값이 된다. 이 동안 은 원자가 수직방향으로 얻은 속도의 크기는

$$v_1 = at = \frac{\mu_z(dB/dz)}{M}\left(\frac{w}{v}\right)$$

$$= \frac{(9.27\times10^{-24}\,\text{J/T})(1.4\times10^3\,\text{T/m})(3.5\times10^{-2}\,\text{m})}{(1.8\times10^{-25}\,\text{kg})(750\,\text{m/s})} \simeq 3.36467\,\text{m/s}$$

가 된다. 따라서 측정판에서 자기능률이 반대방향인 두 원자 사이의 거리는

$$d = 2L\frac{v_1}{v} = 2\times(1\,\text{m})\frac{(3.4\,\text{m/s})}{(750\,\text{m/s})} \simeq 9.06667\times10^{-3}\,\text{m} = 9\,\text{mm}$$

로 쉽게 측정할 수 있는 거리이다.

2. 실험 결과

그림 29-7과 같이 가열로 발생된 많은 은 원자들이 비균질의 자기장을 통과할 때 받는 힘에 따라 각각의 은 원자는 z축 방향으로 휘어지게 된다. 이때 z축 방향으로 움직인 거리 d는 예제 3에서 본 바와 같이 결정되며, 은 원자의 자기능률의 방향에 따라 달라진다. 자기능률이

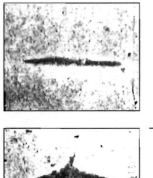

그림 29-9 은 원자에 대한 Stern - Gerlach 실험 결과. (a) 자기장이 없을 때. (b) 자기장이 있을 때

임의의 방향을 가질 수 있다면 각 은 원자들이 갖는 μ_z 값은 연속적인 임의의 값이 되어 많은 은 원자로 실험할 때, 은 원자는 측정판의 연속적인 모든 점에서 관측되어질 것이다.

그러나 은 원자의 자기능률이 특정한 방향만 가리킬 때에는 특정 값의 μ_z만 허용되어 측정판에서는 그 방향에 맞는 위치에서만 은 원자가 측정될 것이다.

비균질의 자기장 내에서의 실제 실험에서 은 원자들이 **그림 29-9**와 같이 두 위치로 분리됨이 나타났다. 이는 은 원자의 총 자기능률의 방향이 두 방향만을 향할 수 있도록 공간 양자화가 되어 있음을 의미하며, 식 (29-5), (29-7), (29-9), (29-11)에 의해 은 원자의 총 각운동량이 두 방향만 향할 수 있음을 의미한다. 총 각운동량이 두 가지 방향만 향할 수 있는 것은 총 각운동량이 spin $s = 1/2$로 주어져 그의 크기가 $\sqrt{3/4}\,\hbar$ 이고 그의 z-축 성분이 $\pm(1/2)\hbar$ 임을 의미한다.

29-8 spin과 핵자기공명

은 원자에 대한 Stern-Gerlach 실험은 궤도 각운동량으로는 설명되지 않는 각운동량 $(1/2)\hbar$의 존재를 드러낸다. 이를 위하여 1925년 George Uhlenbeck과 Samuel Goudsmit에 의해 전자의 spin이라는 개념이 처음 도입되었다. 전자와 마찬가지로 양성자도 고유의 spin 양자수가 1/2이 되어 spin 각운동량의 z축 성분이 $\pm(1/2)\hbar$ 로 주어진다. 따라서 양성자의 spin 자기능률도 z축 방향의 자기장 B에 대해 두 가지의 방향으로 양자화($\pm\mu$)되어 있다. 식 (29-15)에 의해, 이들 두 상태 간의 에너지 차는 $2\mu B$로 주어진다. spin에 의한 양성자의 자기 쌍극자의 방향이 자기장과 같을 때가 낮은 에너지상태이며, 이 상태에서 $2\mu B$만큼의 에너지가 증가되면 쌍극자의 방향이 자기장과 반대 방향으로 변하게 된다. 한편 높은 에너지상태에 있는 양성자는 $2\mu B$의 에너지를 방출하고 에너지가 낮은 상태로 전환할 수 있다. 이와 같이 spin의 방향이 바뀌는 것을 spin 반전(flip)이라 한다.

z축 방향의 자기장 B_{ext} 내에 있는 물방울에 진동수 ν의 전자기파를 입사시킨다고 하자. 이때 물 분자 내에 있는 수소 원자핵인 양성자의 자기 쌍극자의 방향이 변하기 위해서, 즉 양성자의 spin 반전이 일어나기 위해서

$$h\nu = 2\mu B = 2\mu(B_{local} + B_{ext}) \tag{29-17}$$

의 조건이 필요하다. 여기서 B_{ext}은 외부에서 걸어준 자기장이고, B_{local}은 물 분자 내의 다른 원자핵들(산소 및 수소)과 전자들에 의해 spin 반전이 되는 양성자에 작용되는 z축 방향의 자기장이며, B는 총 자기장 $B = B_{local} + B_{ext}$이다. 이 조건이 성립되어질 때 낮은 상태의 양성자는 전자기파 에너지 $h\nu$를 흡수하여 높은 에너지상태로 spin 반전이 일어나고 높은 상태에

있는 양성자는 에너지 $h\nu$의 전자기파를 방출하고 낮은 에너지상태로 spin 반전이 일어난다.

이와 같이 식 (29 − 17)을 만족시킬 때 일어나는 전자기파의 흡수·방출 현상을 자기공명 (magnetic resonance)이라 한다.

식 (29 − 17)이 $\boldsymbol{B}_{ext}$만이 아니라 $\boldsymbol{B}_{local}$의 값에 따라 달라진다는 사실을 이용하여 임의의 시료의 분자구성을 알 수 있다. 이를 위하여 전자기파의 진동수 ν는 고정시키고 B_{ext}을 변화시킨다. 전자기파가 시료에 잘 흡수될 때의 B_{ext} 값을 측정함으로써 spin 반전이 일어난 양성자 부근에 발생되는 B_{local}을 식 (29 − 17)에 의해 알 수 있게 된다.

B_{local}은 spin 반전이 되는 양성자의 부근에 있는 다른 원자핵과 전자에 의해 결정되므로, B_{local}의 값이 시료의 분자구조와 직접 연관된다. Ethanol($CH_3 − CH_2 − OH$)에 대한 핵자기공명(nuclear magnetic resonance : NMR) 스펙트럼은 **그림 29-10**과 같다. OH에 있는 수소 원자핵인 양성자와 CH_2에 있는 양성자와 CH_3에 있는 양성자는 모두 다른 크기의 B_{local}값을 갖는다. 흡수 스펙트럼의 극대치의 위치는 양성자가 속한 분자에 따라 달라진다. 따라서 핵자기공명의 스펙트럼을 조사함으로써 시료의 분자구조를 알 수 있다.

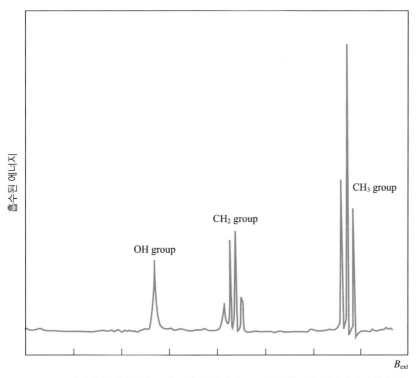

그림 29-10　Ethanol에서의 핵자기공명 스펙트럼. 양성자의 spin 반전에 의한 전자기파의 흡수선

29-9 X선

원소의 주기율표 구성의 기본 요소가 되는 원자의 화학적 성질은 원자의 가장 바깥의 궤도함수에 속하며, 원자핵에 약하게 결합되어 있는 원자가 전자에 의해 결정된다. 원자가 전자의 결합에너지는 Na의 경우 약 5 eV인 것과 같이 작으며 원자 내부 깊숙이 있는 전자는 텅스텐의 경우 약 70 keV인 것과 같이 만 배 이상으로 강하게 결합되어 있다. 이들 결합 에너지는 약 600 nm의 가시광선 영역만이 아니라 훨씬 짧은 파장인 약 20 pm의 전자기파까지의 넓은 영역에 대응된다. 빠른 전자가 고체 상태의 과녁(target)에 의해 정지되어질 때 전자의 운동에너지는 이와 같이 20 pm 정도의 짧은 파장까지의 전자기파로 방출된다. 이러한 전자기파의 스펙트럼은 과녁 내의 원자의 종류에 따라 달라지며 이를 X선이라 한다. 35 keV의 전자를 Molybdenum(Mo) 과녁에 입사시킬 때의 X선 스펙트럼은 **그림 29-11**과 같다. 넓은 파장영역에 걸친 연속적인 스펙트럼과 불연속적인 좁은 범위의 파장으로 강하게 나타나는 스펙트럼의 두 가지 특성을 보인다. 이들 각각의 전자기파 방출에 대하여 알아보자.

1. X선의 연속 스펙트럼

전위차 V로 가속되어진 전자는 eV의 운동에너지를 갖는다. 이 전자가 고체 상태의 과녁 내에서 에너지를 잃고 마지막에는 그 고체 내에서 정지하게 된다. 따라서 고체 내에서의 이 전자의 운동에너지는 0에서 eV까지의 어떤 값도 가능하게 된다.

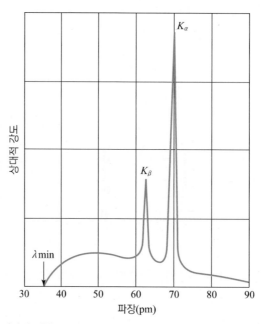

그림 29-11　35 keV의 전자에 의한 molybdenum에서의 X선 스펙트럼

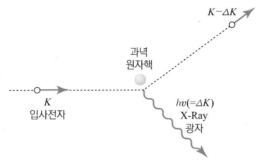

$K-\Delta K$

과녁
원자핵

K
입사전자

$h\upsilon(=\Delta K)$
X-Ray
광자

그림 29-12　전자가 과녁 원자 내의 원자핵 부근을 지날 때의 제동복사 현상

이와 같이 운동에너지가 K인 전자가 고체 내의 원자 가까이 지나간다고 하자. 이때 전자는 원자의 전하에 의해 감속되어지며 전자기파를 방출하게 된다(**그림 29-12** 참조). 이와 같이 전기를 띈 입자가 감속되며 과녁원자의 종류와 무관하게 방출하는 전자기파를 제동복사 (braking radiation)라고 한다.

전위차 V에 의해 가속되어 운동에너지가 eV인 전자의 제동복사에 의한 전자기파가 **그림 29-11**의 X선 연속 스펙트럼을 이룬다. 제동복사에 의한 X선의 가장 높은 에너지는 eV가 되어 최소파장(cutoff wavelength)은

$$\lambda_{\min} = \frac{hc}{eV} \qquad\qquad (29-18)$$

로 주어진다. 최소 파장은 과녁이 되는 물질의 원자 종류와는 무관하고 단지 입사된 전자의 운동에너지에 따라 달라진다.

2. X선의 특성 스펙트럼

X선의 연속적인 스펙트럼은 과녁 원자에 무관하게 입사 전자의 에너지에만 관계된다. 반면에 불연속적으로 강하게 나타나는 X선의 스펙트럼은 과녁의 원자 종류에 따라 달라지며 그 원자의 특성 스펙트럼이라 한다. 특성 X선은 과녁이 되는 원자의 특성에 의해 결정된다.

식 (29-2)와 같이 수소원자의 양자 상태(quantum state)의 에너지는 주 양자수 n에 따라 달라진다. **그림 29-13**과 같이 전자의 각 양자 상태를 에너지에 따라 순서대로 그리는 것을 에너지 준위도(level diagram)라 한다.

역사적인 이유로 $n=1$인 에너지 준위를 K 각(K shell)이라 부르며, $n=2, 3, 4\cdots$를 L, M, N $\cdots$ 각(shell)이라 부른다. 이들 각 에너지 준위에는 **표 29-1**과 같이 여러 양자 상태가 속해 있다. 원자번호가 Z인 원자의 경우에는 각 에너지 준위의 에너지는 식 (29-14)와 같이 Z^2에 비례한다. 물론 29-6절에서 본 바와 같이 다중 전자 원자의 경우에는 궤도 양자수 l에 따라서도 전자상태의 에너지가 변하나 여기서는 무시하자.

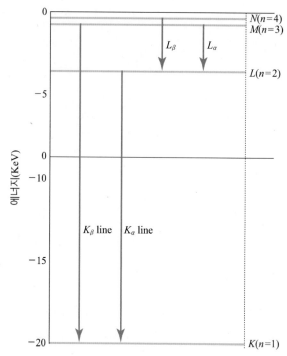

그림 29-13 Molybdenum 원자의 에너지 준위도와 특성 X선과의 관계

특성 X선은 다음과 같이 여러 단계의 변환에 의해 발생한다.

① 빠른 입사 전자가 원자 깊숙이 결합되어 있는 전자를 때려 이온화 시킨다. 원자에서 분리된 전자가 있던 준위가 비게 되며 이와 같이 텅 빈 준위를 구멍이라 한다.

② 구멍보다 높은 에너지상태의 전자가 전자기파를 방출하고 에너지가 낮은 구멍 상태를 메꾸게 된다. 전자가 K 각 상태로 전이될 때 방출되는 전자기파를 K선이라 하며, L 각에서 K 각으로 전이될 때 K_α선, M 각에서 K 각으로 전이될 때 K_β선이라 한다.

③ 전자의 전이로 새로운 구멍이 생기며 이 구멍을 채우기 위하여 다른 X선이 방출된다.

이와 같은 과정을 통하여 X선의 특성 스펙트럼이 형성된다. 에너지 준위가 원자의 Z^2에 의존하여 특성 X선 스펙트럼이 원자에 따라 달라진다.

3. Moseley의 X선 분석

Moseley는 여러 가지 원소에서의 특성 X선을 체계적으로 분석함으로써 1913년 당시까지의 원소 주기율표에 대한 여러 문제점들을 해결하였다. 예로서 각 원소의 K_α선의 주파수의 제곱근을 주기율표에서의 그 원소의 위치 순서에 따라 그릴 때 **그림 29-14**와 같이 직선으로 나타난다. 이로부터 원소의 주기율표 내에서의 위치는 원자량(atomic weight)이 아니라 원자핵의 전하량인 원자번호에 의해 결정됨을 알게 되었다. 또한 화학적으로 비슷한 특성을

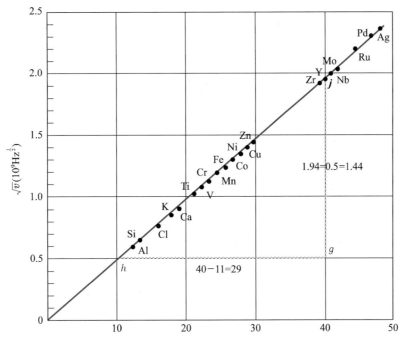

그림 29-14 특성 X선의 K_α선 진동수의 원소에 따른 변화

갖는 희귀 원소들 간의 구분도 쉽게 할 수 있게 되었다.

원자핵의 전하량에 의해 각 에너지 준위의 에너지 값이 결정되며, 이에 의해 특성 X선의 방출 진동수가 결정된다. Bohr의 원자 이론에 의하면 전하량 Z인 원자핵 주위에 있는 전자의 에너지는 식 (29−14)와 같이 주어진다. 이와 같이 원자핵 주위에 하나만의 전자가 결합되어진 경우를 수소형 원자(hydrogen like atom)라 하며, 전자의 상태가 주 양자수 n_2인 에너지 준위에서 n_1 준위로 전이가 이루어질 때 방출되는 전자기파의 진동수는

$$\nu = \frac{me^2(Ze)^2}{8\epsilon_0^2 h^3}\left(\frac{1}{n_1^2} - \frac{1}{n_2^2}\right)$$

로 주어진다. 수소원자 외에는 두 개 이상의 전자를 가지고 있어 원자 내의 전자는 원자핵에 의한 전기력 외에도 원자 내의 다른 전자에 의한 전기적 반발력을 받게 된다.

K 각의 전자는 원자핵의 양전하 Ze와 K 각 내의 다른 전자의 음의 전하 −e에 의한 전기력을 받는다. 이는 $Z-1$의 양전하를 갖는 수소형 원자에서의 전자와 같아진다. 따라서 K_α선, 즉 $n_1 = 1$, $n_2 = 2$일 때

$$\sqrt{\nu} = a(Z-1) \tag{29-19}$$

의 관계가 되어 **그림 29-14**와 같이 직선으로 나타난다. 여기서

$$a = \sqrt{\frac{3me^4}{32\epsilon_0^2 h^3}} = 4.96 \times 10^7 \mathrm{Hz}^{1/2} \qquad (29-20)$$

이며 이는 **그림 29-14**의 실험 결과와 잘 일치한다.

예제 4. 전자속을 Co에 입사시킬 때 178.9 pm 파장의 K_α선이 관측되고, 불순물에 의해 143.5 pm 파장의 K_α선이 약하게 나타난다. 이때 불순물은 어떤 원소인가?

풀이 식 $(29-19)$와 $\nu = c/\lambda$에 의해

$$\sqrt{\frac{c}{\lambda_{Co}}} = a(Z_{Co}-1), \quad \sqrt{\frac{c}{\lambda_x}} = a(Z-1)$$

가 된다. 따라서

$$\frac{Z_x - 1}{Z_{Co} - 1} = \sqrt{\frac{\lambda_{Co}}{\lambda_x}} = \sqrt{\frac{178.9 \text{ pm}}{143.5 \text{ pm}}} \simeq 1.11655$$

Co의 원자번호는 $Z_{Co} = 27$이므로 불순물 원자핵의 전기량은 $Z_x = 30$이 된다. 따라서 불순물은 원자번호 30인 Zn 원자가 된다.

29-10 레이저

20세기 기술의 큰 개혁은 1940년대의 트랜지스터(transistor) 발명과 1960년대의 레이저 발명에 기인한다. 고체 내에서의 전자의 양자역학적 특성을 이용하는 트랜지스터는 전자학(electronics)이라는 새로운 분야로 발전하였다. 이에 대해서는 뒤의 고체물리에서 다시 보기로 하자. 물질과 광자(photon : 빛)와의 상호 작용의 양자역학적 특성에 의한 레이저는 광자학(photonics)이라는 새로운 분야의 발전을 이루게 되었다. 본 장에서는 양자역학적 에너지 준위(예 : 원자 내에서의 전자의 에너지 준위)와 깊이 연관된 레이저에 대하여 자세히 알아보자.

우선 일상적인 텅스텐 필라멘트 전구와 네온 기체 방전관에서 나오는 빛들과 비교하여 레이저의 특성을 알아보자. 텅스텐 전구에서는 모든 파장의 연속적 스펙트럼의 빛이 방출되며 네온 방전관에서는 불연속적으로 특정한 파장만 갖는 선 스펙트럼의 빛을 방출한다.

1. 단색성

레이저는 아주 좋은 단색성(monochromatic)을 갖는다. 가열된 필라멘트에서 방출되는 텅스

텐 전구의 빛은 연속적인 모든 종류의 파장을 모두 갖는다. 불연속적으로 특정 파장의 빛을 내는 기체 방전관의 경우 파장의 정확도는 10^{-6} 정도이나 레이저 빛의 경우에는 10^{-15} 정도의 정확도로 단색성을 갖는다.

2. 간섭성

레이저광은 높은 간섭성(coherency)을 갖는다. 이는 레이저 빛을 이루는 파동은 하나의 파동열(wave train)의 길이가 수백 km까지 가능하기 때문이다. 즉, 수백 km의 경로차가 있는 두 레이저 광선 간의 간섭이 가능하다. 이와는 대조적으로, 텅스텐 전구나 기체 방전관에서 방출되는 빛은 1 m 이내의 짧은 간섭길이(coherent length)를 나타낸다.

3. 방향성

레이저 광선의 방향성은 아주 좋다. 레이저 광선의 평행성에서의 발산 정도는 빛의 방출구의 크기와 회절에 의해서만 결정된다. 반면에 다른 광선은 빛을 내는 필라멘트의 크기에 따라서도 발산 정도가 달라진다.

4. 집중성

레이저 광선은 아주 작은 공간으로 집중(focus)할 수 있다. 이는 빛의 좋은 방향성(평행성)에 의한 것으로 초점에서의 크기는 파장에 의해 결정되는 회절에 의해 결정된다. 작은 초점에 의해 레이저 광선은 ~10^{16} W/cm^{2}의 높은 에너지 밀도가 되도록 할 수 있다. 이와는 대조적으로 산소아세틸렌(oxyacetylene) 불꽃의 경우 에너지 밀도는 약 10^3 W/cm^{2}이다.

　　이와 같은 특성의 레이저는 광범위한 영역에 이용되고 있다. 물성 측정이나 레이저 핵융합 등 연구분야는 물론 광섬유를 통한 광통신, 간섭을 이용하는 길이의 정밀 측정, 입체영상인 홀로그램 형성, 공업용 절단 용접 등 여러 분야이다.

29-11 레이저의 원리

레이저 발생의 기본조건을 가지며 가장 간단한 경우인 두 개의 상태를 갖는 원자를 생각하자. 이 원자의 두 상태 중 낮은 준위의 에너지를 E_1, 높은 준위의 에너지를 E_2라 하자.

　　그림 29-15(a)와 같이 낮은 에너지 준위에 있는 원자에

$$h\nu = E_2 - E_1 \qquad\qquad (29-21)$$

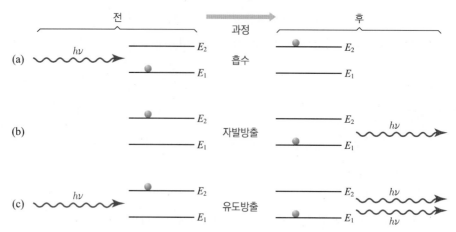

그림 29-15 두 준위 원자와 빛의 상호작용. (a) 빛의 흡수. (b) 빛의 자발적 방출. (c) 빛의 유도 방출

의 빛이 입사되면 이 광자는 없어지고 원자는 높은 에너지상태로 바뀌게 된다. 이때 빛과 원자 전체의 에너지가 보존된다. 이와 같이 식 (29−21)로 주어지는 에너지의 광자 하나가 없어지고 대신에 원자가 높은 에너지상태로 바뀌는 현상을 빛의 흡수(absorption)라 한다. 이와는 반대로 에너지 준위 E_2의 높은 상태에 있는 원자가 에너지 E_1의 낮은 상태로 전환될 때 식 (29−21)로 주어지는 광자가 발생된다. 이와 같이 원자가 낮은 에너지상태로 바뀌며 광자 하나가 발생되는 현상을 빛의 방출(emission)이라 한다.

높은 에너지상태로 여기된 원자는 광자를 방출함으로써 보다 안정된 낮은 에너지상태로 전환되려는 특성이 있다[**그림 29-15(b)**]. 이와 같은 현상을 광자의 자발적 방출(spontaneous emission)이라 하며, 이는 원자의 외부와는 무관하게 일어나는 현상이다. 물론 여기된 원자가 광자를 방출하는 시간은 일정하지 않으며 원자가 높은 에너지 준위로 여기된 후 광자를 방출할 때까지의 평균 시간을 그 원자 준위의 평균수명 τ라 한다. 여기된 원자 준위는 보통 $\sim 10^{-8}\,\mathrm{s}$의 매우 짧은 평균수명을 갖는다. 그러나 원자에 따라 $\sim 10^{-3}\,\mathrm{s}$ 정도로 긴 평균수명을 갖는 에너지 준위가 존재하기도 한다. 이와 같이 아주 긴 평균수명의 에너지 준위를 준안정상태(metastable state)라 한다.

그림 29-15(c)와 같이 준안정상태로 여기된 원자에 식 (29−21)로 주어지는 에너지의 광자가 입사하게 되면 원자는 이 광자와 반응하여 아주 짧은 시간에 광자를 방출하고 낮은 에너지상태로 전환하게 된다. 에너지가 식 (29−21)로 주어지지 않는 광자는 이러한 광자의 방출에 전혀 기여하지 못한다. 이와 같이 알맞은 에너지의 광자의 존재에 의해 광자를 방출하며 낮은 에너지상태로 전환되는 현상을 유도방출(stimulated emission)이라 한다. 물론 이때 원자에서 유도방출된 광자와 입사된 유도광자(stimulating photon)가 공존하여 광자의 수가 증가하게 된다. 유도방출된 광자는 에너지, 위상, 진행 방향, 편광 등의 모든 면에서 입사된 유도광자와 동일한 특성을 갖는다.

많은 원자들을 그의 준안정상태로 여기시킨 후 그 원자의 두 에너지 준위에 대한 식 (29 −21)로 주어지는 에너지의 광자를 입사시킨 경우를 고려해 보자. 이때 입사된 광자가 유도 광자의 역할을 하게 되어, 준안정상태에 있는 모든 원자들이 아주 짧은 순간에 광자의 유도 방출 변환을 하게 된다. 이들 유도방출 광자들은 모두 다 입사된 유도광자와 모든 특성이 같 게 되어 똑같은 상태의 광자의 수가 많아지게 된다. 이들 광자를 파동의 입장에서 볼 때, 같 은 파장과 위상을 갖는 전자기파들이 서로 보강하도록 중첩되어, 전자기파의 진폭이 증폭된 현상이 된다. 이와 같이 증폭된 빛을 Light Amplification by the Stimulated Emission of Radiation(방사선의 유도방출을 이용한 빛의 증폭)의 약자로서 레이저(Laser)라 부른다. 유 도방출과는 달리 자발방출 광자는 방출 순간의 원자의 상태에 따라 위상, 진행방향, 편광 등 이 달라지게 되어 전자기파 진폭의 증폭 현상이 일어나지 못한다.

실질적으로는 많은 원자들이 온도 T의 상태로 있을 때, 원자 모두가 그의 가장 안정된 기 저상태에 있지 않고, 에너지 E_x 상태에 있는 원자의 수는

$$n_x = Ce^{-E_x/kT} \qquad (29-22)$$

로 주어지는 분포를 갖게 된다. 여기서 C는 상수이고, k는 Boltzmann 상수이다. 온도가 $T=0$일 때는 물론 모두 에너지가 가장 낮은 기저상태에 있게 되고 높은 온도에서는 보다 많은 원자들이 높은 에너지 E_x를 갖게 된다. 물론 동일한 온도하에서는 낮은 에너지상태의 원자들이 높은 상태의 원자보다 많이 존재한다. 식 (29−22)를 **그림 29-15**의 두 준위 $(E_2 > E_1)$에 대하여 적용하면

$$\frac{n_2}{n_1} = e^{-(E_2 - E_1)/kT} \qquad (29-23)$$

가 된다. 열적으로 평형 상태에 있을 때는 식 (29−23)과 같이 높은 에너지상태의 원자가 낮 은 에너지상태의 원자보다 적은 확률로 존재한다[**그림 29-16(a)**].

온도 T로 열적 평형을 이루고 있는 많은 원자들의 집단을 고려하여 보자. 이때 식 (29− 21)의 에너지로 입사한 광자는 낮은 준위의 원자에 의해 흡수되거나 높은 준위의 원자와 반 응하여 유도방출을 일으킬 수 있다. 열적 평형일 때는 낮은 준위의 원자가 많이 존재하므로 전체적으로는 광자의 흡수현상이 주가 되어 빛의 증폭이 일어나지 못한다. 빛을 증폭하는

그림 29-16 (a) 열적 평형상태에서의 원자의 두 준위 사이의 분포 상태
(b) 상태밀도반전의 경우 원자들의 두 준위 사이의 분포

레이저의 발생을 위해서는 **그림 29-16(b)**와 같이 높은 에너지상태의 원자수를 낮은 준위의 원자보다 많게 하여야 한다.

예제 5. Ne 원자는 평균수명이 아주 짧은 여기에너지(excitation energy)상태 E_1과 이보다 높은 준안정상태 E_2가 있다. 이들 준위에 의해 발생하는 레이저의 파장은 632.8 nm 이다. 온도 $T = 300$ K에서의 상태밀도 비율 n_2/n_1은 얼마인가? 비율 n_2/n_1이 1/2이 되기 위해서 온도 T는 얼마여야 하는가?

풀이 파장 λ의 광자가 발생하기 위해서 필요한 에너지의 차이는

$$E_2 - E_1 = h\nu = hc/\lambda$$

$$= \frac{(6.63 \times 10^{-34}\,\text{J} \cdot \text{s})(3 \times 10^8\,\text{m/s})}{(632.8 \times 10^{-9}\,\text{m})(1.6 \times 10^{-19}\,\text{J/eV})} \simeq 1.96448\,\text{eV}$$

이며 $T = 300$ K 에 대하여

$$kT = (8.62 \times 10^{-5}\,\text{eV/K})(300\,\text{K}) = 0.0259\,\text{eV}$$

이다. 따라서 식 (29 − 23)에 의하여, $T = 300$ K 일 때

$$\frac{n_2}{n_1} = e^{-(E_2 - E_1)kT} = e^{-(1.96\text{eV})/(0.0259\text{eV})} = e^{-75.5(75.6757)} = 1.33024 \times 10^{-33}$$

으로 매우 작은 수가 된다. 이는 약 27℃인 $T = 300$ K에서 0.0259 eV인 원자의 열에너지가 1.96 eV인 여기에너지보다 매우 작음에 기인한다.

또한 식 (29 − 23)에서 $n_1/n_2 = 1/2$가 되는 온도 T는

$$T = \frac{E_2 - E_1}{k\ln(n_1/n_2)} = \frac{1.96\,\text{eV}}{(8.62 \times 10^{-5}\,\text{eV})(\ln 2)} \simeq 32803.7\,\text{K}$$

가 된다. 이는 약 5,800 K 정도인 태양 표면온도보다도 훨씬 높은 온도이다. 레이저 발생을 위한 상태밀도반전은 높은 온도로서는 달성할 수 없다.

이와 같이 높은 준위 상태가 낮은 준위 상태보다 많은 경우를 상태밀도반전(population inversion)이라 한다. 레이저의 발생을 위해서는 상태밀도반전의 달성과 원자의 에너지 준위에 맞는 유도광자의 존재가 모두 필요하다.

1960년 Theodore Maiman에 의해 처음 만들어진 루비 결정체를 이용한 레이저는 빛을 이용하여 상태밀도반전을 이루었다. 루비의 경우 **그림 29-17**과 같이 기저상태 E_1, 준안정상태 E_2, 아주 짧은 평균수명의 불안정한 상태 E_3의 세 에너지 준위($E_3 > E_2 > E_1$)가 레이저와 관련된다. 기저상태에 있는 루비 원자에 강한 빛을 쪼여주면 원자는 에너지 준위 E_3로 여기된다. 반면 불안정한 E_3 에너지 준위에 있는 원자는 아주 짧은 순간에 $E_3 - E_2$ 에너지의 광자를 자발적으로 방출하고 준안정상태인 E_2 준위로 전환된다. 기저상태에서 E_3 상태로의

여기(excitation)가 충분히 빨리 이루어지면 준안정상태 E_2에서의 자발적 방출보다 E_3의 준위로부터의 변환이 빠르게 된다. 따라서 준안정상태의 밀도가 기저상태의 밀도보다 높아져 상태밀도반전이 유지된다. 이와 같이 연속 스펙트럼의 강한 빛을 이용하여 상태밀도반전을 만드는 것을 광 펌핑(optical pumping)이라 한다. 물론 광 펌핑 외에도, He−Ne 레이저의 경우와 같이 두 기체 간의 충돌을 이용하는 등 여러 방식이 있다.

레이저 발생에는 상태밀도반전만이 아니라 간섭성의 유도방출을 위한 유도광자가 필요하다. 루비 결정체의 양 끝면에 은 도금을 하여 빛이 전반사하도록 하고 길이를 조정하여 레이저 전자기파가 정상파를 이루도록 한다.

이때 위상이 일치하는 광자들이 두 반사면 사이를 오가며 준안정상태로 여기된 루비와 반응하여 같은 위상과 편광(polarigation)의 광자를 유도방출하게 한다. 원래의 광자와 유도방출된 광자는 서로 보강하도록 간섭하여 보다 센 전자기파가 되며, 이와 같은 과정을 되풀이함으로써 강하고 간섭성이 좋은 레이저 광선이 발생된다. 이와 같이 전자기파가 정상파를 이루어 광자들이 서로 보강하도록 조정한 공간을 광 공명 상자(optical resonant cavity)라고 한다. 이때 한쪽 면의 반사율을 약간 줄여 광선의 일부를 밖으로 투과되게 함으로써 레이저 광선을 이용하게 된다.

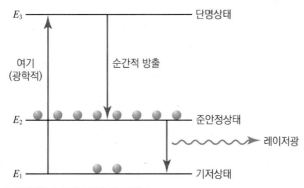

그림 29-17 레이저 작용원리의 기본적인 세 준위도

연습문제

01 수소원자의 상태는 주 양자수 n, 궤도 양자수 l, 자기 양자수 m_l, spin 자기 양자수 m_s 로 기술되어진다. 어떤 수소원자의 궤도 양자수가 $l = 3$임을 알고 있을 때 다른 양자수 n, m_l, m_s 들의 가능한 값들은 얼마인가?

02 (a) 태양을 중심으로 도는 지구의 공전운동에 대한 궤도 양자수 l은 대략 얼마인가?

(b) 공간 양자화에 따르면, 지구 공전 궤도로 이루어지는 평면의 양자화된 방향의 수는 얼마인가? (자기 양자수 m_l의 가능한 값의 수이다.)

(c) 지구 공전축, 즉 공전 궤도 평면에 수직인 축이 공간 양자화에 의하여 원추를 이루며 돌아가는 세차운동을 한다. 이 원추의 반각 θ 중 가장 작은 값 $\theta_{\min}$은 얼마인가?

03 수소원자의 $n = 2$, $l = 0$인 상태에 대한 파동함수는 다음과 같이 주어진다.

$$\psi = \frac{1}{\sqrt{32\pi r_B^3}} \left(2 - \frac{r}{r_B} \right) e^{-r/2r_B}$$

(a) 원자의 중심에서 이 파동함수의 값은 얼마인가?

(b) 이 파동함수에 대한 지름 확률 밀도 $P(r)$이 식 $(29 - 13)$과 같이 주어짐을 보여라.

(c) 이 경우 $\int_0^\infty P(r) dr = 1$이 됨을 보여라. 이 결과의 물리적 의미는 무엇인가?

04 어떤 전자의 각운동량이 $4.714 \times 10^{-34} \, \text{J} \cdot \text{s}$일 때 이 전자의 궤도 양자수 l은 얼마인가?

05 원자의 M각에 있는 전자가 가질 수 있는 각운동량의 $z-$축 성분 중 가장 큰 값은 얼마인가?

06 양자수가 $(n, l, m_l, m_s) = (6, 3, 2, -1/2)$인 전자의 각운동량의 크기는 얼마인가?

07 궤도함수 $(n, l) = (5, 3)$에 들어갈 수 있는 전자는 총 몇 개인가?

08 기저상태에 있는 중성의 Na 원자에서 하나의 전자를 떼어내 이온화하기 위해 필요한 최소에너지는 얼마인가?

09 He+ 이온 내에 남아있는 전자가 $(n, l) = (3, 0)$인 궤도로 여기되어 있다. 이 전자가 이 이온의 기저상태로 전이될 때 방출되는 광자의 에너지는 얼마인가?

10 수직 방향으로의 자기장 기울기가 $dB/dz = 1.6 \times 10^2 \, \text{T/m}$인 Stern-Gerlach 실험장치에서 수소원자가 자기장에 수직인 수평 방향으로 $80 \, \text{cm}$ 이동하였다.

    (a) 전자의 자기능률(1 Bohr magneton)에 의해 전자가 받는 힘은 얼마인가?

    (b) 수소원자의 수평속도가 $1.2 \times 10^5 \, \text{m/s}$일 때 수소원자의 수직 방향으로의 이동거리는 얼마인가?

11 중성의 은(Ag) 원자가 0.5 T의 자기장 B 내에 있다.

    (a) 은 원자의 두 자기능률 방향 상태 사이의 에너지 차이는 얼마인가?

    (b) 이들 두 상태 간에 상태전이가 일어나도록 하는 데 필요한 전자기파의 진동수와 파장은 얼마인가?

12 물방울이 1.8 T의 자기장 내에 있고 양성자의 자기능률이 $\mu = 1.41 \times 10^{-26} \, \text{J/T}$이다. 물 분자의 다른 원자핵과 전자에 의한 B_{local}을 무시할 때 양성자의 spin 반전을 위하여 필요한 전자기파의 진동수와 파장은 얼마인가?

13 기저상태의 산소원자 내에 있는 8개 전자 각각이 갖는 궤도함수 (n, l)은?

14 어떤 기저상태인 원자의 가장 바깥궤도에 있는 전자의 양자수는 $(n, l) = (3, 1)$이고, 불활성기체보다 3개의 전자가 더 있어 +3가로 이온화가 잘 된다. 이 원소는 무엇인가?

15 35 keV의 전자속이 Molybdenum에 입사되어 발생하는 X선의 최소파장은 얼마인가?

16 파장 $20 \, \text{nm}$의 X선이 발생할 수 있도록 전자를 충분히 가속시키기 위해 필요한 최소전압은 얼마인가?

17 원자번호가 Z인 어떤 원자 내의 $n = 2$ 궤도에 있던 전자가 $n = 1$ 궤도로 전이될 때 광자의 방출이 없고, 대신에 같은 원자 내의 $n = 4$ 궤도에 있는 전자가 원자로부터 방출되었다. (이러한 현상을 Auger 현상이라 하며, 방출된 전자를 오제이전자라 한다.) 에너지가 Bohr의 모형에 의해 결정된다고 할 때 이 방출된 전자의 운동에너지는 얼마인가?

18 어떤 원자의 두 에너지 준위가 3.2 eV 에너지 차를 가지고 있다. 별의 대기 중에 낮은 상태에 있는 이 원자의 수는 $2.5 \times 10^{15} \, \text{cm}^{-3}$이고, 높은 상태에 있는 이 원자의 수는 $6.1 \times 10^{13} \, \text{cm}^{-3}$이다. 이 별의 대기 온도는 얼마인가?

19 파장 $\lambda = 694.4 \text{ nm}$의 루비레이저에서 0.15 J 에너지가 $1.2 \times 10^{-11} \text{ s}$의 펄스로 방출된다. (a) 펄스의 길이와 (b) 각 펄스 안에 있는 광자의 수는 얼마인가?

20 He – Ne 레이저에서 파장 632.8 nm의 레이저가 2.3 mW의 출력(power)으로 방출된다. 이 레이저에서 1분당 방출되는 광자의 수는 얼마인가?

CHAPTER 30

고체의 전기전도

30-1 금속의 전도전자

구리원자가 모여 고체를 이루면 각 원자가 가지고 있는 29개의 전자 중에서 28개는 전자기력에 의해 각 격자점 주변에 묶여 있게 되며 나머지 1개의 전자만이 자유롭게 고체 안을 움직일 수 있다. 구리선의 양 끝에 전지를 연결하면 도선에 흐르게 되는 전류는 이러한 전자(원자당 1개), 즉 전도전자(conduction electron)로 구성되어 있다.

앞에서 고전물리에 바탕을 둔 자유전자가스 모델(free electron gas model)을 이용하여 금속의 비저항을 구한 바 있다. 즉,

$$\rho = \frac{m}{ne^2\tau} \tag{30-1}$$

여기서 m과 e는 각각 전자의 질량과 전하이며 n은 단위체적당 전도전자의 개수, τ는 전자와 격자와의 평균충돌시간을 나타낸다. τ가 전기장에 의존하지 않는 상수이기 때문에 비저항 ρ도 전기장에 의존하지 않는다. 이것은 바로 금속이 옴의 법칙을 만족한다는 사실을 나타낸다. 그러나 고전물리로 옴의 법칙을 유도할 수는 있을지라도 보다 복잡한 문제들, 예를 들면 금속의 열용량, 트랜지스터의 원리 등을 설명할 수는 없다. 따라서 파동역학 또는 양자역학을 도입해야만 고체의 전기적 성질에 관련한 여러 물리 현상을 설명할 수 있다.

양자역학의 기본인 슈뢰딩거방정식을 풀기 위해서는 한 개의 입자, 즉 전도전자의 퍼텐셜 에너지를 위치의 함수로 나타내야 하는데 이를 위해 보통 다음과 같은 매우 간단하며 합리적인 가정을 한다. 즉, 퍼텐셜 에너지는 정육면체 금속시료 안의 모든 점에서 0이며 그 바깥의 모든 점에서는 무한대이다. 또한 전과 마찬가지로 자유전자가스를 가정하지만 전자가 고전역학이 아닌 양자역학적 법칙하에서 운동한다는 점이 전과 다르다.

금속육면체에 포획되어 있는 한 개의 전도전자를 위치 r에서의 물질파 $\Psi(r)$로 표시하고 확률밀도인 $|\Psi(r)|^2$이 정육면체의 표면 및 그 외부에서 0이 되어야 한다는 조건을 부과하자. 파동함수에 대한 이러한 경계조건은 전자의 전체에너지 E를 양자화시킨다. 금속의 체적은 원자규모에 비해 매우 커서 그 체적에 부합하고 경계조건을 만족하는 정상파의 개수는 무수히 큰 숫자가 되므로 허용된 에너지상태(energy state)들은 서로 매우 근접하게 된다. 이러한 거대한 개수의 에너지상태는 한 번에 하나씩 취급할 수 없기 때문에 통계적인 방법을 도입하여 한 에너지값의 에너지상태에 주목하지 않고 E에서 $E+dE$까지의 에너지영역에 존재하는 에너지상태가 몇 개인지를 조사한다. 이러한 방법은 이상기체에서 분자의 속도를 구하는 과정 중에서 이미 사용한 바가 있다.

전도전자에 대해서 에너지가 E에서 $E+dE$까지의 영역에 존재하는 상태의 개수(고체의 단위체적당)를 $n(E)dE$로 표시하고 $n(E)$를 상태밀도라고 부른다. 위에서 논의한 양자역학적 자유전자가스에 대해서 $n(E)$를 다음과 같이 구할 수 있다.

$$n(E) = \frac{8\sqrt{2}\,\pi m^{3/2}}{h^3} E^{1/2} \qquad (30-2)$$

식 (30−2)는 한 개의 전도전자가 점유할 수 있는 에너지상태의 개수를 의미하는데 고체를 구성하는 물질의 종류에 의존하는 상수를 전혀 포함하고 있지 않다는 점에 주목하라.

예제 1. (a) $2 \times 10^{-9}\ \mathrm{m}^3$의 체적을 가진 금속에서 에너지가 7 eV일 때 단위 eV당 상태수를 구하라.

(b) 7 eV를 중심으로 작은 에너지 범위인 $\Delta E = 0.003\ \mathrm{eV}$ 안에서 상태수 N을 구하라.

풀이 (a) (7 eV에서의 eV당 상태수) = (7 eV에서의 상태밀도, $n(E)$) × (시료의 체적, V)

그림 30-1에서 7 eV일 때 $n(E) = 2 \times 10^{28}\ \mathrm{m}^{-3}\,\mathrm{eV}^{-1}$이므로

(7 eV에서의 eV당 상태수) $= (2 \times 10^{28}\ \mathrm{m}^{-3}\,\mathrm{eV}^{-1}) \times (2 \times 10^{-9}\ \mathrm{m}^3)$
$$= 4 \times 10^{19}\ \mathrm{eV}^{-1}$$

(b) ΔE는 E에 비해서 매우 작으므로 이 범위에서 상태밀도가(단위 eV당 상태수도) 일정하다고 근사할 수 있으므로 다음과 같이 계산할 수 있다.

(7 eV일 때 ΔE 범위에서의 상태수, N) = (7 eV에서 eV당 상태수) × (에너지 범위, ΔE)
N $= (4 \times 10^{19}\ \mathrm{eV}^{-1}) \times (0.003\ \mathrm{eV}) = 1.2 \times 10^{17} \approx 1 \times 10^{17}$

30-2 허용된 상태의 전자 점유분포

고체 내에 존재하는 무수히 많은 수의 허용된 상태(allowed states)가 무수히 많은 전자에 의해 어떻게 채워지는지는 원소의 주기율표에 적용된 것과 마찬가지로 Pauli의 배타원리가 중요한 역할을 하는데 배타원리에 의하면 한 개의 에너지상태에는 한 개의 전자만이 자리 잡을 수 있다.

그림 30-1(a)는 식 (30−2)의 상태밀도를 에너지의 함수로 그린 것으로 원자의 경우와 마찬가지로 가장 낮은 에너지상태로부터 시작해서 전체 숫자의 전자를 수용할 수 있는 최대 에너지상태까지 한 양자상태에 1개씩 전자가 채워진다.

물질이 최저 에너지상태가 되는 절대 영도에서는 전도전자가 에너지값이 최저인 비점유 상태를 채우게 된다. 이러한 과정은 **그림 30-1(b)**에 확률함수(probability function) $p(E)$로 표시되어 있다. $p(E)$는 에너지가 E인 상태가 점유될 확률로서 $T = 0$에서는 특정 에너지값 이하의 모든 상태가 점유되며($p = 1$), 그보다 큰 에너지값의 상태는 비점유된다($p = 0$). 이러한 조건에서 점유된 상태의 최대 에너지값을 페르미 준위(Fermi level)라고 하며 E_F로 표시한다[**그림 30-1(b)**].

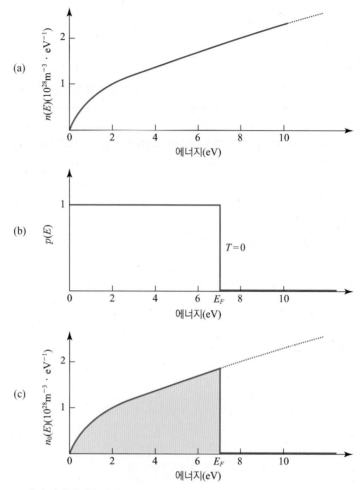

그림 30-1 $T = 0$에서 전자의 점유상태 분포

예를 들어 구리의 페르미 준위는 7.06 eV이다.

상태밀도 $n(E)$에 상태가 점유될 확률 $p(E)$를 곱하면 점유상태밀도 $n_0(E)$가 된다. 즉,

$$n_0(E) = n(E)p(E) \qquad (30-3)$$

이것을 **그림 30-1(c)**에 표시하였는데 빗금 친 부분은 점유상태의 전체 개수(단위체적당)를 나타낸다.

이 면적을 구하여 금속의 전도전자밀도 n과 같게 놓으면 페르미 에너지를 구할 수 있다. $E = 0$에서 $E = E_F$까지 적분하면 다음과 같다.

$$n = \int_0^{E_F} n_0(E)dE \qquad (30-4)$$

이것을 계산하면

$$n = \frac{8\sqrt{2}\,\pi m^{3/2}}{h^3} \int_0^{E_F} E^{1/2}\,d\mathrm{E} = \left(\frac{8\sqrt{2}\,\pi m^{3/2}}{h^3}\right)\left(\frac{2}{3}E_F^{3/2}\right)$$

E_F에 대해서 풀면

$$E_F = \left(\frac{3}{16\sqrt{2}\,\pi}\right)^{2/3} \frac{h^2}{m} n^{2/3} = \frac{0.121h^2}{m} n^{2/3} \tag{30-5}$$

그림 30-1(c)에서 절대 영도에서도 모든 운동이 멈추는 것은 아니라는 사실을 끌어낼 수 있는데 **그림 30-1(c)**의 조건에서 평균에너지를 계산하면 4.2 eV로서 이것은 상온에서 이상기체의 분자운동에너지 0.025 eV와 비교할 때 운동하기에 매우 충분한 에너지임을 알 수 있다.

온도를 절대 영도 이상으로 올리면 **그림 30-1**의 전자분포가 조금 변화하게 되는데 이 작은 변화가 중요한 결과를 낳는다. **그림 30-2**는 $T = 1,000$ K에서의 전자분포로서 **그림 30-1**과는 달리 E_F 밑에서는 비점유상태가, E_F 위에서는 점유상태가 약간씩 생길 수 있다는 것을 알 수 있다.

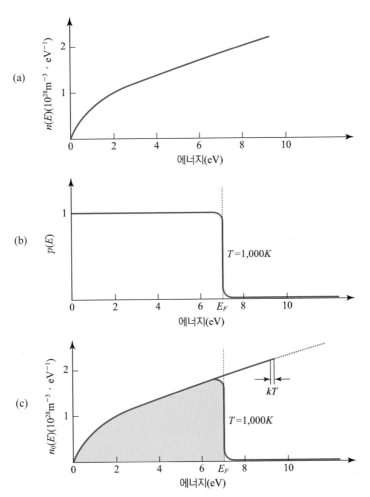

그림 30-2 $T = 1,000$ K에서 전자의 점유상태밀도

그림 **30-2(c)**에서 보는 바와 같이 점유상태밀도 $n_0(E)$가 E_F 위에 조금 존재한다는 사실은 평균에너지가 그리 크지 않을지라도 절대 영도일 때보다는 증가한다는 것을 보여준다. 이것은 역시 이상기체의 분자평균에너지가 온도에 비례한다는 사실과 크게 대조된다. $T=0$과 $T=1,000$ K에서 전자점유상태를 비교함으로써 모든 작용이 페르미 에너지에 근접해 있는 전도전자에 대해서만 일어나며 대부분의 다른 전자의 운동은 온도가 증가할지라도 거의 변하지 않는다는 것을 알 수 있다. 이것은 **그림 30-2(c)**에 표시한 kT의 크기가 $T=1,000$ K일 때 불과 0.086 eV로서 이 정도의 열에너지로 인접한 비점유상태로 이동이 가능한 전자는 E_F 근처에 있는 것뿐이기 때문이다.

그림 30-1(b)와 **그림 30-2(b)**에 표시한 확률함수 $p(E)$는 Fermi Dirac 확률함수라고 부르며 다음과 같이 유도할 수 있다.

$$p(E) = \frac{1}{e^{(E-E_F)/kT}+1} \tag{30-6}$$

여기서 E_F는 페르미 에너지로서 $p = \frac{1}{2}$이 되는 에너지를 의미한다[**그림 30-2(b)**]. $T \to 0$으로 감에 따라 식 $(30-6)$의 지수 부분은 $E < E_F$이면 $-\infty$, $E > E_F$이면 $+\infty$로 발산하므로 각각의 경우에 $p(E)$는 1 또는 0의 값을 갖는다.

즉, $T=0$일 때 식 $(30-6)$은 **그림 30-1(b)**를 의미한다. 또한 식 $(30-6)$에서는 E보다 $E-E_F$가 더욱 의미가 있는데 분모의 지수항 때문에 $E-E_F$가 조금만 변해도 $p(E)$가 민감하게 변한다.

이것은 바로 E_F에 인접한 전자들만이 실질적인 역할을 한다는 앞의 논의와 일치한다.

예제 2.   (a) 페르미 준위보다 0.1 eV 위에 있는 양자상태가 점유될 확률은 얼마인가? (온도는 800 K 이다.)
   (b) 페르미 준위보다 0.1 eV 아래에 있는 상태의 점유 확률은 얼마인가?

풀이   (a) 식 $(30-6)$을 적용하기 위해서 다음을 먼저 계산한다.

$$\frac{E-E_F}{kT} = \frac{0.10\ \text{eV}}{(8.62 \times 10^{-5}\ \text{eV/K})(800\ \text{K})} \simeq 1.45$$

이것을 식 $(30-6)$에 대입하면

$$p(E) = \frac{1}{e^{1.45}+1} \simeq 0.19\ \text{또는}\ 19\%$$

(b) (a)의 식에서 지수가 음수가 되는 경우이므로

$$p(E) = \frac{1}{e^{-1.45}+1} \simeq 0.81\ \text{또는}\ 81\%$$

페르미 준위 아래에 있는 상태의 경우 상태가 비어있는 확률에 더 관심이 있으므로 $1-p(E)$ $=19\%$로서 (a)의 값과 같다는 점에 유의하라.

30-3 금속의 전기전도

그림 30-3은 금속에서 속도의 페르미분포를 나타낸 그림으로서 여기서 페르미속도 v_F는 전자의 운동에너지가 페르미 에너지 E_F와 같을 때의 속도를 의미한다. 전기장이 인가되지 않았을 때 전자는 에너지가 0에서 E_F까지의 범위에 해당하는 0에서 v_F까지의 속도를 갖는다. **그림 30-3**의 분포는 속력이 아니라 전형적인 속도성분을 나타내는 그림으로서 서로 반대방향으로 같은 수의 전자가 운동하므로 전기장이 없을 때 알짜전류는 0이 된다. 전기장이 인가되면 전자는 가속되어 전기장과 반대방향의 속도가 약간 증가하므로 전체적인 속도분포가 **그림 30-3**에서처럼 오른쪽으로 약간 이동한다. 그러나 대부분의 전자는 여전히 쌍을 이루면서 그 속도가 0이 되므로 전기전도에 기여하지 못한다.

v_F에 근접한 속도값을 갖는 작은 집단의 전자만이 전기전도에 기여한다. 전기장 E_F와 같은 방향으로 v_F 바로 아래 있는 상태를 비점유되게 하고, 반면에 E와 반대방향으로 v_F 바로 위에 있는 상태를 점유되게 한다. **그림 30-3**에서 표류속도(drift velocity, 모든 전자의 평균속도)가 v_F보다 훨씬 작은 이유를 알 수 있는데 그것은 평균속도를 계산하는 과정 중에 많은 수의 양 및 음의 속도가 서로 상쇄되기 때문이다. 전기장이 작용할 때 표류속도는 주로 속력이 v_F 밑인 상태로부터 v_F 위인 상태로 운동하는 작은 수의 전자에 의해 비롯된다. 이러한 전자의 흐름에 대한 금속의 비저항은 전자와 핵이온의 충돌에 의해 결정되는데 놀랍게도 상온에서 전도전자는 구리격자 내에서 핵이온과 충돌한 후 다음 충돌할 때까지 상당히 먼 거리를 운동한다(평균자유경로가 약 41 nm). 온도가 낮을수록 비저항은 더욱 작아지며 전자는 더 멀리 진행하는데 양자역학적으로 절대 영도에서 완전히 주기적인 격자는 전도전자에 대해 전체적으로 투명하다는 사실이 입증된다. 그러나 실제로는 빈 격자점이나 불순물로 인해 완전한 격자는 존재하지 않으며 절대 영도에서도 존재하는 격자진동은 격자의 주기성을 어긋나게 한다.

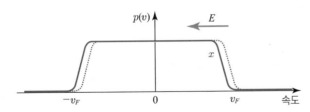

그림 30-3 속도의 페르미분포

그림 30-4(a)는 금속의 전도전자를 묘사하는 퍼텐셜 에너지로서 금속 안에서는 퍼텐셜 에너지가 0이며 표면에서는 무한대로 증가한다. 그러나 이 모델의 결정적인 문제점은 무한대의 퍼텐셜장벽 때문에 전자가 시료 안에서 표면을 통해 밖으로 빠져나가지 못한다는 점이다. 실제로 진공관의 필라멘트처럼 금속을 가열하거나 충분한 에너지의 빛을 쪼이면 밖으로 나올 수 있기 때문에 모델의 수정이 필요하다. **그림 30-4(b)**는 이러한 문제점을 보완하는 모델로서 퍼텐셜 에너지가 유한하다. 그림에서 ϕ는 금속의 일함수로서 전자가 시료로부터 빠져나오기 위해 필요한 최소 에너지로 정의된다.

    그림 30-4(b)는 수소원자에 사용된 에너지눈금으로 표시되어 있어서 $E=0$인 배위가 시료 밖, 먼 지점에 멈추어 있는 전자를 나타내도록 되어 있다. 이것은 퍼텐셜 에너지가 항상 임의의 부가적인 상수를 포함하고 있다는 점과 전체에너지 E 자체보다는 그 변화가 의미 있다는

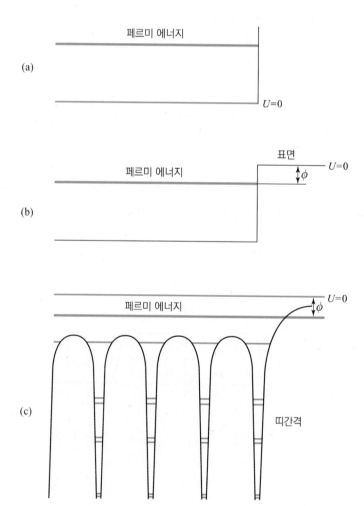

그림 30-4 금속에서의 퍼텐셜 에너지 변화

점 때문에 가능하다. 새로운 에너지눈금에서는 수소원자의 경우와 마찬가지로 시료에 포획되어 있는 전자의 총 에너지는 음수가 된다. **그림 30-4(b)**의 경우에도 아직 큰 문제가 남아 있는데 그것은 시료 전체에서 전도전자의 퍼텐셜 에너지가 일정하다는 것이다. 따라서 **그림 30-4(b)**의 모델로는 도체와 부도체의 차이점 등과 같은 문제 또는 그 이상의 어려운 문제들을 설명할 수 없다.

그림 30-4(c)는 핵이온을 고려한 퍼텐셜 에너지 곡선을 나타낸다. 이러한 퍼텐셜 에너지를 슈뢰딩거방정식에 대입함으로써 새로운 사실을 끌어낼 수 있다. **그림 30-4(c)**에서 보는 바와 같이 "허용된 상태는 여러 개의 띠로 무리지어 있으며 띠와 띠 사이는 전혀 상태가 존재하지 않는 에너지간격으로 벌어져 있다." 페르미 준위 바로 밑에 있는 전자는 자유롭게 격자 안을 움직일 수 있으나 그보다 낮은 에너지를 가진 전자, 즉 핵전자(core electron)는 그렇지 못하다는 점을 유의하라.

30-5 도체, 부도체 및 반도체

그림 30-5(a)는 구리와 같은 도체의 띠로서 중요한 특징은 전자를 포함하고 있는 최대 에너지 띠가 부분적으로만 점유되어 있다는 사실이다. 페르미 준위 위에 빈 상태가 있어서 전장 $\vec{E}$ 를 가하면 띠 안의 모든 전자의 운동량이 $-\vec{E}$의 방향으로 증가하게 되며 따라서 전류가 흐르게 된다. 더 낮은 띠들은 완전히 점유되어 있어서 전기전도과정에 기여하지 못한다.

그림 30-5(b)는 부도체로서 전자를 포함하고 있는 최대 에너지띠가 완전히 점유되어 있으며 금지된 에너지간격이 바로 그 위에 있다는 특징을 가지고 있다. 또한 에너지간격을 E_g 라고 할 때 $E_g \gg kT$이어서 전자가 열에너지로 에너지간격을 넘어 비어있는 띠로 천이할 확률

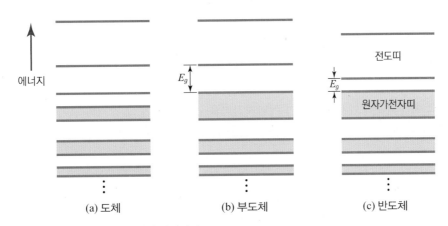

그림 30-5 도체, 부도체 및 반도체의 에너지띠

이 거의 무시할 정도이다. 부도체에 전기장을 걸면 반응할 전자가 없기 때문에 전류가 흐르지 않는다. 다이아몬드는 우수한 부도체인데 에너지간격이 5.5 eV로서 상온에서 kT의 200배에 해당한다.

예제 3. 상온(300 K)에서 다이아몬드(부도체)의 거의 채워져 있는 최대 에너지띠의 최고점에서 에너지간격 E_g를 뛰어넘을 확률은 대략 얼마인가?

풀이 29장으로부터 식 (29−23)을 다시 쓰면

$$\frac{N_2}{N_1} = e^{-(E_2 - E_1)/kT}$$

여기서 N_1, N_2는 온도 T에서 각각 E_1, E_2의 에너지상태에 있는 원자들의 개수를 의미하며, k는 볼츠만상수로서 8.62×10^{-5} eV/K이다.

먼저 $E_2 - E_1$를 E_g로 바꾸면 확률 P는 대략 N_2/N_1의 비(에너지간격 바로 아래에 있는 전자수에 대한 에너지간격 바로 위에 있는 전자수의 비율)와 같다고 볼 수 있다. 다이아몬드에 대해서 위 식의 지수는

$$-\frac{E_g}{kT} = -\frac{5.5 \, \text{eV}}{(8.62 \times 10^{-5} \, \text{eV/K})(300 \, \text{K})} \simeq -213$$

따라서

$$P = \frac{N_2}{N_1} = e^{-E_g/kT} = e^{-213} \approx 3 \times 10^{-93}$$

이것은 확률이 거의 0임을 나타내는 것으로서 다이아몬드는 매우 좋은 부도체임을 알 수 있다.

그림 30-5(c)는 반도체를 나타내는데 부도체와는 달리 에너지간격이 매우 작아서 상온에서도 전자의 열적여기가 가능하다. 따라서 그림에 전도띠(conduction band)로 명칭된 띠(거의 비어있는)로 전자가 천이되고 같은 수의 빈 상태, 즉 정공이 원자가전자띠(valence band)(거의 점유되어 있는)에 남게 된다. 거의 점유되어 있는 띠가 전기전도에 어떻게 기여하는지를 파악하기 위해서는 양의 전기를 띤 입자인 정공의 운동을 분석하는 것이 매우 편리하다. 실리콘은 전형적인 반도체로서 다이아몬드와 같은 결정구조를 가지고 있으나 에너지간격(= 1.1 eV)은 훨씬 작다. 열에너지가 없는 절대 영도에서는 모든 반도체가 부도체이지만 그 이상의 온도에서는 전자가 에너지간격을 넘을 확률이 그 간격의 크기에 매우 민감하기 때문에 부도체와 반도체를 구분하는 것은 다소 임의적이다.

1. 반도체와 도체

표 30-1에는 전형적인 반도체(실리콘)와 전형적인 도체(구리)에 대해서 몇 가지 전기적 특성이 비교되어 있는데 각 특성에 대해서 자세히 논의하면 다음과 같다.

표 30-1 구리 및 실리콘의 전기적 특성

구분	구리	실리콘
물질의 형태	도체	반도체
전하운반자의 농도, $n(\text{m}^{-3})$	9×10^{28}	1×10^{16}
비저항, $\rho(\Omega \cdot \text{m})$	2×10^{-8}	3×10^{3}
비저항의 온도상수, $\alpha(k^{-1})$	$+4 \times 10^{-3}$	-70×10^{-3}

① **전하운반자(change carriers)의 농도, n** : 구리는 실리콘에 비해 약 10^{13}배의 전하운반자를 가지고 있다. 실리콘에는 절대 영도에서 전혀 전하운반자가 존재하지 않으나 **그림 30-5(c)** 상온에서는 열에너지에 의해 일정 수(매우 작은)의 전자가 전도띠에 여기되고 원자가전자띠에 빈 상태(정공)가 남음으로써 전하운반자가 생기게 된다. 정공은 전자와 마찬가지로 원자가전자띠에서 자유롭게 이동할 수 있는 전하운반자이다. 반도체에 전기장을 인가하면 원자가전자띠의 전자는 $-\vec{E}$의 방향으로 이동하므로 정공은 전기장의 방향으로 이동하는 결과가 된다. 따라서 정공은 양의 전기를 띤 것처럼 운동한다.

② **비저항, ρ** : 상온에서 실리콘의 비저항은 구리보다 약 10^{11}배 정도 더 크다. 식 $(30-1)$에 의하면 비저항은 전하운반자의 농도 n에 반비례하므로 구리와 실리콘의 비저항이 큰 차이가 나는 것은 n의 큰 차이에서 비롯됨을 알 수 있다. 평균충돌시간, τ의 차이도 관련될 수 있지만 전하운반자의 농도 차이에 의한 효과가 워낙 크기 때문에 비저항의 차이에 거의 기여하지 못한다.

③ **비저항의 온도계수, α** : α는 단위온도 변화에 대한 비저항, ρ의 상대적인 변화율로서 다음과 같이 정의된다.

$$\alpha = \frac{1}{\rho} \frac{d\rho}{dT}$$

구리와 같은 금속의 비저항은 온도에 따라 증가하는데($d\rho/dT > 0$) 이것은 온도가 증가하면 전자의 충돌이 더욱 빈번하게 일어나서 식 $(30-1)$의 τ의 값을 감소시키기 때문이다. 금속의 경우 전하운반자의 밀도 n은 온도에 의존하지 않는다. 한편 실리콘과 같은 반도체의 비저항은 온도에 따라 감소하는데($d\rho/dT < 0$), 이것은 식 $(30-1)$에서 전하운반자의 밀도 n이 온도에 따라 급격히 증가하기 때문이다. 반도체에도 온도증가에 따른 τ의 감소현상이 일어나기는 하지만 n의 급격한 증가에 비해 무시할 정도로 매우 작다.

30-6 도핑된 반도체

도핑(doping)이라고 하는 과정을 통해서 반도체격자에 불순물을 주입하여 고의적으로 작은 수의 반도체원자를 치환함으로써 반도체의 특성을 근본적으로 변화시킬 수 있다. 도핑된 반도체를 비고유반도체라고 하며 비도핑된 순수한 반도체를 고유반도체라고 한다. 현재 사용되고 있는 모든 반도체소자들은 필수적으로 비고유반도체를 이용하여 제작한다.

그림 30-6(a)는 2차원으로 표시한 순수 실리콘 격자로서 각 실리콘원자는 4개의 원자가전자를 가지고 있어서 4개의 최근접 이웃원자(nearest neighbour)와 각각 2개의 전자를 공유하고 있다. 여기서 결합에 관련된 전자들은 시료의 원자가전자띠를 구성하게 된다. **그림 30-6(b)**는 1개의 실리콘원자가 5개의 원자가전자를 가진 인 원자로 치환되어 있는 것을 나타낸다. 5개의 전자 중에서 4개는 이웃한 실리콘원자와 결합을 형성하고 있으나 나머지 1개는 인핵이온에 느슨하게 속박되어 있다. 이 전자는 실리콘의 원자가전자보다 더 쉽게 전도띠로 여기될 수 있다.

인 원자를 주게(donor)라고 부르는데, 이것은 전도띠에 전자를 내놓기 때문이다. **그림 30-6(b)**에서 '여분의(extra)' 전사는 국소화된 수게준위에 위치한다고 말할 수 있는데[**그림 30-7(a)**], 이 준위는 전도띠 바닥으로부터 에너지간격 E_d만큼 떨어져 있다(보통 $E_d \ll E_g$). 주게원자를 주입함으로써 전도띠의 전자농도를 크게 증가시킬 수 있다. 주게원자로 도핑된 반도체를 n형 반도체라고 하는데 여기서 n은 '음수(negative)'를 의미한다. 그것은 음의 전하운반자(전자)가 양의 전하운반자(정공)보다 훨씬 많이 존재하기 때문이다. n형 반도체에서 전도띠 안의 전자를 다수운반자(majority carrier)라고 하며, 원자가전자띠 안의 정공을 소수운반자(minority carrier)라고 한다.

그림 30-6(c)는 한 개의 실리콘원자가 3개의 원자가전자를 가진 알루미늄원자로 치환되어 있는 실리콘 격자를 나타낸다. 이 경우엔 한 개의 전자가 비어있게 되는데 그것은 알루미늄 핵이온이 이웃한 실리콘원자로부터 1개의 원자가전자를 끌어옴으로써 원자가전자띠에 1개

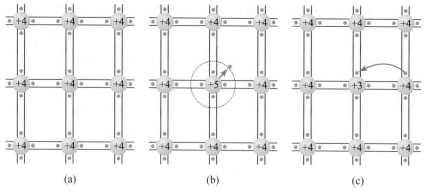

(a) (b) (c)

그림 30-6 실리콘 격자 및 도핑메카니즘의 개략도

의 정공이 생겼기 때문이다. 알루미늄원자를 받게(acceptor)라고 부르는데, 그것은 원자가
전자띠로부터 전자를 쉽게 가져올 수 있기 때문이다. 이렇게 해서 받은 전자는 국소화된 받
게준위에 위치하게 되는데[그림 30-7(b)], 이 준위는 원자가전자띠의 맨 위로부터 에너지간
격 E_a 만큼 떨어져 있다(보통 $E_a \ll E_g$). 받게원자를 주입함으로써 원자가전자띠의 정공농도
를 크게 증가시킬 수 있다. 받게원자로 도핑된 반도체를 p형 반도체라고 하는데 여기서 p는
'양수(positive)'를 나타낸다. 그것은 양의 전하운반자(정공)가 음의 전하운반자(전자)보다
훨씬 많이 존재하기 때문이다. p형 반도체에서 다수운반자는 원자가전자띠의 정공이며 소수
운반자는 전도띠의 전자이다. 표 30-2는 전형적인 n형 및 p형 반도체의 특성을 요약한 것이다.

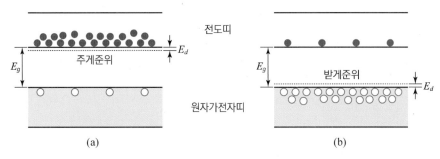

그림 30-7 주게 및 받게준위

표 30-2 두 종류의 대표적인 비고유반도체

구분	n형	p형
물질	실리콘	실리콘
불순물(Dopant)	인	알루미늄
불순물 형태	주게	받게
불순물의 원자가	5(= 4 + 1)	3(=4 − 1)
불순물의 에너지 간격	0.045 eV	0.057 eV
다수운반자	전자	정공
소수운반자	정공	전자
불순물 이온핵의 전하	+e	−e

예제 4. 상온에서 순수한 Si의 전도전자의 농도 n_0는 약 10^{16} m^{-3}이다. Si에 인을 도핑함으로써 전
자의 농도를 10^6배 정도로 증가시키기를 원할 때 어느 정도 비율의 Si 원자가 인 원자로 치환
되어야 하는지 계산하라. (단, 상온에서는 도핑된 모든 인 원자가 전도대에 전자를 내놓는다
고 가정하라.)

인의 농도를 n_p라고 하면

$$10^6 n_0 = n_0 + n_p \text{이므로}$$

$$n_p = 10^6 n_0 - n_0 \approx 10^6 n_0 = (10^6)(10^{16}\,\mathrm{m}^{-3}) = 10^{22}\,\mathrm{m}^{-3}$$

이것은 Si의 단위 세제곱미터당 10^{22}개의 인 원자를 주입해야 한다는 것을 의미한다.

도핑하기 전에 Si 원자의 농도 n_{Si}는 다음의 식에 의해서 구한다.

$$n_{\mathrm{Si}} = \frac{(\mathrm{Si\,밀도})N_A}{M_{\mathrm{Si}}}$$

여기서 N_A, M_{Si}는 각각 아보가드로상수 및 Si의 원자량을 의미한다. Si의 밀도와 원자량은 각각 $2.33\,\mathrm{g/cm}^3(=2{,}330\,\mathrm{kg/m}^3)$, $28.1\,\mathrm{g/mol}(=0.0281\,\mathrm{kg/mol})$이므로

$$n_{\mathrm{Si}} = \frac{(2{,}330\,\mathrm{kg/m}^3)(6.02\times10^{23}\,\mathrm{mol}^{-1})}{0.0281\,\mathrm{kg/mol}} \simeq 4.99\times10^{28}\,\mathrm{m}^{-3}$$

따라서 비율은

$$\frac{n_p}{n_{\mathrm{Si}}} = \frac{10^{22}\,\mathrm{m}^{-3}}{5\times10^{28}\,\mathrm{m}^{-3}} = \frac{1}{5\times10^6}$$

이상의 결과로부터 Si 원자 500만 개 중에 1개를 인 원자로 바꾸면 전도띠 전자의 개수가 100만 배 증가함을 알 수 있다.

30-7 pn접합

모든 반도체소자는 1개 이상의 pn접합을 포함하고 있다. 실리콘과 같은 순수한 결정반도체 막대를 가로지르는 가상면을 생각하여 이 면의 한쪽 편 막대는 주게원자로(n형 반도체), 다른 편 막대는 받게원자로(p형 반도체) 각각 도핑하면 바로 pn접합(junction)의 결합체가 된다. **그림 30-8(a)**는 pn접합을 표시하는 그림으로서 n형 물질에는 다량의 전자가, p형 물질에는 다량의 정공이 각각 존재한다. 접합면에 인접한 전도띠의 전자들은 그 면을 넘어서 **그림 30-8(a)**의 오른쪽에서 왼쪽으로 확산(diffusion)하여 접합면의 다른 쪽 원자가전자띠의 정공과 쉽게 재결합(recombination)한다. 마찬가지로 p 영역의 정공은 접합면을 왼쪽에서 오른쪽으로 넘어서 확산하여 n 영역의 전자와 재결합한다.

위와 같은 모든 확산−재결합과정을 통해서 접합면의 오른쪽 막대부분은 양의 전하를 왼쪽 막대부분은 음의 전하를 각각 얻게 된다. 이러한 전하들에 대해 **그림 30-8(c)**와 같이 퍼텐셜 차이 V_0가 접합면에 형성될 뿐만 아니라 V_0와 관련되어 있는($E = -dV/dx$의 관계식에 의해) 내부전기장 E_0가 **그림 30-8(c)**에 표시된 방향으로 접합면에 걸리게 된다. 이 전기장은

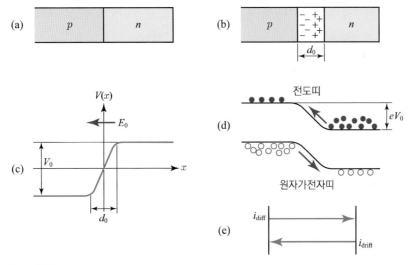

그림 30-8 pn접합

확산운동과 반대방향으로 전자에 힘을 작용한다. 달리 표현하면 전자가 오른쪽에서 왼쪽으로 혹은 정공이 왼쪽에서 오른쪽으로 확산하기 위해서는 **그림 30-8(c)**에 표시된 퍼텐셜장벽을 넘기에 충분한 에너지가 공급되어야 한다는 것이다.

이것은 에너지띠를 표시한 **그림 30-8(d)**에 잘 설명되어 있다. 즉, 전자가 n 영역에서 p 영역으로 확산하거나 정공이 그 반대방향으로 확산하기 위해서는 eV_0 높이의 퍼텐셜언덕을 각각 넘어야 한다. 전자와 정공의 확산에 의해서 생기는 전류는 관습적으로 왼쪽에서 오른쪽으로 흐른다고 정의하는데 이 전류를 확산전류(diffusion current), i_{diff}라고 한다.

pn접합 실리콘막대가 선반 위에 고립되어 놓여 있다고 할 때 전류가 막대의 길이 방향으로 무한히 흐를 수는 없다. 즉, 이 전류를 멈추거나 상쇄할 만한 인자를 필요로 하는데 이와 관련하여 소수운반자에 대해서 논의해 보자.

그림 30-7과 **표 30-2**에서 알 수 있듯이 n형 물질에서 다수운반자는 전자일지라도 작은 수의 소수운반자가 함께 존재하는데 이것은 p형 물질의 경우도 마찬가지이다. **그림 30-8(d)**에 소수운반자가 표시되어 있다. **그림 30-8(c)**에서 전기장은 다수운반자의 운동을 저지하는 역할, 즉 장벽으로 작용하지만 소수운반자의 경우엔 전자 또는 정공에 관계없이 내리막경사면을 제공하는데 불과하다.

열에너지에 의해 접합면에 근접한 전자가 p형 물질의 원자가전자띠에서 전도띠로 상승할 때 전자는 접합면을 건너 왼쪽에서 오른쪽으로 전기장 E_0를 따라 표류한다. 마찬가지로 n형 물질에서 생성된 정공도 역시 다른 쪽으로 표류한다.

그림 30-8(b)에 표시한 공간전하영역은 이러한 과정을 통해서 전하운반자가 비워지게 되는데 이 영역을 공핍층(depletion zone)이라고 한다.

소수운반자의 운동에 의한 전류를 표류전류 i_{drift} 라고 부르는데 이 전류는 확산전류와 반대 방향으로 흐르며 **그림 30-8(e)**에 표시된 바와 같이 평형상태에서 두 전류는 정확히 상쇄된다.

pn접합의 특성을 다음과 같이 요약할 수 있다. 평형상태에서 고립되어 있는 pn접합은 그 양단에 접촉전위차 V_0를 생성하며 p에서 n쪽으로 접합면을 통해서 흐르는 확산전류 i_{diff}는 그 반대방향으로 흐르는 표류전류 i_{drift}와 균형을 이룬다. 또한 전기장 E_0가 두께 d_0인 공핍 층을 가로질러서 작용한다.

30-8 다이오우드 정류기

pn접합을 전지의 두 단자에 연결하여 회로를 구성할 때 전지의 어느 한쪽 방향으로 연결한 경우보다 그 반대방향으로 연결한 경우에 회로에 흐르는 전류가 훨씬 작다는 것을 발견할 수 있는데 이것이 바로 정류기의 기본원리이다. **그림 30-9**는 실리콘 pn접합 다이오우드에 대해서 역방향($V < 0$)의 전류가 순방향($V > 0$) 전류에 비해 무시된다는 것을 보여주고 있다. **그림 30-10**은 다이오우드 정류기의 한 예로써 사인파(sine wave) 입력전압으로 반파 (half-wave) 출력전압을 만들어 내는 장치이다. 다이오우드의 기호가 표시되어 있는데 화살 표 머리부분은 p형 단자로서 순방향을 나타낸다. 다이오우드는 화살표 머리 쪽 단자가 다른 쪽 단자에 비해 전위차가 양의 값일 때 전류가 흐른다.

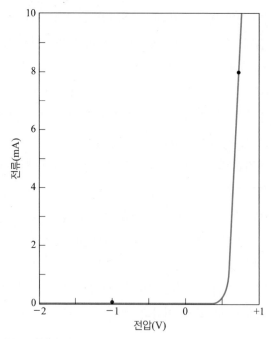

그림 30-9 pn접합의 전류−전압 특성

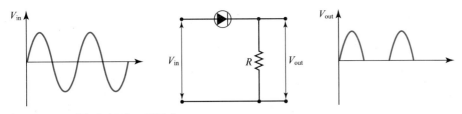

그림 30-10 pn접합 다이오우드 정류기

그림 30-11(a)는 역방향 회로의 상세도로서 전지의 기전력에 의해 다수운반자가 넘어야 할 장벽이 높아져서 확산전류가 현저히 줄어들게 된다. 그러나 표류전류는 장벽이 관여하지 않으므로 외부 전압의 크기나 방향에 의존하지 않는다. 따라서 0의 바이어스에서 유지되었던 전류평형상태 **그림 30-8(e)**가 깨지게 되므로 **그림 30-11(a)**에서 작은 전류가 회로에 흐르게 된다. 역방향의 바이어스에 의해 생기는 또 다른 효과는 **그림 30-8(b)**와 **그림 30-11(a)**의 비교에 의해서 알 수 있듯이 공핍층이 넓어진다는 것이다. 이것은 접합의 n단자에 연결된 전지의 양극이 전자를 공핍층에서 n형 쪽으로 끌어당기고 정공을 p형 쪽으로 밀어낸다는 사실로부터 이해될 수 있다.

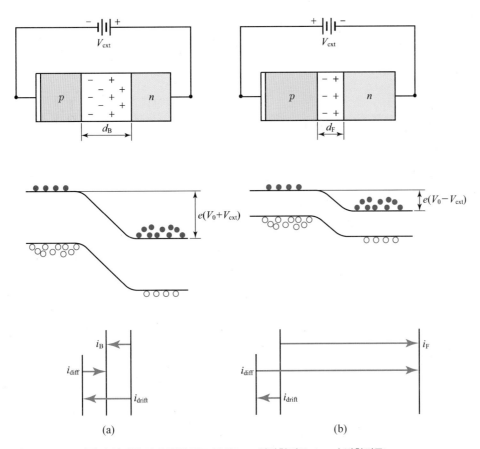

그림 30-11 pn접합의 역방향 및 순방향 회로 구성(i_B : 역방향전류, i_F : 순방향전류)

그림 30-11(b)는 순방향 회로로서 전지의 음극이 pn접합의 n형 쪽에 연결되어 있다. 인가된 기전력이 접촉전위차를 줄이게 됨으로써 확산전류가 현저하게 증가한다. 따라서 비교적 큰 알짜 순방향전류가 흐르게 되며 공핍층은 더 좁아지게 된다.

예제 5. 에너지간격이 1.9 eV인 임의 반도체 물질을 바탕으로 pn접합을 형성하여 LED(light-emitting diode, 발광소자)를 제작하였다. 방출되는 빛의 파장은 얼마인가?

풀이 에너지간격을 이용하여 파장을 계산하면 되므로

$$\lambda = \frac{hc}{E_g} = \frac{(6.625 \times 10^{-34} \text{ J/s})(3 \times 10^8 \text{ m/s})}{(1.9 \text{ eV})(1.60 \times 10^{-19} \text{ J/eV})}$$

$$\simeq 6.53 \times 10^{-7} \text{ m} \simeq 654 \text{ nm}$$

이다. 따라서 빨간색의 빛이 방출됨을 알 수 있다.

연습문제

01 식 (30 – 5)를 이용하여 구리의 페르미 에너지가 7 eV인 것을 증명하라.

02 상온에서 구리와 실리콘에 대해서 $\dfrac{d\rho}{dT}$를 구하라.

03 (a) 식 (30 – 2)를 $n(E) = CE^{1/2}$로 쓸 수 있음을 보여라.

(b) C를 미터와 eV의 단위로 계산하라.

(c) $E = 5$ eV 일 때 $n(E)$를 구하라.

04 구리의 페르미 에너지 7 eV에 해당하는 페르미 속력이 1,600 km/s임을 증명하라.

05 (a) $T = 0$ K, (b) $T = 320$ K일 때 페르미 준위보다 0.062 eV 위에 있는 에너지상태가 채워질 확률을 계산하라.

06 식 (30 – 5)를 $E_F = An^{2/3}$로 나타낼 수 있음을 보여라. (단, 여기서 $A = 3.65 \times 10^{-19}$ m^{2}eV 이다.)

07 페르미 준위보다 63 meV 위에 있는 에너지상태가 채워질 확률은 0.09이다. 페르미 준위보다 63 meV 아래 있는 에너지상태가 채워질 확률은 얼마인가?

08 식 (30 – 6)에서 점유확률 $P(E)$는 페르미 준위 값에 대해 다음과 같이 대칭임을 보여라.

$$P(E_F + \Delta E) + P(E_F - \Delta E) = 1$$

09 구리에 대해서 $T = 1{,}000$ K에서 $E = 4$, 6.75, 7, 7.25, 9 eV일 때 점유된 상태밀도 $n_0(E)$를 구하고, 그래프를 그려라. (구리의 페르미 에너지는 7 eV이다.)

10 은의 페르미 에너지는 5.5 eV이다.

(a) $T = 0°$에서 4.4, 5.4, 5.5, 5.6, 6.4 eV의 에너지를 갖는 각각의 에너지상태가 점유될 확률은 얼마인가?

(b) $E = 5.6$ eV인 에너지상태가 점유될 확률이 0.16이 되는 온도는 얼마인가?

11 에너지 E에 있는 에너지 준위가 점유되지 않을 확률 $P(E)$가 다음과 같이 주어짐을 증명하라. (여기서 $\Delta E = E - E_F$이다.)

$$P(E) = \frac{1}{e^{-\Delta E/kT} + 1}$$

12 $T = 300$ K에서 전도전자에 의해서 점유될 확률이 0.1일 에너지상태가 페르미 준위에서 얼마나 가까이에 위치하는지 구하라.

13 (a) 페르미 준위에서의 상태밀도가 다음과 같이 주어짐을 증명하라. (여기서 n은 전도전자의 밀도이다.)

$$n(E_F) = \frac{(4)(3^{1/2})(\pi^{2/3})\text{nm}^{1/3}}{h^2}$$

$$= (4.11 \times 10^{18} \, \text{m}^{-2}\text{eV}^{-1})\text{n}^{1/3}$$

(b) 구리에 대해서 $N(E_F)$를 계산하고, **그림 30-2(a)** 와 일치하는지 조사하라. (구리의 E_F는 7 eV 이다.)

14 $T = 0$ K에서 금속의 전도전자의 평균에너지 $E_{avg.}$ 가 $\frac{3}{5}E_F$임을 증명하라.

15 (a) 다이아몬드의 원자가전자띠에서 전도띠로 전자를 여기시키는 빛의 최대 파장은 얼마인가? (에너지간격은 5.5 eV이다.)

(b) 이 파장은 전자기파 스펙트럼의 어느 부분에 해당하는가?

16 페르미 확률함수 식 (30 - 6)은 금속뿐만 아니라 반도체에도 적용된다. 반도체에서 페르미 에너지는 띠간격의 중앙에 위치하며 Ge의 띠간격은 0.67 eV이다.

(a) 전도띠의 바닥에 있는 에너지상태가 점유될 확률은 얼마인가?

(b) 원자가전자띠의 꼭대기에 전자가 점유되지 않을 확률은 얼마인가? ($T = 290$ K이다.)

17 상온에서 순수한 Si은 전도띠의 전자농도가 5×10^{15} m^{-3}이며, 가전자 띠의 정공의 농도도 같은 값을 갖는다. 10^7개의 Si 원자 하나하나가 모두 인(P)의 원자로 치환되었다고 가정하라.

(a) 도핑된 반도체는 n, p 중 어떤 형태인가?

(b) 도핑에 의해 증가한 전하운반자의 농도는 얼마인가?

(c) 도핑되지 않은 Si에 대한 도핑된 Si의 전하운반자(전자 및 정공) 농도의 비는 얼마인가?

18 예제 4에 설명한 정도로 1 g의 Si을 도핑하는 데 필요한 인의 질량은 얼마인가?

19 Si 시료를 전자띠 끝 아래 0.11 eV에 주게준위를 갖는 원자로 도핑한다. (Si의 에너지간격 = 1.11 eV)

(a) 각각의 주게준위가 점유될 확률이 $T = 300$ K에서 5×10^{-5}일 때 페르미 준위는 가전자띠 끝을 기준으로 어디에 위치하게 되는가?

(b) 이때 전자띠 끝에 있는 에너지상태가 점유될 확률은 얼마인가?

20 300 K에서 도핑된 Si 반도체의 주게준위는 전도띠 끝 아래 0.15 eV에 위치하며, 페르미 준위는 전도띠 끝 아래 0.11 eV에 위치한다. (Si의 에너지간격 = 1.11 eV)

(a) 도핑하지 않는 Si(이 경우 페르미 준위는 에너지간격의 정중앙에 위치)와 도핑한 Si에 대해 전도띠 끝에 있는 에너지상태가 점유될 확률을 구하라.

(b) 도핑반도체에서 주게준위가 점유될 확률을 구하라.

CHAPTER 31

원자핵물리학과
핵에너지

31-1 새로운 방사선 발견

W. K. Röntgen은 1895년 방전관의 음극에서 발생하여 가속된 전자가 양극에 충돌할 때 방출되는 X-선을 발견했다. 이때 유리로 만든 기체방전관 속의 음극의 반대편 유리면에서 형광이 나타나, 이 형광이 X-선 방출과 어떤 관계가 있을 것으로 예상하여 형광을 방출하는 물체에서 방출될지 모르는 X-선을 찾기 시작했다. 1896년에 H. Becquerel은 일광을 쪼이면 형광을 내는 우라늄화합물을 사용하여, 종이로 완전히 싼 사진건판을 감광시켜 투과력이 있는 방사선이 방출됨을 발견했다. 또한 우연한 기회에 일광에 쪼이지 않은 우라늄화합물도 사진작용을 일으킴을 발견하였고, 또 검전기를 감응시키고 주위 공기를 이온화시킴도 알게 되었다. 이 미지의 방사선은 우라늄선, 또는 Becquerel선이라고 했다. 이에 자극을 받은 퀴리 부부(P. Curie와 M. Curie)는 토륨 및 그의 화합물도 우라늄과 유사한 효과를 나타냄을 발견하였고, 특히 우라늄 광석인 핏치브렌드(Pitchblende)는 우라늄보다 더욱 강한 작용이 있음을 알게 되었다. 이와 같은 작용은 우라늄이나 토륨의 화학작용이 아니라 원소 자체의 성질임이 알려져 핏치브렌드 속에는 우라늄보다 더 강한 효과를 가진 물질이 있을 것으로 예상하고 약 3톤의 광석을 화학분석 처리한 결과 1898년 7월에 새로운 원소 폴로늄(Po)을, 같은 해 12월에는 라듐(Ra)을 발견했다. P. Curie는 라듐의 방사선에는 자장 속에서 진로가 휘어지는 것과 휘어지지 않는 2종이 있다고 생각했는데 E. Rutherford는 강한 자장 속에서 둘 다 휘어지며 그 방향이 반대임을 확인하고 알루미늄판에 의한 실험으로 투과력이 강한 것(β선)과 약한 것(α선)이 있음을 발견했다. 같은 해 1900년에 P. Villard는 자장에 의해 전혀 휘어지지 않는 제3의 방사선(γ선)을 발견하였으며 이는 X선보다 투과력이 강한 방사선임이 알려졌다. 이와 같이 원소에서 방사선을 방출하는 성질을 방사능(放射能 : radioactivity)이라 하고, 이러한 원소를 방사성 원소(radioactive element)라 한다.

31-2 방사선 붕괴

방사능은 원소의 화학작용의 결과가 아니다. 방사능은 화학변화, 압력, 온도변화에 영향을 받지 않는다. E. Rutherford와 F. Soddy는 토륨의 방사능을 연구하면서 방사능이 시간에 따라 감소·증가하는 현상을 발견했다. 이를 이론적으로 분석한 결과, 방사능은 원소의 원자 고유의 성질로서 원자가 붕괴(disintegration)하여 다른 원자로 변환하는 현상이라 결론지었다.

atom으로 더 이상 분할할 수 없는 궁극적 물질요소라고 생각해 왔던 원자가 스스로 붕괴하여 타 원자로 변환한다는 가설은 충격적 가정이었다. 그렇다면 왜 방사성원소의 원자는 동시에 전부가 붕괴하지 않는가? 처음에 F. Soddy는 같은 원소의 원자는 안정된 것과 불안정하여 붕괴하는 것 두 종류가 있다고 생각했었으나 후에 방사성 붕괴는 모든 원자가 동일하게 갖고 있는 특성으로 각 원자가 붕괴할 것인지 아닌지는 확률적으로만 결정되며 다만 많은 수의 원자 중 붕괴하는 원자의 수는 확률로서 취급해야 한다는 결론에 도달했다.

어느 시각 t에 붕괴하지 않고 잔존하고 있는 원자수를 $N(t)$, 다음 미소시간 dt 사이에 붕괴한 원자수를 dN이라면 통계원칙에 따라 단위시간에 붕괴하는 확률 λ는

$$\lambda = -\frac{dN/dt}{N} \tag{31-1}$$

로 정해진다. 여기서 λ는 붕괴상수(decay constant)라 하며 원자의 종류에 따르지만 시간에 관계없이 과거, 현재, 미래에 걸쳐 일정하다고 생각된다.

$N(0) = N_0$라 하고 식 $(31-1)$을 적분하면

$$N(t) = N_0 e^{-\lambda t} \tag{31-2}$$

가 된다. 그런데 우리가 실험을 통해서 측정하는 물리량은 원자수가 아니라 방사능(radioactivity)이며 이것은 단위시간당 붕괴하는 원자수로 일정 시간 동안에 방출되는 방사선을 측정하여 이를 측정시간으로 나누어 알게 된다.

그래서 새로이 방사능 R을

$$R = -\frac{dN}{dt}$$

로 정의하면 식 $(31-1)$에서 $\lambda N = -dN/dt$, 식 $(31-2)$를 미분할 때 $dN/dt = -\lambda N_0 e^{-\lambda t}$이므로 $\lambda N_0 = R_0$라 하면

$$R(t) = \lambda N(t) = R_0 e^{-\lambda t} \tag{31-3}$$

가 된다(**그림 31-1**). 식 $(31-3)$은 물질의 방사능이 시간에 따라서 지수함수적으로 감소하는 것을 나타내며 Rutherford 등의 실험의 일부를 잘 설명할 수 있다. 만일 다른 종류의 원자가 같은 수 있으면 λ의 값의 대소에 따라 방사능의 강약이 정해질 것이다.

식 $(31-3)$의 양변의 대수를 취하면

$$\ln R(t) = \ln R_0 - \lambda t \tag{31-4}$$

로 $\ln R(t)$는 시간 t에 대한 일차함수로 표시된다(**그림 31-2**).

방사성원자의 특성을 표시하는데 더욱 빈번히 사용되는 것은 현존하는 원자의 수가 반으로 감소할 때까지 소요되는 시간이며 이를 반감기(半減期 : Half life)라 하고 T 또는 $t_{1/2}$로 표시한다. 식 $(31-2)$에서 $N(t=T) = \frac{1}{2}N_0$, 또는 식 $(31-3)$에서 $R(t=T) = \frac{1}{2}R_0$를 이용하면,

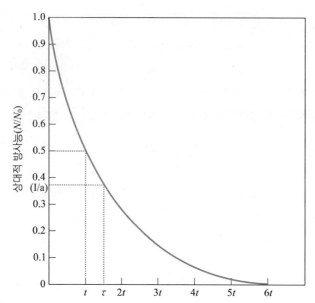

그림 31-1 방사능과 시간관계

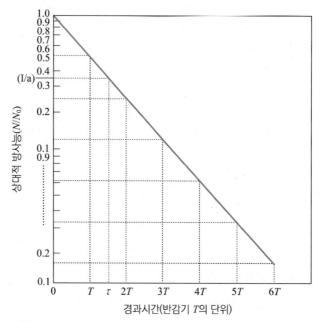

그림 31-2 방사능의 반감기

$$\frac{1}{2} = e^{-\lambda T}$$

따라서

$$T = \frac{\ln 2}{\lambda} = \frac{0.693}{\lambda} \tag{31-5}$$

의 관계를 얻는다. **그림 31-2**에서 알 수 있듯이 방사능은 $t = T$에서 1/2, $t = 2T$에서 1/4, $\cdots$, $t = nT$에서 $1/2^n$로 감소하는 모양을 알 수 있다. T가 큰 원자는 장수명(long-lived), 짧은 것을 단수명(short-lived)이라고 표현하지만, 이는 상대적 표현에 지나지 않는다.

가령 ^{238}U의 반감기는 $4.5 \times 10^9 y$(년)이며, ^{212}Po는 $0.30 \mu s$에 지나지 않는다. 전체적으로 보아 반감기는 μs에서 $10^{15} y$까지 광범위하게 분포되어 있다.

예제 1. 다음 표는 ^{128}I시료에 관한 방사능 측정값이며, 방사능을 1초당 방사선의 방출수로 표시하였다. 붕괴상수 및 반감기를 구하라.

시간(분)	R(방출수/초)	시간(분)	R(방출수/초)
4	392.2	132	10.9
36	161.4	164	4.56
68	65.5	196	1.86
100	26.8	218	1

풀이 식 $(31-4)$에 의해

$$-\lambda = \frac{\ln R(t) - \ln R_0}{t}$$

이므로 이를 이용하여 계산할 수도 있지만, 식 $(31-4)$를 도표로 표시하면 다음 그림과 같고 이 직선을 연장하여 시간축과 $\ln R$축과의 교점을 읽으면 다음과 같다.

$$-\lambda = -\frac{6-0}{220 \min - 0}$$
$$\lambda = 0.0275 \min^{-1}$$
$$T = \frac{\ln 2}{\lambda} \approx 25 \min$$

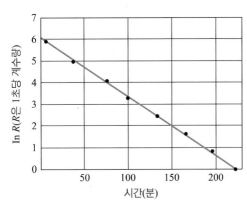

시간에 따른 방사능 측정치의 도표

탄소연대측정 : 유기물의 연대 측정에 보통 반감기가 5730년인 C-14의 베타붕괴, $^{14}C \rightarrow {}^{14}N + e^- + \bar{\nu}$, 현상이 이용되고 있다. 이는 살아있는 생체 내에 있는 $^{14}C/^{12}C$ 비율이 주변과의 지속적 이산화탄소의 교환으로 공기 중에서의 비율과 같아지나 죽은 후에는 주변과의 탄소 교환이 이루어지지 않기 때문에 가능하다. 공기에는 고공에서 우주선에 의한 핵반응에 의해 C-14이 생성되며 그의 베타붕괴와 평형을 이뤄 대기 중에서 일정한 비율을 유지한다. 현재 대기 중의 이산화탄소 내에는 $^{14}C/^{12}C$ 비율이 1.3×10^{-12}이며 C-14이 과거에도 현재와 같은 비율로 대기 중에 존재하였다는 가정에 기초하여 유기물에 있는 이산화탄소 중의 C-14의 비율을 측정함으로써 연대추정이 이루어진다. 따라서 반감기가 5730년인 C-14을 이용하는 탄소연대측정은 대략 1000년에서 25000년 정도 범위에서 연대측정이 가능하다.

31-3 원자의 구조 : 원자핵의 발견

방사능의 발견으로 원자가 더 미세한 구조를 갖는다는 사실이 밝혀지고 1897년에 J. J. Thomson에 의해 음전기를 가진 전자가 원자에서 방출됨이 발견된 것과 더불어 이 음전기를 중화시킬 양전기가 원자 내에 어떻게 분포되어 있는가라는 문제가 제기됐다. J. J. Thomson은 원자의 전기적 구조에 관한 하나의 모형을 제안했다. 그러나 양전하가 원자 내에 고루 분포되어 있다는 이 모형은 이후에 실시된 실험적 사실을 설명하는 데에 실패하였다. 1909년 Rutherford는 H. Geiger와 E. Marsden을 시켜 α선이 금박에 의해 어떻게 산란(散亂)되는가를 실험했다.

α선은 헬륨이온(He^{++})임이 밝혀져 있었고 금 원자의 양전기와 충돌하면 쿨롱반발로 α선의 진로가 변하게 될 것이다. 이 진로의 변화는 산란각으로 측정된다. 따라서 각도를 바꿔가면서 그 각도로 산란되는 확률을 측정함으로써 그 반발력의 특성을 규명할 수 있다.

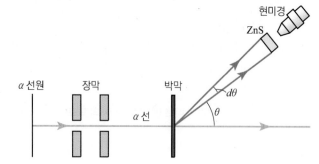

그림 31-3 α산란 측정방법

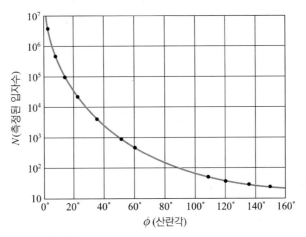

그림 31-4 α선 산란의 각도의존성

그림 31-3과 그림 31-4는 이 실험장치와 결과를 각기 나타낸 것이다. 그 결과 산란각이 1°
정도로 산란되는 것이 가장 많았고 90° 정도로 산란되는 것도 약 2만분의 1 정도로 측정되
었다. 그러나 만일 J. J. Thomson 모형으로 이를 계산하면 90° 이상으로 산란되는 확률은
10^{-43}으로서 실험과의 격차는 너무 크다. α선이 이와 같이 큰 각도로 산란되는 것은 α선과
원자 사이의 쿨롱반발력이 아주 크다고 생각해야 하며 이렇게 되기 위해서는 원자의 양전기
가 원자보다 아주 작은 공간에 집중되어 있으며 α선이 더욱 근접할 수 있기 때문이라는 생
각에서 Rutherford는 우선 원자의 양전기도 α 입자도 점전하이며, 모든 원자는 그의 질량이
극히 작은 공간에 집결되었다는 모형을 가정하여 α선이 원자에 의해 산란되는 확률을 계산
하였다. 1913년에 Geiger와 Marsden은 실험을 통해서 이 관계식이 실험 결과를 잘 설명할
수 있음을 확인했다. 이 관계식은 Rutherford의 α선 산란공식이라고 한다.

원자의 크기가 대략 10^{-11} m 정도인 데 비해 원자의 양전기와 질량이 집중된 부분은
10^{-15} m 정도의 크기를 가진 것으로 추정되었다. 이 부분이 원자핵(Nucleus)이며, 음전기를
가진 전자들은 이 원자핵 주위에 균일하게 배치되었다고 생각되었다.

예제 2. 5.3 MeV의 에너지를 가진 α선(혹은 α 입자)이 금의 원자핵과 정면충돌한다고 가정할 때
접근할 수 있는 거리를 계산하라.

풀이 α 입자와 원자핵 사이에는 쿨롱반발력이 작용하므로 최초에 5.3 MeV의 운동에너지를 갖고
출발한 α 입자는 원자핵에 접근하기 위하여 스스로의 에너지를 소모하고, 대신 원자핵에 대한
위치에너지가 증가한다. 초기에 위치에너지는 무시될 수 있어 최초의 운동에너지가 전부 위치
에너지로 변환될 때 α 입자는 정지하고 그때의 거리를 d라고 하면

$$K_\alpha = \frac{1}{4\pi\varepsilon_0} \frac{Q_\alpha \cdot Q_{Au}}{d}$$

여기서 $Q_\alpha(\alpha$ 입자의 전기량$) = 2e$, Q_{Au}(금의 원자핵의 전기량) $= 79$ e를 대입하면 다음과 같다.

$$d = \frac{(2e)(79e)}{4\pi\varepsilon_0 K_\alpha}$$

$$= \frac{(2\times 79)(1.6\times 10^{-19}\,C)^2}{4\pi(8.85\times 10^{-12}\,F/m)5.3\,MeV(1.6\times 10^{-13}\,MeV)}$$

$$\simeq 4.29\times 10^{-14}\,m \sim 43\,fm$$

(단, $fm = 10^{-15}\,m$)

31-4 원자핵의 성질

원자핵은 $10^{-15}\,m$ 정도의 극히 미소한 물질이며 원자의 종류에 따라 질량도 다르다. 또한 미시세계를 지배하는 것은 양자역학이기 때문에 원자핵의 에너지상태와 spin 등의 문제를 다루어야 하고 더 나아가 원자핵 자체는 더 이상 분할되지 않는 궁극적 미립자인가의 문제 등이 있다.

1. 원자핵의 미세구조 및 핵종

원자 중 가장 가벼운 것은 수소이며 수소의 원자핵은 $+e$의 양전기를 가진 입자이며 그 이하의 질량의 원자핵은 없으니까 수소원자핵은 수소보다 무거운 원자핵을 만드는 요소의 하나가 될 것이다. 이것을 양성자(陽性子 : proton)라 한다. 수소 다음의 무거운 원소는 헬륨이며 이의 원자핵은 α 입자이며 α^{++}는 $+2e$의 전기를 갖고 있으나 질량은 수소의 약 4배에 달한다. 따라서 헬륨원자핵이 4개의 양성자로 만들어져 있다면 질량 문제는 설명되지만 전기량은 $+4e$가 되어 실제와 맞지 않는다.

Rutherford는 원자핵 속에 전자가 있으면 이 문제가 해결될 것이라 생각했다. 헬륨의 경우 전자 2개(전기량 $-2e$)가 있으면 $+4e+(-2e)=+2e$로서 전기량 문제가 해결되고 전자의 질량은 양성자의 1/1,840 정도이니까 질량 문제도 해결된다. 전자는 원자핵 내부에서 (양성자 + 전자 = 중성입자)로 결합되어 하나의 중성입자 상태에 있을 것이라 생각했다. 특히 β 입자는 전자임이 밝혀져 있어 이 착상을 합리적이라 생각했다.

그러나 전자와 같은 경입자(輕粒子)가 $10^{-15}\,m$ 정도의 미소공간에 가두어져 있을 때 Heisenberg의 불확정성 원리에 의해 그의 에너지의 불확정성이 커져서 실제로 실험에서 관측된 β 입자의 에너지와 너무나 큰 차이가 나타나는 등 불합리성이 지적되었으며, 기타 여러 가지 사항으로 전자가 원자핵의 구성요소가 될 수 없음이 밝혀졌다. 1932년 J. Chadwick

은 원자핵반응으로 원자핵에서 방출되는 입자 중 양성자와 질량이 거의 같으나 전기가 중성인 새로운 입자, 즉 중성자(中性子 : neutron)가 있음을 발견했다. H. Heisenberg는 원자핵이 양성자와 중성자로 구성되었다고 제안하고, 이 두 입자를 통합하여 핵자(核子 : nucleon)라고 불렀다.

어떤 원자핵의 핵자의 총수를 질량수(質量數 : mass number)라 한다. 양성자의 개수를 Z, 중성자의 수를 N이라 하면 질량수 A는

$$A = Z + N \qquad\qquad (31-6)$$

이 된다. 이와 같이 Z개의 양성자와 N개의 중성자로 구성된 원자핵을 핵종(核種 : nuclide)이라 한다. 이론상 Z와 N의 모든 결합에 의한 핵종이 존재할 수 있으나 자연에는 극히 제한된 수만이 존재하며 인공적으로 만든 것도 제한되어 있다.

2. 핵종의 분류

핵종을 구성하는 Z개의 양성자는 원자핵의 전기량을 결정하고 따라서 원자핵 외부의 전자수가 결정된다. 이 Z값은 원소의 주기율표상의 원자번호와 일치한다. 따라서 Z가 정해지면 그 핵종의 화학원소는 정해진다.

핵종을 기호로 표시할 때에는

$$\begin{matrix} A \\ Z \end{matrix} \text{ (핵종의 화학기호)}$$

로 하기로 약속되어 있다. 가령 $(Z=1,\ N=1)$의 핵종은 $^{2}_{1}\text{H}$, $(Z=4,\ N=5)$의 핵종은 $^{9}_{4}\text{Be}$, $(Z=92,\ N=146)$의 핵종은 $^{238}_{92}\text{U}$ 등이다. 여기서 Z는 생략하기도 한다. 이와 같은 핵종은 (Z, N)의 결합에 따라서 몇 가지로 분류된다.

① **동위체(同位體 : 동위원소, isotope)** : Z는 같으나 N이 다른 핵종. Z가 같으니까 이 핵종들은 같은 화학원소에 속하며 원소주기율표상에서는 같은 위치(iso : 같은, tope : 위치)에 있게 되는데, 예를 들면 $(^{1}_{1}\text{H}, ^{2}_{1}\text{H}, ^{3}_{1}\text{H})$, $(^{235}\text{U}, ^{238}\text{U})$ 등이다.

② **동중체(同重體 : 동중원자핵, isobar)** : A가 같은 핵종들을 말한다. $A = Z + N$이니까 화학적으로 다른 원소라도 N의 값에 따라 동중원소가 될 수 있다. 예를 들면 $(^{198}\text{Au}, ^{198}\text{Pt}, ^{198}\text{Ir})$ 등이다.

③ **동중성자체(同中性子體 : 동중성자원자핵, isotone)** : 중성자수가 같은 핵종을 뜻한다. 가령 $(^{198}_{79}\text{Au}, ^{197}_{78}\text{Pt}, ^{198}_{77}\text{Ir})$ 등과 같다.

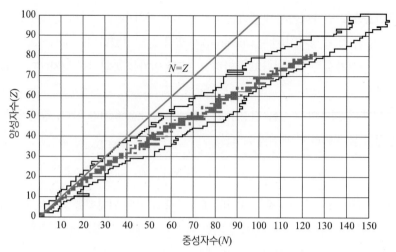

그림 31-5 핵종표 : 각종 핵종을 *Z*와 *N*의 결합으로 표시한다. 검은색 부분은 안정된 핵종을 나타내고 기타는 불안정 핵종이다. 원자번호 *Z*가 커질수록 중성자과잉($N - Z$)이 커진다.

    *Z*와 *N*의 임의의 결합으로 임의의 핵종 한 개가 만들어지겠지만 현실적으로 극히 제한된 수의 핵종이 발견되었고 합성되기도 했다. 이는 원자핵의 안정성(安定性)과 밀접한 관계가 있으며 $N = Z$인 핵종에 비해 중성자나 양성자가 과잉인 원자핵은 일반적으로 불안정하여 스스로 붕괴하여 안정된 핵종으로 변천하게 된다. 이들을 구분하여 하나의 도표로 표시한 것은 핵종표(nuclidic chart)라 하고 **그림 31-5**에 표시한다.

    그림 31-5는 핵종의 보편적 성격을 관찰하는 데는 유용하나 실제로 실험실에서 이용하기에는 핵종 표시부분이 명백하지 못하여 이를 크게 확대하여 핵종표를 만들어 사용하며 핵물리학 연구실의 벽에 부착하여 사용하고 있는 것의 일부분이 **그림 31-6**이다. 이 그림에서 수평방향으로 나열된 핵종들은 *Z*가 일정하므로 동위원소, 수직방향은 *N*이 일정하므로 동중성자원자핵, 45°선상에 있는 핵종들은 *A*가 일정하며 동중원자핵이 된다.

3. 원자핵 크기

원자핵은 10^{-15} m 정도의 크기를 갖고 있다고 생각되는 극미소입자이다. 따라서 원자핵의 모양에 관해서는 어떤 고전적 모형을 상정할 수밖에 없다. 원자를 구형(球形)으로 가정한 것과 같이 원자핵도 구형으로 가정하는 것이 가장 초보적 착상이다. 이렇게 되면 원자핵은 뚜렷한 반경을 정의할 수 있다. 물론 원자핵이 양성자와 중성자라는 더욱 미소한 입자의 집합체로 단순한 구가 아니므로 이 반경의 개념에는 자연 한계가 있게 된다.

    그리고 원자핵의 크기를 추정할 수 있는 방법은 여러 가지가 알려져 있다. 가장 기초적인 사항은 질량수 *A*가 커짐에 따라 반경이 어떻게 커지겠는가 하는 문제이다. 원자핵의 밀도가 균일하고 경계면이 뚜렷한 경우 반경 *R*과 질량수 *A* 간에는

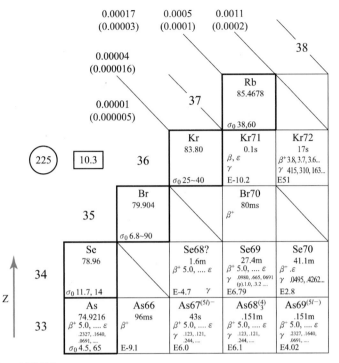

그림 31-6 핵종표의 일부분

$$R = R_0 A^{1/3} \quad (단, \ R_0 = 1.1 \sim 1.5 \ \mathrm{fm}) \tag{31-7}$$

의 관계가 있음이 알려져 있다. 그러나 여러 가지 실험을 통해 원자핵 밀도는 균일하지 않고 표면으로 갈수록 밀도는 작아지며 모양도 구형이 아닌 회전 타원체 등의 모형이 제창되어 있는 것이 실정이다.

4. 원자핵질량 및 결합에너지

양성자 Z개와 중성자 N개로 형성된 핵종의 질량은 양성자와 중성자의 질량을 각기 M_p, M_n 이라면 산술적으로는

$$M(Z, \ N) = Z \cdot M_p + N \cdot M_n \tag{31-8}$$

으로 주어질 것 같지만 실험을 통해서 직접 측정된 $M(Z, \ N)$의 값은 항상 $Z \cdot M_p + N \cdot M_n$보다 작다. 이 차이는 질량결손(質量缺損 : mass defect)이라 하는데 이 소멸된 질량은 Einstein의 에너지－질량 등가원리에 따라 에너지로 변하여 핵자들을 결합하는 데 사용된다. 이를 결합에너지(binding energy)라 한다. 이를 식으로 표시하면

$$M(Z, \ N)c^2 = ZM_p c^2 + NM_n c^2 - B.E. \tag{31-9}$$

로서 결합에너지(B.E.)와 연결된다. 따라서 만일 B.E.가 이론적으로 계산되면 번잡한 실험

절차를 거치지 않고 원자핵질량을 계산할 수 있을 것이지만 아직도 여기에 도달하지 못하고 있다. 따라서 실험적으로 원자핵질량을 측정해야 한다. 이 방법에는 크게 보아 질량분광법 (質量分光法 : mass spetroscopy)과 원자핵반응법이 있다.

전자의 경우 측정하고자 하는 원자의 양이온으로 이루어진 이온선(ion beam)으로 만들어 전장과 자장을 적절히 통과시켜 그의 전류를 측정하든지 또는 사진검판에 감광시켜 스펙트럼을 촬영하든지 하여 그 궤적을 분석하면(어떤 기준과 비교함으로써) 질량이 정해진다. 이때 사용되는 이온은 원자핵이 아니므로 원자핵질량이 아니라 이온질량이 되지만 전자질량은 교정하여 원자핵질량을 구할 수 있다.

이와 같은 방법으로 정밀하게 질량을 측정한 결과 자연에 있는 원소에는 동위원소(동위체)가 있음이 확인되었으며, 이 동위체가 일정 비율(존재비 : abundance)로 혼합되어 있다. 일반적으로 이 존재비는 그 원소의 출처와 관계없이 거의 일정함도 알게 됐다.

결합에너지는 Z와 N의 함수이나 $N = A - Z$이므로 결국 A와 Z의 함수라고 할 수 있다. 이를 $B(A, Z)$로 표현하지만 실용적으로 중요한 것은 $B(A, Z)$보다는 $B(A, Z)/A$, 즉 원자핵 내의 핵자 1개당 결합에너지값이다.

그림 31-7에 나타나는 몇몇 특색은 다음과 같다.

① $A < 56$ 이하의 가벼운 핵종에 B/A는 A가 4의 배수인 경우에 그 전후의 핵종에 비해 현저히 큰 값을 갖는다. 즉, 원자핵의 결합이 강하니까 더욱 안정되어 있다.

② 그러나 일반적으로 B/A는 A에 따라 증가하며 $A = 56$인 철의 위치에서 평탄한 최고치를 보여 약 8.8 MeV/핵자를 가진 다음 서서히 감소하여 우라늄에서 7.6 MeV/핵자 정도까지 감소한다.

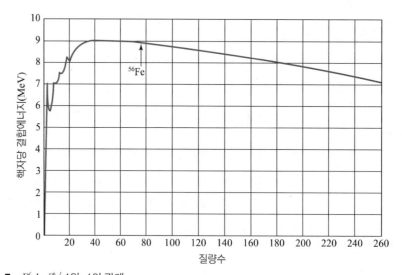

그림 31-7 $B(A, Z)/A$와 A의 관계

③ 이 곡선을 세부적으로 살펴보면 도중에 기복의 증감이 나타난다. 이와 같은 사실은 후에 원자핵에너지를 연구하는 데 이용될 것이다.

원자핵질량은 극히 미소하기 때문에 새로운 질량단위를 약속해서 사용하고 있다. 우여곡절 끝에 현재로는 종합질량단위 u(unfied mass unit)를 SI 단위로서

$$1\,\text{u} = \frac{1}{12}(\text{중성}\,{}^{12}\text{C의 원자질량}) = 1.661 \times 10^{-27}\,\text{kg} \qquad (31-10)$$

로 정의한다. **표 31-1**은 이상에 논의한 원자핵종의 몇몇 특성을 예시한 것이다.

표 31-1 몇몇 핵종의 특성 일람표

핵종	Z	N	A	존재비 (%)	질량 (u)	반경 (fm)	B·E/A MeV/핵자
^{1}H	1	0	1	99.985	1.07825	−	−
^{7}Li	3	4	7	92.5	7.01605	2.1	5.6
^{31}P	15	16	31	100	30.973763	3.36	8.48
^{81}Br	35	46	81	49.31	80.91629	4.63	8.69
^{120}Sn	50	70	120	32.4	119.9022	5.28	8.51
^{157}Gd	64	93	157	15.7	156.92397	5.77	8.21
^{197}Au	79	118	197	100	196.96656	6.23	7.91
^{227}Ac	89	138	227	21.8년*	228.02775	6.53	7.65
^{239}Pu	94	145	239	24,100년*	239.052158	6.64	7.56

* 불안정핵종이며 반감기를 나타냄

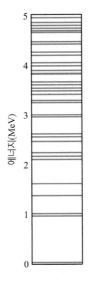

그림 31-8 핵에너지 준위도

5. 원자핵 에너지 준위

원자핵은 양성자 및 중성자로 구성된 양자역학적 체계이기 때문에 양자역학의 결과에 따라 명백히 규정된 불연속적 에너지상태를 갖는다. 이 에너지상태를 일반적으로 에너지 준위도로 나타낸다. 원자나 분자의 에너지상태가 분광학적 분석으로 정해지는 것과 같이 원자핵에 있어서도 핵분광학(nuclear spectroscopy) 실험과 이론적 분석을 통하여 정해진다. 원자나 분자의 분광학에서 취급되는 에너지 준위는 eV~keV 정도의 크기를 갖고 있으나 원자핵분광학에서는 MeV 정도의 크기를 취급하게 된다. 따라서 에너지 준위 사이에 일어나는 천이(遷移)에 의해 방출되는 방사선의 에너지는 MeV 정도의 크기를 가지며 광자의 경우에는 γ선이 방출된다. 그리고 준위구조는 아주 복잡하기 때문에 일률적으로 표시할 수는 없으며 핵분광학은 원자핵의 구조와 연관되어 활발히 연구가 진행되고 있다. **그림 31-8**에 원자핵 준위도의 한 예를 표시한다.

6. 원자핵의 spin과 자성

양성자와 중성자는 각기 고유한 spin 각운동량을 갖고 있으며, 원지핵 내부에서 운동에 의한 궤도 각운동량도 갖고 있다.

이 두 운동량은 벡터적으로 합성되어 총 각운동량을 갖는다고 본다. 이것을 원자핵 spin이라고 한다. 원자핵은 양전기를 갖고 있으며 이의 spin에 의하여 자기능률이 발생한다. 따라서 자성(磁性)을 갖게 된다. 이와 같은 사실은 원자물리학에서의 분광학적 분석, 원자핵물리학에서 방사선 붕괴, 원자핵반응 등을 통해 확인되고 있으나 상세한 분석에는 여러 가지 모형이 이용된다.

실험에 의하면 Z와 N이 모두 짝수인 기저상태 핵종의 spin은 예외 없이 0이다. 따라서 원자핵 내부에서 양성자나 중성자는 각기 고유 spin이 반평행하게 벡터적으로 결합되어 있으리라는 모형을 생각하게 한다. 일반적 핵종에서도 양성자와 중성자는 각기 되도록 반평행하게 결합하려는 경향이 있으며 원자핵의 spin이 15/2 이상 되는 것은 없다($\hbar$의 단위로).

원자핵의 자기능률은 spin에 의해 발생되는데 그의 크기는 전자의 spin에 의한 자기능률에 비하면 약 1,000분의 1 정도이며, 이는 원자핵의 질량이 전자에 비해 월등히 크기 때문이다.

자기공명영상(MRI) : 회전하고 있는 하전입자는 자기능률을 갖는다. 따라서 spin이 0이 아닌 원자핵은 자기능률 $\vec{\mu}$를 가지며 외부에서 가해진 자기장 $\vec{B}$에 의해 회전력 $\vec{\mu} \times \vec{B}$를 받아 자기장의 방향을 축으로 하여 세차운동을 한다. 이 세차운동의 진동수를 Larmor 세차진동수라 한다. 또한 외부 자기장 $\vec{B}$에 의해 자기모멘트 $\vec{\mu}$인 원자핵이 갖게 되는 에너지는 $-\vec{\mu} \cdot \vec{B}$이다. spin s인 원자핵이 갖는 에너지상태 수는 가능한 그 spin 방향수인 $2s+1$이며 $s=1/2$인 경우 $s_z=\pm 1/2$의 두 가지 spin 상태에 따라 각각 $E=\pm \mu B$의 에너지를 갖게 된다

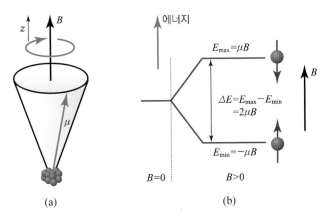

(a)   (b)

그림 31-9 핵자기공명. 자기장에 따른 양성자의 에너지 준위

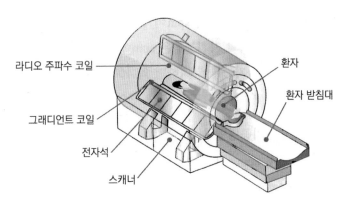

그림 31-10 MRI 촬영장치 및 촬영 사진

(**그림 31-9** 참고). z-축 방향으로 일정한 자기장 $\vec{B_0}$와 이에 수직 방향으로 진동하고 약한 자기장 $\vec{B}(w)$를 이용하여 이들 두 spin 상태 사이의 천이를 일어나게 할 수 있다. 이 진동하는 자기장의 진동수 $\nu = \omega/2\pi$가 원자핵의 Larmor 세차진동수와 같을 때 세차운동하는 자기 모멘트에 작용되는 회전력에 의해 두 spin 상태 사이의 뒤바뀜이 일어난다. 이때 자기장의 진동에너지 $\hbar\omega$가 흡수되어 에너지 차가 $\Delta E = 2\mu B_0$인 두 에너지상태 사이의 천이가 일어난다. 이 현상을 핵자기공명(NMR, nuclear magnetic resonance)이라 한다(29-8절 참고).

의료진료기구로 널리 사용되고 있는 MRI(magnetic resonance imaging)는 바로 인체의 2/3 정도를 이루고 있는 수소원자핵에 의한 핵자기공명현상을 이용하는 장치이다. 시간적으로 일정하고 매우 강한(수 Tesla) 자기장을 만드는 커다란 솔레노이드 내부에 위치한 인체의 각 부위 각 부분에 작용되는 강한 자기장 B_0는 위치에 따라 달라져 부위마다 공명진동수 ω가 다르게 된다. 이 공명흡수 신호를 컴퓨터로 분석함으로써 신체 각 부위에 대한 상태를 영상으로 재현할 수 있다(**그림 31-10** 참조). MRI의 장점은 진동하는 자기장 $B(\omega)$를 위하여 사용되는 전자기파가 라디오파로 그 광자 에너지가 단지 10^{-7}eV 정도로(분자결합에너지는

1eV 정도) 인체에 미치는 영향이 매우 작다는 것이다. 이에 비하여 X – 선 촬영에 사용되는 광자의 에너지는 $10^4 \sim 10^6$ eV이다.

7. 원자핵력

양성자와 중성자가 10^{-15} m 정도의 작은 공간에 안정하게 결합되어 있는 근본은 이들 입자 사이에 중력이나 전기력이 아닌 새로운 인력이 작용하기 때문이다. 양성자 – 양성자(전기적으로 척력) 사이, 중성자 – 중성자(전기적으로 작용 없음), 양성자 – 중성자(전기적으로 작용 없음) 사이에도 인력이 작용한다고 생각하는 것이 합리적이다. 위의 세 쌍의 힘이 모두 동일하다고 볼 때 이를 원자핵력의 하전독립(荷電獨立 : charge independence)이라 하며, 양성자 사이의 힘과 중성자 사이의 힘이 동일하다고 보는 것을 하전대칭(荷電對稱 : charge symmetry)이라 한다. 이는 실험적으로 확인되어 있다.

원자핵력(Nuclear force)은 이 이외에 여러 가지 특성을 갖고 있어 중력, 전기력과 구분된다. 특히 현재 알려져 있는 4개의 힘 중 가장 강하기 때문에 이를 강력(強力 : strong force)이라고 분류한다.

원자핵력은 몇 가지 특색을 갖고 있다.

① 원자핵력은 단거리힘(短距離力 : short range force)이다.

원자핵 내에 있는 모든 핵자들 사이에 인력을 작용하는 것은 아니며 한 핵자는 자기와 가까운 타 핵자와만 힘이 작용하며 원자핵 크기보다 먼 거리까지는 힘이 미치지 않는다. 현상론적으로는 포화성 힘(飽和力 : saturation force)이며 메탄분자에서 C는 가장 가까이 있는 4개의 수소와만 결합하고 있는 것에 비유된다.

② 원자핵력은 비중심력(非中心力 : non - central force)이다.

원자핵력은 핵자 사이의 거리에만 관계되는 것이 아니라 방향에 따라서도 차이가 있다. 텐서력(tensor force)이라고 한다. 마치 두 개의 자석 사이의 힘이 자석 사이의 거리 이외에 상대적 위치와 방향에 따라 차이가 있는 것과 유사하다.

③ 원자핵력은 교환력(交換力 : exchange force)이다.

핵자 사이에 파이온(pion)이 교환됨으로써 힘이 발생한다고 생각된다.

현대 소립자물리학은 이들을 더욱 깊이 탐구하여 핵자는 더욱 미소한 입자인 쿼크(quark)로 구성되어 있으며 원자핵력은 결국 쿼크 사이에 또 새로운 입자인 글루온(gluon)의 교환으로 발생한다고 보고 있다.

원자핵밀도는 질량수에 관계없음을 보이고, 크기를 계산하라.

풀이 원자핵반경이 $R = 1.2 \times A^{1/3}$ fm로 주어진다고 하자. 구의 체적은

$$V = \frac{4}{3}\pi R^3 = \frac{4}{3}\pi (1.2 \times A^{1/3}\,\text{fm})^3 \equiv \frac{4}{3}\pi \cdot 1.2^3 A\,\text{fm}^3$$

밀도 ρ는

$$\rho = \frac{A}{V} = \frac{3A}{4\pi \cdot 1.2^3\,\text{fm}^3 \cdot A} = \frac{3}{4\pi \cdot 1.2^3\,\text{fm}^3}$$

이로서 ρ는 A에 무관하며, 핵자밀도를 ρ_n이라 하면

$$\rho_n = 0.138\ \text{핵자}/\text{fm}^3$$

로 주어진다. 만일 핵자가 균질하게 원자핵에 분산·분포되었다면 핵자의 질량을 1.67×10^{-27} kg이라고 할 때 밀도 ρ는 다음과 같다.

$$\rho = \left(0.138\frac{\text{핵자}}{\text{fm}^3}\right)\left(1.67 \times 10^{-27}\frac{\text{kg}}{\text{핵자}}\right)\left(10^{15}\frac{\text{fm}}{\text{m}}\right)^3$$
$$\simeq 2 \times 10^{17}\,\text{kg}/\text{m}^3$$

이것은 물의 밀도의 약 2×10^{14}배가 되는 고밀도상태가 된다.

예제 4. $^{120}_{50}\text{Sn}$의 핵자 전부를 분리시키려면 핵자당 필요한 에너지는 얼마인가?

풀이 이 원자핵은 50개의 양성자와 70개의 중성자로 분리된다. ^{120}Sn의 질량과 50개 양성자 + 70개 중성자의 질량 차이에 해당하는 에너지가 필요하게 된다. 그런데 ^{120}Sn의 질량은 중성원자, 즉 $^{120}_{50}\text{Sn} + 50$개 전자의 질량이 주어져 있어 (50개 양성자 + 50개 전자)로서 50개 중성수소원자의 질량을 사용해도 전자의 질량이 서로 상쇄되기 때문에 지장이 없다.

우선 $^{120}_{50}\text{Sn}$의 중성원자 질량은 **표 31-1**에서 119.90219 u

^1_1H의 중성원자 질량은 **표 31-1**에서 1.007875 u

중성자의 질량은 1.008665 u

따라서

$$\Delta m = (50\text{개 중성수소질량} + 70\text{개 중성자}) - (\text{중성}^{120}\text{Sn원자})$$
$$= (50 \times 1.007875 + 70 \times 1.008665)\,\text{u} - 119.90219\,\text{u}$$
$$= 1.095601\,\text{u}$$
$$E = \Delta mc^2 \simeq 1{,}021\ \text{MeV}$$

이다. 이를 역으로 생각해 보면 핵자로서 원자핵을 합성하는 과정에는 질량이 감소한 것이며, 이 질량결손이 결합에너지로 변환된 것이다. 이때 핵자당 결합에너지 E_n은 다음과 같다.

$$E_n = \frac{E}{A} = \frac{1{,}021\ \text{MeV}}{120} = 8.51\ \text{MeV}/\text{핵자}$$

31-5 원자핵의 안정성

자연 속에서 발견된 많은 핵종 중 $Z=82$ 이상의 무거운 핵종은 불안정하여 스스로 붕괴해 더욱 안정된 핵종으로 변천한다. 이 과정에서 핵종에 따라 α 입자 또는 β 입자를 방출하며 γ선이 동반되는 경우가 많다. 핵종에 따라 단 1회의 붕괴로 바로 안정핵종이 되거나 또는 수차에 걸쳐 연속적으로 붕괴를 계속하여 안정된 핵종에 도달하는 연쇄붕괴(連鎖崩壊 : chain decay)도 있다. 붕괴하는 원자핵은 어미원자핵(parent nucleus), 생성된 원자핵은 딸 원자핵(daughter nucleus)이라 한다.

그림 31-11에 ^{238}U을 원조로 하여 최종 ^{206}Pb의 안정핵종에 도달하는 연쇄붕괴계열을 도시했다. 즉,

$$^{238}\text{U} \xrightarrow[4.5\times10^5\text{년}]{\alpha} {}^{234}\text{Th} \xrightarrow[24\text{일}]{\beta^-} {}^{234}\text{Pa} \xrightarrow[6.7\text{시간}]{\beta^-} \cdots {}^{210}\text{Po} \xrightarrow[140\text{일}]{\alpha} {}^{206}\text{Pb}_{\text{안정}}$$

으로 아래 숫자는 반감기를 나타낸다.

이 계열 이외에 자연원소 중에는 ^{232}Th를 원조로 하고 ^{208}Pb에서 종결되는 Th계열과 ^{235}U(actinouranium)을 원조로 ^{207}Pb에서 종결되는 Ac 계열이 알려져 있으며, 인공적으로 생산된 ^{237}Np을 원조로 ^{209}Bi에서 종결되는 Np 계열 등이 있다.

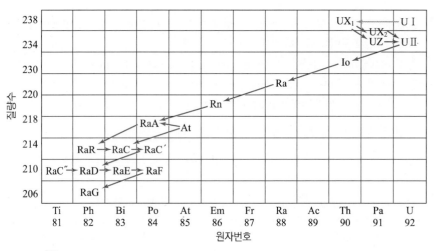

그림 31-11 ^{238}U의 연쇄붕괴계열

1. α 붕괴

앞서 본 것 같이 어떤 핵종은 α 입자($^4\text{He}^{++}$)를 방출하며 붕괴하는데, 이를 기호로 다음과 같이 표시한다. 즉,

$$_Z^A X \to {}_2^4 He + {}_{Z-2}^{A-4} Y \tag{31-11}$$

로서 A, Z는 붕괴 전후에 보존된다. 위의 ^{238}U 계열에서 보면

$$_{92}^{238} U \to {}_2^4 He + {}_{90}^{234} Th + Q\,(=4.25 \text{ MeV}) \tag{31-12}$$

로 Q는 붕괴열이며 주로 ^4He의 운동에너지 형태로 나타난다.

원자핵 내부에는 원래 ^4He는 한 덩이로 존재하지 않는다고 생각된다. 따라서 원자핵의 붕괴 직전에 형성된다고 생각된다. 원자핵은 왜 더 가벼운 입자인 양성자 또는 중성자를 직접 방출하지 않고 ^4He가 한 덩어리로 방출되는가? 이는 Q값에 의해서 설명된다.

양성자나 중성자가 방출된다면 그때의 Q값은 각각 $Q<0$가 되며, 에너지적으로 진행이 금지된다. $_2^4He$는 **그림 31-7**과 같이 결합에너지가 아주 크기 때문에 $Q>0$로 될 수 있는 것이다.

그런데 더욱 심각한 문제는 α 입자가 원자핵에서 방출하는 과정에 관한 것이다. 즉, α 붕괴의 역과정을 생각하자. 예로서 ^{234}Th에 의한 ^4He의 쿨롱산란에는 쿨롱척력에 의한 퍼텐셜이 생긴다. **그림 31-12**에서와 같이 α와 ^{234}Th의 거리가 접근할수록 퍼텐셜은 높아지며 α가 ^{234}Th에 완전 흡수된 상태에서는 원자핵력의 인력이 작용하여 퍼텐셜은 음의 값을 갖는다. 이때 α와 ^{234}Th이 접촉 시부터 흡수 후의 퍼텐셜의 구체적 모양은 명백하지 않지만 α 입자를 점으로 보고 인력퍼센셜은 우물형(Potential well)으로 단순화하여 표시하자. **그림 31-12**에서 보는 것 같이 원자핵 주위에는 높은 쿨롱장벽으로 싸여 있다. 이 장벽의 높이는 약 30 MeV 정도로 계산된다. 그런데 ^{238}U에서 나오는 α 입자의 운동에너지는 4.25 MeV로 고전역학적으로 이해할 수 없는 것이다.

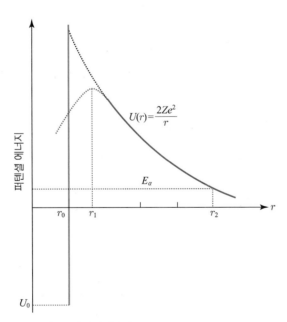

그림 31-12 ^{234}Th 원자핵과 ^4He 사이의 퍼텐셜

1928년 G. Gamew 및 독립적으로 R. W. Gurney와 E. U. Condon은 양자역학을 적용하여 이 문제를 해결했다. 양자역학에 의하면 퍼텐셜장벽보다 낮은 에너지를 가진 입자도 그 장벽을 투과하는 확률이 있다는 이론을 적용하여 α 입자가 쿨롱장벽을 투과(터널링 : tunneling)하는 확률을 계산하여 α 붕괴의 붕괴상수와 에너지와의 관계식을 유도하여 실험결과를 설명하는 데 성공했다.

예제 5. $^{238}U \rightarrow {}^4_2He + {}^{234}_{92}Th + Q$에서 Q값을 계산하라. (단, 각 핵종의 질량은 다음과 같다.)

$$M(^{238}U) = 238.05079 \text{ u}, \quad M(^4He) = 4.0026 \text{ u}, \quad M(^{234}Th) = 234.04363 \text{ u}$$

풀이 붕괴열 Q는 붕괴 전후의 입자들의 질량 차이를 Einstein의 원리에 따라 에너지로 바꾼 것이다. 질량차를 Δm이라 하면

$$\Delta m = M(^{238}U) - M(^{234}Th) - M(^4_2He) = 0.00456 \text{ u}$$

따라서 Q값은 다음과 같다.

$$Q = \Delta m \cdot c^2 = (0.00456 \text{ u})(932 \text{ MeV/u}) = 4.25 \text{ MeV}$$

예제 6. ^{238}U이 양성자를 방출한다고 가정하고 붕괴열을 계산하라. (단, 각 핵종의 질량은 다음과 같다.)

$$M(^1H) = 1.00783 \text{ u}, \quad M(^{237}Pa) = 237.05121 \text{ u}$$

풀이 $^{238}U \rightarrow {}^1_1H + {}^{237}_{91}Pa + Q$

붕괴 후의 질량은

$$M(^{237}Pa + {}^1_1H) = (237.05121 + 1.00783) \text{ u} = 238.05904 \text{ u}$$
$$\Delta m = 238.05079 \text{ u} - 238.05904 \text{ u}$$
$$= -0.00825 \text{ u} < 0$$

따라서 외부로부터 에너지 공급 없이 자발적으로 양성자를 방출하는 것은 에너지적으로 허용되지 않는다.

---

2. β 붕괴

원자핵 내부에는 전자는 단독적으로 존재하지 못한다. 그러나 자연 속의 불안정 핵종이나 인공적으로 생산된 불안정 핵종에서 전자가 방출됨이 확인되고 있다. 이를 β 붕괴라 하여 기호로 표시하면 전자질량이 무시되므로 질량수는 변함이 없어 다음과 같이 된다.

$$\text{음전자붕괴}(\beta^- - \text{붕괴}) : {}^A_Z X \rightarrow {}^A_{Z+1}Y + e^-$$
$$\text{양전자붕괴}(\beta^+ - \text{붕괴}) : {}^A_Z X \rightarrow {}^A_{Z-1}Y + e^+ \tag{31-13}$$

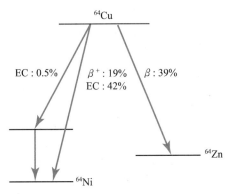

그림 31-13　^{64}Cu의 붕괴과정

　이 이외에 원자핵이 자기 주위에 있는 궤도전자를 흡수하여 다른 원자핵으로 변환하는 경우가 있다. 즉,

$$\text{전자포획(EC : Electron capture) : } {}^{A}_{Z}X + e^{-} \rightarrow {}^{A}_{Z-1}Y$$

의 경우이다.

　^{64}Cu는 위의 3종의 붕괴과정이 전부 관측되는 좋은 예의 핵종이다. 전체 β 붕괴 중 39%는 β^{-} 붕괴, 19%는 β^{+} 붕괴, 42%는 EC 붕괴를 하는데 0.5% 정도의 EC는 다른 경로를 거쳐 간다(**그림 31-13**).

$$
\begin{aligned}
{}^{64}_{29}Cu &\rightarrow {}^{64}_{30}Zn + e^{-} \\
{}^{64}_{29}Cu &\rightarrow {}^{64}_{28}Ni + e^{+} \\
{}^{64}_{29}Cu + e^{-} &\rightarrow {}^{64}_{28}Ni
\end{aligned}
\qquad (31-14)
$$

　β 붕괴의 붕괴열의 값은 α 붕괴와 완전히 다른 양상을 갖고 있다. α 붕괴 시에는 Q값은 일정치를 갖고 있다(미세구조가 있음을 무시한다). 그러나 β 붕괴 시의 전자의 운동에너지는 일정치가 아니라 0부터 어떤 최대치 사이에 연속적인 분포를 가진 연속 스펙트럼을 나타낸다(**그림 13-14**). ^{64}Cu의 β^{-} 붕괴과정

$$
{}^{64}_{29}Cu \rightarrow {}^{64}_{30}Zn + e^{-} + Q
\qquad (31-15)
$$

에서 Z와 A는 모두 보존되고 있다. 따라서 에너지 관계만이 보존되지 않고 있다는 결과가 된다. β^{-} 붕괴가 위와 같이 두 개의 입자로만 붕괴한다면 운동학적 견지에서 e^{-}의 에너지 값은 Q로 일정해야 한다.

　따라서 위 붕괴에서 제3의 입자가 방출됐을 가능성이 크다. 1931년 W. Pauli는 제3의 입자로서 중성미자(中性微子 : neutrino)가설을 제창했다. 이 입자는 전기적으로 중성이고 질량은 전자보다 매우 작지만 운동량을 가질 수 있고, 따라서 에너지를 갖는다.

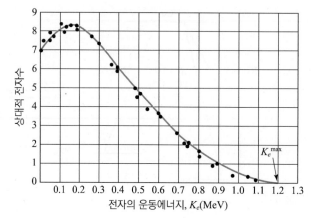

그림 31-14　^{210}Bi의 β 스펙트럼

　　β 붕괴의 붕괴열은 e^-와 중성미자가 공동으로 소유하며 두 입자 사이에 분배되므로 e^-는 에너지 배당이 0에서 최대치(이때 중성미자의 에너지 배당은 0)까지 있을 수 있게 된다. 이 중성미자는 물질과의 상호작용이 너무 약해서 1956년에 이르러서야 실험적으로 검출하는 데 성공했다.

　　따라서 β 붕괴식을 완성시키려면 중성미자를 ν로 표기하고

$$^{64}_{29}\text{Cu} \rightarrow {}^{64}_{30}\text{Zn} + e^- + \bar{\nu} \tag{31-16}$$

로 해야 한다(단, $\bar{\nu}$는 반중성미자).

　　다음 문제는 전자가 어떻게 방출되는가 하는 문제이다. E. Fermi는 1932년에 Pauli의 중성미자가설을 이용하여 β 붕괴이론을 제안했다.

　　즉, 붕괴의 기본과정으로서 원자핵 내부에서 핵자들이 서로 다른 종류의 핵자로 변한다는 획기적 착상이다. 핵자는 원자핵을 구성하는 가장 기본적인 불변의 입자로 생각했으나 이것이 또 붕괴한다는 착상이다. 즉,

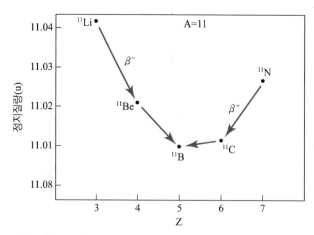

그림 31-15　$A = 11$ 동중체의 β^-, β^+ 붕괴 및 최대안정핵

$$\beta^- \text{ 붕괴} : \text{n} \rightarrow \text{p} + \text{e}^- + \overline{\nu}_e$$

$$\beta^+ \text{ 붕괴} : \text{p} \rightarrow \text{n} + \text{e}^+ + \nu_e$$

$$\text{EC} : \text{e}^- + \text{p} \rightarrow \text{n} + \nu_e \qquad\qquad (31-17)$$

Fermi는 이 기본과정을 이용하여 β 붕괴의 확률을 양자역학적으로 계산하여 실험 결과를 일부 설명하는 데 성공했다.

β 붕괴의 어미원자핵과 딸 원자핵은 동중체이며 질량수 변화는 없다. 같은 수의 핵자가 결합해도 Z와 N의 수에 따라 결합에너지는 다르며, 따라서 결합에너지가 큰 동중체는 질량이 작아지고 또 더욱 안정하다. $A=11$의 동중체에 대해 살펴보자.

$$^{11}_{3}\text{Li} \xrightarrow{\ \beta^-\ } {}^{11}_{4}\text{Be} \xrightarrow{\ \beta^-\ } {}^{11}_{5}\text{B} \xleftarrow{\ \beta^+\ } {}^{11}_{6}\text{C} \xleftarrow{\ \beta^+\ } {}^{11}_{7}\text{N} \qquad (31-18)$$

질량(u)　11.043908　　　11.021658　　　11.009305　　　11.011433　　　11.026742

5개의 동중체 중 질량이 가장 작은 것은 $^{11}_{5}\text{B}$이며 이를 중심으로 좌우의 동중체는 질량이 이보다 크다. **그림 31-15**에서와 같이 $^{11}_{5}\text{B}$는 이들 동중체로 만들어지는 곡선의 최하부인 계곡에 위치하고 있으며, 이보다 중성자가 많은 동중체는 $\text{n} \rightarrow \text{p} + \text{e}^- + \overline{\nu}_e$로 β^- 붕괴하여 안정한 $^{11}_{5}\text{B}$으로 변천하고 양성자가 많은 동중체는 $\text{p} \rightarrow \text{n} + \text{e}^+ + \nu_e$로 β^+ 붕괴하여 $^{11}_{5}\text{B}$에 이르며, 여기서 붕괴는 멈추게 된다.

예제 7. $^{32}_{15}\text{P} \rightarrow {}^{32}_{16}\text{S} + \text{e}^- + \overline{\nu}_e$의 **붕괴에너지를 계산하라.** ($^{32}\text{P}$, ^{32}S의 원자질량은 각기 31.97391 u, 31.97207 u이다.)

풀이 $\Delta\text{m} = \text{M}_{핵}\left({}^{32}_{15}\text{P}\right) - \text{M}_{핵}\left({}^{32}_{16}\text{S}\right) - \text{m}_e$

　　　$= \text{M}_{핵}\left({}^{32}_{15}\text{P}\right) + 15\text{m}_e - \text{M}_{핵}\left({}^{32}\text{S}\right) - 15\text{m}_e - \text{m}_e$

　　　$= \text{M}_{원자}\left({}^{32}\text{P}\right) - \text{M}_{원자}\left({}^{32}\text{S}\right)$

붕괴에너지는 다음과 같다.

　　　$Q = \Delta m \cdot c^2 = (31.97391\ \text{u} - 31.97207\ \text{u})(932\ \text{MeV/u}) = 1.71\ \text{MeV}$

이 값은 실험적으로 측정된 전자스펙트럼 중 최대치인 K_{max}와 일치한다.

---

3. γ 붕괴

γ 붕괴의 경우에는 원자핵의 질량수와 양성자수가 변하지 않고 어미원자핵과 동일하며 이때 방출되는 γ선은 MeV 정도 에너지의 전자기파이다. 즉, 높은 에너지상태로 여기된 원자핵이 전자기파로 에너지를 방출하고 동일한 원자핵의 낮은 에너지상태로 변환되는 과정이

γ 붕괴이다. 이를 기호로 나타내면 다음과 같다.

$$_Z^A X^* \rightarrow {}_Z^A X + \gamma$$

여기서 *표는 원자핵 X가 높은 에너지로 여기되었음을 나타낸다.

다른 입자와의 충돌에 의해 원자핵이 에너지를 얻어 높은 에너지상태로 여기될 수 있으며, 또는 방사선 붕괴된 딸 원자핵이 여기된 상태로 생성될 수 있다.

원자핵의 에너지상태도 원자의 에너지상태와 같이 여러 에너지 준위를 형성하며 이때 에너지 준위 사이의 간격은 원자의 eV 정도보다 매우 큰 MeV 정도가 된다. 따라서 γ 붕괴에서 발생되는 γ 선의 에너지는 MeV 정도가 된다.

4. 방사선에 관한 단위

① **방사능의 단위** : 방사능은 단위시간에 붕괴하는 원자핵수로 정의되어 있으며 SI 단위는

$$1 \text{ Bq(Becquerel)} = 1초당 1개 붕괴하는 율 \tag{31-19}$$

이다. 그러나 현재도 관행적으로 많이 사용되는 단위는 curie이다. 즉,

$$1 \text{ Ci(curie)} = 3.7 \times 10^{10} \text{ Bq} \tag{31-20}$$

경우에 따라 $\mu\text{Ci} = 10^{-6} \text{ Ci}$, $\text{mCi} = 10^{-3}\text{Ci}$, $\text{MCi} = 10^6\text{Ci}$ 등이 사용된다. 두 개의 방사성 물질의 방사능이 같아도 그 물질량은 동일하지 않음을 주의해야 한다.

방사능은 λN으로 정의되므로 λ가 큰 물질은 N이 작아도 λN 값이 같을 수 있다. 가령 1Ci의 $^{210}\text{Pb}(\lambda = 9.86 \times 10^{-10} s^{-1})$는 1.3×10^{-5} kg, $^{210}\text{Ti}(\lambda = 8.89 \times 10^{-3} s^{-1})$는 1.5×10^{-12} kg 이다.

② **조사선량(照射線量)의 단위** : 조사선량은 X선(또는 γ선)의 이온화 능력을 나타내는 양이다.

- 조사선량, 1R(roentgen) : 1kg의 표준상태의 공기를 이온화하여 한쪽 부호의 이온 전기량이 2.58×10^{-4} coul이 되도록 하는 능력을 가진 X선을 말한다.
- 조사선량률, 1R/hr : 시간이 길면 이온화도 증가하므로 시간을 고려해야 한다. 1시간당 roentgen을 뜻한다.

예제 8. 1mR/hr의 γ선에 의해 공기 중에 발생하는 이온수는 얼마인가?

풀이 1R의 γ선이 만들어내는 이온수는 전자의 전기량이 1.6×10^{-19} coul이므로

$$2.58 \times 10^{-4} \text{ coul}/1.6 \times 10^{-19} \text{ coul} = 1.61 \times 10^{15} \text{ 이온/kg}$$

따라서 1mR은 1.61×10^{12} 이온/kg이며, 1mR/hr는 시간당 1.61×10^{12} 이온을 공기 1kg 내에 발생시킨다.

---

③ **흡수선량(absorbed dose)** : 방사선이 물체나 인체에 영향을 주려면 흡수되어야 한다. 단위질량당 흡수되는 에너지로 표시한다.

$$1\ rad(\mathrm{Radiation\ absorbed\ dose}) = 0.01\ \mathrm{J/kg} \tag{31-21}$$

이상은 관행적으로 사용되어 온 단위이지만 SI 단위계에서는 rad 대신에

$$1\ \mathrm{Gy(grey)} = 1\ \mathrm{J/kg} = 100\ rad \tag{31-22}$$

를 새로이 규정하고 있다. 그러나 방사선은 같은 양의 에너지를 흡수하여도 방사선 자체의 종류에 따라 생물학적 효과에 차이가 있다. 따라서 방사선효과를 평가하려면 이러한 방사선의 질, 즉 상대적 생물적 효과 RBE(relative biological effect) 또는 Q를 정하여 사용한다. 새로이 흡수선량당량을 다음과 같이 정의한다.

$$흡수선량당량 = 흡수선량 \times RBE(또는\ Q) \tag{31-23}$$

Q의 값은 X선이나 γ선을 1로 해서 정해져 있으며 자연의 α선은 10, 저에너지 중성자는 2, 1 MeV 중성자는 11 등이다. 이와 같이 Q의 값이 높은 방사선은 소량만으로도 큰 방사선 장애를 초래하는 것이다. 단위는 rem(roengen equivalent man)이 관행으로 사용되지만, SI 단위계에서는

$$1\ \mathrm{Sv(sievert)} = 100\ rem$$

이 규정되어 있다. 국제방사선방호위원회에서는 방사선에 의한 인체의 장애를 최소화하기 위하여 여러 가지 규제안을 각국에 권장하고 있다. 가령 방사선피폭(被爆)의 상한을

- 직업적으로 방사선시설에서 작업하는 요원 : 1년에 5 rem
- 일반대중 : 1년에 0.5 rem

그러나 우리 자연환경에는 각종 방사선이 있으며 지상의 생물은 부득이 이의 피폭을 받는다. 외부적으로 우주선, 지구지각에서 오는 방사선, 내부적으로는 인체 내의 ^{40}K 같은 방사성 핵종 등에 의해 연간 0.1 rem 정도의 피폭이 축적되고 있다. 특히 의료진단 시에 사용되는 각종 방사선원에서는 다량의 피폭을 감수해야 한다. 흉부촬영 시에는 피부에 20 mrem 정도의 피폭이 있다고 한다.

생물은 다량의 방사성 피폭으로 각종 장애를 일으키게 된다. 인간이 700 rad 이상 피폭하면 30일 이내에 사망한다고 하며[이를 치사량(致死量)이라 한다], 400~450 rad 에서 30일 이내에 반수 정도가 사망한다고 한다.

31-6 원자핵반응

한 원자핵에 양성자, 중성자, α 입자, 전자 등 입자선을 충격하면 다른 원자핵으로 변환되면서 새로운 입자가 방출된다. 이를 원자핵반응(nuclear reaction)이라 한다.

최초의 원자핵(표적핵 : target nucleus)을 X, 충격 입자(입사입자 : incident particle)를 a 입자, 새 원자핵(생성원자핵 : product nucleus)을 Y, 새로 방출된 입자를 b라 하면

$$X+a \rightarrow Y+b \quad \text{또는} \quad X(a, b)Y \tag{31-24}$$

로 표기한다.

1919년 Rutherford는 특별히 설계된 장치를 이용하여 질소를 α 입자로 충격하여 양성자가 방출됨을 확인하고 원자핵을 인공적으로 변화시키는 데 성공했다. 이때 반응은

$$^4_2\text{He}+^{14}_7\text{N} \rightarrow ^{17}_8\text{O}+^1_1\text{H} \tag{31-25}$$

로 표시된다. P. M. S. Blackett와 D. S. Lee는 1932년에 안개상자(cloud chamler) 속에서 위의 반응을 직접 사진 촬영하는 데 성공했다.

그림 31-16에서 $^{212}_{83}\text{Bi}$에서 나오는 α 입자가 하부에서 안개상자 속으로 들어와 그중 하나가 안개상자 속 공기 중의 $^{14}_7\text{N}$와 반응하여 좌로 길게 방출된 양성자와 아주 짧은 비적의 $^{17}_8\text{O}$이 생성된 모양을 눈으로 볼 수 있다.

이러한 반응의 양상은 입사입자의 종류와 에너지에 따라 극히 다양하다. 새로 방출되는 입자수도 2개 이상일 수도 있다. 그러나 반응 전후에 일정히 유지되는 보존량이 있다. 즉 ① 총 질량수, ② 총 전하수, ③ 선운동량, ④ 각운동량 ⑤ 총 에너지, ⑥ 기타 양자역학적 양 등이 있다. 1932년에 J. Chadwick은

$$^9_4\text{Be}+^4_2\text{He} \rightarrow ^{12}_6\text{C}+^1_0\text{n} \quad \text{또는} \quad ^9_4\text{Be}(\alpha, n)^{12}_6\text{C} \tag{31-26}$$

으로 방출되는 중성자를 발견하는 데 성공했다.

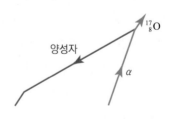

그림 31-16 α 입자에 의한 핵반응

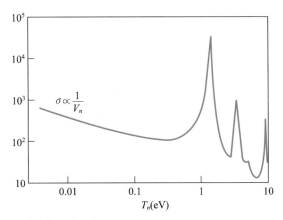

그림 31-17 In에 의한 중성자 충돌단면적

이때까지는 입사입자로서 자연방사성 물질에서 방출되는 α 입자를 주로 사용했으나, J. D. Cockcroft와 E. T. S. Walton은 인공적으로 가속시킨 양성자로 $_3^7\mathrm{Li}$을 충격하여 반응을 일으키는 데 성공했다.

$$_3^7\mathrm{Li} + _1^1\mathrm{H} \rightarrow {_2^4}\mathrm{He} + {_2^4}\mathrm{He}, \quad _3^7\mathrm{Li}(p,\,\alpha)_2^4\mathrm{He} \tag{31-27}$$

이와 같은 원자핵반응은 표적에 총탄을 명중시키는 것같이 어떤 확률적 현상이다. 이 반응이 진행되는 확률을 단면적(斷面積 : cross section)으로 표시한다. 이 단면적, 즉 반응확률은 입사입자, 표적핵, 입사입자의 에너지 등에 따라 복잡한 양상을 나타낸다. 실험물리학에서는 입사입자의 에너지를 변화시키며 어떤 표적핵에 대한 단면적을 측정한다. 이론에서는 양자역학적 방법으로 이 결과를 계산한다. 그러나 이때 관여하는 힘은 전자기력, 원자핵력 등 미지의 영역이 많아 부득이 반응의 모형(model)을 가정해서 설명을 시도하지만, 아직까지 하나의 모형으로 전체를 설명하지는 못하고 있다.

그림 31-17은 자연 In에 중성자를 충격했을 때 단면적이 중성자의 운동에너지에 따라 변하는 것을 측정한 그림이다. 곳곳에서 단면적이 급격히 증가했다 감소하는 꼭대기점이 나타나는데 이는 마치 고전역학 진동의 공명현상과 유사하기에 공명흡수 또는 공명꼭대기(resonance absorption, resonance peak)라 한다.

N. Bohr는 이와 같은 반응을 이론적으로 설명하기 위해 원자핵의 액적모형(液滴模型 : liquid drop model)에 근거하여 복합핵모형(複合核模型 : compound nucleus model)을 제안했다. 그는 다음과 같이 가정했다.

① 표적원자핵에 입사입자가 충격되면 이것이 흡수되어 복합핵이 형성된다. 이 입자는 원래 원자핵 내에 있는 핵자들과 강력히 충돌하여 에너지가 고르게 분배되며 원자핵은 높은 에너지의 여기상태에 이른다(이것은 마치 액적 내의 분자들이 충돌하면서 어떤 열평형을 이루게 되는 것과 유사하다).

② 특정 복합핵을 만드는 반응(집입로 : Entrance channel)은 여러 가지가 있다. 즉,

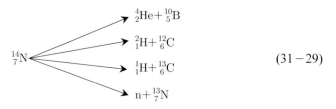

$$\left.\begin{array}{c} {}^{10}_{5}\mathrm{B}+{}^{4}_{2}\mathrm{He} \\[4pt] {}^{12}_{6}\mathrm{C}+{}^{2}_{1}\mathrm{H} \\[4pt] {}^{13}_{6}\mathrm{C}+{}^{1}_{1}\mathrm{H} \end{array}\right\} \longrightarrow \left({}^{14}_{7}\mathrm{N}\right) \qquad (31-28)$$

③ 복합핵의 수명은 아주 길다($\sim 10^{-16}\,\mathrm{s}$). (핵자가 원자핵을 광속으로 횡단하는 시간은 $\sim 10^{-22}\,\mathrm{s}$ 정도이다.)

④ 복합핵은 여러 가지 반응과정으로 붕괴한다. 이 붕괴과정(퇴출로 : exit channel)은 진입과정과 독립적이다. 즉,

$${}^{14}_{7}\mathrm{N} \longrightarrow \left\{\begin{array}{c} {}^{4}_{2}\mathrm{He}+{}^{10}_{5}\mathrm{B} \\[4pt] {}^{2}_{1}\mathrm{H}+{}^{12}_{6}\mathrm{C} \\[4pt] {}^{1}_{1}\mathrm{H}+{}^{13}_{6}\mathrm{C} \\[4pt] \mathrm{n}+{}^{13}_{7}\mathrm{N} \end{array}\right. \qquad (31-29)$$

예제 9. 다음과 같이 은에 의한 중성자의 흡수반응 과정의 평균시간을 구하라.

$$^{109}\mathrm{Ag}+\mathrm{n} \rightarrow {}^{110}\mathrm{Ag}^{*} \rightarrow {}^{110}\mathrm{Ag}+\gamma$$

풀이 여기서 $^{110}\mathrm{Ag}^{*}$은 복합핵이다. 중성자의 에너지를 변화시키며 이 반응의 진행률을 측정한다. 복합핵은 여기상태에 있으며 양자역학에 따라 불연속적 에너지값을 가질 것이다. 만일 입사 중성자의 에너지가 복합핵의 여러 여기에너지상태들 중의 하나에 일치하면 공명흡수가 되어 흡수반응이 잘 일어난다. 이 측정된 실험곡선에서 중성자 에너지가 5.2 eV에서 공명꼭대기점이 있음을 알 수 있다. 그러나 이 공명곡선은 폭을 갖고 있다. 이 폭의 값은 보통 꼭대기 높이 반의 위치에서의 폭(반고전폭치 : FWHM ; full width at half maximum)을 채용하며, 여기서는 약 0.2 eV이다. 이것은 5.2 eV인 에너지의 오차 또는 불확정치가 된다. Heisenberg의 불확정성 원리에 의하면

$$\Delta E \cdot \Delta t \sim h$$

이므로 이 상태에 있을 시간의 불확정성이 $\Delta t = \dfrac{h}{\Delta E}$ 가 됨을 뜻하며, 이는 복합핵이 여기상태에서 기저상태로 천이하는 평균시간과 같다. 이를 계산하면 다음과 같다.

$$\Delta t = \frac{4.14 \times 10^{-15}\,\mathrm{eV \cdot s}}{0.2\,\mathrm{eV}} \simeq 2 \times 10^{-14}\,\mathrm{s}$$

31-7 원자핵구조

원자핵의 액적모형은 여러 면에서 성공했으나 많은 실험사실을 설명하지 못하고 있다. 원자가 주기성을 나타내는 것은 원자핵 주위에 전자가 독립적으로 회전한다는 모형으로 잘 설명이 된다. 그런데 원자핵에서도 어떤 주기성이 나타남을 실험적으로 발견하고 있다. 즉, 원자구조에서 전자수가

$$2, 10, 18, 36, 54, 86$$

에서 폐각을 형성하는 것과 같이 원자핵에서도 원자핵의 양성자수 Z나 중성자수 N이

$$2, 8, 20, 28, 50, 82, 126$$

일 때 핵자들이 어떤 폐각을 형성하고 있다고 생각되는 실험사실이 많이 발견됐다. 이는 독립입자모형(independent particle model)으로 기술할 수 있으며 액적모형에서 핵자들이 강한 상호작용을 하고 있는 모형과 대조적 성격을 갖는다. 이런 수를 마법수(magic number)라 한다.

예제 10. $^{121}_{51}Sb$에서 양성자 1개를 분리하는 데 요하는 에너지는 5.8 MeV이다. 이는 양성자수 $Z = 51 = 50 + 1$로서 마법수 50에서 양성자는 폐각을 형성하고, 남은 양성자 하나는 폐각 밖에 있다. 이 폐각 밖의 양성자는 용이하게 분리시킬 수 있다고 해석한다.

1948년에 M. Meyer는 양자역학을 써서 원자핵을 하나의 퍼텐셜로 대치하고 그 속에서 독립적으로 운동하는 핵자의 에너지 준위를 계산하되 핵자의 spin과 궤도 각운동량이 서로 작용하는 가정을 추가하여 위의 마법수를 이론적으로 유도하는 데 성공했다. 이것은 원자핵의 각모형(shell model)이라고 한다.

위의 두 극단적 모형을 절충한 모형으로 집단운동모형(collective motion model)이 있다. 마법수의 중성자(또는 양성자)가 중앙에 폐각을 형성하며 타 핵자들은 그 주위에서 양자궤도를 돌고 있어 독립입자모형이 적용된다. 이 핵자들의 운동이 다시 중앙의 폐각에 영향을 미쳐 회전, 진동을 하면서 액적운동을 야기시켜 액적모형에 의한 계산이 가능하다는 주장이다.

31-8 원자핵분열

우라늄의 α 붕괴는 $^{238}U \rightarrow ^{234}Th + ^4_2He$로서 질량이 작은 ^4He과 무거운 ^{234}Th로 분리된다고 볼 수 있다. O. Hahn과 F. Strassman은 1939년 우라늄에 중성자를 충격시킨 결과 바륨과 화

학적 성질이 같은 생성물이 생성됨을 발견했으며, C. Meitner와 O. Frisch는 우라늄이 질량이 거의 같은 두 덩어리로 분열된 것이라고 주장했다. 한편 Joliot-Curie 부부는 이 과정에서 중성자가 방출됨을 확인하였고 연구 결과 ^{235}U는 느린 중성자와 반응을 일으켜 가령

$$^{235}_{92}U + n \rightarrow {}^{139}_{56}Ba + {}^{94}_{36}Kr + 3n \qquad (31-30)$$

$$(\text{분열 파편 : fission fragment})$$

와 같이 거의 질량이 같은 두 덩어리로 분열됨이 확인됐다.

이때 분열생성되는 파편의 핵종은 다양하며 똑같은 파편으로 분열되는 경우는 비교적 희소하며 **그림 31-18**에서와 같이 비대칭으로 분열됨이 알려졌다. 이 파편들은 불안정하며 연쇄적으로 β 붕괴하여 안정 핵종에 도달한다. 또 하나의 예로서 복합핵과정을 고려하면

$$^{235}U + n \rightarrow {}^{236}U^*$$

$$^{236}U^* \rightarrow {}^{133}_{51}Sb + {}^{99}_{41}Nb + 4n$$

으로 ^{236}U이 여기상태로 생성되었다가 분열하며 즉각적으로 중성자(卽發性 중성자 : prompt neutron)가 방출된다. 그리고 파편인 ^{133}Sb는

$$^{133}_{51}Sb \xrightarrow[5m]{\beta^-} {}^{133}_{52}Te \xrightarrow[60m]{\beta^-} {}^{133}_{53}I \xrightarrow[22hr]{\beta^-} {}^{133}_{54}Xe \xrightarrow[5d]{\beta^-} {}^{133}_{55}Cs \,(\text{안정}) \qquad (31-31)$$

로서 다량의 방사성 핵종이 생성된다.

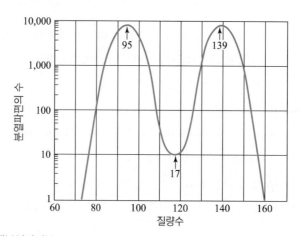

그림 31-18 원자핵분열파편분포도

예제 11. $^{235}_{92}U + n \rightarrow {}^{142}_{56}Ba + {}^{92}_{36}Kr + 2n$ 에서 방출되는 에너지를 계산하라. (단, 각 핵종의 질량은 다음과 같다.)

$$^{235}U = 235.0439 \text{ u} \qquad {}^{142}Ba = 141.9164 \text{ u}$$

$$n = 1.00867 \text{ u} \qquad {}^{92}Kr = 91.9263 \text{ u}$$

풀이 분열 전후의 질량차 Δm 은

$$\Delta m = (235.0439 \text{ u}) - (141.9164 \text{ u} + 91.9263 \text{ u} + 1.00867 \text{ u}) = 0.193 \text{ u}$$

$$Q = \Delta mc^2 = (0.193 \text{ u})(932 \text{ MeV/u}) = 180 \text{ MeV}$$

이 원자핵분열에서 방출되는 에너지는 너무나 방대하다. 탄소가 연소할 때 $C + O_2 \rightarrow CO_2 + 4.2 \text{ eV}$ 와 비교하면 그 방대함을 알 수 있다. 이것이 원자탄을 만드는 계기가 된 것이다.

31-9 원자핵분열 모형

N. Bohr와 J. Wheeler는 1939년 액적모형을 이용하여 원자핵분열현상을 이론적으로 설명했다. 느린 중성자를 흡수하여 생성된 복합핵 ^{236}U 은 고에너지상태의 양전기를 가진 액체구라고 볼 수 있다. 이 액체구는 변형운동을 일으키지만 표면장력으로 원상복귀하여 진동을 일으킨다. 만일 변형이 커져서 아령 모양이 형성될 때 두 아령구 사이에 쿨롱척력이 전체 표면장력보다 커지면 두 아령구는 서로 분리하게 된다(**그림 31-19** 참조).

이것을 α 붕괴 때와 같이 분열파편 사이의 쿨롱퍼텐셜장벽 개념으로 이해할 수도 있다. 즉, 두 개의 파편핵이 접근할 때의 퍼텐셜에너지는 **그림 31-20**과 같다(이 접근거리는 변형 정도와 관련된다). 무거운 원자핵은 두 파편으로 분열된 상태에서 에너지가 낮다. 이 차이는 이미 예제 11에서 본 것과 같이 약 200 MeV에 이른다.

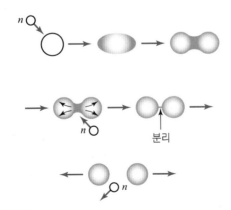

그림 31-19 원자핵변형 및 분열

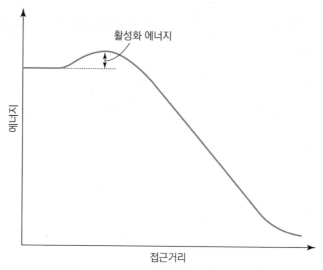

그림 31-20 원자핵분열의 퍼텐셜

이 값은 **그림 31-20**의 퍼텐셜의 분화구 바닥에서 산정까지의 높이에 해당된다. 따라서 두 파편이 분리되려면 분화구 주변의 장벽을 넘어야 한다. 그러나 에너지가 낮아도 양자역학적 터널링효과로 이 장벽을 투과하는 확률도 있다. 이때에 원자핵은 자발적 핵분열이 일어나지만 우라늄의 경우 그 확률은 극히 작다.

^{236}U의 경우 이 분화구 산높이는 약 5.2 MeV이다. ^{235}U+n → ^{236}U*에서 방출되는 에너지는 중성자의 결합에너지인 약 6.5 MeV가 된다. 따라서 파편은 이 장벽을 넘을 수 있는 충분한 에너지가 주어지고 원자핵분열(nuclear fission)이 일어난다.

^{238}U+n → ^{239}U*의 경우 산높이는 5.7 MeV이며, 느린 중성자의 결합에너지는 4.8 MeV이므로 느린 중성자로 원자핵분열은 일으키지 못한다. 따라서 높은 에너지의 중성자가 필요하다.

31-10 연쇄핵분열반응

성냥개비 끝에 불을 댕기면 스스로 계속해서 연소가 퍼져나간다. 한 위치에서 일어난 연소반응이 열을 방출하고 이것이 다음 인접 부분의 온도를 높여 발화점 이상이 되면 다시 연소하는 과정이 계속 반복된다. 이와 같은 과정이 우라늄의 핵분열과정에서도 가능한가? 원자핵분열에서 방출되는 고속중성자는 평균 2~3개이다. 이것을 전부 놓치지 않고 최소한 1개만이라도 저속중성자로 만들어 옆에 있는 우라늄을 분열시킬 수 있다면 핵분열의 연쇄반응이 가능하다(**그림 31-21** 참조).

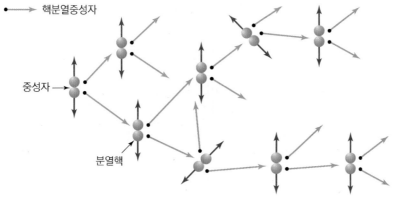

중성자 → ●

핵분열중성자

중성자 →

분열핵

그림 31-21 핵분열연쇄반응

예제 12. ^{235}U 1 kg을 완전히 분열시켰을 때 방출되는 에너지를 계산하라.

풀이 원자핵 1개의 분열 시의 반응열 $Q = 209$ MeV로 잡자. ^{235}U 1kg 중의 원자핵수는 아보가드로 수를 N_A로 할 때, $N_A/235$이다. $N_A = 6.02 \times 10^{26}$/kmol, 1 MeV $= 1.6 \times 10^{-13}$ J, 1 cal $= 4.184$ J이므로

$$\text{총 에너지} = 209 \text{ MeV} \times 6.02 \times 10^{26} \times \frac{1}{235} \times 1.6 \times 10^{-13} \text{ J} \times \frac{1}{\text{MeV}} \cdot \frac{\text{cal}}{4.184 \text{ J}}$$

$$\simeq 2.04 \times 10^{13} \text{ cal} \simeq 2.04 \times 10^{10} \text{ kcal}$$

이 에너지는 TNT로서 약 20 kT의 폭발에너지에 해당된다.

이와 같은 연쇄반응을 순간적으로 진행시킨 것이 원자폭탄이다.

한편 이와 같은 연쇄반응을 인공적으로 조절하여 반응량을 조정하면서 필요할 때 필요한 만큼의 에너지를 추출하는 장치가 원자로(原子爐 : neclear reactor)이다.

연쇄반응을 유지하는 기본조건은 분열과정에서 방출되는 중성자 중 최소한 한 개는 다시 분열을 진행시키는 데 이용할 수 있다는 것이다. 중성자를 중심으로 본 이 과정은 중성자경 제(neutron economy)라 한다.

그림 31-22에서는 원자로의 구조를 요소대로 명시했다. 6개의 중요 부분은 다음과 같다.

1. 노심(爐心 : reactor core)

핵연료(核燃料 : nuclear fuel, 자연우라늄, 농축우라늄, 플루토늄 등)가 연쇄반응을 일으켜 열을 발생하는 원자로의 중심부이다.

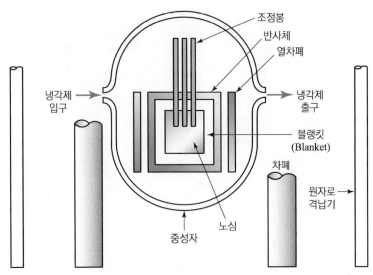

그림 31-22   원자로의 구성

2. 감속체(減速體 : moderator)

고속중성자를 감속시키는 물체로 경수(輕水 : H_2O), 중수(重水 : D_2O : heavy water), 흑연 (黑鉛 : Graphite) 등이 사용된다.

3. 반사체(半射體 : reflector)

노심, 감속체에서 탈출하려는 중성자를 반사시켜 노심에서의 중성자 경제를 호전시킨다.

4. 냉각체(冷却體 : coolant)

노심에서 발생한 열을 외부로 운반하여 폐기하거나 유용한 에너지로 사용한다. 탄산가스 (CO_2), 물, 중수 등이 이용된다.

5. 제어계(制御系 : control system)

원자로의 시동, 출력조정, 운전정지를 담당한다. 중성자를 다량으로 흡수하는 물체(카드뮴, 보론 등)를 원료로 하여 만든다.

6. 차폐(遮蔽 : shielding)

핵분열 시에 방출되는 γ선, 중성자, β선 등에 의한 작업요원의 방사선 장애를 방지하기 위한 장치로서 콘크리트 벽이 주로 사용된다.

100	• 핵분열로 100개의 고속중성자가 원자로 안에서 탄생
100ϵ	• 고속중성자로 약간의 핵분열이 유발되어 중성자수는 ϵ배만큼 증가(fast fission)
감속	• 흑연 등에 의해 고속중성자가 감속(slowing down)
$100\epsilon p$	• 감속도중 우라늄에 의해 공명흡수 당하지만 이것을 피해 남은 것이 열중성자가 된 것 (p : resonance escape)
$100\epsilon pf$	• 위의 열중성자가 우라늄에 흡수 당한 것(f : themal utilization)
$100\epsilon pf\eta$	• 우라늄에 흡수된 것이 핵분열을 일으켜 새로 탄생한 고속중성자수(η)

그림 31-23 중성자의 증배계수

원자로가 스스로 연쇄반응을 유지하면서 가동되는 가장 기초적 조건은 **그림 31-23**의 중성자의 일생기에서 알 수 있다. 중성자가 원자로심 밖으로 추출되지 않을 때 증배계수 k는

$$k = \epsilon pf\eta \qquad\qquad (31-32)$$

이다. 이를 4인자공식(因子公式)이라 하며, $k=1$이면 임계상태(臨界狀態 : critical state)라 하고 연쇄반응이 그대로 유지된다.

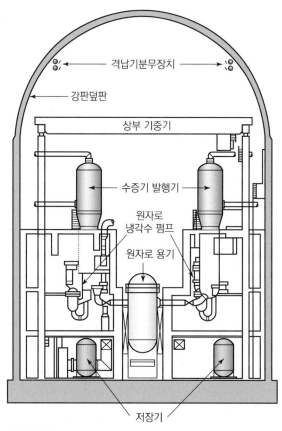

그림 31-24 발전용 가압수형 원자로

$k > 1$이면 초임계상태(超臨界狀態 : supercritical)이라 하며 방치하면 중성자가 계속 증가해서 폭발한다. $k < 1$이면 임계미만(臨界未滿 : subcritical)이라 하며 연쇄반응은 스스로 정지하게 된다.

그림 31-24는 우리나라에서 가장 많이 건설된 가압수형(加壓水型) 원자로를 사용하는 원자력발전소의 원자로건물 내부의 약도이다. 중앙 하부의 원자로 용기(reactor vessel) 내부에 핵연료(^{235}U가 2~3%로 농축된 UO_2 세라믹 펠릿)와 감속체, 냉각체를 겸한 경수에 붕산을 용해시켜 제어역할까지 하고 있다. 여기에 고압을 가하여 냉각수의 비등을 방지하고 이 고압, 고온의 물을 펌프를 이용하여 열교환기에 순환시켜 증기를 발생시켜서 이를 발전기 터빈으로 유도하여 발전한다. 다량의 냉각수가 수증기 복수(復水)에 필요하기 때문에 발전소는 강변이나 해안가에 건설된다. 이와 같은 발전소는 1기당 60만 내지 100만kW의 출력을 갖고 있는 것이 통례이다. 연료는 1~3년에 교환되기 때문에 발전소의 가동률이 향상되며 발전단가도 그에 따라 저렴해진다.

예제 13. PWR형 원자력발전소의 열출력이 3,400 MW, 전기출력이 1,100 MW이다. UO_2연료 110톤 중 우라늄은 86,000 kg이며, 57,000개의 연료봉(燃料棒)에 분배되어 있다. ^{235}U의 농축도는 3%이다.

(a) 발전소의 효율은 얼마인가?

(b) 노심에서 진행되는 원자핵분열의 발생률은 얼마인가?

(c) ^{235}U의 소모율은 매일 몇 kg인가?

(d) 이 소모율로 연료를 소모해 가면 연료는 얼마나 유지되는가?

(e) 노심에서 에너지로 변환되는 정지질량의 변환율은 얼마인가?

풀이 (a) 효율 $e = \dfrac{\text{전기 출력}}{\text{열 입력}} = \dfrac{110\,\text{MW}}{3,400\,\text{MW}} \simeq 0.32$ 또는 32%

(b) 1회 분열열 Q를 200 MeV가 발생한다 가정하면

$$\text{분열률 } R = \frac{P}{Q} = \left(\frac{3.4 \times 10^9\,\text{W}}{200\,\text{MeV/분열}} \right)\left(\frac{1\,\text{MeV}}{1.6 \times 10^{-13}\,\text{J}} \right)\left(\frac{1\,\text{J/s}}{1\,W} \right)$$
$$\simeq 1.0625 \times 10^{20}\,\text{분열/s}$$
$$\simeq 1.1 \times 10^{20}\,\text{분열/s}$$

(c) ① 원자핵분열에 의한 소모율은 분열당 ^{235}U 1개이다.
② 비분열성으로 인한 소모율을 위의 1/4로 잡는다.

따라서 전체적으로 소모율은 $(1.06 \times 20^{20}/\text{s}) \times (1 + 0.25)$이다.

이것을 질량으로 환산하려면 1 mol에 6.02×10^{23}의 원자핵이 있고, 이것이 0.235 kg이므로 소모율 $\dfrac{dM}{dt}$ 라면

$$\frac{dM}{dt} = (1.06 \times 10^{20} \text{ s}^{-1})(1.25) \left(\frac{0.235 \text{ kg/mol}}{6.02 \times 10^{23} \text{ 핵/mol}} \right)$$

$$\cong 5.17 \times 10^{-5} \text{ kg/s} \cong 4.4 \text{ kg/d}$$

(d) 86,000 kg 중 ^{235}U 는 3%로 농축되어 있으므로, ^{235}U 의 양은 (0.03) (86,000) kg ~ 2,600 kg 이다. 1일에 4.5 kg을 소모하므로

$$T = \frac{2,600 \text{ kg}}{4.4 \text{ kg/d}} = 590 \text{ d}$$

(e) 열출력이 3.4×10^9 W이므로 이를 c^2으로 나누면 된다. 즉,

$$\frac{dM}{dt} = \frac{dE/dt}{c^2} = \frac{3.4 \times 10^9 \text{ W}}{(3 \times 10^8 \text{ m/s})^2}$$

$$= 3.8 \times 10^{-8} \text{ kg/s 또는 } 3.3 \text{ g/d}$$

31-11 원자핵융합반응

그림 31-7의 B/A에서 알 수 있는 것 같이 가벼운 원자핵은 융합해서 무거운 원자핵으로 되면 결합에너지가 증가하여 더욱 안정하게 된다. 현재 가장 유망시되는 융합반응은 D – T반응으로

$$^2\text{H (또는 } ^2\text{D)} + ^3\text{H (또는 } ^3\text{T} \to {}^4\text{He} + n + 17.6 \text{ MeV} \qquad (31-33)$$

로서 원자핵분열의 Q값에 비하면 에너지방출량이 작지만, 같은 중량의 원료에서 비교하면 원자핵의 개수는 월등히 크기 때문에 새로운 에너지원으로 유망시된다. 이 반응은 ^{3}T를 표적으로 ^{2}H를 가속시켜 D – T 사이의 쿨롱퍼텐셜을 넘게 해야 한다(터널링 효과는 우선 무시). 그러나 이러한 방법은 관여하는 입자수가 적어서 실용적 에너지를 추출하는 데는 부적당하다.

예제 14. 평균반경 $R = 2.1$ fm 의 ^{2}H 2개를 표면이 접촉될 때까지 접근시키는 데 요하는 운동에너지를 구하라.

풀이 2개의 ^{2}H 가 접촉했을 때의 중심 간 거리는 $2R$, 이때의 쿨롱퍼텐셜에너지는 2개의 ^{2}H가 갖고 있는 운동에너지의 합이 되고, ^{2}H 의 전기량 e가 되므로 다음과 같다.

$$2K = \frac{1}{4\pi\epsilon_0} \frac{e^2}{2R}$$

$$K = \frac{e^2}{16\pi\epsilon_0 R} = \frac{(1.6 \times 10^{-19} \text{ C})^2}{16\pi(8.85 \times 10^{-12} \text{ F/m})(2.1 \times 10^{-15} \text{ m})}$$

$$\cong 2.74 \times 10^{-14} \text{ J} = 171 \text{ keV}$$

2D의 표면을 가까이 하기 위해서는 약 200 keV의 운동에너지를 주어야 한다. D-T 반응 시에는 입자 간격이 좀 커지면 K는 약간 감소할 것이다. 실험실에서와는 달리 다수 입자가 융합반응을 일으키게 하는 방법의 하나로 D-T를 기체 상태로 혼합하여 고온을 만들면 이 온도에 해당하는 기체분자의 에너지가 쿨롱장벽을 넘어서 핵융합반응(核融合反應: nuclear fusion reaction)이 진행될 것이라는 착상이다. 이를 열핵융합반응(熱核融合反應: thermonuclear fusion reaction)이라 한다. 일정 온도에서 기체분자는 에너지분포를 갖는 바 분포의 최대분포에너지 K와 온도 사이에는

$$K = kT \qquad\qquad (31-34)$$

이며 Boltzmann 상수 $k = 8.62 \times 10^{-5} \, eV/T$로부터 K는 eV 단위로

$$K(eV) = 8.62 \times 10^{-5} \, T \qquad\qquad (31-35)$$

이다. 그러므로 $K = 200 \, keV$의 에너지를 얻기 위해서는 $T = 2.3 \times 10^9 \, K$가 필요함을 알 수 있다. 그러나 200 keV는 퍼텐셜의 꼭대기값이고, 한편 터널링 효과도 있으니까 이보다 낮은 온도에서도 융합이 가능하다. 가령 이 온도를 $10^8 \, K$로 생각하자. 이런 온도에서 기체는 완전히 이온화되며 양이온과 전자가 자유롭게 운동하며 외관상으로는 중성을 나타내게 된다. 이를 플라즈마(plasma)라고 한다. 따라서 열핵융합을 일으키려면 플라즈마를 $10^8 \, K$ 까지 가열하는 문제가 생긴다. 다음 이 고온의 플라즈마를 수용할 용기가 문제이다. 재래식 어떠한 물질도 $10^8 \, K$의 고온을 견디지 못한다. 또 융합빈도를 높이기 위해서는 플라즈마의 양이온과 전자의 입자농도가 높아야 한다.

수소폭탄에서는 중심부에서 폭발하는 원자탄의 고열을 이용하여 그 주위에 둘러싸인 ^2D, ^3T가 융합하며 다시 수소폭탄으로서 폭발하는 것이다. 원자탄에 해당하는 원자로와 같이 수소탄에 대한 융합원자로를 만들어야 핵융합에너지를 자유롭게 추출할 수 있을 것이다. 그러나 이 목표는 아직 달성하지 못하고 있으며 현재로서는 플라즈마를 적절히 가열하여 적절한 용기에 장시간 가두어 두는 실험이 진행되고 있으며 융합원자로는 개념적 설계단계에 있다.

고온 플라즈마를 수용하는 방법은 크게 두 가지가 있다.

① 자기(磁氣)식 가두기방식(magnetic confinement)
② 관성(慣性)식 가두기방식(inertial confinement)

자기적 가두기방법은 같은 방향으로 전류가 흐르는 두 평행도선은 자기작용으로 서로 인력을 작용한다는 사실을 이용한 것이다. 플라즈마는 양이온과 전자로 되어 있으니까 이것을 운동하도록 유도하면 전류가 흐르는 것이 되고 이 전류는 서로 인력을 작용하여 전류는 조여지는 효과가 나타난다(핀치효과: pintch 효과). 이때 플라즈마 전류와 용기는 분리되며

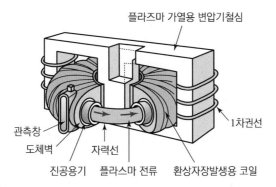

그림 31-25 토카마크

고온의 플라즈마를 가두게 된다. 이 용기의 모양으로 여러 가지가 연구되어 있으나 현재 도넛형(doughnut형) 또는 토러스(torus : 圓環體)라고 부르는 것이 가장 유망하다.

이 도넛형에서 고리방향을 토로이달(toroidal) 방향, 그의 단면의 원주방향을 폴로이달(poloidal) 방향이라고 한다. 플라즈마는 하전유체이기 때문에 특히 그의 안정성의 유지가 어렵다. 현재 자기식 가두기에서 가장 성공한 것은 토카마크(tokamak)이다. 이의 구조 및 작동원리의 개요는 다음과 같다(그림 31-25).

플라즈마 용기인 도넛 원환체를 변압기의 2차 코일에 해당하도록 장치하면 변압기 1차 코일의 전류를 흘려 도넛 내부에 있는 플라즈마에 전류를 흐르게 한다. 이 전류는 토로이달 방향으로 흐르며 이에 의해서 폴로이달 방향으로 폴로이달 자장이 유도된다.

이 자장이 플라즈마 전류에 핀치효과를 일으켜 플라즈마를 조여서 중앙부위에 가둔다. 그러나 이 플라즈마는 불안정하여 벽 쪽으로 확산되기 때문에 원환체 주위에 폴로이달 방향으로 코일을 감고 전류를 흘리면 원환체 내부에 토로이달 자장이 생긴다. 이것과 폴로이달 자장이 서로 직각방향이기 때문에 합성되어 나선형의 자장이 생기고 이것이 플라즈마 전류를 안정하게 가둔다는 것이다.

관성적 가두기방법은 이와 완전히 다른 원리를 이용한다. 연료를 1 mm 정도의 미소한 산탄(散彈) 속에 넣고 이 산탄을 외부에서 전자선(電子線)이나 레이저(laser)로 충격해서 융합

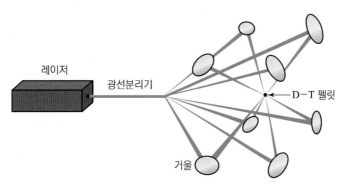

그림 31-26 레이저에 의한 융합

반응을 일으키는 것이다. 이 산탄 모양을 펠릿(pellet)이라 한다. 레이저 기술이 발달함에 따라 레이저에 의한 융합반응연구가 활발하다. 최초에는 주로 전자계산기에 의한 모의실험(simulation)을 중심으로 연구되었으며 이에 의한 확신이 서자 실험에 옮겨지게 되었다. 이 방법의 명칭의 근원은 다음과 같다.

연료 펠릿에 강력한 레이저가 등방적(等方的)으로 쪼여지면 연료 펠릿 표면이 고온 때문에 용해 증발(ablation)되어 플라즈마가 되고 이것이 다시 레이저를 흡수하여 폭발하면서 이의 반작용으로 연료 부위가 압축된다(로켓의 원리). 압축된 연료는 관성의 원리에 따라 잠시 멈추었다가 중심부에서부터 융합이 시작되면 그때 방출되는 α 입자로 중심 주위의 연료가 가열 융합하는 방식으로 외부 방향으로 융합하면서 소폭발이 일어난다. 최초의 용발(溶發)로 연료가 압축되기 때문에 폭축(爆縮 : implosion)이라고도 한다. 관성으로 멈추는 시간이 가두기시간이 된다.

원자핵분열형 원자로에서 연쇄반응을 유지하는데 임계조건이 있는 것 같이 융합반응을 진행시키는 데도 임계조건이 있어 이것의 융합장치 설계의 목표가 된다. 여기서는 3개의 요망사항이 있다.

① 융합하는 입자의 밀도가 클 것 : n
② 플라즈마 온도가 높을 것 : T
③ 가두기시간이 길 것 : τ

융합을 일으키기 위한 위 3개 요망사항은 연료의 종류, 플라즈마 가열방법, 온도에 따라 차이가 있으나 D − T 연료의 경우

$$n\tau > 10^{20}\,\text{s}/\text{m}^3 \tag{31−36}$$

라는 조건이 충족될 때 융합이 진행된다. 이것을 로손(Lawson)조건이라 하며 $n\tau$를 로손수(Lawson number)라 한다.

예제 15. **토카마크 장치에서 온도 10 keV에서 980 ms의 가두기에 성공했다면 플라즈마의 입자밀도는 얼마여야 하는가?**

풀이 로손조건은 $n\tau > 10^{20}\,\text{s}/\text{m}^3$이지만, 로손수를 약 $4 \times 10^{20}\,\text{s}/\text{m}^3$으로 가정하면

$$n = \frac{4 \times 10^{20}\,\text{s} \cdot \text{m}^{-3}}{980 \times 10^{-3}\,\text{s}} \simeq 4 \times 10^{20}\,\text{m}^{-3}$$

이상기체는 표준상태에서 22,460 cm^3 속에 아보가드로수만큼의 분자가 있어 그의 입자밀도는 $\sim 2.7 \times 10^{25}\,\text{m}^{-3}$이므로 약 7만 배의 차이가 난다.

예제 16. 레이저융합장치의 연료 펠릿이 D – T로 되어 있고 같은 수의 원자가 있다. 연료 펠릿의 밀도 $d(=200 \text{ kg/m}^3)$는 레이저 작용으로 10^3배로 증가해 있다. 이 압축된 상태에서 연료 펠릿 내의 단위체적(D나 T)당 입자수를 구하라.

풀이 압축된 상태의 밀도를 d^*으로 표기하면

$$d^* = 10^3 d = m_D\left(\frac{n}{2}\right) + m_T\left(\frac{n}{2}\right)$$

n은 구하려는 입자밀도, m_D, m_T는 각각 D와 T의 질량이다. D – T의 질량수를 각각 A_D와 A_T, 아보가드로수를 N_A라 하면

$$m_D = \frac{A_D}{N_A}, \, m_T = \frac{A_T}{N_A}$$

이 관계에서 n을 구하면

$$n = \frac{2,000 d N_A}{A_D + A_T} = \frac{(2,000)(200 \text{ Kg/m}^3)(6.02 \times 10^{23} \text{ mol}^{-1})}{2 \times 10^{-3} \text{ Kg/mol} + 3 \times 10^{-3} \text{ Kg/mol}}$$

$$\simeq 4.816 \times 10^{31} \text{ m}^3$$

여기에도 로손조건이 적용된다면 가두기시간 τ는 다음과 같다.

$$\tau = \frac{L}{n} = \frac{\sim 10^{20} \text{ s} \cdot \text{m}^{-3}}{4.8 \times 10^{31} \text{ m}^{-3}} \approx 10^{-12} \text{ s}$$

31-12 별 내부의 핵융합반응

별들은 영원히 빛을 내는 것은 아니다. 별들은 우주공간에서 탄생하고 진화하며 원소들을 합성하고 질량에 따라 적색거성(赤色巨星 : red giant star)에서 백색왜성(白色矮星 : white dwarf) 등 단계로 우주에서 자취를 감추거나 때로는 초신성폭발(超新星爆發 : supernova explosion)로 장렬한 최후를 마치며 그 잔해 속에 중성자성(中性子星 : neutron star) 같은 별을 남기기도 한다.

우리 태양은 약 46억 년 전에 탄생하였고 진화과정에서 아직 장년기에 있다고 본다. 태양은 초기에 수소 73%, 헬륨 25%, 기타로 구성되었으나 중심부에서는 수소 36%, 헬륨 62%, 기타로 되었다. 중심부의 밀도는 물의 164배, 온도는 15.5×10^6 K이다. 이 온도에서 수소의 평균에너지는 약 1 keV이다. 이와 같은 상황하에서 수소들은 완전히 이온화하여 플라즈마 상태에 있고 양성자와 전자들은 서로 자유로이 운동한다.

태양 속에서는 다음과 같은 과정으로 융합에너지가 발생하고 외부에 전달된다고 한다.

① $^1\mathrm{H}+{}^1\mathrm{H} \rightarrow {}^2\mathrm{H}+\mathrm{e}^{+}+\nu_e \,(Q=0.42\ \mathrm{MeV})$

② $^1\mathrm{H}+{}^2\mathrm{H} \rightarrow {}^3\mathrm{He}+\gamma \,(Q=5.49\ \mathrm{MeV})$

③ $^3\mathrm{He}+{}^3\mathrm{He} \rightarrow {}^4\mathrm{He}+2{}^1\mathrm{H}+\gamma \,(Q=12.86\ \mathrm{MeV})$

④ $\mathrm{e}^{+}+\mathrm{e}^{-} \rightarrow \gamma+\gamma \,(\mathrm{Q}=1.02\ \mathrm{MeV})$

이 반응을 $2\times(1)+2\times(2)+(3)+(4)$를 합하면

$$4^1\mathrm{H}+2\mathrm{e}^{-} \rightarrow {}^4\mathrm{He}+2\nu_e \,(Q=26.7\ \mathrm{MeV})$$

로서 4개의 양성자가 하나의 헬륨으로 변환한 원자핵반응이 된다. 이 과정은 $\mathrm{p-p}$사이클 (proton-proton cycle)이라고 한다.

예제 17. $\mathrm{p-p}$사이클 과정으로 태양 내에서 연소되는 수소의 양을 구하라. (태양의 출력은 $3.9\times10^{26}\ \mathrm{W}$ 이다.)

풀이 $\mathrm{p-p}$사이클에서 4개 수소가 26.7 MeV의 에너지를 발생시켰으므로 수소 1개당 6.6 MeV/양성자가 된다. 양성자질량이 $1.67\times10^{-27}\ \mathrm{kg}$이므로 양성자 1 kg당 발생하는 에너지는

$$(6.6\ \mathrm{MeV/양성자})\left(\frac{1양성자}{1.67\times10^{-27}\ \mathrm{kg}}\right)\left(\frac{1.6\times10^{-13}\ \mathrm{J}}{1\ \mathrm{MeV}}\right)$$

$$\simeq 6.32335\times10^{14}\ \mathrm{J/kg}$$

따라서 태양에서의 수소 연소율 R은

$$R=\frac{3.9\times10^{26}\ \mathrm{W}}{6.3\times10^{14}\ \mathrm{J/kg}}=6.2\times10^{11}\ \mathrm{kg/s}$$

태양의 질량은 $2\times10^{30}\ \mathrm{kg}$이므로 약 $10^{18}\ \mathrm{s}\,(\sim200억\ 년)$ 동안 연소할 수 있을 것이다.

연습문제

01 질량수 A인 원자핵의 반경은 $R = R_0 A^{1/3}$로 근사할 수 있다. 여기서 R_0는 대략 1.2×10^{-15} m 이다. 원자핵 He, O, Ne, Ca, Pb의 반경은 대략 얼마인가?

02 비스무쓰 – 210이 알파붕괴 후 베타붕괴하여 최종적으로 납 – 206으로 변환될 수 있다. 이 변환 과정을 핵변환식으로 나타내면?

03 다음 반응식을 완성하면?

(a) $^{8}_{4}\text{Be} \rightarrow {}^{4}_{2}\text{He} + \underline{\hspace{1cm}}$

(b) $^{240}_{94}\text{Po} \rightarrow {}^{97}_{38}\text{Sr} + {}^{139}_{56}\text{Ba} + \underline{\hspace{1cm}}$

(c) $^{47}_{21}\text{Sc}^{*} \rightarrow {}^{47}_{21}\text{Sc} + \underline{\hspace{1cm}}$

(d) $^{29}_{11}\text{Na} \rightarrow {}^{0}_{-1}\text{e} + \underline{\hspace{1cm}}$

04 다음 중 일정량의 방사성 물질이 그 반감기만큼 시간이 흐른 후에는 어떻게 되는지 고른 것은?

(a) 질량이 반으로 줄어든다.
(b) 반감기가 원래 반감기의 반으로 줄어든다.
(c) 방사능이 없어진다.
(d) 방사능이 원래 방사능의 반으로 줄어든다.

05 반감기가 12.3년인 삼중수소($^{3}_{1}\text{H}$)의 방사능이 그 초깃값의 20%로 줄어드는 데 걸리는 기간은 얼마인가?

06 오래된 뼈에서 뽑아낸 탄소 1그램당 매분 4개씩의 베타붕괴가 일어난다고 할 때 이 뼈는 얼마나 오래된 것인가? (공기 중에는 ^{12}C 7.2×10^{11}개당 ^{14}C 하나꼴로 존재하며, ^{14}C는 $^{14}\text{C} \rightarrow {}^{14}\text{N} + e$로 반감기 5730년의 베타붕괴를 한다.)

07 알려지지 않은 베타선원의 방사능이 그 초깃값의 87.5%만큼 감소하는 데 54분이 걸렸다면 이 선원의 반감기는 얼마이고, 어떤 방사성 동위원소인가?

08 다음 각 쌍의 원자핵들 중 중성자 한 개를 떼어내기 더 쉬운 원자핵은 무엇인가? 그리고 그 이유는 무엇인가?

(a) $^{16}_{8}\text{O}$ 또는 $^{17}_{8}\text{O}$

(b) $^{40}_{20}\text{Ca}$ 또는 $^{42}_{20}\text{Ca}$

(c) $^{10}_{5}\text{B}$ 또는 $^{11}_{5}\text{B}$

(d) $^{208}_{82}\text{Pb}$ 또는 $^{209}_{83}\text{Bi}$

09 중수소 원자핵($^{2}_{1}\text{H}$)의 결합에너지가 2.224 MeV일 때 이 중수소 원자핵의 질량은 얼마인가? (양성자와 중성자의 질량을 이용하라.)

10 $^{9}_{4}\text{Be}$의 질량이 9.012183 u이다. 이 원자핵의 총 결합에너지와 핵자당 결합에너지는 얼마인가?

11 질량이 15.994915 u인 ^{16}O의 모든 핵자를 완전히 분리하기 위하여 필요한 에너지는 얼마인가?

12 질량이 26.981541 u인 ^{27}Al에서 알파입자를 분리하면 질량이 22.989770 u인 ^{23}Na으로 변환된다. 이 변환에 필요한 에너지는 얼마인가?

13 $^4_2$He의 핵자당 결합에너지는 7.075 MeV이다. ^{4}He의 총 결합에너지와 질량은 각각 얼마인가?

14 질량수 A인 원자핵의 반경은 $R = 1.2A^{1/3}$ fm로 근사할 수 있다. 원자핵이 균질한 구형이라고 가정할 때 평균 핵밀도가 1.4×10^{44} 핵자/m^{3}임을 보이고, 이 핵밀도가 kg/m^3 단위와 MeV/fm^3 단위로는 얼마인지 구하라.

15 C – 14를 이용한 연대 측정은 우주선의 강도가 과거에도 현재와 같은 값으로 일정하였다는 가정에 기초한다. 만일 만년 전에는 우주선의 강도가 현재보다 훨씬 약했다면 이 사실은 C – 14를 이용한 방사성 연대측정에 어떤 영향을 초래하는가?

16 다음 핵반응식을 완성하면?

(a) $^{40}_{18}$Ar + n $\rightarrow$ ____ + e^{-1}

(b) $^{235}_{92}$U + n $\rightarrow$ $^{98}_{40}$Zr + ____ + 3n

(c) $^{235}_{92}$U + n $\rightarrow$ $^{133}_{51}$Sb + $^{99}_{41}$Nb + ____

(d) $^{10}_5$B + $^4_2$He $\rightarrow$ $^{12}_6$C + ____

(e) $^{13}_6$C + $^1_1$H $\rightarrow$ ____ + γ

(f) $^{13}_6$C(p, γ)

(g) $^{13}_6$C(p, α)

(h) $^{14}_7$N(α, p)

(i) $^{27}_{13}$Al(α, n)

(j) ____ $(\alpha, p)^{17}_8$O

(k) ^{10}B$(____, \alpha)^7$Li

17 U – 238의 알파붕괴에 대한 Q값은 얼마인가? Q값의 부호가 의미하는 것은 무엇인가?

여기서　　$^{238}_{92}$U
　　　　(238.050786u)
　　$\rightarrow$　　$^{234}_{90}$Th　　+　　$^4_2$He　　이다.
　　　　(234.043583u)　(4.002603u)

18 핵반응　　^{16}O　　+　　^{1}n
　　　(15.994915u)　　(1.008665u)
　　$\rightarrow$　　^{13}C　　+　　^{4}He
　　　(13.003355u)　　(4.002603u)

이 일어나기 위해 필요한 문턱에너지는 얼마인가? 이 문턱에너지의 부호가 의미하는 것은 무엇인가?

19 다음 핵반응이 일어나도록 하기 위하여 필요한 알파입자의 최소 운동에너지는 얼마인가?

$$^{14}\text{N} \quad + \quad ^{4}\text{He}$$
$$(14.003074\,\text{u}) \quad (4.002603\,\text{u})$$
$$\rightarrow \quad ^{17}\text{O} \quad + \quad ^{1}\text{H}$$
$$(16.99913\,\text{u}) \quad (1.007825\,\text{u})$$

20 다음 핵반응은 endoergic인가, 또는 exoergic인가?

$$^{9}_{4}\text{Be} \quad + \quad \alpha$$
$$(9.012183\,\text{u}) \quad (4.002603\,\text{u})$$
$$\rightarrow \quad ^{12}_{6}\text{C} \quad + \quad \text{n}$$
$$(12.000000\,\text{u}) \quad (1.008665\,\text{u})$$

21 다음 핵반응에서 발생되는 두 개의 알파입자가 가질 수 있는 최소의 총 운동에너지는 얼마인가? 이 운동에너지의 부호가 의미하는 것은 무엇인가?

$$^{7}_{3}\text{Li} \quad + \quad ^{1}_{1}\text{H}$$
$$(7.016005\,\text{u}) \quad (1.007825\,\text{u})$$
$$\rightarrow \quad ^{4}_{2}\text{He} \quad + \quad ^{4}_{2}\text{He}$$
$$(4.002603\,\text{u}) \quad (4.002603\,\text{u})$$

22 다음의 각 핵분열반응에서 발생하는 에너지는 얼마인가?

(a) $^{235}\text{U}+\text{n} \rightarrow \left(^{236}\text{U}^{*}\right) \rightarrow {}^{140}\text{Xe}+{}^{94}\text{Sr}+2\text{n}$

(b) $^{235}\text{U}+\text{n} \rightarrow {}^{141}\text{Ba}+{}^{92}\text{Kr}+3\text{n}$

(c) $^{235}\text{U}+\text{n} \rightarrow {}^{150}\text{Nd}+{}^{81}\text{Ge}+5\text{n}$

23 다음의 각 핵융합 반응에서 발생하는 에너지는 얼마인가?

(a) $^{1}\text{H}+{}^{1}\text{H} \rightarrow {}^{2}\text{H}+e^{+}+\nu$

(b) $^{1}\text{H}+{}^{2}\text{H} \rightarrow {}^{3}\text{He}+\gamma$

(c) $^{2}\text{H}+{}^{2}\text{H} \rightarrow {}^{3}\text{He}+{}^{1}\text{n}$

(d) $^{3}\text{He}+{}^{3}\text{He} \rightarrow {}^{4}\text{He}+2{}^{1}\text{H}$

(e) $^{2}\text{H}+{}^{3}\text{H} \rightarrow {}^{4}\text{He}+{}^{1}\text{n}$

CHAPTER 32

소립자물리학과 우주론

32-1 자연의 계층 구조

자연과학에서 탐구하는 우주 및 그 속의 자연물질은 크기, 질량 등에 하나의 계층적 구조가 있음이 알려져 있다. **표 32-1**에는 그의 추정치를 나타냈다.

소립자물리학에서는 양성자 이하의 더욱 미세한 계층 구조(階層 構造)를 연구하고 새로이 발견된 기본입자(基本粒子 : fundamental particle)와 그들의 특성 및 이것과 우주개벽의 우주론과의 연관을 조사해 본다.

표 32-1 자연의 계층 구조

구분	크기(m)	질량(kg)	밀도(kg/m³)	총 양성자수	시간척도(s)
우주	10^{26}	10^{51}	10^{-27}	10^{77}	10^{18}
은하단	10^{24}	10^{43}	10^{-25}	10^{69}	10^{16}
은하	10^{21}	10^{41}	10^{-21}	10^{67}	10^{15}
별	10^{9}	10^{30}	10^{4}	10^{57}	10^{11}
지구	10^{7}	10^{25}	10^{4}	10^{52}	10^{7}
인간	1	10^{2}	10^{3}	10^{29}	1
원자	10^{-10}	10^{-26}	10^{4}	$1{\sim}100$	10^{-14}
양성자	10^{-15}	10^{-27}	10^{18}	1	10^{-23}
양자우주	$<10^{-33}$				$<10^{-43}$

32-2 새로운 입자들의 발견

1. 반입자(Antiparticle)

1928년 P. A. M Dirac은 양자역학에 상대성 이론을 고려하여 새로운 Dirac 방정식을 얻었는데, 전자에 관한 이 방정식의 해에는 정·부(正·負) 에너지상태가 있어야 했다. 이것이 사실이라면 정에너지상태의 전자는 모두 에너지가 낮은 부에너지상태로 전환해야 하는데, 현실적으로 정에너지전자는 안정하게 존재한다.

Dirac은 부에너지상태에는 이미 전자가 충만해 있으나 외부에너지가 주어지면 정에너지상태로 전환되고 충만되었던 부에너지상태에 빈 구멍이 생기며, 이것이 하나의 입자로 보이게 된다고 하였으며, 실험적으로는 1932년에 K. D Anderson이 안개상자로 우주선을 연구하는 과정에서 양전기를 가진 전자를 발견하여 양전자(positron)라 하였고 Dirac의 예언이 증명되었다.

Joliot와 Curie 부부는 감마선이 e^+양전자와 e^-음전자로 변환됨(전자쌍발생 : electron pair production)을 발견하여 에너지가 물질화(materialization)됨을 알게 되었고, 이때 발생된 양전자는 즉시 주변의 음전자와 결합하여 감마선이 됨(물질소멸 : annihilation)도 알게 됐다. e^+를 e^-의 반입자라 한다.

1955년에는 $p+p \rightarrow p+p+p+\bar{p}$, $p+p \rightarrow p+p+n+\bar{n}$ 등의 반응으로 양성자와 중성자의 반입자 등이 발견되었으며, 모든 입자에는 반입자가 있다는 것이 알려져 소립자의 가족수는 증가하게 됐다.

2. 중간자(中間子 : Meson)

양성자와 중성자로 구성되어 있는 원자핵이 안정적으로 결합되어 있기 위하여 양성자 간의 전기적 반발력보다 강한 인력이 핵자 사이에 작용되어야 한다. H. Yugawa는 하전입자 사이에 작용하는 전기력이 광자를 매개로 작용한다는 입장을 살려서 핵자 사이의 핵력도 어떠한 미지의 입자를 매개로 작용할 것이라는 가정 아래 그 입자의 질량을 계산한 결과 그 값이 전자질량 m_e에 대해 $200 m_e$ 정도가 될 것으로 예언했다.

약 3년 후인 1937년에 S. H. Neddermeyer와 C. D. Anderson은 우주선 속에서 이에 유사한 새로운 입자를 실험으로 발견했다. 그런데 이 입자는 원자핵과의 상호작용이 아주 약하므로, 물질투과력이 강하고 강력한 핵력을 중계하는 입자로써의 성질이 없음이 알려졌다.

1943년 C. F. Powell 등은 우주선에 노출시킨 사진건판 속에서 새로운 입자를 발견했는데, 이것은 원자핵과의 상호작용이 강하여 Yugawa가 예언한 입자라고 판정됐다. 이것이 파이중간자(π –中間子 : pion)이며, Neddermeyer가 발견한 것은 중간자가 아니라 전자의 부류에 속하는 입자로써 뮤입자(muon)라 한다. 중간자는 질량이 전자와 양성자의 중간 정도라는 뜻으로 붙은 이름이나 정확한 정의는 나중에 다시 알아보도록 한다.

파이온에는 π^+, π^-(π^+의 반입자), π^0의 3종이 있다. 가령 π^+는 불안정하여 $\pi^+ \rightarrow \mu^+ + \nu_\mu$로써 뮤온과 뮤온중성미자로 붕괴하며 평균수명이 약 $2.6 \times 10^{-8}\,\mathrm{s}$ 정도이다. 뮤온도 $\mu^- \rightarrow e^- + \bar{\nu}_e + \nu_\mu$로 β 붕괴하여 ν_μ가 역시 방출된다.

예제 1. 파이온이 정지상태에서 $\pi^+ \rightarrow \mu^+ + \nu_\mu$로 붕괴할 때 뮤온과 뉴트리노의 운동에너지를 구하라. (파이온과 뮤온의 정지질량은 각각 139.6, 105.7 MeV이다.)

풀이 반응에너지 $Q = 139.6\,\mathrm{MeV} - 105.7\,\mathrm{MeV} = 33.9\,\mathrm{MeV} = \mathrm{K}_\mu + \mathrm{K}_{\nu_\mu}$

정지상태에서 붕괴하므로 운동량보존법칙으로 $p_\mu = p_{\nu_\mu}$, 이를 고쳐 쓰면 $(p_\mu c)^2 = (p_{\nu_\mu} c)^2$가 된다. 상대론에서 운동량과 운동에너지 사이에는 $(pc)^2 = K^2 + 2Kmc^2$의 관계가 있으므로 $m_{\nu_\mu} \approx 0$를 고려하면

$$K_\mu^2 + 2K_\mu m_\mu c^2 = K_{\nu_\mu}^2 + 2K_{\nu_\mu} \cdot 0 \cdot c^2 = K_{\nu_\mu}^2$$

위의 식과

$$K_\mu + K_{\nu_\mu} = 33.9 \text{ MeV}$$

이 식을 풀면 다음과 같다.

$$K_\mu = 4.1 \text{ MeV}, \quad K_{\nu_\mu} = 29.8 \text{ MeV}$$

---

3. 기묘입자(奇妙粒子 : Strange particles)

G. D. Rochester와 C. C Butler는 안개상자를 이용하여 고에너지의 우주선이 원자핵반응으로 방출하는 생성입자를 연구하던 중 중성입자가 붕괴하여 역(逆) V자형으로 두 개의 입자가 방출된 사진을 발견했다. 이를 V^0반응이라 한다. 여기서 붕괴한 입자의 질량은 약 $800m_e$로 추산됐으나 확정하지는 못했다(**그림 32-1** 참조).

이와 같은 반응이 여러 곳에서 발견되어 1951년까지는 반응에 두 종류가 있음이 확인됐는데 그중 하나는 양성자와 파이온으로 붕괴하는 것으로 이를 Λ^0입자라 했다. 즉,

$$\Lambda^0 \rightarrow \pi^- + \text{p} \tag{32-1}$$

이것은 양성자보다 무거운 새로운 입자로서 현재 하이페론(hyperon)이라 한다. 또 하나는 두 개의 파이온으로 붕괴하는 것으로 1953년에 확인될 당시에는 θ^0입자라 했지만, 현재는 케이중간자(K-中間子 : Kaon)라 부르며 그의 질량은 전자와 양성자와의 중간 정도이다. 이의 붕괴식은 다음과 같다.

$$K^0 \rightarrow \pi^+ + \pi^- \tag{32-2}$$

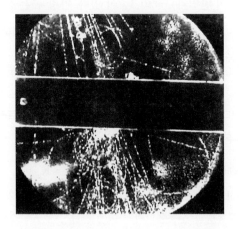

그림 32-1 입자의 발견

이와 같은 입자들은 비교적 다수 발견됐으며, 따라서 강한 원자핵반응으로 생산되었을 것이 예상된다. 강한 작용으로 생산된 입자는 강한 작용으로 붕괴하는 것이 상식이고, 따라서 이들의 수명은 10^{-23} s 정도로 예상된다. 그러나 실측 결과는 $10^{-8} \sim 10^{-10}$ s로서 극히 약한 작용임을 알게 되었다. 그래서 이 입자들을 기묘입자라고 부르게 된 것이다.

이들 새로운 불안정입자의 특성을 이론적으로 설명하기 위하여 1953년에 M. Gell-mann과 Nishijima는 독립적으로 기묘도(strangeness)라는 새로운 양자수 S를 도입하여 기묘입자에 각각 값을 부여했다. 원자핵반응에서 여러 가지 양자수가 보존되는 것같이 이 기묘도에도 다음 같은 규약을 도입한다.

① 강한 작용에 의한 반응에는 반응 전후에 기묘도가 보존된다.
② 약한 작용에 의한 붕괴에서 붕괴 전후의 기묘도의 차는 $|\Delta S| = 1$이다.

이때 임의로 K^+중간자의 기묘도를 +1로 택한다. 핵자와 파이온의 기묘도는 기묘한 현상이 없으므로 당연히 0이 된다.

이렇게 하면 $\Lambda^0 \to \pi^- + p$에서 기묘도 $(\pi^- + p) = (0 + 0) = 0$이며 Λ^0의 기묘도는 따로 -1로 정해져 있어 $|\Delta S| = 1$이 되고 약하게 붕괴하게 된다. 한편 Λ^0는 $\pi^- + p \to \Lambda^0$와 같이 π^-와 p의 강한 작용으로 생산되니까 기묘도가 보존되어야 하는데, 기묘도 $(\pi^- + p) = 0$, Λ^0는 -1이니까 이대로는 보존되지 않는다. 그래서 이것이 보존되려면 기묘도가 (+1)인 기묘입자가 동시에 생성되어야 한다. 실제로 실험을 통하여 기묘입자 K^0가 동시에 생성되어

$$\pi^- + p \to \Lambda^0 + K^0 \tag{32-3}$$

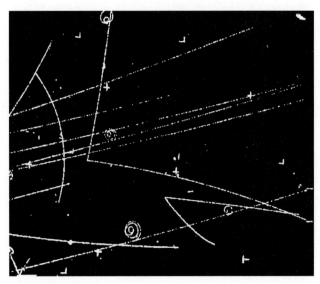

그림 32-2 동반생성사진 및 분석도

가 관측됐다. 이와 같이 강한 작용으로 기묘입자가 동시에 생성되는 현상을 동반생성(同伴生成 : associated production)이라 한다(**그림 32-2** 참조).

예제 2. 기포상자(bubble chamber) 속에 고에너지 파이온으로 양성자를 충격하여 시그마 하이페론 ($\sum$ -hyperon)과 케이중간자가 동반 생산되었다. 즉, 다음과 같다.

$$\pi^- + p \rightarrow K^- + \sum{}^+ \tag{32-4}$$

각 입자의 정지질량은 π^- : 139.6 MeV, K^- : 493.7 MeV, p : 938.3 MeV, $\sum{}^+$: 1,189.4 MeV이다. 반응열을 구하라.

풀이 $Q = (m_\pi c^2 + m_p c^2) - (m_k c^2 + m_\sum c^2)$
$\quad\;\; = (139.6\,\text{MeV} + 938.3\,\text{MeV}) - (493.7\,\text{MeV} + 1,189.4\,\text{MeV})$
$\quad\;\; = -605\,\text{MeV} < 0$

이 반응을 진행시키려면 파이온의 운동에너지는 605 MeV보다 커야 한다.

현재까지 발견된 케이온은 $K^\pm$, K_S^0, K_L^0 등이 있고, 하이페론에는 Λ^0, $\sum{}^\pm$, $\sum{}^0$, Ξ^0, Ξ^-, Ω^- 등이 있다.

4. 공명입자(resonance particle)

우리는 원자핵반응에서 복합핵모형을 도입해서 입사입자와 표적원자핵 사이에 공명흡수과정이 있음을 공부했다. 소립자 사이의 충돌에서도 이와 같은 공명상태가 가능하다. 가령 양성자는 타 핵자와의 파이온 교환으로 강한 작용을 일으키는데, 이를 핵자가 주위에 파이온의 구름으로 둘러싸인 상태로 가정하면 여기에 외부에서 파이온이 입사되어 파이온구름에 합쳐져 하나의 핵자행세를 하되 이는 불안정하여 파이온을 방출하면서 강한 작용으로 붕괴한다. 기묘입자는 약한 작용으로 붕괴하는 데 비해 공명입자는 강한 작용으로 붕괴하기 때문에 수명은 10^{-23} s 정도이다. 따라서 실험장치 속에서 이와 같은 단수명의 입자를 검출 기록하는 것은 불가능하기 때문에 간접적 방법으로 그의 존재를 확인한다. 1952년에 H. L. Anderson 등은 최초로 공명을 예측했다.

양성자에 의한 파이온의 산란에서 그 단면적을 파이온의 에너지변화에 따라 측정하였는데 50 MeV 정도에서 급격히 증가함을 발견하였고, 당시 150 MeV 이상의 에너지를 가진 양파이온이 없어 양파이온은 피크에 도달됨을 확인하지 못했으나 음파이온은 180 MeV 정도에서 폭이 넓은 피크를 예측했다.

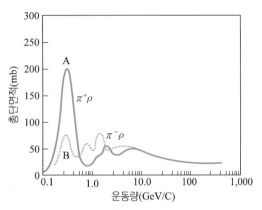

그림 32-3 $\pi^{\pm}+p$의 산란단면적

그림 32-3은 후에 실측된 측정값이다. 즉,

$$\pi^{\pm}+p \rightarrow \pi^{\pm}+p$$

와 같이 단순한 반응은 분석이 비교적 용이하지만 생성입자가 많아질수록 분석은 복합해진다. 특히 $\pi^{+}+p \rightarrow R$로 형성된 공명입자는 전기량이 $2e$이며, 질량이 $1{,}236\,\text{MeV}$로서 Δ^{++}(1236)이라고 표시한다. 공명상태는 다수의 공명입자가 있을 수 있으며, 핵자의 경우에서 Δ(1236), N(1470) 등 30여 종의 공명입자가 확인됐다.

이와 같은 공명상태는 중간자 및 하이페론 등에서도 발견되었고 소립자 종류로서 가장 많게는 200종 이상이 발견되었다.

32-3 소립자의 분류

우리는 물질의 기본입자를 찾아서 되도록 작은 수의 소립자로서 다수의 입자를 구성하기를 원했으나 결과는 수백 종의 소립자가 발견되고 말았다. 따라서 이를 정리하여 어떠한 질서를 발견하고 기본입자를 찾아내야만 했다. 화학주기율표에서는 원소의 질량의 순서로 나열하여 결국 원자구조를 발견했다. 지금까지 언급된 소립자의 특성은 ① 질량, ② 전하, ③ 스핀, ④ 평균수명, ⑤ 기묘도, ⑥ 기우성, ⑦ 강한 작용, ⑧ 약한 작용 등이 있다.

1. 스핀에 의한 분류

스핀 = 1/2(보통 반정수)인 입자를 페르미입자(Fermion)

스핀 = 0 또는 1(보통 정수)인 입자를 보스입자(Boson)

2. 상호작용에 의한 분류

① 렙톤(輕粒子 : lepton) : 전자, 뮤온, 뉴트리노 등 질량이 작은 입자로 평균수명이 $10^{-8} \sim 10^{-10}$ s의 입자붕괴에 관여하며 자신은 불안정한 입자들이며, 강한 작용과 무관하다. 현재까지 알려진 것은 **표 32-2**와 같다.

표 32-2 렙톤

구분	입자명	기호	전하	스핀	질량(MeV)	수명	반입자
제1세대	전자 전자뉴트리노	e^- ν_e	-1 0	1/2 1/2	0.510999 <0.000022	안정($>2\times10^{22}$y) 미정	e^+ ν_e
제2세대	뮤온 뮤온뉴트리노	μ^- ν_μ	-1 0	1/2 1/2	105.658 <0.17	2.197×10^{-6} s 미정	μ^+ ν_μ
제3세대	타오입자 타오뉴트리노	τ^- ν_τ	-1 0	1/2 1/2	1,784.1 <15.5	3.04×10^{-13} s 미정	τ^+ ν_τ
제4세대	미지						

② 하드론(强粒子 : hadron) : 렙톤 이외의 모든 입자는 강입자에 속하며 중간자(meson)와 바리온(重粒子 : baryon : 핵자와 그보다 무거운 입자) 및 이들의 공명입자들이며, 강한 작용에 관여한다. 바리온 중에서 양성자는 현재까지는 붕괴하지 않는 유일하게 안정된 입자이다. 이의 특성을 표현하기 위해서 바리온수(baryon number) B를 설정하여 양성자는 $B=+1$로 반양성자는 $B=-1$로 하되 모든 바리온은 이에 따른다. 중간자는 $B=0$으로 한다. 소립자 작용 전후에 바리온수는 보존되어야 한다. **표 32-3**은 중요 바리온의 특성을 표기한 것이다.

표 32-3 중요 바리온

구분	입자명	기호	전하	스핀	기묘도	질량(MeV)	수명(s)	쿼크 구성
핵자	양성자	p	$+1$	1/2	0	938.2723	안정	uud
	중성자	n	0	1/2	0	939.5656	896	udd
기묘 입자	람다입자	Λ	0	1/2	-1	1,115.63	2.65×10^{-10}	uds
	시그마입자	Σ^+	$+1$	1/2	-1	1,189.37	0.799×10^{-10}	uus
		Σ^0	0	1/2	-1	1,192.55	7.4×10^{-20}	uds
		Σ^-	-1	1/2	-1	1,197.43	1.497×10^{-10}	dds
	크사이입자	Ξ^0	0	1/2	-2	1,314.9	2.9×10^{-10}	uss
		Ξ^-	-1	1/2	-2	1,321.32	1.639×10^{-10}	dss
	오메가입자	Ω^-	-1	3/2	-3	1,672.43	0.822×10^{-10}	sss

표 32-4 중요 중간자

입자명	기호	전하	스핀	질량(MeV)	수명(s)	쿼크 구성
π−중간자	π^+	+1	0	139.5675	2.6029×10^{-8}	$u\bar{d}$
	π^-	−1	0			$(\overline{ud})$
	π^0	0	0	134.9734	8.4×10^{-17}	$u\bar{u},\, d\bar{d}$
η−중간자	η	0	0	548.8	7.5×10^{-14}	$u\bar{u},\, d\bar{d},\, s\bar{s}$
K−중간자	K^+	+1	0	493.646	1.2371×10^{-8}	$u\bar{s}$
	K^0	0	0		1.2371×10^{-8}	$d\bar{s}$
J/Ψ 입자	J/Ψ	0	0	3,096.9		$c\bar{c}$
Y 입자	Y	0	1	9,460.3	9.2×10^{-13}	$b\bar{b}$

예제 3. Ξ⁻입자는 다음과 같이 순차적 붕괴를 계속한다. Ξ⁻입자는 메손인가, 바리온인가?

풀이 우선 Ξ^-는 $\Xi^- \to \Lambda^0 + \pi^-$로 붕괴하는데, 두 생성입자가 모두 불안정하여 다음과 같이 순차적으로 계속 붕괴를 한다.

$$
\Xi^- \to \Lambda^0 + \pi^-
$$

$$\mu^- + \overline{\nu_\mu}$$
$$n + \pi^0$$
$$e^- + \overline{\nu_e} + \nu_\mu$$
$$\gamma + \gamma$$
$$p + e^- + \overline{\nu_e}$$

총체적으로 보면

$$\Xi^- \to p + 2e^- + 4\nu + 2\gamma \tag{32-5}$$

로서 양성자와 렙톤 및 감마로 붕괴한다. 붕괴하여 최종적으로 바리온인 양성자로 끝나는 입자는 바리온이다. 왜냐하면 바리온수가 보존되기 때문이다.

3. 기묘도와 전하에 의한 분류

표 32-3에 있는 9개의 바리온 중 스핀이 1/2의 바리온을 질량별로(순차적으로, 준위별로) 그리면 아래와 같다.

Ξ, Σ, Λ, *N* 입자들은 전하의 유무 및 부호에 따라서 미소한 차이를 두고 각기 다중항을 이루고 있으며 전체적으로는 8중항을 이룬다. 이와 같은 규칙성은 이 입자들이 어떤 구조를 갖고 있으리라는 예측을 갖게 한다.

이들 입자를 전하 *Q*와 기묘도 *S*를 변수로 그림으로 표시할 수 있는데, *Q*축과 *S*축을 사교축(斜交軸)으로 각 입자를 해당 위치에 그린 것이 **그림 32-4**와 같다. 동일한 방법으로

구분	입자	질량	전하	기묘도	다중도
Ξ	Ξ^-	1,321.3	−1	−2	
	Ξ^0	1,314.9	1	−2	2
Σ	Σ^-	1,197.4	−1	−1	
	Σ^0	1,192.6	0	−1	3
	Σ^+	1,189.4	+1	−1	
Λ	Λ	1,115.6	0	−1	1
N	n	939.6	0	0	2
	p	938.3	+1	0	

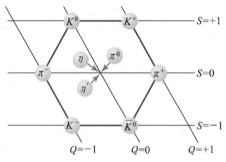

그림 32-4 바리온의 8중법 분류

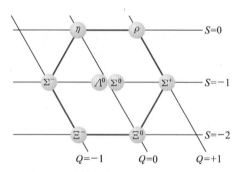

그림 32-5 중간자의 8중법 분류

표 32-4의 메손에 관하여 그린 것이 그림 32-5이다.

이와 같이 하드론이 갖고 있는 8중적 대칭성을 8중법(eightfold way)이라고 부른다. 이외에 스핀이 3/2의 바리온에서 10중의 다중적 대칭이 있음이 알려져 있다.

4. 하드론의 구조 : 쿼크모형

이상의 8중항 10중항 등의 대칭성은 3개의 기본입자의 결합으로 가정하면 해석이 가능하다. 3가지 종류의 입자 3개로 만들 수 있는 결합수는 $3 \times 3 \times 3 = 27 = 1 + 8 + 8 + 10$으로 8과 10항이 나오기 때문이다. S. Sakada는 1956년에 양성자, 중성자, 람다입자로 타 입자를 구성할 수 있다는 모형을 제창했으나 Δ^{++}입자 등 설명에 실패했다.

1964년에 M. Gellmann과 G. Zweig는 각기 독립적으로 새로운 3개의 기본입자의 존재를 예언하였는데, 쿼크(quark)라고 불렀다. 이 입자들은 종래의 상식을 완전히 벗어난 것으로 전기량이 전자의 2/3, 1/3 등을 갖고 있다. 이 쿼크로 소립자를 구성한 것이 표 32-5에 기재되어 있다.

표 32-5 쿼크의 양자수

쿼크의 명칭	기호	바리온수	전하	기묘수
up	u	$+1/3$	$+2/3$	0
down	d	$+1/3$	$-1/3$	0
strange	s	$+1/3$	$-1/3$	-1

이 모형으로 양성자와 Λ입자를 쿼크로 조성하면

구분	u	u	d	$\rightarrow$ p
바리온수	$+1/3$	$+1/3$	$+1/3$	$\rightarrow 1$
전하	$+2/3$	$+2/3$	$-1/3$	$\rightarrow 1$
기묘수	0	0	0	$\rightarrow 0$

구분	u	d	s	$\rightarrow \Lambda$
바리온수	$+1/3$	$+1/3$	$+1/3$	$\rightarrow 1$
전하	$+2/3$	$-1/3$	$-1/3$	$\rightarrow 0$
기묘수	0	0	-1	$\rightarrow -1$

로 된다. 기타 바리온들도 이와 같은 방식으로 세 개 쿼크들의 결합으로 구성된다.

한편 메손은 한 개의 쿼크와 한 개의 반쿼크로 구성된다. 파이온과 케이온을 구성하면 다음과 같이 결합된다.

구분	u	$\bar{\text{d}}$	$\rightarrow \pi^+$
바리온수	$+1/3$	$-1/3$	$\rightarrow 0$
전하	$+2/3$	$+1/3$	$\rightarrow 1$
기묘수	0	0	$\rightarrow 0$

	u	$\bar{\text{s}}$	$\rightarrow K^+$
바리온수	$+1/3$	$-1/3$	$\rightarrow 0$
전하	$+2/3$	$+1/3$	$\rightarrow 1$
기묘수	0	1	$\rightarrow 1$

예제 4. Ξ^-입자를 쿼크모형으로 구성하라.

풀이 표 **32-3**에서 Ξ^-의 기묘도는 -2이므로 s - 쿼크 2개가 포함되며, 이때 전하는 $-2/3$가 된다. Ξ^-의 전하는 -1이므로 $-1/3$의 쿼크를 추가해야 하며, 이는 d - 쿼크가 된다. 따라서 Ξ^-는 (dss)이다.

표 **32-2**에서와 같이 렙톤은 $(e, \nu_e)(\mu, \nu_\mu)$ 등으로 한 세대에 한 쌍을 이루고 있는 것과 같이 쿼크의 경우 $(u, d)\ (s, ?)$로 s쿼크와 쌍을 이룰 새 쿼크가 예상된다. 1970년 S. Ting 등은 $p + {}^9\text{Be} \rightarrow e^+ + e^-$(기타 입자)의 과정을 실험분석한 결과$(e^+ + e^-)$가 반응 중도에 형성된 어떤 중간상태를 거쳐 발생된다는 사실을 발견하고 J - 입자라고 했다.

이와 거의 동시에 J. B. Richter 등은 $e^+ \leftrightarrow e^-$을 서로 정면충돌시키는 실험에서 역시 중간상태가 형성됨을 발견하고 Ψ - 입자라 했는데 현재 이를 J/Ψ - 입자라 한다. 이것은 e^+와 e^-의 형성의 중간상태이므로 바리온이 아니고 중간자라 생각되며, 이것이 새로운 쿼크와 반쿼크의 결합으로 이루어졌음을 알게 됐고 새로운 쿼크를 charm quark(c로 표기)라 명명했다.

1973년에 L. Lederman은 구리(Cu)나 백금(Pt)에 고에너지 양성자를 충격해서 $p+Cu$ (or Pt)$\rightarrow \mu^+ + \mu^- +$(기타 입자)에서도 중간상태를 경과한 μ^+와 μ^-의 생성을 발견하여 새로운 중간자 ϒ(upsilon) 입자를 발견하고, 이것은 또 하나의 새로운 쿼크와 반쿼크(bottom quark, b로 표기)로 된 것을 확인했다.

렙톤에서 (e, ν_e), (μ, ν_μ), (τ, ν_τ)의 3개 세대가 전부 발견된 것과 더불어 쿼크 (u, d), (s, c), (b, t)를 종합하면 다음과 같다. 여기서 쿼크 종류의 구분은 향(flavor)으로 표현하고 있다.

구분	향	기호	질량(MeV)	B	전하	스핀	S	charm	Bottomness	topness
제1세대	up	u	~2	1/3	2/3	1/2	0	0	0	0
	down	d	~5	1/3	−1/3	1/2	0	0	0	0
제2세대	charm	c	~1,300	1/3	1/3	1/2	0	+1	0	0
	strange	s	~100	1/3	−1/3	1/2	−1	0	0	0
제3세대	top	t	17,300	1/3	2/3	1/2	0	0	0	+1
	bottom	b	~4,200	1/3	−1/3	1/2	0	0	−1	0
제4세대										

쿼크모형은 하드론의 구조를 성공적으로 설명할 수 있는 데 반해 실험적으로는 이것을 단독으로 검출하지 못하고 있다. 이 쿼크가 단독으로 나타나지 않는, 즉 쿼크 가두기에 대해서는 또다시 많은 모형이 제안되어 설명에 노력하고 있다.

32-4 기본력과 전달자

물리학에서 취급하는 힘에서 가장 기본이 되는 힘은 4가지이다. 이 힘들이 어떻게 전달되는가 하는 것이 많이 논의되어 왔다. 원격작용(遠隔作用)과 근접작용(近接作用)의 두 극한적 입장에서 현재는 근접작용 입장이 확고하게 입증되어 있으며, 전기장이나 자기장과 같이 장을 생각하여 이 장을 현대적으로 양자화하여 발생되는 양자(quantum)가 두 물체 사이에서 교환됨으로써 힘이 전달된다고 생각한다. 이는 현대 물리학에서 가장 성공적 이론인 양자전기역학(quantum electrodynamics : QED)에 힘입은 바가 크다.

힘의 전달입자를 게이지입자(gauge 粒子)라고도 부른다. 또 스핀이 1이기 때문에 보손(boson)이며 W−boson, Z−boson 등이라고 부른다.

1. 전자기력

고전 전자기학에서는 두 개의 전자 e가 거리 r만큼 떨어져 있을 때 쿨롱력의 크기는 $F \propto \dfrac{e^2}{r^2}$

로 주어진다. QED에서는 두 전자 사이에 광자를 교환하여 힘이 발생한다고 한다.

표 32-6 4개 기본력과 전달자의 특성

구분	힘		전달자				
힘	관측된 상대강도	도달거리	입자명	기호	질량 (GeV)	수명 (s)	스핀
전자기력	10^{-2}	무한대	광자	γ	0	안정	1
약력	10^{-15}	10^{-17} m	W입자 Z^0입자	W^+, W^- Z^0	81 92.4	$>9 \times 10^{-26}$ $>7.7 \times 10^{-26}$	1 1
강력	1	10^{-15} m	글루온(gluon) (8색)	g	0	−	1
중력	6×10^{-39}	무한대	그래비톤 (graviton)	−	(0)	−	(2)

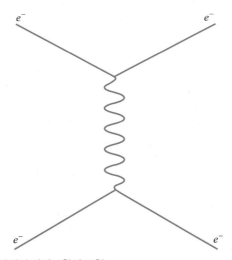

그림 32-6 전자 – 전자 산란에서 광자교환의 도형

이를 이해하기 쉽게 도형으로 표시한 것을 파인만도형(Feynman diagram)이라고 하며 **그림 32-6**은 전자 – 전자 산란의 도형이다. 전자가 서로 접근할 때 한 전자에서 광자가 방출되며 이를 다른 전자가 흡수하는 과정이다. 전자가 원자핵의 전장에서 제동복사, 즉 광자를 방출하는 것도 이 도형방식으로 표시할 수 있다.

2. 약력

지금까지 여러 가지 입자의 약한 작용으로 붕괴하는 과정을 보았다. 즉,

① $\mu^+ \rightarrow e^+ + \overline{\nu}_\mu + \nu_e$ (전부 렙톤만이 관여)

② $n \rightarrow p + e^- + \overline{\nu}_e$ (일부 하드론이 관여)

③ $K^+ \rightarrow \pi^+ + \pi^0$ (전부 하드론)

④ $\pi^+ \rightarrow \mu^+ + \nu_\mu$

등이 있다. 이 과정에서도 새로운 전달자의 교환이 이루어진다. 즉, 중성자의 베타붕괴 과정은 $n \rightarrow p + W^-$와 $W^- \rightarrow e^- + \overline{\nu}_e$의 두 과정으로 본다. 파인만도형은 **그림 32-7**과 같다. 그러나 핵자나 메손이 쿼크로 구성되어 있음이 밝혀져 이에 대한 더욱 상세한 설명이 쿼크의 입장에서 필요하게 됐다. 즉, **그림 32-8**과 같이 $n(udd) \rightarrow p(uud) + e^- + \overline{\nu}_e$이므로 양변에서 ud를 상쇄하면

$$d \rightarrow u + e^- + \overline{\nu}_e \qquad (32-6)$$

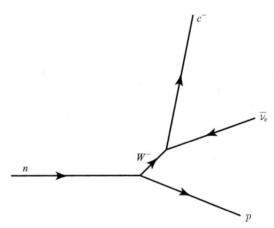

그림 32-7 중성자의 베타붕괴

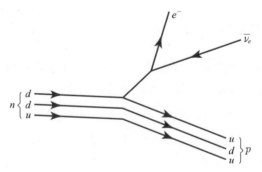

그림 32-8 쿼크와 렙톤 관점에서 중성자의 베타붕괴

이다. 따라서 $d \rightarrow u + W^-$에 이어 $W^- \rightarrow e^- + \overline{\nu}_e$로 붕괴한다고 생각된다. 약한 작용과 전자기작용은 이와 같이 힘의 전달입자를 교환한다는 유사성 때문에 더 깊이 들어가면 어떤 동일한 힘이 두 종류로 나타나는 것이 아닌가 하는 예상을 갖게 한다. 1967~1968년에 S. Weinberg와 A. Salam은 이 두 작용(힘)을 통일하며 교환되는 입자는 광자와 W^-, W^+, Z^0의 3개 입자라고 제창하였다. 이 3개 입자들은 질량이 80 GeV 이상이 된다고 추정되어 당시의 입자가속기로는 에너지가 충분하지 못하여 실험적으로는 확인이 어려웠으나, 1983년에 $p - \overline{p}$ 반응에 의하여 실재가 확인됐다. 이로써 두 힘은 통일되어 이를 약전력(弱電力 : electroweek force)이라 부르게 되었다. 그리고 전하(電荷 : electric charge)에 대응하여 약력은 약하(弱荷 : weak charge) 사이에 작용한다고 한다. 그런데 모든 쿼크와 렙톤이 약하를 갖고 있지는 않다.

3. 강력

바리온인 Δ^{++}입자를 쿼크모형으로 구성하면 (u, u, u)가 된다. 그런데 이는 스핀이 1/2인 페르미온으로 Pauli의 원리에 따라 같은 상태에 두 개 이상이 동시에 있을 수는 없다.

따라서 Δ^{++} 속의 u는 같은 입자일 수 없다. 이를 해결하기 위하여 쿼크는 3종의 색, 즉 적(赤 : R), 녹(綠 : G), 청(靑 : B)을 갖고 있다고 생각한다. 이렇게 하면 $\Delta^{++} = (u_R, u_G, u_B)$로서 모순이 해결된다. 반쿼크는 각각 반적색, 반녹색, 반청색을 갖는다. Δ^{++}입자 속에서 u는 모두 같으나 색이 다르기 때문에 이 쿼크 사이의 힘은 색에 따라 변하게 된다. 따라서 이를 색력(色力 : color force)이라 하고 색은 색하(色荷 : color charge)라고 한다.

이와 같이 전하 대신에 색하를 근원으로 보고 그 사이의 관계를 연구하는 양자 색역학 (quantum chromdynamics : QCD)이 발달하고 있다. 위의 3원색은 합하면 무색이 되고 두 보색도 합하면 무색이 된다. 양성자 중간자 등 모든 입자는 무색이 되도록 색하를 배정한다. 가령 양성자(u_R, u_G, d_B), 파이온($u_R, \overline{d_R}$) 등이다.

이 색력도 새로운 전달자에 의해 전해지는데 이때의 전달자는 글루온(gluon : glue의 기원)이다. 색력은 쿼크에 관계없이 색에 의해서만 정해지고 각 글루온은 2색을 가지며 그중 하나는 보색이다. 이렇게 해서 만들 수 있는 종류는 8종이며, 약하가 3종인 데 비해 5종류가 많다. 약력과 전자기력은 하나의 전약력으로 통일되었으며 힘의 전달자가 있다는 공통점을 근거로 다시 강력, 즉 색력도 어떤 하나의 힘으로 통일하려는 노력이 진행되고 있다. 이 이론을 대통일이론(Grand unification theories : GUTs)이라고 하며, 중력까지도 통일될 때 이를 초대통일이론(Theories of everything : TOE)이라고 할 것이다.

4. 중력

중력도 기타 기본입자의 상호작용과 같이 질량을 가진 입자 사이에 중력을 전달할 입자로서 그래비톤(graviton)을 가정한다. 이의 질량은 0, 전하 0, 스핀은 2로 알려져 있다.

전하의 진동이 전자기파를 방출하는 것 같이 질량의 진동이 중력파(重力波)를 방출하며 이를 양자화하면 그래비톤이 존재하게 된다. 그러나 **표 32-6**에서와 같이 그 크기가 전자기력의 10^{-37} 정도로 극히 약하여 실험적 검출이 곤란하지만 현재 검출노력이 진행 중이다.

32-5 표준모형

수많은 소립자들이 가장 기본적인 세 종류의 소립자(렙톤, 쿼크, 장입자)로 이루어져 있다는 이론을 표준모형이라 한다. 이중 쿼크와 렙톤은 spin이 1/2인 페르미입자이고 장입자(field particle)는 spin이 1 이상의 정수이며 페르미입자 사이에 작용되는 힘을 매개해주는 입자이다.

약력은 W^+, W^-, Z^0 보존에 의해 매개되며 약력이 작용되는 입자들은 약하를 가지고 있다 할 수 있다. 이는 전자기력은 전하를 가진 입자 간에 광자를 매개로 하여 작용되고 강력은 색하를 가진 입자 간에 글루온을 매개로 작용됨과 같다.

1979년에 노벨상을 받은 Glashow, Salam, Weinberg는 전자기력과 약력을 통합한 약전자기론(electroweak theory)를 완성하였다. 높은 에너지에서는 약력과 전자기력이 같은 크기가 되는 한 종류의 약전자기력이며 두 가지 다른 형태로 나타나는 것이다. W와 Z 입자의 질량인 82 GeV나 93 GeV보다 낮은 에너지에서는 약력이 전자기력보다 약하게 된다.

약전자기와 QCD를 복합하여 이를 표준모형이라 한다. 즉, 쿼크와 같이 색전하를 가진 입자 사이에는 글루온을 매개로 한 강력이 작용되고 렙톤과 같이 약전기전하를 가진 입자 사이에는 약전기력이 작용된다.

표준모형으로는 약전자기력을 매개하는 장입자 중 전자기력을 매개하는 광자는 질량이 없는 반면, 약력을 매개하는 W와 Z 입자는 큰 질량을 갖게 되는 것은 설명할 수 없다. 아주 높은 에너지에서는 이들 질량차가 구분되지 않아 다 같이 취급할 수 있는 대칭성을 가지나 낮은 에너지에서는 이들의 질량차에 의해 대칭성이 깨어지게(symmetry breaking) 된다. 대칭성이 깨어지도록 하는 W와 Z 보존의 큰 질량은 약전자기 대칭성을 깨뜨리는 Higgs 보존을 가정함으로써 설명하고 있다. Higgs 보존의 질량은 2013년 CERN의 실험을 통하여 125 GeV가 유력한 것으로 밝혀졌다. 약전자기론과 QCD를 하나의 이론으로 통합하고자 노력하는 것이 대통일이론(GUT, grand unification theory)이고 중력까지 통합하고자 노력 중이다.

32-6 소립자물리학과 우주론

소립자물리학은 일명 고에너지물리학(high energy physics)이라고 한다. 이는 소립자들의 생성에 고에너지가 소요되며 반응도 고에너지로 진행되기 때문이다. 가령 $p+p+ \rightarrow p+p+X$로 파이온을 생성하려면, 즉 $X=\pi^0(m=135\,\text{MeV})$이면 수소표적이 정지하고 있는 경우 입사양성자 p의 최소 에너지는 $280\,\text{MeV}$가 소요되며, $X=p+\bar{p}$인 경우 $5.63\,\text{GeV}$가, $X=W^{\pm}(m=80\,\text{GeV})$의 경우에는 $450\,\text{GeV}$의 높은 에너지가 소요된다. 따라서 고속입자가 속기가 필요하여 대형화되며 동작원리도 개량되어 Fermi 연구소의 Tevatron은 p와 $\bar{p}$를 정면충돌시키는 소위 Collider로서 p의 이온 에너지가 $1,000\,\text{GeV}$로 세계 최고의 값이다.

소립자물리학에서는 대통일이론(GUTs)을 제안해 놓고 있다. 힘의 전달입자로서 광자는 질량이 0인데, $W^{\pm}$, Z^0는 왜 질량을 갖고 있는가? 이를 같은 약전자기력의 게이지 입자로서 차이를 설명하기 위하여 새로운 Higgs 입자를 가정하고 있으며, 이 입자의 질량은 2013년 CERN에 의하여 $125\,\text{GeV}$가 유력한 것으로 밝혀졌다. 또 질량이 $10^{15}\,\text{GeV}$ 정도의 $X-$입자가 $X \rightarrow g+g$, $\bar{X} \rightarrow \bar{g}+\bar{g}$로 붕괴하는 과정에서 전자의 붕괴가 10^{-9} 정도 균형이 깨져 다수 반응한 결과로 현재의 우주가 반물질이 없는 세계로 발전했다고 한다. 그러면 Higgs의 $10^3\,\text{GeV}$와 X의 $10^{15}\,\text{GeV}$ 중간영역에서는 무슨 현상이 있겠는가? 또 쿼크나 렙톤은 과연 최종입자로서 더욱 미세한 구조는 없겠는가? 이는 아마도 21세기의 소립자물리학에서 해답이 나올 수 있을 것이다.

한편 Einstein에 의해 일반상대성 이론을 통하여 중력문제가 시간과 공간의 문제로 파악되면서 당연히 우주의 구조에 관한 관심을 갖게 됐다. 그는 공간, 시간과 물질로 된 정적인 정상우주를 구상했다.

P. Hubble은 1914년에 V. M. Slipher가 측정한 성운스펙트럼의 적색이동(red shift)은 성운이 지구에 대해 후퇴하는 데서 오는 빛의 Doppler 효과에 기인한다고 보고 이를 분석하여 여러 성운의 속도를 측정하고, 한편 그의 거리도 측정하여 1929년 속도 v와 거리 r 사이에 $v=Hr$($H=17\times10^{-3}\,\text{m/s}\cdot$광년)이라는 관계식을 발표했다.

이는 우주의 팽창을 뜻하는 것으로 가령 후퇴속도가 $2.2\times10^8\,\text{m/s}$의 Quaser를 스펙트럼 분석으로 측정했다면 그의 거리는 13×10^9광년이 된다는 것이며 우주의 크기를 추측할 수 있다. 그렇다면 팽창하는 우주의 과거는 팽창의 역과정으로 수축이 계속되면 한 점으로 귀결될 것이다. 1931년에 C. G. Lemaitre는 우주는 과거에 고온, 고밀도 상태에 있었을 것이라 제안했고 1946년 G. Gamow는 우주 초기에는 불덩이가 대폭발(Big Bang)을 일으켜서 이것으로부터 원소가 합성되는 상태라 주장했다. 그리고 현재 우주의 온도는 5K의 온도로 냉각된 상태라 주장했다.

A. Pengias와 R. Wilson은 인공위성과 교신하는 마이크로파 안테나를 조정하는 과정에서 아무리 노력해도 지워지지 않는 잡음이 모든 방향에서 동일하게 들어오는 것을 발견하고 파장이 7.35 cm의 방사선의 에너지 밀도를 측정하여 이것이 온도 3.1 ± 1.0 K의 흑체 복사임을 확인했다. 이것이 Gamow의 예언과 일치되어 Big Bang 이론은 과학적 근거를 또 하나 얻게 됐다. 현재 인정되고 있는 표준 Big Bang 이론에 의한 무한 우주의 팽창역사는 다음과 같다. 일반상대성 이론, Hubble의 법칙과 열역학을 고려하면 Big Bang 후 경과한 시간 $t(s)$와 온도 $T(K)$사이에는 $T = 1.5 \times 10^{10}/\sqrt{t}$ 관계가 유도된다. 또 $K(eV) = 8.62 \times 10^{-5}$ T로 에너지를 표시할 수 있다.

$t = 1$ s일 때 $T = 1.5 \times 10^{10}$ K, 즉 $K = 1.3$ MeV 원자핵의 결합 에너지 정도에 해당된다. 따라서 이 이후는 원자핵시대가 도래할 것이다. $t = 0$일 때 $T = \infty$가 되니까 무의미하고 우리가 접근할 수 있는 최단시간은 프랑크시간 $t_{pl} = 10^{-43}$ s 이다. $t = 0$에서 10^{-44} s 까지는 양자우주(量子宇宙) 상태로서 프랑크 에너지 10^{19} GeV의 미지의 세계이며 이론적 논의에서 제외되어 있다. 그러나 이때까지는 4개의 힘은 초대통일 상태의 대칭성이 유지된 상태라고 추측된다.

대통일이론에 의하면 우주의 대폭발 이후 팽창으로 인하여 온도가 저하되며 마치 수증기가 물로, 물이 얼음으로 상변화(相變化)하는 것 같이 우주(진공)가 상변화(phase transition)를 하면서 질량이 없던 입자들이 질량을 얻게 되며 소립자상호작용으로 1초 사이에 양성자와 중성자가 만들어지며 원자핵이 생성된다고 한다. 이 기간 동안에 우주의 팽창은 소립자물리학과의 공동연구의 대상이 된다.

양자우주 상태가 끝나는 시간, 즉 10^{-43} s 에 제1차 상변화가 일어나며 초 통일된 4개의 힘 중 중력이 분리된다. 다음 10^{-36} s 에 제2차 상변화가 일어나서 강력이 분리되며 이때까지는 3개 힘이 통일된 대통일 상태에 있다. 제2차 상변화 후에는 따라서 약전자기력, 강력, 중력의 3개 힘이 있다. 다음 상변화는 10^{-11} s 에 일어나며, 이로써 약전자기력이 현재와 같이 전자기력과 약력으로 분리되어 4개 힘이 별도로 작용한다. 이 상변화가 일어나는 시간의 우주의 온도 및 에너지는 전에 주어진 관계식으로 추산되며 그 에너지에 적응되는 소립자반응이 진행된다. 그러나 이 문제를 해결하기 위해서는 $t = 0$, 즉 폭발 시의 상태(초기 조건)를 알아야 하는데 이는 하나의 가정으로써 출발할 수밖에 없다. 이 초기 조건이란 시간이 경과함에 따라 현재의 상태를 도출할 수 있는 것이라야 한다.

연습문제

01 어떤 원자핵의 베타붕괴 결과로 발생한 뉴트리노의 에너지가 2.65 MeV이었다. 이 뉴트리노의 de Broglie 파장은 얼마이고, 이때 생성되는 딸 원자핵과 베타선이 갖는 총 운동량은 얼마인가? 베타입자가 가질 수 있는 최대운동량은 얼마이고, 이때 베타입자와 딸 원자핵 각각의 운동량은 얼마인가?

02 ^{12}Be이 ^{12}C로 베타붕괴될 때 방출되는 전자가 가질 수 있는 최대 운동에너지는 얼마인가?

03 핵력의 작용범위가 Bohr 반경(0.0529 nm) 정도라면 이 핵력을 매개하기 위하여 교환되는 입자의 질량은 얼마인가?

04 약력을 매개하는 W 입자의 에너지가 82 GeV라고 할 때 약력이 미치는 범위는 얼마인가?

05 광자 하나가 양성자–반양성자의 쌍생성, $\gamma \to p+\bar{p}$, 반응이 일어나기 위해 필요한 광자의 최소 진동수와 이때의 파장은 얼마인가?

06 에너지 2.09 GeV인 광자가 양성자–반양성자 쌍생성하여 발생된 양성자의 운동에너지가 95 MeV라고 할 때 함께 발생하는 반양성자의 운동에너지는 얼마인가? ($m_p c^2 = 938.3$ MeV이다.)

07 정지된 파이온이 $\pi^0 \to \gamma+\gamma$의 광자 두 개로 붕괴된다고 할 때 각 광자의 에너지와 운동량, 진동수는 얼마인가?

08 다음의 각 반응은 어떤 보존법칙이 성립되지 않아서 일어나지 못하는가?

(a) $p+\bar{p} \to \mu^+ +e^-$
(b) $\pi^- +p \to p+\pi^+$
(c) $p+p \to p+\pi^+$
(d) $p+p \to p+p+n$
(e) $\gamma+p \to n+\pi^0$

09 두 반응 $\pi^+ +p \to K^+ +\Sigma^+$와 $\pi^+ +p \to \pi^+ +\Sigma^+$ 모두 바리온수와 전하 보존법칙이 만족됨을 보인다. 이 양들의 보존에도 불구하고 첫 번째 반응은 관측되어지지만, 두 번째 반응은 실제로 일어나지 못하는 이유는 무엇인가?

10 뉴트리노가 관여되는 다음 반응식을 완성하면?

(a) $\pi^- \to \mu^- +$____
(b) $K^+ \to \mu^+ +$____
(c) $p+$____ $\to n+e^+$
(d) $n+$____ $\to p+e^-$
(e) $n+$____ $\to p+\mu^-$
(f) $\mu^- \to e^- +$___$+$___

11 정지되어 있던 K_S^0입자가 π^+와 π^-로 붕괴된다. 이때 발생되는 각 파이온의 속도는 얼마인가? (여기서 K_S^0의 질량은 $497.7\ \text{MeV}/c^2$이고, 각 파이온의 질량은 $139.6\ \text{MeV}/c^2$이다.)

12 다음 반응들 중 일어날 수 없는 것들은 무엇이고, 그 반응이 일어나지 못하도록 하는 보존법칙은 무엇인가?

(a) $\text{p} \rightarrow \pi^+ + \pi^0$

(b) $\text{p}+\text{p} \rightarrow \text{p}+\text{p}+\pi^0$

(c) $\text{p}+\text{p} \rightarrow \text{p}+\pi^+$

(d) $\pi^+ \rightarrow \mu^+ + \nu_\mu$

(e) $\text{n} \rightarrow \text{p}+\text{e}^- + \overline{\nu}_e$

(f) $\pi^+ \rightarrow \mu^+ + \text{n}$

13 중간자가 강력에 의해 $\rho^0 \rightarrow \pi^+ + \pi^-$로 두 개의 파이온으로 붕괴되는 반감기는 10^{-23}초인 반면에, 케이온이 $K_S^0 \rightarrow \pi^+ + \pi^-$로 두 개의 파이온으로 붕괴되는 반감기는 10^{-10}초이다. 이들 두 붕괴현상의 반감기에 차이가 생기는 원인은 무엇인가?

14 다음 각 반응들은 강력, 전자기력, 약력 중 어느 것에 의해 일어나는가? 혹은 일어날 수 없는가?

(a) $\pi^- + \text{p} \rightarrow 2\eta$

(b) $\text{K}^- + \text{n} \rightarrow \Lambda^0 + \pi^-$

(c) $\text{K}^- \rightarrow \pi^- + \pi^0$

(d) $\Omega^- \rightarrow \Xi^- + \pi^0$

(e) $\eta \rightarrow 21\gamma$

15 강력에 의한 다음 반응식을 완성하면?

(a) $\text{K}^+ + \text{p} \rightarrow \text{p} + \underline{\quad}$

(b) $\text{p}+\text{p} \rightarrow \text{K}^0 + \text{p} + \pi^+ + \underline{\quad}$

16 약력에 의한 다음 반응식을 완성하면?

(a) $\Omega^- \rightarrow \pi^- + \underline{\quad}$

(b) $K^+ \rightarrow \mu^+ + \nu_\mu + \underline{\quad}$

17 다음 반응식을 각 입자들을 구성하고 있는 쿼크 구조로 분석하면?

(a) $\pi^- + \text{p} \rightarrow \text{K}^0 + \Lambda^0$

(b) $\pi^+ + \text{p} \rightarrow \text{K}^+ + \Sigma^+$

(c) $\text{K}^- + \text{p} \rightarrow \text{K}^+ + \text{K}^0 + \Omega^-$

18 쿼크 구성이 다음과 같은 입자들의 전하량은 얼마인가? 또 이들은 어떤 입자들인가?

(a) suu

(b) ssd

(c) $\overline{\text{u}}$d

(d) $\overline{\text{s}}$d

(e) $\overline{\text{u}}\,\overline{\text{u}}\,\overline{\text{d}}$

(f) $\overline{\text{u}}\,\overline{\text{u}}\,\overline{\text{d}}$

19 어떤 quasar가 지구로부터 6.76×10^9광년 거리에 있다.

(a) 이 quasar가 지구로부터 멀어져가는 속도는 얼마인가?

(b) 이 quasar로부터 오는 빛이 적색이동되어 650 nm에서 관측되었다. 이 빛의 실제 파장은 얼마인가?

20 특정 은하계로부터 오는 빛을 관측한 결과, 파장 603 nm의 빛이 실험실에서 나트륨으로부터 방출되는 파장 590 nm인 빛에 대응되는 것을 알았다. Hubble 법칙에 의거할 때 지구로부터 이 은하계까지의 거리는 얼마인가?

01 물리상수

구분	기호	상수
Speed of light in a vacuum (진공에서 광속)	c	2.99792458×10^8 m/s
Elementary charge (기본 전하량)	e	$1.60217738 \times 10^{-19}$ C
Electron rest mass (전자의 정지질량)	m_e	$9.1093897 \times 10^{-31}$ kg
Permittivity constant (자유공간의 유전율)	ϵ_0	$8.85418781762 \times 10^{-12}$ F/m
Permeability constant (자유공간의 투자율)	μ_0	$1.25663706143 \times 10^{-6}$ H/m
Electron rest mass* (전자의 정지질량)	m_e	$5.48579902 \times 10^{-4}$ u
Neutron rest mass* (중성자의 정지질량)	m_n	1.008664704 u
Hydrogen atom rest mass** (수소원자의 정지질량)	m_{1_H}	1.007825035 u
Deuterium atom rest mass* (중수소의 정지질량)	m_{2_H}	2.0141019 u
Helium atom rest mass** (헬륨원자의 정지질량)	$m_{4_{He}}e$	4.0026032 u
Electron charge to mass ratio (전자의 전하와 질량의 비율)	e/m_e	$1.75881961 \times 10^{11}$ C/kg
Proton rest mass (양성자의 정지질량)	m_P	$1.6726230 \times 10^{-27}$ kg
Ratio of proton mass to electron mass (양성자질량 대 전자질량의 비교)	m_P/m_e	1,836.152701
Neutron rest mass (중성자의 정지질량)	m_n	$1.6749286 \times 10^{-27}$ kg
Muon rest mass (뮤온의 정지질량)	m_μ	$1.8835326 \times 10^{-28}$ kg
Planck constant (플랑크 상수)	h	$6.6260754 \times 10^{-34}$ J·s
Electron Compton wavelength (전자의 콤프턴 파장)	λ_c	$2.42631058 \times 10^{-12}$ m
Universal gas constant (기체상수)	R	8.314510 J/mol·K
Avogadro constant (아보가드로 상수)	N_A	6.0221367×10^{23} mol^{-1}
Boltzmann constant (볼츠만 상수)	k	1.380657×10^{-23} J/k
Faraday constant (패러데이 상수)	F	9.6485309×10^4 C/mol
Stefan-Boltzmann constant (스테판-볼츠만 상수)	σ	5.67050×10^{-8} W/m^2·K^4
Rydberg constant (리드버그 상수)	R	1.0973731534×10^7 m^{-1}
Gravitational constant (만유인력 상수)	G	6.67260×10^{-11} m^3/s^2·kg
Bohr radius (보어 반경)	r_B	$5.29177249 \times 10^{-11}$ m
Electron magnetic moment (전자의 자기능률)	μ_e	$9.2847700 \times 10^{-24}$ J/T
Proton magnetic moment (양성자의 자기능률)	μ_P	$1.41060761 \times 10^{-26}$ J/T

* 1 u $= 1.6605402 \times 10^{-27}$ kg

02 주기율표

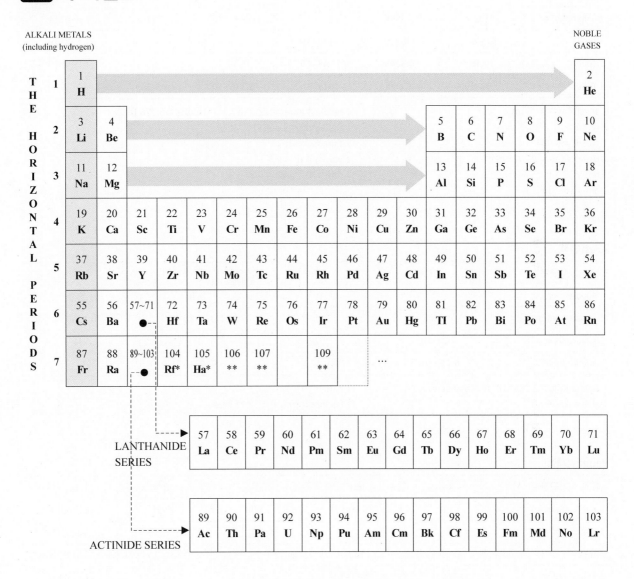

ALKALI METALS
(including hydrogen)

NOBLE GASES

THE HORIZONTAL PERIODS

	1																	
1	1 H																	2 He
2	3 Li	4 Be											5 B	6 C	7 N	8 O	9 F	10 Ne
3	11 Na	12 Mg											13 Al	14 Si	15 P	16 S	17 Cl	18 Ar
4	19 K	20 Ca	21 Sc	22 Ti	23 V	24 Cr	25 Mn	26 Fe	27 Co	28 Ni	29 Cu	30 Zn	31 Ga	32 Ge	33 As	34 Se	35 Br	36 Kr
5	37 Rb	38 Sr	39 Y	40 Zr	41 Nb	42 Mo	43 Tc	44 Ru	45 Rh	46 Pd	47 Ag	48 Cd	49 In	50 Sn	51 Sb	52 Te	53 I	54 Xe
6	55 Cs	56 Ba	57~71 ●	72 Hf	73 Ta	74 W	75 Re	76 Os	77 Ir	78 Pt	79 Au	80 Hg	81 Tl	82 Pb	83 Bi	84 Po	85 At	86 Rn
7	87 Fr	88 Ra	89~103 ●	104 Rf*	105 Ha*	106 **	107 **		109 **									

...

LANTHANIDE SERIES

57 La	58 Ce	59 Pr	60 Nd	61 Pm	62 Sm	63 Eu	64 Gd	65 Tb	66 Dy	67 Ho	68 Er	69 Tm	70 Yb	71 Lu

ACTINIDE SERIES

89 Ac	90 Th	91 Pa	92 U	93 Np	94 Pu	95 Am	96 Cm	97 Bk	98 Cf	99 Es	100 Fm	101 Md	102 No	103 Lr

03 단위환산표

Length(길이)

구분	cm	m	km	in.	ft	mile
1 centimeter =	1	10^{-2}	10^{-5}	0.3937	3.281×10^{-2}	6.214×10^{-6}
1 meter =	100	1	10^{-3}	39.37	3.281	6.214×10^{-4}
1 kilometer =	10^{5}	1,000	1	3.937×10^{4}	3,281	0.6214
1 inch =	2.540	2.540×10^{-2}	2.540×10^{-5}	1	8.333×10^{-2}	1.578×10^{-5}
1 foot =	30.48	0.3048	3.048×10^{-4}	12	1	1.894×10^{-4}
1 mile =	1.609×10^{5}	1,609	1.609	6.336×10^{4}	5,280	1

1 angström = 10^{-10} m
1 fermi = 10^{-15} m
1 parsec = 3.084×10^{13} km
1 Bohr radius = 5.292×10^{-11} m
1 rod = 16.5 ft
1 nm = 10^{-9} m

1 nautical mile = 1,852 m = 1.151 miles = 6,076 ft
1 light-year = 9.460×10^{12} km
1 fathom = 6 ft
1 yard = 3 ft
1 mil = 10^{-3} in.

Area(면적)

구분	m^2	cm^2	ft^2	$in.^2$
1 square meter =	1	10^{4}	10.76	1,550
1 square centimeter =	10^{-4}	1	1.076×10^{-3}	0.1550
1 square foot =	9.29×10^{-2}	929	1	144
1 square inch =	6.452×10^{-4}	6.452	6.944×10^{-3}	1

1 square mile = 2.788×10^{7} ft^2 = 640 acres
1 acre = 43,560 ft^2

1 barn = 10^{-28} m^2
1 hectare = 10^{4} m^2 = 2.471 acre

Volume(체적)

구분	m^3	cm^3	L^3	ft^3	$in.^3$
1 cubic meter =	1	10^{6}	1,000	35.31	6.102×10^{4}
1 cubic centimeter =	10^{-6}	1	1×10^{-3}	3.531×10^{-5}	6.102×10^{-2}
1 liter =	1×10^{-3}	1,000	1	3.531×10^{-2}	61.02
1 cubic foot =	2.832×10^{-2}	2.832×10^{4}	28.32	1	1,728
1 cubic inch =	1.639×10^{-5}	16.39	1.639×10^{-2}	5.787×10^{-4}	1

1 U.S. fluid gallon = 4 U.S. fluid quarts = 8 U.S. pints = 128 U.S. fluid ounces = 231 $in.^3$
1 British imperial gallon = 277.4 $in.^3$ = 1.201 U.S. fluid gallons

Mass(질량)

구분	g	kg	slug	u	oz	lb	ton
1 gram =	1	0.001	6.852×10^{-5}	6.022×10^{23}	3.527×10^{-2}	2.205×10^{-3}	1.102×10^{-6}
1 kilogram =	1,000	1	6.852×10^{-2}	6.022×10^{26}	35.27	2.205	1.102×10^{-3}
1 slug =	1.459×10^{4}	14.59	1	8.786×10^{27}	514.8	32.17	1.609×10^{-2}
1 u =	1.661×10^{-24}	1.661×10^{-27}	1.138×10^{-28}	1	5.857×10^{-26}	3.662×10^{-27}	1.83×10^{-30}
1 ounce =	28.35	2.835×10^{-2}	1.943×10^{-3}	1.718×10^{25}	1	6.25×10^{-2}	3.125×10^{-50}
1 pound =	453.6	0.4536	3.108×10^{-2}	2.732×10^{26}	16	1	0.0005
1 ton =	9.072×10^{5}	907.2	62.16	5.463×10^{29}	3.2×10^{4}	2,000	1

1 metric ton = 1,000 kg

Density(밀도)

구분	slug/ft^3	kg/m^3	g/cm^3	lb/ft^3	lb/in.^{3}
1 slug per ft^3 =	1	515.4	0.5154	32.17	1.862×10^{-2}
1 kilogram per m^3 =	1.94×10^{-3}	1	0.001	6.243×10^{-2}	3.613×10^{-5}
1 gram per cm^3 =	1.94	1,000	1	62.43	3.613×10^{-2}
1 pound per ft^3 =	3.108×10^{-2}	16.02	1.602×10^{-2}	1	5.787×10^{-4}
1 pound per in.^{3} =	53.71	2.768×10^{4}	27.68	1,728	1

Time(시간)

구분	y	d	h	min	s
1 year =	1	365.25	8.766×10^{3}	5.259×10^{5}	3.156×10^{7}
1 day =	2.738×10^{-3}	1	24	1,440	8.64×10^{4}
1 hour =	1.141×10^{-4}	4.167×10^{-2}	1	60	3,600
1 minute =	1.901×10^{-6}	6.944×10^{-4}	1.667×10^{-2}	1	60
1 second =	3.169×10^{-8}	1.157×10^{-5}	2.778×10^{-4}	1.667×10^{-2}	1

Speed(속도)

구분	ft/s	km/h	m/s	mi/h	cm/s
1 foot per second =	1	1.097	0.3048	0.6818	30.48
1 kilometer per hour =	0.9113	1	0.2778	0.6214	27.78
1 meter per second =	3.281	3.6	1	2.237	100
1 mile per hour =	1.467	1.609	0.447	1	44.7
1 centimeter per second =	3.281×10^{-2}	3.6×10^{-2}	0.01	2.237×10^{-2}	1

1 knot = 1 nautical mi/h = 1.688 ft/s   1 mi/min = 88 ft/s = 60 mi/h

Force(힘)

구분	dyne	N	lb	pdl	gf	kgf
1 dyne =	1	10^{-5}	2.248×10^{-6}	7.233×10^{-5}	1.02×10^{-3}	1.02×10^{-6}
1 newton =	10^5	1	0.2248	7.233	102	0.102
1 pound =	4.448×10^5	4.448	1	32.17	453.6	0.4536
1 poundal =	1.383×10^4	0.1383	3.108×10^{-2}	1	14.1	1.41×10^{-2}
1 gram-force =	980.7	9.807×10^{-3}	2.205×10^{-3}	7.093×10^{-2}	1	0.001
1 kilogram-force =	9.807×10^5	9.807	2.205	70.93	1,000	1

Pressure(압력)

구분	atm	dyne/cm^2	inch of water	cm Hg	Pa	lb/in.^{2}	lb/ft^2
1 atmosphere =	1	1.013×10^6	406.8	76	1.013×10^5	14.7	2,116
1 dyne per cm^2 =	9.869×10^{-7}	1	4.015×10^{-4}	7.501×10^{-5}	0.1	1.405×10^{-5}	2.089×10^{-3}
1 inch of water[a] at 4℃ =	2.458×10^{-3}	2,491	1	0.1868	249.1	3.613×10^{-2}	5.202
1 centimeter of mercury[a] at 0℃ =	1.316×10^{-2}	1.333×10^4	5.353	1	1,333	0.1934	27.85
1 pascal =	9.869×10^{-6}	10	4.015×10^{-3}	7.501×10^{-4}	1	1.45×10^{-4}	2.089×10^{-2}
1 pound per in.^{2} =	6.805×10^{-2}	6.895×10^4	27.68	5.171	6.895×10^3	1	144
1 pound per ft^2 =	4.725×10^{-4}	478.8	0.1922	3.591×10^{-2}	47.88	6.944×10^{-3}	1

[a]Where the acceleration of gravity has the standard value 9.80665 m/s^2

1 bar = 10^6 dyne/cm^2 = 0.1 MPa   1 millibar = 10^3 dyne/cm^2 = 10^2 Pa   1 torr = 1 millimeter of mercury

Energy, Work, Heat(에너지, 일, 열)

구분	Btu	erg	ft · lb	hp · h	joule
1 British thermal unit =	1	1.055×10^{10}	777.9	3.929×10^{-4}	1,055
1 erg =	9.481×10^{-11}	1	7.376×10^{-8}	3.725×10^{-14}	10^{-7}
1 foot-pound =	1.285×10^{-3}	1.356×10^{7}	1	5.051×10^{-7}	1.356
1 horsepower-hour =	2,545	2.685×10^{13}	1.98×10^{6}	1	2.685×10^{6}
1 joule =	9.481×10^{-4}	10^{7}	0.7376	3.725×10^{-7}	1
1 calorie =	3.969×10^{-3}	4.186×10^{7}	3.088	1.56×10^{-6}	4.186
1 kilowatt-hour =	3,413	3.6×10^{13}	2.655×10^{6}	1.341	3.6×10^{6}
1 electron volt =	1.519×10^{-22}	1.602×10^{-12}	1.182×10^{-19}	5.967×10^{-26}	1.602×10^{-19}
1 million electron volts =	1.519×10^{-16}	1.602×10^{-6}	1.182×10^{-13}	5.967×10^{-20}	1.602×10^{-13}
1 kilogram =	8.521×10^{13}	8.987×10^{23}	6.629×10^{16}	3.348×10^{10}	8.987×10^{16}
1 unified atomic mass unit =	1.415×10^{-13}	1.492×10^{-3}	1.101×10^{-10}	5.559×10^{-17}	1.492×10^{-10}

구분	cal	kW · h	eV	MeV	kg	u
1 British thermal unit =	252	2.93×10^{-4}	6.585×10^{21}	6.585×10^{15}	1.174×10^{-14}	7.07×10^{12}
1 erg =	2.389×10^{-8}	2.778×10^{-14}	6.242×10^{11}	6.242×10^{5}	1.113×10^{-24}	670.2
1 foot-pound =	0.3238	3.766×10^{-7}	8.464×10^{18}	8.464×10^{12}	1.509×10^{-17}	9.037×10^{9}
1 horsepower-hour =	6.413×10^{5}	0.7457	1.676×10^{25}	1.676×10^{19}	2.988×10^{-11}	1.799×10^{16}
1 joule =	0.2389	2.778×10^{-7}	6.242×10^{18}	6.242×10^{12}	1.113×10^{-17}	6.702×10^{9}
1 calorie =	1	1.163×10^{-6}	2.613×10^{19}	2.613×10^{13}	4.66×10^{-17}	2.806×10^{10}
1 kilowatt-hour =	8.6×10^{5}	1	2.247×10^{25}	2.247×10^{19}	4.007×10^{-11}	2.413×10^{16}
1 electron volt =	3.827×10^{-20}	4.45×10^{-26}	1	10^{-6}	1.783×10^{-36}	1.074×10^{-9}
1 million electron volts =	3.827×10^{-14}	4.45×10^{-20}	10^{-6}	1	1.783×10^{-30}	1.074×10^{-3}
1 kilogram =	2.146×10^{16}	2.497×10^{10}	5.61×10^{35}	5.61×10^{29}	1	6.022×10^{26}
1 unified atomic mass unit =	3.564×10^{-11}	4.146×10^{-17}	9.32×10^{8}	932	1.661×10^{-27}	1

해답

17 생략

18 (a) 10 m/s

(b) 54 m/s

19 0.95 c

20 0.8 c

Chapter 03   힘과 운동

01 (a) 0.5 m/s^2

(b) 10 s

(c) 25 m

02 (a) 3 m/s^2, 3×10^3 N

(b) 30 m/s

03 사과－지구, 사과－나뭇가지

04 (a) 2.5 m/s^2

(b) 150 N

05 (a) 174 m/s^2, 12,180 N

(b) 0.16 s

06 (a) 1.56 m/s^2, 4.68×10^3 N

(b) 1.56×10^3 N

07 (a) -0.5 m/s^2, 500 N

(b) 10^4 N, 45 m

08 1.25 kg

09 (a) 560 N

(b) 39.2°

10 $\dfrac{F\cos\theta - mg\sin\theta - \mu_k(mg\cos\theta + F\sin\theta)}{m}$

11 980 m

12 4.43 m

13 $\dfrac{(M+m)mg}{\mu_s M}$

14 생략

15 (a) 55 kg

(b) 3.36 m/s^2

16 12.1 m/s

17 0.028 N

18 (a) 612.5 N

(b) 3.6°

19 46°

20 (a) 1.12 m/s

(b) 10.1 N

Chapter 04   일과 에너지

01 (a) 588 J

(b) -49 J

(c) 98 J

02 (a) 1.25×10^{-2} J

(b) 3.75×10^{-2} J

03 (a) 0.5 m/s, 0.8 m/s

(b) 5 : 8

04 4 m, 8 m/s

05 1,102.5 J

06 7,840 W

07 (a) 30,864 W

(b) 61,728 W

08 (a) $-\dfrac{Gm_1m_2}{x}$

(b) $\dfrac{Gm_1m_2d}{x_1(x_1+d)}$

09 (a) $2\sqrt{gL}$

(b) 5 mg

(c) 19.5°

10 (a) $\dfrac{6b}{r^7} - \dfrac{12a}{r^{13}}$

(b) $\left(\dfrac{2a}{b}\right)^{1/6}$

11　$x=0$: 불안정 평형점,

　　$x=\pm1$: 안정 평형점

12　(a) 5.4 m/s

　　(b) 3.13 m/s

13　1.07 m

14　(a) 1 J

　　(b) 2.45 J

　　(c) 0.83 m/s

15　(a) 36 J + U(0)

　　(b) 12.2 m/s

16　(a) 생략

　　(b) $-3x^2+8x-4$

　　(c) $x=0.67$ 불안정 평형점, $x=2$ 안정 평형점

17　(a) 26.1 m

　　(b) 14 m

18　4,410 W

19　49 W

Chapter 05　다체계의 운동

01　가능

02　(0.6 m, 2.4 m, -0.5 m)

03　$3M$ 막대중심보다 $\dfrac{L}{5}$ 아래 지점

04　$\left(\dfrac{2c}{3}, 0\right)$

05　$\left(0, \dfrac{2R}{\pi}\right)$

06　원의 중심에서 반원 내부로 $\dfrac{4R}{3\pi}$ 되는 점

07　$(-2.4$ m/s, 1.2 m/s$)$

08　-0.1 m/s

09　3 m/s

10　1.5 m

11　0, L

12　13.6 m

13　$\dfrac{p^2}{2m}$, 0.58

14　(a) 6.4 J, 6.4 J

　　(b) 0.8 kg · m/s, 방향은 지면과 $\pm30°$

　　(c) 각각 -0.8 kg · m/s

15　61 m

16　4.4 km/s

17　13 m/s^2

18　49 kg

Chapter 06　충돌

01　2.5 N · s

02　0.41 kg · m/s

03　11.6 kg · m/s

04　15 m/s

05　1.1 N

06　-3 kg · m/s, 3 kg · m/s

07　2 kg

08　$\dfrac{m_1}{m_1+m_2}v_{1i}+\dfrac{m_2}{m_1+m_2}v_{2i}$

09　7.8 %

10　13°

11　(a) $\dfrac{1}{3}$

　　(b) $4h$

12　9.5 cm

13　0.005

14　0.23

15　25 cm

16　0.089 m/s 계속될 수 없다,

　　철이가 8번째 던질 때

17　원래 방향과 60° 방향, 260 m/s, 150 m/s

18 9 J

19 120°

20 (a) 1.2 m/s

  (b) -0.51

Chapter 07 회전운동

01 2바퀴

02 (a) 1.5

  (b) 86°

03 -2.7×10^{-22} rad/s^2

04 7 s

05 (a) 135 rad/s

  (b) 2 s

06 2.5×10^{-2} rad/s^2

07 (a) 66 kg · m^2 (b) 32 kg · m^2

  (c) 98 kg · m^2 (d) Ix + Iy

08 $\dfrac{3}{10} MR^2$

09 밤

10 63 m

11 5.1 N · m

12 2 rad /s^2

13 $\dfrac{|b|mv}{\sqrt{a^2+1}}$

14 7.1×10^{33} kg · m^2/s

15 0.3 kg · m^2/s, 150 rad/s

16 (a) $-$i 4.8N · m $-$j 6N · m $-$k 3.6N · m

  (b) (a)의 결과와 동일

17 $\dfrac{m}{2} t^2$(i bc $-$j ad $-$k ab)

18 (a) j $\dfrac{mg}{2}(v_0\cos\theta_0)t^2$

  (b) j $mg(v_0\cos\theta_0)t$

  (c) (b)의 결과와 동일

19 π L

20 5.1 rad/s

21 (a) 12.5 kg · m^2 (b) 100 kg · m^2/s

  (c) 8 rad (d) 400 J

22 (a) 2.2 J

  (b) 22 cm

23 1.3 m/s

Chapter 08 정역학

03 420 N

04 515 N, 270 N

05 1.7 m

06 $\dfrac{\text{Mg}\sin\theta_2}{\sin(\theta_2-\theta_1)}$, $\dfrac{\text{Mg}\sin\theta_1}{\sin(\theta_2-\theta_1)}$

07 150 N, 200 N

08 (a) 69 N

  (b) 155 N

09 24°

10 (a) 45 N, 163 N

  (b) 45°

11 $\dfrac{L}{2}$

12 68 g

13 $\dfrac{\sqrt{h(2R-h)}}{R-h}$W

14 (a) 7.5 N · m

  (b) 시계방향

  (c) 동일

15 2.7×10^6 N/m, $\dfrac{1}{4}$ 배

16 1.6 mm

17 1.4×10^{-4}

18 -4.9×10^{-4}cm^3

01 500 Hz

02 (a) 3 m   (b) -49 m/s

(c) -2.7×10^2 m/s^2 (d) 약 20 rad

(e) 1.5 Hz   (f) 0.67 s

03 22 cm

04 (a) 25 cm

(b) 2.2 Hz

05 (a) 0.5 m

(b) -0.251 m

(c) 3.06 m/s

06 $2\pi/3$

09 (a) 2.25 Hz   (b) 125 J

(c) 250 J   (d) 0.866 m

12 (a) 3/4

(b) 1/4

(c) 진폭의 $1/\sqrt{2}$

13 (a) 39.5 rad/s

(b) -34.2 rad/s

(c) -124 rad/s^2

14 8.77 s

15 $2\pi\sqrt{\dfrac{R^2+2d^2}{2gd}}$

16 (a) 0.205 kg/m^2

(b) 0.477 m

(c) 1.5 s

17 (a) $2\pi\sqrt{\dfrac{L^2+12x^2}{12gx}}$

18 $\dfrac{1}{2\pi}\sqrt{\dfrac{g^2+v^4/R^2}{L}}$

20 6 %

01 3.44×10^8 m

02 $(-9.3\times10^{-9},-3.2\times10^{-7})$ N

03 0.068 N

04 (a) $G(M_1+M_2)m/a^2$

(b) GM_1m/b^2

(c) 0

06 (b) 1.9시간

07 (a) 구 안쪽에서는 R/3

(b) 구 바깥에서는 R$\sqrt{3}$

08 4.7×10^{24} kg

10 (a) 0.045

(b) 28

11 2.4×10^4 m/s

12 2.5×10^7 m

13 $-Gm(M_e/R+M_m/r)$

14 (a) i) $0\le r\le b\ F=0$

ii) $b<r\le a\ F=\dfrac{GMm(r^3-b^3)}{(a^3-b^3)r^2}$

iii) $a<r<\infty\ F=G\dfrac{Mm}{r^2}$

(b) i) $0\le r\le b\ \ U(r)$

$=(r-b)-\dfrac{3GMm(a+b)}{2(a^2+ab+b^2)}$

ii) $b<r\le a\ \ U(r)$

$=\dfrac{GMm}{2(a^3-b^3)}\left(r^2+\dfrac{2b^3}{r}\right)-\dfrac{3GMm}{2a}$

iii) $a<r<\infty\ \ U(r)$

$=-G\dfrac{Mm}{r}$

15 3.59×10^7 m

16 0.71년

18 7.2×(태양의 반경)

19 $2\pi r^{3/2}/\sqrt{G(M+m/4)}$

15 (a) $Z(x, t) = 4.6\,\text{mm}$

        $\sin[(6.98\,\text{rad/m})x]$

        $\sin[(742\,\text{rad/s})t]$

   (b) 3번째

   (c) 39.4 Hz

16 (a) 333 Hz

   (b) 6개

17 생략

18 약 900 K

19 880 m/s, 약 5,000 N

20 약 45 W

Chapter 13   열, 일 및 열역학 제1법칙

01 $T = 2.71\,\text{K}$

02 $T = 291.09\,\text{K}$

03 $T = 1.3661\,\text{K}$

05 $C = 160°C$, $C = -24.6°C$

06 (a) $A = 4.125 \times 10^{-3}$, $B = -1.781 \times 10^{-6}$

07 $a = 3.1 \times 10^{-5}/°C$

08 $T = 360.45°C$

09 $\Delta A = 2aA\Delta T$

10 (a) 0.36%   (b) 0.18%

   (c) 0.54%   (d) 질량증가는 없다

   (e) $\alpha = 1.8 \times 10^{-5}/°C$

11 (a) 0.125 cal/g℃

   (b) 3.75 cal/℃

12 872.9℃

13 57.1 m³

14 (a) 273.6 W

   (b) 4,377.6 W

15 (a) $5.82 \times 10^6\,\text{W}$

   (b) 217.8 W

16 0.81 m

17 250.39 g

18 (a) $k = 2.22 \times 10^5\,\text{cal}$, $m = 411.47\,\text{g}$

   (b) 전기세 30.9원

19 (a) $W = -200\,\text{J}$

   (b) $Q = -70\,\text{cal}$

   (c) $U = -93.02\,\text{J}$

20 $J = 4.19\,\text{J/cal}$

Chapter 14   기체운동론

01 $8.19 \times 10^{-8}\,\text{mol}$

02 $4.6 \times 10^{-23}\,\text{mol}$

03 $W = A(T_2 - T_1) - B(T_2^2 - T_1^2)$

04 $5.46 \times 10^{-7}\,\text{J}$의 일을 기체에 가해야 함

05 $1.9 \times 10^3\,\text{N/m}^2$

06 $2.5 \times 10^3\,\text{m/s}$

07 $3 \times 10^{-20}\,\text{J} = 0.19\,\text{eV}$

08 $7.7 \times 10^3\,\text{K}$

09 (a) $f(1.13 \times 10^3\,\text{J})$, f는 기체의 자유도

11 $7.9 \times 10^3\,\text{J}$

Chapter 15   엔트로피와 열역학 제2법칙

01 $5 \times 10^4\,\text{J}$

02 (a) 0.071 J   (b) 0.5 J

   (c) 2 J   (d) 5 J

03 (c) $K = \dfrac{260\text{K}}{40\text{K}} = 6.5$

04 $T_H = 340\,\text{K}$, $T_C = 265\,\text{K}$

06 (a) 1.1 kcal/s

   (b) 1 kcal/s

07 (a) 2.9×10^4 J

(b) 86 J/K

08 0.7 cal/K

09 3.65 cal/K

10 0.15 cal/K

12 (a) 9.2×10^3 J

(b) 23 J/K

(c) 0

13 (a) -0.12 J/K · s

(b) 0

Chapter 16   전하와 전기장

01 $\dfrac{1}{4\pi\epsilon_0}\dfrac{q^2}{a^2}\left(\sqrt{2}+\dfrac{1}{2}\right)$

02 2.9×10^{-9} N

03 $F = 8.19 \times 10^{-8}$ N, $v = 2.18 \times 10^6$ m/s

04 $-(9/16)q$, $+q$와 $+9q$를 $1:3$으로 내분하는 점

07 (a) $\dfrac{\rho r}{2\epsilon_0}$

(b) $\dfrac{R^2\rho}{2\epsilon_0 r}$

08 $f = \dfrac{1}{2\pi}\sqrt{\dfrac{\rho q}{3m\epsilon_0}}$

09 5.7×10^{-8} C

10 2.9×10^{10} N/C

11 0.18×10^{-2} m

12 $2:1$로 내분하는 점

13 $F = 4.6 \times 10^{-8}$ N, $v = 2.24 \times 10^6$ m/s

15 $1 : E = 0$, $2 : E = \dfrac{1}{4\pi\epsilon_0}\dfrac{2Q}{r^2}$, $3 : E = 0$, $4 : \dfrac{1}{4\pi\epsilon_0}\dfrac{Q}{r^2}$,

구 a의 표면에 $2Q$, 구 b의 안의 표면에 $-Q$

16 $q = 3.85 \times 10^{-5}$ C, 1.15×10^{-5} C

17 $F = 230$ N, $a = 0.34 \times 10^{29}$ m/s

18 0.95×10^{-7} s

19 0.36×10^{-7} Vm

20 $E = 5.6 \times 10^{-11}$ V/m, $r = 5.1$ m

Chapter 17   전위와 전기용량

01 $\sigma = 8.85 \times 10^{-9}$ C/m^2

02 0.6×10^7 m/s

04 두 번째 경우가 10^5배 크다.

06 45.4 V

07 0.156×10^{13}개

08 4.43×10^{-7} J

09 1.82×10^6개

10 (a) 1.86×10^7 m/s

(b) 4.37×10^5 m/s

11 1.22×10^{-14} m

12 (a) 4×10^{-5} C

(b) 8×10^{-6} C

13 (a) 2배

(b) 1/2배

14 (a) $C_{eq} = 4.67\mu$F

(b) $C(2\mu F) = 24 \times 10^{-6}$ C,

$C(4\mu F) = 32 \times 10^{-6}$ C,

$C(8\mu F) = 32 \times 10^{-6}$ C

15 (a) $Q(10\mu F) = 4 \times 10^{-4}$ C,

$Q(20\mu F) = 8 \times 10^{-4}$ C

(b) $q_1'(20\mu F) = 2.67 \times 10^{-4}$ C,

$q_2'(10\mu F) = 1.33 \times 10^{-4}$ C,

$V = 13$ V

16 (a) 1.2 J

(b) 420 V

17 200 V

18 0.275×10^{-5} C

02 1.6×10^8 m/s

03 8.7 m 회전원운동

04 0.079 Nm

05 (a) 1.6 cm

    (b) 1.68×10^8 s^{-1}

06 y축 방향 : -0.004 N, z축 방향 : 0.008 N

07 (a) $(-0.00026\hat{i} - 0.00015\hat{j} + 0.00017\hat{k})$Nm

    (b) -1×10^{-4} J

08 6.3×10^{-3} Nm

11 1×10^3 m

12 힘과 속도가 수직이므로 일률 = 일 = 0

13 0

14 $E = \dfrac{(qBR)^2}{2m}$

15 4.5×10^{-3} m

17 (a) 6.3×10^{-5} Am^2

    (b) 6.3×10^{-5} Nm

    (c) 6.3×10^{-5} J

18 1.4×10^{-8} J

19 다르다.

20 (a) 1.7×10^{16} m/s, $+y$축 방향

    (b) $(0, 1.1 \times 10^{-6}, 0)$

    (c) 1.8×10^{-11} s

Chapter 21　Ampere의 법칙

01 2.5 A

02 0.025 T

03 12.5 T

04 $F = \dfrac{\mu_0}{2\pi} \dfrac{qvi}{d}$

    (1) 전류방향

    (2) 전류반대방향

05 $B = \dfrac{\mu_0}{4\pi} \dfrac{i}{d}$, 지면에서 수직으로 나오는 방향

06 $F_l = \dfrac{\mu_0}{2\pi} \dfrac{i^2}{d}$

07 (r < a) $B = 0$,

    (a < r < b) $B = \dfrac{\mu_0}{2\pi} \dfrac{i}{r} \dfrac{r^2 - a^2}{b^2 - a^2}$,

    (b < r) $B = \dfrac{\mu_0}{2\pi} \dfrac{i}{r}$

08 9.4×10^{-2} N

09 (a) (r < a) $B = \dfrac{\mu_0}{2\pi} \dfrac{ri}{R^2}$,

    (a < r < b) $B = \dfrac{\mu_0}{2\pi} \dfrac{i}{r}$,

    (b < r) $B = 0$

    (b) 0

10 (a) B = 0

    (b) $F_l = \dfrac{\mu_0}{2\pi} \dfrac{i^2}{d}$

11 B, U 모두 반으로 줄어든다.

12 1.25×10^{-3} T

13 $B = 2 \times 10^{-8} r (T)$

14 6.3×10^{-7} T

15 1.25×10^{-5} T

16 $F = \dfrac{1}{4\pi\epsilon_0} \dfrac{q^2}{d^2} - \dfrac{\mu_0}{4\pi} \dfrac{q^2 v^2}{d^2}$

18 0.57 m/s

19 (a) (r < a) $B = 0$,

    (a < r < b) $B = \dfrac{\mu_0}{2\pi} \dfrac{i}{r}$,

    (b < r) $B = \dfrac{\mu_0}{\pi} \dfrac{i}{r}$

01 (a) 3×10^{-4} Wb

  (b) 2.8×10^{-4} Wb

  (c) 1×10^{-4} Wb

02 79 V

03 (a) 6.25×10^{-3} N

  (b) 0.0125 W

04 1,500

05 -75.4 V에서 75.4 V까지

06 0.023 V, 4.5×10^{-3} A

07 5.25 V

09 step transformer 필요. turn ratio 5.5×10^{-3}

10 (a) 4.3×10^{-4} V

  (b) 8.6×10^{-5} A, 시계방향

  (c) 5×10^{-5} Nm

11 (a) 10 T

  (b) 시계방향

  (c) 2배

12 2×10^{-3} V

13 $\pi a^2 B w$

14 0

15 2.5×10^{-5} V

16 0

18 $V(t) = 1.9 \times 10^2 \cos(120\pi t + \phi_0)$ V

19 $E = 3.6 \times 10^9 t$ V/m, $j_D = 3.1 \times 10^{-2}$ A/m^2

21 2.7×10^{-9} A

22 (a) 8μA

  (b) 9×10^5 Vm/s

  (c) 3.7 mm

03 (a) 1.35×10^{-4} V

  (b) b 단자

04 $\dfrac{\mu_0 N^2 A}{L}$

05 (a) 0.036 J

  (b) 0.58 W

06 17.4 s

07 0.74 A/s

08 3.6×10^{-9} F

09 (a) 직렬연결 f = 1,010 Hz

  (b) 병렬연결 f = 504 Hz

10 (a) 0.0035 H

  (b) 1.3×10^3 Hz

11 (b) 0.01 V

  (c) 1.28×10^{-4} J

12 직렬 $L_1 + L_2$, 병렬 $(1/L_1 + 1/L_2)^{-1}$

13 (a) $\dfrac{\mu_0 N_1 N_2 \pi R_2^2}{L_1}$

  (b) $\dfrac{\mu_0 N_1 N_2 \pi R_2^2}{L} I_0 \omega \sin(\omega t)$

14 모두 반으로 줄어든다.

15 6.3×10^{-5} H, 3.1×10^{-5} J

16 (b) 1.5 V

  (c) 4.5×10^{-3} J

17 (a) 0

  (b) 78.5 V

18 2.1 A

19 (a) 0.36 A

  (b) 3.6×10^{-4} A

  (c) 0

20 (a) 4.4 A

  (b) 53°

  (c) 580 W

21 32.5 kHz

22 (a) 2.2 A

(b) 저항 96.8 V, 축전기 66 V, 코일 213 V

(c) 생략

(d) 387 W

23 (a) 1.6×10^4 Hz

(b) 2.5 Ω

24 (a) 25 Hz

(b) 66 Ω

25 (a) 0.8 A

(b) 64 W

(c) $-43.6°$

(d) 저항 80 V, 인덕터 30 V, 축전기 106 V

Chapter 24 Maxwell의 방정식과 전자기파

04 (a) $B_x = B_z = 0$,

$$B_y = -\frac{E_0}{c}\cos(kz + \omega t)$$

(b) $-z$ 방향

05 5×10^{-21} H

06 45°

08 $E_m = 1 \times 10^3$ V/m, $B_m = 3.4 \times 10^{-6}$ T

09 (a) $-y$ 방향

(b) $E_x = E_y = 0$, $E_z = -cB_0\sin(ky + \omega t)$

(c) yz 평면

10 11 W/m^2

11 45°

12 증명 생략

13 5.47 mA

14 (a) 7.6 μA

(b) 3.39 mm

(c) 5.16 pT

15 (a) 300 W/m^2

(b) 475 V/m

16 (a) $q = \dfrac{\alpha t^2}{2}$

(b) $E = \dfrac{\alpha t^2}{2\epsilon_0 \pi R^2}$

(c) $B = \dfrac{\mu_0 \alpha t r}{2\pi R^2}$

17 (a) 86.8 mW/m

(b) 289 pT

(c) 12.6 kW

18 12 μN

19 10 mPa

20 (a) 1.94 V/m

(b) 16.7 pN/m^2

Chapter 25 기하광학

04 -3.33 cm (거울 안쪽으로 3.33 cm에 위치한 허상), 2/3 cm

05 (a) $f = 0.256$ m, $P = 3.9$ D

(b) $f = -0.256$ m, $P = -3.9$ D

08 -0.75 m

09 (a) -6 cm, 1.8 cm

(b) 9 cm

10 생략

11 35 cm, 오목

12 (a) -33.3 cm

(b) 33.3 cm

(c) -33.3 cm

13 (a) 생략

(b) 17.5 cm

14 30 cm

15 생략

16 13 cm

17 생략

18 53초

19 5 cm

20 (a) -6.7 cm

(b) -10 cm 또는 -60 cm

21 1.63

Chapter 26   빛의 간섭과 회절

01 (a) 1.25×10^{-4} rad

(b) 2.25 mm

02 6 μm

03 0.48 μm

04 4.4 μm

05 0.69 μm

06 5.74 km

09 (a) 비누 막의 두께가 거의 0에 가까워서 반사광
이 상쇄 간섭

(b) 보라색

(c) 윗부분은 백색, 붉은색이 처음 나타남

10 중력에 의해 위보다 아래가 점차 두꺼운 쐐기
형태의 비누 막 형성, 쐐기 각 $1' \, 14''$

11 (a) $E' = 2E_0$, $\delta' = 60°$

(b) $E' = E_0$, $\delta' = 90°$

(c) $E' = 0$

12 0.5 mm

13 생략

14 $I(\theta) = I_0 \cos^2[(\pi/2)\sin\theta]$

15 $n = 1 + N\lambda/2L$

16 지름 35.7 mm

17 직경 9,725 km, 2.69×10^{-11} W/m^2

18 4.97 mm

---

19 498 nm

20 1.33, 103 nm

Chapter 27   특수상대성 이론

01 (a) $\beta = 2.64 \times 10^{-18}$, $\gamma = 1 + 3.48 \times 10^{-36}$

(b) $\beta = 1.7 \times 10^{-12}$, $\gamma = 1 + 1.39 \times 10^{-24}$

(c) $\beta = 9.26 \times 10^{-8}$, $\gamma = 1 + 4.3 \times 10^{-15}$

(d) $\beta = 1.61 \times 10^{-6}$, $\gamma = 1 + 1.3 \times 10^{-12}$

(e) $\beta = 1.1 \times 10^{-6}$, $\gamma = 1 + 6.2 \times 10^{-13}$

(f) $\beta = 3.7 \times 10^{-5}$, $\gamma = 1 + 6.85 \times 10^{-10}$

(g) $\beta = 9.6 \times 10^{-5}$, $\gamma = 1 + 4.6 \times 10^{-9}$

(h) $\beta = 0.145$, $\gamma = 1.0107$

(i) $\beta = 0.9988$, $\gamma = 20.57$

02 평균거리 $= \tau c = (1.84 \times 10^{-7} \text{ s}) \times (3 \times 10^8 \text{ m/s})$

$= 55.3$ m

03 (a) L $= 86$ m

(b) t $= 3.8 \times 10^{-7}$ s

04 (a) $\beta = 0.47$

(b) $\Delta t' = 2.55 \times 10^{-6}$ s

05 $t' = \gamma \left(t - \dfrac{\beta x}{c} \right)$

06 $\beta = \dfrac{v}{c}$

07 $\Delta x' = \dfrac{1}{\gamma} L$, $\Delta y' = \Delta z' = L$인 직육면체

08 $\Delta x > c\Delta t$인 경우 : $\beta = \dfrac{c\Delta t}{\Delta x} < 1$일 때, $\dfrac{d\Delta x'}{d\beta} = 0$

이고,

$\Delta x' = \Delta x \gamma \left[1 - \beta \dfrac{c\Delta t}{\Delta x} \right] = \dfrac{\Delta x}{\gamma}$

$= \Delta x \sqrt{1 - \left(\dfrac{c\Delta t}{\Delta x} \right)^2}$ 으로 최소가 된다.

$\Delta x < c\Delta t$인 경우 : $\beta = \dfrac{\Delta x}{c\Delta t} < 1$일 때, $\Delta x' = 0$이

며, $\beta = 1$일 때 두 위치가 가장 멀리 뒤바뀐다.

09 $v_x' = \dfrac{0.8c + 0.6c}{1 + 0.8 \times 0.6} = 0.946c$

11 $\lambda' = 500.17\ \text{mm}$

12   (a) 전자의 전하가 e이므로 255.5 kV 필요

      (b) $\beta = 0.745$

13   (a) $\gamma = 3.18,\ \beta = 0.95$

      (b) $\text{m} = 336\dfrac{\text{MeV}}{c^2}$

      (c) $\text{K.E} = 230\ \text{MeV}$

      (d) $319\dfrac{\text{MeV}}{c}$

Chapter 28   입자와 파동의 이중성과 양자역학

01   (a) 식 $(28-3)$을 λ로 미분한 결과가 0일 때의 λ

      (b) 식 $(28-3)$을 λ에 대해 적분$(0 \le \lambda < \infty)$

02   (a) $\lambda_{\max} = 966\ \mu\text{m}$

      (b) $\lambda_{\max} = 9.89\ \mu\text{m}$

      (c) $\lambda_{\max} = 1.61\ \mu\text{m}$

      (d) $\lambda_{\max} = 0.5\ \mu\text{m}$

      (e) $\lambda_{\max} = 0.2898\ \text{nm}$

      (f) $\lambda_{\max} = 2.898 \times 10^{-41}\ \text{m}$

03   (a) $\nu = 1.23 \times 10^{20}\ \text{Hz}$

      (b) $\lambda = 2.44\ \text{pm}$

      (c) $p = 2.72 \times 10^{-22}\ \text{kg} \cdot \text{m/s}$

04   (a) 방출률 $= 2.96 \times 10^{20}\ \text{photons/s}$

      (b) $r = 4.85 \times 10^{7}\ \text{m}$

      (c) $r = 280\ \text{m}$

      (d) 광자속 $= 5.89 \times 10^{18}\ \text{photons/(m}^2 \cdot \text{s)}$

         밀도 $= 1.96 \times 10^{10}\ \text{photons/m}^3$

05   (a) $K_m = 2\ \text{eV}$

      (b) 0

      (c) 2 V

      (d) $\lambda_0 = 0.3\ \mu\text{m}$

06   식 $(28-11) \sim (28-13)$ 이용

07   (a) 전자 $\lambda_c = 2.43\ \text{pm}$, 양성자 $\lambda_c = 1.32\ \text{fm}$

      (b) 전자의 경우 $E = 511\ \text{keV}$,

         양성자의 경우 $E = 939\ \text{MeV}$

08 $\lambda_c = 2.64\ \text{fm}$

09 $K = P^2/2\text{m}$와 $\lambda = h/p$ 이용

10 $K = 54\ \text{eV}$일 때 $\lambda = 167\ \text{pm}$

      $K = 15\ \text{KeV}$일 때 $\lambda = 10\ \text{pm}$

11   (a) $\lambda = 73\ \text{pm}$

      (b) 분자 사이의 거리는 3.45 nm

      (c) 분자 사이의 거리 3.45 nm에 비해 물질파의

         파장 73 pm가 훨씬 작으므로 분자를 입자로

         취급할 수 있다.

12   (a) $E = 1.51 \times 10^{4}\ \text{eV}$

      (b) $E = 1.24 \times 10^{5}\ \text{eV}$

      (c) 전자 현미경

13 $\text{m} = 1$일 때 $\phi = \sin^{-1}(0.201) = 11.6°$

      $\text{m} = 2$일 때 $\phi = \sin^{-1}(0.402) = 23.7°$

      $\text{m} = 3$일 때 $\phi = \sin^{-1}(0.603) = 37.1°$

      $\text{m} = 4$일 때 $\phi = \sin^{-1}(0.804) = 53.5°$

14   (a) $E = 20.4 \times 10^{-19}\ \text{J}$

      (b) $n = 4 \rightarrow n = 3$일 때 $E = 1.06 \times 10^{-19}\ \text{J}$

         $n = 3 \rightarrow n = 2$일 때 $E = 3.02 \times 10^{-19}\ \text{J}$

         $n = 2 \rightarrow n = 1$일 때 $E = 1.63 \times 10^{-19}\ \text{J}$

         $n = 4 \rightarrow n = 2$일 때 $E = 4.08 \times 10^{-19}\ \text{J}$

         $n = 4 \rightarrow n = 1$일 때 $E = 20.4 \times 10^{-19}\ \text{J}$

         $n = 3 \rightarrow n = 1$일 때 $E = 19.3 \times 10^{-19}\ \text{J}$

15   (a) $n = 2.54 \times 10^{74}$

      (b) 관측할 수 없다.

16   전자 $= 6.03 \times 10^{-18}\ \text{J}$, 양성자 $= 3.29 \times 10^{-21}\ \text{J}$

17 $E = 5.49 \times 10^{-51}\ \text{J}$, $n = 6.04 \times 10^{14}$

18 $E = 1.92 \times 10^{9}\ \text{eV} = 1{,}920\ \text{MeV}$, 없다.

19 (a) $E_1 = 1.29 \times 10^{-22}$ eV, $E_2 = 5.16 \times 10^{-22}$ eV

(b) $E = 4.14 \times 10^{-21}$ J

(c) $T = 4.5 \times 10^{-18}$ K

20 $E = (6.03 \times 10^{-6} \text{ eV}) \times (n_1^2 + n_2^2 + n_3^2)$에서

$(n_1, n_2, n_3) = (1, 1, 1), (2, 1, 1), (1, 2, 1),$

$(1, 1, 2)$

21 (a) $\sqrt{\dfrac{2}{L}}$ (b) 0.196

(c) 0.609   (d) 0.196

22 식 $(28-42)$를 r로 미분

23 식 $(28-42)$를 $r=0$에서 반경 r까지 적분

24 $r = 7.07 \times 10^{-11}$ m

25 양성자 $T = 9.17 \times 10^{-6}$, 중수소 $T = 7.51 \times 10^{-8}$

26 (a) $\Delta x = 1.2$ m

(b) $\Delta x = 1.326 \times 10^{-33}$ m

27 (a) $E = 8.84$ keV

(b) $\Delta x = 100$ pm

(c) $\Delta p = 9.945 \times 10^{-23}$ kg $\cdot$ m/s

28 (a) $\Delta t = 2.96 \times 10^{-23}$ s

(b) $s = 8.88 \times 10^{-15}$ m

Chapter 29   원자세계

01 $n \geq 4$, $m_l = 0, \pm1, \pm2, \pm3$, $m_s = \pm1/2$

02 (a) 2.54×10^{74}

(b) 5.08×10^{74}

(c) $\theta_{\min} = 0$

03 (a) $\Psi(0) = 5.18 \times 10^{14} \text{m}^{-3/2}$

(b) $P(r) = \dfrac{r^2}{8r_b^3}\left(2 - \dfrac{r}{r_b}\right)^2 e^{\frac{-r}{r_b}}$

(c) 1

04 4

05 $L_z = 1.32 \times 10^{-15}$ eV $\cdot$ s

$= 2.11 \times 10^{-34}$ J $\cdot$ s

06 1.43×10^{-14} eV $\cdot$ s $= 2.3 \times 10^{-33}$ J $\cdot$ s

07 14

08 1.5 eV

09 48.4 eV

10 (a) $F = 1.48 \times 10^{-21}$ N

(b) $S = 1.97 \times 10^{-5}$ m

11 (a) $\Delta E = 5.79 \times 10^{-5}$ eV

(b) $\nu = 1.4 \times 10^{10}$ Hz, $\lambda = 2.15 \times 10^{-2}$ m

12 $E = 5.08 \times 10^{-26}$ J, $\nu = 7.66 \times 10^7$ Hz, $\lambda = 3.92$ m

13 $(n, l) = (1, 0)$에 $(m_l, m_s) = (0, \pm 1/2)$의 두 개,

$(2, 0)$에 두 개, $(2, 1)$에 네 개

14 Al

15 $\lambda = 3.55 \times 10^{-11}$ m

16 6.21 kV

17 $K = \dfrac{me^4 Z^2}{8\epsilon_0^2 h^2} \dfrac{11}{16} = 9.35 Z^2$ eV

18 $T = 10^4$ K

19 (a) $L = 3.6$ mm

(b) $n = 5.24 \times 10^{17}$

20 $n = 4.39 \times 10^{17}$

Chapter 30   고체의 전기전도

01 7 eV

02 (a) $8 \times 10^{-11} \ \Omega m/K$

(b) $-2.1 \times 10^2 \ \Omega m/K$

03 (b) $6.81 \times 10^{27} \text{ m}^{-3} \text{eV}^{-3/2}$

(c) $1.52 \times 10^{28} \text{ eV}^{-1}\text{m}^{-3}$

05 (a) 0

(b) 0.0956

07 0.91

09 i) $1.36 \times 10^{28} \, eV^{-1} m^{-3}$ at 4 eV

  ii) $1.67 \times 10^{28} \, eV^{-1} m^{-3}$ at 6.75 eV

  iii) $9 \times 10^{27} \, eV^{-1} m^{-3}$ at 7 eV

  iv) $9.5 \times 10^{26} \, eV^{-1} m^{-3}$ at 7.25 eV

  v) $1.7 \times 10^{18} \, eV^{-1} m^{-3}$ at 9 eV

10 (a) i) 1 at 4.4 eV

  ii) 0.986 at 5.4 eV

  iii) 0.5 at 5.5 eV

  iv) 0.0141 at 5.6 eV

  v) 2.57×10^{-17} at 6.4 eV

  (b) 699 K

12 57 meV

13 (b) $18 \, nm^{-3} eV^{-1}$

15 (a) 226 nm

  (b) 자외선 영역

16 (a) 1.5×10^{-6}

  (b) 1.5×10^{-6}

17 (a) n형

  (b) $5 \times 10^{21} \, m^{-3}$

  (c) 5×10^{5}

18 2.2×10^{-7} g

19 (a) 0.744 eV

  (b) 7.13×10^{-7}

20 (a) 1.4×10^{-2}

  (b) 0.824

Chapter 31   원자핵물리학과 핵에너지

01 $R_{He} = 1.9 \times 10^{-15}$ m $= 1.9$ fm

  $R_O = 3$ fm

  $R_{Ne} = 3.3$ fm

  $R_{Ca} = 4.1$ fm

  $R_{Pb} = 7.1$ fm

02 $^{210}_{83}Bi \rightarrow \, ^{206}_{82}Pb + \, ^{4}_{2}He + e^{-} + \bar{\nu}_e$

03 (a) $^{4}_{2}He$ (b) $4^{1}n$

  (c) γ (d) $^{29}_{12}Mg$

04 (d)

05 $t = 28.6$년

06 $t = 11,500$년

07 반감기 4.67 hr인 $^{105}_{44}Ru$(반감기 4.44 hr)

08 (a) 마법수가 되는 폐각보다 하나 더 있는 $^{17}_{8}O$의 중성자를 분리하기 쉽다.

  (b) 폐각을 이루지 못하는 ^{42}Ca의 중성자 분리가 쉽다.

  (c) ^{10}B에는 쌍을 이루지 못한 중성자가 있어 분리하기 쉽다.

  (d) 양성자가 적은 Pb의 중성자가 약간 더 약하게 결합되어 있다.

09 2.0141 u

10 총 결합에너지 : 58.2 MeV

  핵자당 결합에너지 : 6.47 MeV/A

11 127.7 MeV

12 10.1 MeV

13 결합에너지 : 28.3 MeV, 질량 : 4.0026 u

14 $2.3 \times 10^{17} \, kg/m^3 = 1.3 \times 10^{47} \, MeV/m^3$

15 방사선으로 측정한 연대가 훨씬 짧아져야 한다.

16 (a) $^{41}_{19}K + \bar{\nu}_e$ (b) $^{134}_{52}Te$

  (c) 3 n   (d) $^{2}_{1}H$, 즉 d (중수소)

  (e) $^{14}_{7}N$ (f) $^{14}_{7}N$

  (g) $^{10}_{5}B$ (h) $^{17}_{8}O$

  (i) $^{30}_{15}P$ (j) $^{14}_{7}N$

  (k) n

17 $Q = 4.287$ MeV

  Q값이 양이므로 U−238은 자연적으로 알파 붕괴하는 방사성 물질이 된다.

18 문턱에너지는 2.22 MeV

문턱에너지가 양이므로 이 반응을 위해서는 최소 2.22 MeV의 운동에너지가 필요하다.

19 1.19 MeV

20 $Q = 5.7$ MeV

Q값이 양이므로 5.7 MeV의 운동에너지가 생성되는 exoergic 반응이다.

21 17.4 MeV의 운동에너지가 발생된다.

22 (a) $Q = 184.8$ MeV

(b) $Q = 173.4$ MeV

(c) $Q = 148.7$ MeV

23 (a) $Q = 0.932$ MeV

(b) $Q = 5.496$ MeV

(c) $Q = 3.271$ MeV

(d) $Q = 12.867$ MeV

(e) $Q = 17.599$ MeV

Chapter 32   소립자물리학과 우주론

01 de Broglie 파장 : 0.469 pm,

총 운동량 : 1.415×10^{-21} kg · m/s,

전자의 최대운동량은 1.415×10^{-21} kg · m/s이고, 이때 딸 원자핵의 운동량은 0이 된다.

02 $Q = 24.07$ MeV

03 $m = 1.87$ keV/$c^2 = 3.32 \times 10^{-33}$ kg

04 $d = 1.2 \times 10^{-18}$ m $= 1.2$ am

05 $\nu = 453$ ZHz, $\lambda = 0.662$ fm $= 662$ am

06 118.4 MeV

07 에너지 : 67.5 MeV, 운동량 : 67.5 MeV/c,

진동수(ν) : 16.3 ZHz

08 (a) 뮤온수   (b) 전하량

(c) 바리온수   (d) 바리온수

(e) 전하량

09 강력 반응에서는 기묘도가 보존되어야 하나, 두 번째 반응은 기묘도가 보존되지 않는다.

10 (a) $\overline{\nu}_\mu$ (b) ν_μ

(c) $\overline{\nu}_e$ (d) ν_e

(e) ν_μ (f) $\overline{\nu}_e + \nu_\mu$

11 $v = 2.056 \times 10^8$ m/s

12 (a) 바리온수   (b) ok

(c) 바리온수   (d) ok

(e) ok

(f) 바리온수, 렙톤수, 뮤온수

13 ρ 중간자는 강력히 관여하는 붕괴과정인 반면, 케이온은 s quark가 d quark로 변환하는 약력이 관여하는 붕괴과정이다.

14 (a) 바리온수 보존법칙 위배

(b) 강력

(c) 약력

(d) 약력

(e) 전자기력

15 (a) K^+

(b) Λ^0

16 (a) Ξ^0

(b) π^0

17 (a) $\overline{u}d + uud \rightarrow \overline{s}d + uds$ 좌우변 모두 1u 2d 0s

(b) $\overline{d}u + uud \rightarrow \overline{s}u + uus$ 좌우변 모두 3u 0d 0s

(c) $\overline{u}s + uud \rightarrow \overline{s}u + \overline{s}d + sss$ 좌우변 모두 1u 1d 1s

18 (a) 전하 +1, Σ^+ (b) 전하 -1, Ξ^-

(c) 전하 -1, π^- (d) 전하 0, K^0

(e) 전하 -1, $\overline{p}$ (f) 전하 0, $\overline{n}$

19 (a) 0.383 c

(b) 434 nm

20 $r = 3.846 \times 10^8$ 광년

찾아보기